流体力学（第2版）

Fluid Mechanics (Second Edition)

林建忠　阮晓东　陈邦国
王建平　周　洁　任安禄　编著

清华大学出版社
北京

内容提要

本书共分12章，内容包括流体的物理性质、流体运动及其基本方程、流体静力学、无粘性流体的一维和平面运动、粘性流体的一维运动、层流和湍流基本问题的解法、可压缩气体动力学、两相流动基础、计算流体力学以及流体力学实验基础等. 本书的特点是简明清晰的系统表述、理论与工程应用的有机贯穿、涵盖较宽的专业题材、提供较全的公式图表.

本书可作为力学、动力、机械、能源、化工、航空航天、水利、造船、海洋工程等本科专业的基础课教材或教学参考书，也可供有关专业从事科研、教学及工程工作的研究生和科技人员参考.

图书在版编目（CIP）数据

流体力学 / 林建忠等编著. —2版. —北京：清华大学出版社，2013（2024.9重印）

高等院校力学教材

ISBN 978-7-302-32582-6

Ⅰ. ①流… Ⅱ. ①林… Ⅲ. ①流体力学—高等学校—教材 Ⅳ. ①O35

中国版本图书馆 CIP 数据核字(2013)第117740号

责任编辑：佟丽霞
封面设计：傅瑞学
责任校对：王淑云
责任印制：杨　艳

出版发行：清华大学出版社
网　　址：https://www.tup.com.cn，https://www.wqxuetang.com
地　　址：北京清华大学学研大厦A座　　邮　编：100084
社 总 机：010-83470000　　邮　购：010-62786544
投稿与读者服务：010-62776969，c-service@tup.tsinghua.edu.cn
质 量 反 馈：010-62772015，zhiliang@tup.tsinghua.edu.cn
印 装 者：三河市龙大印装有限公司
经　　销：全国新华书店
开　　本：175mm×245mm　　印　张：35　　字　数：725千字
版　　次：2005年9月第1版　2013年7月第2版　　印　次：2024年9月第10次印刷
定　　价：88.00元

产品编号：050412-05

前　言

本书自2005年9月出版以来，得到了流体力学教学与研究工作者的认可.因此，在出版社的建议下，本书进行了再版.第2版中，作者结合近年来在教学授课过程中所发现的问题进行了修订和完善，并且根据本领域的发展，对相关章节进行了适当的补充.

由于编者水平有限，谬误和疏漏在所难免，恳请读者批评指正.

作　者

2013年2月于浙江大学求是园

第 1 版前言

大千世界，被冠之以“流体”的流动介质无所不在．流体力学研究在各种力的作用下，流体的静止和运动状态以及流体和其他物体有相对运动时的相互作用和流动规律．流体力学既是探索自然规律的基础学科，也是解决工程实际问题的应用学科，它在现代科学中占有重要的地位．事实上，它已成为当今科学和工程技术的基础之一．

有鉴于此，目前很多专业和学科都把流体力学作为专业的基础课程，国内外也出版了很多的流体力学教科书，其中不乏上乘之作．可以把目前有关的教科书分为两类，一类侧重于基本概念和基础理论的描述，适合于力学专业的学生；另一类则侧重于流体力学在工程技术中的应用，适合于工科专业的学生．本书试图将系统的理论叙述与实际的工程应用有机地结合起来，同时尽可能涉及当今构成流体力学的基本元素，诸如流体力学问题的计算和实验，并且涵盖与气体动力学相关的可压缩流动、粘性流体动力学和两相流动，使得本书具有较宽的适用面．

本书作者长期从事本科生和研究生流体力学课程的授课工作，在流体力学的教学方面积累了较丰富的经验．全书共 12 章，其中陈邦国编写第 1、3、4 章；阮晓东编写第 2，6.2.1，6.3～6.8，11 章；林建忠编写第 7、8 章以及第 6 章的 6.1，6.2.2～6.2.4；王建平编写第 9、10 章；周洁编写第 5 章；任安禄编写第 12 章．最后由林建忠负责定稿．

由于编者水平有限，谬误和疏漏在所难免，恳请读者批评指正．

作　者

2005 年 4 月于浙江大学求是园

符 号 表

英文符号	量的含义
a：	声速.动能修正系数
$\boldsymbol{a}$：	加速度
A：	面积
B：	压缩系数；驻点速度
c_i, c_r：	波相速度
c_p, c_V：	比定压热容和比定容热容
C：	常数
C_m：	流量系数
D：	阻力；扩散系数
e：	比内能
e_{ij}：	应变率张量
E：	内能；偏心距；杨氏弹性模量
$\boldsymbol{E}$：	应变率张量
$\boldsymbol{f}, \boldsymbol{F}$：	力
f, g：	相似变量
$\boldsymbol{g}$：	重力加速度
G：	质量流量；切变模量
h：	能量损失；比焓；水头；管道厚度
h_0：	驻点焓
H：	形状因子(δ^* / θ)；焓
$\boldsymbol{I}$：	单位张量
J：	惯性矩；射流动量
k：	导热系数或热导率；粗糙高度；湍动能
$\boldsymbol{k}$：	动量
K：	体积模量；管道入口段压降参数；绝热指数
l：	分子平均自由程；混合长度
L：	特征长度
m：	质量
$\dot{m}$：	质量流量
M：	相对分子质量
$\boldsymbol{M}$：	力矩
n：	粘度幂次律指数；量纲指数；转速
N：	功率
p：	压力，压强
$\boldsymbol{p}$：	应力矢量
$\hat{p}$：	有效压力($p+\rho g z$)
P：	压力；浮力；管道周长；
$\boldsymbol{P}$：	应力张量；压力
$\boldsymbol{q}$：	热流密度
Q：	热量；流量
(r, θ, z)：	柱坐标
$\boldsymbol{r}$：	位置矢径
r：	恢复因子；汽化潜热
r_h：	水力半径
r_0：	圆柱半径
R：	半径；气体常数
(R, θ, φ)：	球坐标
s：	比熵；滑动比
t：	时间
T：	热力学温度
u, v, w：	笛卡儿速度分量
u', v', w'：	湍流脉动速度分量
U, V, W：	平均速度分量
v：	比体积；速度
v_r, v_θ, v_z：	柱坐标速度分量
v_r, v_θ, v_φ：	球坐标速度分量
v_1, v_2, v_3：	一般速度分量

v^*：壁摩擦速度$(\tau_w/\rho)^{1/2}$

$\mathbf{V}$：速度矢量

$\mathbf{V}_r$：相对速度

w：比功

w_0：循环速度

W：功；尾迹函数

x, y, z：笛卡儿坐标

$\boldsymbol{x}$：坐标矢量

x_1, x_2, x_3：坐标分量

Z：气体可压缩性 $p/(\rho RT)$

希腊文符号　　量的含义

α：热扩散率 $K/(\rho c_p)$；波数；压力梯度参数；楔角

β：热体胀系数；克劳泽(Clauser)参数；热传递参数；容积含气率；动量修正系数

γ：重度；比热比；表面张力；间隙因子

Γ：欧拉常数；速度环量

δ, δ_u：速度边界层厚度

δ_T：温度边界层厚度

δ_h：焓厚度

δ_s：耗散厚度

δ_c：热传导厚度

Δ：管壁绝对粗糙度；亏损厚度

ε：湍流耗散；相对偏心距

ε_m：涡粘性系数

ζ：圆柱绕流变量

η：相似变量；效率

θ：动量损失厚度，转动角度

Θ：无量纲热力学温度

κ：卡门(Kármán)常数，0.4

λ：管道摩擦因子或沿程阻力系数；速度系数

Λ：波毫森(Pohlhausen)参数

μ：动力粘度

ν：运动粘度

Π：科尔斯(Coles)尾流参数；质量力势函数

ρ：密度

σ：分子碰撞直径；湍射流增长参数；气穴系数

τ：体积，切应力

τ_{ij}：应力张量

ϕ：速度势；速度系数；真实含气率(空隙率)

Φ：粘性耗散函数

χ：湿周；质量含气率(干度)

X：粘性相互作用参数

ψ：流函数

$\boldsymbol{\omega}$：涡量；角频率

Ω_v, Ω_D：分子势函数

$\boldsymbol{\Omega}$：角速度矢量

量纲为1的参数

C_a：空泡数

C_D：阻力系数

C_f：表面摩擦系数

St：斯坦顿(Stanton)数

C_P：压力系数

C_M：力矩系数

Ec：埃克特(Eckert)数

Eu：欧拉(Euler)数

Fr：弗劳德(Froude)数

Gr：格拉晓夫(Grashof)数

Kn：克努森(Knudsen)数

Le：路易斯(Lewis)数

Ma：马赫(Mach)数

Ne：牛顿(Newton)数

Nu：努塞尔(Nusselt)数

Pe：贝克来(Peclet)数

Pr： 普朗特(Prandtl)数
Ra： 瑞利(Rayleigh)数
Re： 雷诺(Reynolds)数
Ro： 罗斯比(Rossby)数
Sc： 施密特(Schmidt)数
Sr： 斯特劳哈尔(Strouhal)数
We： 韦伯(Weber)数

下角符号	含义
a：	空气
B：	布拉修斯(Blasius)层
c：	临界值
e：	自由来流；外部势流
f：	流体
g：	气体
l：	液体；层流
m：	模型
n：	法向
o：	特征量
r：	恢复
t：	湍流；实物
tr：	转捩
x：	在 x 处
ν：	粘性
w：	水；壁面
0：	初始值；滞止状态
∞：	无穷远

上角符号	含义
$'$：	微分；湍流脉动；液相物理量
$''$：	气相物理量
o：	量纲为 1 的量
$*$：	量纲为 1 的量
$+$：	壁面律变量

上标符号	含义
$\bar{}$：	平均
$\hat{}$：	小扰动变量

目 录

符号表 …… Ⅲ

第1章 流体物理性质与运动的描述 …… 1
1.1 流体质点与连续介质假设 …… 1
1.1.1 流体的定义和特征 …… 1
1.1.2 流体力学的研究内容和方法 …… 2
1.1.3 流体质点与连续介质假设 …… 2
1.1.4 流体物理量 …… 4
1.2 流体的可压缩性与热膨胀性 …… 4
1.2.1 流体的密度与比体积 …… 4
1.2.2 流体的可压缩性与热膨胀性 …… 5
1.2.3 不可压缩流体假设 …… 6
1.3 流体的粘性与导热性 …… 7
1.3.1 流体的粘性 …… 7
1.3.2 牛顿粘性定律 …… 7
1.3.3 流体的粘度 …… 8
1.3.4 牛顿流体与非牛顿流体 …… 9
1.3.5 无粘性流体的假设 …… 10
1.3.6 流体的导热性 …… 10
1.4 流体运动的两种描述方法及互相转换 …… 11
1.4.1 拉格朗日描述法 …… 11

1.4.2　欧拉描述法 …… 12
1.4.3　拉格朗日描述法与欧拉描述法之间的联系 …… 12
1.5　质点的随体导数 …… 13
1.5.1　拉格朗日描述中的随体导数 …… 13
1.5.2　欧拉描述中的随体导数 …… 13
1.5.3　拉格朗日描述法与欧拉描述法的互相转换 …… 15
1.6　迹线与流线、流管与流量 …… 18
1.6.1　迹线 …… 18
1.6.2　流线 …… 19
1.6.3　脉线 …… 21
1.6.4　流管与流束 …… 22
1.7　运动流体的应变率张量 …… 23
1.7.1　亥姆霍兹速度分解定理 …… 24
1.7.2　流体微团的运动分析 …… 26
1.7.3　流体运动的分类 …… 29
1.8　流体中的作用力与应力张量 …… 31
1.8.1　体积力 …… 31
1.8.2　表面力与应力 …… 32
1.8.3　流场中任一点上的应力状态——应力张量 …… 33
1.8.4　静止流体与运动的无粘性流体中的应力张量 …… 34
附录Ⅰ　笛卡儿张量简介 …… 35
习题 …… 41

第2章　流体静力学 …… 47
2.1　流体静压强及其特性 …… 47
2.2　静止流体的平衡微分方程 …… 49
2.3　重力场中静止流体内的压力分布 …… 52
2.4　静压力的计量 …… 53
2.5　流体的相对平衡 …… 54
2.6　静止流体作用在物面上的总压力计算 …… 57
2.6.1　平面和曲面上的总压力 …… 57
2.6.2　浮力 …… 60
2.7　大气的平衡 …… 61
习题 …… 66

第3章　流体运动基本方程 …… 72
3.1　流体的系统与控制体…… 72
3.1.1　流体的系统 …… 72
3.1.2　流场中的控制体 …… 73
3.1.3　流体运动应遵循的基本定律 …… 73
3.1.4　体积分的随体导数 …… 74
3.1.5　基本方程表达形式的选择 …… 76
3.2　流体运动的连续性方程…… 76
3.2.1　积分形式的连续性方程 …… 76
3.2.2　微分形式的连续性方程 …… 78
3.2.3　体积分随体导数的另一种表达式 …… 81
3.3　流体的运动方程…… 82
3.3.1　积分形式的运动方程 …… 82
3.3.2　微分形式的运动方程 …… 83
3.3.3　粘性流体的运动微分方程 …… 85
3.3.4　无粘性流体的运动微分方程 …… 88
3.4　流体运动的能量方程…… 89
3.4.1　积分形式的能量方程 …… 89
3.4.2　微分形式的能量方程 …… 90
3.4.3　牛顿流体的内能方程 …… 91
3.5　流体的热力学状态方程…… 93
3.5.1　流体的热动平衡假设 …… 93
3.5.2　流体的状态方程 …… 94
3.5.3　常比热容完全气体的热力学关系式 …… 95
3.5.4　正压流体与斜压流体 …… 95
3.6　流体动力学基本方程组的封闭性及定解条件…… 96
3.6.1　流体力学分析方法的一般过程 …… 96
3.6.2　流体力学的理论模型 …… 97
3.6.3　几种常用模型的封闭方程组 …… 97
3.6.4　初始条件与边界条件…… 103
附录Ⅱ　正交曲线坐标系中流体运动的基本方程组…… 108
习题…… 114

第4章　无粘性流体的一维流动 …… 119
4.1　流体运动的一维模型及基本方程 …… 119

4.1.1 一维流动模型……………………………………………………… 119
4.1.2 无粘性流体一维流动的基本方程………………………………… 120
4.2 不可压缩流体的伯努利方程及其应用 ……………………………… 126
4.2.1 无粘性流体运动方程的简化……………………………………… 126
4.2.2 定常流动的伯努利积分…………………………………………… 127
4.2.3 伯努利方程的物理意义和几何意义……………………………… 129
4.2.4 伯努利方程的基本应用…………………………………………… 130
4.2.5 伯努利方程的推广应用…………………………………………… 135
4.2.6 非定常流动中的伯努利方程……………………………………… 139
4.2.7 非惯性坐标系中的伯努利方程…………………………………… 141
4.3 动量定理及其应用 …………………………………………………… 144
4.3.1 动量方程及其简化………………………………………………… 144
4.3.2 动量方程的应用…………………………………………………… 145
4.3.3 轴流式涡轮机的欧拉方程………………………………………… 147
4.3.4 非惯性坐标系中的动量定理……………………………………… 150
4.4 动量矩定理及其应用 ………………………………………………… 152
4.4.1 积分形式的动量矩方程…………………………………………… 152
4.4.2 径流式涡轮机的欧拉方程………………………………………… 153
4.4.3 非惯性坐标系中的动量矩定理及其应用………………………… 154
习题………………………………………………………………………… 156

第 5 章 无粘性流体的平面二维流动 ……………………………… 163
5.1 流体的有旋运动和无旋运动 ………………………………………… 163
5.2 涡线、涡管、涡束、涡通量…………………………………………… 166
5.3 速度环量、斯托克斯定理……………………………………………… 168
5.4 无粘性流体兰姆-葛罗米柯型微分方程及应用……………………… 171
5.5 欧拉积分式和伯努利积分、伯努利方程……………………………… 173
5.6 汤姆孙定理、亥姆霍兹旋涡定理……………………………………… 176
5.6.1 汤姆孙定理………………………………………………………… 176
5.6.2 亥姆霍兹旋涡定理………………………………………………… 178
5.7 有势流动、速度势函数、流函数、流网……………………………… 179
5.7.1 有势流动和速度势函数…………………………………………… 179
5.7.2 流函数与流网……………………………………………………… 183
5.8 不可压缩平面二维无旋基本流动 …………………………………… 187
5.8.1 均匀直线流动(平行流)…………………………………………… 188

5.8.2　点源和点汇 …… 189
5.8.3　涡流和点涡 …… 190
5.9　简单的平面无旋流动的叠加 …… 194
5.10　无环量绕圆柱体的不可压缩二维无旋流动 …… 201
5.11　有环量绕圆柱体的不可压缩二维无旋流动 …… 205
5.12　不可压缩流体绕流平面叶型的库塔-儒可夫斯基升力定理 …… 209
习题 …… 212

第6章　粘性不可压缩流体的一维流动 …… 215
6.1　量纲数为1的N-S方程及流动相似律 …… 215
6.1.1　量纲数为1的N-S方程 …… 215
6.1.2　量纲为1的参数 …… 216
6.1.3　流动相似律 …… 217
6.2　粘性流体运动的两种流态——层流和湍流 …… 218
6.2.1　雷诺实验 …… 218
6.2.2　湍流的一般定义和描述 …… 220
6.2.3　湍流的统计平均 …… 220
6.2.4　不可压缩湍流平均运动的基本方程 …… 222
6.3　圆管中的充分发展层流与湍流 …… 223
6.3.1　圆管中的层流 …… 223
6.3.2　圆管中的湍流 …… 227
6.4　管流的沿程压力损失和局部阻力损失 …… 235
6.4.1　沿程压力损失 …… 235
6.4.2　局部阻力损失 …… 239
6.5　粘性总流的伯努利方程及其应用 …… 244
6.5.1　粘性总流的伯努利方程 …… 244
6.5.2　伯努利方程的应用 …… 247
6.5.3　沿程有能量输入或输出的伯努利方程 …… 249
6.6　管路的水力计算 …… 250
6.6.1　短管 …… 251
6.6.2　长管 …… 255
6.7　缝隙中的流动 …… 262
6.7.1　平行平板间缝隙流动 …… 262
6.7.2　圆柱环形缝隙流动 …… 265
6.7.3　倾斜平板间缝隙流动 …… 267

6.7.4 圆锥缝隙流动 …… 270
6.7.5 平行圆盘缝隙流动 …… 271
6.8 孔口出流 …… 274
6.8.1 孔口出流的分类和基本特征 …… 274
6.8.2 薄壁孔口自由出流 …… 276
6.8.3 薄壁孔口淹没出流 …… 278
6.8.4 厚壁孔口自由出流 …… 280
6.8.5 节流气穴与汽蚀 …… 283
习题 …… 284

第7章 粘性流体层流的基本运动 …… 291
7.1 N-S方程的小雷诺数近似解 …… 291
7.1.1 斯托克斯方程 …… 291
7.1.2 绕圆球小雷诺数流动的斯托克斯解 …… 292
7.1.3 绕圆球小雷诺数流动的奥辛解 …… 295
7.2 两平行平板间的二维流动 …… 297
7.2.1 二维泊肃叶流 …… 297
7.2.2 纯剪切流 …… 298
7.2.3 二维库特流 …… 298
7.3 附壁面流动边界层的基本概念与特征量 …… 299
7.4 不可压缩二维层流边界层微分方程 …… 300
7.5 不可压缩二维边界层的动量积分关系式 …… 302
7.5.1 位移厚度 …… 302
7.5.2 动量损失厚度 …… 303
7.5.3 能量损失厚度 …… 304
7.5.4 卡门动量积分方程 …… 304
7.6 定常不可压缩二维层流边界层的布拉修斯相似性解 …… 306
7.7 可压缩层流边界层 …… 310
7.7.1 可压缩二维层流边界层方程 …… 310
7.7.2 完全气体定常可压缩二维层流边界层的相似性解 …… 311
7.7.3 可压缩二维边界层的积分关系式 …… 312
习题 …… 314

第8章 粘性流体湍流的基本运动 …… 316
8.1 湍流的模式理论 …… 316

8.1.1　湍流模式建立的依据…… 317
8.1.2　一阶封闭模式…… 318
8.1.3　雷诺应力模式…… 321
8.1.4　代数应力模式…… 323
8.1.5　二方程模式…… 324
8.1.6　双尺度模式…… 325
8.1.7　一方程模式…… 325
8.1.8　各种模式的比较…… 326
8.2　二维边界层…… 326
8.2.1　湍流边界层的结构…… 326
8.2.2　二维湍流边界层方程…… 329
8.2.3　边界层的转捩过程…… 330
8.2.4　影响边界层转捩的几个因素…… 333
8.2.5　转捩位置的预测…… 333
8.2.6　层流边界层分离…… 334
8.2.7　湍流边界层分离…… 335
8.2.8　边界层分离后的再附…… 337
8.3　平板不可压缩二维湍流和混合边界层的近似计算…… 338
8.3.1　定常不可压缩二维湍流边界层的动量积分关系式解法…… 338
8.3.2　平板不可压缩二维层流-湍流混合边界层的近似计算…… 343
8.4　绕圆柱体的不可压缩二维流动…… 344
8.4.1　绕圆柱体不可压二维边界层…… 344
8.4.2　绕圆柱流场与 Re 数的关系…… 347
8.5　湍尾流场…… 348
8.6　可压缩二维湍流边界层方程…… 352
8.7　绕流阻力与边界层控制…… 353
8.7.1　绕流阻力…… 353
8.7.2　边界层控制…… 354
习题…… 355

第9章　气体动力学基础…… 357
9.1　压力波的传播、声速…… 357
9.2　运动点扰源产生的扰动场、马赫数与马赫角…… 360
9.3　可压缩流体运动的三种参考状态…… 361
9.4　可压缩流体一维定常等熵流动的伯努利方程及其应用…… 362

9.4.1 一维定常等熵流动的基本方程…………………………………………… 363
9.4.2 一维定常等熵流动的伯努利方程及其应用——喷管………… 365
9.5 流动通道中两个不同截面上参数变化与马赫数的关系 ………… 369
9.5.1 任意两截面间同名参数比与马赫数的关系…………………… 369
9.5.2 任意截面上的参数与临界参数、滞止参数之间的关系
及其速度系数 λ …………………………………………………… 371
9.6 不可压缩流体伯努利方程的应用范围 …………………………………… 374
9.7 正激波 ………………………………………………………………………… 375
9.7.1 正激波的形成机理、传播速度及蓝金-许贡纽公式…………… 376
9.7.2 正激波前、后气流参数的关系 ……………………………………… 378
9.8 超声速气流绕流外凸或内凹固壁面的流动 ……………………………… 382
9.8.1 膨胀波………………………………………………………………… 382
9.8.2 微弱压缩波…………………………………………………………… 383
9.9 斜激波 ………………………………………………………………………… 384
9.9.1 斜激波的形成………………………………………………………… 384
9.9.2 斜激波前、后气流参数的关系 ……………………………………… 385
9.9.3 超声速气流折转角 δ 和斜激波角 β 的关系 ………………………… 388
9.10 超声速喷管在非设计工况下的流动分析………………………………… 390
附录Ⅲ 气体动力函数表…………………………………………………………… 392
附录Ⅳ 正激波表…………………………………………………………………… 394
习题…………………………………………………………………………………… 400

第10章 两相流动基础 ……………………………………………………………… 403
10.1 气液两相流动的参数及其意义…………………………………………… 403
10.1.1 气液两相流动的参数……………………………………………… 404
10.1.2 气液两相流动的流型……………………………………………… 408
10.2 气液两相流动的均流模型与分流模型…………………………………… 412
10.2.1 气液两相流动的均流模型………………………………………… 412
10.2.2 两相流动的分流模型……………………………………………… 415
10.3 气液两相流动中摩擦阻力、局部阻力及真实含气率的计算 ………… 418
10.3.1 气液两相流动中摩擦阻力的计算………………………………… 418
10.3.2 气液两相流动中真实含气率的计算……………………………… 427
10.3.3 气液两相流动的局部阻力………………………………………… 431
10.4 固定床气固两相流的基本原理…………………………………………… 435
10.4.1 床层结构参数……………………………………………………… 435

10.4.2　床层阻力……………………………………………………………………… 436
10.5　流化床气固两相流的基本原理…………………………………………………… 438
10.5.1　流化现象……………………………………………………………………… 438
10.5.2　临界流化速度和流化床的压降……………………………………………… 439
10.6　悬浮状气固两相流的基本原理…………………………………………………… 441
习题……………………………………………………………………………………… 442

第11章　流体力学实验基础 …………………………………………………………… 444
11.1　相似理论和量纲分析……………………………………………………………… 444
11.1.1　相似理论……………………………………………………………………… 444
11.1.2　量纲分析……………………………………………………………………… 449
11.2　流体力学实验设备简介…………………………………………………………… 453
11.2.1　风洞的功能与分类…………………………………………………………… 453
11.2.2　低速风洞……………………………………………………………………… 454
11.2.3　超声速风洞…………………………………………………………………… 459
11.2.4　水流循环系统………………………………………………………………… 462
11.3　流动参数测量……………………………………………………………………… 462
11.3.1　压力的测量…………………………………………………………………… 462
11.3.2　流速的测量…………………………………………………………………… 468
11.3.3　流量的测量…………………………………………………………………… 471
11.4　流动显示技术……………………………………………………………………… 476
11.4.1　常规流动显示………………………………………………………………… 476
11.4.2　粒子图像测速技术…………………………………………………………… 479
习题……………………………………………………………………………………… 483

第12章　计算流体力学基础 …………………………………………………………… 484
12.1　计算流体力学概述………………………………………………………………… 484
12.2　有限差分法………………………………………………………………………… 486
12.2.1　有限差分法概念……………………………………………………………… 486
12.2.2　相容性、收敛性和稳定性 …………………………………………………… 488
12.3　模型方程的差分格式……………………………………………………………… 490
12.3.1　波动方程……………………………………………………………………… 490
12.3.2　热传导方程…………………………………………………………………… 491
12.3.3　无粘性伯格斯方程…………………………………………………………… 492
12.4　冯·诺伊曼稳定性分析法和其他著名的差分格式………………………………… 492

12.5 稳定性分析的其他方法和修正方程的概念…………………………… 495
12.6 二维、三维模型方程的差分格式…………………………………… 497
12.7 无旋流动的差分计算方法…………………………………………… 499
12.7.1 高斯-塞德尔迭代法………………………………………… 499
12.7.2 线迭代法…………………………………………………… 500
12.7.3 等步长点迭代法…………………………………………… 501
12.8 二维不可压缩粘性流动涡量流函数法……………………………… 502
12.8.1 网格设计…………………………………………………… 505
12.8.2 程序框图…………………………………………………… 506
12.9 平板边界层方程的差分解法………………………………………… 507
12.10 N-S方程的有限差分法 ……………………………………………… 508
12.10.1 压强校正法……………………………………………… 510
12.10.2 投影法和人工压缩性法………………………………… 514
12.10.3 哈罗-泊松方程法和非交错网格下的应用 ……………… 517
12.10.4 Beam-Warming 差分格式………………………………… 518
12.11 非结构网格有限体积法 ……………………………………………… 519
12.11.1 非结构网格的几何描述………………………………… 520
12.11.2 扩散方程的离散格式…………………………………… 520
12.11.3 对流扩散方程的离散格式……………………………… 522
12.11.4 流动方程组的离散格式………………………………… 523
习题……………………………………………………………………………… 525

习题答案 …………………………………………………………………… 527

中英文人名对照表 ………………………………………………………… 538

参考文献 …………………………………………………………………… 540

第1章 流体物理性质与运动的描述

本章内容包括两部分：一部分是关于流体的宏观物理性质，着重介绍流体的可压缩性与粘性；另一部分则为流体运动物理量的描述，着重介绍流体运动的欧拉描述方法以及在欧拉描述下流体的运动学分析.

1.1 流体质点与连续介质假设

1.1.1 流体的定义和特征

在自然界，物质的常见聚集(存在)状态是固态、液态和气态，简称物质的三态或三相，处在这三种形态下的物质分别称为固体、液体和气体. 液体和气体又合称为流体. 流体和固体在宏观表象上的差别是显而易见的. 一定量的固体具有一定的几何外型和体积，不易变形. 而一定量的液体则无一定的形状，易于变形. 也就是说，和固体相比，流体明显具有易流动和不能保持一定形状的特性.

流体和固体在宏观表象上的差别从物理学的角度来解释是因为构成物质的内部微观结构、分子热运动和分子间的作用力不同所造成的. 在体积相同的常规条件下，流体中所含的分子数目比固体少得多，分子间的空隙就大得多. 因此，流体分子间的作用力小，分子的无规则热运动强烈，从而决定了流体的易流动性. 从力学的角度来解释，流体的易流动性是因为流体在静止时不能承受剪切力，这一点显然与固体不同.固体在静止时也能承受剪切力,它可以通过微小变形以抵抗外力,达到平衡后,只要剪切力保持不变,则固体不再发生变形.因此,可以给流体下这样一个力学的定义:在任何微小剪切力的持续作用下能够连续不断变形的物质称为流体.

在流体的特性上需要再做点补充说明的是,虽然液体和气体统称为流体,具有相同的特性.但由于液体和气体在分子结构上还存在较大差别,它们之间还会有一些不同的特性,或虽有相同的特性但程度上差异较大.例如,虽然两者都具有易流动性,但液体只能局限在固体界面或容器内,一定质量的液体一般都占有固定的体积,若空间或容器的体积大于液体的体积,则会有自由液面存在.而气体则完全没有这个特性.

1.1.2 流体力学的研究内容和方法

流体力学主要研究在各种力的作用下,流体本身的静止状态和运动状态特性,以及流体和相邻固体界面间有相对运动时的相互作用和流动规律.

在自然界和各种工程中,流体的存在是很普遍的,因而决定了流体力学应用的广泛性,如在机械、动力、建筑、水利、化工、能源、航空、环境、生物等工程领域,存在着大量的与流体运动有关的问题,其中有一些是基础性的,有一些是关键性的.就某种意义而言,正是在流体力学问题的开发研究不断取得成果的前提下,才促进了这些工程技术领域的大力发展.反过来,也正是在工程技术部门有许多重要的流体力学问题需要解决,才使得流体力学学科不断发展.

目前,解决流体力学问题的方法有实验、理论分析和数值方法等三种.实验方法包括对流动现象的现场观测、实验室模拟和实验论证等内容,通过实验方法能直接解决工程技术中的复杂流动问题,能发现流动中的新现象和新原理,实验结果可以用于检验理论分析或数值计算结果的正确性及应用范围;理论分析方法包括对实际流动作适当简化,建立正确的力学模型和恰当的数学模型,运用数学物理方法寻求流动问题的精确或近似解析解,明确地给出各种流动物理量之间普适的变化关系;而数值方法目前是指利用计算机进行流动的数值模拟和数值计算.为了使流体力学问题得到圆满解决,三种方法相辅相成,相互促进,缺一不可.

1.1.3 流体质点与连续介质假设

流体力学主要是研究流体的宏观运动,而研究途径有微观和宏观两种.微观途径是从研究分子和原子的运动出发,采用统计平均方法建立宏观物理量应满足的方程,并确定流体的宏观性质.这种途径取决于分子运动论的发展,目前应用较少.宏观的途径是先给流体建立一个宏观的“抽象化”的物质模型,然后直接应用基本物理定律来建立宏观物理量应满足的方程,并确定流体的宏观性质.这是一条常用的途径,其基础就是流体质点与连续介质假设.下面以密度这个宏观物理量为例来简单说明连续介质模型的建立.

如图 1-1(a)所示,在某一时刻 t,在流体中取一包含 $P(x, y, z)$点的微小体积 $\Delta\tau$,在此体积内的流体质量为 Δm,显然,$\Delta\tau$ 内流体的平均密度为 $\bar{\rho}=\Delta m/\Delta\tau$.如果在同一时刻,对包围 P 点的流场取大小不同的微小体积 $\Delta\tau$ 并测出相应不同的 Δm,则会有不同的 $\bar{\rho}$,结果如图 1-1(b)所示.

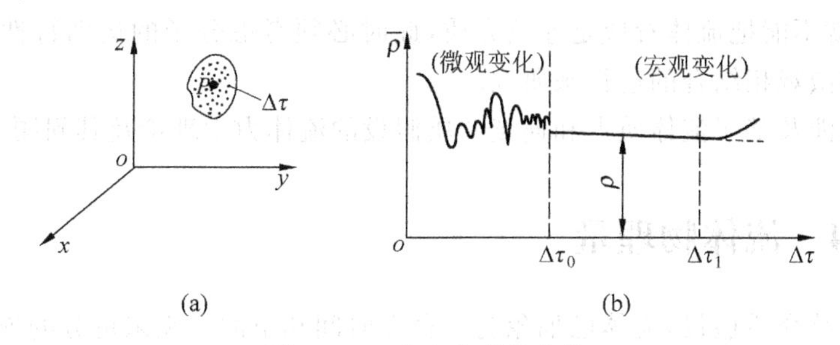

图 1-1 一点上密度的定义

当包围 P 点的微小体积 $\Delta\tau$ 趋向于某一极限体积 $\Delta\tau_0$ 时,$\bar{\rho}$ 将趋于一个确定的极限值 ρ,而且该值不再因为 $\Delta\tau$ 的增大而发生变化,说明此时流体的分子个性不起作用.但是,当体积 $\Delta\tau$ 缩到小于 $\Delta\tau_0$ 时,$\bar{\rho}$ 将随机波动,不再具有确定的极限值,这是因为此时 $\Delta\tau$ 中所含有的分子数目太少,分子随机进出 $\Delta\tau$ 对 Δm 产生了明显影响.

由此可见,极限体积 $\Delta\tau_0$ 具有这样的特性:它在宏观上必须足够小,可以认为它是一个没有空间尺寸的几何点;同时,在微观上又必须足够大,使得它包含足够多的分子数目,分子的个别行为对宏观特性的影响可忽略不计。这样在 $\Delta\tau_0$ 内进行空间和时间上的统计平均都具有确定的意义和数值.

在流体力学中,把极限体积 $\Delta\tau_0$ 中所有流体分子的总体称为流体质点,同时认为,流体是一种由无限多连续分布的流体质点所组成的物质,这就是流体的连续介质假设.大量的实际应用和实验都证明,在一般情况下,基于连续介质假设而建立的流体力学理论是正确的.

对某一种实际流动能否按连续介质假设下的理论来研究,有一个简单的判断式:$l \ll d \ll L$,其中,d 就是前面所定义的极限体积的特征尺度,例如,取 $d=10^{-3}$ cm,则 $\Delta\tau_0 \approx 10^{-9}\text{cm}^3$,在 0℃和标准大气压下,在 10^{-9}cm^3 体积的气体中仍含有 2.7×10^{10} 个分子,同样体积的液体中有 3×10^{13} 个分子.由这么多分子构成一个体积足以得到与分子数无关的统计平均物理量;l 是所研究的流体分子运动的平均自由程,在标准状态下,气体的 l 约为 10^{-7} cm,液体的 l 约为 10^{-8} cm;L 则为所研究流动中,宏观物理量将发生显著变化的特征长度,例如,所研究的是管道中的流动,则特征长度可取管道直径或长度,如果研究的是流体绕过物体的流动,则可取物体的长度、宽度或高度等作为特征长度.

由判断式可见,如果所研究的流动问题,其宏观物理量发生显著变化的空间尺度不小于10^{-3}cm,时间尺度不小于10^{-6}s(保证分子间有足够多的碰撞次数),那么,采用连续介质假设应该是没有问题的,只是在某些特殊流动问题中,这个假设可能不成立.例如,在研究高空稀薄气体中的物体运动、血液在微细血管(直径$<10^{-3}$cm)中的运动、冲击波(厚度$<10^{-4}$cm)内气体的运动、微机电系统及纳米级器件中的流体力学问题时,就不能把流体看成是连续介质,此时必须考虑分子的运动特性,采用微观或者宏观与微观相结合的途径来研究.

本书只涉及基于流体质点和连续介质假设的流体力学理论及其问题.

1.1.4 流体物理量

根据连续介质假设,流体已抽象为一种在时间和空间上无限可分的连续体.通常把流体所占据的空间称为流场,那么,在流场中,任何瞬时和每一个空间点上都有一个而且只有一个流体质点存在,流体质点没有空间尺度但具有确定的宏观物理量,如密度、速度、压力和温度等.在流场中,它们都应该是空间和时间的连续函数,从而可以运用连续函数的解析方法来描述流体的宏观物理性质以及流体的平衡和运动规律.

1.2 流体的可压缩性与热膨胀性

1.2.1 流体的密度与比体积

单位体积的流体所具有的质量称为密度,常用ρ表示,其单位为kg/m^3.根据连续介质假设,在流场中给定点上流体的密度是指该点上流体质点的密度,如上节所述,ρ可以定义为

$$\rho=\lim_{\Delta\tau\to 0}\frac{\Delta m}{\Delta\tau}=\frac{dm}{d\tau},$$

它是空间位置及时间的连续分布函数,在直角坐标系中,有$\rho=\rho(x,y,z,t)$.

如果已知在有限体积τ内的密度分布ρ,则微元体积$d\tau$内的流体质量应为$dm=\rho d\tau$,而τ内的流体总质量应为$m=\int_\tau \rho d\tau$.如果在同一时刻,τ内的密度处处相同,则$m=\rho\tau$.

密度的倒数称为比体积,即单位质量流体所占有的体积,常用v表示,则$v=1/\rho$,

或 $\rho v=1$，其单位为 m^3/kg.

在一些介质为液体的工程流体力学问题中，还常常用到重度与相对体积质量的概念. 单位体积流体所具有的重量称为重度，用 γ 表示，在重力场中，$\gamma=\rho g$，其单位是 N/m^3. 流体的相对体积质量是该流体的重量与 4℃同体积纯水重量之比，在重力场中，也就是该流体的密度与 4℃同体积纯水密度之比，因此，相对体积质量又称相对密度，它是量纲为 1 的量.

密度 ρ 是流体力学中一个重要的物理标量. 不同的流体有不同的密度；同一种流体，特别是气体的密度通常随压力和温度的变化而变化，换言之，不管流体运动与否，同一时刻、同一点上流体的密度 ρ 与压力 p 和温度 T 都应满足热力学平衡态的状态方程，即 $\rho=\rho(p,T)$.（见 3.5 节）

表 1-1 中列出了几种常见流体的密度. 可以看到，在标准大气压下，277K 时纯水的密度为 $1000kg/m^3$，288K 时空气的密度为 $1.226kg/m^3$.

当流体是一种多组分的混合物时，例如，海水是水与各种溶解盐的混合物，锅炉烟气是一种混合气体等，密度还是各种组分浓度的函数. 在研究流体运动规律时，通常把多组分的混合物折算成单一组分流体. 本书只讨论单一组分的流体.

表 1-1 常见流体的密度（标准大气压下）

流体名称	温度/K	密度/(kg/m³)	流体名称	温度/K	密度/(kg/m³)
空气	273	1.293	纯水	277	1000
	288	1.226		293	998.2
	300	1.161		373	958.4
	380	0.586	水银	273	13595
水蒸气	400	0.554	汽油	288	725
	500	0.441	润滑油	300	884.1

1.2.2 流体的可压缩性与热膨胀性

流体在外力（主要是压力）作用下，其体积或密度发生变化的性质称为可压缩性，亦称体积弹性；而流体的体积或密度随温度改变的性质称为流体的热膨胀性. 由于在一般情况下，$\rho=\rho(p,T)$，因此

$$d\rho=\frac{\partial\rho}{\partial p}dp+\frac{\partial\rho}{\partial T}dT=\rho B dp-\rho\beta dT,$$

其中，$\beta=-\dfrac{1}{\rho}\dfrac{\partial\rho}{\partial T}=\dfrac{1}{v}\dfrac{\partial v}{\partial T}$，称为热体胀系数，$B=\dfrac{1}{\rho}\dfrac{\partial\rho}{\partial p}=-\dfrac{1}{v}\dfrac{\partial v}{\partial p}$，称为等温压缩系数.

β 表示在一定压强下温度增加 1℃时，流体密度的相对减小率或体积的相对膨胀

率.不同流体的β值不同,β值越大表示热体胀性越大,一般而言,气体的热体胀率比液体大.

B表示在一定温度下压强增加一个单位时,流体密度的相对增加率或体积的相对缩小率.B的倒数就是流体的弹性体积模量(或体积弹性模量),用K表示:

$$K=\frac{1}{B}=\rho\frac{\partial p}{\partial \rho}=-v\frac{\partial p}{\partial v}, \tag{1-1}$$

显然,K表示流体体积或密度产生相对变化所需的压强增量,K与压强p的单位相同,均为$\mathrm{N/m^2}$(Pa).

K是用来表征流体可压缩性最为方便的物理量.不同流体的K值不同,K越大则可压缩性越小.同一种流体的K值随压强和温度的变化而变化.对液体而言,K值可通过实验确定.实验表明液体的K值都很大,且受压强和温度变化的影响很小,几乎为定值,可见液体是很难压缩的.例如,水的K值约为$2.04\times10^9\,\mathrm{N/m^2}$,当水压增加一个大气压强($1.013\times10^5\,\mathrm{N/m^2}$)时,其体积仅缩小$1.013\times10^5/K$,约为万分之零点五.对气体而言,$K$值可按式(1-1)计算.若将气体视为完全气体,由状态方程$p=\rho RT$(见3.5节)可知,气体在等温压缩时,其弹性体积模量$K=p$,即气体的K值不是常数,而与压强成正比.例如,当气体处在标准大气压时,K值约为$1.013\times10^5\,\mathrm{N/m^2}$,如果此时气压等温增加0.1个大气压,则其体积将缩小十分之一,可见气体的可压缩性要比液体大得多.

1.2.3 不可压缩流体假设

严格地说,任何流体都是可压缩的,只是程度不同而已.但是,考虑可压缩性意味着密度ρ是一个变量,这增加了处理问题的复杂性.因此,在流体力学中,特别是在工程流体力学问题的处理中,为了抓住主要矛盾,使问题简化,常常将可压缩性很小的流体近似地视为不可压缩流体,简单地记作$\rho=$常数,这就是不可压缩流体假设.

运动中的流体是否可以假设为不可压缩,不能简单地只看其K值的大小,不妨把式(1-1)近似改写为

$$\frac{\Delta\rho}{\rho}\approx\frac{\Delta p}{K}. \tag{1-2}$$

如果要将密度视作常数,则要求$\Delta\rho/\rho\ll1$,通常要求$\Delta\rho/\rho<0.05$.有两种状况可使条件满足,一是流体的K值很大,即使Δp并不很小,但仍然保持流体的密度变化很小,大多数液体的流动就属于这种状况.因此,通常将液体的流动视为不可压缩流动,除非是在Δp特别大的状况,例如水下爆炸、封闭管道中的水击现象等特殊问题.另一种可能的状况是,在研究的范围内,运动流体中的压强变化Δp很小,以至于K值并不太小时,$\Delta\rho/\rho$还是很小,气体的大多数低速流动就属于这种状况.理论和大量

实验都表明,对于那些压强的变化是由于流动速度的变化而引起的气体流动,例如,静止大气中的低速飞行物周围的流场、风绕过建筑物的流动以及变截面管道中气体的低速流动等问题,当流动速度小于 100m/s 时,$\Delta\rho/\rho$ 很小,此时可以忽略可压缩性,把低速气体流动视为不可压缩流动.

需要强调的是,严格地说,不可压缩流体和流体的不可压缩流动是两个概念.但只要是一种均质的不可压缩流体,两种提法都意味着密度 ρ 时时、处处为同一常数,都记作 $\rho=$常数.

此外,所有流体也都具有热体胀性.但在一般情况下,忽略可压缩性时也同时忽略热体胀性,除非流动主要是由于温度分布不均匀所造成的(如自然对流等).

1.3 流体的粘性与导热性

1.3.1 流体的粘性

当两块平板沿接触面作相对滑动时,它们之间存在阻止滑动的摩擦力.在流体中,当相邻的两层流体之间存在相对运动时,也会产生平行于接触面的剪切力,运动快的流层对运动慢的流层施以拖曳力,运动慢的流层对运动快的流层施以阻滞力,这一对力大小相同、方向相反,是一种内摩擦力.

流体所具有的抵抗两层流体相对滑动或剪切变形的性质称为流体的粘性或粘滞性.换言之,流体的粘性是一种在流体中产生内摩擦力的性质,因此,通常称流体中的内摩擦力为粘性剪切力.粘性的作用表现为阻滞流体内部的相对滑动,这是流体粘性的重要特征.

1.3.2 牛顿粘性定律

在自然界,流体的粘滞现象随处可见,也很容易在实验室中演示.如图 1-2 所示,两块表面积为 A、水平放置的平行平板间充满某种流体(例如水或油),两板间距为 h,下板固定不动,上板在力 F 的作用下沿 x 方向以等速度 U 平移.由于流体的粘性,流体与平板间存在附着力,与上板接触的流体粘附于上板,并与上板同速移动,而与下板接触的流体粘附于下板亦固定不动.只要两板间距 h 和平移速度 U 都选择得恰当地小,那么,两板间的各流体薄层将在上板的带动下,一层带一层地作平行于平板的流动,其流动速度如图 1-2 所示,由上及下逐层递减而呈线性分布:$u=u(y)$.

上述实验表明,使上板平移的外力 F 的大小与平移速度 U 以及平板表面积 A 成

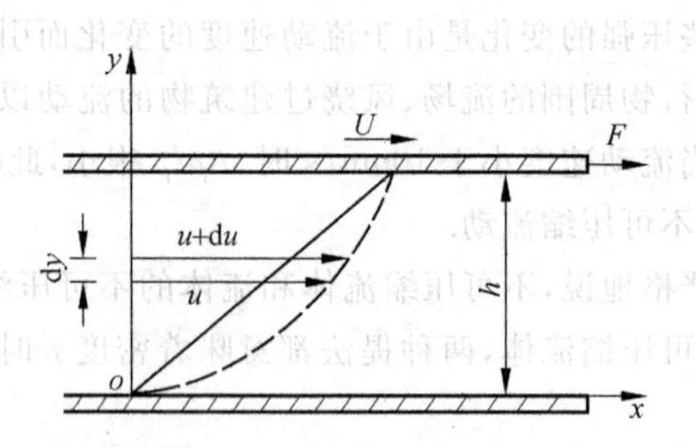

图 1-2 流体粘性实验

正比，而与两板间距 h 成反比，即

$$F \propto \frac{AU}{h}.$$

牛顿通过大量的实验，把结果总结为一个数学表达式

$$\tau = \mu \frac{\mathrm{d}u}{\mathrm{d}y}. \tag{1-3}$$

这就是著名的牛顿粘性定律，也称牛顿内摩擦定律. 当两板间流体速度分布可以近似假定为线性分布时，$\tau = F/A$，$\mathrm{d}u/\mathrm{d}y = U/h$. 式(1-3)中，$\tau$ 是作用在单位接触面积流体上的内摩擦力，称为粘性切应力，$\mathrm{d}u/\mathrm{d}y$ 称为速度梯度或剪切应变率，μ 称为动力粘度或动力粘性系数.

式(1-3)适用于有粘性流体的一维平行层状流动. 在 3.4 节中，将把它推广到粘性流体的任意流动状态.

1.3.3 流体的粘度

流体的动力粘度 μ 是由流体本身固有的物理性质所决定的量，其值是流体粘性大小的一种直接度量，也是流体在运动中抵抗剪切变形能力强弱的一种度量. 在相同的环境条件下，μ 大表示粘性大，反之亦然，μ 的单位是 Pa · S，即 N · S/m^2.

不同流体的 μ 值不同，μ 值主要通过实验或专门的粘度计测量给出，同一种流体的 μ 值一般随压力和温度的不同而变化. 实验表明，压力的变化对 μ 的影响较小，在低于 10 个大气压的变化范围内，压力变化的影响可忽略不计. 但温度的变化对 μ 的影响较大，而且液体和气体的动力粘度 μ 随温度的变化呈现出相反的趋势，液体的动力粘度随温度的升高而减小，气体的动力粘度随温度的升高而增大. 已有不少的实验曲线、图表和经验公式给出动力粘度 μ 随温度变化的结果，例如，纯水的动力粘度与温度的经验关系式为

$$\mu = \frac{\mu_0}{1 + 0.0337t + 0.000221t^2},$$

其中 $\mu_0 = 1.792 \times 10^{-3}$ Pa·S,是纯水在 $t = 1$℃时的动力粘度.在小于 10 个大气压的低压情况下,气体的动力粘度与温度的经验关系式为

$$\mu = \mu_0 \frac{273 + C}{T + C}\left(\frac{T}{273}\right)^{3/2},$$

其中,T 是气体的热力学温度(K),C 是按气体种类给出的常数,μ_0 是气体在 $T = 273$K 时的动力粘度.对于空气,$C = 111$,$\mu_0 = 1.71 \times 10^{-5}$ Pa·S.

在流体力学中,除了动力粘度 μ 之外,还常用到运动粘度 ν,它定义为:$\nu = \mu/\rho$,单位是 m^2/s.运动粘度没有明确的物理意义,ν 的大小不是流体粘性大小的直接度量,它的引入只是为了公式书写简便而已.不过,我国现行的机械油牌号数与运动粘度有关联,比较粗略地说,所谓的××号机械油就表示该机械油在 50℃时的运动粘度约为纯水在 20.2℃时运动粘度的××倍.

表 1-2 给出的是一些常见流体的动力粘度和运动粘度值,从表中可以看到,液体的动力粘度都要比气体大,但对于常见的水与空气,动力粘度都不大.

表 1-2 几种常见流体的粘度

流体	温度/K	动力粘度 μ/(Pa·S)	运动粘度 ν/(m^2/s)
空气	300	1.846×10^{-5}	1.590×10^{-5}
水蒸气	400	1.344×10^{-5}	2.426×10^{-5}
水	293	1.005×10^{-3}	1.007×10^{-6}
水银	300	1.532×10^{-3}	1.113×10^{-7}
汽油	293	0.310×10^{-3}	4.258×10^{-7}
润滑油	300	0.486	0.550×10^{-3}

1.3.4 牛顿流体与非牛顿流体

式(1-3)表示了粘性流体作一维平行剪切流动时,流体中的粘性切应力与剪切应变率成线性关系.但大量实验又表明,在同样的流动状况下,并不是所有的流体都能满足这个牛顿粘性定律.在流体力学中,通常把能服从牛顿粘性定律的流体称为牛顿流体,而把有粘性但不服从牛顿粘性定律的流体称为非牛顿流体.在自然界和工程中,常见的水、空气、水蒸气、各种气体和润滑油等都属于牛顿流体,但牛奶、蜂蜜、油脂、油漆、高分子聚合物溶液、水泥浆和动物血液等则属于非牛顿流体.本书只涉及牛顿流体.

1.3.5　无粘性流体的假设

一切真实的流体都具有粘性，但流体力学的发展史和应用实践表明，并不是所有的流体力学应用问题都必须考虑流体的粘性. 根据式(1-3)，当流体的动力粘度很小而运动的速度梯度不大，或者当运动的速度梯度很小而流体的动力粘度不大时，流体中的粘性切应力就很小(或者与其他的作用力相比将是比较小的)，此时，往往可以忽略其粘性效应. 这种在流动中忽略粘性效应的流体称为无粘性流体或理想流体，此时可以简单地令流体的动力粘度 $\mu=0$. 把粘性流体假设为无粘性流体，即用理想流体替代真实流体，将使问题的处理变得简单，因而可以比较容易地得到流动的基本规律. 对于一些实际流动，如液体表面波、不脱体绕某个物体流动的压力分布及产生的升力等问题的研究中，用无粘性流体假设所得到的结果具有足够的精确度，但是，用无粘性流体的假设不能解释流动中的阻力以及能量损失实质等问题.

对于那些粘性效应不能忽略的流动问题，比较简单而实用的处理方法就是先假设流体无粘性，在得到流动的基本规律后，再用近似理论或实验方法对粘性效应进行补偿和修正.

1.3.6　流体的导热性

流体中的传热现象主要以三种方式进行：热辐射、热对流和热传导. 热辐射是通过电磁波在流体中产生热量，在绝大多数流动问题中可以不考虑热辐射，在少数确实存在热辐射的流动中，往往把它作为已知的热源项处理. 热对流是由于流体宏观运动产生的热量迁移，它分自然对流和强迫对流两种. 只有热传导是流体固有的物理性质，它是由于流体分子的热运动所产生的热能的输运现象.

无论流体运动与否，当流体中的温度分布不均匀时，由于分子的热运动，流体的热能从温度高的一层流体向温度低的一层流体输运，这种热能的输运性质称为流体的导热性.

表征流体导热性的物理定律就是傅里叶(Fourier)热传导定律，其数学表达式为

$$\boldsymbol{q}=-k\nabla T,\tag{1-4}$$

式中，$\boldsymbol{q}$ 是单位时间内通过单位面积流体的热量(又称热流密度矢量)；∇T(或写成 $\mathrm{grad}T$) 称为温度梯度，它也是一个矢量；k 称为流体的导热系数，或热导率，一般流体的导热性是各向同性的，因而它是一个标量；式中负号表示热量的流向与温度梯度的方向相反. 热流密度的单位是 $\mathrm{W/m^2=J/(s\cdot m^2)}$，温度梯度的单位是 K/m，因而导热系数的单位是 $\mathrm{W/(m\cdot K)}$.

当流体中的温度分布为一维时，例如 $T=T(y)$，则式(1-4)简化为一维的热传导

定律

$$q_y = -k \frac{dT}{dy}.$$

不同的流体,导热系数 k 值也不同,同一种流体的 k 值一般随压力和温度的不同而变化,它的值通过实验来测定.

通常情况下,液体的导热性要比气体好. 但在大多数流动问题中,由于流动中的温度梯度较小,或者是由于流动速度较快、流体来不及进行热传导等原因,常常可以忽略导热性,此时简单地令导热系数 $k=0$. 忽略导热性的流体(流动)称为绝热流体(流动). 对于假定为无粘性不可压缩的流体,它也必定可以假定为绝热流体,无粘性绝热流体的流动必定是等熵流动.

1.4 流体运动的两种描述方法及互相转换

在 1.1 节中提到通常把充满运动流体的空间称为流场.

根据流体的连续介质假设,在流场中,任一时刻、任一空间点上,总有且只有一个流体质点存在,即一个空间点对应一个流体质点. 因此,描述流体运动就有两种不同着眼点的方法,分别称为拉格朗日(Lagrange)描述法和欧拉(Euler)描述法.

1.4.1 拉格朗日描述法

这是一种着眼于流体质点的描述方法. 通过对各流体质点的运动规律(也就是它们的位置随时间变化的规律)的观察来确定整个流场的运动规律. 由于整个流场是由无数密集分布的流体质点所组成,因此,采用这种描述法时,首先必须用某种编号方法来区别不同的流体质点. 因为每一时刻,每一个流体质点都占有惟一确定的流场空间位置,因此通常利用初始时刻 $t=t_0$ 时,流体质点所处的空间坐标 (a,b,c) 作为区分不同流体质点的标号参数. 在人为选定的某种空间坐标系中,一个流体质点只有一组固定不变的 (a,b,c) 值,即不同的 (a,b,c) 值代表不同的流体质点. 有了流体质点的标号参数后,其运动规律若用矢量形式给出,则为

$$\boldsymbol{r} = \boldsymbol{r}(a,b,c,t), \tag{1-5}$$

式中,$\boldsymbol{r}$ 是流体质点的位置矢径;(a,b,c) 称为拉格朗日变数或随体坐标. 式(1-5)可在选定的空间坐标系中写成标量形式,例如,在直角坐标系中有

$$\left.\begin{aligned} x &= x(a,b,c,t), \\ y &= y(a,b,c,t), \\ z &= z(a,b,c,t), \end{aligned}\right\} \tag{1-6}$$

式(1-6)中的(a,b,c)就是指$t=t_0$时$(x,y,z)=(a,b,c)$.

在拉格朗日描述中,流体质点所具有的任一物理量B(如速度、压力、密度、温度等)都将表示为

$$B=B(a,b,c,t).\tag{1-7}$$

给出或者求得式(1-5)~式(1-7)这样的表达式是拉格朗日描述法的关键所在.

1.4.2 欧拉描述法

这是一种着眼于流场空间点的描述方法.通过在流场中各个固定空间点上对流动的观察,来确定流体质点经过该空间点时其物理量的变化规律.在同一个空间点上,虽然在不同的时刻被不同的流体质点所占据,空间点上的物理量随时间变化,但所观察到的物理量总是与该空间点位置相联系的.如果在所有不同的空间点上进行同样的观察,就可以获得整个流体物理量的空间分布及变化规律.显然,采用欧拉描述法时,流体质点的物理量B都将表示为空间坐标和时间的函数:

$$B=B(\boldsymbol{r},t)=B(q_1,q_2,q_3,t),\tag{1-8}$$

式中,(q_1,q_2,q_3)称为欧拉变数或空间坐标,$\boldsymbol{r}$是空间坐标点的矢径.在直角坐标系中,$\boldsymbol{r}=x\boldsymbol{i}+y\boldsymbol{j}+z\boldsymbol{k}$,$(q_1,q_2,q_3)=(x,y,z)$,于是

$$B=B(x,y,z,t),\tag{1-9}$$

式(1-8)或式(1-9)表示了t时刻流场各物理量的分布函数,它们所构成的是一个物理量的场,例如,速度场、加速度场、压力场和密度场等.

给出或者求得各物理量的分布函数是欧拉描述法的关键所在.对于运动流体来说,最关键的物理量是速度场$\boldsymbol{V}=\boldsymbol{V}(\boldsymbol{r},t)$.在直角坐标系中,习惯将$\boldsymbol{V}$写成$\boldsymbol{V}=u\boldsymbol{i}+v\boldsymbol{j}+w\boldsymbol{k}$,于是$\boldsymbol{V}=\boldsymbol{V}(x,y,z,t)$,或者

$$\left.\begin{aligned}u&=u(x,y,z,t),\\v&=v(x,y,z,t),\\w&=w(x,y,z,t).\end{aligned}\right\}\tag{1-10}$$

1.4.3 拉格朗日描述法与欧拉描述法之间的联系

两种描述法只是着眼点不同,实质上是等价的.如果标号参数为(a,b,c)的流体质点,在t时刻正好到达(x,y,z)这个空间点上,则有

$$B=B(x,y,z,t)=B[x(a,b,c,t),y(a,b,c,t),z(a,b,c,t),t]=B(a,b,c,t).\tag{1-11}$$

可见两者描述的是同一种流动,这说明两种描述法之间存在联系,可以互相转换(见1.5.3节).

1.5 质点的随体导数

在流体力学问题中，经常需要求解流体质点的物理量随时间的变化率，这种变化率称为质点的随体导数，也称为物质导数或质点导数. 顾名思义，随体导数就是跟随流体一起运动时所观察到的流体物理量随时间的变化率.

1.5.1 拉格朗日描述中的随体导数

在拉格朗日描述中，流体质点的物理量表示为 $B=B(a,b,c,t)$，其随体导数很直观，就是 B 对时间的偏导数：$\partial B/\partial t$. 因为 (a,b,c) 与时间 t 无关，所以，$\partial B/\partial t=\mathrm{d}B/\mathrm{d}t$. 例如，在拉格朗日描述中，流体速度 $\boldsymbol{V}$ 就是质点的位置矢径 $\boldsymbol{r}$ 对时间的偏导数

$$\boldsymbol{V}(a,b,c,t)=\frac{\partial}{\partial t}\boldsymbol{r}(a,b,c,t). \tag{1-12}$$

流体加速度 $\boldsymbol{a}$ 则为 $\boldsymbol{V}$ 对时间的偏导数

$$\boldsymbol{a}(a,b,c,t)=\frac{\partial}{\partial t}\boldsymbol{V}(a,b,c,t)=\frac{\partial^2}{\partial t^2}\boldsymbol{r}(a,b,c,t). \tag{1-13}$$

在直角坐标系中，式(1-12)和式(1-13)可写成

$$\left.\begin{aligned} u(a,b,c,t)&=\frac{\partial x(a,b,c,t)}{\partial t},\\ v(a,b,c,t)&=\frac{\partial y(a,b,c,t)}{\partial t},\\ w(a,b,c,t)&=\frac{\partial z(a,b,c,t)}{\partial t},\end{aligned}\right\} \tag{1-14}$$

和

$$\left.\begin{aligned} a_x(a,b,c,t)&=\frac{\partial u}{\partial t}=\frac{\partial^2 x}{\partial t^2},\\ a_y(a,b,c,t)&=\frac{\partial v}{\partial t}=\frac{\partial^2 y}{\partial t^2},\\ a_z(a,b,c,t)&=\frac{\partial w}{\partial t}=\frac{\partial^2 z}{\partial t^2}.\end{aligned}\right\} \tag{1-15}$$

1.5.2 欧拉描述中的随体导数

在欧拉描述中，任一流体物理量 B 在直角坐标系中表示为 $B=B(x,y,z,t)$，这里的 (x,y,z) 可以有双重意义，一方面它代表流场的空间坐标，另一方面它又代表 t

时刻某个流体质点的空间位置.根据随体导数的定义,从跟踪流体质点的角度看,x,y,z应视为时间t的函数.因此,物理量B随时间的变化率为

$$\frac{\mathrm{D}B(x,y,z,t)}{\mathrm{D}t}=\frac{\partial B}{\partial x}\frac{\partial x}{\partial t}+\frac{\partial B}{\partial y}\frac{\partial y}{\partial t}+\frac{\partial B}{\partial z}\frac{\partial z}{\partial t}+\frac{\partial B}{\partial t}.$$

利用式(1-14),上式为

$$\frac{\mathrm{D}B}{\mathrm{D}t}=u\frac{\partial B}{\partial x}+v\frac{\partial B}{\partial y}+w\frac{\partial B}{\partial z}+\frac{\partial B}{\partial t}. \tag{1-16}$$

式(1-16)可以写成与坐标系无关的矢量表达式

$$\frac{\mathrm{D}B}{\mathrm{D}t}=\frac{\partial B}{\partial t}+(\boldsymbol{V}\cdot\nabla)B, \tag{1-17}$$

其中,$\frac{\mathrm{D}}{\mathrm{D}t}=\frac{\partial}{\partial t}+(\boldsymbol{V}\cdot\nabla)$,$\frac{\mathrm{D}}{\mathrm{D}t}$称为随体导数或全导数;$\frac{\partial}{\partial t}$称为局部导数或当地导数,表示流场的非定常性,如果流动是定常的,则有$\frac{\partial}{\partial t}=0$;$(\boldsymbol{V}\cdot\nabla)$称为迁移导数或位变导数,表示流场的非均匀性,如果$\nabla B=0$,则表示$B$场是均匀的.$\nabla$称为哈密顿(Hamilton)算子,它具有矢量和微分的双重性质,在直角坐标系中,$\nabla=\frac{\partial}{\partial x}\boldsymbol{i}+\frac{\partial}{\partial y}\boldsymbol{j}+\frac{\partial}{\partial z}\boldsymbol{k}$.

根据式(1-17),在欧拉描述中,流体质点的加速度$\boldsymbol{a}$为

$$\boldsymbol{a}=\frac{\mathrm{D}\boldsymbol{V}}{\mathrm{D}t}=\frac{\partial \boldsymbol{V}}{\partial t}+(\boldsymbol{V}\cdot\nabla)\boldsymbol{V}. \tag{1-18}$$

式(1-18)说明,在流场的欧拉描述中,流体质点的加速度由两部分组成:第一部分$\frac{\partial \boldsymbol{V}}{\partial t}$称为局部加速度或当地加速度,它表示在同一空间点上流体速度随时间的变化率,对于定常速度场,有$\frac{\partial \boldsymbol{V}}{\partial t}=0$;第二部分$(\boldsymbol{V}\cdot\nabla)\boldsymbol{V}$称为迁移加速度或位变加速度,它表示在同一时刻由于不同空间点的流体速度差异而产生的速度变化率,对均匀的速度场,有$(\boldsymbol{V}\cdot\nabla)\boldsymbol{V}=0$.

在直角坐标系中

$$\boldsymbol{a}(x,y,z,t)=\frac{\mathrm{D}}{\mathrm{D}t}\boldsymbol{V}(x,y,z,t)=\frac{\partial \boldsymbol{V}}{\partial t}+u\frac{\partial \boldsymbol{V}}{\partial x}+v\frac{\partial \boldsymbol{V}}{\partial y}+w\frac{\partial \boldsymbol{V}}{\partial z}, \tag{1-19}$$

或写成分量形式

$$\left.\begin{aligned}a_x&=\frac{\partial u}{\partial t}+u\frac{\partial u}{\partial x}+v\frac{\partial u}{\partial y}+w\frac{\partial u}{\partial z},\\a_y&=\frac{\partial v}{\partial t}+u\frac{\partial v}{\partial x}+v\frac{\partial v}{\partial y}+w\frac{\partial v}{\partial z},\\a_z&=\frac{\partial w}{\partial t}+u\frac{\partial w}{\partial x}+v\frac{\partial w}{\partial y}+w\frac{\partial w}{\partial z},\end{aligned}\right\} \tag{1-20}$$

式(1-18)在柱坐标系和球柱坐标系中的表达式见附录Ⅱ.

1.5.3 拉格朗日描述法与欧拉描述法的互相转换

拉格朗日描述法与欧拉描述法之间具有联系,可以互相转换.

1. 由拉格朗日描述转换为欧拉描述

在直角坐标系中,这个转换过程可以归结为:已知流体质点的运动规律

$$\left.\begin{aligned} x &= x(a,b,c,t), \\ y &= y(a,b,c,t), \\ z &= z(a,b,c,t), \end{aligned}\right\} \tag{1-21}$$

以及流体物理量的拉格朗日描述 $B = B(a,b,c,t)$,求流体物理量的欧拉描述 $B = B(x,y,z,t)$.

对于式(1-21),如果其函数行列式满足下列关系:

$$\frac{\partial(x,y,z)}{\partial(a,b,c)} = \begin{vmatrix} \dfrac{\partial x}{\partial a} & \dfrac{\partial y}{\partial a} & \dfrac{\partial z}{\partial a} \\ \dfrac{\partial x}{\partial b} & \dfrac{\partial y}{\partial b} & \dfrac{\partial z}{\partial b} \\ \dfrac{\partial x}{\partial c} & \dfrac{\partial y}{\partial c} & \dfrac{\partial z}{\partial c} \end{vmatrix} \neq 0 \text{ 或 } \infty,$$

则可以从式(1-21)反解得到

$$\left.\begin{aligned} a &= a(x,y,z), \\ b &= b(x,y,z), \\ c &= c(x,y,z), \end{aligned}\right\} \tag{1-22}$$

把式(1-22)代入 $B = B(a,b,c,t)$ 即完成了转换.

当式(1-21)在形式上比较简单时,这种转换也就比较容易.

例 1.1 已知一平面流动的拉格朗日描述为

$$x = ae^{t}, \quad y = be^{-t}, \tag*{①}$$

求流动速度和加速度的欧拉描述.

解 从已知条件可见,在本例中,$t=0$:$(x,y)=(a,b)$,根据式(1-14)和式(1-15),该流动的速度和加速度的拉格朗日描述为

$$u = \frac{\partial x}{\partial t} = ae^{t}, \quad v = \frac{\partial y}{\partial t} = -be^{-t}, \tag*{②}$$

$$a_x = \frac{\partial u}{\partial t} = ae^{t}, \quad a_y = \frac{\partial v}{\partial t} = be^{-t}, \tag*{③}$$

按求解程序,首先要计算式①的函数行列式以判别是否存在单值解.

因为

$$\frac{\partial(x,y)}{\partial(a,b)}=\begin{vmatrix}\dfrac{\partial x}{\partial a} & \dfrac{\partial y}{\partial a}\\ \dfrac{\partial x}{\partial b} & \dfrac{\partial y}{\partial b}\end{vmatrix}=\begin{vmatrix}\mathrm{e}^{t} & 0\\ 0 & \mathrm{e}^{-t}\end{vmatrix}=1\quad(\neq 0,\infty)$$

所以,可反解得到

$$a = x\mathrm{e}^{-t},\quad b = y\mathrm{e}^{t}. \tag{④}$$

本例中,式①很简单,不通过上述程序也立即可得式④.

将式④代入式②和式③,即可得速度和加速度的欧拉描述

$$u = x,\quad v = -y, \tag{⑤}$$

$$a_x = x,\quad a_y = y, \tag{⑥}$$

式⑥也可以从式⑤出发,根据随体导数公式(1-20)来计算.

2. 由欧拉描述转换为拉格朗日描述

这种转换的最典型过程就是已知在直角坐标系中,流动的速度场(也就是欧拉描述)为:$\boldsymbol{V}=\boldsymbol{V}(x,y,z,t)$,或者已知:$u=u(x,y,z,t)$, $v=v(x,y,z,t)$, $w=w(x,y,z,t)$和$B=B(x,y,z,t)$,求流体质点的运动规律及$B=B(a,b,c,t)$.

根据式(1-12)或式(1-14),流体质点的速度为$\boldsymbol{V}=\mathrm{d}\boldsymbol{r}/\mathrm{d}t$,或者

$$\left.\begin{aligned}\frac{\mathrm{d}x}{\mathrm{d}t}&=u(x,y,z,t),\\ \frac{\mathrm{d}y}{\mathrm{d}t}&=v(x,y,z,t),\\ \frac{\mathrm{d}z}{\mathrm{d}t}&=w(x,y,z,t),\end{aligned}\right\} \tag{1-23}$$

在u、v、w已知的情况下,式(1-23)构成一个一阶的常微分方程组.

求解后可得

$$\left.\begin{aligned}x&=x(c_1,c_2,c_3,t),\\ y&=y(c_1,c_2,c_3,t),\\ z&=z(c_1,c_2,c_3,t),\end{aligned}\right\} \tag{1-24}$$

式中的c_1,c_2,c_3为积分常数,它们应由初始条件来确定.若设$t=t_0$(可根据需要自定,通常设$t=0$)时,$(x,y,z)=(a,b,c)$,即设

$$\left.\begin{aligned}a&=x(c_1,c_2,c_3,t_0),\\ b&=y(c_1,c_2,c_3,t_0),\\ c&=z(c_1,c_2,c_3,t_0),\end{aligned}\right\} \tag{1-25}$$

解式(1-25)可得

$$\left.\begin{aligned} c_1 &= c_1(a,b,c,t_0),\\ c_2 &= c_2(a,b,c,t_0),\\ c_3 &= c_3(a,b,c,t_0). \end{aligned}\right\} \tag{1-26}$$

把式(1-26)代入式(1-24)即得到欧拉变数与拉格朗日变数之间的关系式

$$\left.\begin{aligned} x &= x(a,b,c,t),\\ y &= y(a,b,c,t),\\ z &= z(a,b,c,t). \end{aligned}\right\} \tag{1-27}$$

这就是流体质点的运动规律，也就是运动的拉格朗日描述. 只要把式(1-27)代入$B=B(x,y,z,t)$就完成了转换. 在上述的转换过程中，获得一阶常微分方程组式(1-23)的解析解是关键所在.

例 1.2 已知一平面流动的速度分布(即欧拉描述)为

$$u = x + t,\quad v = -y - t, \qquad ①$$

和初始条件：$t=0$ 时 $(x,y)=(a,b)$，求流动速度和加速度的拉格朗日描述.

解 根据式(1-23)，有

$$\frac{\mathrm{d}x}{\mathrm{d}t} = x + t, \qquad ②$$

$$\frac{\mathrm{d}y}{\mathrm{d}t} = -y - t, \qquad ③$$

在本例中，式②和式③为各自独立的一阶常微分方程，可分别求解得到

$$\left.\begin{aligned} x &= c_1\mathrm{e}^t - t - 1,\\ y &= c_2\mathrm{e}^{-t} - t + 1. \end{aligned}\right\} \qquad ④$$

根据已知的初始条件：$t=0$ 时 $(x,y)=(a,b)$，即得

$$c_1 = a + 1,\quad c_2 = b - 1, \qquad ⑤$$

代入式④得

$$\left.\begin{aligned} x &= (a+1)\mathrm{e}^t - t - 1,\\ y &= (b-1)\mathrm{e}^{-t} - t + 1. \end{aligned}\right\} \qquad ⑥$$

这是流体质点的运动规律，也就是流动拉格朗日描述的关键表达式.

若要求速度和加速度的拉格朗日描述，可对式⑥直接求偏导得到

$$u = \frac{\partial x}{\partial t} = (a+1)\mathrm{e}^t - 1,\quad v = \frac{\partial y}{\partial t} = -(b-1)\mathrm{e}^{-t} - 1,$$

$$a_x = \frac{\partial^2 x}{\partial t^2} = (a+1)\mathrm{e}^t,\quad a_y = \frac{\partial^2 y}{\partial t^2} = (b-1)\mathrm{e}^{-t}.$$

需要强调的是，拉格朗日描述法与欧拉描述法是同一种流动的两种描述法，在解决具体流动问题时，一般只要选择其中一种即可. 在流体的连续介质假设下，采用欧拉描述法要比拉格朗日描述法优越，其原因有三条：一是欧拉描述法表示的是物理量的场，便于采用场论这一数学工具来研究；二是采用欧拉描述法时，流动加速度是

一阶导数，而采用拉格朗日描述法时变为二阶导数，换言之，采用欧拉法描述控制流体运动的偏微分方程组要比采用拉格朗日描述法低一阶，相应的边界条件和数学处理会变得容易一些；三是在大多数的工程实际流动中，并不关心每一个流体质点的来龙去脉.如果有的问题一定要求出每一个流体质点的运动规律，那么，只要在得到速度分布后，通过从欧拉描述到拉格朗日描述的转换即可.

本书在以后的内容中，若没有特别说明，均采用欧拉描述法.

1.6 迹线与流线、流管与流量

在表示流场的理论分析、实验或数值计算结果时，常常采用直观形象的几何图像来描述.其中用得最多的是迹线、流线和脉线.

1.6.1 迹线

迹线是流体质点在流场中运动的轨迹，也就是流体质点运动位置的几何表示.显然，迹线的概念是着眼于流体质点，因此，采用拉格朗日描述法时，质点的位置矢径表达式：$\boldsymbol{r}=\boldsymbol{r}(a,b,c,t)$，或在直角坐标系中的分量表达式：

$$x = x(a,b,c,t),\quad y = y(a,b,c,t),\quad z = z(a,b,c,t),$$

就是流体质点迹线的参数方程.例如，在例1.1中，$x=ae^t$，$y=be^{-t}$，就表示了$t=0$时位于(a,b)点上的流体质点的运动轨迹.在本例中可消去t，则得：$xy=ab$，说明在此流动中，流体质点的迹线是一条平面双曲线，凡是$t=0$时位于(a,b)点上的流体质点都将沿此双曲线运动.

当流动采用欧拉描述时，求流场中迹线的过程就是从欧拉描述转换为拉格朗日描述的过程.因此，迹线的微分方程可表示为

$$\mathrm{d}\boldsymbol{r} = \boldsymbol{V}\mathrm{d}t, \tag{1-28}$$

式中，$\mathrm{d}\boldsymbol{r}$是迹线上的微元弧长矢量，$\boldsymbol{V}$是在欧拉描述下的速度矢量.

在直角坐标系中，式(1-28)可以写成

$$\left.\begin{aligned}\frac{\mathrm{d}x}{\mathrm{d}t} &= u(x,y,z,t),\\ \frac{\mathrm{d}y}{\mathrm{d}t} &= v(x,y,z,t),\\ \frac{\mathrm{d}z}{\mathrm{d}t} &= w(x,y,z,t),\end{aligned}\right\} \tag{1-29}$$

或者

$$\frac{\mathrm{d}x}{u(x,y,z,t)}=\frac{\mathrm{d}y}{v(x,y,z,t)}=\frac{\mathrm{d}z}{w(x,y,z,t)}=\mathrm{d}t. \tag{1-30}$$

只要注意到式(1-28)～式(1-30)中,应把 x,y,z 都看成是 t 的函数,通过求解常微分方程组就可以得到迹线的代数表达式.

1.6.2 流线

流线是流场中这样的一条曲线：某一时刻,位于该曲线上的所有流体质点的运动方向都与这条曲线相切.显然,流线是流体运动速度分布的几何表示.流线的微分方程可表示为

$$\mathrm{d}\boldsymbol{r}\times\boldsymbol{V}=0, \tag{1-31}$$

式中,$\boldsymbol{V}$ 为某一时刻 t、流场中任一点处的速度矢量,$\mathrm{d}\boldsymbol{r}$ 为通过该点的流线上的微元弧长矢量,根据流线的定义,$\mathrm{d}\boldsymbol{r}/\!/\boldsymbol{V}$,故得式(1-31).

在直角坐标系中,$\mathrm{d}\boldsymbol{r}=\mathrm{d}x\boldsymbol{i}+\mathrm{d}y\boldsymbol{j}+\mathrm{d}z\boldsymbol{k}$,$\boldsymbol{V}=u\boldsymbol{i}+v\boldsymbol{j}+w\boldsymbol{k}$,因而有

$$\frac{\mathrm{d}x}{u(x,y,z,t)}=\frac{\mathrm{d}y}{v(x,y,z,t)}=\frac{\mathrm{d}z}{w(x,y,z,t)}. \tag{1-32}$$

这是 t 时刻流线的微分方程,积分后就是流线方程.需要指出的是,流线是对同一时刻而言的,因此,式(1-32)在积分时,应将时间 t 看成常参数(参变量).

例 1.3 已知一平面流动的速度分布为

$$u=-y+t\ ,\ v=x, \qquad ①$$

求：(1) $t=0$ 时,过平面(1,1)点的流体质点的迹线；

(2) $t=0$ 时,过平面(1,1)点的流线,并以图示之.

解 (1) 由迹线微分方程式(1-29)得

$$\frac{\mathrm{d}x}{\mathrm{d}t}=-y+t, \qquad ②$$

$$\frac{\mathrm{d}y}{\mathrm{d}t}=x. \qquad ③$$

和例 1.2 不同,在本例中,式②和式③是互相耦合的,不能各自独立求解.通过式③两边再对 t 求导一次,并用式②代入,可得到

$$\frac{\mathrm{d}^2y}{\mathrm{d}t^2}+y=t. \qquad ④$$

这是一个二阶线性非齐次的常微分方程,其解为

$$y=c_1\sin t+c_2\cos t+t, \qquad ⑤$$

再由式③得

$$x=c_1\cos t-c_2\sin t+1. \qquad ⑥$$

对于 $t=0$ 时,过(1,1)点的流体质点,可得积分常数 $c_1=0$,$c_2=1$,则所求迹线

(参数)方程为

$$\left.\begin{aligned} x &= 1 - \sin t, \\ y &= \cos t + t, \end{aligned}\right\} \tag{⑦}$$

或者化为

$$(1-x)^2 + (y-t)^2 = 1. \tag{⑧}$$

(2) 由流线微分方程式(1-32)得

$$\frac{\mathrm{d}x}{-y+t} = \frac{\mathrm{d}y}{x}, \tag{⑨}$$

即

$$x\mathrm{d}x = (t-y)\mathrm{d}y.$$

由于上式积分时,将 t 看作常参数,因此有

$$x^2 + (y-t)^2 = c, \tag{⑩}$$

式中 c 是积分常数,由某时刻流线上通过的已知点位置来确定.不同的常数代表同一时刻过不同点的流线,因此,同一时刻,整个流场中将会有无数多条流线(流线簇)构成流动图景,称为流谱.对于本例所求的 $t=0$,由式⑩得到:$x^2+y^2=c$,说明在本例中,$t=0$ 时流场中的流谱是如图1-3所示的以原点为中心的同心圆簇.

对于过(1,1)点的流线,则根据式⑩,由 $(x,y)=(1,1)$ 的条件可以得到 $c=1+(1-t)^2$,于是流线为 $x^2+(y-t)^2=1+(1-t)^2$,说明该流动中,过(1,1)点的流线随时间 t 而变化.

对于 $t=0$ 时,过(1,1)点的流线,则为:$x^2+y^2=2$ 的这条流线,该线为图1-3中的实线.在画流线时,要同时画上流动方向,否则就会失去画流线的意义.如果把连续的流线改用带箭头的间断短线来表示的话,还可以用短线的长度和密集程度来表示各点上速度的大小与变化.

由流线与迹线的定义及其微分方程式并结合例1.3,可见流线具有下列特性:

(1) 在某一时刻,过某一空间点只能有一条流线,这称为流线的惟一性.换言之,在一般情况下,流线不能相交或分支.这是因为流场中的速度具有单值性,即在某一时刻、某一点上只能有一个流体速度的大小与方向.但在流体的连续介质假设下,允许流场中在孤立的点、线、面上存在物理量的不连续,因此,流场中可能会出现三种使流线相交或分支的点,一是速度为零的点,称为驻点;二是速度趋于无穷大的点,称为奇点;三是一种使流线相切的点,即在该点上有两个方向相同而大小不同的流体速度,称为速度的间断点.

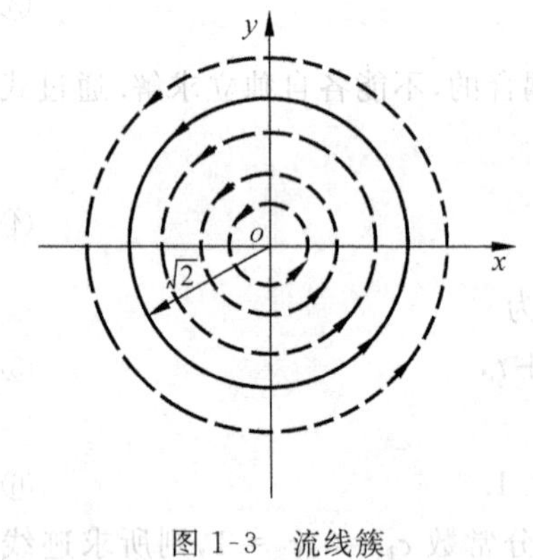

图1-3 流线簇

(2) 对于非定常流动,流线具有瞬时性,即过一点的流线的形状随时间而变.

(3) 在一般情况下,流线与迹线不重合.这是因为两者的概念不同,描述的微分方程形式也不同.迹线是对同一个流体质点的不同时刻而言,而流线是对同一时刻的不同流体质点而言.但是,当流动为定常时,流线与迹线在几何上重合.

例 1.4 已知一平面流动的速度分布为

$$u = -x, \quad v = y + 1,$$

求一般形式的迹线与流线方程.

解 由迹线的微分方程式(1-29)可知

$$\frac{\mathrm{d}x}{\mathrm{d}t} = -x, \quad \frac{\mathrm{d}y}{\mathrm{d}t} = y + 1,$$

上两式可各自独立求解得到 $x = c_1 \mathrm{e}^{-t}, y + 1 = c_2 \mathrm{e}^{t}$, 消去 t 得到

$$x(y + 1) = c_1 c_2 = c.$$

这就是迹线的一般形式.

由流线的微分方程式(1-32)可得

$$\frac{\mathrm{d}x}{-x} = \frac{\mathrm{d}y}{y + 1},$$

解之得到

$$x(y + 1) = c.$$

这就是流线的一般形式,和迹线的形式相同,这是因为在本例中,$\partial u/\partial t = \partial v/\partial t = 0$,流动是定常的.

1.6.3 脉线

在流场的几何描述中,还有一种叫脉线.在一段时间内,会有不同的流体质点相继经过同一空间固定点,在某一瞬时将这些质点所处的位置点光滑连结而成的曲线就称为脉线.如果该空间固定点是一个施放染色的源点,则在某一瞬时观察到的是一条有色的脉线,因此,脉线又称染色线.在流体力学的实验技术中(详见第 11 章),有好几种使脉线可视化的方法,例如,利用随流而动的染色液、烟丝、氢气泡等来显示流动图像,通过结合现代数字摄像技术和计算机图像处理,能使流场的几何描述更形象、更生动.

脉线的方程可仿照迹线的描述方法来导出,这里不再细述.需要强调的是,当流动为定常时,流场中的脉线、迹线和流线在几何上三者重合,此时,流场可视化得到的也就是流线和迹线.

1.6.4　流管与流束

流线只是一个几何的概念，虽然可以用流线段的长短和疏密分布来显示流速的大小与变化，但毕竟是定性的．为了定量说明在不同速度下流过的流体量，还必须引进流面、流管和流束的概念．

1．流面

在流场中作一条不是流线又不自相交的空间任意曲线 L，在某一时刻，过此曲线的每一点作流线，这些无数多密集分布的流线所构成的曲面称为流面．流面具有与流线相仿的特性，即在某一时刻，过一条非流线的曲线只有一个流面；当流动为非定常时，过该曲线的流面形状随时间而变化．另外，流体不能穿越流面，流面如同一个不可渗透的固壁面，或者说，流体在垂直流面方向上的速度为零．

2．流管与流束

如果上述非流线的曲线 L 是自行封闭的，则流面成为一种管状的曲面，习惯上将此管状曲面连同管内的流体合称为流管，把最外层管状流面称为流管侧表面，如图 1-4 所示．显然，流管中流体的流动就像在不可渗透的固壁面管道或槽道中的流动一样．

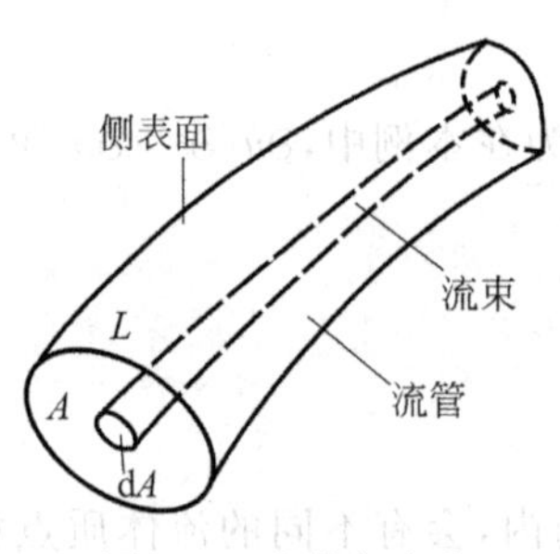

图 1-4　流管与流束

流管仍然具有与流线类似的性质，即在一般情况下流管不能相交，当流动为定常时，流管一经构成其位置和形状就保持不变．流管还有一个很重要的特性，即流管不能在流场的内部中断，因为在流场内部的流管中充满着运动的流体，流管中断，意味着通流截面趋向于零，而流管侧表面又不能让流体通过，只有使流动速度趋于无穷大，这是不符合实际的．但流管可以在流场内部自行封闭成环形，或伸长到无穷远处，或终止于流场的边界上（如固壁面或自由液面等）．

以 L 为周界可以作许多的面，统称为流管的截面，它们的形状可为曲面或平面，一般来说，截面上各点的速度大小和方向不一定相同．如果在截面上的流速方向处处与该面垂直，则称这种截面为有效截面或过流断面．

截面面积很小的流管称为微元流管或流束，其极限就是一条流线．对于流束，可以认为其截面上的速度处处相同，且将此微小截面看成是平面．

3. 流量与平均流速

单位时间内通过某一空间曲面的流体体积称为体积流量;单位时间内通过某一空间曲面的流体质量称为质量流量.

如图1-5所示,在有限截面A上取一微元截面积dA,视dA为平面,其法向单位矢量以$\boldsymbol{n}$表示,dA上的速度和密度也可视为相同,以$\mathbf{V}$和ρ表示,则通过dA面的体积流量和质量流量可分别表示为

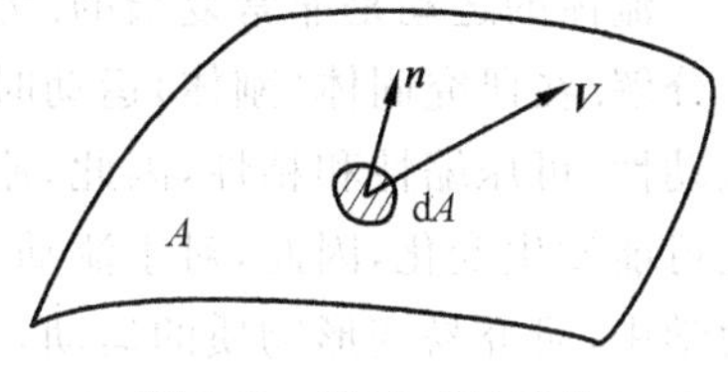

图1-5 过A面的流量

$$dQ = \mathbf{V} \cdot \boldsymbol{n}\, dA,$$

与

$$dQ_m = \rho \mathbf{V} \cdot \boldsymbol{n}\, dA.$$

过整个A面的流量则为

$$Q = \int_A \mathbf{V} \cdot \boldsymbol{n}\, dA, \tag{1-33}$$

与

$$Q_m = \int_A \rho\, \mathbf{V} \cdot \boldsymbol{n}\, dA, \tag{1-34}$$

Q的单位是m^3/s,Q_m的单位是kg/s.

当流体为$\rho=$常数的不可压缩流体时,则有$Q_m=\rho Q$. 因此,在不可压缩流动中通常使用体积流量,例如,在江河、水管、风机和泵等流体机械中,均采用以m^3/s为单位的体积流量.

由式(1-33),还可以引入一个截面平均流速V,它定义为

$$V = \frac{Q}{A} = \frac{1}{A}\int_A \mathbf{V} \cdot \boldsymbol{n}\, dA. \tag{1-35}$$

因为流量Q的测量要比速度分布$\mathbf{V}$的测量方便得多,因此,在工程计算中,使用平均速度V会带来很大的方便.

1.7 运动流体的应变率张量

在1.3节讨论流体的粘性时,曾经提到过速度梯度du/dy,它是流体作一维平行剪切流动时,流体的一个剪切应变率分量. 在本节中,将讨论流体作任意运动时的运动学特性,重点介绍运动流体的应变率张量及其各分量的物理意义.

1.7.1　亥姆霍兹速度分解定理

流体的运动是非常复杂的. 为了掌握和分析流体复杂运动的规律，必须对运动进行分解. 在研究固体(刚体)运动时，把运动分解为平移和转动两部分. 但流体具有易流动性、可压缩性和粘性，因此，流体在运动过程中，不仅没有一定的形状而且其体积还可能发生变化，因此，对于流动，除了平移和转动运动外，一般还具有变形运动. 在力学中，研究易变形物质的运动，常常采用微元体的分析方法. 而在流体力学中，则是从分析流体微团的运动着手的.

所谓流体微团是指由足够多的连续分布的流体质点所组成、具有线形尺度效应的流体团. 对于一定的流体微团，在初始时刻具有一定的质量和体积，但形状可根据需要取作为规则的六面体或任意形状.

如图 1-6 所示，在 t 时刻，从流场中包含 M_0 点处取一个流体微团. 设 M_0 点的空间坐标为 $\boldsymbol{r}=(x,y,z)$，M_0 点上流体的运动速度为

$$\boldsymbol{V}(M_0)=\boldsymbol{V}_0(x,y,z,t)=u_0(x,y,z,t)\boldsymbol{i}+v_0(x,y,z,t)\boldsymbol{j}+w_0(x,y,z,t)\boldsymbol{k}$$

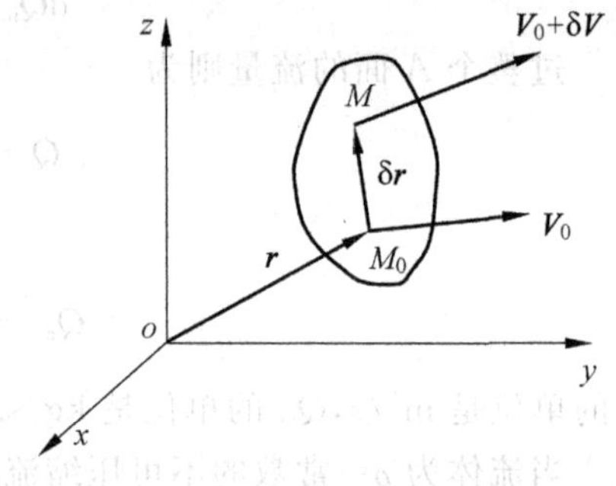

图 1-6　相对速度示意图

于同一时刻 t，在 M_0 点邻近再取一点 M，M 点的坐标点矢径为 $\boldsymbol{r}+\delta\boldsymbol{r}=(x+\delta x,y+\delta y,z+\delta z)$. M 点上流体速度可表示为 $\boldsymbol{V}(M)=\boldsymbol{V}(x+\delta x,y+\delta y,z+\delta z,t)$. 由于 $|\delta r|$ 很小，当 $\boldsymbol{V}$ 为连续分布函数且各阶偏导数存在时，则 $\boldsymbol{V}(M)$ 可以在 M_0 点展开成多元函数的泰勒(Taylor)级数，在略去 $(\delta x)^2$ 等二阶以上小量后有

$$\boldsymbol{V}(M)=\boldsymbol{V}_0+\frac{\partial V}{\partial x}\delta x+\frac{\partial V}{\partial y}\delta y+\frac{\partial V}{\partial z}\delta z=\boldsymbol{V}_0+\delta\boldsymbol{V}, \tag{1-36}$$

其中

$$\delta\boldsymbol{V}=\frac{\partial V}{\partial x}\delta x+\frac{\partial V}{\partial y}\delta y+\frac{\partial V}{\partial z}\delta z, \tag{1-37}$$

或

$$\left.\begin{aligned}\delta u&=\frac{\partial u}{\partial x}\delta x+\frac{\partial u}{\partial y}\delta y+\frac{\partial u}{\partial z}\delta z,\\ \delta v&=\frac{\partial v}{\partial x}\delta x+\frac{\partial v}{\partial y}\delta y+\frac{\partial v}{\partial z}\delta z,\\ \delta w&=\frac{\partial w}{\partial x}\delta x+\frac{\partial w}{\partial y}\delta y+\frac{\partial w}{\partial z}\delta z.\end{aligned}\right\} \tag{1-38}$$

显然，$\delta\boldsymbol{V}$ 表示了 t 时刻，M 点相对于 M_0 点的相对运动速度. 根据泰勒展开式，

式(1-38)中的九个偏导数都在 t 时刻、$M_0(x,y,z)$ 点上取值.

式(1-38)也可用矩阵运算方法表示：

$$\begin{bmatrix}\delta u\\ \delta v\\ \delta w\end{bmatrix}=\begin{bmatrix}\dfrac{\partial u}{\partial x} & \dfrac{\partial u}{\partial y} & \dfrac{\partial u}{\partial z}\\ \dfrac{\partial v}{\partial x} & \dfrac{\partial v}{\partial y} & \dfrac{\partial v}{\partial z}\\ \dfrac{\partial w}{\partial x} & \dfrac{\partial w}{\partial y} & \dfrac{\partial w}{\partial z}\end{bmatrix}\begin{bmatrix}\delta x\\ \delta y\\ \delta z\end{bmatrix}. \tag{1-39}$$

根据矩阵运算法则，可以把上式中由九个偏导数组成的方阵分解为一个对称方阵和一个反对称方阵

$$\begin{aligned}\begin{bmatrix}\dfrac{\partial u}{\partial x} & \dfrac{\partial u}{\partial y} & \dfrac{\partial u}{\partial z}\\ \dfrac{\partial v}{\partial x} & \dfrac{\partial v}{\partial y} & \dfrac{\partial v}{\partial z}\\ \dfrac{\partial w}{\partial x} & \dfrac{\partial w}{\partial y} & \dfrac{\partial w}{\partial z}\end{bmatrix} &= \begin{bmatrix}\dfrac{\partial u}{\partial x} & \dfrac{1}{2}\left(\dfrac{\partial u}{\partial y}+\dfrac{\partial v}{\partial x}\right) & \dfrac{1}{2}\left(\dfrac{\partial u}{\partial z}+\dfrac{\partial w}{\partial x}\right)\\ \dfrac{1}{2}\left(\dfrac{\partial v}{\partial x}+\dfrac{\partial u}{\partial y}\right) & \dfrac{\partial v}{\partial y} & \dfrac{1}{2}\left(\dfrac{\partial v}{\partial z}+\dfrac{\partial w}{\partial y}\right)\\ \dfrac{1}{2}\left(\dfrac{\partial w}{\partial x}+\dfrac{\partial u}{\partial z}\right) & \dfrac{1}{2}\left(\dfrac{\partial w}{\partial y}+\dfrac{\partial v}{\partial z}\right) & \dfrac{\partial w}{\partial z}\end{bmatrix}\\ &+\begin{bmatrix}0 & \dfrac{1}{2}\left(\dfrac{\partial u}{\partial y}-\dfrac{\partial v}{\partial x}\right) & \dfrac{1}{2}\left(\dfrac{\partial u}{\partial z}-\dfrac{\partial w}{\partial x}\right)\\ \dfrac{1}{2}\left(\dfrac{\partial v}{\partial x}-\dfrac{\partial u}{\partial y}\right) & 0 & \dfrac{1}{2}\left(\dfrac{\partial v}{\partial z}-\dfrac{\partial w}{\partial y}\right)\\ \dfrac{1}{2}\left(\dfrac{\partial w}{\partial x}-\dfrac{\partial u}{\partial z}\right) & \dfrac{1}{2}\left(\dfrac{\partial w}{\partial y}-\dfrac{\partial v}{\partial z}\right) & 0\end{bmatrix},\end{aligned} \tag{1-40}$$

式(1-40)也可以用张量分解定理来得到(见附录 I).

为了简单明了，现定义一些符号与量，令

$$\varepsilon_{xx}=\frac{\partial u}{\partial x},\ \varepsilon_{yy}=\frac{\partial v}{\partial y},\ \varepsilon_{zz}=\frac{\partial w}{\partial z},$$

$$\left.\begin{aligned}\varepsilon_{xy}=\varepsilon_{yx}&=\frac{1}{2}\left(\frac{\partial u}{\partial y}+\frac{\partial v}{\partial x}\right),\\ \varepsilon_{xz}=\varepsilon_{zx}&=\frac{1}{2}\left(\frac{\partial u}{\partial z}+\frac{\partial w}{\partial x}\right),\\ \varepsilon_{yz}=\varepsilon_{zy}&=\frac{1}{2}\left(\frac{\partial v}{\partial z}+\frac{\partial w}{\partial y}\right),\end{aligned}\right\} \tag{1-41}$$

$$\left.\begin{aligned}\Omega_x&=\frac{1}{2}\left(\frac{\partial w}{\partial y}-\frac{\partial v}{\partial z}\right),\\ \Omega_y&=\frac{1}{2}\left(\frac{\partial u}{\partial z}-\frac{\partial w}{\partial x}\right),\\ \Omega_z&=\frac{1}{2}\left(\frac{\partial v}{\partial x}-\frac{\partial u}{\partial y}\right).\end{aligned}\right\} \tag{1-42}$$

把上述各式代入式(1-40)和式(1-39)，可以得到

$$\left.\begin{aligned}\delta u &= \varepsilon_{xx}\delta x + \varepsilon_{xy}\delta y + \varepsilon_{xz}\delta z + \Omega_y \delta z - \Omega_z \delta y,\\ \delta v &= \varepsilon_{yx}\delta x + \varepsilon_{yy}\delta y + \varepsilon_{yz}\delta z + \Omega_z \delta x - \Omega_x \delta z,\\ \delta w &= \varepsilon_{zx}\delta x + \varepsilon_{zy}\delta y + \varepsilon_{zz}\delta z + \Omega_x \delta y - \Omega_y \delta x,\end{aligned}\right\} \tag{1-43}$$

或写成矢量表达式

$$\delta \boldsymbol{V} = \boldsymbol{E} \cdot \delta \boldsymbol{r} + \boldsymbol{\Omega} \times \delta \boldsymbol{r}. \tag{1-44}$$

把式(1-44)代入式(1-36)即得

$$\boldsymbol{V}(M) = \boldsymbol{V}_0(M_0) + \boldsymbol{E} \cdot \delta \boldsymbol{r} + \boldsymbol{\Omega} \times \delta \boldsymbol{r}. \tag{1-45}$$

这就是流体力学中的亥姆霍兹(Helmholtz)速度分解定理,式中 $\boldsymbol{\Omega}$ 为流体的转动角速度矢量,$\boldsymbol{E}$ 为流体的应变率张量或变形速率张量. 从引入过程可以看到,与速度 $\boldsymbol{V}_0(M_0)$ 一样,$\boldsymbol{\Omega}$ 和 $\boldsymbol{E}$ 都是 t 时刻在 $M_0(x,y,z)$ 点上取值,因此,它们也是流体中的一种物理场量. 只不过 $\boldsymbol{E}$ 是一个由九个分量构成的张量物理量. 按数学上的定义,$\boldsymbol{E}$ 是一个对称的二阶张量(见附录Ⅰ).

在直角坐标系中,$\boldsymbol{\Omega}$ 和 $\boldsymbol{E}$ 可分别写成

$$\left.\begin{aligned}\boldsymbol{\Omega} &= \Omega_x \boldsymbol{i} + \Omega_y \boldsymbol{j} + \Omega_z \boldsymbol{k},\\ \boldsymbol{E} &= \begin{bmatrix}\varepsilon_{xx} & \varepsilon_{xy} & \varepsilon_{xz}\\ \varepsilon_{yx} & \varepsilon_{yy} & \varepsilon_{yz}\\ \varepsilon_{zx} & \varepsilon_{zy} & \varepsilon_{zz}\end{bmatrix}.\end{aligned}\right. \tag{1-46}$$

1.7.2 流体微团的运动分析

流体中运动的分解并不是惟一的,只是亥姆霍兹速度分解定理具有较清晰的物理意义.

现假设所选取的流体微团是一个正六面体,这是一个适合于在直角坐标系中进行运动分析的微元体形状. 为了简单明了,如图 1-7 所示,设 $abcd$ 为流体微团在 xoy 平面上的投影. 根据速度分解定理,如果在 t 时刻,位于 xoy 平面上 $a(x,y)$ 点处的速度在 x 和 y 方向上的分量分别为 u 和 v,那么,同一时刻,在相邻的 b、c、d 点上的速度分量则如图 1-7(a)所标注.

由于在同一时刻矩形的 a、b、c、d 四点上的速度不同,因此,经过 Δt 时刻,此矩形将变形为近似的平行四边形,如图 1-7(b)所示. 可以想象,原来所选取的正六面体流体微团,经过 Δt 时刻后,将变形为近似的斜平面六面体. 由于 Δt 取得无限小,因此,可以认为原来构成微元六面体的线和面保持了线的连续性和面的光滑性.

1. 线变形分析

若在流动中,只有 x 方向的速度 u 以及 $\partial u/\partial x$ 不为零,则在 Δt 时刻后,运动的流体微团只有 ab 边在 x 方向上发生了相对伸长,如图 1-8 所示. ab 边的相对伸长

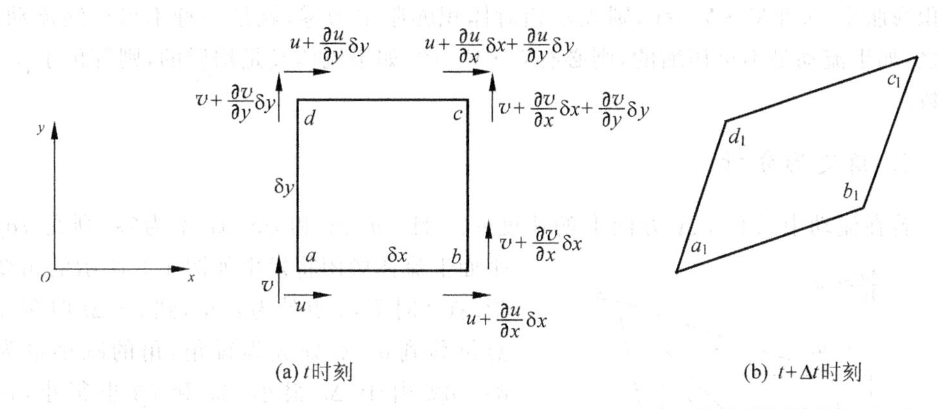

图 1-7 流体微团的运动分析

率——线应变率为

$$\frac{a_1b_1-ab}{ab\cdot\Delta t}=\frac{bb_1-aa_1}{ab\cdot\Delta t}=\frac{\left(u+\dfrac{\partial u}{\partial x}\delta x\right)\Delta t-u\Delta t}{\delta x\cdot\Delta t}=\frac{\dfrac{\partial u}{\partial x}\delta x\cdot\Delta t}{\delta x\cdot\Delta t}=\frac{\partial u}{\partial x}=\varepsilon_{xx}. \tag{1-47}$$

这说明 $\varepsilon_{xx}=\partial u/\partial x$ 表示运动流体沿 x 方向的线(正)应变率.同理可知,$\varepsilon_{yy}=\partial v/\partial y$ 表示运动流体沿 y 方向的线(正)应变率;$\varepsilon_{zz}=\partial w/\partial z$ 表示运动流体沿 z 方向的线(正)应变率.

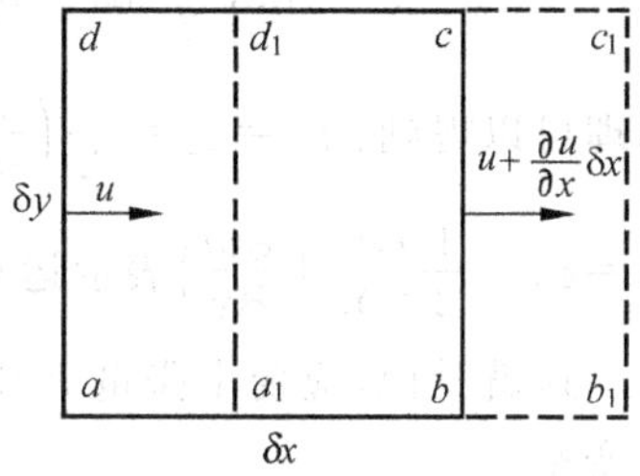

各边的相对伸长将引起流体微团体积的相对膨胀.由式(1-47)可知,微元六面体 x 方向的边长 ab,在 Δt 时刻后,伸长为 $a_1b_1=\delta x+\dfrac{\partial u}{\partial x}\delta x\Delta t=\delta x_1$,同理可得,在 y 和 z 方向的边长同时伸长为 $\delta y_1=\delta y+\dfrac{\partial v}{\partial y}\delta y\Delta t$ 和 $\delta z_1=\delta z+\dfrac{\partial w}{\partial z}\delta z\Delta t$,因此,流体微团的相对体积膨胀率为

图 1-8 线变形分析

$$\lim_{\Delta t\to 0}\frac{\delta x_1\delta y_1\delta z_1-\delta x\delta y\delta z}{\delta x\delta y\delta z\Delta t}\approx\frac{\partial u}{\partial x}+\frac{\partial v}{\partial y}+\frac{\partial w}{\partial z}=\varepsilon_{xx}+\varepsilon_{yy}+\varepsilon_{zz}. \tag{1-48}$$

这说明流体微团的相对体积膨胀率正好是三个线应变率之和,也就是应变率张量 $\boldsymbol{E}$ 的对角线上三个分量之和.根据数学的场论,它们又正好定义了速度矢量的散度,即

$$\mathrm{div}\boldsymbol{V}=\nabla\cdot\boldsymbol{V}=\frac{\partial u}{\partial x}+\frac{\partial v}{\partial y}+\frac{\partial w}{\partial z}. \tag{1-49}$$

这就是说,在任一时刻,流场中一点上速度的散度就表示该点处运动流体的相对

体积膨胀率. 如果$\nabla \cdot \boldsymbol{V}=0$,则表示相对体积膨胀率为零,就是一种不可压缩流动;反之,如果流动是不可压缩的,则必有$\nabla \cdot \boldsymbol{V}=0$,如果流体又是均质的,则等价于$\rho=$常数.

2. 角变形分析

若在流动中只有x、y方向上的速度u、v且$\partial u/\partial y$和$\partial v/\partial x$不为零,则在xoy平面上流体微团将发生如图1-9所示的角变形. 在t时刻,a点处为直角,到$t+\Delta t$时刻,a点位移到a_1点处成为锐角,角的减小量为$\delta\alpha+\delta\beta$. 由于Δt很小,$\delta\alpha$和$\delta\beta$也很小,因而有

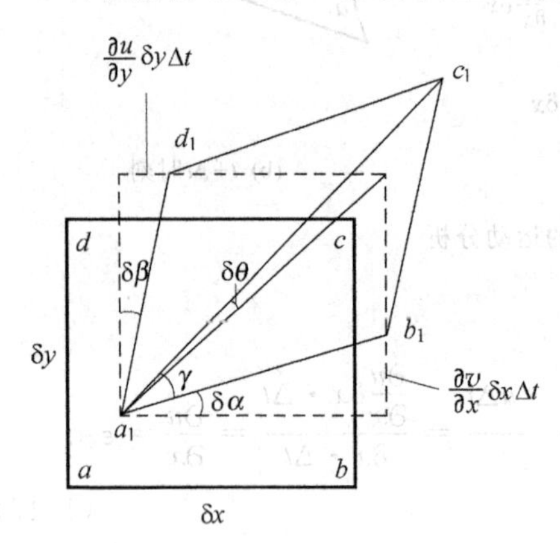

图1-9 角变形与旋转分析

$$\delta\alpha \approx \tan(\delta\alpha)=\frac{\partial v}{\partial x}\delta x\Delta t/\delta x=\frac{\partial v}{\partial x}\Delta t,$$

$$\delta\beta \approx \tan(\delta\beta)=\frac{\partial u}{\partial y}\delta y\Delta t/\delta y=\frac{\partial u}{\partial y}\Delta t.$$

定义单位时间内xoy平面上角度的平均减小量为运动流体在xoy平面上的角变形速率——剪切应变率:

$$\lim_{\Delta t\to 0}\frac{1}{2}(\delta\alpha+\delta\beta)/\Delta t=\frac{1}{2}\left(\frac{\partial u}{\partial y}+\frac{\partial v}{\partial x}\right)=\varepsilon_{xy}=\varepsilon_{yx}. \tag{1-50}$$

同理可以得到:$\varepsilon_{xz}=\varepsilon_{zx}=\frac{1}{2}\left(\frac{\partial u}{\partial z}+\frac{\partial w}{\partial x}\right)$表示运动流体在$xoz$平面上的剪切应变率;

$\varepsilon_{yz}=\varepsilon_{zy}=\frac{1}{2}\left(\frac{\partial v}{\partial z}+\frac{\partial w}{\partial y}\right)$表示运动流体在$yoz$平面上的剪切应变率.

这就是说,应变率张量$\boldsymbol{E}$中另外的六个分量分别表示了在各坐标平面上的剪切应变率.

3. 流体微团的旋转分析

当流动中只有x、y方向上的速度u、v且$\partial u/\partial y$和$\partial v/\partial x$不为零时,流体微团除了发生角变形外,还将发生如图1-9所示的旋转运动,在t时刻的对角线ac将在$t+\Delta t$后旋转到a_1c_1位置. 以逆时针方向旋转为正,在Δt时间内转角为:$\delta\theta=\gamma+\delta\alpha-45°$. 由于$\delta x\approx\delta y$,$a_1b_1c_1d_1$近似为菱形,则有

$$2\gamma+\delta\alpha+\delta\beta=90°,\text{从而},\delta\theta=(\delta\alpha-\delta\beta)/2\approx\left(\frac{\partial v}{\partial x}-\frac{\partial u}{\partial y}\right)\Delta t/2.$$

定义转动角速度分量Ω_z为

$$\Omega_z=\lim_{\Delta t\to 0}\delta\theta/\Delta t=\frac{1}{2}\left(\frac{\partial v}{\partial x}-\frac{\partial u}{\partial y}\right), \tag{1-51}$$

它表示了流体微团以(x,y,z)为瞬心,绕平行于z轴旋转的平均角速度.相类似的分析可以解释式(1-42)中所定义的另外二个转动角速度分量的物理意义.

根据数学的场论,对于一个矢量$\boldsymbol{V}=u\boldsymbol{i}+v\boldsymbol{j}+w\boldsymbol{k}$,其旋度(记作$\nabla\times\boldsymbol{V}$或$\mathrm{rot}\boldsymbol{V}$)在直角坐标系中定义为

$$\mathrm{rot}\boldsymbol{V}=\nabla\times\boldsymbol{V}=\begin{vmatrix}\boldsymbol{i} & \boldsymbol{j} & \boldsymbol{k}\\ \dfrac{\partial}{\partial x} & \dfrac{\partial}{\partial y} & \dfrac{\partial}{\partial z}\\ u & v & w\end{vmatrix}=\left(\frac{\partial w}{\partial y}-\frac{\partial v}{\partial z}\right)\boldsymbol{i}+\left(\frac{\partial u}{\partial z}-\frac{\partial w}{\partial x}\right)\boldsymbol{j}+\left(\frac{\partial v}{\partial x}-\frac{\partial u}{\partial y}\right)\boldsymbol{k}. \tag{1-52}$$

把式(1-52)与式(1-42)和式(1-46)相比较可以发现:$\boldsymbol{\Omega}=\dfrac{1}{2}(\nabla\times\boldsymbol{V})$.

在流体力学中,引入$\boldsymbol{\omega}=(\nabla\times\boldsymbol{V})=2\boldsymbol{\Omega}$,并把$\boldsymbol{\omega}$称为涡量,它是表征流体运动有旋的一个非常重要的物理量.

通过上述对流体微团运动的分析可以看到,由式(1-45)表示的流体运动的速度分解与自由刚体运动的速度分解相比较,具有两个重要差别:一是流体中的速度分解定理只在一点邻近的流体微团中才成立;二是流体微团除了平动和转动外,还有复杂的线变形与剪切变形运动.

1.7.3 流体运动的分类

综合前面对流体的宏观物理性质、运动的描述方法和流体微团的运动分析等问题的讨论,在这里先作一些关于流体运动分类的介绍,提出一些流体运动的理论模型.至于这些理论模型应该如何在实际应用中正确建立和利用,在以后的有关章节中将作进一步的阐述.

1. 不可压缩流动和可压缩流动

这是一个从流体微团运动分析结合流体的物理性质的角度来分类的方法.如果流体在运动过程中,在质量保持不变的条件下,其体积的相对膨胀率很小,接近于零,则意味着流体密度基本保持不变,此时可以认为这种流动是不可压缩流动.令体积的相对膨胀率为零,则有$\nabla\cdot\boldsymbol{V}=0$;密度保持不变,则可以简单记作$\rho=$常数(时时、处处).对于如何考虑流体的可压缩效应的问题,在1.2.3节中已作过介绍,不再赘述.

2. 粘性流体流动和无粘性流体流动

这是一种从流体的运动和剪切变形角度来考虑的分类,基于牛顿粘性定律和流体微团的剪切变形的分析,在1.2.5节中已作过关于流体粘性的讨论.在实际流动问

题中，还经常通过流体中粘性切应力与其他力（主要是流动惯性力）在大小量级上的比较来考虑粘性效应．关于这方面的内容将在第6、7章中作详细介绍．把忽略粘性效应的流动称作无粘性流体流动，简单地令 $\mu=0$．无粘性流动的研究在流体力学理论中占有重要地位．

3．定常流动与非定常流动

这是在流动的欧拉描述下，从物理量对时间变量 t 的依赖关系来将流动分类的．流场中速度等物理量不随时间变化的流动称为定常流动，在数学上简单表示为 $\partial/\partial t=0$．从辩证的观点说，流动的非定常是绝对的，而定常是相对的，对于那些随时间的变化十分缓慢的流动，例如大容器中的小孔出流；在流量基本不变的情况下，管道或槽道中液体的流动；还有物体在流体中作匀速直线运动时引起的流体的流动等，都可以看成定常流动．一般而言，对定常流动的研究和处理比非定常流动简单得多．

4．一维、二维和三维流动

这是在流动的欧拉描述下，按物理量对空间变量（例如 x,y,z）的依赖关系来分类的．如果流动中，所有的物理量只与一个空间变量有关则称此流动为一维流动，依次类推．在讲述牛顿粘性定律时已使用过一维流动这个概念．

在实际工程中几乎很难找到真正的一维流动，在微元流管（流束）中的流动是最接近一维的流动．在有限截面管道中的流动，有时为了简便，仅考虑按截面平均后的量，此时也可算一维流动，或称它为准一维流动．

二维流动有平面二维流动和轴对称二维流动两种，因此，把二维流动称为平面流动不确切，更何况平面流动并不一定都是二维流动．

三维流动肯定是一种空间流动，但空间流动并不一定是三维的．例如，像子弹、鱼雷等轴对称物体在流体中的运动，如果其运动方向与对称轴始终平行，则称该流动是一种轴对称二维流动．

严格地说，实际的流动绝大多数是三维流动，一维和二维流动是为了使流动的求解简化而作的假设．

5．有旋流动与无旋流动

这是从流体微团的运动分析角度给出的分类．如果在整个流场中，流体微团的旋转角速度为零，则称这种流动为无旋流动，无旋流动又称有势流动．在流动速度分布 $\boldsymbol{V}$ 已知的情况下，可根据 $\nabla\times\boldsymbol{V}$ 是否为零来判断流动是否无旋．若流场中处处有 $\nabla\times\boldsymbol{V}=0$，则为无旋流动．在速度分布还未知的情况下，事先判别流动是否无旋就有一定难度．一般而言，粘性流体的流动总是有旋的；无粘性流体的流动可能有旋也可能无旋．当流体既忽略粘性又忽略重力时，从静止起动的流动，或者是来自于无穷远处为均匀流的流动、或者是变截面管道中的一维流动等都是无粘性流体中典型的无旋流(详见第5章).对无旋流动,在数学上有较成熟的处理方法,因而是一种有广泛应用的流动模型.

流体的有旋运动也可以形象地称为涡运动,它们在自然界和工程中普遍存在.对粘性流体中涡运动的研究仍是21世纪的重要课题.除了粘性之外,流场的非正压性和质量力无势(如科氏力)也将引起流体的有旋运动,例如大气中的气旋和海洋环流等.

对流场的运动还有其他一些分类方法,例如,粘性流体运动中还有层流和湍流之分,可压缩流动还有亚声速流和超声速流之分等,这些在后面的内容中遇到时再作介绍.

1.8 流体中的作用力与应力张量

力学的三大要素是物质、运动和力.前面已经对流体这种物质及其物理性质和运动学特性作了介绍,接下来介绍力.

从力学的角度说,流体的静止就是力的平衡,流体的运动也是在各种力的作用下产生的,因此,分析作用在流体上的力是研究流体运动的基础.

按作用方式,作用在流体上的力分为体积力和表面力两大类.

1.8.1 体积力

体积力又称质量力,它是作用在每一个流体质点上的力,如重力、惯性力、电磁力等.体积力的大小与流体的体积或质量成正比,与该体积或质量之外的流体存在与否无关.因此,体积力是一种非接触力,具有外力的性质.

t 时刻,在流场中任取一流体团,其有限体积为 τ,表面积为 A,如图1-10所示.若 τ 中一点 (x,y,z) 上的流体密度为 ρ,则包围该点的微元体积 $\Delta\tau$ 内的流体质量为 $\Delta m=\rho\Delta\tau$.

如果作用在该质量为 Δm 的流体上的体积力为 $\Delta \boldsymbol{F}$,则可定义

$$\boldsymbol{f}(x,y,z,t)=\lim_{\Delta m\to 0}\frac{\Delta \boldsymbol{F}}{\Delta m}=\lim_{\Delta\tau\to 0}\frac{1}{\rho}\frac{\Delta \boldsymbol{F}}{\Delta\tau}=\frac{1}{\rho}\frac{\mathrm{d}\boldsymbol{F}}{\mathrm{d}\tau}, \tag{1-53}$$

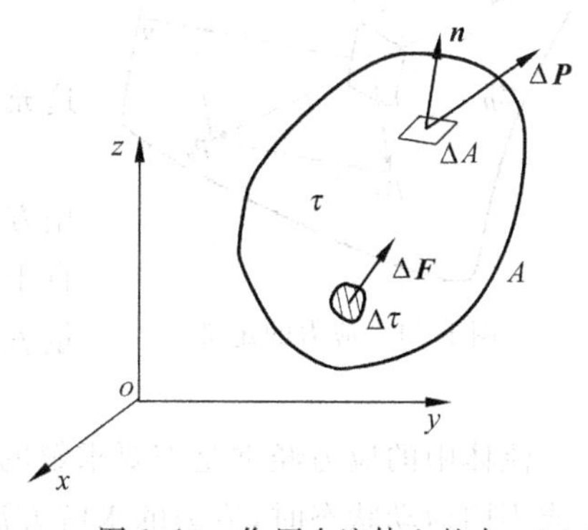

图1-10 作用在流体上的力

$\boldsymbol{f}$ 称为体积力分布密度，简称体积力，其单位是 $\mathrm{m/s^2}$，与加速度的单位相同，它表示 t 时刻，在(x,y,z)点上作用于单位质量流体的体积力. f 又称为单位质量力. 若已知 $\boldsymbol{f}$，则作用在有限体积 τ 内流体上的总体积力为

$$\boldsymbol{F}_b = \int_\tau \rho \boldsymbol{f}\, \mathrm{d}\tau . \tag{1-54}$$

在大多数流体力学问题中，体积力都是已知的. 如果流体在重力场中运动，而体积力只有重力，则 $\boldsymbol{f}=\boldsymbol{g}$(重力加速度)；如果忽略体积力(例如，在重力场中的管道内的气体流动等)，则 $\boldsymbol{f}=0$.

1.8.2 表面力与应力

表面力是外界作用在所考察流体接触界面上的力. 这个界面可以是流体与流体的接触面，也可以是流体与固体的接触界面. 正是由于面的接触才会有力的相互作用，而且力的大小与接触面的大小成正比，与流体质量无关，因此这种力称为表面力. 例如，流体中的压力、粘性剪切力等都是表面力. 表面力是一种接触力，本质上具有内力的性质. 但是，在流体与固体界面上的表面力，对流体来说是一种外力.

t 时刻，在 A 面上取一点(x,y,z)，如图 1-10 所示. 设作用在该点邻近微元表面积 ΔA 上的表面力为 $\Delta \boldsymbol{P}$，则可以定义

$$\boldsymbol{p}_n = \lim_{\Delta A \to 0} = \frac{\Delta \boldsymbol{P}}{\Delta A} = \frac{\mathrm{d}\boldsymbol{P}}{\mathrm{d}A}, \tag{1-55}$$

$\boldsymbol{p}_n$ 称为表面应力矢量，简称应力，其单位是 $\mathrm{N/m^2}=\mathrm{Pa}$，它表示了 t 时刻，在点(x,y,z)上作用在以 $\boldsymbol{n}$ 为法线的单位面积流体上的表面力.

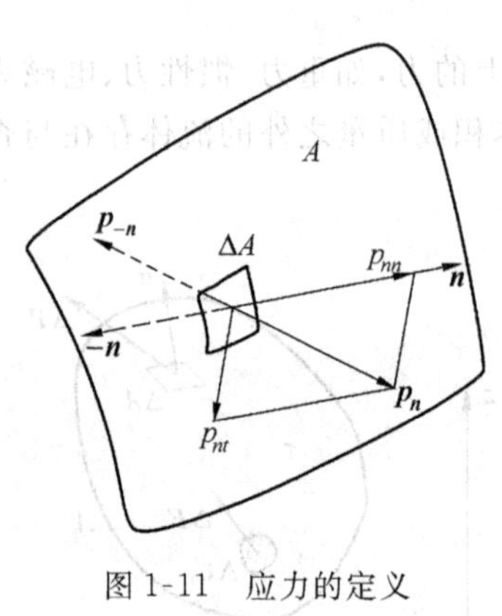

图 1-11 应力的定义

有两点需要强调：第一，$\boldsymbol{p}_n$ 的下标 n 是表示所考察流体面的外法线方向，因此，作用在与之接触的面上的应力表示为 $\boldsymbol{p}_{-n}$，如图 1-11 所示. 根据牛顿第三定律，有

$$\boldsymbol{p}_n = -\boldsymbol{p}_{-n}, \tag{1-56}$$

这充分显示了应力的内力本质.

第二，在粘性不能忽略的运动流体中，$\boldsymbol{p}_n$ 的作用方向并不与考察面相垂直，此时可将 $\boldsymbol{p}_n$ 分解为垂直于作用面的法向分量 p_{nn} 以及与作用面相切的分量 p_{nt}

$$\boldsymbol{p}_n = p_{nn}\boldsymbol{n} + p_{nt}\boldsymbol{t}. \tag{1-57}$$

流体中的应力经常是需要求解的未知物理量. 在以后的内容中，将对流体处于静止或不同运动状态时，应力的求解方法作详细介绍. 一旦 $\boldsymbol{p}_n$ 已知(求解得到或用实验

测量)，则作用在整个 A 面上的表面力的合力为

$$\boldsymbol{P}=\int_{A}\boldsymbol{p}_{n}\mathrm{d}A. \tag{1-58}$$

1.8.3 流场中任一点上的应力状态——应力张量

如上所述，$\boldsymbol{p}_n$ 首先是时间和空间位置的矢量函数，但同时又与作用面的法线方向 $\boldsymbol{n}$ 有关.

在任一时刻，过流场中任一点可以有无数多的面，从而作用在一点上就会有无数多个 $\boldsymbol{p}_n$. 大量的实验表明，在静止流体或在运动的无粘性流体中，过流场一点的所有面上 $\boldsymbol{p}_n$ 的大小都相同，而力的方向始终垂直指向作用面. 但在粘性流体的流场中，过一点的各个面上的 $\boldsymbol{p}_n$ 一般各不相同. 那么，它们之间是否存在一定的联系？应该如何来表达粘性流体的流场中一点上的应力呢？

过一点虽然可以作无数多个面，但三个面就可以惟一确定一个点. 若于 t 时刻，在流场中取定一点 M 并过此点作三个互相正交且分别与某个坐标平面平行的面，例如在直角坐标系中，取三个面的外法线方向分别为 x、y、z 三个坐标方向，因此作用在这三个面上的应力矢量分别表示为 $\boldsymbol{p}_x$，$\boldsymbol{p}_y$ 和 $\boldsymbol{p}_z$，由于它们又可以在各自的平面上分解为一个法向分量和二个切向分量，则形成了过一点三个面上共九个分量的状态，如图 1-12 所示.

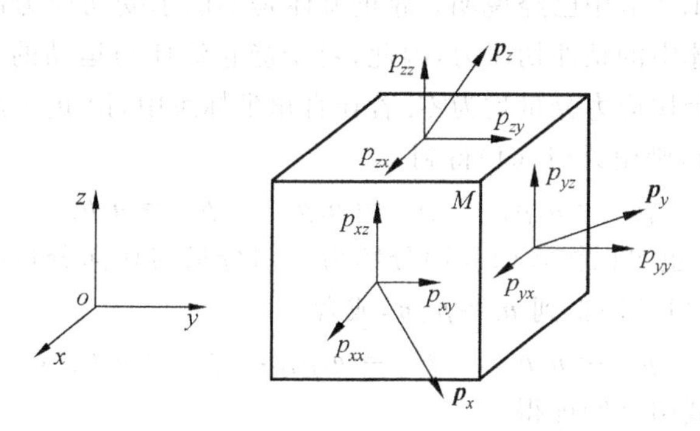

图 1-12　一点上的应力状态

当过 M 点的三个面取得很小且三个面都向 M 点收缩时，这九个量就表示了 M 点的应力状态. 在直角坐标系中，它可以表示为

$$\boldsymbol{P}=\begin{bmatrix} p_{xx} & p_{xy} & p_{xz} \\ p_{yx} & p_{yy} & p_{yz} \\ p_{zx} & p_{zy} & p_{zz} \end{bmatrix}, \tag{1-59}$$

或者写成

$$\boldsymbol{P} = \boldsymbol{p}_x \boldsymbol{i} + \boldsymbol{p}_y \boldsymbol{j} + \boldsymbol{p}_z \boldsymbol{k}, \tag{1-60}$$

$\boldsymbol{P}$ 称为应力张量，由于它只是时间和空间坐标的函数，所以它也是流场中的一个物理量，表示了作用在流场中一点上的表面应力状态. 式(1-59)是 $\boldsymbol{P}$ 的一种分量表达式，其中的各个分量用两个下标标注，第 1 个下标表示应力作用面的外法线方向，第 2 个下标表示应力的投影方向. 投影方向与外法线方向一致的为正应力，与之垂直的为切应力. 因此，$\boldsymbol{P}$ 中有三个正应力和六个切应力. 在粘性流体的流场中，一点上的三个正应力 p_{xx}，p_{yy} 和 p_{zz} 一般互不相等，但相互垂直的两个面上的切应力互等，即 $p_{xy} = p_{yx}$，$p_{xz} = p_{zx}$，$p_{yz} = p_{zy}$(可以用动量矩定理来证明). 因此，应力张量 $\boldsymbol{P}$ 和上一节引入的应变率张量 $\boldsymbol{E}$ 一样，也是一个对称的二阶张量.

式(1-60)是应力张量 $\boldsymbol{P}$ 的另一种表达形式，称为矢量并积表达式，简称并矢式(见附录Ⅰ)，它不仅可以形象地说明 $\boldsymbol{P}$ 是由三个面上的矢量所构成，而且还便于进行简单运算. 由 $\boldsymbol{p}_x = \boldsymbol{i} \cdot \boldsymbol{P}$，$\boldsymbol{p}_y = \boldsymbol{j} \cdot \boldsymbol{P}$，$\boldsymbol{p}_z = \boldsymbol{k} \cdot \boldsymbol{P}$，可以得到

$$\boldsymbol{p}_n = \boldsymbol{n} \cdot \boldsymbol{P}. \tag{1-61}$$

上式给出了流场中一点上的应力张量 $\boldsymbol{P}$、过这一点外法线方向为 $\boldsymbol{n}$ 的面以及该面上的应力矢量 $\boldsymbol{p}_n$ 之间的关系.

1.8.4 静止流体与运动的无粘性流体中的应力张量

在 1.1 节和 1.3 节中已经说明，静止流体是不能承受切应力的，忽略流体的粘性也就忽略了流体中的粘性切应力，因此，对于静止流体与运动的无粘性流体而言，应力张量中的六个切应力分量均为零. 若在直角坐标系中，记 $\boldsymbol{p}_n = p_{nx}\boldsymbol{i} + p_{ny}\boldsymbol{j} + p_{nz}\boldsymbol{k}$，$\boldsymbol{n} = n_x\boldsymbol{i} + n_y\boldsymbol{j} + n_z\boldsymbol{k}$，则由式(1-61)得到

$$p_{nx} = n_x p_{xx}, \quad p_{ny} = n_y p_{yy}, \quad p_{nz} = n_z p_{zz}. \tag{1-62}$$

另一方面，$\boldsymbol{p}_n$ 也可以按式(1-57)分解为法向分量与切向分量两部分，由于切向分量为零，则由式(1-57)得到 $\boldsymbol{p}_n = p_{nn}\boldsymbol{n}$，或者

$$p_{nx} = n_x p_{nn}, \quad p_{ny} = n_y p_{nn}, \quad p_{nz} = n_z p_{nm}, \tag{1-63}$$

比较式(1-62)和式(1-63)即得

$$p_{xx} = p_{yy} = p_{zz} = p_{nn}.$$

由于流体只能承受压力而不能承受拉力，因此令

$$-p = p_{xx} = p_{yy} = p_{zz} = p_{nn}, \tag{1-64}$$

p 称为流体压力(压强)或静压，它等同于流体质点的热力学压力. 这样，静止流体或运动的无粘性流体中的应力张量为

$$\boldsymbol{P} = \begin{bmatrix} -p & 0 & 0 \\ 0 & -p & 0 \\ 0 & 0 & -p \end{bmatrix} = -p \begin{bmatrix} 1 & 0 & 0 \\ 0 & 1 & 0 \\ 0 & 0 & 1 \end{bmatrix} = -p\boldsymbol{I}, \tag{1-65}$$

式中 $\boldsymbol{I}$ 为二阶单位张量(见附录Ⅰ). 应力矢量则为

$$\boldsymbol{p}_n = \boldsymbol{n} \cdot [\boldsymbol{P}] = -p\boldsymbol{n}, \tag{1-66}$$

式(1-66)说明了流体中的静压(压力)有两个重要特性: ①流场中一点上的静压(压力)大小各向等值,即与过同一点的作用面的方位无关,因此 p 是一个标量物理量; ②一点上的静压(压力)总是垂直于指向过该点的作用面.

附录Ⅰ 笛卡儿张量简介

本附录中仅限于介绍二阶笛卡儿(Cartesian)张量的部分内容,目的有三个: 一是为了认识本书或其他参考教材中出现的张量物理量;二是适当利用一些张量运算方法使方程的推导过程简单一些;三是利用张量标记方法使流体力学的基本方程组的书写变得简洁,易于记忆.

1. 张量的概念

在三维空间和选定的测量单位下,只需要用一个不依赖于坐标系的数字就能表征其性质的量称为标量. 例如,流体的质量、密度、压力和温度等都是标量;需要用 1 到 3 个不依赖于坐标系的数字及方向来表征其性质的量称为矢量,例如流体的速度、加速度和表面应力等都是矢量. 至于究竟需要几个数字和方向,则依赖于坐标系的选择,在不同的坐标系中将有不同的数量表征. 但对于所描述的同一个矢量物理量来说,不同坐标系下的不同数量表征之间必有确定的变换律.

可见,张量可以看成是矢量概念的一种推广,它也需要用几个不依赖于坐标系的数字及方向来表征其性质,在不同的坐标系中得到的不同数量表征之间也必有确定的变换律. 只是张量比矢量需要用更多的数字及方向. 例如,流体中的应变率张量 $\boldsymbol{E}$,它在三维空间和选定的坐标系中包含九个分量,它不仅与速度的方向有关,而且还与速度梯度的方向有关. 又如流体中的应力张量 $\boldsymbol{P}$,它也有九个分量,它不仅与应力矢量方向有关,而且还与作用面的法线方向有关.

简而言之,在三维空间和选定的坐标系中,需要同时用 3^n 个数来定义的量称为 n 阶张量. 如果选定的坐标系是正交的笛卡儿坐标系(也就是通常说的直角坐标系),则称为笛卡儿张量;如果选定的坐标系是曲线坐标系(例如,柱坐标系和球坐标系等),则称为普遍张量. 在本书中,只应用了二阶笛卡儿张量的部分知识.

2. 指标表示法与求和约定

在直角坐标系中,任一矢量 a 可以写成

$$\boldsymbol{a} = a_x\boldsymbol{i} + a_y\boldsymbol{j} + a_z\boldsymbol{k}, \tag{1-67}$$

式中的 a_x、a_y 和 a_z 是 $\boldsymbol{a}$ 在 x、y 和 z 坐标方向上的分量，$\boldsymbol{i}$、$\boldsymbol{j}$ 和 $\boldsymbol{k}$ 则是坐标轴 x、y 和 z 方向上的单位长度矢量，又称坐标基矢量.

为了便于使用张量标记并进行简单运算，记 $(x,y,z)=(x_1,x_2,x_3)$；$(\boldsymbol{i},\boldsymbol{j},\boldsymbol{k})=(\boldsymbol{e}_1,\boldsymbol{e}_2,\boldsymbol{e}_3)$；$(a_x,a_y,a_z)=(a_1,a_1,a_3)$，则可把矢量 $\boldsymbol{a}$ 改写为

$$\boldsymbol{a}=a_1\boldsymbol{e}_1+a_2\boldsymbol{e}_2+a_3\boldsymbol{e}_3. \tag{1-68}$$

再进一步简化，也可以把矢量 $\boldsymbol{a}$ 表示成 $a_i(i=1,2,3)$，仅用 a_i 表示矢量 $\boldsymbol{a}$. 这种表示矢量的方法称为指标表示法. 指标表示法一般有上角标和下角标两种，分别称为逆变矢量和协变矢量，但在直角坐标系中，两者相同，只用下角标即可.

根据式(1-68)的结构特点，可以引入一种简化的表示法

$$\boldsymbol{a}=a_i\boldsymbol{e}_i. \tag{1-69}$$

这种表示规则称为"求和约定"，即如果在以指标表示的矢量或张量表达式中，某一指标(式(1-69)中是 i)在一项中出现两次，则表示该指标取遍 $i=1,2,3$ 的所有值，然后再对不同指标值的结果求和，即 $a_i\boldsymbol{e}_i=\sum\limits_{i=1}^{3}a_i\boldsymbol{e}_i$. 这种在同一项中重复出现的指标称为哑标，而单独出现的指标称为自由标. 由于哑标取遍所有指标值并表示一种求和运算，因此，改变哑标的字母并不改变整个表达式的内容，例如：$\boldsymbol{a}=a_i\boldsymbol{e}_i=a_j\boldsymbol{e}_j$. 善于利用这一性质，将会给矢量和张量运算带来方便.

3. 克罗内克尔(Kronecker)符号与置换符号

这是两个在张量理论中的重要符号.

(1) 克罗内克尔符号 δ_{ij}，它定义为

$$\boldsymbol{e}_i\cdot\boldsymbol{e}_j=\delta_{ij}=\begin{cases}1, & i=j,\\ 0, & i\neq j.\end{cases} \tag{1-70}$$

很容易验证，δ_{ij} 符号具有以下重要的性质：

$$\begin{aligned}&\delta_{ij}=\delta_{ji},\quad \delta_{ii}=\delta_{jj}=3,\\ &\delta_{ij}\delta_{ij}=3,\quad \delta_{ij}\delta_{kj}=\delta_{ik},\\ &a_i\delta_{ij}=a_j.\end{aligned} \tag{1-71}$$

(2) 置换符号 e_{ijk}，又称排列符号. 它定义为

$$\boldsymbol{e}_i\times\boldsymbol{e}_j=e_{ijk}\boldsymbol{e}_k,$$

$$e_{ijk}=\begin{cases}1,\text{当三个指标为正循环轮换排列时，即只有 } e_{123}=e_{231}=e_{312}=1;\\ -1,\text{当三个指标为逆循环轮换排列时，即只有 } e_{321}=e_{213}=e_{132}=-1;\\ 0,\text{有两个以上指标相同时.}\end{cases} \tag{1-72}$$

(3) $e_{ijk}-\delta_{ij}$ 恒等式

$$e_{ijk}e_{lmn}=\begin{vmatrix}\delta_{il} & \delta_{im} & \delta_{in}\\ \delta_{jl} & \delta_{jm} & \delta_{jn}\\ \delta_{kl} & \delta_{km} & \delta_{kn}\end{vmatrix}. \tag{1-73}$$

通过直接计算可以得到 e_{ijk} 的一些重要性质，如

$$e_{ijk}e_{lmk}=\delta_{il}\delta_{jm}-\delta_{im}\delta_{jl},\quad e_{ijk}e_{ljk}=2\delta_{il},\quad e_{ijk}e_{ijk}=6.$$

(4) 矢量运算和场论公式的指标表示法

设 φ 为一标量函数，$\boldsymbol{a}$，$\boldsymbol{b}$ 为矢量函数，则有

$$\boldsymbol{a}\pm\boldsymbol{b}=a_i\pm b_i \quad (i=1,2,3),$$

$$\boldsymbol{a}\cdot\boldsymbol{b}=a_i\boldsymbol{e}_i\cdot b_j\boldsymbol{e}_j=a_ib_j\delta_{ij}=a_ib_i=a_jb_j,$$

$$\boldsymbol{a}\times\boldsymbol{b}=\begin{vmatrix}\boldsymbol{e}_1 & \boldsymbol{e}_2 & \boldsymbol{e}_3\\ a_1 & a_2 & a_3\\ b_1 & b_2 & b_3\end{vmatrix}=a_ib_ke_{ijk}\boldsymbol{e}_i.$$

若将哈密顿(Hamilton)算子∇ 和拉普拉斯(Laplace)算子∇^2分别写成

$$\nabla=\boldsymbol{e}_1\frac{\partial}{\partial x_1}+\boldsymbol{e}_2\frac{\partial}{\partial x_2}+\boldsymbol{e}_3\frac{\partial}{\partial x_3}=\boldsymbol{e}_i\frac{\partial}{\partial x_i},$$

$$\nabla^2=\frac{\partial^2}{\partial x_1^2}+\frac{\partial^2}{\partial x_2^2}+\frac{\partial^2}{\partial x_3^2}=\frac{\partial^2}{\partial x_i\partial x_i},$$

则可将场论中一些主要公式写成

$$\nabla\varphi=\mathrm{grad}\varphi=\frac{\partial\varphi}{\partial x_i}\boldsymbol{e}_i$$

$$\nabla\cdot\boldsymbol{a}=\mathrm{div}\boldsymbol{a}=\frac{\partial a_i}{\partial x_i},$$

$$\nabla\times\boldsymbol{a}=\mathrm{rot}\boldsymbol{a}=\begin{vmatrix}\boldsymbol{e}_1 & \boldsymbol{e}_2 & \boldsymbol{e}_3\\ \dfrac{\partial}{\partial x_1} & \dfrac{\partial}{\partial x_2} & \dfrac{\partial}{\partial x_3}\\ a_1 & a_2 & a_3\end{vmatrix}=\frac{\partial a_k}{\partial x_j}e_{ijk}\boldsymbol{e}_i,$$

$$\nabla^2\varphi=\nabla\cdot(\nabla\varphi)=\mathrm{div}(\mathrm{grad}\varphi)=\frac{\partial^2\varphi}{\partial x_i\partial x_i}.$$

对于矢量场论中的其他一些基本运算公式(恒等式)如

$$\nabla\cdot(\varphi\boldsymbol{a})=\varphi\nabla\cdot\boldsymbol{a}+\nabla\varphi\cdot\boldsymbol{a},$$

$$\nabla\cdot(\boldsymbol{a}\times\boldsymbol{b})=\boldsymbol{b}\cdot(\nabla\times\boldsymbol{a})-\boldsymbol{a}\cdot(\nabla\times\boldsymbol{b}),$$

$$\nabla\times(\boldsymbol{a}\times\boldsymbol{b})=(\boldsymbol{b}\cdot\nabla)\boldsymbol{a}-(\boldsymbol{a}\cdot\nabla)\boldsymbol{b}+\boldsymbol{a}(\nabla\cdot\boldsymbol{b})-\boldsymbol{b}(\nabla\cdot\boldsymbol{a}),$$

$$\nabla(\boldsymbol{a}\cdot\boldsymbol{b})=(\boldsymbol{b}\cdot\nabla)\boldsymbol{a}+(\boldsymbol{a}\cdot\nabla)\boldsymbol{b}+\boldsymbol{b}(\nabla\times\boldsymbol{a})+\boldsymbol{a}(\nabla\times\boldsymbol{b}),$$

$$\nabla\left(\frac{a^2}{2}\right)=(\boldsymbol{a}\cdot\nabla)\boldsymbol{a}+\boldsymbol{a}\times(\nabla\times\boldsymbol{a}),$$

$$\nabla\cdot(\nabla\times\boldsymbol{a})=0,\ \nabla\times(\nabla\varphi)=0.$$

等，都可以利用指标表示法通过简单运算来验证.

（5）二阶笛卡儿张量的标记方法

常用的二阶笛卡儿张量的标记方法有两种，在1.7节和1.8节中都已使用过. 现在改用指标表示法并用应变率张量为例来作说明.

① 分量表示法或称矩阵表示法

$$\boldsymbol{E}=\begin{bmatrix}\varepsilon_{11} & \varepsilon_{12} & \varepsilon_{13}\\ \varepsilon_{21} & \varepsilon_{22} & \varepsilon_{23}\\ \varepsilon_{31} & \varepsilon_{32} & \varepsilon_{33}\end{bmatrix},\quad \text{或 } \boldsymbol{E}=\varepsilon_{ij}\quad (i,j=1,2,3),\tag{1-74}$$

在不引起误会的情况下，用 ε_{ij} 表示 $\boldsymbol{E}$.

② 实体表示法，又称矢量并积表示法

$$\boldsymbol{E}=\boldsymbol{e}_1\varepsilon_1+\boldsymbol{e}_2\varepsilon_2+\boldsymbol{e}_3\varepsilon_3=\boldsymbol{e}_i\varepsilon_i,$$

由于 $\varepsilon_i=\varepsilon_{i1}\boldsymbol{e}_1+\varepsilon_{i2}\boldsymbol{e}_2+\varepsilon_{i3}\boldsymbol{e}_3=\varepsilon_{ij}\boldsymbol{e}_j$，从而

$$\boldsymbol{E}=\boldsymbol{e}_i\varepsilon_{ij}\boldsymbol{e}_j=\boldsymbol{e}_i\boldsymbol{e}_j\varepsilon_{ij}=\varepsilon_{ij}\boldsymbol{e}_i\boldsymbol{e}_j,\tag{1-75}$$

式中 $\boldsymbol{e}_i\boldsymbol{e}_j$ 称为并积基矢量. 式(1-75)中 i,j 排列顺序一般不能随便交换，换言之 $\boldsymbol{e}_i\boldsymbol{e}_j\neq\boldsymbol{e}_j\boldsymbol{e}_i$.

③ 单位张量、对称张量和反对称张量

二阶单位张量 $\boldsymbol{I}$ 定义为

$$\boldsymbol{I}=\begin{bmatrix}1 & 0 & 0\\ 0 & 1 & 0\\ 0 & 0 & 1\end{bmatrix},\tag{1-76}$$

显然，$\boldsymbol{I}$ 的分量即为 δ_{ij}.

对于分量为 B_{ij} 的二阶张量，如果 $B_{ij}=B_{ji}$，则称该张量为二阶对称张量. 如果 $B_{ij}=-B_{ji}(i\neq j)$，则称为二阶反对称张量.

（6）二阶笛卡儿张量的代数运算

在张量的代数运算过程中，根据标记方法不同，可采用矩阵运算方法或矢量运算方法.

① 张量 $\boldsymbol{A}$ 与张量 $\boldsymbol{B}$ 加减后为一同阶的张量 $\boldsymbol{C}$，即

$$\boldsymbol{A}\pm\boldsymbol{B}=\boldsymbol{C}\quad\text{或}\quad A_{ij}\pm B_{ij}=C_{ij}.$$

② 纯数 c 与张量 $\boldsymbol{A}$ 相乘仍为同阶的张量

$$c\boldsymbol{A}=\boldsymbol{B},\quad\text{即}\quad B_{ij}=cA_{ij}.$$

③ 矢量 $\boldsymbol{a}$ 与张量 $\boldsymbol{B}$ 相乘称为内积，它有左向内积和右向内积之分，其结果为一矢量.

左向内积

$$\boldsymbol{B}\cdot\boldsymbol{a}=e_iB_{ij}\boldsymbol{e}_j\cdot\boldsymbol{e}_ka_k=\boldsymbol{e}_iB_{ij}\delta_{jk}a_k=B_{ij}a_j\boldsymbol{e}_i,\tag{1-77}$$

右向内积

$$a \cdot \boldsymbol{B} = \boldsymbol{e}_k a_k \cdot \boldsymbol{e}_i B_{ij} \boldsymbol{e}_j = a_k \delta_{ki} B_{ij} \boldsymbol{e}_j = a_i B_{ij} \boldsymbol{e}_j = B_{ji} a_j \boldsymbol{e}_i, \tag{1-78}$$

由此可见，当 $B_{ij} \neq B_{ji}$ 时，$\boldsymbol{B} \cdot \boldsymbol{a} \neq \boldsymbol{a} \cdot \boldsymbol{B}$.

在式(1-77)和式(1-78)的演算中，已经应用了张量的一种特殊运算——缩并，其结果是使张量降阶.

④ 张量 $\boldsymbol{A}$ 与张量 $\boldsymbol{B}$ 的点积(点乘)，其结果仍为同阶张量.

$$\boldsymbol{A} \cdot \boldsymbol{B} = \boldsymbol{e}_i A_{ij} \boldsymbol{e}_j \cdot \boldsymbol{e}_k B_{kl} \boldsymbol{e}_l = \boldsymbol{e}_i A_{ij} \delta_{jk} B_{kl} \boldsymbol{e}_l = \boldsymbol{e}_i A_{ij} B_{jl} \boldsymbol{e}_l. \tag{1-79}$$

由此可见，当 $\boldsymbol{A}$ 和 $\boldsymbol{B}$ 中有一个为非对称张量时，$\boldsymbol{A} \cdot \boldsymbol{B} \neq \boldsymbol{B} \cdot \boldsymbol{A}$.

⑤ 张量 $\boldsymbol{A}$ 与张量 $\boldsymbol{B}$ 的双点积(数乘)，其结果为一标量.

这是因为二阶张量可用矢量并积来表示，并积基矢量可以进行二次点积. 用“:”来表示双点积，则

$$\boldsymbol{A} : \boldsymbol{B} = \boldsymbol{e}_i A_{ij} \boldsymbol{e}_j : \boldsymbol{e}_k B_{kl} \boldsymbol{e}_l = A_{ij} B_{kl} (\boldsymbol{e}_i \cdot \boldsymbol{e}_k)(\boldsymbol{e}_j \cdot \boldsymbol{e}_l) = A_{ij} B_{ij}. \tag{1-80}$$

双点积可以形象地看成是并联点积，其结果就是各对应分量相乘后相加变为一个标量. 作为特例

$$\boldsymbol{A} : \boldsymbol{A} = \boldsymbol{A}^2 = A_{ij} A_{ij}. \tag{1-81}$$

(7) 张量的散度和广义奥高公式

① 一个矢量的梯度是一个张量

例如，有一个速度矢量 $\boldsymbol{V} = u_i \boldsymbol{e}_i$，它的梯度是一个张量，可以用矢量并积表示为

$$\nabla \boldsymbol{V} = \frac{\partial u_i}{\partial x_j} \boldsymbol{e}_i \boldsymbol{e}_j, \tag{1-82}$$

$\nabla \boldsymbol{V}$ 简称为并矢张量. 由此可以推断，二阶张量的梯度为三阶张量.

② 张量的散度

张量的散度可以用类似于矢量散度的方法来定义，例如对于流体中的应力张量 $\boldsymbol{P}$，如式(1-60)，用矢量并积表示法写成

$$\boldsymbol{P} = \boldsymbol{e}_1 \boldsymbol{p}_1 + \boldsymbol{e}_2 \boldsymbol{p}_2 + \boldsymbol{e}_3 \boldsymbol{p}_3,$$

则定义散度为

$$\nabla \cdot \boldsymbol{P} = \operatorname{div} \boldsymbol{P} = \frac{\partial}{\partial x_1} \boldsymbol{p}_1 + \frac{\partial}{\partial x_2} \boldsymbol{p}_2 + \frac{\partial}{\partial x_3} \boldsymbol{p}_3 = \frac{\partial}{\partial x_i} \boldsymbol{p}_i = \frac{\partial p_{ij}}{\partial x_i} \boldsymbol{e}_j, \tag{1-83}$$

式中已利用了 $\boldsymbol{p}_i = p_{ij} \boldsymbol{e}_j$. 由此可知，二阶张量的散度是一个矢量.

③ 广义奥高公式

在高等数学中，把面积分化为体积分的奥高公式为

$$\oint_A (P\cos\alpha + Q\cos\beta + R\cos\gamma) \mathrm{d}A = \oint_\tau \left(\frac{\partial P}{\partial x} + \frac{\partial Q}{\partial y} + \frac{\partial R}{\partial z} \right) \mathrm{d}x \mathrm{d}y \mathrm{d}z,$$

式中 A 是体积 τ 的封闭表面，$\cos\alpha$、$\cos\beta$ 和 $\cos\gamma$ 是 A 的外法线方向余弦.

如果 P,Q,R 正好是某一个矢量 $\boldsymbol{a}$ 在 x,y,z 方向上的分量，例如：$\boldsymbol{a} = P\boldsymbol{i} + Q\boldsymbol{j} + R\boldsymbol{k}$，则根据矢量场论的公式，可以写成一个与坐标系无关的奥高公式

$$\oint_A \boldsymbol{a} \cdot \boldsymbol{n} \mathrm{d}A = \int_\tau \nabla \cdot \boldsymbol{a} \mathrm{d}\tau, \tag{1-84}$$

式中 $\boldsymbol{n}$ 是 A 的外法线方向单位矢量.

如果把矢量 $\boldsymbol{a}$ 改换成一个二阶张量,例如应力张量 $\boldsymbol{P}$,则上式可以推广为

$$\oint_A \boldsymbol{P} \cdot \boldsymbol{n} \mathrm{d}A = \int_\tau \nabla \cdot \boldsymbol{P} \mathrm{d}\tau, \tag{1-85}$$

式(1-85)可称为广义奥高公式.

(8) 二阶实对称张量的一些性质

在流体力学中出现的应变率张量和应力张量是二阶实对称张量,这类张量在数学上有特殊性质,特在此作简单介绍.

① 二阶张量的分解定理

任何一个二阶张量都可以惟一地分解为一个对称张量和一个反对称张量之和.设 B_{ij} 为任意二阶张量,则有

$$B_{ij} = \frac{1}{2}(B_{ij} + B_{ji}) + \frac{1}{2}(B_{ij} - B_{ji}), \tag{1-86}$$

显然,右边第一项为对称张量, 右边第二项为反对称张量.

若把式(1-40)写成: $\delta \boldsymbol{V} = \nabla \boldsymbol{V} \cdot \delta \boldsymbol{r}$, $\nabla \boldsymbol{V}$ 实际上就是一个二阶张量,称为速度梯度张量,根据式(1-82),其分量为$\dfrac{\partial u_i}{\partial x_j}$, 则可仿照式(1-86)得到

$$\frac{\partial u_i}{\partial x_j} = \frac{1}{2}\left(\frac{\partial u_i}{\partial x_j} + \frac{\partial u_j}{\partial x_i}\right) + \frac{1}{2}\left(\frac{\partial u_i}{\partial x_j} - \frac{\partial u_j}{\partial x_i}\right) = \varepsilon_{ij} + A_{ij}, \tag{1-87}$$

显然,ε_{ij} 就是应变率张量;A_{ij} 的分量与流体微团的旋转角速度矢量 $\boldsymbol{\Omega}$ 的分量相对应,因此,A_{ij} 称为旋转张量.

② 二阶实对称张量的性质

现用应变率张量 $\boldsymbol{E}$ 为例来加以说明.

性质1 张量的对称性不因坐标转换而改变.如果在柱坐标系和球坐标系中给出应变率张量 $\boldsymbol{E}$,它仍具有对称性(见附录Ⅱ).

性质2 二阶实对称张量的三个主值均为实数,而且一定存在三个互相垂直的主轴.

已知应变率张量 $\boldsymbol{E}$ 为二阶实对称张量,设 $\boldsymbol{a}$ 为一个非零矢量,λ 为标量,若有 $\boldsymbol{E} \cdot \boldsymbol{a} = \lambda \boldsymbol{a}$ 或写为

$$\varepsilon_{ij} a_j = \lambda a_i, \tag{1-88}$$

则称矢量 $\boldsymbol{a}$ 的方向为张量 $\boldsymbol{E}$ 的主轴方向,λ 为张量 $\boldsymbol{E}$ 的主值.

为了求出主值和主轴方向,根据式(1-74),可将式(1-88)展开为

$$\left.\begin{aligned}(\varepsilon_{11} - \lambda) a_1 + \varepsilon_{12} a_2 + \varepsilon_{13} a_3 &= 0, \\ \varepsilon_{21} a_1 + (\varepsilon_{22} - \lambda) a_2 + \varepsilon_{23} a_3 &= 0, \\ \varepsilon_{31} a_1 + \varepsilon_{32} a_2 + (\varepsilon_{33} - \lambda) a_3 &= 0,\end{aligned}\right\} \tag{1-89}$$

a_1、a_2 和 a_3 有非零解的条件是

$$\begin{vmatrix} \varepsilon_{11}-\lambda & \varepsilon_{12} & \varepsilon_{13} \\ \varepsilon_{21} & \varepsilon_{22}-\lambda & \varepsilon_{23} \\ \varepsilon_{31} & \varepsilon_{32} & \varepsilon_{33}-\lambda \end{vmatrix} = 0. \tag{1-90}$$

行列式(1-90)展开是一个关于 λ 的三次方程，可以解得三个实主值 λ_1、λ_2 和 λ_3，代回到式(1-89)可解出主轴方向矢量 $\boldsymbol{a}_1$、$\boldsymbol{a}_2$ 和 $\boldsymbol{a}_3$，也正好是三个.

当三个主值 λ_1、λ_2 和 λ_3 互不相同时，与之相对应的主轴方向 $\boldsymbol{a}_1$、$\boldsymbol{a}_2$ 和 $\boldsymbol{a}_3$ 互相垂直，则在以主轴为坐标轴的主轴坐标系中，将 $\boldsymbol{E}$ 化为最简单的标准形式

$$\boldsymbol{E} = \begin{pmatrix} \lambda_1 & 0 & 0 \\ 0 & \lambda_2 & 0 \\ 0 & 0 & \lambda_3 \end{pmatrix}. \tag{1-91}$$

性质 3　二阶实对称张量有三个不变量

当 λ_1、λ_2 和 λ_3 为式(1-90)的三个根时，有等价方程

$$(\lambda-\lambda_1)(\lambda-\lambda_2)(\lambda-\lambda_3) = 0, \tag{1-92}$$

式(1-92)与式(1-90)的展开式相比较，可以得到

$$\begin{aligned} I_1 &= \varepsilon_{11}+\varepsilon_{22}+\varepsilon_{33} = \lambda_1+\lambda_2+\lambda_3, \\ I_2 &= \begin{vmatrix} \varepsilon_{11} & \varepsilon_{21} \\ \varepsilon_{12} & \varepsilon_{22} \end{vmatrix} + \begin{vmatrix} \varepsilon_{11} & \varepsilon_{31} \\ \varepsilon_{13} & \varepsilon_{33} \end{vmatrix} + \begin{vmatrix} \varepsilon_{22} & \varepsilon_{32} \\ \varepsilon_{23} & \varepsilon_{33} \end{vmatrix} = \lambda_1\lambda_2+\lambda_2\lambda_3+\lambda_3\lambda_1, \\ I_3 &= \begin{vmatrix} \varepsilon_{11} & \varepsilon_{12} & \varepsilon_{13} \\ \varepsilon_{21} & \varepsilon_{22} & \varepsilon_{23} \\ \varepsilon_{31} & \varepsilon_{32} & \varepsilon_{33} \end{vmatrix} = \lambda_1\lambda_2\lambda_3. \end{aligned} \tag{1-93}$$

因为 I_1，I_2 和 I_3 都是由标量 λ_1，λ_2 和 λ_3 所组成，它们不随坐标系的转换而改变，因此，分别称为张量 $\boldsymbol{E}$ 的第一、第二和第三不变量. 把第一不变量具体应用到应变率张量 $\boldsymbol{E}$ 和应力张量 $\boldsymbol{P}$，可以看到，$\varepsilon_{11}+\varepsilon_{22}+\varepsilon_{33}=\dfrac{\partial u_i}{\partial x_i}=\nabla\cdot\boldsymbol{V}$ 以及 $(p_{11}+p_{22}+p_{33})$ 都将是线性不变量 I_1.

习　题

1.1　在油罐内充满石油，压力为 $1\times10^5\,\mathrm{N/m^2}$，然后再强行注入质量为 20kg 的石油后，压力增至 $5\times10^5\,\mathrm{N/m^2}$，石油的体积弹性模量 $K=1.32\times10^9\,\mathrm{N/m^2}$，密度 $\rho=880\,\mathrm{kg/m^3}$，试确定该油罐的容积为多大.

1.2　已知海平面上海水的密度 $\rho=1025\,\mathrm{kg/m^3}$，在海面以下深度 800m 处的海水压力比海平面上压力高 $8\times10^6\,\mathrm{N/m^2}$，海水的体积弹性模量 $K=2.34\times10^9\,\mathrm{N/m^2}$，

试确定在深800m处海水的密度.

1.3 设活塞的直径$d=12\text{cm}$,活塞长度$L=14\text{cm}$,活塞与缸体之间的间隙$\delta=0.02\text{mm}$,其中充满着油,当活塞以速度$u=0.5\text{m/s}$运动时受到油的摩擦力$F=8.58\text{N}$,试确定油的粘性系数μ.

1.4 两平行平板的间距$h=1\text{mm}$,其中充满油,当两板间的相对运动速度$u=1.2\text{m/s}$时,作用于板上的切应力为3500N/m^2,试求油的粘性系数μ.

1.5 直径$d=5\text{cm}$的轴在轴承中空载运转,转速$n=4000\text{r/min}$,轴与轴套同心,径向间隙$\delta=0.005\text{cm}$,轴套长$L=7.6\text{cm}$,测得摩擦力矩$M=1.197\text{N}\cdot\text{m}$,试确定轴与轴套间润滑油的粘性系数$\mu$.

1.6 已知拉格朗日法表示的速度为

$$u=(a+1)e^t-1, v=(b+1)e^t-1;\quad 且\quad t=0: (x,y,z)=(a,b,c).$$

试求:(1)$a=1,b=2$流体质点的运动规律;(2)以欧拉法表示此速度场;(3)流体质点的加速度.

1.7 已知欧拉法表示的速度场为:$u=A(1+x)$,$v=B(1-y)$,式中的A、B均为常数.在$t=0$:$(x,y)=(a,b)$的初始条件下,求此速度场的拉格朗日表达式.

1.8 设由欧拉法表示的流场速度分布为:$u=x+t$,$v=-y+t$,求$t=0$时刻经过$M(-1,-1)$点的迹线和流线.

1.9 已知一流动速度分布为$u=Ay$,$v=0$,$w=0$,A为常数.试分析该流动中流体可能有的运动形式.(先求应变率张量和旋转张量中各分量后再分析).

1.10 已知流体的运动规律为$x=Ae^{t}-t-1$,$y=Be^t+t-1$,$z=D$,其中A,B,D为常数.试确定:(1)$t=0$时在$(x,y,z)=(a,b,c)$处的流体质点的迹线方程;(2)任意流体质点的速度;(3)用欧拉法表示此速度场.

1.11 已知流场速度分布为$u=A$,$v=B\cos(kx-\alpha t)$,式中A,B,k和α均为常数.试求$t=0$时通过$x=0,y=0$点的流线和迹线方程.当k和α趋于零时,试比较这两条流线和迹线.

1.12 设流场的速度分布为:

$$u=4t-\frac{2y}{x^2+y^2},\quad v=\frac{2x}{x^2+y^2}.$$

试确定:(1)流场的当地加速度;(2)$t=0$时,在$x=1$、$y=1$点上流体质点的加速度.

1.13 已知一流动速度场为:

$$u=\frac{x}{1+t},\quad v=y.$$

试求:(1)流线方程;(2)在$t=0$时$x=a$、$y=b$流体质点的迹线.

1.14 不可压缩流体在收缩管内作定常流动,如图所示,其速度为

$$u=v_1\left(1+\frac{x}{L}\right),\quad v=w=0,$$

式中 v_1 为管段入口处($x=0$)的速度,L 为管段长度. 试求出并比较欧拉描述与拉格朗日描述下流体运动的加速度.

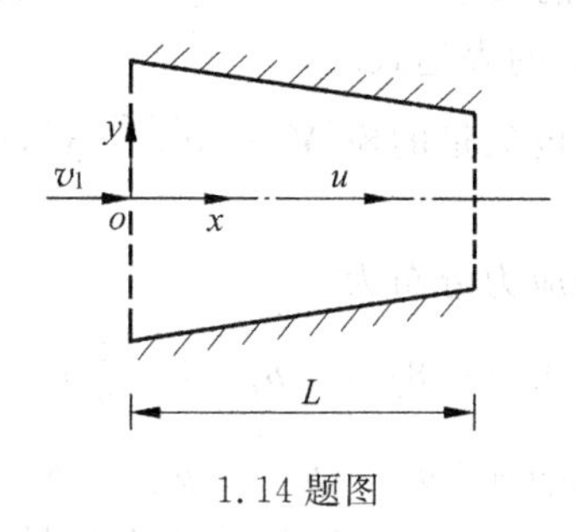

1.14 题图

1.15　已知流体质点运动的轨迹为 $x=at+1, y=bt-1$,式中 a、b 为常数. 试求流线簇.

1.16　对于以(a, b, c)为标识的流体质点,其运动规律为

$$x = a\mathrm{e}^{-\frac{2t}{R}}, \quad y = b\mathrm{e}^{\frac{t}{R}}, \quad z = c\mathrm{e}^{\frac{t}{R}},$$

式中 R 是不为 0 的常数,试讨论流动是否为定常的不可压缩流动以及是否无旋.

1.17　已知流体运动速度为

$$u = x + t, \quad v = y + t, \quad w = 0.$$

试求:(1)流线簇以及 $t=1$ 时通过 $A(1,2)$ 点的流线;(2)在 $t=1$ 时位于 $A(1,2)$ 点的流体质点的迹线.

1.18　已知拉格朗日描述下的速度表达式为

$$u = (a-1)\mathrm{e}^{t} + 1, \quad v = (b-1)\mathrm{e}^{t} + 1,$$

式中 a,b 均为 $t=0$ 时流体质点所在位置的坐标.

试求:(1)$t=1$ 时流体质点的分布规律;(2)$a=0$,$b=2$ 这个流体质点的运动规律;(3)流体质点的加速度;(4)欧拉描述下的速度与加速度表达式,并比较之.

1.19　已知用柱坐标表示的速度场为

$$v_r = 0, \quad v_\theta = \frac{c}{r}, \quad v_z = 0,$$

式中 c 为常数.

试求:(1)通过$(x,y)=(1,1)$点的流线方程;(2)$t=0$ 时刻通过$(x,y)=(1,1)$流体质点的迹线.

1.20　若已知 $u=ax+t^2, v=-ay-t^2, w=0$,试求流线与迹线.

1.21　设速度场为 $v_i=\dfrac{x_i}{1+t}$ $(i=1,2,3)$,证明任意时刻 t 过点 $x_i=a_i$ 的流线和 $t=0$ 时刻从 $x_i=a_i$ 出发的质点的轨迹重合.

1.22　如果一个非定常流动的速度分布表示成 $v_i/|\mathbf{V}|$($|\mathbf{V}|$ 为速度矢量的模,

$i=1,2,3$)时与时间 t 无关,试证明任何时刻的流线都和质点的轨迹重合.

1.23　某二维流动速度的大小为 $|\boldsymbol{V}|=\sqrt{2y^2+x^2+2xy}$,流线方程为 $y^2+2xy=$ 常数.试求出速度分量 u 和 v 的表达式.

1.24　已知二维流动速度矢量的模 $|\boldsymbol{V}|=\sqrt{x^2+y^2}$,流线方程为 $y^2-x^2=$ 常数,试确定该流动的速度分布.

1.25　已知一流场中的应力分布为

$$p_{xx}=3x^2+4xy-8y^2,\quad p_{xy}=-\frac{1}{2}x^2-6xy-2y^2,$$

$$p_{yy}=2x^2+xy+3y^2,\quad p_{xz}=p_{yz}=p_{zz}=0,$$

求平面 $x+3y+z+1=0$ 上,点(1,−1,1)处的应力矢量 $\boldsymbol{P}_n$ 及其在该平面的法向和切向的投影值.

1.26　在流体中取一个正六面体流体微团,试用动量矩定理证明应力张量中的切应力互等.

1.27　应用动量矩定理于一个任意形状流体微团,证明应力张量满足方程 $e_{ijk}p_{jk}=0$,并由此证明 p_{ij} 为对称张量.

1.28　已知二维流动的速度场:$u=-ky, v=k(x-\alpha t)$,其中 k、α 为常数.

求:(1)流动的加速度场;(2)t 时刻的流线簇方程;(3)速度和加速度的拉格朗日表达式;(4)$t=0$ 时刻从(1,1,1)点处出发的流体质点的迹线;(5)应变率张量及旋转角速度,并分析流动是否定常、是否不可压缩、是否无旋.

1.29　已知流动速度场为 $u=4z-3y$, $v=3x$, $w=-4x$,试问此流体是否在作刚体运动(即处于相对静止状态).

1.30　设两个同轴圆柱间的流体作环状定常流动,与轴垂直的平面上速度分布为:

$$v_\theta=\frac{1}{r_2^2-r_1^2}\left[r(\omega_2r_2^2-\omega_1r_1^2)-\frac{r_1^2r_2^2}{r}(\omega_2-\omega_1)\right],\quad v_r=0,$$

其中 r_1、r_2 与 ω_1、ω_2 分别是内外圆柱体半径及旋转角速度,θ 是平面极角,如图所示.试求作用于柱面上的切应力.(柱坐标系下切应力表达式见附录Ⅱ)

1.31　设不可压缩粘性流体缓慢地不脱体绕过一个圆球时的速度分布为轴对称分布:

$$v_r(r,\theta)=V_\infty\cos\theta\left[1-\frac{3}{2}\frac{a}{r}+\frac{a^3}{2r^3}\right],\quad v_\theta(r,\theta)=-V_\infty\sin\theta\left[1-\frac{3}{4}\frac{a}{r}-\frac{a^3}{4r^3}\right],$$

压力 $p(r,\theta)=P_\infty-\frac{3}{2}\mu\frac{a}{r^2}V_\infty\cos\theta$,其中 V_∞, P_∞ 为常数,a 为圆球半径,r、θ 为球坐标,如图所示,求流场中的应力分布及流体对圆球的作用合力.(球坐标系中应力表达式见附录Ⅱ)

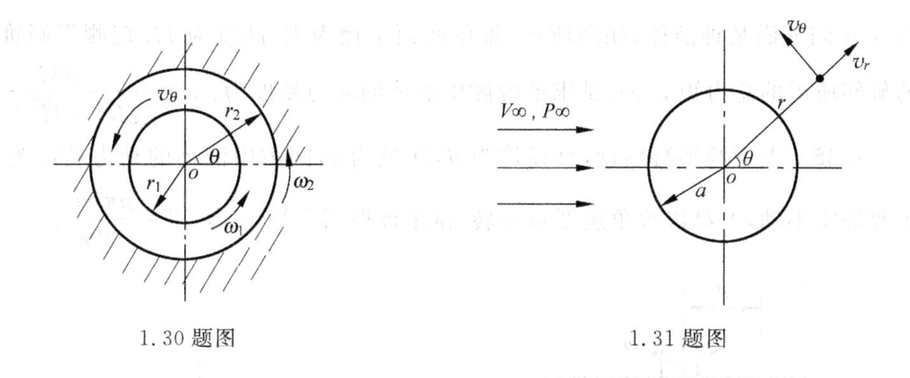

1.30 题图　　　　1.31 题图

1.32　已知流场中应力张量为

$$\boldsymbol{P}=\begin{bmatrix}3xy & 5y^2 & 0\\ 5y^2 & 0 & 2z\\ 0 & 2z & 0\end{bmatrix},$$

求作用于平面上 M 点$(2,1,\sqrt{3})$的应力矢量 $\boldsymbol{p}_n$，该平面在 M 点与圆柱面 $y^2+z^2=4$ 相切.

1.33　混合气体的密度和动力粘度可分别按下式计算：

$$\rho=\sum_{i=1}^{n}\rho_i\alpha_i,\qquad \mu=\frac{\sum\limits_{i=1}^{n}\alpha_i M_i^{1/2}\mu_i}{\sum\limits_{i=1}^{n}\alpha_i M_i^{1/2}},$$

式中 α_i 为混合气体中 i 组分气体所占的体积百分数；M_i 为混合气体中 i 组分气体的分子量；ρ_i 为混合气体中 i 组分气体的密度；μ_i 为混合气体中 i 组分气体的动力粘度. 现已测得锅炉烟气各组分气体的体积百分数分别为：$\alpha_1=13.6\%$，$\alpha_2=0.4\%$，$\alpha_3=4.2\%$，$\alpha_4=75.6\%$，$\alpha_5=6.2\%$. 在标准状态下，各组分(种类)气体的密度和动力粘度如下表所列. 试求该烟气在标准状态下的密度、动力粘度和运动粘度.

i 组分气体	相对分子质量 M_i	密度/$(\mathrm{kg}\cdot\mathrm{m}^{-3})$	动力粘度/$(\mathrm{N}\cdot\mathrm{s}\cdot\mathrm{m}^{-2})$
1. 二氧化碳 CO_2	44	1.98	13.8×10^{-6}
2. 二氧化硫 SO_2	64	2.93	11.6×10^{-6}
3. 氧气 O_2	32	1.43	19.2×10^{-6}
4. 氮气 N_2	28	1.25	16.6×10^{-6}
5. 水蒸气	18	0.804	8.93×10^{-6}

1.34　一圆锥体绕其铅垂中心轴以等角速度 ω 旋转，锥体与固壁之间的缝隙宽

为 δ，中间充满某种液体，如图所示，锥体底面半径为 R，高度为 H. 现测得圆锥体等速旋转所需的总力矩为 M，试求证缝隙中液体的动力粘度为：$\mu=\dfrac{2\delta M}{\pi\omega R^3\sqrt{H^2+R^2}}$.

1.35 上下两平行圆盘，直径均为 d，间隙为 δ，间隙中液体的动力粘度为 μ. 若下盘固定不动，上盘以等角速度 ω 旋转，试求证所需力矩 T 为：$T=\dfrac{\mu\pi\omega d^4}{32\delta}$.

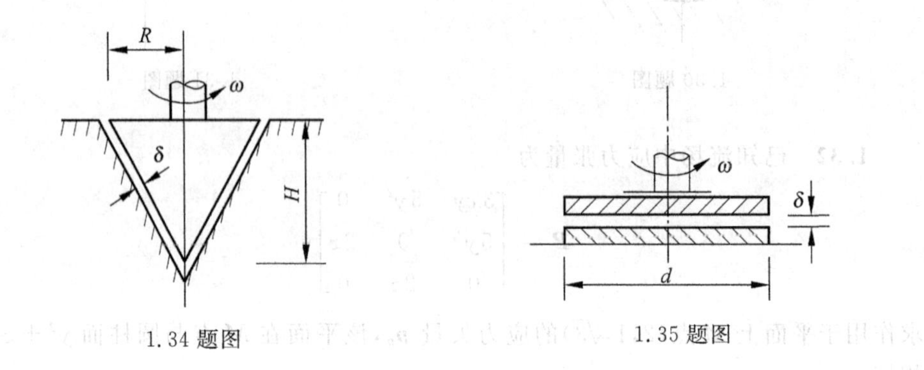

1.34 题图　　1.35 题图

1.36 一套筒长 $H=20\text{cm}$，内径 $D=5.04\text{cm}$，重量 $G=6.8\text{N}$，套在直径 $d=5\text{cm}$ 的立轴上，如图所示. 套筒与轴之间润滑油的动力粘度 $\mu=0.8\text{N}\cdot\text{s/m}^2$. 不计空气阻力，求套筒在自重作用下将以多大的速度沿立轴同心等速下滑？

1.37 转轴直径为 d，轴承长度为 b，轴与轴承间的缝隙宽为 δ，中间充满动力粘度为 μ 的润滑油，若轴的转速为 n(r/min)，试求证克服油摩擦阻力所消耗的功率 N 为 $N=\dfrac{\mu\pi^3 d^3 n^2 b}{3600\delta}$(W).

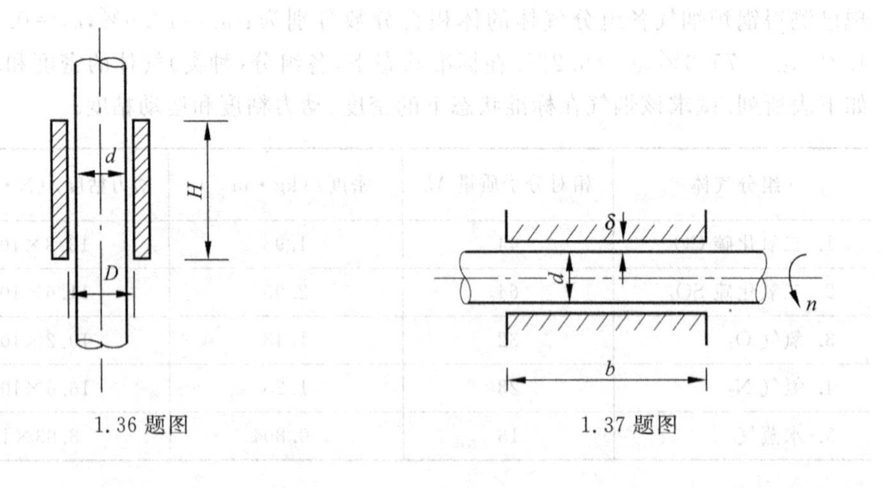

1.36 题图　　1.37 题图

第2章 流体静力学

流体静力学研究流体在外力作用下,静止平衡的规律以及这些规律在工程实际中的应用.所谓静止是指流体内部宏观质点之间或流体层之间没有相对运动,达到了相对平衡,至于流体作为一个整体完全可以同刚体一样地运动.通常按流体整体相对于地球有无运动,将流体的静止分为相对静止和绝对静止.

处于静止状态的流体,流体内不存在切应力.因此,由流体静力学所得到的结论对理想流体和粘性流体都适用.

2.1 流体静压强及其特性

在静止或相对静止的流体中,流体内不存在切应力,因此只有作用在内法线方向上的表面力,即静压力.单位面积上作用的静压力称为静压强.流体的静压强具有两个重要的特性.

特性1 流体静压强对某个表面的作用所产生的静压力必指向作用面的内法线方向.

图2-1表示处于静止状态的流体分离体表面 AB,若作用在 AB 面上的力 P'_s 的方向向外且不与该面垂直,则 P'_s 可以分解为一个垂直于表面的力 P_{sn} 和另外一个与表面相切的力 $P_{s\tau}$.若有拉力 P_{sn} 或剪切力 $P_{s\tau}$ 存在,流体将产生连续不断的变形即运动,这与静止前提相矛盾.所以静压力惟一可能的方向就是沿作用面的内法线方向,

即图中的 P_s 力.

特性2　静止流体内任意一点处，压强的大小与作用面的方位无关，即同一点各方向的流体静压强均相等. 为证明这一特性，在静止流体内任意点 O 上取一微小四面体，如图 2-2 所示，以 O 点为顶点，斜面为 ABC，微小四面体的三个互相垂直的边长分别为 dx、dy、dz. 设四面体四个面上的压强各为 p_x，p_y，p_z 及 p_n，则各相应表面上的表面力为

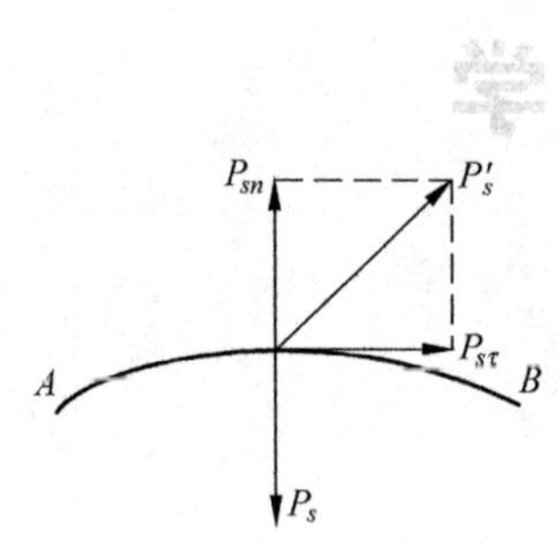

图 2-1　平衡流体的表面力

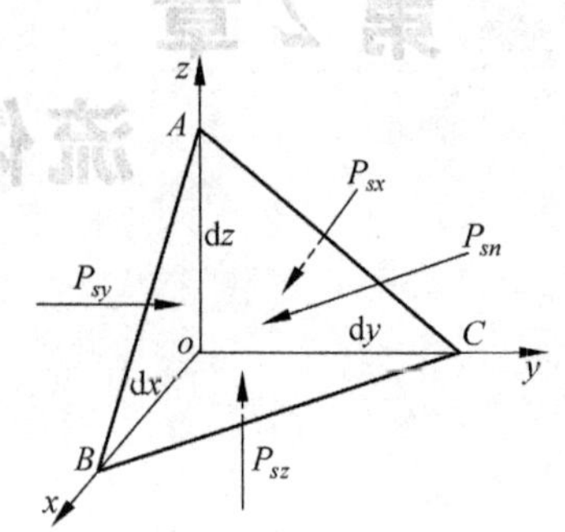

图 2-2　静止流体中的微小四面体

$$P_{sx} = \frac{1}{2}p_x\mathrm{d}y\mathrm{d}z,\quad P_{sy} = \frac{1}{2}p_y\mathrm{d}x\mathrm{d}z,$$

$$P_{sz} = \frac{1}{2}p_z\mathrm{d}x\mathrm{d}y,\quad P_{sn} = p_n\mathrm{d}A_n,$$

式中 $\mathrm{d}A_n$ 为斜面 ABC 的面积.

此外四面体上还作用着质量力其定义见式(1-53)，单位是 $\mathrm{m/s^2}$. 设 x、y、z 向的单位质量力为 f_x、f_y、f_z，流体的密度为 ρ，则四面体的质量为 $\mathrm{d}m=\frac{1}{6}\rho\mathrm{d}x\mathrm{d}y\mathrm{d}z$，所以质量力在 x、y、z 的分量各为 $\frac{1}{6}\rho\mathrm{d}x\mathrm{d}y\mathrm{d}zf_x$，$\frac{1}{6}\rho\mathrm{d}x\mathrm{d}y\mathrm{d}zf_y$，$\frac{1}{6}\rho\mathrm{d}x\mathrm{d}y\mathrm{d}zf_z$.

由于微小四面体在上述各力作用下平衡，于是可列出微小四面体在 x 方向上的力平衡方程 $\sum F_x = 0$，即

$$\frac{1}{2}p_x\mathrm{d}y\mathrm{d}z + \frac{1}{6}\rho\mathrm{d}x\mathrm{d}y\mathrm{d}zf_x - p_n\mathrm{d}A_n\cos(P_{sn},x) = 0.$$

因为表面力是二阶小量，而质量力是三阶小量，因此质量力可以略去，于是

$$\frac{1}{2}p_x\mathrm{d}y\mathrm{d}z = p_n\mathrm{d}A_n\cos(P_{sn},x),$$

而

$$\mathrm{d}A_n\cos(P_{sn},x) = \frac{1}{2}\mathrm{d}y\mathrm{d}z,$$

代入上式得

$$p_x = p_n.$$

同理由 $\sum F_y = 0$, $\sum F_z = 0$ 可得 $p_y = p_n$, $p_z = p_n$,故有

$$p_x = p_y = p_z.$$

由于微小四面体是任取的,由上式可得出结论: 从各个方向作用于一点的流体静压强大小相等,即在静止流体内任意一点处,压强的大小与作用面的空间方位无关,只是该点空间坐标的函数,即

$$p = p(x, y, z).$$

由此可知静压强不是一个矢量,而是一个标量.静压强的全微分为

$$\mathrm{d}p = \frac{\partial p}{\partial x}\mathrm{d}x + \frac{\partial p}{\partial y}\mathrm{d}y + \frac{\partial p}{\partial z}\mathrm{d}z \tag{2-1}$$

2.2 静止流体的平衡微分方程

静止流体只受到质量力和由压力产生的法向表面力的作用.下面讨论在平衡状态下这些力应满足的关系,建立表示流体平衡条件下的微分方程式.

如图 2-3 所示,在静止流体内取一平行六面体微团,它与 x、y、z 坐标轴平行的棱边各为 $\mathrm{d}x$、$\mathrm{d}y$、$\mathrm{d}z$,它的体积 $\mathrm{d}V$ 为 $\mathrm{d}x\mathrm{d}y\mathrm{d}z$,则作用在该微团上的质量力在 x、y、z 坐标轴方向上分量各为 $\rho f_x \mathrm{d}x\mathrm{d}y\mathrm{d}z$、$\rho f_y \mathrm{d}x\mathrm{d}y\mathrm{d}z$、$\rho f_z \mathrm{d}x\mathrm{d}y\mathrm{d}z$.

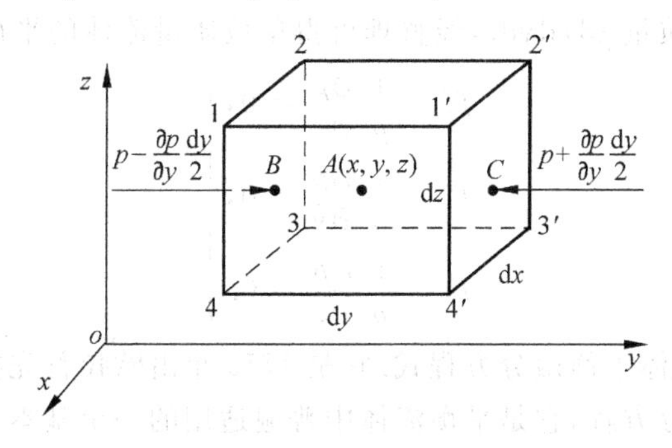

图 2-3 六面体微团

设该微元体的中心 $A(x,y,z)$ 点处的压强为 $p(x,y,z)$,由于压强是空间点坐标 x、y、z 的连续函数,则离该点处 $\pm\frac{1}{2}\mathrm{d}y$ 处的压强为 $p\left(x, y\pm\frac{1}{2}\mathrm{d}y, z\right)$,并且可以将 $p\left(x, y\pm\frac{1}{2}\mathrm{d}y, z\right)$ 展成 $p(x,y,z)$ 表示的泰勒级数,即

$$p\left(x,y\pm\frac{1}{2}\mathrm{d}y,z\right)=p(x,y,z)\pm\frac{1}{2}\frac{\partial p(x,y,z)}{\partial y}\mathrm{d}y+\frac{1}{8}\frac{\partial p^2(x,y,z)}{\partial y^2}(\mathrm{d}y)^2\pm\cdots$$

如果 $\mathrm{d}y$ 为无限小量，则在上述级数中二阶及二阶以上的高阶小量项均可略去，即等号右边只取两项已足够精确，则

$$p\left(x,y\pm\frac{1}{2}\mathrm{d}y,z\right)=p(x,y,z)\pm\frac{1}{2}\frac{\partial p(x,y,z)}{\partial y}\mathrm{d}y,$$

可见1-2-3-4面的中心点 B 的压强为 $p_B=p-\frac{1}{2}\frac{\partial p}{\partial y}\mathrm{d}y$，1′-2′-3′-4′面的中心点 C 的压强为 $p_C=p+\frac{1}{2}\frac{\partial p}{\partial y}\mathrm{d}y$.

由于微元六面体足够小，故 p_B，p_C 可作为作用在1-2-3-4面和1′-2′-3′-4′面上的平均压强. 因此作用在这两个面上的法向力为

$$\left(p-\frac{1}{2}\frac{\partial p}{\partial y}\mathrm{d}y\right)\mathrm{d}x\mathrm{d}z,\quad \left(p+\frac{1}{2}\frac{\partial p}{\partial y}\mathrm{d}y\right)\mathrm{d}x\mathrm{d}z.$$

由于微小六面体处于平衡状态，所以在 y 方向的合力为0，即

$$\left(p-\frac{1}{2}\frac{\partial p}{\partial y}\mathrm{d}y\right)\mathrm{d}x\mathrm{d}z-\left(p+\frac{1}{2}\frac{\partial p}{\partial y}\mathrm{d}y\right)\mathrm{d}x\mathrm{d}z+\rho\mathrm{d}x\mathrm{d}y\mathrm{d}zf_y=0.$$

同理可写出 x、z 方向的力平衡方程式，即

$$\left(p-\frac{1}{2}\frac{\partial p}{\partial x}\mathrm{d}x\right)\mathrm{d}y\mathrm{d}z-\left(p+\frac{1}{2}\frac{\partial p}{\partial x}\mathrm{d}x\right)\mathrm{d}y\mathrm{d}z+\rho\mathrm{d}x\mathrm{d}y\mathrm{d}zf_x=0,$$

$$\left(p-\frac{1}{2}\frac{\partial p}{\partial z}\mathrm{d}z\right)\mathrm{d}x\mathrm{d}y-\left(p+\frac{1}{2}\frac{\partial p}{\partial z}\mathrm{d}z\right)\mathrm{d}x\mathrm{d}y+\rho\mathrm{d}x\mathrm{d}y\mathrm{d}zf_z=0.$$

上式各式除以质量 $\rho\mathrm{d}x\mathrm{d}y\mathrm{d}z$，经整理可得单位质量流体的平衡方程式为

$$\left.\begin{aligned}f_x-\frac{1}{\rho}\frac{\partial p}{\partial x}=0,\\ f_y-\frac{1}{\rho}\frac{\partial p}{\partial y}=0,\\ f_z-\frac{1}{\rho}\frac{\partial p}{\partial z}=0.\end{aligned}\right\}\tag{2-2}$$

式(2-2)称为流体平衡微分方程式. 它是1755年由欧拉首先推导出来的，因此又称之为欧拉平衡微分方程，它是平衡流体中普遍适用的一个基本公式，无论平衡流体受的质量力有哪种类型、流体是否可压缩、流体有无粘性，欧拉平衡方程式都是普遍适用的. 该方程式表明：平衡流体受哪个方向的质量分量，则流体静压强沿该方向必然发生变化；反之，如果哪个方向没有质量分力，则流体静压强在该方向上必然保持不变.

将式(2-2)分别乘以 $\mathrm{d}x$、$\mathrm{d}y$ 及 $\mathrm{d}z$，然后相加得

$$f_x\mathrm{d}x+f_y\mathrm{d}y+f_z\mathrm{d}z=\frac{1}{\rho}\left(\frac{\partial p}{\partial x}\mathrm{d}x+\frac{\partial p}{\partial y}\mathrm{d}y+\frac{\partial p}{\partial z}\mathrm{d}z\right)=\frac{1}{\rho}\mathrm{d}p.\tag{2-3}$$

对于不可压缩流体，$\rho=$常数，ρ 可放进上式等号右边的微分中，所以为一全微分，因此等号左边也必为某函数的全微分. 如果单位质量力与某一个坐标函数 $U(x,y,z)$ 具有下列关系：

$$X=-\frac{\partial U}{\partial x},\quad Y=-\frac{\partial U}{\partial y},\quad Z=-\frac{\partial U}{\partial z}.$$

则式(2-3)左端

$$X\mathrm{d}x+Y\mathrm{d}y+Z\mathrm{d}z=-\left(\frac{\partial U}{\partial x}\mathrm{d}x+\frac{\partial U}{\partial y}\mathrm{d}y+\frac{\partial U}{\partial z}\mathrm{d}z\right)=-\mathrm{d}U,$$

能成为坐标函数 $-U(x,y,z)$ 的全微分.

于是式(2-3)变成

$$\mathrm{d}p+\rho\mathrm{d}U=0. \tag{2-4}$$

$U(x,y,z)$ 是一个决定流体质量力的函数，称为力势函数，而具有这样力势函数的质量力称为有势力. 不可压缩流体只有在有势的质量力的作用下才能保持平衡.

流体中等压力的各点所组成的平面或曲面叫等压面，等压面上 $p=$常数，即 $\mathrm{d}p=0$，代入式(2-3)中得到等压面的微分方程式

$$f_x\mathrm{d}x+f_y\mathrm{d}y+f_z\mathrm{d}z=0. \tag{2-5}$$

等压面有下面三个性质.

1. 等压面也是等势面

因为等压面上 $\mathrm{d}p=0$，由式(2-4)得

$$\mathrm{d}U=0,$$

即

$$U=C.$$

2. 通过任意一点的等压面必与该点所受质量力相垂直

设单位质量力的矢量为 $\boldsymbol{f}(f_x,f_y,f_z)$，在等压面上取任意微小线段 $\mathrm{d}\boldsymbol{l}(\mathrm{d}x,\mathrm{d}y,\mathrm{d}z)$，由矢量运算得

$$\boldsymbol{f}\cdot\mathrm{d}\boldsymbol{l}=f_x\mathrm{d}x+f_y\mathrm{d}y+f_z\mathrm{d}z.$$

由于在等压面上，上式右端为 0，所以

$$\boldsymbol{f}\cdot\mathrm{d}\boldsymbol{l}=0.$$

两矢量本身都不为零，而它们的点积为零，则说明两矢量相垂直. 由于 $\mathrm{d}\boldsymbol{l}$ 是等压面上任选的矢量，因而等压面与质量力相垂直. 当质量力仅为重力时，等压面必定为水平面.

3. 两种互不相混的流体处于平衡状态时，它们的分界面必为等压面

如果在分界面上任意取两点 A 和 B，设两点之间存在着静压差 $\mathrm{d}p$ 和势差 $\mathrm{d}U$.

因为 A、B 两点都取在分界面上，所以 dp 和 dU 同属于两种液体. 设两种不同流体的密度为 ρ_1、ρ_2，则可分别有关系式

$$dp = -\rho_1 dU,$$
$$dp = -\rho_2 dU.$$

因为 $\rho_1 \neq \rho_2$，故上式只有当 $dp = dU = 0$ 时才能成立. 由此可见分界面必为等压面或等势面.

2.3 重力场中静止流体内的压力分布

重力场是最常见的有势力场，在很多工程技术领域，流体基本上处于重力场中，因此讨论重力场中流体平衡规律具有普遍意义. 在重力场中，流体内的质量力只是向着地心的重力，它与常取的坐标轴 z 方向相反，所以

$$f_x = 0, \quad f_y = 0, \quad f_z = -g,$$

将上式代入式(2-3)得

$$dp = -\rho g dz. \tag{2-6}$$

对于均质流体 ρ=常数，上式积分得

$$p + \rho g z = C,$$

设 $z = H$ 时，$p = p_0$(图 2-4)，则积分常数 C 为

$$C = p_0 + \rho g H,$$

代入原式得

$$p = p_0 + \rho g(H - z) = p_0 + \rho g h. \tag{2-7}$$

式(2-7)中 h 为液体中任一点距液面的垂直液体深度，又称淹深. 该式表示了液体在重力作用下压强的产生和分布规律，称为不可压缩性流体的静压强基本公式或静液压强基本公式. 由此可知：

1. 在重力作用下，液体内的静压强只是坐标轴 z 的函数，压强随深度 h 的增大而增大，如图 2-4 所示.

2. 静压强由两部分组成，即液面压强 p_0 和液体自重 ρgh 引起的压强. 液面压强是外力施加于液体而引起的，可通过固体、气体或不同质量的液体对液面施加外力而产生.

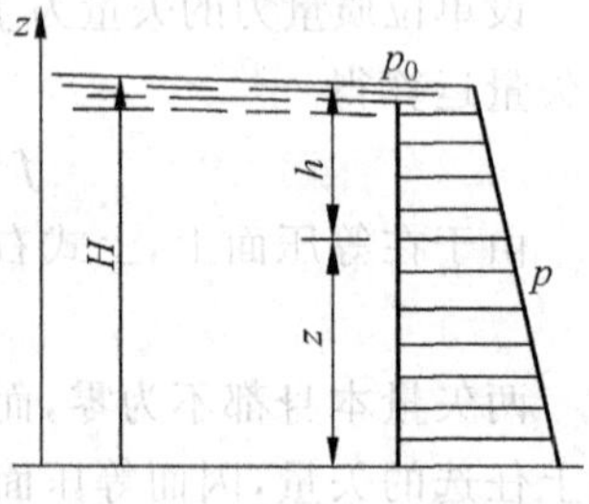

3. 当 h=常数时，$p = C$，即等压面是水平面.

4. 连通容器内同一种液体内与液面平行的面上具有相等的压强，这个面称为等压面. 例如图 2-5 中 $p_1 = p_2 = p_0 + \rho gh$.

图 2-4 重力作用下流体中压力分布

5. 帕斯卡压力传递原理：密封容器中的静止流体，由于部分边界上承受外力而

产生的流体静压强将均匀地传递到液体内所有各点上去. 根据这个原理,结合静压强的特性,就可推理出液体不仅能传递力,而且能放大或缩小力,且能获得任何要求方向的力. 如图 2-6 所示,力 P_1 通过油缸 1 的活塞使液面产生压强,这个压强沿管道传递至油缸 2 的活塞上而产生了力 P_2,力获得了传递. 改变油缸 2 的位置就可获得不同方向的力 P_2. 此外改变油缸 2 的截面积,可以获得不同数值的 P_2 力.

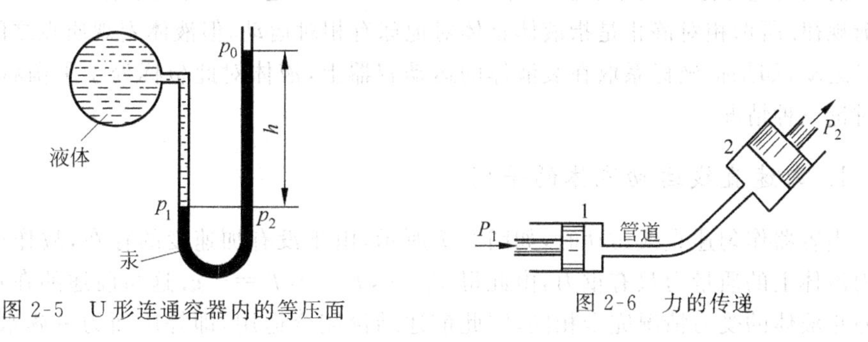

图 2-5 U 形连通容器内的等压面　　图 2-6 力的传递

2.4 静压力的计量

习惯上静压强常被称为静压力,很多测压仪表测得的都是流体静压力与大气压力之差,即$(p-p_a)$,因此工程上把这个差值称作为相对压力或表压,而把 p 称作为绝对压力. 一般工程上说的压力往往指表压而不是绝对压力.

假如绝对压力 p 小于大气压力 p_a,则相对压力为负值,此时,工程上通常用真空度 p_v 表示

$$p_v = p_a - p. \tag{2-8}$$

静压力计量单位有三种.

(1) 应力单位. 在法定单位制中是 $\mathrm{Pa=N/m^2}$ 或 $\mathrm{bar}=10^5\,\mathrm{Pa}$,在工程制中是 $\mathrm{kgf/cm^2}$,应力单位多用于理论计算.

(2) 液柱高单位. 因为压力与液柱高的单位关系为 $p=\rho gh$,或 $h=\dfrac{p}{\rho g}$,说明一定的压力 p 就相当于一定的液柱高 h,因此工程上常用液柱高来间接表示液体中某一点压力大小. 液柱高单位有 $\mathrm{mH_2O}$、mmHg 等.

(3) 大气压单位. 标准大气压(atm)是根据北纬 45 度海平面上温度为 15℃时测定的数值.

$$1\mathrm{atm} = 760\mathrm{mmHg} = 1.033\mathrm{kgf/cm^2} = 1.01325\mathrm{bar} = 1.01325\times10^5\mathrm{Pa}.$$

另外工程制单位中规定:

$$1\,\text{工程大气压(at)} = 1\mathrm{kgf/cm^2}.$$

2.5　流体的相对平衡

前面讨论了重力场中静止流体的平衡规律，现在进一步研究液体相对静止时的平衡规律. 所谓相对静止是指液体整体对地球有相对运动，但液体宏观质点之间没有相对运动，如果把坐标系取在装液体的运动容器上，液体对此坐标处于平衡状态，下面讨论三种情况.

1. 匀速直线运动流体的平衡

当容器作匀速直线运动时，如图 2-7 所示，由于没有加速度的存在，故作用在容器内液体上的质量力只有重力，由此得 $f_x=0, f_y=0, f_z=-g$. 这与前述的在重力场中静止液体的受力情况完全相同，因此前述结论完全适用，即等压面为一簇水平面，液静压强分布规律为 $p=p_0+\rho gh$.

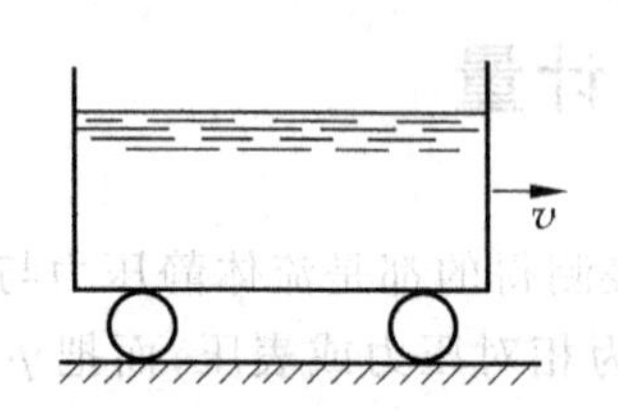

图 2-7　容器作匀速直线运动

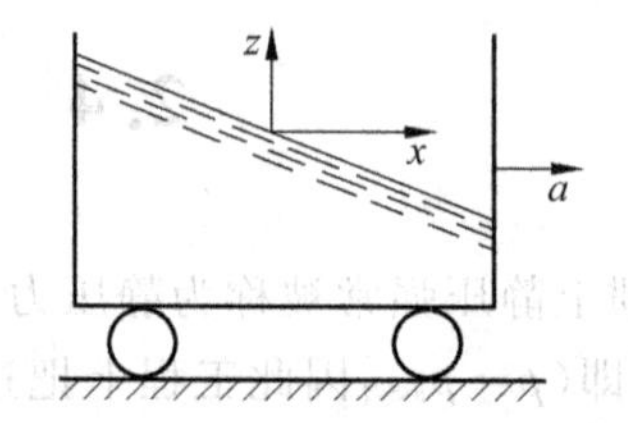

图 2-8　容器作等加速直线运动

2. 等加速直线运动流体的平衡

设容器以等加速度 a 沿 x 坐标轴方向运动，如图 2-8 所示. 在新的平衡时，容器内的液体所受的质量力除了重力以外，还有一个与运动方向相反的惯性力，即

$$f_x=-a,\quad f_y=0,\quad f_z=-g,$$

将 f_x, f_y, f_z 代入式(2-3)得

$$-a\mathrm{d}x-g\mathrm{d}z=\frac{1}{\rho}\mathrm{d}p,$$

或

$$\mathrm{d}p+\rho a\mathrm{d}x+\rho g\mathrm{d}z=0,$$

积分得

$$p+\rho ax+\rho gz=C.$$

积分常数 C 由边界条件确定，即当 $x=0$、$z=0$ 时 $p=p_0$，代入求得 $C=p_0$. 因此压强分布规律为

$$p = p_0 - \rho ax - \rho gz. \tag{2-9}$$

在液面上 $p=p_0$，因此液面的方程为

$$\rho ax + \rho gz = 0, \tag{2-10}$$

即斜率为$-\dfrac{a}{g}$的直线.

把式(2-9)改写为

$$p = p_0 - \rho g\left(\frac{a}{g}x + z\right),$$

而$-\left(\dfrac{a}{g}x+z\right)$刚好等于液体自由表面以下的垂直深度，即淹深 h_z，因此液面下的压强分布规律也可写为

$$p = p_0 + \rho g h_z, \tag{2-11}$$

其形式与绝对静止液体的结果式(2-7)完全相同.

由等压面的定义 $\mathrm{d}p=0$，可得等压面的方程为

$$a\mathrm{d}x + g\mathrm{d}z = 0,$$

或

$$\frac{\mathrm{d}z}{\mathrm{d}x} = -\frac{a}{g}. \tag{2-12}$$

由此可见等压面的斜率与液面的斜率相同，即等压面为平行于液面的一簇平面.

3. 等角速度旋转流体的平衡

盛有液体的容器绕垂直轴作角速度 ω 旋转，在启动时液体被甩向外周，但液体很快会成为一个整体随容器一起旋转，液体相互间没有相对运动，如图 2-9 所示. 此时，液体所受的质量力除重力以外，还有等加速度 ω 而产生的离心力 $\omega^2 r$，方向与向心加速度方向相反，指向四周. 选取如图所示的坐标，则有

$$f_x = \omega^2 r\cos(r,x) = \omega^2 x,$$

$$f_y = \omega^2 r\cos(r,y) = \omega^2 y,\ f_z = -g.$$

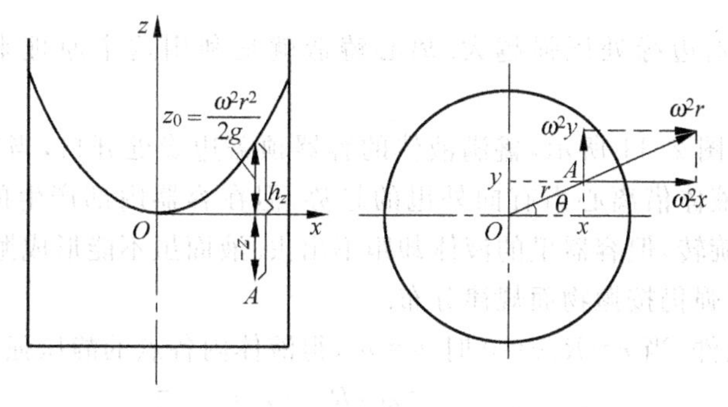

图 2-9 容器作等角速度旋转运动

将 f_x, f_y, f_z 代入式(2-3)得

$$\mathrm{d}p = \rho(\omega^2 x\mathrm{d}x + \omega^2 y\mathrm{d}y - g\mathrm{d}z),$$

积分得

$$p = \rho\left(\frac{\omega^2 x^2}{2} + \frac{\omega^2 y^2}{2} - gz\right) + C,$$

或

$$p = \rho\left(\frac{\omega^2 r^2}{2} - gz\right) + C.$$

积分常数 C 由边界条件确定，即当 $r=0$、$z=0$ 时 $p=p_0$，代入求得 $C=p_0$. 由此得压强分布规律为

$$p = p_0 + \rho\frac{\omega^2 r^2}{2} - \rho g z. \tag{2-13}$$

等压面 $\mathrm{d}p=0$，则可得

$$\frac{\omega^2 r^2}{2} - gz = C.$$

这是一簇对称于 z 轴的抛物面. 在液面上 $p=p_0$，$z=z_0$，则液面方程为

$$z_0 = \frac{\omega^2 r^2}{2g}, \tag{2-14}$$

式中，z_0 为液面上任一点离坐标原点的高度，以式(2-14)代入式(2-13)，可得

$$p = p_0 + \rho g(z_0 - z),$$

而 $(z_0 - z)$ 即为液体内任一点的淹深 h_z，则液体内任意点的压强也可表示为式(2-11)，与静止液体相类似.

特例1 如图2-10所示，盛满液体的容器顶盖中心开一小口，当容器以角速度 ω 绕 z 轴旋转时，液体借离心力向外甩，因受盖顶的限制，液面不能形成旋转抛物面. 但此时盖顶各点所受液体静压强仍按抛物面规律分布. 中心点 O 处的静压强 $p=p_0$，边缘点 B 处的流体静压强最大，为

$$p = p_0 + \frac{\rho\omega^2 R^2}{2},$$

角速度 ω 越大，则边缘处压强越大. 离心铸造就是利用这个原理来得到较密实的铸件.

特例2 如图2-11所示，盛满液体的容器顶盖边缘处开口，当容器以角速度 ω 绕 z 轴旋转时，液体借离心力有向外甩的趋势，但在容器内部产生的真空把液体吸住，尽管液体在旋转，但容器里的液体却跑不出去. 液面虽不能形成抛物面，但顶盖液体各点所受静压强仍按抛物面规律分布.

根据边界条件，当 $r=R$、$z=0$ 时 $p=p_0$，得液体内各点的静压强分布公式为

$$p = p_0 - \rho g\left[\frac{\omega^2(R^2 - r^2)}{2g} + z\right].$$

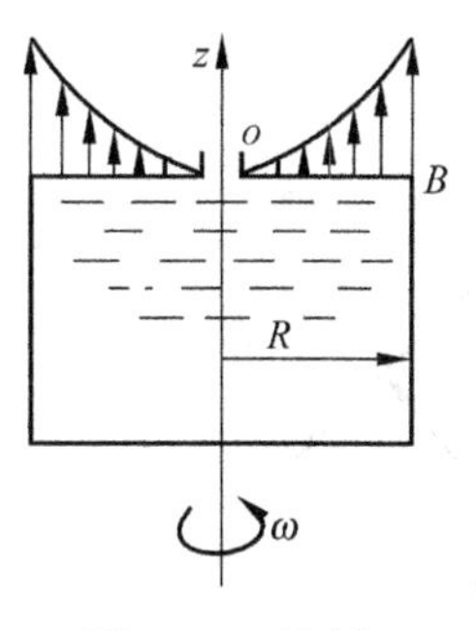

图 2-10 特例 1

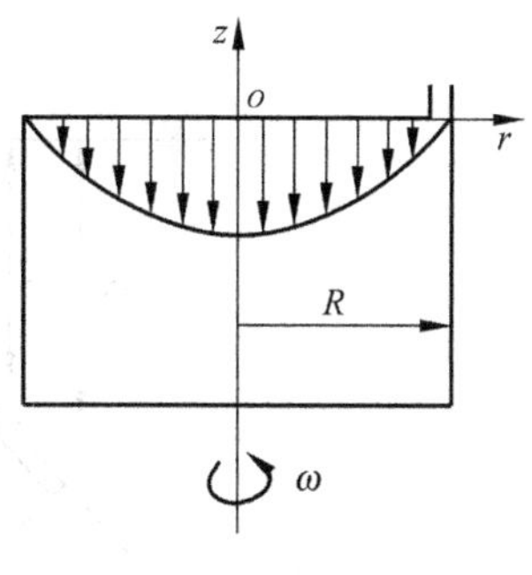

图 2-11 特例 2

在顶盖中心点 O 处的流体静压强为 $p=p_0-\rho\dfrac{\omega^2R^2}{2}$. 可见 ω 越大，则中心处的真空越大. 离心泵和离心风机就是根据此原理将流体吸入，又借离心力将流体甩向外缘，增大压力后输送出去.

2.6 静止流体作用在物面上的总压力计算

2.6.1 平面和曲面上的总压力

在工程实际中，常常不仅需要了解流体内部的压力分布规律，还需要知道与流体接触的不同形状、不同几何位置上的物体表面上所受到的流体对它作用的总压力.

静止流体作用在物体表面上的总压力 $\boldsymbol{P}$ 为

$$\boldsymbol{P}=-\int_A p\boldsymbol{n}\,\mathrm{d}A, \tag{2-15}$$

式中 A 为物体与流体接触的表面面积，$\boldsymbol{n}$ 为物面单位法线(指向流体)向量，p 为物面上的压强.

由于力是矢量，因此要注意力的方向. 对于平面来说，总压力的方向必定垂直于平面. 对于曲面来说，不同点上微小压力方向是不一致的，应将微小压力进行分解，算出总压力的分量，然后再合成而求出总压力 $\boldsymbol{P}$，下面分别讨论这两种情况.

如图 2-12 所示，设一平面 A 受到液体的作用，液面压强为 p_0，平面 A 与液面倾斜成 θ 角，则在任意微小面积 $\mathrm{d}A$ 处的压强 p 为

$$p=p_0+\rho gh=p_0+\rho gy\sin\theta.$$

因此，该平面上受到的总压力大小 P 为

$$P=\int_A p\,\mathrm{d}A=\int_A(p_0+\rho gy\sin\theta)\,\mathrm{d}A,$$

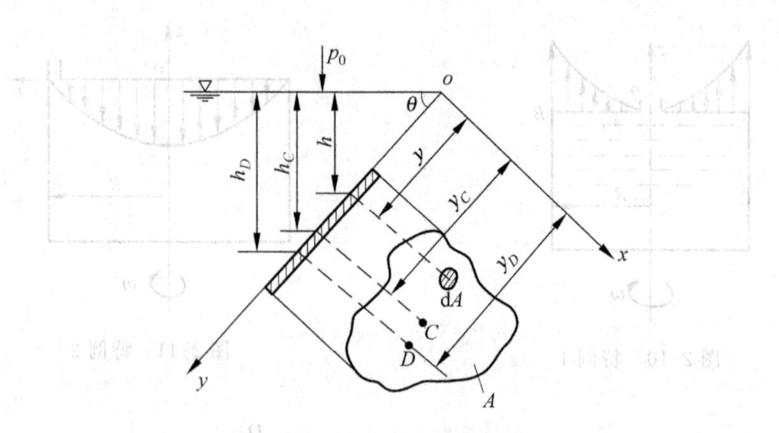

图 2-12　液体对平面的作用

或

$$P = p_0 A + \rho g \sin\theta \int_A y \mathrm{d}A.$$

因为$\int_A y\mathrm{d}A$是平面A绕通过O点的Ox轴的面积矩，即$\int_A y\mathrm{d}A = y_C A$，$y_C$是平面$A$的形心$C$至$Ox$轴的距离，又因为

$$y_C \sin\theta = h_C,$$

所以总压力P为

$$P = p_0 A + \rho g A y_C \sin\theta = (p_0 + \rho g h_C) A. \tag{2-16}$$

式(2-16)表示静止液体作用在平面上的总压力大小等于平面形心处的压力与平板面积的乘积. 总压力P的方向垂直指向作用面.

总压力的作用点D称为压力中心. 总压力P对Ox轴的力矩应该等于微小压力$\mathrm{d}P$对Ox轴的力矩之和，即

$$y_D P = \int_A y \mathrm{d}P = \int_A (p_0 + \rho g y \sin\theta) y \mathrm{d}A$$

$$= p_0 A y_C + \rho g \sin\theta \int_A y^2 \mathrm{d}A.$$

由理论力学可知$\int_A y^2 \mathrm{d}A$为面积A对Ox轴惯性矩J_x，因此

$$y_D = \frac{p_0 A y_C + \rho g \sin\theta J_x}{P} = \frac{p_0 A y_C + \rho g J_x \sin\theta}{p_0 A + \rho g A y_C \sin\theta},$$

因为$J_x = J_C + y_C^2 A$，式中J_C是平面A对通过C点平行于Ox轴的惯性矩，由此得

$$y_D = \frac{p_0 A y_C + \rho g (J_C + y_C^2 A) \sin\theta}{p_0 A + \rho g A y_C \sin\theta}. \tag{2-17}$$

对Oy轴取力矩，则

$$x_D P = \int_A x\mathrm{d}P = \int_A (p_0 + \rho g y \sin\theta) x \mathrm{d}A$$
$$= p_0 A x_C + \rho g \sin\theta \int_A xy\mathrm{d}A.$$

因为 $\int_A xy\mathrm{d}A$ 是平面的惯性积 J_{xy}，所以

$$x_D = \frac{p_0 A x_C + \rho g J_{xy}\sin\theta}{P}.$$

又因为 $J_{xy} = J''_{xy} + A x_C y_C$，$J''_{xy}$ 是平面 A 对通过 C 点平行于 Ox 轴及 Oy 轴的惯性积，由此得

$$x_D = \frac{p_0 A x_C + \rho g (J''_{xy} + A x_C y_C)\sin\theta}{p_0 A + \rho g A y_C \sin\theta}. \tag{2-18}$$

当 $p_0 = 0$ 时，y_D 和 x_D 可简化为

$$y_D = y_C + \frac{J_C}{A y_C};\quad x_D = x_C + \frac{J''_{xy}}{A y_C}.$$

如果通过平面形心 C 平行于 Ox 轴及 Oy 轴中有一为对称轴，则 $J''_{xy} = 0$，由此得 $x_D = x_C$.

计算曲面上受到液体的作用力时，在曲面上任意点取微小面积 $\mathrm{d}A$（图 2-13），该面积上的微小压力 $\mathrm{d}P$ 为

$$\mathrm{d}P = p\mathrm{d}A = (p_0 + \rho g h)\mathrm{d}A,$$

将 $\mathrm{d}P$ 力分解为 $\mathrm{d}P_x$ 和 $\mathrm{d}P_z$，则

$$\mathrm{d}P_x = \sin\theta \mathrm{d}P = p\sin\theta \mathrm{d}A = p\mathrm{d}A_x = (p_0 + \rho g h)\mathrm{d}A_x,$$
$$\mathrm{d}P_z = \cos\theta \mathrm{d}P = p\cos\theta \mathrm{d}A = p\mathrm{d}A_z = (p_0 + \rho g h)\mathrm{d}A_z,$$

对 $\mathrm{d}P_x$ 积分得

$$P_x = (p_0 + \rho g h_C) A_x, \tag{2-19}$$

式中 A_x 是面积 A 在垂直面上的投影，h_C 是 A_x 的形心至液面的垂直距离.

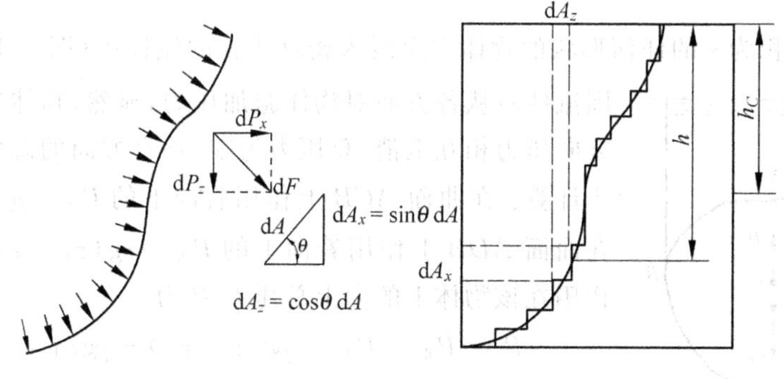

图 2-13 液体对曲面的作用

对 $\mathrm{d}P_z$ 积分得

$$P_z = p_0 A_z + \rho g \int h \mathrm{d}A_z,$$

式中 A_z 是面积 A 在水平面上的投影，$\int h \mathrm{d}A_z$ 是曲面 A 与经曲面外缘所作的垂直面以及液面所围成的几何体的体积 τ，该几何体称为压力体，则上式为

$$P_z = p_0 A_z + \rho g \tau, \tag{2-20}$$

将 P_x 和 P_z 合成，即可得总压力 P 为

$$P = \sqrt{P_x^2 + P_z^2}, \tag{2-21}$$

总压力 P 的作用方向与垂线之间的夹角由下式确定：

$$\tan\alpha = \frac{P_x}{P_z}. \tag{2-22}$$

总压力 P 的作用点可以这样确定：垂直分力的作用线通过压力体的重心指向受压面，水平分力的作用线通过 A_x 平面的压力中心而指向受压面，总压力的作用线必通过两条作用线的交点，且与垂线成 α 角. 总压力的作用线与曲面的交点 D 就是总压力在曲面上的作用点.

以上是以两向曲面为例来讨论流体的作用力，对于三向曲面，则完全可采用与两向曲面相同的讨论方法，即求微小压力在各坐标上的分量，然后总和起来，其中 x 轴方向与 z 轴方向的分力 P_x 和 P_z 与以上求解方法完全相同，y 轴方向的分力 P_y 为

$$P_y = (p_0 + \rho g h_C) A_y, \tag{2-23}$$

式中 A_y 是面积 A 在垂直于 y 轴的面上的投影.

总压力 P 为

$$P = \sqrt{P_x^2 + P_y^2 + P_z^2}. \tag{2-24}$$

2.6.2 浮力

如果体积为 τ 的任何形状的物体完全浸入密度为 ρ 的流体中（图 2-14），那么周围流体将从各方面对物体施加压力，显然，物体所受的水平方向压力相互抵消，总压力为零. 垂直方向的总压力可分两步计算：在曲面 ACB 上作用着向下的 $P_{\mathrm{I}} = \rho g \tau_{\mathrm{I}}$ 的力，而在曲面 ADB 上作用着向上的 $P_{\mathrm{II}} = \rho g(\tau_{\mathrm{I}} + \tau)$ 的力，因此作用在该物体上的向上总压力 P 为

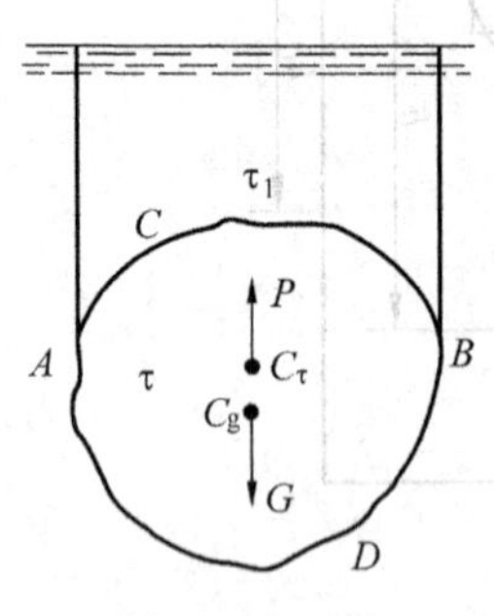

图 2-14 浮力

$$P = P_{\mathrm{II}} - P_{\mathrm{I}} = \rho g(\tau + \tau_{\mathrm{I}}) - \rho g \tau_{\mathrm{I}} = \rho g \tau. \tag{2-25}$$

P 是作用于物体的向上的流体总压力，通常称为浮力.

显然 $\rho g\tau$ 表示与浸入流体中物体体积相等的流体重量，即被浸入物体所排开的流体重量. 因此，一个完全浸入流体中的物体受到流体作用的垂直向上浮力，等于被物体排开的流体重量，而与物体浸入流体的深度无关. 同理可证明，当流体不完全浸入流体中，物体所受到的浮力等于浸入部分排开流体的重量.

浮力作用在被排开流体的重心 $C\tau$ 上，$C\tau$ 与物体的重心 Cg 是有区别的，只有当物体是完全均质的情况下，两者才重合.

由于流体对物体作用着浮力，所以物体在流体中的重量等于物体本身的重量减去浮力，也就是说物体在流体中失去的重量等于物体排开流体的重量，这就是著名的阿基米德(Archimedes)原理.

2.7 大气的平衡

当静止气体只受重力作用时，式(2-6)仍然成立，但由于气体密度不像液体一样是常数，而一般是压力、温度的函数，因此，求静止气体中的压力分布，不能对式(2-6)进行直接积分，必须通过其他附加条件. 下面以地球周围的大气平衡来说明静止气体的压力分布规律.

在离开地面 0～11000m 的对流层内，大气的密度和温度随高度变化很大. 以国际标准大气(即规定海平面处的大气温度为 $T_0=288\text{K}$，静压强 $p_0=1.013\text{bar}$)作为参考基准，根据测试统计，距海平面 z 处的气体绝对温度 T 随高度的变化规律为

$$T = T_0 - \vartheta z, \tag{2-26}$$

式中 $\vartheta=0.0065\text{K/m}$.

完全气体的状态方程为

$$p = \rho RT, \tag{2-27}$$

式中 R 为气体常数，对于干燥气体 $R=286.85\text{Nm/kg}\cdot\text{K}$.

将式(2-27)代入式(2-6)中，有

$$\mathrm{d}p = -\frac{pg}{RT}\mathrm{d}z,$$

再将式(2-26)代入上式中，有

$$\mathrm{d}p = -\frac{pg}{R(T_0 - \vartheta z)}\mathrm{d}z,$$

积分得

$$\ln p = \frac{g}{R\vartheta}\ln(T_0 - \vartheta z) + C. \tag{2-28}$$

已知海平面处 $z=0$，$p=p_0$，代入上式中，可得积分常数 C 为

$$C=\ln p_0-\frac{g}{R\vartheta}\ln T_0.$$

最后可得对流层中大气的压强分布规律为

$$\frac{p}{p_0}=\left(1-\frac{\vartheta z}{T_0}\right)^{\frac{g}{R\vartheta}},\tag{2-29}$$

代入有关数据得

$$p=1.013\left(1-\frac{z}{4.43\times10^4}\right)^{5.256}(\text{bar}),\tag{2-30}$$

式中 z 的单位是 m，$0\leqslant z\leqslant 11000$m.

在 11000m～25000m 的同温层里，大气的温度几乎不变，约为 $T=216.5K$. 由状态方程可知，压强和密度的关系为

$$\frac{p}{p_{\mathrm{d}}}=\frac{\rho}{\rho_{\mathrm{d}}},\tag{2-31}$$

式中下标“d”表示在对流层与同温层交界处，即同温层最低处的物理量. 同温层最低处（$z=z_{\mathrm{d}}=11000$m）的压力由（2-30）式求得为 $p_{\mathrm{d}}=0.226$bar.

将式（2-31）代入式（2-6）中，有

$$\mathrm{d}p=-\frac{p\rho_{\mathrm{d}}}{p_{\mathrm{d}}}g\mathrm{d}z,$$

积分得

$$\ln p=-\frac{\rho_{\mathrm{d}}}{p_{\mathrm{d}}}gz+C,\tag{2-32}$$

由边界条件 $z=z_{\mathrm{d}}$，$p=p_{\mathrm{d}}$，可得积分常数 C 为

$$C=\ln p_{\mathrm{d}}+\frac{\rho_{\mathrm{d}}}{p_{\mathrm{d}}}gz_{\mathrm{d}},$$

则式（2-32）为

$$\ln\frac{p}{p_{\mathrm{d}}}=\frac{\rho_{\mathrm{d}}}{p_{\mathrm{d}}}g(z_{\mathrm{d}}-z)$$

或

$$\ln\frac{p}{p_{\mathrm{d}}}=\frac{g}{RT_{\mathrm{d}}}(z_{\mathrm{d}}-z).$$

则同温层中大气的压强分布规律为

$$\frac{p}{p_{\mathrm{d}}}=\mathrm{e}^{\frac{g}{RT_{\mathrm{d}}}(z_{\mathrm{d}}-z)},\tag{2-33}$$

代入有关数据得

$$p=0.226\mathrm{e}^{\frac{11000-z}{6340}}(\text{bar}),\tag{2-34}$$

式中 z 的单位是 m，$11000\text{m}\leqslant z\leqslant 25000$m.

例 2.1 试求重力场中平衡流体的力势函数，并说明其物理意义.

解 取直角坐标系，令 z 轴垂直向上，则单位质量分力为

$$f_x = f_y = 0, \quad f_z = -g,$$

于是

$$\mathrm{d}U = \frac{\partial U}{\partial x}\mathrm{d}x + \frac{\partial U}{\partial y}\mathrm{d}y + \frac{\partial U}{\partial z}\mathrm{d}z = -(f_x\mathrm{d}x + f_y\mathrm{d}y + f_z\mathrm{d}z) = g\mathrm{d}z.$$

设基准面 $z=0$ 处的势函数值为零，于是积分得重力场中平衡流体的力势函数为

$$U = gz.$$

在力学中，Mgz 代表质量为 M 的物体在基准面上高度为 z 时的位置势能，因而质量力势函数 $U=gz$ 的物理意义是单位质量流体在基准面上高度为 z 时所具有的位置势能.

例 2.2 图 2-15 所示的测压装置，假设容器 A 中水面上的表压力等于 2.5×10^4 Pa，$h=500\text{mm}$，$h_1=200\text{mm}$，$h_2=250\text{mm}$，$h_3=300\text{mm}$. 已知水密度 $\rho_1=1.0\times10^3\,\text{kg/m}^3$，酒精密度 $\rho_2=0.8\times10^3\,\text{kg/m}^3$，汞密度 $\rho_3=13.6\times10^3\,\text{kg/m}^3$，试求 B 容器中空气的压强 p.

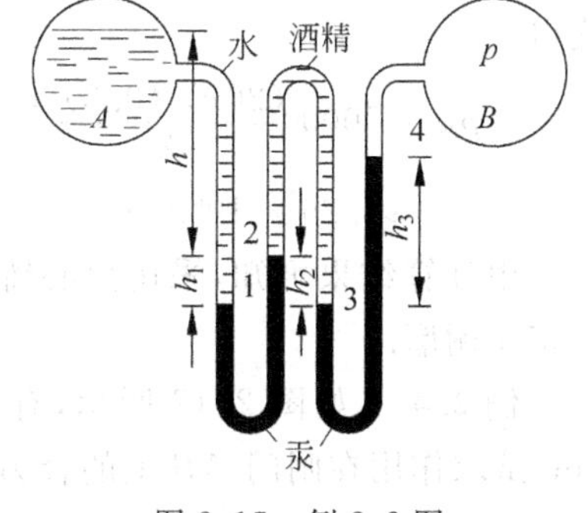

图 2-15 例 2.2 图

解 根据重力场中静液压力基本公式可知 1 点处的压强为

$$p_1 = p_A + \rho_1 g(h + h_1),$$

由连通器原理可知 1、2 点的压强关系为

$$p_2 = p_1 - \rho_3 g h_1,$$

2、3 点的压强关系为

$$p_3 = p_2 + \rho_2 g h_2,$$

3、4 点的压强关系为

$$p_4 = p_3 - \rho_3 g h_3.$$

由于容器 B 中的压强 $p_B = p_4$，则由上式可得

$$p_B = p_A + \rho_1 g(h + h_1) - \rho_3 g(h_1 + h_3) + \rho_2 g h_2,$$

代入数值得

$$\begin{aligned} p_B &= 2.5\times10^4\,\text{Pa} + 1000\times9.8\times(0.5+0.2)\text{Pa} - 13600\times9.8\times(0.2+0.3)\text{Pa} \\ &\quad + 800\times9.8\times0.25\text{Pa} = -3.282\times10^4\,\text{Pa}. \end{aligned}$$

可见 B 容器中存在着真空，其真空度为 3.282×10^4 Pa.

例 2.3 浇铸车轮如图 2-16 所示，已知 $H=180\text{mm}$，$D=600\text{mm}$，铁水密度 $\rho=7000\text{kg/m}^3$，求 M 点压力. 如果采用离心铸造，旋转速度 $n=10\text{r/s}$，则 M 点压强将为多少？

解 不采用离心铸造时 M 点压强为

$$p_M = p_0 + \rho g H,$$

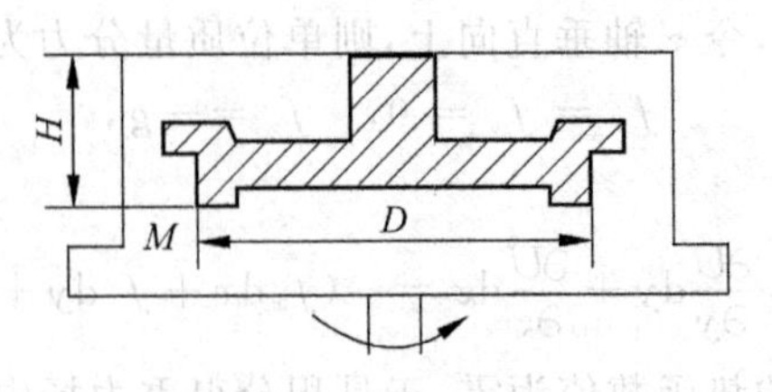

图 2-16　例 2.3 图

此处 p_0 为大气压强，按表压强计算为零，则：

$$p_M = \rho g H = 7000 \times 9.8 \times 0.18 \mathrm{N/m^2} \approx 1.23 \times 10^4 \mathrm{N/m^2}.$$

如果采用离心浇铸，则 M 点的压强为

$$p_M = p_0 + \rho \frac{\omega^2 r_M^2}{2} - \rho g z_M,$$

式中 $p_0 = 0, \omega = 2\pi n = 20\pi, r_M = 300\mathrm{mm} = 0.3\mathrm{m}, z_M = -180\mathrm{mm} = -0.18\mathrm{m}$，代入上式得

$$p_M = 7000 \frac{(20\pi)^2 (0.3)^2}{2} \mathrm{Pa} - 7000 \times 9.8 \times (-0.18) \mathrm{Pa} = 1255918 \mathrm{Pa}$$

$$\approx 1.26 \times 10^6 \mathrm{N/m^2}$$

由计算结果可知，采用离心铸造可使 M 点的压强增大约 100 倍，从而使轮缘部分密实耐磨.

例 2.4　如图 2-17 所示，有一弧形闸门 AB，宽度 $b = 4\mathrm{m}, \alpha = 45℃$，半径 $R = 2\mathrm{m}$. 试求作用在闸门 AB 上的合力.

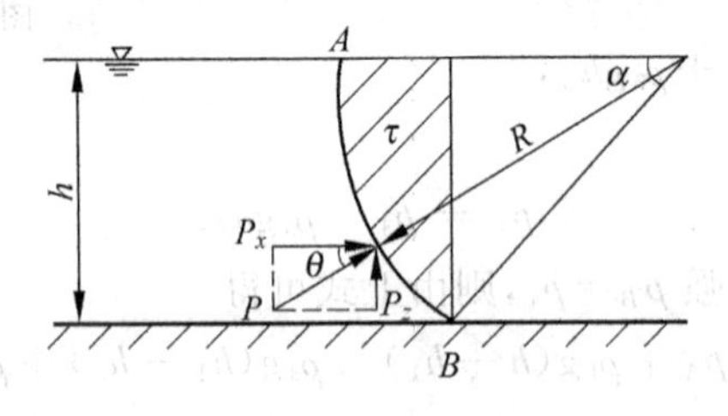

图 2-17　例 2.4 图

解　由于闸门右侧受大气压的作用，左侧液面大气压也通过液体传递到闸门上，闸门两侧所受的大气压相互抵消，因此我们可假设 $p_0 = 0$，则水平方向合力 P_x 为

$$P_x = \rho g h_c A_x = \frac{1}{2} \rho g R^2 b \sin^2 \alpha$$

$$= \frac{1}{2} \times 1000 \times 9.8 \times 2^2 \times 4 \times \sin^2 45° \mathrm{N} = 39200 \mathrm{N},$$

垂直方向合力 P_z 为

$$P_z = \rho g \tau,$$

式中 τ 为压力体的体积. 如图所示，压力体为弧面起向上至液面所围的柱体体积，此时压力体中实际上没有流体，称为虚压力体，P_z 方向向上.

由于

$$\tau = \left(\frac{1}{8}\pi R^2 - \frac{1}{2}R^2 \sin\alpha\cos\alpha\right)b,$$

则

$$P_z = \rho g\left(\frac{1}{8}\pi R^2 - \frac{1}{2}R^2 \sin\alpha\cos\alpha\right)b = \frac{1}{8}\rho g R^2(\pi - 4\sin\alpha\cos\alpha)b$$

$$= \frac{1}{8}\times 1000\times 9.8\times 4\times(\pi - 2)\times 4\text{N} \approx 22375\text{N}$$

作用在 AB 上的总合力 P 为

$$P = \sqrt{P_x^2 + P_z^2} = \sqrt{39200^2 + 22375^2}\text{N} \approx 45136\text{N}.$$

设合力与水平方向的夹角为 θ，则

$$\tan\theta = \frac{P_z}{P_x},$$

所以

$$\theta = \arctan\frac{P_z}{P_x} = \arctan\frac{22375}{39200} \approx 29.7°.$$

因为合力的作用线与弧面 AB 垂直，故一定通过弧 AB 的圆心，因此作用点可由过 O 点与水平面成 θ 角的直线与圆弧线相交得到.

例 2.5 半径为 R 的圆筒中充有部分液体，液面压强为 p_0，圆筒绕水平中心轴以角速度 ω 旋转，如图 2-18 所示，求筒内液体中压强分布和两边端盖上受到的力，如果圆筒内充满液体，求液体压强分布和端盖上所受的力.

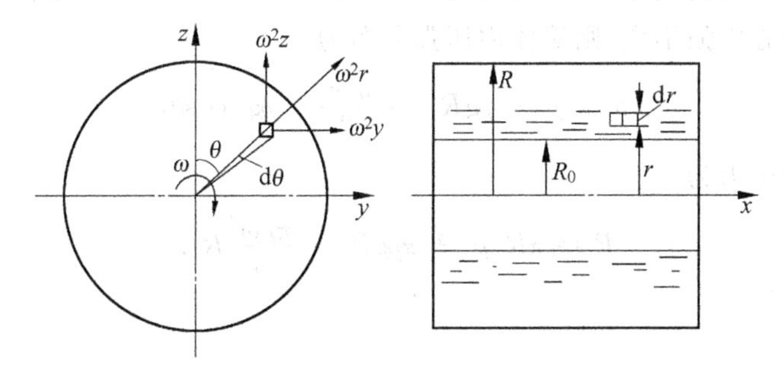

图 2-18 例 2.5 图

解 当圆筒绕 x 轴旋转时，位于 r 处单位质量的液体受到离心力 $\omega^2 r$，在 y 及 z 方向的分量各为 $\omega^2 y$ 及 $\omega^2 z$，因此单位质量力为

$$f_x = 0, \quad f_y = \omega^2 y, \quad f_z = \omega^2 z - g,$$

所以

$$dp = \rho(\omega^2 y dy + \omega^2 z dz - g dz),$$

上式积分得

$$p = \rho\left[\frac{\omega^2 y^2}{2} + \frac{\omega^2 z^2}{2} - gz\right] + C = \rho\frac{\omega^2 r^2}{2} - \rho g r\cos\theta + C.$$

因为容器内并不充满液体，容器旋转时气体将聚集在容器中心形成一半径为 R_0 的气柱，由于液体是不可压缩流体，圆筒内气体容积不变，压强仍保持为 p_0，即 $r \leqslant R_0$ 时 $p = p_0$，由此得积分常数 C 为

$$C = p_0 - \rho\frac{\omega^2 R_0^2}{2} + \rho g R_0 \cos\theta,$$

代入原式得液体内压强分布为

$$p = p_0 - \rho\frac{\omega^2(R_0^2 - r^2)}{2} + \rho g(R_0 - r)\cos\theta.$$

由此可见，液体内压强是由原来液面压强 p_0、重力和离心力引起的. 在端盖上半径为 r 处取微小面积 $r dr d\theta$，该面积上受到液体作用力 dP 为

$$dP = pr dr d\theta = \left[p_0 - \rho\frac{\omega^2(R_0^2 - r^2)}{2} + \rho g(R_0 - r)\cos\theta\right] r dr d\theta,$$

积分得

$$P = \int_A dP = \int_0^{2\pi}\int_{R_0}^{R}\left[p_0 - \rho\frac{\omega^2(R_0^2 - r^2)}{2} + \rho g(R_0 - r)\cos\theta\right] r dr d\theta$$

$$= \pi(R^2 - R_0^2)p_0 + \frac{\pi\rho\omega^2}{4}(R^2 - R_0^2)^2,$$

由上式可见，重力项积分后消失，即圆筒端面受到作用力与重力无关.

如果圆筒中充满液体，静止时最高点压力仍为 p_0，则在 $r=0$ 时 $p = p_0 + \rho g R$. 当圆筒旋转时中心压强不变，则液体内压强分布为

$$p = p_0 + \rho g R + \rho\frac{\omega^2 r^2}{2} - \rho g r\cos\theta,$$

端面受到的总压力为

$$P = \pi R^2 p_0 + \pi\rho g R^3 + \frac{\pi\rho\omega^2}{4}R^4.$$

习　题

2.1　求在 5000m 深处海水密度，设海面上海水的相对密度为 1.026，海水的体积弹性模量为 $K = 2.1\times10^9$ Pa.

2.2　如图所示，容器 A 内充满水，如果 $z_A = 2$m，U 形测压计汞柱读数为 $h=$

40cm,求容器内真空度.

2.3　如图所示,容器 A 及 B 中均为相对体积质量等于 1.2 的溶液,设 $z_A=1\text{m}$,$z_B=0.5\text{m}$,汞柱高差 $h=50\text{m}$,求压差.

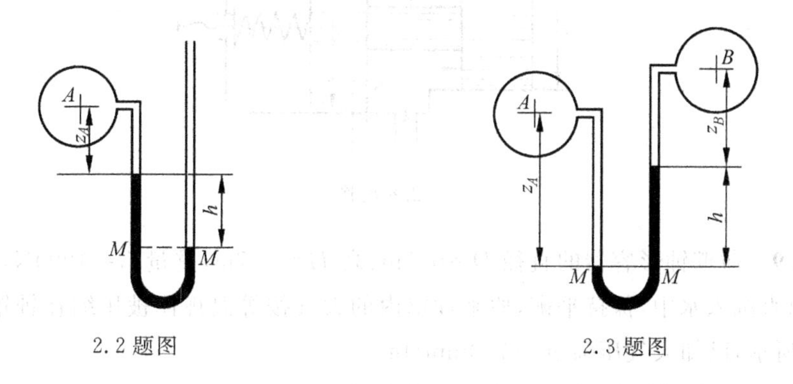

2.2 题图　　2.3 题图

2.4　如图所示,有一直径 $d=100\text{mm}$ 的圆柱体,其质量 $m=50\text{kg}$,在力 $F=520\text{N}$ 的作用下,当淹深 $h=0.5\text{m}$ 时处于静止状态,求测压管中水柱的高度 H.

2.5　如图所示,$h_1=1.2\text{m}$,$h_2=1\text{m}$,$h_3=0.8\text{m}$,$h_4=1\text{m}$,$h_5=1.5\text{m}$,大气压强 $p_a=101300\text{Pa}$,酒精的密度 $\rho_1=790\text{kg/m}^3$.不计装置内空气的质量,求 1、2、3、4、5、6 各点的绝对压强及 M_1、M_2、M_3 三个压力表之表压强或真空度.

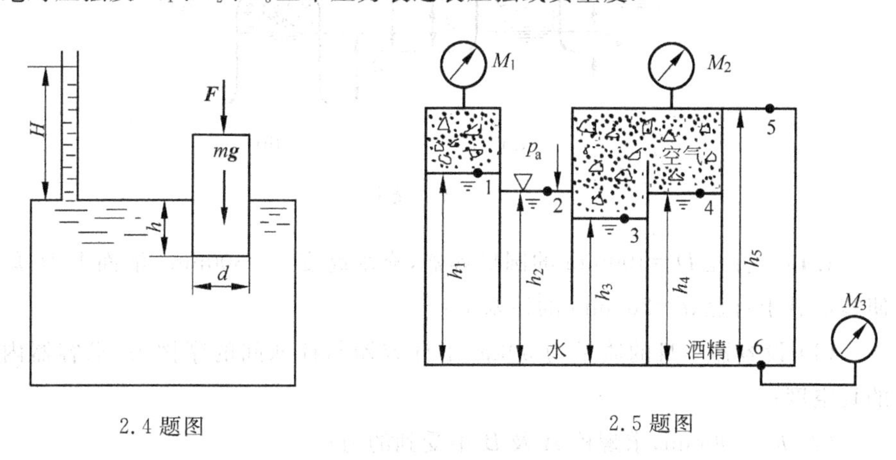

2.4 题图　　2.5 题图

2.6　试根据国际标准大气的规定求出下列三种情况的海拔高度:(1)摄氏温度为 0℃,(2)绝对压强 1bar,(3)绝对压强为 1kgf/cm^2.

2.7　已知海平面处 $p_a=1.013\text{bar}$,$T_a=288\text{K}$,试问分别在多少海拔高度处的 p_a 和 T_a 的数值能减小 1%.

2.8　安全阀调压 $p_d=5\text{MPa}$ 时,求弹簧预压缩量,设弹簧刚度 $k_e=10\text{N/mm}$,活

塞直径 $D=22\text{mm}$，$d=20\text{mm}$.（提示：利用帕斯卡压强传递原理）

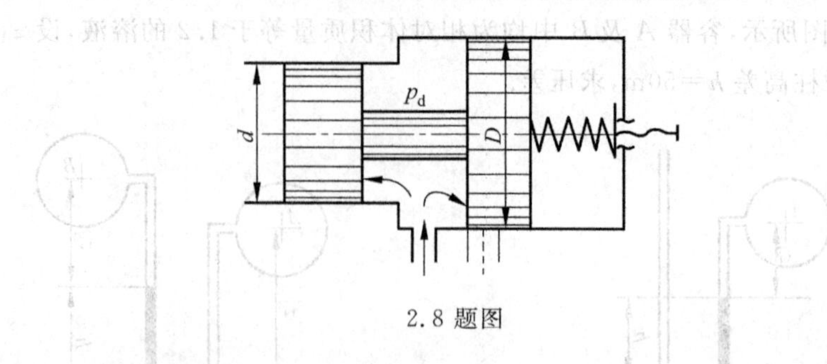

2.8 题图

2.9 薄壁钟形容器的直径 $D=0.5\text{m}$、高 $H=0.7\text{m}$，重量 $G=1000\text{N}$，在自重作用下铅直沉入水中，保持平衡，原来钟罩内的大气按等温规律被压缩在钟罩内部，如图(a)所示，已知大气压强 $p_a=750\text{mmHg}$.

(1) 试求钟的淹没深度 h_1 及钟内充水深度 b_1；

(2) 加多大的力 P 才能使钟罩完全没入水中，如图(b)所示，此时钟罩内的充水深度是多少？

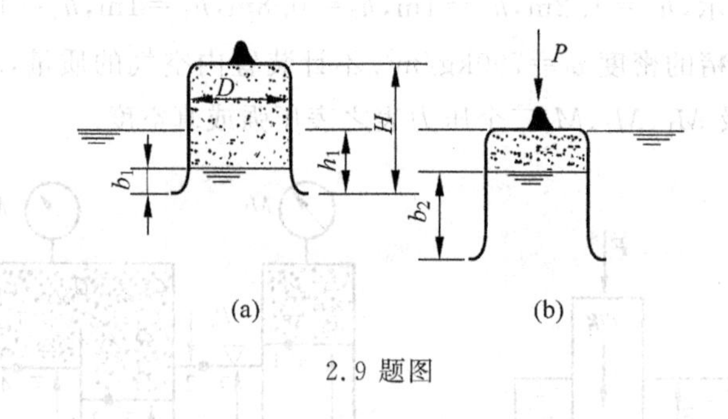

2.9 题图

2.10 直径 $D=400\text{mm}$ 的圆形容器，充水高度 $a=300\text{mm}$，液面上为真空，以此使容器悬于直径 $d=200\text{mm}$ 的柱塞上：

(1) 设容器本身的质量为 50kg，不计容器与柱塞间的摩擦力，求容器内液面上的真空度；

(2) $h=100\text{mm}$，求螺栓 A 及 B 中受到的力；

(3) 柱塞的淹没深度 h 对计算结果的影响如何？

2.11 如图所示，盛水容器以转速 $n=459\text{r/min}$ 绕垂直轴旋转. 容器尺寸 $D=400\text{mm}$，$d=200\text{mm}$，$a=170\text{mm}$，$b=350\text{mm}$，活塞质量 $m_1=50\text{kg}$，不计活塞与侧壁的摩擦，求螺栓组 A、B 所受的力. 设容器筒质量为 $m_2=80\text{kg}$.

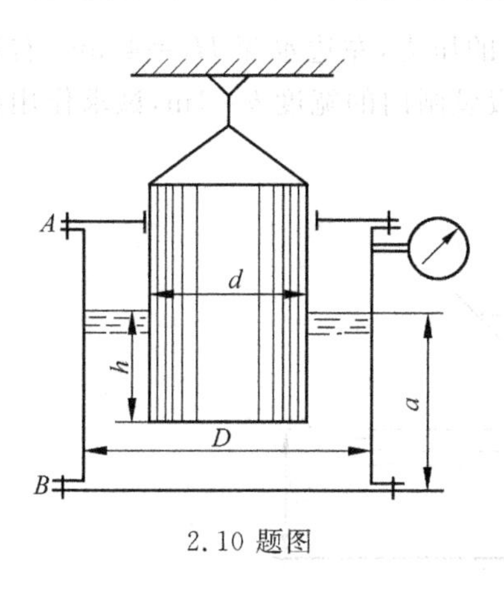

2.10 题图

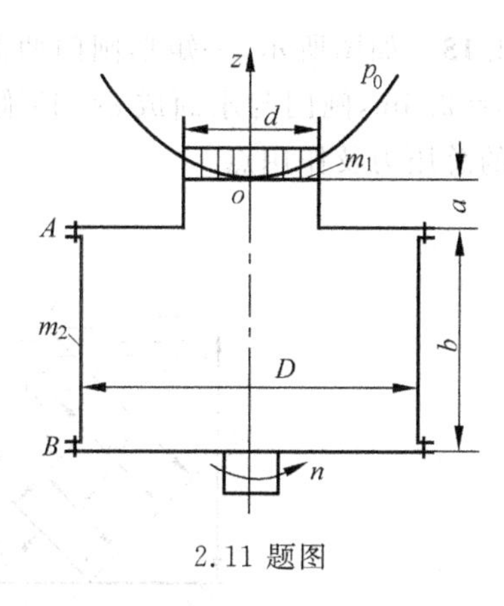

2.11 题图

2.12　设有一如图所示的圆筒形容器，其盖顶中心装有测压管，容器中装满密度为 ρ 的油液直至测压管中高度为 h 处. 容器绕垂直轴以等角速度 ω 旋转，容器的直径为 D，顶盖质量为 m_1，容器圆柱部分质量为 m_2，试计算螺栓组 A 和 B 的张力?

2.13　一盛水的矩形敞口容器，沿 $\alpha=30°$ 的斜面上作等加速运动，加速度 $a=2\text{m/s}^2$，求液面与壁面的夹角 θ.

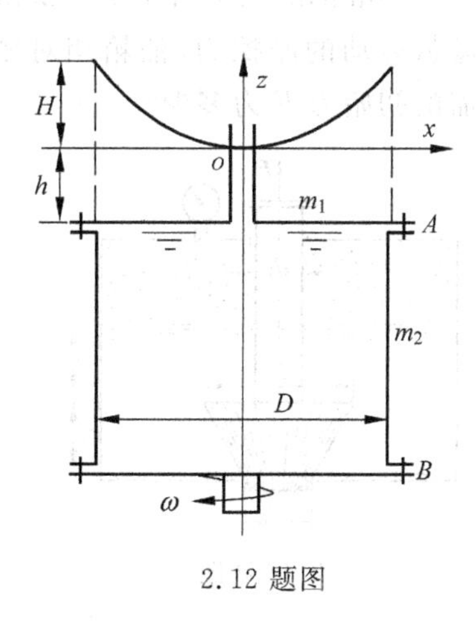

2.12 题图

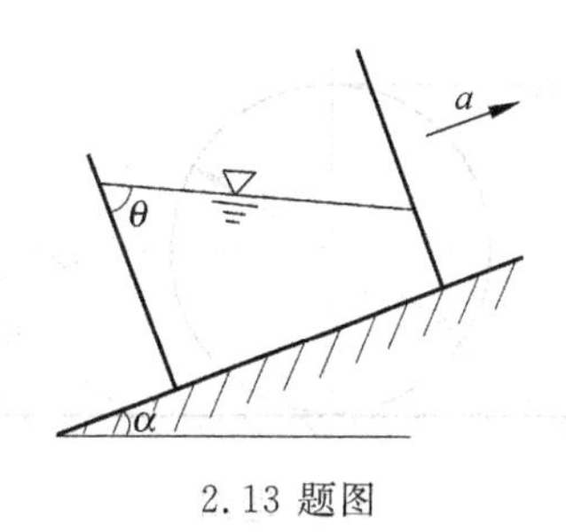

2.13 题图

2.14　画出图中四种曲面压力体图，并标明垂直分力的方向.

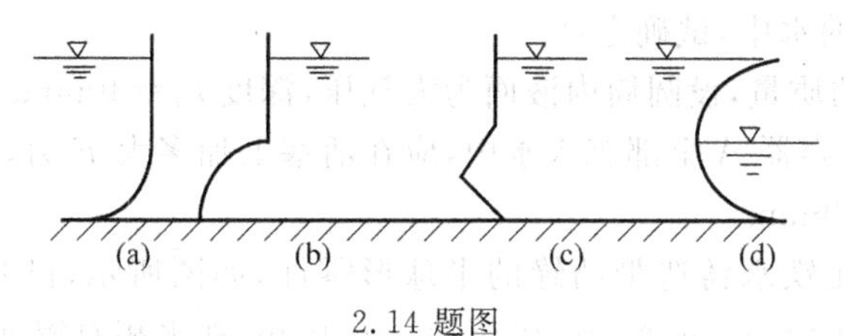

2.14 题图

2.15 如图所示，一矩形闸门两面受到水的压力，左边水深 $H_1=4.5\text{m}$，右边水深 $H_2=2.5\text{m}$，闸门与水面成 $\alpha=45°$ 倾斜角，假设闸门的宽度 $b=1\text{m}$，试求作用在闸门上的总压力及作用点.

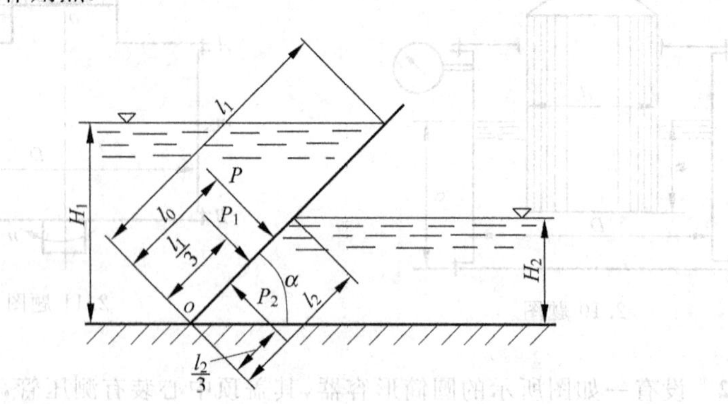

2.15 题图

2.16 如图所示，一圆形滚门，宽 $b=1\text{m}$，直径 $D=4\text{m}$，两侧有水，上游水深 $H_1=4\text{m}$，下游水深 $H_2=2\text{m}$，求作用在门上的总压力的大小及作用线的位置.

2.17 油箱底部有锥阀，尺寸为 $D=100\text{mm}$，$d=50\text{mm}$，$a=100\text{mm}$，$d_1=25\text{mm}$，箱内油位高出锥阀 $b=50\text{mm}$，不计阀芯自重和阀芯运动的摩擦力，油箱相对密度 $S=0.83$. 当压力表读数为 10kPa 时，提起阀芯所需的初始力 F 为多少？

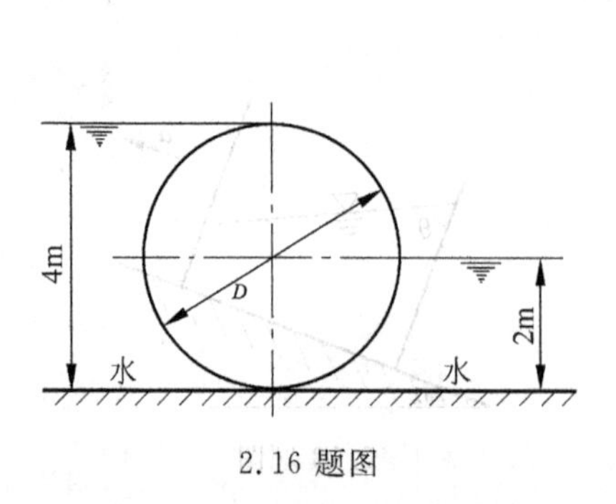

2.16 题图

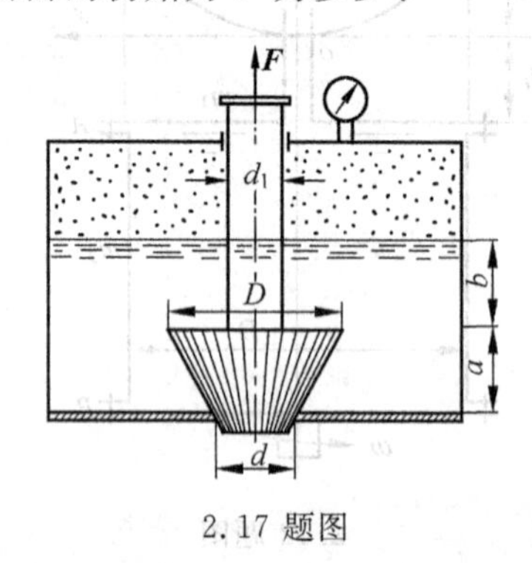

2.17 题图

2.18 底部开口的圆柱形容器 A，直径 $d=50\text{mm}$，$H=100\text{mm}$，飘浮于 $D=100\text{mm}$ 的圆筒内的水中，试确定：

(1) 容器 A 的质量，设圆筒内液面为大气压，深度 $h_1=40\text{mm}$.

(2) 如果要使容器 A 全部沉入水中，应在活塞上加多大 F 力，不计活塞的质量，设初始深度 $h_2=20\text{mm}$.

2.19 用融化铁水铸造带凸缘的半球形零件，如图所示，已知 $H=0.5\text{m}$，$D=0.8\text{m}$，$R=0.3\text{m}$，$d=0.05\text{m}$，$\delta_1=0.02\text{m}$，$\delta_2=0.05\text{m}$，铁水相对密度为 7，试求铁水作

用在型箱上的力.

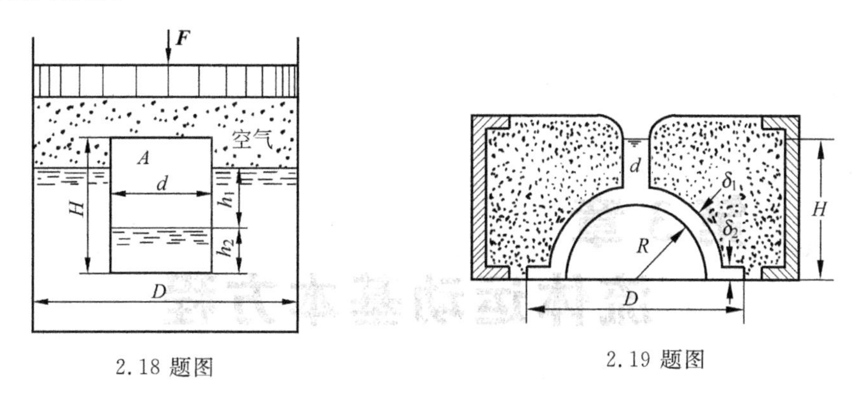

2.18 题图　　2.19 题图

2.20　用浮球装置控制油箱液面,机构尺寸如图所示,球的直径为20cm,质量为0.2kg,连杆质量为0.01kg/cm,连杆 OA 与 OB 间夹角为135°,当油箱中液面离 O 点为30cm时,OA 在垂直位置,阀 A 关闭,截断油液流入油箱.如果进油口直径为2.5cm,油液相对密度0.8,求进油压力.

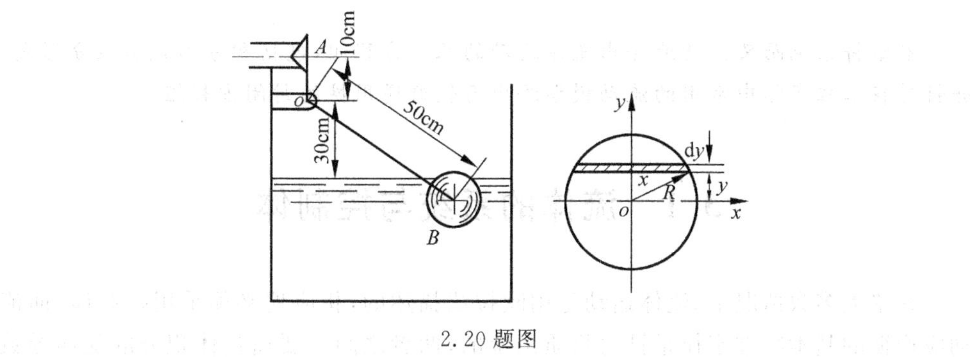

2.20 题图

第3章 流体运动基本方程

本章将系统而又简洁地导出流体运动的基本方程组,包括积分形式和微分形式.并针对在工程实际中常用的流动模型给出有较好通用性的封闭方程组.

3.1 流体的系统与控制体

在绝大多数情况下,流体运动是用欧拉法描述的,相应地必须采用控制体,而流动应遵循的基本物理定律是针对物质系统的,两者之间需要通过体积分的随体导数联系起来.

3.1.1 流体的系统

在流体力学中,流体的系统是指某一确定的流体团,它可以是微元体积内的流体微团,也可以是有限体积内的流体团,不管大小如何,在连续介质假设下,它们都是由确定的连续分布的流体质点所组成.系统以外的环境称为外界,分隔系统与外界的界面则称为系统的边界.系统通常就是作为直接研究对象的流体本身,边界往往是实在的流体面,而外界则可以是其他流体或固体.流体的系统有两个主要的特点:第一,系统随流体运动而运动,其占有的体积和边界形状也可随运动而变化,但系统内的流体质点始终包含在系统内;第二,系统与外界无流体质量的交换,但可以有力的相互作用;也可以有能量(例如热和功)的交换.

以系统为着眼点来研究流体运动的优点是可以直接应用物理学的基本定律及其原始的数学表达式,在物理上直观易懂.缺点为所得到的运动方程是用拉格朗日变量来描述的,应用起来并不方便,因为在大多数流体力学问题中,感兴趣的往往是流体物理量的空间分布,而不是单个流体系统.

3.1.2 流场中的控制体

在流体所在或流过的空间中,即在流场中,取一个相对于某参考(坐标)系固定不动的空间体积,这个空间体积称为控制体,其形状可以是规则或任意的,体积大小可以是无限小或有限大.控制体的封闭表面称为控制面,控制面外的空间也称为外界.显然,控制面可以是实在的流体面,例如过流断面、自由液面、固体与流体的接触界面等;也可以是任意假想的几何面.换言之,在控制体内并不要求处处充满要研究的流体.

控制体也有两个主要特点:第一,控制体一旦取定,不仅相对于某坐标系固定,而且其体积和形状都不随流体运动而变化;第二,流体可以穿越控制体,因此,控制体内流体与外界有质量交换、力的相互作用,也有能量的交换.

采用控制体为着眼点的研究方法是和流体运动的欧拉描述相联系的,其优点是,所研究的空间范围确定不变,和大多数实际工程问题的流动条件比较一致.同时,在欧拉描述下,便于应用数学分析中的场论,数学表达式的通用性好.但这种方法不能直接应用物理学基本定律,必须把系统物理量随时间的变化率转换成控制体的积分形式.正是这种转换(也就是从拉格朗日描述向欧拉描述的转换)使得流体力学的运动方程为非线性的偏微分方程.

3.1.3 流体运动应遵循的基本定律

流体力学主要研究流体的宏观机械运动和热运动,因此,应遵循的基本物理定律包括两部分:

1. 反映物质运动普适特性的基本定律

① 质量守恒定律——又称物质不灭定律;

② 牛顿运动定律——包括动量平衡律、动量矩平衡律;

③ 能量守恒定律——常用热力学第一定律.

2. 反映流体本身物质特性的基本定律

① 流体的本构方程——反映运动流体中应力张量与应变率张量之间固有关系的方程，在本书中，主要使用牛顿流体的本构方程；

② 流体的状态方程——反映运动流体固有的热力学性质的方程.

3.1.4 体积分的随体导数

为了今后应用物理学基本定律导出流体运动的基本方程，先在这里介绍关于体积分的随体导数的概念. 简单地说，就是在欧拉描述下，如何来表达流体系统的物理量对时间的变化率.

设在某时刻 t 的流场中，取出一个流体系统（流体团），其有限体积为 $\tau(t)$，界面为 $A(t)$，可定义该系统中流体的某个物理量 ϕ 的总量为体积分

$$I(t)=\int_{\tau(t)}\phi\mathrm{d}\tau,\tag{3-1}$$

式中 ϕ 是单位体积流体的某个物理量分布，是用欧拉变量描述的物理量，即 ϕ 是空间坐标矢量 $\boldsymbol{r}$ 和时间 t 的函数 $\phi=\phi(\boldsymbol{r},t)$，它可以是标量函数或矢量函数，例如 $\phi=\rho$ 或 $\rho\boldsymbol{V}$ 时，$I(t)$ 就表示了系统内流体质量或动量.

$I(t)$ 随时间的变化率就是式(3-1)体积分的随体导数

$$\frac{\mathrm{D}}{\mathrm{D}t}I(t)=\frac{\mathrm{D}}{\mathrm{D}t}\int_{\tau(t)}\phi\mathrm{d}\tau.\tag{3-2}$$

根据随体导数的定义

$$\frac{\mathrm{D}I}{\mathrm{D}t}=\lim_{\Delta t\to 0}\frac{I(t+\Delta t)-I(t)}{\Delta t},\tag{3-3}$$

$$I(t+\Delta t)=\int_{\tau(t+\Delta t)}\phi(\boldsymbol{r},t+\Delta t)\mathrm{d}\tau.\tag{3-4}$$

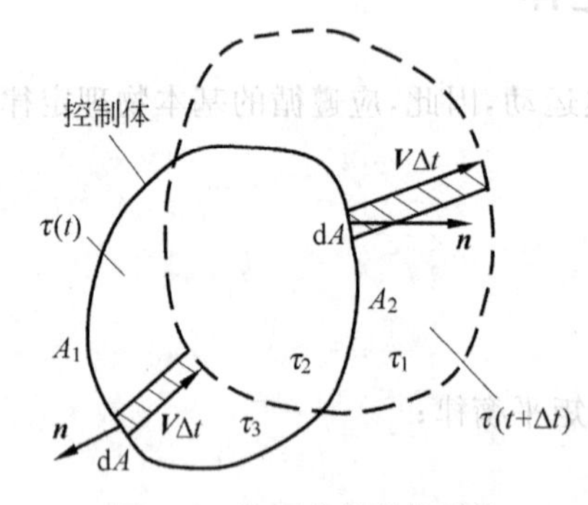

图 3-1 体积分的随体导数

应该特别注意，根据系统的特点：$\tau(t+\Delta t)\neq\tau(t)$. 如图 3-1 所示，设 t 时刻，系统的体积 $\tau(t)=\tau_3+\tau_2$，界面 $A(t)=A_1+A_2$. 在 $t+\Delta t$ 时刻，由于系统随流体运动，体积、形状、大小和位置都发生变化，令 $\tau(t+\Delta t)=\tau_2+\tau_1=\tau(t)+\tau_1-\tau_3$.

从而，式(3-4)变为

$$I(t+\Delta t)=\int_{\tau(t)+\tau_1-\tau_3}\phi(\boldsymbol{r},t+\Delta t)\mathrm{d}\tau,$$

式(3-3)变为

$$\frac{\mathrm{D}I}{\mathrm{D}t}=\lim_{\Delta t\to 0}\frac{1}{\Delta t}\left[\int_{\tau(t)}(\phi(\boldsymbol{r},t+\Delta t)-\phi(\boldsymbol{r},t))\mathrm{d}\tau\right]$$

$$+\lim_{\Delta t\to 0}\frac{1}{\Delta t}\left[\int_{\tau_1}\phi(\boldsymbol{r},t+\Delta t)\mathrm{d}\tau_1\right]-\lim_{\Delta t\to 0}\frac{1}{\Delta t}\left[\int_{\tau_3}\phi(\boldsymbol{r},t+\Delta t)\mathrm{d}\tau_3\right]. \quad (3\text{-}5)$$

式(3-5)右边第一项,ϕ 都在 $\tau(t)$ 中取值,因此,

$$\text{右边第一项}=\frac{\partial}{\partial t}\left[\int_{\tau(t)}\phi\mathrm{d}\tau\right]. \quad (3\text{-}6)$$

对于右边第二项,如图 3-1 所示,$\mathrm{d}\tau_1=(\boldsymbol{V}\cdot\boldsymbol{n})\Delta t\mathrm{d}A$,其中 $\mathrm{d}A$ 为 A_1 界面上的面元,$\boldsymbol{V}$ 和 $\boldsymbol{n}$ 分别为此面元上的速度和外法线方向矢量. 因此,$\mathrm{d}\tau_1$ 就是在 Δt 时间内由于 $\mathrm{d}A$ 面随流体运动而产生的系统体积变化,$\phi\mathrm{d}\tau_1$ 就是在 Δt 时间内 ϕ 从 $\mathrm{d}A$ 面流出的通量,从而

$$\text{右边第二项}=\int_{A_1}\phi(\boldsymbol{V}\cdot\boldsymbol{n})\mathrm{d}A. \quad (3\text{-}7)$$

对于右边第三项,可仿照第二项的处理方法,$\mathrm{d}\tau_3=-(\boldsymbol{V}\cdot\boldsymbol{n})\Delta t\mathrm{d}A$,前面有负号是因为在 A_2 界面上 $\mathrm{d}A$ 的速度方向与外法线方向成钝角,从而

$$\text{右边第三项}=-\int_{A_2}-\phi(\boldsymbol{V}\cdot\boldsymbol{n})\mathrm{d}A=\int_{A_2}\phi(\boldsymbol{V}\cdot\boldsymbol{n})\mathrm{d}A. \quad (3\text{-}8)$$

整理后得到:

$$\frac{\mathrm{D}}{\mathrm{D}t}\left(\int_{\tau(t)}\phi\mathrm{d}\tau\right)=\frac{\partial}{\partial t}\left(\int_{\tau(t)}\phi\mathrm{d}\tau\right)+\oint_{A(t)}\phi(\boldsymbol{V}\cdot\boldsymbol{n})\mathrm{d}A.$$

现在把 $\tau(t)$ 取作一个相对于某坐标系固定不变的控制体,即令 $\tau(t)=\tau$,$A(t)=A$,则有

$$\frac{\mathrm{D}}{\mathrm{D}t}\left(\int_{\tau(t)}\phi\mathrm{d}\tau\right)=\frac{\partial}{\partial t}\int_{\tau}\phi\mathrm{d}\tau+\oint_{A}\phi(\boldsymbol{V}\cdot\boldsymbol{n})\mathrm{d}A. \quad (3\text{-}9)$$

式(3-9)就是体积分的随体导数公式,左边求导数时,$\tau(t)$ 是指一个系统的体积,它是随流动而变的,而右边的积分中,τ 和 A 则为控制体的体积和控制面,但 $\tau=\tau(t)$. 因此,可以清楚地理解式(3-9)的物理意义,即在 t 时刻流场中,某控制体 τ 内流体系统的某一物理量 φ 总量的随体导数由两部分组成:一部分是控制体 τ 内该物理量随时间的局部变化率,它是由于流场的非定常性所引起的;另一方面则是单位时间内越过控制面 A 净流出的流体物理量(称为 φ 通量),它是由于流场的不均匀性引起的.

式(3-9)最大的特点就是将对系统成立的积分转换(输运)为对控制体成立的积分形式,因此,亦称雷诺(Reynolds)输运方程.

顺便指出,式(3-9)在非惯性系(运动坐标系)中也成立,只要取控制体相对于运动坐标系固定即可.

3.1.5 基本方程表达形式的选择

所谓基本方程就是流体运动时应遵循的基本物理定律的数学表达式. 由于考虑问题的角度、描述问题的方法以及要求不同,基本方程的数学表达形式是多种多样的. 例如,同一个流体运动方程就有惯性系与非惯性系、拉格朗日型与欧拉型、微分形式与积分形式、标量形式与矢量、张量形式等不同的数学表达式.

在本书的基本方程叙述中,有时会提到着眼于质点或系统的拉格朗日观点,但流体物理量都是用空间坐标和时间表示. 换言之,在本书中没有拉格朗日型的基本方程. 坐标系主要是惯性系,需要用到非惯性系时会特别加以说明.

基本方程的积分形式和微分形式都是需要的,因为它们互有联系而又各有用途. 对于那些只要求流体的总体特性量,例如求流体与固体间的总作用力、总作用力矩、总体的能量交换情况时,采用积分形式方程就比较简单;如果要求流场细节,例如速度和压力等物理量的分布,则必须用微分形式的方程.

至于方程的标量形式、矢量形式或张量形式,在本章中是这样选择的: 在基本方程的推导过程中尽量采用矢量形式(含张量物理量),在正文中,主要给出基本方程在直角坐标系中的表达式,为了便于读者记忆,同时给出笛卡儿张量的指标表达式. 在正交曲线坐标系中的基本方程(标量形式)放在附录Ⅱ中,供需要时查用.

3.2 流体运动的连续性方程

运动流体的质量守恒定律可表述为: 对于确定的流体,其质量在运动过程中不生不灭. 把它表示成数学形式,则称为连续性方程.

3.2.1 积分形式的连续性方程

在流体力学中,导出积分形式的基本方程时,通常采用有限体积控制体的分析方法.

如图 3-2 所示,t 时刻在流场中任取一个控制体,其体积为 τ,封闭表面积为 A,在 τ 中的微元体积 $\mathrm{d}\tau$ 中,可假定其密度 ρ 和速度 $\boldsymbol{V}$ 相同. 则 $\mathrm{d}\tau$ 内流体质量为: $\mathrm{d}m=\rho\mathrm{d}\tau$,$\tau$ 内流体的总质量为 $m=\int\mathrm{d}m=\int_{\tau(t)}\rho\mathrm{d}\tau$,质量守恒就意味着

$$\frac{\mathrm{D}m}{\mathrm{D}t}=\frac{\mathrm{D}}{\mathrm{D}t}\int_{\tau(t)}\rho\mathrm{d}\tau=0. \tag{3-10}$$

根据随体导数公式(3-9),即令 $\phi=\rho$,得到

$$\frac{\partial}{\partial t}\int_{\tau}\rho\mathrm{d}\tau+\oint_{A}\rho(\boldsymbol{V}\cdot\boldsymbol{n})\mathrm{d}A=0. \tag{3-11}$$

这就是积分形式连续性方程的一般表达式.式(3-11)可改写为

$$\oint_{A}\rho(\boldsymbol{V}\cdot\boldsymbol{n})\mathrm{d}A=-\frac{\partial}{\partial t}\int_{\tau}\rho\mathrm{d}\tau. \tag{3-12}$$

根据质量流量的定义式(1-34),式(3-12)或(3-11)表示控制体 τ 内流体质量随时间的局部减少率等于净流出 A 面的质量流量.在式(3-11)或式(3-12)中,允许 τ 内流体分布不连续.

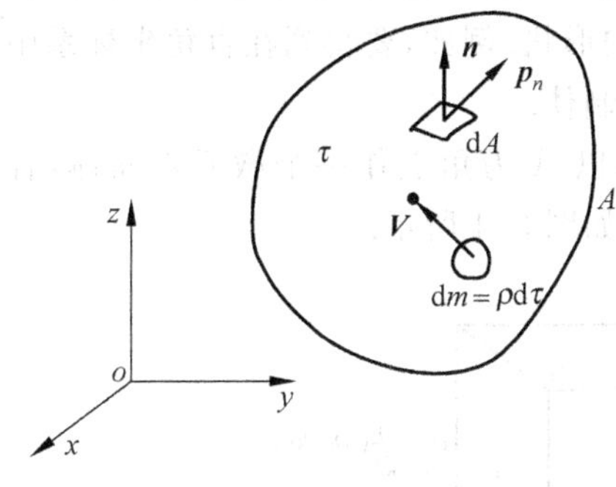

图 3-2 有限控制体

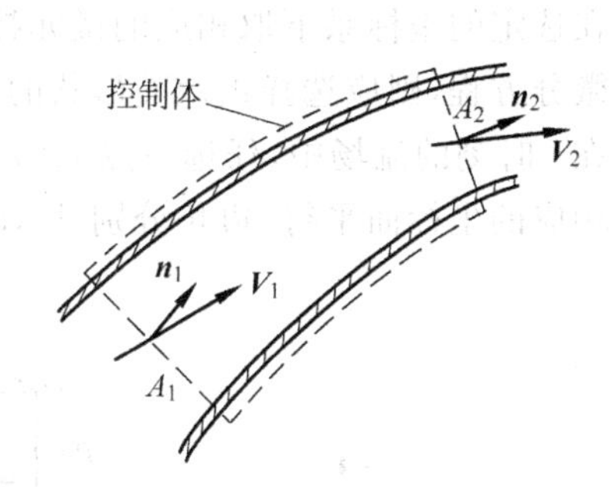

图 3-3 管内流动

在研究运动流体总质量变化情况时,可应用积分形式的连续性方程.在具体应用时,还可以根据实际流动情况作一些简化,例如:

(1) 当流动为定常流动时,则$\frac{\partial}{\partial t}=0$,式(3-11)变为

$$\oint_{A}\rho(\boldsymbol{V}\cdot\boldsymbol{n})\mathrm{d}A=0. \tag{3-13}$$

(2) 当所选择的控制体中,只有一个进口截面 A_1 和一个出口截面 A_2 时,如图3-3所示(注意 $\boldsymbol{n}$ 方向已改变),式(3-11)变为

$$\frac{\partial}{\partial t}\int_{\tau}\rho\mathrm{d}\tau=\int_{A_1}\rho_1(\boldsymbol{V}_1\cdot\boldsymbol{n}_1)\mathrm{d}A_1-\int_{A_2}\rho_2(\boldsymbol{V}_2\cdot\boldsymbol{n}_2)\mathrm{d}A_2=Qm_1-Qm_2. \tag{3-14}$$

(3) 如果(1)与(2)中两个条件都存在,而且 A_1 与 A_2 面是物理量均匀的平面,则式(3-11)变为

$$\rho_1(\boldsymbol{V}_1\cdot\boldsymbol{n}_1)A_1=\rho_2(\boldsymbol{V}_2\cdot\boldsymbol{n}_2)A_2,$$

即

$$Qm_1=Qm_2. \tag{3-15}$$

3.2.2　微分形式的连续性方程

导出微分形式的流体运动基本方程有两种常用的方法，一种是采用微元体积控制体的分析方法；另一种是采用有限体积控制体的分析方法，也就是由积分形式转换到微分形式的方法.

1. 微元控制体分析法

采用微元控制体分析法的前提是要求流场中流体物理量时时处处连续可微，而且须在选定的坐标系下取相应的微元控制体的形状. 例如，要得到在直角坐标系中的运动微分方程，则应选择正六面形状的微元控制体.

在 t 时刻的流场中，任选一点 $A(x,y,z)$，以 A 为角点作一个微元六面体，各面都与相应的坐标面平行，边长分别 $\mathrm{d}x,\mathrm{d}y,\mathrm{d}z$，如图 3-4 所示.

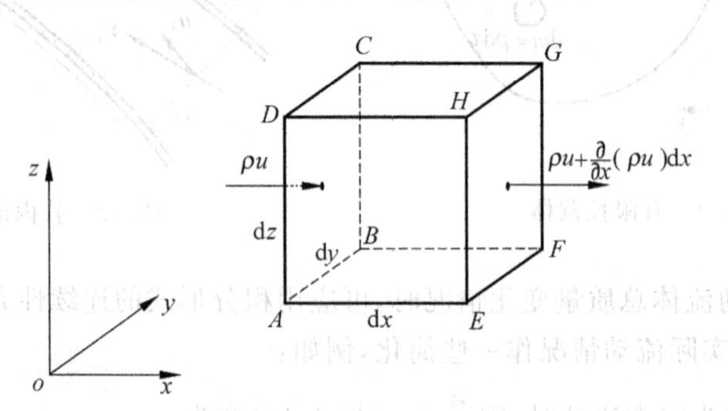

图 3-4　微元控制体

设 A 点的速度为 $\boldsymbol{V}=(u,v,w)$，密度为 ρ，由于 $\mathrm{d}x,\mathrm{d}y,\mathrm{d}z$ 很小，因此，可以认为以 A 点为交点的三个面各面上的速度和密度都是均匀相等的；在相对应的其他三个面上的速度和密度值则通过多元函数泰勒展开取一阶小量得到. 例如，如果 $ABCD$ 面上的速度为 $u(x,y,z,t)$，则同一时刻，在 $EFGH$ 面上的速度则为 $u+\dfrac{\partial u}{\partial x}\mathrm{d}x$.

现在来考察通过微元六面体的流体质量. 在 x 方向上，单位时间从左面进入六面体的流体质量为：$\rho u\mathrm{d}y\mathrm{d}z$，而同时从右面流出六面体的流体质量为：$\left[\rho u+\dfrac{\partial(\rho u)}{\partial x}\mathrm{d}x\right]\mathrm{d}y\mathrm{d}z$，这样，在 x 方向上，单位时间内通过控制体净流出的流体质量为

$$\frac{\partial(\rho u)}{\partial x}\mathrm{d}x\mathrm{d}y\mathrm{d}z.$$

同样可以得到在 y 和 z 方向上，单位时间内通过控制体净流出的流体质量分

别为

$$\frac{\partial(\rho v)}{\partial y}\mathrm{d}x\mathrm{d}y\mathrm{d}z \quad 和 \quad \frac{\partial(\rho w)}{\partial z}\mathrm{d}x\mathrm{d}y\mathrm{d}z,$$

三者之和为

$$\left[\frac{\partial(\rho u)}{\partial x}+\frac{\partial(\rho v)}{\partial y}+\frac{\partial(\rho w)}{\partial z}\right]\mathrm{d}x\mathrm{d}y\mathrm{d}z. \tag{3-16}$$

因为控制体的体积是不变的,控制体内流体质量的流失必然造成控制体密度的减少.在单位时间内,由于密度减少而使控制体内的质量减少了

$$-\frac{\partial\rho}{\partial t}\mathrm{d}x\mathrm{d}y\mathrm{d}z, \tag{3-17}$$

式中的$\frac{\partial\rho}{\partial t}<0$.根据质量守恒定律,式(3-16)和式(3-17)应该相等,即

$$\frac{\partial\rho}{\partial t}+\frac{\partial(\rho u)}{\partial x}+\frac{\partial(\rho v)}{\partial y}+\frac{\partial(\rho w)}{\partial z}=0, \tag{3-18}$$

或写成笛卡儿张量形式

$$\frac{\partial\rho}{\partial t}+\frac{\partial(\rho u_i)}{\partial x_i}=0.$$

这就是在直角坐标系中微分形式的连续性方程,它适用于任何流体的三维非定常可压缩流动.

利用矢量场论中散度的定义及基本运算公式(见附录Ⅰ):

$$\nabla\cdot(\rho\boldsymbol{V})=\frac{\partial(\rho u)}{\partial x}+\frac{\partial(\rho v)}{\partial y}+\frac{\partial(\rho w)}{\partial z},$$

及

$$\nabla\cdot(\rho\boldsymbol{V})=\rho\nabla\cdot\boldsymbol{V}+\boldsymbol{V}\cdot\nabla\rho,$$

可以得到与坐标系无关的连续性方程的矢量表达式

$$\frac{\partial\rho}{\partial t}+\nabla\cdot(\rho\boldsymbol{V})=0, \tag{3-19}$$

或

$$\frac{\mathrm{D}\rho}{\mathrm{D}t}+\rho\nabla\cdot\boldsymbol{V}=0. \tag{3-20}$$

式(3-20)中已利用了质点的随体导数公式(1-17),即

$$\frac{\mathrm{D}\rho}{\mathrm{D}t}=\frac{\partial\rho}{\partial t}+\boldsymbol{V}\cdot\nabla\rho.$$

式(3-19)在柱坐标系和球坐标系中的表达式见附录Ⅱ.

2. 有限控制体分析法

微分形式的基本方程也可以通过有限体积控制体的分析方法得到.如图 3-2 所

示，在 t 时刻流场中，任取一个任意形状的有限体积控制体 τ，只要求在 τ 内，流体物理量时时、处处连续可微. 此时，积分形式的连续性方程式(3-11)肯定成立. 根据面积分化为体积分的奥高公式(见式(1-84))，有

$$\oint_A \rho \boldsymbol{V} \cdot \boldsymbol{n} \mathrm{d}A = \int_\tau \nabla \cdot (\rho \boldsymbol{V}) \mathrm{d}\tau .$$

同时，$\frac{\partial}{\partial t}\int_\tau \rho \mathrm{d}\tau = \int_\tau \frac{\partial \rho}{\partial t}\mathrm{d}\tau$，因为此时对空间的积分与对时间的偏导次序可以交换. 从而可得

$$\int_\tau \left[\frac{\partial \rho}{\partial t} + \nabla \cdot (\rho \boldsymbol{V})\right]\mathrm{d}\tau = 0.$$

由于被积函数是连续的，而积分区域 τ(控制体)是任取的，上式要成立，只有被积函数为零，即

$$\frac{\partial \rho}{\partial t} + \nabla \cdot (\rho \boldsymbol{V}) = 0, \tag{3-19}$$

上述两种推导过程各有利弊，但只要能理解场论的基本运算公式和奥高公式，那么，采用有限体积控制体的分析方法要简洁得多.

微分形式的方程在每一时刻对流场的每一点上成立. 它在应用过程中，也可以根据实际流动条件作适当简化，例如

(1) 对于可压缩流体的定常流动，式(3-19)变为

$$\nabla \cdot (\rho \boldsymbol{V}) = 0. \tag{3-21}$$

(2) 对于不可压缩流体的流动，则不管定常与否，微分形式的连续性方程均为

$$\nabla \cdot \boldsymbol{V} = \mathrm{div}\boldsymbol{V} = 0. \tag{3-22}$$

例 3.1 证明速度场 $u_i = \frac{Ax_i}{R^3}(i=1,2,3)$，满足不可压缩流体运动连续性方程，式中 A 为常数，$R^2 = x^2 + y^2 + z^2$.

证 在直角坐标系中，不可压缩流体的连续性方程式(3-22)可写成

$$\frac{\partial u}{\partial x} + \frac{\partial v}{\partial y} + \frac{\partial w}{\partial z} = \frac{\partial u_i}{\partial x_i} = 0,$$

现已知

$$u = \frac{Ax}{R^3},\ v = \frac{Ay}{R^3},\ w = \frac{Az}{R^3},$$

则

$$\frac{\partial u}{\partial x} = \frac{A}{R^3} - \frac{3Ax^2}{R^5},\quad \frac{\partial v}{\partial y} = \frac{A}{R^3} - \frac{3Ay^2}{R^5},\quad \frac{\partial w}{\partial z} = \frac{A}{R^3} - \frac{3Az^2}{R^5},$$

从而

$$\frac{\partial u}{\partial x} + \frac{\partial v}{\partial y} + \frac{\partial w}{\partial z} = 0.$$

证毕.

例 3.2 设可压缩流体在同心的球面上运动,试写出流体运动的连续性方程.

解 根据已知条件,本题采用球坐标系比较方便.参照附录Ⅱ,在球坐标系中,连续性方程式(3-19)写成

$$\frac{\partial\rho}{\partial t}+\frac{1}{r^2\sin\theta}\left[\frac{\partial(\rho r^2 v_r\sin\theta)}{\partial r}+\frac{\partial(\rho r v_\theta\sin\theta)}{\partial\theta}+\frac{\partial(\rho r v_\varphi)}{\partial\varphi}\right]=0.$$

在本题中,$v_r=0$,即可得

$$\frac{\partial\rho}{\partial t}+\frac{1}{r\sin\theta}\frac{\partial(\rho\cdot v_\theta\sin\theta)}{\partial\theta}+\frac{1}{r\sin\theta}\frac{\partial(\rho v_\varphi)}{\partial\varphi}=0.$$

3.2.3 体积分随体导数的另一种表达式

在体积分的随体导数公式(3-9)中,若把 ϕ 改为 $\rho\phi$,则有

$$\frac{\mathrm{D}}{\mathrm{D}t}\int_{\tau(t)}\rho\phi\,\mathrm{d}\tau=\frac{\partial}{\partial t}\int_\tau\rho\phi\,\mathrm{d}\tau+\oint_A\rho\phi\boldsymbol{V}\cdot\boldsymbol{n}\mathrm{d}A.$$

当 ρ、ϕ 和 $\boldsymbol{V}$ 在 $\tau+A$ 上一阶偏导数连续时,由奥高公式得

$$\oint_A\rho\phi\boldsymbol{V}\cdot\boldsymbol{n}\mathrm{d}A=\int_\tau\nabla\cdot(\rho\phi\boldsymbol{V})\mathrm{d}\tau,$$

另外

$$\frac{\partial}{\partial t}\int_\tau\rho\phi\,\mathrm{d}\tau=\int_\tau\frac{\partial}{\partial t}(\rho\phi)\mathrm{d}\tau.$$

由场论的基本运算公式

$$\nabla\cdot(\rho\phi\boldsymbol{V})=\rho\phi\nabla\cdot\boldsymbol{V}+\boldsymbol{V}\cdot\nabla(\rho\phi),$$

以及随体导数公式

$$\frac{\partial}{\partial t}(\rho\phi)+\boldsymbol{V}\cdot\nabla(\rho\phi)=\frac{\mathrm{D}}{\mathrm{D}t}(\rho\phi),$$

得到

$$\frac{\mathrm{D}}{\mathrm{D}t}\int_{\tau(t)}\rho\phi\,\mathrm{d}\tau=\int_\tau\left[\frac{\mathrm{D}}{\mathrm{D}t}(\rho\phi)+\rho\phi\,\nabla\cdot\boldsymbol{V}\right]\mathrm{d}\tau.$$

由于$\frac{\mathrm{D}}{\mathrm{D}t}(\rho\phi)=\rho\frac{\mathrm{D}\phi}{\mathrm{D}t}+\phi\frac{\mathrm{D}\rho}{\mathrm{D}t}$,并根据连续性方程式(3-20),可得到

$$\frac{\mathrm{D}}{\mathrm{D}t}\int_{\tau(t)}\rho\phi\,\mathrm{d}\tau=\int_\tau\rho\frac{\mathrm{D}\phi}{\mathrm{D}t}\mathrm{d}\tau.\tag{3-23}$$

这是在应用了连续性方程后,对体积分随体导数公式的改写,亦称雷诺第二输运方程,在以后的方程推导过程中会用到它.

连续性方程式(3-11)和式(3-19)都是运动学的方程,与作用力无关.因此,无论是对粘性流体还是忽略粘性的流动都是一样的.另外,对于在非惯性系中的相对运

动,它们在形式上保持不变,只是控制体要相对于动坐标固定,并把方程的速度 $\boldsymbol{V}$ 改用相对运动速度 $\boldsymbol{V}_r$.

3.3 流体的运动方程

流体在运动过程中,除了要满足质量守恒定律外,还必须满足动量平衡律,这就是说,对于确定的流体,其总动量的时间变化率应等于作用其上的体积力和表面力的总和.如果把加速度看成是单位质量流体的动量随时间的变化率,则牛顿运动定律也是动量平衡律,它们的数学表达式,称为运动方程式或动量方程.

3.3.1 积分形式的运动方程

参照图 3-2 所示有限体积的控制体,微元体 $\mathrm{d}\tau$ 中流体所具有的动量为 $\mathrm{d}\boldsymbol{k}=\boldsymbol{V}\mathrm{d}m=\rho\boldsymbol{V}\mathrm{d}\tau$,则 τ 内的总动量为

$$\boldsymbol{k}=\int\mathrm{d}\boldsymbol{k}=\int_{\tau(t)}\rho\boldsymbol{V}\mathrm{d}\tau.$$

根据动量平衡律

$$\frac{\mathrm{D}\boldsymbol{k}}{\mathrm{D}t}=\sum\boldsymbol{F},$$

即

$$\frac{\mathrm{D}}{\mathrm{D}t}\int_{\tau(t)}\rho\boldsymbol{V}\mathrm{d}\tau=\int_{\tau}\rho\boldsymbol{f}\mathrm{d}\tau+\oint_{A}\boldsymbol{p}_n\mathrm{d}A. \tag{3-24}$$

式(3-24)右边为体积力和表面力的总和.(见式(1-54)和式(1-58)).

利用体积分随体导数公式(3-9),得到

$$\frac{\partial}{\partial t}\int_{\tau}\rho\boldsymbol{V}\mathrm{d}\tau+\oint_{A}\rho\boldsymbol{V}(\boldsymbol{V}\cdot\boldsymbol{n})\mathrm{d}A=\int_{\tau}\rho\boldsymbol{f}\mathrm{d}\tau+\oint_{A}\boldsymbol{p}_n\mathrm{d}A. \tag{3-25}$$

式(3-25)就是积分形式的运动方程,习惯上称它为动量方程或动量定理.方程的左边是控制体内的总动量随时间的局部变化率加上单位时间内净流出控制体的动量通量.与积分形式的连续性方程式(3-11)一样,式(3-25)并不要求所有的流体物理量在 τ 内连续.

在实际应用中,动量定理主要用于定常流动,此时,式(3-25)变为

$$\oint_{A}\rho\boldsymbol{V}(\boldsymbol{V}\cdot\boldsymbol{n})\mathrm{d}A=\int_{\tau}\rho\boldsymbol{f}\mathrm{d}\tau+\oint_{A}\boldsymbol{p}_n\mathrm{d}A. \tag{3-26}$$

在第 4 章中将详细介绍上述动量定理的应用.

3.3.2 微分形式的运动方程

1. 微元控制体分析法

采用与导出连续性方程相同的方法，从连续的流场中取出一个微元六面体(控制体). 根据应力张量表达式(1-59)，相交于 $A(x,y,z)$ 点的三个面上各有三个应力分量，由于 $\mathrm{d}x$、$\mathrm{d}y$ 和 $\mathrm{d}z$ 是微小量，可以认为同一面上的应力分量的值相同，因而，在其余三个面上的应力分量可以通过多元函数泰勒展开取一阶小量的方法来得到. 另外，由于表面力的大小与面积成正比，而体积力的大小与体积成正比，因此，当微元体很小时，面积力是 $\mathrm{d}x$、$\mathrm{d}y$ 或 $\mathrm{d}z$ 的二阶无穷小，而体积力则为三阶无穷小，因而，可以认为在整个微元体中，体积力密度是相同的，即单位体积中的体积力均为 $\rho\boldsymbol{f}$. 在 x 方向上的体积力分量及各面上的应力如图 3-5 所示，共有 6 个表面力分量和一个体积力分量.

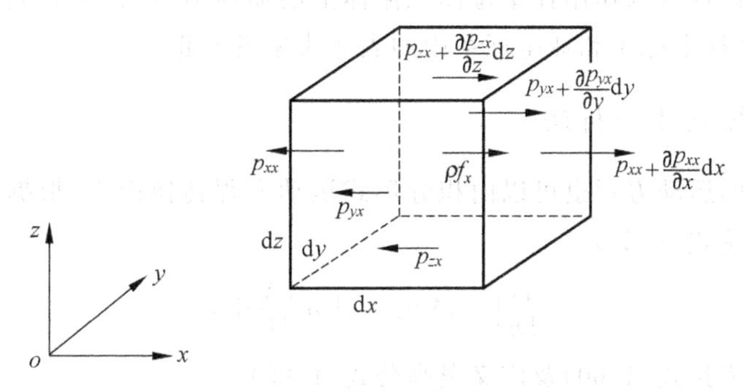

图 3-5 微元体上的作用力分布

根据牛顿运动定律：$m\boldsymbol{a}=\sum\boldsymbol{F}$，在 x 方向上可以整理成

$$\rho\mathrm{d}x\mathrm{d}y\mathrm{d}z\frac{\mathrm{D}u}{\mathrm{D}t}=\rho f_x\mathrm{d}x\mathrm{d}y\mathrm{d}z+\left(\frac{\partial p_{xx}}{\partial x}+\frac{\partial p_{yx}}{\partial y}+\frac{\partial p_{zx}}{\partial z}\right)\mathrm{d}x\mathrm{d}y\mathrm{d}z,$$

即

$$\rho\frac{\mathrm{D}u}{\mathrm{D}t}=\rho f_x+\frac{\partial p_{xx}}{\partial x}+\frac{\partial p_{yx}}{\partial y}+\frac{\partial p_{zx}}{\partial z}.$$

同理得

$$\rho\frac{\mathrm{D}v}{\mathrm{D}t}=\rho f_y+\frac{\partial p_{xy}}{\partial x}+\frac{\partial p_{yy}}{\partial y}+\frac{\partial p_{zy}}{\partial z}\tag{3-27}$$

和

$$\rho\frac{\mathrm{D}w}{\mathrm{D}t}=\rho f_z+\frac{\partial p_{xz}}{\partial x}+\frac{\partial p_{yz}}{\partial y}+\frac{\partial p_{zz}}{\partial z},$$

或写成笛卡儿张量形式

$$\rho\frac{\mathrm{D}u_i}{\mathrm{D}t}=\rho f_i+\frac{\partial p_{ji}}{\partial x_j}\quad(i=1,2,3).$$

这就是在直角坐标系中微分形式的运动方程，通常就称为运动方程.

由于

$$\boldsymbol{p}_x=p_{xx}\boldsymbol{i}+p_{xy}\boldsymbol{j}+p_{xz}\boldsymbol{k},$$

$$\boldsymbol{p}_y=p_{yx}\boldsymbol{i}+p_{yy}\boldsymbol{j}+p_{yz}\boldsymbol{k},$$

$$\boldsymbol{p}_z=p_{zx}\boldsymbol{i}+p_{zy}\boldsymbol{j}+p_{zz}\boldsymbol{k},$$

$$\nabla\cdot\boldsymbol{P}=\frac{\partial}{\partial x}\boldsymbol{p}_x+\frac{\partial}{\partial y}\boldsymbol{p}_y+\frac{\partial}{\partial z}\boldsymbol{p}_z,$$

因此，式(3-27)可写成与坐标系无关的矢量表达式

$$\rho\frac{\mathrm{D}}{\mathrm{D}t}\boldsymbol{V}=\rho\boldsymbol{f}+\nabla\cdot\boldsymbol{P},\tag{3-28}$$

式中 $\boldsymbol{P}$ 就是在1.8节中定义的应力张量.上式每一项都对单位体积流体而言，因此，式(3-28)也可以理解为作用在单位体积流体上的惯性力、体积力和表面力之间的平衡，式(3-28)在柱坐标系和球坐标系中的表达式见附录Ⅱ.

2. 有限控制体分析法

微分形式的运动方程也可以由积分形式运动方程转换而来.根据体积分随体导数的另一种表达式(3-23)

$$\frac{\mathrm{D}}{\mathrm{D}t}\int_{\tau(t)}\rho\boldsymbol{V}\mathrm{d}\tau=\int_{\tau}\rho\frac{\mathrm{D}\boldsymbol{V}}{\mathrm{D}t}\mathrm{d}\tau,$$

再由应力矢量表达式(1-60)及广义奥高公式(1-85)

$$\oint_A p_n\mathrm{d}A=\oint_A\boldsymbol{P}\cdot\boldsymbol{n}\mathrm{d}A=\int_{\tau}\nabla\cdot\boldsymbol{P}\mathrm{d}\tau,$$

从而，积分形式的运动方程式(3-24)变为

$$\int_{\tau}\left(\rho\frac{\mathrm{D}\boldsymbol{V}}{\mathrm{D}t}-\rho\boldsymbol{f}-\nabla\cdot\boldsymbol{P}\right)=0.$$

由于被积函数连续，而 τ 又是任取的，因而上式要成立只有被积函数为零，即得运动方程式(3-28).

3. 兰姆-葛罗米柯(Lamb-Gromicco)型运动方程

根据质点的随体导数公式

$$\frac{\mathrm{D}\boldsymbol{V}}{\mathrm{D}t}=\frac{\partial\boldsymbol{V}}{\partial t}+(\boldsymbol{V}\cdot\nabla)\boldsymbol{V},$$

以及矢量场论的基本运算公式

$$(\boldsymbol{V}\cdot\nabla)\boldsymbol{V}=\nabla\left(\frac{V^2}{2}\right)+(\nabla\times\boldsymbol{V})\times\boldsymbol{V},$$

其中 $V^2=\boldsymbol{V}\cdot\boldsymbol{V}$；记 $\nabla\times\boldsymbol{V}=\boldsymbol{\omega}$，则可以得到运动微分方程式(3-28)的另一种表示式

$$\frac{\partial\boldsymbol{V}}{\partial t}+\nabla\left(\frac{V^2}{2}\right)+\boldsymbol{\omega}\times\boldsymbol{V}=\boldsymbol{f}+\frac{1}{\rho}\nabla\cdot\boldsymbol{P}. \tag{3-29}$$

在流体力学中，把这个方程称为兰姆-葛罗米柯型运动方程，其特点就是把涡量 $\boldsymbol{\omega}$ 引入运动方程，突出流场的有旋性. 同时，在一定的附加条件下，这个方程就有可能变为常微分方程，使之便于积分求解. 第 4 章中的伯努利定理就是从这个方程出发得到的.

4. 非惯性系中的相对运动方程

上面所得到的运动方程适用于任何流体的任意运动，只是要求在惯性系中. 对于大气、海洋以及旋转机械中流体运动的研究，常常需要采用动坐标系(非惯性系)中的相对运动方程. 根据理论力学中的达朗贝尔(d'Alembert)原理，将牵连加速度和科氏加速度作为附加在单位质量流体上的体积力，即可得相对运动方程

$$\rho\frac{\mathrm{D}\boldsymbol{V}_{\mathrm{r}}}{\mathrm{D}t}=\rho(\boldsymbol{f}-\boldsymbol{a}_{\mathrm{e}}-2\boldsymbol{\Omega}\times\boldsymbol{V}_{\mathrm{r}})+\nabla\cdot\boldsymbol{P}, \tag{3-30}$$

式中 $\boldsymbol{V}_{\mathrm{r}}$ 为相对速度；$\boldsymbol{a}_{\mathrm{e}}$ 为牵连加速度，它可以包括平动加速度、切向加速度和向心加速度，即 $\boldsymbol{a}_{\mathrm{e}}=\frac{\mathrm{d}\boldsymbol{V}_0}{\mathrm{d}t}+\frac{\mathrm{d}\boldsymbol{\Omega}}{\mathrm{d}t}\times\boldsymbol{r}+\boldsymbol{\Omega}\times(\boldsymbol{\Omega}\times\boldsymbol{r})$；$2\boldsymbol{\Omega}\times\boldsymbol{V}_{\mathrm{r}}$ 为科氏加速度，$\boldsymbol{\Omega}$ 为非惯性坐标系的转动角速度，$\boldsymbol{r}$ 为动坐标系中空间位置矢径，∇ 也是在动坐标系中的哈密顿算子.

3.3.3 粘性流体的运动微分方程

为了能够应用上述运动方程解决实际流动问题，还必须针对不同性质的流体给出应力张量 $\boldsymbol{P}$ 的具体表达式.

1. 粘性流体的本构方程

在流体力学中，本构方程是专指应力张量 $\boldsymbol{P}$ 与应变率张量 $\boldsymbol{E}$ 之间的关系式. 不同性质的流体有不同形式的本构方程，例如非牛顿流体与牛顿流体的本构方程就不同. 在这里仅讨论牛顿流体的本构方程.

在 1.3 节中已指出，当流体作最简单的一维平行剪切流动时，存在牛顿粘性定律：$\tau=\mu\frac{\mathrm{d}u}{\mathrm{d}y}$. 根据应力张量和应变率张量分量的表达方式，令 $\tau=p_{yx}$，$\frac{1}{2}\left(\frac{\partial u}{\partial y}+\frac{\partial v}{\partial x}\right)=\varepsilon_{yx}$. 牛顿粘性定律式(1-3)改写成

$$p_{yx} = 2\mu\varepsilon_{yx}. \tag{3-31}$$

可见在牛顿流体的运动流场中，一点上的切应力与切应变率成正比，比例系数为2μ，这是被大量的实验所证实了的. 对于粘性流体作任意运动的情况，要通过实验来得到$\boldsymbol{P}$与$\boldsymbol{E}$的一般关系难度很大，迄今为止，广泛使用的本构方程是由斯托克斯(Stokes)通过数学上的演绎法得到的，斯托克斯作了三个假设：

(1) 应力张量与应变率张量成线性关系，即应力与变形速度之间成线性关系；

(2) 这种线性关系在流体中是各向同性的；

(3) 当流体静止时，应变率为零，流体中的应力就是各向等值的静压强.

根据上述假设，牛顿流体的本构关系可写为

$$\boldsymbol{P} = a\boldsymbol{E} + b\boldsymbol{I}, \tag{3-32}$$

式中$\boldsymbol{I}$为二阶单位张量，a、b是标量，它们与运动状态和坐标系选择无关.

直观起见，可将式(3-32)在直角坐标系中写成分量形式，然后对照式(3-31)即可得：$a=2\mu$；三个对角线上分量则变为

$$p_{xx} = 2\mu\frac{\partial u}{\partial x} + b,\quad p_{yy} = 2\mu\frac{\partial v}{\partial y} + b,\quad p_{zz} = 2\mu\frac{\partial w}{\partial z} + b,$$

即

$$\begin{aligned} p_{xx} + p_{yy} + p_{zz} &= 2\mu\left(\frac{\partial u}{\partial x} + \frac{\partial v}{\partial y} + \frac{\partial w}{\partial z}\right) + 3b \\ &= 2\mu(\nabla\cdot\boldsymbol{V}) + 3b. \end{aligned} \tag{3-33}$$

根据应力张量和应变率张量的性质(见附录Ⅰ)，式(3-33)说明b是由应力张量和应变率张量中线性的第一不变量所组成：

$$b = \frac{1}{3}(p_{xx} + p_{yy} + p_{zz}) - \frac{2}{3}\mu(\nabla\cdot\boldsymbol{V}). \tag{3-34}$$

根据假设(3)，当流体静止时，流体中只有正应力，且为各向等值的静压强，因此，可以将三个正应力之和记为

$$-\frac{1}{3}(p_{xx} + p_{yy} + p_{zz}) = p, \tag{3-35}$$

从而

$$b = -p - \frac{2}{3}\mu\nabla\cdot\boldsymbol{V}.$$

式(3-32)变为

$$\begin{aligned} \boldsymbol{P} &= 2\mu\boldsymbol{E} - \left(p + \frac{2}{3}\mu\,\nabla\cdot\boldsymbol{V}\right)\boldsymbol{I} \\ &= -p\boldsymbol{I} + 2\mu\boldsymbol{E} - \frac{2}{3}\mu(\nabla\cdot\boldsymbol{V})\boldsymbol{I}. \end{aligned} \tag{3-36}$$

在直角坐标系中可写为

$$
\begin{aligned}
p_{xx} &= -p + 2\mu\frac{\partial u}{\partial x} - \frac{2}{3}\mu\,\nabla\cdot\boldsymbol{V},\\
p_{yy} &= -p + 2\mu\frac{\partial v}{\partial y} - \frac{2}{3}\mu\,\nabla\cdot\boldsymbol{V},\\
p_{zz} &= -p + 2\mu\frac{\partial w}{\partial z} - \frac{2}{3}\mu\,\nabla\cdot\boldsymbol{V},\\
p_{xy} &= p_{yx} = \mu\left(\frac{\partial u}{\partial y} + \frac{\partial v}{\partial x}\right),\\
p_{xz} &= p_{zx} = \mu\left(\frac{\partial u}{\partial z} + \frac{\partial w}{\partial x}\right),\\
p_{yz} &= p_{zy} = \mu\left(\frac{\partial v}{\partial z} + \frac{\partial w}{\partial y}\right),
\end{aligned}
\tag{3-37}
$$

或写成笛卡儿张量形式

$$p_{ij} = -p\delta_{ij} + 2\mu\left(\varepsilon_{ij} - \frac{1}{3}\varepsilon_{kk}\delta_{ij}\right) \quad i,j = 1,2,3,$$

其中

$$p = -\frac{1}{3}p_{ii},\quad \varepsilon_{ij} = \frac{1}{2}\left(\frac{\partial u_i}{\partial x_j} + \frac{\partial u_j}{\partial x_i}\right),\quad \varepsilon_{kk} = \frac{\partial u_k}{\partial x_k} = \nabla\cdot\boldsymbol{V},$$

δ_{ij} 为克罗内克符号(见附录Ⅰ).

式(3-36)及式(3-37)称为广义牛顿粘性定律,也就是(有粘性的)牛顿流体的本构方程.它们在柱坐标系和球坐标系中的表达式见附录Ⅱ.大量的应用实践证明,此本构方程对多数常见流体是适用的.

另外,本构方程式(3-36)也可写成下列形式:

$$\boldsymbol{P} = -p\boldsymbol{I} + \boldsymbol{\tau}. \tag{3-38}$$

显然

$$\boldsymbol{\tau} = 2\mu\boldsymbol{E} - \frac{2}{3}\mu(\nabla\cdot\boldsymbol{V})\boldsymbol{I},$$

$\boldsymbol{\tau}$ 称为偏应力张量,又称为粘性切应力张量.

2. 粘性流体的运动微分方程

以下所说的粘性流体就是指牛顿流体.

把式(3-36)代入式(3-28),可以得到

$$\rho\frac{\mathrm{D}\boldsymbol{V}}{\mathrm{D}t} = \rho\boldsymbol{f} - \nabla p + 2\,\nabla\cdot(\mu\boldsymbol{E}) - \frac{2}{3}\nabla(\mu\nabla\cdot\boldsymbol{V}). \tag{3-39}$$

如果流体中的动力粘度为常数或保持空间上均匀,则上式改为

$$\rho\frac{\mathrm{D}\boldsymbol{V}}{\mathrm{D}t} = \rho\boldsymbol{f} - \nabla p + \mu\nabla^2\boldsymbol{V} + \frac{\mu}{3}\nabla(\nabla\cdot\boldsymbol{V}). \tag{3-40}$$

这里应用了两个矢量运算结果:$\nabla\cdot(p\boldsymbol{I}) = \nabla p$;$\nabla\cdot(2\mu\boldsymbol{E}) = \mu[\nabla^2\boldsymbol{V} + \nabla(\nabla\cdot$

$\boldsymbol{V})]$，读者可根据附录Ⅰ中矢量和张量运算公式自行计算验证.

式(3-39)或式(3-40)称为可压缩流体纳维-斯托克斯(Navier-Stokes)方程，适合于可压缩粘性流体的运动.

当流体为不可压缩时，$\nabla \cdot \boldsymbol{V}=0$，且通常也可假定 μ 为常数，从而式(3-40)变为

$$\rho \frac{\mathrm{D}\boldsymbol{V}}{\mathrm{D}t} = \rho \boldsymbol{f} - \nabla p + \mu \nabla^2 \boldsymbol{V}. \tag{3-41}$$

在直角坐标系中可写成

$$\begin{aligned}
\rho \frac{\mathrm{D}u}{\mathrm{D}t} &= \rho f_x - \frac{\partial p}{\partial x} + \mu\left(\frac{\partial^2 u}{\partial x^2} + \frac{\partial^2 u}{\partial y^2} + \frac{\partial^2 u}{\partial z^2}\right), \\
\rho \frac{\mathrm{D}v}{\mathrm{D}t} &= \rho f_y - \frac{\partial p}{\partial y} + \mu\left(\frac{\partial^2 v}{\partial x^2} + \frac{\partial^2 v}{\partial y^2} + \frac{\partial^2 v}{\partial z^2}\right), \\
\rho \frac{\mathrm{D}w}{\mathrm{D}t} &= \rho f_z - \frac{\partial p}{\partial z} + \mu\left(\frac{\partial^2 w}{\partial x^2} + \frac{\partial^2 w}{\partial y^2} + \frac{\partial^2 w}{\partial z^2}\right),
\end{aligned} \tag{3-42}$$

或写成笛卡儿张量形式

$$\rho \frac{\mathrm{D}u_i}{\mathrm{D}t} = \rho f_i - \frac{\partial p}{\partial x_i} + \mu \frac{\partial^2 u_i}{\partial x_j \cdot \partial x_j} \qquad i = 1,2,3.$$

式(3-41)或式(3-42)称为不可压缩流体的纳维-斯托克斯方程，简称 N-S 方程. 它们在柱坐标系和球坐标系中的表达式见本章附录Ⅱ.

3.3.4 无粘性流体的运动微分方程

当流体中的粘性效应可以忽略时，令 $\mu=0$，从而，本构方程变为 $\boldsymbol{P}=-p\boldsymbol{I}$，运动方程简化为

$$\rho \frac{\mathrm{D}\boldsymbol{V}}{\mathrm{D}t} = \rho \boldsymbol{f} - \nabla p. \tag{3-43}$$

在直角坐标系中可写成

$$\left.\begin{aligned}
\rho \frac{\mathrm{D}u}{\mathrm{D}t} &= \rho f_x - \frac{\partial p}{\partial x}, \\
\rho \frac{\mathrm{D}v}{\mathrm{D}t} &= \rho f_y - \frac{\partial p}{\partial y}, \\
\rho \frac{\mathrm{D}w}{\mathrm{D}t} &= \rho f_z - \frac{\partial p}{\partial z},
\end{aligned}\right\} \tag{3-44}$$

或写成笛卡儿张量形式

$$\rho \frac{\mathrm{D}u_i}{\mathrm{D}t} = \rho f_i - \frac{\partial p}{\partial x_i} \qquad i = 1,2,3.$$

式(3-41)或式(3-42)称为欧拉运动方程，它们对可压缩或不可压缩流动在形式上相同，只要忽略流体粘性即可.

无论从式(3-41)、式(3-42)或者式(3-43)都可以得出：当流体趋于静止状态即 $\boldsymbol{V}=0$ 时，有

$$\nabla p=\rho \boldsymbol{f}. \tag{3-45}$$

这就是在第 2 章中已得到过的欧拉平衡微分方程. 说明流体静力学是流体动力学的特殊情况，而且，所有这些方程中的静压强 p 就是热力学压力，它不仅要满足各自的运动方程或平衡方程，而且还要满足在一点上的热力学状态方程(见 3.5 节).

3.4 流体运动的能量方程

流体在运动过程中，如果热效应不能忽略，或者流体与固体间存在热与功的交换，则运动流体不仅要满足连续性方程和运动方程，还要满足能量方程.

能量方程是能量守恒定律(即热力学第一定律)对运动流体的数学表达式. 此定律可表述为：对于确定的流体，其总能量的时间变化率应等于单位时间内外力对它所做的功和传给它的热量之和. 即

$$\frac{\mathrm{D}E}{\mathrm{D}t}=\sum Q_h+\sum N. \tag{3-46}$$

3.4.1 积分形式的能量方程

参照图 3-2 所示的控制体 τ，设微元体积 $\mathrm{d}\tau$ 内单位质量流体所具有的能量为 $e+(v^2/2)$，其中 e 为热力学内能；$v^2/2$ 为动能. 则在 t 时刻，τ 内流体所具有的总能量 E 为

$$E=\int_{\tau(t)}\rho\left(e+\frac{v^2}{2}\right)\mathrm{d}\tau. \tag{3-47}$$

$\sum Q_h$ 包括辐射热和传导热，可写成

$$\sum Q_h=\int_{\tau}\rho q\,\mathrm{d}\tau+\int_A k\nabla T\cdot \boldsymbol{n}\,\mathrm{d}A, \tag{3-48}$$

式中右边第一项中的 q 是由于热辐射或流动伴随有燃烧、化学反应等，在单位时间内传给 τ 内单位质量流体的热量，也称为热源项；右边第二项是由于越过 A 面的热传导传给 τ 内流体的热量，以流体吸热为正，它遵循傅里叶热传导定律式(1-4)，$\boldsymbol{n}$ 是 A 面的外法线方向单位矢量，k 为流体的导热系数.

$\sum N$ 是单位时间内由外力对 τ 内流体所做的功. 如果 τ 内没有其他物体，则 $\sum N$ 包括体积力 $\boldsymbol{f}$ 和表面力 $\boldsymbol{p}_n$ 所做的功，可表示为

$$\sum N = \int_{\tau} \rho \boldsymbol{f} \cdot \boldsymbol{V} \mathrm{d}\tau + \oint_{A} \boldsymbol{p}_n \cdot \boldsymbol{V} \mathrm{d}A. \tag{3-49}$$

把式(3-47)、(3-48)和式(3-49)代入式(3-46),可得

$$\begin{aligned} &\frac{\partial}{\partial t}\int_{\tau} \rho\left(e+\frac{v^2}{2}\right)\mathrm{d}\tau + \oint_{A} \rho\left(e+\frac{v^2}{2}\right)(\boldsymbol{V}\cdot\boldsymbol{n})\mathrm{d}A \\ &= \int_{\tau} \rho q \mathrm{d}\tau + \int_{A} k\nabla T \cdot \boldsymbol{n}\mathrm{d}A + \int_{\tau} \rho\boldsymbol{f}\cdot\boldsymbol{V}\mathrm{d}\tau + \oint_{A} \boldsymbol{p}_n \cdot \boldsymbol{V}\mathrm{d}A. \end{aligned} \tag{3-50}$$

这就是积分形式的能量方程,和积分形式的连续性方程和运动方程一样,并不要求所有流体物理量在 τ 内连续.

3.4.2 微分形式的能量方程

与前相同,微分形式的能量方程的建立可以采用微元控制体分析法或有限体积控制体分析法. 只要在 τ 内流体物理量的分布函数连续可微,两者殊途同归. 为简单起见,只用有限控制体分析法.

1. 能量方程的一般表达式

根据体积分的随体导数公式(3-23)

$$\frac{\mathrm{D}}{\mathrm{D}t}\int_{\tau(t)} \rho\left(e+\frac{v^2}{2}\right)\mathrm{d}\tau = \int_{\tau} \rho \frac{\mathrm{D}}{\mathrm{D}t}\left(e+\frac{v^2}{2}\right)\mathrm{d}\tau.$$

由于 $\boldsymbol{p}_n=\boldsymbol{n}\cdot\boldsymbol{P}$,则由奥高公式得到

$$\oint_{A} k\nabla T \cdot \boldsymbol{n}\mathrm{d}A = \int_{\tau} \nabla\cdot(k\nabla T)\mathrm{d}\tau,$$

$$\oint_{A} \boldsymbol{p}_n \cdot \boldsymbol{V}\mathrm{d}A = \oint_{A} (\boldsymbol{P}\cdot\boldsymbol{V})\cdot\boldsymbol{n}\mathrm{d}A = \int_{\tau} \nabla\cdot(\boldsymbol{P}\cdot\boldsymbol{V})\mathrm{d}\tau.$$

从而,把式(3-50)改写为

$$\int_{\tau} \rho \frac{\mathrm{D}}{\mathrm{D}t}\left(e+\frac{v^2}{2}\right)\mathrm{d}\tau = \int_{\tau} [\rho q + \nabla\cdot(k\nabla T) + \rho\boldsymbol{f}\cdot\boldsymbol{V} + \nabla\cdot(\boldsymbol{P}\cdot\boldsymbol{V})]\mathrm{d}\tau.$$

根据被积函数的连续性和 τ 选取的任意性,得到运动流体中最一般的微分形式能量方程

$$\rho \frac{\mathrm{D}}{\mathrm{D}t}\left(e+\frac{v^2}{2}\right) = \rho q + \nabla\cdot(k\nabla T) + \rho\boldsymbol{f}\cdot\boldsymbol{V} + \nabla\cdot(\boldsymbol{P}\cdot\boldsymbol{V}). \tag{3-51}$$

2. 动能方程

一般的微分形式运动方程式(3-28)为

$$\rho \frac{\mathrm{D}\boldsymbol{V}}{\mathrm{D}t} = \rho\boldsymbol{f} + \nabla\cdot\boldsymbol{P}. \tag{3-52}$$

若此方程两边点乘 $\boldsymbol{V}$,则有

$$\rho\frac{\mathrm{D}}{\mathrm{D}t}\left(\frac{v^2}{2}\right)=\rho\boldsymbol{f}\cdot\boldsymbol{V}+\boldsymbol{V}\cdot(\nabla\cdot\boldsymbol{P}).\tag{3-53}$$

这个方程称为运动流体中的一般动能方程,它与运动方程式(3-52)是等价的,因而不独立.

3. 内能方程

把式(3-51)与式(3-53)两边分别相减,可得到

$$\rho\frac{\mathrm{D}e}{\mathrm{D}t}=\rho q+\nabla\cdot(k\nabla T)+\nabla\cdot(\boldsymbol{P}\cdot\boldsymbol{V})-\boldsymbol{V}\cdot(\nabla\cdot\boldsymbol{P}).\tag{3-54}$$

根据应力张量 $\boldsymbol{P}$ 和应变率张量 $\boldsymbol{E}$ 的矢量并积表达式和附录Ⅱ中关于张量的基本运算分式,可以演算得到

$$\nabla\cdot(\boldsymbol{P}\cdot\boldsymbol{V})-\boldsymbol{V}\cdot(\nabla\cdot\boldsymbol{P})=\boldsymbol{P}:\boldsymbol{E},$$

代入式(3-54)得到

$$\rho\frac{\mathrm{D}e}{\mathrm{D}t}=\rho q+\nabla\cdot(k\nabla T)+\boldsymbol{P}:\boldsymbol{E}.\tag{3-55}$$

这就是对任何流体的任意运动都适用的用内能表示的能量方程,简称内能方程.

3.4.3 牛顿流体的内能方程

由牛顿流体的本构方程式(3-36)或式(3-38)

$$\boldsymbol{P}=-p\boldsymbol{I}+\boldsymbol{\tau}=-p\boldsymbol{I}+2\mu\boldsymbol{E}-\frac{2}{3}\mu(\nabla\cdot\boldsymbol{V})\boldsymbol{I},$$

可知

$$\boldsymbol{P}:\boldsymbol{E}=-p\boldsymbol{I}:\boldsymbol{E}+\boldsymbol{\tau}:\boldsymbol{E}=-p(\nabla\cdot\boldsymbol{V})+\Phi,$$

代入式(3-55),得到

$$\rho\frac{\mathrm{D}e}{\mathrm{D}t}=\rho q+\nabla\cdot(k\nabla T)-p(\nabla\cdot\boldsymbol{V})+\Phi,\tag{3-56}$$

式中

$$\Phi=\boldsymbol{\tau}:\boldsymbol{E}=2\mu\boldsymbol{E}^2-\frac{2}{3}\mu(\nabla\cdot\boldsymbol{V})^2,\tag{3-57}$$

Φ 称为粘性耗散函数,它代表了由于粘性力作功所造成的能量耗散.如果用 $\boldsymbol{E}$ 和 $\nabla\cdot\boldsymbol{V}$ 在直角坐标系中的表达式代入,可得

$$\begin{aligned}\Phi=&\mu\left[\left(\frac{\partial u}{\partial y}+\frac{\partial v}{\partial x}\right)^2+\left(\frac{\partial v}{\partial z}+\frac{\partial w}{\partial y}\right)^2+\left(\frac{\partial w}{\partial x}+\frac{\partial u}{\partial z}\right)^2\right]\\&+\frac{2}{3}\mu\left[\left(\frac{\partial u}{\partial x}-\frac{\partial v}{\partial y}\right)^2+\left(\frac{\partial v}{\partial y}-\frac{\partial w}{\partial z}\right)^2+\left(\frac{\partial w}{\partial z}-\frac{\partial u}{\partial x}\right)^2\right]\geqslant 0.\end{aligned}\tag{3-58}$$

这就说明，牛顿流体在运动过程中，粘性力作功总是不断地转换成热能（使流体温度升高），然后由热能转换成内能，这种转换过程是不可逆的，总是造成流体中能量的损耗.

式(3-56)适用于有粘性的可压缩流动，具体地说，它适用于那些粘性影响不能忽略的高速气流. 利用气体的热力学变量之间的关系式，还可以把式(3-56)改写成由其他的热力学量（如熵、焓、温度等）表示的能量方程. 例如，假定气体是一种比定容热容为常数的完全气体，则有 $e=c_V T$，式(3-56)变成了用热力学温度 T 表示的能量方程

$$\rho c_V \frac{\mathrm{D}T}{\mathrm{D}t}=\rho q+\nabla\cdot(k\nabla T)-p(\nabla\cdot\boldsymbol{V})+\Phi. \tag{3-59}$$

在直角坐标系中，它可以写成

$$\rho c_V \frac{\mathrm{D}T}{\mathrm{D}t}=\rho q+\frac{\partial}{\partial x}\left(k\frac{\partial T}{\partial x}\right)+\frac{\partial}{\partial y}\left(k\frac{\partial T}{\partial y}\right)+\frac{\partial}{\partial z}\left(k\frac{\partial T}{\partial z}\right)-p\left(\frac{\partial u}{\partial x}+\frac{\partial v}{\partial y}+\frac{\partial w}{\partial z}\right)+\Phi, \tag{3-60}$$

其中$\frac{\mathrm{D}T}{\mathrm{D}t}=\frac{\partial T}{\partial t}+u\frac{\partial T}{\partial x}+v\frac{\partial T}{\partial y}+w\frac{\partial T}{\partial z}$，$\Phi$ 仍为式(3-58).

当流动为不可压缩时，$\rho=$常数，$\nabla\cdot\boldsymbol{V}=0$；且通常可以假定 $\mu=$常数，$k=$常数，从而式(3-59)变为

$$\rho c_V \frac{\mathrm{D}T}{\mathrm{D}t}=\rho q+k\nabla^2 T+\Phi. \tag{3-61}$$

此时，$\Phi=2\mu\boldsymbol{E}^2$.

这是粘性不可压缩流动的用热力学温度表示的能量方程，可用于求解流场中的温度分布. 在直角坐标系中，式(3-61)可写成

$$\rho c_V\left(\frac{\partial T}{\partial t}+u\frac{\partial T}{\partial x}+v\frac{\partial T}{\partial y}+w\frac{\partial T}{\partial z}\right)=\rho q+k\left(\frac{\partial^2 T}{\partial x^2}+\frac{\partial^2 T}{\partial y^2}+\frac{\partial^2 T}{\partial z^2}\right)+\Phi, \tag{3-62}$$

其中

$$\Phi=\mu\left[2\left(\frac{\partial u}{\partial x}\right)^2+2\left(\frac{\partial v}{\partial y}\right)^2+2\left(\frac{\partial w}{\partial z}\right)^2+\left(\frac{\partial u}{\partial y}+\frac{\partial v}{\partial x}\right)^2+\left(\frac{\partial v}{\partial z}+\frac{\partial w}{\partial y}\right)^2+\left(\frac{\partial w}{\partial x}+\frac{\partial u}{\partial z}\right)^2\right]. \tag{3-63}$$

或者写成笛卡儿张量形式

$$\rho c_V\left(\frac{\partial T}{\partial t}+u_j\frac{\partial T}{\partial x_j}\right)=\rho q+k\frac{\partial^2 T}{\partial x_j\partial x_j}+\Phi, \tag{3-64}$$

其中

$$\Phi=2\mu\varepsilon_{ij}\varepsilon_{ij},\quad \varepsilon_{ij}=\frac{1}{2}\left(\frac{\partial u_i}{\partial x_j}+\frac{\partial u_j}{\partial x_i}\right). \tag{3-65}$$

式(3-59)和式(3-61)在柱坐标系和球坐标系中表达式见附录Ⅱ.

如果流动可压缩，但忽略粘性，又没有传热，则流动是等熵的，能量方程用等熵过程方程来替代. 如果流动不可压缩，又忽略粘性和传热，则能量方程给出全流场 $T=$常数的结果.

非惯性系中的能量方程可以采用与动量方程一样的考虑方法，即在体积力项中增加惯性力项. 也可以直接对非惯性系中的系统应用热力学第一定律，这样，在形式就与惯性系相同，例如，对于无粘性流体的绝热流动，在惯性系中的能量方程是 $\mathrm{D}s/\mathrm{D}t=0$，非惯性系中为 $\mathrm{D}s'/\mathrm{D}t=0$，$s$ 是流体系统的熵，$\mathrm{D}/\mathrm{D}t$ 和 $\mathrm{D}'/\mathrm{D}t$ 分别是在惯性系和非惯性系中的随体导数.

3.5 流体的热力学状态方程

对于可压缩流动，密度 ρ 要发生变化，而 ρ 又是一个热力学变量，因此，研究可压缩流动时，必须引入一个表征流体中热力学变量之间内在关系的本构方程，习惯上称之为状态方程.

3.5.1 流体的热动平衡假设

在热力学中，一般把所研究的物体(无论是气体、液体或固体)称为热力学系统或简称系统，这个系统的概念与 3.1 节中所述流体系统的概念是一致的. 系统可大可小，在连续介质的假设下，流体中的最小的热力学系统就是流体质点.

系统的情况或外貌称为状态. 表征一个流体质点热力学状态的参量有很多，在前面的基本方程已出现或提到过的如压力、温度、密度、内能、焓、熵，甚至动力粘度和导热系数等都是热力学参量. 其中最基本的状态参量是三个，那就是密度 ρ(或比体积 v)、压强 p 和温度 T.

对于一个确定的系统，如果没有外界环境的影响，那么，无论时间多长，表征热力学状态的参量各有一定的值，这个状态称为平衡态. 或者说，这个系统的热力学特征达到均匀状态，并且不随时间发生变化. 在平衡态下，所有的热力学参量中只有两个是独立变量. 换言之，给定任意两个热力学参量的值就对应于一个热力学的平衡状态.

热力学所研究的系统是不考虑系统整体机械运动的，因此，它所揭示的规律，确切地说是“热静力学”. 对于运动的流体，其热力学参量，如温度、密度、压强等经常会出现不均匀分布，也会随时间不断地发生变化. 因此，运动流体的热力学状态一般不是严格的平衡态，热力学过程也不会是可逆过程. 但幸运的是，大量实践都表明，在连续介质假设下，大多数流动问题即使是超声速的流动，流场中每一瞬间每一点上的热力学状态仍无限接近平衡态，这是因为每一个流体质点内仍包含足够多的分子，它们的热运动和相应碰撞很快($\ll 10^{-6}$秒)，使质点内的热力学参量均匀且有确定的值. 这就是流体的热动平衡假设.

在流体的连续介质和热动平衡假设下，流场中任一时刻任一点上，表征热力学状态的参量各有惟一的定值，且只有两个热力学参量是独立变量. 在1.2节中讨论流体的可压缩性时已用过这个假设的结果.

3.5.2　流体的状态方程

从热力学的角度看，前面得到的基本方程的一般形式如式(3-20)、式(3-28)和式(3-55)，既适用于平衡态系统，也适用于非平衡态系统，只要能给出各自的状态方程即可. 在本书中，只给出平衡态的状态方程.

1. 状态方程的一般形式

只要选择两个热力学量作为独立变量，把其余热力学参量都写成这两个变量的函数关系，即为状态方程的一般形式. 例如，选择压强 p 和热力学温度 T 作为独立变量，则有

$$\rho = \rho(p,T), \quad e = e(p,T) \text{ 等}. \tag{3-66}$$

2. 液体的状态方程

一般情况下，液体的 $\rho=$常数，内能 $e=c_V T$，且 $c_V \approx c_p=$常数. c_V，c_p 分别为比定容热容与比定压热容.

3. 气体的状态方程

在常温常压下(如压强不大于20MPa，温度不低于253K)，一般气体如空气、蒸汽、燃气及各种工业气体，都可以近似地认为是完全气体.

所谓完全气体是指满足克拉珀龙(Clapeyron)状态方程且比热容为常数的气体. 不要混淆完全气体和理想气体，在流体力学中，理想气体是指忽略粘性的气体，而完全气体是可以有粘性的. 克拉珀龙状态方程一般写成

$$p = \rho R T, \tag{3-67}$$

式中 R 称为气体常数，不同的气体 R 值不同，可按下式计算：

$$R = \frac{R_0}{M},$$

其中 $R_0=8312\text{J/kmol}\cdot\text{K}$(焦耳/千摩尔·开)称为普适气体常数，$M$ 为某种气体的摩尔质量(克分子量). 例如，若取空气的 $M=28.96\text{kg/kmol}$(千克/千摩尔)，则 $R=$

287J/kg · K；取水蒸气的 $M=18$，则 $R=462\text{J/kg}\cdot\text{K}$. 在式(3-67)中，$T$ 是热力学温度，以 K(开)为单位；p 为压强，它必须是绝对压强.

当流体处于高压或超低温状态时，则应该使用更精确的状态方程.

3.5.3 常比热容完全气体的热力学关系式

为了便于在气体的运动方程和能量方程中进行热力学变量之间的转换和应用，特将常用的完全气体的热力学关系式罗列如下.

状态方程

$$p=\rho RT\ .$$

内能

$$e=c_V T\ .$$

焓

$$h=e+\frac{p}{\rho}=c_p T=\frac{\gamma}{\gamma-1}\frac{p}{\rho}=\frac{\gamma}{\gamma-1}RT.$$

熵

$$s=c_V\ln\left(\frac{p}{\rho^{\gamma}}\right)+\text{常数}.$$

比定压热容、比定容热容及相互关系

$$c_p=\frac{\gamma}{\gamma-1}R,\quad c_V=\frac{1}{\gamma-1}R,\quad c_p-c_V=R,\quad \gamma=c_p/c_V,$$

γ 称为比热比或绝热指数.

热力学第一定律的另一种表达式：

$$T\frac{\mathrm{D}s}{\mathrm{D}t}=\frac{\mathrm{D}e}{\mathrm{D}t}+p\frac{\mathrm{D}}{\mathrm{D}t}\left(\frac{1}{\rho}\right)=\frac{\mathrm{D}h}{\mathrm{D}t}-\frac{1}{\rho}\frac{\mathrm{D}p}{\mathrm{D}t}. \tag{3-68}$$

3.5.4 正压流体与斜压流体

这是从流体的状态方程角度对流体的一种分类. 如前所述，在一般情况下，$\rho=\rho(p,T)$，这种流体称斜压流体. 若 $\rho=\rho(p)$，即密度只是压强的函数时，这种流体称为正压流体. 广义地说，正压流体是一种力学特征与热力学特征无关的流体，正压流体运动速度的求解不需要用能量方程，而且动力粘性 $\mu=$常数.

对于作为完全气体处理的气体运动，在一些特定条件下，可使状态方程简化，例如：

(1) 不可压缩流动，$\rho=$常数；

(2) 等温流动，$p=C\rho$；

(3) 绝热流动，$p=C\rho^{\gamma}$.

式中 C 为常数，γ 为比热比. 在这些情况下，流体压力只和密度有关，而和温度无关，因此，它们都是正压流体，把它们的运动流场称为正压流场.

除了使基本方程组简化外，流体力学中有一些重要定理的证明例如伯努利(Bernoulli)定理、涡旋运动的开尔文(Kelvin)定理等，经常需要假设流体满足正压条件.

3.6 流体动力学基本方程组的封闭性及定解条件

在前面几节，已系统地建立了流体运动的基本方程，包括一套积分形式的方程和一套微分形式的方程，理论上看，解决流体力学问题就是通过求解这些方程来实现的. 如果关心的只是局部范围内流动的总质量、总动量、总动量矩或总能量的变化特征以及流体与固体间总的作用力、作用力矩或者总的能量交换，那么，可以使用积分形式的方程. 在一些特定条件下，这些方程可以给出满意的结果，在第 4 章中将对积分形式方程的应用作详细讨论. 如果需要了解流场的细节，要求得到流场中速度、压力等物理量的分布以及在物面上的作用力分布等，那么，必须使用微分形式的方程组.

3.6.1 流体力学分析方法的一般过程

用微分形式的基本方程组去解决实际流动问题，即流体力学的主要分析方法，大致包括以下四个步骤：①对已发现或提出的实际流动问题，经过分析，抓住主要特征或主要矛盾，抽象为流体力学模型. 这是因为，迄今为止尚未找到对任何流体运动都适用的微分方程组，现在能给出的都是针对在一定假设条件下的分块模型，包括介质模型与运动模型等. 无论是在科学研究中还是在工程实际的应用中，建立流体力学模型这一步是最重要也是最困难的，需要不断地实践和总结才能使建立的流体力学模型既正确又简单. ②根据已建立的流体力学模型来建立数学模型，也就是给出相应的微分方程组. 为了能够求解，在给出基本方程组的同时要检查其封闭性并给出恰当的定解条件，包括初始条件和边界条件. 检查封闭性是为了保证解的存在，给出恰当的定解条件是为了保证解的惟一性. ③采用有效方法求解基本方程组，包括解析解法和数值解法或近似解法，第 12 章将简单介绍数值解法. ④求解结果的分析与讨论. 对于由解析解或数值解得到的结果经常需要与实验或试验结果作比较，如果两者偏差较大而又坚信实验或试验结果是正确的，则要从检查或修改流体力学模型入手重复以上步骤.

3.6.2　流体力学的理论模型

在前面的章节中已陆续提到流体力学中的理论模型，包括介质的模型和运动的模型. 为了便于正确地利用这些模型，特将本书中涉及的模型作简单汇总，其中包括后面将出现的部分模型.

1. 介质模型

总前提是单相的连续介质.

- 不可压缩流体模型
- 可压缩流体——完全气体模型
  - 斜压流体模型
  - 正压流体模型

- 无粘性流体模型
- 粘性流体模型
  - 牛顿流体模型
  - 非牛顿流体模型

2. 运动模型

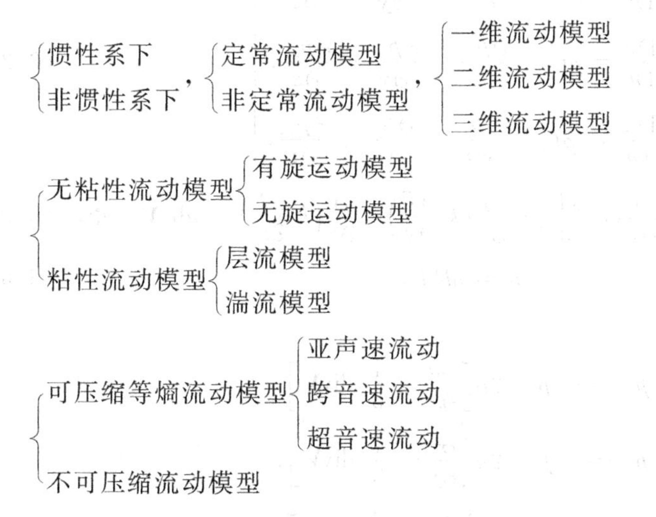

3.6.3　几种常用模型的封闭方程组

所谓方程组的封闭性是指：针对一个具体的流动问题所建立的基本方程组，看它们所含的未知量个数与方程的个数是否一致，如果两者是一致的，则称这个方程组是封闭的.

从前面几节建立方程的过程可以看到,每一个方程都有它的适用范围或使用限制条件.不同方程的组合构成不同用途的方程组.例如,由式(3-19)、式(3-28)、式(3-59)和式(3-67)所组成的基本方程组为

$$\left.\begin{aligned}&\text{连续性方程:}\quad \frac{\partial\rho}{\partial t}+\nabla\cdot(\rho\boldsymbol{V})=0,\\&\text{运动方程:}\quad \rho\frac{\mathrm{D}\boldsymbol{V}}{\mathrm{D}t}=\rho\boldsymbol{f}+\nabla\cdot\boldsymbol{P},\\&\text{能量方程:}\quad \rho c_V\frac{\mathrm{D}T}{\mathrm{D}t}=\rho q+\nabla\cdot(k\nabla T)-p(\nabla\cdot\boldsymbol{V})+\Phi,\\&\text{状态方程:}\quad p=\rho RT,\end{aligned}\right\}\tag{3-69}$$

式中,应力张量 $\boldsymbol{P}=-p\boldsymbol{I}+2\mu\left(\boldsymbol{E}-\frac{1}{3}\nabla\cdot\boldsymbol{V}\boldsymbol{I}\right)$,随体导数$\frac{\mathrm{D}}{\mathrm{D}t}=\frac{\partial}{\partial t}+(\boldsymbol{V}\cdot\nabla)$,粘性耗散函数 $\Phi=2\mu\left(\boldsymbol{E}^2-\frac{1}{3}(\nabla\cdot V)^2\right)$.写成直角坐标系中的标量形式则为

$$\frac{\partial\rho}{\partial t}+\frac{\partial(\rho u)}{\partial x}+\frac{\partial(\rho v)}{\partial y}+\frac{\partial(\rho w)}{\partial z}=0,\tag{3-18}$$

$$\left.\begin{aligned}\rho\frac{\mathrm{D}u}{\mathrm{D}t}&=\rho f_x+\frac{\partial p_{xx}}{\partial x}+\frac{\partial p_{yx}}{\partial y}+\frac{\partial p_{zx}}{\partial z},\\\rho\frac{\mathrm{D}v}{\mathrm{D}t}&=\rho f_y+\frac{\partial p_{xy}}{\partial x}+\frac{\partial p_{yy}}{\partial y}+\frac{\partial p_{zy}}{\partial z},\\\rho\frac{\mathrm{D}w}{\mathrm{D}t}&=\rho f_z+\frac{\partial p_{xz}}{\partial x}+\frac{\partial p_{yz}}{\partial y}+\frac{\partial p_{zz}}{\partial z},\end{aligned}\right\}\tag{3-27}$$

$$\rho c_V\frac{\mathrm{D}T}{\mathrm{D}t}=\rho q+\frac{\partial}{\partial x}\left(k\frac{\partial T}{\partial x}\right)+\frac{\partial}{\partial y}\left(k\frac{\partial T}{\partial y}\right)+\frac{\partial}{\partial z}\left(k\frac{\partial T}{\partial z}\right)-p\mathrm{div}\boldsymbol{V}+\Phi,\tag{3-60}$$

$$p=\rho RT,\tag{3-67}$$

式中

$$p_{xx}=-p+2\mu\left[\frac{\partial u}{\partial x}-\frac{1}{3}\mathrm{div}\boldsymbol{V}\right],$$

$$p_{yy}=-p+2\mu\left[\frac{\partial v}{\partial y}-\frac{1}{3}\mathrm{div}\boldsymbol{V}\right],$$

$$p_{zz}=-p+2\mu\left[\frac{\partial w}{\partial z}-\frac{1}{3}\mathrm{div}\boldsymbol{V}\right],$$

$$p_{xy}=p_{yx}=\mu\left(\frac{\partial v}{\partial x}+\frac{\partial u}{\partial y}\right),$$

$$p_{yz}=p_{zy}=\mu\left(\frac{\partial w}{\partial y}+\frac{\partial v}{\partial z}\right),$$

$$p_{zx}=p_{xz}=\mu\left(\frac{\partial u}{\partial z}+\frac{\partial w}{\partial x}\right),$$

$$\frac{\mathrm{D}}{\mathrm{D}t}=\frac{\partial}{\partial t}+u\frac{\partial}{\partial x}+v\frac{\partial}{\partial y}+w\frac{\partial}{\partial z},$$

$$\mathrm{div}\boldsymbol{V}=\frac{\partial u}{\partial x}+\frac{\partial v}{\partial y}+\frac{\partial w}{\partial z},$$

$$\Phi=2\mu\left[\left(\frac{\partial u}{\partial x}\right)^2+\left(\frac{\partial v}{\partial y}\right)^2+\left(\frac{\partial w}{\partial z}\right)^2+\frac{1}{2}\left(\frac{\partial v}{\partial x}+\frac{\partial u}{\partial y}\right)^2+\frac{1}{2}\left(\frac{\partial w}{\partial y}+\frac{\partial v}{\partial z}\right)^2+\frac{1}{2}\left(\frac{\partial u}{\partial z}+\frac{\partial w}{\partial x}\right)^2-\frac{1}{3}(\mathrm{div}\boldsymbol{V})^2\right].$$

它们的适用范围(即建立的前提)是:①单相连续介质和热动力平衡态假设成立;②牛顿粘性流体模型和完全气体模型;③在惯性参考系内运动.

现在来检查方程组(3-69)的封闭性.一般情况下,体积力 $\boldsymbol{f}$ 和热源项 q 是已知的,例如,体积力只有重力,则 $\boldsymbol{f}=\boldsymbol{g}$,如果不是与燃烧有关的流动且不计热辐射,则 $q=0$;动力粘度 μ,导热系数 k 和比定容热容 c_V 是已知函数或常数;应变率张量 $\boldsymbol{E}$ 中各分量只与速度 $\boldsymbol{V}$ 的一阶偏导数有关,这样,独立的未知量有:ρ、p、T 和 $\boldsymbol{V}$ 的三个分量共六个标量,而标量方程也正好六个,因此这组方程是封闭的,理论上可用于求解较普通的有粘性可压缩流体的运动,特别是粘性效应不能忽略的高速气体的运动,例如,在大气层中高速运动的火箭、导弹和航天飞机等飞行器周围边界层内流动与防热问题等.但这个方程组的求解并不容易,方程的非线性特征以及方程之间的互相耦合,使得不可能直接求解这组基本方程,只有再作进一步的假设、简化和近似,设计出一个合理的理论模型,才能使方程组既能描述流动现象的主要特征,又易于求解.

本节中给出四种经简化后的封闭方程组,它们基本上能适应在各种工程技术中流体力学问题的研究和应用.

1. 粘性正压流体运动的基本方程组

对于完全气体的正压流场,若粘性效应不能忽略,由于正压流场中,密度、压力、速度都与温度无关,因此,不需要能量方程,且动力粘度 μ 为常数,封闭方程组为

(1) 矢量形式

$$\left.\begin{aligned}&\frac{\partial\rho}{\partial t}+\nabla\cdot(\rho\boldsymbol{V})=0,\\&\rho\frac{\mathrm{D}\boldsymbol{V}}{\mathrm{D}t}=\rho\boldsymbol{f}-\nabla p+\mu\nabla^2\boldsymbol{V}+\frac{1}{3}\mu\nabla(\nabla\cdot\boldsymbol{V}),\\&\rho=\rho(p).\end{aligned}\right\}\tag{3-70}$$

(2) 直角坐标系中的标量形式

$$\left.\begin{aligned}
&\frac{\partial\rho}{\partial t}+\frac{\partial(\rho u)}{\partial x}+\frac{\partial(\rho v)}{\partial y}+\frac{\partial(\rho w)}{\partial z}=0,\\
&\rho\frac{\mathrm{D}u}{\mathrm{D}t}=\rho f_x-\frac{\partial p}{\partial x}+\mu\left(\frac{\partial^2 u}{\partial x^2}+\frac{\partial^2 u}{\partial y^2}+\frac{\partial^2 u}{\partial z^2}\right)+\frac{\mu}{3}\frac{\partial}{\partial x}\left(\frac{\partial u}{\partial x}+\frac{\partial v}{\partial y}+\frac{\partial w}{\partial z}\right),\\
&\rho\frac{\mathrm{D}v}{\mathrm{D}t}=\rho f_y-\frac{\partial p}{\partial y}+\mu\left(\frac{\partial^2 v}{\partial x^2}+\frac{\partial^2 v}{\partial y^2}+\frac{\partial^2 v}{\partial z^2}\right)+\frac{\mu}{3}\frac{\partial}{\partial y}\left(\frac{\partial u}{\partial x}+\frac{\partial v}{\partial y}+\frac{\partial w}{\partial z}\right),\\
&\rho\frac{\mathrm{D}w}{\mathrm{D}t}=\rho f_z-\frac{\partial p}{\partial z}+\mu\left(\frac{\partial^2 w}{\partial x^2}+\frac{\partial^2 w}{\partial y^2}+\frac{\partial^2 w}{\partial z^2}\right)+\frac{\mu}{3}\frac{\partial}{\partial z}\left(\frac{\partial u}{\partial x}+\frac{\partial v}{\partial y}+\frac{\partial w}{\partial z}\right),\\
&\rho=\rho(p),
\end{aligned}\right\}\tag{3-71}$$

其中，$\frac{\mathrm{D}}{\mathrm{D}t}=\frac{\partial}{\partial t}+u\frac{\partial}{\partial x}+v\frac{\partial}{\partial y}+w\frac{\partial}{\partial z}$.

(3) 笛卡儿张量形式

$$\left.\begin{aligned}
&\frac{\partial\rho}{\partial t}+\frac{\partial(\rho u_i)}{\partial x_i}=0,\\
&\rho\frac{\mathrm{D}u_i}{\mathrm{D}t}=\rho f_i-\frac{\partial p}{\partial x_i}+\mu\left(\frac{\partial^2 u_i}{\partial x_j\cdot\partial x_j}\right)+\frac{\mu}{3}\frac{\partial}{\partial x_i}\left(\frac{\partial u_j}{\partial x_j}\right)(i=1,2,3),\\
&\rho=\rho(p),
\end{aligned}\right\}\tag{3-72}$$

其中，$\frac{\mathrm{D}}{\mathrm{D}t}=\frac{\partial}{\partial t}+u_j\frac{\partial}{\partial x_j}$.

上述方程组中，未知量为ρ、p和$\boldsymbol{V}$的三个分量共5个标量，方程个数也是5个，因此是封闭的. 它主要用于高速气流，但要求流动中没有热量的输入或生成，且流场内部也不存在热传导，换言之，要求是绝热或等温的流动. 当有粘性存在或流动中出现激波时都能使流动产生机械能损耗，从而转变为热能，这对绝热流动是允许的，但它会导致内部热传导现象出现，因此，严格的等温或绝热流动是很难实现的，流场正压模型只是一种近似模型. 气体通过激波或声波的传播等都可以近似为绝热流动，也就是正压流场. 上述方程组通常需要采用数值求解.

2. 粘性不可压缩流体运动的封闭方程组

在这种模型中，ρ=常数，μ=常数.

(1) 矢量形式

$$\left.\begin{aligned}
&\nabla\cdot\boldsymbol{V}=0,\\
&\rho\frac{\mathrm{D}\boldsymbol{V}}{\mathrm{D}t}=\rho\boldsymbol{f}-\nabla p+\mu\nabla^2\boldsymbol{V}.
\end{aligned}\right\}\tag{3-73}$$

(2) 直角坐标系中标量形式

$$\left.\begin{aligned}&\frac{\partial u}{\partial x}+\frac{\partial v}{\partial y}+\frac{\partial w}{\partial z}=0,\\&\rho\frac{\mathrm{D}u}{\mathrm{D}t}=\rho f_x-\frac{\partial p}{\partial x}+\mu\left(\frac{\partial^2 u}{\partial x^2}+\frac{\partial^2 u}{\partial y^2}+\frac{\partial^2 u}{\partial z^2}\right),\\&\rho\frac{\mathrm{D}v}{\mathrm{D}t}=\rho f_y-\frac{\partial p}{\partial y}+\mu\left(\frac{\partial^2 v}{\partial x^2}+\frac{\partial^2 v}{\partial y^2}+\frac{\partial^2 v}{\partial z^2}\right),\\&\rho\frac{\mathrm{D}w}{\mathrm{D}t}=\rho f_z-\frac{\partial p}{\partial z}+\mu\left(\frac{\partial^2 w}{\partial x^2}+\frac{\partial^2 w}{\partial y^2}+\frac{\partial^2 w}{\partial z^2}\right).\end{aligned}\right\}\tag{3-74}$$

(3) 笛卡儿张量形式

$$\left.\begin{aligned}&\frac{\partial u_i}{\partial x_i}=0,\\&\rho\frac{\mathrm{D}u_i}{\mathrm{D}t}=\rho f_i-\frac{\partial p}{\partial x_i}+\mu\frac{\partial^2 u_i}{\partial x_j\cdot\partial x_j}\quad(i=1,2,3).\end{aligned}\right\}\tag{3-75}$$

在这组方程中,未知量为 p 和 $\boldsymbol{V}$ 的三个分量共 4 个标量,方程也正好是 4 个,因此是封闭的.它主要用于低速的气体流动和液体流动,可以忽略可压缩性,但不忽略粘性.所以,求解这组方程既能得到粘性对速度分布和压力分布的影响,又可以给出流场中粘性切应力分布以便很好地解释物体绕流中的阻力以及管道内流动的压力损失.

在这种模型中,能量方程与连续性方程和运动方程不耦合,因此,如果对流场中的温度分布不感兴趣,则不必引入能量方程.如果需要了解由于粘性耗散而造成的流场中温度的升高和分布,则可以在求解式(3-74)得到速度分量(u,v,w)后代入下列能量方程求温度分布 T:

$$\begin{aligned}\rho c_V\left(\frac{\partial T}{\partial t}+u\frac{\partial T}{\partial x}+v\frac{\partial T}{\partial y}+w\frac{\partial T}{\partial z}\right)&=\rho q+k\left(\frac{\partial^2 T}{\partial x^2}+\frac{\partial^2 T}{\partial y^2}+\frac{\partial^2 T}{\partial z^2}\right)\\&\quad+\mu\left[2\left(\frac{\partial u}{\partial x}\right)^2+2\left(\frac{\partial v}{\partial y}\right)^2+2\left(\frac{\partial w}{\partial z}\right)^2+\left(\frac{\partial u}{\partial y}+\frac{\partial v}{\partial x}\right)^2\right.\\&\quad\left.+\left(\frac{\partial v}{\partial z}+\frac{\partial w}{\partial y}\right)^2+\left(\frac{\partial w}{\partial x}+\frac{\partial u}{\partial z}\right)^2\right].\end{aligned}\tag{3-76}$$

求解这组基本方程可以有精确解、近似解或数值解多种方法,在本书的第 7 章中将作进一步的讨论.

3. 无粘性不可压缩流体运动的封闭方程组

在这个模型中,$\rho=$常数,$\mu=0,k=0$.

(1) 矢量形式

$$\left.\begin{aligned}&\nabla\cdot\boldsymbol{V}=0,\\&\rho\frac{\mathrm{D}\boldsymbol{V}}{\mathrm{D}t}=\rho\boldsymbol{f}-\nabla p.\end{aligned}\right\}\tag{3-77}$$

(2) 直角坐标系中标量形式

$$\left.\begin{aligned}&\frac{\partial u}{\partial x}+\frac{\partial v}{\partial y}+\frac{\partial w}{\partial z}=0,\\&\rho\frac{\mathrm{D}u}{\mathrm{D}t}=\rho f_x-\frac{\partial p}{\partial x},\\&\rho\frac{\mathrm{D}v}{\mathrm{D}t}=\rho f_y-\frac{\partial p}{\partial y},\\&\rho\frac{\mathrm{D}w}{\mathrm{D}t}=\rho f_z-\frac{\partial p}{\partial z}.\end{aligned}\right\}\tag{3-78}$$

(3) 笛卡儿张量形式

$$\left.\begin{aligned}&\frac{\partial u_i}{\partial x_i}=0,\\&\rho\frac{\mathrm{D}u_i}{\mathrm{D}t}=\rho f_i-\frac{\partial p}{\partial x_i}\quad i=1,2,3.\end{aligned}\right\}\tag{3-79}$$

在这组方程中，有 p 和 $\mathbf{V}$ 的三个分量共 4 个标量未知量，方程数也正好是 4 个，因而是封闭的. 和第 2 种模型相比，这种模型中不仅忽略了流体的可压缩性，而且还忽略了粘性. 可以说，这是研究液体和低速气体的流动时最理想化的模型. 对于在河道或槽道中有自由面的液体流动或液体表面波的传播等问题，用这个模型可以得到比较满意的结果. 对于液体绕过某个物体的流动，在绝大多数情况下，粘性影响只局限在物面附近很薄的边界层区域内，用这个模型计算得到的物面上的压力分布是足够正确的. 在这个模型中，如果流动中没有热源存在，则全流场中温度相同.

在本书的第 4、第 5 章中将讨论这个模型的具体应用.

4. 经典的气体动力学基本方程组

在这个模型中，假定流体是一种比热容为常数的完全气体且 $\mu=0,k=0$，忽略体积力.

(1) 矢量形式

$$\left.\begin{aligned}&\frac{\partial\rho}{\partial t}+\nabla\cdot(\rho\mathbf{V})=0,\\&\rho\frac{\mathrm{D}\mathbf{V}}{\mathrm{D}t}=-\nabla p,\\&\frac{\mathrm{D}}{\mathrm{D}t}\left(\frac{p}{\rho^{\gamma}}\right)=0.\end{aligned}\right\}\tag{3-80}$$

(2)直角坐标系中标量形式

$$\left.\begin{aligned}&\frac{\partial\rho}{\partial t}+\frac{\partial(\rho u)}{\partial x}+\frac{\partial(\rho v)}{\partial y}+\frac{\partial(\rho w)}{\partial z}=0,\\&\rho\frac{\mathrm{D}u}{\mathrm{D}t}=-\frac{\partial p}{\partial x},\\&\rho\frac{\mathrm{D}v}{\mathrm{D}t}=-\frac{\partial p}{\partial y},\\&\rho\frac{\mathrm{D}w}{\mathrm{D}t}=-\frac{\partial p}{\partial z},\\&\frac{\partial}{\partial t}\left(\frac{p}{\rho^{\gamma}}\right)+u\frac{\partial}{\partial x}\left(\frac{p}{\rho^{\gamma}}\right)+v\frac{\partial}{\partial y}\left(\frac{p}{\rho^{\gamma}}\right)+w\frac{\partial}{\partial z}\left(\frac{p}{\rho^{\gamma}}\right)=0.\end{aligned}\right\}\tag{3-81}$$

(3) 笛卡儿张量形式

$$\left.\begin{aligned}&\frac{\partial\rho}{\partial t}+\frac{\partial(\rho u_i)}{\partial x_i}=0,\\&\rho\frac{\mathrm{D}u_i}{\mathrm{D}t}=-\frac{\partial p}{\partial x_i}\quad(i=1,2,3),\\&\frac{\partial\left(\frac{p}{\rho^{\gamma}}\right)}{\partial t}+u_i\frac{\partial}{\partial x_i}\left(\frac{p}{\rho^{\gamma}}\right)=0.\end{aligned}\right\}\tag{3-82}$$

由能量方程可知,忽略粘性和热传导的流体运动一定也是等熵流动.所以,能量方程改用等熵方程.但要注意的是等熵方程只要求每个流体质点的熵在流动过程中保持不变,不同流体质点的熵可以有不同的值,因而整个流场内的熵并不一定是常数.

这种模型主要用于速度接近或超过声速的气体运动,突出了可压缩性影响.对于在各种管道或叶轮机械通道中高速气体(例如蒸气、燃气等)的流动或物体在大气中高速运动等,用这种方程得到的结果与实际的气动特征十分接近.

若干主要模型的基本方程组在柱坐标系或球坐标系中的标量形式,将集中在附录Ⅱ中给出.

3.6.4 初始条件与边界条件

为了使微分形式的基本方程组在封闭的前提下有确定的解,还必须给出恰当的定解条件——初始条件及边界条件.所谓"恰当",一是要物理上正确,二是要使定解条件的个数正好与待定积分常数的个数相等.

由于流体运动问题的复杂性与多样性,描述流体运动的基本微分方程通常是一组拟线性的偏微分方程组,而且可能包含了椭圆型、双曲型、抛物型及其混合型的全部类型,因此,要给出普遍适用的定解条件是不可能的.在这里,只是一般性地讨论定解条件,在以后的有关章节中,再结合具体问题给出特定的定解条件.

1. 初始条件

初始条件是指在某个确定的时刻(例如 $t=t_0$),给定所求解流场中每一点上的流动状态.由于在流体力学方程组中,只出现对时间的一阶偏导数,因此,只要给出初始时刻所求每个物理量的初始分布即可.例如

给定 $t=t_0$ 时

$$\left.\begin{aligned} \boldsymbol{V}(x,y,z,t_0) &= \boldsymbol{V}_0(x,y,z), \\ p(x,y,z,t_0) &= p_0(x,y,z), \end{aligned}\right\} \tag{3-83}$$

等.当流动定常时,不需要初始条件.

2. 边界条件

所谓边界条件是指任一时刻,运动流体在所占据空间的边界上必须满足的条件.不同类型的偏微分方程组,其边界条件有不同的提法.从流动物理量的角度说,边界条件的提法主要有两种:一种是在边界上给出与力有关的条件,称为动力学边界条件;另一种是在边界上给出与速度有关的条件,称为运动学边界条件.下面按流体力学问题中常见的流场边界作一般性讨论.

(1) 流-固界面上的边界条件

假定流体不能穿过固壁面且流动不分离,则

对于有粘性流体

$$\boldsymbol{V} = \boldsymbol{V}_b, \tag{3-84}$$

对于无粘性流体

$$\boldsymbol{V}\cdot\boldsymbol{n} = \boldsymbol{V}_b\cdot\boldsymbol{n}. \tag{3-85}$$

上两式中,$\boldsymbol{V}$ 为流体在固壁面上的速度,$\boldsymbol{V}_b$ 为固壁面运动速度,$\boldsymbol{n}$ 是固壁面的外法线方向单位矢量.式(3-84)说明,无论流体运动速度有多大,由于粘性,在与固体的接触面上,它总是粘在固壁面上的,它们的切向速度和法向速度都相同,表示了两者既不分离又无相对滑动.所以,式(3-84)又称为流动的无滑移条件.式(3-85)表示在忽略粘性时,在固壁面上只要法向速度连续即可,两者之间可以有相对滑移.

当固壁面静止不动时,则 $\boldsymbol{V}_b=0$,在边界上式(3-84)和式(3-85)分别为

$$\boldsymbol{V} = 0 \quad 或 \quad \boldsymbol{V}\cdot\boldsymbol{n} = 0. \tag{3-86}$$

式(3-86)还可以改写为另一种形式.假设在某一确定的直角坐标系中,固壁面方程为 $F(x,y,z,t)=0$.考虑在 $\mathrm{d}t$ 时间后,由于壁面本身运动,壁面上某一点 $M(x,y,z)$ 将随之移动到新位置 $M'(x+\mathrm{d}x,y+\mathrm{d}y,z+\mathrm{d}z)$,但它仍在固壁面上,仍然满足固壁面方程,即有 $F(x+\mathrm{d}x,y+\mathrm{d}y,z+\mathrm{d}z,t+\mathrm{d}t)=0$.将其泰勒展开取一阶小量,则有

$$\frac{\partial F}{\partial x}u_b + \frac{\partial F}{\partial y}v_b + \frac{\partial F}{\partial z}w_b + \frac{\partial F}{\partial t} = 0, \tag{3-87}$$

式中(u_b, v_b, w_b)就是M点的壁面运动速度分量. 根据空间解析几何的知识,固壁面$F(x,y,z)=0$的外法线单位矢量$\boldsymbol{n}$为

$$\boldsymbol{n} = \frac{1}{N}\left(\frac{\partial F}{\partial x}\boldsymbol{i} + \frac{\partial F}{\partial y}\boldsymbol{j} + \frac{\partial F}{\partial z}\boldsymbol{k}\right), \tag{3-88}$$

其中,$N=\sqrt{\left(\frac{\partial F}{\partial x}\right)^2+\left(\frac{\partial F}{\partial y}\right)^2+\left(\frac{\partial F}{\partial z}\right)^2}$.

则式(3-87)可写成

$$\boldsymbol{V}_b \cdot \boldsymbol{n} = -\frac{\frac{\partial F}{\partial t}}{N},$$

根据式(3-85),有

$$\boldsymbol{V} \cdot \boldsymbol{n} = -\frac{\frac{\partial F}{\partial t}}{N}.$$

把式(3-88)代入上式得到

$$\frac{\partial F}{\partial x}u + \frac{\partial F}{\partial y}v + \frac{\partial F}{\partial z}w + \frac{\partial F}{\partial t} = 0 \tag{3-89}$$

或

$$\frac{\partial F}{\partial t} + \boldsymbol{V} \cdot \nabla F = \frac{\mathrm{D}F}{\mathrm{D}t} = 0. \tag{3-90}$$

上两式中$\boldsymbol{V}$或(u,v,w)是M点上流体的运动速度. 由于M点是任取的,因此,式(3-89)或式(3-90)适用于在整个流固界面上,它与式(3-86)是完全等价的. 因此,它是流体运动在固壁面上法向速度连续的边界条件. 若固壁面是静止的,则由式(3-87)可知:$\partial F/\partial t=0$,式(3-89)变为:

$$u\frac{\partial F}{\partial x} + v\frac{\partial F}{\partial y} + w\frac{\partial F}{\partial z} = \boldsymbol{V} \cdot \boldsymbol{n} = 0. \tag{3-91}$$

例 3.3 如图 3-6 所示,有一个半径为b固定不动的圆柱壳体中充满不可压缩流体,内有一个半径为a的圆柱体以$\boldsymbol{V}_0=v_0(t)\boldsymbol{i}$速度向右移动引起壳体内流体运动. t瞬时,圆柱体在$x=x_0$位置上. 试分别对无粘性和粘性流体给出流动在内外圆柱壁面上的边界条件. 取坐标系与外圆柱壳体固结.

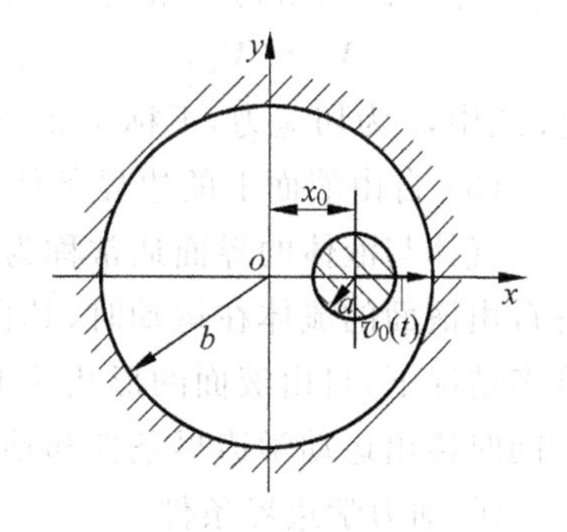

图 3-6 物面上边界条件

解 内圆柱方程为

$$F = (x - x_0)^2 + y^2 - a^2 = 0,$$

外圆柱壳方程为$F=x^2+y^2-b^2=0$,

① 对于无粘性流体运动，在内圆柱体上

$$\frac{\partial F}{\partial t}=-2v_0(x-x_0),\quad \frac{\partial F}{\partial x}=2(x-x_0),\quad \frac{\partial F}{\partial y}=2y .$$

因为是运动壁面，须代入式(3-89)，于是在$(x-x_0)^2+y^2=a^2$上

$$yv+[u-v_0(t)]x+x_0[v_0(t)-u]=0 .$$

在外圆柱壳体上，$\frac{\partial F}{\partial x}=2x$，$\frac{\partial F}{\partial y}=2y$，因为是固定壁面，代入式(3-91)于是在$x^2+y^2=b^2$上

$$ux+vy=0.$$

② 对于粘性流体运动，则直接应用式(3-84)，在外圆柱壳体即在$x^2+y^2=b^2$上

$$u=0,\quad v=0.$$

在内圆柱体即在$(x-x_0)^2+y^2=a^2$上

$$u=v_0(t),\quad v=0.$$

在需要求流场的温度分布时，还需要在固壁面上给出温度的条件，它可以有两种方式给出：

① 流动不绝热时，有温度的无跳跃条件

$$T=T_b.$$

② 绝热壁面条件为

$$q_w=\kappa\frac{\partial T}{\partial n}=0, \tag{3-92}$$

其中，T是流体在壁面上的温度，T_b是壁面温度，q_w为壁面上热流量.

在流固界面上一般都无法给出动力学边界条件，因为壁面上的压力和切应力分布通常是需求的未知量.

(2) 两种互不相混的液—液界面上的边界条件

当两种互不相混的液体(如油和水)在同一流场中运动时，界面上的边界条件为：除$\rho_1\neq\rho_2$外，其余物理量连续. 即

$$\boldsymbol{V}_1=\boldsymbol{V}_2,\quad p_1=p_2,\quad T_1=T_2,\quad q_{w_1}=q_{w_2},\quad \tau_1=\tau_2,$$

等. 式中，τ为切应力，下标 1,2 分别表示在两液体中的值.

(3) 自由液面上的边界条件

气体与液体的界面通常称为自由液面，当液体上方是大气时，就简称为自由面. 有自由液面的流体在运动时，其自由液面一般是要变形的，因此，与固壁界面不同，在许多情况下，自由液面的形状并不是事先已知的. 所以，自由液面上边界条件往往需要同时给出运动学边界条件和动力学边界条件.

① 动力学边界条件

一般情况下，在自由液面边界上不考虑液体的表面张力和液体与气体间的粘性

切应力.因此在自由液面上液体的压力

$$p = p_0(\text{气体的压力}) = c,$$

粘性切应力

$$\tau = 0. \tag{3-93}$$

② 运动学边界条件

由于可假设自由液面上粘性切应力为零,因此,可以用无粘性流体中法向速度连续的条件来得到自由液面上的运动学条件.如果把自由液面形状的方程也假设为 $F(x,y,z,t)=0$,那么,和在运动的固壁面边界上一样得到

$$\frac{\partial F}{\partial t} + u\frac{\partial F}{\partial x} + v\frac{\partial F}{\partial y} + w\frac{\partial F}{\partial z} = 0 \tag{3-94}$$

或

$$\frac{\mathrm{D}F}{\mathrm{D}t} = \frac{\partial F}{\partial t} + \boldsymbol{V}\cdot\nabla F = 0,$$

式中的 $\boldsymbol{V}=(u,v,w)$ 是液体在自由液面上的速度.

例 3.4　对图 3-7 所示突发的液体表面波,在自由液面和底部河床上给出液体的运动学边界条件.

解　这是一种从静止开始的波动.设无波动时的静止液面为坐标系 xoy 平面,取 z 轴铅垂向上,液体深度为 $z=-h(x,y)$,波动时自由液面升高为 $z=\zeta(x,y)$.

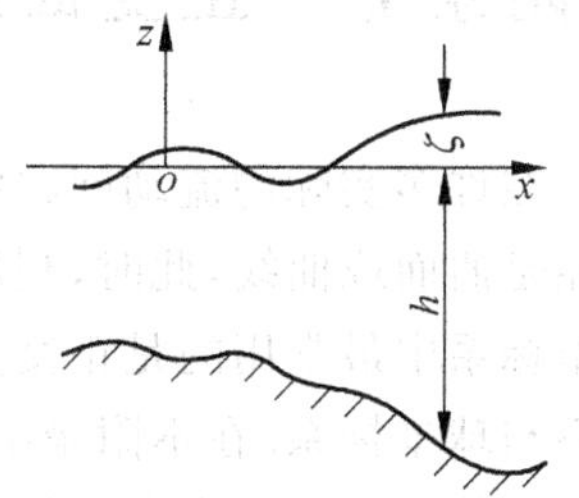

图 3-7　自由液面上的边界条件

这类波动的流场可假设为无粘性不可压缩,体积力只有重力,因此,运动的基本方程组就是式(3-78),而且在 x, y 方向上没有压力梯度.

设底部河床边界方程为 $F = z+h(x,y)=0$,由于底部为固定不动,则由式(3-91)得到在底部的运动学条件:

$$u\frac{\partial h}{\partial x} + v\frac{\partial h}{\partial y} + w = 0,$$

式中,u,v,w 都是液体在 $z=-h(x,y)$ 处的速度.

设自由液面方程 $F = z-\zeta(x,y)=0$,在此液面上的运动学条件则应由式(3-94)给出为

$$\frac{\partial \zeta}{\partial t} + u\frac{\partial \zeta}{\partial x} + v\frac{\partial \zeta}{\partial y} - w = 0.$$

此时,u,v,w 是液体在 $z=\zeta(x,y)$ 处的速度.

式(3-94)具有双重作用,若已知(或假定)F,它就是关于速度的运动学边界条件;若已知(或假定)速度分布,则可用来求自由液面的形状.

(4) 在流场无穷远处的边界条件

当一个物体在较大范围的流体中运动(例如大气中的飞行物、海洋中的潜行物等),或者流体从远处自由来流绕过某个物体时,流场中物体扰动的影响在足够远处可以忽略不计,这个足够远处,无论它在物体的前方或后方、上方或下方都可以认为它是无穷远处的边界.

在流体力学中,无穷远处的边界条件经常表示为已知的均匀分布的物理量,例如,一种不可压缩流体均匀流动绕过一个圆柱体,则无穷远处边界条件可写成

$$r \to \infty, \quad \boldsymbol{V} = \boldsymbol{V}_{\infty}, \quad p = p_{\infty}. \tag{3-95}$$

本节所讨论的仅仅是几类常见的边界面条件,远不是求解流体力学基本微分方程组时会遇到的边界条件的全部. 在有些问题中,还需要补充其他边界条件. 特别要提到的是,当对流体力学方程作简化处理时,常常伴随着方程的性质和未知量的变化,此时,边界条件的个数和表达式也须作相应的变化. 这些问题,在以后的章节中会结合具体问题作讨论.

附录Ⅱ　正交曲线坐标系中流体运动的基本方程组

在许多实际的流动问题中,运动物体可能是一种轴对称体或球体,流场的边界面可能是曲面或曲线,此时,利用曲线坐标系要比使用笛卡儿(直角)坐标系方便. 在曲线坐标系中最常用的是正交曲线坐标系,而正交曲线坐标系中用得最普遍的是柱坐标系与球坐标系. 在本附录中,省略繁琐的演算过程,直接给出在柱坐标系和球坐标系中流体力学的基本方程组,以供查用.

1. 柱坐标系

(1) 一些基本量的表达式

柱坐标系通常用(r,θ,z)表示,设坐标方向的单位矢量为$\boldsymbol{e}_r$,$\boldsymbol{e}_\theta$和$\boldsymbol{e}_z$,它和直角坐标系之间的关系如图 3-8 所示. 即

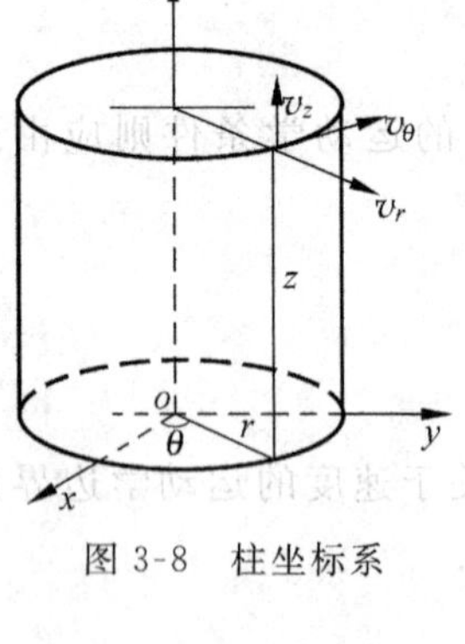

$$\left.\begin{aligned} x &= r\cos\theta, \\ y &= r\sin\theta, \\ z &= z, \end{aligned}\right\} \tag{3-96}$$

或

$$r = \sqrt{x^2 + y^2},$$

$$\theta = \arctan\frac{y}{x},$$

$$z = z,$$

图 3-8　柱坐标系

$$\boldsymbol{e}_r = \cos\theta\boldsymbol{i} + \sin\theta\boldsymbol{j},$$
$$\boldsymbol{e}_\theta = -\sin\theta\boldsymbol{i} + \cos\theta\boldsymbol{j},$$
$$\boldsymbol{e}_z = \boldsymbol{k}.$$

在柱坐标系中，任一微元弧长矢量 $\mathrm{d}\boldsymbol{r}$ 表示为

$$\mathrm{d}\boldsymbol{r} = \mathrm{d}r\boldsymbol{e}_r + r\mathrm{d}\theta\boldsymbol{e}_\theta + \mathrm{d}z\boldsymbol{e}_z. \tag{3-97}$$

任一标量物理量 $\phi=\phi(r,\theta,z,t)$，任一矢量物理量 $\boldsymbol{a}=a_r\boldsymbol{e}_r+a_\theta\boldsymbol{e}_\theta+a_z\boldsymbol{e}_z$ 的梯度、散度、旋度和拉普拉斯算子的表达式分别为

$$\left.\begin{aligned}
&\mathrm{grad}\phi = \nabla\phi = \frac{\partial\phi}{\partial r}\boldsymbol{e}_r + \frac{1}{r}\frac{\partial\phi}{\partial\theta}\boldsymbol{e}_\theta + \frac{\partial\phi}{\partial z}\boldsymbol{e}_z,\\
&\mathrm{div}\boldsymbol{a} = \nabla\cdot\boldsymbol{a} = \frac{1}{r}\frac{\partial(ra_r)}{\partial r} + \frac{1}{r}\frac{\partial a_\theta}{\partial\theta} + \frac{\partial a_z}{\partial z},\\
&\mathrm{rot}\boldsymbol{a} = \nabla\times\boldsymbol{a} = \frac{1}{r}\begin{vmatrix} \boldsymbol{e}_r & \boldsymbol{e}_\theta & \boldsymbol{e}_z \\ \dfrac{\partial}{\partial r} & \dfrac{\partial}{\partial\theta} & \dfrac{\partial}{\partial z} \\ a_r & ra_\theta & a_z \end{vmatrix}\\
&\quad = \left(\frac{1}{r}\frac{\partial a_z}{\partial\theta} - \frac{\partial a_\theta}{\partial z}\right)\boldsymbol{e}_r + \left(\frac{\partial a_r}{\partial z} - \frac{\partial a_z}{\partial x}\right)\boldsymbol{e}_\theta + \left(\frac{1}{r}\frac{\partial(ra_\theta)}{\partial r} - \frac{1}{r}\frac{\partial a_r}{\partial\theta}\right)\boldsymbol{e}_z,
\end{aligned}\right\} \tag{3-98}$$

$$\mathrm{div}(\mathrm{grad}\phi) = \nabla^2\phi = \frac{1}{r}\frac{\partial}{\partial r}\left(r\frac{\partial\phi}{\partial r}\right) + \frac{1}{r^2}\frac{\partial^2\phi}{\partial\theta^2} + \frac{\partial^2\phi}{\partial z^2},$$

$$\nabla^2\boldsymbol{a} = \left(\nabla^2 a_r - \frac{a_r}{r^2} - \frac{2}{r^2}\frac{\partial a_\theta}{\partial\theta}\right)\boldsymbol{e}_r + \left(\nabla^2 a_\theta + \frac{2}{r^2}\frac{\partial a_r}{\partial\theta} - \frac{a_\theta}{r^2}\right)\boldsymbol{e}_\theta + \nabla^2 a_z\boldsymbol{e}_z.$$

(2) 流体力学基本方程组

为了便于比较，将矢量形式与柱坐标系中标量表达式一并给出.

有粘性可压缩流体运动的一般形式的基本方程组就是式(3-69)，其中已使用了完全气体和牛顿流体的模型. 为了能看清应变率张量 $\boldsymbol{E}$ 和应力张量 $\boldsymbol{P}$ 在正交曲线坐标系中的表达式，将式(3-69)重新列在这里.

$$\left.\begin{aligned}
&\text{连续性方程：} && \frac{\partial\rho}{\partial t} + \nabla\cdot(\rho\boldsymbol{V}) = 0,\\
&\text{运动方程：} && \rho\frac{\mathrm{D}\boldsymbol{V}}{\mathrm{D}t} = \rho\boldsymbol{f} + \nabla\cdot\boldsymbol{P},\\
&\text{能量方程：} && \rho c_V\frac{\mathrm{D}T}{\mathrm{D}t} = \rho q + \nabla\cdot(k\nabla T) - p(\nabla\cdot\boldsymbol{V}) + \Phi,\\
&\text{状态方程：} && p = \rho RT,
\end{aligned}\right\} \tag{3-99}$$

式中，应力张量 $\boldsymbol{P} = -p\boldsymbol{I} + 2\mu\left(\boldsymbol{E} - \frac{1}{3}\nabla\cdot\boldsymbol{V}\boldsymbol{I}\right)$，粘性耗散函数 $\Phi = 2\mu\left(\boldsymbol{E}^2 - \frac{1}{3}(\nabla\cdot\boldsymbol{V})^2\right)$，随体导数 $\frac{\mathrm{D}}{\mathrm{D}t} = \frac{\partial}{\partial t} + (\boldsymbol{V}\cdot\nabla)$.

式(3-99)在柱坐标系中的标量形式为

$$
\left.\begin{aligned}
&\text{连续性方程：}\quad \frac{\partial\rho}{\partial t}+\frac{1}{r}\left[\frac{\partial(r\rho v_r)}{\partial r}+\frac{\partial(\rho v_\theta)}{\partial\theta}+\frac{\partial(r\rho v_z)}{\partial z}\right]=0,\\
&\text{运动方程：}\quad \rho\left(\frac{\mathrm{D}v_r}{\mathrm{D}t}-\frac{v_\theta^2}{r}\right)=\rho f_r+\frac{1}{r}\left[\frac{\partial(rp_{rr})}{\partial r}+\frac{\partial(p_{\theta r})}{\partial\theta}+\frac{\partial(rp_{zr})}{\partial z}-p_{\theta\theta}\right],\\
&\qquad \rho\left(\frac{\mathrm{D}v_\theta}{\mathrm{D}t}+\frac{v_r v_\theta}{r}\right)=\rho f_\theta+\frac{1}{r}\left[\frac{\partial(rp_{r\theta})}{\partial r}+\frac{\partial(p_{\theta\theta})}{\partial\theta}+\frac{\partial(rp_{z\theta})}{\partial z}+p_{r\theta}\right],\\
&\qquad \rho\frac{\mathrm{D}v_z}{\mathrm{D}t}=\rho f_z+\frac{1}{r}\left[\frac{\partial(rp_{rz})}{\partial r}+\frac{\partial(p_{\theta z})}{\partial\theta}+\frac{\partial(rp_{zz})}{\partial z}\right],\\
&\text{能量方程：}\\
&\rho c_V\frac{\mathrm{D}T}{\mathrm{D}t}=\rho q+\frac{1}{r}\left[\frac{\partial}{\partial r}\left(rk\frac{\partial T}{\partial r}\right)+\frac{\partial}{\partial\theta}\left(\frac{k}{r}\frac{\partial T}{\partial\theta}\right)+\frac{\partial}{\partial z}\left(rk\frac{\partial T}{\partial z}\right)\right]-p\,\mathrm{div}\mathbf{V}+\Phi,\\
&\text{状态方程：}\quad p=\rho RT,
\end{aligned}\right\}
\tag{3-100}
$$

式中，应力张量和应变率张量分量为

$$
\begin{aligned}
&p_{rr}=-p+2\mu\left(\varepsilon_{rr}-\frac{1}{3}\mathrm{div}\,\mathbf{V}\right),\quad \varepsilon_{rr}=\frac{\partial v_r}{\partial r},\\
&p_{\theta\theta}=-p+2\mu\left(\varepsilon_{\theta\theta}-\frac{1}{3}\mathrm{div}\,\mathbf{V}\right),\quad \varepsilon_{\theta\theta}=\frac{1}{r}\frac{\partial v_\theta}{\partial\theta}+\frac{v_\theta}{r},\\
&p_{zz}=-p+2\mu\left(\varepsilon_{zz}-\frac{1}{3}\mathrm{div}\,\mathbf{V}\right),\quad \varepsilon_{zz}=\frac{\partial v_z}{\partial z},\\
&p_{r\theta}=p_{\theta r}=2\mu\varepsilon_{r\theta},\quad \varepsilon_{r\theta}=\varepsilon_{\theta r}=\frac{1}{2}\left(\frac{\partial v_\theta}{\partial r}-\frac{v_\theta}{r}+\frac{1}{r}\frac{\partial v_r}{\partial\theta}\right),\\
&p_{\theta z}=p_{z\theta}=2\mu\varepsilon_{\theta z},\quad \varepsilon_{\theta z}=\varepsilon_{z\theta}=\frac{1}{2}\left(\frac{1}{r}\frac{\partial v_z}{\partial\theta}+\frac{\partial v_\theta}{\partial z}\right),\\
&p_{zr}=p_{rz}=2\mu\varepsilon_{zr},\quad \varepsilon_{zr}=\varepsilon_{rz}=\frac{1}{2}\left(\frac{\partial v_r}{\partial z}+\frac{\partial v_z}{\partial r}\right),
\end{aligned}
$$

随体导数：$\dfrac{\mathrm{D}}{\mathrm{D}t}=\dfrac{\partial}{\partial t}+v_r\dfrac{\partial}{\partial r}+\dfrac{v_\theta}{r}\dfrac{\partial}{\partial\theta}+v_z\dfrac{\partial}{\partial z}$,

速度散度：$\mathrm{div}\,V=\dfrac{1}{r}\left[\dfrac{\partial(rv_r)}{\partial r}+\dfrac{\partial v_\theta}{\partial\theta}+\dfrac{\partial(rv_z)}{\partial z}\right]$,

粘性耗散函数：

$$
\begin{aligned}
\Phi=2\mu\Bigg\{&\left(\frac{\partial v_r}{\partial r}\right)^2+\left(\frac{1}{r}\frac{\partial v_\theta}{\partial\theta}+\frac{v_r}{r}\right)^2+\left(\frac{\partial v_z}{\partial z}\right)^2+\frac{1}{2}\left[\frac{1}{r}\frac{\partial v_r}{\partial\theta}+r\frac{\partial}{\partial r}\left(\frac{v_\theta}{r}\right)\right]^2\\
&+\frac{1}{2}\left(\frac{\partial v_\theta}{\partial z}+\frac{1}{r}\frac{\partial v_z}{\partial\theta}\right)^2+\frac{1}{2}\left(\frac{\partial v_r}{\partial z}+\frac{\partial v_z}{\partial r}\right)^2-\frac{1}{3}(\mathrm{div}\mathbf{V})^2\Bigg\}.
\end{aligned}
$$

当流体为不可压缩时，式(3-100)变为

$$
\left.\begin{aligned}
&\frac{\partial v_r}{\partial r}+\frac{1}{r}\frac{\partial v_\theta}{\partial \theta}+\frac{\partial v_z}{\partial z}+\frac{v_r}{r}=0,\\
&\rho\left(\frac{\mathrm{D}v_r}{\mathrm{D}t}-\frac{v_\theta^2}{r}\right)=\rho f_r-\frac{\partial p}{\partial r}+\mu\left(\nabla^2 v_r-\frac{v_r}{r^2}-\frac{2}{r^2}\frac{\partial v_\theta}{\partial \theta}\right),\\
&\rho\left(\frac{\mathrm{D}v_\theta}{\mathrm{D}t}+\frac{v_r v_\theta}{r}\right)=\rho f_\theta-\frac{1}{r}\frac{\partial p}{\partial \theta}+\mu\left(\nabla^2 v_\theta-\frac{v_\theta}{r^2}+\frac{2}{r^2}\frac{\partial v_r}{\partial \theta}\right),\\
&\rho\frac{\mathrm{D}v_z}{\mathrm{D}t}=\rho f_z-\frac{\partial p}{\partial z}+\mu\nabla^2 v_z,\\
&\rho c_V\frac{\mathrm{D}T}{\mathrm{D}t}=\rho q+k\nabla^2 T+\Phi,
\end{aligned}\right\}\tag{3-101}
$$

式中

$$
\frac{\mathrm{D}}{\mathrm{D}t}=\frac{\partial}{\partial t}+v_r\frac{\partial}{\partial r}+\frac{v_\theta}{r}\frac{\partial}{\partial \theta}+v_z\frac{\partial}{\partial z},
$$

$$
\nabla^2=\frac{\partial^2}{\partial r^2}+\frac{1}{r}\frac{\partial}{\partial r}+\frac{1}{r^2}\frac{\partial^2}{\partial \theta^2}+\frac{\partial^2}{\partial z^2}.
$$

如果在上述各式中，令 $\mu=0$，就是无粘性流体运动基本方程在柱坐标系中的标量形式.

2. 球坐标系

(1) 一些基本量的表达式

球坐标系通常用(r,θ,φ)来表示(也常用 R 替代 r). 坐标方向的单位矢量为 $\boldsymbol{e}_r$，$\boldsymbol{e}_\theta$ 和 $\boldsymbol{e}_\varphi$. 它和直角坐标系之间的关系如图 3-9 所示. 即

$$
\left.\begin{aligned}
x&=r\sin\theta\cos\varphi,\\
y&=r\sin\theta\sin\varphi,\\
z&=r\cos\theta,
\end{aligned}\right\}\tag{3-102}
$$

或

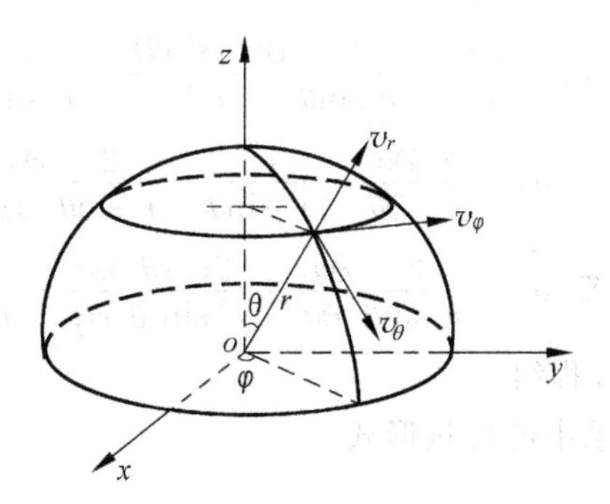

图 3-9 球坐标系

$$\left.\begin{aligned} r &= \sqrt{x^2+y^2+z^2}, \\ \theta &= \arccos\frac{z}{\sqrt{x^2+y^2+z^2}}, \\ \varphi &= \arctan\frac{y}{x}, \end{aligned}\right\}$$

$$\left.\begin{aligned} \boldsymbol{e}_r &= \sin\theta\cos\varphi\boldsymbol{i}+\sin\theta\sin\varphi\boldsymbol{j}+\cos\theta\boldsymbol{k}, \\ \boldsymbol{e}_\theta &= \cos\theta\cos\varphi\boldsymbol{i}+\cos\theta\sin\varphi\boldsymbol{j}-\sin\theta\boldsymbol{k}, \\ \boldsymbol{e}_\varphi &= -\sin\varphi\boldsymbol{i}+\cos\varphi\boldsymbol{j}. \end{aligned}\right\}$$

在球坐标系中，任一微元弧长矢量 $\mathrm{d}\boldsymbol{r}$ 表示为

$$\mathrm{d}\boldsymbol{r} = \mathrm{d}r\boldsymbol{e}_r + r\mathrm{d}\theta\boldsymbol{e}_\theta + r\sin\theta\mathrm{d}\varphi\boldsymbol{e}_\varphi. \tag{3-103}$$

任一标量物理量 $\psi=\psi(r,\theta,\varphi)$，任一矢量物理量 $\boldsymbol{a}=a_r\boldsymbol{e}_r+a_\theta\boldsymbol{e}_\theta+a_\varphi\boldsymbol{e}_\varphi$ 的梯度、散度、旋度和拉普拉斯算子的表达式分别为

$$\mathrm{grad}\psi = \nabla\psi = \frac{\partial\psi}{\partial r}\boldsymbol{e}_r + \frac{1}{r}\frac{\partial\psi}{\partial\theta}\boldsymbol{e}_\theta + \frac{1}{r\sin\theta}\frac{\partial\psi}{\partial\varphi}\boldsymbol{e}_\varphi,$$

$$\mathrm{div}\boldsymbol{a} = \nabla\cdot\boldsymbol{a} = \frac{1}{r^2\sin\theta}\left[\frac{\partial(a_r r^2\sin\theta)}{\partial r}+\frac{\partial(a_\theta r\sin\theta)}{\partial\theta}+\frac{\partial(ra_\varphi)}{\partial\varphi}\right],$$

$$\mathrm{rot}\boldsymbol{a} = \nabla\times\boldsymbol{a} = \frac{1}{r^2\sin\theta}\begin{vmatrix} \boldsymbol{e}_r & r\boldsymbol{e}_\theta & r\sin\theta\boldsymbol{e}_\varphi \\ \dfrac{\partial}{\partial r} & \dfrac{\partial}{\partial\theta} & \dfrac{\partial}{\partial\varphi} \\ a_r & ra_\theta & r\sin\theta a_\varphi \end{vmatrix}$$

$$= \left(\frac{1}{r\sin\theta}\frac{\partial(a_\varphi\sin\theta)}{\partial\theta}-\frac{1}{r\sin\theta}\frac{\partial a_\theta}{\partial\varphi}\right)\boldsymbol{e}_r + \left(\frac{1}{r\sin\theta}\frac{\partial a_r}{\partial\varphi}-\frac{1}{r}\frac{\partial(ra_\varphi)}{\partial r}\right)\boldsymbol{e}_\theta + \left(\frac{1}{r}\frac{\partial(ra_\theta)}{\partial r}-\frac{1}{r}\frac{\partial a_r}{\partial\theta}\right)\boldsymbol{e}_\varphi,$$

$$\mathrm{div}(\mathrm{grad}\psi) = \nabla^2\psi = \frac{1}{r^2}\frac{\partial}{\partial r}\left(r^2\frac{\partial\psi}{\partial r}\right)+\frac{1}{r^2\sin\theta}\frac{\partial}{\partial\theta}\left(\sin\theta\frac{\partial\psi}{\partial\theta}\right)+\frac{1}{r^2\sin^2\theta}\frac{\partial^2\psi}{\partial\varphi^2},$$

$$\begin{aligned} \nabla^2\boldsymbol{a} = &\left[\nabla^2 a_r - \frac{2a_r}{r^2}-\frac{2}{r^2\sin\theta}\frac{\partial(a_\theta\sin\theta)}{\partial\theta}-\frac{2}{r^2\sin\theta}\frac{\partial a_\varphi}{\partial\varphi}\right]\boldsymbol{e}_r \\ &+\left(\nabla^2 a_\theta+\frac{2}{r^2}\frac{\partial a_r}{\partial\theta}-\frac{a_\theta}{r^2\sin\theta}-\frac{2}{r^2\sin\theta}\frac{\partial a_\varphi}{\partial\varphi}\right)\boldsymbol{e}_\theta \\ &+\left[\nabla^2 a_\varphi+\frac{2}{r^2\sin\theta}\frac{\partial a_r}{\partial\theta}+\frac{2\cos\theta}{r^2\sin^2\theta}\frac{\partial a_\theta}{\partial\varphi}-\frac{a_\varphi}{r^2\sin^2\theta}\right]\boldsymbol{e}_\varphi. \end{aligned}$$

(2) 流体力学基本方程组

式(3-99)在球坐标系中的标量形式

$$
\left.
\begin{aligned}
&\text{连续性方程:}\quad \frac{\partial\rho}{\partial t}+\frac{1}{r^2\sin\theta}\left[\frac{\partial(\rho r^2 v_r\sin\theta)}{\partial r}+\frac{\partial(\rho r v_\theta\sin\theta)}{\partial\theta}+\frac{\partial(\rho r v_\varphi)}{\partial\varphi}\right]=0,\\
&\text{运动方程:}\quad \rho\left(\frac{\mathrm{D}v_r}{\mathrm{D}t}-\frac{v_\theta^2+v_\varphi^2}{r}\right)=\rho f_r+\frac{1}{r^2\sin\theta}\left[\frac{\partial(p_{rr}r^2\sin\theta)}{\partial r}+\frac{\partial(p_{\theta r}r\sin\theta)}{\partial\theta}\right.\\
&\qquad\left.+\frac{\partial(r p_{\varphi r})}{\partial\varphi}-r\sin\theta(p_{\theta\theta}+p_{\varphi\varphi})\right],\\
&\rho\left(\frac{\mathrm{D}v_\theta}{\mathrm{D}t}+\frac{v_r v_\theta}{r}-\frac{v_\varphi^2\cot\theta}{r}\right)=\rho f\theta+\frac{1}{r^2\sin\theta}\left[\frac{\partial(p_{r\theta}r^2\sin\theta)}{\partial r}\right.\\
&\qquad\left.+\frac{\partial(p_{\theta\theta}r\sin\theta)}{\partial\theta}+\frac{\partial p_{\varphi\theta}}{\partial\varphi}+p_{r\theta}r\sin\theta-p_{\varphi\varphi}r\cos\theta\right],\\
&\rho\left(\frac{\mathrm{D}v_\varphi}{\mathrm{D}t}+\frac{v_\varphi v_r}{r}-\frac{v_\varphi v_\theta\cot\theta}{r}\right)=\rho f\varphi+\frac{1}{r^2\sin\theta}\left[\frac{\partial(p_{r\varphi}r^2\sin\theta)}{\partial r}\right.\\
&\qquad\left.+\frac{\partial(p_{\theta\varphi}r\sin\theta)}{\partial\theta}+\frac{\partial(r p_{\varphi\varphi})}{\partial\varphi}+p_{r\varphi}r\sin\theta-p_{\theta\varphi}r\cos\theta\right],\\
&\text{能量方程:}\quad \rho c_V\frac{\mathrm{D}T}{\mathrm{D}t}=\rho q+\frac{1}{r^2\sin\theta}\left[\frac{\partial}{\partial r}\left(k\frac{\partial T}{\partial r}r^2\sin\theta\right)\right.\\
&\qquad\left.+\frac{\partial}{\partial\theta}\left(k\frac{\partial T}{\partial\theta}\sin\theta\right)+\frac{\partial}{\partial\varphi}\left(\frac{k}{\sin\theta}\frac{\partial T}{\partial\varphi}\right)\right]-p\,\mathrm{div}\mathbf{V}+\Phi,\\
&\text{状态方程:}\quad p=\rho RT,
\end{aligned}
\right\}
\tag{3-104}
$$

式中,应力张量和应变率张量分量为:

$$p_{rr}=-p+2\mu\left(\varepsilon_{rr}-\frac{1}{3}\mathrm{div}\,\mathbf{V}\right),\quad \varepsilon_{rr}=\frac{\partial v_r}{\partial r},$$

$$p_{\theta\theta}=-p+2\mu\left(\varepsilon_{\theta\theta}-\frac{1}{3}\mathrm{div}\mathbf{V}\right),\quad \varepsilon_{\theta\theta}=\frac{1}{r}\frac{\partial v_\theta}{\partial\theta}+\frac{v_r}{r},$$

$$p_{\varphi\varphi}=-p+2\mu\left(\varepsilon_{\varphi\varphi}-\frac{1}{3}\mathrm{div}\mathbf{V}\right),\quad \varepsilon_{\varphi\varphi}=\frac{1}{r\sin\theta}\frac{\partial v_\varphi}{\partial\varphi}+\frac{v_r}{r}+\frac{v_\theta\cot\theta}{r},$$

$$p_{r\theta}=p_{\theta r}=2\mu\varepsilon_{r\theta},\quad \varepsilon_{r\theta}=\varepsilon_{\theta r}=\frac{1}{2}\left(\frac{1}{r}\frac{\partial v_r}{\partial\theta}+\frac{\partial v_\theta}{\partial r}-\frac{v_\theta}{r}\right),$$

$$p_{\theta\varphi}=p_{\varphi\theta}=2\mu\varepsilon_{\theta\varphi},\quad \varepsilon_{\theta\varphi}=\varepsilon_{\varphi\theta}=\frac{1}{2}\left(\frac{1}{r\sin\theta}\frac{\partial v_\theta}{\partial\varphi}+\frac{1}{r}\frac{\partial v_\varphi}{\partial\theta}-\frac{v_\varphi\cot\theta}{r}\right),$$

$$p_{\varphi r}=p_{r\varphi}=2\mu\varepsilon_{\varphi r},\quad \varepsilon_{\varphi r}=\varepsilon_{r\varphi}=\frac{1}{2}\left(\frac{\partial v_\varphi}{\partial r}+\frac{1}{r\sin\theta}\frac{\partial v_r}{\partial\varphi}-\frac{v_\varphi}{r}\right).$$

随体导数: $\dfrac{\mathrm{D}}{\mathrm{D}t}=\dfrac{\partial}{\partial t}+v_r\dfrac{\partial}{\partial r}+\dfrac{v_\theta}{r}\dfrac{\partial}{\partial\theta}+\dfrac{v_\varphi}{r\sin\theta}\dfrac{\partial}{\partial\varphi}$,

速度散度: $\mathrm{div}\mathbf{V}=\nabla\cdot\mathbf{V}=\dfrac{1}{r^2\sin\theta}\left[\dfrac{\partial}{\partial r}(\rho v_r r^2\sin\theta)+\dfrac{\partial}{\partial\theta}(\rho v_\theta r\sin\theta)+\dfrac{\partial}{\partial\varphi}(r\rho v_\varphi)\right]$,

粘性耗散函数: $\Phi=2\mu\left[\varepsilon_{rr}^2+\varepsilon_{\theta\theta}^2+\varepsilon_{\varphi\varphi}^2+2\varepsilon_{r\theta}^2+2\varepsilon_{\theta\varphi}^2+2\varepsilon_{\varphi r}^2-\dfrac{1}{3}(\mathrm{div}\mathbf{V})^2\right]$,

当流体为不可压缩时，基本方程作相应简化，此时

$$
\left.\begin{aligned}
&\text{连续性方程：}\quad \frac{\partial}{\partial r}(v_r r^2\sin\theta)+\frac{\partial}{\partial\theta}(v_\theta r\sin\theta)+\frac{\partial}{\partial\varphi}(rv_\varphi)=0,\\
&\text{运动方程：}\quad \rho\left(\frac{\mathrm{D}v_r}{\mathrm{D}t}-\frac{v_\theta^2+v_\varphi^2}{r}\right)\\
&\qquad=\rho f_r-\frac{\partial p}{\partial r}+\mu\left(\nabla^2 v_r-\frac{2v_r}{r^2}-\frac{2}{r^2\sin\theta}\frac{\partial(v_\theta\sin\theta)}{\partial\theta}-\frac{2}{r^2\sin\theta}\frac{\partial v_\varphi}{\partial\varphi}\right),\\
&\qquad\rho\left(\frac{\mathrm{D}v_\theta}{\mathrm{D}t}+\frac{v_r v_\theta}{r}-\frac{v_\varphi^2\cot\theta}{r}\right)\\
&\qquad=\rho f_\theta-\frac{1}{r}\frac{\partial p}{\partial\theta}+\mu\left(\nabla^2 v_\theta+\frac{2}{r^2}\frac{\partial v_r}{\partial\theta}-\frac{v_\theta}{r^2\sin\theta}-\frac{2}{r^2\sin^2\theta}\frac{\partial v_\varphi}{\partial\varphi}\right),\\
&\qquad\rho\left(\frac{\mathrm{D}v_\varphi}{\mathrm{D}t}+\frac{v_\varphi v_r}{r}-\frac{v_\varphi v_\theta\cot\theta}{r}\right)=\rho f_\varphi-\frac{1}{r\sin\theta}\frac{\partial p}{\partial\varphi}\\
&\qquad\quad+\mu\left(\nabla^2 v_\varphi+\frac{2}{r^2\sin\theta}\frac{\partial v_r}{\partial\theta}+\frac{2\cos\theta}{r^2\sin^2\theta}\frac{\partial v_\theta}{\partial\varphi}-\frac{v_\varphi}{r^2\sin^2\theta}\right),\\
&\text{能量方程：}\quad \rho c_V\frac{\mathrm{D}T}{\mathrm{D}t}=\rho q+k\nabla^2 T+\Phi,
\end{aligned}\right\}
\tag{3-105}
$$

其中

$$
\frac{\mathrm{D}}{\mathrm{D}t}=\frac{\partial}{\partial t}+v_r\frac{\partial}{\partial r}+\frac{v_\theta}{r}\frac{\partial}{\partial\theta}+\frac{v_\varphi}{r\sin\theta}\frac{\partial}{\partial\varphi},
$$

$$
\begin{aligned}
\nabla^2&=\frac{1}{r^2}\frac{\partial}{\partial r}\left(r^2\frac{\partial}{\partial r}\right)+\frac{1}{r^2\sin\theta}\frac{\partial}{\partial\theta}\left(\sin\theta\frac{\partial}{\partial\theta}\right)+\frac{1}{r^2\sin^2\theta}\frac{\partial^2}{\partial\varphi^2}\\
&=\frac{\partial^2}{\partial r^2}+\frac{2}{r}\frac{\partial}{\partial r}+\frac{1}{r^2}\frac{\partial^2}{\partial\theta^2}+\frac{\cot\theta}{r^2}\frac{\partial}{\partial\theta}+\frac{1}{r^2\sin^2\theta}\frac{\partial^2}{\partial\varphi^2}.
\end{aligned}
$$

上述方程中，连续性方程和运动方程是耦合的，而能量方程已与它们解耦成为一个独立的方程. 同样，令上述诸式中 $\mu=0$，即可得相应的无粘性流体运动基本方程在球坐标系中的表达形式.

习　题

3.1 不可压缩流体在一个汇合渠道中作定常流动，若渠道的截面积是矩形，高度为 w，两个入流渠道的入流速度为均匀的，而出流速度是非均匀的，进出口截面宽度及速度分布如图所示，试求出流最大速度 V_m 用入流速度 V 表示的表达式.

3.2 如图所示，一个高为 h，直径为 D 的圆水桶，由内径为 d 的供水管向水桶灌水，若供水管出流速度为 V，试通过积分形式的连续性方程求水灌满水桶所需的时间.

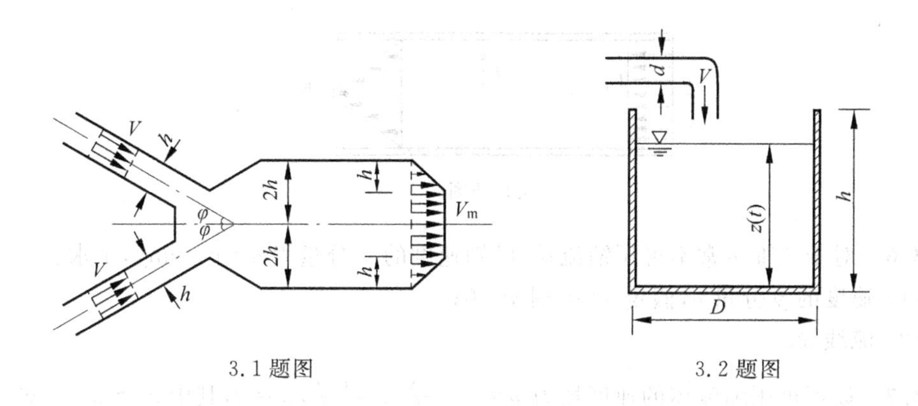

3.1 题图　　　　　　3.2 题图

3.3　水在一个如图所示的一端固封、另一端用活塞封闭的圆管中流动，圆管直径为 d. 若入流圆管直径为 d 且与管轴垂直，出流圆管直径也为 d，但与管轴成 θ 角. 已知入流速度为 V，出流速度为 $kV(k>0)$，试求活塞的移动速度和方向.

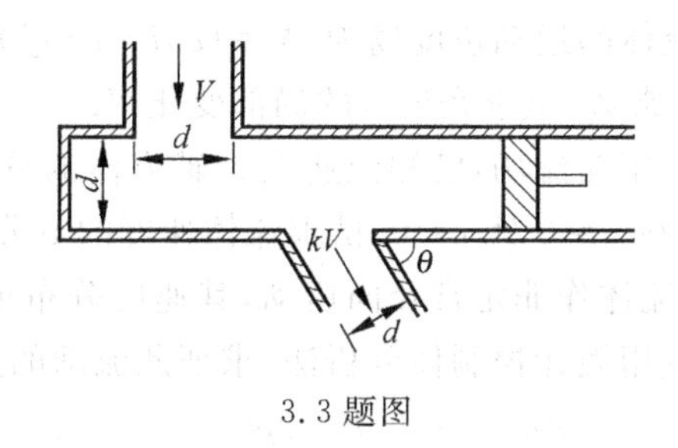

3.3 题图

3.4　当密度为 ρ 的粘性不可压缩流体平行流过一块平板时，在平板附近存在一个如图所示的粘性流动边界层，在板面上，流体运动速度为零，在边界层之外，流体速度为均匀相等. 在厚度为 δ 的边界层内，若假定速度从零线性增大到边界层之外的均匀速度 U_0，取控制体 τ 如图中虚线所示 $abcd$，试求流体流过 bc 控制面的质量.

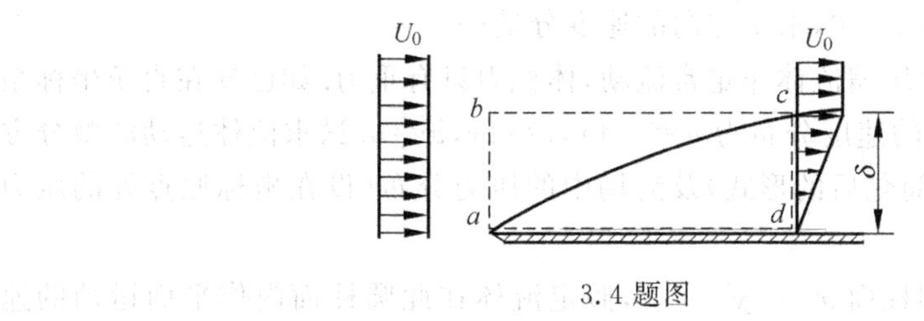

3.4 题图

3.5　如图所示，粘性不可压缩流体在半径为 R 的圆管进口段中流动. 若进口速度为均匀的 V_0，到一定距离后，如变成从管壁的零线性地增加到管轴处的最大值 V_m，试求 V_m 的表达式.

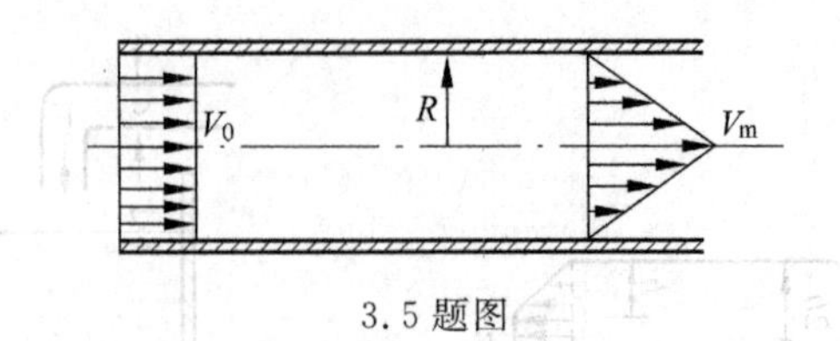

3.5题图

3.6　对于二维定常不可压缩流动，已知速度的 x 分量为 $u=e^{-x}\sin y$，试求：

(1) 速度的 y 分量 v，假定 $y=0$ 时 $v=0$；

(2) 流线簇.

3.7　设不可压缩流体的速度场为 $u=-\dfrac{c^2y}{r^2}, v=\dfrac{c^2x}{r^2}, w=0$，其中 $r^2=x^2+y^2$，c 是常数.

(1) 试问这种流动是否可能？

(2) 试求质点的轨迹.

3.8　已知可压缩流体的运动速度场为 $\rho\boldsymbol{V}=(ax\boldsymbol{i}-bxy\boldsymbol{j})e^{-kt}$，其中 x,y 为空间坐标，t 为时间，a,b,k 为常数，试求密度 ρ 的局部变化率.

3.9　一个平面不可压缩流场，已知流速在 x 轴方向的分量为 $u=e^{-x}\text{ch}y$，而流速在 y 轴方向的分量 v 在 $y=0$ 处 $v=0$，试求流体速度的 v 分量.

3.10　已知可压缩流体作非定常径向运动，其速度分布可写成 $\boldsymbol{V}=v_r(r,t)\boldsymbol{e}_r$，$\boldsymbol{e}_r$ 为矢径方向单位矢量. 试用微元控制体分析法，求证此流动的连续性方程为：

$$\frac{\partial\rho}{\partial t}+\frac{\partial(\rho v_r)}{\partial r}+\frac{2\rho v_r}{r}=0.$$

3.11　对于二维不可压缩流体运动，试证明：

(1) 如果运动是无旋的，则必满足 $\nabla^2u=0, \nabla^2v=0$；

(2) 满足 $\nabla^2u=0, \nabla^2v=0$ 的运动不一定无旋.

3.12　已知不可压缩流体运动速度 $\boldsymbol{V}$ 在 x、y 两个方向的分量为 $u=2x^2+y, v=2y^2+z$，且在 $z=0$ 处有 $w=0$，求 z 方向的速度分量 w.

3.13　无粘性不可压缩流体作定常流动，体积力只有重力. 如已知在直角坐标系（z 轴铅垂向上）中流体的速度分布为 $u=-4x, v=4y, w=0$. 试求流体运动的微分方程式（即欧拉运动方程简化后的形式）及流场中的压力分布（设在坐标原点处的压力为 p_0）.

3.14　有一固定圆柱面 $x^2+y^2=a^2$，假定流体在此圆柱面内作平面运动的速度场为：

(1) $u=Ay, v=Ax$；

(2) $u=-Ax, v=Ay$；

(3) $u=-Ay, v=Ax$.

试问上述速度场是否能表示为一种无粘性不可压缩流体的运动？如能表示，则求压力场. 设圆柱中心的压力为 p_0，不计体积力.

3.15　如图所示，无粘性可压缩流体定常绕过一平面物体，物面形状为 $y=f(x)$. 假定均匀来流速度为 $\boldsymbol{V}_\infty$，来流与 x 方向交角(称为攻角)为 α，压力为 P_∞，密度为 ρ_∞，流动绝热，绕流时无分离也无激波，忽略体积力.

试写出求解此绕流问题的封闭方程组和定解条件.

3.16　如图所示，粘性不可压缩流体在两块无限大平行平板间作定常层流流动. 平板与水平面倾角为 α，两板间隙为 h，流动是由于重力和上板相对于下板的向上平移常速度 U_0 所引起的，而且只有 x 方向流动速度 u.

(1) 试写出此流动应满足的基本方程和定解条件(在流动方向上没有压力差)；

(2) 求速度分布 $u(y)$.

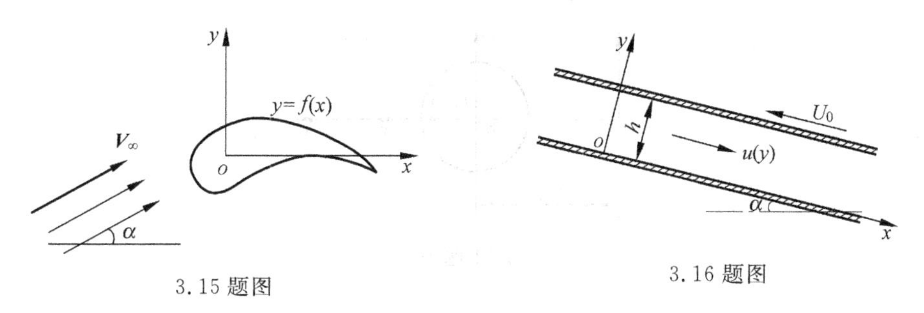

3.15 题图　　3.16 题图

3.17　对于无粘性完全气体的绝热运动，试证明：

$$\rho\frac{\mathrm{D}e}{\mathrm{D}t}=\frac{p}{\rho}\frac{\mathrm{D}\rho}{\mathrm{D}t}=-p\nabla\cdot V,$$

式中 e 为单位质量流体的内能.

3.18　如图所示为沿变深度等宽度矩形截面河道水面上有波动的运动. 设 x 轴取在河道方向静止水面上，自静止水面算起的水深度为 $h(x)$，波动自由表面离静止水面为 $\zeta(x,t)$，河截面平均水流速度为 $u(x,t)$，水密度为 ρ，流动为无粘性不可压缩一维流动.

试从图示微元控制体(虚线所示)分析出发，求证明此波动应满足的连续性方程为：

$$\frac{\partial\zeta}{\partial t}+\frac{\partial}{\partial x}[(h+\zeta)u]=0.$$

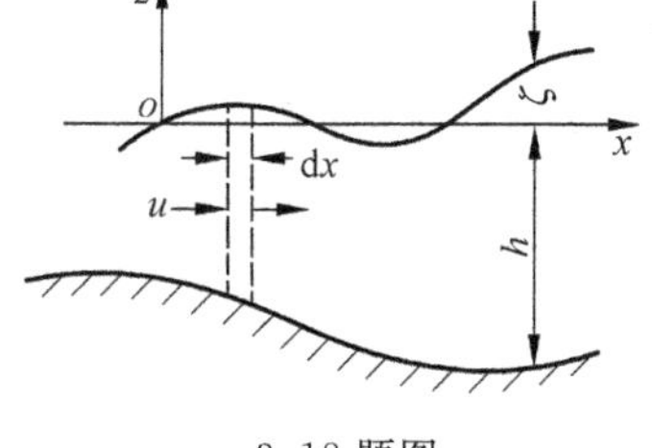

3.18 题图

3.19　试从附录Ⅱ给出的柱坐标系中基本方程出发，写出下列无粘性流体运动的连续性方程和运动方程：

(1) 流体质点在包含 z 轴的任一平面上运动；

(2) 流体质点在任一共轴的圆柱面上运动.

3.20 试从附录Ⅱ给出的球坐标系中基本方程出发,写出下列不可压缩流体运动的连续性方程和运动方程:

(1) 流体质点在任一同心的球面上运动;

(2) 流体质点在共轴且有共同顶点(坐标原点)的任一圆锥面上运动.

3.21 如图所示,半径为 a 的圆柱体在无界的无粘性流体中沿 x 方向以 $V_0(t)$ 速度平移,它造成周围流体的流动是平面轴对称的.试分别用下列坐标系来建立流动在物面上的速度条件:

(1) 在固定于地面的直角坐标系 oxy 中讨论流体的绝对运动;

(2) 在固定于物体上的直角坐标系 $o'x'y'$ 中讨论相对运动;

(3) 在固定于物体上的直角坐标系 $o'x'y'$ 中讨论绝对运动.

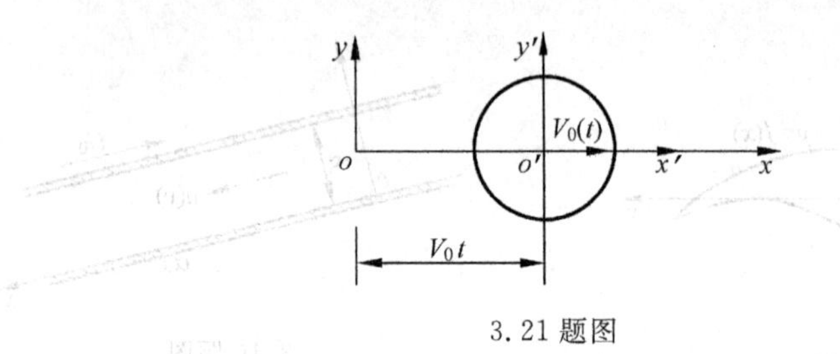

3.21 题图

第4章 无粘性流体的一维流动

本章将从最简单的流动着手，了解流体力学基本方程组如何实际应用. 重点介绍伯努利方程、动量定理和动量矩定理在一维流动中的应用.

4.1 流体运动的一维模型及基本方程

4.1.1 一维流动模型

所谓一维流动是指流场中所有的流动物理量(例如速度、压力和密度等)只与一个空间坐标有关的流动. 如果此时流动物理量与时间无关，则称为一维定常流，否则为一维非定常流. 在自然界和工程实际中，严格的一维流动几乎不存在. 但是，如果取流线作为坐标线，那么，沿一条流线或沿微元流束的中心流线的流动，或者沿平面或空间辐射状流线的对称流动等可以认为是比较严格的一维流动.

在各种工业管道或槽道中的流动一般都不是一维流动，因为不管过流截面多大，在整个截面上的流动参数分布一般是不均匀的. 只有通过假定截面上的流动参数均匀分布或者按截面平均计算流动参数时，才可以将管道或槽道中的流动看成是一维流动，这种一维流动通常称作准一维流动. 在准一维流动中所研究的内容，除了一维流动所要研究的速度、压力等参数沿管道或槽道轴线方向(也就是流动方向)的变化规律等问题外，还要研究由于管道或槽道的过流截面面积沿流动方向的变化而造成的过流流量、动量、动量矩和能量等的变化情况.

使用准一维流动模型来研究管道或槽道中的流动问题时，一般需要满足下列条件：

(1) 沿流动方向管道或槽道的过流截面面积变化要小、要连续.这样才可以认为在过流截面上所有流体都是沿管道或槽道的轴线方向流动.

(2) 管道或槽道轴线的弯度很小，或者说，轴线的曲率半径远远大于过流截面的半径或等效半径，这时可以认为由于弯曲流动所造成的离心力对过流截面上的压力分布没有影响.

(3) 所需要研究的那部分管道或槽道长度要远远大于过流截面的直径或等效直径.

一维或准一维流动的基本方程和求解方法比较简单方便，因此，在工程实际中得到了广泛的应用.对于较长流程的管道或槽道中的流动分析，或者工程中的流动管路、管网的设计计算，采用一维或准一维流动的模型可以直接得到有实用意义的结果.对于一些较复杂的流动问题，例如，在各种涡轮机旋转叶轮通道中的流动分析等，也可以先采用一维流动的方法，求出过流截面上平均流速以及其他所需要的流动参数，初步确定流道的几何形状，然后再利用二维或三维的理论和方法对流场进行详细的分析计算以得到更精确的结果.

4.1.2 无粘性流体一维流动的基本方程

在这里和以后所说的一维流动均包括准一维流动.对于以流线或微元流束的中心流线为坐标线的一维流动，其基本方程可以通过对第3章已导出的微分形式基本方程的简化得到，对这类问题求解关键是要根据实际的流动状况来正确选择坐标系和正确运用简化条件.

例4.1 一等截面细管 ABC 在 B 处成直角，BC 段水平，AB 段竖直向上，初始时刻，管内充满密度为 ρ 的不可压缩液体，且 $AB=BC=a$，A 端敞口通大气，C 处有一阀门，如图4-1所示.现将 C 处阀门突然打开，不计流动的粘性影响，求 C 处向大气出流时管内流动应满足的基本方程和定解条件.

解 根据流动位形，选取图示直角坐标系，x 轴水平，z 轴竖直向上.由于忽略粘性，细管为等截面，因此，可以认为在此细管内的流动是无粘性不可压缩流体的一维非定常流.其基本方程可以通过式(3-78)化简得到.在 AB 段管内，只有 z 方向的流动速度 w.因此，连续性方程简化为

$$\frac{\partial w}{\partial z}=0,$$

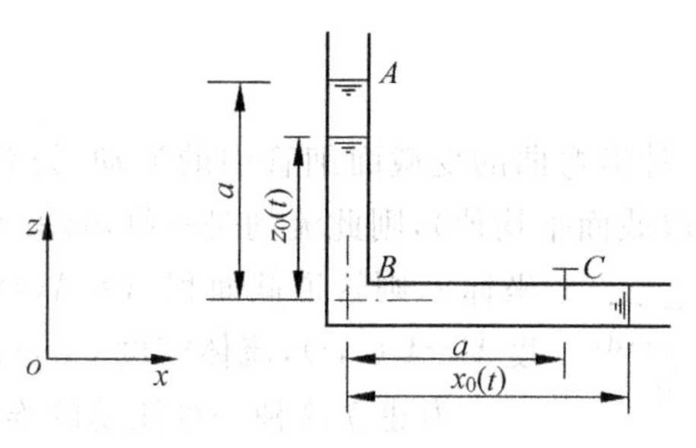

图 4-1 细管出流

运动方程简化为

$$0=-\frac{\partial p}{\partial x},$$

$$0=-\frac{\partial p}{\partial y},$$

$$\frac{\partial w}{\partial t}+w\frac{\partial w}{\partial z}=-g-\frac{1}{\rho}\frac{\partial p}{\partial z}\quad(\text{因为 } f_z=-g),$$

由此可见 $w=w(t)$，基本方程为

$$\frac{\mathrm{d}w}{\mathrm{d}t}=-g-\frac{1}{\rho}\frac{\partial p}{\partial z}.$$

在 BC 段管内，只有 x 方向流动速度 u，因此，可以通过同样的分析简化得到 BC 段管内流动的基本方程为

$$\frac{\mathrm{d}u}{\mathrm{d}t}=-\frac{1}{\rho}\frac{\partial p}{\partial x}.$$

由于上述基本方程中，速度只有一个对时间的一阶导数，因此，只要一个关于速度的初始条件；压力是对坐标的一阶偏导数，因此，也只需要关于压力的一个边界条件. 从而，本例流动的定解条件为初始条件

$$t=0:\ w=u=0,$$

边界条件

$$t>0,\quad z=z_0\quad \text{和}\quad x=x_0:\ p=p_a(\text{大气压力}),$$

式中，z_0 和 x_0 为 t 时刻的液面位置. 若设 $w=\frac{\mathrm{d}z_0}{\mathrm{d}t}$，$u=\frac{\mathrm{d}x_0}{\mathrm{d}t}$，并注意到 $x_0+z_0=2a$，因此有 $\frac{\mathrm{d}z_0}{\mathrm{d}t}=-\frac{\mathrm{d}x_0}{\mathrm{d}t}$，$\frac{\mathrm{d}w}{\mathrm{d}t}=-\frac{\mathrm{d}u}{\mathrm{d}t}$. 根据定解条件及上述关系，就可以由基本方程解得 AB 管段中液位的下降规律和液体中的压力分布.

关于变截面管道或槽道中的一维流动，由于要考虑到沿流动方向过流截面变化的影响，因此，此时的基本方程需要通过对第 3 章所导出的积分形式基本方程的简化，或者通过对微分形式基本方程简化后再积分得到.

1. 连续性方程

如图 4-2 所示是一种沿弯曲的变截面细管中的流动. 设管截面上的流动物理量均匀分布(若不均匀时取截面平均值),则此流动是一维流动. 采用沿流动方向的管轴坐标 s,则管道截面积 $A=A(s)$,沿管轴方向的流体速度 $V=V(s,t)$,流体密度 $\rho=\rho(s,t)$.

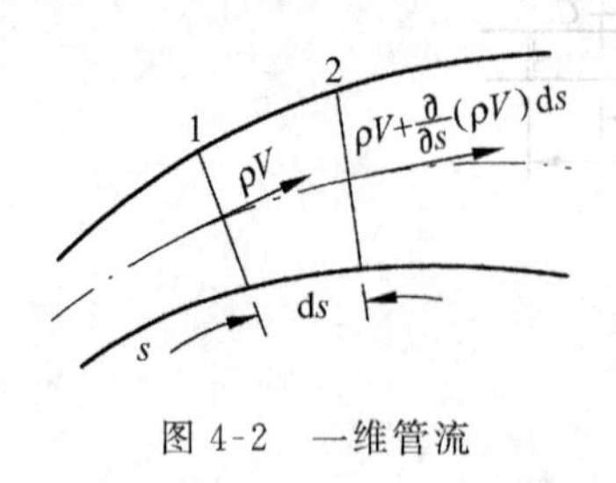

图 4-2　一维管流

为建立这种一维流动的连续性方程,取一微元管段 ds 作为控制体,则控制体体积 $\mathrm{d}\tau=A\mathrm{d}s$,两过流截面均与管轴线垂直. 第 3 章已得到积分形式连续性方程式(3-11),即

$$\frac{\partial}{\partial t}\int_{\tau}\rho\mathrm{d}\tau+\oint_{A}\rho(\boldsymbol{V}\cdot\boldsymbol{n})\mathrm{d}A=0,$$

用在目前的一维管流情况下,相当于取 $\tau=\mathrm{d}\tau=A\mathrm{d}s$,而 $\boldsymbol{V}\cdot\boldsymbol{n}=V$,控制体中只有一个截面允许流体进入,一个截面允许流体流出,截面上的 ρ,V 为均匀分布,因此,上式可以改写为

$$\frac{\partial\rho}{\partial t}A\mathrm{d}s+(\rho VA)_2-(\rho VA)_1=0,$$

ρVA 就是通过管道的质量流量. 由于 ds 很小,在 $\mathrm{d}\tau$ 内 $\frac{\partial\rho}{\partial t}$ 可视为相同,且 $(\rho VA)_2=(\rho VA)_1+\frac{\partial}{\partial s}(\rho VA)\mathrm{d}s$,从而得到

$$A\frac{\partial\rho}{\partial t}+\frac{\partial}{\partial s}(\rho VA)=0. \tag{4-1}$$

这就是沿变截面细管中可压缩一维非定常流动的连续性方程. 在某些特定的应用条件下,式(4-1)可以简化,例如

(1) 对于不可压缩流体的一维流动,$\rho=$常数,有

$$\frac{\partial}{\partial s}(VA)=0,\quad 或\quad VA=Q=常数(沿管轴). \tag{4-2}$$

(2) 对于可压缩流体的一维定常流动,$\frac{\partial}{\partial t}=0$,有

$$\frac{\partial}{\partial s}(\rho VA)=0,\quad 或\quad \rho VA=Q_m=常数(沿管轴), \tag{4-3}$$

或写成

$$\frac{\mathrm{d}\rho}{\rho}+\frac{\mathrm{d}V}{V}+\frac{\mathrm{d}A}{A}=0. \tag{4-4}$$

(3) 当管道为等截面时,$A=$常数,则变为沿流线的一维流动连续性方程

$$\frac{\partial\rho}{\partial t}+\frac{\partial}{\partial s}(\rho V)=0. \tag{4-5}$$

连续性方程与流体的粘性无关.

2. 运动方程

积分形式的运动方程为第3章中的式(3-25). 现在把它用在如图4-2所示的一维流动中, 相当于取控制体 $\tau=\mathrm{d}\tau$, 则有

$$\frac{\partial}{\partial t}\int_{\tau}\rho\boldsymbol{V}\mathrm{d}\tau=\frac{\partial}{\partial t}(\rho V)A\mathrm{d}s,$$

$$\oint_{A}\rho\boldsymbol{V}(\boldsymbol{V}\cdot\boldsymbol{n})\mathrm{d}A=(\rho V^{2}A)_{2}-(\rho V^{2}A)_{1}=\frac{\partial}{\partial s}(\rho V^{2}A)\mathrm{d}s.$$

代回到式(3-25), 得到

$$\frac{\partial}{\partial t}(\rho V)A\mathrm{d}s+\frac{\partial}{\partial s}(\rho V^{2}A)\mathrm{d}s=\sum F_{s},$$

式中的 $\sum F_s$ 是作用在 $\mathrm{d}\tau$ 控制体内流体上所有外力在轴线 s 方向上的合力. 考虑到 $\mathrm{d}s$ 很小, 作用在 $\mathrm{d}\tau$ 控制体内流体上的体积力和表面力简化为如图4-3所示, 则 $\sum F_s$ 为

$$\sum F_{s}=-\rho gA\mathrm{d}s\cos\alpha-A\frac{\partial p}{\partial s}\mathrm{d}s-\tau_{\mathrm{w}}\mathrm{d}A\cot\theta,$$

式中已取体积力为重力, 作用在控制体侧表面上的压力取平均值 $p+\mathrm{d}p/2$, 粘性切应力的平均值为 τ_{w}; α 是重力方向与管轴线方向 $\mathrm{d}s$ 的交角; θ 为 $\mathrm{d}s$ 段内管壁的扩张角.

对于无粘性流动有 $\tau_{\mathrm{w}}=0$, 于是

$$A\frac{\partial}{\partial t}(\rho V)+\frac{\partial}{\partial s}(\rho V^{2}A)=-\rho gA\cos\alpha-A\frac{\partial p}{\partial s}. \tag{4-6}$$

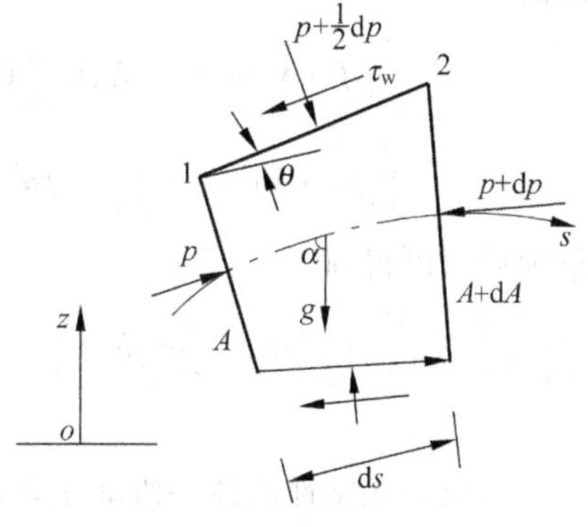

图4-3 微元管段受力分析

这就是在重力场中, 无粘性可压缩一维非定常流动的运动方程. 在某些特定的应用条件下, 上式可以简化, 例如

(1) 对于定常流动有 $\frac{\partial}{\partial t}=0$, $\rho VA=$ 常数; 若又忽略重力, 则把式(4-6)简化为

$$-A\frac{\partial p}{\partial s}\mathrm{d}s=\rho VA\frac{\partial V}{\partial s}\mathrm{d}s,$$

即

$$V\mathrm{d}V+\frac{\mathrm{d}p}{\rho}=0. \tag{4-7}$$

这是气体在变截面管道(例如收缩管道或缩放管道)中作一维定常流动时常用的运动方程.

(2) 当管道为等截面时, $A=$ 常数, 利用连续性方程式(4-5), 并记 $-g\cos\alpha=f_s$,

则式(4-6)变为

$$\rho\left(\frac{\partial V}{\partial t}+V\frac{\partial V}{\partial s}\right)=\rho f_s-\frac{\partial p}{\partial s}. \tag{4-8}$$

这是无粘性流体沿流线的一维非定常流动的运动方程,对可压缩和不可压缩流在形式上相同.

3. 能量方程式

和前面导出连续性方程、运动方程的方法相同,把在第3章得到的积分形式能量方程式(3-50)应用到图4-2所示的一维管流,取控制体 $\tau=d\tau$,则有

$$\frac{\partial}{\partial t}\int_\tau \rho\left(e+\frac{V^2}{2}\right)\mathrm{d}\tau=\frac{\partial}{\partial t}\left[\rho\left(e+\frac{V^2}{2}\right)\right]A\mathrm{d}s,$$

$$\oint_A \rho\left(e+\frac{V^2}{2}\right)(\boldsymbol{V}\cdot\boldsymbol{n})\mathrm{d}A=\frac{\partial}{\partial s}\left[\rho VA\left(e+\frac{V^2}{2}\right)\right]\mathrm{d}s,$$

同时,令 $\int_\tau \rho q\,\mathrm{d}\tau=0$ (忽略热辐射等热源项),$\oint_A k\nabla T\cdot n\,\mathrm{d}A=Q_h$(单位时间内通过控制面传给流体的热流量),设体积力只有重力,$\boldsymbol{f}=\boldsymbol{g}$,从而,$\int_\tau \rho\boldsymbol{f}\cdot\boldsymbol{V}\,\mathrm{d}\tau=\rho(\boldsymbol{g}\cdot\boldsymbol{V})A\mathrm{d}s$,根据图4-3中所示几何关系,取 z 轴竖直向上,则 $\sin\alpha=\frac{\mathrm{d}z}{\mathrm{d}s}$,$\boldsymbol{g}\cdot\boldsymbol{V}=-gV\frac{\mathrm{d}z}{\mathrm{d}s}$,从而

$$\int_\tau \rho\boldsymbol{f}\cdot\boldsymbol{V}\mathrm{d}\tau=-\rho VA\frac{\partial}{\partial s}(gz)\mathrm{d}s,$$

$$\oint_A \boldsymbol{p}_n\cdot\boldsymbol{V}\mathrm{d}A=\oint_A -p\boldsymbol{n}\cdot\boldsymbol{V}\mathrm{d}A=-\frac{\partial}{\partial s}(pVA)\,\mathrm{d}s\ (\text{忽略粘性}).$$

整理后可以得到

$$\frac{\partial}{\partial t}\left[\rho\left(e+\frac{V^2}{2}\right)\right]A\mathrm{d}s+\frac{\partial}{\partial s}\left[\rho VA\left(e+\frac{V^2}{2}\right)\right]\mathrm{d}s+\rho VA\frac{\partial}{\partial s}(gz)\mathrm{d}s+\frac{\partial}{\partial s}(pVA)\mathrm{d}s=Q_h. \tag{4-9}$$

这就是无粘性流体一维非定常流动的能量方程,式中已忽略辐射热等热源项,并设体积力只有重力.如果令 $A=$常数,则为沿流线的一维流动能量方程.

在某些特定的应用条件下,式(4-9)可以适当简化,例如

(1) 如果流动定常,则有$\frac{\partial}{\partial t}=0$,且 $\rho VA=$常数,式(4-9)变为

$$\mathrm{d}\left(e+\frac{p}{\rho}+\frac{V^2}{2}+gz\right)=\frac{Q_h}{\rho VA}. \tag{4-10}$$

这是一个针对无粘性可压缩流体(气体)的一维定常流动的能量方程.

(2) 如果流动定常,并假定气体是完全气体、流动绝热、忽略重力,记 $e+\frac{p}{\rho}=h$

(焓),从而可得

$$h + \frac{V^2}{2} = \text{常数 (沿轴线 s)} \tag{4-11}$$

或

$$\mathrm{d}h + V\mathrm{d}V = 0. \tag{4-12}$$

式(4-11)通常称为可压缩流动的伯努利方程.

由式(4-4)、式(4-7)、式(4-12)以及等熵流动条件 $\mathrm{d}p/\mathrm{d}\rho = \gamma p/\rho$ 构成了完全气体的一维定常等熵管流的基本微分方程组,在气体动力学问题的研究中有非常广泛的应用.

(3) 对于无粘性不可压缩流体的定常流动有 $\mathrm{d}e = 0$,$Q_h = 0$,考虑到 $\rho =$ 常数,$VA =$ 常数,由式(4-9)得到

$$\frac{p}{\rho} + \frac{V^2}{2} + gz = \text{常数 (沿轴线 s)}. \tag{4-13}$$

式(4-13)通常称为不可压缩流动的伯努利方程.其中,V 是过流截面上的平均流速,p 是过流截面与轴线交点上的压力,z 是该交点的位置高程,也就是相对于某个基准水平面的竖直高度.在下一节中,将从运动方程出发来得到伯努利方程并讨论其广泛的应用.

4. 管道弯曲对流动的影响

在前面推导一维流动基本方程的过程中,都只考虑沿管道或槽道轴线的流动.当变截面的管道是一种弯曲管道时,则应考虑到在垂直轴线的方向上可能产生的流体速度与压力的变化.

为了简单地说明弯曲效应,把问题简化为一种无粘性不可压缩流体在弯曲管道内的定常平面运动,其平面流线如图 4-4 所示.设流体顺轴线(中心流线)s 方向速度为 V,在垂直轴线的 r 方向上的速度为零;作用在流体上的体积力只有重力,因而,$\boldsymbol{f} = \boldsymbol{g}$,它在 r 方向的分量为 $-g\dfrac{\partial z}{\partial r}$,其中 z 是竖直向上的高程.

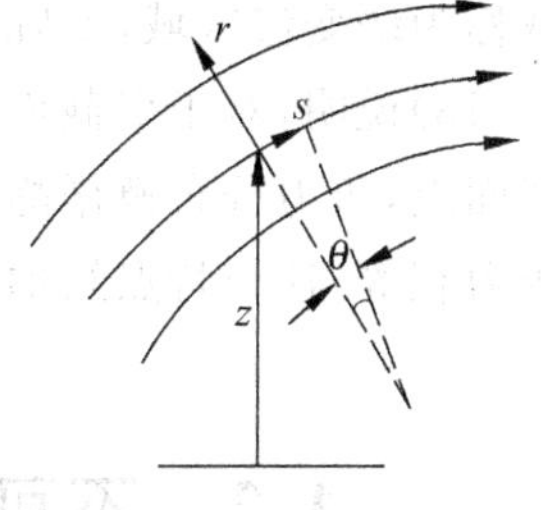

图 4-4 弯道中流动

在柱坐标下应用无粘性不可压缩流体的运动微分方程(见附录Ⅱ),注意到此处 $V_\theta = V = V(s,t)$,$r\mathrm{d}\theta = \mathrm{d}s$,因而在 r 方向和 s 方向(即 θ 方向)上有

$$-\frac{V^2}{r} = -g\frac{\partial z}{\partial r} - \frac{1}{\rho}\frac{\partial p}{\partial r}, \tag{4-14}$$

$$V\frac{\partial V}{\partial s} = -g\frac{\partial z}{\partial s} - \frac{1}{\rho}\frac{\partial p}{\partial s}. \tag{4-15}$$

将式(4-15)改写成：$\frac{\partial}{\partial s}\left(\frac{p}{\rho}+\frac{V^2}{2}+gz\right)=0$，它就是沿轴线 s(中心流线)的伯努利方程.

同时，式(4-14)给出

$$\frac{\partial}{\partial r}(p+\rho gz)=\frac{\rho V^2}{r}. \tag{4-16}$$

如果此平面流动位于水平面内，或者流体的重力可以忽略不计，则式(4-16)给出

$$\frac{\mathrm{d}p}{\mathrm{d}r}=\frac{\rho V^2}{r}. \tag{4-17}$$

式(4-17)说明，在弯道的过流截面上，在 r 方向的压强梯度是弯曲流动的离心力所造成的. 或者说，由于离心力的作用，在弯道的过流截面上，流体的压强将从弯道内侧到外侧逐渐增大. 由此产生的结果是，在弯道的过流截面上形成了从外侧沿管壁流向内侧的二次流，它不仅使弯道中流动具有 r 方向的速度，而且，二次流与沿轴线的主流结合形成复杂的螺旋流动，造成局部的流动能量损失.

如果弯道轴线的曲率半径很大，即在管道或槽道内的流线几乎都是平行的直线，这就意味着式(4-16)或式(4-17)中的 $r\to\infty$，使得在垂直于轴线(中心流线)的过流截面上有

$$p+\rho gz=\text{常数}\ (\text{不忽略重力时}) \tag{4-18}$$

或

$$p=\text{常数}\ (\text{在忽略重力时}).$$

在流体力学中，常常把管道或槽道内流线几乎都是平行直线的那部分流段或区域称为缓变流区域，实际上也就是等直或接近于等直截面管道中的流段或区域. 式(4-18)说明，对于变截面有弯曲的管道或槽道中的一维流动，在缓变流区域的过流截面上，压力分布遵循静止流体中的压力分布规律，若忽略重力，则整个过流截面上压力相等. 这个特点给伯努利方程的应用带来很多方便.

4.2　不可压缩流体的伯努利方程及其应用

在这一节中，将通过对运动微分方程的积分，再一次导出伯努利方程，并重点介绍无粘性不可压缩流体的伯努利方程的基本应用和推广应用.

4.2.1　无粘性流体运动方程的简化

在3.3节中已给出了兰姆-葛罗米柯型运动方程式(3-29)

$$\frac{\partial \boldsymbol{V}}{\partial t}+\nabla\left(\frac{V^2}{2}\right)+\boldsymbol{\omega}\times\boldsymbol{V}=\boldsymbol{f}+\frac{1}{\rho}\nabla\cdot\boldsymbol{P},\tag{4-19}$$

当流体无粘性时，应力张量 $\boldsymbol{P}=-p\boldsymbol{I}$，上式变为

$$\frac{\partial \boldsymbol{V}}{\partial t}+\nabla\left(\frac{V^2}{2}\right)+\boldsymbol{\omega}\times\boldsymbol{V}=\boldsymbol{f}-\frac{1}{\rho}\nabla p,\tag{4-20}$$

其中，$\boldsymbol{\omega}=\nabla\times\boldsymbol{V}$ 就是在 1.7 节已定义过的流场涡量.

现对所考察的无粘性流体运动作两个假定：

(1) 作用在流体上的体积力有势；

(2) 运动流体的密度只是压力的函数，即 $\rho=f(p)$，流场是正压的. 换言之，运动中的流体是一种正压流体.

根据假定(1)，流场中必存在一个体积力的势函数 U，它定义为

$$\boldsymbol{f}=-\nabla U\quad \text{或写成 } \boldsymbol{f}=-\operatorname{grad} U.\tag{4-21}$$

在直角坐标系中，势函数 U 定义为

$$f_x=-\frac{\partial U}{\partial x},\quad f_y=-\frac{\partial U}{\partial y},\quad f_z=-\frac{\partial U}{\partial z}.\tag{4-22}$$

根据假定(2)，可以引入一个正压函数 P，它定义为

$$P=\int\frac{\mathrm{d}p}{\rho},\quad \text{或}\nabla P=\frac{\nabla p}{\rho},\quad \text{或 } \mathrm{d}P=\frac{\mathrm{d}p}{\rho}.\tag{4-23}$$

在 3.5 节中已说明，正压流场主要有不可压缩流场、完全气体的等温流场和绝热流场(无粘性时也就是等熵流场)等.

把式(4-21)和式(4-23)代入式(4-20)可以得到

$$\frac{\partial \boldsymbol{V}}{\partial t}+\nabla\left(\frac{V^2}{2}+U+P\right)+(\nabla\times\boldsymbol{V})\times\boldsymbol{V}=0.\tag{4-24}$$

4.2.2 定常流动的伯努利积分

如果流动又是定常的，则式(4-24)进一步简化为

$$\nabla\left(\frac{V^2}{2}+U+P\right)+(\nabla\times\boldsymbol{V})\times\boldsymbol{V}=0.\tag{4-25}$$

式(4-25)可以沿一条流线积分. 因为在定常流场中的流线形状和位置是不随时间变化的，所以可任取一条流线 ψ，设此流线上微元弧长矢量为 $\mathrm{d}\boldsymbol{s}$，用 $\mathrm{d}\boldsymbol{s}$ 去点乘式(4-25)两边，即有

$$\nabla\left(\frac{V^2}{2}+U+P\right)\cdot\mathrm{d}\boldsymbol{s}+[(\nabla\times\boldsymbol{V})\times\boldsymbol{V}]\cdot\mathrm{d}\boldsymbol{s}=0.$$

根据流线定义，$\mathrm{d}\boldsymbol{s}/\!/\boldsymbol{V}$，因此，$[(\nabla\times\boldsymbol{V})\times\boldsymbol{V}]\cdot\mathrm{d}\boldsymbol{s}=0$，从而得到

$$\nabla\left(\frac{V^2}{2}+U+P\right)\cdot\mathrm{d}\boldsymbol{s}=\mathrm{d}\left(\frac{V^2}{2}+U+P\right)=0,$$

上式积分后可得

$$\frac{V^2}{2}+P+U=C(\psi)$$

或

$$\frac{V^2}{2}+\int\frac{\mathrm{d}p}{\rho}+U=C(\psi),\tag{4-26}$$

式中，ψ 表示所选流线．在同一条流线上，积分常数 $C(\psi)$ 必然相同；对于不同的流线，一般应有不同的 $C(\psi)$ 值．

式(4-26)称为伯努利积分或伯努利定理．它是一种对运动微分方程的首次积分．必须注意的是，积分要成立是有条件的，它包括：①流体无粘性；②体积力有势；③流场正压；④流动定常；⑤沿一条流线．

针对不同的流动情况，伯努利积分有更具体的表达式．

1．无粘性不可压缩流体的伯努利方程

对于不可压缩流体的流动，因为密度 ρ=常数，所以，正压函数 P 有具体表达式：$P=\int\frac{\mathrm{d}p}{\rho}=\frac{p}{\rho}$．若此时，体积力只有重力，则，$\boldsymbol{f}=\boldsymbol{g}=-\nabla U$．选取直角坐标系的 z 轴竖直向上，则由式(4-22)得到

$$f_x=-\frac{\partial U}{\partial x}=0,\quad f_y=-\frac{\partial U}{\partial y}=0,\quad f_z=-\frac{\partial U}{\partial z}=-g.$$

因而，体积力势函数 $U=gz$+常数(可略去而不影响结果)．把上述的 P 和 U 代入式(4-26)得到

$$\frac{V^2}{2}+\frac{p}{\rho}+gz=C(\psi)\tag{4-27}$$

或

$$\frac{V^2}{2g}+\frac{p}{\rho g}+z=C_1(\psi).\tag{4-28}$$

这就是著名的不可压缩流体的伯努利方程．它和上一节从能量方程所得到的式(4-13)在形式上完全相同，这说明对于无粘性不可压缩流体流动，由于流动中不存在热效应，由运动方程得到的伯努利方程也就是流动的能量方程．必须指出的是，在得到式(4-13)时，假定了流动是一维的，而现在导出的式(4-27)，并没有要求流动是一维的，只要求它在一条流线上成立．

2．无粘性可压缩流体的伯努利方程

对于可压缩的流体，则要根据具体流动条件，给出正压函数 P 的表达式．如果假定可压缩流体是一种比热容为常数的完全气体，且流动绝热(也就是等熵流动)，则由

等熵关系式：$p=c\rho^{\gamma}$，得到

$$\mathrm{d}p=(\gamma p/\rho)\mathrm{d}\rho=c\gamma\rho^{\gamma-1}\mathrm{d}\rho,$$

其中，γ 为比热比. 从而有

$$P=\int\frac{\mathrm{d}p}{\rho}=\frac{\gamma}{\gamma-1}\frac{p}{\rho}=h=e+\frac{p}{\rho}.$$

如果仍然假定体积力只有重力，则由式(4-26)得到

$$\frac{V^2}{2}+\frac{\gamma}{\gamma-1}\frac{p}{\rho}+gz=h+\frac{V^2}{2}+gz=C(\psi). \tag{4-29}$$

若忽略重力，则为

$$h+\frac{V^2}{2}=C(\psi).$$

式(4-29)称为可压缩流的伯努利方程. 它和式(4-11)在形式上也是完全相同的. 这说明对于无粘性的可压缩流动，只有当流动绝热时，由运动方程得到的伯努利方程才与能量方程相同. 和式(4-27)一样，式(4-29)的得到也没有要求流动是一维的.

4.2.3 伯努利方程的物理意义和几何意义

不可压缩流体的伯努利方程式(4-27)或式(4-28)中的每一项是分别对单位质量或单位重量流体而言的. 现从式(4-28)出发来解释其物理意义和几何意义.

1. 物理意义

$\frac{V^2}{2g}$表示流场中一点上单位重量流体所具有的动能；$\frac{p}{\rho g}$表示流场中一点上单位重量流体所具有的压力能或压力潜能，也就是压力对单位重量流体能作的功；z 表示流场中一点上单位重量流体所具有的位置势能，也就是重力对单位重量流体能作的功；$\frac{V^2}{2g}+\frac{p}{\rho g}+z$ 表示流场中一点上单位重量流体所具有的总机械能.

因此，伯努利方程式(4-28)表示了在同一条流线上，各点上的单位重量流体所具有的总机械能相等. 在不同的流线上，一般具有不同的总机械能的值. 但是，当同一个流动中所有流线起始于同一点处(例如，起始于无穷远处或起始于同一容器的自由液面处等)，而且在起始处具有相同的 V、p 和 z 值，则所有流线上的总机械能相等，即此时伯努利方程式(4-28)或式(4-27)在全流场的任何一点上都成立. 在第 5 章中将看到，在一种称为无粘性不可压缩的无旋流动的流场中，伯努利方程就具有这个特性.

如果流动是在同一个水平面上，或者流体中的重力可以忽略不计，则可将式

(4-28)或式(4-27)改写为：

$$p+\frac{1}{2}\rho V^2 = p_0(\psi),$$

式中，p 是静压强，也就是通常说的流体压力；$\frac{1}{2}\rho V^2$ 是单位体积流体的动能，也可称为动压；p_0 是滞止压强(或称驻点压强)，也称为总压. 上式表明，此时在同一条流线的各点上总压相同，因此，压强大则流速小，反之亦然.

2. 几何意义

由于式(4-28)中的每一项都具有长度的量纲，而 z 又是定义为竖直向上的高程，因此，在流体力学中沿用水力学的名称，将它们称为单位重量流体所具有的水头. z 表示所考察点的位置高度，因此称为位置水头，简称位头；$\frac{p}{\rho g}$表示所考察点的压力潜能，表示它能将流体压升到某一高度的能力，因此称为压力水头或测速管水头，简称压头；$\frac{V^2}{2g}$表示所考察点上与速度大小相对应的高度，称为测速管水头，简称速度头. 三者之和为 $C_1(\psi)$，称为水力高度或总水头. 由此可知，伯努利方程式(4-28)的几何意义是：在同一条流线的各点上的总水头为同一常数，各点总水头的连线(称为理想总水头线)是一条与某个水平基准面平行的水平线.

4.2.4 伯努利方程的基本应用

在这里只介绍不可压缩流体的伯努利方程的应用.

1. 沿一条流线上的应用

前面已经强调，伯努利方程式(4-27)或式(4-28)是沿一条流线成立的，并没有要求流动必须是一维. 换言之，对于无粘性不可压缩流体的二维或三维的定常流动，如果事先能从物理上认定一条流线，也可以沿这条流线来应用伯努利方程.

前面已提到，如果在同一流动中，所有流线的起始点处具有相同的 p、V 和 z 的值，或者对于那些从均匀流动区域出发或经过的无粘性不可压缩流体的无旋流动，不管它是一维、二维或三维，对不同的流线都具有相同的伯努利积分常数. 因此，任意选定一条流线，甚至不选流线，只在流场中任意选择两点就可以应用伯努利方程.

例 4.2 阐述皮托(Pitot) 管测速的原理.

流体速度是一个重要的流动物理量. 测量流速有很多方法(见第 11 章). 在实用中，通过测量压力，然后按伯努利方程求出流速是一种比较简单的方法.

如图 4-5 所示,液体定常流过一个水平放置的管道.现在某一过流截面的管道壁面处开孔装一个测压管(称静压管),在相距不远的另一过流截面处插入一根两端开口弯成直角的测速管(称皮托管,或总压管).要注意的是,测静压的孔必须垂直内壁面,因为静压是流体中的法向表面应力.而皮托管的一端必须正对来流方向,因而,图中的 1 点和 2 点在同一条水平的流线上.当来流进入皮托管使管内液体达到一定高度后,管内液体则处于静止状态,即 1 点是速度为零的滞止点.将伯努利方程用于一条流线上的 1 点和 2 点,则有

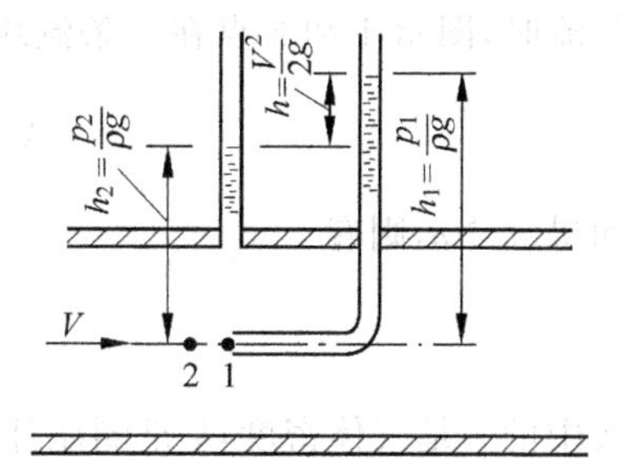

图 4-5 皮托管测速原理

$$\frac{V_2^2}{2g}+\frac{p_2}{\rho g}+z_2=\frac{V_1^2}{2g}+\frac{p_1}{\rho g}+z_1.$$

由于管道水平,而 1 点是滞止点,因此,$z_2=z_1$,$V_1=0$,于是

$$V_2=\sqrt{\frac{2}{\rho}(p_1-p_2)}=\sqrt{2gh}, \tag{4-30}$$

式中,p_2 是 2 点的静压强,而 p_1 是 1 点的总压.由于 2 点处在一个缓变流截面上,而 1 点处皮托管内液体静止,因此,它们都遵循静止液体中的压力分布规律,即:$\frac{p_1}{\rho g}-\frac{p_2}{\rho g}=h_1-h_2=h$,显然,$h$ 是速度头,也就是测速管水头.

如果测定的是气体流速,则不能采用图 4-5 的装置,但可以改用在原理上完全相同的、由静压管和皮托管组合而成的皮托-静压管,习惯上简称为皮托管,如图 4-6 所示.在这个装置中,皮托管是一个中心内管,静压管是一种环形的套管.

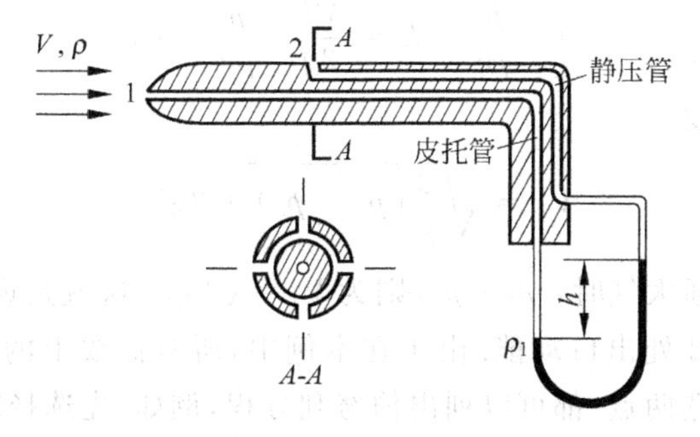

图 4-6 皮托-静压管

为了正确测出静压,往往需要在同一截面的侧壁上等间隔开多个静压孔与套管的环形空间相通(图示 A-A 截面上开有四个静压孔).皮托管与静压管的下端分别连

接U形测压计两端,测压计中的液体密度为ρ_1.当皮托管的前端小孔正对要测量的气流时,图示1和2点在一条流线上,就可以由伯努利方程得到

$$V=\sqrt{\left(\frac{\rho_1}{\rho}-1\right)2gh},$$

如果$\rho_1\gg\rho$,则有

$$V=\sqrt{\frac{\rho_1}{\rho}2gh},\tag{4-31}$$

式中的ρ是气体密度,h是测压计中液柱的铅垂高度差.

由于所使用的伯努利方程忽略了粘性影响并假定流线是平直的,因此,实际的流速将略小于式(4-31)所表示的结果.

例4.3　求小孔定常出流速度.

这是一个说明沿一条流线,流体的机械能互相转换的简单例子.如图4-7所示,一封闭容器中的液体经一小孔流出,求出流速度.

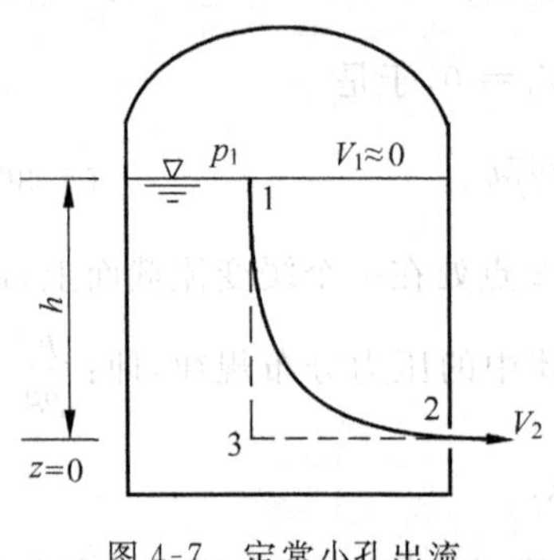

图4-7　定常小孔出流

解　在液体出流过程中,如果没有液体补充,则液面将下降,流动将是非定常的.但是,当液体得到补充,使液位不下降;或当容器的横截面积远大于小孔的出流截面积时,在一段不太长的时间内,也可以认为液位不下降,因而,流动是定常的.另外,可以想象,本例流动中的全部流线起始于液1处,而且具有相同的$p=p_1$,$v_1=0$,$z_1=h$.在截面2处,出流通大气,$p_2=p_a$(大气压力).

设想有一条流线从1到2,假定流体为无粘性不可压缩,则在1和2点上应用伯努利方程可以得到

$$0+\frac{p_1}{\rho g}+h=\frac{V_2^2}{2g}+\frac{p_a}{\rho g}+0,$$

这样可求得出流速度

$$V_2=\sqrt{\frac{2}{\rho}(p_1-p_a)+2gh}.\tag{4-32}$$

当大容器敞口通大气时,$p_1=p_a$,则为$V_2=\sqrt{2gh}$.这就是说,沿一条流线,1处的位置势能转化为2处出口动能.由于在本例中,所有流线上的伯努利积分常数相同,因此,流场中任选两点,都可以列出伯努利方程,例如,先选择图示的1和3点,再选择3和2点,将得到相同的结果.

2. 应用于变截面管道或槽道中的一维流动

在这种应用中,如果假定在过流截面上流动参数是均匀分布的,则只要把管道或

槽道的中心轴线看成是一条流线即可；如果采用截面平均方法，若速度 V 是过流截面上流动的平均速度，即，$V=Q/A$，那么，过流截面上的流动的平均动能应该是 $aV^2/2g$，a 称为动能修正系数. 在实际应用中，对于无粘性流动，常常取 $a=1$；同时还要求在缓变流截面上来列伯努利方程，因为只有在缓变流截面上，才能保证 $gz+p/\rho$ 处处相同，也就是取截面上的平均值，此时，只要在截面的同一点处取 z 和 p 的值即可.

综上所述，伯努利方程应用于管道或槽道的一维流动时，必须选择在两个缓变流截面上列出伯努利方程和连续性方程

$$A_1V_1 = A_2V_2 = Q = \text{常数},$$

$$\frac{V_1^2}{2g}+\frac{p_1}{\rho g}+z_1 = \frac{V_2^2}{2g}+\frac{p_2}{\rho g}+z_2 = \text{常数}. \tag{4-33}$$

只要截面位置选择得当，两个方程可用于求解两个未知量.

例 4.4 阐述文丘里(Venturi)流量计的原理.

文丘里流量计(又称文丘里管)主要用于管道中气体流量的测量. 它由收缩段、喉部和扩散段三部分所组成，安装在需要测量的管路上，如图 4-8 所示. 已知收缩段前 1-1 处的过流截面面积为 A_1，喉部 2-2 处的过流截面面积为 A_2，只要用 U 形管差压计测出这两处的静压差，就可由伯努利方程求出管道中流体的体积流量.

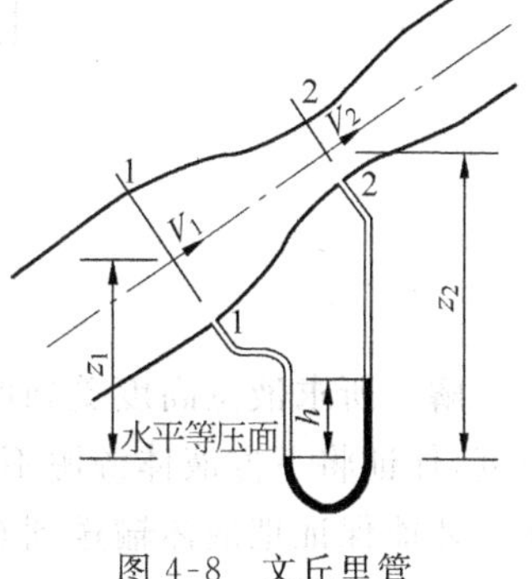

图 4-8 文丘里管

现假定管道内的流动是无粘性不可压缩流体的一维定常流动. 选择 1-1 和 2-2 两个缓变流截面就可列出伯努利方程和连续性方程，即式(4-33).

由于在缓变流截面上流体压力遵循静止流体的压力分布规律，根据图示的 U 形管差压计中等压面位置有

$$p_1+\rho g z_1 = p_2+\rho g(z_2-h)+\rho_1 g h_1,$$

即

$$\left(\frac{p_1}{\rho g}+z_1\right)-\left(\frac{p_2}{\rho g}+z_2\right)=\left(\frac{\rho_1}{\rho}-1\right)h. \tag{4-34}$$

再由连续性方程得到 $V_1=V_2A_2/A_1$，代入伯努利方程得

$$V_2=\frac{A_1}{\sqrt{A_1^2-A_2^2}}\sqrt{2gh\left(\frac{\rho_1}{\rho}-1\right)}, \tag{4-35}$$

从而，通过管路的定常流量为

$$Q=V_2A_2=\frac{A_1A_2}{\sqrt{A_1^2-A_2^2}}\sqrt{2gh\left(\frac{\rho_1}{\rho}-1\right)}. \tag{4-36}$$

在实际流动中，考虑到由于粘性造成的流动能量损失以及截面上速度分布不均

匀的影响,需要乘一个流量修正系数,约 0.95～0.99.

例 4.5 阐述射流泵原理.

图 4-9 为一射流泵装置示意图,其原理也是根据伯努利方程,利用泵内喷嘴出口的高速射流,在 2-2 截面处产生真空,从而将下方容器 B 中液体吸入泵内,再与射流一起输送到下游. 设 2-2 处的高速射流是由上游高位容器 A 中液体出流所造成. 假定容器 A 和 B 都是敞口的,下游出口截面 4-4 处通大气,从而,在图示的 1-1、3-3 以及 4-4 截面上的压力都是大气压力,即相对压力 p_1、p_3 和 p_4 都为零,容器 A 和 B 内液体的密度都为 ρ. 现已知 H_2、H_3、d_2 和 d_4,求射流泵工作时,上游液面 1-1 必须达到的液位高度 H_1.

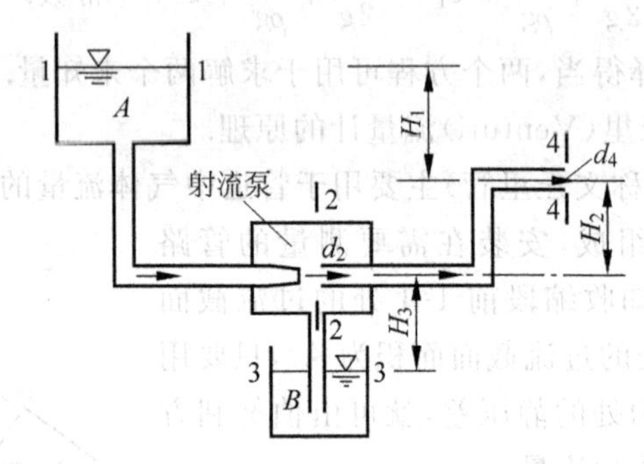

图 4-9 射流泵原理图

解 所求液位高度受到两个因素制约:一是要在泵内 2-2 截面处造成足够的真空度,保证将下方液体源源不断地抽上来;二是在 2-2 截面处还要有足够的速度(动能),才能保证把液体输送到有一定位置高度的下游出流.

先在喷嘴出口截面 2-2 处与下游出口截面 4-4 处列伯努利方程和连续性方程

$$\left.\begin{aligned} V_2A_2 &= V_4A_4, \\ \frac{V_2^2}{2g}+\frac{p_2}{\rho g}+0 &= \frac{V_4^2}{2g}+0+H_2, \end{aligned}\right\} \tag{4-37}$$

式中的 p_2 就是截面 2-2 处的真空度. 由于截面 2-2 处到下方容器 B 液面管路中的液体压强也遵循静止流体中压强分布规律,因此

$$p_2 = -\rho g H_3. \tag{4-38}$$

再在上游液面 1-1 处与喷嘴出口截面 2-2 处列伯努利方程

$$0+0+H_1=\frac{V_2^2}{2g}+\frac{p_2}{\rho g}+0.$$

把式(4-37)和式(4-38)代入上式,就可以得到

$$H_1=(H_2+H_3)\bigg/\left[1-\left(\frac{d_2}{d_4}\right)^4\right]-H_3. \tag{4-39}$$

由式(4-39)可见,泵内喷嘴出口截面的直径 d_2 应小于下游出口的直径 d_4. 由于

沿途有流动损失，实际所需要的液位 H_1 还应该再提高一些，或者可以把容器 A 密封并在液面上加压.

4.2.5 伯努利方程的推广应用

伯努利方程在一维流动中还有推广应用.

1. 推广到沿程有分流或汇流的情况

图 4-10 为沿程有分流或汇流的一维流动情况(管路用一条线表示). 此时按质量守恒，$Q_1=Q_2+Q_3$，根据总机械能守恒原理，列出伯努利方程

$$\rho g Q_1\left(\frac{V_1^2}{2g}+\frac{p_1}{\rho g}+z_1\right)=\rho g Q_2\left(\frac{V_2^2}{2g}+\frac{p_2}{\rho g}+z_2\right)+\rho g Q_3\left(\frac{V_3^2}{2g}+\frac{p_3}{\rho g}+z_3\right).$$

实际上，上式等价于对过流截面 1、2 和 1、3 分别按单位重量流体列伯努利方程

$$\left.\begin{aligned}\frac{V_1^2}{2g}+\frac{p_1}{\rho g}+z_1&=\frac{V_2^2}{2g}+\frac{p_2}{\rho g}+z_2,\\ \frac{V_1^2}{2g}+\frac{p_1}{\rho g}+z_1&=\frac{V_3^2}{2g}+\frac{p_3}{\rho g}+z_3.\end{aligned}\right\}\tag{4-40}$$

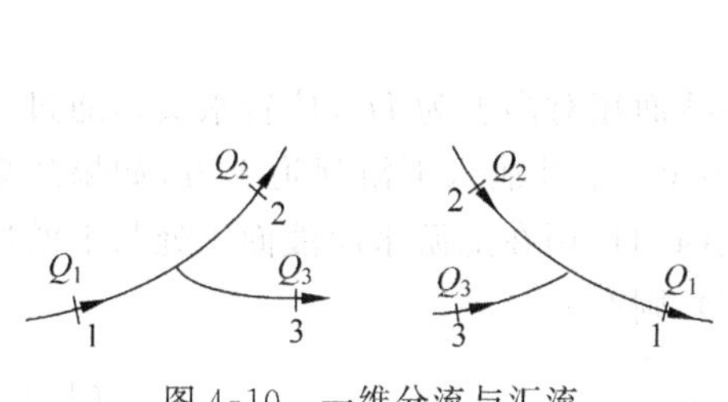

图 4-10 一维分流与汇流

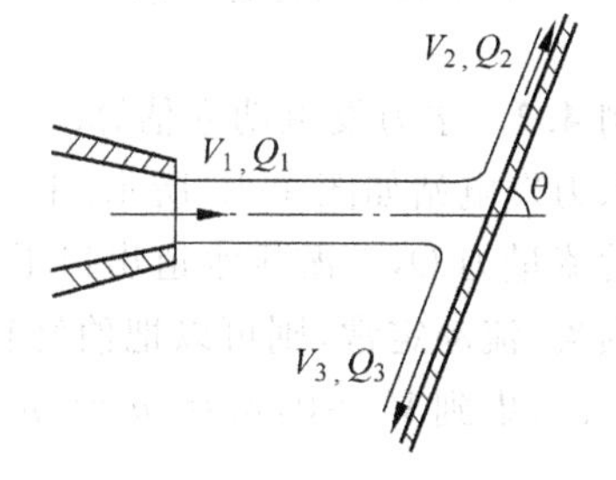

图 4-11 射流冲击平板后分流

例 4.6 如图 4-11 所示，一股水射流冲击平板，已知流动定常，入射流速度为 V_1，流量为 Q_1. 设分流速度分别为 V_2 和 V_3，流量为 Q_2 和 Q_3. 各流股在垂直纸面方向宽度均为 1. 不计重力和流动损失，求证：$V_1=V_2=V_3$.

证 可根据式(4-40)，并考虑到射流和分流都处在大气压强中，即 $p_1=p_2=p_3=p_a$，于是可以得到：$V_2=V_3=V_1$. 这个结果与平板面倾斜角无关.

2. 推广到沿程有能量输入或输出的情况

伯努利方程的应用也可以推广到在管道中间流体需要通过一个流体机械装置(例如水泵、水轮机等)的流动. 如图 4-12 所示，在管路上有一个流体机械，当无粘性不可压缩流体流经这种管路时，若假定流动为一维定常，则在 1 和 2 截面上也可以列

伯努利方程

$$\frac{V_1^2}{2g}+\frac{p_1}{\rho g}+z_1\pm H=\frac{V_2^2}{2g}+\frac{p_2}{\rho g}+z_2,\tag{4-41}$$

式中，H 表示单位重量流体与流体机械之间的能量交换（受授关系）. 如果流体机械是一种工作机械，例如水泵、风机、压缩机等（统称为泵），则流体将从泵中获得能量以提高速度、压力或位置高度，此时取"+"号；如果流体机械是一种原动机（动力机械），例如水轮机、液压马达、汽轮机、燃气燃机等（统称为马达），则流体将经过马达对外输出能量（失去能量），也就是流体对外作功，此时取"−"号. 输入或输出的理论总功率 $N=\rho gQH$.

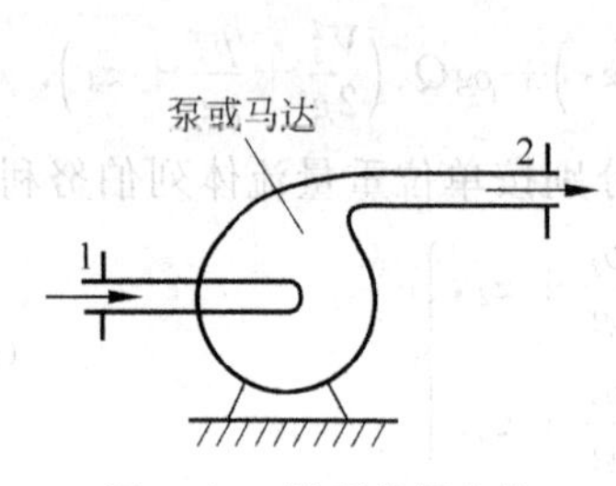

图 4-12　沿程能量交换

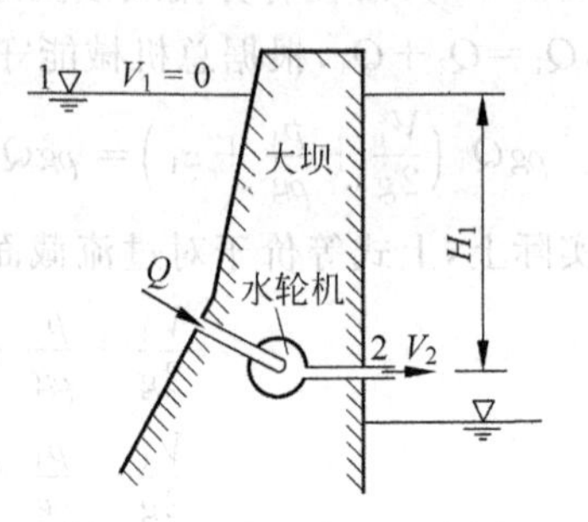

图 4-13　水力发电示意图

例 4.7　水力发电功率估算.

水力发电站如图 4-13 所示. 上游的水库液面相对高度为 H_1（位置水头），通过水轮机的流量为 Q，下游排水道出口平均速度为 V_2，全部泄入下游河道上方，如果忽略一切损失，流动定常，则可以把伯努利方程式(4-41)用在上游水库液面 1 处与下游出口 2 处. 考虑到 $V_1=0$，$p_1=p_2=p_a$（大气压），则有

$$H_1-H=\frac{V_2^2}{2g}\tag{4-42}$$

或

$$H=H_1-\frac{V_2^2}{2g}.$$

水轮机能产生的理论总功率 N

$$N=\rho gQH=\rho Q\left(g\,H_1-\frac{1}{2}V_2^2\right).\tag{4-43}$$

从上式可见，要使功率大，有两条途径，一是流量要大，二是上游水头要高. 另外，要尽量减小下游排水速度.

3. 推广应用到一维的准定常流动

在例 4.2 中曾经分析过大容器内液体通过小孔出流，当时假设容器内自由液面位置水头恒定，因此，流动是定常的．实际上，自由液面位置将发生变化，流动是非定常的．但是当孔口的过流截面面积 A_2 远小于容器的横截面积 A_1（一般要求 $A_2 \leqslant 0.1A_1$）时，自由液面下降速度很小，把整个非定常的出流过程分为许多 $\mathrm{d}t$ 的小时段，在每一个 $\mathrm{d}t$ 时段内的流动仍按定常流处理，因此，这种情况称为准定常出流．

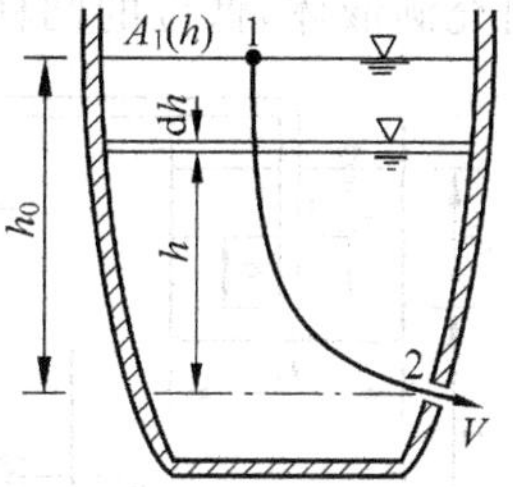

图 4-14 所示为一准定常孔口出流．为简单起见，假定容器敞口，孔口出流通大气．容器的横截面积为 $A_1(h)$，孔口截面积为 A_2，未出流时，容器内液面高度为 h_0．设整个出流过程为无粘性不可压缩流体的一维流动．某时刻 t，容器内水位高度为 h，由定常流伯努利方程可知

图 4-14 准定常小孔出流

$$\frac{V_1^2}{2g}+\frac{p_a}{\rho g}+h=\frac{V_2^2}{2g}+\frac{p_a}{\rho g},$$

且 $A_1V_1=A_2V_2$，因而得到

$$V_2=\sqrt{2gh}\bigg/\sqrt{1-\left(\frac{A_2}{A_1}\right)^2},\tag{4-44}$$

因为 $A_2 \ll A_1$，$1-(A_2/A_1)^2 \approx 1$，所以，该瞬时孔口出流速度为：$V=\sqrt{2gh}$．在 $\mathrm{d}t$ 时间内，从孔口流出的流量为 $\mathrm{d}Q=A_2\sqrt{2gh}\,\mathrm{d}t$．与此相对应，容器内液面将下降 $-\mathrm{d}h$（因为 $\mathrm{d}h<0$），根据质量守恒

$$-A_1\mathrm{d}h=A_2\sqrt{2gh}\,\mathrm{d}t,$$

由此得到

$$\mathrm{d}t=\frac{-A_1\mathrm{d}h}{A_2\sqrt{2gh}}.\tag{4-45}$$

式(4-45)表示了孔口准定常出流时，容器内液面变化与出流时间变化的关系，若给定容器形状 $A_1(h)$，就可以积分．特别当容器形状是 $A_1(h)=A_1=$ 常数的直柱形容器时，则容器内液面从 h_0 降至 h 时所需要的时间为

$$t=\int_0^t \mathrm{d}t=\int_{h_0}^{h}\frac{-A_1\mathrm{d}h}{A_2\sqrt{2gh}}=\frac{A_1}{A_2}\sqrt{\frac{2}{g}}(\sqrt{h_0}-\sqrt{h}).\tag{4-46}$$

若 $h=0$，即容器内液体"泄空"所需时间

$$t=\frac{2A_1\sqrt{h_0}}{A_2\sqrt{2g}}=\frac{2A_1h_0}{A_2\sqrt{2gh_0}}=\frac{2A_1h_0}{Q_0},\tag{4-47}$$

式中，$Q_0=A_2\sqrt{2gh_0}$，相当于在恒定水位情况下的孔口恒定出流流量，而 A_1h_0 是容器中所放出的液体总量，由此可见，对于等截面直柱形容器的孔口出流，准定常出流"泄空"的时间将正好是定常放出相同液体所需时间的两倍．

按相同的方程也可以研究液体"充满"容器的准定常流动．如果从小孔口进流速度按瞬时定常流计算，则式(4-45)和式(4-46)仍有效. 式(4-46)则表示了从 h 充满到 h_0 所需要的时间.

例 4.8 图 4-15 为两个大小相同的圆柱形容器，直径均为 D，高位的圆柱体 A 内充满液体，低位的圆柱体 B 内在初始时刻无液体. 现利用一根直径为 d 的虹吸管将 A 内部分液体吸到 B 中，虹吸管插入 A 内液体中的深度为 h_0，其进口端面离 B 容器底面的高度差为 z. 设虹吸管内流动是不断流的一维流动，忽略一切损失，求吸完 A 内液深 h_0 所需要的时间 t.

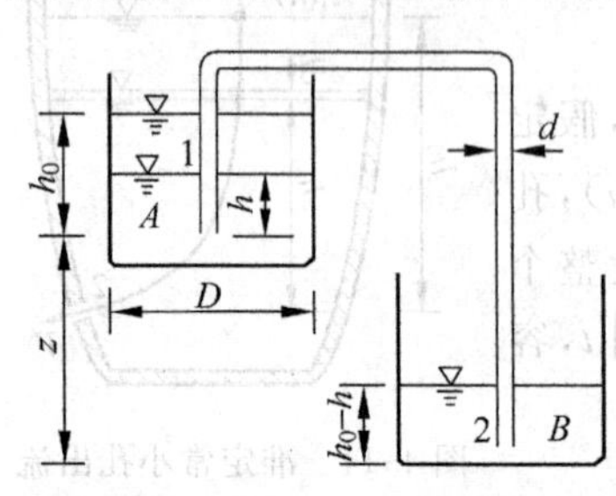

图 4-15 “泄空”与“充满”流动

解 本例中，按准定常流处理的前提是 $D\gg d$. 设某一时刻，A 容器内液面离虹吸管进口端面的高度为 h，根据质量守恒，B 内液深达到 h_0-h(因为 A、B 容器直径相同). 由于在这一时刻，流动可以看成是定常的，则对 A 内液面 1 处与 B 中虹吸管 2 处列伯努利方程

$$\frac{p_a}{\rho g}+\frac{V_1^2}{2g}+z+h=\frac{p_2}{\rho g}+\frac{V_2^2}{2g},$$

式中，$p_2=p_a+\rho g(h_0-h)$，且 $\frac{\pi}{4}d^2V=\frac{\pi}{4}D^2V_1$，$V$ 为虹吸管内流速，V_1 为 A 容器中液面下降速度. 由于 $D\gg d$，整理后可得虹吸管内流动瞬时速度 V 为

$$V=\sqrt{2g(z-h_0+2h)}. \tag{4-48}$$

瞬时过流流量则为 $Q=VA$，其中，$A=\frac{\pi}{4}d^2$.

根据质量守恒，在 $\mathrm{d}t$ 时间内有

$$Q\mathrm{d}t=-A_1\mathrm{d}h,\quad 其中\quad A_1=\frac{\pi}{4}D^2,$$

即

$$\mathrm{d}t=-\frac{A_1\mathrm{d}h}{AV}=-\frac{A_1}{A}\frac{\mathrm{d}h}{\sqrt{2g(z-h_0+2h)}}.$$

当 A 容器内液体从 $h=h_0$ 降到 $h=0$ 时：

$$t=-\frac{A_1}{A}\int_{h_0}^{0}\frac{\mathrm{d}h}{\sqrt{2g(z-h_0+2h)}}=\frac{1}{\sqrt{2g}}\left(\frac{D}{d}\right)^2(\sqrt{z+h_0}-\sqrt{z-h_0}). \tag{4-49}$$

本例中因为忽略一切损失，所以结果与液体种类和管路布局无关. 在实际中，不同的流体及管路在通过虹吸管时受到的阻滞作用有很大的差别，而实际所需时间都要比式(4-49)结果大一些. 计及能量损失的计算方法可参见 6.7 节.

4. 推广到沿程有能量损失(流动阻力)的情况

如果能保证流动绝热，那么，伯努利方程也可以推广到管道内沿程有能量损失的

一维流动.

把沿程有能量损失并且与外界有能量交换的情况都考虑在内，可以将伯努利方程式(4-26)改写成

$$\frac{a_1 V_1^2}{2g} + \frac{p_1}{\rho g} + z \pm H = \frac{a_2 V_2^2}{2g} + \frac{p_2}{\rho g} + z_2 + h_{w_{1-2}}, \tag{4-50}$$

式中，a_1、a_2为动能修正系数，通常都取 1；$h_{w_{1-2}}$ 表示了从过流截面 1 到 2 之间单位重量流体的能量损失，通常包括沿程阻力损失和局部阻力损失，其余各项含义与式(4-41)相同.

式(4-50)是应用于有粘性效应的一维管流的机械能守恒方程，通常称它为粘性总流的伯努利方程.关于这个方程的应用见 6.4 节.

4.2.6 非定常流动中的伯努利方程

在 4.2.1 节中，已在无粘性、流场正压和体积力有势三个条件下，得到了简化的运动方程式(4-24)

$$\frac{\partial \boldsymbol{V}}{\partial t} + \nabla\left(\frac{V^2}{2} + U + P\right) + (\nabla \times \boldsymbol{V}) \times \boldsymbol{V} = 0.$$

它也可以沿一条瞬时的流线积分而成为

$$\int \left[\frac{\partial \boldsymbol{V}}{\partial t} + \nabla\left(\frac{V^2}{2} + U + P\right)\right] \cdot \mathrm{d}\boldsymbol{s} = 0,$$

其中，$\mathrm{d}\boldsymbol{s}$ 是一条流线上的微元弧长矢量.如果积分是从流线上的位置 1 到 2，注意到速度方向与 $\mathrm{d}\boldsymbol{s}$ 的方向始终一致，则有

$$\int_1^2 \frac{\partial \boldsymbol{V}}{\partial t} \mathrm{d}s + \int_1^2 \mathrm{d}\left(\frac{V^2}{2} + U + P\right) = 0. \tag{4-51}$$

如果把流动条件进一步限制在流体不可压缩、体积力只有重力，则式(4-51)变为

$$\frac{V_1^2}{2} + \frac{p_1}{\rho} + gz_1 = \frac{V_2^2}{2} + \frac{p_2}{\rho} + gz_2 + \int_1^2 \frac{\partial \boldsymbol{V}}{\partial t} \mathrm{d}s = C(\psi, t), \tag{4-52}$$

式(4-52)称为无粘性不可压缩流体的非定常伯努利方程.式中，z 仍然是竖直向上的高程.$C(\psi,t)$表示在同一时刻，沿同一条瞬时流线为常数.

与定常流动的伯努利方程一样，式(4-50)可以用于二维或三维的流动，特别是用于所有的瞬时流线都来自或通过某个均匀区域的流动(即无旋流动).它也常用于处理在管道或槽道中的非定常一维流动，此时，瞬时流线也就是管道轴线，而且不随时间变化.

对于在变截面管道或槽道中的无粘性不可压缩流体的一维非定常流动，其基本方程组则为

$$\left.\begin{aligned} AV &= Q(t), \\ \frac{V_1^2}{2}+\frac{p_1}{\rho}+gz_1 &= \frac{V_2^2}{2}+\frac{p_2}{\rho}+gz_2+\int_1^2 \frac{\partial \boldsymbol{V}}{\partial t}\mathrm{d}s, \end{aligned}\right\} \tag{4-53}$$

式中，$A=A(s)$是管道的过流截面面积，$Q(t)$为瞬时体积流量. 在$Q(t)$和$A(s)$已知的情况下，由式(4-53)就可以确定沿流线任一位置s处的速度V和压强p，也可以用于确定容器中孔口非定常出流时，液面变化规律与出流时间等.

例 4.9　用非定常伯努利方程求解孔口出流问题.

如图 4-16 所示，假定一个敞口的直柱形容器，其横截面积为A_1，侧壁下方孔口的截面积为A_2，出流通大气，初始时刻容器内液面高度为h_0.

由于所有流线都起始于容器内自由液面，t时刻，选择一条流线 1→2 就可以应用式(4-53)

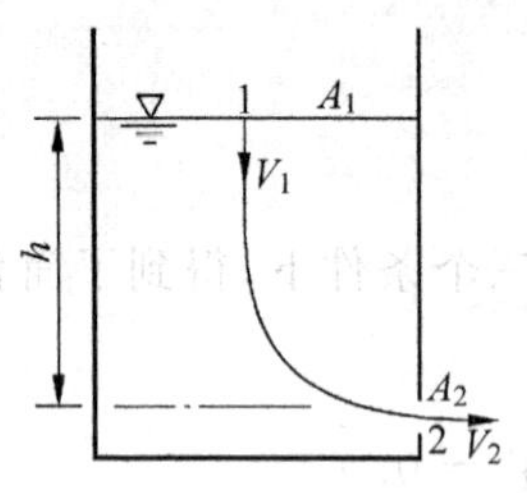

图 4-16　非定常小孔出流

$$\left.\begin{aligned} V_1A_1 &= V_2A_2, \\ \frac{V_1^2}{2}+\frac{p_a}{\rho}+gh &= \frac{V_2^2}{2}+\frac{p_a}{\rho}+0+\int_1^2 \frac{\partial \boldsymbol{V}}{\partial t}\mathrm{d}s. \end{aligned}\right\} \quad ①$$

由于在等直柱形容器内液体同时下降，因此，沿流线 1→2 实际上就是从 $h\to 0$ 整个液体以相同的$\dfrac{\partial V_1}{\partial t}$下降，所以有

$$\int_1^2 \frac{\partial \boldsymbol{V}}{\partial t}\mathrm{d}s = \int_h^0 -\frac{\partial V_1}{\partial t}\mathrm{d}h = h\,\frac{\mathrm{d}V_1}{\mathrm{d}t}. \quad ②$$

式②代入式①并整理后可得

$$\frac{V_1^2}{2}\left[\left(\frac{A_1}{A_2}\right)^2-1\right]-gh+h\,\frac{\mathrm{d}V_1}{\mathrm{d}t}=0. \quad ③$$

因为$h=h(t)$，所以式③是一个关于V_1的一阶非线性常微分方程，或者考虑到$V_1=-\dfrac{\mathrm{d}h}{\mathrm{d}t}$，就得到关于$h$变化规律的方程

$$h\,\frac{\mathrm{d}^2h}{\mathrm{d}t^2}-\frac{1}{2}\left(\frac{\mathrm{d}h}{\mathrm{d}t}\right)^2\left[\left(\frac{A_1}{A_2}\right)^2-1\right]+gh=0. \quad ④$$

无论是式③或式④都需要用数值方法求解，可给出的初值条件是：$t=0$：$h=h_0$，$V_1=-\dfrac{\mathrm{d}h}{\mathrm{d}t}=0$.

为了观察流动的非定常效应，在这里对式③采用逐次逼近法求解. 第一步，不妨先假定$\dfrac{\mathrm{d}V_1}{\mathrm{d}t}=0$，换言之说，用准定常流结果作为 0 级近似，则由式③得到

$$V_1=\left[\frac{2gh}{\left(\dfrac{A_1}{A_2}\right)^2-1}\right]^{\frac{1}{2}}. \quad ⑤$$

再把 V_1 看成 $V_1(t)$ 并对 t 微分，考虑到 $V_1=-\frac{\mathrm{d}h}{\mathrm{d}t}$，可以得到

$$h\frac{\mathrm{d}V_1}{\mathrm{d}t}=\frac{-gh}{\left(\frac{A_1}{A_2}\right)^2-1}. \tag{⑥}$$

把式⑥代入式③得到

$$\frac{V_1^2}{2}\left[\left(\frac{A_1}{A_2}\right)^2-1\right]-gh-\frac{gh}{\left(\frac{A_1}{A_2}\right)^2-1}=0. \tag{⑦}$$

很容易得到式③的一级近似结果

$$V_1=\left[\frac{2gh}{\left(\frac{A_1}{A_2}\right)^2-1}\right]^{\frac{1}{2}}\cdot\frac{1}{\sqrt{1-\left(\frac{A_2}{A_1}\right)^2}}. \tag{⑧}$$

由此可见，由于非定常效应，容器中液面下降的速度至少增大$\frac{1}{\sqrt{1-\left(\frac{A_2}{A_1}\right)^2}}$倍，从而“泄空”容器内液体的时间至少缩短相应倍数，这种效应将随 A_2/A_1 的增大而更趋明显.

4.2.7 非惯性坐标系中的伯努利方程

在 3.3 节中已经给出了在运动坐标系（非惯性系）中流动的运动方程式(3-30). 对于无粘性流体有：

$$\frac{\mathrm{D}\boldsymbol{V}_r}{\mathrm{D}t}=\boldsymbol{f}-\boldsymbol{a}_0-\boldsymbol{\omega}\times(\boldsymbol{\omega}\times\boldsymbol{r})-\frac{\mathrm{d}\boldsymbol{\omega}}{\mathrm{d}t}\times\boldsymbol{r}-2\boldsymbol{\omega}\times\boldsymbol{V}_r-\frac{1}{\rho}\nabla p, \tag{4-54}$$

式中，$\boldsymbol{a}_0$ 和 $\boldsymbol{\omega}$ 分别是运动坐标系的平移加速度和转动角速度，$\boldsymbol{V}_r$ 为相对速度，$\boldsymbol{r}$ 是运动坐标系中空间坐标矢径，$\frac{\mathrm{D}}{\mathrm{D}t}$ 和 ∇ 分别是在运动坐标系中的随体导数和哈密顿算子. 在一定的简化条件下，式(4-54)也存在伯努利积分.

1. 等加速直线运动坐标系中的伯努利方程

设 $\boldsymbol{a}_0$ 为常矢量，$\boldsymbol{\omega}=\boldsymbol{0}$，则式(4-54)变为

$$\frac{\mathrm{D}\boldsymbol{V}_r}{\mathrm{D}t}=\boldsymbol{f}-\boldsymbol{a}_0-\frac{1}{\rho}\nabla p \tag{4-55}$$

或

$$\frac{\partial\boldsymbol{V}_r}{\partial t}+(\boldsymbol{V}_r\cdot\nabla)\boldsymbol{V}_r=\boldsymbol{f}-\boldsymbol{a}_0-\frac{1}{\rho}\nabla p.$$

由矢量场论基本运算公式

$$(\boldsymbol{V}\cdot\nabla)\boldsymbol{V}=\nabla\left(\frac{V^2}{2}\right)+(\nabla\times\boldsymbol{V})\times\boldsymbol{V},$$

$$\boldsymbol{a}_0=\nabla(\boldsymbol{a}_0\cdot\boldsymbol{r})\quad(\text{因 }\boldsymbol{a}_0\text{ 为常矢量}),$$

并且仍然假定流体不可压缩，体积力只有重力，则由式(4-55)得到：

$$\frac{\partial\boldsymbol{V}_{\rm r}}{\partial t}+\nabla\left(\frac{V_{\rm r}^2}{2}+\frac{p}{\rho}+gz+\boldsymbol{a}_0\cdot\boldsymbol{r}\right)+(\nabla\times\boldsymbol{V}_{\rm r})\times\boldsymbol{V}_{\rm r}=0.\tag{4-56}$$

在相对运动流场中，将上式沿一条流线积分，例如在 t 时刻，从一条瞬时流线的位置点1积分到点2，则有

$$\frac{V_{\rm r1}^2}{2}+\frac{p_1}{\rho}+gz_1+(\boldsymbol{a}_0\cdot\boldsymbol{r})_1=\frac{V_{\rm r2}^2}{2}+\frac{p_2}{\rho}+gz_2+(\boldsymbol{a}_0\cdot\boldsymbol{r})_2+\int_1^2\frac{\partial\boldsymbol{V}_{\rm r}}{\partial t}{\rm d}s.\tag{4-57}$$

若流体的相对运动定常，则有

$$\frac{V_{\rm r}^2}{2}+\frac{p}{\rho}+gz+(\boldsymbol{a}_0\cdot\boldsymbol{r})=c(\psi).\tag{4-58}$$

式(4-57)和式(4-58)分别是在等加速直线运动坐标系中，无粘性不可压缩流体相对运动的非定常与定常伯努利方程.

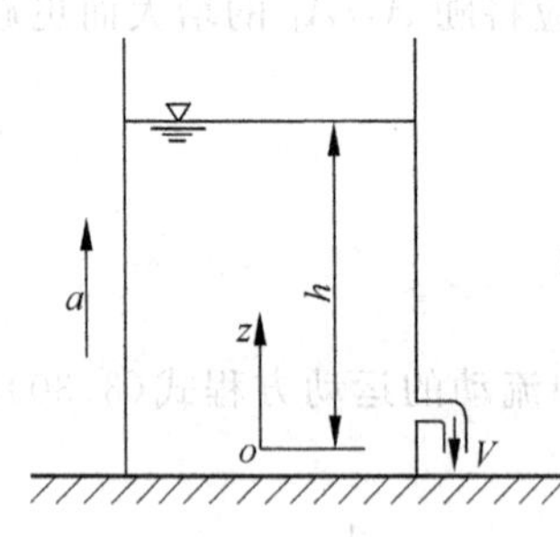

图4-17　动坐标系中小孔出流

例4.10　如图4-17所示，一个圆柱形水箱搁在电梯中，水箱直径为 D，箱中水深为 h，底面附近有一水龙头，出水直径为 d. 当电梯以等加速度 a 垂直上升时打开水龙头，试确定瞬间的出流速度.

解　当 $D\gg d$ 时，可以认定为准定常出流，取动坐标与容器固结，则此出流为非惯性坐标系中一维定常相对运动. 在容器内自由液面处与出口处应用动坐标系中伯努利方程式(4-58)，其中，$\boldsymbol{a}_0=a\,\boldsymbol{k}$；$\boldsymbol{r}=z\,\boldsymbol{k}$. 则有

$$\frac{V_1^2}{2}+\frac{p_a}{\rho}+gh+ah=\frac{V_2^2}{2}+\frac{p_a}{\rho}+0+0.$$

考虑到：$V_1D^2=V_2d^2$，可以得到相对出流速度

$$V_2=\sqrt{\frac{2(g+a)h}{1-\left(\dfrac{d}{D}\right)^4}}.$$

2. 等角速度旋转坐标系中的伯努利方程

为简单起见，假定坐标系仅绕 z 轴等角速度旋转，则 $\boldsymbol{a}_0=\boldsymbol{0}$，$\boldsymbol{\omega}=\omega\boldsymbol{k}$，$\dfrac{{\rm d}\boldsymbol{\omega}}{{\rm d}t}=0$. 式(4-54)变为

$$\frac{\mathrm{D}\boldsymbol{V}_{\mathrm{r}}}{\mathrm{D}t}=\boldsymbol{f}-\boldsymbol{\omega}\times(\boldsymbol{\omega}\times\boldsymbol{r})-2\boldsymbol{\omega}\times\boldsymbol{V}_{\mathrm{r}}-\frac{1}{\rho}\nabla p,$$

在与1.相同的简化条件下，注意到此时

$$\boldsymbol{\omega}\times(\boldsymbol{\omega}\times\boldsymbol{r})=-\nabla\left(\omega^2\frac{x^2+y^2}{2}\right),$$

于是得到：

$$\frac{\partial\boldsymbol{V}_{\mathrm{r}}}{\partial t}+\nabla\left[\frac{V_{\mathrm{r}}^2}{2}+\frac{p}{\rho}+gz-\omega^2\frac{(x^2+y^2)}{2}\right]+(\nabla\times\boldsymbol{V}_{\mathrm{r}})\times\boldsymbol{V}_{\mathrm{r}}+2\boldsymbol{\omega}\times\boldsymbol{V}_{\mathrm{r}}=0. \tag{4-59}$$

上式同样可以沿运动坐标系中一条瞬时流线积分.

当相对运动定常时，式(4-59)沿一条流线积分给出

$$\frac{V_{\mathrm{r}}^2}{2}+\frac{p}{\rho}+gz-\omega^2\frac{(x^2+y^2)}{2}=C(\psi). \tag{4-60}$$

这就是在定常旋转坐标系中流体相对运动的伯努利方程.

图4-18所示为一流体机械的旋转叶轮如水泵、风机和水轮机等. 在转速ω恒定的情况下，叶片与叶片间通道中流体的相对运动是定常的. 如果把此叶片通道中流动看成是一维流动，假定流体无粘性不可压缩，则沿通道中心流线从1到2，可以应用方程式(4-60).

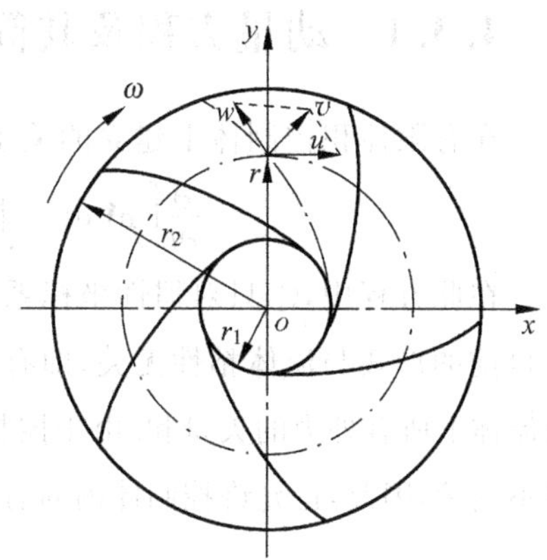

图4-18 旋转叶轮中流动

在图示坐标系中，$u=r\omega$，为牵连速度，用w表示与流线相切的相对速度，则对流线上任意1、2两点，式(4-60)改写为

$$\frac{w_1^2}{2g}+\frac{p_1}{\rho g}+z_1+\frac{u_2^2-u_1^2}{2g}=\frac{w_2^2}{2g}+\frac{p_2}{\rho g}+z_2, \tag{4-61}$$

式中，$\frac{u_2^2-u_1^2}{2g}=\frac{(r_2^2-r_1^2)\omega^2}{2g}$表示离心力对单位质量流体所作的功.

若设$H_1=\frac{w_1^2}{2g}+\frac{p_1}{\rho g}+z_1$，$H_2=\frac{w_2^2}{2g}+\frac{p_2}{\rho g}+z_2$，则有

$$H_2-H_1=\frac{u_2^2-u_1^2}{2g}. \tag{4-62}$$

当流体从里向外作离心运动时，$r_2>r_1$，$H_2-H_1>0$，离心力作正功，称为泵工况，如水泵、风机等；当流体由外向里作向心运动时，$r_2<r_1$，$H_2-H_1<0$，离心力作负功，这是一种马达工况，如水轮机等.

4.3 动量定理及其应用

在第3章,由动量定理得到了流体运动的微分方程,利用微分方程组求解问题,可以得到流场中物理量的分布.在本章的前两节中,讨论了运动微分方程在一些特定的条件下沿一条流线积分,得到了伯努利方程.利用伯努利方程求解问题,可以得到流动物理量(主要是速度和压力)沿流线各点上或沿管道各截面上的变化规律,也就是一种一维的分布.

在工程中,常常遇到这样一类流体力学问题,它不需要计算流场内每点上或管道每个截面上的压力分布,而仅仅需要计算流体与物体之间总的相互作用力或作用力矩,那么,此时,直接使用积分形式的动量定理或动量矩定理就比使用微分方程式或伯努利积分方便得多.

4.3.1 动量方程及其简化

在有限体积控制体上建立的关于流体运动的动量定理就是式(3-25),即

$$\frac{\partial}{\partial t}\int_{\tau}\rho\boldsymbol{V}\mathrm{d}\tau+\oint_{A}\rho\boldsymbol{V}(\boldsymbol{V}\cdot\boldsymbol{n})\mathrm{d}A=\sum\boldsymbol{F}. \tag{4-63}$$

在此方程中,①只对惯性坐标系成立,即控制体 τ 必须相对于惯性坐标系固定;②目前的形式与流体粘性无关,即有粘性影响时也成立;③ $\sum\boldsymbol{F}$ 是指作用于控制体内流体上所有外力的矢量和.由于控制体是人为选定的,方程本身又允许 τ 内流体物理量不连续,因此,也允许控制体内尚有其他物体存在,从而 $\sum\boldsymbol{F}$ 就包括下列两种情况

$$\sum\boldsymbol{F}=\begin{cases}\displaystyle\int_{\tau}\rho\boldsymbol{f}\,\mathrm{d}\tau+\oint_{A}p_{n}\mathrm{d}A & (\tau\text{ 内只有流体}),\\ \displaystyle\int_{\tau}\rho\boldsymbol{f}\,\mathrm{d}\tau+\oint_{A}p_{n}\mathrm{d}A+\boldsymbol{R} & (\tau\text{ 内含有其他物体}),\end{cases} \tag{4-64}$$

其中,$\boldsymbol{R}$ 是控制体 τ 内所含物体对流体的总作用力(反作用力).

式(4-63)是一个矢量方程,可以在选定坐标系下写成标量形式方程.例如在直角坐标系中有

$$\begin{aligned}&\frac{\partial}{\partial t}\int_{\tau}\rho u\,\mathrm{d}\tau+\oint_{A}\rho u(\boldsymbol{V}\cdot\boldsymbol{n})\mathrm{d}A=\sum F_{x},\\&\frac{\partial}{\partial t}\int_{\tau}\rho v\,\mathrm{d}\tau+\oint_{A}\rho v(\boldsymbol{V}\cdot\boldsymbol{n})\mathrm{d}A=\sum F_{y},\\&\frac{\partial}{\partial t}\int_{\tau}\rho w\,\mathrm{d}\tau+\oint_{A}\rho w(\boldsymbol{V}\cdot\boldsymbol{n})\mathrm{d}A=\sum F_{z}.\end{aligned} \tag{4-65}$$

上述动量方程在某些特定条件下可以简化

(1) 如果流动定常,则变为

$$\oint_A \rho \boldsymbol{V}(\boldsymbol{V} \cdot \boldsymbol{n}) \mathrm{d}A = \sum \boldsymbol{F}. \tag{4-66}$$

(2) 如果所选择的控制面 A 中,只有一个 A_2 面允许流出,一个面 A_1 允许流入,且流动又是定常的,则变为

$$\int_{A_2} \rho_2 \boldsymbol{V}_2 (\boldsymbol{V}_2 \cdot \boldsymbol{n}_2) \mathrm{d}A_2 - \int_{A_1} \rho_1 \boldsymbol{V}_1 (\boldsymbol{V}_1 \cdot \boldsymbol{n}_1) \mathrm{d}A_1 = \sum \boldsymbol{F}, \tag{4-67}$$

式中的 $\boldsymbol{n}_1$ 已改为 A_1 面上内法线方向.

(3) 如果在(2)的条件上再附加:A_1 和 A_2 面上的流动物理量均匀或按截面平均量计算,则有

$$Q_{m_2} \boldsymbol{V}_2 - Q_{m_1} \boldsymbol{V}_1 = \sum \boldsymbol{F}, \tag{4-68}$$

式中 Q_{m_1} 和 Q_{m_2} 分别为过 A_1 和 A_2 面的质量流量,当 1 和 2 截面之间没有质量的添加或减少时,$Q_{m_1} = Q_{m_2} = Q_m$,式(4-68)变为

$$Q_{\mathrm{m}} (\boldsymbol{V}_2 - \boldsymbol{V}_1) = \sum \boldsymbol{F}. \tag{4-69}$$

如果选择直角坐标系,式(4-69)则为

$$\begin{aligned} Q_{\mathrm{m}}(u_2 - u_1) &= \sum F_x, \\ Q_{\mathrm{m}}(v_2 - v_1) &= \sum F_y, \\ Q_{\mathrm{m}}(w_2 - w_1) &= \sum F_z. \end{aligned} \tag{4-70}$$

4.3.2 动量方程的应用

在应用动量方程时需要注意两个关键步骤:第一步要选好控制体,把要研究的问题集中的控制面上,尽量减少未知量的个数;第二步是正确选择坐标系,尽量减少方程的个数,列标量形式方程时注意外力的作用方向、速度的方向及其它们投影的正负.

例 4.11 流体作用于弯管上的力.

当流体流过弯管时,由于流动方向改变,流体的动量也将变化,而且随着管道截面的变化,速度的大小也随着变化,所以在流体与管道之间必定作用着附加力. 在整个的弯管段中,求这个总附加力的最简便的方法就是应用动量定理.

图 4-19 所示为液体通过弯管的流动. 已知弯管由进口截面①处直径为 d_1 逐渐变细到出口截面②处的直径为 d_2,同时弯转角度为 θ. 过流液体的密度为 ρ,过流体积流量为 Q. 假定流动为定常一维流动,进、出口过流截面上的相对压强为 p_1 和 p_2,整个弯管在水平面内. 现在要计算流体作用于弯管上合力的大小和方向.

解　第一步，选择控制体如图中虚线所示，控制面为弯管内壁面、进出口过流截面. 现在过流截面上的压强是已知的，速度可由连续性方程给出

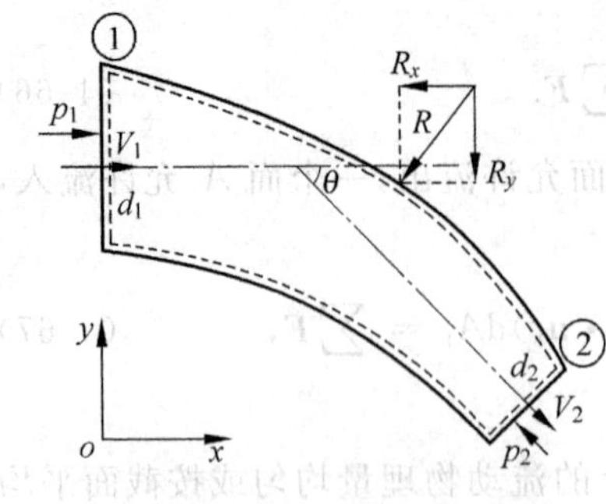

图 4-19　流体对弯管的作用力

$$V_1 = \frac{Q}{\frac{\pi}{4}d_1^2}, \quad V_2 = \frac{Q}{\frac{\pi}{4}d_2^2}.$$

在内壁面上存在表面力，它们的合力就是流体对弯管的作用合力. 设弯管对水流的反作用力为 $\boldsymbol{R}$，图中已在控制面上标注了所有物理量. 第二步，选择合适的坐标系列出动量方程. 根据本例流动位形，选择图示直角坐标系. 从而 x 方向动量方程为

$$\rho Q(u_2 - u_1) = \sum F_x. \qquad ①$$

根据所选坐标系有 $u_2 = V_2\cos\theta, u_1 = V_1$，

$$\sum F_x = p_1 \frac{\pi}{4}d_1^2 - p_2 \frac{\pi}{4}d_2^2\cos\theta - R_x.$$

代入式①，整理后可以得到

$$R_x = p_1 \frac{\pi}{4}d_1^2 - p_2 \frac{\pi}{4}d_2^2\cos\theta - \rho Q(V_2\cos\theta - V_1). \qquad ②$$

y 方向动量方程为

$$\rho Q(v_2 - v_1) = \sum F_x, \qquad ③$$

现在

$$v_2 = -V_2\sin\theta, \quad v_1 = 0,$$

$$\sum F_y = p_2 \frac{\pi}{4}d_2^2\sin\theta - R_y,$$

代入式③，可得

$$R_y = p_2 \frac{\pi}{4}d_2^2\sin\theta + \rho Q V_2 \sin\theta. \qquad ④$$

由式②和式④就可以求出合力 $\boldsymbol{R}$ 的大小的方向，所求的流体对弯管的作用力 $\boldsymbol{F} = -\boldsymbol{R}$.

通过本例，有几个问题需要讨论：

(1) 在过流截面上采用相对压强是因为在流体与固壁面的交界面上也存在大气压强作用，从而，控制面上所有大气压强作用抵消；

(2) 由于弯管处于水平面上，重力作用与流动无关. 动量方程中的 $\sum \boldsymbol{F}$ 中只有表面力的合力. 在原始的方程中，这个表面力是可以包含粘性切应力的. 现在笼统的记

作$\boldsymbol{R}$,粘性影响就体现在p_1和p_2上.换言之,在V_1和V_2已知的情况,p_1和p_2中只能给出一个,另一个要用伯努利方程来求,涉及粘性时,就要用粘性流的伯努利方程来求.

(3) 力和速度的投影一定要注意正负,例如本例中V_2在y方向上的投影应为:$v_2=-V_2\sin\theta$.

4.3.3 轴流式涡轮机的欧拉方程

涡轮机又称透平机.按涡轮机流道中流体的运动方向分,有轴流、径流、混流或斜流等形式.轴流式就是指流体进入和离开叶轮时基本上和转轴平行,如图4-20(a)所示.现在应用动量定理来得到轴流式涡轮机的欧拉方程,它是一个说明其工作原理的基本方程.

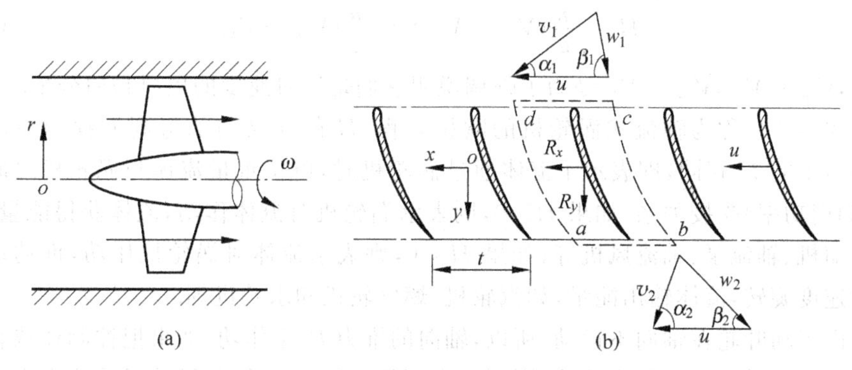

图4-20 轴流式涡轮机工作原理

如果以轴线为中心,用一个圆柱面切割叶轮,然后平面展开就成为如图4-20(b)所示的平面翼栅,它由一组形状相同互相平行的流线型叶片剖面(称为翼型)所组成.叶片与叶片间的间距称为栅距,用t表示.由于流动是轴向的,只要叶片足够长(高),叶片数量足够多,则每一个圆柱面上的流动基本相似,因此,取叶片高度方向为1,流动就可以在平面翼栅上按平面流动来分析.

取图示直角坐标系与翼栅固定,只要转速恒定,则此坐标系是一个以牵连速度u平移的惯性坐标系.选取如虚线所示控制体$abcd$,cd和ab是流动的进口截面和出口截面,ad和bc为两相邻叶片通道的中心流线(面).

设截面cd和ab上流体的平均绝对速度为V_1和V_2,与叶片运动方向所成的方向角为α_1和α_2;两截面上的牵连速度都是u,于是可画出进出口速度三角形如图所示,其中β_1和β_2称为叶片安装角,它保证相对速度w_1和w_2与运动叶片面相切.可想而知,随着叶片高度增加,牵连速度增加,而绝对速度基本不变,因而,相对速度的变化造成β角的变化. 为了保证在每一个圆周截面上相对速度与运动叶片相切,就要将叶片沿高度逐渐扭曲.

现假定流体在叶片通道中的流动是无粘性一维流动,设进出口截面上的平均压强为p_1和p_2,作用在两中心流面ad和bc上的压强分布正好反对称,互相抵消,忽略重力,则可以应用动量定理式(4-69)得到周向(x方向)上平衡方程

$$R_x = Q_m(V_{2x} - V_{1x}),$$

和轴向(y方向)平衡方程

$$R_y = Q_m(V_{2y} - V_{1y}) + (p_2 - p_1)t,$$

式中,$Q_m = \rho_1 V_{1y} t = \rho_2 V_{2y} t$,$R_x$和$R_y$分别是单位高度叶片对流体的反作用力分量.

单位时间内动叶轮对流体所作的机械功率为

$$N = R_x \cdot u = Q_m u(V_{2x} - V_{1x}),$$

化成单位时间内动叶轮对单位重量流体所作的机械功率为

$$H = \frac{u}{g}(V_{2x} - V_{1x}) = \frac{u}{g}(V_{2u} - V_{1u}), \tag{4-71}$$

式中,$V_{2u} = V_{2x}$,$V_{1u} = V_{1x}$是为了强调说明它们是绝对速度的周(切)向分量.

式(4-71)称为轴流式涡轮机的欧拉方程,H的含义与伯努利方程(4-41)和式(4-50)中的H相同,即表示了流体通过涡轮机时,单位重量流体与涡轮机之间的能量(圆周功率)受授关系. 如果$H>0$,则表示涡轮机对流体作功,流体获得能量,如轴流压缩机、轴流泵、轴流风机等;如果$H<0$,则表示流体对涡轮机作功,推动动叶轮等角速度旋转,流体输出能量,如汽轮机、燃气轮机和水轮机等.

由于动叶轮在轴向不运动,所以,轴向的推力R_y不作功. 如果把控制体取在两个叶片间的通道中而不包围叶片,则可以由可压缩流伯努利方程说明动叶进出口流体的相对总焓(即总能量)保持不变. 如果这个动叶轮一边旋转,一边又有轴向运动,则不仅有轴向推力,而且又有推力功率,如下一例的螺旋桨.

轴流式叶轮中流动的简单设计工况计算,常采用平面翼栅理论中一维流动模型或绕一个叶型的平面流动模型. 精确分析计算必须考虑到沿叶高方向的流动,此时要用准三维或三维流动理论.

例 4.12 阐述螺旋桨的工作原理.

螺旋桨是一种推动物体在流体中前进的装置,广泛应用于航空与船舶工程. 它的工作原理是:通过外部动力(如发动机或电动机)带动在流体中的螺旋桨旋转,不断对流体输入能量以提高流体的速度和压力,从而导致流体动量的变化以产生推力或牵引力.

如果一个螺旋桨一面定常旋转一面又随物体以速度V_1在静止流体中作匀速直线运动,那么,根据相对性原理,其作用相当于流体以等速度V_1逐渐加速流过一个固定的螺旋桨,类似于一台电风扇.

如图 4-21 所示，在离螺旋桨较远的上游截面①处，流动参数 p_1、V_1 均匀. 逐渐趋近螺旋桨时，根据伯努利方程，速度不断增加，压强逐渐减小，近似看成一个有滑流边界的加速区. 到达螺旋桨前侧截面②处，平均速度为 V_2，压强为 p_2. 流体通过螺旋桨时，螺旋桨对流体作功，使流体获得能量，在③截面处的压强提高到 p_3，但速度不变(因质量守恒). 随后的一段距离内，压强逐渐减少转化为速度逐渐增加，延续了前侧的加速，在后侧又是一个有滑流边界的加速区，直到下游④截面处，压强 $p_4 = p_1$(降到最小值)，平均速度达到最大值 V_4.

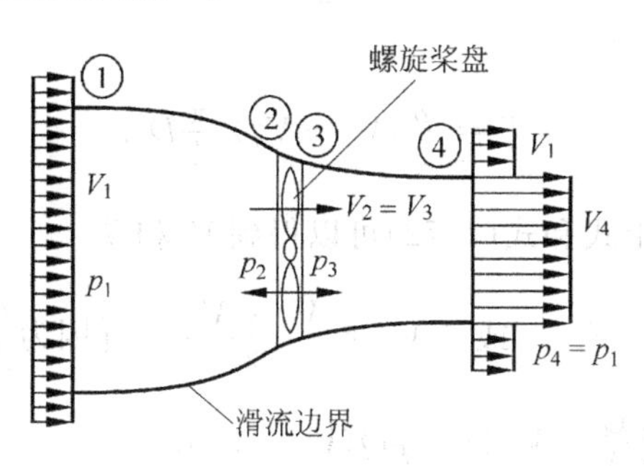

图 4-21 螺旋桨工作原理

现在已知螺旋桨外缘的直径 D 和设计通过螺旋桨的体积流量 Q，已知流体密度 ρ 和螺旋桨前方的流体压强 p_1 和运动速度 V_1，忽略流体在越过螺旋桨时造成的扭转现象，忽略粘性和重力影响，用一个螺旋桨盘面代替螺旋桨，求螺旋桨所能产生的推力 T.

解 由于积分形式的动量定理表达式中允许流体物理量不连续，因此，如果取控制体由①、④截面与滑流边界所围成，则由动量定理可以得到(四周压力相同都抵消)：

$$T = \rho Q(V_4 - V_1), \tag{4-72}$$

或者取控制体由②、③截面及桨盘外缘围成，则又可以写成

$$T = (p_3 - p_2)\frac{\pi}{4}D^2. \tag{4-73}$$

上述两式中的未知量可以通过伯努利方程来得到.

对①与②截面处列伯努利方程

$$\frac{V_1^2}{2} + \frac{p_1}{\rho} = \frac{V_2^2}{2} + \frac{p_2}{\rho},$$

即

$$p_2 = p_1 + \frac{\rho}{2}(V_1^2 - V_2^2). \tag{4-74}$$

对③与④截面处列伯努利方程

$$\frac{V_3^2}{2}+\frac{p_3}{\rho}=\frac{V_4^2}{2}+\frac{p_4}{\rho}.$$

考虑到 $V_2=V_3$，$p_1=p_4$，可以得到

$$p_3=p_1+\frac{\rho}{2}(V_4^2-V_2^2), \tag{4-75}$$

式(4-75)减去式(4-74)，得到

$$p_3-p_2=\frac{\rho}{2}(V_4^2-V_1^2),$$

代入式(4-73)得到

$$T=\frac{\rho}{2}(V_4^2-V_1^2)\frac{\pi}{4}D^2.$$

记 $\frac{\pi}{4}D^2=A$，则由上式和式(4-72)可以得到 V_4 和 T

$$V_4=\frac{2Q}{A}-V_1 \quad 或 \quad V_2=\frac{V_4+V_1}{2} \qquad \left(因为\frac{Q}{A}=V_2\right),$$

$$T=2\rho Q\left(\frac{Q}{A}-V_1\right)=2\rho Q(V_2-V_1). \tag{4-76}$$

如果在①与④截面处列伯努利方程，就要考虑到中间有能量交换，根据式(4-41)，得到

$$\frac{V_1^2}{2g}+\frac{p_1}{\rho g}+H=\frac{V_4^2}{2g}+\frac{p_4}{\rho g}.$$

由于 $p_1=p_4$，于是

$$H=\frac{1}{2g}(V_4^2-V_1^2)=\frac{1}{g}V_2(V_4-V_1).$$

流体从螺旋桨中获得的总功率则为

$$N_0=\rho gQH=\rho gV_2(V_4-V_1).$$

而流体所产生的推力功率(即输出功率)为

$$N=T\cdot V_1=\rho QV_1(V_4-V_1).$$

因而，螺旋桨的理论效率为

$$\eta=\frac{N}{N_0}=\frac{V_1}{V_2}. \tag{4-77}$$

由式(4-76)式可见，要推力大，需要 Q 大或 (V_2-V_1) 大；但从式(4-77)可见，当 V_2-V_1 大时，效率就低，这就存在系统优化问题.

螺旋桨内部流场的计算是一个复杂的三维流动问题，目前都采用数值解法.

4.3.4 非惯性坐标系中的动量定理

仿照式(3-30)或式(4-54)，可以得到在非惯性坐标系中积分形式的动量方程

$$\frac{\partial}{\partial t}\int_{\tau}\rho \boldsymbol{V}_{\mathrm{r}}\mathrm{d}\tau+\oint_{A}\rho \boldsymbol{V}_{\mathrm{r}}(\boldsymbol{V}_{\mathrm{r}}\cdot \boldsymbol{n})\mathrm{d}A=\sum \boldsymbol{F}$$

$$=\int_{\tau}\rho\left(\boldsymbol{f}-\boldsymbol{a}_{0}-\boldsymbol{\omega}\times(\boldsymbol{\omega}\times \boldsymbol{r})-\frac{\mathrm{d}\omega}{\mathrm{d}t}\times \boldsymbol{r}-2\boldsymbol{\omega}\times \boldsymbol{V}_{\mathrm{r}}\right)\mathrm{d}\tau+\oint_{A}p_{n}\mathrm{d}A. \quad (4\text{-}78)$$

与惯性系下的动量方程式(4-64)相比，在体积力中增加了四项惯性力，同时，控制体 τ 与非惯性系固结，$\boldsymbol{V}_{\mathrm{r}}$ 为相对速度. 如果 τ 内还包含其他物体，则也要在 $\sum \boldsymbol{F}$ 中增加一项所含物体对流体的反作用合力 $\boldsymbol{R}$.

式(4-78)也可以在某些特定条件下简化. 例如，当相对运动定常、流体只允许在一个过流截面流入，另一个过流截面流出且在过流截面上相对流动参数均匀时，则有

$$Q_{m_2}\boldsymbol{V}_{\mathrm{r}2}-Q_{m_1}\boldsymbol{V}_{\mathrm{r}1}=\sum \boldsymbol{F}. \quad (4\text{-}79)$$

例 4.13 如图 4-22 所示，有一火箭初始总质量为 M_0. 开始燃烧后，每单位时间的燃料消耗量，也就是单位时间的排气质量为 Q_{me}，平均排气压强为 p_{e}，排气面积为 A_{e}，相对于火箭的平均排气速度为 V_{e}. 假定 Q_{me}、V_{e}、p_{e} 为常数，忽略排气流动的粘性影响，设火箭飞行时空气阻力为 D，求火箭垂直向上发射的初始加速度 a_0.

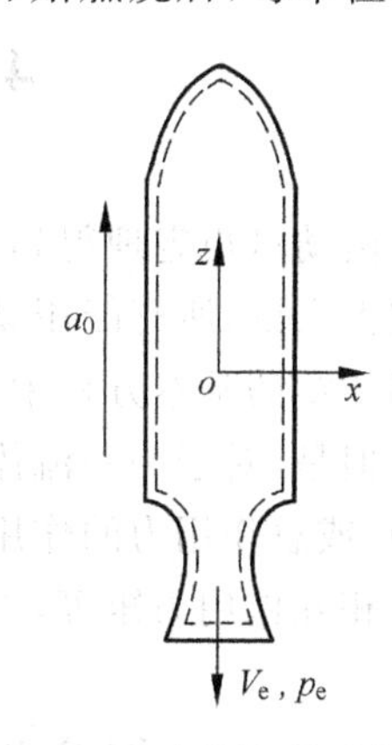

图 4-22 火箭发射示意图

解 本例中，应先求出火箭发动机所产生的推力 T. 因为火箭发射后作竖直向上的加速运动，因此，宜用非惯性系中的动量方程. 取动坐标系中的控制体如图虚线所示，根据式(4-78)和式(4-79)，由于火箭内相对运动定常，相对动量几乎不变，即

$$\frac{\partial}{\partial t}\int_{\tau}\rho \boldsymbol{V}_{\mathrm{r}}\,\mathrm{d}\tau=0,$$

而且

$$\oint_{A}\rho \boldsymbol{V}_{\mathrm{r}}(\boldsymbol{V}_{\mathrm{r}}\cdot \boldsymbol{n})\mathrm{d}A=-Q_{\mathrm{me}}V_{\mathrm{e}},$$

$$\sum F_{z}=(p_{\mathrm{e}}-p_{\mathrm{a}})A_{\mathrm{e}}+\int_{\tau}\rho(-g-a_{0})\mathrm{d}\tau+\int_{A-A_{\mathrm{e}}}-(p-p_{\mathrm{a}})\boldsymbol{n}\mathrm{d}A,$$

记

$$\int_{A-A_{\mathrm{e}}}-(p-p_{\mathrm{a}})\boldsymbol{n}\mathrm{d}A=-T,$$

式中，T 是指流体对火箭的推力. 因为上式积分时水平方向抵消，只有竖直方向上的推力. 设火箭的总质量 $M_0=M_{01}+M_{02}$，其中 M_{02} 是需要消耗的燃料和助燃剂的初始总质量，于是

$$\int_{\tau}\rho(-g-a_{0})\mathrm{d}\tau=-(g+a_{0})\int_{\tau}\rho\mathrm{d}\tau=-(g+a_{0})(M_{02}-Q_{\mathrm{me}}t),$$

整理后得到火箭竖直发射时的推力为

$$T = Q_{me}V_e + (p_e - p_a)A_e - (g + a_0)(M_{02} - Q_{me}t), \tag{4-80}$$

现在可以根据牛顿运动定律来求火箭发射时的初始加速度 a_0：

$$M_{01}a_0 = T - D - M_{01}g,$$

代入相关数据后得到

$$a_0 = \frac{dV_0}{dt} = \frac{Q_{me}V_e + (p_e - p_a)A_e - D}{M_0 - Q_{me}\cdot t} - g. \tag{4-81}$$

这也就是火箭质心运动的微分方程.从流体力学的角度看，V_e、p_e 和 Q_{me} 要通过火箭发动机内部流场的计算才能得到；阻力 D 是要通过火箭外部绕流流场的计算才能得到；同时，推力 T 和阻力 D 还需要通过试验或实验来验证.

4.4 动量矩定理及其应用

由动量矩定理得到的动量矩方程只是一个补充方程，并不是一个独立的方程.从原理上来说，所有能用动量矩方程求解的问题都可以用动量定理来求解.因此，在前面第3章的基本方程中没有给出动量矩方程.

但是，对于一些流体力学问题，例如：①需要求流体与固体间相互作用的总作用力矩，或总作用力的作用点位置；②在转动物体或涡轮机叶轮通道中求运动流体与固体的相互作用力矩等，直接使用动量矩方程要方便得多.

4.4.1 积分形式的动量矩方程

动量矩方程也有微分形式和积分形式两种.在流体力学中，微分形式的动量矩方程只用于证明应力张量[$\boldsymbol{P}$]中的切应力互等.

积分形式的动量矩方程可以直接由动量定理式(3-25)给出

$$\frac{\partial}{\partial t}\int_\tau \rho(\boldsymbol{r}\times\boldsymbol{V})d\tau + \oint_A (\boldsymbol{r}\times\boldsymbol{V})(\rho\boldsymbol{V}\cdot\boldsymbol{n})dA = \sum\boldsymbol{M}, \tag{4-82}$$

式中 $\boldsymbol{r}$ 是某一参考点到控制体 $d\tau$ 或控制面 dA 的矢径.在此方程中：①只对惯性坐标系成立；②目前的形式与流体粘性无关；③ $\sum\boldsymbol{M}$ 可分两种情况考虑：

$$\sum\boldsymbol{M} = \begin{cases} \int_\tau \boldsymbol{r}\times\boldsymbol{f}\rho d\tau + \oint_A \boldsymbol{r}\times\boldsymbol{p}_n dA & (\tau\text{ 内只有流体}), \\ \int_\tau \boldsymbol{r}\times\boldsymbol{f}\rho d\tau + \oint_A \boldsymbol{r}\times\boldsymbol{p}_n dA + \boldsymbol{M}_0 & (\tau\text{ 内含有其他物体}), \end{cases} \tag{4-83}$$

$\boldsymbol{M}_0$ 是指 τ 内物体对流体的总作用力对同一参考点的力矩.

另外，此方程也是一个矢量方程，实际应用时，要在选定的坐标系中化成标量形式.

在某些特定的应用条件下,式(4-82)和(4-83)可以简化:

(1) 如果 τ 内动量矩不随时间变化,则有

$$\oint_A (\boldsymbol{r}\times\boldsymbol{V})(\rho\boldsymbol{V}\cdot\boldsymbol{n})\mathrm{d}A = \sum\boldsymbol{M}. \tag{4-84}$$

(2) 如果在控制面中只允许有一个出口截面 A_2 和一个进口截面 A_1,而且在 A_1 和 A_2 上所有物理量是均匀分布的,再加上定常条件,则有

$$Q_{\mathrm{m}_2}(\boldsymbol{r}_2\times\boldsymbol{V}_2) - Q_{\mathrm{m}_1}(\boldsymbol{r}_1\times\boldsymbol{V}_1) = \sum\boldsymbol{M}, \tag{4-85}$$

式中,$\boldsymbol{V}_2$ 和 $\boldsymbol{V}_1$ 分别为出口和进口截面上的平均流速,$\boldsymbol{r}_2$ 和 $\boldsymbol{r}_1$ 是同一参考点到 A_2 和 A_1 面形心的矢径;Q_{m_1} 和 Q_{m_2} 分别为进出口质量流量. 在一般情况下,$Q_{\mathrm{m}_1}=Q_{\mathrm{m}_2}=Q_{\mathrm{m}}$.

(3) 如果在条件①和②的基础上,再忽略体积力和控制面 A 上表面力所产生的合力矩,或它们的合力矩为零,则有

$$Q_{\mathrm{m}}[(\boldsymbol{r}_2\times\boldsymbol{V}_2) - (\boldsymbol{r}_1\times\boldsymbol{V}_1)] = \boldsymbol{M}_0. \tag{4-86}$$

4.4.2 径流式涡轮机的欧拉方程

积分形式的动量矩方程的一个重要的应用就是导出径流式(包括混流式)涡轮机的欧拉方程,它不仅是说明涡轮机机械工作原理的基本方程,并且有广泛的应用性.

在 4.2.7 节中介绍非惯性系中伯努利方程的应用时,已经提到过涡轮机的径流叶轮,那时是假定沿叶片通道的流动是一维流动,可以根据伯努利方程求出沿通道各截面上的速度和压力分布(见图 4-18). 现在用动量矩定理来求叶轮的旋转力矩.

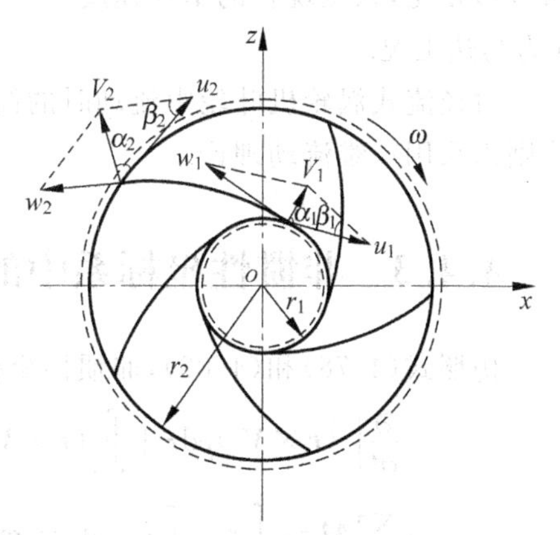

图 4-23 径流式涡轮机工作原理

图 4-23 为一径流式叶轮. 为了应用式(4-82)和式(4-83),取控制体包围整个叶轮并与外机壳(图中未画)固结的惯性坐标系,其中作为控制面一部分的进出口截面如图中虚线所示. 假定垂直纸面的 y 轴为一水平轴,叶轮的进出口截面上流动参数均匀,旋转角速度 ω 恒定,忽略一切损失. 在转速 ω 恒定及进出口流动条件不变的情况下,叶轮通道中流体的相对运动是定常的,但对于现在所取的惯性系来说,绝对运动是非定常的. 然而,整个控制体内流体的合动量矩仍不随时间而变,即

$$\frac{\partial}{\partial z}\int_\tau (\boldsymbol{r}\times\boldsymbol{V})_y \rho\,\mathrm{d}\tau = 0.$$

由于质量力对于水平 y 轴分布的对称性有

$$\int_{\tau}(\boldsymbol{r}\times\boldsymbol{f})_{y}\rho\mathrm{d}\tau=0.$$

控制面中只有一个半径为 r_1 的进口截面和一个半径为 r_2 的出口截面，已假定两截面上流动参数均匀且忽略粘性损失，从而在两截面上只有压力，且作用方向都通过 y 轴，因此

$$\oint_{A}(\boldsymbol{r}\times\boldsymbol{p}_{n})_{y}\mathrm{d}A=0.$$

把上述结果代入式(4-82)和式(4-83)就变成了式(4-86)

$$Q_{\mathrm{m}}[(\boldsymbol{r}_2\times\boldsymbol{V}_2)-(\boldsymbol{r}_1\times\boldsymbol{V}_1)]=\boldsymbol{M}_0.$$

根据图示的进出口速度三角形，上式变为

$$M_0=Q_{\mathrm{m}}(V_2\,r_2\cos\alpha_2-V_1\,r_1\cos\alpha_1)=Q_{\mathrm{m}}(r_2\,V_{2u}-r_1\,V_{1u}),\tag{4-87}$$

式中，V_{1u} 和 V_{2u} 分别是流体在圆周截面 r_1 和 r_2 处绝对速度的周(切)向分量，M_0 是通过转轴传递的力矩.

转轴传递的轴功率 N 为

$$N=M_0\omega=Q_{\mathrm{m}}(u_2V_{2u}-u_1V_{1u}).$$

在单位时间内，对单位重量流体而言的轴功率则为

$$H=\frac{1}{g}(u_2V_{2u}-u_1V_{1u}).\tag{4-88}$$

这就是径流式(含混流式)涡轮机的欧拉方程. 与轴流式涡轮机的欧拉方程式(4-71)相比，只是现在的牵连速度 $u_1\neq u_2$，其他各项含义相同. $H>0$ 为泵工况，$H<0$ 为马达工况.

对径流式涡轮机叶轮中流动时的简单设计工况计算，可用一维模型；精确分析计算则需采用三维流动理论.

4.4.3 非惯性坐标系中的动量矩定理及其应用

仿照式(4-78)和(4-82)，非惯性坐标系中的动量矩方程为

$$\begin{aligned}&\frac{\partial}{\partial t}\int_{\tau}(\boldsymbol{r}\times\boldsymbol{V}_{\mathrm{r}})\rho\mathrm{d}\tau+\oint_{A}(\boldsymbol{r}\times\boldsymbol{V}_{\mathrm{r}})(\rho\boldsymbol{V}_{\mathrm{r}}\cdot\boldsymbol{n})\mathrm{d}A\\&=\sum\boldsymbol{M}=\int_{\tau}\boldsymbol{r}\times\left[\boldsymbol{f}-a_0-\boldsymbol{\omega}\times(\boldsymbol{\omega}\times\boldsymbol{r})-\frac{\mathrm{d}\boldsymbol{\omega}}{\mathrm{d}t}\times\boldsymbol{r}-2\boldsymbol{\omega}\times\boldsymbol{V}_{\mathrm{r}}\right]\rho\mathrm{d}\tau\\&\quad+\oint_{A}\boldsymbol{r}\times\boldsymbol{p}_{n}\mathrm{d}A,\end{aligned}\tag{4-89}$$

式中，$\boldsymbol{V}_{\mathrm{r}}$ 为相对速度，$\boldsymbol{r}$ 是在动坐标系中的位置矢径，τ 相对于运动的坐标系固定. 如果 τ 中还包含其他物体，则在 $\sum\boldsymbol{M}$ 中增加一项所含物体对流体的总反作用力矩 $\boldsymbol{M}_0$.

例 4.14 如图 4-24 所示为一水平安装的洒水器,两边旋臂不对称,一边长为 a,一边长为 b;当有高压水流进入 o 处时,通过旋臂管道向两边喷水,同时作等速转动.假定喷嘴出水口与水平面平行,每个喷嘴的出水体积流量均为 Q,两旋臂管道直径都为 d,忽略机械摩擦和流动损失,求洒水器的旋转角速度 ω.

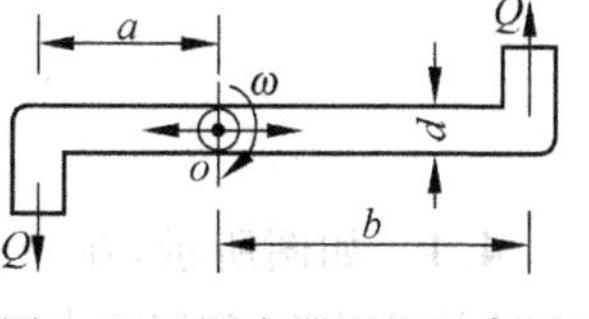

图 4-24 洒水器原理示意图

解 (1) 应用非惯性系中动量矩定理求解

取运动坐标系与洒水器旋转臂固结,用柱坐标系,z 轴竖直向上,坐标原点 o 在轴心.所取控制体包括旋臂管内壁和两喷嘴出口截面.

由于相对流动定常,流体不可压缩,则 $\dfrac{\partial}{\partial t}\displaystyle\int_{\tau}(\boldsymbol{r}\times\boldsymbol{V}_{\mathrm{r}})\rho\mathrm{d}\tau=0$;假定相对流动为一维流动,$\omega=$ 常数,两个截面上出流方向与 $\boldsymbol{r}$ 正交,取中间进水孔 $r_1\approx 0$,则有

$$\oint_A(\boldsymbol{r}\times\boldsymbol{V}_{\mathrm{r}})(\rho\boldsymbol{V}_{\mathrm{r}}\cdot\boldsymbol{n})\mathrm{d}A=\rho Q\,V_{\mathrm{r}}(a+b).$$

在本例中,$\boldsymbol{a}_0=0$,$\boldsymbol{r}\times[\boldsymbol{\omega}\times(\boldsymbol{\omega}\times\boldsymbol{r})]=0$,$\dfrac{\mathrm{d}\boldsymbol{\omega}}{\mathrm{d}t}=0$,重力取矩不在 z 方向上.所以,惟一的惯性力矩是

$$\int_{\tau}-2\boldsymbol{r}\times(\boldsymbol{\omega}\times\boldsymbol{V}_{\mathrm{r}})\rho\mathrm{d}\tau=2\rho\int r\omega V_{\mathrm{r}}s\mathrm{d}r=\rho Q\omega(a^2+b^2),$$

式中 s 是管截面积,$\mathrm{d}\tau=s\mathrm{d}r$,$Q=sV_{\mathrm{r}}$,同时

$$\oint_A\boldsymbol{r}\times\boldsymbol{p}_n\mathrm{d}A=0\quad(\text{同一管截面上压力对称分布}).$$

全部代入式(4-89)可以得到

$$\omega=\frac{a+b}{a^2+b^2}V_{\mathrm{r}},\quad\text{其中}\quad V_{\mathrm{r}}=4Q/\pi d^2.\tag{4-90}$$

(2) 应用惯性系中的动量矩方程求解

本例也可在惯性系中求解.取坐标系与地面固结,控制体则应该包围整个洒水器管路.采用上面相类似的分析方法,发现此时可直接套用径流式涡轮机的欧拉方程式(4-87)

$$M_0=Q_m(r_2V_{2u}-r_1V_{1u}).$$

由于忽略机械摩擦和能量损失,$M_0=0$,而且 $r_1\approx 0$,因此得到:$r_2V_{2u}=0$,即

$$aV_{2u1}+bV_{2u2}=0,\tag{①}$$

其中

$$V_{2u1}=V_{\mathrm{r}}-a\omega,\quad V_{2u2}=V_{\mathrm{r}}-b\omega,\quad V_{\mathrm{r}}=4Q/\pi d^2.$$

代入式①得

$$a(V_{\mathrm{r}}-a\omega)+b(V_{\mathrm{r}}-b\omega)=0.$$

同样得到

$$\omega=\frac{a+b}{a^2+b^2}V_{\mathrm{r}}.$$

习 题

4.1 如图所示，在一个水平放置的等截面细直空管道中，有一段长为 $2a$ 的液体，液体两边与空气接触，压力均为 p_0. 设液体受到一个 $F_x = -kx$(k 为常数)力的作用产生运动，假定运动是无粘性不可压缩一维非定常的. 试从一维流动的基本方程出发，求此段液体的运动规律及液体中各点的压力.

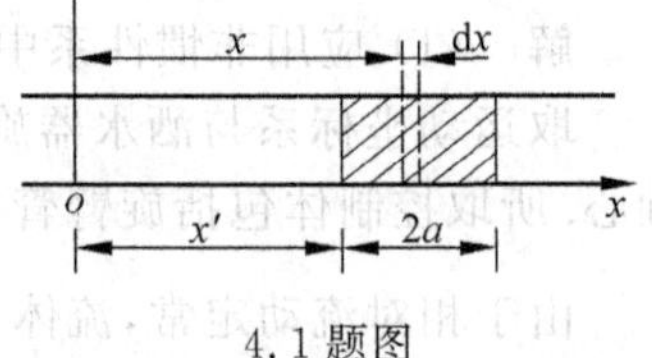

4.1题图

4.2 试用非定常伯努利积分式重解习题4.1.

4.3 在充满整个空间的不可压缩液体中，有一个半径为 a 的球形气泡，设气泡中相对压力为零，无穷远处液体中压力均为 p_∞ = 常数. 当气泡突然破灭时，液体将作指向球心的径向运动，在球坐标系中就是一个一维非定常流动. 现忽略粘性和体积力，假定液体密度为 ρ = 常数.

(1) 证明气泡破灭时，液体中任一距球心 R 处的压力立即降为 $p = p_\infty\left(1-\dfrac{a}{R}\right)$；

(2) 求气泡破灭后，内液面的运动规律.

(提示：用球坐标系下流动的基本方程简化后求解)

4.4 等截面竖直管 AB 在下端 B 处分成两个等截面积的水平管 BC 和 BD，各水平管截面积又正好是竖直管截面积的一半. 先关闭 B 处阀门，在竖直管中灌上液体，高度为 h，如图所示. 现同时开启两个阀门，求垂直管道中自由液面的运动规律以及垂直管内液体流空所需要的时间.

4.5 如图所示为一等截面 A 的 U 形细管，两端开口通大气，管中为一种无粘性不可压缩液体，管内液体总长度为 L. 假设在初始时刻 $t=0$ 时，管中液体处于静止状态，且两边的自由液面位置高度相差 h，随后管内液体将在重力作用下发生振荡. 设液体密度为 ρ，求其振荡规律.

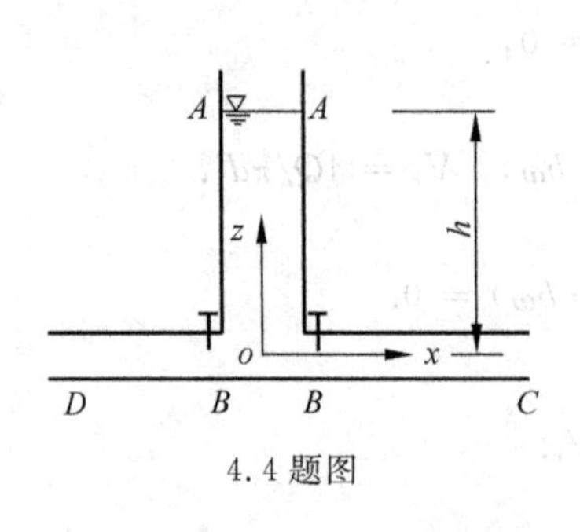

4.4题图

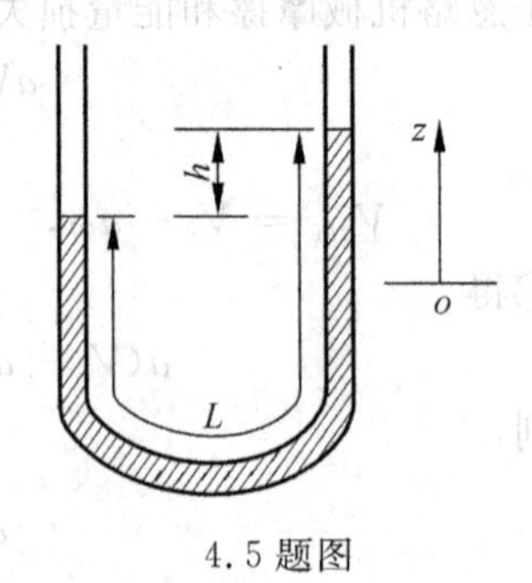

4.5题图

4.6　有一个圆球形物体淹没在无界的不可压缩静止流体中.若球半径以某种规律 $R_1=R_1(t)$ 随时间变化,使球形物体同心地膨胀或收缩,从而造成球体周围流体作径向仿射状非定常流动.设离球体无穷远处(实则足够远)流体的压力为 p_∞,忽略体积力,求球面上和流场中的流体压力.

4.7　大容器内液体通过底部一圆管排放.圆管直径为 D,长度为 L,出口 2 处装有一阀门,初始时刻($t=0$)时,阀门紧闭,容器内自由液面 1 处高度为 h,如图所示.随后,阀门突然完全打开排液.假定容器足够大,可忽略容器中液体的下降速度.而圆管水平细直,可假定管内流动为无粘性不可压缩的一维非定常流.设容器内液面上方 1 处和圆管出口 2 处均为大气压力 p_a,试求:

(1) 出流体积流量随时间的变化规律;

(2) 记稳定出流速度 $V_2=\sqrt{2gh}=V_{20}$,取 $L=500\text{m}$,$h=50\text{m}$,求出口速度达到 $V_2=0.95V_{20}$ 所需要的时间.

4.8　如图所示为一圆管型吹风试验设备(又称风洞),稳流段直径 $D=1\text{m}$,工作段直径 $d=0.4\text{m}$,用倾斜式微压计测得水液面高度差 $h=0.1\text{m}$,风洞中空气的密度为 $\rho=1.25\text{kg/m}^3$,测压计中水的密度为 1000kg/m^3,假定风洞中流动为无粘性不可压缩一维定常流.求工作段中气流速度 V_2.

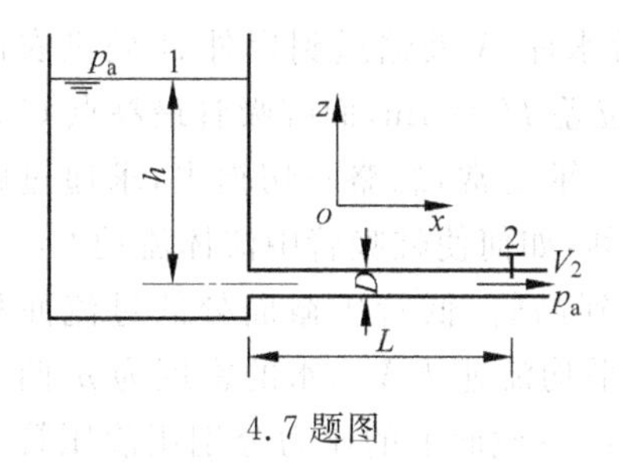

4.7 题图

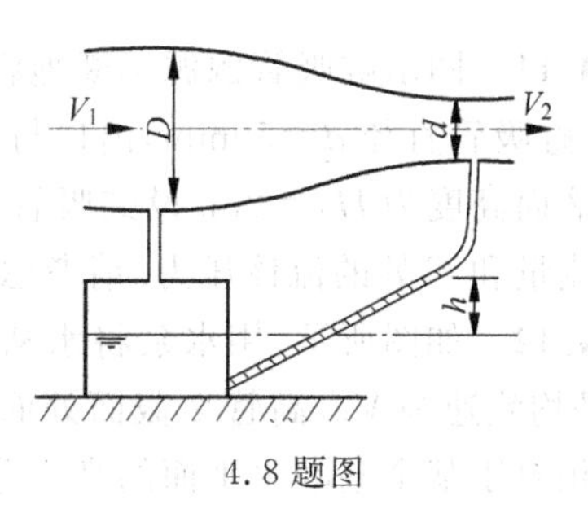

4.8 题图

4.9　在水利工程中常用筑堰的方法来测量敞口渠道(明渠)中水的流量.所谓堰就是在渠道中放置一个障碍物,使上游水位抬高.在水溢过堰身时,只要测出堰的最高点处的水深,即可根据伯努利方程算出渠道中的流量.如图所示为一种宽顶堰,假定渠道中流动是无粘性不可压缩定常一维流动,过流截面 1、2、3 处都是缓变流截面,截面上的压力遵循静压分布规律,来流速度 $V_1\approx 0$,堰身水平,堰宽(垂直纸面方向上)为 L.

(1) 试证明渠道中的理论体积流量为 $Q=Lh\sqrt{2g(H-h)}$,其中,h 为堰顶水深,H 为上游高出堰顶的水深;

(2) 证明当 $h=\dfrac{2}{3}H$ 时,Q 有最大值 $Q_m=\dfrac{2}{3}\left(\dfrac{2}{3}g\right)^{\frac{1}{2}}LH^{\frac{3}{2}}$;

(3) 如果假定渠道上下游与堰体等宽度 L,已知上游来流速度 $V_1\neq 0$,来流体积流量为 Q,水深为 H_1,试求下游截面 3 处的水深 H_3(只要写出 H_3 的代数方程即可).

4.10　如图所示，水在竖直的变截面圆管中从上往下作定常流动. 已知1处的管径 $d_1=0.3\text{m}$，平均流速 $V_1=2\text{m/s}$. 现假定流动为无粘性不可压缩的一维流动，试问在高度差为 $h=2\text{m}$ 的1和2处两个截面上压力表的读数相同时，2处的管道直径 d_2 为多少？如果流动改为由下往上流动，对结果有影响吗？

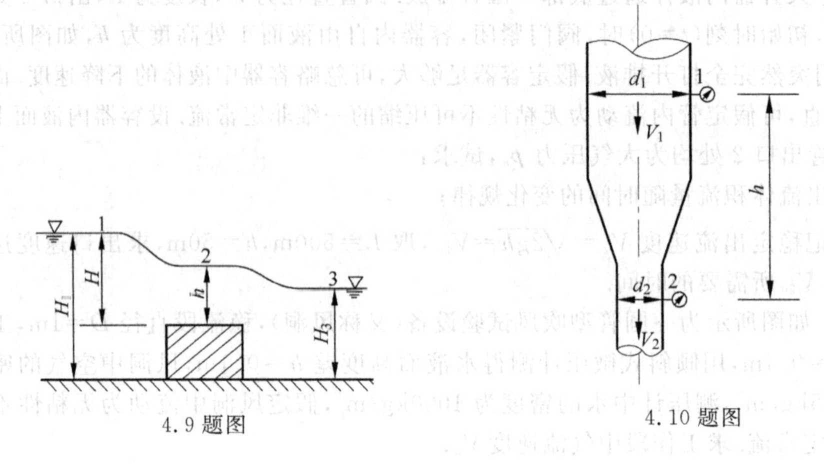

4.9 题图　　4.10 题图

4.11　图示虹吸管源源不断地将水从上游水库 A 处输送到堤外 B 处供农田灌溉用. 虹吸管直径 $d=50\text{mm}$，出口与水库液面位差 $H_2=4\text{m}$，而虹吸管最高点 C 处离水库液面高度为 $H_1=2\text{m}$. 设虹吸管内流动为一维定常，忽略一切损失，求通过虹吸管的流量和 C 处的流体压力. 请考虑在初始时刻，如何使虹吸管中流体流动？

4.12　如图所示，用水泵将水从低管提升到高管，低管1截面处的过流面积为 A_1，平均流速为 V_1；高管2截面处面积为 A_2，平均流速为 V_2，水的密度为 ρ，两管中心线相对于某个基准水平面的高程分别为 z_1 和 z_2；截面上的压力分别用静压管和皮托管测量，相连的U形管内液体的密度为 ρ_1，液面差为 h. 假定管路中流动为无粘性不可压缩定常一维流，如果通过泵的体积流量为 Q，试求泵所需的理论功率.

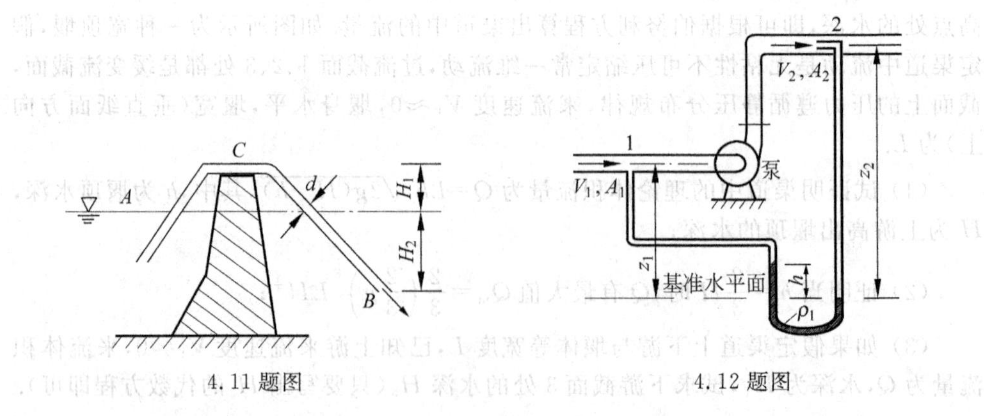

4.11 题图　　4.12 题图

4.13　一股水射流从一圆管平行射出并垂直冲击到一块固定平板上，如图所示．假定流动为不可压缩定常，忽略体积力．圆管出口射流的理论速度分布为

$$V = V_m\left(1-\frac{r}{R}\right)^{\frac{1}{7}},$$

式中 V_m 为中心轴线上已知的最大速度，R 为圆管半径，r 为径向坐标．流体密度为 ρ．

(1) 求射流冲击平板的推力；

(2) 求射流截面的平均速度 v，然后用 v 重算推力并求两者的相对误差．

4.14　为了测定有粘性不可压缩流体绕流圆柱体时的阻力系数 C_D，将一个直径为 d、单位长度的圆柱体放在一个水平的低速水槽中进行速度的测量，测得结果如图所示．在前方 1 截面上来流速度均匀，在后方 2 截面上由于圆柱尾流影响不再是均匀分布，在 $4d$ 宽度内近似为直线性分布．且在 1、2 截面上压力都为 p_1．试求圆柱体阻力 D 和阻力系数 C_D：

$$C_D = \frac{D}{\frac{1}{2}\rho V_1^2 d},$$

式中 D 为圆柱体的阻力，ρ 为流体密度，V_1 为来流速度．

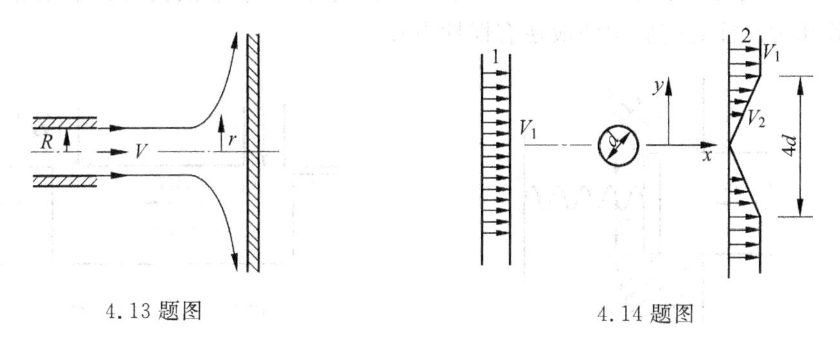

4.13 题图　　4.14 题图

4.15　水射流以 19.8m/s 的速度从直径 $d=100$mm 的喷口射出，冲击着一固定的对称叶片．如图所示，叶片的出口边折转角 $\alpha=135°$，假定流动为无粘性不可压缩一维定常，不计体积力，试求水流对叶片的冲击力．若叶片以 12m/s 的速度向右后退，而喷水情况不变，则水流对叶片的冲击力又为多大？

4.16　水流定常通过一固定弯管，如图所示，已知过水流量为 $Q=0.5\text{m}^3/\text{s}$，过流截面 $A_1=0.06\text{m}^2$，$A_2=0.03\text{m}^2$，折转角 $\alpha=30°$，水的密度为 $\rho=1000\text{kg/m}^3$，假定流动为不可压缩一维定常，A_2 截面出口通大气，忽略粘性和体积力．试求固定此弯管所需的力．

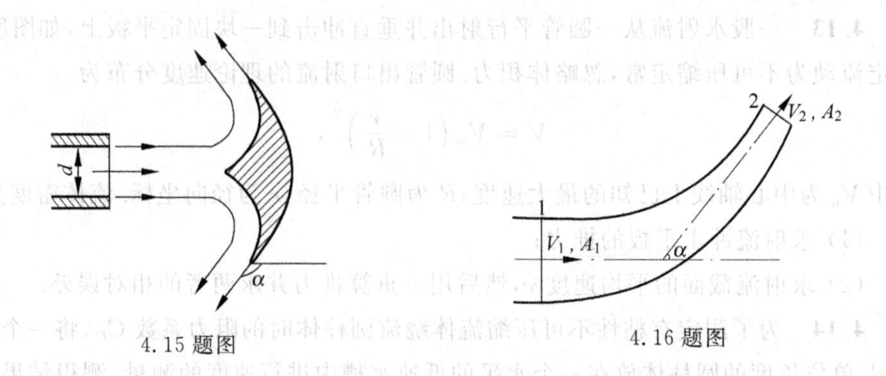

4.15 题图　　4.16 题图

4.17 图示为一安全阀，阀座直径 $d=25\text{mm}$，当油流相对压力 $p_1=5\times10^6\text{N/m}^2$ 时阀的开度 $x=5\text{mm}$，体积流量 $Q=0.01\text{m}^3/\text{s}$. 如果阀的开启压力为 $4.3\times10^6\text{N/m}^2$，油液密度 $\rho=900\text{kg/m}^3$，弹簧刚度 $k=20\text{N/mm}$，假定进出阀道的流动为无粘不可压缩一维定常流，出流通大气，忽略体积力，求油液的出流角 θ.

4.18 图示为一圆柱滑阀，阀腔长为 L，截面面积为 S. 进出口平均流速分别为 V_1 和 V_2，体积流量为 Q，阀腔内平均流速为 $V=V(t)$，沿 x 轴正方向. 设油液密度 $\rho=$ 常数，出口截面处相对压力为零，不计阻力和重力. 试求油液流对阀芯的轴向(x 方向)作用力.(注意阀腔中油液还有惯性力).

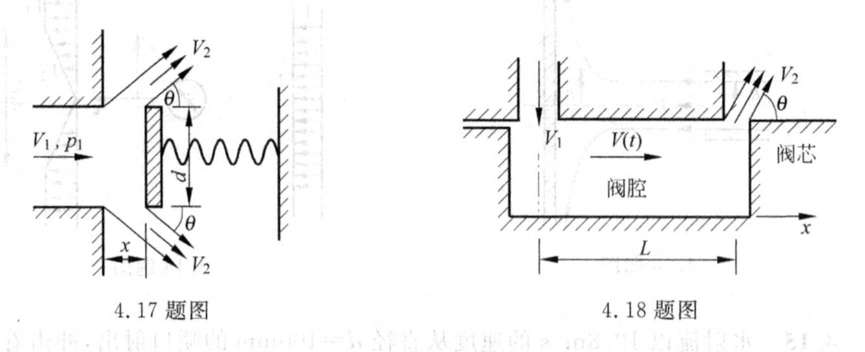

4.17 题图　　4.18 题图

4.19 一个直径 $d=1\text{m}$ 的圆柱形通道喷射出一股水流，它受到一个沿轴向运动的圆锥形阀门的控制，其锥底直径为 $D=1.5\text{m}$，半顶锥角为 $\theta=60°$，如图所示. 已知柱形通道上流体压力 $p_1=1.05\times10^5\text{Pa}$，阀门出口压力 $p_2=10^5\text{Pa}$，流层厚度 $b=60\text{mm}$. 设流动为不可压缩一维定常流，忽略摩擦力和重力，求流体作用于圆锥形阀上的轴向力.

4.20 飞机上用的喷气发动机产生推力的原理如图所示，取控制体(虚线)相对于发动机固结. 进口截面为 A_1，进气平均速度为 V_1，(也就是飞机运动速度 V)，进气质量流量为 m_1，A_1 截面上平均相对压强为 p_1；出口截面 A_2，A_2 上平均相对压强为 p_2，出口速度为 V_2(也就是相对于发动机的喷气速度). 单位时间内燃烧的燃料质量

为 m_2，忽略摩擦阻力和重力，试证明发动机所受到的推力 T 为

$$T=(m_1+m_2)V_j-m_1V+(p_2A_2-p_1A_1).$$

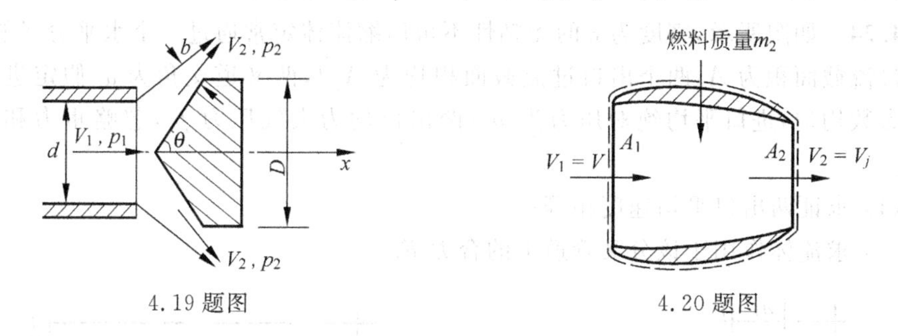

4.19 题图　　4.20 题图

4.21 船用喷射推进器如图所示. 设 u 为船的绝对运动速度，V_j 为水相对于船的喷射速度. 喷射的流体质量流量为 ρQ. 流动定常，忽略摩擦阻力和重力，进出口水的压力相等. 试对下列两种进水口设置状况，求在静止水中此船用喷射推进器的效率 η：$\left(\eta=\dfrac{\text{推力作功功率}}{\text{单位时间泵所供给的能量}}\right)$

(1) 进水口设置在面对运动方向的船头；

(2) 进水口设置在与运动垂直的船腹.

4.22 如图所示为水平圆管内不可压缩流动的定常流动. 进口截面 o 处速度为均匀 U_0，在下游 x 截面处以后都是旋转抛物面速度分布：$U_1=A(r_0^2-r^2)$，其中 A 是待定常数，r_0 为圆管半径，r 为矢径. 试证明在 o-x 截面间作用在管壁上的粘性总阻力为 F_D：

$$F_D=\pi r_0^2\left(p_0-p_1-\frac{1}{3}\rho U_0^2\right),$$

式中，p_0 和 p_1 分别为 o 截面和 x 截面上的平均流体压强，ρ 为流体密度.

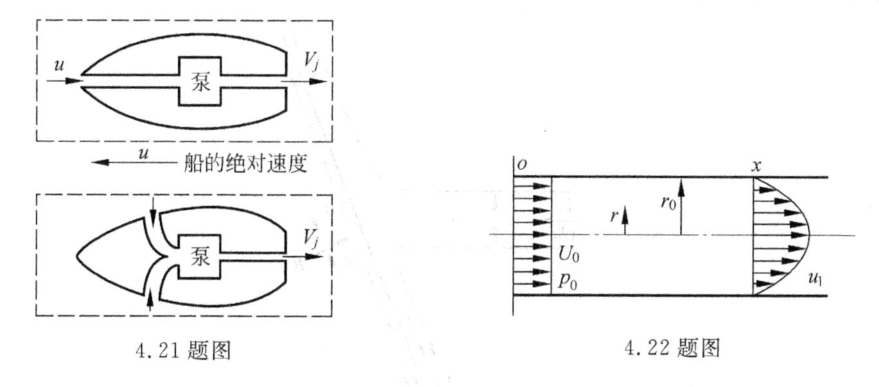

4.21 题图　　4.22 题图

4.23 密度 $\rho=1000\text{kg/m}^3$ 的水一维定常流过一个变截面直角弯管，如图所示，已知过流截面 1 处的截面积 $A_1=0.04\text{m}^2$，平均表压 $p_1=5.5\times10^4\text{Pa}$，过流截面 2 处

的截面积 $A_2=0.02\text{m}^2$，过流体积流量 $Q=0.1\text{m}^3/\text{s}$，忽略流体损失和重力，求支撑这段弯管的力 $\boldsymbol{R}$.

4.24 如图所示，密度为 ρ 的无粘性不可压缩流体定常通过一个水平分叉管道，进口过流截面积为 A，两个出口过流截面积均为 $A/4$，两叉道交角为 α，假定进出口流动参数均匀，进口平均绝对压力为 p_1，两出口均为大气压力 p_a，忽略重力和流动损失.

(1) 求证两出口平均速度相等；

(2) 求流体作用于该分叉管道上的合力 $\boldsymbol{F}$.

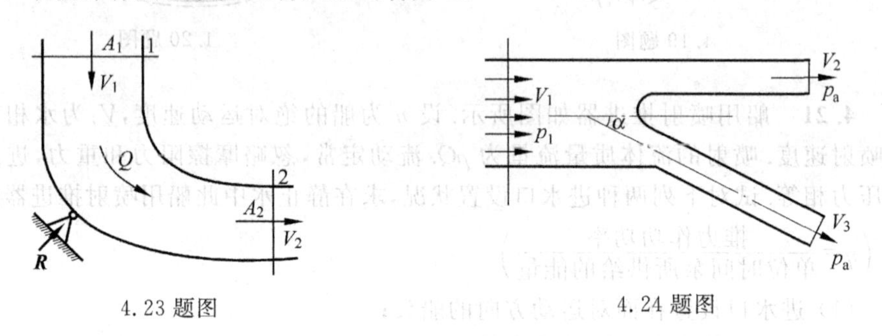

4.23 题图　　　　4.24 题图

4.25 一股无粘性不可压缩平面射流水平冲击固定的光滑平板，平板倾斜角为 θ，如图所示. 已知入射流平均速度为 V_0，体积流量为 Q_0，入射流截面宽度为 b_0. 射流冲击平板后不回弹，沿板面无分离分流，各流股在垂直纸面方向上的宽度均为 1. 设流动定常，不计流动阻力和重力.

(1) 求证各流股平均速度相同，即 $V_0=V_1=V_2$；

(2) 求分流流量 Q_1 和 Q_2，单位宽度平板上所受到的流体作用的合力 $\boldsymbol{R}$ 及合力作用点位置(即求图示 e 值).

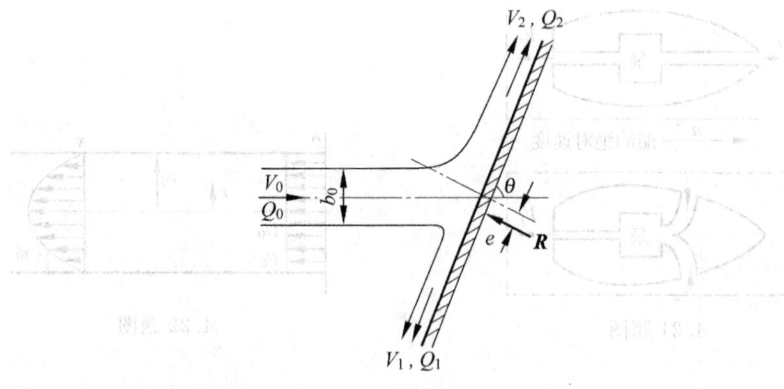

4.25 题图

第5章 无粘性流体的平面二维流动

前一章主要讨论了无粘性流体的一维流动，而实际上在自然界和工程实际中广泛存在的是流体的三维运动形式．流体绕过物体的流动（简称绕流问题）就是这样一类运动形式，例如飞机在空中飞行时空气绕过机翼的流动；汽轮机、泵和压气机中的流体绕过叶栅的流动；在锅炉中烟气和空气横向流过受热面管束的流动等．很明显，流体三维流动的数学描述和方程求解都非常复杂，因此，在工程应用时大多将三维流动简化为二维流动．例如流体绕过无限长的柱形物体（其中心轴线垂直于流体流动方向）流动时，只要柱形物体的长度足够长，可以将流体在一系列垂直于中心轴线的平行平面内的流动视为相同，即作为二维流动来处理．

本章主要讨论不可压缩、无粘性（理想）流体的平面二维流动问题，这为后面章节关于粘性（实际）流体平面流动问题的研究提供理论基础，同时引入流体有旋、无旋流动、流函数、速度势函数等概念和方程，并在此基础上介绍几种基本的平面二维流动形式以及绕圆柱体不可压缩流动．

5.1 流体的有旋运动和无旋运动

刚体的运动可以分解成平行移动（简称平移）和转动两部分．流体的运动形式则较为复杂，它与刚体的主要不同之处在于它具有流动性，即受到任意小的剪切力都会产生变形，这种变形分为线变形和角变形两种．因此，一般情况下，流体微团的运动可以分解为平移、转动、线变形和角变形四种类型.

1.7.2节已经对这几种运动类型进行了分析,其中流体微团边长的相对伸长率——线应变率由式(1-47)给出

$$\frac{a_1b_1-ab}{ab\cdot\Delta t}=\frac{bb_1-aa_1}{ab\cdot\Delta t}=\frac{\left(u+\dfrac{\partial u}{\partial x}\delta x\right)-u\Delta t}{\delta x\cdot\Delta t}=\frac{\dfrac{\partial u}{\partial x}\delta x\cdot\Delta t}{\delta x\cdot\Delta t}=\frac{\partial u}{\partial x}=\varepsilon_{xx},\tag{5-1}$$

流体微团的相对体积膨胀率由式(1-48)给出

$$\lim_{\Delta t\to 0}(\delta x_1\delta y_1\delta z_1-\delta x\delta y\delta z)/\delta x\delta y\delta z\Delta t\approx\frac{\partial u}{\partial x}+\frac{\partial v}{\partial y}+\frac{\partial w}{\partial z}=\varepsilon_{xx}+\varepsilon_{yy}+\varepsilon_{zz},\tag{5-2}$$

它们给出了速度矢量的散度

$$\mathrm{div}\boldsymbol{V}=\nabla\cdot\boldsymbol{V}=\frac{\partial u}{\partial x}+\frac{\partial v}{\partial y}+\frac{\partial w}{\partial z},\tag{5-3}$$

对于不可压缩流体有

$$\nabla\cdot\boldsymbol{V}=\frac{\partial u}{\partial x}+\frac{\partial v}{\partial y}+\frac{\partial w}{\partial z}=0.\tag{5-4}$$

这表示不可压缩流体流动时,三个轴向速度分量沿各自坐标轴方向的变化率互相约束,不能随意变化.式(5-4)表示在流动过程中不可压缩流体的形状虽有改变,但体积却保持不变.

对于角变形,式(1-50)给出了 xoy 平面上角变形速率——剪切应变率的表达式

$$\lim_{\Delta t\to 0}\frac{1}{2}(\delta\alpha+\delta\beta)/\Delta t=\frac{1}{2}\left(\frac{\partial u}{\partial y}+\frac{\partial v}{\partial x}\right)=\varepsilon_{xy}=\varepsilon_{yx},\tag{5-5}$$

同样可以得到流体微团在 yoz 平面和 xoz 平面上的角变形速率,归纳起来为

$$\left.\begin{aligned}\varepsilon_{yz}&=\varepsilon_{zy}=\frac{1}{2}\left(\frac{\partial w}{\partial y}+\frac{\partial v}{\partial z}\right),\\ \varepsilon_{zx}&=\varepsilon_{xz}=\frac{1}{2}\left(\frac{\partial u}{\partial z}+\frac{\partial w}{\partial x}\right),\\ \varepsilon_{yx}&=\varepsilon_{xy}=\frac{1}{2}\left(\frac{\partial v}{\partial x}+\frac{\partial u}{\partial y}\right).\end{aligned}\right\}\tag{5-6}$$

在旋转运动中,流体微团的旋转角速度定义为单位时间内绕同一转轴的两条互相垂直的流体微团中心线所旋转的角度值,式(1-51)给出了流体微团在 xoy 平面内的旋转角速度分量

$$\Omega_z=\lim_{\Delta t\to 0}\delta\theta/\Delta t=\frac{1}{2}\left(\frac{\partial v}{\partial x}-\frac{\partial u}{\partial y}\right),\tag{5-7}$$

同样可以给出流体微团在 yoz 平面和 xoz 平面上的旋转角速度分量,归纳起来为

$$\left.\begin{aligned}\Omega_x &= \frac{1}{2}\left(\frac{\partial w}{\partial y}-\frac{\partial v}{\partial z}\right),\\ \Omega_y &= \frac{1}{2}\left(\frac{\partial u}{\partial z}-\frac{\partial w}{\partial x}\right),\\ \Omega_z &= \frac{1}{2}\left(\frac{\partial v}{\partial x}-\frac{\partial u}{\partial y}\right).\end{aligned}\right\} \tag{5-8}$$

写成矢量形式为

$$\boldsymbol{\Omega} = \Omega_x \boldsymbol{i} + \Omega_y \boldsymbol{j} + \Omega_z \boldsymbol{k} = \frac{1}{2}\mathrm{rot}\boldsymbol{V} = \frac{1}{2}\nabla \times \boldsymbol{V}. \tag{5-9}$$

根据流体微团是否有旋转将流体的运动分为两大类：有旋流动和无旋流动.具体地说，流体微团的旋转角速度不等于零的流动称为有旋流动，而流体微团的旋转角速度等于零的流动称为无旋流动，根据式(5-8)和式(5-9)，流体微团无旋流动的充要条件是必须满足$|\boldsymbol{\Omega}|=0$，即

$$\frac{\partial v}{\partial x}=\frac{\partial u}{\partial y},\qquad \frac{\partial u}{\partial z}=\frac{\partial w}{\partial x},\qquad \frac{\partial w}{\partial y}=\frac{\partial v}{\partial z}. \tag{5-10}$$

值得一提的是，有旋流动和无旋流动仅由流体微团本身是否发生旋转决定，而与流体微团的运动轨迹无关.如图 5-1 所示，流体微团的运动轨迹都是圆形，但(a)中的微团本身的方向随着位置的改变有所改变，故属于有旋流动；(b)中的微团虽然沿圆形轨迹运动，但其本身的方向没有改变，故属于无旋流动.

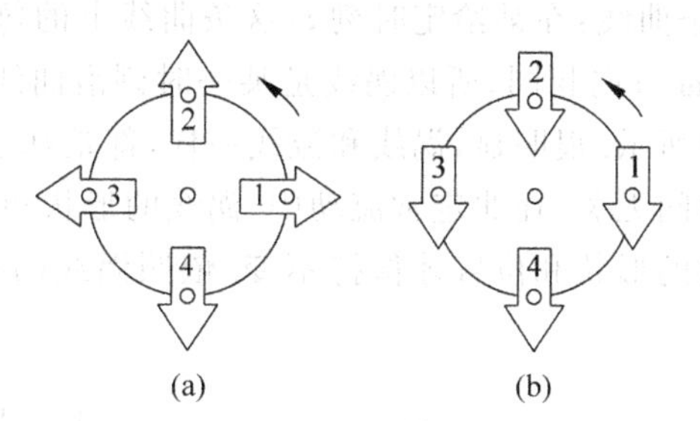

图 5-1 流体微团的运动轨迹

判断流体运动属于有旋运动还是无旋运动还和被研究的流体对象范围有关.若在被研究流体对象中一部分流体存在一定涡流强度的有旋运动，而另一部分流体存在相同涡流强度的、方向相反的有旋运动，从整个被研究流体区域来说，正、反方向的涡流运动相互抵消，仍属于无旋流动.如图 5-2 中所示，河水沿凹凸不平的倾斜河床顺流而下，图(a)情况下流体微团形状虽有改变，但两条中心线却始终保持水平和垂直，位置 2 处的流体微团的中心线已不再和边界垂直，和位置 1 处相比，两条中心线相当于分别向顺时针和逆时针方向旋转了相同的角度，相互抵消，仍属于无旋流动；而图(b)情况下流体微团形状没有改变，两条中心线始终和边界垂直，位置 2 处流体微团和位置 1 处相比，两条中心线相当于向顺时针方向旋转了相同的角度，属于有旋流动.

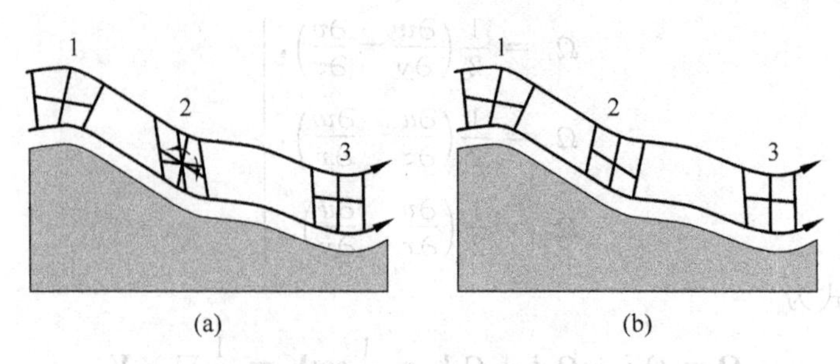

图 5-2　无旋流动和有旋流动

5.2　涡线、涡管、涡束、涡通量

在有旋流动流场的全部或局部区域中连续充满着绕自身轴线旋转的流体微团，形成了一个由涡量 $\boldsymbol{\omega}(x,y,z,t)=2\boldsymbol{\Omega}$ 表示的涡量场. 那么如何定量描述流体旋转运动的强弱呢？这个问题的提出很容易让人想到刻画流体流量大小的流线、流管、流束和流量等概念. 与 1.6 节中的流线类似，在涡量场中相应地可以引进涡线、涡管、涡束和涡通量等概念.

涡线是这样的一条曲线：在某给定时刻 t，这条曲线上的每一点的切线与位于该点的流体微团的涡量 $\boldsymbol{\omega}$ 方向相同，所以涡线是某一时刻沿曲线各流体微团的瞬时转动轴线，如图 5-3(a)中所示. 很明显，涡线和流线一样，都是基于欧拉方法研究流体流动的结果，它本身和时间无关. 在非定常流动中，涡线的形状和位置是随时变化的，只有在定常流动中，涡线的形状和位置才保持不变. 依照涡线的定义，可以得到涡线的微分方程为

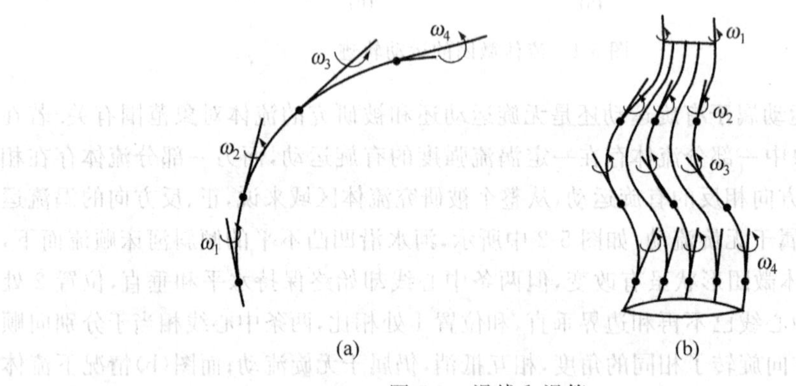

图 5-3　涡线和涡管

$$\frac{\mathrm{d}x}{\omega_x(x,y,z,t)}=\frac{\mathrm{d}y}{\omega_y(x,y,z,t)}=\frac{\mathrm{d}z}{\omega_z(x,y,z,t)},\tag{5-11}$$

式(5-11)中 t 是参变量.

在给定瞬时,取涡旋场中任取一条不是涡线的封闭曲线,通过封闭曲线上每一点作涡线,这些涡线形成一个管状表面,称为涡管,如图 5-3(b)中所示.涡管中充满着作旋转运动的流体,称为涡束.

由式(5-9)可知,涡量 $\boldsymbol{\omega}$ 和角速度 $\boldsymbol{\Omega}$ 的方向一致,与流体旋转方向构成右手螺旋定则.涡量 $\boldsymbol{\omega}$ 的大小表示环流密度,即单位面积的涡通量.设角速度 $\boldsymbol{\Omega}$ 和微元面积 $\mathrm{d}A$ 垂直,微元面内的涡通量(也称涡管强度)$\mathrm{d}J$ 为

$$\mathrm{d}J=2\Omega\mathrm{d}A.\tag{5-12}$$

在涡旋场中,通过一个有限开口截面(包括曲面)的涡通量 J(涡管强度)可表示为沿涡管横截面的如下积分

$$J=\iint_A\boldsymbol{\omega}\cdot\boldsymbol{n}\mathrm{d}A=\iint_A\omega_n\mathrm{d}A=2\iint_A\Omega_n\mathrm{d}A,\tag{5-13}$$

式(5-13)中 $\boldsymbol{n}$ 为曲面 A 上微元面积 $\mathrm{d}A$ 的外法线单位向量,如图 5-4 中所示.Ω_n 和 ω_n 分别表示微元涡管的角速度、涡量沿涡管横截面法线方向的分量.注意涡通量 J 是标量,可正可负.

涡旋场有一重要特性是涡量的散度为零,即

$$\nabla\cdot\boldsymbol{\omega}=\nabla\cdot(\nabla\times\boldsymbol{V})=0.\tag{5-14}$$

式(5-14)称为涡量连续方程,表示涡旋场为无源场,涡量 $\boldsymbol{\omega}$ 满足连续性.对于一定的涡管,满足涡通量守恒定理:在同一时刻,通过同一涡管的、与涡管相连的两个任意曲面的涡通量相等.现证明如下.

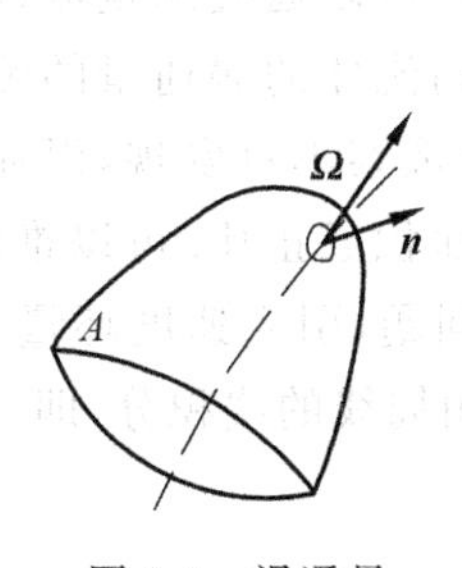

图 5-4 涡通量

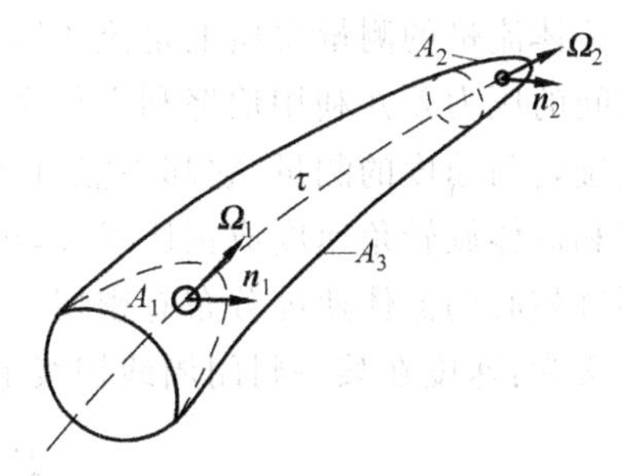

图 5-5 涡通量守恒

如图5-5所示,在某时刻任意取一涡管,两个与涡管相连的曲面分别为 A_1 和 A_2,A_3 为涡管的侧面面积,整个涡管段的面积为 $A=A_1+A_2+A_3$,所包围的体积为 τ,根据高斯定理,可以得到

$$\oiint_A \omega_n \mathrm{d}A = \iiint_\tau \nabla \boldsymbol{\omega} \mathrm{d}\tau, \tag{5-15}$$

由涡量连续方程，上式变为

$$\oiint_A \omega_n \mathrm{d}A = -\iint_{A_1} \omega_n \mathrm{d}A + \iint_{A_2} \omega_n \mathrm{d}A + \iint_{A_3} \omega_n \mathrm{d}A = 0. \tag{5-16}$$

根据涡管的定义，侧面 A_3 上的每一点涡量 $\boldsymbol{\omega}$ 的方向均和侧面 A_3 在该点处的法线方向垂直，因此没有涡通量进出侧面 A_3，即 $\iint_{A_3} \omega_n \mathrm{d}A = 0$，故得

$$\iint_{A_1} \omega_n \mathrm{d}A = \iint_{A_2} \omega_n \mathrm{d}A = J. \tag{5-17}$$

因为曲面 A_1 和曲面 A_2 是任意取的，所以由上式可以得出如下结论：对于同一涡管，在某一时刻，涡通量守恒.

和流管中有效截面的概念相仿，涡管中也存在这样的有效截面：在这截面上涡线是处处与截面相垂直的，或近似地相垂直，这有效截面可以是曲面. 对于断面较小的涡管，有效截面是平面，根据涡通量守恒定理有 $\omega_1 A_1 = \omega_2 A_2$. 由此可见，对于截面较小的涡管，在同一时刻，涡管截面积越小的地方，涡量值越大；反之，截面积越大的地方，涡量值越小. 由于角速度不可能无限大，所以涡截面不可能收缩到零. 可见涡管不能在流体内部产生，而只能是始于边界、终于边界，或是在流体内部自成封闭的涡环.

5.3 速度环量、斯托克斯定理

流体流量的测量实质上是流体质点速度的测量，它可以通过测量流线上不同位置之间的压力差并利用伯努利方程来获得，而有旋流动流体的涡通量的测量实质上也是旋转角速度的测量，它却不能直接测得. 根据实际观察不难发现，涡通量的大小除了和流体旋转角速度成正比以外，还和旋转范围的面积成正比. 可以推测，涡通量与环绕核心的流体速度分布有密切关系. 为解决这个问题，引入速度环量 Γ 的概念，它定义为：速度在某一封闭周线切线上的分量沿该封闭周线的线积分，即

$$\Gamma = \oint \boldsymbol{V} \cdot \mathrm{d}\boldsymbol{s}. \tag{5-18}$$

由于 $\boldsymbol{V} = u\boldsymbol{i} + v\boldsymbol{j} + w\boldsymbol{k}$，$\mathrm{d}\boldsymbol{s} = \mathrm{d}x\boldsymbol{i} + \mathrm{d}y\boldsymbol{j} + \mathrm{d}z\boldsymbol{k}$，代入上式，可得

$$\Gamma = \oint \boldsymbol{V} \cdot \mathrm{d}\boldsymbol{s} = \oint (u\mathrm{d}x + v\mathrm{d}y + w\mathrm{d}z). \tag{5-19}$$

速度环量为标量，它的正负号取决于速度矢量 $\boldsymbol{V}$ 和线积分路径矢量 $\mathrm{d}\boldsymbol{s}$ 之间的夹角，不仅和速度 $\boldsymbol{V}$ 的方向有关，而且还和线积分绕行方向 $\mathrm{d}\boldsymbol{s}$ 有关. 为统一起见，规定逆时针方向绕行封闭周线为正方向，即封闭周线所包围的区域总在积分方向的左侧，

而被包围面积的法线方向和绕行的正方向形成右手螺旋系统.

斯托克斯定理：当单连通有限封闭周线内有涡束时，则沿封闭周线的速度环量等于该封闭周线内所有涡束的涡通量之和.

如果一个区域中的任何封闭周线均可以连续地收缩为一点而不必穿越出此区域边界，则称此区域为单连通区域；否则，称为多连通区域.

下面证明斯托克斯定理. 首先证明关于平面上单连通、矩形微小封闭周线内的斯托克斯定理. 矩形微元面 $ABCD$ 的各顶点的速度分布如图 5-6 中所示. 由于在线积分中，若速度分量和线积分绕行方向 ds 相垂直，点积为零，因此只需考虑和线积分绕行方向 ds 相平行的速度分量. 流体在顶点 A 处的速度分量为 u、v，则 B、C 和 D 点的速度分量则表示为以 A 点为基准的泰勒级数一次展开形式. 于是，沿封闭周线 $ABCDA$ 的速度环量 dΓ 为

$$\mathrm{d}\Gamma = \mathrm{d}\Gamma_{ABCDA} = \mathrm{d}\Gamma_{AB} + \mathrm{d}\Gamma_{BC} + \mathrm{d}\Gamma_{CD} + \mathrm{d}\Gamma_{DA}. \tag{5-20}$$

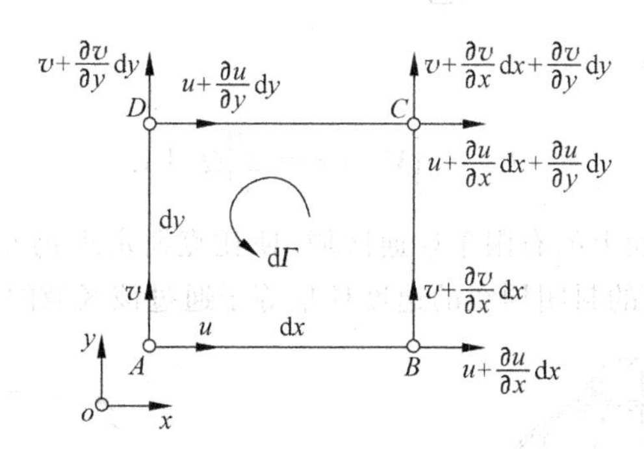

图 5-6 微元矩形的速度环量

由于 $ABCDA$ 是微元矩形，可以认为流体速度沿积分路径线性变化，故上式中 $\mathrm{d}\Gamma_{AB}$、$\mathrm{d}\Gamma_{BC}$、$\mathrm{d}\Gamma_{CD}$ 和 $\mathrm{d}\Gamma_{DA}$ 分别为

$$\mathrm{d}\Gamma_{AB} = \frac{1}{2}(u_A + u_B) = \frac{1}{2}\left[u + \left(u + \frac{\partial u}{\partial x}\mathrm{d}x\right)\right]\mathrm{d}x, \tag{5-21a}$$

$$\mathrm{d}\Gamma_{BC} = \frac{1}{2}(v_B + v_C) = \frac{1}{2}\left[\left(v + \frac{\partial v}{\partial x}\mathrm{d}x\right) + \left(v + \frac{\partial v}{\partial x}\mathrm{d}x + \frac{\partial v}{\partial y}\mathrm{d}y\right)\right]\mathrm{d}y, \tag{5-21b}$$

$$\mathrm{d}\Gamma_{CD} = -\frac{1}{2}\left[\left(u + \frac{\partial u}{\partial x}\mathrm{d}x + \frac{\partial u}{\partial y}\mathrm{d}y\right) + \left(u + \frac{\partial u}{\partial y}\mathrm{d}y\right)\right]\mathrm{d}x, \tag{5-21c}$$

$$\mathrm{d}\Gamma_{DA} = -\frac{1}{2}\left[\left(v + \frac{\partial v}{\partial y}\mathrm{d}y\right) + v\right]\mathrm{d}y, \tag{5-21d}$$

将式(5-21a)～式(5-21d)代入式(5-20)，经化简后可以得到速度环量 dΓ 为

$$\mathrm{d}\Gamma = \left(\frac{\partial v}{\partial x} - \frac{\partial u}{\partial y}\right)\mathrm{d}x\mathrm{d}y = 2\Omega_z\mathrm{d}A = \mathrm{d}J. \tag{5-22}$$

这就证明了关于单连通微元封闭周线的斯托克斯定理，即沿封闭周线的速度环量等于通过该封闭周线所包围面积的涡通量.

斯托克斯定理可以推广到有限大单连通区域中去，对于有限大小单连通区域，可以将它细分为无限多个微元区域，微元区域的涡通量总和即为整个有限大单连通区域的涡通量. 如图5-7中所示，可以用两组互相垂直的直线簇将有限大区域划分为无数个微元矩形区域. 有些微元矩形内含有微元涡束，这样，就可将式(5-22)应用于这无数个微元矩形，而后相加，分别求等式两端的总和. 在速度环量总和 $\sum \mathrm{d}\Gamma_i$ 的计算中发现，内周线各微元线段的切向速度线积分都要计算两次，而且两次所取的方向正好相反，所以在这些线段上的切向速度线积分都互相抵消，剩下的只有沿外封闭周线 L 各微元线段的切向速度线积分的总和 $\sum\limits_{n} \mathrm{d}\Gamma_L$，它正好是沿外封闭周线的速度环量 Γ_L. 各微元矩形的涡通量的总和 $\sum \mathrm{d}J$ 就是通过封闭周线 L 所包围的单连通区域的涡通量 $2\iint\limits_{A}\Omega_n \mathrm{d}A$，故有

$$\Gamma_L = \oint_L \boldsymbol{V} \cdot \mathrm{d}\boldsymbol{s} = 2\iint\limits_{A}\Omega_n \mathrm{d}A. \tag{5-23}$$

这表明，对于平面上的有限单连通区域，斯托克斯定理仍然成立，说明沿包围平面上有限单连通区域的封闭周线的速度环量等于通过该区域的涡通量.

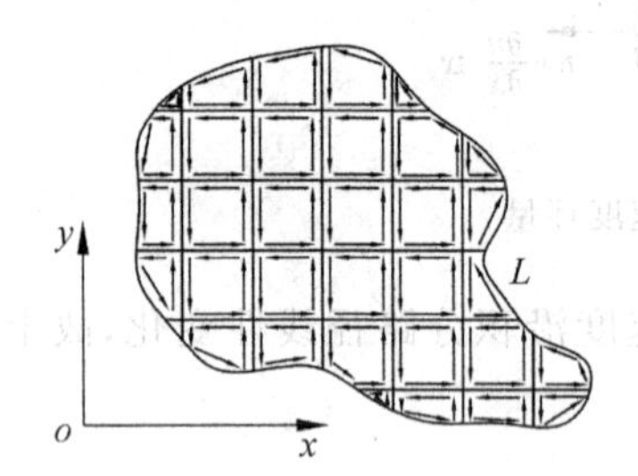

图5-7 有限单连通区域的斯托克斯定理微元矩形的速度环量

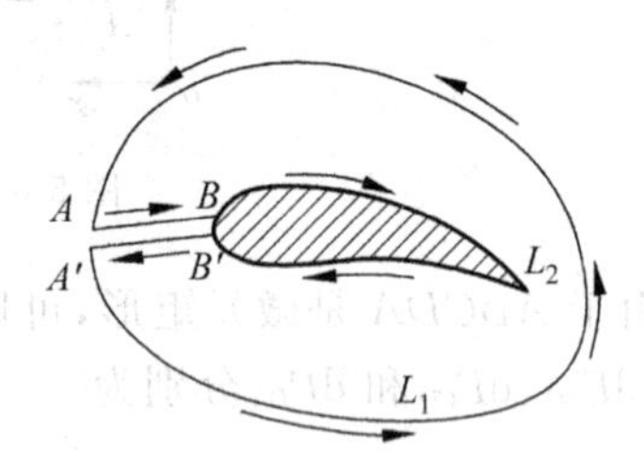

图5-8 将多连通区域转化为单连通区域

对于平面上多连通区域，总是可以通过加上一对或若干对辅助线段，将多连通区域转化为单连通区域. 图5-8中给出了一风洞中空气绕过一叶型固体物(如汽轮机叶片或飞机机翼等)流动的情形. 选择封闭周线 $A'L_1AA'$ 包围叶型物，以计算此区域内的涡通量. 此区域为一多连通区域，即封闭周线在收缩成一点时必然会越过流体的边界(即叶型的轮廓线). 但只要把周线连成如图5-8所示的情况，就可满足这一限制条件. 在 A 点处切断外周线 L_1，用 AB 线段与切断内周线 L_2 的一点 B 相连，并用与 AB 线段方向相反的 $B'A'$ 线段连接内、外周线的另两个切断点. 这样一来，所得的被封闭周线 $ABL_2B'A'L_1A$ 所限定的区域成为单连通区域.

沿整条封闭周线 $ABL_2B'A'L_1A$ 的速度环量应等于组成周线的各线段的切向速度线积分之和，对于如图 5-8 所示的由多连通区域转换成的单连通区域，速度环量可以写成

$$\Gamma_{ABL_2B'A'L_1A} = \Gamma_{AB} + \Gamma_{BL_2B'} + \Gamma_{B'A'} + \Gamma_{A'L_1A}. \tag{5-24}$$

流场中流体的速度 u、v 和 w 都是空间位置 x、y、z 和时间 t 的单值连续函数. 可以将线段 AB 和 $B'A'$ 取得无限地接近，这样，它们的切向速度线积分大小相等、方向相反，可以相互抵消，即 $\Gamma_{AB}+\Gamma_{B'A'}=0$. 沿内周线的速度环量 $\Gamma_{BL_2B'}=-\Gamma_{L_2}$，而沿外周线的速度环量 $\Gamma_{A'L_1A}=\Gamma_{L_1}$，于是，根据斯托克斯定理，可得

$$\Gamma_{L_1} - \Gamma_{L_2} = 2\iint_A \Omega_n \mathrm{d}A. \tag{5-25}$$

相应地，假如在被研究区域中有 n 个被绕流物体，即在外周线之内有 n 个内周线，则式(5-25)便可以写成

$$\Gamma_{L_1} - \sum_n \Gamma_{L_2} = 2\iint_A \Omega_n \mathrm{d}A. \tag{5-26}$$

这就是多连通区域的斯托克斯定理，即通过多连通区域的涡通量等于沿这个区域的外周线的速度环量与沿所有内周线的速度环量总和之差.

由上述推导已经可以将斯托克斯定理应用到平面上任意封闭周线所包围的区域，无论是单连通区域还是多连通区域. 上述结论同样可以应用到空间任意曲面上，证明过程如下. 如图 5-9 中所示的空间曲面 A，总是可以用两组正交曲线将该曲面划分为无数的微元曲面面积 $\mathrm{d}A$. 由于面积很小，可以认为 $\mathrm{d}A$ 是平面，这样就可以应用平面的斯托克斯定理，建立任一微元曲面周线的速度环量 $\mathrm{d}\Gamma_i$ 与微元曲面涡通量 $2\Omega_n\mathrm{d}A$ 的关系，如式(5-22). 整个曲面 A 的涡通量等于无数个微元曲面的涡通量的总和，注意到两个相邻微元面公共周线上的切向速度线积分大小相等、方向相反，互相抵消. 只剩下沿封闭周线 L 上的速度环量 Γ_L 和整个曲面的涡通量相等. 这样就得到了空间曲面上的斯托克斯定理：沿空间任一封闭周线 L 的速度环量等于通过张于该封闭周线上的空间表面 A 的涡通量.

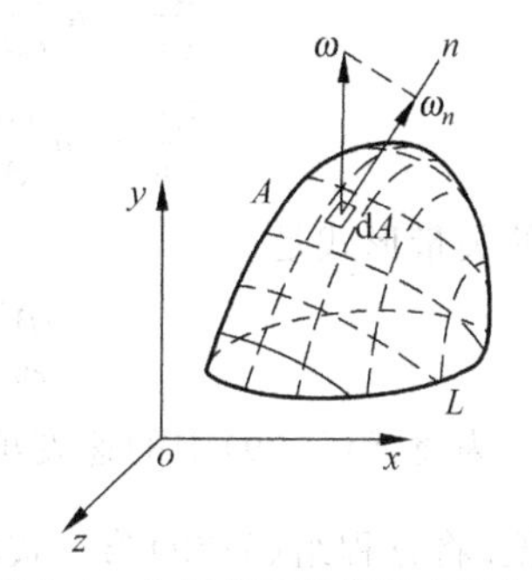

图 5-9 空间曲面的斯托克斯定理

5.4 无粘性流体兰姆-葛罗米柯型微分方程及应用

无粘性流体的运动微分方程已经在 3.3.4 节中推导得到，式(3-43)给出了其矢量形式

$$\frac{D\boldsymbol{V}}{Dt}=\boldsymbol{f}-\frac{1}{\rho}\nabla p,\tag{5-27}$$

直角坐标下的形式则为式(3-44)

$$\left.\begin{aligned}\frac{\mathrm{D}u}{\mathrm{D}t}&=f_x-\frac{1}{\rho}\frac{\partial p}{\partial x},\\\frac{\mathrm{D}v}{\mathrm{D}t}&=f_y-\frac{1}{\rho}\frac{\partial p}{\partial y},\\\frac{\mathrm{D}w}{\mathrm{D}t}&=f_z-\frac{1}{\rho}\frac{\partial p}{\partial z}.\end{aligned}\right\}\tag{5-28}$$

式(5-27)和式(5-28)又称为理想流体的基本方程，它适用于理想流体的任何流动形式，对于不可压缩流体和可压缩流体都是适用的. 特别地，当流体处于平衡状态，即$u=v=w=0$时，欧拉运动微分方程就成为欧拉平衡微分方程.

但是，在式(5-27)和式(5-28)中只有表示流体移动的线速度u、v、w，而没有表示流体旋转运动的角速度Ω_x、Ω_y、Ω_z，因此从该方程中不能判断出流体流动是有旋还是无旋. 根据1.7.2节中流体运动分解的原理，可以从线速度中分解出旋转角速度分量. 首先，将式(5-27)和(5-28)式中等式左边的流体微团运动的全导数分解为当地导数和迁移导数. 这样，式(5-28)又可写成

$$\left.\begin{aligned}\frac{\partial u}{\partial t}+u\frac{\partial u}{\partial x}+v\frac{\partial u}{\partial y}+w\frac{\partial u}{\partial z}&=f_x-\frac{1}{\rho}\frac{\partial p}{\partial x},\\\frac{\partial v}{\partial t}+u\frac{\partial v}{\partial x}+v\frac{\partial v}{\partial y}+w\frac{\partial v}{\partial z}&=f_y-\frac{1}{\rho}\frac{\partial p}{\partial y},\\\frac{\partial w}{\partial t}+u\frac{\partial w}{\partial x}+v\frac{\partial w}{\partial y}+w\frac{\partial w}{\partial z}&=f_z-\frac{1}{\rho}\frac{\partial p}{\partial z},\end{aligned}\right\}\tag{5-29}$$

它的矢量形式是

$$\frac{\partial\boldsymbol{V}}{\partial t}+(\boldsymbol{V}\cdot\nabla)\boldsymbol{V}=\boldsymbol{f}-\frac{1}{\rho}\nabla p.\tag{5-30}$$

为将式(5-29)中的速度项进一步表示成含有角速度Ω_x、Ω_y、Ω_z的项，作如下的变换. 将方程组(5-29)第一式的左边加减$v\dfrac{\partial v}{\partial x}$和$w\dfrac{\partial w}{\partial x}$项，结合式(5-10)，可以得到

$$\begin{aligned}\frac{\mathrm{D}u}{\mathrm{D}t}&=\frac{\partial u}{\partial t}+\left(u\frac{\partial u}{\partial x}+v\frac{\partial v}{\partial x}+w\frac{\partial w}{\partial x}\right)+v\left(\frac{\partial u}{\partial y}-\frac{\partial v}{\partial x}\right)+w\left(\frac{\partial u}{\partial z}-\frac{\partial w}{\partial x}\right)\\&=\frac{\partial u}{\partial t}+\frac{\partial}{\partial x}\left(\frac{u^2+v^2+w^2}{2}\right)-2v\Omega_z+2w\Omega_y,\end{aligned}$$

即

$$\frac{\mathrm{D}u}{\mathrm{D}t}=\frac{\partial u}{\partial t}+\frac{\partial}{\partial x}\left(\frac{V^2}{2}\right)+2(w\Omega_y-v\Omega_z),$$

同理，也可得到

$$\frac{\mathrm{D}v}{\mathrm{D}t}=\frac{\partial v}{\partial t}+\frac{\partial}{\partial y}\left(\frac{V^2}{2}\right)+2(u\Omega_z-w\Omega_x),$$

$$\frac{\mathrm{D}w}{\mathrm{D}t}=\frac{\partial w}{\partial t}+\frac{\partial}{\partial z}\left(\frac{V^2}{2}\right)+2(v\Omega_x-u\Omega_y).$$

将上述三式代入方程组(5-29)，得到欧拉微分方程的另一形式

$$\left.\begin{aligned}&\frac{\partial u}{\partial t}+2(w\,\Omega_y-v\,\Omega_z)=f_x-\frac{1}{\rho}\frac{\partial p}{\partial x}-\frac{\partial}{\partial x}\left(\frac{V^2}{2}\right),\\&\frac{\partial v}{\partial t}+2(u\,\Omega_z-w\,\Omega_x)=f_y-\frac{1}{\rho}\frac{\partial p}{\partial y}-\frac{\partial}{\partial y}\left(\frac{V^2}{2}\right),\\&\frac{\partial w}{\partial t}+2(v\,\Omega_x-u\,\Omega_y)=f_z-\frac{1}{\rho}\frac{\partial p}{\partial z}-\frac{\partial}{\partial z}\left(\frac{V^2}{2}\right).\end{aligned}\right\}\tag{5-31}$$

方程组(5-31)实际上就是3.3.2节中给出的兰姆-葛罗米柯型运动微分方程(3-29)的分量形式.它与欧拉运动微分方程相比有以下优点：①在该方程组中既有线速度 u、v、w，又有角速度 Ω_x、Ω_y、Ω_z，能够区分流体流动是有旋还是无旋；②该方程组右边的三项分别表示流体的势能、压力能和动能在 x、y、z 方向上的变化梯度，力学意义很明确，同时它们又都是关于某一方向的偏微分，积分后能够得到流体能量守恒的整体规律.

5.5 欧拉积分式和伯努利积分、伯努利方程

对兰姆-葛罗米柯运动微分方程积分，通常在某些限定条件下进行.根据流体流动是否有旋，区分为欧拉积分和伯努利积分.4.2节中已经叙述了不可压缩流体的伯努利方程及其应用，本节从不同的角度进行推导.推导时假设的前提有

(1) 定常；

(2) 体积力有势，与式(4-22)相同，设势函数为 U，则有

$$f_x=-\frac{\partial U}{\partial x},\quad f_y=-\frac{\partial U}{\partial y},\quad f_z=-\frac{\partial U}{\partial z}.\tag{5-32}$$

(3) 流体为不可压缩流体或正压流体.所谓正压流体是指流体的密度仅和压力有关，为了保证兰姆-葛罗米柯运动微分方程的积分形式的统一，特定义压力函数 $p_F(x,y,z,t)$：

$$p_F=\int\frac{\mathrm{d}p}{\rho(p)},\tag{5-33}$$

因此压力函数关于三个坐标的偏导数为

$$\frac{\partial p_F}{\partial x}=\frac{1}{\rho}\frac{\partial p}{\partial x},\quad \frac{\partial p_F}{\partial y}=\frac{1}{\rho}\frac{\partial p}{\partial y},\quad \frac{\partial p_F}{\partial z}=\frac{1}{\rho}\frac{\partial p}{\partial z}.\tag{5-34}$$

常见的正压流体有

① 等温流动过程中的可压缩性流体，对于理想气体，密度和压力的关系为 $\rho=p/RT$，这里 T 为常量，则压力函数为

$$p_F = RT\ln p. \tag{5-35}$$

② 绝热流动过程中的可压缩流体，比如，气体在喷管和扩压管中的流动，对于理想气体，密度和压力的关系为 $\rho=Cp^{1/k}$，k 为绝热指数，则压力函数为

$$p_F = \frac{k}{k-1}\frac{p}{\rho}. \tag{5-36}$$

不可压缩流体可以看作是一种特殊的正压流体，ρ 为常数，则压力函数为

$$p_F = \frac{p}{\rho}. \tag{5-37}$$

在上述三个前提条件下，兰姆运动微分方程可简化为

$$\left.\begin{aligned}
\frac{\partial}{\partial x}\left(U+p_F+\frac{V^2}{2}\right)&=-2(w\Omega_y-v\Omega_z),\\
\frac{\partial}{\partial y}\left(U+p_F+\frac{V^2}{2}\right)&=-2(u\Omega_z-w\Omega_x),\\
\frac{\partial}{\partial z}\left(U+p_F+\frac{V^2}{2}\right)&=-2(v\Omega_x-u\Omega_y).
\end{aligned}\right\} \tag{5-38}$$

1. 欧拉积分

对于无旋流动，$\Omega_x=\Omega_y=\Omega_z=0$，方程组(5-38)三个等式的右边都等于零，而等式的左边则为流体机械能 $U+p_F+\dfrac{V^2}{2}$ 分别关于 x、y、z 方向的偏导数，将它们分别乘以流场中任意微元线段 $\mathrm{d}s$ 的三个轴向分量 $\mathrm{d}x$、$\mathrm{d}y$、$\mathrm{d}z$，然后相加得

$$\frac{\partial}{\partial x}\left(U+p_F+\frac{V^2}{2}\right)\mathrm{d}x+\frac{\partial}{\partial y}\left(U+p_F+\frac{V^2}{2}\right)\mathrm{d}y+\frac{\partial}{\partial z}\left(U+p_F+\frac{V^2}{2}\right)\mathrm{d}z=0,$$

即

$$\mathrm{d}\left(U+p_F+\frac{V^2}{2}\right)=0, \tag{5-39}$$

两边积分后得

$$U+p_F+\frac{V^2}{2}=C, \tag{5-40}$$

式中 C 为常数，这就是欧拉积分式. 由于式(5-39)是对流场中任意线段积分的结果，因此对于流场中任意点，式(5-39)均满足. 此式的物理意义在于，对于无粘性的不可压缩流体或可压缩的正压流体，在有势质量力的作用下作定常无旋流动时，流场中的任意一点的单位质量流体的位势能 U、压力势能 p_F 和动能 $\dfrac{V^2}{2}$ 的总和保持不变，但这三种能量之间可以互相转换.

2. 伯努利积分

对于有旋流动，$\boldsymbol{\omega}\neq 0$，方程组(5-38)三个等式的右边就不等于零，这样，就不能对流场中任意线段进行积分运算，还必须附加上限制条件：沿某条流线进行线积分. 4.2.2 节已经对矢量形式的方程推出了伯努利积分(4-26)，本节以笛卡儿坐标分量的形式进行推导.

对于定常流动，流线和迹线重合，因此，在微元时间 dt 段内，流体质点的位移 $d\boldsymbol{s}$ 和速度 $\boldsymbol{V}$ 存在如下的关系

$$\mathrm{d}\boldsymbol{s} = \boldsymbol{V}\mathrm{d}t,$$

上式在 x、y、z 方向上的分量分别为

$$\left.\begin{aligned}\mathrm{d}x &= u\mathrm{d}t,\\ \mathrm{d}y &= v\mathrm{d}t,\\ \mathrm{d}z &= w\mathrm{d}t.\end{aligned}\right\} \tag{5-41}$$

在方程组(5-38)的两边分别乘以流线微元段分量值 $\mathrm{d}x$、$\mathrm{d}y$、$\mathrm{d}z$，并结合方程组(5-41)，可以得到

$$\left.\begin{aligned}\frac{\partial}{\partial x}\left(U+p_F+\frac{V^2}{2}\right)\mathrm{d}x &= -2(w\Omega_y - v\Omega_z)u\mathrm{d}t,\\ \frac{\partial}{\partial y}\left(U+p_F+\frac{V^2}{2}\right)\mathrm{d}y &= -2(u\Omega_z - w\Omega_x)v\mathrm{d}t,\\ \frac{\partial}{\partial z}\left(U+p_F+\frac{V^2}{2}\right)\mathrm{d}z &= -2(v\Omega_x - u\Omega_y)w\mathrm{d}t,\end{aligned}\right\} \tag{5-42}$$

将上面三式相加，右边恰好等于零，左边三式相加后再积分，可得

$$U + p_F + \frac{V^2}{2} = C. \tag{5-43}$$

式(5-43)与式(4-26)相同，称为伯努利积分式. 它和欧拉积分式的形式虽然相同，却包含不同的物理意义：对于无粘性的不可压缩流体或可压缩的正压流体，在有势质量力的作用下作定常有旋流动时，沿某一流线上各点单位质量流体的位势能 U、压力势能 p_F 和动能 $\frac{V^2}{2}$ 的总和等于某一常数，而这三种能量之间可以互相转换. 对于不同的流线，该常数值是不相同的.

在管内流动问题中广泛使用的伯努利方程，便是伯努利积分式的一个具体的应用. 如果质量力仅仅指重力，重力势能可以表示为 $U=gz$，这里 z 轴垂直向上. 对于不可压缩流体，ρ 为常数，则压力函数 $p_F=p/\rho$. 将它们代入式(5-43)，可以得到

$$gz + \frac{p}{\rho} + \frac{V^2}{2} = C, \tag{5-44}$$

式(5-44)表示：在重力作用下，不可压缩无粘性流体作定常有旋流动时，沿某一流线

上单位质量流体的位势能、压力势能和动能的总和等于某一常数.

管内流动问题常常作为一维流动形式处理.在这种情况下,不同流线上的能量总和等于同一常数.

5.6 汤姆孙定理、亥姆霍兹旋涡定理

汤姆孙(Thomson)定理和亥姆霍兹旋涡定理都是讨论无粘性、正压流体在有势质量力下作定常流动时的涡旋运动规律.在介绍汤姆孙定理之前,首先介绍流体质点线的概念.流体质点线是指由确定的流体质点所连接而成的曲线,它的形状和位置随着流体质点的运动而改变.如图5-10中所示,在t时刻,取流场中一封闭的流体质点线$L(t)$,经过微元时间段$\mathrm{d}t$后,该流体质点线变为$L(t+\mathrm{d}t)$,它的形状和位置均发生了变化.汤姆孙定理揭示了流体质点线在运动变化过程中速度环量的运动变化规律.

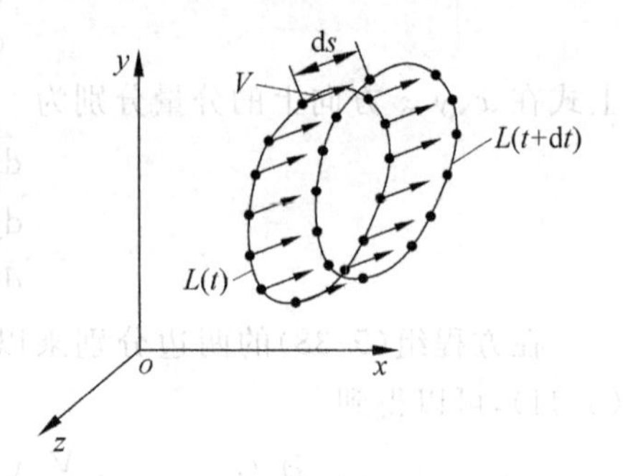

图5-10 流体质点线的运动

5.6.1 汤姆孙定理

汤姆孙定理:无粘性、正压流体在有势质量力作用下,沿任何封闭的流体质点线的速度环量在运动过程中不随时间变化,即速度环量关于时间的变化率为零.用数学公式表示为

$$\frac{\mathrm{d}\Gamma}{\mathrm{d}t}=\frac{\mathrm{d}}{\mathrm{d}t}\oint_L \boldsymbol{V}\cdot\mathrm{d}\boldsymbol{s}=0. \tag{5-45}$$

该定理证明如下.

在流场中t时刻任取一封闭的流体质点线$L(t)$,沿该曲线的速度环量为

$$\Gamma_L=\oint_L \boldsymbol{V}\cdot\mathrm{d}\boldsymbol{s}=\oint_L(u\mathrm{d}x+v\mathrm{d}y+w\mathrm{d}z),$$

速度环量对时间的变化率,即它的随体导数为

$$\begin{aligned}\frac{\mathrm{d}\Gamma_L}{\mathrm{d}t}&=\frac{\mathrm{d}}{\mathrm{d}t}\oint_L(u\mathrm{d}x+v\mathrm{d}y+w\mathrm{d}z)\\&=\oint_L\left(\frac{\mathrm{d}u}{\mathrm{d}t}\mathrm{d}x+\frac{\mathrm{d}v}{\mathrm{d}t}\mathrm{d}y+\frac{\mathrm{d}w}{\mathrm{d}t}\mathrm{d}z\right)+\oint_L\left[u\frac{\mathrm{d}}{\mathrm{d}t}(\mathrm{d}x)+v\frac{\mathrm{d}}{\mathrm{d}t}(\mathrm{d}y)+w\frac{\mathrm{d}}{\mathrm{d}t}(\mathrm{d}z)\right].\end{aligned} \tag{5-46}$$

根据欧拉运动微分方程组(5-29)中的结果,式(5-46)中右边第一项为

$$\begin{aligned}&\oint_L\left(\frac{\mathrm{d}u}{\mathrm{d}t}\mathrm{d}x+\frac{\mathrm{d}v}{\mathrm{d}t}\mathrm{d}y+\frac{\mathrm{d}w}{\mathrm{d}t}\mathrm{d}z\right)\\&=\oint_L\left[\left(f_x-\frac{1}{\rho}\frac{\partial p}{\partial x}\right)\mathrm{d}x+\left(f_y-\frac{1}{\rho}\frac{\partial p}{\partial y}\right)\mathrm{d}y+\left(f_z-\frac{1}{\rho}\frac{\partial p}{\partial z}\right)\mathrm{d}z\right]\\&=\oint_L\left[(f_x\mathrm{d}x+f_y\mathrm{d}y+f_z\mathrm{d}z)-\frac{1}{\rho}\left(\frac{\partial p}{\partial x}\mathrm{d}x+\frac{\partial p}{\partial y}\mathrm{d}y+\frac{\partial p}{\partial z}\mathrm{d}z\right)\right]\\&=\oint_L(-\mathrm{d}U-\mathrm{d}p_F).\end{aligned}$$

如图 5-10 所示,流体质点线上某一点经过 $\mathrm{d}t$ 时间,产生位移 $\mathrm{d}\boldsymbol{s}$. 位移 $\mathrm{d}\boldsymbol{s}$ 和速度 $\boldsymbol{V}$ 的关系为 $\mathrm{d}\boldsymbol{s}=\boldsymbol{V}\mathrm{d}t$,该式在 x、y、z 方向上的分量式为

$$\left.\begin{aligned}\mathrm{d}x&=u\mathrm{d}t,\\\mathrm{d}y&=v\mathrm{d}t,\\\mathrm{d}z&=w\mathrm{d}t.\end{aligned}\right\}\tag{5-47}$$

因此,式(5-46)中右边第二项为

$$\begin{aligned}\oint_L\left[u\frac{\mathrm{d}}{\mathrm{d}t}(\mathrm{d}x)+v\frac{\mathrm{d}}{\mathrm{d}t}(\mathrm{d}y)+w\frac{\mathrm{d}}{\mathrm{d}t}(\mathrm{d}z)\right]&=\oint_L[u\mathrm{d}u+v\mathrm{d}v+w\mathrm{d}w]\\&=\oint_L\left[\mathrm{d}\left(\frac{u^2}{2}\right)+\mathrm{d}\left(\frac{v^2}{2}\right)+\mathrm{d}\left(\frac{w^2}{2}\right)\right]\\&=\oint_L\mathrm{d}\left(\frac{V^2}{2}\right),\end{aligned}$$

于是,式(5-46)可写成

$$\frac{\mathrm{d}\Gamma_L}{\mathrm{d}t}=\oint_L\left[\mathrm{d}\left(\frac{V^2}{2}\right)-\mathrm{d}U-\mathrm{d}p_F\right]=\oint_L\mathrm{d}\left(\frac{V^2}{2}-U-p_F\right).\tag{5-48}$$

由于流场中 V、U 和 p_F 都是空间坐标 x、y、z 和时间 t 的单值函数,因此沿流场中任意封闭曲线的积分都等于零,即速度环量是常数

$$\frac{\mathrm{d}\Gamma_L}{\mathrm{d}t}=0,\quad \Gamma_L=C.\tag{5-49}$$

这样就证明了汤姆孙定理.

汤姆孙定理说明,无粘性、正压流体在有势质量力的作用下,沿流场中任何封闭流体质点线的速度环量守衡,也就是说,原来有速度环量则永远保持该速度环量,原来速度环量为零则永远保持为零. 结合斯托克斯定理,沿任何封闭周线的速度环量等于通过该周线所包围的曲面的涡通量. 因此,汤姆孙定理也就说明了流场中旋涡不能自行产生、也不能自行消灭. 换句话说,有旋流动永远保持为相同涡旋强度的有旋流动,无旋流动则永远保持为无旋流动. 值得注意的是,汤姆孙定理成立的三个必要条

件缺一不可,即流体是无粘性的、正压的、作用的质量力是有势的. 对于实际粘性流体的有旋流动,汤姆孙定理成立的条件不能被满足. 比如,大气流动中出现的龙卷风等环流现象,涡旋强度必定经历一个从产生到增强、再到减弱、直至消失的逐步变化的过程. 这首先是由于空气粘性的作用导致涡旋的能量不断耗尽的缘故;同时,大气的密度不仅和压力、而且和温度有关,已不属于正压流体;此外,在大气环流中作用的哥氏力是在非惯性系中虚加的惯性力,属于一种特殊的无势质量力. 如果在较短时间内,粘性的影响较小,流体是正压的且质量力为有势,则可认为汤姆孙定理的三个条件近似得到满足,由此可以确定流动的运动性质.

5.6.2 亥姆霍兹旋涡定理

亥姆霍兹旋涡定理可以看作是在汤姆孙定理的基础上关于无粘性流体有旋流动的进一步的推论. 这些定理说明关于了旋涡流动和涡管的基本性质.

亥姆霍兹第一定理:在同一瞬间,涡管各截面上的涡通量都相同.

在涡管上任取两个截面 A 和 B,在涡管的表面上取两条无限接近的线 AB 和 $A'B'$,如图 5-11 所示. 根据涡管的定义,涡管的表面是由涡线组成的,涡线上的任一点处的旋转角速度 $\boldsymbol{\Omega}$ 和涡线相切,因此,在封闭周线 $ABB'A'A$所包围的涡管表面内没有涡线通过. 根据斯托克斯定理,沿这条封闭周线的速度环量等于零. 于是,有

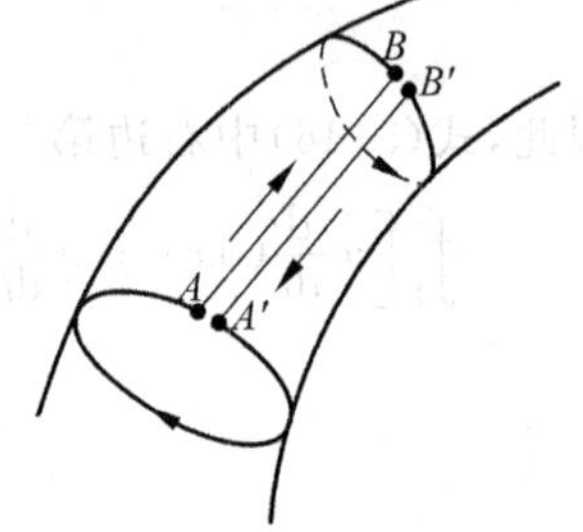

图 5-11 涡管

$$\Gamma_{ABB'A'A} = \Gamma_{AB} + \Gamma_{BB'} + \Gamma_{B'A'} + \Gamma_{A'A} = 0, \tag{5-50}$$

由于沿 AB 和 $B'A'$两条线的切向速度线积分的大小相等、方向相反,互相抵消,即

$$\Gamma_{AB} = -\Gamma_{B'A'},$$

这样,可以得到

$$\Gamma_{A'A} = -\Gamma_{BB'}$$

即

$$\Gamma_{AA'} = \Gamma_{BB'},$$

也就是说,沿包围涡管任一截面封闭周线的速度环量都相等. 根据斯托克斯定理,这些速度环量都等于通过封闭周线所包围截面的涡通量,故在涡管各截面上的涡通量都相等,即

$$J_A = 2\iint_A \Omega_n \mathrm{d}A = J_B = 2\iint_B \Omega_n \mathrm{d}B, \tag{5-51}$$

这就意味着涡管不可能自行在流体中终止,因为若涡管的截面缩小为零,则角速度将

趋于无穷大，这显然是不可能的. 所以涡管在流体中既不能开始，也不能终止，只能有两种状态存在，一种是自成封闭的管圈，另一种是在流场边界上开始、终止. 流场的边界分为容器壁面和自由液面两种情况，图 5-12 中给出了涡管在流体存在的几种状态. 这些状态在实际生活中都能找到例证，比如，吸烟者吐出的环形烟圈、水中的旋涡和龙卷风等. 当然，由于实际流体有粘性，涡管的强度会随时间逐渐减小，比如，吐出的烟圈和水中的旋涡，由于粘性的影响，很快就会消失.

亥姆霍兹第二定理：无粘性、正压流体在有势质量力的作用下，涡管在运动过程中永远由相同的流体质点所组成.

如图 5-13 所示，在涡管上任取一封闭周线 L. 根据涡管的定义和斯托克斯定理，通过封闭周线 L 所包围的曲面的涡通量为零. 由汤姆孙定理可知，封闭周线 L 所包围的曲面的涡通量永远为零，也就是说，在涡管的运动过程中，涡线均不通过 L 所包围的曲面，构成涡管表面的流体质点永远在涡管表面上，涡管保持由相同的流体质点所组成，但涡管的形状却可能有所变化.

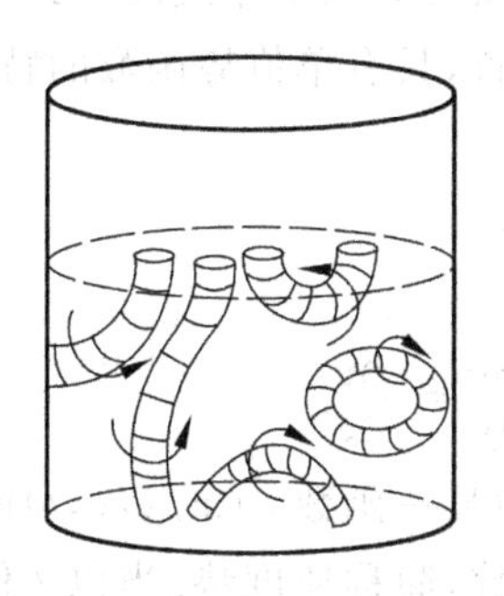

图 5-12　涡管在流体中存在的形状

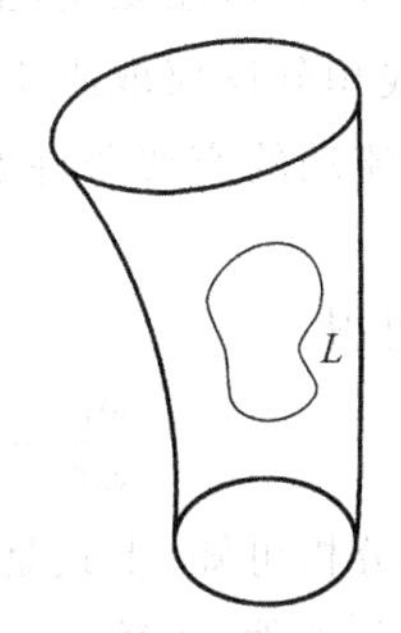

图 5-13 涡管上的封闭周线

亥姆霍兹第三定理：无粘性、正压流体在有势质量力的作用下，涡管的强度不随时间变化.

根据斯托克斯定理，沿包围涡管的封闭周线的速度环量等于涡管的强度；根据汤姆孙定理，该速度环量不随时间而变化，所以涡管的强度也不随时间而变化.

5.7　有势流动、速度势函数、流函数、流网

5.7.1　有势流动和速度势函数

对于无粘性(理想)流体的无旋流动而言，由斯托克斯定理可知，沿流场中任意封闭周线的速度线积分，即速度环量均为零. 如图 5-14 中所示，在平面流场中任意取一点参考点 A，它和另一点 B 构成一封闭周线，由曲线段 L_1 和 L_2 组成. 对于无旋流

动，该封闭周线所包围的速度环量为零，有

$$\Gamma_{AL_1BL_2A} = 0$$

即

$$\oint_{AL_1BL_2A} \boldsymbol{V} \cdot \mathrm{d}\boldsymbol{s} = \int_{AL_1B} \boldsymbol{V} \cdot \mathrm{d}\boldsymbol{s} + \int_{BL_2A} \boldsymbol{V} \cdot \mathrm{d}\boldsymbol{s} = 0, \quad (5\text{-}52)$$

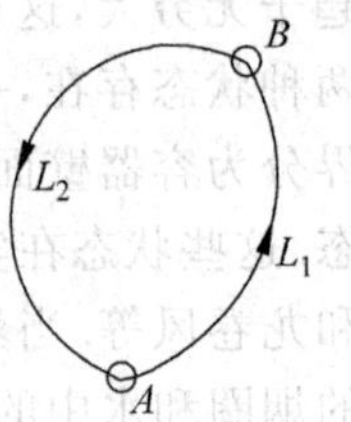

因此，有

$$\int_{AL_1B} \boldsymbol{V} \cdot \mathrm{d}\boldsymbol{s} = -\int_{BL_2A} \boldsymbol{V} \cdot \mathrm{d}\boldsymbol{s},$$

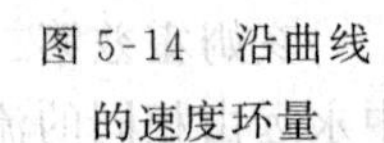

图 5-14 沿曲线的速度环量

即

$$\int_{AL_1B} \boldsymbol{V} \cdot \mathrm{d}\boldsymbol{s} = \int_{AL_2B} \boldsymbol{V} \cdot \mathrm{d}\boldsymbol{s}.$$

这表示，对于理想流体无旋流动，从参考点 A 到另一点 B 的速度线积分 $\int_A^B \boldsymbol{V} \cdot \mathrm{d}\boldsymbol{s}$ 与 A 点至 B 点的路径无关，上式中 $\mathrm{d}\boldsymbol{s}$ 表示连接 A 点与 B 点的任意微元曲线. 也就是说，速度线积分仅仅取决于 B 点相对于 A 点的位置，具有单值势函数的特征.

由无旋流动的充要条件 $\boldsymbol{\Omega}=0$ 可知

$$\Omega_x = \Omega_y = \Omega_z = 0,$$

由式(5-8)可得

$$\frac{\partial v}{\partial x} = \frac{\partial u}{\partial y}; \quad \frac{\partial u}{\partial z} = \frac{\partial w}{\partial x}; \quad \frac{\partial w}{\partial y} = \frac{\partial v}{\partial z}.$$

由数学分析可知，上式是 $u\,\mathrm{d}x + v\,\mathrm{d}y + \omega\,\mathrm{d}z$ 成为某一函数 $\varphi(x,y,z,t)$ 的全微分的必要且充分条件. 函数 $\varphi(x,y,z,t)$ 成为速度势函数，简称速度势. 当以 t 作为参变量时，即流体作定常流动时，函数 $\varphi(x,y,z,t)$ 的全微分可写成

$$\mathrm{d}\varphi = \frac{\partial \varphi}{\partial x}\mathrm{d}x + \frac{\partial \varphi}{\partial y}\mathrm{d}y + \frac{\partial \varphi}{\partial z}\mathrm{d}z = u\,\mathrm{d}x + v\,\mathrm{d}y + \omega\,\mathrm{d}z,$$

于是可以得到

$$u = \frac{\partial \varphi}{\partial x}; \quad v = \frac{\partial \varphi}{\partial y}; \quad w = \frac{\partial \varphi}{\partial z}. \quad (5\text{-}53)$$

显然，式(5-53)中的 u、v、w 满足式(5-10). 将上式写成矢量形式，有

$$\begin{aligned} \boldsymbol{V} &= u\boldsymbol{i} + v\boldsymbol{j} + w\boldsymbol{k} = \frac{\partial \varphi}{\partial x}\boldsymbol{i} + \frac{\partial \varphi}{\partial y}\boldsymbol{j} + \frac{\partial \varphi}{\partial z}\boldsymbol{k} \\ &= \mathrm{grad}\varphi = \nabla \varphi. \end{aligned} \quad (5\text{-}54)$$

式(5-53)说明了速度势函数 φ 的一个基本性质：速度在笛卡儿直角坐标系中三个坐标轴 x、y、z 方向上的分量等于速度势函数关于相应坐标的偏导数. 这一性质可以用于流场中任何方向，证明过程如下.

在流场中任取一点 M 的速度为 $\boldsymbol{V}$(图 5-15)，它在方向 s 上的分量为 V_s. 由于流场中有速度势 φ 存在，它关于方向 s 的偏导数为

$$\begin{aligned}\frac{\partial\varphi}{\partial s}&=\frac{\partial\varphi}{\partial x}\frac{\mathrm{d}x}{\mathrm{d}s}+\frac{\partial\varphi}{\partial y}\frac{\mathrm{d}y}{\mathrm{d}s}+\frac{\partial\varphi}{\partial z}\frac{\mathrm{d}z}{\mathrm{d}s}=u\frac{\mathrm{d}x}{\mathrm{d}s}+v\frac{\mathrm{d}y}{\mathrm{d}s}+w\frac{\mathrm{d}z}{\mathrm{d}s}\\&=V\left[\cos(V,x)\frac{\mathrm{d}x}{\mathrm{d}s}+\cos(V,y)\frac{\mathrm{d}y}{\mathrm{d}s}+\cos(V,z)\frac{\mathrm{d}z}{\mathrm{d}s}\right]\\&=V[\cos(V,x)\cos(s,x)+\cos(V,y)\cos(s,y)+\cos(V,z)\cos(s,z)]\\&=V\cos(V,s)=V_s,\end{aligned}\tag{5-55}$$

式中，$\cos(V,x)$、$\cos(V,y)$、$\cos(V,z)$和 $\cos(s,x)$、$\cos(s,y)$、$\cos(s,z)$分别表示速度矢量 $\boldsymbol{V}$ 和方向矢量 $\boldsymbol{s}$ 对于 x、y、z 轴的方向余弦. 由式(5-55)可得，速度 $\boldsymbol{V}$ 在方向 s 上的分量 V_s 等于速度势 φ 关于方向 s 的偏导数.

在圆柱坐标系下，如图 5-16 所示，径向速度 v_r、切向速度 v_θ、轴向速度 v_z 分别为

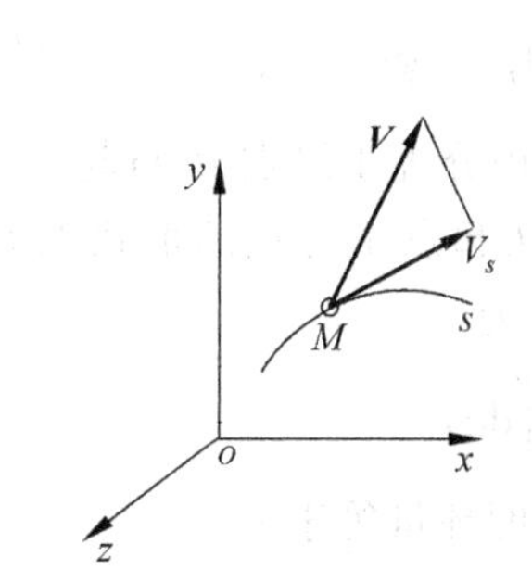

图 5-15 推导速度与速度势函数的关系用图

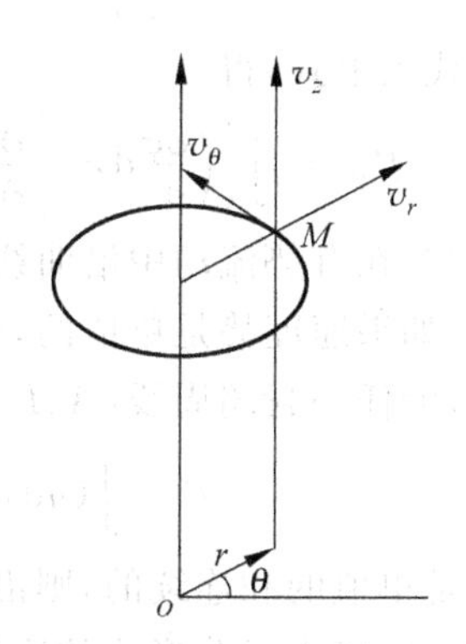

图 5-16 柱坐标下的分速度

$$\left.\begin{aligned}v_r&=\frac{\partial\varphi}{\partial r},\\v_\theta&=\frac{1}{r}\frac{\partial\varphi}{\partial\theta},\\v_z&=\frac{\partial\varphi}{\partial z}.\end{aligned}\right\}\tag{5-56}$$

速度势函数这一概念的提出，是和物理学中的"有势力"的概念相联系的. 力势的负梯度是力场的力，而速度势的梯度则是流场的速度. 在重力场中，任取一参考点 A，令该点的重力势能为零. 另取一点 B 高于 A 点，则 A、B 两点之间的重力势能差(或称位势能差)为

$$U=\int_A^B g\,\mathrm{d}l,$$

上式中 g 为重力加速度，$\mathrm{d}l$ 为指向垂直向上方向的微元线段，U 称为重力势函数. 如果把质点从 A 点提升到 B 点，需要克服重力作用所作的功为 U，它和作功的路径无

关. 这一矢量函数的线积分与路径无关的特征是有势场才具有的特征. 相同的情况还出现在电力场和磁力场中. 需要注意的是，上述物理势场中的力势函数的概念都具有各自相对应的物理意义，它表示单位质量物体所具有的力势能，也表示克服有势力对单位质量物体所作的功，而速度势函数仅仅是一个数学上的概念，没有所对应的物理意义. 在定常流动中速度势与时间无关，仅是空间位置的函数，即 $\varphi(x,y,z)$. 由以上分析可知，当不可压缩流体或可压缩流体作无旋流动时，总有速度势存在，这种流动又被称为有势流动，即无旋流动等同于有势流动.

在有势流动中，沿曲线切向速度的线积分与速度势有密切的联系. 沿任一曲线 AB 切向速度的线积分 Γ_{AB} 可写成

$$\Gamma_{AB}=\int_A^B \boldsymbol{V}\cdot \mathrm{d}\boldsymbol{s}=\int_A^B (u\mathrm{d}x+v\,\mathrm{d}y+\omega\,\mathrm{d}z),$$

将式(5-53)代入上式，得

$$\Gamma_{AB}=\int_A^B\left(\frac{\partial\varphi}{\partial x}\mathrm{d}x+\frac{\partial\varphi}{\partial y}\mathrm{d}y+\frac{\partial\varphi}{\partial z}\mathrm{d}z\right)=\int_A^B \mathrm{d}\varphi=\varphi_B-\varphi_A. \tag{5-57}$$

由此可知，在有势流动中沿曲线 AB 的切向速度线积分等于终点 B 与起点 A 的速度势之差. 如果速度势是单值的，则该线积分与曲线从起点至终点的形状无关. 在有势流动中，沿任一封闭周线(A、B 点重合)的速度环量为

$$\Gamma=\oint(u\mathrm{d}x+v\,\mathrm{d}y+\omega\,\mathrm{d}z)=\oint \mathrm{d}\varphi,$$

如果速度势是单值的和连续的，则沿任一封闭周线的速度环量等于零.

将式(5-53)代入微分形式的连续方程，可得

$$\frac{1}{\rho}\frac{\mathrm{D}\rho}{\mathrm{D}t}+\frac{\partial^2\varphi}{\partial x^2}+\frac{\partial^2\varphi}{\partial y^2}+\frac{\partial^2\varphi}{\partial z^2}=0.$$

对于不可压缩流体，有 $\partial\rho/\partial t=0$，得

$$\frac{\partial^2\varphi}{\partial x^2}+\frac{\partial^2\varphi}{\partial y^2}+\frac{\partial^2\varphi}{\partial z^2}=\nabla^2\varphi=0, \tag{5-58}$$

式中 $\nabla^2=\frac{\partial^2}{\partial x^2}+\frac{\partial^2}{\partial y^2}+\frac{\partial^2}{\partial z^2}$ 为拉普拉斯算子. 式(5-58)称为拉普拉斯方程，即当不可压缩流体作有势流动时，速度势满足拉普拉斯方程. 在数学分析上，满足拉普拉斯方程的函数称为调和函数. 由于拉普拉斯方程 $\nabla^2\varphi=0$ 是线性齐次方程，该方程的不同解的叠加后仍然是该方程的解. 设 φ_1 和 φ_2 是调和函数，则 $c_1\varphi_1+c_1\varphi_2$(其中 c_1 和 c_2 为任意常数)也是调和函数. 因此，简单的调和函数可以叠加成复杂的调和函数，这为简单无旋流动的叠加提供了理论基础，在后面的章节中将对此予以详细讨论.

对于圆柱坐标系，拉普拉斯方程 $\nabla^2\varphi=0$ 变为

$$\nabla^2\varphi=\frac{\partial^2\varphi}{\partial r^2}+\frac{1}{r}\frac{\partial\varphi}{\partial r}+\frac{1}{r^2}\frac{\partial^2\varphi}{\partial\theta^2}+\frac{\partial^2\varphi}{\partial z^2}=0. \tag{5-59}$$

应当指出的是，速度势函数满足拉普拉斯方程 $\nabla^2\varphi=0$ 的前提条件是不可压缩流

体的无旋流动，而并未限制流动是定常或非定常，速度势函数 φ 也可以是时间的函数.

5.7.2 流函数与流网

流函数概念的提出是仅对不可压缩流体的二维流动而言的，平面二维流动是其中的一种. 所谓平面二维流动是指流场中各点的流速都平行于某一固定平面，并且各物理量在此平面的垂直方向上没有变化. 在实际工程问题中，并不存在严格的平面二维流动. 当流动的物理量在某一方向(如 z 轴方向)的变化相对于其他方向上的变化为小量，而且在此方向上的速度接近于零时，则可以简化为平面二维流动问题. 例如，空气横掠矩形机翼的流动，在翼弦与翼展相比为小量的条件下，垂直于翼展的各平面内的流动状况差异很小，尤其是机翼中段部位，工程上总是将这种流动状况简化为平面二维流动处理. 再如在管壳式换热器中，流体横掠列管的流动，单管外径和长度相比为小量时，也将此流动问题简化为平面二维流动.

不可压缩理想流体的平面二维无旋流动是比较简单的一类流动，但是研究这类流动具有重大的理论和实用价值. 根据不可压缩理想流体的平面二维无旋流动中动能、压力能、位势能之和恒定的原理，将流函数和速度势函数结合运用，可以分析流速、压力平面的分布规律. 此外，通过后面的分析可以看到，不可压缩平面二维无旋流动的流函数也和速度势函数一样，满足拉普拉斯方程，即调和函数. 由于调和函数满足可线性叠加性，简单的平面二维无旋流动可以叠加为复杂的平面二维无旋流动，这为多种复杂平面二维流动的研究提供了可能.

由不可压缩流体的平面二维流动的连续方程得

$$\frac{\partial u}{\partial x}=-\frac{\partial v}{\partial y}, \tag{5-60}$$

此外，平面流动的流线微分方程为

$$u\mathrm{d}y-v\mathrm{d}x=0. \tag{5-61}$$

由微积分可知，式(5-60)是式(5-61)成为某一函数 $\psi(x,y)$ 的全微分的必要且充分的条件，即

$$\mathrm{d}\psi=\frac{\partial\psi}{\partial x}\mathrm{d}x+\frac{\partial\psi}{\partial y}\mathrm{d}y=-v\mathrm{d}x+u\mathrm{d}y, \tag{5-62}$$

于是

$$u=\frac{\partial\psi}{\partial y};\quad v=-\frac{\partial\psi}{\partial x}, \tag{5-63}$$

将式(5-63)代入式(5-60)，得

$$\frac{\partial^2\psi}{\partial y\partial x}=\frac{\partial^2\psi}{\partial x\partial y},$$

即函数 ψ 永远满足连续性方程. 很显然，在流线上 $\mathrm{d}\psi=0$ 或 $\psi=C$，C 为常数. 每条流

线对应一个常数值，所以称函数 ψ 为流函数.

对于不可压缩流体的二维流动，用极坐标表示的连续方程、流函数的微分和速度分量分别为

$$\frac{\partial(rv_r)}{\partial r}+\frac{\partial v_\theta}{\partial \theta}=0, \tag{5-64}$$

$$\mathrm{d}\psi=\frac{\partial\psi}{\partial r}\mathrm{d}r+\frac{\partial\psi}{\partial\theta}\mathrm{d}\theta=-v_\theta\mathrm{d}r+v_r r\mathrm{d}\theta, \tag{5-65}$$

$$v_r=\frac{1}{r}\frac{\partial\psi}{\partial\theta},\quad v_\theta=-\frac{\partial\psi}{\partial r}. \tag{5-66}$$

流函数具有明确的物理意义：二维流动中两条流线间单位厚度通过的体积流量等于两条流线上的流函数常数之差. 现证明如下：如图 5-17 所示，在 xoy 平面内任取 A、B 两点，AB 是其间任意一条连线. 对于二维问题来说，AB 连线所代表的是在 z 轴方向为无限长的柱面.

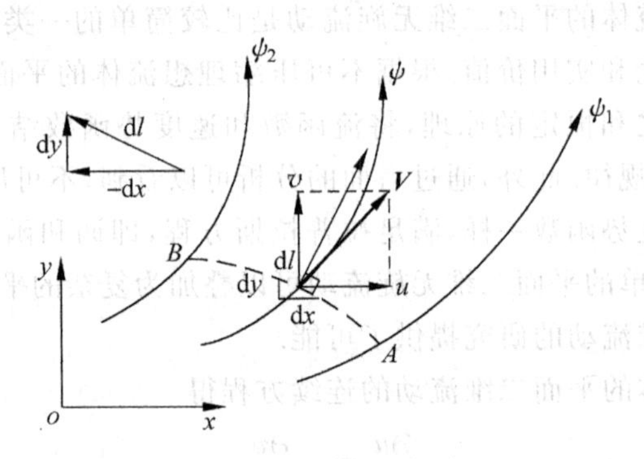

图 5-17 等流函数线

在流函数 ψ 的定义中，为保证流函数变化值 $\mathrm{d}\psi$ 与流量增量值 $\mathrm{d}q_V$ 同号，规定绕 B 点逆时针方向穿过曲线 AB 的流量为正，反之为负，这里的流量 q_V 是指通过 z 方向为单位高度的柱面的体积流量. 如图 5-17 中所示，通过 A 点的流线的流函数值 ψ_1，通过 B 点的流线的流函数值 ψ_2，则通过 AB 柱面的体积流量为

$$\begin{aligned}q_V&=\int_A^B v_n\mathrm{d}l=\int_A^B[u\cos(n,y)+v\cos(n,y)]\mathrm{d}l\\&=\int_A^B\left[u\,\frac{\mathrm{d}y}{\mathrm{d}l}+v\left(-\frac{\mathrm{d}x}{\mathrm{d}l}\right)\right]\mathrm{d}l=\int_A^B(u\mathrm{d}y-v\mathrm{d}x)\\&=\int_A^B\mathrm{d}\psi=\psi_2-\psi_1.\end{aligned} \tag{5-67}$$

由于流线上各点的流函数都是同一常数，故由式(5-67)可知，沿流线全长两流线之间的流量保持不变. 注意，在上式推导中 x 轴方向的路径积分方向为 x 坐标轴

的反方向，所以取为$-\mathrm{d}x$.

在引出流函数这个概念时，既没有涉及流体是粘性的还是非粘性的，也没有涉及流体是有旋的还是无旋的. 所以，无论是理想流体还是粘性流体，无论是有旋流动还是无旋流动，只要是不可压缩流体的平面流动，就存在流函数，而且式(5-67)成立.

对于xoy平面内的无旋流动，有$\Omega_z=0$，由式(5-8)有

$$\frac{\partial v}{\partial x}-\frac{\partial u}{\partial y}=0,$$

将式(5-63)中的u和v代入上式，得

$$\nabla^2\psi=\frac{\partial^2\psi}{\partial x^2}+\frac{\partial^2\psi}{\partial y^2}=0, \tag{5-68}$$

即不可压缩流体的平面无旋流动的流函数满足拉普拉斯方程，也是调和函数. 对于极坐标系，其拉普拉斯方程为

$$\Delta^2\psi=\frac{\partial^2\psi}{\partial r^2}+\frac{1}{r}\frac{\partial\psi}{\partial r}+\frac{1}{r^2}\frac{\partial^2\psi}{\partial\theta^2}=0. \tag{5-69}$$

对于不可压缩流体的平面二维无旋流动(即有势流动)，必然同时存在速度势函数φ和流函数ψ. 根据它们与速度分量u、v的关系，可以得到φ和ψ之间的重要关系式

$$\left.\begin{aligned}u&=\frac{\partial\varphi}{\partial x}=\frac{\partial\psi}{\partial y},\\ v&=\frac{\partial\varphi}{\partial y}=-\frac{\partial\psi}{\partial x}.\end{aligned}\right\} \tag{5-70}$$

式(5-70)称为柯西-黎曼条件.

如图5-18所示，流函数线$\psi=C_1$，$\psi=C_2$，…，构成一簇流线，它们和等势线$\varphi=K_1$，$\varphi=K_2$，…构成一张描述平面流动特征的网，称为流网. 流线$\psi=C_n$和等势线$\varphi=K_n$的交点为M. 在等势线$\varphi=K_n$上，有

$$\mathrm{d}\varphi=\frac{\partial\varphi}{\partial x}\mathrm{d}x+\frac{\partial\varphi}{\partial y}\mathrm{d}y=0,$$

由此可得等势线的斜率为

$$\left(\frac{\mathrm{d}y}{\mathrm{d}x}\right)_{\varphi=K}=-\frac{\dfrac{\partial\varphi}{\partial x}}{\dfrac{\partial\varphi}{\partial y}},$$

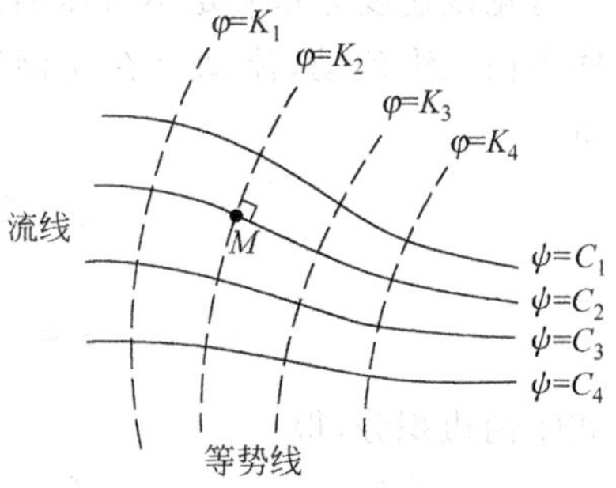

图5-18 流网

在流线$\psi=C_n$上，有

$$\mathrm{d}\psi=\frac{\partial\psi}{\partial x}\mathrm{d}x+\frac{\partial\psi}{\partial y}\mathrm{d}y=0,$$

由此可得流线的斜率为

$$\left(\frac{\mathrm{d}y}{\mathrm{d}x}\right)_{\psi=C}=-\frac{\dfrac{\partial\psi}{\partial x}}{\dfrac{\partial\psi}{\partial y}},$$

利用式(5-70),可得到等势线和流线线簇的斜率的乘积

$$\left(\frac{\mathrm{d}y}{\mathrm{d}x}\right)_{\varphi=K}\left(\frac{\mathrm{d}y}{\mathrm{d}x}\right)_{\psi=C}=\frac{\dfrac{\partial\varphi}{\partial x}}{\dfrac{\partial\varphi}{\partial y}}\cdot\frac{\dfrac{\partial\psi}{\partial x}}{\dfrac{\partial\psi}{\partial y}}=-1. \tag{5-71}$$

可见在流线与等势线在其交点 M 处相互正交.习惯上,采用相等的流函数增量 $\Delta\psi$ 来画流线,用相等的速度势函数增量 $\Delta\varphi$ 来画等势线,由 $V=\frac{\partial\psi}{\partial n}$ 及 $V=\frac{\partial\varphi}{\partial s}$ 可知,流场中速度越大,则对应的流线之间及等势线之间的距离越小,因此,流网可以比较直观地描绘出流动的特征.

例 5.1 已知某一流场速度分布 $u=2x-3y, v=-3x-2y$,该速度分布是否满足连续性方程?可否表示成不可压缩流体的平面二维流动?若可以表示为不可压缩流体的平面二维流动,求出流函数 $\psi(x,y)$ 的表达形式.该流动是否为有势流动?若是有势流动,求出速度势函数.

解 不可压缩流体平面流动的连续方程为

$$\frac{\partial u}{\partial x}+\frac{\partial v}{\partial y}=0,$$

将已知速度分布 $u=2x-3y, v=-3x-2y$ 代入上式,可得

$$\frac{\partial u}{\partial x}+\frac{\partial v}{\partial y}=2+(-2)=0.$$

可见该速度分布满足不可压缩流体平面流动的连续方程,故可表示成不可压缩流体平面二维流动,流动存在流函数.由流函数和速度分布之间的关系式(5-63),可得

$$u=\frac{\partial\psi}{\partial y}=2x-3y, \tag*{①}$$

$$v=-\frac{\partial\psi}{\partial x}=-3x-2y, \tag*{②}$$

对式①两边积分,得

$$\psi=\int\frac{\partial\psi}{\partial y}\mathrm{d}y+f(x)=\int(2x-3y)\mathrm{d}y+f(x)=2xy-\frac{3}{2}y^2+f(x). \tag*{③}$$

这里的 $f(x)$ 需要由式②来确定,上式对 x 求偏导,并令其等于 $-v$:

$$\frac{\partial\psi}{\partial x}=2y+f'(x)=-v=3x+2y,$$

可见 $f'(x)=3x$，所以

$$f(x)=\int 3x\mathrm{d}x=\frac{3}{2}x^2+c,$$

将上式代入式③，得

$$\psi=\frac{3}{2}x^2+2xy-\frac{3}{2}y^2+c,$$

式中积分常数 c 对流函数的差值及速度均无影响，也可以略去不计.

判断流动是否为有势流动，也就是判断流动是否为无旋流动，即是否满足条件 $\omega_z=0$. 将速度分布 $u=2x-3y$ 和 $v=-3x-2y$ 代入式(5-8)，得

$$\Omega_z=\frac{1}{2}\left(\frac{\partial v}{\partial x}-\frac{\partial u}{\partial y}\right)=-3-(-3)=0.$$

可见该流动为有势流动. 求速度势函数可采用与流函数相同的不定积分方法，也可以利用两点之间速度势函数差值与积分路径无关的特点，以坐标原点(0,0)作为起点，选择简单的积分路径来获取速度势函数. 现选取积分路径 l 为$(0,0)\rightarrow(x,0)\rightarrow(x,y)$，如图 5-19 所示. 选择这样的路径，$x$、$y$ 方向的积分可以分步进行，在 x 轴上，$y=0$，$\mathrm{d}y=0$，与 y 轴平行的线段上，$\mathrm{d}x=0$，所以

$$\begin{aligned}\varphi&=\int_l\mathrm{d}\varphi=\int_l\left(\frac{\partial\varphi}{\partial x}\mathrm{d}x+\frac{\partial\varphi}{\partial y}\mathrm{d}y\right)\\&=\int_0^x 2x\mathrm{d}x+\int_0^y(-3x-2y)\mathrm{d}y\\&=x^2-3xy-y^2.\end{aligned}$$

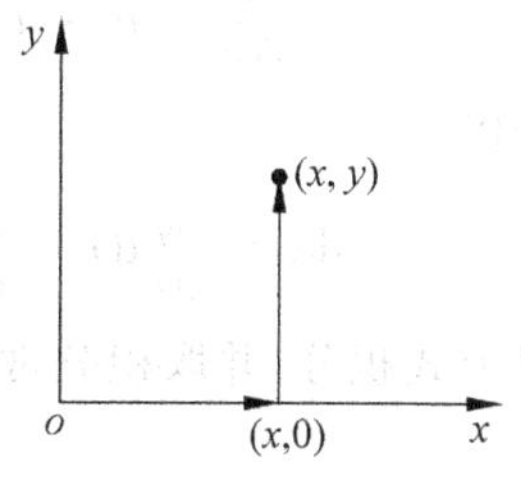

图 5-19 积分路径

5.8 不可压缩平面二维无旋基本流动

不可压缩流体平面二维无旋流动的研究具有其特殊的意义. 流动的许多工程问题可以简化为不可压缩流体平面二维无旋流动形式，由于流道或被绕流物体的形状、特性的不同，平面流动的形式多种多样. 如果在给定边界条件下，直接求解速度势函数 $\varphi(x,y)$ 或流函数 $\psi(x,y)$ 所满足的拉普拉斯方程的解，在数学上有很大的难度，绝大多数方程将得不到解析解. 如前所述，由于拉普拉斯方程是线性齐次方程，允许不同解的线性叠加，也就是说，如果速度势函数 $\varphi_1,\varphi_2,\cdots$ 是拉普拉斯方程的解，则这些解的线性叠加和 $K_1\varphi_1+K_2\varphi_2+\cdots$ 仍然是拉普拉斯方程的解，$K_1,K_2,\cdots$ 为任意不为零的常数. 这就启发人们将复杂的平面二维无旋流动问题分解为若干种简单平面二维无旋流动形式. 若能实现这样的分解，只要将几种简单平面二维流动的流函数和速度势函数叠加后，就能得到复杂平面二维流动的流函数

和速度势函数.

因此,这一节将介绍三种基本的不可压缩流体平面二维无旋流动形式,主要讨论各自流函数 $\psi(x,y)$、速度势函数 $\varphi(x,y)$,在此基础上得到速度分布 $V(x,y)$,并依据在5.5节中介绍的平面二维无旋流动所满足的伯努利方程,得到压力分布 $p(x,y)$.

5.8.1 均匀直线流动(平行流)

均匀直线流动是指,流体作等速直线流动,流场中各点速度的大小和方向都相同,即 $u=u_0$ 和 $v=v_0$, u_0、v_0 都是常数. 流线方程可由 $\mathrm{d}y/\mathrm{d}x=v_0/u_0$ 积分求得,即

$$v_0 x - u_0 y = C, \tag{5-72}$$

由上式可知,流线是许多平行的直线(在图5-20中用实线表示),与 x 轴的夹角等于 $\arctan(v_0/u_0)$.

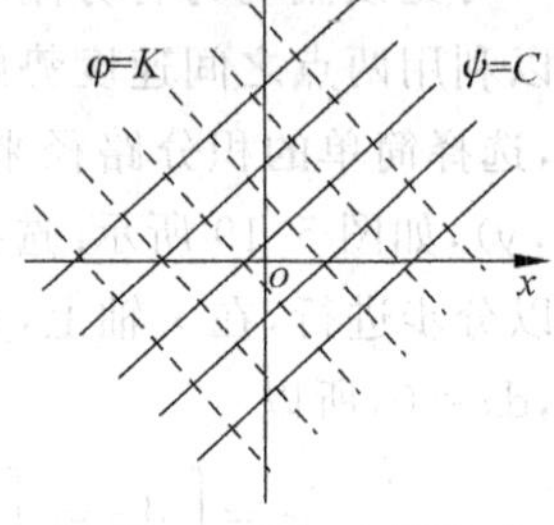

图5-20　均匀直线流动

由于

$$\frac{\partial\varphi}{\partial x} = u = u_0, \quad \frac{\partial\varphi}{\partial y} = v = v_0,$$

所以

$$\mathrm{d}\varphi = \frac{\partial\varphi}{\partial x}\mathrm{d}x + \frac{\partial\varphi}{\partial y}\mathrm{d}y = u_0\mathrm{d}x + v_0\mathrm{d}y,$$

对上式积分,并取积分常数为零,有

$$\varphi = u_0 x + v_0 y, \tag{5-73}$$

又由于

$$\frac{\partial\psi}{\partial x} = -v = -v_0, \quad \frac{\partial\psi}{\partial y} = u = u_0,$$

所以

$$\mathrm{d}\psi = \frac{\partial\psi}{\partial x}\mathrm{d}x + \frac{\partial\psi}{\partial y}\mathrm{d}y = -v_0\mathrm{d}x + u_0\mathrm{d}y,$$

对上式积分,并取积分常数为零,有

$$\psi = -v_0 x + u_0 y. \tag{5-74}$$

显然,式(5-73)、式(5-74)所表示的速度势函数和流函数均满足拉普拉斯方程,而且等势线($u_0x+v_0y=$常数,在图5-20中用虚线表示)与流线($-v_0x+u_0y=$常数)互相垂直.

由于流场中各点的速度都相同,在整个平面二维流场中根据伯努利方程(5-43)得

$$gz + \frac{p}{\rho} = \text{常数}.$$

如果平行流是在水平面上进行,或者重力的影响可以忽略不计,则在流场中处处压强

相同.

在研究绕过物体外的流动时,距物体某一距离(理论上应为无穷远)处的流场可认为是速度为 V_∞ 的均匀直线流动,如流体绕过顺流放置的无限薄平板时,平板前及平板上方(边界层外)区域的流场均为均匀直线流动.

值得注意的是,这里讨论的是速度场中各点速度的大小均系连续和有限的情况.

5.8.2 点源和点汇

设在无限平面上流体从一点沿径向直线均匀地向各方流出,这种流动称为点源,这个点称为源点(图 5-21(a)).若流体沿径向直线均匀地从各方流入一点,这种流动称为点汇,这个点称为汇点(图 5-21(b)).显然在这些流动中,从源点流出和向汇点流入都只有径向速度 v_r,切向速度 v_θ 均为零.将极坐标的原点作为源点(或汇点),则

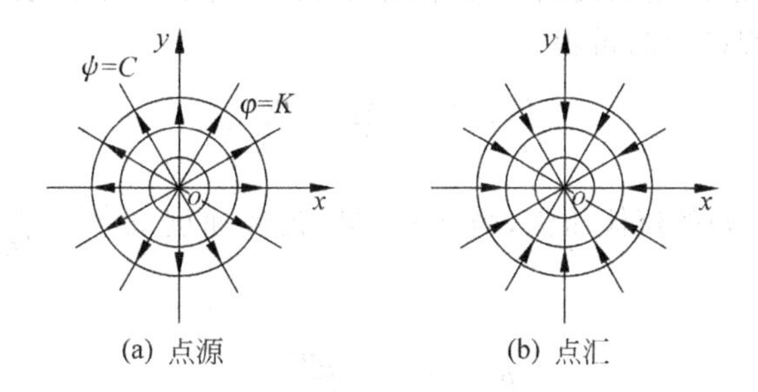

图 5-21 点源和点汇

$$v_r = \frac{\partial \varphi}{\partial r}, \quad v_\theta = 0,$$

由式(5-56)可得

$$\mathrm{d}\varphi = v_r \mathrm{d}r + r v_\theta \mathrm{d}\theta = v_r \mathrm{d}r.$$

根据流动的连续性条件,不可压缩流体通过任一圆柱面的流量 q_V 都应该相等,所以每秒通过半径为 r 的单位长度圆柱面流出或流入的流量为

$$q_V = \pm 2\pi r v_r \times 1 = \text{常数},$$

由此得

$$v_r = \pm \frac{q_V}{2\pi r}. \tag{5-75}$$

上两式中,q_V 是点源或点汇流出或流入的流量,称为点源或点汇的强度.对于点源,v_r 与 r 同向,v_r 取正号;对于点汇,v_r 与 r 异向,v_r 取负号.于是

$$\mathrm{d}\varphi = \pm \frac{q_V}{2\pi} \frac{\mathrm{d}r}{r},$$

对上式两边积分,并取积分常数为零,得

$$\varphi = \pm \frac{q_V}{2\pi}\ln r, \tag{5-76}$$

由式(5-75)和式(5-76)可知，当 $r=0$ 时，径向速度 v_r 和速度势函数 φ 都变成无穷大，源点或汇点是奇点. 所以，径向速度 v_r 和速度势函数 φ 的表达式(5-75)和式(5-76)只有在源点或汇点以外才能应用. 根据式(5-65)

$$\mathrm{d}\psi = -v_\theta \mathrm{d}r + v_r r \mathrm{d}\theta = \pm \frac{q_V}{2\pi}\mathrm{d}\theta,$$

对上式两边积分，并取积分常数为零，得

$$\psi = \pm \frac{q_V}{2\pi}\theta, \tag{5-77}$$

由式(5-76)和式(5-77)可知，等势线(φ=常数，即 r=常数)是半径不同的同心圆，流线(ψ=常数，即 θ=常数)是极角不同的径线，等势线与流线处处正交.

现假定点源或点汇流动处的 oxy 平面为无限水平面，位势能的影响可以不予考虑，则由伯努利方程(5-43)可得

$$\frac{p}{\rho} + \frac{v_r^2}{2} + \frac{v_\theta^2}{2} = \frac{p_\infty}{\rho},$$

上式中 p_∞ 为 $r\to\infty$ 处的流体压强，当 $r\to\infty$ 处，流体速度 $v_r = \pm \frac{q_V}{2\pi r} = 0$. 将式(5-75)代入上式，得

$$p = p_\infty - \frac{\rho q_V^2}{8\pi^2 r^2}. \tag{5-78}$$

可以看出，压力 p 随着半径 r 的减小而降低；当 $r=r_0=[q_V^2\rho/(8\pi^2 p_\infty)]^{\frac{1}{2}}$ 时，$p=0$. 图 5-22 表示当 $r_0<r<\infty$ 时点汇沿半径 r 的压强分布. 当 $r=0$ 时，$p\to-\infty$，在这点上没有物理意义，该点称为奇点.

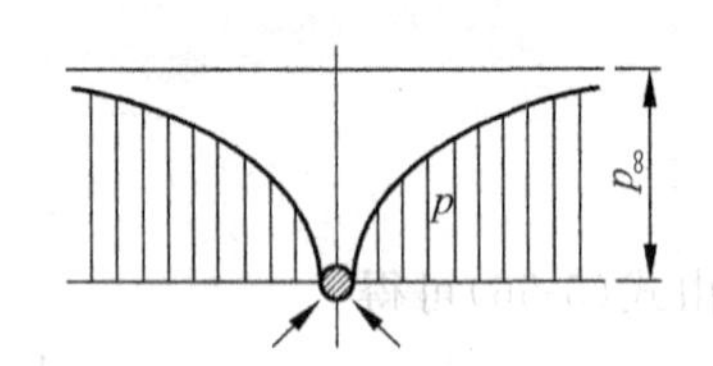

图 5-22 点汇沿半径的压强分布

5.8.3 涡流和点涡

在前面几节中讨论了旋涡的一些运动学和动力学规律，它们主要涉及旋涡的产生的条件及发展的机理，并没有涉及到旋涡场的数学描述，也没有建立旋涡场与速度场之间的关系.

设有一涡管强度为 Γ 的直线涡束，涡流是被该涡束诱导产生的一种平面流动，涡流平面垂直于涡束轴线. 诱导涡流类似于电磁感应所产生的涡流磁场. 诱导速度的方向可按右手定则确定，大拇指表示涡束具有的涡量矢量方向，其余拳曲的四指表示诱导速度的方向. 诱导速度的大小由毕奥-萨伐尔(Biot-Savart)定理确定.

如图 5-23 所示，设有涡管强度为 Γ 的任意形状涡束，它在任意点 M 处所诱导产生的切向速度 v_θ 称为诱导速度. 现取涡束上任意一段微元段 $\mathrm{d}l$，以 r 表示 M 点到涡束轴线的垂直距离，以 R 表示由 M 点到微元段的距离，以 α 表示 R 与旋涡微段的轴线之间的夹角，则可证明微元段 $\mathrm{d}l$ 在 M 点处所诱导的速度 $\mathrm{d}v_\theta$ 为

$$\mathrm{d}v_\theta = \frac{\Gamma}{4\pi R^2}\sin\alpha \mathrm{d}l. \tag{5-79}$$

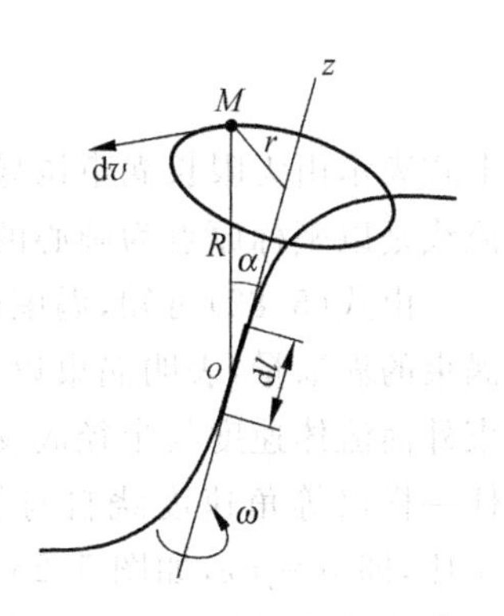

图 5-23 毕奥-萨伐尔定理

这就是毕奥-萨伐尔定理. 根据亥姆霍兹第一定理，涡束各截面上的涡通量相同，即涡管强度 Γ 沿涡管长度不变，所以有限长度 L 的涡束段在 M 点所诱导的速度为

$$v_\theta = \frac{\Gamma}{4\pi}\int_L \frac{\sin\alpha}{R^2}\mathrm{d}l. \tag{5-80}$$

需要注意，该涡束好像刚体一样地以等角速度绕自身轴线旋转，涡束截面区域内为有旋流动，除涡束外，其余区域均无涡量，为无旋流动(有势流动).

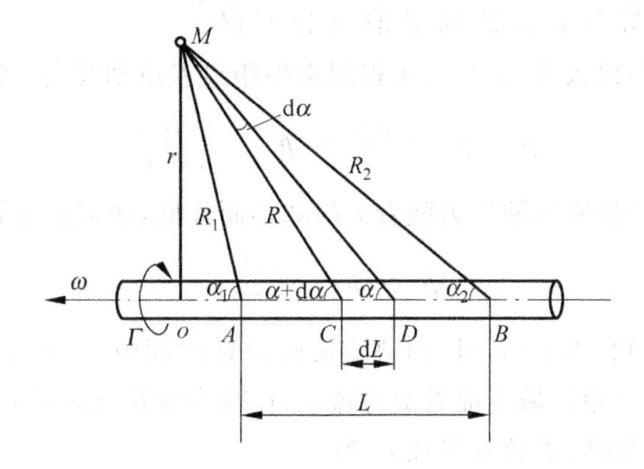

图 5-24 直涡束的诱导速度

对涡管强度为 Γ 的直涡束而言，由图 5-24 可知

$$\mathrm{d}l = \frac{R\mathrm{d}\alpha}{\sin\alpha}, \quad R = \frac{r}{\sin\alpha},$$

将它们代入式(5-80)，得

$$v_\theta = \frac{\Gamma}{4\pi}\int_{\alpha_2}^{\alpha_1} \frac{\sin\alpha}{r}\mathrm{d}\alpha = \frac{\Gamma}{4\pi r}(\cos\alpha_2 - \cos\alpha_1), \tag{5-81}$$

式中 r 为 M 点至直涡束的垂直距离，α_1、α_2 为长 L 的直涡束段始末两端和 M 点连线与涡束的夹角. 当直涡束两端均延伸至无穷远时，即 $\alpha_1=\pi$，$\alpha_2=0$，由式(5-81)可得

$$v_\theta = \frac{\Gamma}{2\pi r}. \tag{5-82}$$

上式表示由无限长涡束诱导产生的平面涡流的切向速度.设涡束轴为 z 轴,则涡流的流线是以坐标原点为圆心的同心圆,径向速度 $v_r=0$,如图 5-25 所示.

由式(5-82)可知,涡束外沿任一半径为 r 的圆周流线的速度环量等于 Γ,即等于涡束的涡通量,表明涡束以外区域的速度环量为零,即无旋流动.根据式(5-82),涡束外面流体速度与半径成反比,随半径 r 的增大而减小;在涡束内,由于流体如同刚体一样以等角速度绕自身轴旋转,速度与半径成正比,即 $v_\theta=r\omega$,如图 5-25 所示.涡束外的流动区域称为势流旋转区,涡束内的流动区域称为涡核区.设涡束的半径为 r_b,涡束边缘的切向速度为 $v_{\theta b}$,压力为 p_b,由式(5-82)可得涡束边缘的速度 $v_{\theta b}=\dfrac{\Gamma}{2\pi r_b}$,当 $r\to\infty$ 时,切向速度 $v_\theta\to 0$,压力为 p_∞.

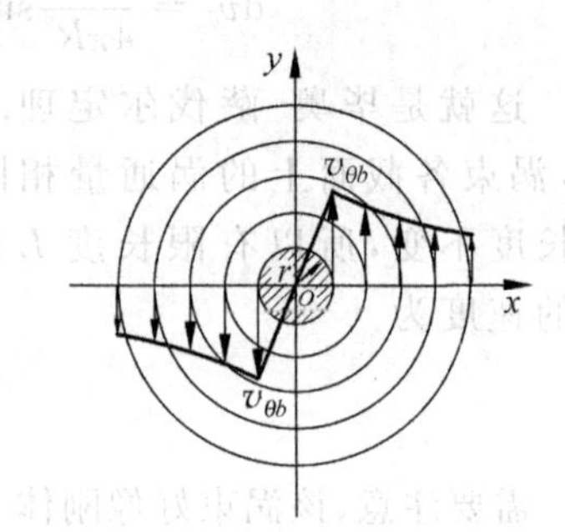

图 5-25 涡束诱导产生的涡流

由于涡束外为有势流动,整个有势流动区域的压力、速度、位势分布规律满足伯努利方程(5-43),将式(5-82)代入式(5-43),可得涡束外距离涡束轴线为 r 的一点处的压强为

$$p = p_\infty - \frac{\rho v_\theta^2}{2} = p_\infty - \frac{\Gamma^2\rho}{8\pi^2}\frac{1}{r^2}, \tag{5-83}$$

由上式可知,涡束外势流区的压力随着 r 的减小而降低,涡束边缘处的压强为

$$p_b = p_\infty - \frac{\rho v_{\theta b}^2}{2}.$$

由式(5-83)可知,当 $r\to 0$ 时,即势流旋转区延伸到中心,则压强 $p\to\infty$,这显然是不可能的,因此,涡束区域不能看成势流区,应为有旋流动区,涡核区的流动如同刚体一样以等角速度旋转.涡核的半径 r_b 为

$$r_b = \sqrt{\frac{\Gamma^2\rho}{8\pi^2}\frac{1}{p_\infty - p_b}}. \tag{5-84}$$

对于涡核区的有旋流动,伯努利方程不再成立,流体的压力可以根据欧拉运动微分方程求得.平面二维定常流动的欧拉运动微分方程为

$$\left.\begin{aligned} u\frac{\partial u}{\partial x} + v\frac{\partial u}{\partial y} &= -\frac{1}{\rho}\frac{\partial p}{\partial x}, \\ u\frac{\partial v}{\partial x} + v\frac{\partial v}{\partial y} &= -\frac{1}{\rho}\frac{\partial p}{\partial y}. \end{aligned}\right\} \qquad ①$$

由图 5-26 可知,对于涡核内的刚体等角速度圆周运动,水平方向分速度为

$$u = -v_\theta\sin\alpha = -\omega r\sin\alpha = -\omega y, \qquad ②$$

垂直方向分速度为

$$v = v_\theta \cos\alpha = \omega r \cos\alpha = \omega x, \qquad ③$$

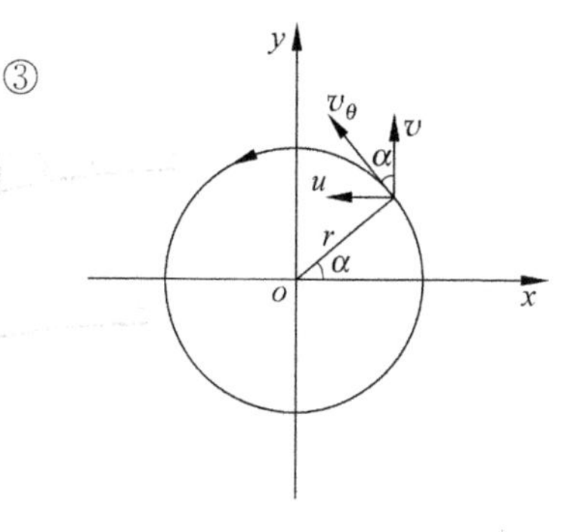

图 5-26 涡流速度的投影

将②,③两式代入式①,可得

$$\omega^2 x = \frac{1}{\rho}\frac{\partial p}{\partial x}, \quad \omega^2 y = \frac{1}{\rho}\frac{\partial p}{\partial y},$$

以 $\mathrm{d}x$ 和 $\mathrm{d}y$ 分别乘以上两式. 然后相加,得

$$\omega^2(x\mathrm{d}x + y\mathrm{d}y) = \frac{1}{\rho}\left(\frac{\partial p}{\partial x}\mathrm{d}x + \frac{\partial p}{\partial y}\mathrm{d}y\right),$$

将上式写成全微分形式

$$\frac{\omega^2}{2}\mathrm{d}(x^2 + y^2) = \frac{1}{\rho}\mathrm{d}p,$$

对上式两边积分后得

$$p = \frac{\rho\omega^2}{2}(x^2 + y^2) + C = \frac{\rho\omega^2}{2}r^2 + C = \frac{\rho v_\theta^2}{2} + C,$$

积分常数 C 由涡核边缘条件确定,当 $r = r_b$ 时,$p = p_b$,$v_\theta = v_{\theta b}$,代入上式,得

$$C = p_b - \frac{1}{2}\rho v_{\theta b}^2 = p_b + \frac{1}{2}\rho v_{\theta b}^2 - \rho v_{\theta b}^2 = p_\infty - \rho v_{\theta b}^2.$$

这样,涡核区内的压强分布为

$$p = p_\infty + \frac{1}{2}\rho v_\theta^2 - \rho v_{\theta b}^2, \tag{5-85}$$

也就是

$$p = p_\infty - \rho\omega^2 r_b^2 + \frac{1}{2}\rho\omega^2 r^2, \tag{5-85a}$$

涡核中心处的压强

$$p_c = p_\infty - \rho v_{\theta b}^2,$$

而涡核边缘的压强

$$p_b = p_\infty - \frac{1}{2}\rho v_{\theta b}^2.$$

由上两式可以得到

$$p_\infty - p_b = p_b - p_c = \frac{1}{2}(p_\infty - p_c) = \frac{1}{2}\rho v_{\theta b}^2. \tag{5-86}$$

由式(5-86)可知,涡核内、外的压力降相等,都等于以涡核边缘的速度计算的动压头. 涡核内、外的压力分布如图 5-27 所示. 可以看到,涡核区的压强比涡核外势流旋转区的压强低,故涡核有抽吸作用.

当涡束的半径 $r_b \to 0$ 时,涡束成为一条涡线,这种流动形式称为点涡. 由式(5-82)得,当 $r_b \to 0$ 时,$v_{\theta b} \to \infty$,可见点涡流动中心点是一个奇点. 由点涡流动的速度分布,可以求得点涡的速度势和流函数. 由于

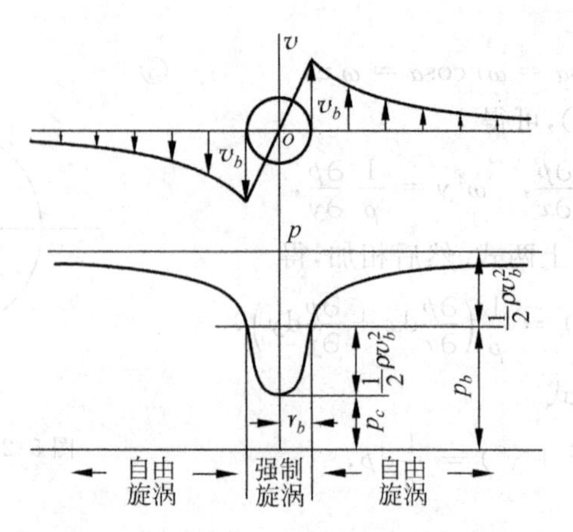

图 5-27 涡核内、外的速度和压力分布

$$v_r = \frac{\partial \varphi}{\partial r} = 0, \quad v_\theta = \frac{1}{r}\frac{\partial \varphi}{\partial \theta} = \frac{\Gamma}{2\pi r},$$

$$\mathrm{d}\varphi = \frac{\partial \varphi}{\partial r}\mathrm{d}r + \frac{\partial \varphi}{\partial \theta}\mathrm{d}\theta = \frac{\Gamma}{2\pi}\mathrm{d}\theta,$$

对上积分后得

$$\varphi = \frac{\Gamma}{2\pi}\theta, \tag{5-87}$$

又由于

$$\mathrm{d}\psi = \frac{\partial \psi}{\partial r}\mathrm{d}r + \frac{\partial \psi}{\partial \theta}\mathrm{d}\theta = -v_\theta \mathrm{d}r + r v_r \mathrm{d}\theta = -\frac{\Gamma}{2\pi r}\mathrm{d}r,$$

对上式积分后得

$$\psi = -\frac{\Gamma}{2\pi}\ln r. \tag{5-88}$$

习惯上规定逆时针方向的速度环量为正,即 $\Gamma>0$;顺时针方向的速度环量为负,即 $\Gamma<0$.

5.9 简单的平面无旋流动的叠加

前面介绍了几种简单的平面二维无旋流动,但工程实际中往往会遇到更复杂的无旋流动形式.对于这些复杂的无旋流动,可以将它看成是由简单平面二维流动经线性叠加而成的复合平面流动. 5.7节中已经提及无旋流动的一个重要特性,几个无旋流动叠加后仍然为无旋流动,满足拉普拉斯方程,现证明如下:

将几个简单无旋流动的速度势函数 $\varphi_1,\varphi_2,\varphi_3,\cdots$ 叠加可得

$$\varphi=\varphi_1+\varphi_2+\varphi_3+\cdots, \tag{5-89}$$

由于速度势函数 $\varphi_1,\varphi_2,\varphi_3,\cdots$都满足拉普拉斯方程，而拉普拉斯方程又是线性的，所以叠加后的速度势函数 φ 仍然满足拉普拉斯方程，即

$$\nabla^2\varphi=\nabla^2\varphi_1+\nabla^2\varphi_2+\nabla^2\varphi_3+\cdots, \tag{5-90}$$

而叠加后的流函数 ψ 也满足拉普拉斯方程，即

$$\nabla^2\psi=\nabla^2\psi_1+\nabla^2\psi_2+\nabla^2\psi_3+\cdots, \tag{5-91}$$

对势函数 φ 关于 x 取偏导数，得

$$\frac{\partial\varphi}{\partial x}=\frac{\partial\varphi_1}{\partial x}+\frac{\partial\varphi_2}{\partial x}+\frac{\partial\varphi_3}{\partial x}+\cdots,$$

由上式可得

$$u=u_1+u_2+u_3+\cdots,$$

同样，由势函数 φ 关于 y 的偏导数可得

$$v=v_1+v_2+v_3+\cdots,$$

于是有

$$\boldsymbol{V}=\boldsymbol{V}_1+\boldsymbol{V}_2+\boldsymbol{V}_3+\cdots.$$

由此可知，几个无旋流动的速度势及流函数的代数和等于新的无旋流动的速度势函数和流函数，新的无旋流动的速度是这些无旋流动速度的矢量和.

下面举几种常见的由简单无旋流动叠加而成的复合无旋流动的例子.

1. 点汇和点涡——螺旋流

在锅炉用旋风燃烧室、离心式喷油嘴和离心式除尘器等设备中，流体沿圆周切向逐渐自外周进入内周，最终从中央不断流出. 这种流动可以近似地看成是点汇和点涡流动的叠加后的复合流动形式. 如图 5-28 所示，设环流方向为逆时针方向，根据点汇和点涡流动的速度势函数和流函数表达形式(式(5-76)、式(5-77)、式(5-87)、式(5-88))，可以得到叠加后的新的复合流动的速度势函数和流函数为

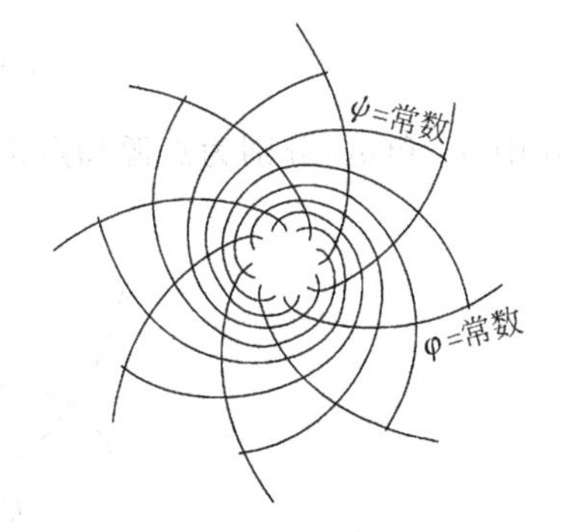

图 5-28 螺旋流

$$\varphi=-\frac{1}{2\pi}(q_V\ln r-\Gamma\theta), \tag{5-92}$$

$$\psi=-\frac{1}{2\pi}(q_V\theta+\Gamma\ln r), \tag{5-93}$$

分别令速度势函数和流函数等于常数，可以得到等势线和流线分别为

$$\text{等势线：}r=C_1\mathrm{e}^{\frac{\Gamma}{q_V}\theta}, \tag{5-94}$$

$$\text{流线：}r=C_2\mathrm{e}^{-\frac{q_V}{\Gamma}\theta}, \tag{5-95}$$

上两式中 C_1 和 C_2 为常数.等势线和流线的形状如图 5-28 中所示,可以发现,它们是两组相互正交的对数螺旋线簇,故这类流动形式被称为螺旋流.同样,点源和点涡流动叠加后流动也属于螺旋流,只是流线上的速度方向相反而已.离心泵、离心风机等外壳中的流动就可以视为点源和点涡流动叠加的结果.

由式(5-94)和式(5-95)可得螺旋流的切向速度 v_θ、径向速度 v_r 为

$$v_\theta = \frac{1}{r}\frac{\partial\varphi}{\partial\theta} = \frac{\Gamma}{2\pi r},$$

$$v_r = \frac{\partial\varphi}{\partial r} = -\frac{q_V}{2\pi r},$$

总速度 V 为

$$V^2 = v_\theta^2 + v_r^2 = \frac{\Gamma^2 + q_V^2}{4\pi^2 r^2}.$$

对于流场中任意两点 1、2,根据伯努利方程(式(5-43)),可得流场中的压强分布

$$p_1 = p_2 - \frac{\rho}{8\pi^2}(\Gamma^2 + q_V^2)\left(\frac{1}{r_1^2} - \frac{1}{r_2^2}\right). \tag{5-96}$$

2. 源和点汇——偶极流

偶极流是中心点不相重合的点源和点汇流动相互叠加而成的复合流动形式,介绍这种流动形式的意义在于,它和平行流相叠加后的流动形式能恰当地模拟平行流绕圆柱形物体时的流动.

图 5-29 表示一个位于 A 点$(-a,0)$的点源和一个位于 B 点$(a,0)$的点汇叠加后的流线和等势线图形.叠加后的速度势函数为

$$\varphi = \frac{q_{VA}}{2\pi}\ln r_A - \frac{q_{VB}}{2\pi}\ln r_B,$$

式中 q_{VA} 和 q_{VB} 分别为点源和点汇的强度,而

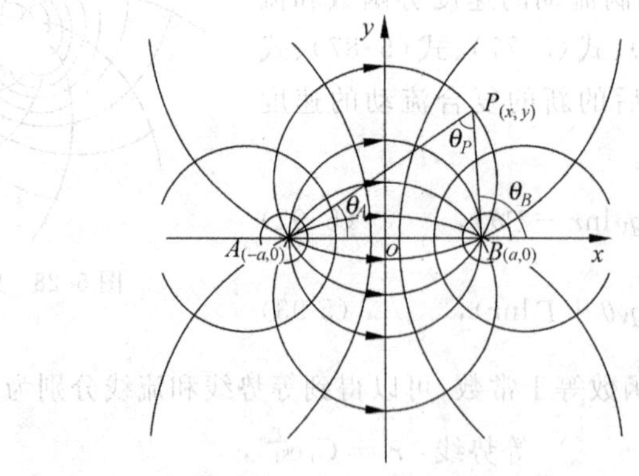

图 5-29　点源和点汇流动的叠加

$$r_A = \overline{PA} = \sqrt{y^2 + (x+a)^2},$$
$$r_B = \overline{PB} = \sqrt{y^2 + (x-a)^2},$$

为保持叠加后流线关于 y 轴对称，假设点源和点汇的强度相等，即 $q_{VA} = q_{VB} = q_V$，则速度势函数为

$$\varphi = \frac{q_V}{2\pi}(\ln r_A - \ln r_B) = \frac{q_V}{2\pi}\ln\frac{r_A}{r_B} = \frac{q_V}{4\pi}\ln\frac{y^2 + (x+a)^2}{y^2 + (x-a)^2}, \tag{5-97}$$

流函数为

$$\psi = \frac{q_V}{2\pi}(\theta_A - \theta_B) = -\frac{q_V}{2\pi}\theta_P, \tag{5-98}$$

式中 θ_P 为 P 与源点 A、汇点 B 的连接线之间的夹角. 由流线方程 ψ=常数，得 θ_P=常数. 也就是说，流线是经过源点 A 和汇点 B 的圆线簇.

如果点源和点汇彼此互相靠近，当它们之间的距离 $2a \to 0$ 时，便得到所谓偶极流的势流流场. 由点源和点汇流动特性可知，当 a 逐渐缩小时，强度 q_V 应该逐渐增大. 当 $2a$ 减小到零时，q_V 应增加到无穷大，这里假定流量与彼此间距离的乘积为 $2aq_V = M$ 保持一个有限常数值，M 称为偶极矩，而原点 o 称为偶极点. 偶极流的速度势函数可由式(5-97)根据上述假定条件推导得到

$$\varphi = \frac{q_V}{2\pi}\ln\frac{r_A}{r_B} = \frac{q_V}{2\pi}\ln\left(1 + \frac{r_A - r_B}{r_B}\right).$$

如图 5-30 所示，当源点 A 和汇点 B 接近时，有

$$r_A - r_B \to 2a\cos\theta_A,$$
$$2aq_V \to M,$$
$$r_A \to r, \quad r_B \to r,$$
$$\theta_A \to \theta, \quad \theta_B \to \theta,$$

根据上述近似结果，有

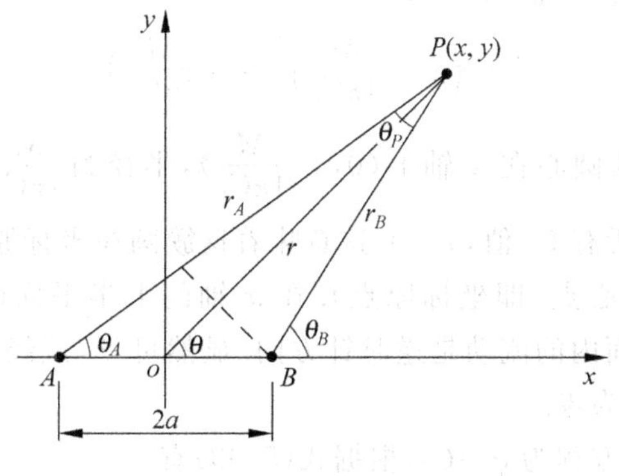

图 5-30 偶极流

$$\ln\left(1+\frac{r_A-r_B}{r_B}\right)\approx\frac{r_A-r_B}{r_B},$$

这样,偶极流的速度势函数为

$$\varphi=\lim_{\substack{2a\to 0\\ q_V\to\infty}}\left[\frac{q_V}{2\pi}\ln\left(1+\frac{2a\cos\theta_A}{r_B}\right)\right]\approx\lim_{\substack{2a\to 0\\ q_V\to\infty}}\left(\frac{q_V}{2\pi}\frac{2a\cos\theta_A}{r_B}\right)=\frac{M\cos\theta}{2\pi r}=\frac{M}{2\pi}\frac{\cos\theta}{r^2},$$

即

$$\varphi=\frac{M}{2\pi}\frac{x}{r^2}=\frac{M}{2\pi}\frac{x}{x^2+y^2},\tag{5-99}$$

由式(5-98)可得偶极流的流函数为

$$\psi=\frac{q_V}{2\pi}(\theta_A-\theta_B)=\frac{q_V}{2\pi}\left[\arctan\left(\frac{y}{x+a}\right)-\arctan\left(\frac{y}{x-a}\right)\right],$$

由三角关系式 $\tan(\theta_1-\theta_2)=\dfrac{\tan\theta_1-\tan\theta_2}{1+\tan\theta_1\tan\theta_2}$,可将上式化简为

$$\psi=\frac{q_V}{2\pi}\arctan\left[\frac{\dfrac{y}{x+a}-\dfrac{y}{x-a}}{1+\dfrac{y}{x+a}\dfrac{y}{x-a}}\right]=\frac{q_V}{2\pi}\arctan\left(\frac{-2ay}{x^2+y^2-a^2}\right).$$

如图 5-30 所示,当 $2a\to 0$ 时,夹角 $\theta_P\to 0$,因此有 $\tan\theta_P\approx\theta_P$,故偶极流的流函数为

$$\psi=\lim_{\substack{2a\to 0\\ q_V\to\infty}}\left[\frac{q_V}{2\pi}\arctan\left(\frac{-2ay}{x^2+y^2-a^2}\right)\right]=\lim_{\substack{2a\to 0\\ q_V\to\infty}}\left(-\frac{q_V}{2\pi}\frac{2ay}{x^2+y^2-a^2}\right),$$

即

$$\psi=-\frac{M}{2\pi}\frac{y}{x^2+y^2}=-\frac{M}{2\pi}\frac{y}{r^2}.\tag{5-100}$$

偶极流的流线方程为 $\psi=C_1$,即

$$x^2+\left(y+\frac{M}{4\pi C_1}\right)^2=\left(\frac{M}{4\pi C_1}\right)^2.$$

显然,流线是一簇圆心在 y 轴上$\left(0,-\dfrac{M}{4\pi C_1}\right)$,半径为$\dfrac{M}{4\pi C_1}$的圆周族. 还可以看出,当 $y=0$ 时,对于所有 C_1 值,$x=0$,这意味着这簇圆在坐标原点处与 x 轴相切. 所有流线都通过偶极中心点(即坐标原点). 在 x 轴的上半平面内的流动是顺时针方向,而在 x 轴下半平面内的流动是逆时针方向. 显然可见,流经任意围绕偶极中心点的封闭曲线的合流量为零.

偶极流的等势线方程为 $\varphi=C_2$,根据式(5-99)有

$$\left(x-\frac{M}{4\pi C_2}\right)^2+y^2=\left(\frac{M}{4\pi C_2}\right)^2,$$

可见等势线是半径为$\frac{M}{4\pi C_2}$、圆心在$\left(-\frac{M}{4\pi C_2},0\right)$且与 y 轴在原点相切的圆周簇. 偶极流的流线簇和等势线簇如图 5-31 所示.

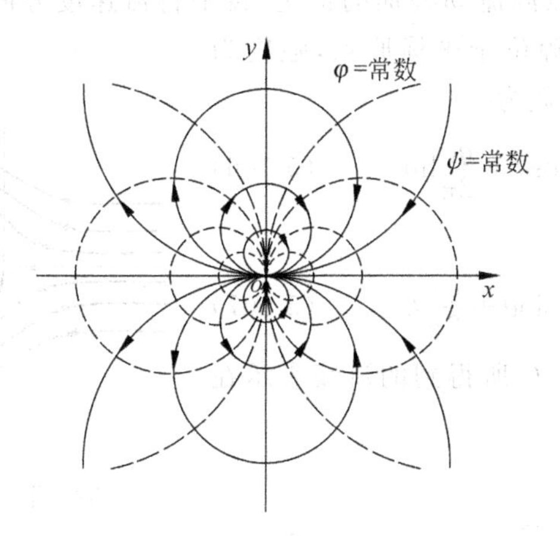

图 5-31 偶极流的流线和等势线

由式(5-99)可得偶极流的速度场为

$$\left.\begin{aligned} u &= \frac{\partial \varphi}{\partial x} = \frac{M}{2\pi}\frac{y^2 - x^2}{(x^2+y^2)^2}, \\ v &= \frac{\partial \varphi}{\partial y} = -\frac{M}{2\pi}\frac{2xy}{(x^2+y^2)^2}, \end{aligned}\right\} \tag{5-101}$$

总速度 V 为

$$V = \sqrt{u^2+v^2} = \frac{M}{2\pi(x^2+y^2)}, \tag{5-102}$$

也可将上述速度分布写成极坐标形式

$$\left.\begin{aligned} v_r &= \frac{\partial \varphi}{\partial r} = \frac{M}{2\pi r^2}\cos\theta, \\ v_\theta &= \frac{\partial \varphi}{r\partial \theta} = -\frac{M}{2\pi r^2}\sin\theta, \end{aligned}\right\} \tag{5-103}$$

极坐标下的总速度为

$$V = \sqrt{v_r^2 + v_\theta^2} = \frac{M}{2\pi r^2} \tag{5-104}$$

由式(5-102)和式(5-104)可知,在无穷远处流场,即当 $x\to\infty$, $y\to\infty$时,速度 $V\to 0$,而当 $x\to 0$, $y\to 0$ 时,即在偶极中心点处,速度 $V\to\infty$.

由式(5-104)可得偶极流的压强场为

$$p = p_\infty - \frac{1}{2}\rho V^2 = p_\infty - \frac{\rho M^2}{8\pi^2 r^4}. \tag{5-105}$$

3. 平行流和点源

现讨论平行流和点源流动叠加的情况，设平行流速度方向和 x 轴正方向相同，大小为 $u_\infty=$常数，点源位于坐标原点，强度为 q_V. 叠加后的速度势函数为

$$\varphi = u_\infty r\cos\theta + \frac{q_V}{2\pi}\ln r, \qquad (5\text{-}106)$$

流函数为

$$\psi = u_\infty r\sin\theta + \frac{q_V}{2\pi}\theta. \qquad (5\text{-}107)$$

根据流线方程 $\psi=C$ 所得到的流线表示在图 5-32 中.

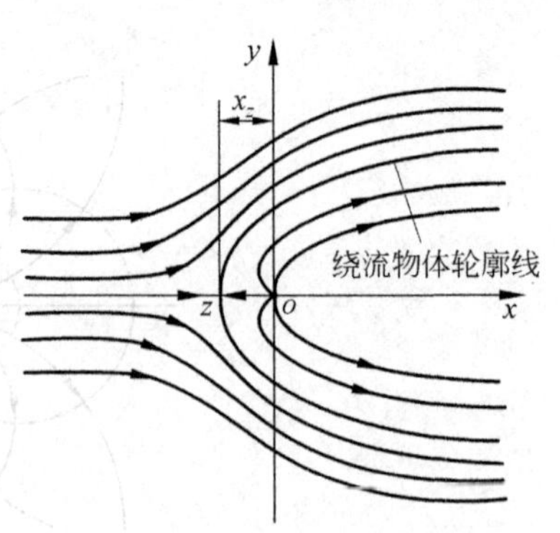

图 5-32 平行流和点源流动的叠加

等势线方程为

$$u_\infty r\cos\theta + \frac{q_V}{2\pi}\ln r = C, \qquad (5\text{-}108)$$

径向速度和切向速度分别为

$$\left.\begin{aligned} v_r &= \frac{\partial\varphi}{\partial r} = u_\infty\cos\theta + \frac{q_V}{2\pi r}, \\ v_\theta &= \frac{\partial\varphi}{r\partial\theta} = -u_\infty\sin\theta, \end{aligned}\right\} \qquad (5\text{-}109)$$

总速度 V 为

$$V = \sqrt{v_r^2 + v_\theta^2} = \sqrt{u_\infty^2 + \frac{u_\infty q_V\cos\theta}{\pi r} + \frac{q_V^2}{4\pi^2 r^2}}. \qquad (5\text{-}110)$$

由式(5-110)可知，在点源中心处(即坐标原点)，即当 $r\to 0$ 时，速度 $V\to\infty$；当 $r\to\infty$时，速度 $V\to u_\infty$，即平行流不受点源流动的影响. 如图 5-32 所示，在 x 轴上某一点 Z 处，平行流速度和点源速度相互抵消，总速度 V 为零，故该点称为驻点. 流体从 Z 点处分成两路，分别向右上方和右下方沿着把点源流和平行流分开的流线运动. 这两条流线可以认为是被绕流物体的外轮廓线. 实际问题往往是已知绕流物体的外轮廓线方程，求点源的强度 q_V 或流场中某点的速度和压力. 习惯上将通过 Z 点的外轮廓线称为零流线. 零流线以内区域的流场没有意义. 由于 Z 点处速度为零，由式(5-109)可得驻点 Z 处的坐标为

$$\theta_Z = \pi, \quad r_Z = x_Z = \frac{q_V}{2\pi u_\infty},$$

于是，经过 Z 点的流函数常数为

$$\psi = u_\infty \frac{q_V}{2\pi u_\infty}\sin\pi + \frac{q_V}{2\pi}\pi = \frac{q_V}{2},$$

故零流线方程为

$$u_{\infty} r\sin\theta + \frac{q_V}{2\pi}\theta = \frac{q_V}{2}.$$

由点源和平行流叠加而成的绕物体外轮廓线是有头无尾的所谓半物体外形线，它可以用来分析靠近关于 x 轴对称的物体上游端的速度和压力分布. 这样的轴对称物体有飞机稳定器、支柱、山坡及其他类似流线型物体.

5.10　无环量绕圆柱体的不可压缩二维无旋流动

无环量绕圆柱体的不可压缩流体二维无旋流动是由偶极流和平行流叠加而成的二维无旋流动. 这种复合流动形式广泛存在于工程实际中，如热能动力工程常用的管壳式换热设备中管外流体和管内流体通过对流换热进行热量交换、管外流体横掠圆柱形管束的流动就属于这种形式. 此外，本节内容也为下一节研究有环量绕圆柱体的不可压缩流体二维无旋流动提供了基础.

这里设平行流的速度 V 等于无穷远处的速度 u_{∞}，方向与 x 轴的正方向相同. 偶极流的偶极矩为 M. 根据平行流的流函数（式(5-74)）和偶极流的流函数（式(5-100)）叠加而成的复合流函数为

$$\psi = u_{\infty} y - \frac{M}{2\pi}\frac{y}{x^2+y^2} = u_{\infty} y\left(1 - \frac{M}{2\pi u_{\infty}}\frac{1}{x^2+y^2}\right),$$

流线方程为

$$u_{\infty} y\left(1 - \frac{M}{2\pi u_{\infty}}\frac{1}{x^2+y^2}\right) = C,$$

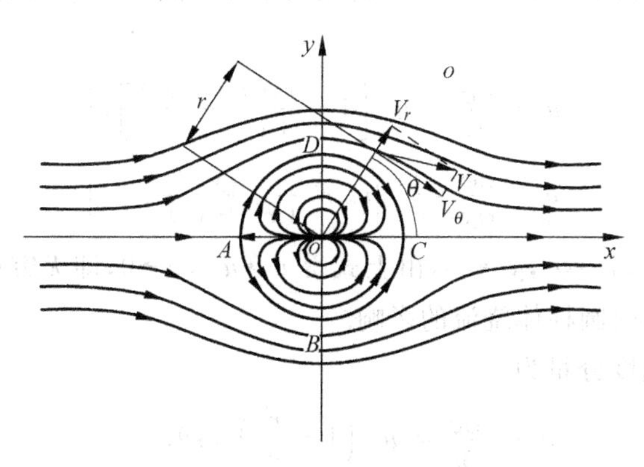

图 5-33　平行流和偶极流的叠加

选取不同的常数 C，得到如图 5-33 中所示的流线图形. 令常数 $C=0$，得到所谓零流

线方程

$$u_\infty y\left(1-\frac{M}{2\pi u_\infty}\frac{1}{x^2+y^2}\right)=0,$$

由上式得

$$y=0 \quad 或 \quad x^2+y^2=\frac{M}{2\pi u_\infty},$$

即零流线表示 x 轴和一圆心在坐标原点、半径为 $\sqrt{\frac{M}{2\pi u_\infty}}$ 的圆周所构成的图形. 如图5-33所示，一股流体沿 x 轴从左至右到 A 点处分成两股流体，分别沿绕物体的上、下两个半圆周流到 B 点，然后重新汇合，又沿 x 轴的正方向流动. 对于理想流体而言，紧贴圆柱表面这一层流体不存在脱离表面现象，零流线就是流体绕过圆柱形物体时的流型. 因此，一个平行流绕过半径为 r_0 的圆柱体的二维流动，可以用这个平行流与偶极矩 $M=2\pi u_\infty r_0^2$ 的偶极流叠加而成的复合流动来代替，则平行流绕过圆柱体无环量的二维流动的流函数可以表示为

$$\psi=u_\infty y\left(1-\frac{r_0^2}{x^2+y^2}\right)=u_\infty\left(1-\frac{r_0^2}{r^2}\right)r\sin\theta. \tag{5-111}$$

同理，根据式(5-75)和式(5-101)，可以得到这种复合流动的速度势函数

$$\begin{aligned}\varphi&=u_\infty x+\frac{M}{2\pi}\frac{x}{x^2+y^2}=u_\infty x\left(1+\frac{r_0^2}{x^2+y^2}\right)\\&=u_\infty\left(1+\frac{r_0^2}{r^2}\right)r\cos\theta,\end{aligned} \tag{5-112}$$

以上两式中 $r<r_0$ 表示在圆柱体内，没有物理意义.

由式(5-112)可以得到当 $r\geqslant r_0$ 时的流场中任一点的 x、y 轴方向的速度分量 u、v 为

$$\left.\begin{aligned}u&=\frac{\partial\varphi}{\partial x}=u_\infty\left[1-\frac{r_0^2(x^2-y^2)}{(x^2+y^2)^2}\right],\\v&=\frac{\partial\varphi}{\partial y}=-2u_\infty r_0^2\frac{xy}{(x^2+y^2)^2}.\end{aligned}\right\} \tag{5-113}$$

对于无穷远处，$x\to\infty$，$y\to\infty$，由上式得 $u\to u_\infty$，$v\to 0$，即无穷远处的流场是速度为 u_∞ 的平行流，不受圆柱体绕流的影响.

极坐标下的速度分量为

$$\left.\begin{aligned}v_r&=\frac{\partial\varphi}{\partial r}=u_\infty\left(1-\frac{r_0^2}{r^2}\right)\cos\theta,\\v_\theta&=\frac{1}{r}\frac{\partial\varphi}{\partial\theta}=-u_\infty\left(1+\frac{r_0^2}{r^2}\right)\sin\theta,\end{aligned}\right\} \tag{5-114}$$

在圆柱体的表面上，$r=r_0$，代入上式后得

$$\left.\begin{aligned} v_r &= 0, \\ v_\theta &= -2u_\infty \sin\theta. \end{aligned}\right\} \tag{5-115}$$

式(5-115)说明，在圆柱体表面上径向速度为零，只有切向速度，总速度 $V=v_\theta$，这和流体绕圆柱体不发生脱离的边界条件相符.由上式可知，在圆柱面上速度是按照正弦曲线规律变化的.对于如图5-33中A点$(-r_0,0)$和C点$(r_0,0)$，切向速度 $v_\theta=0$，故A点称为前驻点，C点称为后驻点，而B点$(0,-r_0)$和D点$(0,r_0)$的切向速度 v_θ 分别为 $2u_\infty$ 和 $-2u_\infty$(负号表示顺时针方向)，速度达到最大值，等于无穷远处来流速度的两倍，故这两点称为舷点.

由图5-33可知，圆柱体表面上速度分布关于x轴对称，上半圆周面上速度为顺时针方向，下半圆周面上速度为逆时针方向，沿圆柱体圆形周线的速度环量为

$$\Gamma = \oint v_\theta \mathrm{d}s = -u_\infty r\left(1+\frac{r_0^2}{r^2}\right)\oint \sin\theta \mathrm{d}\theta = 0,$$

所以，平行流绕过圆柱体的二维流动的速度环量为零.

对于圆柱体表面上的压强，根据式(5-115)，由伯努利方程(5-43)得

$$\frac{p}{\rho}+\frac{V^2}{2}=\frac{p_\infty}{\rho}+\frac{u_\infty^2}{2},$$

式中 p_∞ 为无穷远处流体的压强.将式(5-115)代入上式，得

$$p = p_\infty + \frac{1}{2}\rho u_\infty^2(1-4\sin^2\theta), \tag{5-116}$$

由式(5-113)可以看出，沿圆柱面上压强的大小为周期性变化，变化周期为π，驻点处的压强最大，而舷点处的压强最小.习惯上采用量纲为1的压力系数来表示圆柱面上的压强，压力系数 C_p 定义为

$$C_p = \frac{p-p_\infty}{\frac{1}{2}\rho {u_\infty}^2} = 1-\left(\frac{V}{u_\infty}\right)^2, \tag{5-117}$$

将式(5-116)代入式(5-117)，得

$$C_p = 1-4\sin^2\theta. \tag{5-118}$$

由式(5-118)可知，沿圆柱面量纲为1的压力系数和圆柱体的半径 r_0、无穷远处的速度 u_∞ 和压强 p_∞ 均无关系，仅仅是极角θ的函数，这就是采用压力系数的方便之处.量纲为1的系数的这个特性也可推广到其他形状的物体上，比如飞机机翼和其他叶片的叶型.根据式(5-118)可知，圆柱表面上A、B、C、D各点的压力系数和压强为

$$A\text{点}: \theta = 180^\circ,\ C_p = 1,\ p = p_\infty + \frac{1}{2}\rho u_\infty^2,$$

$$B\text{点}: \theta = 270^\circ,\ C_p = -3,\ p = p_\infty - \frac{3}{2}\rho u_\infty^2,$$

$$C\text{点}: \theta = 0^\circ,\ C_p = 1,\ p = p_\infty + \frac{1}{2}\rho u_\infty^2,$$

$$D\text{点}:\theta = 90^\circ,\ C_p = -3,\ p = p_\infty - \frac{3}{2}\rho u_\infty^2.$$

将式(5-118)计算出的量纲为1的理论压力系数表示在图5-34中,可以看到,$180^\circ \leqslant \theta \leqslant 360^\circ$范围内的压强分布曲线和$0^\circ \leqslant \theta \leqslant 180^\circ$范围内的完全一样,即圆柱面上的压强分布既对称于$x$轴,又对称于$y$轴.因此,流体在圆柱面上的压力水平合力和垂直合力均等于零,即流体作用在圆柱体上的合外力为零.

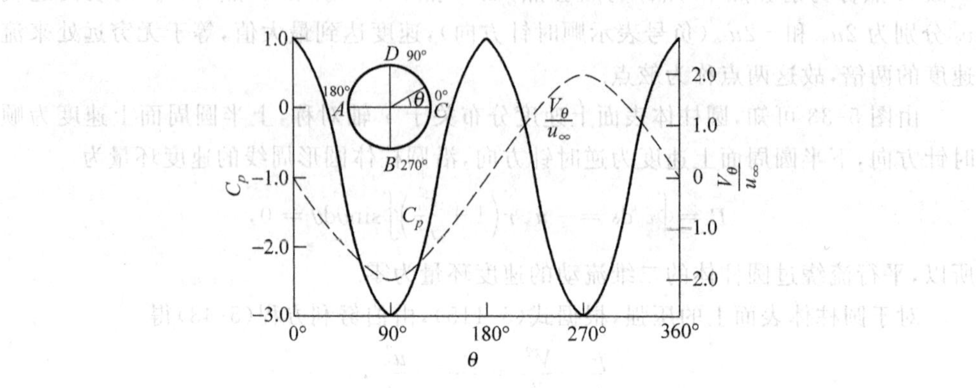

图5-34　切向速度和压力系数沿圆柱面的分布

现证明作用在圆柱面上的合外力为零.如图5-35所示,取单位长度圆柱体,作用在微元面$\mathrm{d}s \cdot 1 = r_0 \mathrm{d}\theta \cdot 1$上的微元压力$\mathrm{d}\boldsymbol{F} = -pr_0 \mathrm{d}\theta \boldsymbol{n}$,负号表示作用力方向为圆柱表面内法线方向,则$\mathrm{d}\boldsymbol{F}$在$x$和$y$轴方向的投影分别为

$$\mathrm{d}F_x = -pr_0 \cos\theta \mathrm{d}\theta,$$

$$\mathrm{d}F_y = -pr_0 \sin\theta \mathrm{d}\theta.$$

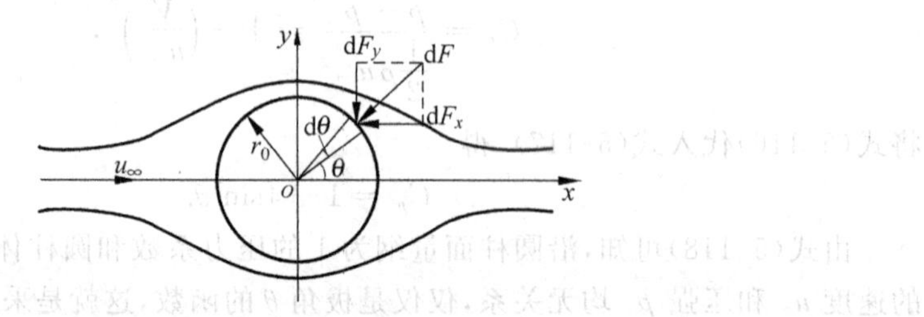

图5-35　作用在圆柱面上的合外力

以上两式中的负号表示和坐标轴正方向相反.将式(5-116)代入以上两式并积分之,便得到流体作用在圆柱面上水平分力F_D和垂直分力F_L:

$$F_D = F_x = -\int_0^{2\pi} r_0 \left[p_\infty + \frac{1}{2}\rho u_\infty^2 (1 - 4\sin^2\theta) \right] \cos\theta \mathrm{d}\theta = 0,$$

$$F_L = F_y = -\int_0^{2\pi} r_0 \left[p_\infty + \frac{1}{2}\rho u_\infty^2 (1 - 4\sin^2\theta) \right] \sin\theta \mathrm{d}\theta = 0,$$

即流体作用在圆柱体上的合外力等于零.流体作用在圆柱体上的总压力沿 x 和 y 轴的分量,即圆柱体受到的与来流方向平行和垂直的作用力,分别称为流体作用在圆柱体上的阻力 F_D 和升力 F_L. 上述结论表明,当理想流体平行流无环量绕圆柱体时,圆柱体既不受阻力作用,也不受升力作用.这一结论可以推广到理想流体平行流绕过任意形状柱体无环量无分离的二维流动.

以上理论推导的结果和实际观察结果有很大的差别,这就是著名的达朗贝尔疑题,因为即使是对于粘性很小的流体(如空气),当流体绕圆柱体和其他物体时,物体也会受到一定的阻力.

事实上,实际流体具有粘性,即使是粘性很小的流体,粘性力在靠近圆柱体表面的区域内也不能忽略,在粘性力的作用下,紧贴圆柱表面的一层(称为边界层)内流体会在圆柱面下游某处发生分离而形成尾部涡流区,该区域内的压力大体是均匀的,这样,圆柱表面前、后半周上的压力分布不再相同,前半周表面上的总压力要大于后半周表面的总压力,形成了所谓的压差阻力.虽然如此,理想流体绕物体的无旋流动并非毫无用处,一般将边界层外的流体流动看成理想流体的无旋流动,将它和边界层理论相结合,能够较方便地解决实际流体的绕流问题.

5.11 有环量绕圆柱体的不可压缩二维无旋流动

有环量绕圆柱体的不可压缩流体的二维无旋流动是由平行流绕过圆柱体无环量的二维流动和点涡流动(除点涡中心外)叠加而成的,如图 5-36 所示.根据此叠加原理,分别将平行流绕过圆柱体无环量的二维流动的速度势函数(式(5-112))和点涡流动的速度势函数(式(5-87))相叠加,得到有环量绕圆柱体的二维无旋流动的复合速度势函数为

$$\varphi = u_\infty \left(1 + \frac{r_0^2}{r^2}\right) r\cos\theta + \frac{\Gamma}{2\pi}\theta. \tag{5-119}$$

同理,将平行流绕过圆柱体无环量的二维流动的流函数(式(5-111))和点涡流动的流函数(式(5-88))相叠加,得到有环量绕流圆柱体的二维无旋流动的复合流函数为

$$\psi = u_\infty \left(1 - \frac{r_0^2}{r^2}\right) r\sin\theta - \frac{\Gamma}{2\pi}\ln r, \tag{5-120}$$

根据式(5-119),速度分布为

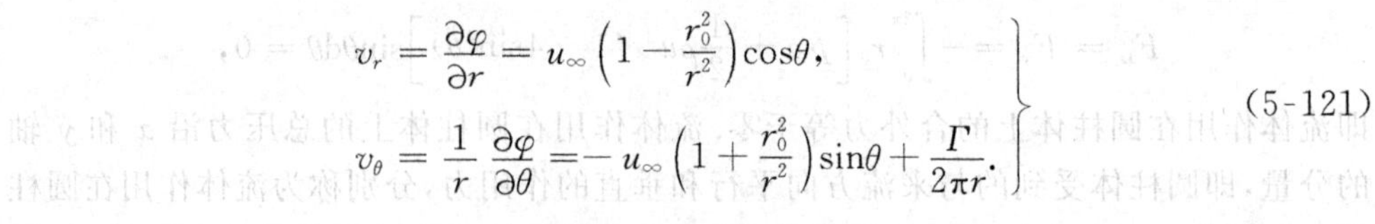

$$\left.\begin{aligned} v_r &= \frac{\partial \varphi}{\partial r} = u_\infty \left(1 - \frac{r_0^2}{r^2}\right)\cos\theta, \\ v_\theta &= \frac{1}{r}\frac{\partial \varphi}{\partial \theta} = -u_\infty \left(1 + \frac{r_0^2}{r^2}\right)\sin\theta + \frac{\Gamma}{2\pi r}. \end{aligned}\right\} \tag{5-121}$$

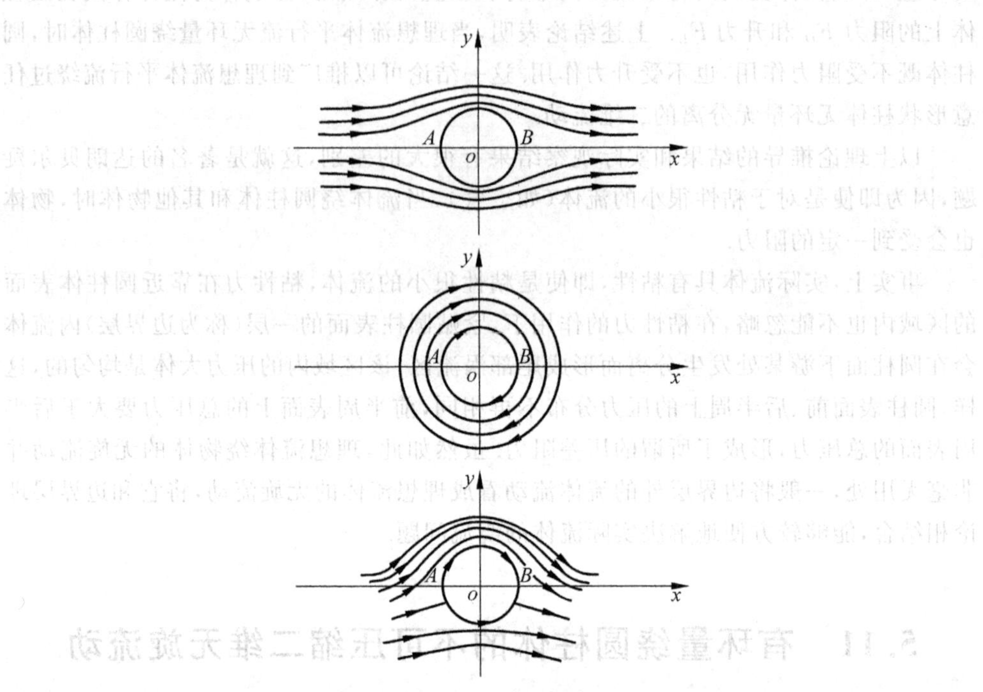

图 5-36　平行流绕过圆柱体无环量流动和纯环流的叠加

对于圆柱体表面，即 $r=r_0$，$\psi=-\frac{\Gamma}{2\pi}\ln r_0=$常数，表明圆柱体表面圆周线本身是一条流线；符合理想流体紧贴圆柱表面流动的要求. 根据式(5-121)，在圆柱面上的速度分布为

$$\left.\begin{aligned} v_r &= 0, \\ v_\theta &= -2u_\infty \sin\theta + \frac{\Gamma}{2\pi r_0}. \end{aligned}\right\} \tag{5-122}$$

式(5-119)说明，流体没有径向速度，只有切向速度，即与圆柱体没有分离现象. 对于无穷远处，即 $r\to\infty$ 时，$v_r=u_\infty\cos\theta$，$v_\theta=u_\infty\sin\theta$，总速度仍为 u_∞，即在远离圆柱体处流场仍保持为平行流.

如图 5-36 所示，叠加的环流为顺时针方向，即当 $\Gamma<0$ 时，在圆柱体的上部环流的速度方向与平行流绕过圆柱体的速度方向相同，而在下部则相反. 叠加的结果是，在上半圆柱区域速度有所增大，而在下半圆柱区域速度有所减小. 这样，圆柱面上的速度分布不再关于 x 轴对称，驻点 A 和 B 的位置也下移至 x 轴下. 为确定驻点 A、B

的具体位置，令式(5-122)中 $v_\theta=0$，可得驻点 A、B 的位置角满足

$$\sin\theta=\frac{\Gamma}{4\pi r_0 u_\infty}. \tag{5-123}$$

由式(5-123)可知，驻点的位置角除了和圆柱体半径 r_0 有关，还和点涡环量 Γ、平行流速度 u_∞ 有关. 根据 Γ 的大小不同，驻点位置可以分为下面三种情况.

(1) 若 $|\Gamma|<4\pi r_0 u_\infty$，则 $|\sin\theta|<1$，又因为 $\sin(-\theta)=\sin[-(\pi-\theta)]$，则圆柱体表面上有两个驻点关于 y 轴左右对称，分别位于第三和第四象限内，如图 5-37(a)所示. 在 u_∞ 保持常量的情况下，A、B 两个驻点的位置随着 $|\Gamma|$ 值的增加而向下移动，并互相靠拢.

(2) 若 $|\Gamma|=4\pi r_0 u_\infty$，则 $|\sin\theta|=1$，这意味着驻点 A、B 汇聚为一点，位于圆柱面的最下端，如图 5-37(b)所示.

(3) 若 $|\Gamma|>4\pi r_0 u_\infty$，则 $|\sin\theta|>1$，θ 无解，这意味着在圆柱面上已经不存在驻点，驻点脱离圆柱面下移至 y 轴上相应位置 $(0,-r)$，如图 5-37(c)所示. 为确定驻点 A 的位置 r，令式(5-121)中的 v_r 和 v_θ 均等于零，即

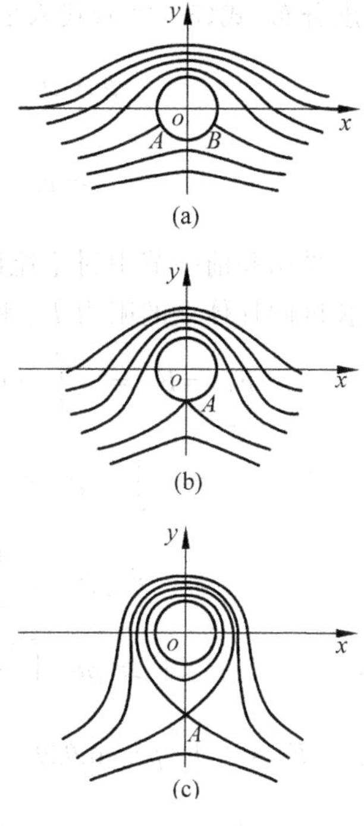

图 5-37 平行流绕过圆柱体有环量流动

$$\begin{cases} v_r=0=u_\infty\left(1-\dfrac{r_0^2}{r^2}\right)\cos\theta, \\ v_\theta=0=-u_\infty\left(1+\dfrac{r_0^2}{r^2}\right)\sin\theta-\dfrac{\Gamma}{2\pi r}. \end{cases}$$

由于 $r\neq r_0$，由上式中第一式可得 $\theta=\dfrac{\pi}{2}$ 或 $\theta=\dfrac{3\pi}{2}$. 但由上式中第二式可知，仅当 $\theta=\dfrac{3\pi}{2}$ 时才能满足条件，故驻点位于 y 轴的负半轴上. 将 $\theta=\dfrac{3\pi}{2}$ 代入第二式中，可得驻点在 y 轴上的位置 r 的两个解为

$$r_1=\frac{\Gamma}{4\pi u_\infty}+\frac{1}{2}\left[\left(\frac{\Gamma}{2\pi u_\infty}\right)^2-4r_0^2\right]^{\frac{1}{2}},\quad r_2=\frac{\Gamma}{4\pi u_\infty}-\frac{1}{2}\left[\left(\frac{\Gamma}{2\pi u_\infty}\right)^2-4r_0^2\right]^{\frac{1}{2}}.$$

很明显，解 r_2 表示驻点在圆柱体内，没有实际意义，而解 r_1 表示驻点在圆柱体外，具有实际意义. 这样，全流场便由经过驻点 A 的闭合流线划分为内外两个区域：外部区域是平行流绕过圆柱体有环流的流动，而在闭合流线和圆柱面之间的内部区域却自成闭合环流，但流线不是圆形的.

以上讨论的是叠加环流 $\Gamma<0$ 的情形. 对于环流 $\Gamma>0$ 的情况，由式(5-123)可

见，驻点的位置与上面讨论的情况正好相差180°. 当$\Gamma < 4\pi r_0 u_\infty$时，驻点$A$和$B$位于第一、二象限；当$\Gamma = 4\pi r_0 u_\infty$时，重合的驻点$A$位于圆柱面的最上端；当$\Gamma > 4\pi r_0 u_\infty$时，自由驻点$A$在圆柱体外的正$y$轴上.

圆柱面上的压力分布可以根据伯努利方程(式(5-43))推导得到：将圆柱面上的速度分布(式(5-122))代入伯努利方程，可得压力分布为

$$p = p_\infty + \frac{1}{2}\rho u_\infty^2 - \frac{1}{2}\rho(v_r^2 + v_\theta^2)$$

$$= p_\infty + \frac{1}{2}\rho\left[u_\infty^2 - \left(-u_\infty \sin\theta + \frac{\Gamma}{2\pi r_0}\right)^2\right]. \tag{5-124}$$

采用和前一节中讨论流体在圆柱体上的作用力一样的方法，得到流体作用在单位长度圆柱体上的阻力F_D和升力F_L为

$$F_D = F_x = -\int_0^{2\pi} p r_0 \cos\theta \mathrm{d}\theta$$

$$= -\int_0^{2\pi}\left\{p_\infty + \frac{1}{2}\rho\left[u_\infty^2 - \left(-2v_\infty \sin\theta + \frac{\Gamma}{2\pi r_0}\right)^2\right]\right\} r_0 \cos\theta \mathrm{d}\theta$$

$$= -r_0\left(p_\infty + \frac{1}{2}\rho u_\infty^2 - \frac{\rho\Gamma^2}{8\pi^2 r_0^2}\right)\int_0^{2\pi}\cos\theta \mathrm{d}\theta - \frac{\rho u_\infty \Gamma}{\pi}\int_0^{2\pi}\sin\theta\cos\theta \mathrm{d}\theta$$

$$+ 2r_0\rho u_\infty^2\int_0^{2\pi}\sin^2\theta\cos\theta \mathrm{d}\theta = 0, \tag{5-125}$$

$$F_L = F_y = -\int_0^{2\pi} p r_0 \sin\theta \mathrm{d}\theta = -\int_0^{2\pi}\left\{p_\infty + \frac{1}{2}\rho\left[u_\infty^2 - \left(-2u_\infty \sin\theta + \frac{\Gamma}{2\pi r_0}\right)^2\right]\right\} r_0 \sin\theta \mathrm{d}\theta$$

$$= -r_0\left(p_\infty + \frac{1}{2}\rho u_\infty^2 - \frac{\rho\Gamma^2}{8\pi^2 r_0^2}\right)\int_0^{2\pi}\sin\theta \mathrm{d}\theta - \frac{\rho u_\infty \Gamma}{\pi}\int_0^{2\pi}\sin^2\theta \mathrm{d}\theta + 2r_0\rho u_\infty^2\int_0^{2\pi}\sin^3\theta \mathrm{d}\theta$$

$$= -\frac{\rho u_\infty \Gamma}{\pi}\left[-\frac{1}{2}\cos\theta\sin\theta + \frac{1}{2}\theta\right]\Bigg|_0^{2\pi} = -\rho u_\infty \Gamma. \tag{5-126}$$

式(5-126)就是库塔-儒可夫斯基(Kutta-Joukowsky)升力公式. 它表明在理想流体平行流绕过圆柱体有环量的流动中，在垂直于来流方向上，流体作用于单位长度圆柱体上的升力等于流体密度ρ、来流速度u_∞和速度环量Γ三者的乘积. 式(5-126)中的负号表示：若速度环量$\Gamma < 0$，即环流方向为顺时针方向，则升力竖直向上；若速度环量$\Gamma > 0$，即环流方向为逆时针方向，则升力竖直向下. 总而言之，升力的方向为由来流速度方向沿逆速度环流的方向旋转90°来确定，如图5-38所示.

虽然上述推导过程是基于圆柱形物体的绕流问题，但库塔-儒可夫斯基升力公式也可以推广应用于理想流体平行流绕过任意形状柱体有环量、沿表面无脱离的二维流动. 例如在具有流线型外形(翼形)物体绕流中，物体获得了垂直于运动方向上的升力，这正是诸如飞机机翼、汽轮机、燃汽轮机、泵与风机、压气机、水轮机等流体机械中获取动力或实现能量转换的工作原理.

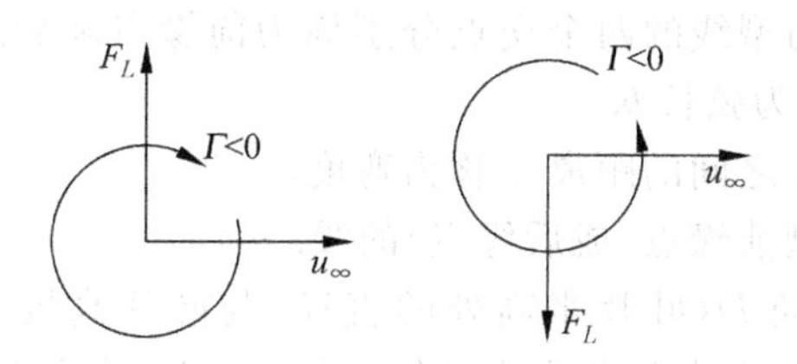

图 5-38 升力方向

5.12 不可压缩流体绕流平面叶型的库塔-儒可夫斯基升力定理

5.11 节得到的库塔-儒可夫斯基升力公式是基于圆柱形物体的绕流问题，对于非圆柱体形物体(如叶型物体)的平面绕流问题，升力公式仍然成立. 应用动量方程可以推导出绕叶型物体流动的库塔-儒可夫斯基升力公式.

工程实际中有许多具有叶型(也有称为翼型的)截面的物体，比如飞机的机翼、汽轮机等流体机械的叶片. 这些物体截面的形状一般都具有“圆头、尖尾、弓背”的流线型形状，这样形状的物体能够最大限度地减小运动中阻力和流体动能的损失.

由叶型相同的叶片在某一旋转面上以相等的间隔距离(称为栅距)排列可以形成叶栅，这里首先介绍叶型和叶栅的主要几何参数和气流参数. 如图 5-39 所示，叶型的主要几何参数有

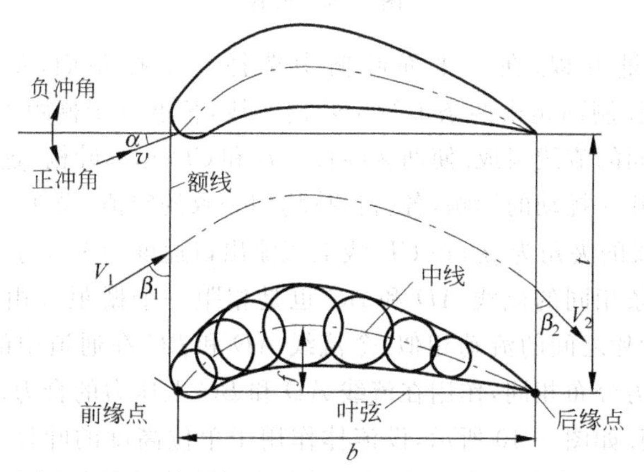

图 5-39 翼型截面和叶栅的主要几何参数和气流参数

型线：叶型的周线称为型线.

中线：叶型内切圆心的连线称为叶型的中线.

叶弦：叶型中线与型线的两个交点分别称为前缘点和后缘点，这两点的连线称为叶弦，叶弦的长度称为弦长 b.

弯度：中线与叶弦之间的距离 f 称为弯度.

额线：连接各叶型前缘点(或后缘点)的线.

当叶栅的平均直径 D(叶片半高处的直径)与叶片高度 h 之比充分大($D/h>10\sim15$)时，可近似地把叶片看成是排列在一个平面上，称为平面叶栅.

孤立叶型、叶栅叶型与气流方向之间的夹角是重要的气流参数. 对于孤立叶型，无穷远处来流速度 u_∞ 的方向与叶弦之间的夹角称为冲角 α，冲角在叶弦以下的为正，以上的为负，如图 5-39 所示. 气流在叶栅进口的速度 V_1 与额线之间的夹角称为进气角 β_1，出口的速度 V_2 与额线之间的夹角称为出气角 β_2，如图 5-40 所示.

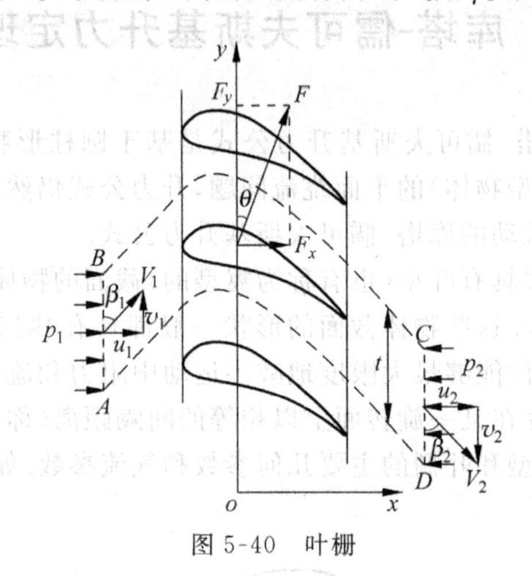

图 5-40　叶栅

为了应用动量方程，在一平面叶栅中选择一个控制面，如图 5-40 中虚线 $ABCDA$所示. 该控制面是由两条平行于叶栅额线，长度等于栅距 t 的线段和两条与叶片上部型线相同的流线组成. 使两条线段 AB 和 CD 远离叶栅，这样每条线段上的速度和压力不受叶片扰动的影响，各自保持均匀一致的定值. 设在 AB 线上气流进口速度为 V_1，与额线的夹角为 β_1；在 CD 线上气流出口速度为 V_2，与额线的夹角为 β_2. 在叶栅通道中两条相同的流线 AD 和 BC 也是相距一个栅距 t. 由于假设为平面叶栅，则叶栅中各叶片之间的流动相似. 令流线 AD 和 BC 在通道中的位置相同，则这两条流线上的压力分布相同，作用在流线 AD 和 BC 上压力的合力恰好大小相等、方向相反，相互抵消. 如图 5-40 所示，设流体作用于单位高度的叶片上的合力为 F，其分量为轴向作用力 F_x 和周向作用力 F_y，则叶片对流体的反作用力为 $-F_x$ 和 $-F_y$. 综上所述，作用在控制面内流体上的轴向合外力 R_x 和周向合外力 R_y 分别为

$$R_x=-F_x+(p_1-p_2)t\times 1,$$

$$R_y=-F_y,$$

流进、流出控制面的流体质量流量为

$$\rho q_V = \rho u_1 t = \rho u_2 t,$$

所以

$$u_1 = u_2 = u.$$

分别在轴向和周向应用动量方程，有

$$R_x = -F_x + (p_1 - p_2)t = \rho u t(u_2 - u_1) = 0,$$

$$R_y = -F_y = \rho u t(v_2 - v_1),$$

即

$$\left.\begin{aligned} F_x &= (p_1 - p_2)t, \\ F_y &= \rho u t(v_1 - v_2). \end{aligned}\right\} \tag{5-127}$$

绕封闭周线 $ABCDA$ 的速度环量 Γ 为

$$\Gamma = \Gamma_{ABCDA} = \Gamma_{AB} + \Gamma_{BC} + \Gamma_{CD} + \Gamma_{DA} = \Gamma_{AB} + \Gamma_{CD}.$$

由于沿流线 DA 和 BC 速度线积分大小相等而方向相反，互相抵消，则速度环量 Γ 为

$$\Gamma = \Gamma_{AB} + \Gamma_{CD} = -t[v_1 + (-v_2)] = t(v_2 - v_1). \tag{5-128}$$

引入平均速度 U、V

$$\left.\begin{aligned} U &= \frac{1}{2}(u_1 + u_2) = u_1 = u_2, \\ V &= \frac{1}{2}(v_1 + v_2), \end{aligned}\right\} \tag{5-129}$$

对于叶栅进口截面 1 和出口截面 2，根据理想不可压缩流体的伯努利方程(5-43)，忽略质量力的影响，可得

$$(p_1 - p_2) = \frac{1}{2}\rho(V_2^2 - V_1^2) = \frac{1}{2}\rho(v_2^2 - v_1^2) = \rho(v_2 - v_1)V,$$

将式(5-128)代入上式，得

$$p_1 - p_2 = \rho \Gamma V / t, \tag{5-130}$$

将式(5-128)和式(5-130)代入式(5-127)，可得

$$\left.\begin{aligned} F_x &= \rho \Gamma V, \\ F_y &= -\rho \Gamma U, \end{aligned}\right\} \tag{5-131}$$

$$F = \sqrt{F_x^2 + F_y^2} = \rho \Gamma V_{总}, \tag{5-132}$$

$$\frac{|F_x|}{|F_y|} = \frac{|V|}{|U|} = \tan\theta, \tag{5-133}$$

式(5-132)中的 $V_{总}$ 表示总平均速度，式(5-131)和式(5-132)是叶栅的库塔-儒可夫斯基升力公式. 它表示理想不可压缩流体绕过叶栅作定常无旋流动时，流体作用在叶栅中每个叶型上的作用力的合力等于流体密度、几何平均速度和绕叶型的速度环量三者的乘积，合力的方向为平均速度矢量 $V_{总}$ 沿逆速度环流的方向旋转 90°.

对于孤立叶型的绕流，可以认为两个相邻叶型的距离(即栅距 t)趋于无穷大. 在这种情况下，可以认为 $v_1=v_2=0$，且 $u_1=u_2=U$，也就是说孤立叶型前后足够远处的速度完全相同，即 $u_1=u_2=u_\infty$，于是由式(5-131)可得

$$F=-\rho\Gamma u_\infty, \tag{5-134}$$

可见，式(5-134)和式(5-126)完全一样. 根据理论计算，绕儒可夫斯基翼型(一种理论翼型)的速度环量为

$$\Gamma=\pi u_\infty b\sin(\alpha-\alpha_0), \tag{5-135}$$

式中 b 为翼型弦长，根据式(5-134)，可得流体作用在儒可夫斯基翼型上的升力为

$$F_L=\pi u_\infty^2 b\sin(\alpha-\alpha_0), \tag{5-136}$$

式中 α_0 是零升角(表示升力为零时气流速度方向和叶弦之间的夹角，$\alpha_0<0$). 和5.11节中引出压力系数 C_p 相仿，习惯上引出量纲为1的升力系数 C_L 为

$$C_L=\frac{F_L}{\frac{1}{2}\rho u_\infty^2 A}, \tag{5-137}$$

式中截面 A 表示和叶弦平行方向上的投影面积，对于单位长度的翼型而言，$A=b\times 1$，将式(5-136)代入式(5-137)，可得理想不可压缩流体绕流儒可夫斯基翼型的升力系数为

$$C_L=2\pi\sin(\alpha-\alpha_0) \tag{5-138}$$

习　题

5.1 试确定下列各流场中的速度是否满足不可压缩流体的连续性条件：

(1) $u=kx, v=-ky$;

(2) $u=k(x^2+xy-y^2), v=k(x^2+y^2)$;

(3) $u=k\sin(xy), v=-k\sin(xy)$;

(4) $u=k\ln(xy), v=-ky/x$.

5.2 在不可压缩流体的三维流动中，已知 $u=x^2+y^2+x+y+2$ 和 $v=y^2+2yz$，试用连续方程推导出 w 的表达式.

5.3 下列各流场中哪些满足连续性方程？如满足，它们是有旋流动还是无旋流动？

(1) $u=k, v=0$;

(2) $u=kx/(x^2+y^2), v=ky/(x^2+y^2)$;

(3) $u=x^2+2xy, v=y^2+2xy$;

(4) $u=y+z, v=z+x, w=x+y$.

5.4 确定下列各流场是否满足连续性方程？是否有旋？

(1) $v_r=0, v_\theta=kr$;

(2) $v_r=-k/r, v_\theta=0$;

(3) $v_r=2r\sin\theta\cos\theta, v_\theta=-2r\sin^2\theta$.

5.5　已知有旋流动的速度场为$u=x+y, v=y+z, w=x^2+y^2+z^2$.求在点(2,2,2)处角速度的分量.

5.6　已知有旋流动的速度场为$u=2y+3z, v=2z+3x, w=2x+3y$.试求旋转角速度、角变形速度和涡线方程.

5.7　试证明不可压缩流体二维流动:$u=2xy+x, v=x^2-y^2-y$能满足连续性方程,是有势流动,并求出速度势函数.

5.8　试证明流速分布为$u=2xy+x, v=x^2-y^2-y$的流动能满足连续性方程,是有势流动,并求出速度势函数和流函数.

5.9　已知二维流动的流速$v_r=\dfrac{1}{2\pi r}, v_\theta=-\dfrac{1}{2\pi r}$,证明此流动为无旋流动,并求出流速的大小和方向.

5.10　已知二维流动的流函数$\psi=3x^2y-y^3$,求速度势函数,并证明流速的大小与距坐标原点的距离的平方成正比.

5.11　下列各流函数是否都是有势流动?

(1) $\psi=kxy$;

(2) $\psi=x^2-y^2$;

(3) $\psi=k\ln xy^2$;

(4) $\psi=k\left(1-\dfrac{1}{r^2}\right)r\sin\theta$.

5.12　试证明下列两个流场是等同的:

$$\varphi=x^2+x-y^2;\quad \psi=2xy+y^2$$

5.13　有位于(1,0)和(−1,0)两点具有相同强度4π的点源,试求在点(0,0),(0,1),(0,−1)和(1,1)处的速度.

5.14　将速度为u_∞、平行于x轴的平行流和在原点o、强度为q_V的点源叠加而成如图所示的绕平面半物体的流动,试求它的速度势函数和流函数,并证明平面半物体的外形方程为$r=q_V(\pi-\theta)/(2\pi u_\infty\sin\theta)$,它的宽度等于$q_V/u_\infty$.

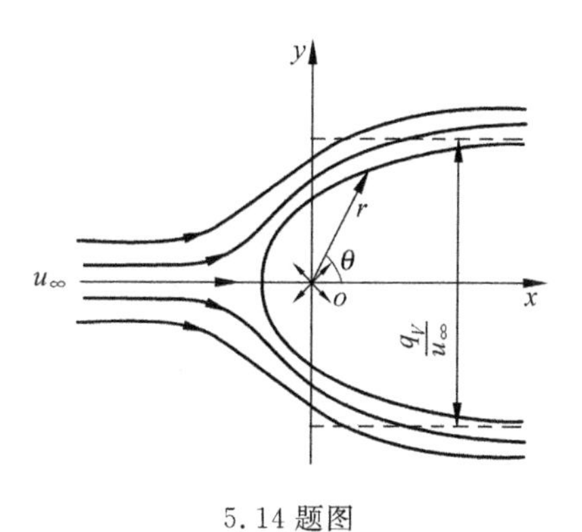

5.14 题图

5.15　强度为0.2m²/s的源流和强度为1.0m²/s的环流均位于坐标原点,求两种流动叠加后的有势流动的流函数、速度势函数和位

于 $x=1\text{m}$，$y=0.5\text{m}$ 处的流速.

5.16 直径为 1.2m、长为 50m 的圆柱体以 90r/min 的角速度绕其轴旋转，空气以 80km/h 的速度沿与圆柱体轴相垂直的方向绕过圆柱体流动. 试求速度环量、升力和驻点的位置. 假设环流与圆柱体之间没有滑动，($\rho=1.205\text{kg/m}^3$).

5.17 一船舶向北航行，西面刮来的风速 $u_0=100\text{km/h}$，船上装有两个直径为 3m，高为 10m 的圆柱，以 30r/min 的转速顺时针方向转动，求圆柱旋转给船舶的推进力. 设空气密度 $\rho=1.2\text{kg/m}^3$.

5.18 一机翼的翼展 10m，平均弦长 2m，冲角 $\alpha=2°$，零升力角 $\alpha_0=-4°$，飞机以 400km/h 的速度直线飞行，求升力及升力系数. 空气密度 $\rho=1.2\text{kg/m}^3$.

5.19 离心泵叶轮的内径和外径分别为 0.6m 和 1.2m. 求内外径处压力差达到 9m 时的转速. 叶轮内部流动近似地视为涡束.

5.20 一直径为 0.3m 的叶轮绕垂直轴在一同轴的直径为 0.9m 的封闭圆柱形的容器内旋转. 容器内充满水，可把叶轮内部的流动看成涡核，叶轮与圆柱壁面间的流动属有势旋转流动. 当容器中心压头为 1.2m 水柱时，容器壁面压头为 12m 水柱. 求叶轮转速，并求离轴线 0.1m 和 0.3m 处的速度.

第6章 粘性不可压缩流体的一维流动

实际流体具有粘性，因此流体运动时要克服摩擦阻力，产生能量损失，这是客观存在的自然规律.探索流动阻力的规律，正确估算能量损失、解决工程实际问题是本章的任务.

6.1 量纲数为1的N-S方程及流动相似律

6.1.1 量纲数为1的N-S方程

在第3章中已经给出了N-S方程的基本形式(3-42)，对于不可压缩流动，当体积力仅考虑重力时，N-S方程的张量形式为

$$\frac{\partial v_i}{\partial t}+v_j\frac{\partial v_i}{\partial x_j}=g-\frac{1}{\rho}\frac{\partial p}{\partial x_i}+\frac{\mu}{\rho}\frac{\partial^2 v_i}{\partial x_j^2}. \tag{6-1}$$

方程中包含速度 v_i，时间 t，压力 p，动力粘度 μ 和外力 g.为将式(6-1)化为量纲数为1的方程，引入特征速度 v_0、特征长度 L_0、特征时间 t_0、特征压力 p_0，这些特征量视具体流动情况而选取，如绕流流场的特征速度为自由来流速度，特征长度为物体的等效直径；管道流场的特征速度为管道平均速度，特征长速为管道直径.定义量纲数为1的量

$$v_i^0=v_i/v_0,\qquad x_i^0=x_i/L_0,\qquad t^0=t/t_0,\qquad p^0=p/p_0, \tag{6-2}$$

将式(6-2)代入式(6-1)得

$$\frac{\partial v_i^0 v_0}{\partial t^0 t_0} + v_j^0 v_0 \frac{\partial v_i^0 v_0}{\partial x_j^0 L_0} = g - \frac{1}{\rho} \frac{\partial p^0 p_0}{\partial x_i^0 L_0} + \frac{\mu}{\rho} \frac{\partial^2 v_i^0 v_0}{\partial x_j^0 L_0 \partial x_j^0 L_0}, \tag{6-3}$$

即

$$\frac{v_0}{t_0} \frac{\partial v_i^0}{\partial t^0} + \frac{v_0^2}{L_0} v_j^0 \frac{\partial v_i^0}{\partial x_j^0} = g - \frac{p_0}{\rho L_0} \frac{\partial p^0}{\partial x_i^0} + \frac{\mu v_0}{\rho L_0^2} \frac{\partial^2 v_i^0}{\partial x_j^{02}}.$$

两边同除以$\frac{{v_0}^2}{L_0}$得

$$\frac{L_0}{v_0 t_0} \frac{\partial v_i^0}{\partial t^0} + v_j^0 \frac{\partial v_i^0}{\partial x_j^0} = \frac{1}{\frac{v_0^2}{g L_0}} - \frac{p_0}{\rho v_0^2} \frac{\partial p^0}{\partial x_i^0} + \frac{1}{\frac{v_0 \rho L_0}{\mu}} \frac{\partial^2 v_i^0}{\partial x_j^{02}}. \tag{6-4}$$

6.1.2 量纲为1的参数

式(6-4)中存在4个量纲为1的参数：

$\frac{L_0}{v_0 t_0} = Sr$，称为斯特劳哈尔（Strouhal）数，表征非定常项与惯性项之比.

$\sqrt{\frac{v_0^2}{g L_0}} = Fr$，称为弗劳德(Froude)数，表征惯性力和重力之比.

$\frac{p_0}{\rho v_0^2} = Eu$，称为欧拉（Euler）数，表征压力和惯性力之比.

$\frac{v_0 \rho L_0}{\mu} = Re$，称为雷诺(Reynolds)数，表征惯性力与粘性力之比.

将这4个参数代入式(6-4)得

$$Sr \frac{\partial v_i^0}{\partial t^0} + v_j^0 \frac{\partial v_i^0}{\partial x_j^0} = \frac{1}{Fr^2} - Eu \frac{\partial p^0}{\partial x_i^0} + \frac{1}{Re} \frac{\partial^2 v_i^0}{\partial {x_j}^{02}}. \tag{6-5}$$

在用式(6-5)求解实际流场时，可通过比较方程中4个参数的大小，忽略量级小的项，使方程得以简化而便于求解.

在流体力学中，除了以上4个参数外，还有一些重要的量纲为1的参数，如：

克努森(Knudsen)数 $Kn = l/L_0$，l 是气体分子平均自由程，L_0 是流场特征长度. Kn 数是气体稀薄程度的度量. 大 Kn 数有两种可能：一是气体稀薄，分子平均自由程大，如几十千米的高空；二是微流场，此时流场的特征尺度小于或相当于分子的平均自由程.

马赫(Mach)数 $Ma = v/c$，v 是流场中某点速度，c 是当地声速. Ma 数是流场可压缩程度的量度，c 无穷大对应不可压缩流动，$Ma > 0.3$ 时，一般要考虑压缩性影响. $Ma < 1$ 为亚声速流；$Ma \approx 1$ 为跨声速流；$Ma > 1$ 为超声速流.

格拉晓夫(Grashof)数 $Gr=\frac{g\beta\rho^2 L_0^3 \Delta T}{\mu^2}$，$g$ 是重力加速度，β 是热体胀系数，ρ 是密度，L_0 是流场特征长度，ΔT 是温差，μ 是动力粘度. Gr 数是浮力或自由对流效应的度量，若没有自由来流，流体运动由温差引起，则 Gr 是主要参数.

韦伯(Weber)数 $We=\rho v^2 L/\gamma$，γ 是表面张力. We 数是惯性力与表面张力之比，在大液面曲率如毛细流动、空化起始等过程中很重要.

普朗特(Prandtl)数 $Pr=\mu c_p/k$，c_p 是比定压热容，k 是导热系数. Pr 数是动量交换和热交换之比，大多数气体 Pr 小于但接近 1.

罗斯比(Rossby)数 $Ro=v/fL_0$，f 是与旋转角速度有关的量. Ro 数是惯性力与科氏力之比，$Ro\ll 1$，说明科氏力起支配作用.

6.1.3 流动相似律

实际的流场是千变万化的，不同流场之间是否存在共同的流动规律，这是一个既有趣又非常重要的问题，流动相似律要解决的就是这个问题.

1. 力学相似

两个流场的边界形状如果是相似的，则称它们几何相似. 对两个几何相似的流场，分别选择流动的特征长度 L_{01}，L_{02} 和特征时间 t_{01}，t_{02}，在两个流动中分别取某个点 x_{i1}，x_{i2}，若存在 $x_{i1}/L_{01}=x_{i2}/L_{02}$；$t_1/t_{01}=t_2/t_{02}$，则称这两个点为时空相似点. 对两个流动中的任一物理量 f_1，f_2，分别选择 F_1，F_2 作为该物理量的特征量，若在两个几何相似流场中所有时空相似点上都有 $f_1/F_1=f_2/F_2$，则称这两个几何相似的流动为力学相似.

2. 粘性不可压缩流动的力学相似

式(6-5)为粘性不可压缩流动量纲为1的方程，若两个几何相似的粘性不可压缩流动存在力学相似，则必有

$$Sr_1=Sr_2,\quad Fr_1=Fr_2,\quad Eu_1=Eu_2,\quad Re_1=Re_2. \tag{6-6}$$

但是，两个粘性不可压缩流动仅满足式(6-6)，还不能称力学相似. 只有在满足式(6-6)的基础上，还满足初始条件相等和相应的边界条件要求如来流攻角相等、自由面压力力学相似等，才能称力学相似.

3. 相似律

导出力学相似的规则以及描述力学相似的两个流动之间所对应的流动规律称为相似律. 相似律具有重要的作用，这一点在实验研究方面表现得尤为突出. 实验研究是探索真实流动的一个主要手段，限于条件，实验模型在几何与动力参数方面往往不

能与原型一样，要保证实验得到的结果能反映原型的规律，就必须满足相似律，有关这方面的内容在第11章中有详细论述.

6.2 粘性流体运动的两种流态——层流和湍流

6.2.1 雷诺实验

粘性流体的运动存在着两种完全不同的流动状态：层流状态和湍流状态. 为了说明这两种状态的差异，首先来观察雷诺于1883年所做的圆管内流动的实验.

实验装置如图6-1所示，实验时保持水箱中水位的基本稳定，然后将阀门A微微开启，使少量水流流经玻璃管，管内平均速度V很小. 为了观察流动状态，这时将染色液体容器的阀门B也微微开启，使一股很细的染色液体注入玻璃管内，此时可以在玻璃管内看到一条细直而鲜明的有色流束，而且不论染色液体放在玻璃管内的任何位置，它都能呈直线状，如图6-2(a)所示. 这说明管中的水流都是稳定地沿轴向运动，管中的流线之间层次分明，互不掺混，流体质点没有垂直于主流方向的横向运动，所以染色液体和周围的水没有混杂，故称这样的流动为层流.

如果把A阀缓慢逐渐开大，管中水流速度V也将逐渐增大. 在流速达到某个数值之后，玻璃管内的流体质点不再保持稳定而开始发生脉动，有色流束开始弯曲颤动，如图6-2(b)所示，但流线之间仍然层次分明，互不掺混. 如果阀门A继续开大，脉动加剧，有色液体就完全与周围液体混杂而不再维持流束状态，如图6-2(c)所示. 此

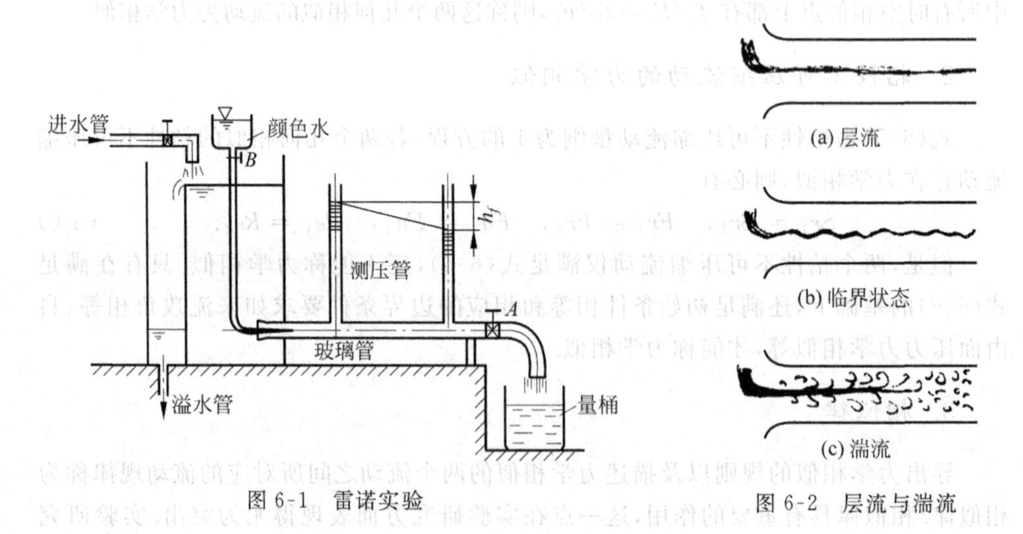

图6-1　雷诺实验

图6-2　层流与湍流

时除进口段外，流体将作复杂的、无规则的、随机的不定常运动，我们称这种流动为湍流或紊流.

当试验向相反方向进行时，即阀门 A 从全开逐渐关闭，则以上现象以相反的顺序重复出现，但由湍流转向层流时的平均流速 V 的数值要比层流转为湍流时为小. 流态转变时的速度称为临界流速，层流转为湍流时的流速称为上临界流速 V_c'，反之称为下临界流速 V_c.

进一步的试验还表明，如果管径 d 或流体的运动粘度 ν 改变，则上下临界速度也随之改变. 但是无论 d、ν、V_c'（或 V_c）怎样变化，量纲为 1 的数 $V_c'd/\nu$ 或 V_cd/ν 却是一定的. 从层流变到湍流时的量纲为 1 的数 $V_c'd/\nu$ 称为上临界雷诺数，以 Re_c' 表示；从湍流变到层流时的量纲为 1 的数 V_cd/ν 称为下临界雷诺数，以 Re_c 表示. 因此对于不同的流动情况，可以计算出流动雷诺数 Re，以其与临界雷诺数相比较，由此判断流动的状态，即 $Re \leqslant Re_c$，流动为层流；$Re_c < Re \leqslant Re_c'$，流动为不稳定的过渡状态；$Re > Re_c'$，流动为湍流.

雷诺通过大量试验测定得到：$Re_c = 2320$，$Re_c' = 13800$. 对于下临界雷诺数，一般情况下，2320 这个数值很难达到，仅为 2000 左右，所以把下临界值 Re_c 取为 2000. 对上临界雷诺数，按不同的实验条件，如管壁的粗糙度不同，外界干扰情况变化等得出的数值差异很大. 在没有干扰且管壁十分光滑的情况下，可得到 $Re_c' = 5 \times 10^5$. 在工程上，上临界雷诺数没有实用意义，将下临界雷诺数作为流态的判别依据.

对于一般流动，用雷诺数 $Re = \rho VL/\mu$ 来判定流动状态，L 为特征尺度，在潜体问题中可用潜体的某一代表性尺寸，在圆管中用管道内径 d 来表示，对非圆形管道，例如环状缝隙，矩形断面等，可以用等效直径或水力直径 d_H 来表示. 设某一非圆形管道的过流面积为 A，过流截面上流体与固体壁面接触的周界长度，也称湿周为 χ，则水力直径 d_H 为

$$d_H = \frac{4A}{\chi}. \tag{6-7}$$

例如：流道截面是边长为 a 及 b 的矩形（图 6-3(a)），则

$$d_H = \frac{4ab}{2(a+b)} = \frac{2ab}{a+b}.$$

如果流道截面是直径为 D 及 d 的环形（图 6-3(b)），则

$$d_H = \frac{4\left(\frac{\pi}{4}\right)(D^2 - d^2)}{\pi(D+d)} = D - d.$$

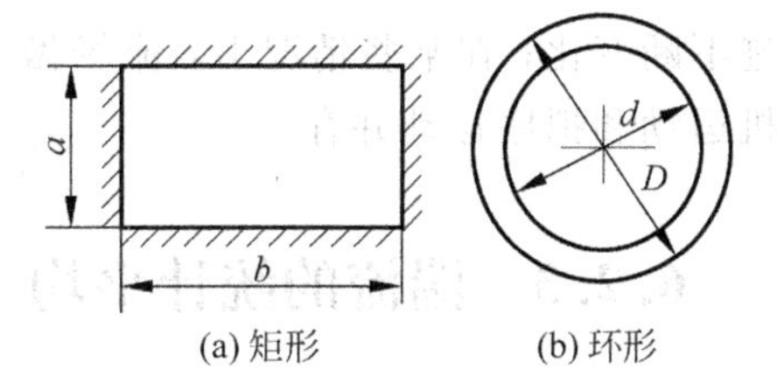

图 6-3 矩形和环形流道的尺寸

对于几种特殊形状的流道，判别流态的下临界雷诺数 Re_c 如表 6-1 所示.

表 6-1 异形截面流道临界雷诺数

流道截面形状	正方形	正三角形	同心环缝	偏心环缝
Re_c	2070	1930	1100	1000

6.2.2 湍流的一般定义和描述

尽管在很高 Re 数下，湍流场中存在很小的湍动尺度，但这种尺度比正常大气条件下气体分子的平均自由程大得多，所以湍流场中的流体仍可视为连续介质. 现有的实验结果还表明，在与湍流场最小湍动尺度相当的距离范围以及与最小脉动周期相近的时间内，湍流场中的物理量呈现出连续的变化，即这些量在空间和时间上是可微的，因而可以用常规的描述一般流体运动的方法来建立湍流场的数学模型. 所以，长期以来人们将流体的运动方程 N-S 方程作为湍流运动的基本方程，换言之，湍流场中任一空间点的速度、压力、密度等瞬时值都必须满足该方程，基于 N-S 方程所得到的一些湍流理论、计算结果和实验结果吻合得很好.

由于湍流的复杂性，至今尚未有一个公认的定义能全面表述湍流的所有特征，实际上人们对湍流的认识在不断地深化，理解也逐渐地全面. 19 世纪初，一般都认为湍流是一种完全不规则的随机运动，因此雷诺首创用统计平均方法来描述湍流运动. 1937 年，泰勒和冯 · 卡门(Von Kármán)对湍流下过定义，认为湍流是一种不规则运动，它于流体流过固壁或相邻不同速度流体层相互流过时产生. 后来欣茨(Hinze) 在此之上予以补充，说明湍流的速度、压力、温度等量在时间与空间坐标中是随机变化的. 从 20 世纪 70 年代初开始，很多人认为湍流并不是完全随机的运动，而通常存在一种可以被检测和显示的拟序结构，亦称大涡拟序结构，它的机理与随机的小涡旋结构不同，它在切变湍流的脉动生成和发展中起主导作用. 但是人们对这个说法仍存在争议，有人认为这种大尺度结构不属于湍流的范畴，而有人认为这是湍流的一种表现形式. 目前大多数人的观点是：湍流场由各种大小和涡量不同的涡旋叠加而成，其中最大涡尺度与流动环境密切相关，最小涡尺度则由粘性确定；流体在运动过程中，涡旋不断破碎、合并，流体质点轨迹不断变化；在某些情况下，流场做完全随机的运动，在另一些情况下，流场随机运动和拟序运动并存.

6.2.3 湍流的统计平均

经典的湍流理论认为，湍流是一种完全不规则的随机运动，湍流场中的物理量在时间和空间上呈随机分布，不同的瞬时有不同的值，关注某个瞬时的值是没有意义的.因此,雷诺首创用统计平均方法来描述湍流的随机运动,即对各瞬时量进行平均得到有意义的平均量.设某个物理量的瞬时值为 A,平均值为 $\overline{A}$,一般存在着以下的平均方法.

(1) 时间平均

$$\overline{A}(x,y,z,t)=\frac{1}{T}\int_{t}^{t+T}A(x,y,z,t')\mathrm{d}t', \tag{6-8}$$

式中 T 是时间平均的周期,它既要求比湍流的脉动周期大得多,以保证得到稳定的平均值,又要求比流体作不定常运动时的特征时间小得多,以免取平均后,抹平整体的不定常性.

(2) 空间平均

$$\overline{A}(x,y,z,t)=\frac{1}{\tau}\iiint_{\tau}A(x',y',z',t)\mathrm{d}x'\mathrm{d}y'\mathrm{d}z', \tag{6-9}$$

式中 τ 是体积.

(3) 空间-时间平均

$$\overline{A}(x,y,z,t)=\frac{1}{\tau T}\int_{0}^{T}\mathrm{d}t'\iiint_{\tau}A(x',y',z',t')\mathrm{d}x'\mathrm{d}y'\mathrm{d}z'. \tag{6-10}$$

(4) 集合(系综)平均

$$\overline{A}(x,y,z,t)=\int_{\Omega}A(x,y,z,t,\omega)P(\omega)\mathrm{d}\omega, \tag{6-11}$$

式中 ω 为随机参数,Ω 为 ω 的空间,$P(\omega)$为概率密度函数.

(5) 数学期望

$$\overline{A}(x,y,z,t)=\sum_{n=1}^{N}A_n(x,y,z,t)/N. \tag{6-12}$$

对于平均、平稳过程,可以由各态历经理论证明以上几种平均结果是相同的.

(6) 密度加权平均

该平均一般用在可压缩流动中

$$\overline{A}(x,y,z,t)=\frac{\overline{\rho A}}{\overline{\rho}}. \tag{6-13}$$

用这种平均方法,可使变密度的湍流方程经平均后有一个较简单的形式.

(7) 条件采样平均

规定一个条件准则,对符合该准则的数据进行平均,例如规定一个检测函数

$$D(t)=\begin{cases}1 & \text{湍流信号,}\\ 0 & \text{层流信号,}\end{cases}$$

则流场处于湍流时的平均为

$$\overline{A_t}=\lim_{N\to\infty}\left[\sum_{i=1}^{N}D(t_i)A(t_i)\bigg/\sum_{i=1}^{N}D(t_i)\right], \tag{6-14}$$

流场处于层流时的平均

$$\overline{A_l} = \lim_{N\to\infty}\left\{\sum_{i=1}^{N}[1-D(t_i)]A(t_i)\Big/\sum_{i=1}^{N}[1-D(t_i)]\right\}. \tag{6-15}$$

(8) 相平均

$$\langle A(x,y,z,\tau)\rangle = \left[\sum_{j=1}^{N}A(x+x_j,y+y_j,z+z_j,t_j+\tau)\right]\Big| N, \tag{6-16}$$

式中下标 j 表示第 j 次在 (x,y,z) 处 t 时间的事件.

有了平均量后，瞬时量 A 和 B 可以表示为

$$A=\overline{A}+A';\quad B=\overline{B}+B',$$

式中 A'、B' 是脉动量.

对于瞬时量、平均量和脉动量的有关运算法则可以归纳为

$$\left.\begin{aligned}
&\overline{\overline{A}}=\overline{A},\quad \overline{A'}=0,\quad \overline{cA}=c\,\overline{A},\quad \overline{A'\overline{A}}=\overline{A'}\,\overline{A}=0,\\
&\overline{\overline{A}B}=\overline{A}\,\overline{B},\quad \overline{A+B}=\overline{A}+\overline{B},\\
&\overline{\frac{\partial A}{\partial x}}=\frac{\partial\overline{A}}{\partial x},\quad \overline{\frac{\partial A}{\partial y}}=\frac{\partial\overline{A}}{\partial y},\quad \overline{\frac{\partial A}{\partial z}}=\frac{\partial\overline{A}}{\partial z},\quad \overline{\frac{\partial A}{\partial t}}=\frac{\partial\overline{A}}{\partial t},\\
&\overline{AB}=\overline{(\overline{A}+A')(\overline{B}+B')}=\overline{\overline{A}\,\overline{B}}+\overline{\overline{A}B'}+\overline{A'\overline{B}}+\overline{A'B'}\equiv\overline{A}\,\overline{B}+\overline{A'B'},\\
&\overline{\int A\mathrm{d}s}=\int\overline{A}\mathrm{d}s.
\end{aligned}\right\} \tag{6-17}$$

对于湍流场的速度而言，瞬时速度等于平均速度与脉动速度之和，$v_i=\overline{v_i}+v_i{}'$，而 $\overline{v_i'^2}$ 表示湍流强度.

6.2.4 不可压缩湍流平均运动的基本方程

1. 连续性方程

将瞬时速度分解为平均速度与脉动速度之和

$$v_i=\overline{v_i}+v_i',\qquad i=1,2,3, \tag{6-18}$$

将式(6-18)代入不可压缩流体的连续性方程得到

$$\frac{\partial v_i}{\partial x_i}=\frac{\partial\overline{v_i}}{\partial x_i}+\frac{\partial v_i'}{\partial x_i}=0,$$

考虑到 $\frac{\partial\overline{v_i'}}{\partial x_i}=\frac{\partial\overline{v_i'}}{\partial x_i}=0$，对上式取平均得

$$\frac{\partial\overline{v_i}}{\partial x_i}=0. \tag{6-19}$$

该式即为平均运动的连续性方程.

2. 动量方程——雷诺平均运动方程

在式(6-1)的基础上忽略体积力得

$$\frac{\partial v_i}{\partial t}+v_j\frac{\partial v_i}{\partial x_j}=-\frac{1}{\rho}\frac{\partial p}{\partial x_i}+\nu\frac{\partial^2 v_i}{\partial^2 x_j},\tag{6-20}$$

将瞬时压力 p 同样分解为平均值和脉动值之和

$$p=\overline{p}+p',$$

将上式和式(6-18)代入式(6-20)并进行平均,结合式(6-17)可得

$$\frac{\partial \overline{v_i}}{\partial t}+\overline{v_j}\frac{\partial \overline{v_i}}{\partial x_j}=-\frac{1}{\rho}\frac{\partial \overline{p}}{\partial x_i}+\nu\frac{\partial^2 \overline{v_i}}{\partial^2 x_j}+\frac{1}{\rho}\frac{\partial(-\rho\overline{v'_i v'_j})}{\partial x_j}.\tag{6-21}$$

该式就是湍流的雷诺平均运动方程，该方程与对应的层流运动方程相比多了最后一项,该项中的$-\rho\overline{v'_i v'_j}$称为雷诺应力，是惟一的脉动量项,所以可认为脉动量是通过雷诺应力来影响平均运动的.

6.3 圆管中的充分发展层流与湍流

流体以均匀的速度流入管道后,由于粘性,近壁处产生边界层,边界层沿着流动方向逐渐向管轴扩展,因此沿流动方向的各断面上速度分布不断改变,流经一段距离 l_1后,过流截面上的速度分布曲线才能达到层流或湍流的典型速度分布曲线(图6-4),这段距离 l_1称为进口起始段.起始段后的流动状态呈充分发展了的流动状态.本节讨论不可压缩流体在圆管中的充分发展层流和湍流.

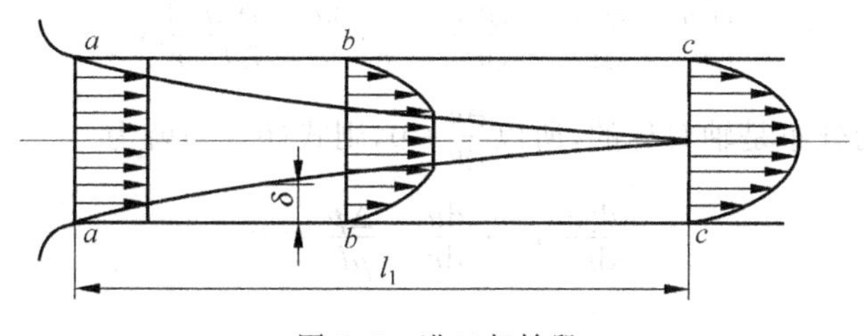

图 6-4 进口起始段

6.3.1 圆管中的层流

圆管层流中流体质点只有沿轴向的流动 u,而无横向运动,所以 $v=w=0$. 取坐标如图 6-5 所示,由于管道水平放置,如果管道直径并不十分大,管中具有一定的压

力，则重力的影响可以忽略，由 N-S 方程(6-1)得

$$\left.\begin{aligned}&\frac{\partial u}{\partial t}+u\frac{\partial u}{\partial x}=-\frac{1}{\rho}\frac{\partial p}{\partial x}+\nu\left(\frac{\partial^2 u}{\partial x^2}+\frac{\partial^2 u}{\partial y^2}+\frac{\partial^2 u}{\partial z^2}\right),\\&0=-\frac{1}{\rho}\frac{\partial p}{\partial y},\\&0=-\frac{1}{\rho}\frac{\partial p}{\partial z}.\end{aligned}\right\}\tag{6-22}$$

由此可见，压力 p 只是 x 的函数. 如果讨论的管道是等截面的，且管道的流动是恒定的，则 u 不随 x 和 t 而变，只是 y 和 z 的函数，即 $\frac{\partial u}{\partial t}=0,\frac{\partial u}{\partial x}=0,\frac{\partial p}{\partial t}=0$，则上式可写成

$$\frac{\mathrm{d}p}{\mathrm{d}x}=\mu\left(\frac{\partial^2 u}{\partial y^2}+\frac{\partial^2 u}{\partial z^2}\right),\tag{6-23}$$

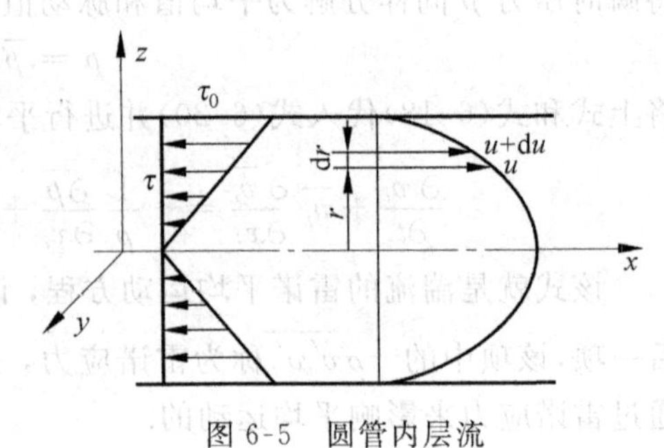

图 6-5　圆管内层流

式中等号右边只是 y,z 的函数，这只有当等式两边等于常数时才能成立，即

$$\frac{\mathrm{d}p}{\mathrm{d}x}=\text{常数}=\frac{p_2-p_1}{l}=-\frac{\Delta p}{l},$$

式中 $\Delta p=p_1-p_2$ 是长度为 l 的水平直管上的压降. 式(6-23)可写成

$$\frac{\partial^2 u}{\partial y^2}+\frac{\partial^2 u}{\partial z^2}=-\frac{\Delta p}{\mu l}.\tag{6-24}$$

这是一个二阶偏微分线性方程，给定了边界条件，可以求得它的解. 因为圆管中的流动是对称于 x 轴的，因此采用圆柱坐标系来分析圆管流动就更为方便，由于

$$\frac{\partial^2 u}{\partial y^2}+\frac{\partial^2 u}{\partial z^2}=\frac{\partial^2 u}{\partial r^2}+\frac{1}{r}\frac{\partial u}{\partial r}+\frac{\partial^2 u}{\partial \theta^2}\frac{1}{r^2},$$

又因为速度 u 的分布是轴对称的，所以 $\frac{\partial u}{\partial \theta}=0$，则式(6-24)就为

$$\frac{\mathrm{d}^2 u}{\mathrm{d}r^2}+\frac{1}{r}\frac{\mathrm{d}u}{\mathrm{d}r}+\frac{\Delta p}{\mu l}=0$$

或

$$r\frac{\mathrm{d}^2 u}{\mathrm{d}r^2}+\frac{\mathrm{d}u}{\mathrm{d}r}+\frac{\Delta p r}{\mu l}=0,$$

积分二次可得

$$u=C_1\ln r-\frac{\Delta p r^2}{4\mu l}+C_2,\tag{6-25}$$

积分常数 C_1 和 C_2 可由边界条件确定：在管轴处，即当 $r=0$ 时，u 为有限值，则 $C_1=0$.

在管壁处，即 $r=\dfrac{d}{2}$ 时，$u=0$，则 $C_2=\dfrac{\Delta p d^2}{16\mu l}$，由此得

$$u=\frac{\Delta p}{4\mu l}\left(\frac{d^2}{4}-r^2\right). \tag{6-26}$$

这就是圆管层流的速度分布规律. 由式(6-26)可知，圆管截面上的速度分布为对称于管轴的抛物体.

1. 流量

设在管内离管轴心为 r 处取一薄层，它的厚度为 $\mathrm{d}r$，如图 6-6 所示，则通过此薄层圆环的流量 $\mathrm{d}Q=2\pi u r\mathrm{d}r$，由此得通过圆管的总流量 Q 为

$$Q=\int \mathrm{d}Q=\int_0^{\frac{d}{2}}\frac{\pi\Delta p}{2\mu l}\left(\frac{d^2}{4}-r^2\right)r\mathrm{d}r=\frac{\pi d^4\Delta p}{128\mu l}. \tag{6-27}$$

式(6-27)称为哈根-泊肃叶(Hagen-Poiseuille)定律. 它表明不可压牛顿流体在圆管中作定常层流时，体积流量正比于压降和管径的四次方，反比于流体的动力粘度. 哈根-泊肃叶定律与精密实验的测定结果完全一致，因此证明了 N-S 方程的适用性.

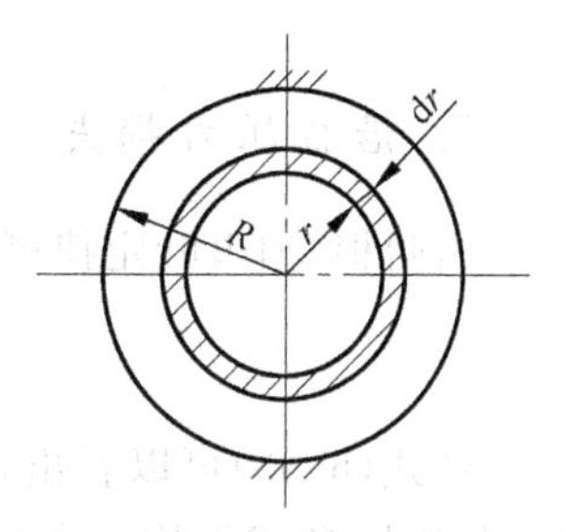

图 6-6 圆管截面

2. 最大流速和平均速度

当 $r=0$ 代入式(6-26)中时，得出轴心处最大流速 $u_{\max}$

$$u_{\max}=\frac{\Delta p d^2}{16\mu l}, \tag{6-28}$$

截面平均流速 U 为

$$U=\frac{Q}{\frac{\pi}{4}d^2}=\frac{\Delta p d^2}{32\mu l}=\frac{1}{2}u_{\max}. \tag{6-29}$$

3. 切应力

根据牛顿内摩擦定律，可知切应力 τ 为

$$\tau=-\mu\frac{\mathrm{d}u}{\mathrm{d}r}=-\mu\frac{\mathrm{d}}{\mathrm{d}r}\left[\frac{\Delta p}{4\mu l}\left(\frac{d^2}{4}-r^2\right)\right]=\frac{\Delta p r}{2l}. \tag{6-30}$$

切应力随 r 成直线分布，如图 6-5 所示，在管轴处为零，在管壁处为最大，根据式(6-29)它的值 τ_0 为

$$\tau_0=-\mu\left.\frac{\mathrm{d}u}{\mathrm{d}r}\right|_{r=\frac{d}{2}}=\frac{\Delta p d}{4l}=\frac{8\mu U}{d}.$$

4. 动能修正系数和动量修正系数

动能修正系数 α 和动量修正系数 β 是截面上实际动能和动量与按平均流速计算的动能和动量之比，即

$$\alpha=\frac{\int_A \frac{u^2}{2}\rho \mathrm{d}Q}{\frac{U^2}{2}\rho\, Q}=\frac{\int_A u^3\mathrm{d}A}{U^3A}=\frac{\int_0^{\frac{d}{2}}\left[\frac{\Delta p}{4\mu l}\left(\frac{d^2}{4}-r^2\right)\right]^3 2\pi r\mathrm{d}r}{\left[\frac{\Delta p d^2}{32\mu l}\right]^3\frac{\pi}{4}d^2}=2, \tag{6-31}$$

$$\beta=\frac{\int_A \rho u\,\mathrm{d}Q}{\rho UQ}=\frac{\int_A u^2\mathrm{d}A}{U^2A}=\frac{\int_0^{\frac{d}{2}}\left[\frac{\Delta p}{4\mu l}\left(\frac{d^2}{4}-r^2\right)\right]^2 2\pi r\mathrm{d}r}{\left[\frac{\Delta p d^2}{32\mu l}\right]^2\frac{\pi}{4}d^2}=\frac{4}{3}. \tag{6-32}$$

5. 沿程压力损失

由哈根-泊肃叶定律可得流体在圆管中流经 l 距离后的压降 Δp 为

$$\Delta p=\frac{128\mu lQ}{\pi d^4}=\frac{32\mu lU}{d^2}. \tag{6-33}$$

从式(6-33)可以看出，在等径管路中静压力沿管轴按线性规律下降，且静压差 Δp 与流量 Q 或平均速度 U 的一次方成正比. 由此可见，为保持管内流动，必须存在轴向静压差，来克服壁面摩擦力，故称此静压差为沿程压力损失. 单位质量流体的沿程压力损失称为沿程水头损失，通常以 h_l 表示

$$h_l=\frac{\Delta p}{\rho g}=\frac{32\mu lU}{\rho g d^2}. \tag{6-34}$$

若将雷诺数 $Re=\rho Ud/\mu$ 引入式(6-34)，可得沿程水头损失的如下表达式

$$h_l=\frac{64}{Re}\frac{l}{d}\frac{U^2}{2g},$$

令

$$\lambda=\frac{64}{Re},$$

则

$$h_l=\lambda\frac{l}{d}\frac{U^2}{2g}, \tag{6-35}$$

式中 λ 为沿程阻力系数. 式(6-35)称为达西(Darcy)公式，它是计算管路沿程水头损失的一个重要公式.

6.3.2 圆管中的湍流

通过雷诺实验已经知道,流体作湍流运动时,流体质点随时间作无规律运动.由于湍流场质点间的相互混杂、碰撞,导致了运动状况极其复杂,对它的规律迄今未完全搞清.因此对它的研究还远不能像研究层流那样用解析方法来进行.对湍流的研究往往是在某些特定条件下,对观测到的流动现象作出某些假定,从而建立有局限性的半经验理论.所得到的半经验理论再通过大量实验结果进行修正补充,得出湍流运动的半经验规律.

1. 脉动与时均流动

利用热线风速仪或激光测速仪来测定管中的湍流,可以得到流管中某一点上流体运动速度随时间的变化如图 6-7 所示.图中实线和虚线表示两次试验结果.由图可见,质点的真实流速是无规律且瞬息万变的,这种现象称为脉动.尽管每次试验的速度变化都极不规则,但是在相同条件下,对每次试验在一个长的时间内平均后的速度值则相同.同样,湍流中一点上的压力和其他参数亦存在类似的现象.因此对于这种具有随机性质的湍流的研究采用统计平均方法是较为合适的,可以采用 6.2.3 节中给出的方法来求统计平均.

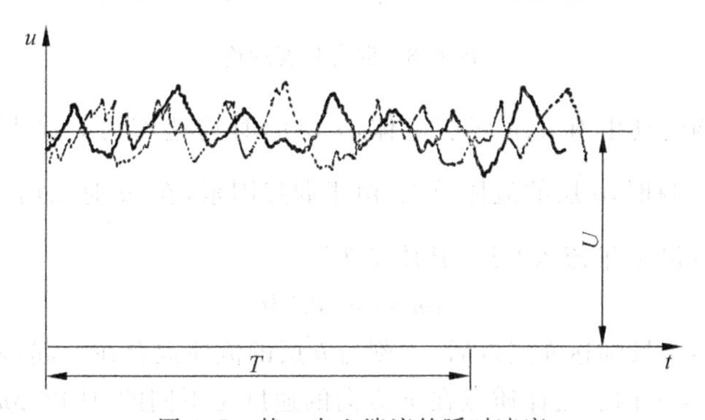

图 6-7 某一点上湍流的瞬时速度

当湍流场中任一空间点上的运动参数的时均值不随时间(这里的时间是指湍流流动的某一过程,而不是时均参数定义中所选定的某一很小的时间段 T)变化时,称为定常湍流流动,或称为准定常湍流.否则称为非定常湍流.时均法只能用来描述对时均值而言的定常湍流流动.

需要指出的是,时均化的概念及其由此基础上定义的准定常湍流流动,完全是为简化湍流研究而人为提出的一种模型.而湍流实质为非定常的,因此在研究湍流的物理实质时，如研究湍流切应力及湍流速度分布结构时，就必须考虑脉动的影响.

2. 湍流流动中的附加切应力——雷诺应力

在湍流运动中，流体质点的速度大小和方向都在不停地变化，流体质点除主流方向运动外，还存在着沿不同方向的脉动，使得流层之间发生质点交换. 每一个流体质点都带有自己的动量，当它进入另一层时，动量发生了改变，引起附加的切应力. 因此湍流中除了粘性产生的切应力以外，还有因质点混杂而形成的附加切应力，这种附加切应力随着脉动的增强而占据主要地位. 下面来确定附加切应力.

为了兼顾圆管和平面流动这两种情况，取如图 6-8 所示的简单平面平行流动. x 轴选取在物面上，y 轴垂直向上，对于圆管来说 x 轴在管壁上，y 轴为管径方向. x 方向的时均速度分布可以用 $U=U(y)$ 表示，y 方向的时均流速为零.

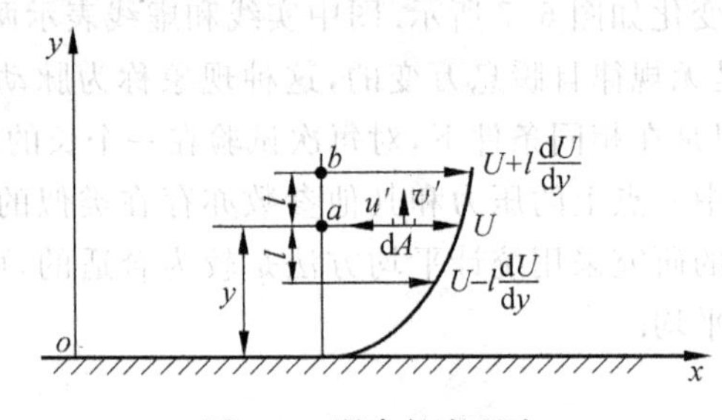

图 6-8 混合长度理论

假想在时均流动中有 a、b 两层流体，a 层的时均速度为 U，b 层的时均速度为 $U+l\dfrac{\mathrm{d}U}{\mathrm{d}y}$. 在某一瞬时，$a$ 层的流体质点，由于偶然因素，在 $\mathrm{d}t$ 时间内，经微元面积 $\mathrm{d}A$ 以 v' 的脉动速度沿 y 轴流入 b 层，其质量为

$$\Delta m = \rho v' \mathrm{d}A \mathrm{d}t.$$

这部分流体质量到达 b 层以后，立刻与 b 层的流体混合在一起，从而具有 b 层的运动参数. 由于 a、b 两层流体质点在 x 方向的速度是不同的，所以 Δm 进入 b 层后将在 x 方向产生速度变化. 这个变化可看成为质点在 x 方向所产生的速度脉动 u'. 对于流体质量 Δm，它原来沿 y 方向脉动，到达 b 层后，引起 b 层在 x 方向上的脉动，如此纵横交互影响，脉动不止，这就是湍流中脉动频繁、此起彼伏的原因.

新产生的脉动速度 u' 使得混合到 b 层的这部分流体在 x 方向上产生一个新的脉动性的动量变化 $\rho v' \mathrm{d}A \mathrm{d}t u'$. 按照动量定理，这个动量的变化率为进入 b 层的流体 Δm 受到的脉动切向力，由作用力与反作用力原理可知，Δm 对 b 层流体的脉动切向力 F' 为

$$F' = -\rho v' \mathrm{d}A u',$$

F'被 dA 除则得 a、b 两层流体之间的脉动切应力

$$\tau'_t = -\rho u'v'. \tag{6-36}$$

该应力是纯粹由于脉动原因而引起的附加切应力，也称为雷诺切应力，它的时均值为

$$\tau_t = -\rho \overline{u'v'}. \tag{6-37}$$

当 $v'>0$ 时，微团由 a 层向 b 层脉动，由于 a 层速度小于 b 层，流体进入 b 层后必然使 b 层流体的速度降低，因此 b 层的 $u'<0$；当 $v'<0$ 时，微团由 b 层向 a 层脉动，这样势必引起 a 层速度增大，因而 a 层 $u'>0$，因此 u'与 v'符号相反，因而 $u'v'<0$，则

$$\tau'_t = -\rho u'v' > 0.$$

所以，雷诺切应力永远大于零.

因此，在湍流运动中除了平均运动的粘性切应力以外，还多了一项由于脉动所引起的附加切应力，这样总的切应力为

$$\tau = \mu \frac{\mathrm{d}U}{\mathrm{d}y} - \rho \overline{u'v'}. \tag{6-38}$$

流体粘性切应力与附加切应力的产生有着本质的区别，前者是由流体分子无规则运动碰撞造成的，而后者是流体质点脉动的结果.

3. 普朗特混合长理论

普朗特混合长理论的基本思想是把湍流脉动与气体分子运动相比拟.在定常层流直线运动中，由分子动量交换而引起的粘性切应力为 $\mu \frac{\mathrm{d}u}{\mathrm{d}y}$，与此对应，在湍流的平均流为直线时，认为脉动引起的附加切应力 τ_t 也可表示成相同的形式，即

$$\tau_t = \mu_t \frac{\mathrm{d}U}{\mathrm{d}y}. \tag{6-39}$$

混合长理论在于建立湍流运动中附加切应力 τ_t与时均流速 U 之间的关系.

在湍流运动中，普朗特引进了一个与分子平均自由程相当的长度 l，并假设在 l 距离内流体质点不与其他质点相碰撞，因而保持自己的动量不变，在走了 l 长距离后才和新位置的流体质点掺混，完成动量交换.

如图 6-8 所示的简单平行流动，设于$(y-l)$处具有速度$\left(U-l\frac{\mathrm{d}U}{\mathrm{d}y}\right)$的流体质点向上移动了 l 距离，若该流体质点保持 x 方向的动量分量，则当它到达 y 层时，此质点速度较周围流体的为小，其速度差为

$$\Delta U_1 = U(y) - U(y-l) = l\frac{\mathrm{d}U}{\mathrm{d}y}.$$

同样，自$(y+l)$处具有速度$\left(U+l\frac{\mathrm{d}U}{\mathrm{d}y}\right)$的流体质点向下移动到 y 层时，此质点较

周围流体有较高的速度，其速度差为

$$\Delta U_2 = U(y+l) - U(y) = l\,\frac{\mathrm{d}U}{\mathrm{d}y}.$$

普朗特混合长理论假定：在 y 层处，由于流体质点横向运动所引起的 x 方向湍流脉动速度 u' 的大小为

$$|u'| = \frac{1}{2}(|\Delta U_1| + |\Delta U_2|) = l\left|\frac{\mathrm{d}U}{\mathrm{d}y}\right|. \tag{6-40}$$

当流体质点从上层或下层进入所讨论的那一层时，它们以相对速度 u' 相互接近或离开，由流体连续性原理可知，它们空出来的空间位置必将由其相邻的流体质点来补充，于是引起流体的横向脉动 v'，两者相互关联，因此 u' 与 v' 的大小必为同一数量级，故

$$|u'| \sim |v'|,$$

$|v'|$ 可表示为

$$|v'| = c\,|u'|. \tag{6-41}$$

式中 c 为比例常数. 而横向脉动 v' 与纵向脉动 u' 的符号相反，即

$$\overline{u'v'} = -\overline{|u'||v'|}, \tag{6-42}$$

将式(6-40)、式(6-41)代入式(6-42)可得

$$\overline{u'v'} = -cl^2\left(\frac{\mathrm{d}U}{\mathrm{d}y}\right)^2,$$

若将上式中的常数 c 归并到前面引入的但尚未确定的距离 l 中去，则上式可写成

$$\overline{u'v'} = -l^2\left(\frac{\mathrm{d}U}{\mathrm{d}y}\right)^2, \tag{6-43}$$

将此式代入式(6-37)可得

$$\tau_t = \rho l^2\left(\frac{\mathrm{d}U}{\mathrm{d}y}\right)^2, \tag{6-44}$$

为标出 τ_t 的符号，式(6-44)常写成

$$\tau_t = \rho l^2\left|\frac{\mathrm{d}U}{\mathrm{d}y}\right|\frac{\mathrm{d}U}{\mathrm{d}y}. \tag{6-45}$$

通常称 l 为混合长度，一般来说混合长度 l 不是常数.

若将式(6-45)表示成式(6-39)的形式，则

$$\mu_t = \rho l^2\left|\frac{\mathrm{d}U}{\mathrm{d}y}\right|, \tag{6-46}$$

式中 μ_t 称作湍流运动的粘性系数.

4. 湍流速度结构、水力光滑管与水力粗糙管

当流体在管中作湍流运动时，速度分布不同于层流. 这是因为湍流运动中流

体质点的横向脉动使速度分布趋于均匀. 显然，雷诺数越大，流体质点相互混杂越剧烈，其速度分布区域越均匀. 图 6-9 为实验给出的圆管湍流过流断面上的速度分布.

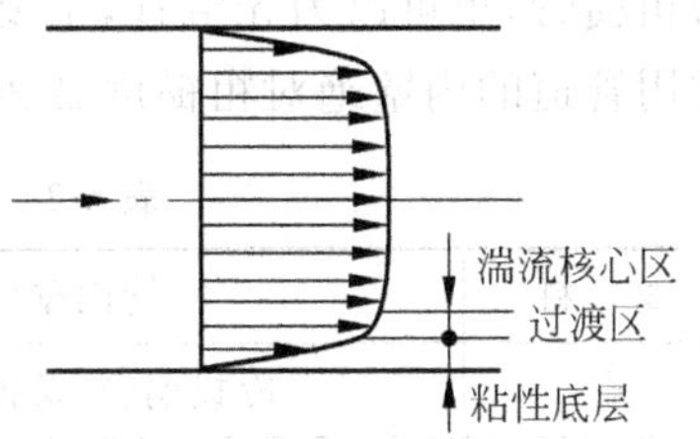

图 6-9 湍流的速度结构

由图 6-9 可见，湍流过流断面上的速度分布大致可分为三个区域. 在靠近管壁处的一薄层流体中，由于受管壁的牵制，流体质点的横向脉动受到限制，流体的粘性起主导作用，流动呈层流状态. 在这一薄层流体内，流体沿径向存在较大的速度梯度，在管壁处速度为零. 这一层流体称为粘性底层，或近壁层流层. 由于湍流脉动的结果，在离边壁不远处到中心的大部分区域流速分布比较均匀，这部分流体处于湍流运动状态，称为湍流核心区. 在粘性底层与湍流核心区之间存在着范围很小的过渡区域. 由于过渡区域很小且很复杂，一般将其并入湍流核心区来处理.

粘性底层的厚度 δ 并不是固定的，它与雷诺数 Re 成反比、与反映壁面凹凸不平及摩擦力大小的管道摩擦因子 λ 有关，通过理论和实验计算，得到一个近似的公式

$$\delta \approx 30 \frac{d}{Re\sqrt{\lambda}}, \tag{6-47}$$

式中 d 是管道厚度，粘性底层很薄，通常大约只有几分之一毫米，但是它在湍流中的作用却是不可忽视的.

由于材料、加工方法以及使用条件等因素的影响，管壁表面不会绝对平整光滑，都会出现各种不同程度的凹凸不平，凹凸不平的平均尺寸 Δ 称为管壁的绝对粗糙度，如图 6-10 所示. Δ 与管径 d 的比值 Δ/d 称为相对粗糙度.

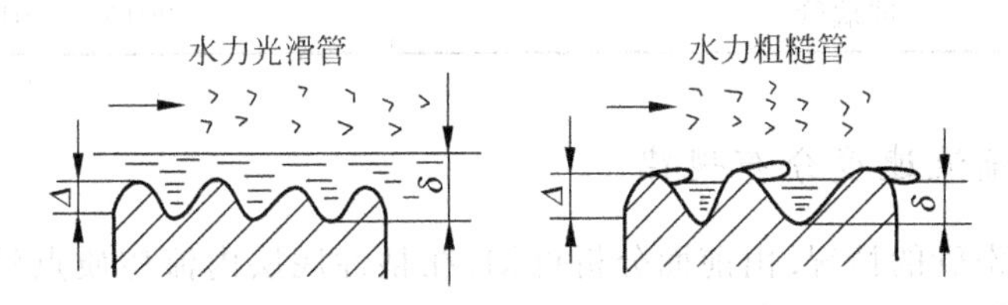

图 6-10 水力光滑管与水力粗糙管

当 $\delta>\Delta$ 时，管壁的凹凸不平部分完全淹没在粘性底层中，此时粗糙度对湍流核心几乎没有影响，流体好似在完全光滑的管中流动，这种情况的管内湍流称为水力光滑管.

当 $\delta<\Delta$ 时，管壁的凹凸不平部分暴露在粘性底层之外，粘性底层被破坏，湍流核心的流体冲击在凸起部分，将会产生旋涡，加剧湍动程度，增大能量损失. 粗糙度的大小对湍流产生直接影响，这种情况的管内湍流称为水力粗糙管.

必须指出，这里所谓的光滑管和粗糙管只决定于流体的运动情况，同一管道可以为粗糙管，也可以为光滑管，主要决定于粘性底层的厚度，或者说决定于雷诺数 Re. 常用管道的内壁绝对粗糙度 Δ 列于表 6-2.

表 6-2 常用管道的内壁绝对粗糙度 Δ

材 料	管内壁状态	绝对粗糙度 Δ(mm)
铜	冷拔铜管、黄铜管	0.0015～0.01
铝	冷拔铝管、铝合金管	0.0015～0.06
钢	冷拔无缝钢管	0.01～0.03
	热拉无缝钢管	0.05～0.1
	轧制无缝钢管	0.05～0.1
	镀锌钢管	0.12～0.15
	涂沥青的钢管	0.03～0.05
	波纹管	0.75～7.5
	旧钢管	0.1～0.5
铸铁	铸铁管	新：0.25；旧：1.0
塑料	光滑塑料管	0.0015～0.01
	d=100mm 的波纹管	5～8
	$d\geqslant$200mm 的波纹管	15～30
橡胶	光滑橡胶管	0.006～0.07
	含有加强钢丝的胶管	0.3～4
玻璃	玻璃管	0.0015～0.01

5. 圆管湍流速度分布规律

首先看光滑管的情况. 由前面分析可知，在粘性底层内流体质点没有混杂，故切应力主要为粘性切应力 τ_v，附加切应力 τ_t 近似为零. 由于粘性底层内速度梯度可认为是常数，则层内切应力 $\tau=\tau_v=$常数，也就是壁面处的切应力 τ_w，由此得，当 $y\leqslant\delta$ 时

$$\tau=\tau_w=\mu\frac{\mathrm{d}U}{\mathrm{d}y}=\mu\frac{U}{y}.$$

设 $\sqrt{\frac{\tau_w}{\rho}}=v^*$，它具有速度的量纲，称为壁摩擦速度，则

$$\frac{U}{v^*}=\frac{\rho v^* y}{\mu}. \tag{6-48}$$

在粘性底层外，$y \geqslant \delta$，湍动剧烈，粘性影响可以忽略，则

$$\tau \approx \tau_t = \rho l^2 \left(\frac{\mathrm{d}U}{\mathrm{d}y}\right)^2.$$

混合长 l 表征了流体质点横向脉动的路程. 在近壁处，质点受边壁的制约影响，其脉动的余地较小，随着离开壁面距离的增大，质点的湍动自由度增大. 因此，普朗特假设在近壁处混合长 l 与离壁面的距离 y 成正比，即 $l=ky$，其中 k 为常数. 根据尼古拉兹(Nikuradse)的实验证明，这个规律可以扩展到整个湍流区域. 此外还假设在整个湍流区内切应力也为常数 τ_w，则

$$\tau_w = \rho k^2 y^2 \left(\frac{\mathrm{d}U}{\mathrm{d}y}\right)^2$$

或

$$\frac{\mathrm{d}U}{v^*} = \frac{1}{k}\frac{\mathrm{d}y}{y},$$

上式积分得

$$\frac{U}{v^*} = \frac{1}{k}\ln y + C, \tag{6-49}$$

积分常数由边界条件确定，当 $y=\delta$ 时，$U=U_\delta$，在湍流核心与粘性底层的交界处，流体运动速度应同时满足式(6-49)和式(6-48)，即

$$\frac{U_\delta}{v^*} = \frac{1}{k}\ln\delta + C,$$

$$\frac{U_\delta}{v^*} = \frac{\rho\, v^*\, \delta}{\mu},$$

由上两式可解得 C 表达式为

$$C = \frac{\rho\, v^*\, \delta}{\mu} - \frac{1}{k}\ln\delta, \tag{6-50}$$

将式(6-50)代入式(6-49)中，可得

$$\frac{U}{v^*} = \frac{1}{k}\ln y + \frac{\rho\, v^*\, \delta}{\mu} - \frac{1}{k}\ln\delta.$$

对上式进行变形改写为

$$\frac{U}{v^*} = \frac{1}{k}\ln\frac{\rho\, v^*\, y}{\mu} + \frac{\rho\, v^*\, \delta}{\mu} - \frac{1}{k}\ln\frac{\rho\, v^*\, \delta}{\mu},$$

其中$\frac{\rho v^*\delta}{\mu}$为雷诺数的形式，设 $Re_\delta = \frac{\rho v^*\delta}{\mu}$，上式变为

$$\frac{U}{v^*} = \frac{1}{k}\ln\frac{\rho\, v^*\, y}{\mu} + Re_\delta - \frac{1}{k}\ln Re_\delta,$$

设 $Re_\delta - \frac{1}{k}\ln Re_\delta = A$，则上式可写成

$$\frac{U}{v^*}=\frac{1}{k}\ln\frac{\rho v^* y}{\mu}+A. \tag{6-51}$$

式(6-51)即可作为光滑管中湍流速度分布的近似公式. 尼古拉兹由水力光滑管实验得出

$$k=0.4,\quad A=5.5,$$

代入式(6-51)可得

$$\frac{U}{v^*}=2.5\ln\frac{\rho v^* y}{\mu}+5.5. \tag{6-52}$$

当 $y=r_0$(圆管的内半径)时,由式(6-52)可得管轴处的最大流速为

$$\frac{U_{\max}}{v^*}=2.5\ln\frac{\rho v^* r_0}{\mu}+5.5, \tag{6-53}$$

平均速度 U_{av} 为

$$U_{av}=\frac{1}{\pi r_0^2}\int_0^{r_0}U2\pi r\mathrm{d}r=\frac{1}{\pi r_0^2}\int_0^{r_0}U2\pi(r_0-y)\mathrm{d}y,$$

将式(6-52)代入上式可得

$$\frac{U_{av}}{v^*}=2.5\ln\frac{\rho v^* r_0}{\mu}+1.75, \tag{6-54}$$

由式(6-52)及式(6-54)可得 U 与 U_{av} 的关系式为

$$\frac{U}{v^*}=\frac{U_{av}}{v^*}+2.5\ln\frac{y}{r_0}+3.75, \tag{6-55}$$

由式(6-53)与式(6-54)可得 $U_{\max}$ 与 U_{av} 的关系式为

$$U_{av}=U_{\max}-3.75v^*. \tag{6-56}$$

速度分布公式还可以用另一种近似的形式表示

$$\frac{U}{U_{\max}}=\left(\frac{y}{r_0}\right)^n, \tag{6-57}$$

式中指数 n 随雷诺数 Re 变化,在 $Re\approx10^5$ 时,$n=1/7$,这就是常用的由布拉修斯(Blasius)导出的1/7次方规律.

上面讨论的是光滑管的情况,对于粗糙管,因为粗糙度并不影响混合长理论的使用,所以式(6-49)所表示的对数形式的速度剖面仍然有效. 为了考虑粗糙度 Δ,将式(6-49)改写为

$$\frac{U}{v^*}=\frac{1}{k}\ln\frac{y}{\Delta}+B. \tag{6-58}$$

尼古拉兹由水力粗糙管实验得出

$$k=0.4,\quad B=8.5,$$

代入式(6-58)可得

$$\frac{U}{v^*}=2.5\ln\frac{y}{\Delta}+8.5. \tag{6-59}$$

与湍流光滑管中求最大流速和平均流速同样的方法，可得湍流粗糙管的最大流速和平均流速分别为

$$\frac{U_{\max}}{v^*} = 2.5\ln\frac{r_0}{\Delta} + 8.5, \tag{6-60}$$

$$\frac{U_{\mathrm{av}}}{v^*} = 2.5\ln\frac{r_0}{\Delta} + 4.75, \tag{6-61}$$

由式(6-59)及式(6-61)可得 U 与 U_{av} 的关系式为

$$\frac{U}{v^*} = \frac{U_{\mathrm{av}}}{v^*} + 2.5\ln\frac{y}{r_0} + 3.75, \tag{6-62}$$

由式(6-60)与式(6-61)可得 $U_{\max}$ 与 U_{av} 的关系式为

$$U_{\mathrm{av}} = U_{\max} - 3.75v^*. \tag{6-63}$$

比较式(6-55)与式(6-62)可以发现，在平均流速相同的条件下，水力光滑管湍流核心区与水力粗糙管湍流核心区的速度分布完全相同. 这个公式的优点在于不必要知道管壁的粗糙度，而只需知道管流的平均速度即可. 一般来说平均速度易于确定，故式(6-55)或式(6-62)对于实际应用更为方便.

需要指出的是，上面介绍的速度分布公式都属于半经验或经验公式，虽然它们与实际很接近，但都有一定的缺陷. 因为管道轴心处$\frac{\mathrm{d}U}{\mathrm{d}y}$应为零，但式(3-52)、式(3-57)以及式(3-59)都不能给出零值.

6.4 管流的沿程压力损失和局部阻力损失

在管道内，粘性流体运动时的能量损失 h_f 是由流体在等截面直管内的摩擦阻力所引起的沿程压力损失 h_l 和由于流道形状改变、流速受到扰动、流动方向变化等引起的局部阻力损失 h_m 组合而成. 通常认为每种损失都能充分地显示出来，而且独立地不受其他损失的影响，因此压力损失或由阻力引起的能量损失可以叠加. 所以管道中的总能量损失 h_f 可以看作各个不同阻力单独作用所引起的能量损失之和，即

$$h_f = \sum h_l + \sum h_m.$$

下面分别讨论这两种损失的计算.

6.4.1 沿程压力损失

由量纲分析可以得出流体在水平管道流动中的沿程水头损失 h_l 与管长 l、管径 d、平均流速 U 的关系式为

$$h_l = \frac{\Delta p}{\rho g} = \lambda \frac{l}{d} \frac{U^2}{2g}, \tag{6-64}$$

其中 λ 为沿程阻力系数，它是雷诺数 Re 与管道相对粗糙度 Δ/d 的函数，即

$$\lambda = f(Re, \Delta/d),$$

管道中沿程压力损失的计算主要是阻力系数 λ 的确定.

1. 沿程阻力系数的确定

如图 6-11 所示，在水平直管中取长为 l 段的流体，设其直径为 d，管壁处切应力为 τ_w，两端截面上的压强分别为 p_1，p_2，由力的平衡可得

$$(p_1 - p_2)\frac{\pi d^2}{4} = \tau_w l \pi d$$

或

$$\tau_w = \frac{(p_1 - p_2)d}{4l} = \frac{\Delta p d}{4l},$$

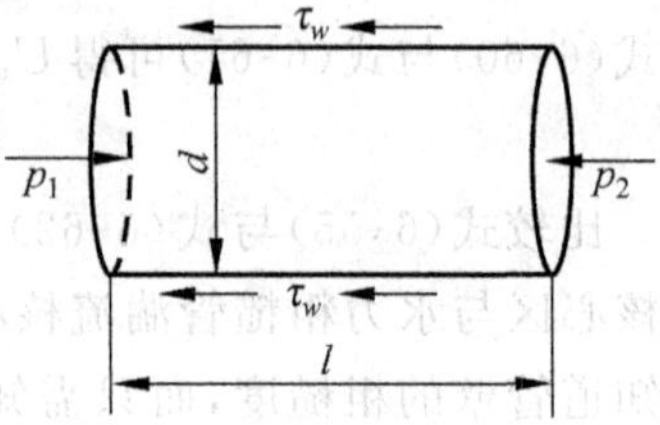

图 6-11　水平直管

上式与式(6-64)联立可得

$$\lambda = \frac{8\tau_w}{\rho U^2} = 8\left(\frac{v^*}{U}\right)^2, \tag{6-65}$$

由此可见，只要已知平均速度就可求出阻力系数.

对于层流，已经在 6.3 节中得到沿程阻力系数的理论解为

$$\lambda = \frac{64}{Re},$$

阻力系数与管壁粗糙度无关，只与雷诺数 Re 有关.

对于湍流光滑管，将湍流光滑管平均速度分布式(6-54)代入式(6-65)中可得

$$\lambda = \frac{8\tau_w}{\rho U^2} = \frac{8}{\left(2.5\ln\frac{\rho v^* r_0}{\mu} + 1.75\right)^2}, \tag{6-66}$$

式中的 $\frac{\rho v^* r_0}{\mu}$ 可利用式(6-65)改写为

$$\frac{\rho v^* r_0}{\mu} = \frac{2\rho U r_0}{\mu}\frac{v^*}{2U} = Re\frac{\sqrt{\lambda}}{4\sqrt{2}},$$

于是式(6-66)可写成

$$\lambda = \frac{8}{\left(2.5\ln\frac{Re\sqrt{\lambda}}{4\sqrt{2}} + 1.75\right)^2} = \frac{1}{\left[2.035\lg(Re\sqrt{\lambda}) - 0.91\right]^2}$$

或

$$\frac{1}{\sqrt{\lambda}} = 2.035\lg(Re\sqrt{\lambda}) - 0.91, \tag{6-67}$$

式中各项系数由实验加以修正，最后得

$$\frac{1}{\sqrt{\lambda}} = 2.0\lg(Re\sqrt{\lambda}) - 0.8. \tag{6-68}$$

此式通常称作光滑管完全发展湍流的卡门-普朗特阻力系数公式.

利用布拉修斯 1/7 次方速度分布，可以导出形式更为简单的阻力系数公式

$$\lambda = \frac{0.3164}{Re^{1/4}}. \tag{6-69}$$

当流动处于完全发展的湍流粗糙管时，将管中的平均速度分布式(6-61)代入式(6-65)可得

$$\lambda = \frac{8}{\left(2.5\ln\dfrac{r_0}{\Delta} + 4.75\right)^2}$$

或

$$\frac{1}{\sqrt{\lambda}} = 2.03\ln\frac{d}{2\Delta} + 1.68. \tag{6-70}$$

对式(6-70)用实验加以修正，得到近似公式为

$$\frac{1}{\sqrt{\lambda}} = 2.0\lg\frac{d}{2\Delta} + 1.74. \tag{6-71}$$

以上讨论都未考虑进口起始段效应，只针对充分发展的流动. 对于层流和湍流光滑管的情况，阻力系数 λ 仅为雷诺数 Re 的函数. 对于粗糙管，阻力系数 λ 仅是相对粗糙度 Δ/d 的函数. 而对于介于光滑管与粗糙管的过渡区，阻力系数 λ 与雷诺数 Re、相对粗糙度 Δ/d 都有关，此时可采用柯罗布鲁克(Colebrook)公式

$$\frac{1}{\sqrt{\lambda}} = -2.0\lg\left(\frac{\Delta}{3.7d} + \frac{2.51}{Re\sqrt{\lambda}}\right). \tag{6-72}$$

2. 尼古拉兹实验、莫迪图

由前面的讨论已知，不论管道流动是层流还是湍流，它们的沿程压力损失均按式(6-64)进行计算，关键问题在于它们的沿程阻力系数 λ 如何确定. 对于层流，λ 值可由理论方法来确定. 对于湍流，则是在实验的基础上提出某些假设，导出速度分布和沿程损失的理论公式，再根据实验进行修正而得出半经验公式.

1933 年发表的尼古拉兹实验对不同管径、不同流量的管中沿程阻力作了全面的实验研究. 尼古拉兹把不同粒径的均匀砂粒分别粘贴到管道内壁上，构成人工均匀粗糙管，在不同粗糙度下进行一系列实验，得出 λ 与 Re 之间的关系曲线，结果如图6-12所示. 这些曲线大致可以划分为五个区域.

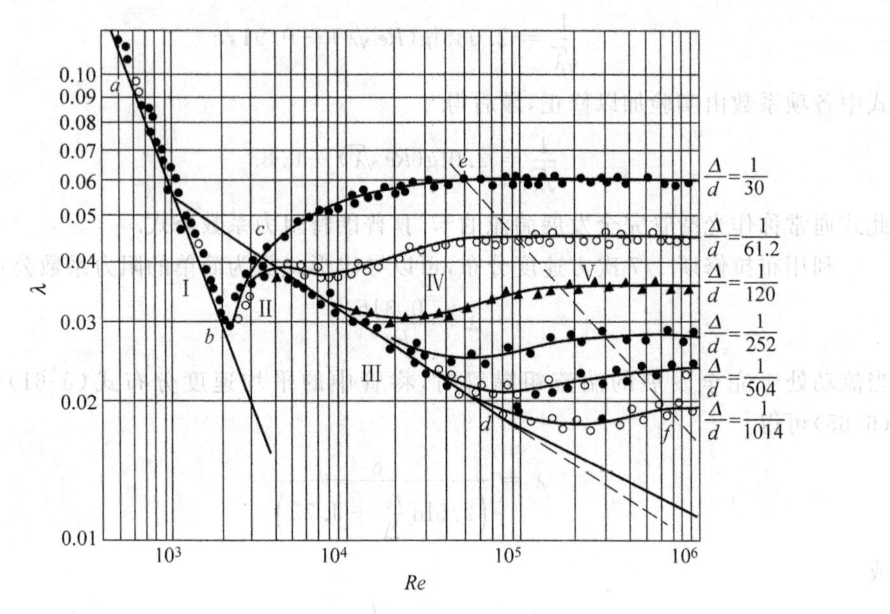

图 6-12　尼古拉兹实验曲线

(1) 层流区(Ⅰ)：在层流区，不论相对粗糙度为多少，实验点均落在同一直线Ⅰ上，λ 只与 Re 有关. 此直线的方程正是 $\lambda=\dfrac{64}{Re}$，这与圆管层流的理论公式相同. 此区的有效区域大致在 $Re\leqslant 2320$ 的范围内.

(2) 过渡区(Ⅱ)：这个区域是层流到湍流的过渡区，在此区各实验点分散落在曲线Ⅱ附近. 此区不稳定，范围小，大致在 $2320<Re<4000$ 范围内.

(3) 湍流光滑管区(Ⅲ)：在此区各种相对粗糙度管道的实验点又都落在同一条直线Ⅲ上，λ 只与 Re 有关，与 Δ/d 无关. 但是随 Δ/d 比值不同，各种管道离开此区的实验点位置不同. Δ/d 越大，离开此区越早. 可见湍流光滑管区的雷诺数上限应与 Δ/d 有关，而不是一个不变的常数. 根据尼古拉兹实验，此区的有效范围是 $4000<Re<26.98(d/\Delta)^{8/7}$.

卡门-普朗特公式(6-68)是适用于全部湍流光滑管区的阻力系数计算的半经验计算公式. 该公式结构复杂，计算不方便，一般需要试算法才能求出 λ 值. 尼古拉兹指出在 $4000<Re<10^5$ 范围内，布拉修斯公式(6-69)比较准确. 当式(6-69)代入式(6-64)计算沿程压力损失时，易证明 h_f 与 $U^{1.75}$ 成正比，故湍流光滑管区又称 1.75 次方阻力区.

在 $10^5<Re<10^6$ 范围内，尼古拉兹的 λ 计算公式为

$$\lambda=0.0032+\frac{0.221}{Re^{0.237}}. \tag{6-73}$$

(4) 光滑管至粗糙管过渡区(Ⅳ):随着雷诺数 Re 的增大,粘性底层变薄,水力光滑管逐渐过渡到水力粗糙管,因而实验点逐渐脱离直线Ⅲ. 不同 Δ/d 的实验点从Ⅲ线不同位置离开,λ 与 Re 和 Δ/d 均有关. 它们大致发生在 $26.98(d/\Delta)^{8/7}<Re<4160(d/2\Delta)^{0.85}$. 在此区域中,流体的粘性与粗糙度的作用具有同等重要的地位. 过渡区的柯罗布鲁克公式(6-72)不仅适用于过渡区,也适用于 Re 数从 4000 到 10^6 的整个过渡区. 式(6-72)的简化形式为

$$\lambda = 0.11\left(\frac{\Delta}{d}+\frac{68}{Re}\right)^{0.25}. \tag{6-74}$$

(5) 湍流粗糙管区或阻力平方区(Ⅴ):当雷诺数 Re 增大到一定程度,流动将处于完全水力粗糙状态. 这一区中每种 Δ/d 的实验点都整齐地分布在水平直线上,λ 与 Re 数无关,因此沿程压力损失与速度的平方成正比,故此区也称为阻力平方区. 此区雷诺数的实际有效范围为 $Re>4160\left(\frac{d}{2\Delta}\right)^{0.85}$. 由式(6-71)可得 λ 的计算公式为

$$\lambda = \frac{1}{\left(2.0\lg\frac{d}{2\Delta}+1.74\right)^2}. \tag{6-75}$$

上述尼古拉兹实验采用的是人工粗糙管,而工程中实际使用的工业管道的壁面粗糙度不可能这么均匀. 一般工业管道的粗糙度难于直接测定,而是由实验测出沿程压力损失 h_l 和平均速度 U 后,在已知管长 l 和直径 d 的条件下,由公式

$$\lambda = \frac{h_l}{\left(\frac{l}{d}\frac{U^2}{2g}\right)},$$

确定出 λ 值,再由尼古拉兹粗糙管公式(6-75),反算出一个粗糙度 Δ 值,作为工业管道内表面的粗糙度,并称它为当量粗糙度.

为便于工程应用,莫迪(Moody)把管内流动的实验数据整理成图 6-13. 该图以 Δ/d 为参变数,以 λ 和 Re 分别为纵横坐标,称为莫迪图. 比较图 6-12 和图 6-13 可以看出,两者在 Ⅰ、Ⅲ、Ⅴ 区的变化规律完全相同,所不同的只是在两个过渡区Ⅱ、Ⅳ上,这是由于工业用管的粗糙程度不均匀所造成的.

6.4.2 局部阻力损失

前面已经讨论了等截面直管的阻力和能量损失,但输送流体的管道不是只由等截面直管所组成,为了通向一定的地方以及控制流量的大小和流动方向,管路上要装置很多弯头、三通、阀门等附件和控制件. 流体在这些附件和控制件内或者被迫改变流速大小、或者被迫改变流动方向,或两者兼而有之,从而干扰了流体的正常运动,产生了撞击、分离脱流、旋涡等现象,带来了附加阻力,增加了能量损失,这部分损失通

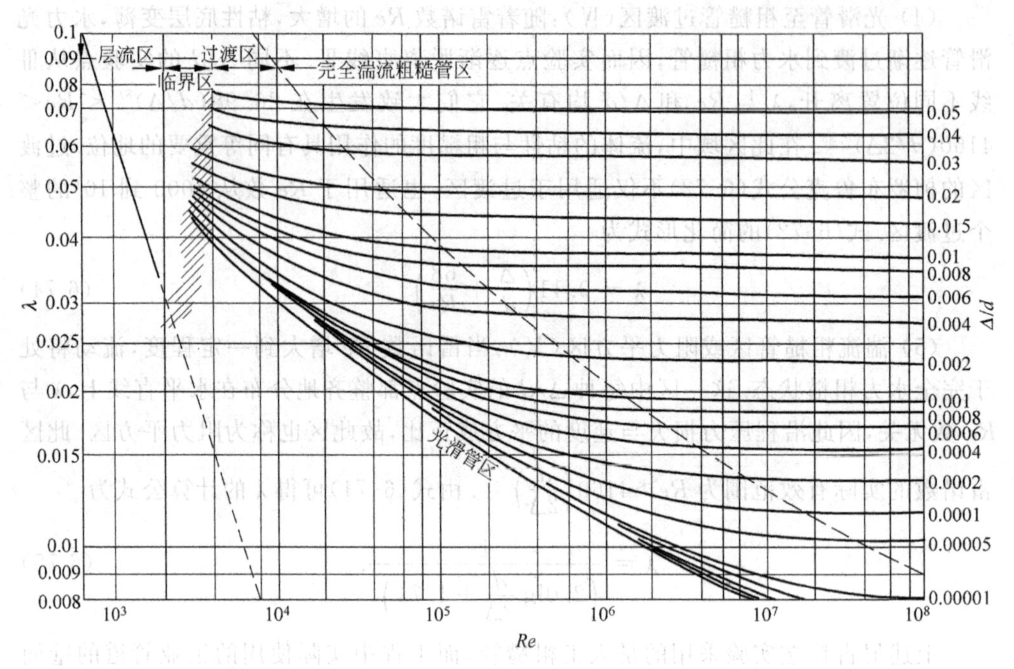

图 6-13　莫迪图

常称作局部阻力损失．由于这些部件中流体的运动比较复杂，影响因素较多，除少数几种能在理论上作一定的分析外，一般都依靠实验确定．通常将局部阻力损失表示为

$$h_m = \zeta \frac{U^2}{2g}, \tag{6-76}$$

式中 ζ 为局部阻力系数，U 为流动的平均速度．

流体在管道附件和控制件中受到的干扰基本上可分为两类，一类是截面积变化包括截面收缩和扩大等；另一类是流动方向变化如弯头．局部阻力处的流动现象比较复杂，下面将分别给出常用部件的局部阻力系数实验资料，供计算参考．

1．扩大时的阻力损失

(1) 突然扩大管

设管道截面积由 A_1 突扩成 A_2，1-1 截面和 2-2 截面的平均流速分别为 U_1 和 U_2（图 6-14），则局部阻力损失 h_m 为

$$h_m = \frac{(U_1 - U_2)^2}{2g} = \zeta_1 \frac{U_1^2}{2g} = \zeta_2 \frac{U_2^2}{2g}, \tag{6-77}$$

其中

$$\left.\begin{aligned}\zeta_1 &= \left(1-\frac{A_1}{A_2}\right)^2\\ \zeta_2 &= \left(\frac{A_2}{A_1}-1\right)^2,\end{aligned}\right\} \tag{6-78}$$

当 $A_2 \gg A_1$，如液流由管道流入油箱的情况，则有 $\zeta_1=1$.

(2) 渐扩管

渐扩管的阻力损失计算式在式(6-77)基础上，用系数 k 来修正，即

$$h_m = k\,\frac{(U_1-U_2)^2}{2g}. \tag{6-79}$$

系数 k 与扩散角有关，其值由图 6-15 所示的吉布森(Gibson)提供的试验数据确定. 由图可见，圆管的扩散角 $\theta \approx 5°\sim7°$ 时阻力最小，k 值约为 0.135，当 $\theta \approx 55°\sim 80°$ 时阻力最大.

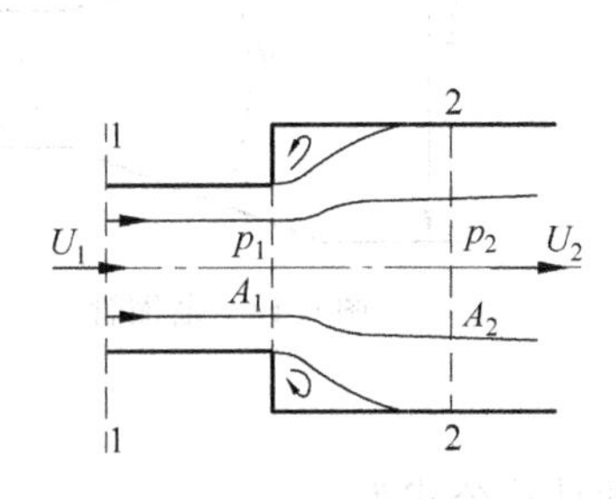

图 6-14 突然扩大管

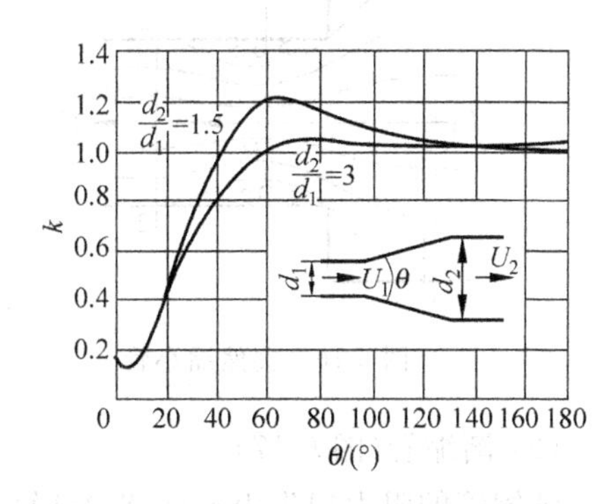

图 6-15 渐扩管修正系数 k

2. 截面缩小时的阻力损失

(1) 突然缩小管(图 6-16)

突然缩小管的阻力损失计算公式为

$$h_m = \zeta\frac{U_2^2}{2g}, \tag{6-80}$$

其中

$$\zeta = 1+\frac{1}{C_v^2C_c^2}-\frac{2}{C_c}, \tag{6-81}$$

式中 C_c 为收缩系数，即缩流截面积 A_c 与管道截面积 A_2 之比. C_v 为流速系数，即缩流截面上实际的平均流速 U_c 与理想的平均流速 U_0 之比.

韦斯巴赫(Weisbach)由实验求得的系数 C_c、C_v 及 ζ 如表 6-3 所示.

表 6-3 截面突然收缩流道的 C_c、C_v 及 ζ 值

A_2/A_1	0.01	0.10	0.20	0.30	0.40	0.50	0.60	0.70	0.80	0.90	1.00
C_c	0.618	0.624	0.632	0.643	0.659	0.681	0.712	0.755	0.813	0.892	1.00
C_v	0.98	0.982	0.984	0.986	0.988	0.990	0.992	0.994	0.996	0.998	1.00
ζ	0.49	0.458	0.421	0.377	0.324	0.264	0.195	0.126	0.065	0.02	0

由表中数据可见，当 $A_2/A_1=0.01$ 时 $\zeta=0.49$，所以流体从大容器流入锐缘进口的管道时的进口局部损失系数为 0.5. 如果进口处呈光滑圆角，则 $C_c=1$，$\zeta=0.04\sim0.06$，局部损失系数可以忽略不计.

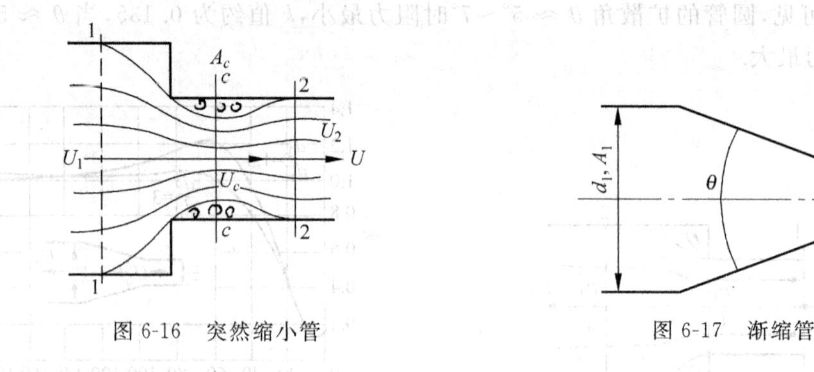

图 6-16 突然缩小管

图 6-17 渐缩管

(2) 渐缩管(图 6-17)

渐缩管的阻力损失由式(6-80)计算，其中 ζ 的计算公式为

当 $\theta<30°$ 时

$$\zeta=\frac{\lambda}{8\sin(\theta/2)}\left[1-\left(\frac{A_2}{A_1}\right)^2\right]. \tag{6-82}$$

当 $\theta=30°\sim90°$ 时

$$\zeta=\frac{\lambda}{8\sin(\theta/2)}\left[1-\left(\frac{A_2}{A_1}\right)^2\right]+\frac{\theta}{1000}, \tag{6-83}$$

式中 λ 为变径后的沿程阻力系数.

当 θ 角较小且过渡段圆滑时，$\zeta=0.05\sim0.005$. 渐缩管的阻力损失系数也可由图 6-18 查得.

3. 弯管的阻力损失

弯管外缘与内缘的压差，使中心部分的流体向弯管外侧移动，而外围处的流体则流入内侧，产生双涡旋形式的二次流动. 如弯度较大，流体会从管壁剥离，从而产生涡旋，增大阻力损失. 弯管的流动现象十分复杂，只能用实验方法求得阻力系数.

(1) 圆滑弯管(图 6 19)

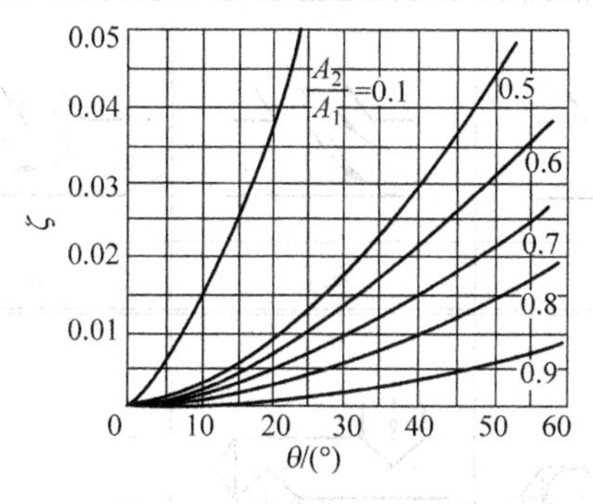

图 6-18 渐缩管阻力系数

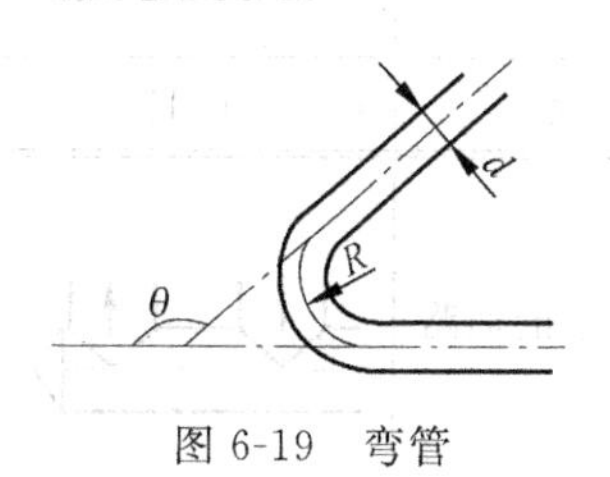

图 6-19 弯管

弯管的局部阻力损失系数 ζ 可由下述经验公式计算:

$$\zeta=\left[0.131+0.163\left(\frac{d}{R}\right)^{3.5}\right]\frac{\theta}{90^{\circ}},\tag{6-84}$$

式中 θ 为弯管的方向变化角,d 为弯管直径,R 为弯管轴心线的曲率半径.

当 $\theta=90^{\circ}$时,ζ 值由表 6-4 给出.

表 6-4 90°弯管的局部阻力系数

d/R	0.2	0.4	0.5	0.6	0.7	0.8	0.9	1.0	1.2	1.4	1.6	1.8	2
ζ	0.13	0.14	0.15	0.16	0.18	0.21	0.24	0.29	0.44	0.66	0.98	1.41	1.98

(2) 折角弯管(图 6-20)

折管的局部阻力系数 ζ 取决于折角 θ 大小,其经验公式为

$$\zeta=0.946\sin^{2}\left(\frac{\theta}{2}\right)+2.05\sin^{4}\left(\frac{\theta}{2}\right).\tag{6-85}$$

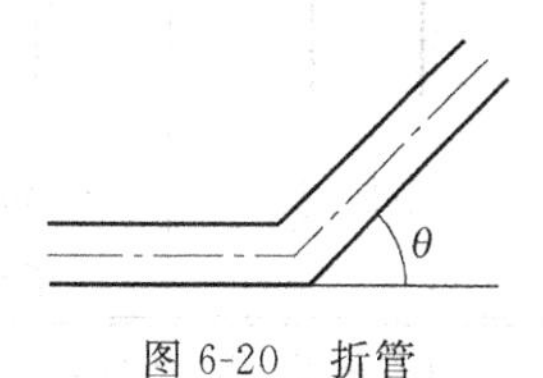

图 6-20 折管

4. 其他各种损失

(1) 液流流经管道分支处的局部阻力损失系数

在水管、油管上的分支处可能有各种方式的流动,其局部阻力系数列于表 6-5 中.

表 6-5 管道分支处的局部阻力系数

90°三通	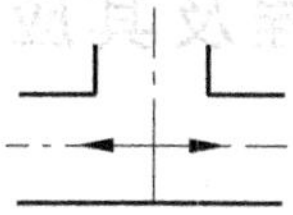	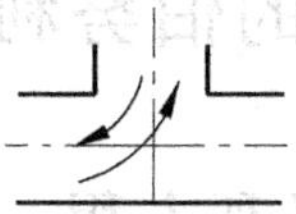	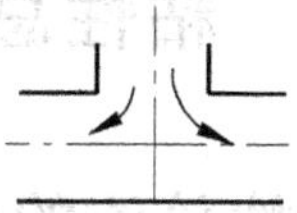	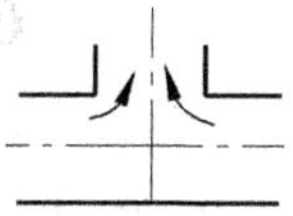
ζ	0.1	1.3	1.3	3

续表

45°三通				
ζ	0.15	0.05	0.5	3
阀体上的油路				
ζ	1.5	1.8	2.3	

(2) 液压器件

液压器件上的局部阻力系数可参阅表 6-6,其中各种阀口的阻力系数因开口量的不同而有较大的变动幅度,开口量较大时取小值,开口量较小时取大值.

表 6-6 液压器件上的局部阻力系数

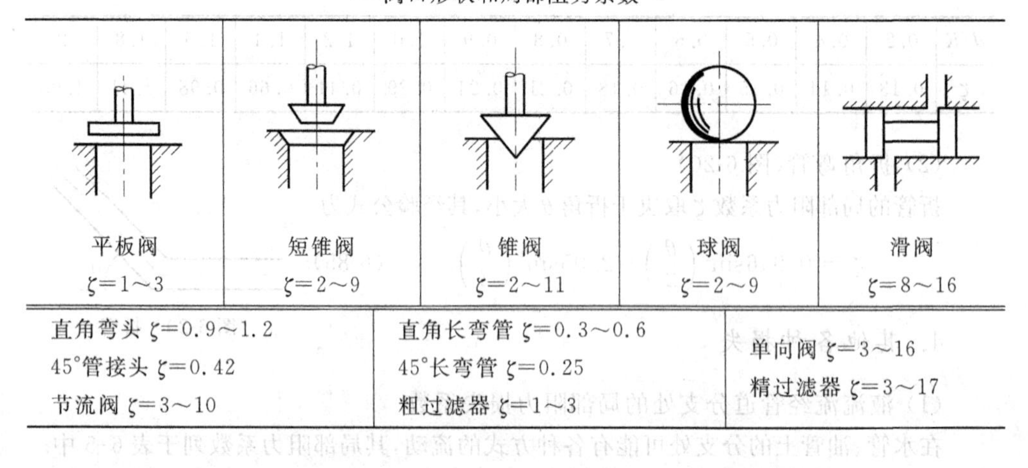

阀口形状和局部阻力系数				
平板阀 $\zeta=1\sim3$	短锥阀 $\zeta=2\sim9$	锥阀 $\zeta=2\sim11$	球阀 $\zeta=2\sim9$	滑阀 $\zeta=8\sim16$
直角弯头 $\zeta=0.9\sim1.2$ 45°管接头 $\zeta=0.42$ 节流阀 $\zeta=3\sim10$	直角长弯管 $\zeta=0.3\sim0.6$ 45°长弯管 $\zeta=0.25$ 粗过滤器 $\zeta=1\sim3$	单向阀 $\zeta=3\sim16$ 精过滤器 $\zeta=3\sim17$		

6.5 粘性总流的伯努利方程及其应用

6.5.1 粘性总流的伯努利方程

在 4.2 节中已经求得无粘流体的伯努利方程(4-28),现将其推广至粘性流体.粘性流体在运动时需克服粘性摩擦力，使机械能转变成热能而引起能量的消耗. 根据能量守恒定律，对于重力作用下的不可压缩流体定常流，在运动过程中单位质量流体的位能、压能、动能及损失的能量之和，应该等于在运动开始时单位质量流体的位能、压能和动能之和，即

$$gz_1+\frac{p_1}{\rho}+\frac{V_1^2}{2}=gz_2+\frac{p_2}{\rho}+\frac{V_2^2}{2}+gh'_f, \tag{6-86}$$

式中 gh'_f 为单位质量流体的机械能损失，h'_f 即为能头损失，习惯上也常称为水头损失. 式(6-86)就是粘性流体沿流线的伯努利方程.

实际工程中遇到的往往是过流截面具有有限大小的流动，称它们为总流. 因此应将伯努利方程从沿流线推广到沿总流. 将式(6-86)乘以 $\rho\mathrm{d}Q$，然后对整个总流截面积分，这样就获得总流的能量关系式

$$\int_{A_1}\left(\frac{p_1}{\rho}+gz_1+\frac{V_1^2}{2}\right)\rho\mathrm{d}Q=\int_{A_2}\left(\frac{p_2}{\rho}+gz_2+\frac{V_2^2}{2}\right)\rho\mathrm{d}Q+\int_A g\,h'_f\rho\mathrm{d}Q. \tag{6-87}$$

下面对上式中各积分项进行讨论：

(1) $\int_A\left(\frac{p}{\rho}+gz\right)\rho\mathrm{d}Q$ 为单位时间内通过截面 A 的势能总和. 为了进行积分运算，假设两个过流截面上的流动为缓变流动. 缓变流动必须满足两个特征：一是流线之间的夹角很小，即流线几乎相互平行；二是流线的曲率半径很大，即流线几乎是直线，因此流体具有较小的惯性力，可以认为，质量力只有重力. 在缓变流动情况下，过流截面可以近似地认为是一个平面. 由于过流截面是与流线上的速度方向成正交的截面，故而在过流截面上没有任何速度分量. 如果令 x 轴与过流截面相垂直(图 6-21)，则

$$u\neq 0,\quad v=w\approx 0.$$

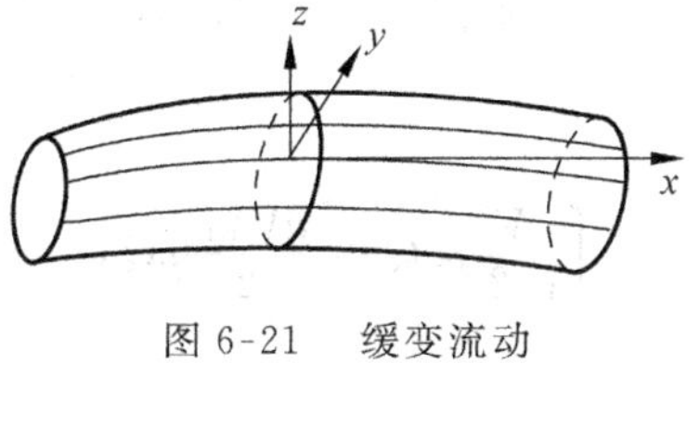

图 6-21 缓变流动

由 N-S 方程得

$$\begin{cases} f_x-\dfrac{1}{\rho}\dfrac{\partial p}{\partial x}+\nu\nabla^2 u=\dfrac{\mathrm{d}u}{\mathrm{d}t},\\ f_y-\dfrac{1}{\rho}\dfrac{\partial p}{\partial y}=0,\\ f_z-\dfrac{1}{\rho}\dfrac{\partial p}{\partial z}=0. \end{cases}$$

该方程的第2式及第3式与流体静力学的平衡方程相同，这说明在缓变流时，yz 截面上各点保持流体静力学的规律，即 $gz+\frac{p}{\rho}=C$，所以在缓变流动条件下积分式为

$$\int_A \left(\frac{p}{\rho}+gz\right)\rho \mathrm{d}Q=\left(\frac{p}{\rho}+gz\right)\rho\int_A \mathrm{d}Q=\left(\frac{p}{\rho}+gz\right)\rho Q. \tag{6-88}$$

(2) $\int_A \frac{V^2}{2}\rho \mathrm{d}Q$ 为单位时间内通过截面 A 的流体动能. 因为在截面上速度 V 是变量，如果用平均流速 $V_{平均}$ 来表示，则 $V=V_{平均}+\Delta v$. 因为流量 $Q=\int_A V\mathrm{d}A$，所以

$$\begin{aligned}Q&=\int_A V\mathrm{d}A=\int_A (V_{平均}+\Delta v)\mathrm{d}A\\&=V_{平均}A+\int_A \Delta v\mathrm{d}A=Q+\int_A \Delta v\mathrm{d}A.\end{aligned}$$

由此可知 $\int_A \Delta v\mathrm{d}A=0$，通过截面 A 的动能为

$$\begin{aligned}\int_A \frac{V^2}{2}\rho \mathrm{d}Q&=\frac{\rho}{2}\int_A V^3\mathrm{d}A=\frac{\rho}{2}\int_A (V_{平均}+\Delta v)^3\mathrm{d}A\\&=\frac{\rho}{2}\Big(\int_A V_{平均}^3\mathrm{d}A+3V_{平均}^2\int_A \Delta v\mathrm{d}A\\&\quad+3V_{平均}\int_A \Delta v^2\mathrm{d}A+\int_A \Delta v^3\mathrm{d}A\Big).\end{aligned}$$

因为截面上的 Δv 有正有负，故 $\int_A \Delta v^3\mathrm{d}A\approx 0$，由此可得

$$\begin{aligned}\int_A \frac{V^2}{2}\rho \mathrm{d}Q&=\frac{\rho}{2}\left(V_{平均}^3A+3V_{平均}\int_A \Delta v^2\mathrm{d}A\right)\\&=\frac{\rho}{2}\left[1+\frac{3V_{平均}\int_A \Delta v^2\mathrm{d}A}{V_{平均}^3A}\right]V_{平均}^2Q\end{aligned}$$

或

$$\int_A \frac{V^2}{2}\rho \mathrm{d}Q=\frac{aV_{平均}^2}{2}\rho Q, \tag{6-89}$$

式中 $a=1+\dfrac{3\int_A \Delta v^2\mathrm{d}A}{V_{平均}^2A}$.

系数 a 是截面上的实际动能与以平均流速计算的动能的比值，称为动能修正系数，它的值总是大于1，并与过流截面上的流速分布有关，流速分布越不均匀，a 值越大，流速分布较均匀时 a 接近于1. 对圆管层流 $a=2$，湍流 $a=1.01\sim1.15$，通常取 $a=1.03\sim1.06$.

(3) $\int_A gh_f'\rho \mathrm{d}Q$ 为单位时间内流体克服摩擦阻力作功而消耗的机械能. 该项不易

通过积分确定，可令

$$\int_A g h'_f \rho \mathrm{d}Q = g h_f \rho Q, \tag{6-90}$$

式中 h_f 表示总流中单位质量流体从截面 1-1 到截面 2-2 平均消耗的能量.

将式(6-88)～式(6-90)代入式(6-87)得

$$\left(\frac{p_1}{\rho}+gz_1\right)\rho Q+\frac{aV^2_{平均1}}{2}\rho Q=\left(\frac{p_2}{\rho}+gz_2\right)\rho Q+\frac{aV^2_{平均2}}{2}\rho Q+gh_f\rho Q,$$

等号两边除以 ρQ，即得重力场中实际不可压缩流体定常流动总流的伯努利方程

$$\frac{p_1}{\rho}+gz_1+\frac{aV^2_{平均1}}{2}=\frac{p_2}{\rho}+gz_2+\frac{aV^2_{平均2}}{2}+gh_f. \tag{6-91}$$

式(6-91)中任意过流截面上(流动为缓变流动)的势能项 $gz+\frac{p}{\rho}$ 和动能项 $\frac{aV^2}{2}$，在整个截面上都是常数，故可以选择截面上某点来写伯努利方程. 在使用式(6-91)时，必须把计算截面选取在缓变流动上，但两端面间的流动并不一定为缓变流动.

6.5.2 伯努利方程的应用

伯努利方程广泛应用于流体工程技术部门，是流体力学中极为重要的方程，下面给出它的具体应用.

1. 滞止压力和测速管

在流速为 V，压强为 p_1，密度为 ρ_1 的均匀流场中有一障碍物，如图 6-22 所示. 流体到达障碍物的前缘点(驻点)2，受到障碍物的阻滞而停滞，流速由原来的 V 变为零，压强则增到 p_2，利用伯努利方程就可以确定驻点处的压强 p_2，在 2 点前方的同一流线上未受障碍物干扰处取点 1，列出 1 与 2 点的伯努利方程得

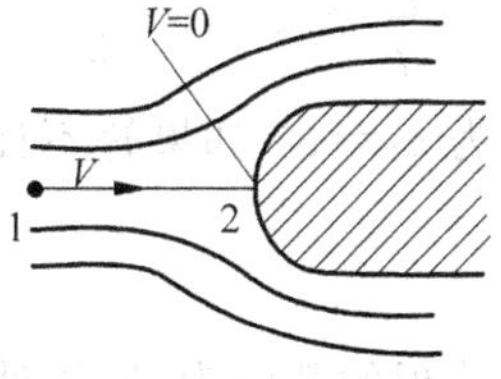

图 6-22 速度滞止

$$\frac{p_1}{\rho_1}+gz_1+\frac{V_1^2}{2}=\frac{p_2}{\rho_1}+gz_2+\frac{V_2^2}{2}+gh_f.$$

因为 $z_1=z_2$，$V_2=0$，这里流场为均匀，点 1 至点 2 $h_f\approx 0$，所以

$$p_2=p_1+\rho_1\frac{V_1^2}{2}.$$

由于流体中动能转换成压能，所以驻点 2 的压强比流体原来的压强高，称流体原来的压强 p_1 为静压强，由流速转换而增加部分 $\rho_1\frac{V_1^2}{2}$ 称为动压强，它们的总和称为总压强或滞止压强.

如果用一弯成直角的细管即毕托管，来代替障碍物，管端正对着流体的运动方向，则如图 4-5 所示可以测量流场的速度，其公式为式(4-31)，相关内容在 4.2.4 节

中已有介绍.

由于毕托管结构会引起液流扰乱和微小阻力,故精确计算还要对速度公式(4-31)加以修正

$$V_1 = C_v \sqrt{2gh \frac{(\rho_2 - \rho_1)}{\rho_1}}, \tag{6-92}$$

C_v称为流速系数,一般条件下 $C_v = 0.97 \sim 0.99$.

毕托管结构简单,使用方便,价格低廉.每一种毕托管都应该经过严格地校准和标定,设计完善的毕托管可使流速系数接近1.

2. 节流式流量计

在管道中安装一个过流截面略小的节流元件,使流体流过时,速度增大、压力降低.利用节流元件前后的压力差来测定流量的仪器称作节流式流量计.工业上常用的节流式流量计主要有三种类型,即孔板、喷嘴和圆锥式(又叫文丘利管).它们的节流元件不同,但基本原理是一样的.

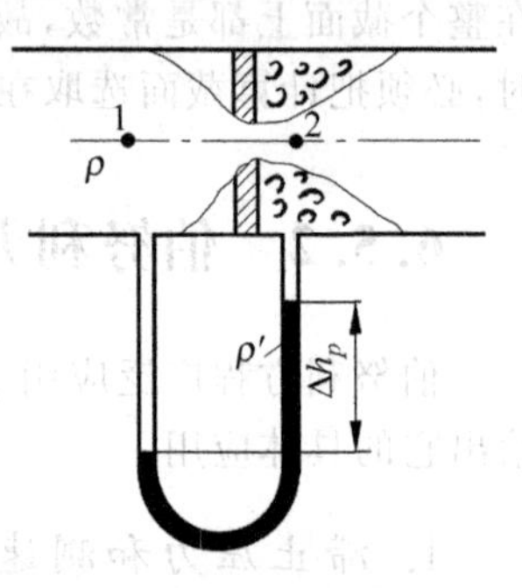

图 6-23 孔板流量计

以孔板流量计为例,运用伯努利方程推导流量计算公式.如图6-23所示,设管径为 D,孔板的孔径为 d,液流通过孔板时收缩,然后又再扩大.在孔板前取截面1-1,孔板后收缩截面处取截面2-2,两截面均属于缓变流动.对截面1-1和截面2-2列出伯努利方程

$$\frac{p_1}{\rho} + gz_1 + \frac{a_1 V_1^2}{2} = \frac{p_2}{\rho} + gz_2 + \frac{a_2 V_2^2}{2} + gh_f,$$

因为 $z_1 = z_2$,如果暂不计能量损失 gh_f,且 a_1 与 a_2 均接近于1,所以

$$\frac{p_1}{\rho} + \frac{V_1^2}{2} = \frac{p_2}{\rho} + \frac{V_2^2}{2},$$

设孔板的截面为 A,该处的速度为 V,由连续性方程可得

$$V_1 = \frac{A}{A_1} V, \quad V_2 = \frac{A}{A_2} V,$$

代入伯努利方程式得

$$\frac{\Delta p}{\rho} = \frac{p_1 - p_2}{\rho} = \frac{V_2^2 - V_1^2}{2} = \frac{V^2}{2}\left[\left(\frac{A}{A_2}\right)^2 - \left(\frac{A}{A_1}\right)^2\right]$$

或

$$V = \sqrt{\frac{2\Delta p}{\rho\left[\left(\frac{A}{A_2}\right)^2 - \left(\frac{A}{A_1}\right)^2\right]}}.$$

于是理论流量为

$$Q_{\mathrm{T}} = VA = A\sqrt{\frac{2\Delta p}{\rho\left[\left(\frac{A}{A_2}\right)^2 - \left(\frac{A}{A_1}\right)^2\right]}}.$$

由于液体通过孔板时有能量损失，而且由孔板流出的流体还要发生收缩，另外，两个截面处动能修正系数也不等于1，因此实际流量 Q 小于理论流量 Q_{T}，经常用下列通用形式来表示流量：

$$Q = C_q A\sqrt{\frac{2\Delta p}{\rho}}, \tag{6-93}$$

式中，C_q 为计及能量损失和出流流体收缩等影响的流量系数，C_q 由试验测得，它随着孔板的结构和流体的流动状态而异，具体数据可查阅有关手册，通常对锐缘的孔板流量计，当 $A/A_1 \leqslant 0.2$ 时，C_q 约为 0.60～0.62.

节流式流量计结构简单、安装方便，在工程上应用极为广泛. 但是节流式流量计可测定的最大流量受到液体汽化压力的限制. 因为流量越大、节流口处的速度也越大，压力就越低. 一旦压力接近液体工作温度下的汽化压力时，液体就开始汽化，使得节流口阻塞，发生节流气穴，使测量无法进行.

6.5.3 沿程有能量输入或输出的伯努利方程

沿总流两截面间若装有水泵、风机或水轮机等装置，流体流经水泵或风机时将获得能量，而流经水轮机时将失去能量. 设单位重量液体所增加或减少的能量用 H 来表示，则总流的伯努利方程为

$$\frac{p_1}{\rho} + gz_1 + \frac{aV_1^2}{2} \pm gH = \frac{p_2}{\rho} + gz_2 + \frac{aV_2^2}{2} + gh_f, \tag{6-94}$$

式中 H 前面的正负号中，获得能量为正，失去能量为负. 对于水泵，H 为扬程.

如图 6-24 所示，水池通过泵将水送至水塔. 列出水池液面（截面 1-1）至水塔液面（截面 2-2）的伯努利方程

$$\frac{p_1}{\rho} + gz_1 + \frac{aV_1^2}{2} + gH = \frac{p_2}{\rho} + gz_2 + \frac{aV_2^2}{2} + gh_f.$$

因为液面敞开在大气中，$p_1 = p_2 = p_a$，液面上流速 V_1 和 V_2 近似于 0，所以

$$H = z_2 - z_1 + h_f,$$

即泵的扬程主要用于克服位差和水头损失.

泵在单位时间内对通过的液体所作的功叫做泵的有效功率或输出功率，用 N_{T} 表示，公式为

$$N_{\mathrm{T}} = \rho g Q H. \tag{6-95}$$

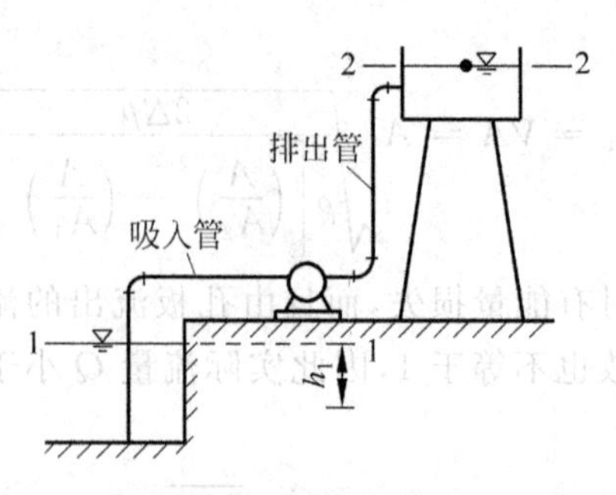

图 6-24 泵抽水示意图

因为泵内有能量损失，泵的输入功率 N 要大于输出功率 N_T，输出功率与输入功率之比为泵的效率，即

$$\eta=\frac{N_T}{N}. \tag{6-96}$$

6.6 管路的水力计算

管道与附件连接起来成一整体称为管路. 管路内的能量损失由沿程压力损失和局部阻力损失组成. 对于管路中能量损失绝大部分为沿程压力损失，局部阻力损失和出流速度水头之和相对于沿程压力损失可以忽略不计的称为长管，否则称为短管. 因此，长管和短管不是几何长短的概念，而是能量损失计算上的概念. 工程上一些长距离的流体输送管道系统大都作为长管处理，而流道较短，局部阻力装置较多的管道系统则作为短管来计算.

管路按结构特点又可分为没有分支管的简单管路和有分支管的复杂管路. 复杂管路包括串联管路、并联管路、分支管路和网状管路等.

管路计算中有关的参数是输送管道的长度 l，管道直径 d，所需水头 H 或压差 Δp 和输送流量 Q. 一般而言，长度 l 往往是已知的，因此管路计算可归结为三类问题：

(1) 已知 Q、l、d，求所需水头 H 或压差 Δp；

(2) 已知 l、d、H 或 Δp，求 Q；

(3) 已知 Q、l、H 或 Δp，求 d.

管道直径往往可以根据推荐的管内流速 V 来计算，即 $d=\sqrt{\frac{4Q}{\pi V}}$. 表 6-7 列出常用的推荐流速.

表 6-7 推荐流速

项　目	平均流速 m/s	项　目	平均流速 m/s
液压泵吸油管道	小于 1～2，一般常取 1 以下	液压系统回油管道	小于 1.5～2.6
液压系统压油管道	小于 3～6，压力高，管道短粘度小，取大值	给水系统市内总管 给水系统室内管道	1～1.5 1～2

根据上述推荐的流速，液压系统管道上的流速基本上属于湍流光滑管范畴，给水系统管道内流动则属于湍流粗糙管范畴. 下面对各种管路的水力计算作简要介绍.

6.6.1 短管

讨论没有分支的短管. 以图 6-25 所示的短管为例，该管路由两种不同直径直管和管件组成. 首先列出 $A-A$ 到 $B-B$ 的伯努利方程

$$\frac{p_A}{\rho g}+\frac{a_A V_A^2}{2g}+z_A=\frac{p_B}{\rho g}+\frac{a_B V_B^2}{2g}+z_B+h_f$$

或

$$\frac{\Delta p}{\rho g}=\frac{p_A-p_B}{\rho g}=\left(\frac{a_B V_B^2}{2g}-\frac{a_A V_A^2}{2g}\right)+(z_B-z_A)+h_f,$$

式中等号右边两个括号内的数值均为小量，可以忽略不计，则

$$\frac{\Delta p}{\rho g}=h_f=\sum\lambda\frac{l}{d}\frac{V^2}{2g}+\sum\zeta\frac{V^2}{2g}. \tag{6-97}$$

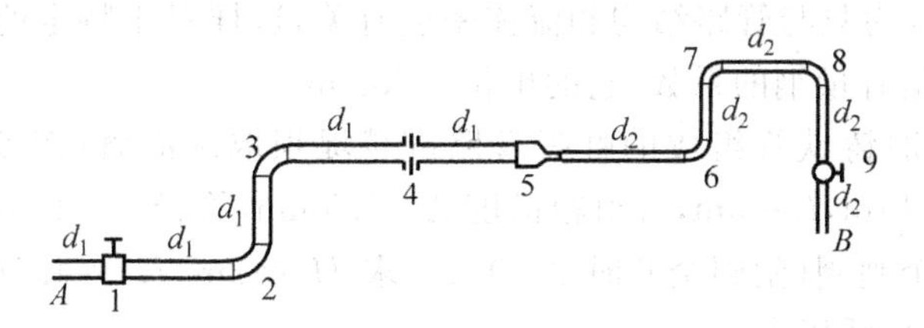

图 6-25 短管

先计算沿程压力损失，如图 6-25 所示，管路中有 d_1 及 d_2 两种直径的管道，管道长度分别为 l_1 及 l_2，所以

$$\sum\lambda\frac{l}{d}\frac{V^2}{2g}=\lambda_1\frac{l_1}{d_1}\frac{V_1^2}{2g}+\lambda_2\frac{l_2}{d_2}\frac{V_2^2}{2g},$$

由连续性方程 $V_1A_1=V_2A_2$，可得 $V_1=V_2\left(\frac{A_2}{A_1}\right)=V_2\left(\frac{d_2}{d_1}\right)^2$，代入上式得

$$\sum \lambda \frac{l}{d}\frac{V^2}{2g} = \lambda_1 \frac{l_1}{d_1}\left(\frac{d_2}{d_1}\right)^4 \frac{V_2^2}{2g} + \lambda_2 \frac{l_2}{d_2}\frac{V_2^2}{2g},$$

再计算局部阻力损失

$$\sum \zeta \frac{V^2}{2g} = (\zeta_1 + \zeta_2 + \zeta_3)\frac{V_1^2}{2g} + \zeta_4 \frac{V_{孔}^2}{2g} + (\zeta_5 + \zeta_6 + \zeta_7 + \zeta_8 + \zeta_9)\frac{V_2^2}{2g}.$$

另外由连续性方程可知 $V_{孔} = V_2\left(\frac{d_2}{d_{孔}}\right)^2$，则上式为

$$\sum \zeta \frac{V^2}{2g} = (\zeta_1 + \zeta_2 + \zeta_3)\left(\frac{d_2}{d_1}\right)^4 \frac{V_2^2}{2g} + \zeta_4\left(\frac{d_2}{d_{孔}}\right)^4 \frac{V_2^2}{2g} + (\zeta_5 + \zeta_6 + \zeta_7 + \zeta_8 + \zeta_9)\frac{V_2^2}{2g},$$

代入式(6-97)得

$$\frac{\Delta p}{\rho g} = h_f = \left[\left(\lambda_1 \frac{l_1}{d_1} + \zeta_1 + \zeta_2 + \zeta_3\right)\left(\frac{d_2}{d_1}\right)^4 + \zeta_4\left(\frac{d_2}{d_{孔}}\right)^4 \right.$$

$$\left. + \lambda_2 \frac{l_2}{d_2} + \zeta_5 + \zeta_6 + \zeta_7 + \zeta_8 + \zeta_9\right]\frac{V_2^2}{2g},$$

令方括号内所有系数总和为 ζ_c，称为管路综合阻力系数，则上式可写成

$$\frac{\Delta p}{\rho g} = \zeta_c \frac{V_2^2}{2g}, \tag{6-98}$$

以 $Q = A_2 V_2$ 代入式(6-98)可得

$$\Delta p = \zeta_c \frac{\rho}{2A_2^2} Q^2 = KQ^2, \tag{6-99}$$

由于系数 K 中包含有沿程阻力系数 λ，而在光滑管的条件下，λ 与 Re 有关，所以 K 也随 Re 数而变. 此外，短管中沿程压力损失占的比重不大，所以 K 值与 Re 数关系较小，可以近似地认为只与管路结构和流体密度有关，这样对于特定的管路，K 就近似地为一常数，K 是有量纲的系数，它的单位为 $\mathrm{kg/m^7}$.

例 6.1 用旧铸铁管组成的虹吸管路翻越堤坝取水灌溉(图 6-26)，已知 $l_1 = 6\mathrm{m}$，$l_2 = 3\mathrm{m}$，$l_3 = 14\mathrm{m}$，$l_4 = 3\mathrm{m}$，管道粗糙度 $\Delta = 1.5\mathrm{mm}$，管径 $d = 150\mathrm{mm}$，管路中有三个 45°弯管和一个闸阀(闸阀全开时 $\zeta = 0.2$)，求 $H_1 = 2\mathrm{m}$，$H_2 = 4.5\mathrm{m}$ 时虹吸管的流量和虹吸管内的最低压力.

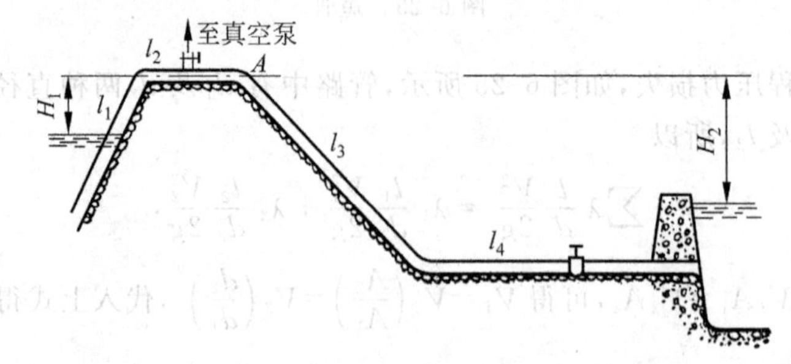

图 6-26 虹吸管计算

解 虹吸管正常运行的条件是管内必须充满液体，所以虹吸管顶部应有抽气装置. 在启动时先抽气，使液体吸升，只要上游液体越过最高处，液体即能自流，抽气设备就可关闭.

列出上下游水面的伯努利方程：

$$\frac{p_1}{\rho g}+\frac{a_1V_1^2}{2g}+z_1=\frac{p_2}{\rho g}+\frac{a_2V_2^2}{2g}+z_2+h_f,$$

由于 $p_1=p_2=0, V_1=V_2\approx 0$，则

$$h_f=z_1-z_2=H_2-H_1$$

或

$$H_2-H_1=h_f=\sum\lambda\frac{l}{d}\frac{V^2}{2g}+\sum\zeta\frac{V^2}{2g}.$$

设管内流动为湍流，且为粗糙管范畴，管道的相对粗糙度为 $\Delta/d=\frac{1.5}{150}=\frac{1}{100}$，由莫迪图得 $\lambda=0.038$. 因此，沿程压力损失为

$$\sum\lambda\frac{l}{d}\frac{V^2}{2g}=0.038\left(\frac{6+3+14+3}{0.15}\right)\frac{V^2}{2g}=6.58\frac{V^2}{2g}.$$

管路中的配件和阻力系数为：三个 45°、$d/R=1$ 的弯管：$\zeta=0.15$；一个闸阀（全开）：$\zeta=0.2$；一个进口损失：$\zeta=0.5$；一个出口损失：$\zeta=1$，所以局部阻力损失为

$$\sum\zeta\frac{V^2}{2g}=(3\times 0.15+0.2+0.5+1)\frac{V^2}{2g}=2.15\frac{V^2}{2g},$$

因此

$$H_2-H_1=6.58\frac{V^2}{2g}+2.15\frac{V^2}{2g}=8.73\frac{V^2}{2g}.$$

由此得流速 V 为

$$V=\sqrt{\frac{2g(H_2-H_1)}{8.73}}=\sqrt{\frac{19.6\times 2.5}{8.73}}\mathrm{m/s}=2.369\mathrm{m/s},$$

雷诺数

$$Re=\frac{Vd}{\nu}=\frac{2.369\times 0.15}{1.0\times 10^{-6}}=3.554\times 10^5.$$

由莫迪图可知，将本题情况设为湍流粗糙管是正确的，由此得所求流量 Q 为

$$Q=\frac{\pi}{4}d^2V=0.785\times(0.15)^2\times 2.369\mathrm{m^3/s}=0.0418\mathrm{m^3/s},$$

即虹吸管通过的流量为 $0.0418\mathrm{m^3/s}$.

虹吸管内最低压力在 A 点，列出上游水面至 A 点的伯努利方程得

$$-H_1=\frac{p_A}{\rho g}+\frac{a_AV_A^2}{2g}+h_f,$$

式中 $a_A=1, h_f=\sum\lambda\frac{l}{d}\frac{V^2}{2g}+\sum\zeta\frac{V^2}{2g}$，则

$$\frac{p_A}{\rho g}=-H_1-\frac{V_A^2}{2g}-h_f=-2-\left(1+\sum\lambda\frac{l}{d}+\sum\zeta\right)\frac{V^2}{2g}$$

$$=-2-\left[1+0.038\left(\frac{6+3}{0.15}\right)+0.5+0.15\times 2\right]\frac{2.369^2}{19.6}=-3.18\mathrm{mH_2O},$$

则 A 点的真空度为 $3.18\times1000\times9.8\mathrm{Pa}=31170\mathrm{Pa}=31.17\mathrm{kPa}$，因此，虹吸管内最低压强为 31.17kPa.

例 6.2　挖掘机动臂提升油路如图 6-27 所示，管道尺寸和配件如下：

l_1：$l_1=2.4\mathrm{m}$，90°折管 1 只；

l_2：$l_2=5.1\mathrm{m}$，90°折管 2 只，45°弯管 1 只；

l_3：$l_3=5\mathrm{m}$，90°折管 2 只，45°弯管 1 只；

l_4：$l_4=2.9\mathrm{m}$，90°折管 1 只.

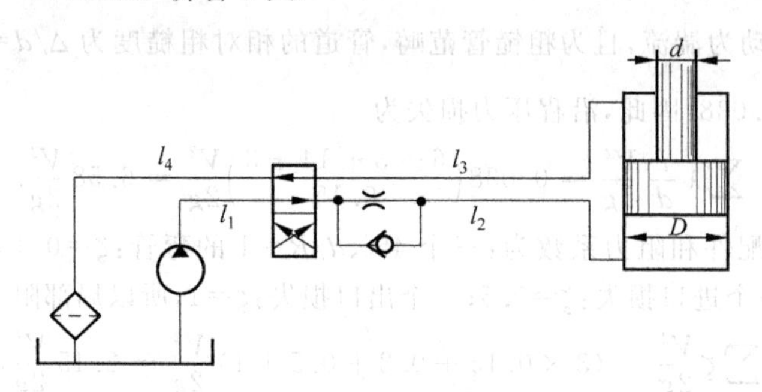

图 6-27　挖掘机动臂提升油路示意图

液压缸活塞直径 $D=200\mathrm{mm}$，活塞杆直径 $d=80\mathrm{mm}$，管道直径均为 32mm，油液粘度 $\nu=3.0\times10^{-5}\mathrm{m^2/s}$，密度 $\rho=0.88\times10^3\mathrm{kg/m^3}$，求液压泵流量为 200 l/min 时管路上的功率损失.

解　液压泵流量为 200 l/min 时，管道 l_1 及 l_2 中流量为

$$Q=200\ \mathrm{l/min}=\frac{200\times10^{-3}}{60}\mathrm{m^3/s}=3.333\times10^{-3}\mathrm{m^3/s},$$

流速 V、Re 数和 λ 为

$$V=\frac{Q}{A}=\frac{3.333\times10^{-3}}{\frac{\pi}{4}\times0.032^2}\mathrm{m/s}=4.147\mathrm{m/s},$$

$$Re=\frac{Vd}{\nu}=\frac{4.147\times0.032}{3.0\times10^{-5}}=4423,$$

$$\lambda=\frac{0.3164}{Re^{1/4}}=\frac{0.3164}{4423^{1/4}}=0.0388.$$

局部阻力对 90°折管 $\zeta=1.13$，45°弯管 $\zeta=0.15$，单向节流阀 $\zeta=8$，滑阀 $\zeta=12$，出口损失 $\zeta=1$，因此系数 K 为

$$K=\zeta_c\frac{\rho}{2A^2}=\frac{0.88\times10^3}{2\left(\frac{\pi}{4}\times0.032^2\right)^2}\left[\lambda\left(\frac{l_1+l_2}{d}\right)+\sum\zeta\right]$$

$$=\frac{0.88\times10^3}{1.3\times10^{-6}}\times\left[0.0387\left(\frac{2.4+5.1}{0.032}\right)+3\times1.13+0.15+8+12+1\right]$$

$$=2.275\times10^{10},$$

$$\Delta p=KQ^2=2.275\times10^{10}\times(3.333\times10^{-3})^2\,\mathrm{W/m^2}$$

$$=25.27\times10^4\,\mathrm{N/m^2}=0.2527\mathrm{MPa}.$$

在回油管 l_3 及 l_4 中流量 Q' 为

$$Q'=Q\left(\frac{D^2-d^2}{D^2}\right)=200\left(\frac{200^2-80^2}{200^2}\right)=168\ \mathrm{l/min}=2.8\times10^{-3}\mathrm{m^3/s},$$

$$V'=\frac{Q'}{A}=\frac{2.8\times10^{-3}}{\frac{\pi}{4}\times0.032^2}=3.482\mathrm{m/s},$$

$$Re'=\frac{V'd}{\nu}=\frac{3.482\times0.032}{3.0\times10^{-5}}=3714,$$

$$\lambda=\frac{0.3164}{Re'^{1/4}}=\frac{0.3164}{3714^{1/4}}=0.0405.$$

局部阻力对 90°折管 $\zeta=1.13$，45°弯管 $\zeta=0.15$，滑阀 $\zeta=12$，滤油器 $\zeta=6$，进口损失 $\zeta=0.5$，因此系数 K' 为

$$K'=\zeta'_c\frac{\rho}{2A^2}=\frac{0.88\times10^3}{2\left[\frac{\pi}{4}\times0.032^2\right]^2}\left[\lambda\left(\frac{l_3+l_4}{d}\right)+\sum\zeta\right]$$

$$=\frac{0.88\times10^3}{1.3\times10^{-6}}\times\left[0.0405\times\frac{5+2.9}{0.032}+3\times1.13+0.15+6+12+0.5\right]$$

$$=2.169\times10^{10},$$

$$\Delta p'=K'Q'^2=2.169\times10^{10}\times(2.8\times10^{-3})^2\,\mathrm{N/m^2}=17.0\times10^4\,\mathrm{N/m^2}=0.17\mathrm{MPa}.$$

由此可得管道中的功率损失为

$$N=\Delta pQ+\Delta p'Q'=(0.2527\times3.333+0.17\times2.8)\times10^3\,\mathrm{W}=1.318\mathrm{kW}.$$

6.6.2 长管

图 6-28 为水塔供水系统，如果管道很长，能量损失主要为沿程压力损失，局部阻力损失可以忽略不计，则由伯努利方程可得

$$H=\frac{a_2V_2^2}{2g}+h_f=\frac{a_2V_2^2}{2g}+\sum h_l+\sum h_m\approx\sum h_l,$$

式中 h_l 为沿程压力损失，h_m 为局部阻力损失，由于

$$h_l=\lambda\frac{l}{d}\frac{V^2}{2g}=\lambda\frac{l}{d}\frac{1}{2g}\left(\frac{4Q}{\pi d^2}\right)^2=\frac{16\lambda}{2g\pi^2d^5}lQ^2,$$

令 $B=\dfrac{16\lambda}{2g\pi^2d^5}$，则可得

$$H=\sum BlQ^2, \tag{6-100}$$

式中，系数 B 是有量纲量，它的单位为 $s^2\cdot m^{-6}$. 在输水管道中，由于水的粘度很小，雷诺数 Re 较大，管内流动基本上处于阻力平方区. 阻力系数 λ 与雷诺数 Re 无关，只决定于管径 d 与粗糙度 Δ 的比，因此系数 B 也只与管径和粗糙度有关. 输水管道一般为铸铁管，根据三种不同情况的壁面粗糙度的 B 值如表 6-8 所示.

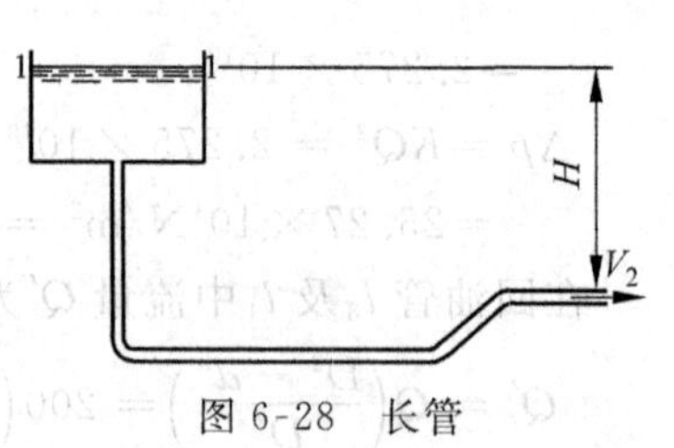

图 6-28　长管

表 6-8　铸铁管 B 值

d/mm	洁净管 B/ $B/(s^2\cdot m^{-6})$	正常管 B/ $B/(s^2\cdot m^{-6})$	污垢管 B/ $B/(s^2\cdot m^{-6})$	d/mm	洁净管 B/ $B/(s^2\cdot m^{-6})$	正常管 B/ $B/(s^2\cdot m^{-6})$	污垢管 B/ $B/(s^2\cdot m^{-6})$
40	20830	32260	50920	350	0.24	0.33	0.453
50	6390	9709	15190	400	0.12	0.16	0.223
75	751.9	1124	1709	450	0.064	0.088	0.119
100	166.1	244.4	265	500	0.037	0.051	0.0684
125	51.6	75.0	110.8	600	0.014	0.02	0.0260
150	19.8	28.6	41.85	700	0.0064	0.0087	0.0115
200	4.4	6.2	9.029	800	0.0032	0.0043	0.00567
250	1.4	1.9	2.752	900	0.0017	0.0023	0.00303
300	0.53	0.74	1.025	1000	0.0010	0.0014	0.00173

对于输油管来说，由于油液粘度较大，一般处于湍流光滑管范畴，以 $\lambda=\dfrac{0.3164}{Re^{1/4}}$ 代入式(6-97)，略去局部损失得

$$\frac{\Delta p}{\rho g}=h_f=\sum\lambda\frac{l}{d}\frac{V^2}{2g}=\sum\frac{0.3164\nu^{0.25}}{V^{0.25}d^{0.25}}\frac{l}{d}\frac{V^2}{2g}$$

$$=\sum\frac{0.3164\nu^{0.25}\times4^{1.75}}{2gd^{4.75}\pi^{1.75}}lQ^{1.75},$$

或

$$\Delta p=\sum\rho\nu^{0.25}blQ^{1.75} \tag{6-101}$$

式中系数 b 为

$$b=\frac{0.3164\times4^{1.75}}{2d^{4.75}\pi^{1.75}}=\frac{0.24143}{d^{4.75}},$$

其单位为 $m^{-4.75}$.

光滑管不同 d 值时的 b 值如表 6-9 所示. 在有表可查时可利用 B 或 b 来计算比较方便,否则仍可用 λ 值来计算.

表 6-9 光滑管的 b 值

d/mm	$b/\mathrm{cm}^{-4.75}$	d/mm	$b/\mathrm{cm}^{-4.75}$	d/mm	$b/\mathrm{cm}^{-4.75}$
4	18.7502	13	0.06943	25	0.003108
6	2.7326	16	0.02590	32	0.0009623
8	0.69682	19	0.011447	38	0.0004254
10	0.24143	22	0.005705	45	0.0001905

1. 串联管路

不同直径的管道无分支地依次连接而成的管路称为串联管路(图 6-29),串联管路的特点是:

(1) 各管段的流量相同,即

$$Q_1 = Q_2 = Q_3 = \cdots = Q;$$

(2) 总能量损失为各段损失之和,即

$$H = \sum h_{li} = h_{l1} + h_{l2} + \cdots = (B_1 l_1 + B_2 l_2 + B_3 l_3)Q^2.$$

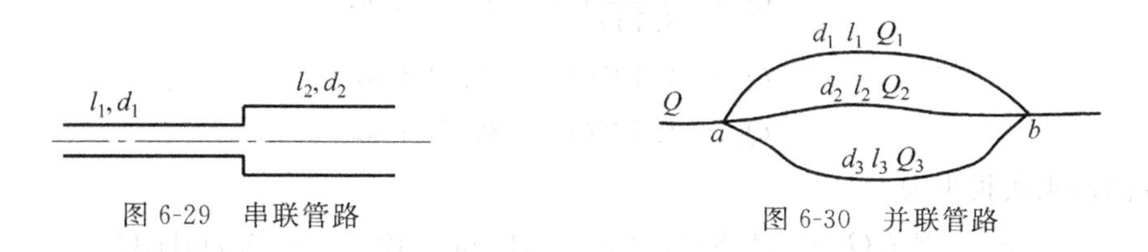

图 6-29 串联管路　　图 6-30 并联管路

2. 并联管路

两条或两条以上管路从一点分支,又汇合至一点成为封闭的环路,称为并联管路,如图 6-30 所示. 并联管路的特点是:

(1) 并联管路各分管的流量可以不等,它们的总和等于总流量,即

$$Q = Q_1 + Q_2 + Q_3.$$

(2) 并联管路各分管中,单位重量流体所产生的能量损失(水头损失)都相等,即

$$h_l = h_{l1} = h_{l2} = h_{l3}$$

或

$$h_l = B_1 l_1 Q_1^2 = B_2 l_2 Q_2^2 = B_2 l_3 Q_3^2.$$

例 6.3 三条铸铁管互相并联而组成的环形复杂管路如图 6-30 所示,管道尺寸为:$d_1 = 150\mathrm{mm}$,$l_1 = 500\mathrm{m}$,$d_2 = 150\mathrm{mm}$,$l_2 = 350\mathrm{m}$,$d_3 = 200\mathrm{mm}$,$l_3 = 1000\mathrm{m}$,如果总流量为 80 l/s,求各分管中的流量 Q_1,Q_2,Q_3 及 ab 间的水头损失.

解　因为 a 及 b 点是三条管道所共有的，所以三分管的水头损失是相等的：

$$h_l = h_{l1} = h_{l2} = h_{l3},$$

即

$$h_l = B_1 l_1 Q_1^2 = B_2 l_2 Q_2^2 = B_3 l_3 Q_3^2,$$

或

$$Q_2 = Q_1 \sqrt{\frac{B_1 l_1}{B_2 l_2}},\quad Q_3 = Q_1 \sqrt{\frac{B_1 l_1}{B_3 l_3}}.$$

查表6-8得(设管道较旧，作污垢管计算)：$d_1 = 150\text{mm}$，$B_1 = 41.85$；$d_2 = 150\text{mm}$，$B_2 = 41.85$；$d_3 = 200\text{mm}$，$B_3 = 9.029$，所以

$$Q_2 = Q_1 \sqrt{\frac{41.85\times 500}{41.85\times 350}} = 1.195 Q_1,$$

$$Q_3 = Q_1 \sqrt{\frac{41.85\times 500}{9.029\times 1000}} = 1.522 Q_1.$$

因为

$$Q = Q_1 + Q_2 + Q_3 = (1 + 1.195 + 1.522) Q_1 = 80,$$

所以

$$Q_1 = \frac{80}{3.717}\text{l/s} = 21.52\ \text{l/s},$$

$$Q_2 = 1.195 Q_1 = 25.72\ \text{l/s},$$

$$Q_3 = 1.522 Q_1 = 32.76\ \text{l/s},$$

ab 间的水头损失为

$$h_l = B_1 l_1 Q_1^2 = 41.85\times 500\times (21.53\times 10^{-3})^2 = 9.7\text{mH}_2\text{O}.$$

3. 分支管路

油库、泵站的输油和给水管路，常是一处送往多处，属于分支管路. 如图6-31所示，分支点为 a，该点的位置标高为 z，压力头为 h，三分支管的终点的位置标高各为 z_1、z_2 及 z_3，压力头各为 h_1、h_2 及 h_3，流量为 Q_1、Q_2 及 Q_3，则

$$Q = Q_1 + Q_2 + Q_3,$$

$$H - (z + h) = h_l = BlQ^2,$$

$$(z + h) - (z_1 + h_1) = h_{l1} = B_1 l_1 Q_1{}^2,$$

$$(z + h) - (z_2 + h_2) = h_{l2} = B_2 l_2 Q_2{}^2,$$

$$(z + h) - (z_3 + h_3) = h_{l3} = B_3 l_3 Q_3{}^2,$$

根据上述方程组可以解决分支管路的各类问题.

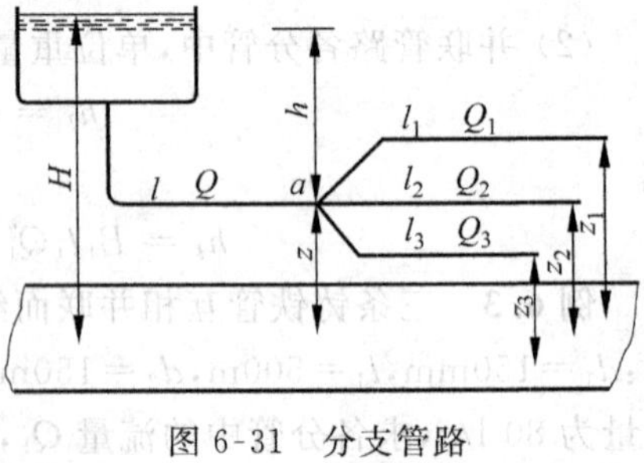

图6-31　分支管路

例 6.4 某工厂从水库 A 引水至水塔 B,C,D 供水，各水塔标高和管路布置如图 6-32 所示，要求供水量为：$Q_B=1.5\text{m}^3/\text{s}$，$Q_C=0.4\text{m}^3/\text{s}$，$Q_D=0.6\text{m}^3/\text{s}$，请确定各管路的管子直径.

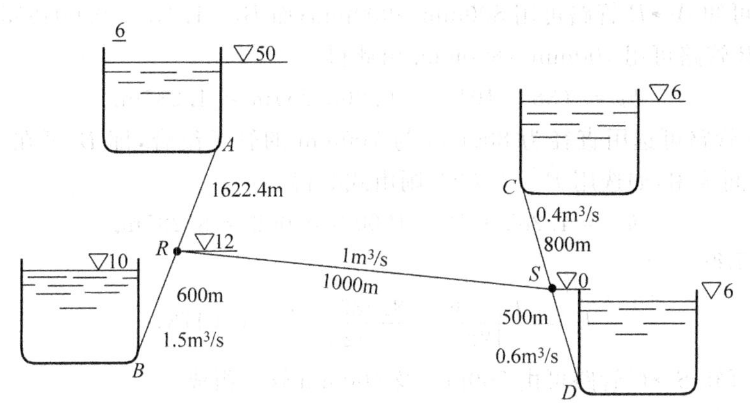

图 6-32 例 6.4 图

解 由连续性方程

$$Q_A=Q_B+Q_S=Q_B+Q_C+Q_D=2.5\text{m}^3/\text{s},$$

可写出各管路的能量方程

$$A\to R:\quad 50=12+h_R+1622.4\,(2.5)^2\,B_1,$$

即

$$h_R=38-10140\,B_1. \qquad ①$$

$$R\to B:\quad 12+h_R=10+600\,(1.5)^2\,B_2,$$

即

$$h_R=-2+1350B_2. \qquad ②$$

$$R\to S:\quad 12+h_R=h_S+1000\,(1)^2\,B_3,$$

即

$$h_R=-12+h_S+1000B_3. \qquad ③$$

$$S\to C:\quad h_S=6+800\,(0.4)^2\,B_4,$$

即

$$h_S=6+128B_4. \qquad ④$$

$$S\to D\quad h_S=6+500\,(0.6)^2\,B_5,$$

即

$$h_S=6+180B_5. \qquad ⑤$$

设 $B_2=1.4B_1$，则式②为

$$h_R=-2+1350\times1.4B_1=-2+1890B_1, \qquad ⑥$$

由式①～式⑥得

$$12030\,B_1 = 40,$$

$$B_1 = \frac{40}{12030} = 0.003325,$$

查表6-8可知$A \to R$管路可用800mm～900mm；而$B_2 = 1.4B_1 = 0.004655$，查表6-8可知$R \to B$管路可用700mm～800mm. 由此得

$$h_R = (38 - 10140 \times 0.003325)\text{m} = 4.285\text{m}.$$

$R \to S$管路可选用直径为800mm与700mm的管子组合，即B_3可在0.0043至0.0087之间选用，如选用$B_3 = 0.008$，则由式③得

$$h_S = 4.285 + 12 - 1000 \times 0.008 = 8.285\text{m}.$$

由式④得

$$B_4 = \frac{h_S - 6}{128} = \frac{8.285 - 6}{128} = 0.0178,$$

查表6-8可知$S \to C$管路可由700mm及600mm管子组成.

由式⑤得

$$B_5 = \frac{h_S - 6}{180} = \frac{8.285 - 6}{180} = 0.0127,$$

查表6-8可知$S \to D$管路可由700mm及600mm管子组成.

因此，各段管子尺寸如下：

$$A \to R\text{段：}\quad d = 800\text{mm}, B_1 = 0.0043,$$
$$d = 900\text{mm}, B_1 = 0.0023.$$

设$A \to R$段，$d = 900$mm管子长为x，则$d = 800$mm管子长为$(1622.4 - x)$，由式①得：

$$4.285 = 38 - 2.5^2 \times [0.0023x + 0.0043 \times (1622.4 - x)].$$

解之得$x = 791.0$m，即$A \to R$段采用$d = 800$mm，$l = 831.4$m以及$d = 900$mm，$l = 791$m.

同样方法可求得各管路尺寸如下：

$$R \to B\text{：}\quad d = 700\text{mm},\ l = 48.5\text{m},$$
$$d = 800\text{mm},\ l = 551.5\text{m},$$
$$R \to S\text{：}\quad d = 700\text{mm},\ l = 842\text{m},$$
$$d = 800\text{mm},\ l = 158\text{m},$$
$$S \to C\text{：}\quad d = 600\text{mm},\ l = 645.2\text{m},$$
$$d = 700\text{mm},\ l = 154.8\text{m},$$
$$S \to D\text{：}\quad d = 600\text{mm},\ l = 175.5\text{m},$$
$$d = 700\text{mm},\ l = 324.5\text{m}.$$

4. 沿途均匀泄流问题

一直径为 D 的水平管道，输入流量为 Q_1，沿途作均匀泄流，泄流率为 q，在离进口 x 的 M 处取 $\mathrm{d}x$ 长(图 6-33)，在 M 处 $Q_M=Q-qx$，流速 $v_M=\dfrac{Q-qx}{A}$. $\mathrm{d}x$ 段的压降为

$$\mathrm{d}p=\rho\lambda\frac{\mathrm{d}x}{D}\frac{1}{2}\left(\frac{Q_1-qx}{A}\right)^2=\frac{8\rho\lambda}{\pi^2D^5}(Q_1-qx)^2\mathrm{d}x,$$

则整条管路的压降 Δp 为

$$\Delta p=\int_0^L\frac{8\rho\lambda}{\pi^2D^5}(Q_1-qx)^2\mathrm{d}x=\frac{8\rho\lambda}{\pi^2D^5}\left(Q_1^2L-Q_1qL^2+\frac{q^2L^3}{3}\right).$$

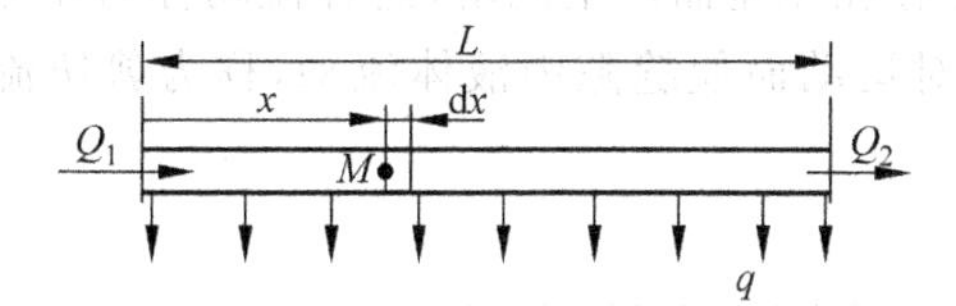

图 6-33 沿途均匀泄流计算

如果管路末端出流量为 Q_2，则 $q=\dfrac{Q_1-Q_2}{L}$，由此

$$\Delta p=\frac{8\rho\lambda L}{3\pi^2D^5}[3Q_1Q_2+(Q_1-Q_2)^2]. \tag{6-102}$$

例 6.5 一给水管直径为 150mm，长 1500m，然后接一直径为 100mm，长为 900m 的封闭管子($Q_2=0$)，摩阻系数 λ 均为 0.028，如果进口流量为 $Q_1=25.5$ l/s，沿途均匀泄流，不计局部阻力求管道压降.

解 设不同直径管道交接处为 M，该处的流量为 Q_M，因为沿途均匀泄流，所以

$$\frac{0.0255-Q_M}{1500}=\frac{Q_M-0}{900},$$

得

$$Q_M=0.00956\mathrm{m^3/s}.$$

直径为 150mm 管道的压降为

$$\Delta p_1=\frac{8\times1000\times0.028\times1500}{3\pi^2\times0.15^5}[3\times0.0255\times0.00956+(0.0255-0.00956)^2]$$

$$=147260\mathrm{N/m^2}=0.147\mathrm{MPa},$$

直径为 100mm 管道的压降

$$\Delta p_2=\frac{8\times1000\times0.028\times900}{3\pi^2\times0.1^5}\times0.00956^2\mathrm{N/m^2}=62227\mathrm{N/m^2}=0.0622\mathrm{MPa},$$

总压降 $\Delta p=\Delta p_1+\Delta p_2=0.147+0.0622=0.209\mathrm{MPa}$.

6.7 缝隙中的流动

在流体工程中，有很多场合元件之间具有一定的缝隙，如活塞与缸筒间的环形缝隙、工作台与导轨间的平面间隙、圆柱与支承面间的端面间隙等. 缝隙内液体流动对元件的性能有很大的影响，因此探讨缝隙中液体的运动规律，对流体元件的设计和分析有一定的帮助. 由于缝隙的水力直径(相当于圆截面的直径)较小，工作液体具有一定的粘度，因此缝隙流动时雷诺数较小，一般属于层流范围. 缝隙中液体产生运动的原因有二：一种是由于存在压差而产生流动，这种流动称为压差流；另一种是由于组成缝隙的壁面具有相对运动而使缝隙中液体流动，称为剪切流，两者的叠加称为压差-剪切流.

6.7.1 平行平板间缝隙流动

在工程中有许多流动本身是平行平板缝隙流动，或可以简化为这类流动来处理，因此平行平板缝隙流动是其他各种缝隙流动的基础. 设平板长为 l，宽为 b，缝隙高度为 δ，而且 $l \gg \delta$，$b \gg \delta$，缝隙两端的压强分别为 p_1 和 p_2，且下平板以速度 U 向右运动. 取如图 6-34 所示的坐标轴，下面讨论平行平板间缝隙流动的运动规律.

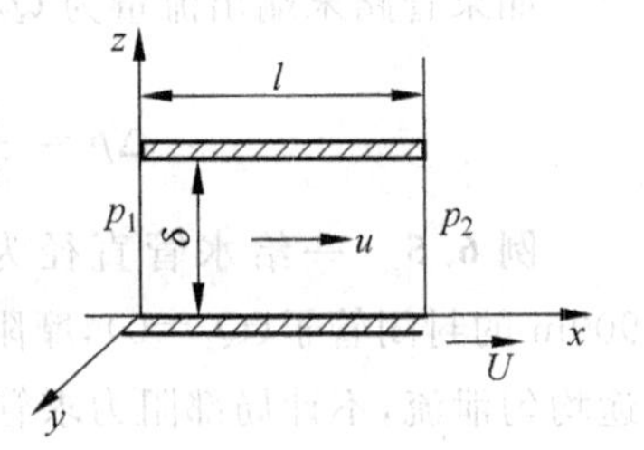

图 6-34 平行平板间缝隙流动

1. 速度分布规律和流量

两平板间层流流体的运动速度为 $u, v=w=0$. 由于流体有粘性，且缝隙的 z 向尺度很小，所以缝隙流动必然存在较大的速度梯度 $\partial u/\partial z$. 由连续性方程可知 $\partial u/\partial x=0$，另外组成缝隙的平板 y 向的尺寸较大，则 $\partial u/\partial y$ 很小可以忽略不计. 对于不可压缩流体，忽略质量力时，N-S 方程可简化为

$$\begin{cases} -\dfrac{1}{\rho}\dfrac{\partial p}{\partial x}+\nu\dfrac{\partial^2 u}{\partial z^2}=0, \\ -\dfrac{1}{\rho}\dfrac{\partial p}{\partial y}=0, \\ -\dfrac{1}{\rho}\dfrac{\partial p}{\partial z}=0. \end{cases}$$

由后两式可看出压强 p 仅沿 x 方向变化，并且 u 仅是 z 的函数，由于平板缝隙大小沿 x 方向是不变的，因此 p 在 x 方向的变化率是均匀的，于是

$$\frac{\partial p}{\partial x}=\frac{\mathrm{d}p}{\mathrm{d}x}=-\frac{p_1-p_2}{l}=-\frac{\Delta p}{l},\quad \frac{\partial^2 u}{\partial z^2}=\frac{\mathrm{d}^2 u}{\mathrm{d}z^2},$$

这样方程第一式为

$$\frac{\mathrm{d}^2 u}{\mathrm{d}z^2}=\frac{1}{\mu}\frac{\mathrm{d}p}{\mathrm{d}x}=-\frac{\Delta p}{\mu l}.$$

对 z 积分两次得

$$u=-\frac{\Delta p}{2\mu l}z^2+C_1 z+C_2,\tag{6-103}$$

将边界条件

$$\begin{cases}z=0, & u=U,\\ z=\delta, & u=0,\end{cases}$$

代入式(6-103),可得

$$C_1=\frac{\Delta p}{2\mu l}\delta-\frac{U}{\delta},\quad C_2=U,$$

于是式(6-103)为

$$u=\frac{\Delta p}{2\mu l}(\delta-z)z+U\left(1-\frac{z}{\delta}\right).\tag{6-104}$$

上式中包含两项:第一项是由压强差造成的流动,速度沿间隙高度呈抛物线分布,如图 6-35(a)所示,称为压差流;第二项是由下平板运动造成的流动,间隙中的流速呈线性分布,如图 6-35(b)所示,称为剪切流.式(6-104)是由两种简单流动合成的结果,但实际情况下,下平板的运动方向有可能向左,则式(6-104)第二项前符号取"—".如果下平板固定不动,上平板以 U 速度运动,则流速公式为

$$u=\frac{\Delta p}{2\mu\, l}(\delta-z)z\pm U\left(\frac{z}{\delta}\right),\tag{6-105}$$

式中,如上平板向右运动取"+"号,向左运动取"—"号.图 6-36 列出几种可能的速度分布.

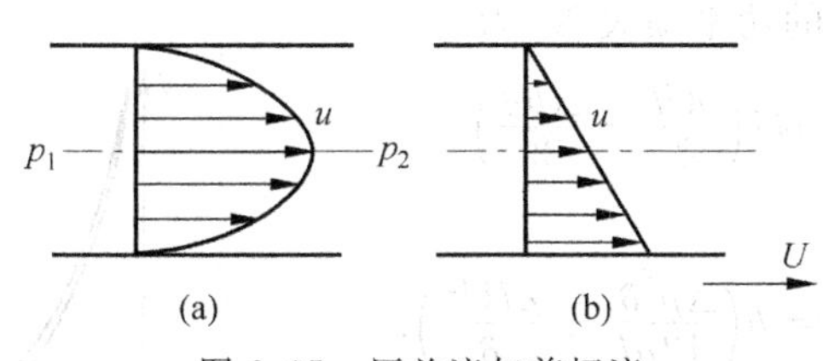

图 6-35 压差流与剪切流

通过整个平板间隙的流量 Q 为

$$Q=\int_0^{\delta} ub\,\mathrm{d}z,$$

将式(6-104)或式(6-105)代入上式,积分得

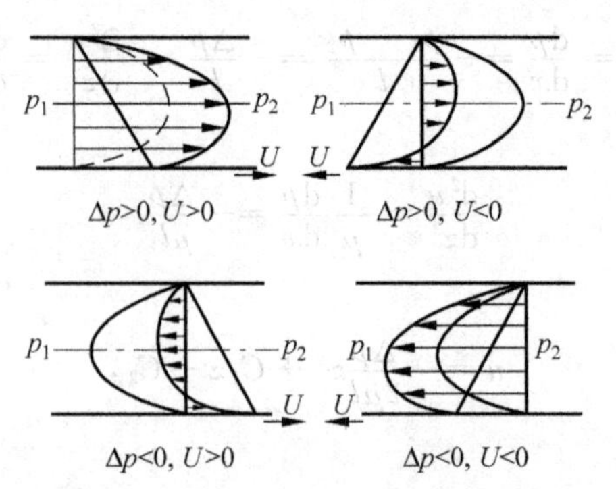

图 6-36　平行平板间的速度分布

$$Q=\frac{b\delta^3}{12\mu}\frac{\Delta p}{l}\pm\frac{b\delta}{2}U, \tag{6-106}$$

式中，泄漏流量也是由两种运动造成的，当压差流动和平板运动的 U 方向一致时取"+"号，相反时取"−"号.

2. 功率损失与最佳缝隙

平行平板缝隙流动将引起一定程度的功率损失. 以图 6-34 所示的流动为例，压差流动的方向和下平板的运动方向一致. 于是，由压差引起的泄漏功率损失 N_Q 为

$$N_Q=\Delta pQ=\Delta p\left(\frac{b\delta^3}{12\mu}\frac{\Delta p}{l}+\frac{b\delta}{2}U\right)=\Delta pb\left(\frac{\delta^3}{12\mu}\frac{\Delta p}{l}+\frac{\delta}{2}U\right),$$

由于运动平板作用于边界流体上的剪切摩擦力 F 为

$$F=\tau bl=-\mu bl\left.\frac{\mathrm{d}u}{\mathrm{d}z}\right|_{z=0},$$

将式(6-104)代入上式中可得

$$F=b\left(\frac{\mu Ul}{\delta}-\frac{\Delta p\delta}{2}\right),$$

由剪切摩擦力 F 引起的功率损失 N_F 为

$$N_F=FU=bU\left(\frac{\mu Ul}{\delta}-\frac{\Delta p\delta}{2}\right),$$

总功率损失 N 为

$$N=N_Q+N_F=b\left(\frac{\Delta p^2\delta^3}{12\mu l}+\frac{\mu lU^2}{\delta}\right). \tag{6-107}$$

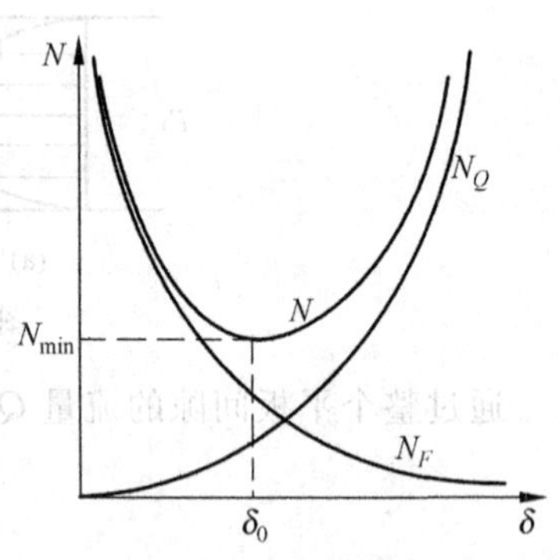

图 6-37　功率损失曲线

同样可证明，当压差流动和剪切流动方向相反时，总功率损失仍为式(6-107). 由式(6-107)可以看出，由压差引起的泄漏功率损失与间隙高度的三次方成正比，如图 6-37 中 N_Q 曲线所示，而由

剪切流动所产生的摩擦功率损失与间隙高度成反比，如图中 N_F 曲线所示. 总功率损失曲线是这两条曲线的叠加. 从叠加后的曲线 N 可以看出，它存在一最小值，所对应的 δ_0 即为所求的最佳间隙，则

$$\left.\frac{\mathrm{d}N}{\mathrm{d}\delta}\right|_{\delta=\delta_0}=0,$$

$$\frac{\mathrm{d}N}{\mathrm{d}\delta}=b\left(\frac{\Delta p^2\delta^2}{4\mu l}-\frac{\mu lU^2}{\delta^2}\right)=0,$$

所以使功率损失最小的缝隙高度 δ_0 为

$$\delta_0=\sqrt{\frac{2\mu Ul}{\Delta p}}, \tag{6-108}$$

上式即为平行平板间缝隙流动中最佳间隙的计算公式. 在液压元件的设计计算中应尽量选择使总功率损失为最小的 δ_0.

6.7.2 圆柱环形缝隙流动

1. 同心圆柱环形缝隙流动

同心圆柱环形缝隙流动是指液体在内外圆柱面处于同心放置的缝隙中沿轴线方向的流动. 设有如图 6-38 所示两同心圆柱面形成的缝隙，内圆柱直径为 d_1，外圆柱直径为 d_2，间隙高度为 $\delta=(d_2-d_1)/2$. 由于缝隙尺寸 δ 很小，可以把同心环形缝隙近似地看作宽度为 πd_1 的平行平板缝隙，因此缝隙中的流速分布可以按式(6-104)或式(6-105)计算. 通过缝隙中的流量可以将 $b=\pi d_1$ 代入式(6-106)得到

$$Q=\frac{\pi d_1\delta^3}{12\mu}\frac{\Delta p}{l}\pm\frac{\pi d_1\delta}{2}U, \tag{6-109}$$

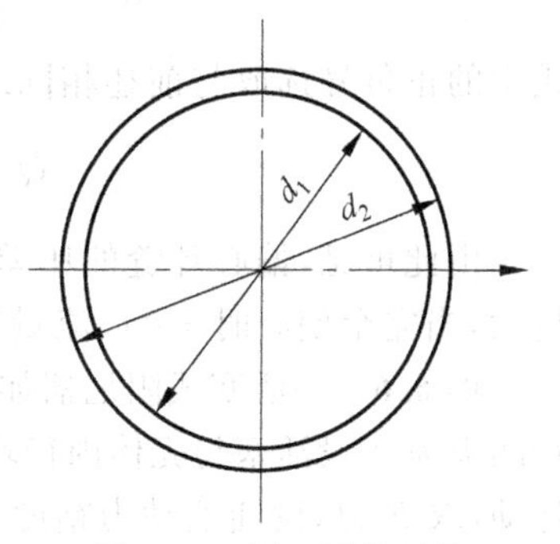

图 6-38 同心圆柱环缝

式中正负号的选取方法与平行平板缝隙流动相同.

2. 偏心圆柱环形缝隙流动

在实际工程中同心环缝的情况较少，而偏心的较多，例如液压缸与柱塞间由于柱塞受力不均匀所形成的环形缝隙. 如图 6-39 所示，设柱塞的半径为 r_1，缸半径为 r_2，$\delta_0=r_2-r_1$ 为同心时的缝隙高度，e 为偏心距，$\varepsilon=e/\delta_0$ 为相对偏心距. 缸与柱塞形成的缝隙高度 δ 是个变量，它随 θ 角而变. 由于 δ 相对于 r_1 和 r_2 为小量，而 e 与 r_1 和 r_2 相比为更小量，于是由图 6-39 的几何关系可得

$$\delta=AB=OB-OA\approx r_2-(r_1+e\cos\theta)$$

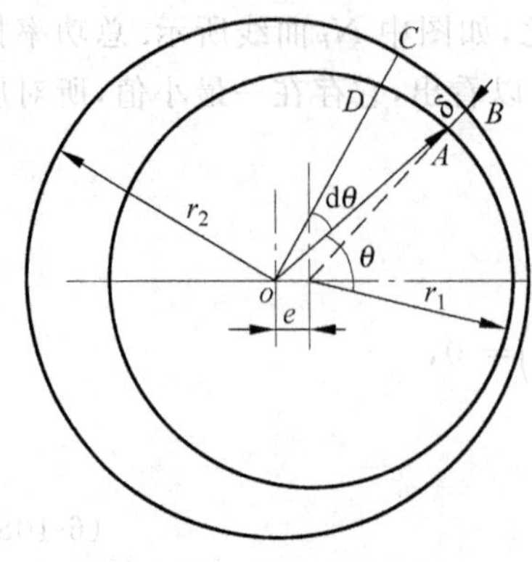

图 6-39 偏心圆柱环缝

$$=\delta_0-e\cos\theta=\delta_0(1-\varepsilon\cos\theta).$$

在任意角 θ 处取一微小圆弧 CB，它对应的圆弧角为 $\mathrm{d}\theta$，则 $CB=r_1\,\mathrm{d}\theta$，由于 CB 为一个微小长度，因而这段缝隙中的流动可近似看作为平行平板间的缝隙流动，所以流过偏心圆柱环形缝隙的总流量为

$$Q=\int_0^{2\pi}\left(\frac{\delta^3}{12\mu}\frac{\Delta p}{l}\pm\frac{\delta}{2}U\right)r_1\,\mathrm{d}\theta,$$

将 δ 与 θ 的函数关系代入，则

$$Q=\int_0^{2\pi}\left[\frac{\Delta p\delta_0^3}{12\mu l}(1-\varepsilon\cos\theta)^3\pm\frac{\delta_0 U}{2}(1-\varepsilon\cos\theta)\right]r_1\,\mathrm{d}\theta,$$

积分得

$$Q=\left[\frac{\Delta p\delta_0^3}{12\mu l}(1+1.5\varepsilon^2)\pm\frac{\delta_0 U}{2}\right]2\pi r_1$$

或

$$Q=\frac{\pi d_1\Delta p\delta_0^3}{12\mu l}(1+1.5\varepsilon^2)\pm\frac{\pi d_1\delta_0 U}{2},\tag{6-110}$$

式中的正负号选取与前述相同. 当 $U=0$ 时可得纯压差流动的流量为

$$Q=\frac{\pi d_1\Delta p\delta_0^3}{12\mu l}(1+1.5\varepsilon^2).\tag{6-111}$$

由此可见，偏心环缝的压差泄漏是同心时的 $(1+1.5\varepsilon^2)$ 倍. 偏心越大，流量增加越大，当完全偏心时 $\varepsilon=1$，流量为同心的 2.5 倍.

例 6.6 一活塞式阻尼器如图 6-40 所示，活塞直径为 D，长为 L，活塞与壳体间半径间隙为 δ，设活塞与壳体内径均无锥度，当活塞杆上作用 F 力，活塞将向下以 U 速度运动，求 F 力，设油液动力粘度为 μ，并认为无偏心.

解 活塞在 F 力作用下以 U 速度向下运动，这时活塞下的部分油液要经过活塞与壳体间的同心环缝流至上腔. 这是一个压差-剪切联合作用下的缝隙流动问题，活塞向下运动，而压差流动方向向上，由环缝向上流出的流量 Q 为

$$Q=\pi D\left(\frac{\Delta p\delta^3}{12\mu L}-\frac{U\delta}{2}\right),$$

这个流量应为活塞下行排挤下腔的流量

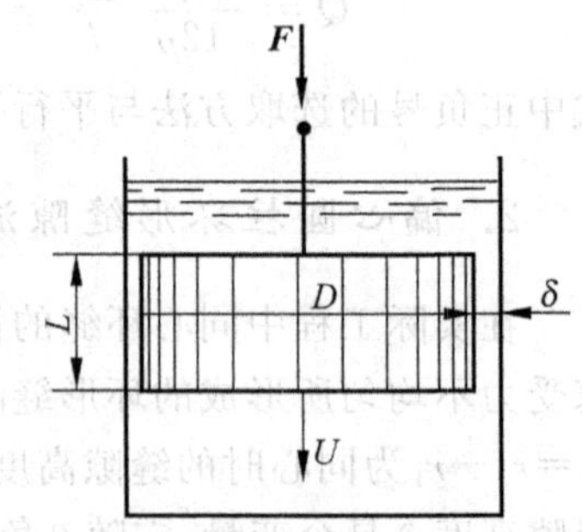

图 6-40 活塞式阻尼器

$$Q=\frac{\pi D^2}{4}U,$$

即

$$\pi D\left(\frac{\Delta p\delta^3}{12\mu L}-\frac{U\delta}{2}\right)=\frac{\pi D^2}{4}U,$$

则

$$\Delta p=\frac{6\mu UL}{\delta^3}\left(\frac{D}{2}+\delta\right),$$

由此可得活塞上克服压差 Δp 所需的力 F_p 为

$$F_p=\frac{\pi D^2}{4}\Delta p=\pi\mu UL\left[\frac{3}{4}\left(\frac{D}{\delta}\right)^3+\frac{3}{2}\left(\frac{D}{\delta}\right)^2\right].$$

活塞除压差力 F_p 外,还作用有粘性力 F_ν. 因为缝隙中流速分布为

$$u=\frac{\Delta p}{2\mu L}(\delta-z)z-U\left(1-\frac{z}{\delta}\right),$$

活塞上的切应力 τ_0 为

$$\begin{aligned}\tau_0&=\mu\frac{\mathrm{d}u}{\mathrm{d}z}\bigg|_{z=0}=\frac{\Delta p}{2L}(\delta-2z)+\mu\frac{U}{\delta}\bigg|_{z=0}=\frac{\Delta p}{2L}\delta+\mu\frac{U}{\delta}\\&=\frac{6\mu UL}{2L\delta^3}\left(\frac{D}{2}+\delta\right)\delta+\mu\frac{U}{\delta}=\frac{3\mu U}{\delta^2}\left(\frac{D}{2}+\delta\right)+\mu\frac{U}{\delta},\end{aligned}$$

由此向上的剪切力 F_ν 为

$$F_\nu=\pi DL\tau_0=\pi DL\left[\frac{3\mu U}{\delta^2}\left(\frac{D}{2}+\delta\right)+\mu\frac{U}{\delta}\right]=\pi\mu UL\left[\frac{3}{2}\left(\frac{D}{\delta}\right)^2+4\left(\frac{D}{\delta}\right)\right],$$

所以活塞受到的力 F 为

$$F=F_p+F_\nu=\pi\mu UL\left[\frac{3}{4}\left(\frac{D}{\delta}\right)^3+3\left(\frac{D}{\delta}\right)^2+4\left(\frac{D}{\delta}\right)\right].$$

6.7.3 倾斜平板间缝隙流动

当某一平板相对于另一平板成一角度放置时,两板间的液体流动称为倾斜平板间缝隙流动. 如图 6-41 所示,由于倾斜角 α 较小,平板两端的压强差 p_1-p_2 或一个平板以 U 速度,都将使缝隙中的液体近似以平行的速度运动,于是有

$$\left.\begin{aligned}&u=u(z),\quad v=w\approx 0,\\&\frac{\partial p}{\partial y}=0,\quad \frac{\partial p}{\partial z}\approx 0,\quad \frac{\partial p}{\partial x}=\frac{\mathrm{d}p}{\mathrm{d}x}.\end{aligned}\right\}\tag{6-112}$$

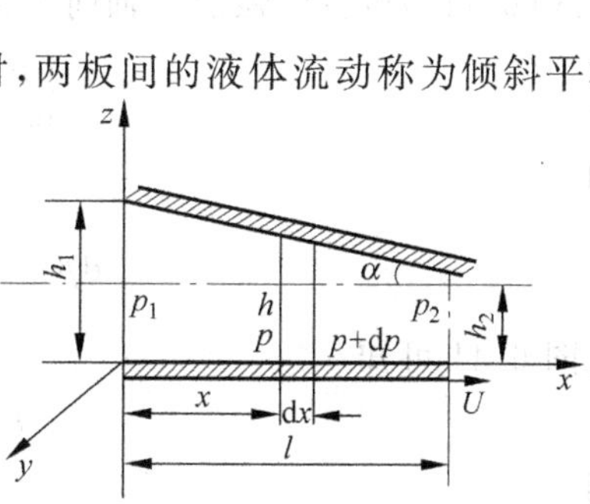

图 6-41 倾斜平板间缝隙流动

但是倾斜平板缝隙与平行平板缝隙不同之处在于沿流动方向的压强变化率$\frac{dp}{dx}$不是常数，因此$\frac{dp}{dx}$不能用$-\frac{\Delta p}{l}$代替. 在式(6-112)的条件下，倾斜平板缝隙的 N-S 方程简化为

$$\frac{d^2u}{dz^2}=\frac{1}{\mu}\frac{dp}{dx},$$

对 z 积分两次得

$$u=\frac{1}{2\mu}\frac{dp}{dx}z^2+C_1z+C_2, \tag{6-113}$$

将边界条件

$$\left.\begin{aligned} z=0, \quad u=U,\\ z=h, \quad u=0,\end{aligned}\right\}$$

代入式(6-113)，可得

$$C_1=-\frac{1}{2\mu}\frac{dp}{dx}h-\frac{U}{h}, \quad C_2=U,$$

于是式(6-113)为

$$u=\frac{1}{2\mu}(z^2-hz)\frac{dp}{dx}+U\left(1-\frac{z}{h}\right). \tag{6-114}$$

这就是倾斜平板缝隙中的速度分布规律.

若间隙宽度为 b，则流过任一截面的流量 Q 为

$$Q=\int_0^h ub\,dz=\int_0^h\left[\frac{1}{2\mu}(z^2-hz)\frac{dp}{dx}+U\left(1-\frac{z}{h}\right)\right]b\,dz,$$

积分得

$$Q=-\frac{bh^3}{12\mu}\frac{dp}{dx}+\frac{bhU}{2}, \tag{6-115}$$

由式(6-115)可得压强沿 x 轴向变化率为

$$\frac{dp}{dx}=\frac{6\mu U}{h^2}-\frac{12\mu}{bh^3}Q,$$

即

$$dp=\left(\frac{6\mu U}{h^2}-\frac{12\mu}{bh^3}Q\right)dx, \tag{6-116}$$

由图 6-41 可知

$$h=h_1-x\tan\alpha,$$

则

$$dx=-dh/\tan\alpha,$$

代入式(6-116)得

$$\mathrm{d}p=\left(\frac{12\mu Q}{bh^{3}\tan\alpha}-\frac{6\mu U}{h^{2}\tan\alpha}\right)\mathrm{d}h,$$

积分得

$$p=-\frac{6\mu Q}{bh^{2}\tan\alpha}+\frac{6\mu U}{h\tan\alpha}+C,\tag{6-117}$$

由边界条件 $h=h_1$ 时，$p=p_1$，得积分常数

$$C=p_1+\frac{6\mu Q}{bh_1^{2}\tan\alpha}-\frac{6\mu U}{h_1\tan\alpha},$$

代回式(6-117)则有

$$p=p_1+\frac{6\mu Q}{b\tan\alpha}\left(\frac{1}{h_1^{2}}-\frac{1}{h^{2}}\right)-\frac{6\mu U}{\tan\alpha}\left(\frac{1}{h_1}-\frac{1}{h}\right),\tag{6-118}$$

由边界条件 $h=h_2$ 时，$p=p_2$，可得

$$p_2=p_1+\frac{6\mu Q}{b\tan\alpha}\left(\frac{1}{h_1^{2}}-\frac{1}{h_2^{2}}\right)-\frac{6\mu U}{\tan\alpha}\left(\frac{1}{h_1}-\frac{1}{h_2}\right),$$

则倾斜缝隙两端的压强差为

$$\Delta p=p_1-p_2=\frac{6\mu Q}{b\tan\alpha}\left(\frac{h_1^{2}-h_2^{2}}{h_1^{2}h_2^{2}}\right)+\frac{6\mu U}{\tan\alpha}\left(\frac{h_2-h_1}{h_1h_2}\right),$$

利用关系式 $\tan\alpha=(h_1-h_2)/l$，可由上式得流量为

$$Q=\frac{bh_1h_2}{h_1+h_2}\left(\frac{h_1h_2}{6\mu l}\Delta p+U\right).\tag{6-119}$$

将式(6-119)代入式(6-118)则可得倾斜平板缝隙内 x 处的压强分布 p 为

$$p=p_1-\Delta p\,\frac{\left(\dfrac{h_1}{h}\right)^{2}-1}{\left(\dfrac{h_1}{h_2}\right)^{2}-1}+\frac{6\mu U(h-h_2)x}{h^{2}(h_1+h_2)}.\tag{6-120}$$

上述分析的是液流从缝隙较大端流向较小端，也就是渐缩平板间缝隙流动的情况. 在渐扩平板间缝隙中的流动，可采用与渐缩流动相同的推导过程，此时缝隙的几何尺寸为

$$h=h_1+x\tan\alpha,$$

$$\mathrm{d}x=\frac{\mathrm{d}h}{\tan\alpha}.$$

得到的渐扩平板间缝隙流动的流量计算公式和压力分布规律仍为式(6-119)和式(6-120).

对于固定不动的倾斜平板，即 $U=0$ 的纯压差，流量和压强分布规律分别为

$$Q=\frac{b}{6\mu l}\,\frac{h_1^{2}h_2^{2}}{h_1+h_2}\Delta p,\tag{6-121}$$

$$p = p_1 - \Delta p \frac{\left(\frac{h_1}{h}\right)^2 - 1}{\left(\frac{h_1}{h_2}\right)^2 - 1}. \tag{6-122}$$

分析式(6-122)可得,渐缩倾斜固定平板缝隙中的压强分布规律为上凸曲线,如图6-42(a)所示,收缩程度越大,曲线上凸越大.在渐扩倾斜固定平板缝隙中的压强分布规律为下凹曲线,如图6-42(b)所示,扩大程度越大,曲线下凹越多.

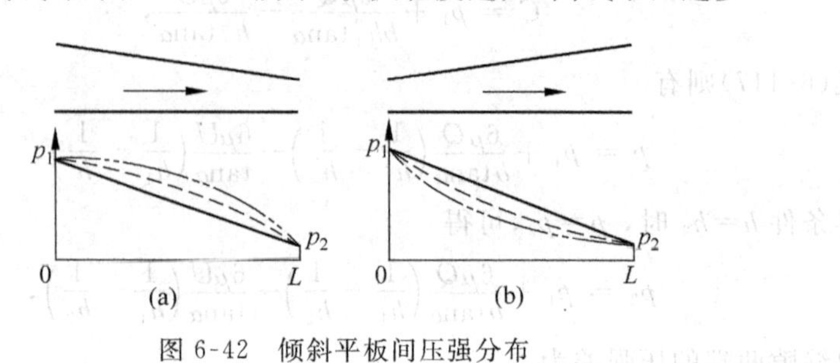

图6-42　倾斜平板间压强分布

6.7.4　圆锥缝隙流动

在工程技术中经常会由于加工误差或其他原因而将柱塞、活塞等加工成一定锥度的圆锥体,把这一圆锥体装入阀体或缸体中就形成了由外圆柱面和内圆锥面构成的环形缝隙流动.由于缝隙的高度和柱塞半径相比为微小量,因而将其展开后可看成是倾斜平板的缝隙流动.

当外圆柱体和内圆锥体处于同心位置而且无相对运动($U=0$)时,展开后两侧的缝隙高度h_1、h_2为常数,只需将式(6-121)中的b以πd代入即可得到流量公式,而压强分布规律仍为式(6-122).

而当内圆锥体相对于外圆柱体处于偏心位置时,缝隙高度沿轴线和圆周方向都是变化的.对于图6-43(a)所示的渐缩环形缝隙,如果内圆锥体偏向下方,按式(6-122)分别绘出圆锥体上方和下方的压强分布曲线.圆锥体下方缝隙较小一侧的压强大于圆锥体上方缝隙较大一侧的压强,因此形成向上的合力F将内圆锥压向同心位置.这个合力称为"恢复力",它能使内圆锥与外圆柱自动保持同心.

而对于图6-43(b)所示的渐扩环形缝隙,如果内圆锥体偏向下方,按式(6-122)分别绘出圆锥体上方和下方的压强分布曲线.圆锥体下方缝隙较小一侧的压强小于圆锥体上方缝隙较大一侧的压强.因此形成的合力F将内圆锥推向下方,直到接触外圆锥面为止.这个合力称为"卡紧力",它能使内圆锥与外圆柱出现"卡死"现象.减小卡紧力的有效方法就是如图6-44所示的开平衡槽.平衡槽均衡柱塞周围的压力,不容易出现偏心,自然也就不会出现卡紧力.

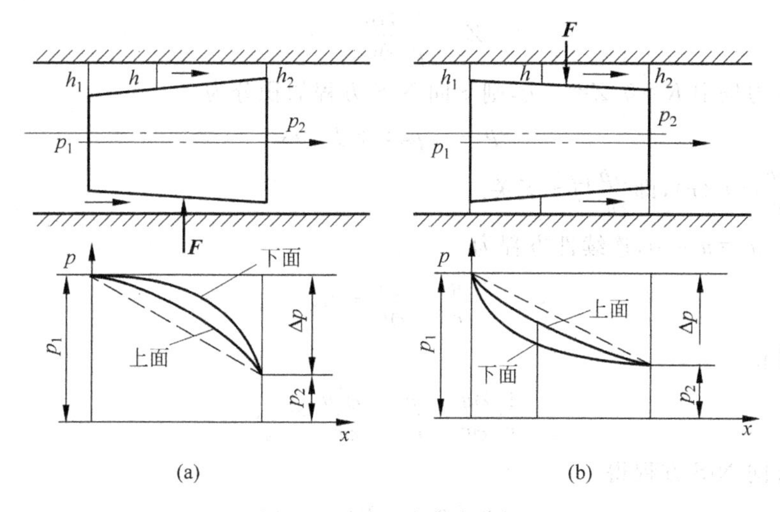

图 6-43　液压卡紧力分析

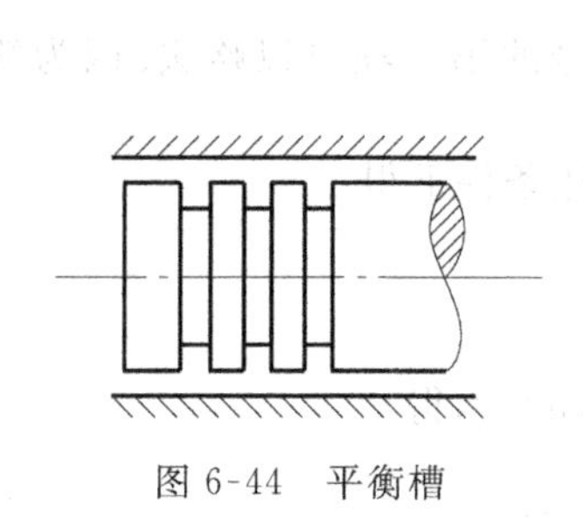

图 6-44　平衡槽

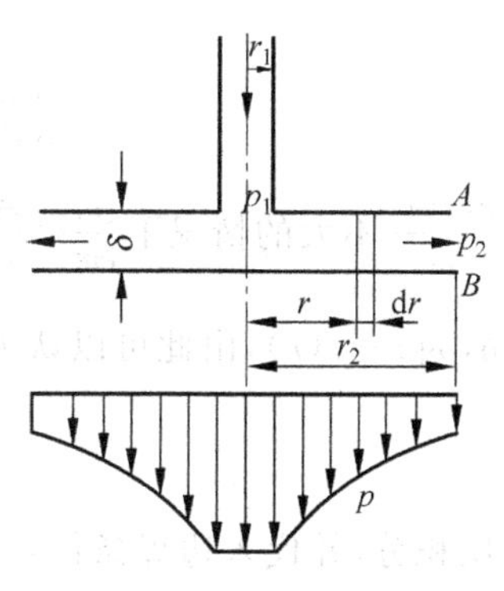

图 6-45　平行圆盘缝隙流动

6.7.5　平行圆盘缝隙流动

两圆盘 A 和 B 平行地相距 δ，如图 6-45 所示，液流从中心向四周径向流出. 由于缝隙高度 δ 很小，流动呈层流. 在轴向柱塞泵的滑靴与斜盘间、油缸与配流盘间的缝隙以及截面推力静压轴承等都属于这种流动.

采用柱坐标系探讨这种流动比较方便，因为平行圆盘间的流动是径向的，所以对称于中心轴线 z，这样运动参数就与 θ 无关. 又因为缝隙高度 δ 很小，所以 $u_\theta=0$，$u_z=0$，$u_r=u$. 因此柱坐标系下 N-S 方程式可简化为

$$R-\frac{1}{\rho}\frac{\partial p}{\partial r}+\nu\left(\frac{\partial^2 u}{\partial r^2}+\frac{1}{r}\frac{\partial u}{\partial r}+\frac{\partial^2 u}{\partial z^2}-\frac{u}{r^2}\right)=\frac{\partial u}{\partial t}+u\frac{\partial u}{\partial r},$$

$$Z-\frac{1}{\rho}\frac{\partial p}{\partial z}=0.$$

在重力场中 $R=0, Z=-g$，则 z 向 N-S 方程的积分为

$$p=-\rho g z+f(r),$$

由此得 $\frac{\partial p}{\partial r}=f'(r)$，即 $\frac{\partial p}{\partial r}$ 与 z 无关.

由于 $u_\theta=u_z=0$，连续性方程为

$$\frac{u}{r}+\frac{\partial u}{\partial r}=0,$$

对 r 求导得

$$\frac{1}{r}\frac{\partial u}{\partial r}-\frac{u}{r^2}+\frac{\partial^2 u}{\partial r^2}=0,$$

代入 r 方向 N-S 方程得

$$-\frac{1}{\rho}\frac{\partial p}{\partial r}+\nu\frac{\partial^2 u}{\partial z^2}=u\frac{\partial u}{\partial r}$$

或

$$\frac{\partial^2 u}{\partial z^2}=\frac{1}{\mu}\frac{\partial p}{\partial r}+\frac{u}{\nu}\frac{\partial u}{\partial r}.$$

在 $\frac{r_2-r_1}{r_1}$ 不大的情况下 $\frac{\partial u}{\partial r}\ll\frac{\partial p}{\partial r}$，因此上式等号的第二项可以略去. 因为缝隙中 $0\leqslant z\leqslant\delta, \rho g z\leqslant f(r)$，由此可以认为 $\frac{\partial p}{\partial r}\approx\frac{\mathrm{d}p}{\mathrm{d}r}$. 在上述条件下得

$$\frac{\partial^2 u}{\partial z^2}=\frac{1}{\mu}\frac{\mathrm{d}p}{\mathrm{d}r},$$

对其二次积分，并代入边界条件：$z=0, u=0; z=\delta, u=0$，得

$$u=-\frac{1}{2\mu}\frac{\mathrm{d}p}{\mathrm{d}r}(\delta-z)z. \tag{6-123}$$

流经缝隙的流量为

$$Q=\int_0^\delta u\mathrm{d}A=\int_0^\delta 2\pi r u\,\mathrm{d}z=-\frac{\pi r}{\mu}\frac{\mathrm{d}p}{\mathrm{d}r}\int_0^\delta(\delta-z)z\mathrm{d}z=-\frac{\pi r\delta^3}{6\mu}\frac{\mathrm{d}p}{\mathrm{d}r},$$

所以

$$\mathrm{d}p=-\frac{6\mu Q}{\pi\delta^3}\frac{\mathrm{d}r}{r},$$

积分得

$$p=-\frac{6\mu Q}{\pi\delta^3}\ln r+C,$$

当 $r=r_2$ 时，$p=p_2$，于是有

$$C=p_2+\frac{6\mu Q}{\pi\delta^3}\ln r_2,$$

将 C 代入上式得圆盘缝隙中沿径向的压强分布为

$$p=\frac{6\mu Q}{\pi\delta^3}\ln\frac{r_2}{r}+p_2. \tag{6-124}$$

由式(6-124)可见,平行圆盘缝隙中压强分布沿径向呈对数规律,如图 6-45 曲线所示.

当 $r=r_1$ 时,$p=p_1$,则得压强差

$$\Delta p=p_1-p_2=\frac{6\mu Q}{\pi\delta^3}\ln\frac{r_2}{r_1},$$

由上式求得流量计算式为

$$Q=\frac{\pi\delta^3\Delta p}{6\mu\ln(r_2/r_1)}. \tag{6-125}$$

在圆盘任意 r 处取微元面积 $2\pi r\mathrm{d}r$,由式(6-124)可求得上圆盘所受的总作用力为

$$F=\int_{r_1}^{r_2}\left(p_2+\frac{6\mu Q}{\pi\delta^3}\ln\frac{r_2}{r}\right)2\pi r\mathrm{d}r=\pi(r_2^2-r_1^2)p_2+\frac{12\mu Q}{\delta^3}\left(\frac{r_2^2-r_1^2}{2}\ln r_2-\int_{r_1}^{r_2}r\ln r\mathrm{d}r\right),$$

式中 $\int_{r_1}^{r_2}r\ln r\mathrm{d}r$ 可用分部积分求得,即

$$\int_{r_1}^{r_2}r\ln r\mathrm{d}r=\frac{r_2^2}{2}\ln r_2-\frac{r_1^2}{2}\ln r_1-\frac{r_2^2-r_1^2}{4},$$

代入上式得

$$\begin{aligned}F&=\pi(r_2^2-r_1^2)p_2+\frac{12\mu Q}{\delta^3}\left(\frac{r_2^2-r_1^2}{2}\ln r_2-\frac{r_2^2}{2}\ln r_2+\frac{r_1^2}{2}\ln r_1+\frac{r_2^2-r_1^2}{4}\right)\\&=\pi(r_2^2-r_1^2)p_2+\frac{6\mu Q}{\delta^3}\left[\frac{r_2^2-r_1^2}{2}+r_1^2\ln\left(\frac{r_1}{r_2}\right)\right].\end{aligned} \tag{6-126}$$

式中的流量用式(6-125)代入可得

$$\begin{aligned}F&=\pi(r_2^2-r_1^2)p_2+\frac{6\mu Q}{\delta^3}\left[\frac{r_2^2-r_1^2}{2}+r_1^2\ln\left(\frac{r_1}{r_2}\right)\right]\\&=\pi(r_2^2-r_1^2)p_2+\frac{\pi\Delta p}{2\ln(r_2/r_1)}\left[r_2^2-r_1^2+2r_1^2\ln\left(\frac{r_1}{r_2}\right)\right].\end{aligned} \tag{6-127}$$

式(6-126)和式(6-127)为已知流量或进出口压差求上圆盘的总作用力的两个公式.

若 $p_2=0$,则上两式为

$$F=\frac{6\mu Q}{\delta^3}\left[\frac{r_2^2-r_1^2}{2}+r_1^2\ln\left(\frac{r_1}{r_2}\right)\right], \tag{6-128}$$

$$F=\frac{\pi p_1}{2\ln(r_2/r_1)}\left[r_2^2-r_1^2+2r_1^2\ln\left(\frac{r_1}{r_2}\right)\right]. \tag{6-129}$$

图 6-45 的上圆盘中间有一个进油管或进油槽，于是作用在上圆盘上的力应比作用在下圆盘上的力小 $\pi r_1^2 p_1$，因此下圆盘所受的总作用力 F' 为

$$F' = \pi r_2^2 p_2 + \frac{3\mu Q}{\delta^3}(r_2^2 - r_1^2) \tag{6-130}$$

或

$$F' = \pi r_2^2 p_2 + \frac{\pi}{2} \frac{r_2^2 - r_1^2}{\ln(r_2/r_1)} \Delta p. \tag{6-131}$$

若 $p_2 = 0$，则

$$F' = \frac{3\mu Q}{\delta^3}(r_2^2 - r_1^2), \tag{6-132}$$

$$F' = \frac{\pi}{2} \frac{r_2^2 - r_1^2}{\ln(r_2/r_1)} p_1. \tag{6-133}$$

6.8 孔 口 出 流

孔口出流在工程技术中有着广泛的应用，如水利工程上的闸孔、水力采煤用的水枪、消防用水龙头、各类柴油机和汽轮机的喷嘴、汽油机中的汽化器以及液压技术中油液流经滑阀、锥阀、阻尼孔等都可归纳为孔口出流问题. 下面讨论液体孔口出流的基本概念和主要特征，确定出流速度、流量和影响它们的因素. 通过这些问题的研究，进一步掌握流体运动基本规律的应用.

6.8.1 孔口出流的分类和基本特征

液体从孔口出流的情况是多种多样的，根据孔口的结构形状和出流条件，有下面几种不同的分类.

(1) 自由出流和淹没出流

从出流的下游条件看，可分为自由出流孔口和淹没出流孔口. 如果流体通过孔口后流入大气中称为自由出流孔口，如果是流入充满液体的空间，则称为淹没出流孔口.

(2) 大孔口和小孔口

从孔口截面上流速分布的均匀性看，可以分为大孔口和小孔口. 如果孔口截面上各点的流速是均匀分布的，则称为小孔口. 反之如果孔口截面上各点的流速相差较大，不能按均匀分布计算，则称为大孔口.

(3) 薄壁孔口和厚壁孔口

如果出流液体具有一定的流速，能形成射流且孔口具有尖锐的边缘，壁厚不影响

射流的形状，这种孔口称为薄壁孔口．一般情况下，当孔口的壁面厚度 L 和孔口直径 d 的比值小于或等于 2，即 $L/d \leqslant 2$，这时孔口可认为是薄壁孔口，如图 6-46(a)所示．由于孔口边缘尖锐，而流线不能突然转折，经过孔口后射流继续发生收缩，在离孔口很近的下游 c-c 处射流截面积达到最小，称为收缩截面，它的面积以 A_c 表示，A_c 与孔口的几何截面积 A_0 之比称为收缩系数 $C_c = A_c/A_0$．在收缩截面 c-c 上，流线近似于平行，可以认为是缓变流动．液体从薄壁孔口出流时没有沿程压力损失，只有因收缩而引起的局部阻力损失．

如果出流液体具有一定的流速，能形成射流，此时虽然孔口也有尖锐边缘，射流形成收缩截面，但由于孔壁较厚，射流收缩后又扩散而附壁，这种孔口称为厚壁孔口，有时也称为管嘴，如图 6-46(b)所示．厚壁孔口的厚度 L 与孔口直径 d 的比值大于 2 而小于或等于 4，即 $2 < L/d \leqslant 4$．厚壁孔口出流时不仅要考虑收缩的局部损失，而且还要考虑沿程损失．

具有尖锐边缘孔口的特点是射流的收缩，收缩程度对于孔口出流的性能有显著的影响．如果孔口与边壁或者底部相切(图 6-47，Ⅰ及Ⅱ)，则相切处的射流就不会产生收缩，如果孔口离侧壁或底部太近，则收缩受到一定的影响，称为不完全收缩，只要离壁面的距离大于孔径或孔口边长的 3 倍，侧壁等不影响射流的收缩，这时射流的收缩称为完全收缩．本书主要讨论完全收缩的情况．

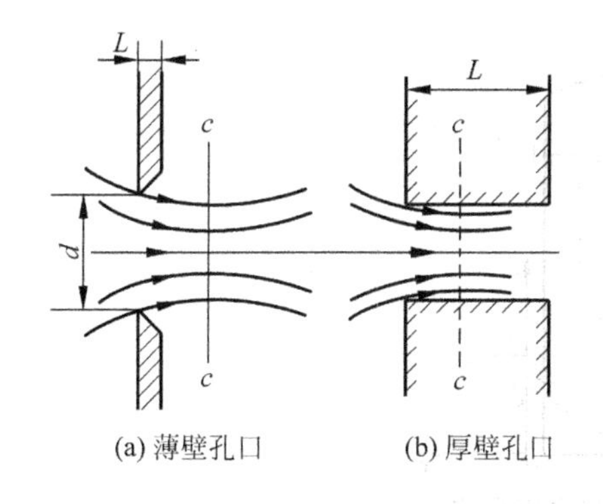

图 6-46　孔口出流

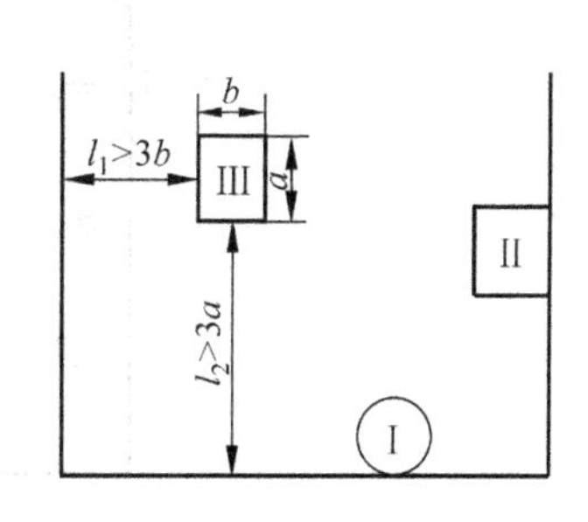

图 6-47　孔口位置对射流收缩的影响

(4) 定常出流和非定常出流

当出流系统的作用水头保持不变时，出流的各种参数保持恒定，称为定常出流．而当作用水头随出流过程变化时，出流参数也随之变化，称为非定常出流．

6.8.2 薄壁孔口自由出流

1. 薄壁孔口的出流公式

设液体自图6-48所示容器侧壁上的薄壁小孔流入大气，容器内液面压强为 p_1，作用水头高为恒定值 H. 根据流线的特性可知，小孔出流时所形成的流线不会是折线，只能是一条光滑的曲线，故从孔口出流后形成一个流束直径最小的收缩截面 c-c. 对图示的1-1和 c-c 截面列伯努利方程

$$\frac{p_1}{\rho g}+\frac{a_1 V_1^2}{2g}+H=\frac{p_c}{\rho g}+\frac{a_c V_c^2}{2g}+\zeta_c\frac{V_c^2}{2g},$$

其中 ζ_c 为孔口出流局部阻力系数. 将连续性方程 $V_1=\frac{A_c}{A_1}V_c$ 代入上式得

$$gH+\frac{p_1-p_c}{\rho}=\left[a_c-a_1\left(\frac{A_c}{A_1}\right)^2+\zeta_c\right]\frac{V_c^2}{2}$$

或

$$V_c=\frac{1}{\sqrt{a_c-a_1\left(\frac{A_c}{A_1}\right)^2+\zeta_c}}\sqrt{2\left(gH+\frac{p_1-p_c}{\rho}\right)}.$$

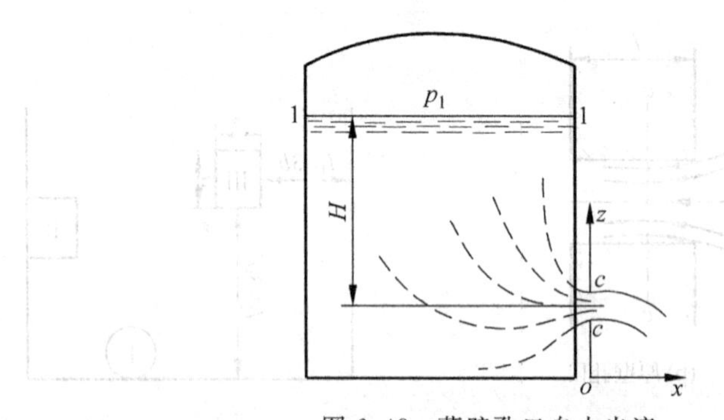

图6-48 薄壁孔口自由出流

如果容器截面 A_1 较大，即 $A_1\gg A_c$，对于小孔口来说 $a_c\approx 1$，则得

$$V_c=C_v\sqrt{2\left(gH+\frac{\Delta p}{\rho}\right)},\tag{6-134}$$

式中 $C_v=\frac{1}{\sqrt{1+\zeta_c}}$ 称为流速系数，$\Delta p=p_1-p_c$. 通过孔口的流量为

$$Q=V_cA_c=C_cA_0V_c=C_cC_vA_0\sqrt{2\left(gH+\frac{\Delta p}{\rho}\right)}=C_dA_0\sqrt{2\left(gH+\frac{\Delta p}{\rho}\right)},\tag{6-135}$$

式中 A_0 为孔口面积，$C_c = A_c/A_0$ 为收缩系数，$C_d = C_c C_v$ 为孔口出流的流量系数.

如果容器敞开，容器上部为自由液面，则 $p_1 = p_a$. 小孔自由出流时，射流截面上的压强为常数，应等于表面上的压强，即为大气压强 p_a，因此 $\Delta p = p_1 - p_c = 0$，则

$$V_c = C_v\sqrt{2gH}, \tag{6-136}$$

$$Q = C_d A_0 \sqrt{2gH}, \tag{6-137}$$

如果$\dfrac{\Delta p}{\rho} \gg gH$，则有

$$V_c = C_v\sqrt{\frac{2\Delta p}{\rho}}, \tag{6-138}$$

$$Q = C_d A_0 \sqrt{\frac{2\Delta p}{\rho}}. \tag{6-139}$$

2. 薄壁孔口的出流系数

由上述孔口出流公式可知，出流速度和流量与 ζ_c、C_c、C_v、C_d 等出流系数有着密切关系，这些系数影响着孔口出流的性能，所以有必要对这四个系数加以讨论.

(1) 流速系数

从公式(6-134)可知，如果孔口流动没有局部阻力损失，则孔口的阻力系数 $\zeta_c = 0$，孔口的理想流速应该是

$$V_T = \sqrt{2\left(gH + \frac{\Delta p}{\rho}\right)} \tag{6-140}$$

于是

$$C_v = \frac{V_c}{V_T}. \tag{6-141}$$

可见流速系数的物理意义就是实际流速 V_c 与理想流速 V_T 的比值，阻力系数越大，则实际流速越小，其流速系数也就越小. 由于局部阻力损失系数很难由理论计算，因此流速系数只能通过实验方法求得.

如图 6-49 所示，孔口出流射入大气后成为平抛运动，将 xoy 坐标原点取在收缩截面上，测量射流上任一点 M_0 的坐标 x_0 和 y_0，如果忽略空气阻力，则

$$x_0 = V_c t$$

$$y_0 = \frac{1}{2} g t^2$$

消去时间参数 t 可得，$V_c = x_0\sqrt{\dfrac{g}{2y_0}} = C_v\sqrt{2gH}$，

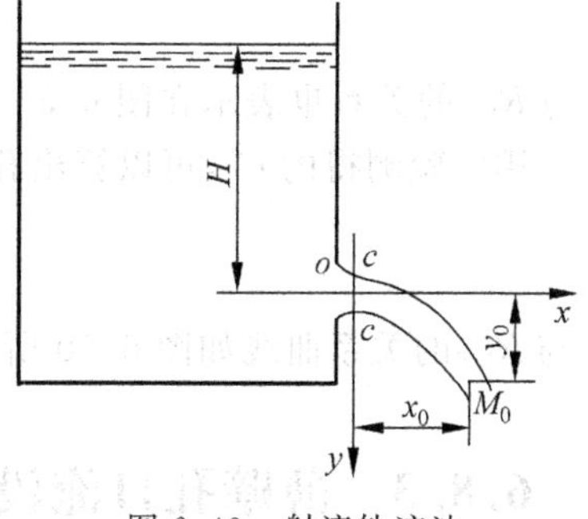

图 6-49　射流轨迹法

因此流速系数 C_v 为

$$C_v = \frac{x_0}{2\sqrt{Hy_0}}. \tag{6-142}$$

阿里特苏里将薄壁小孔口的实验结果表示成如图 6-50 所示的曲线，横坐标是理想流速下的雷诺数 Re_T. 从图上可以看到当 $Re_T \geqslant 10^5$ 时，$C_v = 0.97$.

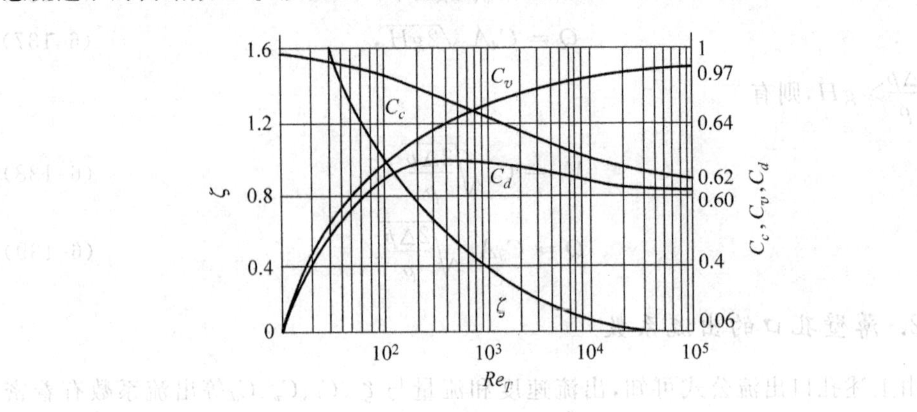

图 6-50 出流系数与 Re_T 关系曲线

(2) 流量系数

由式(6-135)可得

$$C_d = \frac{Q}{A_0\sqrt{2\left(gH + \frac{\Delta p}{\rho}\right)}} = \frac{Q}{A_0 V_T} = \frac{Q}{Q_T}, \tag{6-143}$$

因此流量系数的物理意义就是实际流量 Q 与理想流量 Q_T 的比值.

通过对 Q、H、Δp 和 A_0 的测定，容易得出流量系数 C_d 的实验值. C_d 与 Re_T 的关系也表示在图 6-50 上，当 $Re_T \geqslant 10^5$ 时 $C_d = 0.60 \sim 0.62$.

(3) 收缩系数与局部阻力系数

用实验得出的 C_d 和 C_v，可以算出收缩系数

$$C_c = \frac{C_d}{C_v}, \tag{6-144}$$

C_c 与 Re_T 的关系也表示在图 6-50 上，当 $Re_T \geqslant 10^5$ 时，$C_c = 0.62 \sim 0.64$.

用实验测得的 C_v，可以算出孔口的局部阻力系数

$$\zeta_c = \frac{1}{C_v^2} - 1, \tag{6-145}$$

ζ_c 与 Re_T 的关系曲线如图 6-50 所示，当 $Re_T \geqslant 10^5$ 时 $\zeta_c = 0.06$.

6.8.3 薄壁孔口淹没出流

工程技术中常用节流器或阻尼器来控制流量或压力，这些器件的下游一般都并

不与大气接触，而是充满液体，属于淹没孔口的范畴. 淹没孔口也有薄壁和厚壁之分，本节讨论薄壁的情况. 液流通过进口边为锐缘的孔口时，如果雷诺数并不很小，与自由流相同，自孔口流出的液体必然形成射流而产生截面收缩. 与自由射流不同的是，孔口下游并不与大气接触，而且液体出流后有扩散过程，在收缩截面 c-c 处速度最大，压强最低. 随着射流的扩散，流速降低而压强升高. 当然由于阻力而产生损失，压强不能完全恢复，如图 6-51 所示.

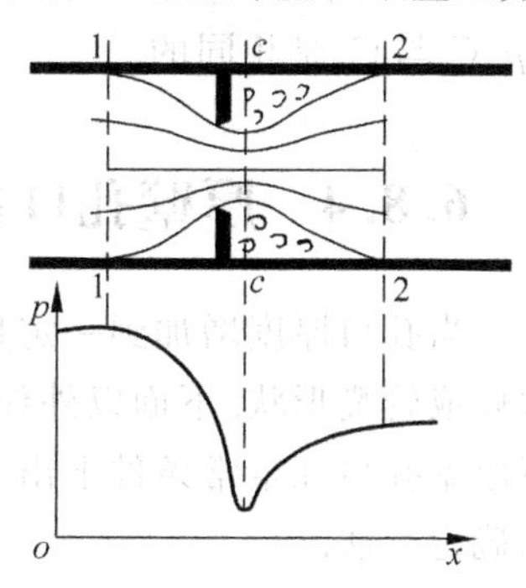

图 6-51 薄壁孔口淹没出流

由截面 1-1 至截面 c-c 的伯努利方程为

$$\frac{p_1}{\rho g}+\frac{a_1V_1^2}{2g}=\frac{p_c}{\rho g}+\frac{a_cV_c^2}{2g}+\zeta_c\frac{V_c^2}{2g},$$

将连续性方程 $V_1=\dfrac{A_c}{A_1}V_c=\dfrac{C_cA_0}{A_1}V_c$ 代入上式得

$$V_c=\frac{1}{\sqrt{a_c-a_1\left(\dfrac{C_cA_0}{A_1}\right)^2+\zeta_c}}\sqrt{\frac{2\Delta p}{\rho}},$$

式中 $\Delta p=p_1-p_c$，A_0 为孔口的面积.

在工程技术中 A_0 一般要比 A_1 小得多，因此 $a_1\left(\dfrac{C_cA_0}{A_1}\right)^2$ 与 $a_c+\zeta_c$ 比较起来可以忽略. 对小孔口来说，收缩截面处流速是均匀的，$a_c\approx1$，于是

$$V_c=\frac{1}{\sqrt{1+\zeta_c}}\sqrt{\frac{2\Delta p}{\rho}}=C_v\sqrt{\frac{2\Delta p}{\rho}}. \tag{6-146}$$

流量 Q 为

$$Q=V_cA_c=C_cA_0V_c=C_cC_vA_0\sqrt{\frac{2\Delta p}{\rho}}=C_dA_0\sqrt{\frac{2\Delta p}{\rho}}, \tag{6-147}$$

式中 C_d 为流量系数. 经实验测定，薄壁小孔淹没出流的流速系数、流量系数、局部阻力系数和收缩系数与自由出流具有完全相同的值.

需要指出的是，在阻尼器和阀口等出流问题中，要确定收缩截面而测定收缩截面上的压强是很困难的，一般只能在出流口下游适当的地方测得压强 p_t. p_t 总是大于 p_c，则实测的 Δp_t 总是小于 Δp，把

$$C_q=\frac{Q}{A_0\sqrt{\dfrac{2\Delta p_t}{\rho}}} \tag{6-148}$$

定义为实测的流量系数，由此可得

$$\frac{C_q}{C_d}=\sqrt{\frac{\Delta p}{\Delta p_t}}. \tag{6-149}$$

由于 $\Delta p_t < \Delta p$，所以流量系数 C_q 总是大于 C_d，只有在自由出流的情况下 $\Delta p_t = \Delta p$，C_q 与 C_d 是相同的.

6.8.4 厚壁孔口自由出流

当孔口厚度增加到一定程度并对出流有显著影响时，称为厚壁孔口出流，工程上常做成管嘴形状. 下面以外伸圆柱形管嘴为例，分析厚壁孔口在定常条件下出流速度和流量等参数的确定方法.

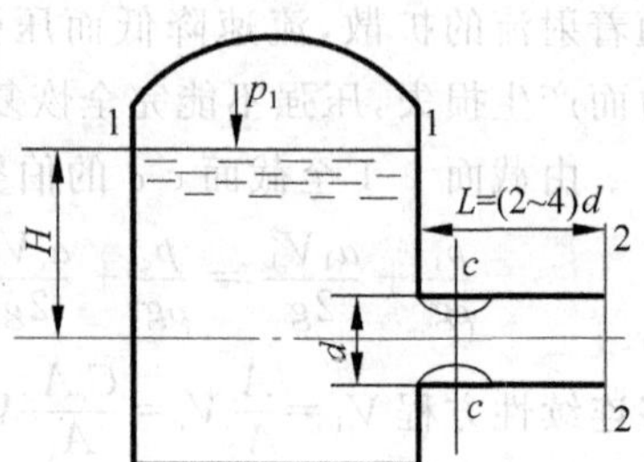

图 6-52 外伸圆柱形厚壁孔口

图 6-52 为带有外伸圆柱形厚壁孔口的容器. 以自由液面 1-1 和管嘴出流截面 2-2 列伯努利方程

$$\frac{p_1}{\rho g} + \frac{a_1 V_1^2}{2g} + H = \frac{p_2}{\rho g} + \frac{a_2 V_2^2}{2g} + \sum \zeta \frac{V_2^2}{2g},$$

如果容器截面积相对于孔口截面很大，$V_1 \approx 0$，并取 $a_2 \approx 1$，则上式为

$$\frac{\Delta p}{\rho g} + H = \left(1 + \sum \zeta\right) \frac{V_2^2}{2g}$$

或

$$V_2 = \frac{1}{\sqrt{1 + \sum \zeta}} \sqrt{2\left(gH + \frac{\Delta p}{\rho}\right)},$$

式中 $\Delta p = p_1 - p_2$. 令流速系数 $C_v = \dfrac{1}{\sqrt{1 + \sum \zeta}}$，则

$$V_2 = C_v \sqrt{2\left(gH + \frac{\Delta p}{\rho}\right)}. \tag{6-150}$$

厚壁孔口出流流量为

$$Q = V_2 A_0 = C_v A_0 \sqrt{2\left(gH + \frac{\Delta p}{\rho}\right)}$$

或

$$Q = C_d A_0 \sqrt{2\left(gH + \frac{\Delta p}{\rho}\right)}, \tag{6-151}$$

式中流量系数 $C_d = C_v$，A_0 为孔口截面积.

由式(6-150)与式(6-151)可知，厚壁孔口的出流公式与薄壁孔口出流公式在形式上完全一致，只是它的流速系数、流量系数与薄壁孔口不同，需重新确定.

首先分析厚壁孔口的阻力损失. 厚壁孔口阻力损失由三部分组成：一是入口收缩

损失，二是收缩截面后的扩大损失，三是附壁流出的沿程损失. 因此

$$\sum \zeta = \zeta_c' + \zeta_1 + \lambda \frac{L}{d},$$

式中 L 为管嘴长度，d 为孔口直径.

入口收缩损失可按薄壁孔口出流来计算，即

$$\zeta_c' \frac{V_2^2}{2g} = \zeta_c \frac{V_c^2}{2g},$$

由此得

$$\zeta_c' = \zeta_c \left(\frac{V_c}{V_2}\right)^2 = \zeta_c \left(\frac{A}{A_c}\right)^2 = \zeta_c \left(\frac{1}{C_c}\right)^2,$$

由前面薄壁孔口分析可知当 $Re \geqslant 10^5$ 时，$\zeta_c = 0.06$，$C_c = 0.63$，代入上式可算得

$$\zeta_c' = 0.06 \times \left(\frac{1}{0.63}\right)^2 = 0.15.$$

突然扩大阻力系数为

$$\zeta_1 = \left(\frac{A}{A_c} - 1\right)^2 = \left(\frac{1}{C_c} - 1\right)^2 \approx 0.34.$$

由于孔口厚度仅为 $L=(2\sim4)d$，其沿程阻力损失 $\lambda \frac{L}{d}$ 很小，可以忽略，因此

$$\sum \zeta \approx 0.15 + 0.34 = 0.49,$$

最后可得厚壁孔口的流速系数为

$$C_v = \frac{1}{\sqrt{1 + \sum \zeta}} \approx 0.82,$$

即

$$C_d = C_v = 0.82,$$

这个值与实验测定的值非常接近.

对比厚壁孔口出流 $C_d = 0.82$ 和薄壁孔口出流 $C_d = 0.61$ 可以看出，在同样出流条件下，当孔口面积相同时，通过厚壁孔口的流量大于薄壁孔口，其比值约为 1.34. 产生这个结果的原因可解释为：当液体从厚壁孔口流到大气中去时流速为 V_2，在收缩截面上的流速 $V_c > V_2$，因此收缩截面上的压强 p_c 一定小于孔口出流截面上的压力，即小于大气压强 p_a，这样就在厚壁孔口的收缩截面上产生真空. 由于真空抽吸作用，不但克服了阻力，还将从容器中抽吸液体，加大了厚壁孔口出流流量.

在工程中，通常采用管嘴来增大孔口出流的流量. 当然管嘴的尺寸要有一定的范围，太长则引起较大的沿程压力损失，太短则在孔内流动来不及扩散至管壁就已流出管口，在管内形成不了真空，起不到增大流量的作用. 大量的实验证明，使管嘴正常工作的长度 L 最好为孔口直径的 2～4 倍.

对于实际工程中的不同需要,往往要采用不同形式的其他管嘴.尽管管嘴的形式不同,但是流量和流速的计算公式完全相同,仅系数C_v和C_d的数值不同.这些系数的大小取决于各种管嘴的出流特性和经管嘴的各种阻力损失大小.为分析、比较、选用方便,下面将图6-53中所示的几种管嘴出流的系数值列于表6-10中.为便于比较,假定这些管嘴在容器壁面上的面积是相同的,皆为A_0.

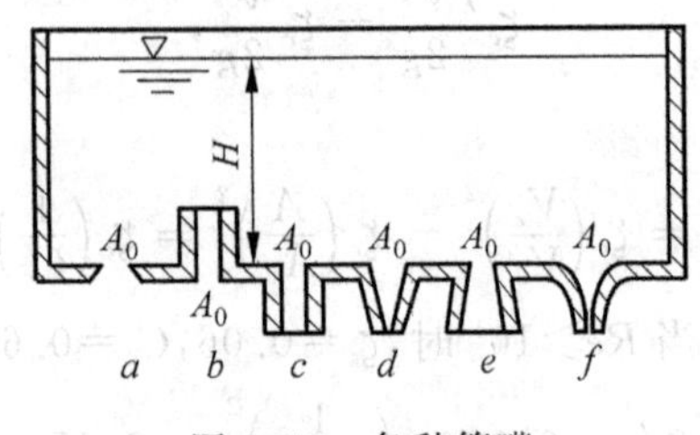

图6-53　各种管嘴

表6-10　各种形式管嘴的出流系数

种类		局部阻力系数 ζ_c	收缩系数 C_c	流速系数 C_v	流量系数 C_d
a	薄壁孔口	0.06	0.64	0.97	0.62
b	内伸管嘴	1	1	0.71	0.71
c	外伸管嘴	0.5	1	0.82	0.82
d	收缩管嘴 收缩角 $\theta=13°\sim14°$	0.09	0.98	0.96	0.96
e	扩张管嘴 扩张角 $\theta=5°\sim7°$	4	1	0.45	0.45
f	流线型管嘴	0.04	1	0.98	0.98

例6.7　在直径$D=20\text{mm}$的油管中装有直径$d=4\text{mm}$、流速系数$C_v=0.8$的一个固定节流器(图6-54).节流器前后的损失可忽略.已知$p_0=0.1\text{bar}$,$p_2=0$,油的密度$\rho=850\text{kg/m}^3$,试求节流器末端及管道出口处的速度V_1、V_2.

解　这是一个厚壁孔口淹没出流的问题,分析方法可以和自由出流完全一样,只是选用计算公式时不考虑液面高差即可,则

$$V_1=C_v\sqrt{\frac{2\Delta p}{\rho}}=C_v\sqrt{\frac{2(p_0-p_1)}{\rho}}.$$

列1-1截面及2-2截面的伯努利方程及连续性方程式

$$\frac{p_1}{\rho g}+\frac{V_1^2}{2g}=\frac{V_2^2}{2g},\quad V_1d^2=V_2D^2,$$

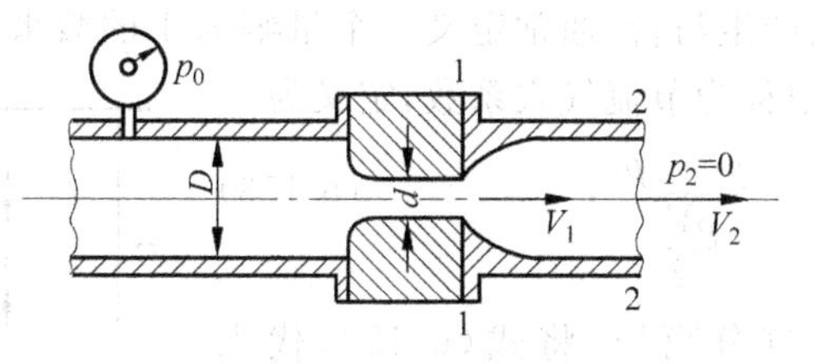

图 6-54 固定节流器

则

$$p_1 = \frac{\rho(V_2^2 - V_1^2)}{2} = \frac{\rho V_1^2}{2}\left[\left(\frac{d}{D}\right)^4 - 1\right].$$

将 p_1 代入节流器的流速公式中得

$$V_1 = C_v\sqrt{\frac{2(p_0 - p_1)}{\rho}} = C_v\sqrt{\frac{2}{\rho}(p_0 - p_1)} = C_v\sqrt{\frac{2}{\rho}\left\{p_0 - \frac{\rho V_1^2}{2}\left[\left(\frac{d}{D}\right)^4 - 1\right]\right\}},$$

上式整理得

$$V_1 = \sqrt{\frac{2p_0}{\rho\left[\frac{1}{C_v^2} + \left(\frac{d}{D}\right)^4 - 1\right]}} = \sqrt{\frac{2\times 0.1\times 10^5}{850\times\left[\frac{1}{0.8^2} + \left(\frac{4}{20}\right)^4 - 1\right]}} = 6.46\text{m/s},$$

$$V_2 = V_1\left(\frac{d}{D}\right)^2 = 6.46\times\left(\frac{4}{20}\right)^2 = 0.26\text{m/s}.$$

6.8.5 节流气穴与汽蚀

由前面分析可知，液体通过阀口、阻尼孔及其他节流装置时，速度往往很高，压强降低，出现真空度. 当压强降低到一定程度时，溶解在液体里的空气首先要分离出来，以气泡的形式逸出. 当压强继续降低，液体本身也要汽化而形成大量的气泡. 这种在节流过程中，由于局部地区压强降低而在液体中产生气泡的现象称为节流气穴. 压强低到什么程度会产生气穴，这要看液体中是否溶解气体以及气体溶解量的多少而定. 一般水中溶解气体不超过 2%，因而水中气穴往往以液体饱和蒸气压为标准. 油中溶解气体可达 6%～12%，油中气穴往往以空气分离压为标准.

设有如图 6-55 所示管内节流孔，若前后压强分别为 p_1 和 p_2，射出的流速为 V_2，液体密度为 ρ，当节流小孔直径与管内径相比很小，即 $d_0 \ll D$ 时，由伯努利方程可得到节流孔前后压差为

$$p_1 - p_2 \approx \frac{\rho V_2^2}{2}. \tag{6-152}$$

由于节流流动的最低压强发生在节流孔下游，因此节流出口压强 p_2 的相对大小

可用来判断节流气穴产生与否.通常定义一个量纲为1的数来表示气穴产生的可能性.这个量纲为1的数称为节流气穴系数,定义为

$$\sigma = \frac{p_2 - p_v}{\frac{\rho V_2^2}{2}}, \tag{6-153}$$

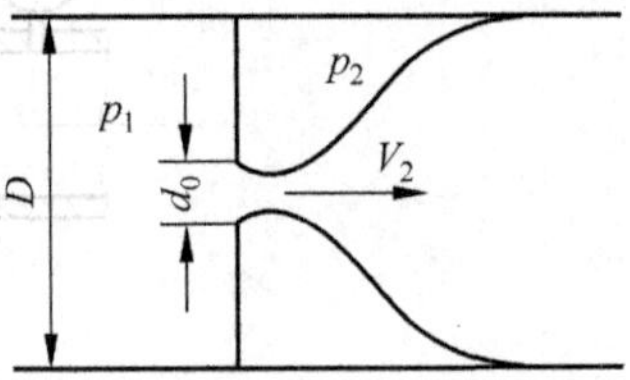

式中 p_v 为液体的空气分离压.将式(6-152)代入式(6-144),可得

$$\sigma = \frac{p_2 - p_v}{p_1 - p_2}.$$

图 6-55 管内节流孔

从理论上说,$p_2 = p_v$ 时,也就是 $\sigma = 0$ 时,才发生气穴.但实验证明,当 σ 下降到 0.4 左右时就开始产生气穴.可见 $\sigma = 0.4$ 可作为节流气穴发生的临界值,$\sigma > 0.4$ 不发生气穴,$\sigma < 0.4$ 则有气穴发生.

由于 p_v 与 p_1、p_2 相比很小,因此

$$\sigma = \frac{p_2}{p_1 - p_2} = \frac{1}{p_1/p_2 - 1}. \tag{6-154}$$

由式(6-154)可以看出,σ 取决于节流孔前后的压强比 p_1/p_2.将 $\sigma = 0.4$ 代入可得

$$\frac{p_1}{p_2} = 3.5,$$

可见节流口前后压强比为 $p_1/p_2 = 3.5$ 是产生气穴的界限.为了避免产生节流气穴,必须保证 $p_1/p_2 < 3.5$.常见的方法是适当提高节流口后的压强 p_2,降低节流口前的压强 p_1.

当气穴现象所产生的气泡随流体流至高压区时,气泡被急剧击破,在一瞬间产生强烈的冲击,引起振动和噪声,并伴有流体温度和压强的升高以及氧化变质.如果气泡的破灭发生在固体壁面时,壁面材料在反复的冲击和氧化作用下,将会发生剥落和腐蚀,这种现象称为汽蚀.

气穴和汽蚀现象对水力机械、液压元件和系统等都是十分有害的,但又不可避免,因此研究它的机理和寻求解决方法是至关重要的.由于气穴和汽蚀的机理和过程十分复杂,至今未有统一的判别标准和行之有效的防止方法.

习 题

6.1 层流与湍流有什么本质区别?

6.2 设水平放置一管径为 d,长为 l 的圆形直管.管中的入口压强为 p_1,出口压

强为 p_2，流态为层流，试确定流体对管壁的摩擦力.

6.3　有直径 $d=10\text{cm}$，长 $l=100\text{m}$ 的圆管水平放置，管中有运动粘度 $\nu=1\text{cm}^2/\text{s}$，密度 $\rho=850\text{kg/m}^3$ 的油，以 $Q=10\ \text{l/s}$ 的流量通过. 求此管两端的压差.

6.4　用毛细管测量粘度，相对密度为 0.9 的某油液，经 1m 长直径 10mm 的毛细管压降为 1m 水柱，并在 100s 内得 1kg 质量的油，求该油液的动力粘度.

6.5　直径 $d=15\text{mm}$ 的圆管中流体以速度 $V=14\text{m/s}$ 在流动，设流体分别为 (1)润滑油 $\nu=1\text{cm}^2/\text{s}$；(2)汽油 $\nu=0.884\text{cm}^2/\text{s}$；(3)水 $\nu=0.01\text{cm}^2/\text{s}$；(4)空气 $\nu=0.15\text{cm}^2/\text{s}$，试判别其流态. 若使管内保持层流，则以上四种流体在管内最大流速为多少？

6.6　如图所示，$h=15\text{m}$，$p_1=450\text{kPa}$，$p_2=250\text{kPa}$，$d=10\text{mm}$，$L=20\text{m}$，油液动力粘度 $\mu=40\times10^{-3}\text{Pa}\cdot\text{s}$，相对密度为 0.88，求流量.

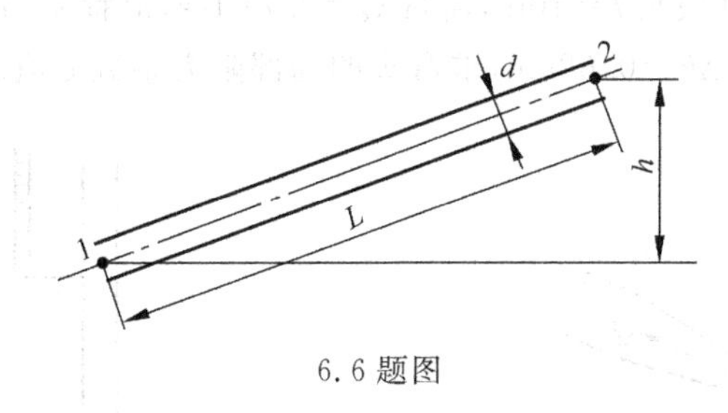

6.6 题图

6.7　沿直径 $d=200\text{mm}$，长 $l=3000\text{m}$ 的无缝钢管（$\Delta=0.2\text{mm}$）输送密度 $\rho=900\text{kg/m}^3$ 的石油. 已知流量 $Q=27.8\times10^3\text{m}^3/\text{s}$，油的运动粘度在冬季 $\nu_w=1.092\times10^{-4}\text{m}^2/\text{s}$，夏季 $\nu_s=0.355\times10^{-4}\text{m}^2/\text{s}$. 试求沿程损失.

6.8　油的密度 $\rho=780\text{kg/m}^3$，动力粘度 $\mu=1.87\times10^{-3}\text{N}\cdot\text{s/m}^2$，用泵输送通过直径 $d=30\text{cm}$，长 $l=6.5\text{km}$ 的油管，管内壁 $\Delta=0.75\text{mm}$，流量 $Q=0.233\text{m}^3/\text{s}$，试求压降. 又当泵的总效率为 75%时，问泵所需的功率为多少？

6.9　如图所示，齿轮泵由油箱吸取液压油，已知流量 $Q=1.2\times10^{-3}\text{m}^3/\text{s}$，油的运动粘度 $\nu=0.4\text{cm}^2/\text{s}$，密度 $\rho=900\text{kg/m}^3$，吸油管长度 $l=10\text{m}$，管径 $d=40\text{mm}$. 若油泵进口最大允许真空度 $p_v=25\text{kPa}$，求油泵允许的安装高度 H.

6.10　在铅直管道中有密度 $\rho=900\text{kg/m}^3$ 的原油流动，管道直径 $d=20\text{cm}$，在 $l=20\text{m}$ 的两端处读得 $p_1=1.962\text{bar}$，$p_2=5.886\text{bar}$，试问流动方向如何？水头损失多少？

6.11　倾斜水管上的文丘利流量计 $d_1=30\text{cm}$，$d_2=15\text{cm}$，倒 U 形差压计中装有相对密度为 0.6 的轻质不混于水的液体，其读数为 $h=30\text{cm}$，收缩管中的水头损失为 d_1 管中速度水头的 20%，试求喉部速度 V_2 与管中流量 Q.

6.12　水平管路直径由 $d_1=10\text{cm}$ 突然扩大到 $d_2=15\text{cm}$，水的流量 $Q=2\text{m}^3/\text{min}$. (1)试求突然扩大的局部水头损失；(2)试求突然扩大前后的压强水头差；(3)如果管道是逐渐扩大而忽略损失，试求逐渐扩大前后压强水头之差.

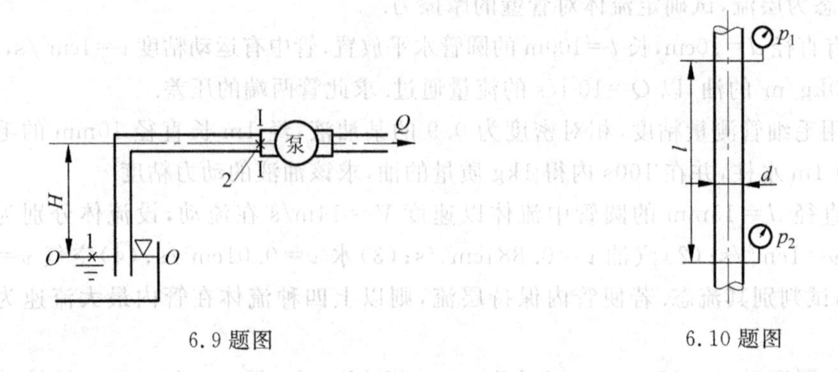

6.9 题图　　　　6.10 题图

6.13　如图所示，为测定 90° 弯头的局部阻力系数，在 A、B 两截面接测压管. 已知管径 $d=50\text{mm}$，AB 段长 $l=10\text{m}$，流量 $Q=2.74\ \text{l/s}$，沿程阻力系数 $\lambda=0.03$，两测压管中的水柱高度差 $\Delta h=0.629\text{m}$，求弯头的局部阻力系数 ζ 值.

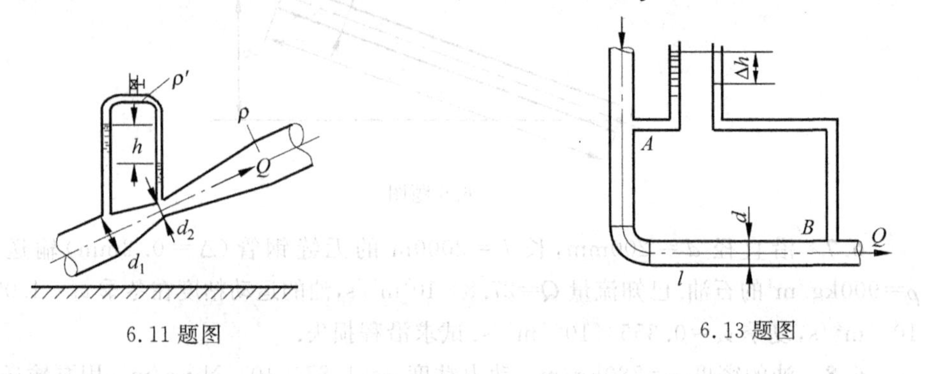

6.11 题图　　　　6.13 题图

6.14　如图所示，消防水龙带直径 $d_1=20\text{mm}$，长 $l=20\text{m}$，末端喷嘴直径 $d_2=10\text{mm}$，入口损失 $\zeta_1=0.5$，阀门损失 $\zeta_2=3.5$，喷嘴 $\zeta_3=0.1$（相对于喷嘴出口速度），沿程阻力系数 $\lambda=0.03$，水箱表压 $p_0=4\text{bar}$，$h_0=3\text{m}$，$h=1\text{m}$. 试求喷嘴出口速度 V_2.

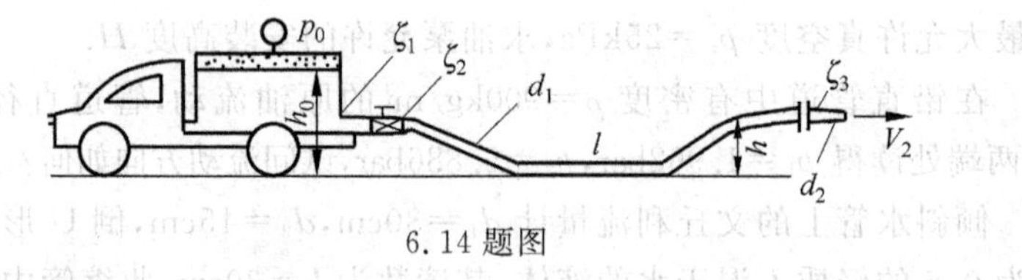

6.14 题图

6.15　利用如图所示的虹吸管将水由Ⅰ池引向Ⅱ池. 已知管径 $d=100\text{mm}$，虹吸管总长 $l=20\text{m}$，虹吸管的最高点 B 点以前的管段长 $l_1=8\text{m}$，B 点高出上游水面 $h=4\text{m}$，Ⅰ池和Ⅱ池两水面水位高差 $H=5\text{m}$. 设沿程损失系数 $\lambda=0.04$，虹吸管进口局部阻力损失系数 $\zeta_i=0.8$，出口局部阻力损失系数 $\zeta_e=1$，弯头的局部阻力损失系数 $\zeta_b=$

0.9. 求引水流量 Q 和 B 点的真空度.

6.16　如图所示水力循环系统，水温 20°C，$\nu=10^{-6}\ m^2/s$，管为普通镀锌钢管（$\Delta=0.39$），内径均为 50mm. 阀门两侧连接 U 形压差计，内充水银. 每个圆弯头局部阻力系数为 0.60，进口阻力系数 0.50. 系统内流量为 $0.2m^3/min$. 求：

（1）阀门的局部阻力系数 ζ；

（2）管系阻力系数和全管路的水头损失；

（3）泵的扬程和有效功率.

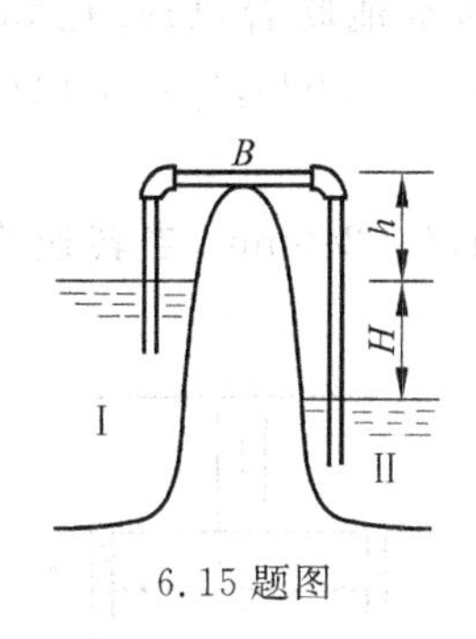

6.15 题图

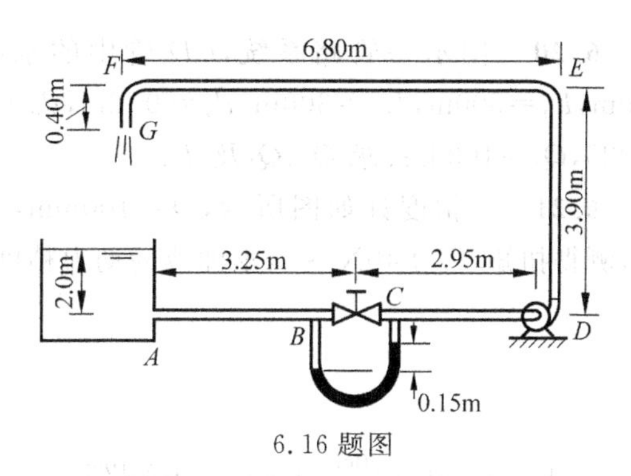

6.16 题图

6.17　有一水泵站，如图所示，当用一根直径为 60cm 的输水管时，沿程水头损失为 27m. 为降低水头损失，取另一根同一长度的管子与之并联，如图中虚线所示，并联后水头损失降为 9.6m. 假定两管的沿程阻力系数相同，两种情况下的总流量不变，试求新加的管道直径是多少？

6.18　如图所示，两水箱的水位差 $\Delta H=24m$，已知各段管道长度分别为 $l_1=l_2=l_3=l_4=100m$，管内径分别为 $d_1=d_2=d_4=100mm$，$d_3=200mm$，沿程阻力系数 $\lambda_1=\lambda_2=\lambda_4=0.025$，$\lambda_3=0.02$，阀门的阻力系数 $\zeta=30$，其他局部阻力不计. 求

（1）管路中的流量；

（2）如果把阀门关闭，管路的流量又为多少？

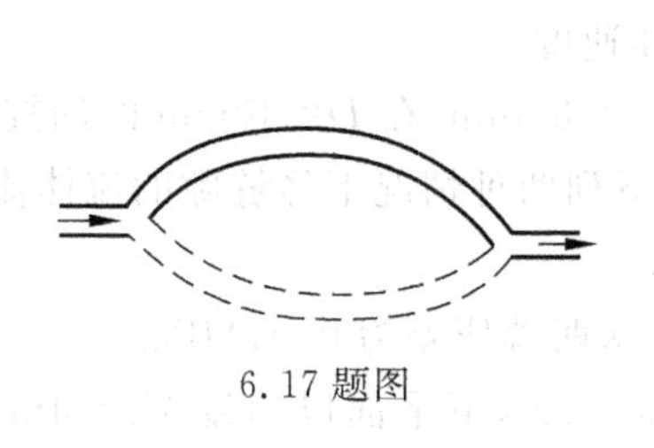

6.17 题图

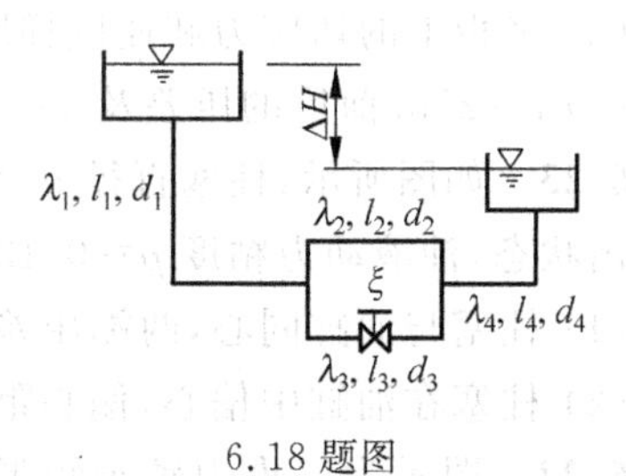

6.18 题图

6.19　图示一输水管路，总流量 $Q=100l/s$，各段管径、长度及沿程阻力系数分别标于图中. 试确定流量 Q_1、Q_2 及 AB 间的水头损失.

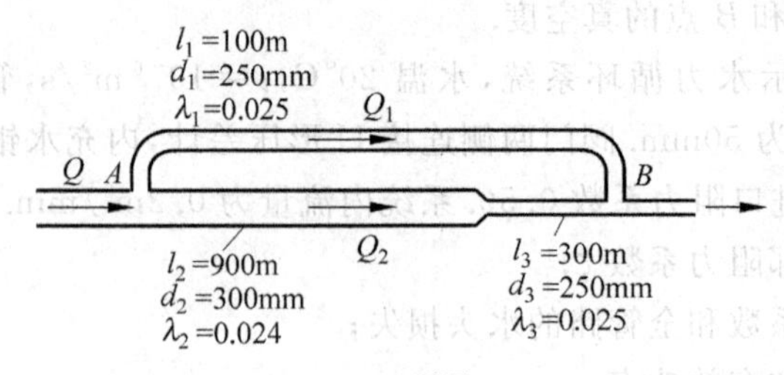

6.19 题图

6.20　图示一管路系统，CD 管中的水由 A、B 两水池联合供应. 已知 $L_1=500\text{m}$，$L_0=500\text{m}$，$L_2=300\text{m}$，$d_1=0.2\text{m}$，$d_0=0.25\text{m}$，$\lambda_1=0.029$，$\lambda_2=0.026$，$\lambda_0=0.025$，$Q_0=100\ \text{l/s}$. 求 Q_1、Q_2 及 d_2.

6.21　一粘度计如图所示，$D=100\text{mm}$，$d=98\text{mm}$，$l=200\text{mm}$，当转速为 8r/s 时，测得扭矩 T 为 40N・s，求油液的动力粘度 μ.

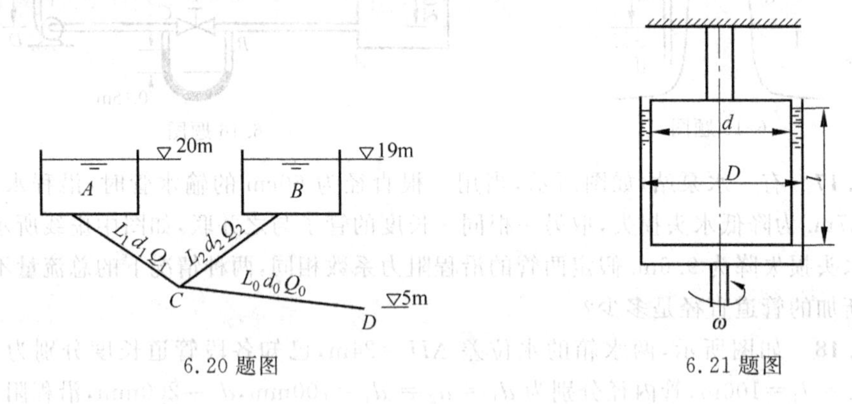

6.20 题图　　　　6.21 题图

6.22　如图所示，两固定平行平板间隙 $\delta=8\text{cm}$，动力粘度 $\mu=1.96\text{Pa}\cdot\text{s}$ 的油在其中作层流运动. 最大速度 $u_{\max}=1.5\text{m/s}$，试求：

(1) 单位宽度上的流量；

(2) 平板上的切应力和速度梯度；

(3) $l=25\text{m}$ 前后的压差及 $z=2\text{cm}$ 处的流体速度.

6.23　如图所示，柱塞直径 $d=38\text{mm}$，长度 $l=80\text{mm}$，在 $D=40\text{mm}$ 的油缸中处于平衡状态，油液动力粘度 $\mu=0.12\text{Pa}\cdot\text{s}$. 试求下列两种情况下经缝隙的流体流量：

(1) 柱塞与油缸同心，两端压差为 0.1MPa；

(2) 柱塞在油缸中偏心，偏心距 $e=1\text{mm}$，柱塞两端压差为 0.04MPa.

6.24　图示为一推力轴承矩形滑块，倾角 $\alpha=10°$，下平面以速度 $V_0=4\text{m/s}$ 运动，油液动力粘度 $\mu=0.079\text{Pa}\cdot\text{s}$. 几何尺寸 $l=60\text{mm}$，$h_0=0.25$，宽度 $B=200\text{mm}$. 试确定滑块表面的压强分布，最大压强值和其所在位置.

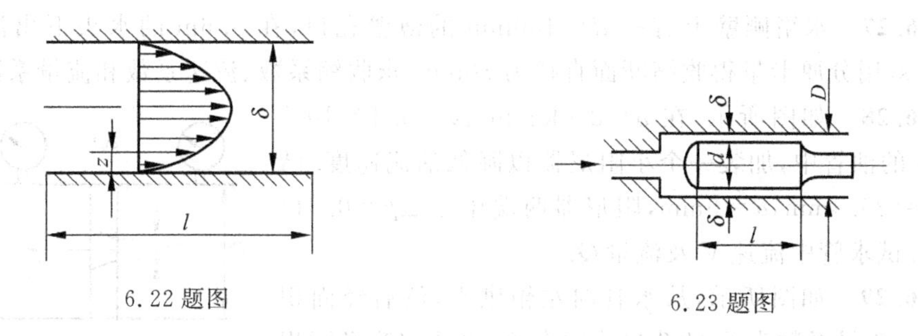

6.22 题图　　6.23 题图

6.25　如图所示，动力粘度 $\mu=0.147\text{Pa}\cdot\text{s}$ 的油液，从直径 $d_1=10\text{mm}$ 的小管进入圆盘缝隙，然后经缝隙 $\delta=2\text{mm}$ 从 $d_2=40\text{mm}$ 的圆盘外缘流入大气，流量 $Q=4\text{l/s}$，试求小管与圆盘交界处的压力 p_1 及流体作用在圆盘上的力.

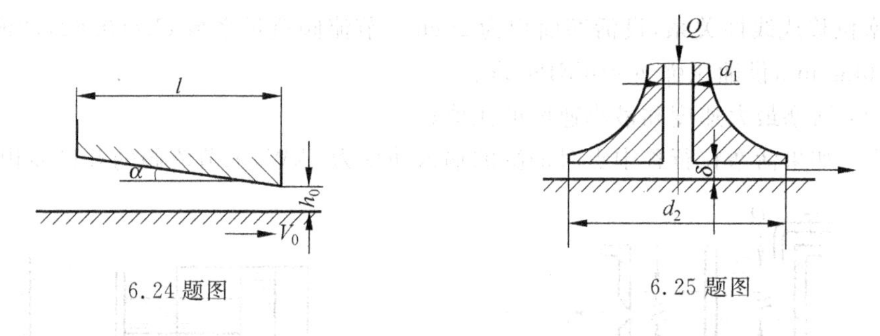

6.24 题图　　6.25 题图

6.26　如图所示，静压轴承轴向负荷为 $F=6.5\times10^3\text{N}$，轴承尺寸 $d_1=80\text{mm}$，$d_2=40\text{mm}$，$l=100\text{mm}$，径向间隙 $h_1=0.25\text{mm}$. 泵将油液通过直径为 10mm，长为 3m 的管道及 $d_0=1\text{mm}$，$l_0=30\text{mm}$ 的细管节流后送入轴承. 如果要求 $h=0.2\text{mm}$，试求泵的流量和压强. 设油的相对密度为 0.88，运动粘度 $\nu=37\times10^{-6}\text{m}^2/\text{s}$.

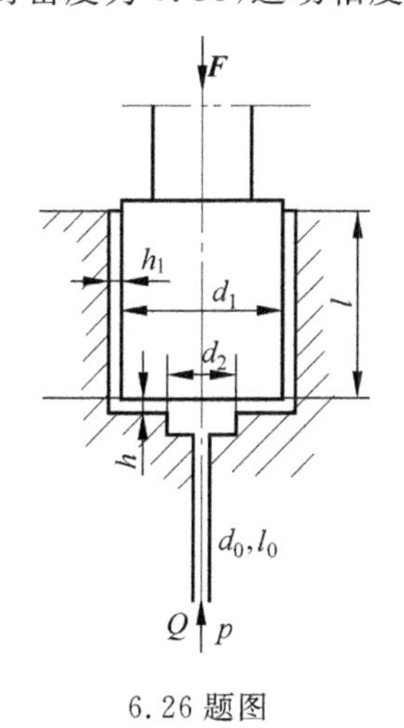

6.26 题图

6.27　水箱侧壁上有一 $d=100\text{mm}$ 的薄壁孔口，在 3.6m 的水头下出流量为 41 l/s，用分厘卡量得收缩断面直径为 80mm，求收缩系数、流速系数和流量系数.

6.28　如图所示，在 $\rho=860\text{kg/m}^3$、$\nu=8.4\times10^{-6}\text{m}^2/\text{s}$ 的油管中，加装一个小阻尼器以降低油流速度. 已知 $D=25.4\text{mm}$，$d=5\text{mm}$，阻尼器两端压差 $\Delta p=0.011\text{MPa}$. 试求管中流速 V 及流量 Q.

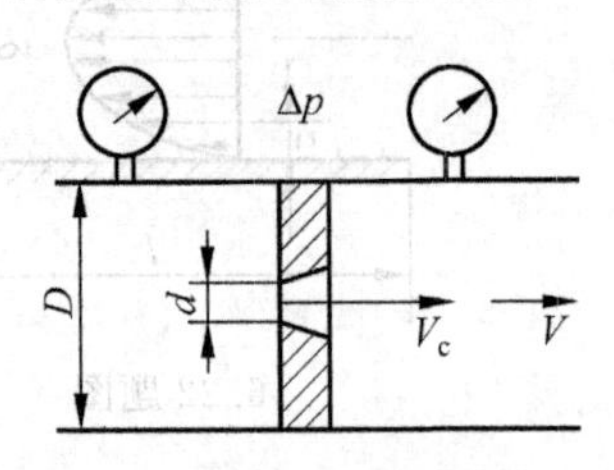

6.28 题图

6.29　如图所示，从水管向左箱供水，然后经面积为 A_1、流量系数为 C_1 的孔口流向右箱，再从右箱经面积为 A_2、流量系数为 C_2 的孔口流出，恒定流量为 Q. 试求图示两个水位高度 H_1 和 H_2.

6.30　一打包机油缸，起始时打包力为 $5\times10^3\text{N}$，打包结束时力为 10^4N，打包力与活塞位移成线性关系，设活塞面积为 20cm^2，节流阀流量系数 $C_d=0.62$，油液密度 $\rho=870\text{kg/m}^3$，供油压强 $p_s=6\text{MPa}$，求：

(1) 活塞最大速度和最小速度的比值；

(2) 如果活塞在行程中点时油缸的输入功率为 5kW，求节流阀的开口面积.

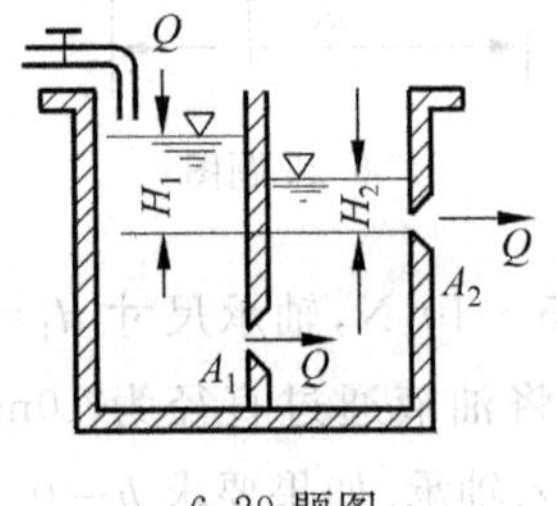

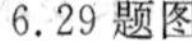

6.29 题图

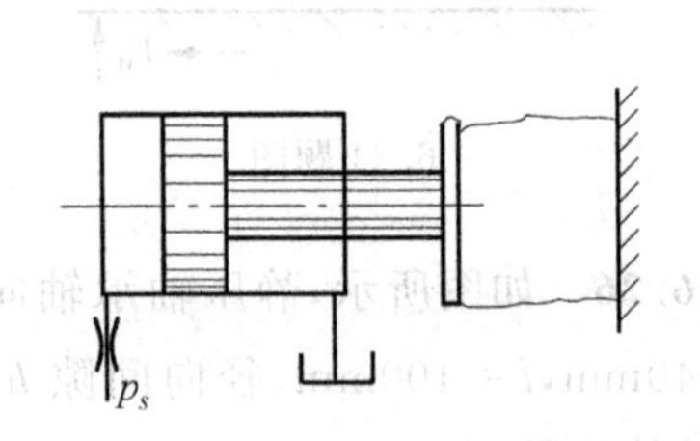

6.30 题图

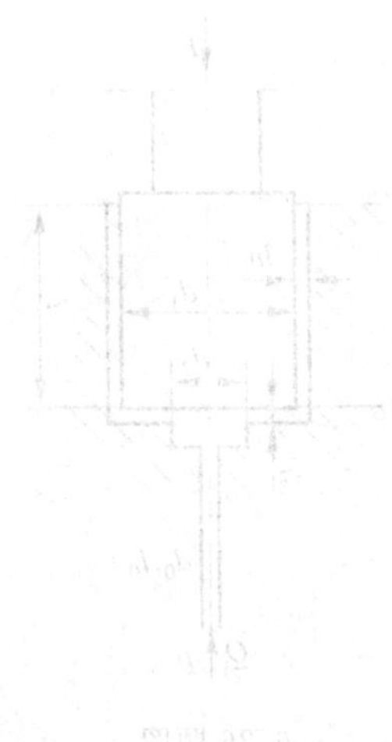

第7章 粘性流体层流的基本运动

本章主要是介绍粘性不可压缩流体的一维运动，在实际应用中存在着大量非一维运动的情形，所以本章主要介绍粘性不可压缩流体的基本运动，以加深对粘性不可压缩流体运动的认识.

7.1 N-S 方程的小雷诺数近似解

在环境、化工、能源等领域以及多相流体力学、生物力学、物理化学等学科中，经常会碰到微小固粒、液滴或气泡在粘性流体中缓慢运动的问题，由雷诺数的定义可知，这类问题的雷诺数都很小，从力的角度分析即流体的惯性力与粘性力相比可忽略不计. 由于小雷诺数流动对应广泛的实际应用，所以已形成一个比较独立的研究方向而受到人们的重视. 早在 1851 年，斯托克斯就给出了圆球在无界粘性流体中做缓慢运动的精确解，近 30 年来，有关小雷诺数问题的研究更是得到了飞速的发展.

7.1.1 斯托克斯方程

由方程(6-5)可知，当雷诺数 Re 很小时，最后一项比方程中的其他项大很多，作为近似，式(6-5)可简化为仅存在粘性扩散项和压力梯度项

$$0=-Eu\,\frac{\partial p^0}{\partial x_i^0}+\frac{1}{Re}\,\frac{\partial^2 v_i^0}{\partial x_j^{02}},$$

还原成有量纲形式

$$\frac{\partial p}{\partial x_i}=\mu\,\frac{\partial^2 v_i}{\partial x_j^2}. \tag{7-1}$$

这就是斯托克斯方程,对三维问题,该方程包含4个未知量,用3个分量方程式再加上连续性方程,便可封闭求解.对斯托克斯方程的求解一般有两种方法,一是对方程结合边界条件直接进行求解;二是根据斯托克斯方程的线性性质,先建立一些基本解,然后由基本解的叠加得到实际问题的解.

7.1.2 绕圆球小雷诺数流动的斯托克斯解

1. 方程和边界条件

在小雷诺数问题中,绕圆球的小雷诺数流动最为典型.圆球绕流及其相应的坐标系如图7-1所示,该问题包括圆球在静止流体中的运动,也包括流体流过圆球的绕流.

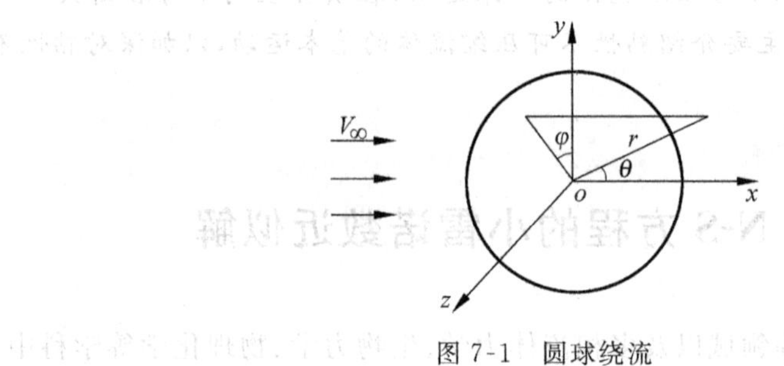

图7-1 圆球绕流

由于流场的对称性,对于图7-1中的坐标系(r,θ,φ),存在$\frac{\partial}{\partial\varphi}=0$,$v_\varphi=0$,则球坐标下的连续性方程(3-105)为

$$\frac{\partial v_r}{\partial r}+\frac{1}{r}\frac{\partial v_\theta}{\partial\theta}+\frac{2v_r}{r}+\frac{v_\theta\cot\theta}{r}=0. \tag{7-2}$$

式(7-2)只有r,θ分量,结合(3-105)中运动方程的第二、三式,则r,θ分量的方程为

$$\frac{\partial p}{\partial r}=\mu\Big(\frac{\partial^2 v_r}{\partial r^2}+\frac{1}{r^2}\frac{\partial^2 v_r}{\partial\theta^2}+\frac{2}{r}\frac{\partial v_r}{\partial r}+\frac{\cot\theta}{r^2}\frac{\partial v_r}{\partial\theta}-\frac{2}{r^2}\frac{\partial v_\theta}{\partial\theta}-\frac{2v_r}{r^2}-\frac{2\cot\theta}{r^2}u_\theta\Big), \tag{7-3}$$

$$\frac{1}{r}\frac{\partial p}{\partial\theta}=\mu\Big(\frac{\partial^2 v_\theta}{\partial r^2}+\frac{1}{r^2}\frac{\partial^2 v_\theta}{\partial\theta^2}+\frac{2}{r}\frac{\partial v_\theta}{\partial r}+\frac{\cot\theta}{r^2}\frac{\partial v_\theta}{\partial\theta}+\frac{2}{r^2}\frac{\partial v_r}{\partial\theta}-\frac{v_\theta}{r^2\sin^2\theta}\Big). \tag{7-4}$$

边界条件包括球面上和无穷远处的条件,球面上 $r=a$.

$$v_r = 0, \quad v_\theta = 0, \tag{7-5}$$

无穷远处:

$$v_r = V_\infty \cos\theta, \quad v_\theta = -V_\infty \sin\theta. \tag{7-6}$$

2. 流场速度和压力的求解

式(7-2)~式(7-4)3 个方程在式(7-5)和式(7-6)的边界条件下求解 3 个未知量 v_r, v_θ, p. 采用分离变量法求解,首先将 v_r, v_θ, p 用以下未知函数表示:

$$v_r = j(r)J(\theta), \quad v_\theta = k(r)K(\theta), \quad p = \mu l(r)L(\theta) + p_\infty. \tag{7-7}$$

将其代入式(7-6)得到用未知函数表示的无穷远处的边界条件

$$V_\infty \cos\theta = j(\infty)J(\theta), \quad -V_\infty \sin\theta = k(\infty)K(\theta).$$

由上式可见

$$\cos\theta = J(\theta), \quad -\sin\theta = K(\theta), \quad V_\infty = j(\infty), \quad V_\infty = k(\infty). \tag{7-8}$$

于是式(7-7)的前两式可以改写成

$$v_r = j(r)\cos\theta, \quad v_\theta = -k(r)\sin\theta. \tag{7-9}$$

将式(7-9)以及式(7-7)的第三式代入式(7-2)~式(7-6)得

$$\cos\theta\left[j' - \frac{k}{r} + \frac{2j}{r} - \frac{k}{r}\right] = 0, \tag{7-10}$$

$$L(\theta)l'(r) = \cos\theta\left[j'' - \frac{j}{r^2} + \frac{2j'}{r} - \frac{j}{r^2} + \frac{2k}{r^2} - \frac{2j}{r^2} + \frac{2k}{r^2}\right], \tag{7-11}$$

$$L'(\theta)\frac{l}{r} = \sin\theta\left[-k'' + \frac{k}{r^2} - \frac{2k'}{r} - \frac{k}{r^2}\cot^2\theta - \frac{2j}{r^2} + \frac{k}{r^2}\csc^2\theta\right], \tag{7-12}$$

$$j(a) = 0, \quad k(a) = 0, \quad j(\infty) = V_\infty, \quad k(\infty) = V_\infty. \tag{7-13}$$

观察式(7-11)和式(7-12),要使等式成立,只有 $L(\theta)=\cos\theta$,将其代入式(7-7)的第三式得

$$p = \mu l(r)\cos\theta + p_\infty, \tag{7-14}$$

式(7-10)~式(7-12)也就成为

$$j' + \frac{2(j-k)}{r} = 0 \tag{7-15}$$

$$l'(r) = j'' + \frac{2j'}{r} - \frac{4(j-k)}{r^2}, \tag{7-16}$$

$$\frac{l}{r} = k'' + \frac{2k'}{r} + \frac{2(j-k)}{r^2}. \tag{7-17}$$

这是三个耦合的常微分方程,可以在式(7-13)的边界条件下求解. 首先将式(7-15)化为

$$k = \frac{r}{2}j' + j, \tag{7-18}$$

将其代入式(7-17)得

$$l(r)=\frac{1}{2}r^2j'''+3rj''+2j',\tag{7-19}$$

然后将式(7-18)、式(7-19)代入式(7-16)得

$$r^3j''''+8r^2j'''+8rj''-8j'=0.\tag{7-20}$$

这是一个欧勒方程，它的解具有 r^m 形式，而 m 是以下方程的解：

$$m(m-1)(m-2)(m-3)+8m(m-1)(m-2)+8m(m-1)-8m=0.$$

这是4阶代数方程，它的4个根为0，2，-1，-3，所以式(7-20)的解为

$$j=\frac{A}{r^3}+\frac{B}{r}+C+Dr^2,\tag{7-21}$$

将其代入式(7-18)和式(7-19)得

$$k=-\frac{A}{2r^3}+\frac{B}{2r}+C+2Dr^2,\tag{7-22}$$

$$l=\frac{B}{r^2}+10rD.\tag{7-23}$$

由边界条件(7-13)可以确定以上方程中的常系数 A,B,C,D 为

$$A=\frac{1}{2}V_\infty a^3,\quad B=-\frac{3}{2}V_\infty a,\quad C=V_\infty,\quad D=0.$$

于是式(7-21)～式(7-23)为

$$j=\frac{1}{2}V_\infty\frac{a^3}{r^3}-\frac{3}{2}V_\infty\frac{a}{r}+V_\infty,\tag{7-24}$$

$$k=-\frac{1}{4}V_\infty\frac{a^3}{r^3}-\frac{3}{4}V_\infty\frac{a}{r}+V_\infty,\tag{7-25}$$

$$l=-\frac{3}{2}V_\infty\frac{a}{r^2},\tag{7-26}$$

将其代入式(7-9)和式(7-14)得

$$\left.\begin{aligned}v_r(r,\theta)&=V_\infty\cos\theta\left[1-\frac{3}{2}\frac{a}{r}+\frac{1}{2}\frac{a^3}{r^3}\right],\\v_\theta(r,\theta)&=-V_\infty\sin\theta\left[1-\frac{3}{4}\frac{a}{r}-\frac{1}{4}\frac{a^3}{r^3}\right],\\p(r,\theta)&=-\frac{3}{2}\mu\frac{V_\infty a}{r^2}\cos\theta+p_\infty.\end{aligned}\right\}\tag{7-27}$$

3. 作用在圆球上的力

由于流场关于 φ 对称，则流场作用在圆球上的力只有一个正应力和一个切应力分量，具体形式为

$$\left.\begin{aligned} p_{rr} &= -p + 2\mu \frac{\partial v_r}{\partial r}, \\ p_{r\theta} &= \mu\left(\frac{1}{r}\frac{\partial v_r}{\partial \theta} + \frac{\partial v_\theta}{\partial r} - \frac{v_\theta}{r}\right). \end{aligned}\right\} \tag{7-28}$$

在球面 $r=a$ 上，由式(7-5)可得

$$\frac{\partial v_r}{\partial \theta} = 0, \quad \frac{\partial v_\theta}{\partial \theta} = 0, \tag{7-29}$$

将式(7-29)和式(7-5)代入式(7-2)的连续性方程可得

$$\frac{\partial v_r}{\partial r} = 0,$$

将上式和式(7-5)、式(7-29)代入式(7-28)得

$$p_{rr} = -p, \quad p_{r\theta} = \mu \frac{\partial v_\theta}{\partial r}, \tag{7-30}$$

将式(7-27)代入式(7-30)，并在球面上($r=a$)取值得

$$\left.\begin{aligned} p_{rr} &= -p = \frac{3}{2}\mu \frac{V_\infty}{a}\cos\theta - p_\infty, \\ p_{r\theta} &= -\frac{3\mu V_\infty}{2a}\sin\theta. \end{aligned}\right\} \tag{7-31}$$

由图 7-1 可知，流动关于 x 轴是对称的，作用在圆球上的与 x 方向垂直的合力为 0，因此，作用在球上的合力与 x 轴平行，该合力就是阻力 R，其大小需通过对 p_{rr}，$p_{r\theta}$ 在球面 S 上积分得到

$$\begin{aligned} R &= \int_S (p_{rr}\cos\theta - p_{r\theta}\sin\theta)\mathrm{d}S = \int_S (p_{rr}\cos\theta - p_{r\theta}\sin\theta) 2\pi a^2 \sin\theta \mathrm{d}\theta \\ &= 2\pi a^2 \int_0^\pi \left[\frac{3\mu V_\infty}{2a}\cos^2\theta + \frac{3\mu V_\infty}{2a}\sin^2\theta\right]\sin\theta \mathrm{d}\theta - 2\pi a^2 p_\infty \int_0^\pi \sin\theta\cos\theta \mathrm{d}\theta \\ &= 3\pi\mu V_\infty a \int_0^\pi \sin\theta \mathrm{d}\theta = 6\pi\mu V_\infty a. \end{aligned} \tag{7-32}$$

该式首先由斯托克斯得到，所以又称为斯托克斯阻力. 在实际应用中，经常用到的是阻力系数，所以定义斯托克斯阻力系数为

$$C_D = \frac{R}{\frac{1}{2}\rho V_\infty^2 \pi a^2} = \frac{12\nu}{a V_\infty} = \frac{24}{Re}. \tag{7-33}$$

在 $\frac{\partial p}{\partial x_i} = \mu \frac{\partial^2 v_i}{\partial x_j^2} < 1$ 时，由式(7-33)计算得到的结果与实验结果吻合较好.

7.1.3 绕圆球小雷诺数流动的奥辛解

当 $Re>1$ 时，斯托克斯解与实验结果出现偏差，这是因为在斯托克斯近似中完

全忽略了N-S方程中的惯性项,而实际流场在远离圆球的地方其速度接近于自由来流,惯性效应不可忽略。所以为了得到 $Re>1$ 时较理想的结果,必须考虑惯性项,这样方程(6-5)经简化并还原成有量纲形式就成为

$$\rho v_j \frac{\partial v_i}{\partial x_j} = -\frac{\partial p}{\partial x_i} + \mu \frac{\partial^2 v_i}{\partial x_j^2}. \tag{7-34}$$

方程(7-34)左边的惯性项为非线性项,处理起来比较复杂,奥辛(Oseen)对此进行了线性化,即令 $v_j = V_\infty + v_j'$,其中 v_j' 在无穷远附近是一小量,然后代入式(7-34)左边的惯性项得

$$(V_\infty + v_j')\frac{\partial v_i}{\partial x_j} = V_\infty \frac{\partial v_i}{\partial x_j} + v_j' \frac{\partial v_i}{\partial x_j}.$$

上式右边第二项与第一项相比是小量可以忽略,这样式(7-34)就成为

$$V_\infty \frac{\partial v_i}{\partial x_j} = -\frac{1}{\rho}\frac{\partial p}{\partial x_i} + \nu \frac{\partial^2 v_i}{\partial x_j^2}. \tag{7-35}$$

该方程部分保留了惯性项,同时仍旧是线性方程。根据边界条件(7-6),采用前面求斯托克斯解的方法,可以得到作用在圆球上的阻力为

$$R = 6\pi\mu V_\infty a\left(1 + \frac{3aV_\infty}{8\nu}\right), \tag{7-36}$$

相应的阻力系数为

$$C_D = \frac{24}{Re}\left(1 + \frac{3}{16}Re\right). \tag{7-37}$$

使用式(7-37)得到的结果,在 $Re<5$ 的范围内都能与实验数据比较吻合。图7-2是用斯托克斯阻力系数公式(7-33)和用奥辛阻力系数公式(7-37)计算得到的结果与实验结果的比较.

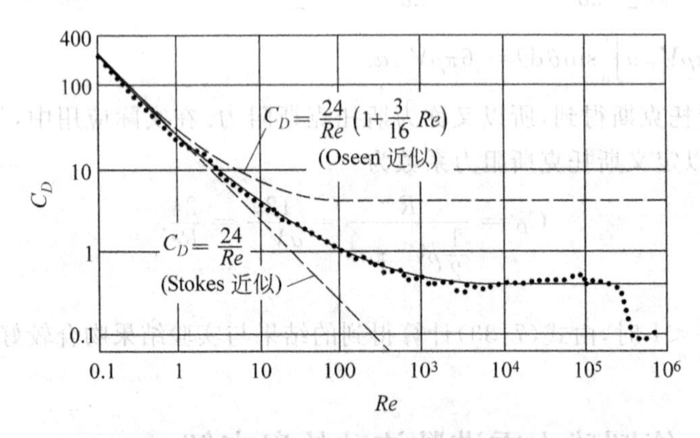

图7-2 小 Re 数下阻力系数与 Re 数的关系

7.2　两平行平板间的二维流动

图 7-3 两平行平板间的二维流场只存在沿 x 方向的流动速度 $u=u(y)$，假设流动为定常且忽略体积力，根据方程(6-1)，只有 x 方向的动量方程

$$\frac{\mathrm{d}p}{\mathrm{d}x}=\mu\frac{\mathrm{d}^2u}{\mathrm{d}y^2}. \tag{7-38}$$

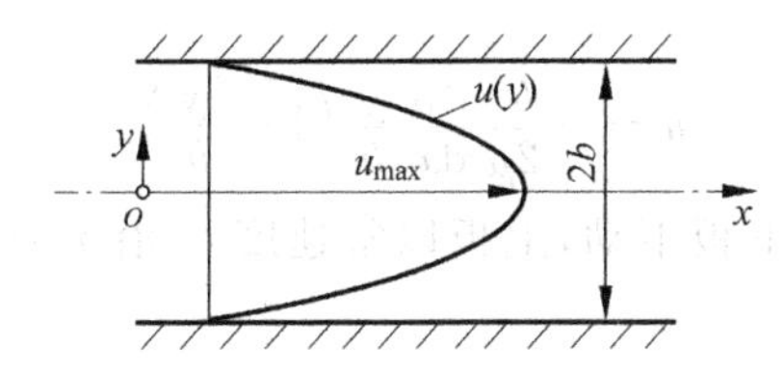

图 7-3　两平行平板间的二维流动

根据边界条件的不同，可以分成以下几种情况.

7.2.1　二维泊肃叶流

假设上下两个平板不动，则边界条件为无滑移条件：$y=\pm b, u=0$. 对式(7-38)积分两次，由边界条件得

$$u=-\frac{1}{2\mu}\frac{\mathrm{d}p}{\mathrm{d}x}(b^2-y^2). \tag{7-39}$$

该式为流场中的速度分布. 由式(7-39)可以分别计算出中线上最大速度值

$$u_{\max}=-\frac{1}{2\mu}\frac{\mathrm{d}p}{\mathrm{d}x}b^2,$$

通过两平板间的流量

$$Q=\int_{-b}^{b}u\,\mathrm{d}y=-\frac{2}{3\mu}\frac{\mathrm{d}p}{\mathrm{d}x}b^3,$$

两平板间流动的平均速度

$$u_{平}=\frac{Q}{2b}=-\frac{1}{3\mu}\frac{\mathrm{d}p}{\mathrm{d}x}b^2=\frac{2}{3}u_{\max},$$

壁面上的最大切应力

$$\tau_{\max}=\mu\frac{\mathrm{d}u}{\mathrm{d}y}\bigg|_{\max}=\frac{\mathrm{d}p}{\mathrm{d}x}b=-\frac{3\mu u_{平}}{b},$$

以及阻力系数

$$\lambda = \frac{|\tau_{\max}|}{\frac{1}{2}\rho u_{平}^2} = \frac{6}{Re}.$$

7.2.2　纯剪切流

改变坐标系和相关定义，将图7-3的 ox 轴移到下平板，同时将两平板的间距定义为 b，则求解式(7-38)并采用相应的边界条件 $y=0, u=0; y=b, u=0$，可以得到与式(7-39) 对应的解

$$u = -\frac{b^2}{2\mu}\frac{\mathrm{d}p}{\mathrm{d}x}\frac{y}{b}\left(1-\frac{y}{b}\right). \tag{7-40}$$

在纯剪切流中，保持下板不动，上板以常速度 U 沿 x 移动，且无压力梯度，则方程(7-38)为

$$\frac{\mathrm{d}^2 u}{\mathrm{d}y^2} = 0, \tag{7-41}$$

边界条件为：$y=0, u=0; y=b, u=U$，采用这一边界条件对式(7-41)求解得

$$u = \frac{y}{b}U. \tag{7-42}$$

这是纯剪切流的速度分布.

7.2.3　二维库特流

若将7.2.1节的二维泊肃叶(Poiseuite)流与7.2.2节的纯剪切流叠加，即下板不动，上板以常速度 U 沿 x 移动，且压力梯度不为零，则根据式(7-40)和式(7-42)，可以得到二维库特(Couette)流的速度分布

$$\left.\begin{aligned} &\frac{u}{U} = \frac{y}{b} - \frac{b^2}{2\mu U}\frac{\mathrm{d}p}{\mathrm{d}x}\frac{y}{b}\left(1-\frac{y}{b}\right) = \frac{y}{b} + P\frac{y}{b}\left(1-\frac{y}{b}\right), \\ &P = -\frac{b^2}{2\mu U}\frac{\mathrm{d}p}{\mathrm{d}x}. \end{aligned}\right\} \tag{7-43}$$

图7-4给出了流场中速度分布 u/U 与压力梯度 P 的关系，其中 $P>0$ 是顺压流动，此时全流场速度都为正；$P<0$ 为逆压流动，这时流场可能出现倒流，最容易出现倒流的是靠近下平板的区域，倒流是否出现取决于逆压梯度和剪切强度的大小，若逆压梯度占优势，则出现倒流.

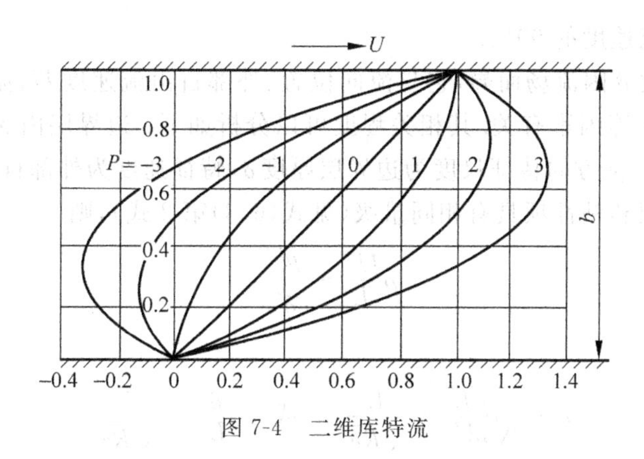

图 7-4 二维库特流

7.3 附壁面流动边界层的基本概念与特征量

严格地说，所有的流动都是有壁面约束的，只不过壁面对流动的影响强弱而已. 有壁面的流场就一定存在壁面附近的流场. 1904 年，德国科学家普朗特指出，可以把大 Re 数下附壁流动中流体的粘性影响限制在靠近壁面的薄层内，薄层以外的流动视为无粘的势流，该薄层称为边界层. 边界层流动在工程应用和自然现象中非常普遍，如飞机和轮船表面、透平机械叶片附近流场等. 从流体力学角度看，边界层的研究涉及流动分离、旋涡的形成与发展、流动的稳定性、传热传质等.

图 7-5 是流体流过一平板时，在壁面附近形成的速度场. 设绕平板流动的速度为 U，一般称其为自由流速度. 根据无滑移条件，壁面上流体的速度为零，于是从壁面到外部的自由流必定存在一个过渡区域，这个区域也就是边界层. 由图可见，边界层内速度变化即速度梯度较大，由于摩擦力与速度梯度成正比，所以在边界层内具有较大的摩擦力. 此外，大的速度梯度也意味着具有强度较大的涡旋.

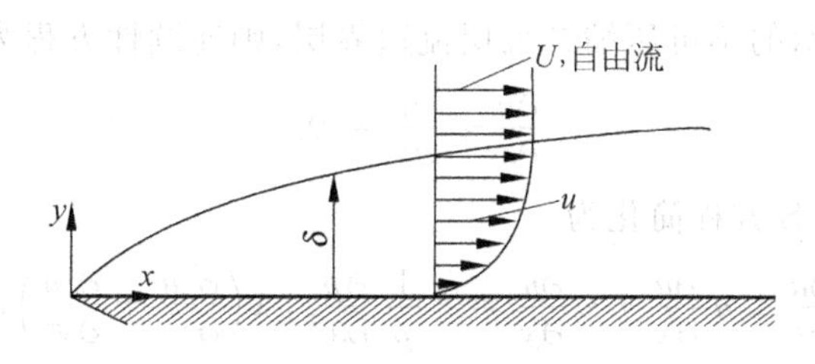

图 7-5 边界层流场

在边界层中，一个刻画边界层尺度最基本的特征量就是边界层的厚度 δ. 在边界层和外部的势流区没有明确的分界线，δ 通常定义为从壁面到某点的距离，该点上的速度为外部势流速度的99%.

边界层厚度 δ 因流场而异,它与流向位置、外部自由流速度 U、流体的动力粘度 μ、流体的密度 ρ 等因素有关. 其相关程度可以分析如下: 边界层内 x 方向特征尺度为壁面的长度 L, y 方向特征尺度为边界层厚度 δ,特征速度为外部自由流速度 U,边界层内的惯性项和粘性项具有相同量级(见式(6-3)第2式),则

$$\rho \frac{U^2}{L} \sim \frac{\mu U}{\delta^2},$$

即

$$\delta \sim \sqrt{\frac{\mu L}{\rho U}} = \frac{L}{\sqrt{Re}} \quad 或 \quad \frac{\delta}{L} \sim \frac{1}{\sqrt{Re}}. \tag{7-44}$$

可见边界层厚度与 $\sqrt{\mu}$ 和 $\sqrt{L}$ 成正比,与 $\sqrt{\rho}$ 和 $\sqrt{U}$ 成反比,而边界层厚度和特征长度之比与 $\sqrt{Re}$ 成反比.

在边界层中关于 Re 数有三种定义,第一种是整个流动的 Re 数,其定义与式(7-44)同,即 $Re_L = UL/\nu$,其中的 L 可以是平板的长度,也可以是圆球或圆柱的直径等;第二种定义为 $Re_x = Ux/\nu$,其中 x 是从边界层起点到流向任一位置的距离;第三种定义为 $Re_\delta = U\delta/\nu$,由于 $\delta = \delta(x)$,所以后两种定义具有相关性.

在三种定义中,以第一种方式定义的 Re 数($Re = UL/\nu$)一般都很大,例如空气以每秒10米左右的速度流过长度为1米左右的物体时,Re 数可达10万的量级. 因此由式(7-44)可知

$$\frac{\delta}{L} \ll 1. \tag{7-45}$$

7.4 不可压缩二维层流边界层微分方程

考虑图7-5所示的不可压缩二维层流边界层,则连续性方程为

$$\frac{\partial u}{\partial x} + \frac{\partial v}{\partial y} = 0. \tag{7-46}$$

忽略体积力,N-S方程简化为

$$\frac{\partial u}{\partial t} + u\frac{\partial u}{\partial x} + v\frac{\partial u}{\partial y} = -\frac{1}{\rho}\frac{\partial p}{\partial x} + \nu\left(\frac{\partial^2 u}{\partial x^2} + \frac{\partial^2 u}{\partial y^2}\right), \tag{7-47}$$

$$\frac{\partial v}{\partial t} + u\frac{\partial v}{\partial x} + v\frac{\partial v}{\partial y} = -\frac{1}{\rho}\frac{\partial p}{\partial y} + \nu\left(\frac{\partial^2 v}{\partial x^2} + \frac{\partial^2 v}{\partial y^2}\right). \tag{7-48}$$

以下根据边界层特征对式(7-47)和式(7-48)进行简化. 令 L 为边界层的特征长度,边界层的厚度为 δ,则流场中 x 和 y 的最大量级分别为 L 和 δ, t 可用 L/U 表示,

对式(7-46)积分得

$$v=-\int_0^y \frac{\partial u}{\partial x}\mathrm{d}y. \tag{7-49}$$

由于 u 有外部自由流 U 的量级，所以 v 的量级为 $U\delta/L$，于是由式(7-45)得

$$\frac{v}{u}\sim\frac{U\delta/L}{U}=\frac{\delta}{L}\ll 1. \tag{7-50}$$

将式(7-47)和式(7-48)进行量级分析得

$$\begin{array}{ccccccc}
\dfrac{\partial u}{\partial t} & +u\dfrac{\partial u}{\partial x} & +v\dfrac{\partial u}{\partial y} & =-\dfrac{1}{\rho}\dfrac{\partial p}{\partial x} & +\nu\Big(& \dfrac{\partial^2 u}{\partial x^2} & +\dfrac{\partial^2 u}{\partial y^2}\Big), \\
\dfrac{U^2}{L} & \dfrac{U^2}{L} & \dfrac{U^2}{L} & & & \dfrac{\nu U}{L^2} & \dfrac{\nu U}{\delta^2} \\
1 & 1 & 1 & & & \dfrac{\nu}{U\delta}\dfrac{\delta}{L} & \dfrac{\nu}{U\delta}\dfrac{L}{\delta}
\end{array} \tag{7-51}$$

$$\begin{array}{ccccccc}
\dfrac{\partial v}{\partial t} & +u\dfrac{\partial v}{\partial x} & +v\dfrac{\partial v}{\partial y} & =-\dfrac{1}{\rho}\dfrac{\partial p}{\partial y} & +\nu\Big(& \dfrac{\partial^2 v}{\partial x^2} & +\dfrac{\partial^2 v}{\partial y^2}\Big), \\
\dfrac{U^2}{L}\dfrac{\delta}{L} & \dfrac{U^2}{L}\dfrac{\delta}{L} & \dfrac{U^2}{L}\dfrac{\delta}{L} & & & \dfrac{\nu U}{L^2}\dfrac{\delta}{L} & \dfrac{\nu U}{\delta^2}\dfrac{\delta}{L} \\
\dfrac{\delta}{L} & \dfrac{\delta}{L} & \dfrac{\delta}{L} & & & \dfrac{\nu}{U\delta}\left(\dfrac{\delta}{L}\right)^2 & \dfrac{\nu}{U\delta}
\end{array} \tag{7-52}$$

式(7-51)和式(7-52)的最后一行表示方程中各项的相对量级，将两式对比可知，式(7-52)的各项均比式(7-51)中对应的项小一个量级，这些项可以忽略，所以式(7-52)简化为

$$0=-\frac{1}{\rho}\frac{\partial p}{\partial y}. \tag{7-53}$$

该式意味着 $p=p(x)$. 由式(7-51)中可见右边第二项比第三项小两个数量级而可以忽略，这样式(7-51)成为

$$\frac{\partial u}{\partial t}+u\frac{\partial u}{\partial x}+v\frac{\partial u}{\partial y}=-\frac{1}{\rho}\frac{\mathrm{d}p}{\mathrm{d}x}+\nu\frac{\partial^2 u}{\partial y^2}. \tag{7-54}$$

由于边界层中的压力 p 与 y 无关，所以 p 可取与外部势流交界处的压力，而该处的压力可以通过外部势流的伯努利方程得到

$$\frac{\partial U}{\partial t}+U\frac{\partial U}{\partial x}=-\frac{1}{\rho}\frac{\partial p}{\partial x},$$

将其代入式(7-54)，再结合式(7-46)，就得到不可压缩二维层流边界层微分方程

$$\left.\begin{aligned}
&\frac{\partial u}{\partial x}+\frac{\partial v}{\partial y}=0,\\
&\frac{\partial u}{\partial t}+u\frac{\partial u}{\partial x}+v\frac{\partial u}{\partial y}=\frac{\partial U}{\partial t}+U\frac{\partial U}{\partial x}+\nu\frac{\partial^2 u}{\partial y^2},
\end{aligned}\right\} \tag{7-55}$$

相应的定解条件为

边界条件：

$$y=0: u=0,\ v=0;\quad y=\delta \text{ 或 } y\to\infty: u=U(x),\tag{7-56}$$

初始条件：

$$t=t_0: u=u(t_0),\quad v=v(t_0).\tag{7-57}$$

式(7-55)的边界层方程与 N-S 方程相比有了很大简化，动量方程由两个变为一个，而且在保留的 x 方向动量方程中，二阶微分项只剩下了 $\dfrac{\partial^2 u}{\partial y^2}$，这就使原来的椭圆型方程变成了抛物型方程，求解域也就由原来二维的无穷区域变成了一个半无限的长条域.

如果流动是定常的，则式(7-55)成为式(7-58)，定解条件不变.

$$\left.\begin{aligned}&\frac{\partial u}{\partial x}+\frac{\partial v}{\partial y}=0,\\&u\frac{\partial u}{\partial x}+v\frac{\partial u}{\partial y}=U\frac{\partial U}{\partial x}+\nu\frac{\partial^2 u}{\partial y^2}.\end{aligned}\right\}\tag{7-58}$$

如果是绕平板零攻角流动的边界层，则压力梯度为零，于是式(7-58)成为

$$\left.\begin{aligned}&\frac{\partial u}{\partial x}+\frac{\partial v}{\partial y}=0,\\&u\frac{\partial u}{\partial x}+v\frac{\partial u}{\partial y}=\nu\frac{\partial^2 u}{\partial y^2}.\end{aligned}\right\}\tag{7-59}$$

7.5 不可压缩二维边界层的动量积分关系式

与 N-S 方程相比，边界层方程虽然有了很大简化，但方程仍旧是非线性的，直接求解还有一定困难，于是必须采用近似求解的办法. 在诸多近似求解方法中，动量积分方法是相对简单的一种方法，因而在工程中得到广泛的应用.

7.5.1 位移厚度

采用动量积分方法将用到几个厚度，其中之一是位移厚度. 当流体流过壁面时，若考虑存在边界层，则在边界层中流体速度由壁面上的零逐渐过渡到外部的来流速度. 若不考虑边界层，则流体速度从壁面到外部都是来流速度. 显然，边界层的存在导致该区域内流体的流量比不考虑边界层的情形减少，由图 7-6 可知，减少的量为

$$\rho\int_0^\infty (U-u)\mathrm{d}y,$$

该减少量可以理解为是边界层导致的流道宽度变窄而带来的流量的减少，令宽度的

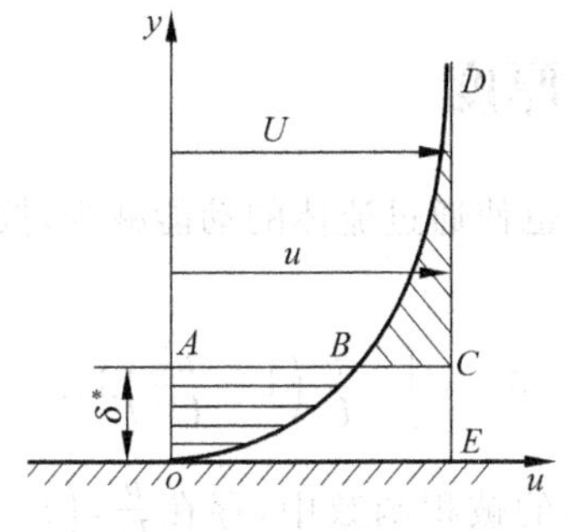

图 7-6 边界层位移厚度

变窄量为 δ^*，则

$$\rho U\delta^* = \rho\int_0^\infty (U-u)\mathrm{d}y,$$

即

$$\delta^* = \int_0^\infty \left(1-\frac{u}{U}\right)\mathrm{d}y, \tag{7-60}$$

式中，δ^* 就是位移厚度，式(7-60)是位移厚度的表达式. 实际计算中可将积分上限的 ∞ 取为边界层的厚度 δ.

7.5.2 动量损失厚度

位移厚度是作为边界层中流量减少的量度，与不考虑边界层相比，边界层内流量减少的同时，流体的动量也相应减少，可以采用与位移厚度相似的动量损失厚度来描述动量的减少量. 边界层的存在导致该区域内通过流体的动量比不考虑边界层的情形减少了

$$\rho\int_0^\infty uU\mathrm{d}y - \rho\int_0^\infty u^2\mathrm{d}y = \rho\int_0^\infty u(U-u)\mathrm{d}y,$$

该减少量等于因边界层导致的流道变窄而带来的流体动量的减少，令流道变窄量为 θ，则

$$\rho U^2\theta = \rho\int_0^\infty u(U-u)\mathrm{d}y,$$

即

$$\theta = \int_0^\infty \frac{u}{U}\left(1-\frac{u}{U}\right)\mathrm{d}y. \tag{7-61}$$

式中 θ 是动量损失厚度，式(7-61)就是动量损失厚度的表达式.

7.5.3　能量损失厚度

边界层中流体速度降低也使通过流体的动能减少，按前面同样分析，令能量损失厚度为 δ_e，则

$$\delta_e = \int_0^\infty \frac{u}{U}\left(1 - \frac{u^2}{U^2}\right)\mathrm{d}y. \tag{7-62}$$

在式(7-60)～式(7-62)的被积函数中，存在$\frac{u}{U}$，$\left(1-\frac{u}{U}\right)$，$\frac{u}{U}\left(1-\frac{u}{U}\right)$等几个量，图7-7给出了这些量在边界层中的分布. 通过面积的比较可知，$\left(1-\frac{u}{U}\right) > \frac{u}{U}\left(1-\frac{u}{U}\right)$，再根据式(7-60)、式(7-61)和边界层厚度的定义可知 $\theta < \delta^* < \delta$.

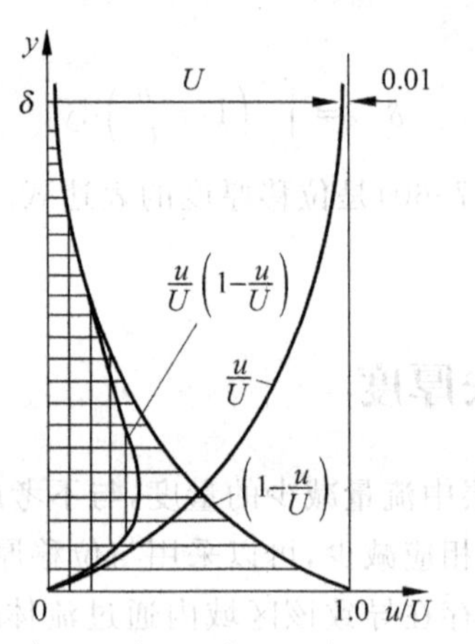

图 7-7　$\frac{u}{U}$，$\left(1-\frac{u}{U}\right)$，$\frac{u}{U}\left(1-\frac{u}{U}\right)$在边界层内的分布

7.5.4　卡门动量积分方程

动量积分是了解边界层总体规律的有效手段，以下从不可压缩二维定常边界层方程(7-58)出发推导动量积分方程. 对式(7-58)中的连续性方程从 $y=0$ 到 $y=\infty$ 积分可得

$$\int_0^\infty \frac{\partial u}{\partial x}\mathrm{d}y + \int_0^\infty \frac{\partial v}{\partial y}\mathrm{d}y = 0,$$

改变上式左边第一项的微分和积分次序，即先对 y 积分再对 x 微分，则上式可得

$$\frac{\mathrm{d}}{\mathrm{d}x}\int_0^\infty u\mathrm{d}y + v\Big|_0^\infty = 0.$$

壁面上有 $v=0$，这样上式为

$$v_\infty = -\frac{\mathrm{d}}{\mathrm{d}x}\int_0^\infty u\mathrm{d}y. \tag{7-63}$$

考虑式(7-58)第二个方程,该方程中左边第二项由连续性方程可化为

$$v\frac{\partial u}{\partial y} = \frac{\partial uv}{\partial y} - u\frac{\partial v}{\partial y} = \frac{\partial uv}{\partial y} + u\frac{\partial u}{\partial x},$$

将其代入式(7-58)第二个方程经整理后得

$$\frac{\partial u^2}{\partial x} + \frac{\partial uv}{\partial y} = U\frac{\mathrm{d}U}{\mathrm{d}x} + \nu\frac{\partial^2 u}{\partial y^2},$$

将上式对 y 从 0 到∞积分，并交换左边第一项的积分和微分次序得

$$\frac{\mathrm{d}}{\mathrm{d}x}\int_0^\infty u^2\mathrm{d}y + uv\Big|_0^\infty = \int_0^\infty U\frac{\mathrm{d}U}{\mathrm{d}x}\mathrm{d}y + \nu\frac{\partial u}{\partial y}\Big|_0^\infty, \tag{7-64}$$

由边界条件(7-56)并结合式(7-63)，上式左边第二项为

$$uv\Big|_0^\infty = Uv_\infty = -U\frac{\mathrm{d}}{\mathrm{d}x}\int_0^\infty u\mathrm{d}y = -\frac{\mathrm{d}}{\mathrm{d}x}\int_0^\infty Uu\mathrm{d}y + \frac{\mathrm{d}U}{\mathrm{d}x}\int_0^\infty u\mathrm{d}y.$$

式(7-64)右边第二项为

$$\nu\frac{\partial u}{\partial y}\Big|_0^\infty = -\left(\nu\frac{\partial u}{\partial y}\right)_0 = -\frac{\tau_w}{\rho},$$

式中 τ_w 为壁面切应力,由于 U 和$\frac{\mathrm{d}U}{\mathrm{d}x}$均与 y 无关，所以式(7-64)右端第一项的$\frac{\mathrm{d}U}{\mathrm{d}x}$可提到积分号外，这样式(7-64)经整理后成为

$$\frac{\mathrm{d}}{\mathrm{d}x}\int_0^\infty u(U-u)\mathrm{d}y + \frac{\mathrm{d}U}{\mathrm{d}x}\int_0^\infty (U-u)\mathrm{d}y = \frac{\tau_w}{\rho}. \tag{7-65}$$

该式通常称为卡门动量积分方程式.应用位移厚度 δ^* 的定义式(7-60)和动量损失厚度 θ 的定义式(7-61)，可以将式(7-65)简化为

$$\frac{\mathrm{d}}{\mathrm{d}x}(U^2\theta) + \frac{\mathrm{d}U}{\mathrm{d}x}U\delta^* = \frac{\tau_w}{\rho}. \tag{7-66}$$

该式称为边界层的动量方程式,对左端第一项展开得

$$\frac{\mathrm{d}}{\mathrm{d}x}(U^2\theta) = U^2\frac{\mathrm{d}\theta}{\mathrm{d}x} + 2U\theta\frac{\mathrm{d}U}{\mathrm{d}x},$$

代入式(7-66)得

$$\frac{\mathrm{d}\theta}{\mathrm{d}x} + \frac{2\theta+\delta^*}{U}\frac{\mathrm{d}U}{\mathrm{d}x} = \frac{\tau_w}{\rho U^2},$$

通常定义 $H=\delta^*/\theta$,则式(7-66)化为

$$\frac{\mathrm{d}\theta}{\mathrm{d}x} + \frac{1}{U}\frac{\mathrm{d}U}{\mathrm{d}x}\theta(2+H) = \frac{\tau_w}{\rho U^2}. \tag{7-67}$$

对于零压力梯度边界层，式(7-67)成为

$$\frac{\mathrm{d}\theta}{\mathrm{d}x}=\frac{\tau_{\mathrm{w}}}{\rho U^2}. \tag{7-68}$$

可见动量损失厚度沿程增长率与壁面切应力成正比，与流体密度和外部自由流速度平方成反比.

7.6 定常不可压缩二维层流边界层的布拉修斯相似性解

相似性解是指沿边界层的流动方向，在不同的 x 处，流体运动的速度剖面相似，如图 7-8 所示. 换言之，当坐标 y 用一函数 $g(x)$ 缩放时，速度 $u(x,y)$ 也随之缩放为 $u\left(x,\dfrac{y}{g(x)}\right)$. 函数 $g(x)$ 称之为比例因子. 若用边界层外部势流速度 $U(x)$ 将边界层内的速度无量纲化，则相似性意味着不同 x 处的无量纲速度相等，即

$$\frac{u\left(x_1,\dfrac{y}{g(x_1)}\right)}{U(x_1)}=\frac{u\left(x_2,\dfrac{y}{g(x_2)}\right)}{U(x_2)}. \tag{7-69}$$

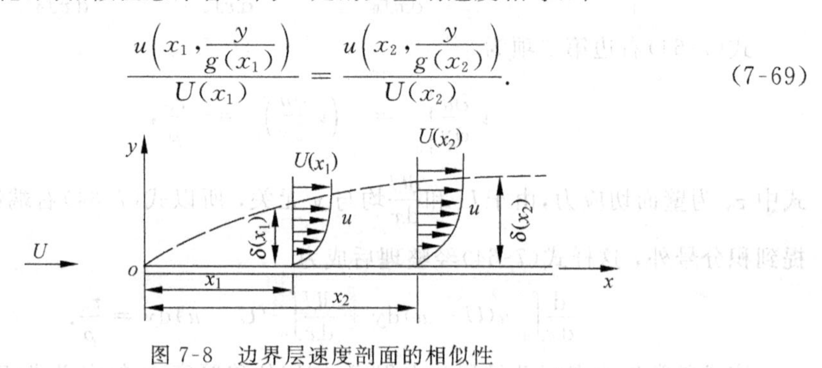

图 7-8 边界层速度剖面的相似性

式(7-69)若用坐标图表示，以 $\dfrac{y}{g(x)}$ 为横坐标，$\dfrac{u}{U(x)}$ 为纵坐标，则一条曲线便可确定整个边界层的速度与坐标的关系. 若令 $\eta=\dfrac{y}{g(x)}$，则这个由 x 和 y 构成的新变量称为相似性变量，在存在相似性解的流场中，η 是惟一的自变量，这样可以将原来描述边界层流场的偏微分方程化为常微分方程. 并不是所有不可压缩层流边界层流场都存在相似性解，只有当外部势流速度具有 $U=cx^m$ 或 $U=ce^{mx}$ 的形式时，才存在相似性解. 下面给出半无限长平板边界层的相似性解.

考虑定常不可压缩零压力梯度的二维层流半无限长边界层，其方程和边界条件为式(7-59)和式(7-56)：

$$\left.\begin{aligned}&\frac{\partial u}{\partial x}+\frac{\partial v}{\partial y}=0,\\&u\frac{\partial u}{\partial x}+v\frac{\partial u}{\partial y}=\nu\frac{\partial^2 u}{\partial y^2}.\end{aligned}\right\} \tag{7-59}$$

$$y=0: u=0,\ v=0;\qquad y=\delta \text{ 或 } y\to\infty: u=U(x). \tag{7-56}$$

由式(7-59)的第一式可引进流函数 $\psi(x,y)$

$$u=\frac{\partial\psi}{\partial y},\quad v=-\frac{\partial\psi}{\partial x}, \tag{7-70}$$

将其代入式(7-59)的第二式得

$$\frac{\partial\psi}{\partial y}\frac{\partial^2\psi}{\partial x\partial y}-\frac{\partial\psi}{\partial x}\frac{\partial^2\psi}{\partial y^2}=\nu\frac{\partial^3\psi}{\partial y^3}. \tag{7-71}$$

式(7-56)的边界条件相应变为

$$y=0: \frac{\partial\psi}{\partial x}=0,\ \frac{\partial\psi}{\partial y}=0;\qquad y=\delta \text{ 或 } y\to\infty: \frac{\partial\psi}{\partial y}=U. \tag{7-72}$$

将式(7-71)和式(7-72)无量纲化,令量纲数为1的量为

$$x^0=x/L_0;\ y^0=y\sqrt{Re}/L_0;\ u^0=u/U;\ v^0=v\sqrt{Re}/U;\ \psi^0=\psi/\sqrt{\nu UL_0},$$

将其代入式(7-71)和式(7-72)得

$$\frac{\partial\psi^0}{\partial y^0}\frac{\partial^2\psi^0}{\partial x^0\partial y^0}-\frac{\partial\psi^0}{\partial x^0}\frac{\partial^2\psi^0}{\partial y^{02}}=\frac{\partial^3\psi^0}{\partial y^{03}},$$

$$y^0=0: \frac{\partial\psi^0}{\partial x^0}=0,\ \frac{\partial\psi^0}{\partial y^0}=0;\qquad y^0=\delta \text{ 或 } y^0\to\infty: \frac{\partial\psi^0}{\partial y^0}=1.$$

可见 ψ^0 只取决于 x^0,y^0,即 $\psi^0=\psi^0(x^0,y^0)$,将其转成有量纲形式,则

$$\psi=\sqrt{\nu UL_0}\,\psi^0\left(\frac{x}{L_0},y\sqrt{\frac{U}{\nu L_0}}\right).$$

由于半无限长平板没有特征长度,在最后的解中不能出现特征长度 L_0,要满足这条,x^0 和 y^0 的组合只有以下面形式出现:

$$\frac{y^0}{\sqrt{x^0}}=\frac{y\sqrt{Re}/L_0}{\sqrt{x/L_0}}=\frac{y\sqrt{UL_0/\nu}/L_0}{\sqrt{x/L_0}}=y\sqrt{\frac{U}{\nu x}}=\eta, \tag{7-73}$$

而依赖于 η 的函数则必须为

$$\frac{\psi^0}{\sqrt{x^0}}=\frac{\psi}{\sqrt{\nu UL_0}}\frac{1}{\sqrt{x/L_0}}=\frac{\psi}{\sqrt{\nu Ux}}=f(\eta),$$

于是

$$\psi=\sqrt{\nu Ux}\,\frac{\psi^0}{\sqrt{x^0}}=\sqrt{\nu Ux}\,f(\eta)=\sqrt{\nu Ux}\,f\left(y\sqrt{\frac{U}{\nu x}}\right).$$

当流函数采取这种形式时,解具有相似性,于是

$$\left.\begin{aligned}&u=\frac{\partial\psi}{\partial y}=Uf'(\eta),\quad v=-\frac{\partial\psi}{\partial x}=\frac{1}{2}\sqrt{\frac{\nu U}{x}}[\eta f'(\eta)-f(\eta)],\\&\frac{\partial^2\psi}{\partial y^2}=U\sqrt{\frac{U}{\nu x}}f''(\eta),\quad \frac{\partial^3\psi}{\partial y^3}=\frac{U^2}{\nu x}f'''(\eta),\quad \frac{\partial^2\psi}{\partial x\partial y}=-\frac{1}{2}\frac{U}{x}\eta f''(\eta),\end{aligned}\right\} \tag{7-74}$$

将其代入式(7-71)和式(7-72)得

$$2f''' + ff'' = 0, \tag{7-75}$$

$$\eta = 0: f = 0, f' = 0; \quad \eta = \delta \text{或} \eta \to \infty: f' = 1. \tag{7-76}$$

式(7-75)形式虽然简单,但在数学上是三阶非线性常微分方程,得不到解析解,只能进行数值计算求近似解,得到的解称为布拉修斯解.数值求解的方法有多种,如布拉修斯的级数衔接法,豪沃思(Howarth)等人的数值积分法等.表7-1给出了豪沃思的近似计算结果.

表7-1　豪沃思得到的布拉修斯近似解

η	f	f'	f''
0.0	0.0	0.0	0.33206
0.4	0.02656	0.13277	0.33157
0.8	0.10661	0.26471	0.32739
1.2	0.23895	0.39378	0.31659
1.6	0.42032	0.51676	0.29667
2.0	0.65003	0.62977	0.26675
2.4	0.92230	0.72899	0.22809
2.8	1.23099	0.81152	0.18401
3.2	1.56911	0.87609	0.13913
3.6	1.92594	0.92333	0.09809
4.0	2.30576	0.95552	0.06424
4.4	2.69238	0.97587	0.03897
4.8	3.08534	0.98779	0.02187
5.2	3.48189	0.99425	0.01134
5.6	3.88031	0.99784	0.00543
6.0	4.27964	0.99898	0.00240
6.4	4.67938	0.99961	0.00098
6.8	5.07928	0.99987	0.00037
7.2	5.47925	0.99996	0.00013
7.6	5.87924	0.99999	0.00004
8.0	6.27930	1.00000	0.00001

根据表7-1的值,结合式(7-74)和外部势流速度U、运动粘度ν,可以得到边界层内的速度分布

$$\left.\begin{aligned} u &= Uf'(\eta), \\ v &= \frac{1}{2}\sqrt{\frac{\nu U}{x}}[\eta f'(\eta) - f(\eta)], \end{aligned}\right\} \tag{7-77}$$

同时还可以求出各种边界层厚度，若规定 $u/U=0.99$ 时为边界层的外缘，由式(7-74)的 $u=Uf'(\eta)$ 结合表 7-1 可知 $f'(\eta)=0.99$ 对应的 $\eta\approx 5.0$，代入式(7-73)的 $y\sqrt{\frac{U}{\nu x}}=\eta$ 得边界层厚度

$$\delta\sqrt{\frac{U}{\nu x}} \approx 5.0 \rightarrow \delta = 5.0\sqrt{\frac{\nu x}{U}} = \frac{5.0x}{\sqrt{Re_x}}, \tag{7-78}$$

将 $y\sqrt{\frac{U}{\nu x}}=\eta$ 代入式(7-60)，得边界层位移厚度

$$\begin{aligned} \delta^* &= \int_0^\infty \left(1-\frac{u}{U}\right)\mathrm{d}y \\ &= \sqrt{\frac{\nu x}{U}}\int_0^\infty (1-f'(\eta))\,\mathrm{d}\eta \\ &= 1.721\sqrt{\frac{\nu x}{U}} = \frac{1.721x}{\sqrt{Re_x}}, \end{aligned} \tag{7-79}$$

将 $y\sqrt{\frac{U}{\nu x}}=\eta$ 代入式(7-61)，得边界层动量损失厚度

$$\begin{aligned} \theta &= \int_0^\infty \frac{u}{U}\left(1-\frac{u}{U}\right)\mathrm{d}y \\ &= \sqrt{\frac{\nu x}{U}}\int_0^\infty f'(\eta)(1-f'(\eta))\,\mathrm{d}\eta \\ &= 0.664\sqrt{\frac{\nu x}{U}} = \frac{0.664x}{\sqrt{Re_x}}. \end{aligned} \tag{7-80}$$

壁面切应力为

$$\tau_w = \mu\left.\frac{\partial u}{\partial y}\right|_{y=0} = \frac{\mu U}{\sqrt{\frac{\nu x}{U}}}f'(0) = 0.332\rho U^2\frac{1}{\sqrt{Re_x}}. \tag{7-81}$$

定义壁摩擦系数 $C_f=2\tau_w/\rho U^2$，则

$$C_f = \frac{0.664}{\sqrt{Re_x}}. \tag{7-81a}$$

以上是流场存在相似性的近似解，若流场不存在相似性，则要采取其他近似方法求解，这些近似方法包括局部相似性解法、积分法、分段相似法以及加权-残值法等.

7.7 可压缩层流边界层

要讨论流体的可压缩性,必须重视密度 ρ 这一变量,在可压缩边界层内,压力和密度都是变化的,因此,温度也按一定的热力学状态方程 $T=T(p,\rho)$ 变化. 由于大多数可压缩流动是气体的运动,所以经常要用到气体的状态方程.

7.7.1 可压缩二维层流边界层方程

像通常的方式一样,以 x,y 分别表示平行和垂直于壁面的方向,与不可压缩边界层一样,流场存在 $v\ll u,\partial/\partial x\ll\partial/\partial y$. 根据边界层的特性,可以得到可压缩流体的二维层流边界层连续性方程为

$$\frac{\partial\rho}{\partial t}+\frac{\partial}{\partial x}(\rho u)+\frac{\partial}{\partial y}(\rho v)=0, \tag{7-82}$$

动量方程为

$$\left.\begin{aligned}&\rho\left(\frac{\partial u}{\partial t}+u\frac{\partial u}{\partial x}+v\frac{\partial u}{\partial y}\right)\approx-\frac{\partial p}{\partial x}+\frac{\partial}{\partial y}\left(\mu\frac{\partial u}{\partial y}\right),\\&0\approx-\frac{\partial p}{\partial y},\end{aligned}\right\} \tag{7-83}$$

能量方程为

$$\rho\left(\frac{\partial h}{\partial t}+u\frac{\partial h}{\partial x}+v\frac{\partial h}{\partial y}\right)\approx-\frac{\partial p}{\partial t}+u\frac{\partial p}{\partial x}+\frac{\partial}{\partial y}\left(k\frac{\partial T}{\partial y}\right)+\mu\left(\frac{\partial u}{\partial y}\right)^2, \tag{7-84}$$

式中,$h=e+p/\rho$ 为流体的比焓,或用总焓 $H=h+u^2/2$ 表示为

$$\rho\frac{\mathrm{D}H}{\mathrm{D}t}=\frac{\partial p}{\partial t}+\frac{\partial}{\partial y}\left(k\frac{\partial T}{\partial y}+\mu u\frac{\partial u}{\partial y}\right). \tag{7-84a}$$

以上未知量比方程多,还必须补充方程或关系式,如

$$T=T(p,\rho),\quad h=h(p,\rho). \tag{7-85}$$

在式(7-83)第二式中,$\dfrac{\partial p}{\partial y}=0$,说明边界层内压力沿 y 方向保持不变,而且等于外部势流的压力,所以由外部势流的伯努利方程可得

$$\frac{\partial p}{\partial x}=\frac{\partial p_e}{\partial x}=-\rho_e\left(\frac{\partial U}{\partial t}+U\frac{\partial U}{\partial x}\right)=\frac{\rho_e}{U}\frac{\partial h_e}{\partial t}+\rho_e\frac{\partial h_e}{\partial x}-\frac{1}{U}\frac{\partial p_e}{\partial t}, \tag{7-86}$$

下标 e 代表外部势流. 对可压缩流而言,流体的动力粘度和导热系数与温度 T 有关,所以必须给定

$$\mu=\mu(T),\quad k=k(T). \tag{7-87}$$

以上是基本方程,速度边界条件与不可压缩情形相同,此外,要增加温度边界条

件，即

$$y = 0: T = T_w, \tag{7-88}$$

下标 w 表示壁面.

7.7.2 完全气体定常可压缩二维层流边界层的相似性解

完全气体是最常见的形式，对完全气体有

$$p = \rho RT, \quad dh = c_p dT, \quad c_p = c_v(T) + R. \tag{7-89}$$

若在定常情况下，式(7-82)～式(7-84)可以简化为

$$\left.\begin{aligned}
&\frac{\partial}{\partial x}(\rho u) + \frac{\partial}{\partial y}(\rho v) = 0, \\
&\rho u \frac{\partial u}{\partial x} + \rho v \frac{\partial u}{\partial y} = -\frac{dp_e}{dx} + \frac{\partial}{\partial y}\left(\mu \frac{\partial u}{\partial y}\right), \\
&\rho u \frac{\partial h}{\partial x} + \rho v \frac{\partial h}{\partial y} = u \frac{dp_e}{dx} + \frac{\partial}{\partial y}\left(\frac{\mu}{Pr} \frac{\partial h}{\partial y}\right) + \mu\left(\frac{\partial u}{\partial y}\right)^2,
\end{aligned}\right\} \tag{7-90}$$

式中，$Pr=\mu c_p/k$，称为 Pr 数.

流函数 $\psi(x,y)$ 定义为

$$\frac{\partial \psi}{\partial y} = \rho u, \quad \frac{\partial \psi}{\partial x} = -\rho v. \tag{7-91}$$

这样连续性方程自动满足. 假定存在两个相似性变量(ξ,η)，且将 ψ 和 u 表示成

$$\left.\begin{aligned}
&\psi(\xi,\eta) = \int \rho u \, dy = G(\xi) f(\eta), \\
&u(\xi,\eta) = U(\xi) f'(\eta).
\end{aligned}\right\} \tag{7-92}$$

伊犁沃斯(Illingworth)提出如下变换：

$$\left.\begin{aligned}
&\xi = \int_0^x \rho_e(x) U(x) \mu_e(x) \, dx = \xi(x), \\
&\eta = \frac{U}{\sqrt{2\xi}} \int_0^y \rho \, dy = \eta(x,y).
\end{aligned}\right\} \tag{7-93}$$

将式(7-93)代入式(7-90)的第二式，可得常微分方程

$$(Cf'')' + ff'' + \frac{2\xi}{U}\frac{dU}{d\xi}\left(\frac{\rho_e}{\rho} - f'^2\right) = 0, \tag{7-94}$$

式中，$C=\dfrac{\rho\mu}{\rho_e\mu_e}\approx C(\eta)$，相应的边界条件为

$$\left.\begin{aligned}
&\eta = 0: f(0) = 0, \quad f'(0) = 0, \\
&\eta \to \infty: f' = 1.
\end{aligned}\right\} \tag{7-95}$$

对于方程(7-94)有两种特殊情况，第一种情况是当外部势流 U 为常数以及边界层内温度变化不大即 ρ,μ 近似为常数时，$C\approx 1$，此时式(7-94)简化为

$$f''' + ff'' = 0. \tag{7-96}$$

该式等价于式(7-75)的布拉修斯方程.第二种情况是 ρ,μ 近似为常数,则 $C\approx 1$,但外部势流为 $U=Kx^m$,此时式(7-95)简化为

$$f''' + ff'' + \frac{2m}{m+1}(1-f'^2) = 0. \tag{7-97}$$

关于比焓的方程,可设

$$h(x,y) = h_e(\xi)g(\eta),$$

将其代入式(7-90)第三式得

$$\left(\frac{C}{Pr}g'\right)' + fg' = \left(\frac{\xi}{H_e}\frac{\mathrm{d}H_e}{\mathrm{d}\xi}\right)f'\left(2g + \frac{U^2}{h_e}f'^2\right) - \frac{U}{h_e}Cf''^2, \tag{7-98}$$

式中,$H_e = h_e + U^2/2$ 为外部自由流驻点焓.在很多情况下,上式的右端可以忽略.式(7-98)相应的边界条件为壁面绝热条件

$$\left.\begin{aligned} &\eta = 0: g = g_w, \quad g' = 0, \\ &\eta \to \infty: g = 1. \end{aligned}\right\} \tag{7-99}$$

壁面热传递条件

$$\left.\begin{aligned} &\eta = 0: g = g_w, \quad g' \neq 0, \\ &\eta \to \infty: g = 1, \end{aligned}\right\} \tag{7-100}$$

通过传递的热量,确定壁面的 g'.

观察式(7-94)和式(7-98),可以发现只有满足以下条件才存在相似性解:

① C 为常数或与 f 和 g 有关;

② Pr 数为常数或与 f 和 g 有关;

③ ρ_e/ρ 与 f 和 g 有关;

④ $\dfrac{2\xi}{U}\dfrac{\mathrm{d}U}{\mathrm{d}\xi}$ 为常数;

⑤ $\dfrac{U^2}{h_e}$ 为常数或忽略不计(和 $Pr=1$);

⑥ $\dfrac{2\xi}{H_e}\dfrac{\mathrm{d}H_e}{\mathrm{d}\xi}$ 为常数.

以上条件虽然多,但并不苛刻.

7.7.3 可压缩二维边界层的积分关系式

从方程(7-90)出发,速度 v 可通过式(7-90)的第一个方程消去,而式(7-90)的第二个方程和第三个方程从壁面沿 y 积分到无穷远,与不可压缩情形的动量积分关系式(7-67)对应,可压缩情形的动量积分关系式是

$$\frac{\mathrm{d}\theta}{\mathrm{d}x}+\frac{\theta}{U}\frac{\mathrm{d}U}{\mathrm{d}x}\left(2+H+\frac{U}{\rho_e}\frac{\mathrm{d}\rho_e}{\mathrm{d}U}\right)+\frac{1}{\rho_e U^2}\frac{\mathrm{d}}{\mathrm{d}x}\left(p_e\delta-\int_0^\delta p\mathrm{d}y\right)=\frac{C_f}{2}, \tag{7-101}$$

式中 $C_f=2\tau_w/\rho_e U^2$，$H=\delta^*/\theta$，而 δ^*，θ 分别是可压缩情形下的边界层位移厚度和动量损失厚度，与不可压缩情形的式(7-60)和式(7-61)对应，此处有

$$\delta^*=\int_0^\infty\left(1-\frac{\rho}{\rho_e}\frac{u}{U}\right)\mathrm{d}y, \tag{7-102}$$

$$\theta=\int_0^\infty\frac{\rho}{\rho_e}\frac{u}{U}\left(1-\frac{u}{U}\right)\mathrm{d}y. \tag{7-103}$$

对绝热外部势流，式(7-101)中的 $\frac{U}{\rho_e}\frac{\mathrm{d}\rho_e}{\mathrm{d}U}\equiv -Ma_e^2$，其中 Ma_e 是马赫数.

式(7-101)对层流和湍流都成立. 对于密度不变的低速流动，式(7-101)与不可压缩时的式(7-67)相同. 分析式(7-101)的结构，说明可压缩性至少从以下三方面增加了对方程求解的难度：①位移厚度和动量损失厚度都包含了变密度因子，给积分增加了难度；②压力梯度项中包含了外部势流马赫数；③增加了左边最后一项的压力积分项，当流场中速度很大时，压力不容易得到.

尽管式(7-101)对层流和湍流都适用，但层流情形比较容易处理一些. 对于层流情形，一般情况下考虑压力项可忽略的绝热自由来流，此时式(7-101)成为

$$\frac{\mathrm{d}\theta}{\mathrm{d}x}+\frac{\theta}{U}\frac{\mathrm{d}U}{\mathrm{d}x}(2+H-Ma_e^2)\approx\frac{C_f}{2}. \tag{7-104}$$

单由式(7-104)还无法得到边界层的所有信息，由式(7-90)的第三个方程，可得到能量方程的积分形式

$$q_w=\frac{\mathrm{d}}{\mathrm{d}x}\left[\int_0^\infty\rho u\left(h+\frac{u^2}{2}-h_e-\frac{U^2}{2}\right)\mathrm{d}y\right]. \tag{7-105}$$

此外，还可建立动量矩方程，用 u 乘式(7-90)的第二个方程，并对边界层从壁面积分到无穷远可得

$$\frac{\mathrm{d}\delta_3}{\mathrm{d}x}+\frac{\delta_3}{U}\frac{\mathrm{d}U}{\mathrm{d}x}[3-(2-\gamma)Ma_e^2]=\frac{2}{\rho_e U^3}\int_0^\infty\tau\frac{\mathrm{d}u}{\mathrm{d}y}\mathrm{d}y, \tag{7-106}$$

式中

$$\delta_3=\int_0^\infty\frac{\rho}{\rho_e}\frac{u}{U}\left(1-\frac{u^2}{U^2}\right)\mathrm{d}y, \tag{7-107}$$

是可压缩边界层的能量损失厚度. 在超声速情况下，δ_3 与动量损失厚度 θ 同量级而且都很小.

式(7-105)和式(7-106)对湍流也成立. 可采用不同方法对可压缩边界层的积分关系式进行求解，其难度比不可压缩情形大.

习　题

7.1　实际问题中，20℃的水(运动粘度 $\nu=1.007\times10^{-6}\,\mathrm{m^2/s}$)以平均速度$U_水$流过直径为 0.2m 的光滑管道. 若以 20℃的空气(运动粘度 $\nu=1.5\times10^{-5}\,\mathrm{m^2/s}$)来模拟，则流过同样的管道，空气流速需要多大才能保证两者动力学相似?

7.2　证明直径为 d 的圆球在粘性很大的流体中缓慢下降时的最终速度为 $v=d^2(\rho_球-\rho)g/18\mu$.

7.3　如图所示为两平行平板，两板间为粘性不可压缩流体，设上板不动，下板以速度 U 向右运动，如果运动定常，沿流动方向流场压力梯度为常数 c，求两板间流体的速度分布、流量和作用在下板上的摩擦力.

7.4　如图所示两固定平行平板间距为 8cm，动力粘度 $\mu=1.96\mathrm{Pa\cdot s}$ 的油在平板中作层流运动，最大速度 $u_{\max}=1.5\mathrm{m/s}$，试求：

(1) 单位宽度上的流量；

(2) 平板上的切应力和速度梯度；

(3) $l=25\mathrm{m}$ 前后的压差及 $y=2\mathrm{cm}$ 处的流体速度.

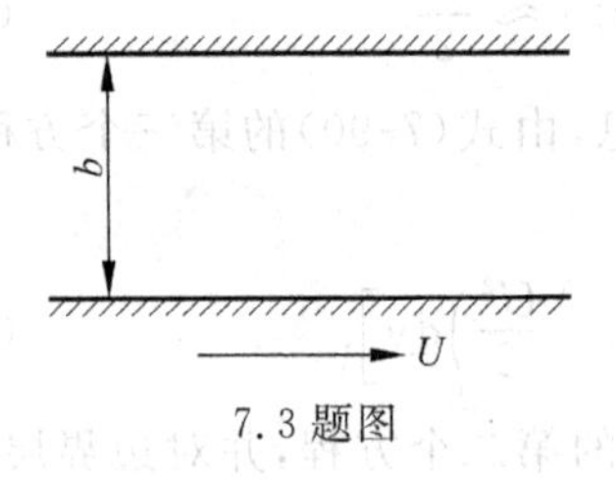

7.3 题图

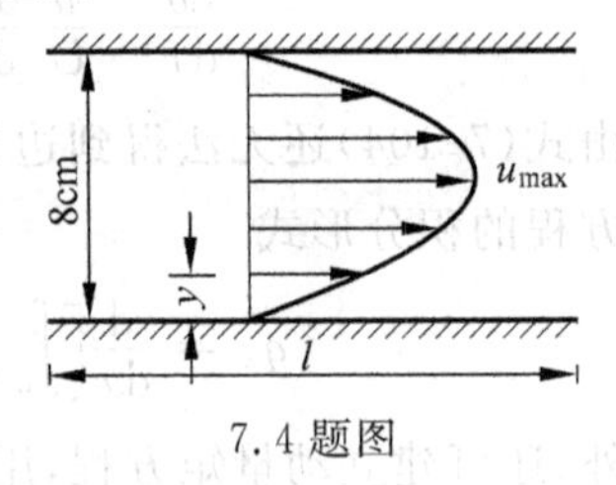

7.4 题图

7.5　如图所示相距 0.01m 的平行平板内充满 $\mu=0.08\mathrm{Pa\cdot s}$ 的油，下板运动速度 $U=1\mathrm{m/s}$，在 $x=80\mathrm{m}$ 压强从 $17.65\times10^4\mathrm{Pa}$ 降到 $9.81\times10^4\mathrm{Pa}$，试求：

(1) $u=u(y)$的速度分布；

(2) 单位宽度上的流量；

(3) 上板的切应力.

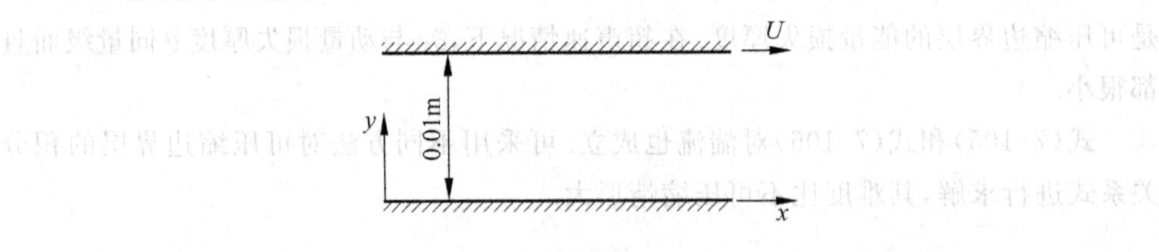

7.5 题图

7.6　边界层内的速度分布为 $u/U=1-\mathrm{e}^{-c(y/2\delta)}$，试求 c，δ^*，θ.

7.7　半无限长平板定常层流边界层内的速度分布为 $u=U\sin\dfrac{\pi y}{2\delta(x)}$，用动量积分关系式求边界层厚度 $\delta(x)$ 和局部摩擦阻力系数 C_f.

7.8　1.2m×1.2m 的薄平板以 3m/s 的速度在气流中运动（$\nu=14.86\times10^{-6}$ $\mathrm{m^2/s}$，$\rho=1.2\mathrm{kg/m^3}$），流动为层流状态，试求：

（1）平板的表面阻力；

（2）平板后缘处的边界层厚度；

（3）平板后缘处的切应力.

7.9　一块 1.2m×1.2m 薄平板以 3m/s 的速度在气流中运动（$\nu=14.86\times10^{-6}$ $\mathrm{m^2/s}$，$\rho=1.2\mathrm{kg/m^3}$），流动为可压缩层流状态，外部势流 U 为常数且边界层内温度变化可以忽略，试求：平板的表面阻力.

7.10　试推导可压缩二维层流边界层的动量积分关系式(7-101).

第8章 粘性流体湍流的基本运动

实际流动中流场的状态大部分是湍流，第6章曾介绍了部分不可压缩流体湍流的一维运动，本章则介绍粘性流体湍流的基本运动，以加深对湍流的认识.

8.1 湍流的模式理论

前面推出了求解湍流场的动量方程——雷诺平均运动方程(6-21)

$$\frac{\partial \overline{v_i}}{\partial t}+\overline{v_j}\,\frac{\partial \overline{v_i}}{\partial x_j}=-\frac{1}{\rho}\,\frac{\partial \overline{p}}{\partial x_i}+\nu\,\frac{\partial^2 \overline{v_i}}{\partial x_j^2}+\frac{1}{\rho}\,\frac{\partial(-\rho\,\overline{v_i' v_j'})}{\partial x_j}.$$

其中瞬时速度表示为平均速度与脉动速度之和：$v_i=\overline{v_i}+v_i'$. 该方程比层流运动方程多了最后的雷诺应力梯度项，使得方程组不封闭而无法进行求解. 因此，需要建立有关雷诺应力项的方程或表达式，这就是湍流模式理论的由来.

所谓湍流模式理论就是根据理论和经验，对雷诺平均运动方程的雷诺应力项建立表达式或方程，然后对雷诺应力方程的某些项提出尽可能合理的模型和假设，以此使方程组封闭求解的理论.

工程应用中涉及大量与湍流有关的问题，在现阶段，湍流模式理论仍是解决工程问题的有效办法. 模式理论的雏形可以追溯到19世纪，当时布森涅斯克(Boussinesq)提出用涡粘性系数来建立雷诺应力与平均速度之间的关系，涡粘性系数是分子粘性系数的延伸，它的值要用实验方法确定. 由于湍流中动量等其他量的输运机理与分子运动相关量的输运机理不同，所以涡粘性系数方法存在局限性，只有在流场中平均流动的惯性起主导作用、湍流输运的影响比较次要时，用该方法才可以得到较满意的结果. 而对那些除湍流本身起主导作用外，同时还存在几个产生湍流机理的流场，涡粘性系数的方法难以胜任，这就要求有更加精细的模型.

由于没有普适的物理定律可以直接建立雷诺应力和平均量之间的关系，因而一种做法是在实验观察的基础上，通过量纲分析、张量分析和合理的推理与猜测等手段，在假设的基础上提出模型后计算，将结果与实验对比后，再做进一步的修正，这就是所谓的半经验理论. 该理论包括普朗特混合长理论、泰勒涡量转移理论和冯·卡门相似性理论等. 半经验理论只考虑了平均运动方程这样的一阶湍流统计量的动力学方程，因此属于一阶封闭模式或零方程模型.

20 世纪 40 年代初，周培源首次建立了雷诺应力所满足的输运微分方程，同时推导出了该方程中未知项三阶脉动速度关联函数所满足的微分方程，对三阶关联方程中出现的四阶脉动速度关联函数以及压力与脉动速度的关联函数等新未知量，通过假设四阶脉动速度关联与二阶脉动速度关联之间的关系，以及将压力与脉动速度关联用二阶脉动速度关联表示的方法，建立了封闭的方程组，并在此基础上求解了槽流、圆管流动以及平板边界层等问题. 20 世纪 50 年代，罗塔(Rotta) 发展了周培源所开创的工作，提出了完整的雷诺应力模式. 以上工作形成了现代湍流模式的理论基础. 20 世纪 60 年代以后，随着计算机技术的飞速发展和计算方法的完善，湍流模式理论得到了广泛的研究和应用，各种模式大量涌现，70 年代达到高潮.

8.1.1 湍流模式建立的依据

建立湍流模式实际上是用某种假定的系统来代替真实湍流场，真实流场与假定的系统不可能完全等价，因为在假定的系统中，必定会有一些物理量或物理过程没有被考虑到. 因此，评价一个模式的优劣就是看假定的系统中考虑的因素是否周全，如果实际流场在几何结构和参数上都与假定的系统差不多，则由该模式得到的结果与实际情况就比较符合. 一般而言，假定系统中考虑的物理机制越多，该模型的适用范围也就越广.

20 世纪 80 年代初，国际上曾对不同的湍流模式进行过评价，得到的结论是，湍流模式中虽然有些可以获得较好的结果，但使用的范围一般都较窄，缺乏普适性. 可见这些模式在建模过程中仍存在不少问题，需要对建模的原则予以规范.

建立湍流模式时，要求模式在物理和数学上满足一定的条件，这些条件虽不是保证湍流模式通用的充分条件，但却是必要条件. 根据对湍流现象的了解以及为了封闭方程组的基本目的，可以从数学和物理的角度，提出以下基本假设与准则作为建立二阶封闭模式的依据.

① 建模的基本方程是雷诺平均运动方程和脉动速度动力学方程，模式方程必须满足守恒定律.

② 对二阶封闭模式而言，所有二阶以上脉动关联特征量都只是流体的物理属性、平均量、湍动能、耗散率以及二阶脉动关联量的函数.

③ 方程中所有被模拟的项其模拟后的形式应当与原项有相同的量纲.

④ 同一项在模拟前后必须有相同的数学特性，例如对张量而言，要满足阶数相同、下标次序相同以及对称性、置换性和迹为零等.

⑤ 满足不变性，即模式方程与坐标系的选择无关，当坐标系作伽利略(Galileo)变换时，模拟前后的量按相同的规律变化.

⑥ 各湍流特征量的扩散速度与该量的梯度成正比.

⑦ 除非常靠近壁面的流场外，流场中与大尺度涡有关的性质不受粘性影响，小尺度涡结构统计性质与平均运动和大尺度涡无关，是各向同性的.

⑧ 主要由大尺度涡决定的性质，用(k,ε)表示，其中k是湍流的动能，表示为$k=\overline{v_i'^2}/2$，ε是湍流的耗散率，表示为$\varepsilon=\nu\overline{\dfrac{\partial v_i'}{\partial x_j}\dfrac{\partial v_i'}{\partial x_j}}$，$\nu$是运动粘度，如速度表示成$v_i'=\sqrt{k}$，长度表示成$l=k^{3/2}/\varepsilon$，时间表示成$t=k/\varepsilon$. 小尺度涡决定的性质用$(\varepsilon,\nu)$表示，即$v_i'=(\nu\varepsilon)^{1/4}$，微尺度$\eta=(\nu^3/\varepsilon)^{1/4}$，$t=(\nu/\varepsilon)^{1/2}$.

⑨ 模拟后的方程所产生的量在物理上应当有意义，不能出现像负的正应力或负的湍流能量、关联系数大于1等情况，该原则大大增加了建模的复杂性.

在具体的建模过程中，要同时满足这些准则往往是困难的，即使是从以上准则出发，也可以用不同的办法建立湍流模式. 一般而言，评价一个模式优劣，是将该模式用于各种不同的流动时，若不调整其中的常数值，都能较好地描述流场，同时还要使计算量尽可能地少.

8.1.2 一阶封闭模式

一阶封闭模式是直接建立雷诺应力与平均速度之间的代数关系，没有引进高阶统计量的微分方程，所以称零方程模式，又称代数模式.

1. 布森涅斯克(Boussinesq)涡粘性系数方法

粘性切应力与动力粘度和平均速度梯度间存在如下的关系：

$$\tau_l=\mu\frac{\partial U}{\partial y}.$$

布森涅斯克采用了一个能包含湍流效应的广义粘性系数即涡粘性系数来建立雷诺应力与平均速度梯度之间的关系

$$\tau_t = -\rho \overline{u'v'} = \rho \varepsilon_m \frac{\partial U}{\partial y}, \tag{8-1}$$

式中，ε_m 为涡粘性系数，与运动粘度 $\nu(=\mu/\rho)$ 有相同量纲. 对三维流场，式(8-1)可推广为

$$-\overline{v_i'v_j'} = 2\varepsilon_m S_{ij} - \frac{2}{3}k\delta_{ij}, \tag{8-2}$$

其中

$$S_{ij} = \frac{1}{2}\left(\frac{\partial \overline{v_i}}{\partial x_j} + \frac{\partial \overline{v_j}}{\partial x_i}\right),$$

式中，k 为单位质量的湍流动能. 式(8-2)中右边第二项是必需的，因为对于不可压流体而言，当式(8-2)中 $i=j$ 并用求和约定时，左边是湍流脉动能的两倍，而右边第一项 $S_{ii}=0$，若无第二项，则湍流脉动能为零，这与实际情形不符.

涡粘性系数与分子粘度不同，它还依赖于流动情况，这是涡粘性假设的弱点. 一般 ε_m 是个未知变量，所以必须建立 ε_m 与平均速度之间的经验关系.

2. 普朗特混合长度理论

1925 年，普朗特采用与分子粘度类比的方法，提出了混合长度理论. 6.3.2 节已对该理论进行了叙述，给出了用混合长度表示的雷诺应力的表示式(6-45)，即

$$-\rho \overline{u'v'} = \rho l^2 \left|\frac{\partial U}{\partial y}\right| \frac{\partial U}{\partial y}, \tag{8-3}$$

式中，l 为混合长度，其中涡粘性系数

$$\varepsilon_m = l^2 \left|\frac{\partial U}{\partial y}\right|.$$

在三维流场中有

$$\left.\begin{aligned} u_i' &= l_j \frac{\partial \overline{v_i}}{\partial x_j}, \\ -\rho \overline{u_i'u_j'} &= \rho \overline{u_i' l_j} \left|\frac{\partial \overline{v_i}}{\partial x_j}\right|, \\ (\varepsilon_m)_{ij} &= C\overline{u_i' l_j}. \end{aligned}\right\} \tag{8-4}$$

混合长度 l 仍旧是未知量，但与涡粘性系数相比，l 对平均速度的依赖性较弱，它基本是当地状态的函数. 普朗特混合长度理论已经被成功地应用于如管流、槽流、边界层和自由剪切流场的计算. 以下是在湍流边界层中常用的几种 l 与 ε_m 的表达式.

(1) 克莱巴诺夫(Klebanoff)模型

在湍流边界层中的内层有

$$l = \kappa y, \quad \varepsilon_m = \kappa y v^*, \tag{8-5}$$

式中，κ 为卡门常数，一般取 0.4～0.41，$v^* = \sqrt{\tau_w/\rho}$ 为壁摩擦速度. 在外层有

$$l = \alpha_1 \delta, \quad \varepsilon_m = \alpha_2 \delta v^* \gamma, \tag{8-6}$$

式中，γ 为间隙因子，α_1 和 α_2 为实验常数，取 $\alpha_1 = 0.075 \sim 0.09$，$\alpha_2 = 0.06 \sim 0.075$.

(2) 范德里斯特(Van-Driest)模型

同样对湍流边界层，内层有

$$l = \kappa y \left[1 - \exp\left(-y \frac{v^*}{25.3\nu}\right)\right], \tag{8-7}$$

式中的 κ 取 0.435. 在外层有

$$l = 0.09\delta, \tag{8-8}$$

式中，δ 是边界层厚度.

(3) 策比西-史密斯(Cebeci-Smith)模型

该模型是在范德里斯特模型基础上发展的，通常写成涡粘性系数的形式，在内层有

$$\varepsilon_m = (\kappa y)^2 \left[1 - \exp\left(-\frac{y}{l_D}\right)\right]^2 \left(\frac{\partial U}{\partial y}\right), \tag{8-9}$$

式中，l_D 是衰减长度系数，当壁面不存在质量引射时，$l_D = \beta\nu / u_f$，β 为实验常数. 在外层有

$$\varepsilon_m = 0.0168 U \delta^* \gamma, \quad (Re > 5000), \tag{8-10}$$

式中，δ^* 为边界层位移厚度；U 是外部自由流速度，间隙因子 γ 表示为

$$\gamma = \left[1 + 5.5\left(\frac{y}{\delta}\right)^6\right]^{-1}.$$

(4) 梅尔-海宁(Meller-Herring)模型

该模型也用涡粘性系数表示，在内层有

$$\varepsilon_m^+ = \frac{\chi^4}{\chi^3 + 6.9^3}, \tag{8-11}$$

式中，$\varepsilon_m^+ = \varepsilon_m / \nu$，$\chi$ 是量纲为 1 的量，当 $\kappa = 0.4$ 时，有

$$\chi = \frac{(ky)^2}{\nu} \left|\frac{\partial U}{\partial y}\right|,$$

在外层有

$$\varepsilon_m = 0.016 U \delta^*. \tag{8-12}$$

混合长度理论把混合长度类比于分子自由程，湍流脉动速度类比于分子热运动平均速度. 这两者实际上存在本质的差别，例如分子热运动的平均动能只与温度有关，而湍流脉动动能则取决于流动的许多因素. 另外，气体分子是离散的，其质点运动用常微分方程组描述，而湍流仍属于连续介质，应该用偏微分方程描述，数学方程的不同必然对应物理过程的差异. 所以，混合长度理论尽管在工程应用上发挥了很大作用，但对湍流实质的认识没有太大的帮助.

3. 泰勒涡量输运理论

1932 年，泰勒采用了与普朗特混合长度相同的思路，不同的是用 l_Ω 代替 l，而 l_Ω 表示流体微团沿 y 方向跳动时保持原有涡量的最大长度. 由此得到

$$-\rho\overline{u'v'} = \rho\, l_\Omega^2 \left|\frac{\partial U}{\partial y}\right| \frac{\partial U}{\partial y}. \tag{8-13}$$

4. 冯·卡门相似性理论

混合长度理论本身没有给出如何确定 l 的方法，1930 年，冯·卡门提出了可用来估计混合长度 l 与空间坐标关系的湍流局部相似性理论. 该理论的前提是假设在自由湍流中，各点上的湍流脉动是几何相似的，即流场中各点的湍流脉动对于同一时间尺度和速度尺度只有比例系数的差别，所以只需用一个时间和速度尺度就能确定湍流结构. 长度尺度可以由平均速度的一阶和二阶导数等局部量表示：

$$l = \kappa\left(\frac{\partial U}{\partial y}\right)\Big/\left(\frac{\partial^2 U}{\partial y^2}\right), \tag{8-14}$$

式中，κ 为卡门常数，对于平行流常取 0.4～0.41. 式(8-14)表明混合长度 l 只取决于当地速度分布. 在速度剖面的拐点，即 $\frac{\partial^2 U}{\partial y^2}=0$，若 $\frac{\partial U}{\partial y}$ 不等于零，则 $l\to\infty$，这显然与实际情形不符.

尽管存在以上缺陷，但冯·卡门的相似性理论仍不失为壁面附近某区域内最合理的关系. 测量结果表明，湍流边界层的某个区域，速度与离壁距离 y 存在对数关系，即 $u\sim\ln y$. 将其代入式(8-14)，就可以得到与式(8-5)第一个表达式一样的结果.

一阶封闭模式的主要优点是使用方便，但是，这种模式属于当地平衡型，也就是说，它不能反映上游历史的影响，只有当方程中各输运项很小时才能得到较好的结果. 从实际应用情况看，对于有适度压力梯度的二维边界层，该模式都获得了较理想的结果；而对于表面曲率很大或压力梯度很大时的情况以及自由湍流剪切层，其使用结果不理想.

8.1.3 雷诺应力模式

雷诺应力模式简称为 RSM (Reynolds stress model)，由于雷诺平均运动方程所包含的雷诺应力为一未知项，所以最直接的办法是建立式(6-21)中雷诺应力 $\overline{v_i'v_j'}$ 的方程.

1. 雷诺应力方程和湍动能方程

得到$\overline{v_i'v_j'}$的方程的步骤比较复杂，首先把 N-S 方程化成$\frac{\mathrm{D}(v_iv_j)}{\mathrm{D}t}$的形式，然后将瞬时速度表示成平均速度与脉动速度之和，即 $v_i=\overline{v_i}+v_i'$；$v_j=\overline{v_j}+v_j'$，将其代入$\frac{\mathrm{D}(v_iv_j)}{\mathrm{D}t}$形式的方程，再减去$\frac{\mathrm{D}(\overline{v_i}\,\overline{v_j})}{\mathrm{D}t}$平均运动的形式$\frac{\mathrm{D}(\overline{v_iv_j})}{\mathrm{D}t}$，最终得到雷诺应力$\overline{v_i'v_j'}$方程为

$$\frac{\mathrm{D}\,\overline{v_i'v_j'}}{\mathrm{D}t}=\frac{\partial\,\overline{v_i'v_j'}}{\partial t}+\overline{v_k}\,\frac{\partial\,\overline{v_i'v_j'}}{\partial x_k}$$

$$=-\frac{\partial}{\partial x_k}\Big(\underbrace{\delta_{jk}\frac{\overline{v_i'p'}}{\rho}+\delta_{ik}\frac{\overline{v_j'p'}}{\rho}+\overline{v_i'v_j'v_k'}}_{\text{湍流扩散项}}-\underbrace{\nu\frac{\partial\,\overline{v_i'v_j'}}{\partial x_k}}_{\text{分子扩散项}}\Big)$$

$$-\underbrace{\left(\overline{v_i'v_k'}\,\frac{\partial\,\overline{v_j}}{\partial x_k}+\overline{v_j'v_k'}\,\frac{\partial\,\overline{v_i}}{\partial x_k}\right)}_{\text{产生项}}-\underbrace{2\nu\,\overline{\frac{\partial v_i'}{\partial x_k}\,\frac{\partial v_j'}{\partial x_k}}}_{\text{耗散项}}$$

$$+\underbrace{\overline{\frac{p'}{\rho}\left(\frac{\partial v_i'}{\partial x_j}+\frac{\partial v_j'}{\partial x_i}\right)}}_{\text{压力变形项}},\tag{8-15}$$

式中已标明了相应的物理意义.

在模式理论中要用到湍动能 $k=\overline{v_i'^2}/2$，k 的导出只要在式(8-15)中令 $i=j$ 再乘上 1/2 即可：

$$\underset{(\mathrm{I})}{\frac{\mathrm{D}k}{\mathrm{D}t}}=\frac{\partial k}{\partial t}+\underset{(\mathrm{II})}{\overline{v_j}\,\frac{\partial k}{\partial x_j}}=-\frac{\partial}{\partial x_j}\Big(\underset{(\mathrm{III})}{\frac{1}{\rho}\,\overline{v_j'p'}+\frac{1}{2}\,\overline{v_i'v_i'v_j'}-2\nu\,\overline{v_i's_{ij}'}}\Big)$$

$$-\underset{(\mathrm{IV})}{\overline{v_i'v_j'}\,s_{ij}}-\underset{(\mathrm{V})}{2\nu\,\overline{s_{ij}'s_{ij}'}}.\tag{8-16}$$

这就是湍动能方程，为了简捷地描述方程，将式中的(Ⅲ)、(Ⅳ)、(Ⅴ)分别表示为 D_{if}，P_k，ε，则式(8-16)为

$$\frac{\mathrm{D}k}{\mathrm{D}t}=D_{if}+P_k-\varepsilon,\tag{8-17}$$

其中

$$D_{if}=-\frac{\partial}{\partial x_j}\left(\frac{1}{\rho}\,\overline{v_j'p'}+\frac{1}{2}\,\overline{v_i'v_i'v_j'}-2\nu\,\overline{v_i's_{ij}'}\right),$$

$$P_k=-\overline{v_i'v_j'}s_{ij},$$

$$\varepsilon=2\nu\,\overline{s_{ij}'s_{ij}'},$$

$$s_{ij}'=\frac{1}{2}\left(\frac{\partial v_i'}{\partial x_j}+\frac{\partial v_j'}{\partial x_i}\right).$$

在方程(8-16)中，左边表示湍动能沿平均迹线随时间的变化，其中Ⅰ项是湍动能的当地变化率，Ⅱ项则说明当流体微团因平均迁移运动而发生位置变化时，湍动能也发生变化，所以称为对流项. Ⅲ项称为扩散项，表示脉动压力、雷诺应力和脉动粘性应力对脉动能量的输运. Ⅳ项为湍流能量生成项，该项通常为正，起增加湍流动能的作用. Ⅴ项是流体脉动粘性应力为抵抗脉动变形所作的功，对应于脉动的耗散项，它总是消耗湍动能使之转化为热能，通常该项比对应的平均运动的耗散项 $2\nu s_{ij}s_{ij}$ 大得多.

2. 经模化后的雷诺应力方程和湍动能方程

在雷诺应力方程(8-15)和湍动能方程(8-16)中，存在着一些未知项，如$\overline{v_i'v_j'v_k'}$，$\overline{v_i'p'}$等，因此，需要建立这些未知项的表达式，这一过程称为湍流模式建立的过程. 在建立湍流模式时，对每一未知项用已知量或常数表示时，必须遵循 8.1.1 节的依据. 具体建立模式的过程是复杂的，以下给出最终经模化后的雷诺应力方程和湍动能方程：

$$\frac{\mathrm{D}\overline{v_i'v_j'}}{\mathrm{D}t}=\frac{\partial}{\partial x_l}\left[C_k\frac{k^2}{\varepsilon}\frac{\partial\overline{v_i'v_j'}}{\partial x_l}+\nu\frac{\partial\overline{v_i'v_j'}}{\partial x_l}\right]+P_{ij}-\frac{2}{3}\delta_{ij}\varepsilon-C_1\frac{\varepsilon}{k}\left(\overline{v_i'v_j'}-\frac{2}{3}\delta_{ij}k\right)-C_2\left(P_{ij}-\frac{2}{3}\delta_{ij}P_k\right),\tag{8-18}$$

$$\frac{\mathrm{D}k}{\mathrm{D}t}=\frac{\partial}{\partial x_l}\left[C_k\frac{k^2}{\varepsilon}\frac{\partial k}{\partial x_l}+\nu\frac{\partial k}{\partial x_l}\right]+P_k-\varepsilon,\tag{8-19}$$

其中

$$P_{ij}=-\left(\overline{v_i'v_k'}\frac{\partial\overline{v_j}}{\partial x_k}+\overline{v_j'v_k'}\frac{\partial\overline{v_i}}{\partial x_k}\right),\qquad P_k=-\overline{v_i'v_l'}\frac{\partial\overline{v_i}}{\partial x_l},\tag{8-20}$$

式中的经验常数 $C_k=0.09\sim0.11$，$C_1=1.5\sim2.2$，$C_2=0.4\sim0.5$.

以上方程中出现的湍流耗散率 ε 仍旧是未知项，于是建立 ε 的方程，然后对方程中出现的新未知项逐项进行模化，最终得

$$\frac{\mathrm{D}\varepsilon}{\mathrm{D}t}=\frac{\partial}{\partial x_l}\left[C_\varepsilon\frac{k^2}{\varepsilon}\frac{\partial\varepsilon}{\partial x_l}+\nu\frac{\partial\varepsilon}{\partial x_l}\right]-C_{\varepsilon1}\frac{\varepsilon}{k}\overline{v_i'v_l'}\frac{\partial\overline{v_i}}{\partial x_l}-C_{\varepsilon2}\frac{\varepsilon^2}{k},\tag{8-21}$$

式中的经验常数 $C_\varepsilon=0.07\sim0.09$，$C_{\varepsilon1}=1.41\sim1.45$，$C_{\varepsilon2}=1.9\sim1.92$.

方程(6-21)、(8-18)～(8-21)构成一组封闭的微分方程组，可以联立求解，这就是雷诺应力封闭模式.

8.1.4 代数应力模式

代数应力模式简称为 ASM(algebra stress model)，以上的雷诺应力模式要同时

求解雷诺应力方程、湍动能方程和耗散率方程等偏微分方程，计算量非常大.实际上分析一下这些方程各项的特点可以发现，造成计算量大的是雷诺应力的微分项，该项只是在对流项和扩散项中才有，如果能在某些特定条件下，将对流项与扩散项消去，或者这两项大小相当可以相抵消，则原方程中关于雷诺应力的微分项就不存在，原方程变成了代数方程，这就是代数应力模式的由来.根据这种思路可以得到消去对流项与扩散项的对应式(8-18)的代数应力方程

$$(1-C_2)P_{ij}-C_1\frac{\varepsilon}{k}\left(\overline{v_i'v_j'}-\frac{2}{3}\delta_{ij}k\right)-\frac{2}{3}\delta_{ij}(\varepsilon-C_2P_k)=0. \tag{8-22}$$

在实际流场中，可以消去对流项和扩散项的情况并不多，一种是高剪切流场，此时流场中由高剪切造成的雷诺应力的产生项很大，而对流项与扩散项相对较小；另一种是产生项与耗散项基本抵消，则对流项与扩散项基本相等的局部平衡的湍流场.这种将对流项与扩散项完全忽略的模式虽然使方程得以简化，但缩小了其使用范围，因为符合这种近似的流场并不多.于是罗迪(Rodi)于1972年提出了另一种代数模型，它不是完全忽略对流项和扩散项，而是部分地加以保留，具体是假设雷诺应力$\overline{v_i'v_j'}$与湍动能k成正比，即$\overline{v_i'v_j'}=Ck$，C为常数，因此可以把式(8-18)化为

$$\frac{\overline{v_i'v_j'}}{k}(P_k-\varepsilon)=P_{ij}-\frac{2}{3}\delta_{ij}\varepsilon-C_1\frac{\varepsilon}{k}\left(\overline{v_i'v_j'}-\frac{2}{3}\delta_{ij}k\right)-C_2\left(P_{ij}-\frac{2}{3}\delta_{ij}P_k\right). \tag{8-23}$$

用以上代数应力模式方程代替雷诺应力模式中的方程，同样可以使方程组封闭求解.

8.1.5 二方程模式

以上建立模式方程的思路是围绕着雷诺应力进行的，二方程模式是介于简单的一阶封闭模式和复杂的雷诺应力模式之间的一种方法，该方法不是直接建立关于雷诺应力的方程，而是采用布森涅斯克涡粘性系数的思路，建立如下关系式：

$$-\overline{v_i'v_j'}=\nu_t\left(\frac{\partial\overline{v_i}}{\partial x_j}+\frac{\partial\overline{v_j}}{\partial x_i}\right)-\frac{2}{3}\delta_{ij}k. \tag{8-24}$$

与涡粘性系数方法所不同的是，式中的涡粘性系数ν_t用湍动能k和湍流耗散率ε表示，而且k和ε分别由方程(8-19)和ε方程(8-21)进行求解.解得k和ε后代入下式：

$$\nu_t=C_\mu\frac{k^2}{\varepsilon}, \tag{8-25}$$

求得ν_t，然后再代入式(8-24)求解得到雷诺应力.式(8-25)中$C_\mu=0.09$，由实验得到.

以上模式也称为 k-ε 模式，是目前应用得最广的湍流模式，它已经被成功地用来计算多种不同类型的流场. 这种模式只用到平均运动方程以及 k 和 ε 两个方程，故属于二方程模式的范畴.

8.1.6 双尺度模式

在雷诺应力、代数应力以及二方程模式中，都涉及到要求解 ε 方程，而最让人不放心的就是 ε 方程，因为该方程几乎每一项都是经过模化得到的，在模化过程中并不是都考虑得那么周全，容易引进较大的偏差，ε 方程模化的好坏直接决定了整个模化结果的质量. 在 20 世纪 80 年代以前，对 ε 方程的模化都采用单尺度的方法，即不管是 ε 方程的哪一项都用相同的尺度进行模化. 到了 80 年代中期，出现了双尺度模式，即像对雷诺应力方程模化那样，不同的项采用不同的尺度，如扩散项这样主要来自含能涡贡献的项，所需的尺度通过 k 和 ε 来表示；小涡拉伸产生项与粘性破坏项这些主要由耗散范围的小尺度涡决定的项，采用柯尔莫戈罗夫定义的尺度以及用 ε 和 ν 来表示. 由以上想法可以得到采用双尺度形式的 ε 方程

$$\frac{\mathrm{D}\varepsilon}{\mathrm{D}t}=\frac{\partial}{\partial x_l}\left[\left(C_\varepsilon\frac{k^2}{\varepsilon}+\nu\right)\frac{\partial\varepsilon}{\partial x_l}\right]-C_{\varepsilon1}\sqrt{\frac{\varepsilon}{\nu}}\,\overline{v_i'v_j'}\,\frac{\partial\overline{v}_i}{\partial x_j}-C_{\varepsilon2}\sqrt{\frac{\varepsilon}{\nu}}\varepsilon, \tag{8-26}$$

式中经验常数由实验确定，一般取 $C_\varepsilon=2.19$，$C_{\varepsilon1}=C_{\varepsilon2}=18.7(Re)^{-1/2}$.

用双尺度的二方程模式来计算各种自由剪切湍流时，结果比单尺度的二方程模式有较大的改进.

8.1.7 一方程模式

由于 ε 方程难模化和精度低，可以在保留 k 方程的基础上舍弃 ε 方程，而将 ε 表示为

$$\varepsilon=\frac{k^{3/2}}{l}, \tag{8-27}$$

式中，l 可视为混合长度，必须根据具体流场情况另外给出.

由于该方法中只需解 k 方程，所以称一方程模式. 在该模式中，l 对流场的依赖性使得其通用性和预报性都较差. 将式(8-27)代入式(8-25)得

$$\nu_t=C_\mu\frac{k^2}{\varepsilon}=C_\mu\sqrt{k}\,l.$$

再将上式代入式(8-24)得

$$-\overline{u_i'u_j'}=C_\mu\sqrt{k}l\left(\frac{\partial\overline{v}_i}{\partial x_j}+\frac{\partial\overline{v}_j}{\partial x_i}\right)-\frac{2}{3}\delta_{ij}k, \tag{8-28}$$

式中，常数 $C_\mu=0.09$.

8.1.8 各种模式的比较

雷诺应力模式是目前所有模式中最精确也是最复杂的一种模式，需要求解的微分方程的个数最多，计算所花费的时间也较多.然而该模式的普适性和预报能力均优于其他模式.

代数应力模式是目前应用得较广泛的一种模式，它比雷诺应力模式要简单得多，而计算所得的结果与雷诺应力模式所得的结果不相上下.在应用该模式时，要注意其使用场合，即必须满足对扩散项和对流项所要求的条件.

二方程模式在工程上得到了广泛的应用，它所花费的计算时间比代数应力模式少，计算结果也略为差些.在诸如三维流场存在二次流这样的问题中，该模式不适用.

其他模式，如一阶封闭模式，其预报能力较差，方程中出现的常数往往与所求解的流场有关，因此缺乏普适性.为了获得较好的计算结果，方程中出现的某些参数要根据实验数据进行修正，而实验数据的可靠性和精度将直接影响最后的计算结果.因此，用过于简单的湍流模式预测较复杂的流场，其结果是不可靠的.

总而言之，对于复杂的模式，计算结果的精度要高些，但计算所需的时间也要多些.而对于简单的模型，其精度要低些，优点是计算量相对小些.可见在现有计算条件限制的情况下，权衡利弊，合理地选择湍流模式是非常必要的.

8.2 二维边界层

8.2.1 湍流边界层的结构

与层流边界层相比，湍流边界层具有较复杂的结构.现有研究表明，湍流边界层大致可分为两个区域，一是靠近壁面的近壁区，或称“内区”，该区内的流动直接受壁面条件的影响，其厚度占边界层总厚度的10％～20％.内层之外到自由流之间占边界层总厚度80％～90％的区域称“外层”，该层内的流动间接受壁面上产生的壁剪切应力的影响.在光滑壁面的前提下，内层和外层又可以细分为几层，其结构如图8-1所示.

1. 线性底层

该层内的粘性应力远大于雷诺应力.在图7-5的坐标系下，壁剪切应力为τ_w，定义壁摩擦速度$v^* = \sqrt{\tau_w/\rho}$、当地雷诺数$y^+ = v^* y/\nu$以及量纲为1的速度$u^+ =$

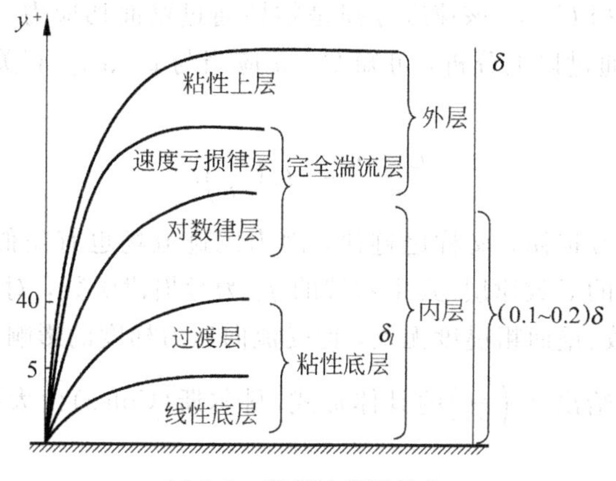

图 8-1 湍流边界层结构

$\bar{u}/v^*$，则在线性底层内有

$$y^+ = u^+.$$

该式说明速度随 y 线性变化，所以称线性底层，由实验得出该层为 $y^+ \leqslant 5$ 的范围，厚度大约占总边界层厚度的 0.2%.

2. 对数律层

由实验结果可知，当 $y^+ > 40$ 后，雷诺切应力与壁面切应力 τ_w 大致相等且近似为常数，可见粘性切应力可以忽略，其速度分布为

$$u^+ = \frac{1}{\kappa}\ln y^+ + C,$$

式中的 C 为常数，对光滑壁 $C \approx 5.0 \sim 5.2$，κ 为卡门常数，一般取 $0.4 \sim 0.41$. 上式说明在该区域内速度随 y 的增长而呈对数关系增长，这就是对数律，满足对数律关系的区域也称为对数律层.

3. 过渡层

介于线性底层和对数律层的区域($5 \leqslant y^+ \leqslant 40$)称过渡层，该层内的粘性应力与雷诺应力相当，情形较为复杂.

4. 速度亏损律层

占湍流边界层总厚度 80%～90%的外层中，平均运动粘性切应力很小，流场几乎由湍流切应力所控制，所以用于内层来衡量粘性作用的 y^+ 以及粘性长度尺度 ν/v^* 不适合用于外层，合理的长度尺度是边界层厚度 δ. 粘性使得壁面流体无滑移条件存在，这样就使粘性底层外缘位置上的速度 $\bar{u}$ 低于边界层外缘自由流的速度 U，

以致形成一速度亏损 $U-\bar{u}$,该速度亏损是粘性通过壁面切应力 τ_w 乃至壁摩擦速度 v^* 间接起作用的. 通过以上分析，可知 $U-\bar{u}$ 应当与 v^*、δ、y 有关. 由量纲分析便可以得到以下关系式：

$$\frac{U-\bar{u}}{v^*}=f_1\left(\frac{y}{\delta}\right).$$

该式称为速度亏损律，又称尾迹律，因为尾迹流场也有类似特征. 该式同样适用于外层和内层中的对数律层. 式中右端的 f_1 为亏损律函数，对平板流动的实验结果表明，它与 Re 数、壁面粗糙度无关，但受流向压力梯度的影响.

但上式并没有给出 $f_1\left(\frac{y}{\delta}\right)$ 的具体形式,科尔斯(Coles)由大量实测数据得到速度亏损律的表达式

$$\frac{u^+-\left(\frac{1}{\kappa}\ln y^++B\right)}{U^+-\left(\frac{1}{\kappa}\ln\delta^++B\right)}\approx\frac{1}{2}W\left(\frac{y}{\delta}\right),\tag{8-29}$$

式中,$U^+=U/v^*$,κ 和 B 为常数,$W\left(\frac{y}{\delta}\right)$是尾迹函数,可查表求得,欣茨(Hinze)给出了具体表达式

$$W\left(\frac{y}{\delta}\right)=1+\sin\left(\frac{y}{\delta}-\frac{1}{2}\right)\pi=1-\cos\left(\pi\frac{y}{\delta}\right)=2\sin^2\left(\frac{\pi y}{2\delta}\right).\tag{8-30}$$

5. 粘性上层

湍流边界层内的涡量扩散到无旋的外部自由流是靠粘性作用完成的，所以在湍流边界层与外部自由流间存在粘性起主要作用的区域，该区称为粘性上层，该层与整个湍流边界层厚度相比很薄.

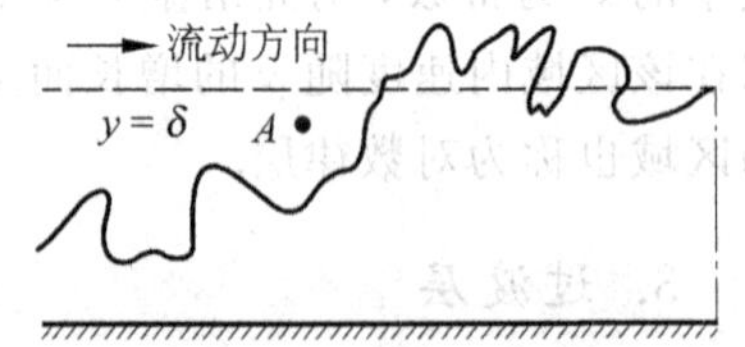

图 8-2　湍流边界层瞬时界面

湍流边界层与层流边界层之间的另一显著不同是湍流边界层与自由流之间存在可以辨识的界面，如图 8-2 所示,该界面形状不规则而不断变化，这种不规则与非定常性是由于边界层内大涡的不断形成、变形和流动所造成的，并且使得边界层外缘的任一点处时而为自由流，时而为湍流，即出现流态的间隙现象. 克莱巴诺夫由实验发现,边界层外缘界面瞬时位置的概率密度符合高斯(Gauss)分布.

6. 内层与外层的重要差异

内层与外层除了在平均速度剖面的差异外,还在涡粘性和混合长度、湍动能的输运和平衡等方面存在着不同.

Klebanoff 测量了平板湍流边界层内、外层的平均速度梯度和雷诺应力，从而计算出涡粘性系数和混合长度. 说明在内层中，涡粘性系数和混合长度随着离劈面距离的增加而线性增加；而在外层中，随着离壁面距离的增加，涡粘性系数和混合长度先是增加，直到离壁面大约边界层厚度的 30%处，涡粘性系数开始减少，而混合长度则基本保持为常数.

湍动能方程由生成项、耗散项、对流项以及扩散项组成. Klebanoff 的测量结果表明，整个边界层内生成项和耗散项要比对流项和扩散项大得多，且在内层中，生成项和耗散项几乎相等，说明内层中湍流能量处于平衡状态，因此内层的状态主要由当地条件决定. 而在整个边界层中，对流项和扩散项都很小，只是接近边界层外缘时，这两项才与生成项和扩散项有相同的量级，可见外层的流动不再像内层那样只取决于当地条件，而是还与因对流和扩散造成的上游的流动状态有关.

8.2.2 二维湍流边界层方程

对图 7-5 所示的二维边界层流场，假设平均运动定常，可将式(6-21)写成二维形式，采用与 7.4 节同样的量级分析方法，同时由实验结果可知，壁面附近各脉动速度分量的量级相同即 $u'\sim v'$，于是有

$$\begin{array}{cccccc}
\bar{u}\dfrac{\partial\bar{u}}{\partial x} + \bar{v}\dfrac{\partial\bar{u}}{\partial y} = -\dfrac{1}{\rho}\dfrac{\partial\bar{p}}{\partial x} + \nu\Big(& \dfrac{\partial^2\bar{u}}{\partial x^2} + & \dfrac{\partial^2\bar{u}}{\partial y^2}\Big) + & \dfrac{\partial(-\overline{u'^2})}{\partial x} + & \dfrac{\partial(-\overline{u'v'})}{\partial y}, & \\
\dfrac{U^2}{L} \quad \dfrac{U^2}{L} & \dfrac{\nu U}{L^2} & \dfrac{\nu U}{\delta^2} & \dfrac{u'^2}{L} & \dfrac{u'^2}{\delta}, & (8\text{-}31)\\
1 \quad 1 & \dfrac{\nu}{U\delta}\dfrac{\delta}{L} & \dfrac{\nu}{U\delta}\dfrac{L}{\delta} & \dfrac{u'^2}{U^2} & \dfrac{u'^2}{U^2}\dfrac{L}{\delta}, &
\end{array}$$

$$\begin{array}{cccccc}
\bar{u}\dfrac{\partial\bar{v}}{\partial x} + \bar{v}\dfrac{\partial\bar{v}}{\partial y} = -\dfrac{1}{\rho}\dfrac{\partial\bar{p}}{\partial y} + \nu\Big(& \dfrac{\partial^2\bar{v}}{\partial x^2} + & \dfrac{\partial^2\bar{v}}{\partial y^2}\Big) + & \dfrac{\partial(-\overline{v'u'})}{\partial x} + & \dfrac{\partial(-\overline{v'^2})}{\partial y}, & \\
\dfrac{U^2}{L}\dfrac{\delta}{L} \quad \dfrac{U^2}{L}\dfrac{\delta}{L} & \dfrac{\nu U}{L^2}\dfrac{\delta}{L} & \dfrac{\nu U}{\delta^2}\dfrac{\delta}{L} & \dfrac{u'^2}{L} & \dfrac{u'^2}{\delta}, & (8\text{-}32)\\
\dfrac{\delta}{L} \quad \dfrac{\delta}{L} & \dfrac{\nu}{U\delta}\Big(\dfrac{\delta}{L}\Big)^2 & \dfrac{\nu}{U\delta} & \dfrac{u'^2}{U^2} & \dfrac{u'^2}{U^2}\dfrac{L}{\delta}. &
\end{array}$$

将式(8-32)与式(8-31)对比可知，除雷诺应力外，其余各项式(8-32)均比式(8-31)中对应的项小一个量级，所以可将其忽略，于是式(8-32)有

$$\begin{array}{ccc}
0 = -\dfrac{1}{\rho}\dfrac{\partial\bar{p}}{\partial y} + & \dfrac{\partial(-\overline{v'u'})}{\partial x} + & \dfrac{\partial(-\overline{v'^2})}{\partial y}, \\
 & \dfrac{u'^2}{L} & \dfrac{u'^2}{\delta}, \\
 & \dfrac{u'^2}{U^2} & \dfrac{u'^2}{U^2}\dfrac{L}{\delta},
\end{array}$$

上式右边第二项又比第三项小一个量级，可以忽略，这样 y 方向的动量方程成为

$$-\frac{1}{\rho}\frac{\partial \bar{p}}{\partial y}+\frac{\partial(-\overline{v'^2})}{\partial y}=0,$$

积分上式可得

$$\bar{p}+\rho\overline{v'^2}=P_0,$$

式中，P_0 为积分常数，在自由流中的 $y>\delta$ 以及壁面的 $y=0$ 处，都有 $\overline{v'^2}=0$，故 $P_0=\bar{p}$，所以 P_0 既表示自由流的压力也表示壁面上的压力. 将上式对 x 求导数得

$$\frac{\partial \bar{p}}{\partial x}=\frac{\partial P_0}{\partial x}-\rho\frac{\partial\overline{v'^2}}{\partial x}. \tag{8-33}$$

在式(8-31)中比较量级，可见右边第二项比右边第三项小两个量级，右边第四项比右边第五项小一个量级，因而可以忽略右边第二项和第四项，于是有

$$\bar{u}\frac{\partial \bar{u}}{\partial x}+\bar{v}\frac{\partial \bar{u}}{\partial y}=-\frac{1}{\rho}\frac{\partial \bar{p}}{\partial x}+\nu\frac{\partial^2 \bar{u}}{\partial y^2}-\frac{\partial\overline{u'v'}}{\partial y},$$

将式(8-33)代入上式得

$$\bar{u}\frac{\partial \bar{u}}{\partial x}+\bar{v}\frac{\partial \bar{u}}{\partial y}=-\frac{1}{\rho}\frac{\partial P_0}{\partial x}+\frac{\partial\overline{v'^2}}{\partial x}+\nu\frac{\partial^2 \bar{u}}{\partial y^2}-\frac{\partial\overline{u'v'}}{\partial y}.$$

显然右边第二项比第四项小一个量级可以忽略，所以

$$\bar{u}\frac{\partial \bar{u}}{\partial x}+\bar{v}\frac{\partial \bar{u}}{\partial y}=-\frac{1}{\rho}\frac{\mathrm{d}P_0}{\mathrm{d}x}+\nu\frac{\partial^2 \bar{u}}{\partial y^2}-\frac{\partial\overline{u'v'}}{\partial y}. \tag{8-34}$$

这就是不可压缩二维湍流边界层的运动方程，相应的边界条件为

$$\left.\begin{aligned}&y=0:\bar{u}=0,\quad \bar{v}=0,\quad \overline{u'v'}=0,\\&y\geqslant\delta:\bar{u}=U,\quad \frac{\partial\bar{u}}{\partial y}=0,\quad \overline{u'v'}=0.\end{aligned}\right\} \tag{8-35}$$

对于零攻角的平板湍流边界层有 $\frac{\mathrm{d}P_0}{\mathrm{d}x}=0$，则式(8-34)为

$$\bar{u}\frac{\partial \bar{u}}{\partial x}+\bar{v}\frac{\partial \bar{u}}{\partial y}=\nu\frac{\partial^2 \bar{u}}{\partial y^2}-\frac{\partial\overline{u'v'}}{\partial y}, \tag{8-36}$$

边界条件仍为式(8-35).

8.2.3 边界层的转捩过程

边界层流场同样存在层流和湍流两种状态，湍流边界层往往是由层流边界层转变而成的，这个转变称之为转捩. 当边界层的逆压梯度达到一定的值时，有可能使边界层内产生回流而出现边界层分离，一旦出现分离，边界层将失去原有的一些重要特征，边界层理论将失效. 从层流到湍流的转捩和边界层分离是边界层理论中较复杂的分支.

图 8-3 是平板边界层转捩过程的示意图,具体的过程可以分为以下几个阶段:①稳定层流阶段. 该阶段出现在边界层的前缘,具有层流边界层的性质. ②二维不稳定 T-S 波出现且波幅不断增大. 边界层中总有一些人为或自然的扰动,该阶段小扰动演变为托尔明-施利希廷(Tollmein-Schlichting)波(简称 T-S 波),T-S 波往下游发展. ③三维不稳定波和发夹涡的形成与发展. T-S 波以非线性方式发展,然后在展向失稳,形成三维不稳定波,伴随而来的展向涡量形成一种形状像发夹的发夹涡,这种涡有些具有对称性,有些不具有对称性. ④旋涡破碎. 流场中形成发夹涡后,处于高剪切区域的发夹涡会出现局部破碎. ⑤破碎涡形成充分发展的三维脉动. 涡破碎后导致产生更多的涡结构,流场中各种尺度涡的相互作用使得流场具有三维脉动. ⑥湍斑形成. 在脉动流场中,一些高强度脉动的区域出现湍斑. ⑦形成充分发展的湍流. 湍斑形成后由少变多,分散的湍斑聚合后就形成充分发展的湍流.

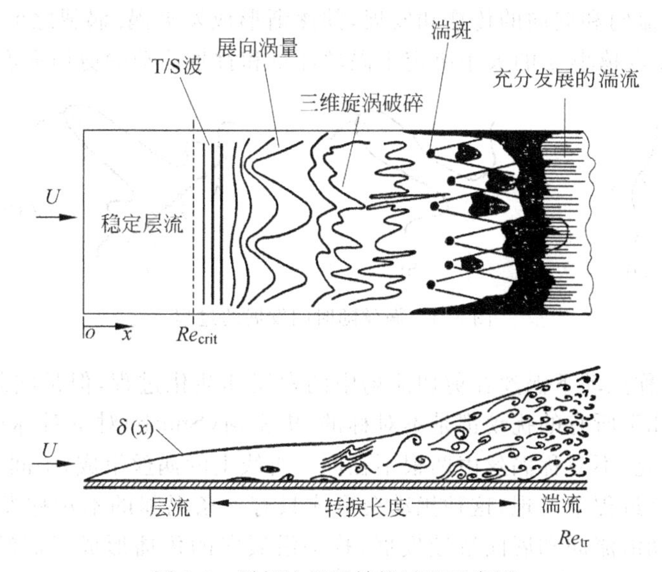

图 8-3 平板边界层转捩过程示意图

以上是正常情况下的转捩过程,如果外部因素有很大变化,如逆压梯度大、壁面粗糙度大时,转捩过程有可能缺少某个阶段. 在整个转捩过程中,发夹涡的形成和发展是非常重要的一个环节. 要研究发夹涡的发展,可以将边界层的涡层用涡丝来代替,然后通过观察涡丝的演变,得到发夹涡的发展过程. 近壁流场中的剪切对涡丝的发展起了很大的作用. 为了了解剪切对涡丝的影响,需要考虑平面上单根二维涡丝三维变形的发展. 如果壁面上方的流体静止不动或者以相同的速度移动,那么可以发现直线涡丝的变形只可能沿着涡丝传播,但不会放大. 然而,涡丝一旦放在剪切流动中,任何变形都会传播并在流动方向上放大. 假设流场是无粘的,壁面位于 $y=0$ 处,远离壁面的速度为 U,在 $0<y<\delta$ 范围内,流场保持均匀剪切. 如果以 δ 和 U 为特征长度和特征速度进行无量纲化,那么这种简单的流动可以描述为

$$U_b(y)=\begin{cases}y & y\leqslant 1,\\ 1 & y>1.\end{cases}\tag{8-37}$$

如果一根有小变形的二维涡放在流场的剪切区域($0<y<1$)，那么涡丝以后的运动就由毕奥-萨伐尔公式控制，而且依赖于参数

$$\varepsilon=|\Gamma|/(4\pi U\delta),\tag{8-38}$$

式中 Γ 是涡核的环量.图 8-4 给出了数值模拟涡丝随时间发展的结果，涡丝从左向右移动，涡量方向由箭头表示.涡丝变形的发展几乎与它的初始扰动幅值无关.涡头很快形成并从壁面上逐渐抬起，随后在剪切流动中向后弯曲.与此同时，涡腿拉长，并逐渐靠近壁面(图 8-4(b)).随着时间增长，涡头抬得更高，涡腿继续接近壁面，流向变形不断增加.而最初的扰动沿着涡丝也在传播，在两侧形成类似的子结构(图 8-4(c)).这些结构的产生是由于涡丝与壁面层中剪切流动相互作用的结果，它导致了扰动沿流向和展向的传播和发展，并逐渐形成发夹涡.涡腿之间的间距 $\bar{\lambda}$ 与 ε 有关，ε 越小，$\bar{\lambda}$ 也越小，ε 的大小决定于涡丝环量和背景流动的剪切强度.

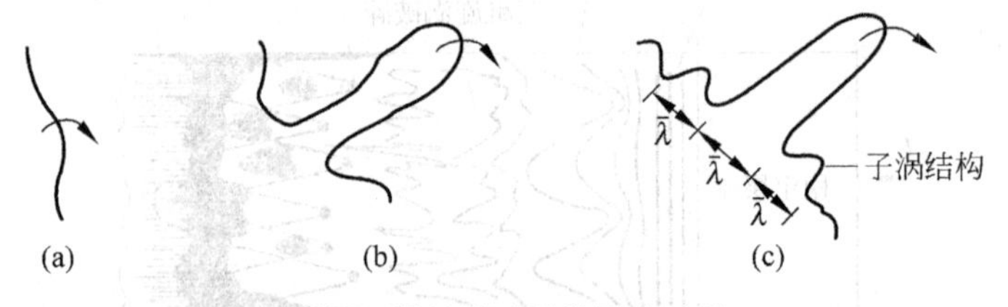

图 8-4 涡丝随时间发展的过程

以上是对称扰动下涡丝在剪切流场中的发展和演化过程，但是实际湍流边界层的涡量场中，几乎所有的扰动都是不对称的，史密斯(Smith)对不对称扰动下涡丝的发展进行了研究，不对称涡丝由两根不在同一直线上的涡丝组成，中间用高曲率的涡丝连接.在计算过程中发现，这种扰动会形成只有一条涡腿的不对称发夹涡，随着时间的增加，扰动沿流向和展向继续发展，扰动沿展向的传播形成子涡结构(图 8-4)，子涡结构的平均间距 $\bar{\lambda}$ 与背景流动的剪切有很大关系.由以上叙述可知，发夹涡在涡丝扰动最大处首先形成，一般形成不对称的涡结构；发夹涡的涡腿逐渐向壁面靠近，而涡头不断向上抬起；随着发夹涡的发展，涡量不断从展向朝流向转变，表现为涡丝在流向不断被拉伸；扰动沿展向传播形成子涡结构；涡结构之间的间距与背景流动的剪切率有密切关系.

阿克拉(Acarlar)等和海德瑞(Haidari)等曾进行了一系列的实验，首先在层流中形成一个发夹涡，然后观察它的发展，其结果证实了上面的结论.一旦了解了单个发夹涡的发展过程，就有可能通过综合的方法建立一种模型来描述边界层中的一些特殊的过程.在湍流边界层中，剪切在壁面上最大，随着离壁面距离的增加而逐渐减小.所以在这种背景流动中，发夹涡形成后，在涡腿区域，涡丝会挤到一起，而在抬起的涡头区域，涡丝会逐渐张开.

8.2.4 影响边界层转捩的几个因素

影响边界层转捩的有外部自由流湍流度、壁面粗糙度等因素. 为描述转捩的难易,定义转捩雷诺数为 Re_{tr},Re_{tr}值越大,说明转捩越难.

1. 自由流湍流度的影响

高的自由流湍流度会使转捩过程提前,定义反映自由来流湍流度的特征参数为

$$T=\frac{\sqrt{v_i^2/3}}{U}. \tag{8-39}$$

T 的值对转捩的影响为:$T=3\%$时,Re_{tr}从 2.8×10^6 下降到 10^6;若 $T<0.08\%$,则 T 对转捩没有影响. T 对转捩的影响不是通过加强 T-S 波的初始线性放大率实现,而是体现在加速放大后的波的破碎.

2. 壁面粗糙度的影响

壁面粗糙度高会引起转捩的提前. 图 8-5 给出了粗糙度对于转捩的影响. 将一条绊线或一高度为 k 的粗糙元置于 x_k 的位置,若 k 比 x_k 处的边界层位移厚度 $\delta^*(x_k)$小得多,那么粗糙度的影响很小,转捩发生的位置 x_{tr} 基本不变. 当 $k/\delta^*(x_k)$超过 0.3 时,转捩位置受很大影响,x_{tr} 移动到靠近 x_k 的位置.

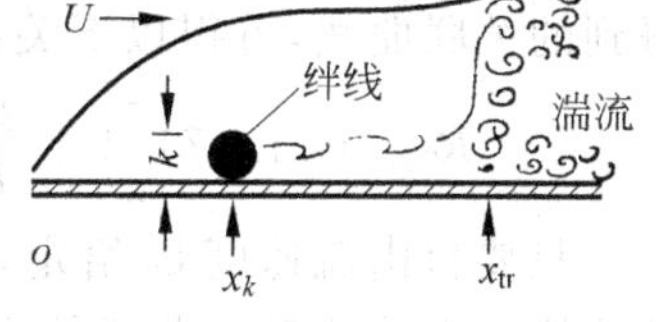

图 8-5 粗糙度对转捩点的影响

此外,在其他条件不变的情况下,壁面冷却可以使一阶模式的 T-S 波稳定而不致放大,起到延缓转捩的作用. 加大顺压梯度和壁面吸流也能起到推迟边界层转捩的作用.

8.2.5 转捩位置的预测

转捩位置的预测直接关系到对边界层描述的质量. 现有理论目前尚不足以准确地对转捩过程给予描述. 因此,在实际应用中往往采用一些近似的方法预测转捩的位置.

1. e^9 方法

该方法由史密斯、格朗贝尼(Gramberoni)和尹根(Ingen)等提出,其原理是根据线性稳定性理论计算小扰动的发展,到小扰动放大到原来的 e^9 倍时就认为发生了转捩. 用该方法曾对二维和轴对称不可压边界层的转捩进行了描述,所得结果与实验符合较好. 但该方法依据的线性稳定性理论在描述扰动放大后的情形时,会有较

大的误差. 此外，该方法不能反映自由流湍流度和其他复杂因素对转捩的影响.

2. 湍流模式方法

德纳森(Donaldson)和维尔克斯(Wilcox)等提出了这一方法，其思路是鉴于转捩时的 Re 数较完全湍流时的 Re 数低，因而建立一个适用于转捩区的低 Re 数的湍流模式，该模式的建立使边界层方程组得以封闭求解，且可以用该方程组来同时求解完全湍流区、层流区和转捩区，从而描述从层流至湍流的转捩过程. 该方法能计及自由流湍流度以及壁面粗糙度、传热、引射等因素对转捩的影响，同时还能在某种程度上模拟转捩区内的湍流发生和发展过程. 但是该方法较复杂，在工程上并未得到广泛应用.

3. 修正的米歇尔(Michel)方法

米歇尔方法假设边界层发生转捩时的动量损失厚度雷诺数 $Re_{\theta\text{tr}}$ 与以坐标为特征长度的雷诺数 $Re_{x\text{tr}}$ 的变化关系是一条普适曲线，并由实验数据拟合出了在 $0.4\times10^6<Re_x<7\times10^6$ 范围内联系两个 Re 数的经验关系式. 所谓修正的米歇尔方法是策比西和史密斯在米歇尔所得到的这一经验关系式的基础上，对 Re 数超出米歇尔关系式范围时，采用更准确的 e^9 方法所给出的关联曲线，由联合应用以上两种方法得到的关联曲线，可得以下关系式：

$$Re_{\theta\text{tr}} = 1.174\left[1+\frac{22400}{Re_{x\text{tr}}}\right]Re_{x\text{tr}}^{0.46},\quad 0.1\times10^6 \leqslant Re_x \leqslant 40\times10^6. \tag{8-40}$$

只要自由流速度 U 给定，就可通过层流边界层计算出 $Re_\theta \sim Re_x$ 的关系曲线，该曲线与上式所对应曲线的交点即为转捩点.

8.2.6 层流边界层分离

以图 8-6 的圆柱绕流为例，上下流场对称，从 D 点到 E 点再到 F 点，流场经历加速然后再减速，由伯努利方程可知，加速阶段的 D-E 段，速度增加压力减小，属顺压流动即 $\frac{\mathrm{d}p}{\mathrm{d}x}<0$，而 E-F 段正好相反，属逆压流动 $\frac{\mathrm{d}p}{\mathrm{d}x}>0$，整个 D-E-F 段的压力变化示于图 8-6 的下方. 在靠近柱面的边界层特别是壁面附近的流场中，运动的流体质点因粘性的作用导致动量减少，在 D-E 的顺压段，压差足以克服粘性的作用使流体质点保持一定的动量向前运动. 而在 E-F 的逆压段，前方的压力大，运动的流体质点既要克服粘性作用又要抵

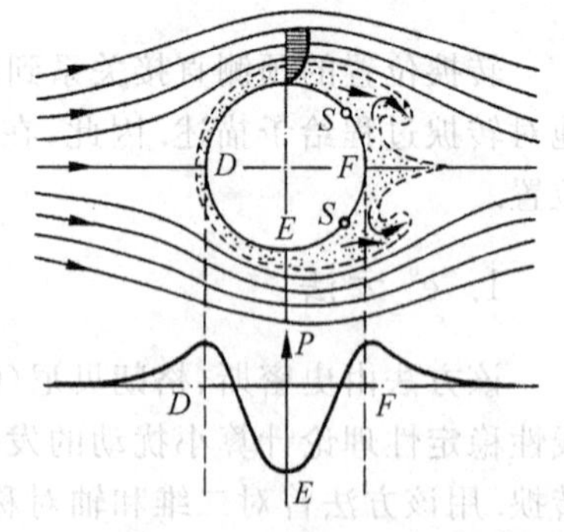

图 8-6 圆柱绕流示意图

抗压差，当具有的动量不足以克服这两者作用时，流体质点将停滞不前甚至在逆压的作用下往后运动，这就产生了回流，回流使边界层内的流体质点挤向外部的主流，从而使边界层脱离壁面，这就是边界层分离.

图 8-7 给出了分离点上下游流场的速度分布. 在分离点的上游，速度都为正值，且速度梯度$\dfrac{du}{dy}$处处大于 0. 在分离点 S 处，速度虽然还是正值，但在壁面上已出现速度梯度$\dfrac{du}{dy}=0$，一般把壁面上$\dfrac{du}{dy}=0$ 的点定义为分离点. 在分离点下游，靠近壁面处的速度已出现负值，而且$\dfrac{du}{dy}<0$，流场呈现明显的回流，流线迅速往外扩张，原有的边界层已不复存在. 边界层一旦出现分离，流动损失将剧增. 对于流线型壁面，由于逆压梯度不大，基本上能避免边界层的分离. 这就是运动物体为减少阻力要设计成流线型的原因.

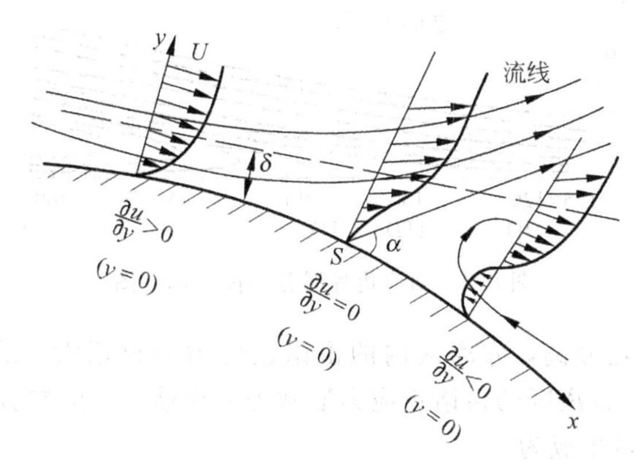

图 8-7 边界层分离及速度剖面

8.2.7 湍流边界层分离

层流边界层较之湍流边界层更容易分离，因为湍流边界层壁面附近的流体质点因强脉动更容易与外层流速较高的流体质点发生动量交换，从而获得更多的动量以克服逆压的影响而向前运动. 当然，这一因素一般并不能消除分离，只是起到延缓分离的作用.

现有研究表明，湍流边界层的分离往往不是发生在一个固定点，而是一个非定常的脉动过程，这种脉动性主要是由涡的周期性与非周期性脱落造成的. 为了定量描述流场在分离过程的非定常性，可以定义一个间隙因子 γ_d

$$\gamma_d = \lim_{T\to\infty}\frac{1}{T}\int_{t_0}^{t_0+T}\alpha\,dt;\quad \alpha=\begin{cases}0, & \text{流体倒流},\\ 1, & \text{流体顺流}.\end{cases} \tag{8-41}$$

由式(8-41)可知 γ_d 表示流体顺流所占时间与总时间的百分比，通过 γ_d 的大小可以知道流场中某处分离的情况.

湍流边界层分离的脉动性决定了不可能简单地在某一点上沿 x 方向将流场分成分离区和非分离区,只能由 γ_d 的大小来判断某一点处的分离特性. 图 8-8 给出了流场在分离区前后的流动结构以及分离过程有代表性的几个点. 图中最上游的 ID 点(incipient detachment)是早期脱离点，该处的 γ_d 为 0.99，倒流只占 1% 的时间. ID 点下游的 ITD 点(intermittent transitory detachment)为间隙性的短暂脱离点，此处的 γ_d 为 80%. 再下游的 TD 点(transitory detachment)为暂时脱离点,此处的 γ_d 为 50%，即顺流与倒流的时间各占一半,该处壁面切应力的平均值 τ_w 为零,通常都认为流场从这点开始分离，实际上从 ID 点开始，自由流的压力就开始很快地下降.

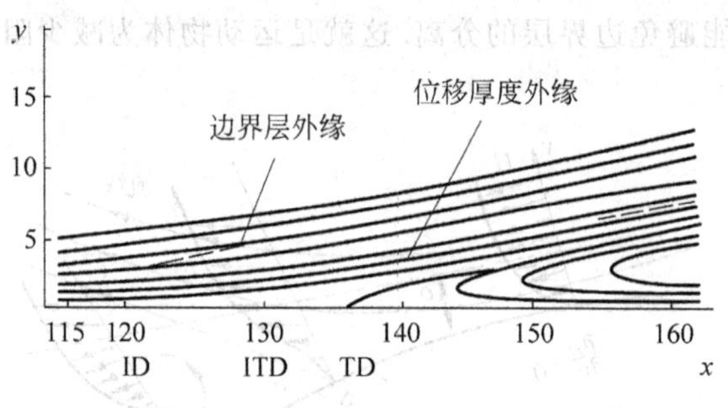

图 8-8　湍流边界层分离前后示意图

湍流边界层一旦分离，分离区内的雷诺正应力明显增大，雷诺切应力明显降低，实验结果表明，分离区的雷诺正应力通常为分离前的 5 倍左右. 在二维湍流边界层中，总的湍流能量生成为

$$-\left(\overline{u'^2}\frac{\partial\bar{u}}{\partial x}+\overline{v'^2}\frac{\partial\bar{v}}{\partial y}\right)-\overline{u'v'}\left(\frac{\partial\bar{u}}{\partial y}\right),\tag{8-42}$$

式中第一个括号表示正应力生成的湍能，第二个括号表示切应力生成的湍能，引入表示总的湍流能量生成与雷诺切应力生成的湍流量之比的无量纲参数 F，则

$$F=\frac{-\overline{u'v'}\left(\frac{\partial\bar{u}}{\partial y}\right)-\left(\overline{u'^2}\frac{\partial\bar{u}}{\partial x}+\overline{v'^2}\frac{\partial\bar{v}}{\partial y}\right)}{-\overline{u'v'}\left(\frac{\partial\bar{u}}{\partial y}\right)}=1-\frac{\left(\overline{u'^2}-\overline{v'^2}\right)\left(\frac{\partial\bar{u}}{\partial x}\right)}{-\overline{u'v'}\left(\frac{\partial\bar{u}}{\partial y}\right)}.\tag{8-43}$$

第二个等式利用了连续性方程 $\frac{\partial\bar{u}}{\partial x}=\frac{\partial\bar{v}}{\partial y}$,由上式可知，$F$-1 表示正应力与切应力生成的湍能之比，图 8-9 给出了在不同区域 F-1 与离壁高度 y 之间的关系. 由图可见，远离分离区的上游区域，F-1 很小，说明正应力对湍能生成的贡献很小，在接近

分离区的区域，正应力的贡献逐渐增大，在分离区中，正应力贡献很大.

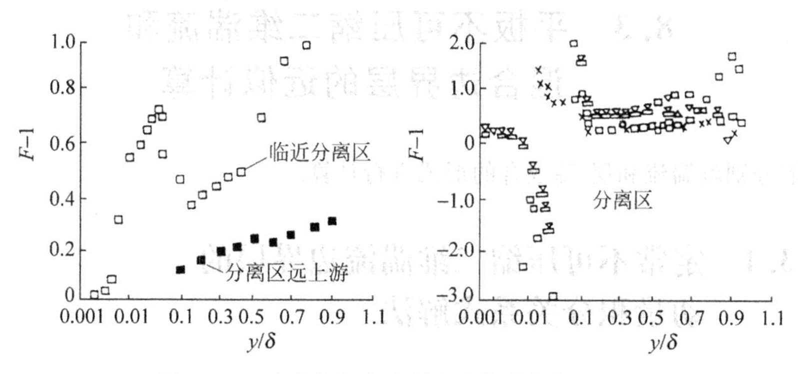

图 8-9　正应力与切应力所生成的湍流能量之比

分离区除了以上特点之外，其湍流扩散明显增强，在分离区内层的倒流区内，湍能生成和耗散都很低.随着边界层分离的出现，下游将形成较厚的尾迹，厚尾迹的出现使得推导边界层方程时的一些近似失效，常规的边界层方程不再适用.

8.2.8　边界层分离后的再附

有时流场在分离后，压力很快降低，以致无法形成强的逆流，出现了裹入到剪切层下侧流体的流量比逆流的流量大的情况，这时从壁面分离后的流体又会重新附着在壁面上，这种现象称分离再附，流场会形成图 8-10 所示的分离泡.值得指出的是这样的分离泡在完全湍流的边界层中很少出现，因为如果逆压梯度不大，就不会导致分离，若逆压梯度大到能导致分离时，尽管裹入的速率比层流大，也不足以克服那样大的逆压梯度使之再附.只有在由弱压力梯度引起分离的层流边界层中，若分离后的流场很快地变成湍流，裹入速率很快增加时，流体再附才较容易出现.

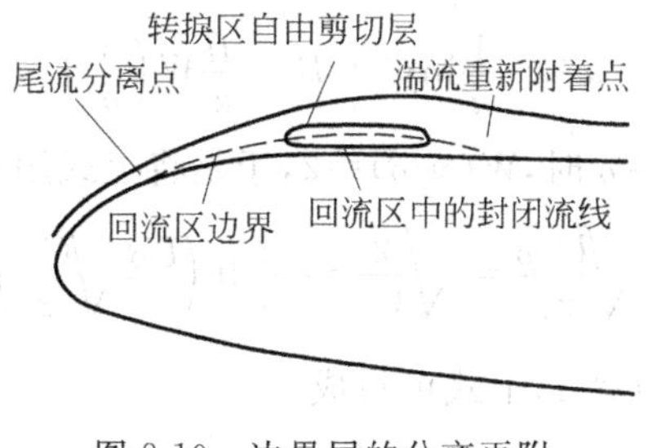

图 8-10　边界层的分离再附

8.3　平板不可压缩二维湍流和混合边界层的近似计算

以下分别就湍流和层-湍混合的形式进行计算.

8.3.1　定常不可压缩二维湍流边界层的动量积分关系式解法

1. 零攻角平板情形

这是湍流边界层中最简单和最普遍的一种,从中得到的部分结论适用于其他边界层.

若定义壁面摩擦系数 $C_f=2\tau_w/\rho U^2$,则式(7-68)的动量关系式$\frac{d\theta}{dx}=\frac{\tau_w}{\rho U^2}$为

$$C_f=2\frac{d\theta}{dx}=2\frac{dRe_\theta}{dRe_x}. \tag{8-44}$$

为了使该式封闭求解,必须补充一个关系式,即建立 θ 与 C_f 的关系,不妨设 $C_f=C_f(\theta)$,将其代入上式积分得

$$Re_x=2\int_0^{Re_\theta}\frac{dRe_\theta}{C_fRe_\theta}. \tag{8-45}$$

这样,问题就归结为确定 $C_f(\theta)$的表达式. $C_f(\theta)$通常可用速度剖面来确定,下面仅以科尔斯尾迹律所得到的速度剖面为例,令式(8-29)中的

$$U^+-\left(\frac{1}{\kappa}\ln\delta^++B\right)\equiv\frac{2}{\kappa}\Pi,$$

则式(8-29)可写成速度剖面的形式

$$u^+=\frac{1}{\kappa}\ln y^++B+\frac{\Pi}{\kappa}W\left(\frac{y}{\delta}\right). \tag{8-46}$$

由式(8-30)知,当 $y=\delta$ 时,$W(y/\delta)=2$,于是将上式用于 $y=\delta$ 处有

$$u^+=\frac{U}{v^*}=\sqrt{\frac{U^2\rho}{\tau_w}}=\sqrt{\frac{2}{C_f}}=\frac{1}{\kappa}\ln\left(\frac{U\delta}{\nu}\sqrt{\frac{C_f}{2}}\right)+B+\frac{2\Pi}{\kappa}.$$

令 $\lambda=\sqrt{2/C_f}$,$Re_\delta=U\delta/\nu$,上式可写成

$$\lambda=\frac{1}{\kappa}\ln\left(\frac{Re_\delta}{\lambda}\right)+B+\frac{2\Pi}{\kappa}. \tag{8-47}$$

该式称尾迹律表面摩擦关系式,它构成了 λ (即 C_f)和 δ 之间的关系,为了得到

$C_f(\theta)$，先将式(8-46)这样的速度剖面代入式(7-60)位移厚度和式(7-61)的动量损失厚度中求出 δ^* 和 θ 为

$$\delta^* = \delta\left(\frac{1+\Pi}{\kappa\lambda}\right), \tag{8-48}$$

$$\theta = \delta^* - \delta\left[\frac{2+3.179\Pi+1.5\Pi^2}{(\kappa\lambda)^2}\right]. \tag{8-49}$$

进一步将式(8-47)～式(8-49)写成以下形式：

$$Re_\delta = \lambda\exp(\kappa\lambda - \kappa\beta - 2\Pi), \tag{8-50}$$

$$Re_{\delta^*} = \frac{1+\Pi}{\kappa\lambda}Re_\delta, \tag{8-51}$$

$$Re_\theta = \left(\frac{1+\Pi}{\kappa\lambda} - \frac{2+3.179\Pi+1.5\Pi^2}{\kappa^2\lambda^2}\right)Re_\delta. \tag{8-52}$$

若取 $\kappa=0.4, B=5.5, \Pi=0.5$，考虑到 $\lambda=\sqrt{2/C_f}$，则可将这些值代入式(8-50)～式(8-52)，分别得到 $C_f \sim Re_{\delta^*}$，$C_f \sim Re_\delta$，$C_f \sim Re_\theta$ 的关系曲线，通过对这些曲线的拟合就得到

$$C_f = 0.018Re_\delta^{-1/6} = 0.0128Re_{\delta^*}^{-1/6} = 0.012Re_\theta^{-1/6}, \tag{8-53}$$

将上式最后一个等式代入式(8-45)得

$$Re_\theta = 0.0142Re_x^{6/7},$$

将式(8-53)最后一个等式代入上式得

$$C_f = 0.025Re_x^{-1/7},$$

同理可得

$$Re_\delta = 0.14Re_x^{6/7}, \quad Re_{\delta^*} = 0.018Re_x^{6/7}.$$

通过和实验结果比较，一般表面摩擦系数取

$$C_f = 0.026Re_x^{-1/7}. \tag{8-54}$$

以上几个关系式适用于 $10^5 < Re_x < 10^9$.

有了摩擦系数，可以进一步求解阻力. 对于远前方来流速度为 U，长度为 L 的平板，可写出沿程阻力 D 和相应的阻力系数 C_d 的公式

$$D = \int_0^L \tau_w \mathrm{d}x; \quad C_d = \frac{2D}{\rho U_\infty^2 L} = \frac{1}{L}\int_0^L C_f \mathrm{d}x, \tag{8-55}$$

将式(8-44)代入式(8-45)得

$$C_d = 2\frac{\theta(L)}{L} = 2\frac{(Re_\theta)_L}{Re_L}.$$

可见 C_d 仅取决于平板末端的动量损失厚度. 将式(8-54)代入式(8-55)得

$$C_d = 0.0303Re_L^{-1/7} = \frac{7}{6}C_f(L).$$

除了上式以外，常用的还有普朗特和施利希廷公式

$$C_d = \frac{0.455}{(\lg Re_L)^{2.58}},$$

以及卡门，施恩尔(Schoenherr)公式

$$\sqrt{C_d}\ \lg(Re_L C_d) = 0.242.$$

零攻角光滑平板边界层在层流和湍流情况下的阻力系数与平板 Re 数的关系见图 8-11.

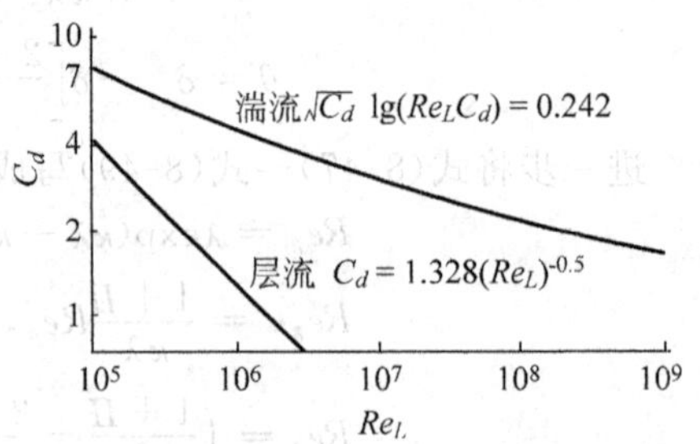

图 8-11 零攻角平板阻力曲线图

2. 粗糙平板边界层的速度剖面

工程应用中经常会碰到粗糙壁面的情形，在假设粗糙度均匀分布的情况下，适用于光滑平板的壁面律要进行修正以考虑粗糙度的影响. 设 h 为粗糙元平均高度，类似于 y^+，定义 $h^+ = u_f h/v$，则 h^+ 将作为体现粗糙度影响的一个量纲数为 1 的参数. Scholz 曾由分析实验数据得到一个对数律的修正公式：$u^+ = \ln y^+/\kappa + B - \Delta u^+$，$h^+$ 的作用体现在 Δu^+ 中，这样就归结为建立 Δu^+ 和 h^+ 的关系. Clauser 通过分析实验数据，得到以下结论：对 $h^+ \leqslant 5$ 有 $\Delta u^+ = 0$，意味着粗糙度不起作用，粘性底层厚度 $y^+ \approx 5$，$h^+ < 5$ 说明粗糙元被粘性底层所覆盖，粗糙元难以对速度分布产生影响，该区称为水力光滑区. $h^+ > 70$ 时，由实验数据可以整理出所谓的 Prandtl-Schlichting 沙粒粗糙度关系：$u^+ = \ln h^+/\kappa - 3$，将其带入 $u^+ = \ln y^+/\kappa + B - \Delta u^+$，可见由粗糙度引起的速度下隆呈对数关系，由于对数律的成立是以忽略粘性切应力为前提，所以也表明此时粘性底层已消失，该区称为完全粗糙区. $5 < h^+ \leqslant 70$ 的区域则称为过渡区.

3. 一般情形

由动量积分关系式(7-67)出发，同样定义 $C_f = 2\tau_w/\rho U^2$，则式(7-67)成为

$$\frac{\mathrm{d}\theta}{\mathrm{d}x} + (H+2)\frac{\theta}{U}\frac{\mathrm{d}U}{\mathrm{d}x} = \frac{C_f}{2}, \tag{8-56}$$

式中，$H = \delta^*/\theta$ 为形状因子，C_f, θ, H 为未知量，要求解该式必须补充新的方程，目前已有很多种方法来得到这一补充方程，如能量积分方程、动能积分方程、动量方程的高阶关联函数方程、卷吸方程等.

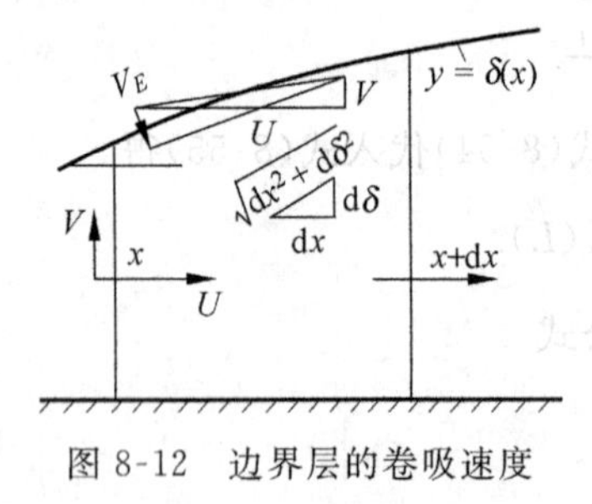

图 8-12 边界层的卷吸速度

正如 8.2.1 节叙述的那样，湍流边界层外缘处的粘性上层流场有间隙现象，外部自由流要被卷吸进边界层中，因此边界层内的体积流量将发生变化. 如图8-12所示，定义 V_E 为边界层外缘垂直于边界层与自由流分界线的速度分量，称卷吸速度，由质量守恒定律可知，由自由流进入边界层的体积流量应该等于边界层内体积流量的变化率，边界层内的

流量为

$$\int_0^\delta \bar{u}\,\mathrm{d}y = U\delta - \int_0^\delta U\left(1-\frac{\bar{u}}{U}\right)\mathrm{d}y = U(\delta-\delta^*).$$

将该式对 x 求导就得到边界层内流量沿 x 方向的变化率，由图 8-12 可知，自由流进入边界层的流量应该为 $V_E\sqrt{1+\left(\frac{\mathrm{d}\delta}{\mathrm{d}x}\right)^2}$，所以有

$$V_E\sqrt{1+\left(\frac{\mathrm{d}\delta}{\mathrm{d}x}\right)^2} = \frac{\mathrm{d}}{\mathrm{d}x}[U(\delta-\delta^*)].$$

上式 $\left(\frac{\mathrm{d}\delta}{\mathrm{d}x}\right)^2$ 一般很小，可忽略，于是有

$$V = \frac{\mathrm{d}}{\mathrm{d}x}[U(\delta-\delta^*)]. \tag{8-57}$$

将式(8-57)两端同除以 U，且定义卷吸速度系数 C_E 和形参数 H_1 为

$$C_E = \frac{V}{U},\quad H_1 = \frac{\delta-\delta^*}{\theta},$$

则式(8-57)化为

$$C_E = \frac{1}{U}\frac{\mathrm{d}}{\mathrm{d}x}(U\theta H_1). \tag{8-58}$$

该式就为卷吸方程.

(1) 荷德(Head)求解方法

荷德认为边界层外缘的大涡运动不断地把自由流卷吸进边界层内，这些被卷吸进的流体由于粘性以及湍流混合层作用逐渐形成有旋的湍流运动，而流体和壁面之间的相互作用将损失动量，所以边界层卷吸方程(8-58)和动量积分方程(8-56)是边界层流场的主要控制方程.

在式(8-56)和式(8-58)中共包含 θ, H, C_f, H_1, C_E 5 个未知量，所以必须补充 3 个关系式才能使方程组封闭求解，而这 3 个关系式都是通过实验得到的经验关系式.

假定边界层的速度剖面为包含一个形参数的曲线族，则可假设

$$C_E = F(H_1),\quad H_1 = G(H). \tag{8-59}$$

这里的 F 和 G 应当是对不可压二维定常湍流边界层都适用的函数，荷德等根据实验数据的拟合来确定 F 和 G，其他人也做了类似的工作，如斯坦登(Standen)得到

$$\left.\begin{aligned} C_E &= 0.0306(H_1-3)^{-0.653},\\ H_1 &= 1.535(H-0.7)^{-2.715}+3.3. \end{aligned}\right\} \tag{8-60}$$

策比希则根据更准确的实验数据得到

$$\left.\begin{aligned} C_E &= 0.0306(H_1-3)^{-0.6169},\\ H_1 &= \begin{cases} 0.8234(H-1.1)^{-1.287}+3.3, & H<1.6,\\ 1.5501(H-0.6778)^{-3.064}+3.3, & H\geqslant 1.6. \end{cases} \end{aligned}\right\} \tag{8-61}$$

至于第三个关系式的补充，可以应用路德维希(Ludwieg)和托尔曼(Tollmann)

由实验得到的关系：

$$C_f = 0.246 \times 10^{-0.678H} Re_\theta^{-0.268}, \tag{8-62}$$

式中的 $Re_\theta = U\theta/\nu$. 联立式(8-56)、式(8-58)、式(8-61)和式(8-62)就可以进行求解. 由于这5个方程中有2个是一阶常微分方程，所以需要给出起始位置的 θ, H，然后一步步求解. 计算时，已知 $U(x)$，便给定第 n 站 $x=x^{(n)}$ 的 $\theta^{(n)}, H^{(n)}$，于是算出下一站 $x^{(n+1)}=x^{(n)}+\Delta x$ 上的 $\theta^{(n+1)}, H^{(n+1)}$，这样逐站推进直至结束.

在积分法求解中，H 通常被用来作为确定湍流分离的准则. 分离时由于壁切应力趋于零，所以 $C_f \to 0$，而由式(8-62)可知，$C_f \to 0$ 对应 $H \to \infty$，可见式(8-62)不能用来确定分离时的 H 值. 大量研究结果表明，分离点的 H 为1.8～2.4.

荷德方法简单，从提出到进一步改进后，使其有了一定的精度，因而得到较广泛的应用. 此外，它还可应用于可压缩湍流边界层、轴对称边界层、三维湍流边界层以及湍流边界层反问题的求解.

(2) 滞后-卷吸方法

由式(8-57)可见，荷德方法的一个不足之处是没有考虑 C_E 沿 x 的变化率，而边界层外缘对上游历史的记忆很强，必须考虑 C_E 沿 x 的变化，因此要对荷德方法进行改进. 荷德和帕特尔(Patel)、史密斯、格林(Green)先后提出了考虑 C_E 沿 x 变化的滞后-卷吸方法.

以下是格林方法，该方法除用到方程(8-56)、方程(8-58)外，还根据湍能方程导出了 C_E 变化率的方程

$$\begin{aligned}
&\theta(H_1+H)\frac{\mathrm{d}C_E}{\mathrm{d}x} \\
&= \frac{C_E(C_E+0.02)+0.2667C_{f_0}}{C_E+0.01}\Big\{2.8\big[(0.32C_{f_0}+0.024C_{E_{\mathrm{eq}}}+1.2C_{E_{\mathrm{eq}}}^2)^{1/2} \\
&\quad -(0.32C_{f_0}+0.024C_E+1.2C_E^2)^{1/2}\big] \\
&\quad +\left(\frac{\delta}{U}\frac{\mathrm{d}U}{\mathrm{d}x}\right)_{\mathrm{eq}}-\frac{\delta}{U}\frac{\mathrm{d}U}{\mathrm{d}x}\Big\}.
\end{aligned} \tag{8-63}$$

方程中的各参数是根据实验数据和布拉德肖(Bradshaw)等人的经验函数得到的，C_{f_0} 为平板的表面摩阻系数，由以下经验公式表示：

$$C_{f_0} = \frac{0.01013}{\lg Re_\theta - 1.02} - 0.00075, \tag{8-64}$$

式中，$C_{E_{\mathrm{eq}}}$ 为平衡边界层卷吸速度系数

$$C_{E_{\mathrm{eq}}} = H_1\left[\frac{C_f}{2} - (H+1)\left(\frac{\theta}{U}\frac{\mathrm{d}U}{\mathrm{d}x}\right)_{\mathrm{eq}}\right], \tag{8-65}$$

其中

$$\left(\frac{\theta}{U}\frac{\mathrm{d}U}{\mathrm{d}x}\right)_{\mathrm{eq}} = \frac{1.25}{H}\left[\frac{C_f}{2} - \left(\frac{H-1}{6.432H}\right)^2\right], \tag{8-66}$$

式(8-66)的表面摩阻系数 C_f 和 C_{f_0} 的关系为

$$\left(\frac{C_f}{C_{f_0}}+0.5\right)\left(\frac{H}{H_0}-0.4\right)=0.9,\tag{8-67}$$

平板的 H_0 和 C_{f_0} 有以下关系：

$$1-\frac{1}{H_0}=6.55\left(\frac{C_{f_0}}{2}\right)^{1/2}.\tag{8-68}$$

此外，式(8-63)中的项还有

$$\left(\frac{\delta}{U}\frac{\mathrm{d}U}{\mathrm{d}x}\right)_{\mathrm{eq}}=(H+H_1)\left(\frac{\theta}{U}\frac{\mathrm{d}U}{\mathrm{d}x}\right)_{\mathrm{eq}},\tag{8-69}$$

H 和 H_1 的关系为

$$H_1=3.15+\frac{1.72}{H-1}-0.01(H-1)^2.\tag{8-70}$$

联立式(8-56)、式(8-68)以及式(8-63)～式(8-69)，就可以得到 θ,H,C_f,H_1,C_E 等量，在求解开始时必须要给定 θ,H,C_E 的初始值.

格林的滞后-卷吸方法的计算量要比荷德方法计算量大，但精度有明显提高，被认为是目前较好的积分方法.

8.3.2 平板不可压缩二维层流-湍流混合边界层的近似计算

在 8.3.1 节中，湍流边界层的起始点为平板的前缘点，而实际上绕物体流动的边界层往往是混合边界层，即从平板的前缘开始是层流边界层，经过一个过渡后变为湍流边界层，其情形如图 8-13 所示. 对于这样的混合边界层，若用以上湍流边界层的方法计算，就会导致大的偏差.

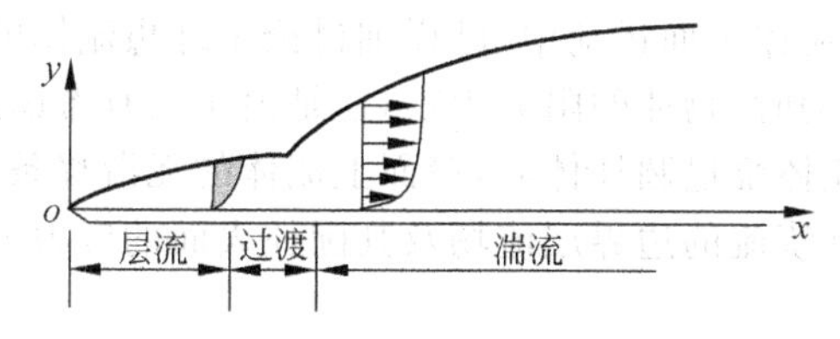

图 8-13 半无限平板的层流-湍流混合边界层

在边界层诸多物理量中，阻力是比较重要的量，所以下面介绍混合边界层中阻力的近似计算方法.

在图 8-13 中定义过渡段的右边界对应的流向位置为湍流过渡点，假定过渡点后的湍流边界层与从前缘开始的湍流边界层有相同的性质. 如图 8-14 所示，若用 x_{ct} 表示过渡点的位置，则从前缘开始到边界层中任意一点 x 处，壁面总摩擦力为：

$$D_{总}=D_{x湍}-D_{x_{ct}湍}+D_{x_{ct}层},$$

即在过渡点 x_{ct} 以前的长度内，与全部视为湍流边界层的情况相比，减少的摩擦力为

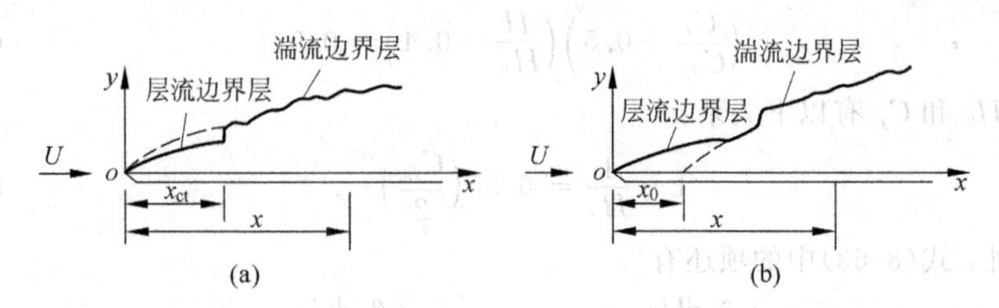

图 8-14 半无限平板层流-湍流混合边界层摩擦力估算

$$\Delta D = -\frac{1}{2}\rho U^2 x_{ct}(C_{f_t} - C_{f_l}),$$

式中，C_{f_t}，C_{f_l} 分别为湍流和层流的局部摩擦系数，这样对混合边界层局部摩擦系数 C_D 的修正式为

$$\Delta C_D = \frac{\Delta D}{\frac{1}{2}\rho U^2 x} = -\frac{x_{ct}}{x}(C_{f_t} - C_{f_l}) = -\frac{A}{Re_x},$$

其中，$A = Re_{xct}(C_{f_t} - C_{f_l})$，利用式(7-81a)和式(8-54)可以分别求出层流和湍流的局部摩擦系数 C_{f_t}，C_{f_l}，再求出 A. 于是对层流-湍流混合边界层有

$$C_D = \frac{0.074}{Re_x^{1/5}} - \frac{A}{Re_x}, \quad 5 \times 10^5 < Re_x < 10^7. \tag{8-71}$$

根据该式就可计算出摩擦阻力系数进而得到摩擦阻力.

8.4 绕圆柱体的不可压缩二维流动

在第 5 章的无粘流体平面运动中，已详细讨论了理想流体的圆柱绕流，当圆柱在理想流体中作等速运动时，物体的阻力为零，这是由于没有考虑边界层所致.

在实际流场中，流体绕过圆柱体时，壁面上流体的无滑移条件使得流场总是存在边界层，以下分析圆柱绕流的边界层流场及其圆柱表面的应力分布.

8.4.1 绕圆柱体不可压二维边界层

布拉修斯采用级数方法对绕圆柱体不可压二维边界层流场进行了求解. 设绕流的外部势流的流速为

$$U(x) = c_1 x + c_3 x^3 + c_5 x^5 + \cdots, \tag{8-72}$$

式中，c_1，c_3，c_5 等为已知的常系数，其值与圆柱体有关，x 为沿圆柱体表面的坐标，起始点为圆柱体的前驻点. 令量纲数为 1 的量为

$$\eta = y\sqrt{\frac{c_1}{\nu}}, \tag{8-73}$$

定义流函数

$$\psi=\sqrt{\frac{\nu}{c_1}}[c_1xf_1(\eta)+4c_3x^3f_3(\eta)+6c_5x^5f_5(\eta)+\cdots],\tag{8-74}$$

根据速度与流函数的关系有

$$\begin{aligned}u&=\frac{\partial\psi}{\partial y}=\sqrt{\frac{\nu}{c_1}}\left[c_1xf_1'(\eta)\frac{\partial\eta}{\partial y}+4c_3x^3\,f_3'(\eta)\frac{\partial\eta}{\partial y}+6c_5x^5\,f_5'(\eta)\frac{\partial\eta}{\partial y}+\cdots\right]\\&=c_1xf_1'(\eta)+4c_3x^3\,f_3'(\eta)+6c_5x^5\,f_5'(\eta)+\cdots,\end{aligned}\tag{8-75}$$

$$v=-\frac{\partial\psi}{\partial x}=-\sqrt{\frac{\nu}{c_1}}[c_1f_1+12a_3x^2f_3+30a_5x^4f_5+\cdots].$$

在此基础上可得到$\dfrac{\partial u}{\partial y},\dfrac{\partial u}{\partial x},\dfrac{\partial^2u}{\partial y^2}$等，将其代入定常不可压缩二维边界层方程(7-58)，可得到由$x,x^3,x^5,\cdots$组成的方程式，其中的系数则由$f_1,f_1',f_1'',f_1''',f_3,f_3',f_5,\cdots$组成. 由$x$相同幂次项的系数就构成了一系列关于$f$的常微分方程. 对于$x$的1次方项有

$$f_1'^2-f_1f_1''=1+f_1''',\tag{8-76}$$

对于x^3项有

$$4f_1'f_3'-f_1f_3''-3f_1''f_3=1+f_3'''.\tag{8-77}$$

同样可以列出关于$f_5,f_7,\cdots$的方程.

式(8-76)和式(8-77)的边界条件为

$$\begin{aligned}&\eta=0:f_1=0,\quad f_1'=0,\quad f_3=0,\quad f_3'=0,\\&\eta\to\infty:f_1'=1,\quad f_3'=\frac{1}{4}.\end{aligned}\tag{8-78}$$

绕圆柱流动的坐标如图8-15所示，势流速度沿圆柱表面边界层坐标x的分布为

$$U(x)=2U_\infty\sin\phi=2U_\infty\sin\frac{x}{r_0},$$

将$\sin\dfrac{x}{r_0}$展开成幂级数后，上式为

$$U(x)=2U_\infty\left[\frac{x}{r_0}-\frac{1}{3!}\left(\frac{x}{r_0}\right)^3+\frac{1}{5!}\left(\frac{x}{r_0}\right)^5-\cdots\right],\tag{8-79}$$

将该式与式(8-72)比较可确定系数为

$$c_1=2\frac{U_\infty}{r_0},\quad c_3=-\frac{2}{3!}\frac{U_\infty}{r_0^3},\quad c_5=-\frac{2}{5!}\frac{U_\infty}{r_0^5},\cdots.\tag{8-80}$$

此时式(8-73)中量纲数为1的量为

$$\eta=y\sqrt{\frac{c_1}{\nu}}=y\sqrt{\frac{2U_\infty}{r_0\nu}}=\frac{y}{r_0}\sqrt{\frac{U_\infty d}{\nu}}=\frac{y}{r_0}\sqrt{Re},$$

式中，d为圆柱直径.

有了η，在边界条件(8-78)下，求解式(8-76)、式(8-77)得到f_1,f_3，要得到精度

更高的解可以求解 $f_5, f_7, \cdots$，将其以及式(8-80)代入式(8-75)就可以得到边界层内的速度分布，图 8-15 给出了势流速度幂级数(8-72)取至 x^{11} 时的速度分布，有了速度分布，就可以根据前面求解边界层的方法求解有关物理量.

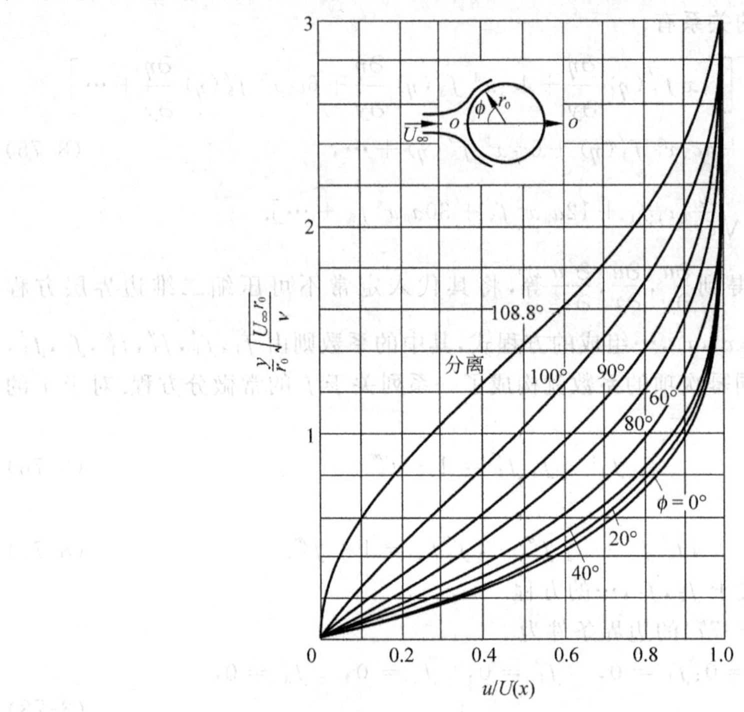

图 8-15　绕圆柱流边界层速度分布

图 8-16 给出了不同 ϕ 角的结果，在 8.2.6 节中说明了在逆压区容易出现边界层分离，而出现分离处速度剖面会出现拐点且壁面切应力为零. 图 8-15 中的逆压区位于 $\phi>90°$ 的区域，对应 $\phi=108.8°$ 的速度剖面曲线出现了拐点，说明 $\phi=108.8°$ 是分离点. 图 8-16 是壁面切应力随 ϕ 的变化，可见在 $\phi=108.8°$ 处，壁面切应力 $\tau_0=0$.

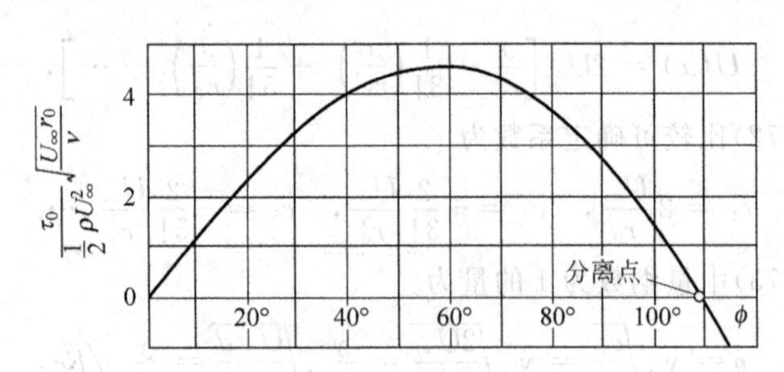

图 8-16　绕圆柱流壁面切应力分布

边界层分离后形成较宽的尾流，它会导致势流速度的改变而不满足式(8-80).

这时要根据 Re 数的不同对势流速度给予修正，相应的边界层内的速度分布和分离点也要发生变化.

8.4.2 绕圆柱流场与 Re 数的关系

Re 数决定了圆柱绕流的流动特征，这里的 Re 数定义为 $Re=U_\infty d/\nu$，d 是圆柱直径. 当 $Re\leqslant 1$ 时，粘性力占主导地位，圆柱上下游流线对称，与理想流体情况相近(图 8-17(a)). 随着 Re 数的增加，在圆柱的背面开始出现较弱的对称旋涡，而且对称涡的强度随着 Re 数的增加而增加(图 8-17(b)～(d))，这种情况大约持续到 Re 数等于 40. 当 $Re>40$ 后，对称的旋涡破裂，在 $Re\approx 60$ 时，在圆柱的背面出现稳定、非对称、旋转方向相反、周期性交替脱离柱面的旋涡，这些涡在圆柱的下游形成排列整齐的涡列，以比来流速度 U_∞ 小很多的速度向下游移动，沿程就出现了卡门涡街(图 8-17(e)). 当 $Re>150$ 时，卡门涡街开始变得不稳定，逐渐开始失去其规则性和周期性，$Re>300$ 时，涡街已不存在. Re 数进一步增大，圆柱边界层中的流体流到圆柱下游构成尾流，当 $Re<3\times 10^5$ 时，尾流中的流动为层流状态(图 8-17(f))，而当 $Re>3\times 10^5$ 时，尾流变成了湍流(图 8-17 (g)).

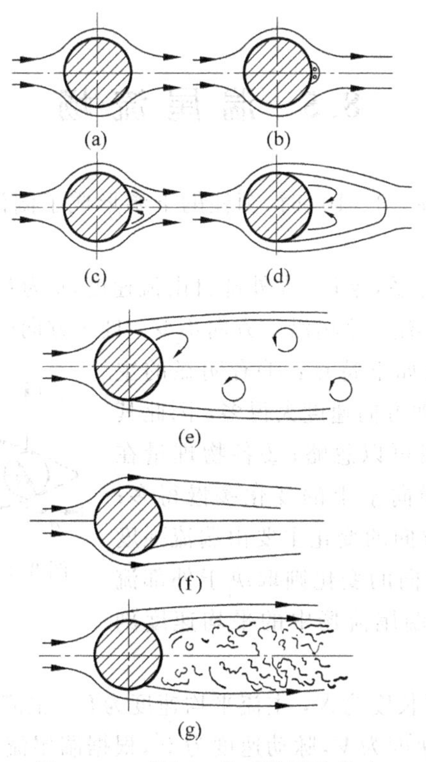

图 8-17 不同 Re 数下的圆柱绕流

Re 数不同时，圆柱所受流体的阻力也不同，若定义阻力系数为 $C_D=2D/\rho U_\infty^2 d$，其中 D 是单位长度上圆柱的阻力，则 C_D 与 Re 数的关系如图 8-18 所示. 可见当 Re 数较小时，C_D 与 Re 成线性反比关系，说明阻力 D 正比于 U_∞；当 Re 数增加时($Re=100\sim3\times10^5$)，C_D 几乎不随 Re 变化，说明 C_D 与 U_∞^2 成正比. 值得注意的是当 $Re\approx3\times10^5$ 时，C_D 急剧下降，这一现象称为"失阻"，其原因是在这个 Re 数下，圆柱表面边界层由层流变成了湍流，湍流具有的较大动量使得边界层的分离推迟，而大 Re 数下圆柱绕流的阻力主要与边界层分离时的压差阻力有关，所以推迟了分离意味着减少了压差阻力，于是阻力系数下降.

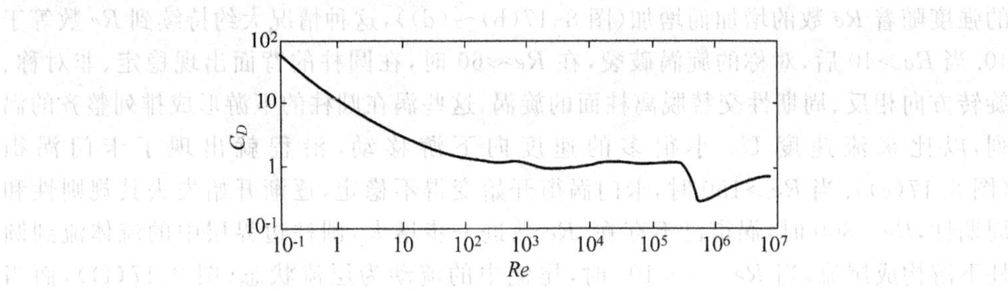

图 8-18 不同 Re 数下圆柱绕流的阻力系数

8.5 湍尾流场

在图 8-19 中，当 $Re>3\times10^5$ 时，圆柱的下游形成了湍流尾流场，以下是关于湍尾流场的求解.

建立图 8-19 的坐标系，令 U_∞ 为外部自由流速度，u 为 U_∞ 与各点速度的差，U 为 u 的平均值. 作为二维尾流，流场沿 z 方向不变，且 z 方向的时均值为零.

二维湍尾流场具有如下特点：①有明显的主流 x 方向，其速度比其他方向速度大得多，因此其他方向的平均速度一般可以忽略；②各物理量在主流 x 方向的变化比横向 y 上的变化缓慢得多；③平均压力沿流场 y 方向的变化主要由湍流强度的变化决定，但沿 x 方向的变化则取决于外部流动的压力分布；④二维湍尾流场中的平均速度剖面存在自相似性.

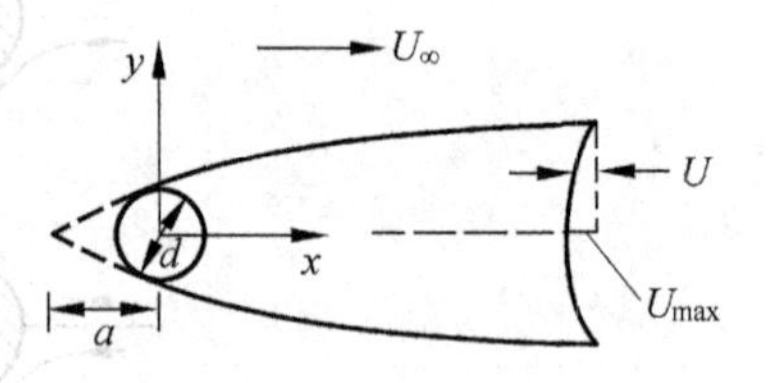

图 8-19 不可压缩二维湍尾流

假定 x 方向的特征长度为 X，主流平均速度为 U，主流的脉动速度为 u'，y 方向的特征长度为 Y，平均速度为 V，脉动速度为 v'，根据湍尾流的特性有

$$\frac{Y}{X} \ll 1,$$

令 U_0, V_0 分别为 U 和 V 的特征速度，则不可压二维连续方程以及相应的量级为

$$\frac{\partial U}{\partial x} + \frac{\partial V}{\partial y} = 0,$$

$$\frac{U_0}{X} \quad \frac{V_0}{Y},$$

上式两项有相同的量级，因此有

$$\frac{U_0}{X} \sim \frac{V_0}{Y} \quad \text{或} \quad \frac{U_0}{V_0} \sim \frac{X}{Y},$$

于是也就有

$$\frac{U}{V} \sim \frac{X}{Y}.$$

雷诺平均运动方程中包含雷诺应力项 $\rho\overline{v_i'v_j'}$，也要给出其量级分析，现有结果表明，即使是在各向异性的剪切湍流中，u', v' 也大致为同一量级，于是对 u', v' 可引进相同的速度尺度 u_0'，即

$$\overline{u'^2} \sim \overline{v'^2} \sim u_0'^2,$$

$$\overline{u'v'} \sim R_{ij}^* u_0'^2, \quad i \neq j,$$

式中，R_{ij}^* 为相关系数.

考虑定常、大 Re 数（$Re > 3\times10^5$）湍尾流场，此时粘性切应力远比雷诺应力小，可以忽略，于是雷诺平均运动方程(6-21)在以上假定下的 x 方向的分量形式为

$$\left.\begin{array}{llllll}
(U_\infty + U)\dfrac{\partial U}{\partial x} & + V\dfrac{\partial U}{\partial y} & = -\dfrac{1}{\rho}\dfrac{\partial P}{\partial x} & -\dfrac{\partial}{\partial x}\overline{u'^2} & -\dfrac{\partial}{\partial y}\overline{u'v'}, \\
U_\infty\dfrac{U_0}{X} & \dfrac{V_0U_0}{Y} & \dfrac{\Delta P_1}{\rho X} & \dfrac{u_0'^2}{X} & \dfrac{R_{12}^*u_0'^2}{Y}, \\
\dfrac{U_\infty}{u_0}\dfrac{U_0^2}{X} & \dfrac{U_0^2}{X} & \dfrac{\Delta P_1}{\rho X} & \dfrac{u_0'^2}{X} & \dfrac{R_{12}^*u_0'^2}{Y}, \\
\dfrac{U_\infty}{U_0} & 1 & \dfrac{\Delta P_1}{\rho U_0^2} & \dfrac{u_0'^2}{U_0^2} & R_{12}^*\dfrac{u_0'^2}{U_0^2}\dfrac{X}{Y}.
\end{array}\right\} \tag{8-81}$$

上式中第二、三、四列是量级分析，其中用到了 $U_\infty \gg U$，ΔP_1 为 x 方向的压力差. 对于 y 方向的分量有

$$\left.\begin{array}{llllll}
(U_\infty + U)\dfrac{\partial V}{\partial x} & + V\dfrac{\partial V}{\partial y} & = -\dfrac{1}{\rho}\dfrac{\partial P}{\partial y} & -\dfrac{\partial}{\partial x}\overline{v'u'} & -\dfrac{\partial}{\partial y}\overline{v'^2}, \\
U_\infty\dfrac{V_0}{X} & \dfrac{V_0V_0}{Y} & \dfrac{\Delta P_2}{\rho Y} & \dfrac{R_{21}^*u_0'^2}{X} & \dfrac{u_0'^2}{Y}, \\
\dfrac{U_\infty}{u_0}\dfrac{U_0V_0}{X} & \dfrac{U_0V_0}{X} & \dfrac{\Delta P_2}{\rho Y} & \dfrac{R_{21}^*u_0'^2}{X} & \dfrac{u_0'^2}{Y},
\end{array}\right\} \tag{8-82}$$

$$\frac{U_\infty}{U_0} \qquad 1 \qquad \frac{X^2}{Y^2}\frac{\Delta P_2}{\rho U_0^2} \qquad \frac{R_{21}^* u_0'^2}{X}\frac{X}{Y} \qquad \frac{u_0'^2}{Y}\frac{X^2}{Y^2}.$$

由于 $U_\infty \gg U$，则式(8-81)、式(8-82)左端第二项和第一项相比为小量可以忽略. 若 $R_{12}^*, R_{13}^*, R_{23}^*$ 不是小量，那么式(8-81)、式(8-82)中右边第二项与第三项相比是个小量. 此外，u_0'/U_0 的量级至多为 1，于是由式(8-81)可知，U_∞/U 的量级不能比 X/Y 的量级大，否则方程中所有的湍流项与左边第一项相比都为小量，方程失去意义，所以 U_∞/U 和 X/Y 的量级一定相同. 将这一结论用于式(8-82)中，可知左端第一项与右端第三项相比是小量，这样能平衡第三、四项这些湍流项的只有右边第一项压力项，那么 $\Delta P_2/\rho U_0^2$ 与 $u_0'^2/U_0^2$ 同一量级.

根据以上分析，保持方程中的最大项，式(8-82)成为

$$\frac{\partial P}{\partial y} + \rho \frac{\partial}{\partial y}\overline{v'^2} = 0,$$

积分上式得

$$P + \rho \overline{v'^2} = P_0,$$

式中，P_0 是同一 x 处但在湍流区以外的压力. 将上式对 x 求导得

$$\frac{1}{\rho}\frac{\partial P}{\partial x} = \frac{1}{\rho}\frac{\partial P_0}{\partial x} - \frac{\partial}{\partial x}\overline{v'^2}.$$

由于湍流区外速度为常数，故上式中的 $\mathrm{d}P_0/\mathrm{d}x \approx 0$. 对式(8-81)同样也保持最大项，结合上式则有

$$U_\infty \frac{\partial U}{\partial x} = -\frac{\partial}{\partial y}\overline{u'v'}, \tag{8-83}$$

方程两边同除以 U_∞^2 可得

$$\frac{\partial}{\partial x}\left(\frac{U}{U_\infty}\right) = \frac{\partial}{\partial y}\left(-\frac{\overline{u'v'}}{U_\infty^2}\right), \tag{8-84}$$

尾流区不同 x 处的 U 存在相似性，故取

$$\xi_1 = \frac{x+a}{d}, \quad \xi_2 = \frac{y}{d}k(\xi_1), \tag{8-85}$$

$$\frac{U}{U_{\max}} = f(\xi_2), \quad \frac{U_{\max}}{U_\infty} = g(\xi_1), \quad \frac{-\overline{u'v'}}{U_{\max}^2} = h(\xi_2), \tag{8-86}$$

式中，a, d 如图 8-19 所示，k, f, g, h 为待定函数，由式(8-86)可得以下新组合

$$\frac{U}{U_\infty} = g(\xi_1)f(\xi_2), \quad \frac{-\overline{u'v'}}{U_\infty^2} = g^2(\xi_1)h(\xi_2). \tag{8-87}$$

由复合函数求导得

$$\begin{cases} \dfrac{\partial}{\partial x}\left(\dfrac{U}{U_\infty}\right) = \dfrac{1}{d}f\dfrac{\mathrm{d}g}{\mathrm{d}\xi_1} + \dfrac{1}{d}g\xi_2\dfrac{1}{k}\dfrac{\mathrm{d}k}{\mathrm{d}\xi_1}\dfrac{\mathrm{d}f}{\mathrm{d}\xi_2}, \\ \dfrac{\partial}{\partial y}\left(\dfrac{-\overline{u'v'}}{U_\infty^2}\right) = \dfrac{1}{d}g^2 k\dfrac{\mathrm{d}h}{\mathrm{d}\xi_2}, \end{cases}$$

将其代入式(8-84)得

$$f\frac{\mathrm{d}g}{\mathrm{d}\xi_1}+g\xi_2\frac{1}{k}\frac{\mathrm{d}k}{\mathrm{d}\xi_1}\frac{\mathrm{d}f}{\mathrm{d}\xi_2}=g^2k\frac{\mathrm{d}h}{\mathrm{d}\xi_2}. \tag{8-88}$$

下面叙述关于式(8-88)的求解. 由于尾流外部的雷诺应力为零，所以对式(8-84)沿 y 从 $-\infty$ 到 $+\infty$ 积分并交换微分和积分次序得

$$\frac{\mathrm{d}}{\mathrm{d}x}\int_{-\infty}^{\infty}\left(\frac{U}{U_\infty}\right)\mathrm{d}y=\frac{-\overline{u'v'}}{U_\infty^2}\bigg|_{-\infty}^{+\infty}=0,$$

即

$$\int_{-\infty}^{+\infty}\frac{U}{U_\infty}\mathrm{d}y=C.$$

由于上式是 x 方向各点速度与自由流速度差的平均值沿 y 方向的积分，其值必定与圆柱的阻力有关. 通过对圆柱周围建立控制面，并讨论通过控制面的动量变化，由动量定理可得动量变化与阻力之间的关系，从而得到上式中的 $C=D/\rho U_\infty^2$，D 为阻力. 将式(8-85)、式(8-86)代入上式得

$$\frac{dg(\xi_1)}{k(\xi_1)}\int_{-\infty}^{\infty}f(\xi_2)\mathrm{d}\xi_2=D.$$

由上式可见 $g(\xi_1)$ 与 $k(\xi_1)$ 之比应当为常数，即 $g(\xi_1)=bk(\xi_1)$，b 为常系数，将其代入式(8-88)经整理后得

$$\frac{f}{\dfrac{\mathrm{d}h}{\mathrm{d}\xi_2}}+\frac{\xi_2\dfrac{\mathrm{d}f}{\mathrm{d}\xi_2}}{\dfrac{\mathrm{d}h}{\mathrm{d}\xi_2}}=b\frac{k^3}{\dfrac{\mathrm{d}k}{v\xi_1}}, \tag{8-89}$$

式(8-89)左边与 ξ_2 有关，右边与 ξ_1 有关，所以两边只能等于一常数，于是得

$$k^3=C\frac{\mathrm{d}k}{\mathrm{d}\xi_1},$$

积分上式得一特解 $k=1/\sqrt{\xi_1}$，将其代入式(8-91)得

$$\xi_2=\frac{y}{D}\sqrt{\frac{D}{x+a}}=\frac{y}{\sqrt{D(x+a)}}, \tag{8-90}$$

这样式(8-87)可写作

$$\frac{U}{U_\infty}=b\sqrt{\frac{d}{x+a}}f(\xi_2),\quad -\frac{\overline{u'v'}}{U_\infty^2}=b^2\frac{d}{x+a}h(\xi_2). \tag{8-91}$$

至此已建立了 ξ_2、k 和 g 之间的关系，将其代入式(8-88)就能解出 f 和 h 间的关系，从而得到雷诺应力与平均速度之间的关系. 因此将 $k=1/\sqrt{\xi_1}$ 代入式(8-89)得

$$f+\xi_2\frac{\mathrm{d}f}{\mathrm{d}\xi_2}=-2b\frac{\mathrm{d}h}{\mathrm{d}\xi_2},$$

即

$$\mathrm{d}(f\xi_2) = -2b\mathrm{d}h,$$

积分上式考虑 $\xi_2=0$ 时，与雷诺应力相关的 h 应为零，于是有

$$h = -\frac{f\xi_2}{2b},$$

将式(8-90)和上式代入式(8-91)得到雷诺应力与平均速度的关系

$$\frac{-\overline{u'v'}}{U_\infty^2} = -\frac{1}{2}\sqrt{\frac{d}{x+a}}\,\xi_2\,\frac{U}{U_\infty} = -\frac{1}{2}\,\frac{y}{x+a}\,\frac{U}{U_\infty}. \tag{8-92}$$

若用涡粘性系数，那么有 $\overline{u'v'} = -\varepsilon_m\dfrac{\partial U}{\partial y}$，利用 ξ_2 和 y 的关系可得

$$-\overline{u'v'} = \varepsilon_m\,\frac{1}{d}\sqrt{\frac{d}{x+a}}\,\frac{\partial U}{\partial \xi_2},$$

将其代入式(8-92)有

$$\frac{\varepsilon_m}{U_\infty d} = -\frac{1}{2}\,\frac{\xi_2\left(\dfrac{U}{U_\infty}\right)}{\dfrac{\partial}{\partial\xi_2}\left(\dfrac{U}{U_\infty}\right)} = -\frac{1}{2}\,\frac{\xi_2\left(\dfrac{U}{U_{\max}}\right)}{\dfrac{\mathrm{d}}{\mathrm{d}\xi_2}\left(\dfrac{U}{U_{\max}}\right)},$$

积分上式，利用 $\xi_2=0$ 时有 $\dfrac{U}{U_{\max}}=1$，可得

$$\frac{U}{U_{\max}} = \exp\left(-\frac{U_\infty d}{2}\int_0^{\xi_2}\frac{\xi_2}{\varepsilon_m}\mathrm{d}\xi_2\right). \tag{8-93}$$

该式反映了尾流平均速度的分布规律，一旦 ε_m 的形式确定，代入上式积分就可以得到具体的表达形式，如令 ε_m 为常数，就得到

$$\frac{U}{U_{\max}} = \exp\left(-\frac{U_\infty d}{4\varepsilon_m}\xi_2^2\right),$$

然后可以进一步由 $\overline{u'v'} = -\varepsilon_m\dfrac{\partial U}{\partial y}$ 求出雷诺应力.

8.6　可压缩二维湍流边界层方程

与不可压缩情形相比，可压缩湍流增加了密度的脉动，因此将瞬时密度表示为平均密度与脉动密度之和

$$\rho = \bar{\rho} + \rho'. \tag{8-94}$$

根据式(6-17)的运算法则，可以得到

$$\overline{\rho u} = \bar{\rho}U + \overline{\rho' u'}. \tag{8-95}$$

可压缩流的复杂性还在于，密度脉动通过状态方程导致了温度脉动，然后进一步造成了动力粘度、导热系数等量的脉动，即

$$T=\overline{T}+T',\quad \mu(T)=\overline{\mu}+\mu',\quad k(T)=\overline{k}+k',$$
$$c_p(T)=\overline{c_p}+c_p',\quad Pr(T)=\overline{Pr}+Pr'. \tag{8-96}$$

利用边界层性质 $V\ll U$, $\partial/\partial x\ll\partial/\partial y$ 以及式(6-17)的运算法则,可以得到可压缩二维湍流边界层的连续性方程、动量方程和能量方程为

$$\left.\begin{aligned}
&\frac{\partial}{\partial x}(\bar{\rho}U)+\frac{\partial}{\partial y}(\bar{\rho}V)=0,\\
&\bar{\rho}U\frac{\partial U}{\partial x}+\bar{\rho}V\frac{\partial U}{\partial y}=\rho_e U\frac{\mathrm{d}U}{\mathrm{d}x}+\frac{\partial\tau}{\partial y},\\
&\frac{\partial P}{\partial y}=-\frac{\partial}{\partial y}(\overline{\rho u'v'})\ll\left|\frac{\partial P}{\partial x}\right|,\\
&\bar{\rho}U\frac{\partial\bar{h}}{\partial x}+\bar{\rho}V\frac{\partial\bar{h}}{\partial y}=U\frac{\mathrm{d}P}{\mathrm{d}x}+\frac{\partial q}{\partial y}+\tau\frac{\partial U}{\partial y}.
\end{aligned}\right\} \tag{8-97}$$

式中

$$\tau=\bar{\mu}\frac{\partial U}{\partial y}-\overline{\rho u'v'},\quad q=\bar{k}\frac{\partial\overline{T}}{\partial y}-\overline{\rho v'h'}.$$

关于状态方程为

$$P=\bar{\rho}RT,\quad \mathrm{d}\bar{h}=c_p\mathrm{d}\overline{T}, \tag{8-98}$$

式中,c_p 约为常数. 由于沿边界层 y 方向,P 近似为常数,由完全气体定律得

$$\frac{\overline{\rho(y)}}{\rho_e}\approx\frac{T_e}{T(y)}, \tag{8-99}$$

相应的边界条件为

$$\left.\begin{aligned}
&y=0:U=0,\quad \bar{\rho}V=0,\quad \overline{T}=T_w,\quad \bar{\rho}=\rho_w,\\
&y\to\infty:U=U(x),\quad \overline{T}=T_e(x),\quad \bar{\rho}\to\rho_e(x).
\end{aligned}\right\} \tag{8-100}$$

8.7 绕流阻力与边界层控制

在绕流场中,绕流的阻力是人们最为关注的问题,通过对绕流阻力的分析,了解阻力的来源,然后有针对性地对边界层进行控制,可以达到减少阻力的目的.

8.7.1 绕流阻力

当流体绕过一个物体时,总阻力由两部分组成,一是摩擦阻力,二是压差阻力. 摩擦阻力主要来源于流体的粘性,可以采用 8.3 节中介绍的方法求出.

流动的分离是引起压差阻力的主要原因,关于流动分离在 8.2.6 节和 8.2.7 节中有详细叙述. 在流动未分离时,壁面附近的边界层有一位移厚度,可以虚拟地将壁

面沿法向延伸至位移厚度的位置，这样流场可以视为势流绕这一虚拟壁面的流动，由于位移厚度一般很小，所以相当于理想流体的绕流，此时压差阻力为零. 当流动发生分离后，外部势流区的边界处在分离区的外缘，壁面上的压力分布与未分离时完全不同，从而引起压差阻力.

压差阻力的大小与分离区的大小有关，而壁面的形状决定了分离区的大小，所以压差阻力有时又称形状阻力. 当分离很严重时，压差阻力远大于摩擦阻力.

要精确地确定绕流阻力比较困难，8.4.2 节中给出了绕圆柱阻力和 Re 数的关系，对于绕一般物体的阻力，也存在类似的关系，只是曲线形状有所差别，这些曲线主要通过实验和数值计算获得.

8.7.2 边界层控制

为了减小阻力，就要对边界层进行控制，控制的方法有多种.

1. 控制分离减小压差阻力

分离后的流场有压差阻力，而且压差阻力往往远大于摩擦阻力，所以要减小阻力就要控制边界层使得减弱和消除分离.

(1) 设计合理的壁面型线

边界层的分离与表面上的压力分布有关，而压力分布又取决于壁面的型线，所以可通过合理的设计，产生所谓的“流线型”壁面以控制分离.

(2) 吹流法

由 8.2.6 节和 8.2.7 节中的叙述可知，流体缺少足够的能量来克服阻力和逆压才造成了流场分离，若通过物体内部的吹流装置将具有一定能量的流体从壁面吹出，就可以避免或推迟分离. 图 8-20(a)就是这类例子. 吹流装置一般需要附加动力，在不附加动力的情况下，也可以通过流体自身的能量来实现，图 8-20(b)的开缝机翼就是典型例子，利用狭缝将压力面的高压流体引到吸力面的阻滞区，使在 A-B 段上形成的边界层还未分离时，就被带到主流中去，而由 C 点开始新形成的边界层可延续到较远的距离而不分离.

(3) 抽吸法

如图 8-20(c)所示，抽吸的机理是在边界层尚未分离之前将低动量的流体吸走，而在吸缝后所产生的新的边界层，由于流体动量相对高，能承受一定的逆压而不分离. 如果壁面设计和吸缝的位置安排得当，抽吸法能够完全消除分离.

(4) 转捩控制法

湍流较层流具有更强的承受逆压的能力，所以为了避免或削弱分离，希望层流尽早地转捩为湍流. 加大自由流湍流度、提高壁面粗糙度、边界层起始处加绊线或声

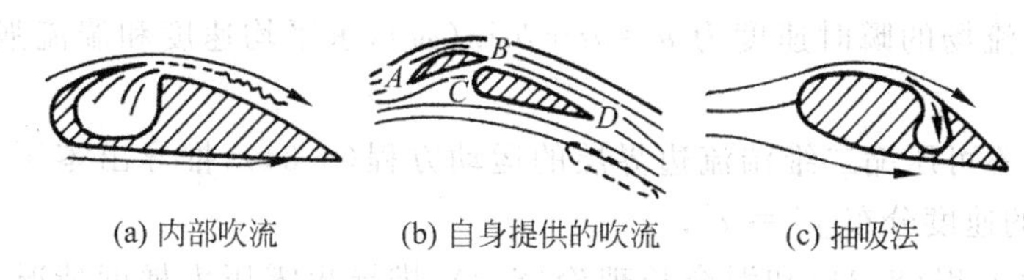

(a) 内部吹流　(b) 自身提供的吹流　(c) 抽吸法

图 8-20　边界层分离的吹流和抽吸控制法

激励、吹流等方法会加速转捩.

(5) 制造旋涡法

在物体表面垂直于壁面安装一些有攻角、高度约为边界层厚度的小板，小板的上端会产生诱导涡，这些涡能把离壁面较远、速度大的流体微团输送到壁面附近，从而增强克服逆压梯度的能力而防止分离.

(6) 柔性壁面

根据海豚身体表面曲线可以变化的原理，使壁面也能柔性变化，通过壁面的自身反馈调整为最佳形状以防止分离.

2. 减小摩擦阻力

当边界层不会出现分离时，要减小摩擦阻力，其控制方法也有多种.

(1) 延缓边界层从层流到湍流的转捩

因为层流边界层的摩擦阻力小于湍流边界层的摩擦阻力，所以尽量使边界层更多地处于层流的状态，从而减少表面摩阻. 延缓转捩的方式包括减弱自由流湍流度、降低壁面粗糙度、吸流、适当的声激励等.

(2) 壁面开流向沟槽

现有研究表明，在壁面上开与流动方向平行的流向沟槽能减阻 6%～9%，在逆压梯度情况下，甚至能达到 13%，这种方法的减阻机理还有待于进一步探讨，但和限制三维边界层流向涡的展向运动和造成沟槽底部的低速流动有关.

(3) 添加聚合物

在边界层中添加高分子聚合物，能导致粘性应力的各向异性，同时高分子中的一些分子结构能改变流体的应力，这些都是该方法的减阻机理. 但是，该方法只能在一定场合下使用，而且高聚物容易降解，导致减阻失效.

习　　题

8.1　证明平板湍流边界层的形状因子 H 和 Re_x 存在如下关系：$H=a-b\lg Re_x$，a 和 b 为常数.

8.2 湍流场的瞬时速度为 $u=at+b\sin(\omega t)$，求平均速度和湍流强度(参考式(6-8)).

8.3 由不可压缩二维湍流边界层的运动方程(8-34)，推导出零压力梯度情况下线性底层的速度分布 $y^+=u^+$.

8.4 由方程(8-34)和混合长理论(8-3)，推导出零压力梯度情况下的对数律 $u^+=\dfrac{1}{\kappa}\ln y^+ +C$.

8.5 由边界层内层表示式(8-5)，证明当 $y/y_l \ll 1$ 时(y_l 是线性底层厚度)，ε_m 正比于 y^4.

8.6 一块 3m×1.2m 的光滑平板，在空气中($\nu=14.7\times10^{-6}\,\mathrm{m^2/s}$，$\rho=1.22\,\mathrm{kg/m^3}$)以 1.2m/s 的相对速度运动，试求以下三种情况下该平板一侧的阻力：

(1) 整个平板为层流状态；

(2) 整个平板为湍流状态；

(3) 层流状态下平板中点和后缘的边界层厚度.

8.7 一块 3m×1.2m 的光滑平板，在水中($\nu=1.31\times10^{-6}\,\mathrm{m^2/s}$，$\rho=1000\,\mathrm{kg/m^3}$)以 1.2m/s 的相对速度运动，若过渡点位置 $x_{ct}=0.55\mathrm{m}$，过渡点 Re 数为 5×10^5，试求平板单面所受的摩擦力.

8.8 空气($\nu=14.7\times10^{-6}\,\mathrm{m^2/s}$，$\rho=1.22\,\mathrm{kg/m^3}$)以 0.2m/s 的速度流过一个直径为 0.2m 的圆柱，求 $\phi=40°$ 处的壁面切应力.

8.9 在二维湍尾流中，推导出流向平均速度为外部自由流一半即 $U_\infty/2$ 处坐标的表达式.

8.10 试分析流体绕过球、柱(轴垂直于速度)、圆盘和薄平板(垂直于速度)、薄平板(平行于速度)、良好流线型物体的阻力特性.

8.11 在圆柱绕流中，根据 Re 数的不同，如何通过边界层的控制来减小阻力?

第9章 气体动力学基础

以往处理流体流动时，通常都忽略流体的压缩性而把它视作不可压缩流体，并在习惯上把不可压缩流体这一概念局限于 $\rho=C$ 的常密度均质流体. 液体一般可当作常密度均质流体来处理；气体当其运动速度远小于当地声速时，也可作为常密度均质流体来处理而不引起大的误差.

然而，当气体以接近声速或超过声速的速度运动时，运动过程中各种参数的变化规律将与不可压缩流体的运动有着本质的差别. 其根本原因在于此时气体运动过程中密度的变化很大，它所具有的压缩性必须加以考虑. 研究可压缩流体的运动规律及其在工程中实际应用的学科称为气体动力学.

本章主要介绍一些气体动力学的基本知识和方程、可压缩气体在一维定常等熵流动中各种参数的变化规律以及超声速气流在流动过程中发生的一种特殊现象——激波.

9.1 压力波的传播、声速

物体振动时要影响其周围的介质，使它们也相继发生振动. 振动在介质中向四周传播的过程称为波. 若某一物体在流体介质内振动，其产生的波是一种压力波，即压力波是振动物体周围流体介质因扰动而引起的压力变化向四周的传播. 当扰动引起介质的压力和密度的变化很微弱时，称此扰动为微弱扰动.

声速就是微弱扰动产生的压力波在可压缩介质中的传播速度，通常记为 a.

在可压缩介质中，微弱扰动的传播需要一定的时间，即声速是有限值. 而在不可压缩介质中，微弱扰动的传播瞬时便可完成，即声速趋于无穷大. 在研究可压缩流体流动时，声速是一个很重要的概念，它也是判断流体的压缩性对流动影响的一个标准.

下面以等截面长直圆管内静止的可压缩气体受到一个活塞的微弱扰动后所产生压力波的传播过程为例，来说明微弱扰动在可压缩介质中的传播机理，并进而推导出声速的表达式.

如图 9-1 所示，等截面长直圆管内充满着静止的可压缩气体，管右端有一活塞，活塞由静止加速到一个很小的速度 $\mathrm{d}u_x$，而后维持这个速度从右向左作匀速运动. 紧贴活塞左侧的气体随活塞的运动也以 $\mathrm{d}u_x$ 的速度向左运动，气体的压力产生了一个微增量 $\mathrm{d}p$. 向左运动的气体又推动它左侧的静止气体使其以 $\mathrm{d}u_x$的速度向左运动，并产生微小压力增量 $\mathrm{d}p$. 如此继续下去，活塞微小运动所产生的微弱扰动引起的微小压力增量 $\mathrm{d}p$ 就以声速 a 向左传播. 压力扰动所及之处，气体的压力增加了 $\mathrm{d}p$，且获得了 $\mathrm{d}u_x$ 的速度开始向左运动. 从图 9-1 可以看到，微弱扰动波的波面把气体分成了受过扰动的区域和未受过扰动的区域. 未受扰动区域气体的压力为 p、密度为 ρ，且气体依然处在静止状态. 受过扰动区域气体的压力和密度都有了一个微增量，变为 $p+\mathrm{d}p$ 和 $\rho+\mathrm{d}\rho$，气体也获得了向左运动的速度 $\mathrm{d}u_x$. 对于站在地面上的观察者来说，圆管内气体的运动显然是不稳定的.

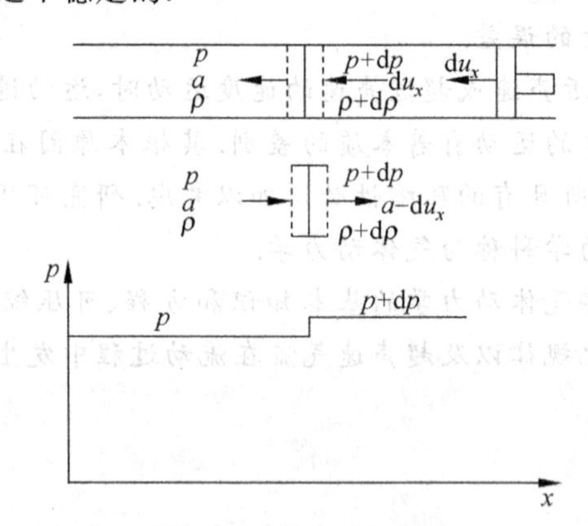

图 9-1　微弱扰动的传播过程

为了使分析简单起见，把坐标取在以速度 a 向左运动的压力波波面上. 这样，对于这一坐标上的观察者而言，可以看到气体稳定地以速度 a 自左向右运动，穿过压力波面后，速度由 a 降至 $a-\mathrm{d}u_x$、压力由 p 升到 $p+\mathrm{d}p$、密度由 ρ 增至 $\rho+\mathrm{d}\rho$，运动是稳定的，如图 9-1 所示.

设圆管的截面积为 A，取一个包括压力波面在内的轴向长度很短的控制体，对此

控制体列出连续方程

$$\rho a A=(\rho+\mathrm{d}\rho)(a-\mathrm{d}u_x)A,$$

忽略二阶微量后，得

$$-\rho A\,\mathrm{d}u_x+aA\,\mathrm{d}\rho=0,$$

或写为

$$\mathrm{d}u_x=\frac{a}{\rho}\mathrm{d}\rho. \tag{a}$$

忽略粘性的影响，对此控制体列出动量方程

$$PA-(P+\mathrm{d}P)A=\rho a A[(a-\mathrm{d}u_x)-a],$$

化简即得

$$\mathrm{d}u_x=\frac{1}{\rho a}\mathrm{d}P. \tag{b}$$

合并式(a)和式(b)，可得微弱扰动压力波的传播速度，即声速为

$$a^2=\frac{\mathrm{d}P}{\mathrm{d}\rho}. \tag{9-1}$$

在以上推导过程中，给定的条件是微弱扰动，所以应认为被扰动流体的压力、密度变化极小，扰动的传播过程可视作可逆过程；此外，扰动波的传播很迅速、控制体内流体与外界的温差也很小，即控制体与外界可视为绝热. 这样，微弱扰动的传播过程可视作可逆又绝热的过程，即等熵过程，式(9-1)可更明确地写作

$$a^2=\left(\frac{\partial P}{\partial\rho}\right)_s$$

或

$$a=\sqrt{\left(\frac{\partial P}{\partial\rho}\right)_s}. \tag{9-2}$$

应该注意，切不要把流体受到微弱扰动后所获得的微小宏观速度 $\mathrm{d}u_x$ 与微弱扰动波的传播速度 a 混淆起来. 微弱扰动波是压力波，它是靠流体的弹性来传播的，数值很大；而压力波经过区域流体所获得的宏观速度 $\mathrm{d}u_x$ 却很小.

式(9-2)表达的声速公式虽然只是从微弱压缩扰动的平面波所导得，但它对于微弱扰动的柱面波和球面波同样适用. 而且，对微弱扰动引起的各种膨胀波的传播也同样适用.

在完全气体中，等熵过程的方程式为

$$\frac{P}{\rho^K}=C,$$

$$\left(\frac{\partial P}{\partial\rho}\right)_s=K\frac{P}{\rho}=KRT,$$

把上式代入式(9-2)，即得完全气体中的微弱扰动传播速度——声速为

$$a = \sqrt{KRT}. \tag{9-3}$$

由式(9-3)可见，不同的气体因有不同的绝热指数 K 和气体常数 R，所以即使处在同一温度下，不同气体中的声速是不同的.

9.2　运动点扰源产生的扰动场、马赫数与马赫角

在掌握微弱扰动波和声速概念的基础上，现在来考察一个运动点扰源在静止气体(可压缩流体)中所产生的扰动场. 由此可以进一步理解可压缩流体与不可压缩流体流动的差别. 点扰源产生的扰动是微弱扰动.

(1) 如果点扰源相对于气体是静止的，那么它所产生的微弱扰动就以球面波的形式向四周传播，波的传播速度为该气体中的声速. 不同时刻点扰源所产生的扰动球面波都是同心的. 在球面波达到的地方气体受到扰动，而波尚未达到的地方，气体仍处于原来的状态. 此时微弱扰动可向各方向传播到整个气体空间，如图 9-2(a)所示.

(2) 若点扰源以速度 u 自右向左运动，且运动速度小于该气体中的声速($u<a$)，则扰动波总是走在点扰源的前面. 而且从点扰源上的观察者看来，扰动波在点扰源的运动方向上传播较慢，而在点扰源运动的反方向上传播较快. 此时，扰动波的图形不再是同心的球面波，但微弱扰动仍能向各方向传播到整个气体空间，如图 9-2(b)所示.

(3) 若点扰源以声速($u=a$)自右向左运动，此时在点扰源运动方向，所有微弱扰动的波面叠合成一个平面(包含点扰源在内). 该平面把整个空间分为被扰动区域和未被扰动区域两部分. 可以说，微弱扰动的传播不可能超越运动着的点扰源，即微弱扰动只能在点扰源的下游传播，不可能再传播到整个气体空间，如图 9-2(c)所示.

(4) 若点扰源以超声速($u>a$)自右向左运动，这种情形与上述点扰源以声速 $u=a$ 运动的情形类似. 但受扰动的区域相应更缩小了. 所有微弱扰动的波面将叠合成一个圆锥面，该圆锥面把受扰动区域和未受扰动区域分开，这个圆锥称为扰动锥或马赫锥. 马赫锥以点扰源为锥顶，它的母线就是微弱扰动波的边界线，称为边界波或马赫波，马赫锥顶角的一半称为马赫角. 如图 9-2(d)所示.

为便于今后讨论，需要知道流体运动而点扰源静止的情形. 根据运动相对性原理，上述第(2)种情形相当于流体以 $u<a$ 的速度自左向右流过点扰源；上述第(3)种情形相当于流体以 $u=a$ 的速度自左向右流过点扰源；上述第(4)种情形相当于流体以 $u>a$ 的速度流过点扰源. 后两种情形中，点扰源产生的微弱扰动都只能顺流向下游传播，不能逆流向上游传播. 当 $u>a$ 时，微弱扰动则只能局限在马赫锥中传播.

定义流体的宏观运动速度 u 与该流体中当地声速 a 的比值为马赫数，记为 Ma

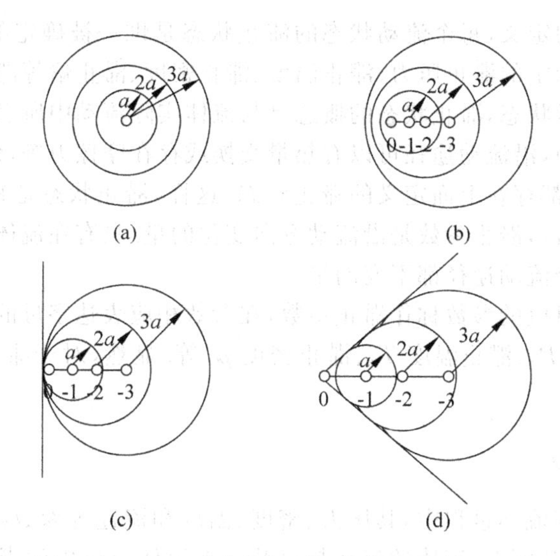

图 9-2 运动点扰源引起的微弱扰动场

$$Ma = \frac{u}{a}. \tag{9-4}$$

根据图 9-2(d)可方便地证明，马赫角 α 的正弦与马赫数 Ma 有如下关系

$$\sin\alpha = \frac{1}{Ma}. \tag{9-5}$$

根据马赫数的大小，可压缩流体的流动可分为：$Ma<1$ 亚声速流动；$Ma\approx 1$ 跨声速流动(可能兼有亚声速与超声速区)；$Ma>1$ 超声速流动.

9.3 可压缩流体运动的三种参考状态

可压缩流体作一元稳定流动时，沿流动方向各截面上气流的状态是不同的. 即流体的压力、密度、温度、流速等参数沿流动方向都会发生变化. 为便于计算任一截面上的流动参数，本节介绍流动过程中可以作为基准的三种参考状态：它们分别是滞止状态、临界状态和极限速度状态.

1. 滞止状态

所谓滞止状态，是流体从某一状态经历一个等熵减速过程，使其最终流动速度为零时所达到的状态. 很显然，对于静止流体，它所处的状态即是滞止状态；对于流动的流体，滞止状态可以看成是这样一种假想的无限大容器中流体的“静止状态”，从这一“静止状态”等熵加速，最后流体恰好能达到该流动状态.

按滞止状态的定义，每个流动状态的滞止状态是惟一被确定的. 因而，每个流动状态都具有惟一确定的滞止压力、滞止温度、滞止密度、滞止焓等滞止参数.

作为一种参考状态，滞止状态的概念是与流体实际流动中所发生的过程无关的. 在实际流动过程中，沿流动途径可以有热量交换或存在摩擦力等，但沿实际流动方向的每一个截面上，都存在上面定义的滞止状态. 这样，滞止状态是每一截面上流动状态的函数. 一般而言，滞止参数是沿流动方向变化的量. 只有在流体作等熵流动时，滞止参数才是沿整个流动途径都不变的量.

滞止状态所对应的参数称作滞止参数，在参数相应表达字母的右下角用角标“0”表示. 如滞止压力 P_0、滞止温度 T_0、滞止密度 ρ_0 等. 显然，对于滞止状态，有 $u_0=0$、$Ma_0=0$.

2. 临界状态

可压缩流体在流动过程中，其压力、密度、温度和流速等参数都会沿流动方向发生变化. 若在某一截面上，流体的流速与该截面上流体介质中的当地声速相等，则称该截面为临界截面，该截面上流体所处的状态称为临界状态. 临界状态的参数称为临界参数，用下角码“cr”表示，如临界压力 p_{cr}、临界温度 T_{cr}、临界密度 ρ_{cr} 等.

显然，在临界状态时，$u_{cr}=a_{cr}$，$Ma_{cr}=1$.

3. 极限速度状态

当可压缩流体作绝热流动时，如果存在一个截面，当流体到达该截面处时，它的比焓值降至 $h=0$，则流体的速度可达到最大极限值. 此时的流速称为极限速度，流体所处的状态称做极限速度状态. 极限速度 u_{max} 和滞止焓 h_0 之间有如下关系：

$$\frac{1}{2}u_{max}^2 = h_0$$

或

$$u_{max} = \sqrt{2h_0}. \tag{9-6}$$

根据以上定义，流体获得极限速度时，$h=u+pv=0$. 这只有当 $T=0$ 和 $p=0$ 时才能做到，实际流动中是不可能达到的. 因而，极限速度只是流体理论上的最大速度，但作为一个参考状态，在绝热流动中它是一个确定的状态.

9.4 可压缩流体一维定常等熵流动的伯努利方程及其应用

在解决实际管道流动问题时，一般对管道各截面上的流体参数取平均值. 若管道截面积的相对变化率相对于沿管轴的长度为小量；管道的曲率半径相对于管道直径大得多；管道各截面上流体的速度等参数分布情况相似且不随时间而变，则可以把此管道流动视为一维定常流动．气体动力学所研究的物理量（即气体的各种参数）之间的关系完全服从流体力学的基本方程．对于工程实践中常见的可压缩流体一维定常等熵流动，本节将给出基本方程的形式并介绍其应用．

9.4.1 一维定常等熵流动的基本方程

1. 连续性方程

如图 9-3 所示，设截面 1-1 和截面 2-2 上的气流参数分别为 u_1、P_1、ρ_1、T_1、A_1 和 u_2、P_2、ρ_2、T_2、A_2．对于虚线所示的控制体，由质量守恒定律，可得

$$\rho_1 u_1 A_1 = \rho_2 u_2 A_2 = m. \tag{9-7a}$$

对式(9-7a)进行微分，得

$$\mathrm{d}(\rho u A) = 0,$$

整理后可得连续方程的微分形式为

$$\frac{\mathrm{d}\rho}{\rho} + \frac{\mathrm{d}u}{u} + \frac{\mathrm{d}A}{A} = 0. \tag{9-7b}$$

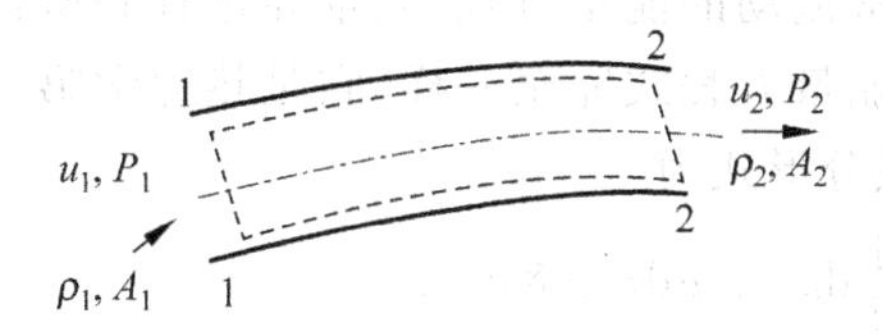

图 9-3 两个流动截面的参数

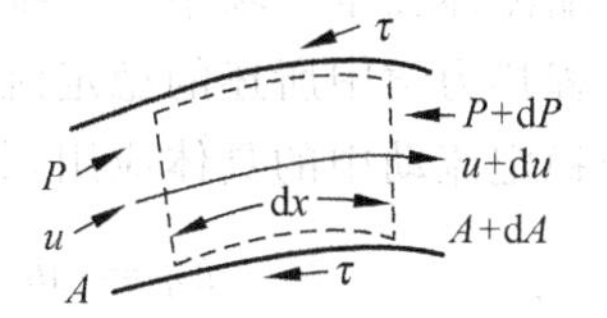

图 9-4 流道中的控制体

2. 动量方程

如图 9-4 所示，在流道中取一控制体，忽略质量力，则可按动量定理列出沿流动方向的动量方程．

沿流动方向控制体所受的合外力为：

$$PA + \left(P + \frac{\mathrm{d}P}{2}\right)\mathrm{d}A - (P + \mathrm{d}P)(A + \mathrm{d}A) - \tau\left(L + \frac{\mathrm{d}L}{2}\right)\mathrm{d}x,$$

式中 A 为流道截面积、L 为流道周长、τ 为流道壁对流体的切向摩擦应力．

单位时间流体进出该控制体的动量变化为

$$(\rho + \mathrm{d}\rho)(u + \mathrm{d}u)(A + \mathrm{d}A)(u + \mathrm{d}u) - \rho u A u.$$

按动量定理，定常流动时，作用在控制体上的合外力应等于单位时间进、出控制体流体的动量变化，所以

$$PA + \left(P + \frac{dP}{2}\right)dA - (P + dP)(A + dA) - \tau\left(L + \frac{dL}{2}\right)dx$$
$$= (\rho + d\rho)(A + dA)(u + du)^2 - \rho A u^2.$$

对上式加以整理，忽略二阶以上小量，即可得

$$\frac{dP}{\rho} + u du + \frac{\tau L}{\rho A}dx = 0. \tag{9-8}$$

式(9-8)就是忽略质量力作用时的可压缩流体一维定常流动动量方程的微分形式，把它沿流动方向的某一管段积分，即可以给出两截面间一些流动参数之间的关系. 对于等熵流动，壁面摩擦切应力 $\tau=0$，式(9-8)变为

$$\frac{dP}{\rho} + u du = 0, \tag{9-9a}$$

考虑到等熵流动过程方程式：$\frac{P}{\rho^K}=C$，代入式(9-9a)积分，可得沿流动方向任意两个截面间的参数关系

$$\frac{K}{K-1}\frac{P_1}{\rho_1} + \frac{u_1^2}{2} = \frac{K}{K-1}\frac{P_2}{\rho_2} + \frac{u_2^2}{2} = \frac{K}{K-1}\frac{P_0}{\rho_0}. \tag{9-9b}$$

3. 能量方程

可压缩流体在重力场中作一维定常流动的能量方程，其推导过程和所得的表达公式与工程热力学中所述的稳定流动能量方程式完全一样. 它是热力学第一定律在开口系统稳定流动中的具体应用，其微分形式为

$$\delta q = dh + \frac{1}{2}du^2 + g dz + \delta w_{net}.$$

在可压缩流体流动中，若不考虑重力的作用，也不考虑对外界功的交换；考虑到流体和壁面的摩擦作用、流动过程中流体克服摩擦力作的功转化为热量，而这部分热量又重新被加入到流动的流体中. 很显然，从数量上看，克服摩擦消耗的功 δw_l 和由它转化的热量 δq_l 应相等. 考虑到上述因素，上式可简化为

$$\delta q + \delta q_l = dh + u du + \delta w_l, \tag{9-10a}$$

或写作

$$\delta q = dh + u du. \tag{9-10b}$$

式中，δq 为流体与外界交换的热量. 对于等熵流动，$\delta q=0$，即有

$$dh + u du = 0, \tag{9-11a}$$

对上式积分，可得沿流动方向任意两个截面间的参数关系

$$h_1 + \frac{u_1^2}{2} = h_2 + \frac{u_2^2}{2} = h_0. \tag{9-11b}$$

4. 状态方程

状态方程表示物质三个基本状态参数 P、ρ、T 之间的关系. 对于完全气体而言，状态方程为

$$\frac{P}{\rho} = RT, \tag{9-12a}$$

其微分形式式为

$$\frac{dp}{p} = \frac{d\rho}{\rho} + \frac{dT}{T}. \tag{9-12b}$$

以上所列的连续性方程(9-7)、动量方程(9-9)、能量方程(9-11)和状态方程(9-12)是描述可压缩流体一维定常等熵流动的基本方程组. 在解具体流动问题时，尚需引入等熵流动的过程方程式 $\frac{P}{\rho^K}=C$ 以及需根据热力学第二定律来判别过程进行的方向性，即过程必须满足

$$ds \geqslant \frac{\delta q}{T}, \tag{9-13}$$

式中，$\frac{\delta q}{T}$ 为系统与外界进行热交换产生的熵流；ds 为系统在任意变化中熵的增量. 对于等熵流动，$ds=0$.

一维定常等熵流动的规律对处理可压缩流体沿短管(如喷管与扩压管)的定常、绝热流动十分重要. 等熵流动即是可逆、绝热流动. 高速气流在长度较小的管道内流动时，过程进行的时间很短，可以看作是绝热流动；又因为短管的摩擦影响也较小，可以忽略摩擦影响而近似地认为流动过程是可逆的. 按工程计算的要求，气体沿喷管的流动可以视为一维定常等熵流动来处理.

9.4.2 一维定常等熵流动的伯努利方程及其应用——喷管

1. 一维定常等熵流动的伯努利方程

对于完全气体，有 $h=c_pT=\frac{K}{K-1}RT=\frac{K}{K-1}\frac{P}{\rho}=\frac{a^2}{K-1}$，由此可见，式(9-9b)和式(9-11b)是相同的，可写为

$$\frac{K}{K-1}\frac{P}{\rho} + \frac{u^2}{2} = \frac{K}{K-1}RT + \frac{u^2}{2} = h + \frac{u^2}{2} = \frac{a^2}{K-1} + \frac{u^2}{2} = h_0. \tag{9-14}$$

式(9-14)称为一维定常等熵流动的伯努利方程. 它表示沿流动方向各个截面上单位质量完全气体所具有的总能量守恒.

2. 渐缩喷管和缩放喷管

根据一维定常等熵流动的伯努利方程，可以设计制造一种使气流加速的喷管. 它是利用管道截面的变化来加速气流的. 在汽轮机、燃气轮机和喷气式飞机中都广泛地采用了喷管. 喷管可以分为两种：一种是只能获得亚声速或声速气流的渐缩喷管；另一种是能获得超声速气流的缩放喷管，缩放喷管又称拉伐尔喷管. 以下对喷管进行讨论.

(1) 气体流动速度与通道截面的关系

由动量方程(9-9a)可得

$$u\mathrm{d}u=-\frac{\mathrm{d}P}{\rho}=-\frac{\mathrm{d}P}{\mathrm{d}\rho}\frac{\mathrm{d}\rho}{\rho}=-a^2\frac{\mathrm{d}\rho}{\rho},$$

所以

$$\frac{\mathrm{d}u}{u}=-\frac{1}{Ma^2}\frac{\mathrm{d}\rho}{\rho},\tag{a}$$

又从连续方程(9-7b)得

$$\frac{\mathrm{d}\rho}{\rho}=-\frac{\mathrm{d}u}{u}-\frac{\mathrm{d}A}{A}.\tag{b}$$

把式(b)代入式(a)，整理后即得

$$\frac{\mathrm{d}A}{A}=(Ma^2-1)\frac{\mathrm{d}u}{u}.\tag{9-15}$$

由式(9-15)，可以得出如下结论：

① 当气流的速度为亚声速，即 $u<a$，$Ma<1$ 时，$\mathrm{d}u$ 和 $\mathrm{d}A$ 异号. 欲使气流继续加速($\mathrm{d}u>0$)，则必须采用渐缩通道($\mathrm{d}A<0$). 此时 $\mathrm{d}P<0$、$\mathrm{d}\rho<0$、$\mathrm{d}T<0$，气流沿流动方向加速并发生膨胀. 反之，欲使气流减速($\mathrm{d}u<0$)，必须采用渐扩通道($\mathrm{d}A>0$). 此时 $\mathrm{d}P>0$，$\mathrm{d}\rho>0$，$\mathrm{d}T>0$，气流沿流动方向受到压缩.

② 当气流速度为超声速时，$u>a$，$Ma>1$，$\mathrm{d}u$ 和 $\mathrm{d}A$ 同号. 欲使气流加速($\mathrm{d}u>0$)，必须采用渐扩通道($\mathrm{d}A>0$). 此时 $\mathrm{d}P$，$\mathrm{d}\rho$，$\mathrm{d}T$ 都小于零，气流加速并膨胀. 反之，欲使气流减速($\mathrm{d}u<0$)，则必须采用渐缩通道($\mathrm{d}A<0$). 而此时 $\mathrm{d}P$，$\mathrm{d}\rho$，$\mathrm{d}T$ 均大于0，气流减速并受到压缩.

③ 当气流速度为当地声速时，即 $u=a$，$Ma=1$，把式(9-15)改写为

$$\frac{\mathrm{d}A}{\mathrm{d}u}=(Ma^2-1)\frac{A}{u},$$

则

$$\frac{\mathrm{d}A}{\mathrm{d}u}=0.$$

这意味着通道截面在临界状态($Ma=1$)时有极值. 事实表明该极值是个极小值.

也就是说，可压缩气体在一维定常等熵流动中，$Ma=1$ 的临界状态只有在通道的最小截面上才能获得. 通道的最小截面又称喉部. 所以，临界状态只能出现在喉部截面上.

(2) 渐缩喷管

假设气体从大容器中经过渐缩喷管流出，大容器中的参数可视为滞止参数，记为 P_0，ρ_0 和 T_0. 喷管出口截面上的气流参数记为 P_2，ρ_2，T_2，流动视为等熵流动.

现在来计算出口截面上的流速及气体通过喷管的质量流量.

按照式(9-14)，对滞止状态和出口截面建立一维定常等熵流动的伯努利方程

$$\frac{K}{K-1}RT_0=\frac{K}{K-1}RT_2+\frac{u_2^2}{2},$$

即可得

$$u_2=\sqrt{\frac{2K}{K-1}RT_0\left(1-\frac{T_2}{T_0}\right)}=\sqrt{\frac{2K}{K-1}\frac{P_0}{\rho_0}\left[1-\left(\frac{P_2}{P_0}\right)^{\frac{K-1}{K}}\right]}. \tag{9-16}$$

因为 $\rho_2=\rho_0\left(\frac{P_2}{P_0}\right)^{\frac{1}{K}}$，通过喷管的质量流量为

$$m=\rho_2u_2A_2=\rho_0A_2\sqrt{\frac{2K}{K-1}\frac{P_0}{\rho_0}\left[\left(\frac{P_2}{P_0}\right)^{\frac{2}{K}}-\left(\frac{P_2}{P_0}\right)^{\frac{K+1}{K}}\right]}. \tag{9-17}$$

按照式(9-17)，当 $P_2=0$ 时，$m=0$；而当 $P_2=P_0$ 时，$m=0$. 可知在 $0<P_2<P_0$ 之间，质量流量 m 有一最大值 m_{max}，这时对应的出口截面上压力 P_2，可以从 $\frac{dm}{dP_2}=0$ 求得. 把式(9-17)的左右两边对 P_2 求导得

$$\frac{d}{dP_2}\left[\left(\frac{P_2}{P_0}\right)^{\frac{2}{K}}-\left(\frac{P_2}{P_0}\right)^{\frac{K+1}{K}}\right]=0,$$

整理后得

$$P_2=P_0\left(\frac{2}{K+1}\right)^{\frac{K}{K-1}}=P_{cr}. \tag{9-18}$$

式(9-18)表明，当出口截面的压力 P_2 等于临界压力 P_{cr} 时，通过渐缩喷管的质量流量达到最大值，这时出口截面上的速度 u_2 则为临界声速

$$u_2=a_{cr}=\sqrt{\frac{2K}{K+1}\frac{P_0}{\rho_0}}, \tag{9-19}$$

最大质量流量为

$$m_{max}=\rho_0A_2\sqrt{\frac{2K}{K-1}\frac{P_0}{\rho}\left[\left(\frac{2}{K+1}\right)^{\frac{2}{K-1}}-\left(\frac{2}{K+1}\right)^{\frac{K+1}{K-1}}\right]}. \tag{9-20}$$

实际上，当出口截面处的背压 P_B 小于临界压力 P_{cr} 时，渐缩喷管的流量将一直保持 m_{max} 不变. 由 9.2 节可知，这是因为当出口截面的速度 $u_2=a_{cr}$ 时，出口处因背压

P_B降低而产生的压力扰动波不能逆气流方向往喷管内部传播，所以喷管内及喷管出口截面上的压力就不会受到背压P_B降低的影响，流过喷管的流量也就保持着最大流量m_{max}. 流出喷管的气流，将在喷管出口截面的外边缘向外继续膨胀，使其压力降低至背压值.

渐缩喷管质量流量与出口背压的关系如图9-5所示，其变化方向为a-b-c.

综上所述，可以得出如下结论：

① 当出口背压$P_{cr}<P_B<P_0$时，可按式(9-16)和式(9-17)计算渐缩喷管的出口流速和通过的质量流量. 这时，$P_2=P_B$.

② 当出口背压$P_B\leqslant P_{cr}$时，应按式(9-19)和式(9-20)来计算渐缩喷管的出口流速和通过的质量流量. 此时出口截面上气流达到临界状态，质量流量m达到最大值且不再随背压变化而变化.

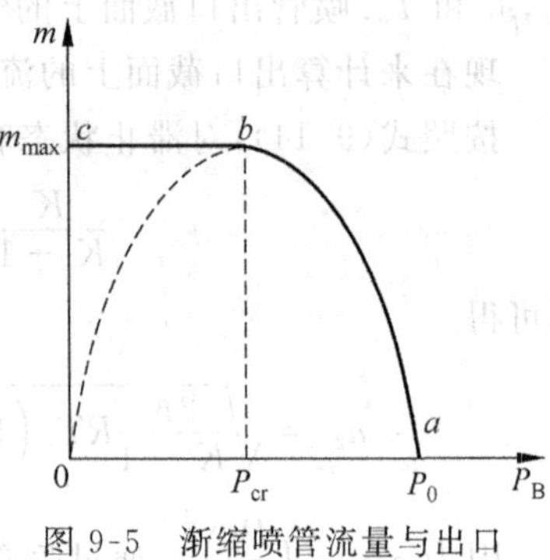

图9-5 渐缩喷管流量与出口背压的关系曲线

(3) 缩放喷管

缩放喷管可以使气流从亚声速加速到超声速. 喷管收缩部分的工况与渐缩喷管完全一样，在喷管的喉部气流达到临界状态，而后在喷管的扩张部分继续膨胀加速成为超声速流. 出口截面上的气流速度u_2和质量流量m仍可用式(9-16)和式(9-17)求取. 但此时出口截面的压力P_2需用设计出口压力代入. 由渐缩喷管的讨论可知，通过喷管的质量流量m实际上已由喉部气流的临界参数所决定. 至于出口处的背压P_B与设计出口压力P_2不符时对缩放喷管工况的影响，将在激波一节中详细地分析讨论.

3. 实际喷管的性能

由于存在摩擦，实际喷管的性能与按等熵流动关系式算出来的会稍有不同. 但因偏差很小，所以喷管设计时，一般先按等熵流动公式计算，然后利用两个由实验确定的系数——喷管效率及流量系数来进行修正.

(1) 喷管效率

若已知喷管入口气体的滞止参数为P_0、T_0、h_0，在无摩擦、绝热的情况下，气流应等熵通过喷管膨胀至出口截面上的压力P_2，可获得$\frac{1}{2}u_2^2=h_0-h_2$的动能. 但实际上由于摩擦作用，气流在喷管内并非等熵膨胀，出口截面上只能获得$\frac{1}{2}u'^2_2=h_0-h'_2$的动能. h'_2为喷管实际出口气流的比焓值. 定义喷管效率η为喷管出口的实际动能与理论动能之比

$$\eta = \frac{\frac{1}{2}u_2'^2}{\frac{1}{2}u_2^2} = \frac{h_0 - h_2'}{h_0 - h_2}, \tag{9-21}$$

再定义喷管出口的实际速度与理论速度之比为喷管的速度系数 ϕ

$$\phi = \frac{u_2'}{u_2}. \tag{9-22a}$$

显然,速度系数和喷管效率之间,有关系式

$$\phi = \sqrt{\eta} = \sqrt{\frac{h_0 - h_2'}{h_0 - h_2}}. \tag{9-22b}$$

喷管效率 η 的值主要取决于喷管内边界层的性质.对于直径较大的喷管而言,边界层的厚度比直径小得多,η 接近 1;而对于直径较小的喷管来说,其边界层相对比较厚,η 可能显著降低.设计良好、加工精密的喷管,当它在设计压力比及大雷诺数下工作时,η 可取为 0.94~0.99.

(2) 流量系数

喷管的流量系数 C_m 定义为实际喷管的流量与在同样进、出口参数条件下按等熵流动计算的流量之比

$$C_m = \frac{m'}{m}. \tag{9-23}$$

由式(9-17),实际喷管的流量可表示为

$$m' = C_m \rho_0 A_2 \sqrt{\frac{2K}{K-1}\frac{P_0}{\rho_0}\left[\left(\frac{P_2}{P_0}\right)^{\frac{2}{K}} - \left(\frac{P_2}{P_0}\right)^{\frac{K+1}{K}}\right]}. \tag{9-24}$$

设计良好且加工精密的喷管,当最小截面处的雷诺数 $Re \geqslant 10^6$ 时,C_m 可取为 0.99.但当雷诺数 Re 降低时,C_m 可能显著降低.

9.5 流动通道中两个不同截面上参数变化与马赫数的关系

9.5.1 任意两截面间同名参数比与马赫数的关系

一维定常等熵流动中,可以把两个不同截面上的同名参数比表示成相应截面上的马赫数的函数.对于完全气体,有

$$h = C_p T = \frac{KR}{K-1}T = \frac{a^2}{K-1},$$

所以

$$\mathrm{d}h = \frac{2a}{K-1}\mathrm{d}a,$$

把上式代入能量方程式(9-11a),可得

$$\frac{2a}{K-1}\mathrm{d}a + u\mathrm{d}u = 0,$$

两边同除以 a^2,上式可写成

$$\frac{2}{K-1}\frac{\mathrm{d}a}{a} + Ma^2\frac{\mathrm{d}u}{u} = 0, \tag{a}$$

由马赫数定义式 $Ma=\dfrac{u}{a}$,对其微分,可得

$$\frac{\mathrm{d}a}{a} = \frac{\mathrm{d}u}{u} - \frac{\mathrm{d}Ma}{Ma}, \tag{b}$$

把式(b)代入式(a),整理后即得

$$\frac{\mathrm{d}u}{u} = \frac{1}{1+\dfrac{K-1}{2}Ma^2}\frac{\mathrm{d}Ma}{Ma}. \tag{9-25}$$

因为

$$\frac{\mathrm{d}\rho}{\rho} = \frac{\mathrm{d}\rho}{\mathrm{d}P}\frac{\mathrm{d}P}{\rho} = \frac{1}{a^2}\frac{\mathrm{d}P}{\rho} = -\frac{1}{a^2}u\mathrm{d}u = -Ma^2\frac{\mathrm{d}u}{u},$$

代入式(9-25),即可得

$$\frac{\mathrm{d}\rho}{\rho} = \frac{-Ma^2}{1+\dfrac{K-1}{2}Ma^2}\frac{\mathrm{d}Ma}{Ma}, \tag{9-26}$$

把式(9-25)代入式(9-15),可得

$$\frac{\mathrm{d}A}{A} = \frac{(Ma^2-1)}{1+\dfrac{K-1}{2}Ma^2}\frac{\mathrm{d}Ma}{Ma}. \tag{9-27}$$

由等熵过程方程式,可得

$$\frac{\mathrm{d}P}{P} = K\frac{\mathrm{d}\rho}{\rho} = \frac{-KMa^2}{1+\dfrac{K-1}{2}Ma^2}\frac{\mathrm{d}Ma}{Ma}, \tag{9-28}$$

由状态方程 $\dfrac{P}{\rho}=RT$,可得

$$\frac{\mathrm{d}T}{T} = \frac{\mathrm{d}P}{P} - \frac{\mathrm{d}\rho}{\rho} = \frac{(1-K)Ma^2}{1+\dfrac{K-1}{2}Ma^2}\frac{\mathrm{d}Ma}{Ma}. \tag{9-29}$$

式(9-25)~式(9-29)分别表示了一维定常等熵流动沿通道各截面流体的参数变化和马赫数变化的微分关系. 若任意选定截面 1-1 和截面 2-2,对式(9-25)~式(9-29)进行积分,则两个截面上的同名参数之比与马赫数的关系可表示为

速度比

$$\frac{u_2}{u_1}=\frac{Ma_2}{Ma_1}\left(\frac{1+\frac{K-1}{2}Ma_1^2}{1+\frac{K-1}{2}Ma_2^2}\right)^{\frac{1}{2}}, \tag{9-30}$$

密度比

$$\frac{\rho_2}{\rho_1}=\left(\frac{1+\frac{K-1}{2}Ma_1^2}{1+\frac{K-1}{2}Ma_2^2}\right)^{\frac{1}{K-1}}, \tag{9-31}$$

通道截面比

$$\frac{A_2}{A_1}=\frac{Ma_1}{Ma_2}\left(\frac{1+\frac{K-1}{2}Ma_2^2}{1+\frac{K-1}{2}Ma_1^2}\right)^{\frac{K+1}{2(K-1)}}, \tag{9-32}$$

压力比

$$\frac{P_2}{P_1}=\left(\frac{1+\frac{K-1}{2}Ma_1^2}{1+\frac{K-1}{2}Ma_2^2}\right)^{\frac{K}{K-1}}, \tag{9-33}$$

温度比

$$\frac{T_2}{T_1}=\frac{1+\frac{K-1}{2}Ma_1^2}{1+\frac{K-1}{2}Ma_2^2}. \tag{9-34}$$

式(9-30)～式(9-34)是沿流动方向两个截面上同名参数比与相应截面上气流马赫数的关系式.

9.5.2 任意截面上的参数与临界参数、滞止参数之间的关系及其速度系数 λ

从一维定常等熵流动伯努利方程(9-14)可以看出,在某一流动过程中,其临界状态和滞止状态的参数是确定不变的.因此,若选择临界状态或滞止状态作为计算任一截面上流动参数的基准,将会使计算工作大为方便.

1. 任意截面上的参数与临界参数的关系

流动处于临界状态时,$Ma_{cr}=1$.把 $Ma_{cr}=1$ 代入式(9-30)～式(9-34),即可得任意截面上的参数与同名临界参数之比和马赫数的关系为

速度比

$$\frac{u}{u_{cr}}=\left(\frac{\frac{K+1}{2}}{1+\frac{K-1}{2}Ma^2}\right)^{\frac{1}{2}}Ma,\tag{9-35}$$

密度比

$$\frac{\rho}{\rho_{cr}}=\left(\frac{\frac{K+1}{2}}{1+\frac{K-1}{2}Ma^2}\right)^{\frac{1}{K-1}},\tag{9-36}$$

通道截面比

$$\frac{A}{A_{cr}}=\frac{1}{Ma}\left(\frac{1+\frac{K-1}{2}Ma^2}{\frac{K+1}{2}}\right)^{\frac{(K+1)}{2(K-1)}},\tag{9-37}$$

压力比

$$\frac{P}{P_{cr}}=\left(\frac{\frac{K+1}{2}}{1+\frac{K-1}{2}Ma^2}\right)^{\frac{K}{K-1}},\tag{9-38}$$

温度比

$$\frac{T}{T_{cr}}=\left(\frac{\frac{K+1}{2}}{1+\frac{K-1}{2}Ma^2}\right).\tag{9-39}$$

2. 任意截面上的参数与同名滞止参数之比与马赫数的关系

滞止状态时的马赫数 $Ma_0=0$，即有

密度比

$$\frac{\rho}{\rho_0}=\left(1+\frac{K-1}{2}Ma^2\right)^{\frac{-1}{K-1}},\tag{9-40}$$

压力比

$$\frac{P}{P_0}=\left(1+\frac{K-1}{2}Ma^2\right)^{\frac{-K}{K-1}},\tag{9-41}$$

温度比

$$\frac{T}{T_0}=\left(1+\frac{K-1}{2}Ma^2\right)^{-1}.\tag{9-42}$$

由以上关系式可以得到临界参数与同名滞止参数的关系

密度比

$$\frac{\rho_{cr}}{\rho_0} = \left(\frac{2}{K+1}\right)^{\frac{1}{K-1}}, \tag{9-43}$$

压力比

$$\frac{P_{cr}}{P_0} = \left(\frac{2}{K+1}\right)^{\frac{K}{K-1}}, \tag{9-44}$$

温度比

$$\frac{T_{cr}}{T_0} = \frac{2}{K+1}. \tag{9-45}$$

为了工程计算上应用方便起见，完全气体一维定常等熵流动的参数关系式都被制成了函数表，称为气体动力函数表，以备查用. 附录Ⅲ是 $K=1.4$ 的完全气体一维定常等熵流动的气体动力函数表.

3. 速度系数 λ

在上述各关系式中，都用了马赫数 Ma 作为无因次自变量，这样做虽然简化了变量，但马赫数 Ma 作为变量也有其不足之处：其一是马赫数是由两个变化量决定的，随着截面的变化，气流的速度 u 和当地声速 a 都发生了变化，这就使 Ma 数的计算比较复杂；其二是当气流速度非常高时，因气流温度降低而当地声速减小，Ma 数将很大(甚至可趋于无穷大). 为避免上述不足，引入了速度系数 λ(或称无因次速度). 速度系数 λ 定义为流体宏观运动速度与临界声速之比

$$\lambda = \frac{u}{a_{cr}}. \tag{9-46}$$

下面讨论一下速度系数 λ 和马赫数 Ma 的关系.

由式(9-14)，可得

$$\frac{a^2}{K-1} + \frac{u^2}{2} = \frac{(K+1)}{2(K-1)}a_{cr}^2, \tag{a}$$

上式两边同除以 a^2，得

$$\frac{1}{K-1} + \frac{1}{2}Ma^2 = \frac{(K+1)}{2(K-1)}\frac{a_{cr}^2}{a^2}. \tag{b}$$

由于 $\frac{a_{cr}^2}{a^2} = \frac{u^2}{a^2}\frac{a_{cr}^2}{u^2} = \frac{Ma^2}{\lambda^2}$，代入式(b)，整理后即得

$$\lambda^2 = \frac{\frac{K+1}{2}Ma^2}{1+\frac{K-1}{2}Ma^2}, \tag{9-47}$$

或

$$Ma^2 = \frac{2\lambda^2}{(K+1)-(K-1)\lambda^2}. \tag{9-48}$$

从式(9-47)和式(9-48)可以看出 λ 与 Ma 之间具有一一对应的关系，于是可以得到

$$Ma=0,\lambda=0;\quad Ma<1,\lambda<1;$$
$$Ma=1,\lambda=1;\quad Ma>1,\lambda>1;$$
$$Ma\to\infty \text{ 时}，\quad \lambda=\sqrt{\frac{K+1}{K-1}}.$$

因此，用速度系数 λ 来判断气流是亚声速或超声速与用马赫数 Ma 判断的结果是一样的. 在有些场合，以速度系数 λ 来代替马赫数 Ma 处理问题，会显得更方便.

9.6 不可压缩流体伯努利方程的应用范围

由第4章已知，伯努利方程(4-27)在不计质量力、不可压缩理想流体一维定常流动的情况下为

$$P+\frac{\rho}{2}V^2=P_0,$$

上式可改写成

$$\frac{P_0-P}{\frac{\rho}{2}V^2}=1, \tag{a}$$

而可压缩流体一维定常等熵流动的参数关系式(9-41)可写为

$$\frac{P_0}{P}=\left(1+\frac{K-1}{2}Ma^2\right)^{\frac{K}{K-1}}. \tag{b}$$

当上式括号中的 $\frac{K-1}{2}Ma^2<1$，即 $Ma^2<\frac{2}{K-1}$ 时，左边即可展开为麦克劳林级数

$$\begin{aligned}\frac{P_0}{P}&=1+\frac{K}{K-1}\left(\frac{K-1}{2}Ma^2\right)+\frac{\frac{K}{K-1}\left(\frac{K}{K-1}-1\right)}{2!}\left[\frac{(K-1)Ma^2}{2}\right]^2\\&\quad+\frac{\frac{K}{K-1}\left(\frac{K}{K-1}-1\right)\left(\frac{K}{K-1}-2\right)}{3!}\left[\frac{(K-1)Ma^2}{2}\right]^3+\cdots\\&=1+\frac{K}{2}Ma^2+\frac{K}{8}Ma^4+\frac{K(2-K)}{48}Ma^6+\cdots,\end{aligned}$$

把上式改写成

$$P_0-P=\frac{KP}{2}Ma^2\left(1+\frac{1}{4}Ma^2+\frac{2-K}{24}Ma^4+\cdots\right), \tag{c}$$

对于完全气体，在等熵时有

$$\frac{\rho}{2}V^2=\frac{1}{2}\frac{P}{RT}\frac{V^2}{K}K=\frac{1}{2}\frac{V^2}{a^2}KP=\frac{1}{2}KPMa^2, \tag{d}$$

把式(c)的左、右两边分别除式(d)，即得

$$\frac{P_0-P}{\frac{\rho}{2}V^2}=1+\frac{Ma^2}{4}+\frac{2-K}{24}Ma^4+\cdots, \tag{e}$$

把式(e)和式(a)比较，可以得知

当 $Ma\to 0$，即流体运动速度很小时，式(e)就转化为式(a). 此即不可压缩流体流动时的情况.

当 $0<Ma<0.3$ 时，忽略流体的压缩性造成的最大误差是 $\left(\frac{Ma^2}{4}+\frac{2-K}{24}Ma^4+\cdots\right)$，约为 2%多一点. 这就是在一般工程计算中，当气体以低速(100m/s 以下)运动时，可以忽略其压缩性的理由.

当 $Ma>0.3$ 时，一般工程计算中，就应考虑流体的压缩性了.

9.7 正 激 波

多年来人们已经观察到，在一定条件下，可压缩流体在流动中会发生状态的突跃变化。即在流场中会存在压力、温度、密度和流速等参数发生突跃、显著变化的现象.

当静止气体中产生一个突发的强烈压缩扰动(如爆炸)时，扰动产生的压力波将会以比声速大得多的速度向四周传播，通过扰动压力波的波面，气体的压力、温度、密度等参数都有一个突跃的变化. 另外，以超声速运动的物体，在前进过程中对气流有一个强烈的压缩扰动. 此时，在运动物体的头部附近，也会形成一个扰动压力波面，气流经过该压力波面时，压力、温度、密度同样会有一个突跃的变化.

在可压缩流体中，由于受到强烈的压缩扰动而产生的气流参数发生突跃变化的压力波面称为激波. 通俗地说，流场中气流参数发生突跃变化处就是激波所在的地方.

在无粘性又不导热的理想可压缩流体中，激波是一种数学上的间断面，它的厚度等于零. 在实际可压缩流体中，必须考虑粘性和热传导对激波的影响. 由于粘性的存在，在激波中必然会形成一个极薄层的过渡区. 在该过渡区中，气流各参数仍将发生连续的变化，激波实际上是有一定厚度的. 气体分子运动论证明：激波的厚度与气体分子平均自由程(10^{-5} mm 数量级)相当. 从宏观上看，10^{-5} mm 数量级是一个极小量. 所以，一般在处理激波问题时，还是把激波看成是一个压力、温度、密度等参数不

连续的数学上的间断面(图9-6).

气流通过激波时，会受到剧烈压缩；又由于气流通过激波的时间极短，所产生的热量来不及外传. 所以，气流通过激波的过程可视为不可逆的绝热压缩过程，该过程将伴随熵的增加和可用能的损耗.

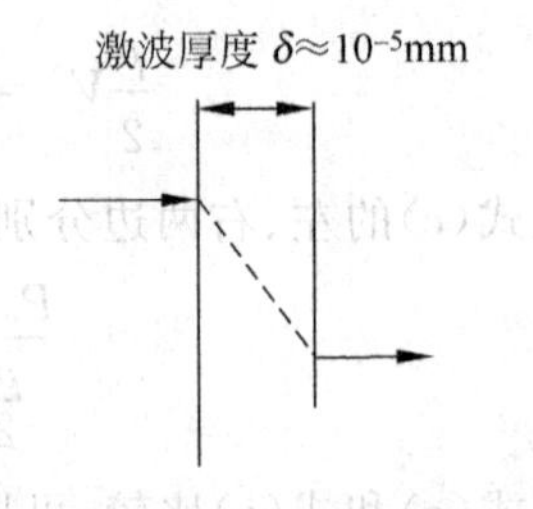

图9-6　气流通过正激波波面速度突跃降低

激波现象在动力设备中经常会遇到，当超声速气流流过动叶片时，在动叶片前缘可能产生激波；缩放喷管在非设计工况下工作时，扩大段的超声速气流中也会产生激波；在锅炉炉膛内，强烈突发的燃烧过程使火焰周围形成压力突然升高的气团，这也是激波. 为了防止炉膛内发生爆炸，应设置防爆门以确保安全. 所以，有必要对激波的概念以及气流通过激波时参数的变化关系进行研究.

按气流流动方向与激波波面的关系可把激波分为正激波和斜激波. 激波波面与气流方向垂直的激波称为正激波；激波波面与气流方向不垂直的激波称为斜激波. 本节将讨论正激波的形成机理以及气流通过正激波时激波前、后气流参数之间的关系.

9.7.1　正激波的形成机理、传播速度及蓝金-许贡纽公式

9.1节中已讨论过活塞在一个充满静止气体的等直径长管中以微小速度 $\mathrm{d}u_x$ 运动时所产生的微弱扰动以声速在气体中传播的情形. 现在用同样的装置来说明正激波形成的过程.

如图9-7、图9-8所示，假设活塞从静止突然向右作加速运动. 在很短时间内，达

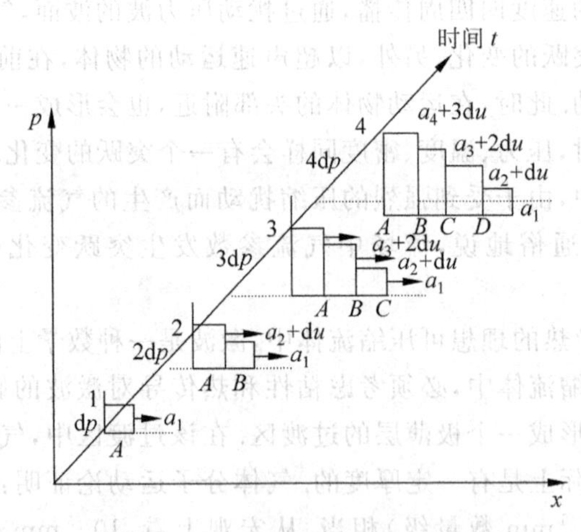

图9-7　正激波在等直径长管中形成

到较大的速度 u,然后维持速度 u 作匀速运动. 可以用 n 次时间间隔相等的微小加速来近似代替活塞的一次突然加速. 在活塞作第一次微小加速时,速度由零变为 $\mathrm{d}u$. 这相当于对气体作了一次微弱扰动,紧靠活塞的气体压力增加了 $\mathrm{d}p$,这一微弱扰动的压力增量以声速 a_1 向右传播;接着而来的活塞第二次微小加速,使它的速度又增加了 $\mathrm{d}u$,运动速度达到 $2\mathrm{d}u$. 在第一次微弱扰动的基础上又产生了一个新的扰动压力增量 $\mathrm{d}p$(总强度相对于静止气体为 $2\mathrm{d}p$),它以 $a_2+\mathrm{d}u$ 的速度向右传播. 以此类推,一直到第 n 次微小扰动时,活塞的速度将达 $n\mathrm{d}u=u$,而扰动所产生的压力增量将达到 $n\mathrm{d}p$,扰动压力波向右传播的速度将为 $a_n+(n-1)\mathrm{d}u$. 因为后面的微弱扰动都是在前面微弱扰动的基础上进行的,所以,后来微弱扰动的传播速度应大于前面微弱扰动的传播速度,即 $a_n>a_{n-1}>\cdots>a_2>a_1$. 这样后来的微弱扰动压力波经过一段时间必然会赶上初始的微弱扰动压力波而产生压力波的叠加,叠加起来的扰动压力波最终会形成一个垂直管轴的压力波面,在波面处气体的参数发生了突跃的变化,这就是正激波.

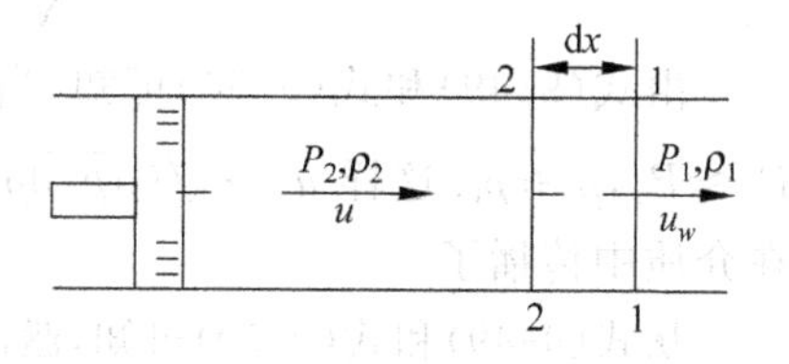

图 9-8 正激波的运动

下面来求正激波向前传播的速度. 如图 9-8 所示,活塞向右急剧加速至速度 u,然后维持 u 等速运动,在管内就会产生正激波. 设在 $\mathrm{d}t$ 时间内激波从 2-2 截面移到了 1-1 截面,其位移为 $\mathrm{d}x$,则激波的运动速度 $u_w=\mathrm{d}x/\mathrm{d}t$. 在这段时间内,2-1 区域内气体的压力和密度由 P_1、ρ_1 增加到 P_2、ρ_2. 取 2-1 区域为研究对象,由质量守恒定律

$$(\rho_2-\rho_1)A\mathrm{d}x=\rho_2 uA\,\mathrm{d}t,$$

式中 A 为圆管横截面积,于是

$$\frac{\mathrm{d}x}{\mathrm{d}t}=\frac{\rho_2}{\rho_2-\rho_1}u, \tag{a}$$

忽略管壁与气流间的摩擦,由动量定理,可得

$$(P_2-P_1)A=\frac{\rho_1 A\mathrm{d}x}{\mathrm{d}t}(u-0),$$

化简得

$$\frac{\mathrm{d}x}{\mathrm{d}t}=\frac{P_2-P_1}{\rho_1 u}, \tag{b}$$

联立式(a)和式(b),可解得正激波传播速度

$$u_w=\frac{\mathrm{d}x}{\mathrm{d}t}=\sqrt{\frac{\rho_2(P_2-P_1)}{\rho_1(\rho_2-\rho_1)}}. \tag{9-49}$$

很显然,这个速度大于管内静止气体中的声速,所以说正激波是以超声速传播的.

联立式(a)和式(b)还可以解得气流宏观运动的速度为

$$u=\sqrt{\frac{(P_2-P_1)(\rho_2-\rho_1)}{\rho_2\rho_1}}. \tag{9-50}$$

由式(9-49)和式(9-50)可知，当扰动很微弱，压力和密度的增量都极其微小时，$P_2\approx P_1$，$\rho_2\approx\rho_1$. 这样 $u_w\to\sqrt{(\mathrm{d}p/\mathrm{d}\rho)_s}=a$，而 $u\to 0$，实际上就变成微弱扰动的压力波在介质中传播了.

从式(9-49)和式(9-50)可知，激波传播的速度和波后气流的速度不仅取决于压力突跃变化，还取决于密度的突跃变化. 但实际上，激波传播的速度和波后气流的速度只取决于压力的突跃变化. 因为密度的突跃变化也取决于压力的突跃变化. 可以证明：

$$\frac{\rho_2}{\rho_1}=\frac{1+\dfrac{K+1}{K-1}\dfrac{P_2}{P_1}}{\dfrac{K+1}{K-1}+\dfrac{P_2}{P_1}}. \tag{9-51}$$

该式称为蓝金-许贡纽(Rankine-Hugoniot)关系式，它表示气流经过正激波后密度的突跃变化与压力的突跃变化存在一一对应的函数关系.

最后要指出的是，若图 9-8 中的活塞向左运动，对管内气体产生一个膨胀扰动，则分解后扰动产生的微弱膨胀压力波在传播过程中是不可能叠加在一起形成激波的.

9.7.2 正激波前、后气流参数的关系

如图 9-9 所示，设有一正激波已在某处形成，它以速度 u_w 从左向右推进. 为分析方便，把坐标取在激波面上，从而把运动的正激波转化为相对静止的正激波来讨论.

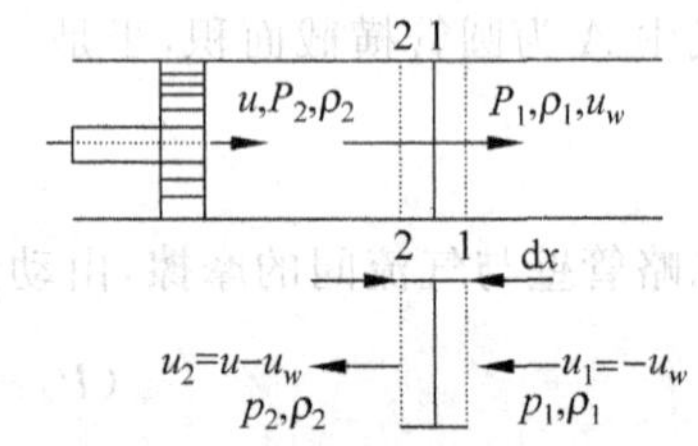

图 9-9 正激波前后气流参数关系

设正激波前的气流参数为 P_1、ρ_1、T_1、u_1、Ma_1，正激波后的气流参数为 P_2、ρ_2、T_2、u_2、Ma_2. $u_1=|-u_w|$，$u_2=|u-u_w|$，u_1 和 u_2 的方向如图 9-9所示. 观测者从正激波波面上看，气流以 u_1 的速度迎面而来，流经激波后以 u_2 的速度离去. 这就把问题转换为气流稳定通过静止正激波的问题.

取包含正激波在内的 1-2 区域作为控制体，设气体为完全气体. 气流通过正激波时与壁面无摩擦损失、与外界无热量交换，将一维可压缩流体的基本方程应用于该控制体，可以得到正激波前、后气流的参数关系.

连续方程

$$\rho_1 u_1=\rho_2 u_2, \tag{9-52}$$

动量方程

$$P_2 - P_1 = \rho_1 u_1^2 - \rho_2 u_2^2, \tag{9-53}$$

能量方程

$$\frac{K}{K-1}\frac{P_1}{\rho_1} + \frac{u_1^2}{2} = \frac{K}{K-1}\frac{P_2}{\rho_2} + \frac{u_2^2}{2} = c_p T_0 = \frac{(K+1)}{2(K-1)}a_{cr}^2, \tag{9-54}$$

状态方程

$$\frac{P}{\rho} = RT. \tag{9-55}$$

原则上,若已知激波前的 P_1、ρ_1、T_1、u_1 四个参数,应用式(9-52)~式(9-55),就可以解出正激波后的四个未知参数 P_2、ρ_2、T_2、u_2. 为计算方便,以下推导出激波前、后各同名参数之比与激波前的马赫数 Ma_1 之间的函数关系式.

把动量方程式(9-53)化为

$$P_1 + \rho_1 u_1^2 = P + \rho_2 u_2^2, \tag{a}$$

把式(a)两边各除以连续方程(9-52)两边,得

$$\frac{P_1}{\rho_1} + u_1^2 = \left(\frac{P_2}{\rho_2} + u_2^2\right)\frac{u_1}{u_2}. \tag{b}$$

由能量方程(9-54)可得

$$\frac{P_1}{\rho_1} = \frac{K-1}{2K} \times \left(\frac{K+1}{K-1}a_{cr}^2 - u_1^2\right), \tag{c}$$

$$\frac{P_2}{\rho_2} = \frac{K-1}{2K} \times \left(\frac{K+1}{K-1}a_{cr}^2 - u_2^2\right), \tag{d}$$

把(c)、(d)两式代入式(b),化简后则可得

$$(u_2 - u_1)a_{cr}^2 = (u_2 - u_1)u_1 u_2.$$

因为激波前、后气流的速度不相等,即 $u_2 - u_1 \neq 0$,所以

$$a_{cr}^2 = u_1 u_2, \tag{9-56a}$$

即

$$\lambda_1 \lambda_2 = 1. \tag{9-56b}$$

已知 $u_1 = |-u_w|$ 为超声速气流,$\lambda_1 = \frac{u_1}{a_{cr}} > 1$;按照式(9-56b),必有 $\lambda_2 < 1$. 由此可得出一个重要结论:超声速气流通过正激波后一定变为亚声速气流,且激波前的马赫数 Ma_1 愈大,激波后的马赫数 Ma_2 就愈小. 式(9-56)称为正激波的普朗特速度方程. 由普朗特速度方程出发,可以得到正激波前、后同名参数之比与马赫数 Ma_1 的关系.

(1) 激波前、后气流速度 u_2、u_1 之比与激波前气流马赫数 Ma_1 的关系

把式(9-56a)除以 u_1^2,再把由式(9-47)表示的 λ 与 Ma 的关系代入,即得

$$\frac{u_2}{u_1} = \frac{a_{cr}^2}{u_1^2} = \frac{1}{\lambda_1^2} = \frac{2+(K-1)Ma_1^2}{(K+1)Ma_1^2} = \frac{2}{(K+1)Ma_1^2} + \frac{K-1}{K+1}. \tag{9-57}$$

(2) 激波前、后气流的密度之比与激波前气流马赫数 Ma_1 的关系

由连续方程(9-52)和式(9-57)即得到

$$\frac{\rho_2}{\rho_1}=\frac{u_1}{u_2}=\frac{(K+1)Ma_1^2}{2+(K-1)Ma_1^2}. \tag{9-58}$$

(3) 激波前、后的气流的压力之比与激波前气流马赫数 Ma_1 的关系

把动量方程(9-53)化为

$$P_2-P_1=\rho_1 u_1^2\left(1-\frac{u_2}{u_1}\right),$$

两边同除以 P_1，得

$$\frac{P_2}{P_1}-1=\frac{\rho_1 u_1^2}{P_1}\left(1-\frac{u_2}{u_1}\right),$$

可化为

$$\frac{P_2}{P_1}-1=KMa_1^2\left(1-\frac{u_2}{u_1}\right), \tag{a}$$

把式(9-57)代入式(a)，化简即得

$$\frac{P_2}{P_1}=\frac{2K}{K+1}Ma_1^2-\frac{K-1}{K+1}. \tag{9-59}$$

(4) 激波前、后温度之比与激波前气流马赫数 Ma_1 的关系

由式(9-58)和式(9-59)，可得

$$\frac{T_2}{T_1}=\frac{P_2}{P_1}\frac{\rho_1}{\rho_2}=1+\frac{2(K-1)}{(K+1)^2}\frac{(KMa_1^2+1)}{Ma_1^2}(Ma_1^2-1). \tag{9-60}$$

(5) 激波前、后的马赫数之比与激波前气流马赫数 Ma_1 的关系

因为 $a=\sqrt{KRT}$，所以 $\frac{a_1^2}{a_2^2}=\frac{T_1}{T_2}$，即激波前、后气流中的温度比等于其声速平方之比. 由式(9-57)和式(9-60)，可得

$$\frac{Ma_2^2}{Ma_1^2}=\frac{u_2^2}{u_1^2}\cdot\frac{a_1^2}{a_2^2}=\frac{1}{Ma_1^2}\left[\frac{2+(K-1)Ma_1^2}{2KMa_1^2-(K-1)}\right]. \tag{9-61}$$

(6) 激波前、后气流的滞止压力之比与激波前气流马赫数 Ma_1 的关系

气流通过正激波受到突跃压缩，这是一个不可逆过程，一定会伴随可用能的损失以及熵的增加. 下面将讨论滞止压力在激波前、后的比值和马赫数 Ma_1 的关系

$$\frac{P_{02}}{P_{01}}=\frac{P_{02}}{P_2}\frac{P_2}{P_1}\frac{P_1}{P_{01}}, \tag{a}$$

而

$$\frac{P_{02}}{P_2}=\left(1+\frac{K-1}{2}Ma_2^2\right)^{\frac{K}{K-1}}, \tag{b}$$

$$\frac{P_1}{P_{01}}=\left(1+\frac{K-1}{2}Ma_1^2\right)^{\frac{-K}{K-1}}, \tag{c}$$

把式(b)、(c)和式(9-59)代入式(a)，化简可得

$$\frac{P_{02}}{P_{01}}=\left(\frac{\frac{K+1}{2}Ma_1^2}{1+\frac{K-1}{2}Ma_1^2}\right)^{\frac{K}{K-1}}\left(\frac{2K}{K+1}Ma_1^2-\frac{K-1}{K+1}\right)^{\frac{-1}{K-1}}. \tag{9-62}$$

(7) 激波前、后熵的变化与激波前气流马赫数 Ma_1 的关系

由

$$ds=C_P\frac{dT}{T}-R\frac{dP}{P}\quad 和\quad C_P=\frac{K}{K-1}R,$$

积分可得

$$s_2-s_1=R\ln\left(\frac{T_2}{T_1}\right)^{\frac{K}{K-1}}-R\ln\left(\frac{P_2}{P_1}\right)=R\ln\left(\left(\frac{T_2}{T_1}\right)^{\frac{K}{K-1}}\left(\frac{P_1}{P_2}\right)\right), \tag{a}$$

激波前、后的滞止参数可由等熵过程方程式表示为

$$\frac{P_{02}}{P_2}=\left(\frac{T_{02}}{T_2}\right)^{\frac{K}{K-1}}\quad 和\quad \frac{P_{01}}{P_1}=\left(\frac{T_{01}}{T_1}\right)^{\frac{K}{K-1}},$$

代入式(a)，得到

$$\frac{s_2-s_1}{R}=\ln\left[\left(\frac{T_{02}}{T_{01}}\right)^{\frac{K}{K-1}}\frac{P_{01}}{P_{02}}\right], \tag{b}$$

因为气流通过正激波是绝热过程，所以 $T_{02}=T_{01}$，这样一来，式(b)最后变为

$$\frac{s_2-s_1}{R}=\ln\left(\frac{P_{01}}{P_{02}}\right)$$

$$=\ln\left[\left(\frac{\frac{K+1}{2}Ma_1^2}{1+\frac{K-1}{2}Ma_1^2}\right)^{\frac{-K}{K-1}}\left(\frac{2K}{K+1}Ma_1^2-\frac{K-1}{K+1}\right)^{\frac{1}{K-1}}\right]. \tag{9-63}$$

式(9-57)～式(9-63)是正激波前、后气流各同名参数的比值与激波前马赫数 Ma_1 的关系式. 利用这些公式，可以对气流通过正激波进行计算. 为简化运算，人们把气流通过正激波时按各种不同的 Ma_1 数计算所得的参数比值编制成表，以供查阅. 附录Ⅳ是对于 $K=1.4$ 气体的正激波表. 另外，从式(9-62)和式(9-63)可以看出，当 $Ma_1>1$ 时，$P_{02}/P_{01}<1$，$s_2-s_1>0$. 这说明超声速气流通过正激波时，由于受到突跃压缩的不可逆性影响，气流的熵增加. 这是一种由气流的动能转变为热能的不可逆的激波损失，是波阻的来源. 波阻的成因是：当超声速气流绕过物体运动时，会产生激波. 而激波后的气流熵增加，速度减少，动量也随之减少. 由于气流通过激波时动量发生变化，因而必然有一个作用在气流上与来流方向相反的力，即阻滞气流的力. 这个力的施力者只能是引起激波的物体. 按牛顿第三定律，该物体也必然受到气流对它的反作用力(方向与来流方向相同)，即流体作用在物体上的阻力. 这个力与由粘性引起的摩擦阻力和压差阻力不同，它仅由激波所引起，因此称为波阻. 在正激波中熵的增

量最大，所以正激波的波阻最大.

9.8 超声速气流绕流外凸或内凹固壁面的流动

当超声速气流绕流外凸或内凹固壁面时，气流的通道截面相应扩大或缩小，由9.3.2节可知，这时超声速气流将膨胀加速或受到压缩减速，本节将更深入地讨论这一问题.

9.8.1 膨胀波

如图9-10所示，定常超声速均匀直线流沿着在O点向外折转一微小角度$\mathrm{d}\delta$的壁面AOB流动，O点可视作扰动源. 沿AO流动的超声速气流经过O点将产生一道马赫波OL，它与来流方向的夹角即为马赫角α，且$\alpha=\arcsin(1/Ma)$. 气流经过马赫波OL也将向外折转一微小角度$\mathrm{d}\delta$，以适应平行于壁面OB流动的边界条件的要求. 折转后的气流通流截面比原先的通流截面加大了，随着通流截面有微量的增大，超声速气流将加速. 而气流的压力、密度和温度都将有微量降低. 可见，气流经过马赫波的变化过程是个膨胀过程，所以称它为膨胀波.

倘若定常超声速均匀直线流沿着有若干个微小外折转角的凸壁面$AO_1O_2\cdots O_nB$流动，如图9-11所示，在壁面的每一折转处都会产生一道膨胀波，这些膨胀波分别以O_1L_1、O_2L_2、…、O_nL_n表示，它们与各自的波前气流方向之间的夹角分别为α_1、α_2、…、α_n. 由于经过膨胀波气流加速、降温，所以有马赫数$Ma_1<Ma_2<\cdots<Ma_n$，声速$a_1>a_2>\cdots>a_n$.

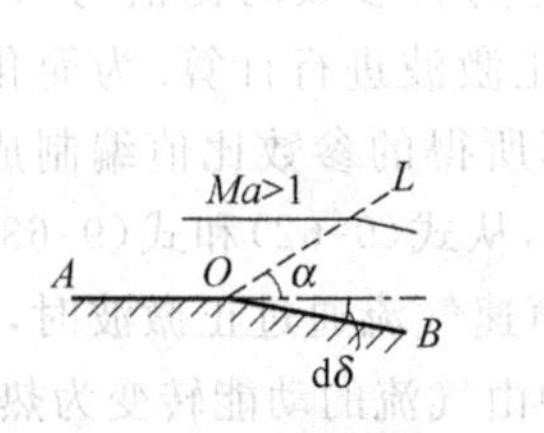

图9-10 膨胀波

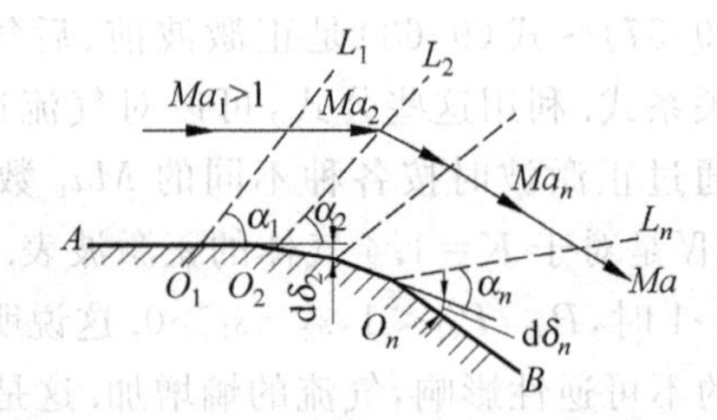

图9-11 多个微小外折转面上的膨胀波

每经过一道膨胀波，气流便向外折转一个微小的角度，再加上马赫角又逐渐减小，使后面的膨胀波对x轴的倾角都比它前面的小，所以它们是发散的，不会产生叠加而形成激波.

超声速气流绕外凸曲壁面的流动，可以视为沿无数微元外折转的流动，这样就有无数道向外散发的膨胀波. 经过这无数道膨胀波，流动参数将经过连续变化而达到有一定量的变化，气流也将折转一个有限的角度. 在极限情况下，设想让曲壁面缩短成一条线(图 9-12 中的 O 点)，则绕外凸壁面的流动就变成了绕有一定外折转角的折壁的流动，发自曲壁面的那无数道膨胀波也集中于壁面折转处，组成一扇形膨胀波区，如图 9-12 所示. 原先沿 AO 壁面流动的超声速直线均匀流经过扇形膨胀波区，逐渐折转加速，流动参数也随之发生连续变化，最后变成为沿 OB 壁面流动的超声速直线均匀流，气流参数也都有了一定量的变化. 这样的平面流动常被称为绕凸钝角(外钝角)的超声速流动或普朗特-迈耶流动. 扇形膨胀波被称为简单波或普朗特-迈耶波.

以上关于普朗特-迈耶流动的分析，只是着重分析了使超声速气流得以膨胀加速的壁面几何条件；与此同时沿流动方向自然也要具备能够降压膨胀的压力条件. 对于无界的超声速气流绕流物体的外部流动问题，一般这一条件总是具备的. 但是，对于气体的内部流动问题，则需要视具体情况而定. 比如在分析汽轮机斜切喷管出口气流的流动状况时，要视喷管出口处的背压才能对问题进行具体分析.

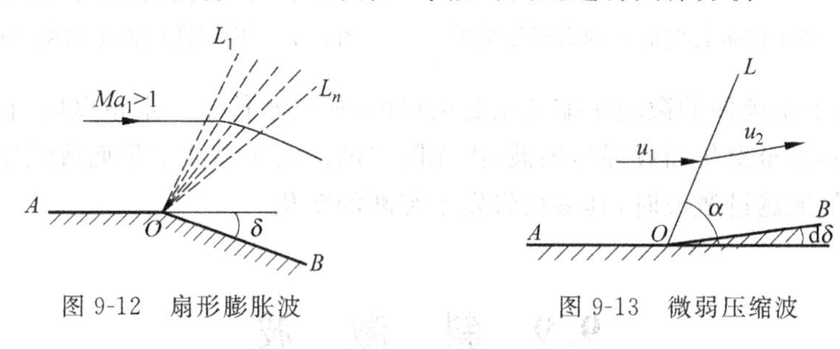

图 9-12　扇形膨胀波　　　图 9-13　微弱压缩波

9.8.2 微弱压缩波

假设超声速直线均匀流沿着内凹壁面 AOB 流动，壁面在 O 点向内折转了一个微小的角度 $d\delta$，如图 9-13 所示. 这样，O 点就是一个扰动源，超声速气流经过 O 点将产生一道马赫波 OL，马赫角为 α. 气流越过马赫波 OL 后将向内折转一微小的角度 $d\delta$，使流动方向与壁面 OB 平行(图中为逆时针折转，取为正)，随着通流截面有微量的减小，超声速气流的速度将有微量的降低，而气流的压力、密度和温度都有微量升高. 可见，超声速气流沿内折转一微小角度 $d\delta$ 的内凹壁面流动时产生的马赫波是微弱压缩波，气流越过微弱压缩波的流动为等熵压缩过程.

如果超声速气流沿着在 O_1、O_2、…、O_n 点分别内折微小角度 $d\delta_1$、$d\delta_2$、…、$d\delta_n$ 的内凹壁面流动，如图 9-14 所示，则超声速气流经过每一个扰动点，都要产生一道微弱压缩波，超声速气流越过这一系列微弱压缩波时，其速度逐渐降低，而压力、密度和温度逐渐升高，气流的马赫数逐渐减小，马赫角逐渐增大，即：马赫数 $Ma_1 > Ma_2 > \cdots > Ma_n$，声速 $a_1 < a_2 < \cdots < a_n$，再加上气流接连向内折转，所以微弱压缩波系往下游延伸，而且它们是逐渐聚拢的.

图 9-15 所示为超声速气流沿内凹曲壁面流动，这相当于气流沿无限多微元内折转壁面流动. 在内凹曲壁面的每一点都将产生一道微弱压缩波，这无限多的微弱压缩波组成一个连续的等熵压缩波区. 气流经过每道微弱压缩波，都向内折转了一个无限小的角度，流动参数都有一个微量的变化. 经过整个压缩波区，气流的折转角和参数值都将发生有限量的变化.

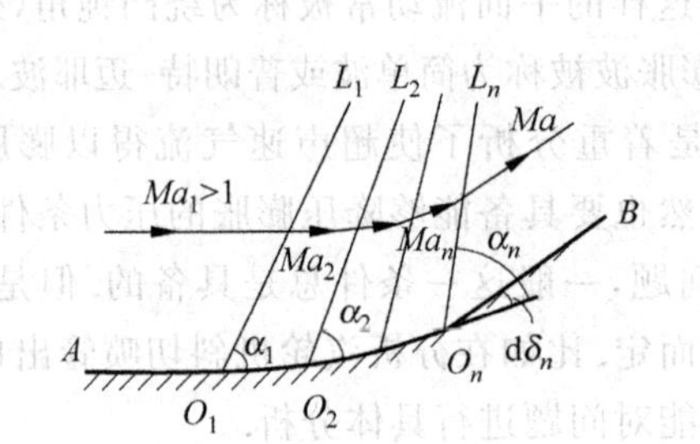

图 9-14　多个内折转壁面上的微弱压缩波

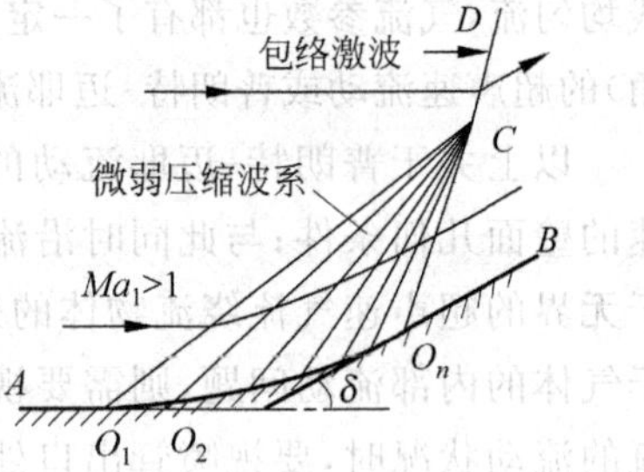

图 9-15　内凹曲壁面上的微弱压缩波系

由于往下游延伸的微弱压缩波系是聚拢的，所以延伸至一定距离后，它们便开始相交并叠加，直至聚集而成强压缩波，由无限多的微弱压缩波聚集而成强压缩波称为包络激波，气流越过激波时，其参数将发生突跃的变化.

9.9　斜　激　波

激波面与气流方向不垂直的激波称为斜激波. 斜激波是由无限多的微弱压缩波系叠加聚拢而成的. 本节讨论斜激波的形成及斜激波前、后气流参数变化与波前马赫数的关系.

9.9.1　斜激波的形成

如 9.7.2 节所述，斜激波的形成同样是无数微弱压缩扰动波聚拢、叠加的结果. 设超声速气流以等速 u_1 沿 AO 直壁作稳定运动. 在 O 处直壁向内凹有一微小的转折角 $d\delta$. 以 O 为微小扰动点，产生一个微弱的扰动波，它以马赫线 OB 为界，向下游传播. 气流经过 OB 后向上转折了一个 $d\delta$ 角，沿与 OC 面平行的方向流动. 因为气流的通流截面减小，所以气流受到压缩扰动，流速有微量减小，而压力、

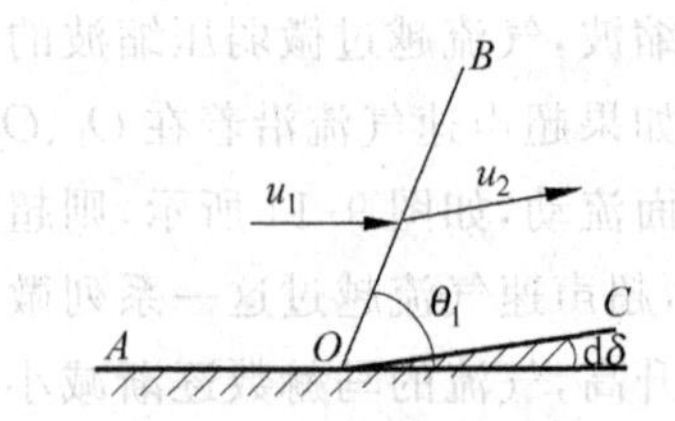

图 9-16　超声速气流流过微小凹钝角

密度和温度有微量增加，这种扰动波是微弱压缩扰动波. 如图 9-16 所示.

图 9-17 中两平壁面 AO、OC 交接处 O 的内凹折转角是一个有限的 δ 角，则超声速气流在 O 处受到的大压缩扰动可以分解为无限多个微弱扰动之和来叠加. 观察作为每次微弱扰动所产生马赫波的边界线(即马赫线)的分布情况：第一条马赫线 OB_1 与原来气流方向 u_1 成夹角 $\theta_1=\arcsin(1/Ma_1)$；最后一条马赫线 OB_2 与气流速度 u_2 成夹角 $\theta_2=\arcsin(1/Ma_2)$. 因为 $u_2<u_1$、$a_2>a_1$，所以 $Ma_2<Ma_1$，$\theta_2>\theta_1$. 这表明后续扰动产生的马赫波都要越出先前扰动产生的马赫波之外，这在实际上是不可能的. 因此惟一可能的是所有这些马赫线聚拢、叠合在一起，形成一个压力突跃变化的间断面，这就是斜激波. 气流通过斜激波后，其压力、密度和温度都有突跃升高，速度有明显减小、且方向折转了 δ 角变为与另一平板 OC 平行，斜激波与来流方向的夹角称为斜激波角，记为 β.

当超声速气流流经楔形物体时，在物体的尖端也会产生两条斜激波，如图 9-18 中所示的 AB 和 AB_1 即为两条斜激波.

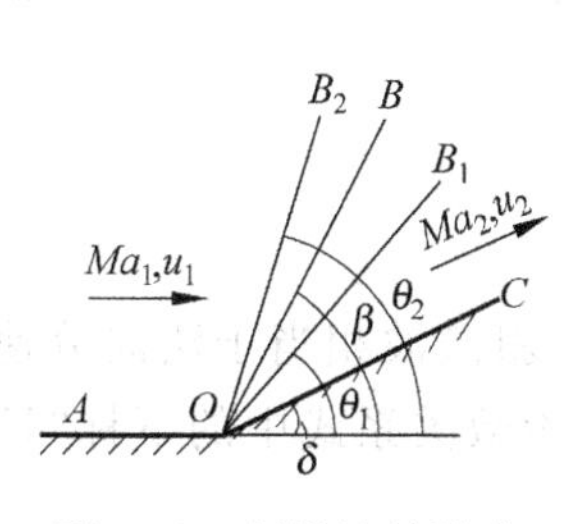

图 9-17 斜激波的形成

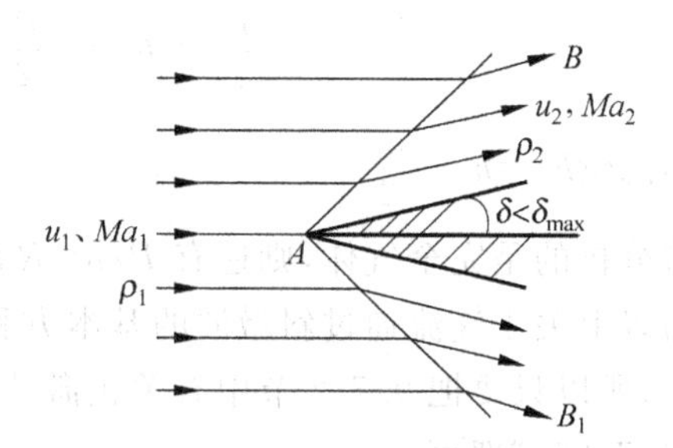

图 9-18 超声速气流流过楔形物产生斜激波

9.9.2 斜激波前、后气流参数的关系

设在超声速气流中已经出现了斜激波(如图 9-19 所示). 激波前的气流参数为 P_1、ρ_1、T_1 和 u_1；激波后的气流参数为 P_2、ρ_2、T_2 和 u_2. 把气流在激波前、后的速度分解为与激波面垂直的分速度 u_{1n}、u_{2n} 以及与激波面平行的分速度 $u_{1\tau}$、$u_{2\tau}$. 斜激波前、后气流参数的关系也应当用四个基本方程来求解.

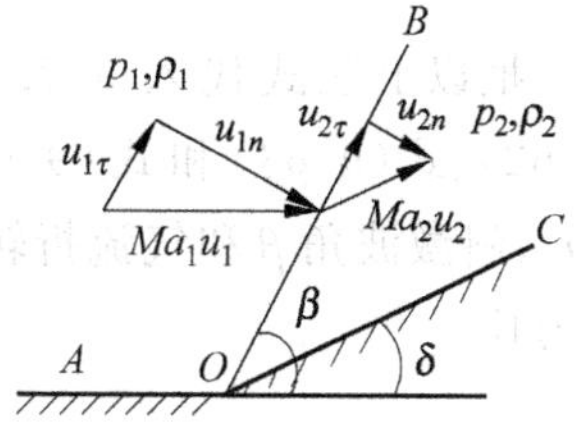

图 9-19 斜激波的速度分解

通过激波面气流的质量流量与切向分速度 $u_{1\tau}$、$u_{2\tau}$ 无关，只与法向分速度 u_{1n}、u_{2n} 有关. 通过激波面单位面积的质量流量可用连续方程表示为

$$\rho_1 u_{1n} = \rho_2 u_{2n} = m. \tag{9-64}$$

动量方程可以按法线方向和切线方向两个方向给出：

激波面法线向的动量方程为

$$P_2 - P_1 = \rho_1 u_{1n}(u_{1n} - u_{2n}), \tag{9-65}$$

激波面切向的动量方程为

$$\rho_1 u_{1n}(u_{2\tau} - u_{1\tau}) = 0,$$

由上式可以得到

$$u_{1\tau} = u_{2\tau} = u_\tau. \tag{9-66}$$

式(9-66)表明，气流通过斜激波时，其切向分速度不会发生改变，发生变化的仅是法向分速度. 这样，可以把斜激波的问题看作相当于法向分速度的正激波来处理.

气流通过斜激波也是个绝热压缩过程，总能量方程为

$$\frac{u_1^2}{2} + h_1 = \frac{u_2^2}{2} + h_2 = h_0, \tag{9-67}$$

考虑到 $u_1^2 = u_{1n}^2 + u_{1\tau}^2$，$u_2^2 = u_{2n}^2 + u_{2\tau}^2$ 以及 $u_{1\tau} = u_{2\tau}$，能量方程可以化为

$$\frac{u_{1n}^2}{2} + h_1 = \frac{u_{2n}^2}{2} + h_2 = h_0', \tag{9-68}$$

式中的总焓 $h_0' = h_0 - \frac{u_\tau^2}{2}$.

若分析的是完全气体，则还有 $P/\rho = RT$ 成立.

由以上关于气流通过斜激波的基本方程可以看出，斜激波相当于法向分速度的正激波，所以只要把 9.7.2 节中有关正激波前、后气流参数关系式中的下标“1”、“2”换成“1n”、“2n”即可.

在图 9-19 中，β 称为斜激波角，它是来流方向与斜激波的波面所成的角度. δ 称为气流折转角，它是气流通过斜激波后所折转的角度. 由图中的几何关系，可得

$$u_{1n} = u_1 \sin\beta; \quad \frac{u_{1n}}{a_1} = \frac{u_1 \sin\beta}{a_1} = Ma_1 \sin\beta,$$

以及

$$u_{2n} = u_2 \sin(\beta - \delta).$$

把以上三式代入 9.7.2 节中的式(9-59)、式(9-60)、式(9-58)、式(9-57)、式(9-62)、式(9-63)和式(9-61)，就有了斜激波前、后气流各参数和激波前马赫数 Ma_1、斜激波角 β 和气流折转角 δ 之间的关系式.

压力比

$$\frac{P_2}{P_1} = \frac{2K}{K+1} Ma_1^2 \sin^2\beta - \frac{K-1}{K+1}, \tag{9-69}$$

温度比

$$\frac{T_2}{T_1} = 1 + \frac{2(K-1)}{(K+1)^2} \frac{(K Ma_1^2 \sin^2\beta + 1)}{Ma_1^2 \sin^2\beta} (Ma_1^2 \sin^2\beta - 1), \tag{9-70}$$

密度比

$$\frac{\rho_2}{\rho_1}=\frac{(K+1)Ma_1^2\sin^2\beta}{2+(K-1)Ma_1^2\sin^2\beta},\tag{9-71}$$

速度比

$$\frac{u_2}{u_1}=\frac{\sin\beta}{\sin(\beta-\delta)}\frac{u_{2n}}{u_{1n}}=\frac{\sin\beta}{\sin(\beta-\delta)}\left[\frac{2}{(K+1)Ma_1^2\sin^2\beta}+\frac{K-1}{K+1}\right],\tag{9-72}$$

滞止压力比

$$\frac{P_{02}}{P_{01}}=\left(\frac{\frac{K+1}{2}Ma_1^2\sin^2\beta}{1+\frac{K-1}{2}Ma_1^2\sin^2\beta}\right)^{\frac{K}{K-1}}\left(\frac{2K}{K+1}Ma_1^2\sin^2\beta-\frac{K-1}{K+1}\right)^{\frac{-1}{K-1}},\tag{9-73}$$

熵的变化

$$\frac{s_2-s_1}{R}=\ln\left[\left(\frac{1+\frac{K-1}{2}Ma_1^2\sin^2\beta}{\frac{K+1}{2}Ma_1^2\sin^2\beta}\right)^{\frac{K}{K-1}}\left(\frac{2K}{K+1}Ma_1^2\sin^2\beta-\frac{K-1}{K+1}\right)^{\frac{1}{K-1}}\right].\tag{9-74}$$

斜激波前、后的马赫数的关系

$$Ma_2^2\sin^2(\beta-\delta)=\frac{2+(K-1)Ma_1^2\sin^2\beta}{2KMa_1^2\sin^2\beta-(K-1)}.\tag{9-75}$$

可以证明，对斜激波而言，普朗特速度方程(9-56)将有如下形式：

$$u_{1n}u_{2n}=a'^2_{cr}=a^2_{cr}-\frac{K-1}{K+1}u_\tau^2,$$

即

$$\lambda_{1n}\lambda_{2n}=1-\frac{K-1}{K+1}\lambda_\tau^2,\tag{9-76}$$

式中

$$a'^2_{cr}=\frac{2(K-1)}{K+1}h_0'=\frac{2(K-1)}{K+1}\left(h_0-\frac{u_\tau^2}{2}\right).$$

可以证明，斜激波前气流的法向分速度为超声速. 把式(9-69)转化为：$\frac{P_2}{P_1}=\frac{2K}{K+1}\left(\frac{u_{1n}^2}{a_1^2}-\frac{K-1}{2K}\right)$，由于激波后的压力必大于激波前的压力，即$\frac{P_2}{P_1}>1$，所以$\frac{2K}{K+1}\left(Ma_{1n}^2-\frac{K-1}{2K}\right)>1$，即得 $Ma_{1n}>1$. 由此可得出结论：斜激波前气流的法向分速必定是超声速. 根据式(9-76)，得到斜激波后气流的法向分速度必为亚声速. 但斜激波后气流的速度是由法向分速度和切向分速度合成的，所以其速度可以小于或大于声速，应该视具体问题的条件而定. 当 $u_\tau=0$ 时，斜激波就成了正激波. 从这个意义上说，正激波是斜激波的一种特例.

式(9-69)～式(9-75)可用于计算气流通过斜激波时激波前、后气流的参数.若给定斜激前的参数,在应用上述方程时,尚需再给出一个参数,一般是给出气流折转角 δ.下面将讨论气流折转角 δ 和斜激波角 β 之间的关系.

9.9.3 超声速气流折转角 δ 和斜激波角 β 的关系

由图 9-19 可知

$$\tan\beta = \frac{u_{1n}}{u_\tau};\quad \tan(\beta-\delta) = \frac{u_{2n}}{u_\tau},$$

把以上两式与连续方程 $\rho_1 u_{1n} = \rho_2 u_{2n}$ 联立,可得

$$\frac{u_{2n}}{u_{1n}} = \frac{\tan(\beta-\delta)}{\tan\beta} = \frac{\rho_1}{\rho_2},$$

把式(9-71)代入上式,可得

$$\tan(\beta-\delta) = \frac{2+(K-1)Ma_1^2\sin^2\beta}{(K+1)Ma_1^2\sin^2\beta}\times\tan\beta = \frac{2+(K-1)Ma_1^2\sin^2\beta}{(K+1)Ma_1^2\sin\beta\cos\beta},$$

用两角差的正切公式化简上式,可得

$$\tan\delta = \cot\beta\frac{Ma_1^2\sin^2\beta-1}{1+Ma_1^2\left(\frac{K+1}{2}-\sin^2\beta\right)}. \tag{9-77}$$

这就是气流转折角 δ 和斜激波角 β 之间的关系.把式(9-77)绘成曲线如图 9-20 所示.图中各条曲线分别对应某一给定的 Ma_1 下气流折转角 δ 和斜激波角 β 之间的关系.对式(9-77)或图 9-20 进行分析,可得到如下有关斜激波的一些特性.

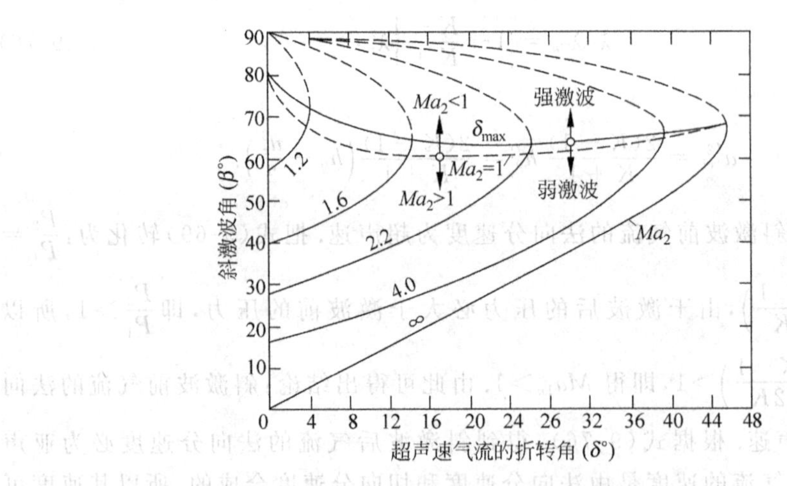

图 9-20 不同 Ma_1 下 β 和 δ 的关系曲线

(1) 在下面两种情况下，气流折转角 $\delta=0$.

① $Ma_1^2\sin^2\beta-1=0$，即 $\sin\beta=\frac{1}{Ma_1}$. 此时，斜激波角等于马赫角，激波的强度变为无限小，蜕化成微弱扰动波.

② $\cot\beta=0$，即 $\beta=\frac{\pi}{2}$. 此时，斜激波的法向分度 $u_{1n}=u_1$，这就是正激波的情形.

由此可见，微弱扰动波和正激波都可看作是斜激波的特例.

(2) 一般情况下，对于任一给定的马赫数 Ma_1 和气流折转角 δ，存在两个斜激波角 β 与之对应. 大 β 角所对应的是强激波；小 β 角所对应的是弱激波. 在实际流动中究竟出现哪一种情形，取决于流动的边界条件. 实验指出：出现的大多是弱激波，即大部分情况下，是产生小 β 角的弱激波. 只有在下游压力极高的特殊限制条件下，才会出现大 β 角的强激波.

(3) 对应于每一个马赫数 Ma_1，气流折转角 δ 都有一最大值 δ_{max}. 这个折转角就是超声速气流通过斜激波时所能转折的最大角度. 超声速气流流过楔形物体，当楔形物体半楔角 δ 较小($\delta<\delta_{max}$)时，从楔形物的尖端会产生两条斜激波(图 9-21)，此时的半楔角实际上就是气流转折角 δ. 如果半楔角 $\delta>\delta_{max}$，由于激波后的压力达到某一相当的数值，导致激波不能稳定在楔形物体的头部，而要向上游推移，产生了所谓脱体激波(图 9-22). 脱体激波的中间部分是正激波，随着沿波面离开楔形物体横向距离的增加，斜激波角 β 逐渐减小，最后趋近于微弱扰动的马赫角. 因此，对于叶轮机械中超声速进气的叶片，若叶型的进口端与亚声速进气时一样设计成圆头形，则由于 δ 角很大，在进气边前缘会产生脱体激波，引起很大的不可逆激波损失. 所以一般以超声速运动的物体都设计成锥角很小的尖头形，以减小波阻损失.

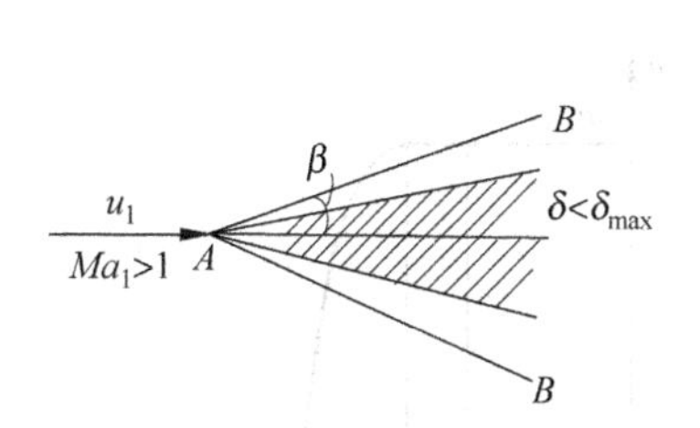

图 9-21 超声速气流流过楔形物形成斜激波

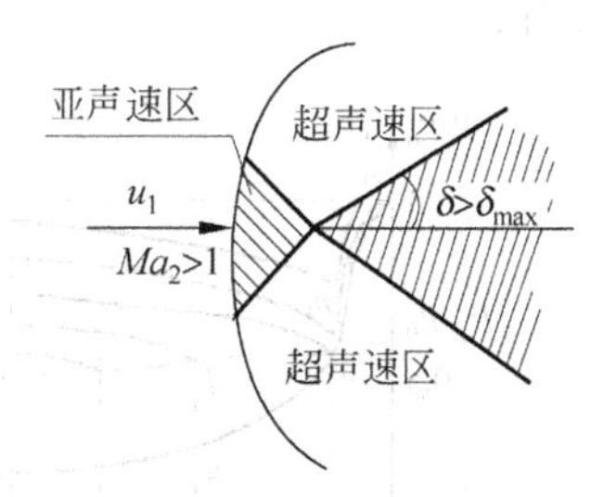

图 9-22 超声速气流流过楔形物产生脱体激波

(4) 在图 9-20 中有一条激波后的马赫数 $Ma_2=1$ 的点连成的虚线. 很显然，在虚线的上方区域中激波后气流的马赫数 $Ma_2<1$，即波后是亚声速流动的情况. 虚线以下的区域中激波后气流的马赫数 $Ma_2>1$，即波后是超声速流动的情况. 这条曲线与不同马赫数 Ma_1 下最大气流折转角 δ_{max} 的点所连成的线很靠近. 考虑到斜激波一般都取小 β 角的特性，可知对于斜激波来说，大部分情形下波后的流动仍为超声速. 只有在靠近最大折转角 δ_{max} 的很小范围内，或因其他条件迫使流动产生强激波(即取大

斜激波角 β)时，波后的气流速度才是亚声速.

(5) 斜激波在固体壁面上会产生反射. 两道斜激波相交时会相互发生作用，对流动产生影响，这方面的内容可参阅有关气体动力学的专著.

9.10 超声速喷管在非设计工况下的流动分析

在一维等熵流动中，曾讨论过超声速喷管在设计工况下的工作过程和计算方法. 所谓设计工况，是指喷管工作时，其出口所处的环境压力(背压) P_B 与该喷管的设计出口压力 P_2 相等时的工况. 但在喷管实际使用时，由于外界因素的改变会引起背压 P_B 发生变化. 比如汽轮机冷凝器内的压力会由于冷却水温的高低而发生改变. 此时，背压便会与喷管出口处的设计压力不符，喷管内气流的流动会因此受背压的影响而发生变化. 喷管工作的背压与喷管出口设计压力不符时的工况称为非设计工况. 下面，假设气流的进口滞止压力 P_0 等滞止参数不变，来讨论因背压变化引起的超声速喷管非设计工况的工作过程.

设超声速缩放喷管在绝热无摩擦的条件下工作，除了产生激波、气流通过激波外，喷管内的流动可视为一元定常等熵流动.

缩放喷管在设计工况下将使喷管内气流压力按图 9-23 中的 Aob 曲线进行变化. 喷管进口处的压力为 P_0，气体沿喷管的流动始终是降压、加速、膨胀. 在最小截面(喉部)达到临界状态，而后在渐扩段中继续降压膨胀，速度达到超声速，至出口截面处降至设计压力 P_2. 此时，出口截面处的背压 P_B 等于设计出口压力 P_2，喷管在设计工况下工作.

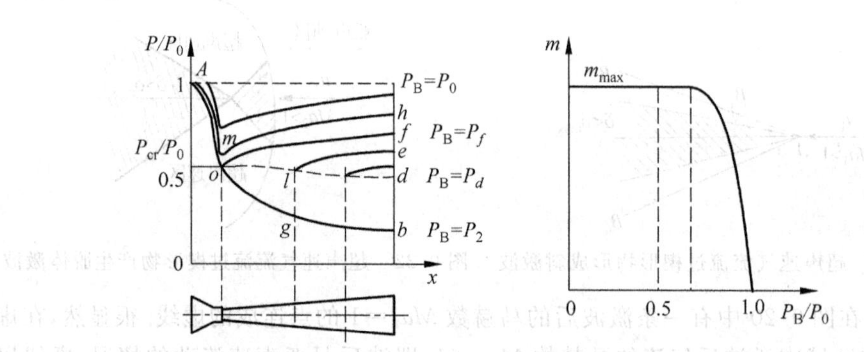

图 9-23 非设计工况时缩放喷管内压力分布及流量变化曲线

在非设计工况时，$P_B \neq P_2$. 下面分别就 $P_B < P_2$ 和 $P_B > P_2$ 两种情况来进行讨论.

(1) 若 $P_B < P_2$，即背压小于喷管设计出口压力

超声速气流从出口截面流入压力较低的空间时，在喷管的出口边缘处突然降压

膨胀，形成以出口边缘为中心的膨胀波组．气流经过膨胀波组后，速度增加且向外转折 δ 角，继而进行所谓周期性自由膨胀，最终气流的压力等于背压 P_B．背压 P_B 小于喷管设计出口压力 P_2 的情况，称为气流膨胀不足．由于超声速气流中的微弱扰动波不能逆流向上传播，因此出口截面上的压力仍为设计压力 P_2．喷管内的气流压力仍按 Aob 曲线降压变化，流量不变，如图 9-24(a)所示．

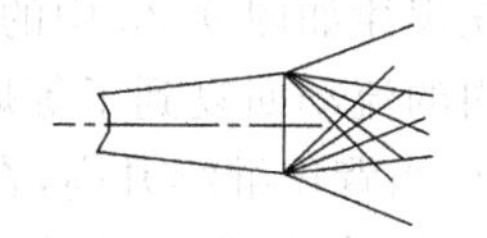

(a) $P_B<P_2$ 时，管外膨胀波系

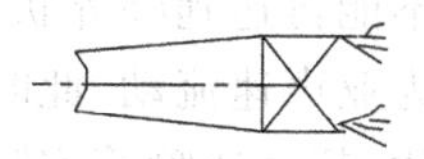

(b) $P_2<P_B<P_d$ 时，管外斜激波

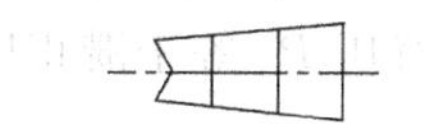

(c) $P_d\leqslant P_B<P_f$ 时，管内正激波

图 9-24 缩放喷管中的正激波

(2) 若 $P_B>P_2$，即背压高于喷管设计出口压力．此时，要分下列几种情况来讨论．

① $P_2<P_B<P_d$：当背压略大于设计出口压力时，喷管出口边缘相当于压缩扰动源，在出口边缘处会形成斜激波(图 9-24(b))．气流经斜激波后压力升高，速度降低并向内折转了 δ 角．斜激波将在喷管轴线处相交，并在出口截面下游产生新的斜激波和膨胀波组，最终气流的压力将等于背压 P_B．由超声速气流中扰动的传播性质可知，此时喷管内的流动状况依然不变．也就是说，出口截面上的压力仍然保持 P_2，流量不变．但通过斜激波时气流的熵增加，伴随有可用能的损失．

② 若背压继续增高，斜激波的强度将增加，对应的气流转折角增大．当气流转折角大到超过其对应的 δ_{max} 时，斜激波将转变为脱体激波．脱体激波在出口截面下游附近会形成拱桥形激波系．背压进一步升高，拱桥形激波系将逐渐靠近出口截面，到背压 $P_B=P_d$ 时，便在出口截面上形成正激波．P_d 则是在出口截面上形成正激波时的背压．

出口截面上形成正激波时，喷管内的流动状况还是未变．只是出口截面因存在正激波而成了一个流动的间断面．气流通过该面时，压力从 P_2 突增至背压 $P_B=P_d$，速度从超声速突然降低变为亚声速．喷管内的压力变化规律如图 9-23 中的曲线 $Aobd$ 所示．

③ 当背压继续升高，在 $P_d<P_B\leqslant P_f$ 范围内变动时，正激波会向着喷管内部移动(如图 9-24(c)所示)，随着背压的增加，正激波可以移到喷管的最小截面(喉部)处．背压在这个范围内变动时，喉部前的气流状态仍保持和原来一样；喉部后的气流在通过正激波后转变为亚声速流动，此后由于沿流动方向喷管截面不断扩大，亚声速气流不能再膨胀加速，而是按亚声速气流的流动规律进行增压、减速，直到出口截面上气流的压力等于背压 P_B．喷管中的压力变化规律如图 9-23 中曲线 $Aogle$ 所示．喷管的流量仍未改变．相对于背压来说，气流在喷管中的膨胀已经过度了，这种情况称为膨胀过度．

压力 P_f 是正激波最终移到喉部截面时的背压．此时，正激波蜕化为微弱扰动波．喉部气流的参数等于临界值．

由于喷管出口截面处的背压高于临界压力，所以气流在随后的渐扩段中将逐渐减速、增压，直到在出口截面上的压力等于背压 P_f．在喷管的整个渐扩段中都是亚声速流动．但因喉部的临界参数未变，所以通过喷管的流量还是没有改变．喷管中的压力变化规律如图 9-23 中的曲线 Aof 所示．若不计壁面摩擦和在绝热的条件下，此时喷管内的流动回复到了等熵流动．

④ 当背压继续升高，在 $P_f<P_B<P_0$ 范围内变动时，气流在喷管的渐缩段中将不断加速；在喉部，压力会降到可能的最小值，速度则达到可能的最大值，但显然气流在喉部不能再达到临界状态．气流的速度在喉部也只能是亚声速，整个缩放喷管内的流动都为亚声速流动．此时背压的变化将会逆流向上传播，引起喷管的进口状态和流量的变化．超声速喷管实际上已成了亚声速流动中的文丘利管．喷管中的压力变化规律如图 9-23 中的曲线 Amh 所示．

当背压 P_B 等于滞止压力 P_0 时，流动则完全停止了．

附录Ⅲ 气体动力函数表

$K=1.4$

Ma	P/P_0	ρ/ρ_0	T/T_0	A/A_{cr}	λ	$\theta/(°)$
0	1.00000	1.00000	1.00000	∞	0	
0.05	0.99825	0.99875	0.99950	11.5915	0.05476	
0.10	0.99303	0.99502	0.99800	5.8218	0.10943	
0.15	0.98441	0.98884	0.99552	3.9103	0.16395	
0.20	0.97250	0.98027	0.99206	2.9635	0.21822	
0.25	0.95745	0.96942	0.98765	2.4027	0.27216	
0.30	0.93947	0.95638	0.98232	2.0351	0.32572	
0.35	0.91877	0.94128	0.97608	1.7780	0.37879	
0.40	0.89562	0.92428	0.96899	1.5901	0.43133	
0.45	0.87027	0.90552	0.96108	1.4487	0.48326	
0.50	0.84302	0.88517	0.95238	1.3398	0.53452	
0.55	0.81416	0.86342	0.94295	1.2550	0.58506	
0.60	0.78400	0.84045	0.93284	1.1882	0.63480	
0.65	0.75283	0.81644	0.92208	1.1356	0.68374	
0.70	0.72092	0.79158	0.91075	1.09437	0.73179	
0.75	0.68857	0.76603	0.89888	1.06242	0.77893	
0.80	0.65602	0.74000	0.88652	1.03823	0.82514	
0.85	0.62351	0.71361	0.87374	1.02067	0.87037	
0.90	0.59126	0.68704	0.86058	1.0886	0.91460	
0.95	0.55946	0.66044	0.84712	1.00214	0.95781	

续表

Ma	P/P_0	ρ/ρ_0	T/T_0	A/A_{cr}	λ	$\theta/(°)$
1.00	0.52828	0.63394	0.83333	1.00000	1.00000	0
1.05	0.49787	0.60765	0.81933	1.00202	1.04114	0.4874
1.10	0.46835	0.58169	0.80515	1.00793	1.08124	1.336
1.15	0.43983	0.55616	0.79083	1.01746	1.1203	2.381
1.20	0.41238	0.53114	0.77640	1.03044	1.1583	3.558
1.25	0.38606	0.50670	0.76190	1.04676	1.1952	4.830
1.30	0.36092	0.48291	0.74738	1.06631	1.2311	6.170
1.35	0.33697	0.45980	0.73287	1.08904	1.2660	7.561
1.40	0.31424	0.43742	0.71839	1.1149	1.2999	8.981
1.45	0.29272	0.41581	0.70397	1.1440	1.3327	10.38
1.50	0.27240	0.39498	0.68965	1.1762	1.3646	11.905
1.55	0.25326	0.37496	0.67545	1.2115	1.3955	13.381
1.60	0.23527	0.35573	0.66138	1.2502	1.4254	14.860
1.65	0.21839	0.33731	0.64746	1.2922	1.4544	16.338
1.70	0.20259	0.31969	0.63372	1.3376	1.4825	17.810
1.75	0.18782	0.30287	0.62016	1.3865	1.5097	19.273
1.80	0.17404	0.28682	0.60680	1.4390	1.5360	20.725
1.85	0.16120	0.27153	0.59365	1.4952	1.5614	22.163
1.90	0.14924	0.25699	0.58072	1.5552	1.5861	23.586
1.95	0.13813	0.24317	0.56802	1.6193	1.6099	24.992
2.00	0.12780	0.23005	0.55556	1.6875	1.6330	26.380
2.05	0.11823	0.21760	0.54333	1.7600	1.6553	27.748
2.10	0.10935	0.20580	0.53135	1.8369	1.6769	29.097
2.15	0.10113	0.19463	0.51962	1.9185	1.6977	30.425
2.20	0.09352	0.18405	0.50813	2.0050	1.7179	31.733
2.25	0.08648	0.17404	0.4989	2.0964	1.7374	33.018
2.30	0.07997	0.16458	0.48591	2.1931	1.7563	34.283
2.35	0.07396	0.15564	0.47517	2.2953	1.7745	35.526
2.40	0.06840	0.14720	0.46468	2.4031	1.7922	36.747
2.45	0.06327	0.13922	0.45444	2.5168	1.8093	37.946
2.50	0.05853	0.13169	0.44444	2.6367	1.8258	39.124
2.55	0.05415	0.12458	0.43469	2.7630	1.8417	40.280
2.60	0.05012	0.11787	0.42517	2.8960	1.3572	41.415
2.65	0.04639	0.11154	0.41589	3.0759	1.8721	42.529
2.70	0.04295	0.10557	0.40684	3.1834	1.8865	43.622

续表

Ma	P/P_0	ρ/ρ_0	T/T_0	A/A_{cr}	λ	$\theta/(°)$
2.75	0.03977	0.09994	0.39801	3.3376	1.9006	44.694
2.80	0.03685	0.09462	0.38941	3.5001	1.9140	45.746
2.85	0.03415	0.08962	0.38102	3.6707	1.9271	46.778
2.90	0.03165	0.08499	0.37286	3.8498	1.9398	47.790
2.95	0.02935	0.08043	0.36490	4.0376	1.9521	48.783
3.00	0.02722	0.076,23	0.357,14	4.23,46	1.9640	49.757
3.50	0.0131,1	0.045,23	0.289,86	6.7,896	2.0642	58.530
4.00	0.0065,8	0.02766	0.238,10	10.7,19	2.1381	65.785
4.50	0.0034,6	0.01745	0.198,02	16.5,62	2.1936	71.832
5.00	0.00189	0.01134	0.16667	25.000	2.2361	76.920
6.00	0.000633	0.00519	0.12195	53.180	2.2953	84.956
7.00	0.000242	0.00261	0.09259	104.143	2.3333	90.973
8.00	0.000102	0.00141	0.07246	190.109	2.3591	95.625
9.00	0.0000474	0.000815	0.05814	327.189	2.3772	99.318
10.00	0.0000236	0.000495	0.04762	535.938	2.3904	102.316
∞	0	0	0	∞	2.4495	130.454

附录Ⅳ 正激波表

$K=1.4$

诸量 / Ma_1	Ma_2	P_2/P_1	$\rho_2/\rho_1=u_1/u_2$	T_2/T_1	a_2/a_1	P_{02}/P_{01}
1.00	1.0000	1.000	1.000	1.000	1.000	1.000
1.01	0.9901	1.023	1.017	1.007	1.003	1.000
1.02	0.9805	1.047	1.033	1.013	1.007	1.000
1.03	0.9712	1.071	1.050	1.020	1.010	1.000
1.04	0.9620	1.095	1.067	1.026	1.013	1.000
1.05	0.9531	1.120	1.084	1.033	1.016	1.000
1.06	0.9444	1.144	1.100	1.039	1.019	1.000
1.07	0.9360	1.169	1.118	1.046	1.023	1.000
1.08	0.9277	1.194	1.135	1.052	1.026	0.999
1.09	0.9196	1.219	1.152	1.059	1.029	0.999
1.10	0.9118	1.245	1.169	1.065	1.032	0.999
1.11	0.9041	1.271	1.185	1.071	1.035	0.999
1.12	0.8966	1.297	1.203	1.078	1.038	0.998
1.13	0.8892	1.323	1.221	1.084	1.041	0.998
1.14	0.8820	1.350	1.238	1.090	1.044	0.997

续表

诸量 / Ma_1	Ma_2	P_2/P_1	$\rho_2/\rho_1=u_1/u_2$	T_2/T_1	a_2/a_1	P_{02}/P_{01}
1.15	0.8750	1.376	1.255	1.097	1.047	0.997
1.16	0.8682	1.403	1.272	1.103	1.050	0.996
1.17	0.8615	1.430	1.290	1.109	1.053	0.995
1.18	0.8549	1.458	1.307	1.115	1.056	0.995
1.19	0.8485	1.485	1.324	1.122	1.059	0.994
1.20	0.8422	1.513	1.342	1.128	1.062	0.993
1.21	0.8360	1.541	1.359	1.134	1.065	0.992
1.22	0.8300	1.570	1.376	1.141	1.068	0.991
1.23	0.8241	1.598	1.394	1.147	1.071	0.990
1.24	0.8183	1.627	1.411	1.153	1.074	0.988
1.25	0.8116	1.656	1.429	1.159	1.077	0.987
1.26	0.8071	1.686	1.446	1.166	1.080	0.986
1.27	0.8016	1.715	1.463	1.172	1.083	0.984
1.28	0.7963	1.745	1.481	1.178	1.085	0.983
1.29	0.7911	1.775	1.498	1.185	1.088	0.981
1.30	0.7860	1.806	1.516	1.191	1.091	0.979
1.31	0.7809	1.835	1.533	1.197	1.094	0.978
1.32	0.77660	1.866	1.551	1.204	1.097	0.976
1.33	0.7712	1.897	1.568	1.210	1.100	0.974
1.34	0.7664	1.928	1.585	1.216	1.103	0.972
1.35	0.7618	1.960	1.603	1.223	1.106	0.970
1.36	0.7572	1.991	1.620	1.229	1.109	0.968
1.37	0.7527	2.023	1.638	1.235	1.111	0.965
1.38	0.7483	2.055	1.655	1.242	1.114	0.963
1.39	0.7440	2.087	1.672	1.248	1.117	0.961
1.40	0.7397	2.120	1.690	1.255	1.120	0.958
1.41	0.7355	2.153	1.707	1.261	1.123	0.956
1.42	0.7314	2.186	1.724	1.268	1.126	0.953
1.43	0.7274	2.219	1.742	1.274	1.129	0.950
1.44	0.7235	2.253	1.759	1.281	1.132	0.948
1.45	0.7196	2.286	1.776	1.287	1.135	0.945
1.46	0.7157	2.320	1.793	1.294	1.137	0.942
1.47	0.7120	2.354	1.811	1.300	1.140	0.939
1.48	0.7083	2.389	1.828	1.307	1.143	0.936
1.49	0.7047	2.423	1.845	1.314	1.146	0.933
1.50	0.7011	2.458	1.862	1.320	1.149	0.930
1.51	0.6976	2.493	1.879	1.327	1.152	0.927
1.52	0.6941	2.529	1.896	1.334	1.155	0.923
1.53	0.6907	2.564	1.913	1.340	1.158	0.920
1.54	0.6874	2.600	1.930	1.347	1.161	0.917

续表

诸量 / Ma_1	Ma_2	P_2/P_1	$\rho_2/\rho_1=u_1/u_2$	T_2/T_1	a_2/a_1	P_{02}/P_{01}
1.55	0.6841	2.636	1.947	1.354	1.164	0.913
1.56	0.6809	2.673	1.964	1.361	1.166	0.910
1.57	0.6777	2.709	1.981	1.367	1.169	0.907
1.58	0.6746	2.746	1.998	1.374	1.172	0.903
1.59	0.6715	2.783	2.015	1.381	1.175	0.899
1.60	0.6684	2.820	2.032	1.388	1.178	0.895
1.61	0.6655	2.857	2.049	1.395	1.181	0.891
1.62	0.6625	2.895	2.065	1.402	1.184	0.888
1.63	0.6596	2.933	2.082	1.409	1.187	0.884
1.64	0.6568	2.971	0.099	1.416	1.190	0.880
1.65	0.6540	3.010	2.115	1.423	1.193	0.876
1.66	0.6512	3.048	2.132	1.430	1.196	0.872
1.67	0.6485	3.087	2.148	1.437	1.199	0.868
1.68	0.6458	3.126	2.165	1.444	1.202	0.864
1.69	0.6431	3.165	2.181	1.451	1.205	0.860
1.70	0.6405	3.205	2.198	1.458	1.208	0.856
1.71	0.6380	3.245	2.214	1.466	1.211	0.852
1.72	0.6355	3.285	2.230	1.473	1.214	0.847
1.73	0.6330	3.325	2.247	1.480	1.217	0.843
1.74	0.6305	3.366	2.263	1.487	1.220	0.839
1.75	0.6281	3.406	2.279	1.495	1.223	0.835
1.76	0.6257	3.447	2.295	1.502	1.226	0.830
1.77	0.6234	3.488	2.311	1.509	1.229	0.826
1.78	0.6210	3.530	2.327	1.517	1.232	0.822
1.79	0.6188	3.571	2.343	1.524	1.235	0.817
1.80	0.6165	3.613	2.359	1.532	1.238	0.813
1.81	0.6143	3.655	2.375	1.539	1.241	0.808
1.82	0.6121	3.698	2.391	1.547	1.244	0.804
1.83	0.6099	3.740	2.407	1.554	1.247	0.799
1.84	0.6078	3.783	2.422	1.562	1.250	0.795
1.85	0.6057	3.826	2.438	1.569	1.253	0.790
1.86	0.6036	3.970	2.454	1.577	1.256	0.786
1.87	0.6016	3.913	2.469	1.585	1.259	0.781
1.88	0.5996	3.957	2.485	1.592	1.262	0.777
1.89	0.5976	4.001	2.500	1.600	1.265	0.772
1.90	0.5956	4.045	2.516	1.608	1.268	0.767
1.91	0.5937	4.089	2.531	1.616	1.271	0.763
1.92	0.5918	4.134	2.546	1.624	1.274	0.758
1.93	0.5899	4.179	2.562	1.631	1.277	0.753
1.94	0.5880	4.224	2.577	1.639	1.280	0.749

续表

诸量 Ma_1	Ma_2	P_2/P_1	$\rho_2/\rho_1=u_1/u_2$	T_2/T_1	a_2/a_1	P_{02}/P_{01}
1.95	0.5862	4.270	2.592	1.647	1.283	0.744
1.96	0.5844	4.315	2.607	1.655	1.287	0.740
1.97	0.5826	4.361	2.622	1.663	1.290	0.735
1.98	0.5808	4.407	2.637	1.671	1.293	0.730
1.99	0.5791	4.453	2.652	1.679	1.296	0.726
2.00	0.5774	4.500	2.667	1.688	1.299	0.721
2.01	0.5757	4.547	2.681	1.696	1.302	0.716
2.02	0.5740	4.594	2.696	1.704	1.305	0.712
2.03	0.5723	4.641	2.711	1.712	1.308	0.707
2.04	0.5707	4.689	2.725	1.720	1.312	0.702
2.05	0.5691	4.736	2.740	1.729	1.315	0.698
2.06	0.5675	4.784	2.755	1.737	1.318	0.693
2.07	0.5659	4.832	2.769	1.745	1.321	0.688
2.08	0.6543	4.881	2.783	1.754	1.324	0.684
2.09	0.5628	4.929	2.798	1.762	1.327	0.679
2.10	0.5613	4.978	2.812	1.770	1.331	0.674
2.11	0.5598	5.027	2.826	1.779	1.334	0.670
2.12	0.5583	5.077	2.840	1.787	1.337	0.665
2.13	0.5568	5.126	2.854	1.796	1.340	0.660
2.14	0.5554	5.176	2.868	1.805	1.343	0.656
2.15	0.5540	5.226	2.882	1.813	1.347	0.651
2.16	0.5525	5.227	2.896	1.822	1.350	0.646
2.17	0.5511	5.327	2.910	1.831	1.353	0.642
2.18	0.5498	5.378	2.924	1.839	1.356	0.637
2.19	0.5484	5.429	2.938	1.848	1.359	0.633
2.20	0.5471	5.480	2.951	1.857	1.363	0.628
2.21	0.5457	5.531	2.965	1.866	1.366	0.624
2.22	0.5444	5.583	2.978	1.875	1.369	0.619
2.23	0.5431	5.635	2.992	1.883	1.372	0.615
2.24	0.5418	5.687	3.005	1.892	1.376	0.610
2.25	0.5406	5.740	3.019	1.901	1.379	0.606
2.26	0.5393	5.792	3.032	1.910	1.382	0.601
2.27	0.5381	5.845	3.045	1.919	1.385	0.597
2.28	0.5368	5.898	3.058	1.929	1.389	0.592
2.29	0.5356	5.951	3.071	1.938	1.392	0.588
2.30	0.5344	6.005	3.085	1.947	1.395	0.583
2.31	0.5332	6.059	3.098	1.956	1.399	0.579
2.32	0.5321	6.113	3.110	1.965	1.402	0.575
2.33	0.5309	6.167	3.123	1.974	1.405	0.570
2.34	0.5297	6.222	3.136	1.984	1.408	0.566

续表

诸量 / Ma_1	Ma_2	P_2/P_1	$\rho_2/\rho_1=u_1/u_2$	T_2/T_1	a_2/a_1	P_{02}/P_{01}
2.35	0.5286	6.276	3.149	1.993	1.412	0.561
2.36	0.5275	6.331	3.162	2.002	1.415	0.557
2.37	0.5264	6.386	3.174	2.012	1.418	0.553
2.38	0.5253	6.442	3.187	2.021	1.422	0.549
2.39	0.5242	6.497	3.199	2.031	1.425	0.544
2.40	0.5231	6.553	3.212	2.040	1.428	0.540
2.41	0.5221	6.609	3.224	2.050	1.432	0.536
2.42	0.5210	6.666	3.237	2.059	1.435	0.532
2.43	0.5200	6.722	3.249	2.069	1.438	0.528
2.44	0.5189	6.779	3.261	2.079	1.442	0.523
2.45	0.5179	6.836	3.273	2.088	1.445	0.519
2.46	0.5169	6.894	3.285	2.098	1.449	0.515
2.47	0.5159	6.951	3.298	2.108	1.452	0.511
2.48	0.5149	7.009	3.310	2.118	1.455	0.507
2.49	0.5140	7.067	3.321	2.128	1.459	0.503
2.50	0.5130	7.125	3.333	2.138	1.462	0.499
2.51	0.5120	7.183	3.345	2.147	1.465	0.495
2.52	0.5111	7.242	3.357	2.157	1.469	0.492
2.53	0.5102	7.301	3.369	2.167	1.472	0.487
2.54	0.5092	7.360	3.380	2.177	1.476	0.483
2.55	0.5083	7.420	3.392	2.187	1.479	0.479
2.56	0.5074	7.479	3.403	2.198	1.482	0.475
2.57	0.5065	7.539	3.415	2.208	1.486	0.472
2.58	0.5056	7.599	3.426	2.218	1.489	0.468
2.59	0.5047	7.659	3.438	2.228	1.493	0.464
2.60	0.5039	7.720	3.449	2.238	1.496	0.460
2.61	0.5030	7.781	3.460	2.249	1.500	0.456
2.62	0.5022	7.842	3.471	2.259	1.503	0.453
2.63	0.5013	7.903	3.483	2.269	1.506	0.449
2.64	0.5005	7.965	3.494	2.280	1.510	0.445
2.65	0.4996	8.026	3.505	2.290	1.513	0.442
2.66	0.4988	8.088	3.516	2.301	1.517	0.438
2.67	0.4980	8.150	3.527	2.311	1.520	0.434
2.68	0.4972	8.213	3.537	2.322	1.524	0.431
2.69	0.4964	8.275	3.548	2.332	1.527	0.427
2.70	0.4956	8.338	3.559	2.343	1.531	0.424
2.71	0.4949	8.401	3.570	2.354	1.534	0.420
2.72	0.4941	8.465	3.580	2.364	1.538	0.417
2.73	0.4933	8.528	3.591	2.375	1.541	0.413
2.74	0.4926	8.592	3.601	2.386	1.545	0.410

续表

诸量 Ma_1	Ma_2	P_2/P_1	$\rho_2/\rho_1=u_1/u_2$	T_2/T_1	a_2/a_1	P_{02}/P_{01}
2.75	0.4918	8.656	3.612	2.397	1.548	0.406
2.76	0.4911	8.721	3.622	2.407	1.552	0.403
2.77	0.4903	8.785	3.633	2.418	1.555	0.399
2.78	0.4896	8.850	3.643	2.429	1.559	0.396
2.79	0.4889	8.915	3.653	2.440	1.562	0.393
2.80	0.4882	8.980	3.664	2.451	1.566	0.389
2.81	0.4875	9.045	3.674	2.462	1.569	0.386
2.82	0.4868	9.111	3.684	2.473	1.573	0.383
2.83	0.4861	9.177	3.694	2.484	1.576	0.380
2.84	0.4854	9.243	3.704	2.496	1.580	0.376
2.85	0.4847	9.310	3.714	2.507	1.583	0.373
2.86	0.4840	9.376	3.724	2.518	1.587	0.370
2.87	0.4833	9.443	3.734	2.529	1.590	0.367
2.88	0.4827	9.510	3.743	2.540	1.594	0.364
2.89	0.4820	9.577	3.753	2.552	1.597	0.361
2.90	0.4814	9.645	3.763	2.563	1.601	0.358
2.91	0.4807	9.713	3.773	2.575	1.605	0.355
2.92	0.4801	9.781	3.782	2.586	1.608	0.352
2.93	0.4795	9.849	3.792	2.598	1.612	0.349
2.94	0.4788	9.918	3.801	2.609	1.615	0.346
2.95	0.4782	9.986	3.811	2.621	1.619	0.343
2.96	0.4776	10.055	3.820	2.632	1.622	0.340
2.97	0.4770	10.124	3.829	2.644	1.626	0.337
2.98	0.4764	10.194	3.839	2.656	1.630	0.334
2.99	0.4758	10.263	3.848	2.667	1.633	0.331
3.00	0.4752	10.333	3.857	2.679	1.637	0.328
3.05	0.4723	10.686	3.902	2.738	1.655	0.315
3.10	0.4695	11.045	3.947	2.799	1.673	0.301
3.15	0.4669	11.410	3.990	2.860	1.691	0.288
3.20	0.4644	11.780	4.031	2.922	1.709	0.276
3.25	0.4619	12.156	4.072	2.985	1.728	0.265
3.30	0.4596	12.538	4.112	3.049	1.746	0.253
3.35	0.4574	12.926	4.151	3.114	1.765	0.243
3.40	0.4552	13.320	4.188	3.180	1.783	0.232
3.45	0.4531	13.720	4.225	3.247	1.802	0.222
3.50	0.4512	14.125	4.261	3.315	1.821	0.213
3.55	0.4493	14.536	4.296	3.384	1.840	0.204
3.60	0.4474	14.953	4.330	3.454	1.853	0.195
3.65	0.4457	15.376	4.363	3.525	1.877	0.187
3.70	0.4440	15.805	4.395	3.596	1.896	0.179

续表

诸量 / Ma_1	Ma_2	P_2/P_1	$\rho_2/\rho_1=u_1/u_2$	T_2/T_1	a_2/a_1	P_{02}/P_{01}
3.75	0.4423	16.240	4.426	3.669	1.915	0.172
3.80	0.4407	16.680	4.457	3.743	1.935	0.164
3.85	0.4392	17.126	4.487	3.817	1.954	0.158
3.90	0.4377	17.578	4.516	3.893	1.973	0.151
3.95	0.4363	18.036	4.544	3.969	1.992	0.145
4.00	0.4350	18.500	4.571	4.047	2.012	0.139
4.10	0.4324	19.455	4.624	4.205	2.051	0.128
4.20	0.4299	20.413	4.675	4.367	2.090	0.117
4.30	0.4277	21.405	4.723	4.532	2.129	0.108
4.40	0.4255	22.420	4.768	4.702	2.168	0.099
4.50	0.4236	23.458	4.812	4.875	2.208	0.092
4.60	0.4217	24.520	4.853	5.052	2.248	0.085
4.70	0.4199	25.665	4.893	5.233	2.288	0.078
4.80	0.4183	26.712	4.930	5.418	2.328	0.072
4.90	0.4167	27.845	4.966	5.607	2.368	0.067
5.00	0.4152	29.000	5.000	5.800	2.408	0.062
5.50	0.4090	35.125	5.149	6.822	2.612	0.042
6.00	0.4042	41.833	5.268	7.941	2.818	0.030
6.50	0.4004	49.125	5.365	9.156	3.026	0.021
7.00	0.3974	57.000	5.444	10.469	3.236	0.015
7.50	0.3949	65.458	5.510	11.879	3.447	0.011
8.00	0.3920	74.500	5.565	13.387	3.659	0.008
8.50	0.3912	84.125	5.612	14.991	3.872	0.006
9.00	0.3898	94.333	5.651	16.693	4.086	0.005
9.50	0.3886	105.125	5.685	17.491	4.300	0.004
10.00	0.3876	116.500	5.714	20.387	4.515	0.003
∞	0.3780	∞	6.000	∞	∞	0

习 题

9.1 超声速飞机在1500米高度以750m/s的恒速直线水平飞行.地面上有一个静止的观察者.问飞机飞越观察者头顶后需经过多少时间,观察者方才能听到飞机的声音?假设空气的平均温度为20℃.

9.2 飞机在20000m高空以2400km/h的速度飞行,设该处的大气温度为−56.5℃,求飞机的马赫数.

9.3 已知进入汽轮机动叶片的蒸汽温度为430℃、压力为5MPa(绝对压力)，速度为525m/s，求蒸汽的滞止压力和滞止温度.(按水蒸气的图表进行计算).

9.4 试求空气在喷管中的临界速度.已知入口处的压强 $p_1=108\text{kN/m}^2$(绝对压强)、温度 $t_1=280℃$、速度 $u_1=205\text{m/s}$(喷管与外界绝热).入口处空气的马赫数 Ma_1 为多少？空气所能达到的极限速度为多少？

9.5 对于静止的完全气体，试证经过微弱压缩扰动后，压力的相对变化值为 $\frac{\mathrm{d}P}{P}=K\frac{\mathrm{d}u}{a}$；绝对温度的相对变化值为 $\frac{\mathrm{d}T}{T}=(K-1)\frac{\mathrm{d}u}{a}$.

9.6 管内某截面 A 上一元稳定等熵空气流的速度 $u=150\text{m/s}$，绝对压强 $p=70\text{kN/m}^2$，温度 $t=4℃$.

(1) 计算由上述速度加速到声速时，管道截面积减小的相对百分数$\left(\text{即求 }1-\frac{A_{cr}}{A}\right)$，并计算滞止状态的压力和温度；临界状态的压力、温度和声速；

(2) 计算面积为 $0.85A$ 截面上的压力、温度、流速和马赫数 Ma(空气的 $K=1.4$，$R=287\text{J/kg}\cdot\text{K}$.)

9.7 一文丘利流量计，进口直径为75mm、喉部直径为25mm.进口截面和喉部截面的绝对压强分别为 125kN/m^2 和 104kN/m^2，进口空气的密度为 1.5kg/m^3.设流动是一元稳定等熵流动，求通过流量计的质量流量 m.

9.8 直径为200mm的水平管道等熵输送绝对压强 $p=825\text{kN/m}^2$、温度 $t=20℃$的空气，估计最大质量流量为11kg/s.假如在管道中串入一只文丘利流量计以测量流量.若要求流量计的喉部压强不小于 745kN/m^2，问该流量计喉部的最小直径可为多少？

9.9 气体等熵流过一渐扩的扩压器.设入口速度、压力、温度分别是 u_1、P_1、T_1，出口温度为 T_2，扩压器的进、出口截面积分别为 A_1 和 A_2.证明扩压器出口截面上的压力：

$$P_2=\frac{A_1}{A_2}\cdot\frac{T_2}{T_1}\frac{u_1}{\sqrt{\frac{2KR}{K-1}(T_1-T_2)+u_1^2}}\cdot P_1,$$

式中 R 为气体常数，K 为绝热指数.

9.10 空气等熵地流过收缩喷管进入绝对压强为 124kN/m^2 的空间.空气进入喷管的绝对压强和温度分别为 200kN/m^2 和20℃，速度可以忽略.设出口截面积为 78.5cm^2，求通过喷管的质量流量.

9.11 一喷管在设计工况下将质量流量4.5kg/s的空气从初压 500kN/m^2(绝对压强)、初温65.6℃膨胀到终压 152kN/m^2(绝对压强).若忽略初速，求：

(1) 压强降落了 50kN/m^2 处截面上气流的温度、速度；

(2) 喷管出口截面上的速度、马赫数；

(3) 喉部的截面积.

9.12　毕托管测得某一空气流的静压强为 35850N/m^2（表压力），总压与静压差为 6586N/m^2. 由气压计读得大气压为 1.01×10^5 N/m^2，空气的滞止温度为 27℃. 分别按空气是不可压缩和可压缩的两种情形，计算毕托管所测空气的流速是多少？

9.13　气流在喷管中流动，若进口至下游某截面间的喷管效率为 η，求证：

$$\frac{P}{P_0}=\left[1-\frac{1}{\eta}\frac{\frac{K-1}{2}Ma^2}{\left(1+\frac{K-1}{2}Ma^2\right)}\right]^{\frac{K}{K-1}},$$

式中 P_0 为喷管进口绝对压力；P 为下游某截面的绝对压力；Ma 为下游该截面上的马赫数.

9.14　某空气流的马赫数 $Ma_1=1.9$，绝对压强 $p_1=0.075$MPa，温度 $T_1=273$K，气流通过一正激波，求波后气流的速度 u_2、压强 p_2、温度 T_2 以及滞止压强 p_{02}.（$K=1.4$，$R=287$J/kg·K）

9.15　绝对压强为 1.013×10^5 Pa、温度 20℃ 的空气通过正激波，其密度增加了 2.1 倍，求：

(1) 空气来流的速度；

(2) 通过正激波后的压强等于多少.

9.16　在一根等直径长管内，空气温度为 20℃、绝对压强为 68930N/m^2，以 122m/s 的速度作匀速流动. 若管的一端有一阀门突然关闭，形成一道正激波反向传入管内，试计算正激波的传播速度和已经静止下来的空气的压强和温度.

9.17　由爆炸所产生的正激波以 1700m/s 的速度向四周的大气中传播. 静止大气的参数为：$p_1=1.013\times10^5$ Pa，$T=290$K. 对于静止在地面的观察者来说，激波扫过后空气的压力、温度、运动的马赫数、滞止压力和滞止温度各为多少？（设空气是完全气体，$K=1.4$，$C_p=1005$J/kg·K）

9.18　绝热指数 $K=1.4$ 的超声速气流以速度 u_1 流过顶角 $2\alpha=20°$ 的楔形物，在楔形物的顶点产生斜激波. 斜激波角从纹影照片上量得 $\beta=50°$，并测得激波滞止温度 $T_0=288$K. 求激波前气流的马赫数 Ma_1 和速度 u_1.

9.19　在上题中，若已知气流的马赫数 $Ma_1=2.5$，绝对压强 $p_1=0.85\times10^5$ Pa、温度 $T_1=298$K，求斜激波角 β 及气流通过斜激波后的马赫数 Ma_2、压强 p_2 和温度 T_2.

9.20　用毕托管测量超声速气流的马赫数 Ma_1 时，其头部形成脱体激波，设头部气流与脱体激波垂直，试证：

$$\frac{P_{02}}{P_1}=\frac{\left(\frac{K+1}{2}Ma_1^2\right)^{\frac{K}{K-1}}}{\left(\frac{2K}{K+1}Ma_1^2-\frac{K-1}{K+1}\right)^{\frac{1}{K-1}}},$$

式中 P_1 为来流的压力；P_{02} 为毕托管测得的气流通过正激波后的滞止压力.

第10章 两相流动基础

两相或双相混合物有气液、气固和液固三大类，有时也把两种互不掺混的液体混合物，如油、水混合物包括在内. 一般来说，各相间都有明显可分的界面. 本章将对气液及气固两相流动作一简单的介绍.

10.1 气液两相流动的参数及其意义

气液两相流体力学研究气体(或蒸气)和液体两相介质共流状况下的流动特性，它是流体力学的一个分支. 流体力学中的基本方程仍然可以用来描述气液两相介质的流动. 但是，气液两相流动本身的特点使得这些基本方程的具体形式变得更复杂.

气液两相介质与单相介质不同，它们具有相的分界面，所以除去介质与外界物体之间存在作用力外，在两相界面上也会有互相作用力存在. 尽管在连续、稳定流动条件下，两相界面上的作用力处于平衡状态，整个两相流体只与外界物体和进、出口界面发生力的作用. 但从能量平衡观点来看，气液两相流动除了在整体界面上与外界有能量交换外，两相界面上也会有能量交换，使整体流动的能量平衡变得更为复杂.

另外，在气液两相流动中，气、液两相的物性参数和流动速度一般不相同；气、液两相的质量比例可以有很大变化. 即使在气相介质和液相介质的质量比例相同的流动中，两相之间的分布状况也各种各样：气相和液相的分布状况可能是密集的或是均匀散布的，当其密集时可能有不同程度的聚并现象，例如小气泡聚并成大气泡或小液滴合并成大液滴，甚至两相截然分开．这种气液两相互相之间不同的分布状况称为两相流动的流型（或称流动机构）．不同的两相流动流型，不但影响两相流动的力学关系，而且还影响其传热和传质性能．因此，两相流的流型也是气液两相流体力学的一个重要研究方面．

由于气液两相流动的上述特点，在把流体力学的基本方程应用于气液两相流动时，一般应对各相列出各自的方程，同时还要考虑两相间的相互作用，以至方程组的形式要比单相流复杂得多．再加上气液两相流存在着各种不同的流型，气液两相界面又很复杂多变．因此，按适当的边界条件求解气液两相流动的微分方程是十分困难的．

气液两相流体力学是最近几十年才发展起来的．在动力工程中，随着高温、高压大型锅炉机组的出现，特别是原子能电站的建立，气液两相流动及其传热性能在设备设计与安全运行中显得越来越重要．在石油化学工业中，由于参数提高，工艺改进，也广泛存在着气液两相流动过程．所有这些，都为气液两相流体力学的发展提供了广阔的前景．近年来，系统讲述气液两相流动的著作大量出版，这标志着它已成为一门具有比较完整体系的新兴学科．

10.1.1 气液两相流动的参数

气液两相流动中两相介质都是流体，各有其不同的流动参数．但由于流动中气、液两相互相约制，因此必然存在互相关联的流动参数．同时，为便于进行两相流动的计算和试验数据处理，还常常引进一些所谓折算参数．折算参数在实际流动中并不存在，它只是在计算和试验数据处理中的一种处理方法．下面介绍气液两相流动中的一些参数．

1．气相介质的含量

气相介质的含量表示气液两相流动介质中气相介质的份额，它有三种表示法．

（1）质量含气率

单位时间内流过某一通道截面的气、液两相流体总质量中气相介质质量所占的份额称为质量含气率．质量含气率又称气液两相混合物的干度，用 χ 表示：

$$\chi=\frac{G''}{G}=\frac{G''}{G'+G''}, \tag{10-1}$$

式中，G 是通过某截面两相介质的总质量流量，kg/s；G'' 是通过该截面气相介质的质量流量，kg/s；G' 是通过该截面液相介质的质量流量，kg/s；$(1-\chi)=G'/G$ 称为质量含液率．

根据上述定义，若气液两相混合物处于热力学平衡状态（即饱和湿蒸汽状态），按热平衡式可得湿蒸汽的质量含气率．即湿蒸汽干度的计算式为：

$$\chi = \frac{h - h_s'}{r}, \tag{10-2}$$

式中,h 是气液两相混合物比焓,kJ/kg;h_s'是平衡状态饱和水的比焓,kJ/kg;r 是该平衡状态下的汽化潜热,kJ/kg.

(2) 容积含气率

单位时间内流过某一通道截面的气、液两相流体总体积中气相介质体积所占的份额称为容积含气率,用 β 表示

$$\beta = \frac{Q''}{Q} = \frac{Q''}{Q' + Q''}, \tag{10-3}$$

式中,Q 是通过流道某一截面两相介质的总体积流量,m^3/s;Q''是通过该截面气相介质的体积流量,m^3/s;Q'是通过该截面液相介质的体积流量,m^3/s.

可以证明,质量含气率 χ 和容积含气率 β 有如下关系:

$$\chi = \frac{\beta}{\dfrac{\rho'}{\rho''} + \beta\left(1 - \dfrac{\rho'}{\rho''}\right)}, \tag{10-4}$$

或

$$\beta = \frac{\chi}{\dfrac{\rho''}{\rho'} + \chi\left(1 - \dfrac{\rho''}{\rho'}\right)}, \tag{10-5}$$

式中,ρ''是气相介质的密度,kg/m^3;ρ'是液相介质的密度,kg/m^3.

(3) 真实含气率(也称空隙率)

它表示气液两相流体在任意流通截面上流动时气相流通截面占总流通截面的份额,记为 ϕ:

$$\phi = \frac{A''}{A} = \frac{A''}{A' + A''}, \tag{10-6}$$

式中,A 是气液两相流体的总流通截面积,m^2;A''是气相介质的流通截面积,m^2;A'是液相介质的流通截面积,m^2.

需要指出的是,真实含气率 ϕ 和容积含气率 β 的物理意义是不同的.实际上,真实含气率是通道某截面的一个微小区域内的总微元体积中,气相介质体积所占的份额

$$\phi = \lim_{\Delta V \to 0} \frac{\Delta V''}{\Delta V} = \lim_{\Delta l \to 0} \frac{A''\Delta l}{A\Delta l} = \frac{A''}{A}. \tag{10-7}$$

真实含气率的大小,可以反映出流道中两相介质混合物真实密度的大小.

2. 折算速度、流量速度和循环速度

(1) 折算速度

气液两相流动中,可以按通常平均速度的定义分别得到气液两相流动的实际平

均速度(简称实际速度):

气相实际速度

$$w''=\frac{Q''}{A''},\tag{10-8}$$

液相实际速度

$$w'=\frac{Q'}{A'}.\tag{10-9}$$

一般而言,气相和液相流动的实际速度是不相等的.两者的差别可以用滑动比 s 来表示:

$$s=\frac{w''}{w'}=\frac{\chi}{(1-\chi)}\frac{\rho'}{\rho''}\frac{(1-\phi)}{\phi}.\tag{10-10}$$

由于气液两相实际流通面积 A'' 和 A' 很难确定,使得实际速度难于计算.所以,引入气相折算速度 w_0'' 和液相折算速度 w_0',在两相流动的试验数据处理中经常用到它们.若已知真实含气率,则可根据气、液相的折算速度求得气、液相的实际速度.

气相折算速度

$$w_0''=\frac{Q''}{A},\tag{10-11}$$

液相折算速度

$$w_0'=\frac{Q'}{A}.\tag{10-12}$$

它们和实际速度的关系可通过真实含气率 ϕ 表示如下:

$$w_0''=w''\phi,\tag{10-13}$$

$$w_0'=w'(1-\phi).\tag{10-14}$$

(2) 流量速度

流量速度定义为气液两相介质单位时间流过某一截面的总体积与该流通截面的面积之比,用符号 w 表示:

$$w=\frac{Q}{A}=\frac{Q''+Q'}{A}.\tag{10-15}$$

显然,它应该等于气相折算速度和液相折算速度之和,即

$$w=w_0''+w_0'.\tag{10-16}$$

需要指出的是,流量速度和折算速度都是实际流动中并不存在的假想速度,引入这些参数是为了对气液两相流动的计算和数据处理提供方便.

(3) 循环速度

若把气液两相介质的质量流量都按液相的密度折算成体积流量,再除以总的流

道截面积所得的速度称为循环速度，记为 w_0

$$w_0 = \frac{G''/\rho' + G'/\rho'}{A}. \tag{10-17}$$

很显然，循环速度和折算速度、流量速度之间存在着如下的关系：

$$w_0 = \frac{\rho''}{\rho'} w_0'' + w_0', \tag{10-18}$$

$$w = w_0 + \left(1 - \frac{\rho''}{\rho'}\right) w_0''. \tag{10-19}$$

以上两个关系式在两相流动计算中会被经常用到.

3. 两相介质的密度

根据气液两相介质的计算和数据处理的需要，两相介质的密度有两种表示方法.

(1) 流动密度

流动密度是指单位时间流过流道截面的两相介质的质量与体积之比，用 ρ_0 表示

$$\rho_0 = \frac{G}{Q}, \tag{10-20}$$

因为

$$G = G'' + G' = \rho'' Q'' + \rho' Q',$$

所以

$$\rho_0 = \beta \rho'' + (1-\beta) \rho'. \tag{10-21}$$

可以证明

$$\rho_0 = \frac{G}{AW} = \frac{G/A}{w_0 + \left(1 - \frac{\rho''}{\rho'}\right) w_0''}$$

$$= \frac{AW_0 \rho'/AW_0}{1 + \left(1 - \frac{\rho''}{\rho'}\right) \frac{w_0''}{w_0}} = \frac{\rho'}{1 + \left(1 - \frac{\rho''}{\rho'}\right) \frac{w_0''}{w_0}}. \tag{10-22}$$

流动密度是以单位时间流过某一流道截面的两相介质的质量除以相应体积得到的，在稳定流动条件下流过流道截面的质量流量除以体积流量即是流动密度. 所以它是两相介质在流动中的密度，常用于计算两相介质在流动中的摩擦阻力损失和局部阻力损失.

(2) 真实密度

真实密度是指流道某一截面上两相介质的实际密度. 若在流道某一截面邻域取一微元长度 Δl，则此 Δl 长的微元体积中所包含的两相介质的质量和体积之比即为真实密度，用 ρ 表示

$$\rho=\lim_{\Delta l\to 0}\frac{\rho''A''\Delta l+\rho'A'\Delta l}{A\cdot\Delta l}=\phi\rho''+(1-\phi)\rho'. \tag{10-23}$$

对比式(10-21)和式(10-23)可以看到,当 $\beta=\phi$ 时,流动密度和真实密度相等.可以证明,此时必有滑动比 $s=w''/w'=1$,亦即 $w''=w'$.证明过程如下:

因为

$$\beta=\frac{Q''}{Q}=\frac{A''w''}{A''w''+A'w'}=\frac{1}{1+\dfrac{A'}{A''}\dfrac{w'}{w''}},$$

$$\phi=\frac{A''}{A}=\frac{A''}{A''+A'}=\frac{1}{1+\dfrac{A'}{A''}},$$

若 $\beta=\phi$,必有 $\dfrac{w'}{w''}=\dfrac{1}{s}=1$.

对于垂直管道中的上升流或水平管道中的流动,一般有 $w''>w'$.从以上 β 和 ϕ 的表达式可以看到,此时,$\phi<\beta$;而对于下降流,$w''<w'$,此时 $\phi>\beta$.在气液两相流动中气、液相的真实速度一般不会相同,即气相与液相间存在着相对运动.引起相对运动的主要原因是气相所受浮力和因沿流动方向的压降引起气相的膨胀.合并上述两式,可以得到 ϕ 与 β 之间的关系式

$$\phi=\frac{1}{1+\left(\dfrac{1}{\beta}-1\right)s}. \tag{10-24}$$

式(10-24)中包含了气液两相流的滑动比 s,影响 s 的因素很多而且十分复杂.已知容积含气率 β(或质量含气率 χ)的值,应用式(10-24)求 ϕ 是很困难的,因为滑动比 s 尚属未知.通常都是通过试验,整理出一些经验关系式来确定 ϕ 或 s.

10.1.2　气液两相流动的流型

对于单相流体,曾把流动分为层流和湍流.对于气液两相流动,当然也需作这样的区分.但对于气液两相流动来说,更重要的是要区分气、液两相在流动中互相之间分布的状况.气液两相流动中气、液两相互相之间的分布状况称为气液两相流动的流型.

流动过程中的质量流量、压力、热流量等变化都会对流型产生影响.影响流型的因素是多而复杂的.一般情况下,表面张力效应力图使气泡呈球形.但当气泡增大时,由于流道的壁面影响和气泡头尾的压差会使气泡变形.两相流动中因存在气、液相界面的不同分布状况使流动和传热问题变得更为复杂.

为了找出各种流型与两相介质的流动参数间的关系,已经进行了大量的试验.试验的重要环节是如何确定流道内的流型,以便找出不同流型的区分条件.目前所用的

测定流型的方法有：直接观察法，高速摄影法，射线测量法，电导法，激光衍射法，多束 γ 射线法等.但因流型很复杂，精确地区分各种流型的界限还有困难，甚至对流型的名称也不尽统一.以下仅就比较通用的流型区分作一介绍.

1. 垂直上升流道的流型

垂直上升管中的流型可分为四种，即泡状流动、弹状流动、块状流动和环状流动.

(1) 泡状流动

如图 10-1(a)所示，气相介质以气泡状分散在连续的液相中，气泡较多时则形成一种泡沫状流动.这种流动和均匀介质的流动比较接近，因此这种流型往往可按均匀介质来处理.

(2) 弹状流动

如图 10-1(b)所示，气相介质较多时，由于气泡的趋中效应(即气泡在流动中的分布多趋向于流道中心)，许多小气泡聚并成大气泡，大气泡的形状呈弹头形，每一个大气泡后面有许多小气泡跟随.

(3) 块状流动

如图 10-1(c)所示，气相介质含量再增加时，弹性大气泡几乎充满整个流道，气泡长度较长.两个大气泡之间由块状液相隔开，块状液中往往又含有一些小气泡，流道壁面的液膜会发生忽上忽下的波动.

(4) 环状流动

如图 10-1(d)所示，气相介质的含量进一步增加时，块状液流被击碎，形成气相轴心，并将液相向四周排挤.形成流道四周壁面上是含有微小气泡的液膜，中间则是含有液相雾滴的气流.随着气相介质的再增加，终于发展为在流道中心形成稳定的气柱、液相介质在流道壁面形成有波面的液环的环状流动.

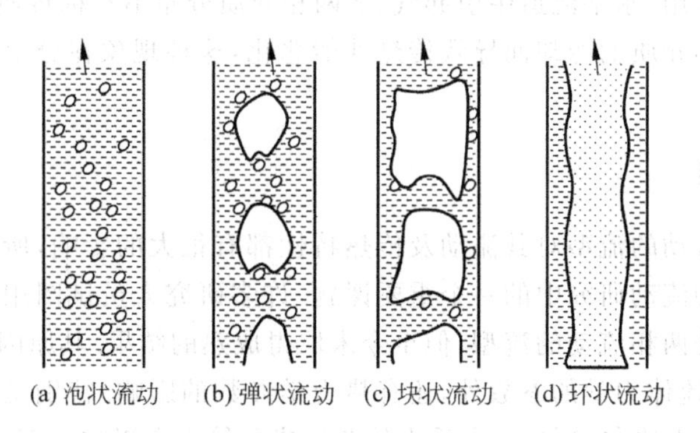

图 10-1 垂直上升管中的流型

2. 水平流道中的流型

由于重力作用,水平流道中气液两相介质的分布与流道轴线失去对称性,因而水平流道的流型较垂直流道更为复杂.除了垂直流道中所具有的四种流型外,增加了分层流动和波状流动两种新的流型.水平圆管中的流型可分为六种.

图10-2(a)、10-2(b)所示为泡状流动和弹状流动,它们和垂直流道中的区别是气泡分布偏向上侧.两相介质的流速较高时,泡状流动会呈弹状流动,气泡会较均匀地分散在整个流道截面上.当气相流量增大而两相介质的流速较低时,则出现分层流动(图10-2(c)),气相聚集在流道的上部.若此时气相流速进一步增加,则气、液两相的界面上会搅动出向前移动的波峰,这时的流型称为波状流动(图10-2(d)).气相流速再增加时,波峰涌起形成液体块,沿流向移动,成为块状流动(图10-2(e)),它与垂直流道中的块状流动不同之处在于下部管壁上有较厚的液层,上半部则或与气相接触,或者仅有极薄的不连续的液膜.当气相流速很高时,则出现环状流动(图10-2(f)),但液膜的厚度上、下并不均匀.

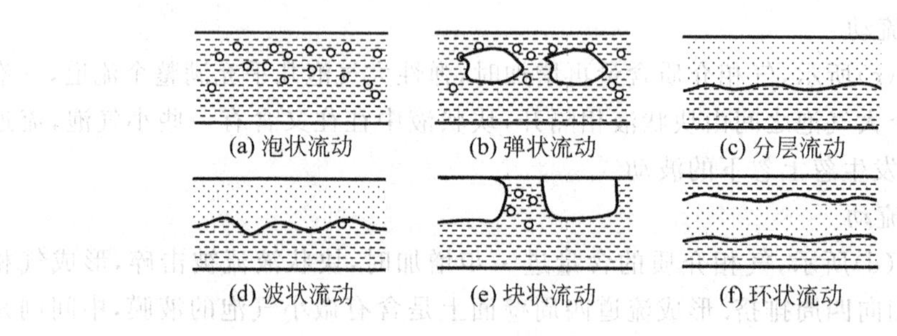

图10-2 水平管中的流型

由于重力作用,水平流道中引起气、液两相介质分布不对称将使受热管的上半部管壁得不到液相介质的冷却而导致传热性能恶化,这种现象在分层流动和波状流动时尤为显著.

3. 流型图

气液两相流动的流型对其流动及传热特性都有很大的影响,所以如何确定流型一直是气液两相流动研究中的一个重要课题.许多研究人员试图用局部区域的流动参数来确定该处两相流动的流型,但至今未取得成熟的结果.其原因是影响流型的因素太复杂.除去流体力学的参数外,还有热力学参数的影响.特别是一些不易确定的因素:如气相形成的方式方法,介质中的杂质成分等都会影响流型的变化.例如用微孔喷射的方法向液流中制造气泡,开始时出现泡状流动,接着气泡就聚并而形成块状流动.若气量很大,流型就以短暂的泡状流动变成环状流动.而当液体中有微量表面活性剂时，则泡状流动维持的范围很大，块状流动则不出现. 此外，受热与不受热的流型也不相同. 受热流道中，两相介质中存在径向温度梯度，热力学和流体力学的平衡不断地破坏和建立，致使有些流型来不及建立，有些流型则会提前出现. 例如当热流量很大时，弹状流动和块状流动便可能消失.

近几十年来，人们做了大量的研究工作，用有限的局部流动参数来确定流型的范围及其分界，根据对流动机理的分析和试验提出了许多用来确定流型分界的流型图. 所谓流型图，就是在平面坐标图中，用两个限定的流动参数或组合流动参数作为坐标，把不同流型的范围表示出来.

水平流道中的流型图，最早由贝克(Paker)作出，它可以通用于各种气液两相介质. 图 10-3 所示为水平管道流型图. 图中，纵坐标为$w_0''\rho''\lambda^{-1}$，横坐标为$w_0'\rho'\Psi$. 其中，λ 和 Ψ 为修正系数：

$$\lambda=\left[\frac{\rho''}{\rho_a}\frac{\rho'}{\rho_w}\right]^{\frac{1}{2}},\quad \psi=\left(\frac{\sigma_w}{\sigma}\right)\left[\left(\frac{\mu'}{\mu_w}\right)\left(\frac{\rho_w}{\rho'}\right)^2\right]^{\frac{1}{3}}.$$

以上两式中的下标 a 和 w 分别指在大气压力和环境温度下空气和水的相应参数，σ 为两相流体中液相的表面张力.

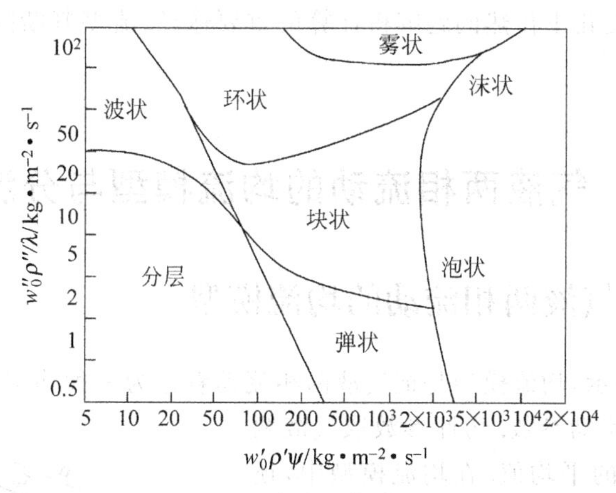

图 10-3 贝克水平管道流型图

水平流道和垂直流道中的各种流型图的形式和数量很多. 图 10-4 所示为海威特(Hewitt)和罗伯茨(Roberts)垂直上升管的流型图，其他各种流型图请参阅有关著作.

气液两相流动研究早期，对流型的观察比较粗略，流型分类也比较简单. 随着研究手段的改善和研究工作不断地深入，流型的分类日趋精细. 但后来又发现，有些流型仅存在于很狭小的区域，它们与其他流型的差别并不明显；而且流型分类过细对分析两相流动及其传热特性也并无必要. 因此近年来，流型的分类又有从细变粗的趋势. 至于哪几种流型可合并成一类，各个研究者尚无完全统一的看法. 较多的研究者

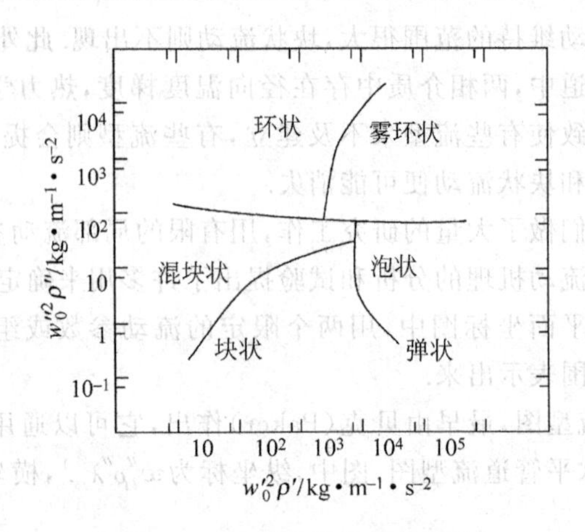

图 10-4　垂直上升管道流型图

认为，弹状、块状、混块状和长泡状可合成一类，称为间歇式流型；环状和雾环状可合称为环状流型；雾状和泡沫状可合称为分散状流型等.

气液两相流动中，流型的确定是建立流动模型的基础，而流动模型则是解决两相流体流动和集态变化下传热问题解析计算的重要途径. 流型判断问题的研究尚在继续进行.

10.2　气液两相流动的均流模型与分流模型

10.2.1　气液两相流动的均流模型

如图 10-5 所示，均流模型是把气液两相流动看作为一种均匀介质的运动，这种介质具有均一的流动参数. 物性参数取气液两相介质相应参数的平均值. 在均流模型中，还采取了两个假定：

(1) 气、液两相的实际速度相等，即 $w''=w'$；由此可得 $\phi=\beta$、$\rho=\rho_0$、$s=1$.

(2) 气、液两相介质已达到热力学平衡，即气、液两相界面上的互相作用可忽略不计.

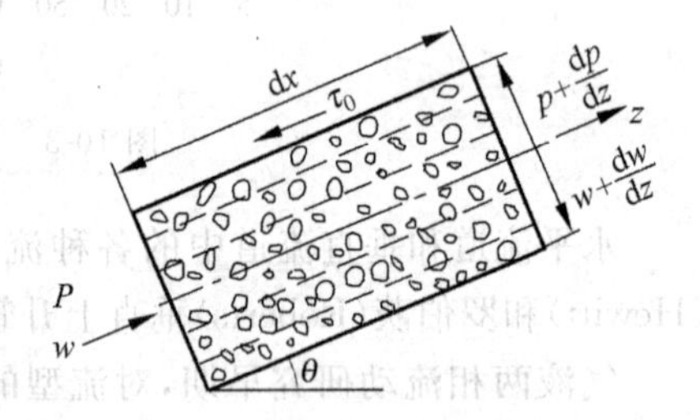

图 10-5　两相流动均流模型

对于稳定的一维均匀流动，若忽略对外作功，则流体力学基本方程为

(1) 连续方程式

$$G = A\rho w, \tag{10-25}$$

式中,G 为两相介质的质量流量;A 为流道截面积;$\rho=\rho_0$ 为两相介质的流动密度;$w=w''=w'$ 为两相介质的平均流动速度.

(2) 动量方程

$$\left[P-\left(P+\frac{\mathrm{d}P}{\mathrm{d}z}\mathrm{d}z\right)\right]A-\tau_0 U\mathrm{d}z-\rho g\sin\theta A\,\mathrm{d}z=\rho A\,\mathrm{d}z w\,\frac{\mathrm{d}w}{\mathrm{d}z},$$

化简得

$$-\frac{\mathrm{d}P}{\mathrm{d}z}=\rho g\sin\theta+\rho w\,\frac{\mathrm{d}w}{\mathrm{d}z}+\frac{\tau_0 U}{A}. \tag{10-26}$$

(3) 能量方程

由热力学第一定律

$$\delta q_0=\mathrm{d}h+w\mathrm{d}w+g\sin\theta\mathrm{d}z, \tag{a}$$

式中,δq_0 为两相介质与外界交换的净热量.

若考虑因流动中的摩擦损失转变来的加热量 δq_f,则热力学第一定律可表达为

$$\delta q_0+\delta q_f=\mathrm{d}h-v\mathrm{d}P, \tag{b}$$

式中,$v=xv''+(1-x)v'$ 为两相介质的平均比体积.

由摩擦损失转变成的加热量 δq_f 在数值上应等于摩擦损失所消耗的功,记为

$$\mathrm{d}E=\delta q_f,$$

把式(b)减去式(a),得

$$\mathrm{d}E=-v\mathrm{d}P-w\,\mathrm{d}w-g\sin\theta\mathrm{d}z,$$

上式可化成如下形式的能量方程

$$-\frac{\mathrm{d}P}{\mathrm{d}z}=\rho g\sin\theta+\rho w\,\frac{\mathrm{d}w}{\mathrm{d}z}+\rho\,\frac{\mathrm{d}E}{\mathrm{d}z}. \tag{10-27}$$

以上各式中,z 为流道轴线方向的坐标,θ 为坐标 z 方向与水平面的夹角.

剪切应力 τ_0 可通过摩擦阻力系数 f 来表示

$$\tau_0=f\frac{\rho w^2}{2}, \tag{a}$$

考虑到

$$\rho w\,\frac{\mathrm{d}w}{\mathrm{d}z}=\frac{G}{A}\left[\mathrm{d}\left(\frac{G}{\rho A}\right)/\mathrm{d}z\right]=\frac{G^2}{A^2}\,\frac{\mathrm{d}v}{\mathrm{d}z}, \tag{b}$$

而

$$\begin{aligned}\frac{\mathrm{d}v}{\mathrm{d}z}&=\mathrm{d}[v'+(v''-v')\chi]/\mathrm{d}z\\&=(v''-v')\,\frac{\mathrm{d}\chi}{\mathrm{d}z}+\chi\,\frac{\mathrm{d}v''}{\mathrm{d}P}\,\frac{\mathrm{d}P}{\mathrm{d}z}+(1-\chi)\,\frac{\mathrm{d}v'}{\mathrm{d}P}\,\frac{\mathrm{d}P}{\mathrm{d}z},\end{aligned}$$

上式中 $\mathrm{d}v'/\mathrm{d}P$ 较之 $\mathrm{d}v''/\mathrm{d}P$ 要小得多,故最后一项可以忽略,得

$$\frac{\mathrm{d}v}{\mathrm{d}z}=(v''-v')\,\frac{\mathrm{d}\chi}{\mathrm{d}z}+\chi\,\frac{\mathrm{d}v''}{\mathrm{d}P}\,\frac{\mathrm{d}P}{\mathrm{d}z}, \tag{c}$$

把式(a)、式(b)和式(c)代入式(10-26),可得

$$-\frac{\mathrm{d}P}{\mathrm{d}z}=\frac{g\sin\theta}{v}+\frac{G^2}{A^2}\left[(v''-v')\frac{\mathrm{d}\chi}{\mathrm{d}z}+\chi\frac{\mathrm{d}v''}{\mathrm{d}P}\frac{\mathrm{d}P}{\mathrm{d}z}\right]+\frac{fU}{A}\frac{\rho}{2}w^2. \tag{10-28}$$

若流道是直径为 D 的圆管,则式(10-28)的最后一项可化为

$$\frac{fU}{A}\frac{\rho}{2}w^2=\frac{f\pi D}{\frac{\pi}{4}D^2}\cdot\frac{\rho}{2}\cdot\frac{G^2}{\rho^2A^2}=\frac{2f}{D}\frac{G^2}{A^2}v,$$

把上式代入式(10-28),得

$$-\frac{\mathrm{d}P}{\mathrm{d}z}=\frac{2f}{D}\frac{G^2}{A^2}v+\frac{G^2}{A^2}\left[(v''-v')\frac{\mathrm{d}\chi}{\mathrm{d}z}+\chi\frac{\mathrm{d}v''}{\mathrm{d}P}\frac{\mathrm{d}P}{\mathrm{d}z}\right]+\frac{g\sin\theta}{v}, \tag{10-29}$$

由于

$$v=\frac{1}{\rho}=\chi v''+(1-\chi)v'=\frac{Q}{G},$$

代入式(10-29)得

$$-\frac{\mathrm{d}P}{\mathrm{d}z}=\frac{\frac{2f}{D}\frac{G^2}{A^2}[v'+(v''-v')\chi]+\frac{G^2}{A^2}(v''-v')\frac{\mathrm{d}\chi}{\mathrm{d}z}+\frac{g\sin\theta}{v'+(v''-v)\chi}}{1+\frac{G^2}{A^2}\chi\frac{\mathrm{d}v''}{\mathrm{d}P}}. \tag{10-30}$$

式(10-30)即为气液两相流动均流模型的沿流道压降梯度的表达式.用解析法对此式进行积分是十分困难的,因为一般情况下,沿流道的 f、v''、v'、$\mathrm{d}v''/\mathrm{d}P$ 均为变量.可以应用计算机以逐段差分法进行计算.

如果引进下述假设条件把问题进一步简化,则式(10-30)可以得到解析积分的结果.

(1) 设气相介质不可压缩,即气相介质的比体积 v'' 变化甚微,可视为常数.此时:$\frac{G^2}{A^2}\chi\frac{\mathrm{d}v''}{\mathrm{d}P}\ll 1$,式(10-30)右侧的分母为1.

(2) 沿流道的摩擦阻力系数 f 也视为定值.这个假定在总压差 ΔP 与两相流动介质的压力相比为很小时是成立的.这样,式(10-30)就变为

$$-\mathrm{d}P=\frac{2f}{D}\frac{G^2}{A^2}[v'+(v''-v')\chi]\mathrm{d}z+\frac{G^2}{A^2}(v''-v')\mathrm{d}\chi+\frac{g\sin\theta}{v'+(v''-v')\chi}\mathrm{d}z.$$

设流道长为 L,进、出口截面的质量含气率分别为零和 χ_e,且质量含气率 χ 沿流道线性变化即 $\chi=\frac{\chi_e}{L}z$,对上式积分,得

$$\Delta P=P_1-P_2=\frac{2f}{D}\frac{G^2}{A^2}L\left[v'+(v''-v')\frac{\chi_e}{2}\right]+\frac{G^2}{A^2}(v''-v')\chi_e$$

$$+\frac{gL\sin\theta}{(v''-v')\chi_e}\ln\left[1+\left(\frac{v''}{v'}-1\right)\chi_e\right]. \tag{10-31}$$

式(10-31)即为在上述假设条件下气液两相流体通过某一长为 L 的管段压差降落表达式，它可以用来计算总压降. 式中等号右侧第一项为摩擦阻力压降，它用以克服两相流与管壁间的摩擦力；第二项为加速压降，它用来改变两相流的运动速度；第三项为重位压降，它用以改变两相流的重力位能. 除了摩擦阻力系数 f 外，式(10-31)中的其他参数都可以由连续方程和热平衡条件计算得到.

10.2.2　两相流动的分流模型

分流模型是把两相流动看成为气、液两相各自独立的流动. 每相介质各有其真实平均速度和物性参数，为此要分别对每一相建立流体力学的基本方程. 这样一来就需要已知各相所占的流通截面份额、真实含气率和各相的实际速度；还要考虑气、液两相各自与流道壁面的摩擦作用力以及两相之间相互的摩擦作用. 为了取得这些数据，目前主要还是利用试验研究所得到的经验关系式. 近年来数值计算技术发展后，有些数据已可以通过数学模型靠解析计算求得. 分流模型建立的条件是：

(1) 气液两相介质分别有各自按所占流通截面计算的实际平均速度 w'' 和 w'；

(2) 气、液两相间可以有质量迁移(如水受热变为蒸汽)，且它们是在两相处于热力学平衡的条件下进行的；

(3) 除去流体力学基本方程式外，还需建立两相流动摩擦阻力折算系数与真实含气率、流动特性参数之间的补充关系式.

图 10-6 为一维稳定气液两相分流流动的示意图. 流道轴线与水平面的夹角为 θ；流道截面上两相介质各自的流动特性参数都为其平均值；两相界面上有质量转移；并设同一个垂直于流道轴线截面上的压力处处相等.

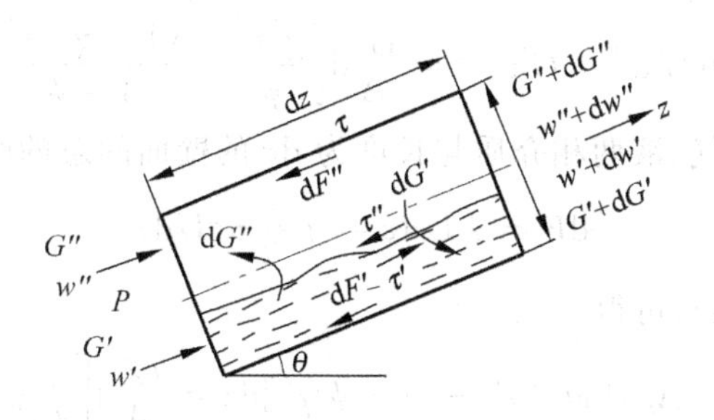

图 10-6　两相流动分流模型

由上述条件，可以列出流体力学基本方程.

(1) 连续方程

$$G'' = A''\rho''w'' = G\chi, \tag{10-32a}$$

$$G' = A'\rho'w' = G(1-\chi), \tag{10-32b}$$

$$dG'' = -dG', \tag{10-33}$$

式(10-33)表示气、液两相质量转移的平衡关系.

(2) 动量方程

对于气相,可以列出

$$PA'' - (P + dP)A'' - dF'' - \tau'' - \rho''gA''dz\sin\theta$$
$$= (G'' + dG'')(w'' + dw'') - G''w'' - w'dG'', \tag{a}$$

式中,dF''是气相与流道壁面接触部分的摩擦阻力;τ''是气、液两相界面上液相对气相的切向摩擦力;$w'dG''$是液相因蒸发成为气相而携带入气相的动量. 忽略高阶无穷小量,将式(a)化简可得

$$-A''dP - dF'' - \tau'' - \rho''gA''dz\sin\theta = G''dw'' + w''dG'' - w'dG''. \tag{b}$$

同样,可以列出液相的动量方程的原始形式

$$PA' - (P + dP)A' - dF' + \tau' - \rho'gA'dz\sin\theta$$
$$= (G' - dG')(w' + dw') + w'dG' - G'w', \tag{c}$$

忽略高阶无穷小量并化简式(c),得

$$-A'dP - dF' + \tau' - \rho'gA'dz\sin\theta = G'dw', \tag{d}$$

式中,dF'是液相与流道壁面接触部分的摩擦阻力;τ'是气、液两相界面上气相对液相的切向摩擦力,且$|\tau'| = |\tau''|$.

把式(b)和式(d)相加,并考虑到式(10-33),可得

$$-(A'' + A')dP - (dF'' + dF') - (A''\rho'' + A'\rho')g\sin\theta dz = d(G''w'' + G'w'), \tag{e}$$

注意到

$$A'' + A' = A,$$

$$A''\rho'' + A'\rho' = A[\phi\rho'' + (1-\phi)\rho'],$$

$$d(G''w'' + G'w') = \frac{G^2}{A}d\left[\frac{\chi^2 v''}{\phi} + \frac{(1-\chi)^2 v'}{1-\phi}\right],$$

而 $dF = dF'' + dF'$ 为气、液两相介质与长度为 dz 的壁面间总的摩擦阻力,

$$dF = \tau_0 U dz = f\frac{\rho}{2}w^2 U dz,$$

把上述各式代入式(e),可得

$$-AdP - dF - Ag\sin\theta[\phi\rho'' + (1-\phi)\rho']dz = \frac{G^2}{A}d\left[\frac{\chi^2}{\phi\rho''} + \frac{(1-\chi)^2}{(1-\phi)\rho'}\right], \tag{10-34a}$$

把上式改写成压降梯度的形式,可得两相流动分流模型的动量方程为

$$-\frac{dP}{dz} = \frac{1}{A}\frac{dF}{dz} + g\sin\theta[\phi\rho'' + (1-\phi)\rho']$$

$$+\frac{G^2}{A^2}\frac{\mathrm{d}}{\mathrm{d}z}\left[\frac{\chi^2}{\phi\rho''}+\frac{(1-\chi)^2}{(1-\phi)\rho'}\right]. \tag{10-34b}$$

(3) 能量方程式

由热力学第一定律

$$\delta q_0=\mathrm{d}h+\frac{1}{2}\mathrm{d}[\chi w''^2+(1-\chi)w'^2]+g\sin\theta\mathrm{d}z, \tag{a}$$

考虑到由摩擦阻力损失转化来的热量 δq_f 加入所考虑的系统中，还可以得到

$$\delta q_0+\delta q_f=\mathrm{d}h-[\chi v''+(1-\chi)v']\mathrm{d}P, \tag{b}$$

把式(b)减去式(a)，得到

$$\delta q_f=-[\chi v''+(1-\chi)v']\mathrm{d}P-\frac{1}{2}\mathrm{d}[\chi w''^2+(1-\chi)w'^2]-g\sin\theta\mathrm{d}z, \tag{c}$$

δq_f 中包含了两相介质与流道壁摩擦引起的机械能损耗和两相之间相对运动引起的机械能损耗所产生的热量之和. 若总的机械能损耗记为 $\mathrm{d}E$，则 $\mathrm{d}E=\mathrm{d}q_f$. 因为

$$\mathrm{d}[\chi w''^2+(1-\chi)w'^2]=\frac{G^2}{A^2}\mathrm{d}\left[\frac{\chi^3}{\rho''^2\phi^2}+\frac{(1-\chi)^3}{\rho'^2(1-\phi)^2}\right],$$

代入式(c)，整理得

$$-[\chi v''+(1-\chi)v']\mathrm{d}P=\mathrm{d}E+\frac{1}{2}\frac{G^2}{A^2}\mathrm{d}\left[\frac{\chi^3}{\rho''^2\phi^2}+\frac{(1-\chi)^3}{\rho'^2(1-\phi)^2}\right]+g\sin\theta\mathrm{d}z,$$

或写成压降梯度的形式，可得两相流动分流模型的能量方程为

$$-\frac{\mathrm{d}P}{\mathrm{d}z}=\rho\frac{\mathrm{d}E}{\mathrm{d}z}+\frac{\rho}{2}\frac{G^2}{A^2}\frac{\mathrm{d}}{\mathrm{d}z}\left[\frac{\chi^3}{\rho''^2\phi^2}+\frac{(1-\chi)^3}{\rho'^2(1-\phi)^2}\right]+\rho g\sin\theta, \tag{10-35}$$

式中 $\rho=\frac{1}{v}=\frac{1}{\chi v''+(1-\chi)v'}$. 式(10-35)称为两相流动分流模型的能量方程，为了更进一步说明能量方程中总机械能损耗项 $\mathrm{d}E$ 的意义，把式(10-35)两边乘以 $v\mathrm{d}z$，整理得

$$\mathrm{d}E=-v\mathrm{d}P-\frac{1}{2}\mathrm{d}[\chi w''^2+(1-\chi)w'^2]-g\sin\theta\mathrm{d}z, \tag{a}$$

把动量方程(10-34a)两边乘以 v/A，整理成为

$$v\mathrm{d}P+v\frac{\mathrm{d}F}{A}+vg\sin\theta[\phi\rho''+(1-\phi)\rho']\mathrm{d}z+\frac{vG}{A}\mathrm{d}[\chi w''+(1-\chi)w']=0, \tag{b}$$

合并式(a)和式(b)，可得分流模型中总机械能损耗为

$$\mathrm{d}E=v\frac{\mathrm{d}F}{A}+g\sin\theta\{v[\phi\rho''+(1-\phi)\rho']-1\}\mathrm{d}z$$
$$+\frac{vG}{A}\mathrm{d}[\chi w''+(1-\chi)w']-\frac{1}{2}\mathrm{d}[\chi w''^2+(1-\chi)w'^2]. \tag{10-36}$$

从式(10-36)可见，两相流动分流模型中的机械能损耗项包括：等式右边第一项为气、液两相流与流道壁面间的摩擦所引起的机械能损耗；右边第二项是因气、液两

相之间存在相对运动，重位压降变化时产生了机械能损耗；右边第三项和第四项是因气、液两相存在相对运动，加速压降变化时也产生了机械能损耗. 显然，当气、液两相间无相对运动，即 $w''=w'$、$\phi=\beta$ 时，式(10-36)中右边的第二项

$$g\sin\theta\{v[\phi\rho''+(1-\phi)\rho']-1\} = g\sin\theta\left[\frac{\phi\rho''+(1-\phi)\rho'}{\beta\rho''+(1-\beta)\rho'}-1\right]=0.$$

可以证明，此时式(10-36)右边第三项、第四项之和也为零. 这表明当气、液两相间相对运动消失，由相对运动引起的相间摩擦损失也消失，这相当于两相流动均流模型时的情形.

由上所述可知，两相流动分流模型动量方程中的摩阻项总是小于能量方程中的摩阻项. 当两相流动的流型为块状流或弹状流时，液膜还可能向下倒流，这时动量方程中的摩阻项可变为零或甚至成为负值.

两相流动的摩阻压降不能直接测出. 一般是在试验中测出两相流动总的压降，然后根据真实含气率 ϕ 值算出重位压降和加速压降. 摩阻压降则是从总压降中减去重位压降和加速压降得到. 因此在同样试验条件下，整理数据所依据的是动量方程或能量方程，最终所得到的摩阻压降数值是不同的. 绝大多数的两相流动研究都是以动量方程为基础进行数据处理的.

动量方程(10-34)和能量方程(10-35)除了可以用来对试验所测得的数据进行处理、得到摩擦阻力与各流动参数间的函数关系式外，还可用来计算气液两相流体流过流道时的总压降. 当然，这样做的前提是：需依靠经验公式首先求出真实含气率 ϕ，然后用两相流动摩擦阻力的全液相折算系数 ϕ_{L0}^2、全气相折算系数 ϕ_{g0}^2 或分液相折算系数 ϕ_L^2、分气相折算系数 ϕ_g^2 算出摩阻压降梯度 dP_f/dz.

分流模型一般用于分层流动和环状流动，其精确性比较高. 从建立模型的角度看，分流模型要比均模型更能反映两相流动的实际情况. 在数值计算两相流体力学中，两相流动的微分方程就是在确定流型的基础上按分流模型建立的.

10.3 气液两相流动中摩擦阻力、局部阻力及真实含气率的计算

10.3.1 气液两相流动中摩擦阻力的计算

在均流模型中，气液两相介质被看成为“单相介质”，其物性参数是气、液两相对应参数的平均值. 在直径为 D 的圆管中，长 dz 管段中两相流动的摩擦阻力压降梯度 dP_f/dz 为

$$\frac{dP_f}{dz}=\frac{1}{A}\frac{dF}{dz}=\frac{4f}{D}\frac{\rho}{2}w^2.$$

若把气、液两相介质都折算成液相时，全部液相流过同一管段的全液相摩擦阻力压降梯度 dP_{L0}/dz 为

$$\frac{dP_{L0}}{dz}=\frac{1}{A}\frac{dF_{L0}}{dz}=\frac{4f_{L0}}{D}\frac{\rho'}{2}w_0^2,$$

以上两式中，dF 为两相流体流过长 dz 管段的摩擦阻力损失，$dF=f\frac{\rho w^2}{2}\pi Ddz$；$\rho$ 为流动密度；w 为流量速度；dF_{L0} 为两相流体全部折算成液相时流过 dz 的摩擦阻力损失，$dF_{L0}=f_{L0}\frac{\rho' w_0^2}{2}\pi Ddz$；$\rho'$为液相密度；$w_0$ 为两相介质的循环速度；f 为两相流动的摩擦阻力系数；f_{L0} 为全液相摩擦阻力系数. 引入两相流动摩擦阻力全液相折算系数 ϕ_{L0}^2

$$\phi_{L0}^2=\frac{dF}{dF_{L0}}=\frac{dP_f/dz}{dP_{L0}/dz}. \tag{10-37}$$

两相流动摩擦阻力的全液相折算系数 ϕ_{L0}^2 等于气液两相流动的摩擦阻力与气液两相折算为全液相流动时流过同一管段的摩擦阻力之比.

这种用全液相摩擦阻力为基础的折算方法在气相份额较大时误差较大. 所以当气、液两相流动中气相所占的份额较大时，常用全气相的摩擦阻力为基础进行折算. 按照同样的方法，引入气液两相流动摩擦阻力的全气相折算系数 ϕ_{g0}^2

$$\phi_{g0}^2=\frac{dF}{dF_{g0}}=\frac{dP_f/dz}{dP_{g0}/dz}, \tag{10-38}$$

式中 $dF_{g0}=f_{g0}\frac{\rho'' w''^2_{g0}}{2}\pi Ddz$ 为两相流全部为气相时流过同一流道的阻力.

还可以定义两相流动摩擦阻力的分液相折算系数 ϕ_L^2 为

$$\phi_L^2=\frac{dF}{dF_L}=\frac{dP_f/dz}{(dP_f/dz)_L}. \tag{10-39}$$

定义两相流动摩擦阻力的分气相折算系数 ϕ_g^2 为

$$\phi_g^2=\frac{dF}{dF_g}=\frac{dP_f/dz}{(dP_f/dz)_g}, \tag{10-40}$$

式中 dF_L 为两相流体中的液相单独流过 dz 管段的摩擦阻力损失；dF_g 为两相流体中的气相单独流过 dz 管段的摩擦阻力损失.

$$dF_L=f_L\frac{\rho' w'^2_0}{2}\pi Ddz;\quad dF_g=f_g\frac{\rho'' w''^2_0}{2}\pi Ddz.$$

在求两相流动的摩擦阻力时，一般都应用式(10-37)～式(10-40)所定义的摩擦阻力的折算系数来进行. 以上各式中的 dF_{L0}、dF_{g0}、dF_L、dF_g 均为单相流体流动时的摩擦阻力，可以用流体力学中的有关知识进行计算. 问题的关键在于确定上述表达式中出现的两相流动摩擦阻力的折算系数. 这时，两相流动的摩擦阻力压降梯度可表示为

$$\frac{\mathrm{d}P_{\mathrm{f}}}{\mathrm{d}z}=\phi_{\mathrm{L0}}^{2}\frac{\mathrm{d}P_{\mathrm{L0}}}{\mathrm{d}z},\tag{10-41}$$

或

$$\frac{\mathrm{d}P_{\mathrm{f}}}{\mathrm{d}z}=\phi_{\mathrm{g0}}^{2}\frac{\mathrm{d}P_{\mathrm{g0}}}{\mathrm{d}z},\tag{10-42}$$

$$\frac{\mathrm{d}P_{\mathrm{f}}}{\mathrm{d}z}=\phi_{\mathrm{L}}^{2}\frac{\mathrm{d}P_{\mathrm{L}}}{\mathrm{d}z},\tag{10-43}$$

$$\frac{\mathrm{d}P_{\mathrm{f}}}{\mathrm{d}z}=\phi_{\mathrm{g}}^{2}\frac{\mathrm{d}P_{\mathrm{g}}}{\mathrm{d}z}.\tag{10-44}$$

在两相流体力学的发展过程中，为确定气液两相流动的摩擦阻力折算系数，一直进行着大量试验研究工作. 人们试图用解析方法来解决这个问题. 但由于问题复杂，直到目前仍只能靠通过试验数据的关联，得出经验关系式来解决问题. 以下将简要介绍一下确定气液两相流动摩擦阻力折算系数的方法.

在均流模型中，气液两相介质被看成为"单相介质"，其物性参数是气、液两相对应参数的平均值. 在直径为 D、长 $\mathrm{d}z$ 的圆管段中两相流动的摩擦阻力 $\mathrm{d}F$ 为

$$\mathrm{d}F=\tau U\mathrm{d}z=f\frac{\rho w^{2}}{2}\pi D\mathrm{d}z,\tag{a}$$

若把气、液两相介质全部折算成液相时，全部液相流过相同管段的摩擦阻力 $\mathrm{d}F_{\mathrm{L0}}$ 为

$$\mathrm{d}F_{\mathrm{L0}}=f_{\mathrm{L0}}\frac{\rho' w_{0}^{2}}{2}\pi D\mathrm{d}z.\tag{b}$$

按照两相流动摩擦阻力全液相折算系数的定义

$$\phi_{\mathrm{L0}}^{2}=\frac{\mathrm{d}F}{\mathrm{d}F_{\mathrm{L0}}},$$

则

$$\phi_{\mathrm{L0}}^{2}=\frac{f}{f_{\mathrm{L0}}}\cdot\frac{\frac{\rho^{2}}{2}w^{2}}{\frac{\rho'^{2}}{2}w_{0}^{2}}\frac{\rho'}{\rho}=\frac{f}{f_{\mathrm{L0}}}\cdot\frac{\rho'}{\rho},$$

因为

$$\rho^{2}w^{2}=\rho'^{2}w_{0}^{2},$$

所以

$$\phi_{\mathrm{L0}}^{2}=\frac{f}{f_{\mathrm{L0}}}\left[1+\left(\frac{v''}{v'}-1\right)\chi\right].\tag{10-45}$$

通常，全液相摩擦阻力系数 f_{L0} 按湍流光滑管区的布拉修斯公式计算

$$f_{\mathrm{L0}}=\frac{\lambda_{\mathrm{L0}}}{4}=\frac{1}{4}\frac{0.3164}{Re_{\mathrm{L0}}^{0.25}}=0.0791\left(\frac{GD}{A\mu'}\right)^{-0.25},\tag{a}$$

而气液两相流动的摩擦阻力系数 f 则由 w 和平均粘度 $\bar{\mu}$ 按布拉修斯公式计算

$$f=\frac{\lambda}{4}=\frac{1}{4}\frac{0.3164}{Re^{0.25}}=0.0791\left(\frac{GD}{A\bar{\mu}}\right)^{-0.25} \tag{b}$$

在均流模型中，两相介质平均粘度的求法有许多经验公式.一般，平均粘度计算公式应满足下列条件：当质量含气率 $\chi=0$ 时，$\bar{\mu}=\mu'$；当 $\chi=1$ 时，$\bar{\mu}=\mu''$.

较常见的计算平均粘度的经验公式有

(1) 麦克达姆(McAdams)计算式

$$\frac{1}{\bar{\mu}}=\frac{\chi}{\mu''}+\frac{1-\chi}{\mu'}. \tag{c}$$

(2) 西克奇蒂(Cicchitti)计算式

$$\bar{\mu}=\chi\mu''+(1-\chi)\mu'. \tag{d}$$

(3) 德克勒(Dukler)计算式

$$\bar{\mu}=\rho[\chi v''\mu''+(1-\chi)v'\mu'], \tag{e}$$

若把式(a)、式(b)和式(c)代入式(10-45)，则可得按麦克达姆平均粘度计算式得到摩擦阻力全液相折算系数

$$\phi_{L0}^{2}=\left[1+\chi\left(\frac{\mu'-\mu''}{\mu''}\right)\right]^{-\frac{1}{4}}\left[1+\left(\frac{v''}{v'}-1\right)\chi\right]. \tag{10-46}$$

这种用全液相摩擦阻力为基础的折算方法在气相份额较大时误差较大.所以当气液两相流动中气相所占的份额较大时，常用全气相的摩擦阻力为基础进行折算.引入气液两相流动摩擦阻力的全气相折算系数 ϕ_{g0}^{2}，按照同样的方法可得

$$\phi_{g0}^{2}=\left[\frac{\mu''}{\mu'}+\left(1-\frac{\mu''}{\mu'}\right)\chi\right]^{-\frac{1}{4}}\left[\frac{v'}{v''}+\left(1-\frac{v'}{v''}\right)\chi\right]. \tag{10-47}$$

按分流模型来处理两相流动的摩擦阻力数据的报道很多，这里择要介绍如下.

1. 罗卡特-马蒂纳里(Lockhort-Martinelli)关系式

罗卡特和马蒂纳里是最先提出水平管中气液两相流动摩阻压降梯度计算普遍关系式的学者.这个关系式也可用来求取适合分流模型处理的各种气液两相流动的摩阻压降梯度.

首先假定气液两相间无相互作用，即两相流动中气相的摩阻压降梯度 $\mathrm{d}P_{fg}/\mathrm{d}z$ 和液相的摩阻压降梯度 $\mathrm{d}P_{fL}/\mathrm{d}z$ 等于各相单独流过该相所占流通截面时的摩阻压降梯度；且气、液相的摩阻压降梯度彼此相等，并等于两相流动的摩阻压降梯度 $\mathrm{d}P_{f}/\mathrm{d}z$，即

$$\frac{\mathrm{d}P_{f}}{\mathrm{d}z}=\frac{\mathrm{d}P_{fL}}{\mathrm{d}z}=\frac{\mathrm{d}P_{fg}}{\mathrm{d}z}. \tag{a}$$

液相单独流过该相所占流通截面时的摩阻压降梯度可表示为

$$\frac{\mathrm{d}P_{fL}}{\mathrm{d}z}=\frac{4f_{L0f}}{D'}\frac{\rho'w'^{2}}{2}=\frac{2f_{L0f}}{D'}\frac{G^{2}(1-\chi)^{2}}{A^{2}(1-\phi)^{2}}v', \tag{b}$$

式中 D' 是液相在两相流中所占流通截面 A' 的当量直径；f_{L0f} 是液相在 A' 中流动时的摩擦阻力系数.

气相单独流过该相所占流通截面时的摩阻压降梯度可表示成

$$\frac{\mathrm{d}P_{\mathrm{fg}}}{\mathrm{d}z}=\frac{4f_{\mathrm{g0f}}}{D''}\frac{\rho''w''^2}{z}=\frac{2f_{\mathrm{g0f}}}{D''}\frac{G^2}{A^2}\frac{\chi^2}{\phi^2}v'', \tag{c}$$

式中 D'' 是气相在两相流中所占流通截面 A'' 的当量直径；f_{g0f} 是气相在 A'' 中流动时的摩擦阻力系数.

若以 $\left(\frac{\mathrm{d}P_{\mathrm{f}}}{\mathrm{d}z}\right)_{\mathrm{L}}$ 和 $\left(\frac{\mathrm{d}P_{\mathrm{f}}}{\mathrm{d}z}\right)_{\mathrm{g}}$ 分别表示液相和气相单独流过整个通道截面 A 时的摩阻压降梯度，有

$$\left(\frac{\mathrm{d}P_{\mathrm{f}}}{\mathrm{d}z}\right)_{\mathrm{L}}=\frac{4f_{\mathrm{L}}}{D}\frac{\rho'w_0'^2}{2}=\frac{2f_{\mathrm{L}}}{D}\frac{G^2}{A^2}(1-\chi)^2v', \tag{d}$$

$$\left(\frac{\mathrm{d}P_{\mathrm{f}}}{\mathrm{d}z}\right)_{\mathrm{g}}=\frac{4f_{\mathrm{g}}}{D}\frac{\rho''w_0''^2}{2}=\frac{2f_{\mathrm{g}}}{D}\frac{G^2}{A^2}\chi^2v'', \tag{e}$$

式中，D 是两相流的管道直径；f_{L} 是液相单独流过通道时的分液相摩擦阻力系数. f_{g} 是气相单独流过通道时的分气相摩擦阻力系数.

由式(10-39)、式(10-40)及式(a)～式(e)，可得摩擦阻力的分液相折算系数为

$$\phi_{\mathrm{L}}^2=\frac{f_{\mathrm{L0f}}}{f_{\mathrm{L}}}\frac{D}{D'}\frac{1}{(1-\phi)^2}. \tag{10-48}$$

式中的摩擦阻力系数都应与各自对应的雷诺数 Re 数有关，并按通用的布拉修斯公式计算

$$f_{\mathrm{L0f}}=CRe_{\mathrm{L0f}}^{-n}=C\left(\frac{\rho'w'D'}{\mu'}\right)^{-n}=C\left(\frac{G'D'}{A'\mu'}\right)^{-n},$$

$$f_{\mathrm{L}}=CRe_{\mathrm{L}}^{-n}=C\left(\frac{\rho'w_0D}{\mu'}\right)^{-n}=C\left(\frac{G'D}{A\mu'}\right)^{-n}.$$

把以上两式代入式(10-48)，并注意到 $\frac{A'}{A}=\left(\frac{D'}{D}\right)^2=1-\phi$，$w_0'=(1-\phi)w'$，即可得

$$\phi_{\mathrm{L}}^2=(1-\phi)^{\frac{n-5}{2}}. \tag{10-49}$$

用同样方法可推导出分气相折算系数的表达式

$$\phi_{\mathrm{g}}^2=\phi^{\frac{n-5}{2}}. \tag{10-50}$$

罗卡特和马蒂纳里为了数据处理方便，引进了参数 X，简称马蒂纳里参量，并定义

$$X^2=\frac{(\mathrm{d}P_{\mathrm{f}}/\mathrm{d}z)_{\mathrm{L}}}{(\mathrm{d}P_{\mathrm{f}}/\mathrm{d}z)_{\mathrm{g}}}=\frac{\phi_{\mathrm{g}}^2}{\phi_{\mathrm{L}}^2}, \tag{10-51}$$

把式(10-49)和式(10-50)代入式(10-51)可得

$$X^2=\left(\frac{\phi}{1-\phi}\right)^{\frac{n-5}{2}},\tag{10-52}$$

移项后化简得

$$\phi=(1+X^{\frac{4}{5-n}})^{-1},\tag{10-53}$$

把式(10-53)代入式(10-49)和式(10-50),得

$$\phi_L^2=(X^{\frac{4}{n-5}}+1)^{\frac{5-n}{2}},\tag{10-54}$$

$$\phi_g^2=(X^{\frac{4}{5-n}}+1)^{\frac{5-n}{2}}.\tag{10-55}$$

上述各式显示的结果表明,两相流动摩擦阻力的分气相、分液相折算系数可以用马蒂纳里参数 X 加以整理. 对于一定的 n 值(n 取决于层流或湍流等流态),ϕ_L^2、ϕ_g^2 以及真实含气率 ϕ 都只是 X 的函数,这就为整理两相流的摩擦阻力和真实含气率的数据提供了很大的方便.

马蒂纳里参数 X 可以通过气、液两相的物性参数和质量含气率把它表示出来,即

$$X^2=\frac{f_L}{f_g}\left(\frac{1-\chi}{\chi}\right)^2\frac{v'}{v''}.$$

应用布拉修斯公式,把阻力系数表示为:$f=CRe^{-n}$的形式,即可把上式化为

$$X^2=\left(\frac{\mu'}{\mu''}\right)^n\left(\frac{1-\chi}{\chi}\right)^{2-n}\frac{v'}{v''}.\tag{10-56}$$

图 10-7 所示的是根据试验数据绘成的 ϕ_L^2(或 ϕ_g^2)、真实含气率 ϕ 与 X 的关系曲线. 上述数据被分为四组,分组原则是看气液两相各自单独流过同一管道时的流态是层流还是湍流,即

层流-层流(LL): $Re_L=\dfrac{\rho' w_0' D}{\mu'}\leqslant 1000,$

$Re_g=\dfrac{\rho'' w_0'' D}{\mu''}\leqslant 1000.$

层流-湍流(LT): $Re_L\leqslant 1000; Re_g>1000.$

湍流-层流(TL): $Re_L>1000; Re_g\leqslant 1000.$

湍流-湍流(TL): $Re_L>1000; Re_g>1000.$

图 10-7 上的分相折算系数 ϕ_L^2、ϕ_g^2 与 X 的关系曲线后来由奇斯霍姆(Chisholm)关联成如下函数表达式:

$$\phi_L^2=1+\frac{C}{X}+\frac{1}{X^2},\tag{10-57a}$$

$$\phi_g^2=1+CX+X^2.\tag{10-57b}$$

系数 C 的数值由奇斯霍姆推荐如表 10-1.

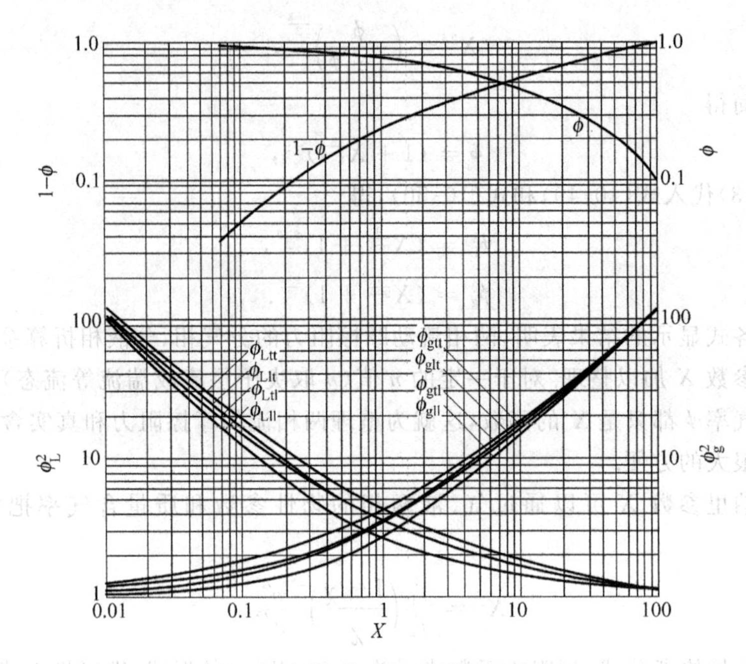

图10-7　ϕ_L^2,ϕ_g^2,ϕ和X的关系曲线

表10-1　公式(10-57)中的系数C

液相$Re_L=\frac{\rho' w_0' D}{\mu'}$	气相$Re_g=\frac{\rho'' w_0'' D}{\mu''}$	代号	系数C
湍流$Re_L>1000$	湍流$Re_g>1000$	T-T	20
层流$Re_L\leqslant 1000$	湍流$Re_g>1000$	L-T	12
湍流$Re_L>1000$	层流$Re_g\leqslant 1000$	T-L	16
层流$Re_L\leqslant 1000$	层流$Re_g\leqslant 1000$	L-L	5

2. 马蒂纳里-内尔逊(Martinelli-Nelson)关系式

罗卡特-马蒂纳里关系式是以低压的(接近于大气压力)空气-水和空气-油的试验数据为依据整理出来的,不能用于高压汽、水两相流动系统.马蒂纳里和内尔逊利用图10-7中的曲线作为大气压力下的基准;临界状态时视作单相流;中间压力的数值用内插法确定,并用戴维逊(Davidson)的汽水混合物试验数据进行校核.由此得到压力从0.1MPa到22.13MPa、质量含气率χ从1%到100%的分液相折算系数ϕ_L^2与马蒂纳里参量X之间的一系列关系曲线.然后据此转换成全液相折算系数ϕ_{L0}^2和χ的关系曲线,如图10-8所示.

对于沿管长均匀受热的蒸发管段,因为χ沿管段在变化,所以需要沿管道流动方

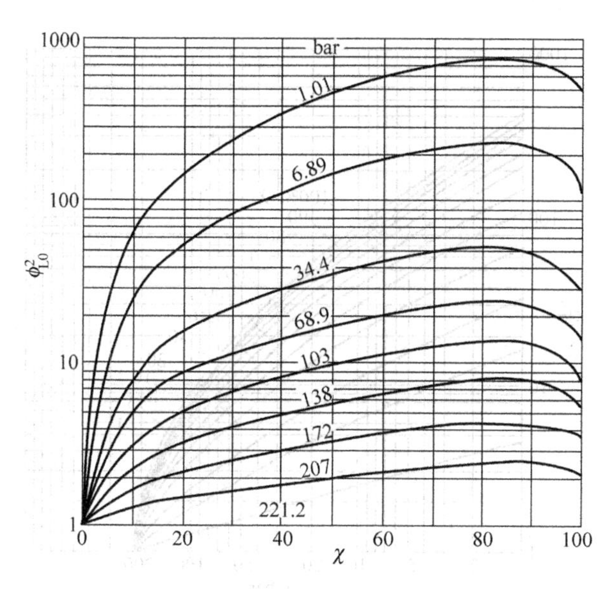

图 10-8 ϕ_{L0}^2和 χ 的关系曲线

向进行积分，以求取长为 L 管段的平均全液相折算系数$\overline{\phi}_{L0}^2$

$$\overline{\phi}_{L0}^2 = \frac{1}{L}\int_0^L \phi_{L0}^2 \, dz. \tag{10-58}$$

植田辰洋(Tatsuhiro Ueda)提出由如下公式代替以上积分来计算平均全液相折算系数，

$$\overline{\phi}_{L0}^2 = 1 + 1.20\chi_e^{3(1+0.01\rho'/\rho'')/4}\left[\left(\frac{\rho'}{\rho''}\right)^{0.8} - 1\right]. \tag{10-59}$$

当压力 $P>0.686\text{MPa}$ 时，式(10-59)可用下列近似公式代替.

出口质量含气率 $0\leqslant\chi_e\leqslant0.5$ 时

$$\overline{\phi}_{L0}^2 = 1 + 1.3\chi_e\left[\left(\frac{\rho'}{\rho''}\right)^{0.85} - 1\right], \tag{10-60a}$$

出口质量含气率 $0.5<\chi_e\leqslant1$ 时

$$\overline{\phi}_{L0}^2 = 1 + \chi_e\left[\left(\frac{\rho'}{\rho''}\right)^{0.9} - 1\right]. \tag{10-60b}$$

不同压力和不同出口 χ_e 时的平均全液相折算系数$\overline{\phi}_{L0}^2$的关系如图 10-9 所示.

3. 巴罗塞(Baroczy)关系式

马蒂纳里-内尔逊关系式可用于气、液两相都为湍流的高压水蒸气和其他气液两相流动的摩阻压降梯度的计算. 但无论是 L-M 关系式或 M-N 关系式都未考虑两相介质的质量流量 G/A 对摩擦阻力全液相折算系数 ϕ_{L0}^2 的影响. 试验结果表明，在一定的质量含气率 χ 时，随着 G/A 的增大，ϕ_{L0}^2 值有明显的下降. 质量流量 $G/A<$

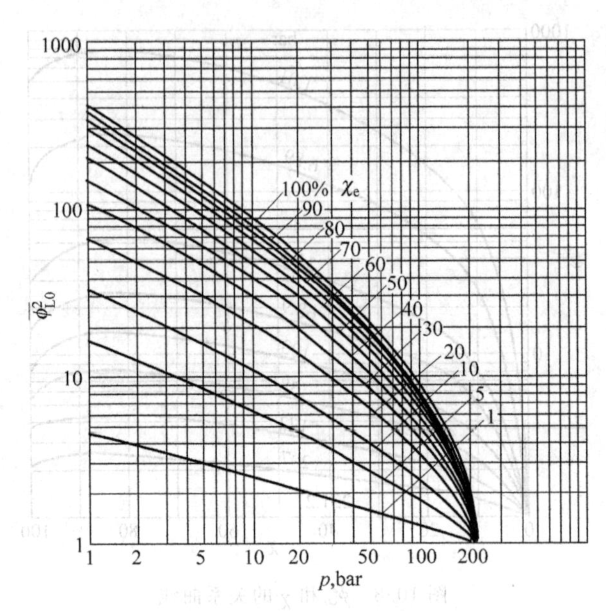

图 10-9　M-N 法的平均全液相折算系数(均匀受热)

1300kg/m^2 · s 时,试验数据与马蒂纳里-内尔逊关系式的计算比较符合;而质量流量 $G/A>2500$kg/m^2 · s 时,由试验数据整理的 ϕ^2_{L0} 值则与均流模型中得出的摩擦阻力全液相折算系数计算公式(10-46)的结果较接近.

巴罗塞整理了大量两相流动的试验数据,并据此提出了计入质量流量影响的两相流动摩阻压降梯度的计算方法.巴罗塞绘出了两组曲线.其中第一组曲线(图 10-10)是在质量流量不变且等于 1356kg/m^2 · s 的条件下,以质量含气率 χ 为参变量,全液相折算系数 $\phi^2_{L0(1356)}$ 与物性参数 $\left(\frac{\mu'}{\mu''}\right)^{0.2}\cdot\frac{\rho''}{\rho'}$ 的关系曲线;第二组曲线(图 10-11)是质量流量的大小对全液相折算系数影响的修正系数 Ω 与物性参数 $\left(\frac{\mu'}{\mu''}\right)^{0.2}\cdot\frac{\rho''}{\rho'}$ 的关系曲线.两相流动的摩阻压降梯度则可以按下式计算:

$$\frac{\mathrm{d}P_f}{\mathrm{d}z}=\frac{2f_{L0}}{D}\frac{G^2}{A^2}\frac{\phi^2_{L0(1356)}}{\rho'}\cdot\Omega. \tag{10-61a}$$

图 10-10 和图 10-11 只提供了五种质量流量 G/A 下的修正系数 Ω 值.若计算中给定的质量流量 G/A 不同于图中所列的五种质量流量,则可先按与此质量流量邻近的两个质量流量 G_1/A 和 G_2/A,从图中查得 Ω_1 和 Ω_2,然后按下式求出对应该质量流量的修正系数 Ω

$$\Omega=\Omega_2+\frac{\lg\frac{G_2}{G}}{\lg\frac{G_2}{G_1}}(\Omega_1-\Omega_2). \tag{10-61b}$$

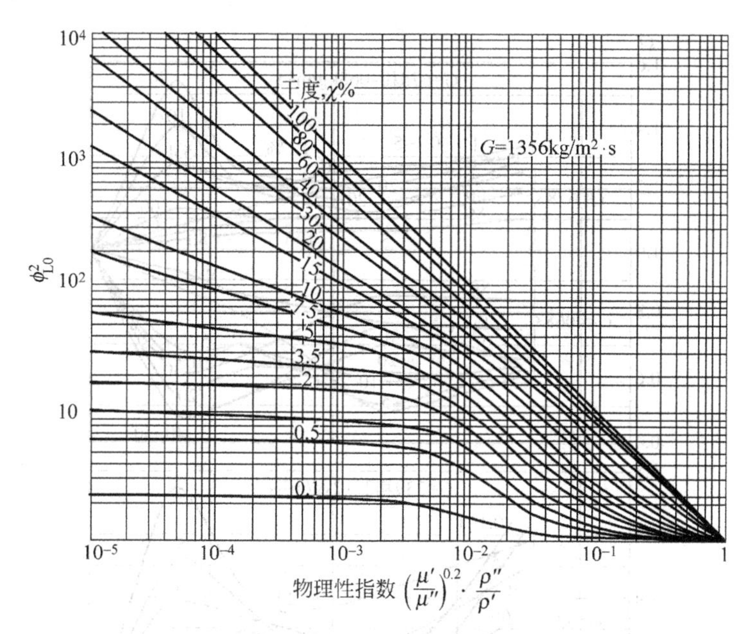

图 10-10 巴罗塞全液相折算系数 ϕ^2_{L0}

巴罗塞的经验曲线是广泛应用且较为成功的关系曲线. 除汽、水两相流动系统外,它还可以用于其他种类的气液两相流动,其缺点是必须以图线进行计算.

在以上介绍的三种计算两相流动摩阻压降的关系式中,L-M 关系式只适用于低压两相流动;M-N 关系式适合于计算低质量流量($G/A\leqslant 1360\text{kg/m}^2\cdot\text{s}$)下的气液两相流动;巴罗塞关系式的适用范围较广,其缺点是修正系数 Ω 只能查图线获得;三种关系式基本上都适用于各种流型. 计算气液两相流动摩阻压降梯度的关系式还有许多种,这里不再介绍,有兴趣者可参阅有关气液两相流的专著.

10.3.2 气液两相流动中真实含气率的计算

真实含气率 ϕ 是气液两相流动的重要参数之一,其值准确与否对两相流动的重位压降和加速压降的计算结果会产生影响.

精确测量真实含气率相当困难. 不同的测量手段,往往会得出不同测量的结果. 这也是目前真实含气率存在多种计算方法的原因之一. 在实践中,一般都采用计算所得总压降的精确度作为校核真实含气率是否准确的标准.

气液两相流动的均流模型和分流模型是两个应用很广的模型,但从这两个模型出发得到的真实含气率和试验结果都不大相符. 所以,确定真实含气率的其他模型以及相应的经验、半经验的公式随之相继产生. 为精确建立计算真实含气率的模型,必

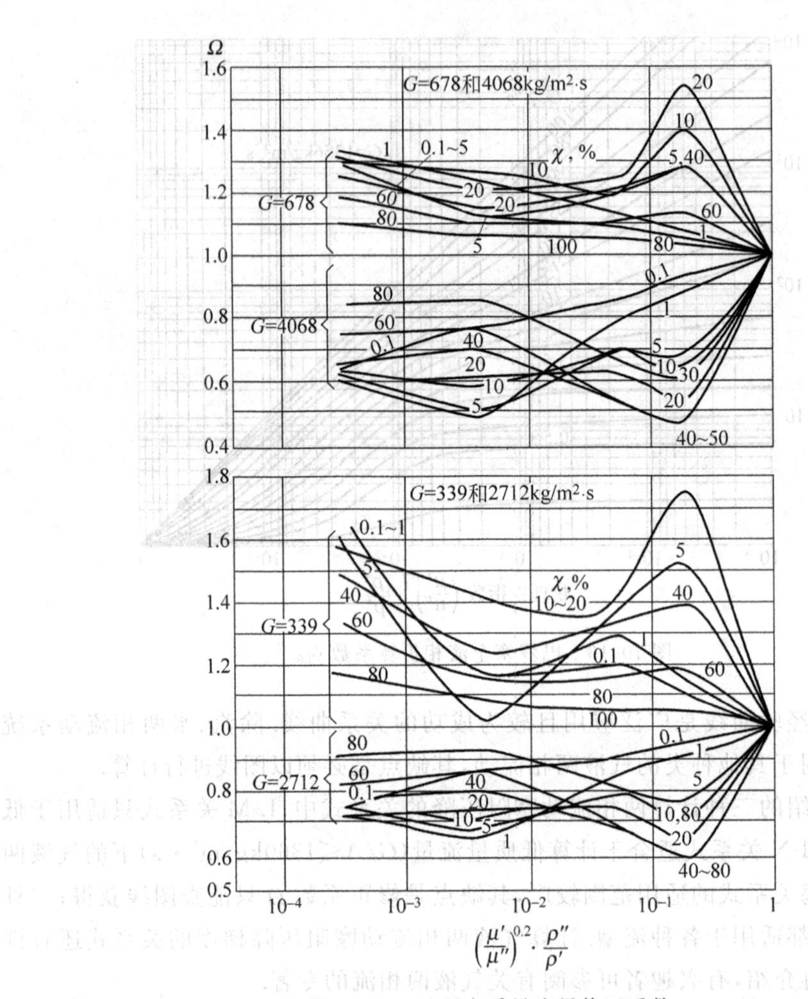

图 10-11 巴罗塞质量流量修正系数

须考虑两相流动具体的流型. 因为在不同流型中,两相流动的速度分布、两相的相对速度以及真实含气率的分布等都会有较大的差别. 本节只介绍几种简单的确定真实含气率的计算方法,欲得到更精确的计算公式. 请参阅有关气液两相流的专著.

(1) 在均流模型中,由于假设了 $w'=w''$,滑动比 $s=1$. 所以,直接得到真实含气率等于容积含气率:

$$\phi=\beta=\frac{\chi}{\dfrac{\rho''}{\rho'}+\chi\left(1-\dfrac{\rho''}{\rho'}\right)}. \tag{10-62}$$

由于没有考虑气、液两相间的相对速度(滑动),由均流模型得出计算真实含气率的式(10-62)与实际情况差别较大. 一般只适用高压或低质量含气率 χ 的场合.

(2) 在分流模型中，由 10.2 节的式(10-53)可知，真实含气率可以表示为马蒂纳里参量的函数，即罗卡特-马蒂纳里关系式(L-M 关系式)

$$\phi=(1+X^{\frac{4}{5-n}})^{-1}.$$

ϕ 与 X 的关系曲线已表示在图 10-8 中. 从图中可以看到，两者的关系与流态无关. 用这一方法求真实含气率对于低压和非汽水混合物质比较适合，当 $X>100$ 时，此法不再适用.

为找出真实含气率与特征参数的关系，以下限于讨论圆管内的环状流动，并假设液相全部附于管壁形成环形液膜且液膜的厚度 δ 相对于管径 D 是一个小量. 按照分流模型的假设，此时液相与管壁的摩阻压降梯度即为两相流的摩阻压降梯度. 于是

$$\frac{\mathrm{d}P_{\mathrm{f}}}{\mathrm{d}z}=\frac{4f}{D}\frac{\rho'}{2}w'^{2}=\frac{2f}{D}\frac{G^{2}}{A^{2}}\frac{(1-\chi)^{2}}{(1-\phi)^{2}}v', \tag{a}$$

$$\left(\frac{\mathrm{d}P_{\mathrm{f}}}{\mathrm{d}z}\right)_{\mathrm{L}}=\frac{4f_{\mathrm{L}}}{D}\frac{\rho'}{2}w_{0}'^{2}=\frac{2f_{\mathrm{L}}}{D}\frac{G^{2}}{A^{2}}(1-\chi)^{2}v'. \tag{b}$$

由分液相折算系数 ϕ_{L}^{2} 的定义以及式(a)、式(b)可得

$$\phi_{\mathrm{L}}^{2}=\frac{f}{f_{\mathrm{L}}}\cdot\frac{1}{(1-\phi)^{2}}. \tag{c}$$

注意到环状液膜的当量直径 D' 为

$$D'=\frac{4A'}{\pi D}=\frac{4\left[\frac{\pi}{4}D^{2}-\frac{\pi}{4}(D-2\delta)^{2}\right]}{\pi D}=4\delta-\frac{4\delta^{2}}{D}\cong 4\delta, \tag{d}$$

应用布拉修斯公式来计算摩阻系数 f 和 f_{L}，结合式(d)，可得

$$\frac{f}{f_{\mathrm{L}}}=\frac{C\left(\frac{\rho' w' D'}{\mu'}\right)^{-n}}{\left(\frac{\rho' w_{0}' D}{\mu'}\right)^{-n}}=\left(\frac{w_{0}'D}{w'4\delta}\right)^{n}=\left[\frac{w_{0}'\frac{\pi}{4}D^{2}}{w'\pi D\delta}\right]^{n}=1, \tag{e}$$

把式(e)代入式(c)，即可得分液相折算系数与真实含气率的关系式

$$\phi_{\mathrm{L}}^{2}=\frac{1}{(1-\phi)^{2}}. \tag{10-63}$$

若取气、液两相都是湍流的流态，由奇斯霍姆关联式(10-57a)即可得

$$\frac{1}{(1-\phi)^{2}}=1+\frac{20}{X}+\frac{1}{X^{2}}. \tag{10-64}$$

由式(10-64)可以方便地求得真实含气率. 若注意到

$$\frac{4\delta}{D}=\frac{\pi D\delta}{\frac{\pi}{4}D^{2}}=\frac{A'}{A}=1-\phi,$$

在求得 ϕ 之后还可以方便地估算出环形液膜的厚度 δ.

式(10-63)是真实含气率与两相流动摩擦阻力分液相折算系数之间的关系式.它虽然是根据环状流动的分流模型所导得的,但也反映了其他分流模型的关系与一些试验数据是符合的.马蒂纳里和内尔逊据此关系在T-T组合的流动条件下整理了汽、水两相在低压状态下的ϕ和质量含气率χ的关系.在临界状态取$\phi=\beta=\chi$,中间压力的数据由内插法决定,绘制了汽水两相流动ϕ与χ的关系曲线如图10-12所示.

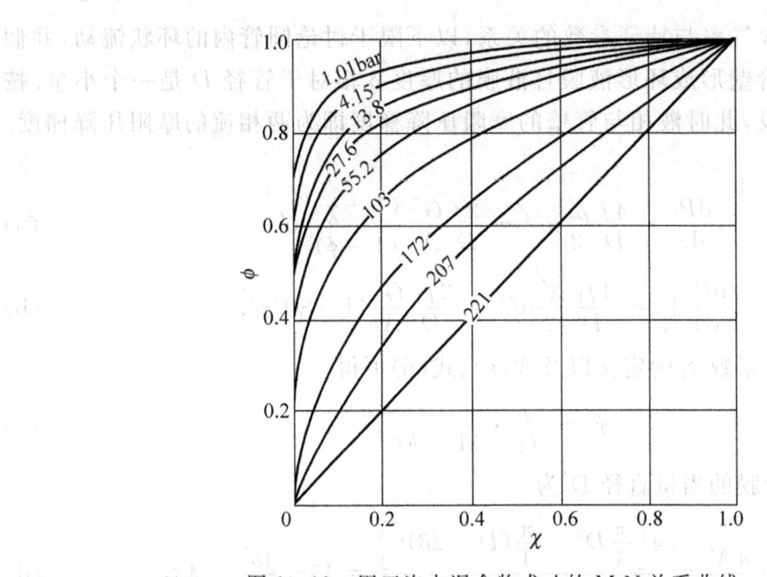

图10-12 用于汽水混合物求ϕ的M-N关系曲线

试验表明,真实含气率也会受质量流量的影响.对于一定的质量含气率χ,ϕ值将随质量流量的增大而增大.图10-12所示的曲线大致相当于质量流量为$1000\text{kg/m}^2\cdot\text{s}$时的$\phi$值.

(3) 利用滑动比s求真实含气率

由式(10-10)和式(10-24),可以很容易地把真实含气率表示为质量含气率χ、容积含气率β和滑动比s的关系,即

$$\phi=\frac{\chi\rho'}{X\rho'+s\rho''(1-\chi)},\tag{10-65a}$$

或

$$\phi=\frac{\beta}{\beta+s(1-\beta)}.\tag{10-65b}$$

若能确定滑动比s,则可由以上两式算出真实含气率ϕ.

决定滑动比的经验或半经验公式很多,比如兹维(zivi)根据最小熵理论推导出了一个简单的公式

$$s=\left(\frac{\rho'}{\rho''}\right)^{\frac{1}{3}}. \tag{10-66}$$

此式很简单，但滑动比的计算值比试验值小，且相差颇远，故只能用于粗略估算.

奇斯霍姆也曾提出一个两相流动滑动比的简单关系式

$$s=\frac{1}{C}\sqrt{\frac{\rho'}{\rho_0}}. \tag{10-67}$$

在大质量流量和较高压力时，式(10-67)中的系数 C 接近于 1. 所以奇斯霍姆假设在湍流程度很大时，$C=1$. 式(10-67)即成为

$$s=\sqrt{\frac{\rho'}{\rho_0}}. \tag{10-68}$$

这一公式既简单且便于应用，而且在 $\beta<0.9$ 的范围内与汽水混合物的试验数据符合得相当好.

(4) 计算真实含气率的经验公式

由于气液两相流动机理很复杂，有些人直接根据试验数据建立了计算真实含气率的经验关系式. 一般都把 ϕ 直接表示为 β 的线性函数

$$\phi=C\beta, \tag{10-69}$$

式中系数 C 由试验数据决定. 阿曼特推荐在 $0\leqslant\beta\leqslant0.91$ 范围内，C 可取 0.833.

休马克(Hughmark)根据大量的试验结果，提出了式(10-69)中系数 C 的解析表达式，把 C 表示为 Z 的函数. 先根据下式计算出 Z

$$Z=\left[\frac{DG/A}{(1-\phi)\mu'+\phi u''}\right]^{\frac{1}{6}}\left(\frac{w^2}{gD}\right)^{\frac{1}{8}}(1-\beta)^{-\frac{1}{4}}, \tag{10-70a}$$

当 $Z<10$ 时

$$C=-0.16376+0.31037Z-0.03525Z^2+0.001366Z^3, \tag{10-70b}$$

当 $Z>10$ 时

$$C=0.75545+0.003583Z-0.1436\times10^{-4}Z^2, \tag{10-70c}$$

而后，再由所得的 C 代入式(10-69)求取 ϕ. 确定 ϕ 的过程需经过迭代试算，宜用计算机来完成. 应用这个方法求取 ϕ 的精确性较高，可以应用于各种气液两相介质的流动.

其他尚有很多计算 ϕ 的经验或半经验公式，有兴趣者可参阅有关书籍.

10.3.3 气液两相流动的局部阻力

气、液两相流体流经各类管件的局部压力降是由局部阻力损失引起的压力降和流速变化引起的压力变化所组成的. 气液两相流动中局部阻力的产生原因与单相流

动中相似，取决于边界层的分离和旋涡区的大小. 但两相流动的局部阻力还受到流型的影响. 同样的局部管件，若上、下游的流型不同，就可能有不同的局部阻力压降损失. 本节仅用均流模型和分流模型来分析流道截面突变的管件所产生的局部阻力压降的问题.

如图 10-13 所示，有一截面突然扩大的管件. 若忽略摩擦阻力及质量力，可对 1-1 截面、2-2 截面和流道壁面所围成的控制体建立动量方程如下：

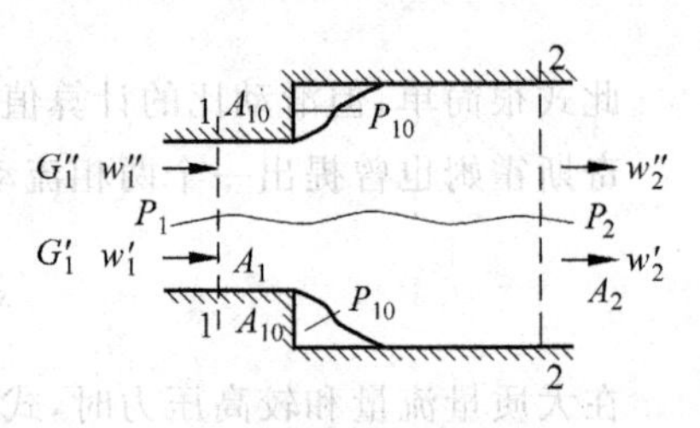

图 10-13 突扩接头的两相流动

$$P_1A_1 + P_{10}A_{10} - P_2A_2 = G''(w_2'' - w_1'') + G'(w_2' - w_1').$$

试验表明，突扩截面肩部（截面 A_{10} 处）的压力与来流小截面 1-1 处的压力相等，$P_{10}=P_1$. 又因为 $A_2=A_1+A_{10}$，所以，上式可化为

$$(P_1 - P_2)A_2 = G''(w_2'' - w_1'') + G'(w_2' - w_1').$$

把 G''、G'、w''、w' 用 G、χ、ϕ、v'' 和 v' 表示后代入上式，整理后即得

$$P_2 - P_1 = \frac{G^2}{A_1^2}\frac{A_1}{A_2}v'\left\{\left[\frac{(1-\chi)^2}{1-\phi_1} + \frac{v''\chi^2}{v'\phi_1}\right] - \frac{A_1}{A_2}\left[\frac{(1-\chi)^2}{1-\phi_2} + \frac{v''\chi^2}{v'\phi_2}\right]\right\}. \tag{10-71a}$$

若假设截面 1-1 和截面 2-2 处的气、液两相的流速比相等，即 $\frac{w_2''}{w_2'}=\frac{w_1''}{w_1'}$，可得：$\phi_1=\phi_2=\phi$，在此条件下，上式可化简为

$$P_2 - P_1 = \frac{G^2}{A_1^2}\frac{A_1}{A_2}\left(1-\frac{A_1}{A_2}\right)v'\left[\frac{(1-\chi)^2}{1-\phi} + \frac{v''\chi^2}{v'\phi}\right]. \tag{10-71b}$$

注意到式(10-71a)右边的 $\frac{G^2}{A_1^2}\frac{A_1}{A_2}\left(1-\frac{A_1}{A_2}\right)v'$ 应该是两相介质全部折算为液相时流过该突扩接头的压力差，即全液相局部压差. 所以，局部压差的全液相折算系数 ϕ_{L0}^2 为

$$\phi_{L0}^2 = \frac{(1-\chi)^2}{1-\phi} + \frac{v''\chi^2}{v'\phi}. \tag{10-72}$$

对于均流模型，$\phi=\beta$. 把式(10-5)中 β 与 χ 的关系代入式(10-72)，整理后可得

$$\phi_{L0}^2 = \frac{(1-\chi)^2}{1-\beta} + \frac{v''\chi^2}{v'\beta} = 1 + \frac{v''-v'}{v'}\chi. \tag{10-73}$$

式(10-71)表示的是两相流体流过突扩接头时总的压降. 为求得由局部阻力引起的局部压降损失，还必须利用能量方程. 设单位质量两相介质的局部损失压降为 $\mathrm{d}E$，忽略质量力以及对外界的热交换，由能量方程可得

$$(P_1 - P_2)(G''v'' + G'v') = G\mathrm{d}E + \frac{G''}{2}(w_2''^2 - w_1''^2) + \frac{G'}{2}(w_2'^2 - w_1'^2),$$

因为

$$G''=\chi G,\quad G'=(1-\chi)G,\quad w''=G\chi v''/\phi A,\quad w'=G(1-\chi)v'/(1-\phi)A,$$

并假设 $\phi_1=\phi_2=\phi$，则上式可以化为

$$P_2-P_1=-\frac{\mathrm{d}E}{\chi v''+(1-\chi)v'}+\frac{G^2}{A_1^2}\left(1-\frac{A_1^2}{A_2^2}\right)+\frac{\left[\frac{\chi^3 v''^2}{\phi^2}+\frac{(1-\chi)^3 v'^2}{(1-\phi)^2}\right]}{2[\chi v''+(1-\chi)v']}. \tag{10-74}$$

合并式(10-71b)和式(10-74)，就可以得到两相流体流过突扩接头的局部损失压降

$$\Delta P_{\mathrm{f}}=\frac{\mathrm{d}E}{\chi v''+(1-\chi)v'}=\frac{G^2}{A_1^2}\left(1-\frac{A_1^2}{A_2^2}\right)\frac{\left[\frac{\chi^3 v''^2}{\phi^2}+\frac{(1-\chi)^3 v'^2}{(1-\phi)^2}\right]}{2[\chi v''+(1-\chi)v']}-\frac{G^2}{A_1^2}\frac{A_1}{A_2}\left(1-\frac{A_1}{A_2}\right)v'\left[\frac{(1-\chi)^2}{1-\phi}+\frac{v''\chi^2}{v'\phi}\right]. \tag{10-75}$$

对于均流模型，能量方程为

$$(P_1-P_2)G[\chi v''+(1-\chi)v']=G\mathrm{d}E+\frac{1}{2}G(w_2^2-w_1^2),$$

上式可以化为

$$P_2-P_1=-\frac{\mathrm{d}E}{\chi v''+(1-\chi)v'}+\frac{G^2}{A_1^2}\left(1-\frac{A_1^2}{A_2^2}\right)\frac{[\chi v''+(1-\chi)v']}{2}, \tag{10-76}$$

把式(10-73)代入式(10-71)，得

$$P_2-P_1=\frac{G^2}{A_1^2}\frac{A_1}{A_2}\left(1-\frac{A_1}{A_2}\right)v'\left[1+\frac{(v''-v')}{v'}\chi\right]. \tag{10-77}$$

联立式(10-76)和式(10-77)，可得均流模型的局部损失压力降

$$\Delta P_{\mathrm{f}}=\frac{\mathrm{d}E}{\chi v''+(1-\chi)v'}=\frac{G^2}{A_1^2}\left(1-\frac{A_1}{A_2}\right)^2\frac{v'}{2}\left(1+\frac{v''-v'}{v'}\chi\right). \tag{10-78}$$

试验研究表明，采用 $\phi_1=\phi_2=\phi$ 这一假设的计算公式只能作为近似估算. 进一步的研究又发现，在大质量流量时采用均流模型可获得满意的结果；在小质量流量时，可用休马克公式(10-69)和式(10-70)计算 ϕ. 因此，对于突扩接头，当 $G/A_1<2000\mathrm{kg/m^2\cdot s}$ 时，两相流动的局部压力降用式(10-71)计算，其中上、下游的 ϕ 用休马克公式计算；当 $G/A_1\geqslant 2000\mathrm{kg/m^2\cdot s}$ 时，局部压力降则可以用式(10-77)计算.

对于图10-14所示的突缩接头，两相流体自1-1截面至C-C截面为收缩流，属于加速流动，压力能转变为动能，边界层一般不会发生分离. 所以，旋涡损失很小. C-C截面称为喉部截面. 自C-C截面至2-2截面为扩散流，其局部损失特性与突扩接头相同，存在旋涡损失. 按照式(10-75)可以写出分流模型时突缩接头的局部阻力损失压降为：

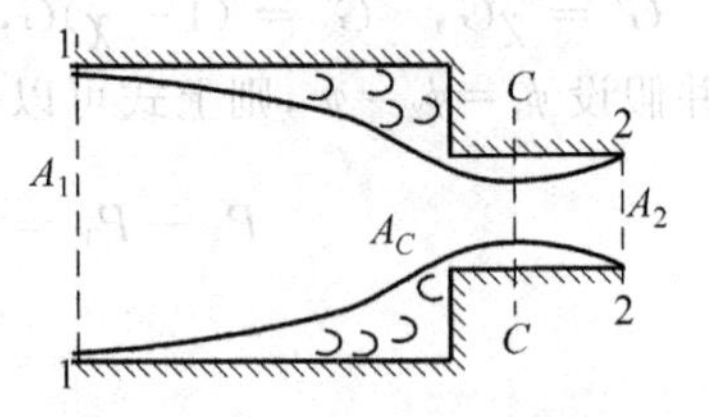

图10-14 两相流通过突缩接头

$$\Delta P_f = \frac{dE}{\chi v'' + (1-\chi)v'}$$

$$= \frac{G^2}{A_C^2}\left(1 - \frac{A_C}{A_2}\right)\left\{\frac{\left(\frac{A_C}{A_2}+1\right)\left[\frac{\chi^3 v''}{\phi^2} + \frac{(1-\chi)^3 v'}{(1-\phi)^2}\right]}{2[\chi v'' + (1-\chi)v']} - \left(\frac{A_C}{A_2}\right)\left[\frac{\chi^2 v''}{\phi} + \frac{(1-\chi)v'}{1-\phi}\right]\right\}. \tag{10-79}$$

对于均流模型，突缩接头的局部阻力损失压降按照(10-78)式，可写为

$$\Delta P_f = \frac{G^2}{A_2^2}\left(\frac{A_2}{A_C} - 1\right)^2 \frac{v'}{2}\left(1 + \frac{v'' - v'}{v'}\chi\right). \tag{10-80}$$

两相流体通过突缩接头时的局部压力降应该等于局部损失压降与动能变化引起的压力变化之和.

对于分流模型，两相流体流过突缩接头时的局部压力降为

$$P_1 - P_2 = \Delta P_f + \frac{G^2}{A_1^2}\left(\frac{A_1^2}{A_2^2} - 1\right)\frac{\left[\frac{\chi^3 v''^2}{\phi^2} + \frac{(1-\chi)^3 v'^2}{(1-\phi)^2}\right]}{2[\chi v'' + (1-\chi)v']}, \tag{10-81}$$

式中的ΔP_f用式(10-79)代入.

对于均流模型，两相流体流过突缩接头时的局部压力降为

$$P_1 - P_2 = \Delta P_f + \frac{1}{2}\frac{G^2}{A_1^2}\left(\frac{A_1^2}{A_2^2} - 1\right)[\chi v'' + (1-\chi)v'], \tag{10-82}$$

把式(10-80)的ΔP_f代入式(10-82)，化简后即得

$$P_1 - P_2 = \frac{G^2}{A_2^2}\frac{v'}{2}\left[\left(\frac{A_2}{A_C} - 1\right)^2 + \left(1 - \frac{A_2^2}{A_1^2}\right)\right]\left[1 + \frac{v'' - v'}{v'}\chi\right]. \tag{10-83}$$

研究表明，汽、水混合物通过突缩接头的试验数据与按均流模型所得的式(10-80)和式(10-83)的计算结果能很好地符合. 截面比$\frac{A_C}{A_2}$与$\frac{A_2}{A_1}$有关，可按单相流动时湍流的试验数据估计，即

$\dfrac{A_2}{A_1}$	0	0.2	0.4	0.6	0.8	1.0
$\dfrac{A_C}{A_2}$	0.568	0.598	0.625	0.686	0.790	1.0

对于其他管件的局部压降计算，可以参阅有关两相流动的书籍或手册.

10.4 固定床气固两相流的基本原理

在许多工程设备中，经常遇到流体中夹带着固体颗粒，或流体在固体颗粒层中流动的情况. 固体颗粒的存在使流体的流动过程具有了特殊性，这种固体颗粒与气体介质并存的流动过程称作气固两相流体的流动. 工程技术中气固两相流动主要出现在固体物料制备系统中粉粒状物料的气力输送与分离、气固反应过程及其粉粒状产物的输送过程中. 各种净化气体的除尘设备中也存在气固两相流动. 按流动特点，气固两相流动可以分为以下几种运动形式：固定床流动、硫化床流动和悬浮状流动.

颗粒尺寸较大的固体物料，在支撑栅篦或链条上形成稳定的料层，颗粒之间以及颗粒与栅篦之间没有相对运动，气体以较小的相对速度从料层中流过. 这种气固两相流动称为固定床流动. 气流流过层燃炉中的物料层就属于固定床流动. 为了简化分析，假定床层是由均匀的圆球堆积而成.

10.4.1 床层结构参数

除固体颗粒的粒径 d 和物料层的厚度 H 外，描述固定床结构性质的参数还有：堆积重度 γ_d、空隙率 ϕ、通道水力直径 d_e.

单位床层体积内物料的重量称为床层的堆积重度 γ_d：

$$\gamma_d = \frac{G}{\tau}, \tag{10-84}$$

式中 G 是床层内物料的重量，单位牛顿(N)；τ 是床层的体积，单位立方米(m^3).

堆积物料所占有的床层体积 τ 中除了物料本身外，还包括许多空隙. 固体物料本身具有的重度称为真实重度，以 γ_z 表示之.

空隙体积在整个床层体积中所占的份额称为床层的空隙率 ϕ

$$\phi = \frac{\tau_k}{\tau}, \tag{10-85}$$

式中 τ_k 是床层内物料颗粒之间空隙的体积，单位立方米(m^3). 在随意堆积的床层内，平均空隙截面积 A_k 与整个床层截面积 A 之比亦为空隙率 ϕ.

床层的空隙率与物料的堆放方式有关. 一般假设固定床均为未经特殊排列使之

疏松或紧密的随意充填床，床内各部分空隙率大致相同. 床层空隙率与物料筛分有关，多组分物料床层的空隙率往往小于单组分物料床层的空隙率，而且筛分越宽，空隙率越小. 另外空隙率与颗粒的形状有关，由形状不规则和表面粗糙的颗粒组成的床层，其空隙率大于球形颗粒床层的空隙率. 对于大多数颗粒状物料的固定床，其空隙率在 0.3～0.5 之间. 空隙率对流动过程影响很大，但难以精确计算. 通常用实验方法来测量床层的空隙率：在测得物料的真实重度 γ_z 和床层的堆积重度 γ_d 之后，可按下式来计算空隙率：

$$\phi = 1 - \frac{\gamma_d}{\gamma_z} = \frac{\gamma_z - \gamma_d}{\gamma_z}. \tag{10-86}$$

在床层中流体是沿颗粒间的空隙所形成的通道流动着，这些通道可以看成是许多并联的小管. 如前所述，在分析复杂形状管道中的流动状况时，往往使用水力直径 d_e 作为形状参数. 用 χ 表示流体与颗粒接触的湿润边界线的总长即湿周，A_k 表示床层内的平均空隙截面即流体流通的截面，则有

$$d_e = \frac{4A_k}{\chi}. \tag{10-87a}$$

在均匀颗粒床层中，式(10-87a)可改写为

$$d_e = \frac{4\tau_k}{S_k}, \tag{10-87b}$$

式中 S_k是床层中物料的全部表面积. 因为

$$\tau_k = \phi\tau = \phi\frac{\tau - \tau_k}{\tau - \tau_k}\tau = \frac{\phi}{1-\phi}(\tau - \tau_k),$$

代入式(10-87b)，得

$$d_e = \frac{4\phi}{1-\phi}\cdot\frac{\tau - \tau_k}{S_k}, \tag{10-87c}$$

式中$\frac{S_k}{\tau - \tau_k}$为单位物料体积所具有的表面积，称为比表面积，记为 A.

对于圆球，比表面积为 $A = \frac{\pi d^2}{\pi d^3/6} = \frac{6}{d}$，所以均匀圆球颗粒床层的水力直径为

$$d_e = \frac{2}{3}\frac{\phi}{1-\phi}d. \tag{10-88}$$

10.4.2　床层阻力

流体通过固定床时，流体在料层两端的压力降就是床层的阻力. 即 $\Delta p = p_1 - p_2$. 用通常描写管道阻力的形式来表达床层的阻力，即流体通过床层的阻力为

$$\Delta p = 4f\frac{H}{d_e}\cdot\frac{\rho_f w_f^2}{2} = 4f\frac{H}{d_e}\cdot\frac{\rho_f w_A^2}{2\phi^2}, \tag{10-89}$$

式中 f 是阻力系数；H 是床层高度；d_e 是水力直径；w_f 是流体流过床层空隙的实际流速；w_A 是流体按空床截面积 A 计算的流速，称空截面或空床流速；ϕ 是空隙率；ρ_f 是流体的密度.

阻力系数 f 与雷诺数 Re 之间的关系通过试验获得，其结果表示在图 10-15 中. 雷诺数 Re 的表达式为

$$Re=\frac{\rho_f w_f d_e}{\mu_f}. \tag{10-90}$$

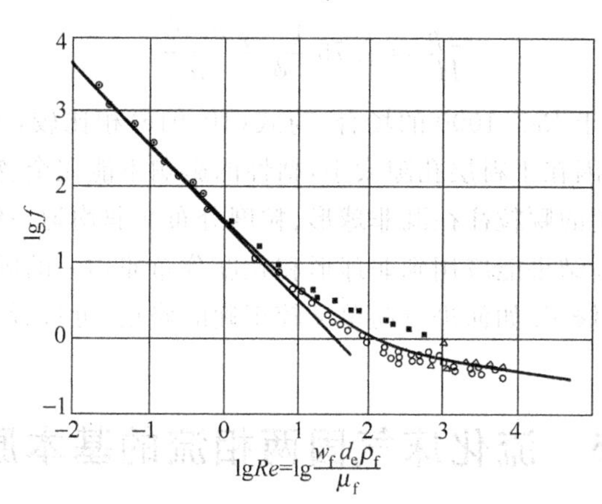

图 10-15 均匀颗粒固定床 f 与 Re 关系

图中阻力系数曲线可分为三个区段，分述如下：

$Re<10$ 时为层流区，在该区中阻力系数 f 与雷诺数 Re 的关系可表示为

$$f=\frac{33}{Re}. \tag{10-91a}$$

$10<Re<250$ 时为过渡区，在该区中阻力系数 f 与雷诺数 Re 的关系可表示为

$$f=\frac{29}{Re}+\frac{1.25}{Re^{0.15}}. \tag{10-91b}$$

$250<Re<5000$ 为湍流区，这时阻力系数 f 与雷诺述 Re 的关系可表示为

$$f=\frac{1.56}{Re^{0.15}}. \tag{10-91c}$$

上述三个公式都仅适用于某一 Re 数较小的区段. 为计算方便，力求得到能适用于较大范围的雷诺数 Re 区段的通用式，且式中应尽量采用空截面流速 w_A 和颗粒直径 d 以简化计算. 厄贡(Ergun)推荐的阻力计算式能满足上述要求，单位厚度床层的阻力压降为：

$$\frac{\Delta p}{H}=150\,\frac{(1-\phi)^2}{\phi^3}\,\frac{\mu_f w_A}{d^2}+1.75\,\frac{1-\phi}{\phi^3}\cdot\frac{\rho_f w_A^2}{d}. \tag{10-92}$$

式(10-92)右边两项分别代表粘性损失和动能损失. 在小雷诺数时，以粘性损失

为主，可以略去空隙形状曲折造成的动能损失．于是式(10-92)可简化为

$$\frac{\Delta p}{H}=150\,\frac{(1-\phi)^2}{\phi^3}\,\frac{\mu_f w_A}{d^2}. \tag{10-93}$$

式(10-93)适用于$Re<20$时的场合，$Re=\dfrac{\rho_f w_A d}{\mu_f}$．可以经推导证实式(10-93)与式(10-91a)相当吻合．

在大雷诺数时，可以忽略粘性损失而仅考虑动能损失，式(10-92)可简化为

$$\frac{\Delta p}{H}=1.75\,\frac{1-\phi}{\phi^3}\,\frac{\rho_f w_A^2}{d}. \tag{10-94}$$

式(10-94)适用于$Re>1000$的场合．与式(10-91c)相比较，式(10-94)式所得结果的误差较大，其原因在于料层孔隙太小，粘性的影响不能完全忽略．

实际工程中应用的颗粒往往既非球形、粒度分布又非均匀一致，要使上述从均一圆球颗粒得到的试验结果能应用到非球形和粒度分布非均一的固定床层上求取阻力压降，须引入适当的修正．如何进行简单又较正确的修正，可参看有关的专著．

10.5　流化床气固两相流的基本原理

流化床是流体与固体颗粒接触的流动中较为复杂的一种流动形态，固体颗粒受流体的作用，其运动也转变成类似流体的状态，因此被称为流化．流化床因其具有一系列特殊的性能而得到越来越广泛的应用．气固流化床最初应用于冶金、石油、化工等部门，稍后又被引入到动力工程中，出现了沸腾燃烧锅炉．本节仅对流化床的基本现象和总体的流动特性方面进行简单的介绍．

10.5.1　流化现象

流体自下而上穿过床层而流速又较低时，床层的固体颗粒是静止的，这就是上节已介绍过的固定床(图10-16(a))．随着流速的增加，流体在床层两端的压降也将增大．

当床层两端压力降达到与床层单位底面积上的物料重量相等时，固体颗粒不能再保持静止状态．部分颗粒向上位移，造成床层膨胀、空隙率加大．由此开始进入流化状态．固定床和流化床的分界点称为临界流化状态(图10-16(b))，处于临界流化状态的床层均匀且平稳．

在气固流化床中，随着气流速度进一步提高，床层的均匀、平稳状态将会受到破坏．在床层内，除了部分均匀疏松的处于临界流化状态的气固两相物料外，还有许多

大大小小的气泡.气泡内以气相为主,也含少量的固体物料颗粒.因而这种流化床称为鼓泡流化床或聚式流化床(图 10-16(c)).此时,在床层底部,气流在分布板作用下被分布得很均匀,气泡很小.随着气流上升,气泡产生合并而越来越大,气泡上升的速度也越来越快.大气泡上升速度远大于临界流化状态时的气流速度,所以在气流速度很高时,大部分气流是以气泡形式流过床层的.这时床层的膨胀程度并不很高.处于气泡上部的颗粒将被气泡排挤到气泡的侧边,在气泡下部有一和气泡上升速度接近的尾涡,尾涡由强烈翻转的固体物料颗粒组成.气泡及其尾涡上升后的空缺将由离气泡较远的固体物料颗粒下移来填补.这种强烈的气、固相互作用使固体颗粒作时上时下、忽左忽右的强烈脉动.因此床层内的热、质交换过程十分迅速.器壁附近一般没有上升的气泡,只有松散的气固两相物料在脉动地下滑.

气流速度较高的气固流化床层很像沸腾的液体,所以它也被称作为沸腾床.沸腾床具有许多类似于液体的性能.例如一个大而轻的物体可以浮在床层的表面上;物体在床层内运动时阻力很小;颗粒会自床层表面下的孔洞中像液体一样地流出;在流化突然停止时,床层表面十分平整等.描述沸腾床流动性能的床层粘度,其数量级为(0.05～0.5)Pa·s之间.

气泡在床层表面破裂会把层内颗粒弹溅到层上的空间中,较大粒径的颗粒在飞行到一定的高度后会返回到床层中,而较小粒径的颗粒则可能被气流夹带着离开炉膛或反应器.因此床层上部空间为固体颗粒呈稀相存在的区域.

随着床层内流体的速度增大,气流中颗粒夹带量也增大.当流体速度超过固体颗粒的极限降落速度时,床层的上界面由模糊到消失,流化床被破坏,流动转变为气力输送状态(图 10-16(d)).

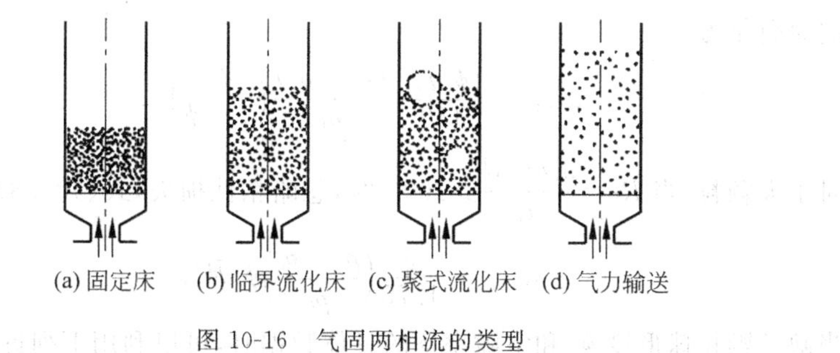
(a) 固定床 (b) 临界流化床 (c) 聚式流化床 (d) 气力输送

图 10-16 气固两相流的类型

10.5.2 临界流化速度和流化床的压降

当流体在床层内的压力降等于单位床层底面积上的物料重量时,床层开始达到流化状态.由此可以写出临界流化状态的条件

$$\Delta p = \frac{G}{A}. \tag{10-95}$$

由于临界流化点处于固定床和流化床之间，所以求固定床床层压降的表达式(10-92)仍然适用于临界流化点.考虑了对非球形颗粒的修正和取分布粒度的平均直径，式(10-92)变为：

$$\frac{\Delta p}{H} = 150\frac{(1-\phi)^2}{\phi^3}\frac{\mu_f w_{crA}}{\phi_s^2 \overline{d}^2} + 1.75\frac{1-\phi}{\phi^3}\frac{\rho_f w_{crA}^2}{\phi_s \overline{d}}, \tag{10-96}$$

式中 ϕ_s 是颗粒的球形度，它等于和颗粒同体积的圆球表面积与该非球形颗粒的表面积之比，可查阅有关资料得到，煤粉的 ϕ_s 为 0.696；$\overline{d}$ 是按比表面积来平均的分布粒度的平均直径；w_{crA} 是临界流化状态时的空截面流速，亦称临界流化速度；ϕ 是临界流化状态时的床层空隙率，一般在 0.4～0.6 之间.

临界流化状态时的床层空隙率要略大于固定床的空隙率，可以把它看成为疏松堆放的情况，空隙率一般在 0.4～0.6 之间.

单位床层底面积上的物料重量为

$$\frac{G}{A} = H(1-\phi)[(\rho_k - \rho_f)g]. \tag{10-97}$$

把式(10-96)和式(10-97)代入式(10-95)，化简并整理成为无因次形式得

$$\frac{1.75}{\phi_s\phi^3}\left(\frac{\rho_f w_{crA}\overline{d}}{\mu_f}\right)^2 + \frac{150(1-\phi)}{\phi_s^2\phi^3}\left(\frac{\rho_f w_{crA}\overline{d}}{\mu_f}\right) = \frac{\overline{d}^3\rho_f(\rho_k - \rho_f)g}{\mu_f^2}. \tag{10-98}$$

已知床层的结构参数、颗粒和气流的物性参数后，可根据式(10-98)来求取临界流化速度 w_{crA}.当颗粒直径较小，$Re=\frac{\rho_f w_{crA}\overline{d}}{\mu_f}<20$ 时，式(10-98)可以忽略动能变化的影响而简化为

$$w_{crA} = \frac{(\phi_s\overline{d})^2}{150}\frac{(\rho_k - \rho_f)}{\mu_f}\left(\frac{\phi^3}{1-\phi}\right)g. \tag{10-99}$$

对于大颗粒，当 $Re=\frac{\rho_f w_{crA}\overline{d}}{\mu_f}>1000$ 时，忽略粘性损失，式(10-98)简化为

$$w_{crA}^2 = \frac{g}{1.75}\left(\frac{\rho_k - \rho_f}{\rho_f}\right)\phi_s\overline{d}\phi^3. \tag{10-100}$$

当缺乏颗粒球形度 ϕ_s 和空隙率 ϕ 的具体数据时，可以利用下列近似式

$$\frac{1}{\phi_s\phi^3} \approx 14, \quad \frac{1-\phi}{\phi_s^2\phi^3} \approx 11,$$

代入式(10-98)得到适合全部雷诺数范围的表达式

$$\frac{\rho_f w_{crA}\overline{d}}{\mu_f} = \left[33.7^2 + 0.0408\frac{\overline{d}^3\rho_f(\rho_k - \rho_f)g}{\mu_f^2}\right]^{\frac{1}{2}} - 33.7, \tag{10-101}$$

对于 $Re<20$ 的小颗粒

$$w_{crA}=\frac{\overline{d}^2(\rho_k-\rho_f)}{1650\mu_f}g,\tag{10-102}$$

对于 $Re>1000$ 的大颗粒

$$w_{crA}^2=\frac{\overline{d}(\rho_k-\rho_f)}{25.4\rho_f}g.\tag{10-103}$$

流化床破坏的上限速度可依据颗粒的极限降落速度来判别.

流化床应尽量避免出现腾涌和沟流两种流化状态.在细而长的床层中,气泡过分长大将布满整个床层,床层会被气泡分为若干节,这种现象称为腾涌.出现腾涌后,床层表面和床层压降都很不稳定,呈现剧烈的波动.在颗粒较大,床层宽而薄或布风不均匀的床层中,气流不再均匀地穿过床层,气流只是从局部地区通过,这种现象称为沟流.出现沟流时,床层的压降将远远小于 G/A.

10.6 悬浮状气固两相流的基本原理

悬浮状的气固两相流出现在气力输送固体颗粒中.在直立的管道中,只要上升气流对粒子的作用力和颗粒所受的重力相平衡,颗粒就会悬浮起来.而在水平管道中输送颗粒物料时,颗粒的悬浮机理则要复杂得多,颗粒所受的重力与其他很多作用力的合力相平衡时,颗粒才会悬浮.这些作用力有:①气流湍动时,存在许多小旋涡,旋涡的垂直向上分力能帮助颗粒悬浮;②颗粒与凹凸不平的器壁碰撞会使颗粒的一部分水平动量转变为垂直动量;③不规则形状的颗粒在某些迎风方位时,水平方向的气流也会对颗粒产生垂直向上的分力;④水平方向的气流会对转动状态的颗粒产生向上的升力.

显然,上述四种情况也都可以出现对应向下的力,向上作用力与向下作用力的概率相同.重力的作用则总是使颗粒沉降下来.因此只有在流速很高时才能在水平管中得到悬浮流动.此时,管道下部颗粒的密度较大,上部颗粒的密度较小.流速降低时,会在管道底部出现小沙丘.有时沙丘堆积会堵塞管道,形成固体颗粒的间断流动.进一步降低流速将导致颗粒在水平管道的底部完全停滞不动,仅有一些小波浪在管顶掠过.

为保证水平管道中的颗粒全部悬浮,气流的速度必须超过颗粒的极限降落速度,有时甚至要求高出 5 倍.固体颗粒的质量流速越大,保持水平管道中颗粒全悬浮所需的气流速度也越大.

可以采用通常的伯努利方程式,来确定悬浮状态输送系统管道内两点之间的压降,但是要考虑到这时的流体是气固两相混合物.压降由三部分组成,它们是位能变化、固体颗粒加速的动能和摩擦阻力,可表示为

$$\Delta p = p_1 - p_2 = \bar{\rho} g (h_2 - h_1) + \frac{w_k G_k}{2} + \Delta p_f, \tag{10-104}$$

式中$\bar{\rho}$是气固两相混合物的平均密度，$\bar{\rho} = \rho_k(1-\phi) + \rho_f \phi$；$h_1, h_2$ 是对应点的位置高度；G_k 是固体颗粒的质量流速；Δp_f 是摩擦阻力压降.

摩擦阻力压降不仅由气流与管壁的摩擦所引起，固体颗粒间相互碰撞和颗粒与管壁的相互碰撞也会产生摩擦阻力，因此十分复杂. 一般采用试验数据来修正阻力系数，得到气固两相流动的摩擦阻力系数 λ_T 和局部阻力系数 ζ_T 有如下形式：

$$\lambda_T = \lambda_0 \left(1 + \frac{G_k}{G} K\right), \tag{10-105}$$

$$\zeta_T = \zeta_0 \left(1 + \frac{G_k}{G} K'\right), \tag{10-106}$$

式中 λ_0, ζ_0 分别为单相流体流过管道时的摩擦阻力系数和局部阻力系数；K, K' 是气固两相流体的修正系数，由试验得到.

有了摩擦阻力系数和局部阻力系数，可用单相流动计算阻力公式来求气固两相管道流动的阻力.

习　题

10.1　试证明滑动比 s 和质量含气率 χ、真实含气率 ϕ 的关系式：

$$s = \frac{\chi}{1-\chi} \frac{\rho'}{\rho''} \frac{(1-\phi)}{\phi}.$$

10.2　证明：$\chi = \frac{\rho''}{\rho_0}\beta$，$\rho_0$ 是流动密度.

10.3　有一内径 $D = 38.5\text{mm}$ 的垂直上升蒸发管段，底部流入的是压强为6.5MPa的饱和水，进口水速 $w_0 = 1.5\text{m/s}$. 设此管段均匀受热，总吸热量为 265kw. 求出口汽水混合物的质量含气率、容积含气率、气液相折算速度、流量速度及流动密度. ($v' = 0.0013350\text{m}^3/\text{kg}$，$v'' = 0.02969\text{m}^3/\text{kg}$，汽化潜热 $\gamma = 1536\text{KJ/kg}$)

10.4　垂直圆管中气液两相呈环状流动，管道内径为 D，液膜厚度为 δ. 若 $\delta \ll D$，证明：真实含气率：

$$\phi = 1 - \frac{4\delta}{D}.$$

10.5　证明滑动比 s 与真实含气率 ϕ、容积含气率 β 有如下的关系式：

$$s = \frac{w''}{w'} = \left(\frac{\beta}{1-\beta}\right) \cdot \left(\frac{1-\phi}{\phi}\right).$$

10.6　证明 $w = w_0 + \chi w_0 \left(\frac{\rho'}{\rho''} - 1\right)$.

10.7 空气和水混合物在内径为25mm的垂直上升管内流动.气、液相的折算速度为：$w_0''=0.8\text{m/s}$，$w_0'=1.5\text{m/s}$.试由流型图确定其流型.($\rho'=1000\text{kg/m}^3$，$\rho''=1.29\text{kg/m}^3$)

10.8 饱和温度为8.9℃的制冷剂R22气液混合物在内径$D=11.7\text{mm}$的水平管内流动.测得气相流量$Q''=3\text{m}^3/\text{h}$，液相流量$Q'=0.02\text{m}^3/\text{h}$，此时R22的物性参数为：$\rho''=27.87\text{kg/m}^3$，$\rho'=1253\text{kg/m}^3$，$\sigma=10.18\times10^{-3}\text{N/m}$，$\mu'=0.252\times10^{-3}\text{kg/m}\cdot\text{s}$.试由流型图确定其流型.

10.9 内径$D=50.8\text{mm}$的蒸发管段内部流动着压力为18MPa的汽水混合物.设进口为饱和水，质量流量为2.14kg/s.出口质量含气率$\chi=0.1825$.试按M-N法求管段中的平均摩阻压降梯度.($v'=0.001838\text{m}^2/\text{kg}$，$v''=0.007534\text{m}^3/\text{kg}$，$\mu'=68.45\times10^{-6}\text{kg/m}\cdot\text{s}$，$\mu''=28.41\times10^{-6}\text{kg/m}\cdot\text{s}$)

10.10 设质量含气率$\chi=0.75$、压强为10MPa的饱和蒸汽在内径$D=10\text{mm}$的管内作绝热流动，质量流量$G=0.2\text{kg/s}$.试按巴罗塞法求汽、水混合物的摩阻压降梯度.($\rho''=55.5\text{kg/m}^3$，$\rho'=688.7\text{kg/m}^3$，$\mu''=20.36\times10^{-6}\text{kg/m}\cdot\text{s}$，$\mu'=86.9\times10^{-6}\text{kg/m}\cdot\text{s}$)

10.11 计算水平突扩接头的静压差和局部阻力压降.设小头$D_1=25\text{mm}$，大头$D_2=50\text{mm}$，流动介质为饱和蒸汽和水.已知饱和压强$p=0.1\text{MPa}$、质量含气率$\chi=0.05$、质量流量$G=0.7\text{kg/s}$.($v'=0.0011274\text{m}^3/\text{kg}$，$v''=0.19430\text{m}^3/\text{kg}$)

10.12 直径1mm的圆球，密度为2200kg/m^3.在密度为1.2kg/m^3、动力粘度为$18.1\times10^{-6}\ \text{Pa}\cdot\text{s}$的空气中自由降落，求圆球的极限降落速度是多少？

10.13 在密度为0.226kg/m^3、动力粘度为$49.5\times10^{-6}\text{Pa}\cdot\text{s}$、上升速度为3m/s的烟气中，粒径为0.7mm的圆球颗粒最终的速度将是多少？运动的方向如何？(颗粒密度为1000kg/m^3)

10.14 试求立方体的球形度ϕ_s等于多少.

第11章 流体力学实验基础

在流体力学中，实验研究与理论分析、数值计算一样，是解决流体力学问题必不可少的手段. 由于流体运动的复杂性，从理论上能精确解决的问题是很有限的，往往只有在某些实验观察的基础上建立一些基本的规律，再根据实验对这些基本规律进行修正，得到能准确地反映客观真实性的理论结果. 另外，数值计算的结果也需要通过实验进行检验，以确定数学模型的正确性. 实验是发展理论的依据，同时也是检验理论的准绳.

本章首先介绍流体力学实验研究的理论基础——相似理论和量纲分析；然后简单介绍风洞和水力学实验设备；最后介绍压力、流速和流量等流动参数和常见的测量技术以及流动显示技术.

11.1 相似理论和量纲分析

流体力学实验主要有两类：一类是工程性的模型实验，目的在于预测工程中的流动情况；另一类是探索性的观察实验，目的在于寻找未知的流动规律. 指导这些实验的理论基础就是相似理论和量纲分析.

11.1.1 相似理论

在实验中，经常采用模型试验的方法. 一般情况下，模型总比实物小得多，试验条件和实物运动的条件也不完全相同.因此就会产生两个问题:①如何设计模型以及保证模型试验的条件,才能有效地比拟实物的实际情况;②由模型测得的数据怎样换算回实物中.相似理论为这些问题的解决提供了理论依据.该理论指出,若要实物流动与模型流动可以比拟,它们必须是力学相似的.所谓力学相似是指实物流动与模型流动在对应点上所对应物理量都应该有一定的比例关系.

1. 力学相似

若要两个流动力学相似,它们必须满足几何相似、运动相似和动力相似三个条件.为讨论方便,规定用下标 t 表示实物参数,用下标 m 表示模型参数.

(1) 几何相似,即实物流动与模型流动有相似的边界形状,一切对应的线性尺寸成比例.设流场中有几何尺寸 l,则两流动几何相似时,应满足

$$\frac{l_t}{l_m}=\delta_l=\text{常数}, \tag{11-1}$$

其中 δ_l 为线性比例尺.面积比例尺和体积比例尺分别为

$$\delta_A=\frac{A_t}{A_m}=\frac{l_t^2}{l_m^2}=\delta_l^2=\text{常数}, \tag{11-2}$$

$$\delta_\tau=\frac{\tau_t}{\tau_m}=\frac{l_t^3}{l_m^3}=\delta_l^3=\text{常数}. \tag{11-3}$$

(2) 运动相似,即实物流动与模型流动的流线应该几何相似,而且对应点上的速度矢量是互相平行的,大小互成比例.因此速度比例尺为

$$\delta_v=\frac{v_t}{v_m}=\text{常数}. \tag{11-4}$$

在运动相似时,实际上还包含两流动中对应的过程所用的时间间隔成同一比例,即时间比例尺为

$$\delta_t=\frac{t_t}{t_m}=\text{常数}, \tag{11-5}$$

于是得到速度比例尺与线性比例尺、时间比例尺的关系式为

$$\delta_v=\frac{v_t}{v_m}=\frac{l_t/t_t}{l_m/t_m}=\frac{\delta_l}{\delta_t}, \tag{11-6}$$

加速度比例尺为

$$\delta_a=\frac{a_t}{a_m}=\frac{v_t/t_t}{v_m/t_m}=\frac{\delta_v}{\delta_t}=\frac{\delta_l}{\delta_t^2}, \tag{11-7}$$

流量比例尺为

$$\delta_Q=\frac{Q_t}{Q_m}=\frac{l_t^3/t_t}{l_m^3/t_m}=\frac{\delta_l^3}{\delta_t}, \tag{11-8}$$

角速度比例尺

$$\delta_\Omega = \frac{\Omega_t}{\Omega_m} = \frac{v_t/l_t}{v_m/l_m} = \frac{\delta_v}{\delta_l} = \frac{1}{\delta_t}. \tag{11-9}$$

由这些公式可以看出，只要确定了 δ_l 和 δ_t，则一切运动学比例尺都可以确定.

(3) 动力相似，即实物流动与模型流动中对应点作用着同样性质的外力，并且互相平行，大小互成比例. 力的比例尺为

$$\delta_F = \frac{F_t}{F_m} = 常数. \tag{11-10}$$

由牛顿第二定律可知：$F=ma=\rho\tau a$，则

$$\delta_F = \frac{F_t}{F_m} = \frac{\rho_t\tau_t a_t}{\rho_m\tau_m a_m} = \delta_\rho\delta_l^3\frac{\delta_l}{\delta_t^2} = \delta_\rho\delta_l^2\delta_v^2, \tag{11-11}$$

式(11-11)可写成

$$\frac{F_t}{\rho_t l_t^2 v_t^2} = \frac{F_m}{\rho_m l_m^2 v_m^2}. \tag{11-12}$$

显然，$\frac{F}{\rho l^2 v^2}$为量纲为 1 的数，称为牛顿数，用 Ne 表示，即

$$Ne = \frac{F}{\rho l^2 v^2}, \tag{11-13}$$

于是式(11-12)成为

$$(Ne)_t = (Ne)_m.$$

这就是说，两个动力相似的流动其牛顿数必相等；反之，如果两个流动的牛顿数相等，那么它们之间是动力相似的，这就是牛顿相似定律.

要使模型流动和实物流动相似，除了上述几何相似、运动相似和动力相似之外，还必须使两个流动的边界条件和初始条件相似.

2. 相似准则

模型流动与实物流动如果力学相似，则必然存在许多比例尺，但是不可能用一一检查比例尺的方法来判断两个流动是否力学相似，而要采用相似准则来判断.

在流场中一般作用着压力 $\boldsymbol{F}_p$、粘性力 $\boldsymbol{F}_\mu$、重力 $\boldsymbol{F}_g$ 及弹性力 $\boldsymbol{F}_k$，这些力所引起的流体质点的惯性力为 $m\boldsymbol{a}$，则

$$\boldsymbol{F}_p + \boldsymbol{F}_\mu + \boldsymbol{F}_g + \boldsymbol{F}_k = m\boldsymbol{a},$$

因为加速度 $\boldsymbol{a}$ 为

$$\boldsymbol{a} = \frac{\mathrm{d}\boldsymbol{v}}{\mathrm{d}t} = \frac{\partial\boldsymbol{v}}{\partial t} + v\frac{\partial\boldsymbol{v}}{\partial s},$$

式中$\frac{\partial\boldsymbol{v}}{\partial t}$为时变加速度，而$v\frac{\partial\boldsymbol{v}}{\partial s}$为位变加速度，因此 $m\frac{\partial\boldsymbol{v}}{\partial t}$为时变惯性力或称非恒定流动惯性力，用 $\boldsymbol{F}_l$ 表示，而 $mv\frac{\partial\boldsymbol{v}}{\partial s}$则为位变惯性力，用 $\boldsymbol{F}_c$ 表示.

对于模型流动与实物流动，压力、粘性力、重力、弹性力及惯性力大小的比例尺分别为

$$\delta_{F_p}=\frac{(\boldsymbol{F}_p)_t}{(\boldsymbol{F}_p)_m}=\frac{p_tA_t}{p_mA_m}=\delta_p\delta_l^2,$$

$$\delta_{F_\mu}=\frac{(\boldsymbol{F}_\mu)_t}{(\boldsymbol{F}_\mu)_m}=\frac{\mu_tA_t\dfrac{\mathrm{d}v_t}{\mathrm{d}l_t}}{\mu_mA_m\dfrac{\mathrm{d}v_m}{\mathrm{d}l_m}}=\delta_\mu\delta_l\delta_v,$$

$$\delta_{F_g}=\frac{(\boldsymbol{F}_g)_t}{(\boldsymbol{F}_g)_m}=\frac{\rho_tg_t\tau_t}{\rho_mg_m\tau_m}=\delta_\rho\delta_g\delta_l^3,$$

$$\delta_{F_k}=\frac{(\boldsymbol{F}_k)_t}{(\boldsymbol{F}_k)_m}=\frac{K_tl_t^2}{K_ml_m^2}=\delta_k\delta_l^2,$$

$$\delta_{F_l}=\frac{(\boldsymbol{F}_l)_t}{(\boldsymbol{F}_l)_m}=\frac{\rho_tl_t^3\dfrac{\partial v_t}{\partial t_t}}{\rho_ml_m^3\dfrac{\partial v_m}{\partial t_m}}=\delta_\rho\delta_l^3\delta_v\delta_t^{-1},$$

$$\delta_{F_c}=\frac{(\boldsymbol{F}_c)_t}{(\boldsymbol{F}_c)_m}=\frac{\rho_tl_t^3v_t\dfrac{\partial v_t}{\partial l_t}}{\rho_ml_m^3v_m\dfrac{\partial v_m}{\partial l_m}}=\delta_\rho\delta_l^2\delta_v^2,$$

如果两个流动呈动力相似，上述力的比例尺都应该相等，即

$$\delta_p\delta_l^2=\delta_\mu\delta_l\delta_v=\delta_\rho\delta_g\delta_l^3=\delta_k\delta_l^2=\delta_\rho\delta_l^3\delta_v\delta_t^{-1}=\delta_\rho\delta_l^2\delta_v^2.$$

将位变惯性力 $\boldsymbol{F}_c$ 的比例尺 $\delta_\rho\delta_l^2\delta_v^2$ 被上述等式各项去除得

$$\frac{\delta_\rho\delta_v^2}{\delta_p}=\frac{\delta_\rho\delta_l\delta_v}{\delta_\mu}=\frac{\delta_v^2}{\delta_l\delta_g}=\frac{\delta_\rho\delta_v^2}{\delta_k}=\frac{\delta_v\delta_t}{\delta_l}=1.$$

因此

$$\frac{\delta_\rho\delta_v^2}{\delta_p}=1,\quad 即\quad \frac{\rho_tv_t^2}{p_t}=\frac{\rho_mv_m^2}{p_m}=\frac{1}{Eu},\tag{11-14}$$

$$\frac{\delta_\rho\delta_l\delta_v}{\delta_\mu}=1,\quad 即\quad \frac{\rho_tl_tv_t}{\mu_t}=\frac{\rho_ml_mv_m}{\mu_m}=Re,\tag{11-15}$$

$$\frac{\delta_v^2}{\delta_l\delta_g}=1,\quad 即\quad \frac{v_t^2}{l_tg_t}=\frac{v_m^2}{l_mg_m}=Fr,\tag{11-16}$$

$$\frac{\delta_\rho\delta_v^2}{\delta_k}=1,\quad 即\quad \sqrt{\frac{\rho_tv_t^2}{K_t}}=\sqrt{\frac{\rho_mv_m^2}{K_m}}=Ma,\tag{11-17}$$

$$\frac{\delta_v\delta_t}{\delta_l}=1,\quad 即\quad \frac{v_tt_t}{l_t}=\frac{v_mt_m}{l_m}=\frac{1}{Sr}.\tag{11-18}$$

如 6.1.2 节所述，上述各式中，Eu 为欧拉数，代表压力与惯性力之比，是压力相似准则；Re 是雷诺数，代表惯性力与粘性力之比，是粘性力相似准则；Fr 是弗劳德

数，代表惯性力与重力之比，是重力相似准则；Ma 为马赫数，代表惯性力与弹性力之比，是弹性力相似准则；$\frac{1}{Sr}$为斯特劳哈尔数，代表惯性力与非恒定惯性力之比，是非恒定惯性力相似准则.

由上所述，两个流动完全相似的必要和充分条件是：边界条件、初始条件相似，欧拉数 Eu、雷诺数 Re、弗劳德数 Fr 、马赫数 Ma、斯特劳哈尔数$\frac{1}{Sr}$等为同量.

必须指出，要同时满足 Eu、Re、Fr 等为同量是很难办到的，例如用相同的流体进行模型试验时，即 $\delta_\mu=1$，要满足$(Re)_t=(Re)_m$，就必须 $v_m/v_t=l_t/l_m$，而要满足$(Fr)_t=(Fr)_m$，则要求 $v_m/v_t=\sqrt{l_m/l_t}$，这显然是矛盾的. 如果用不同的流体进行试验，则要同时满足 Re 和 Fr 为同量，就必须 $\nu_m/\nu_t=(l_m/l_t)^{3/2}$，而要获得符合这样条件的流动是困难的，因此完全相似的条件很难满足. 在解决实际工程问题时，往往根据具体情况，抓主要矛盾，忽略一些次要因素. 对一个具体问题，只考虑起主要作用的力的相似，使这些力对应的相似准则同量，而对起次要作用的力予以忽略. 例如：

① 流动是恒定的，则 Sr 数可以不为同量；

② 无粘流体或 Re 数很大的流动，则可以不考虑 Re 数；

③ 如果流场中重力与其他力相比是小量，则 Fr 数可不考虑；

④ 如果流体的压缩性很小，或流速很低，则 Ma 数可不考虑；

⑤ 如果流场中压力为常数，则 Eu 数可忽略. 事实上，由于压力是在其他力的作用下产生的，因此 Eu 数不是独立的，它常常是其他相似准则的函数. 当 Fr 、Re 和 Sr 同时满足时，Eu 自然也满足.

例 11.1　测量空气流量的孔板流量计，它的孔径 $d=100$mm，管径 $D=200$mm，校正时用水进行试验，试验结果得流量系数开始为固定值时的最小流量 $Q_{\min}=8$ l/s，同时测得差压计汞柱差 $\Delta h_m=22$mm，试确定：(1)孔板测量空气时的 $Q_{\min}$；(2)空气流量为 $Q_{\min}$时差压计水柱读数. 已知水的运动粘度 $\nu_w=10^{-6}\text{m}^2/\text{s}$，空气的运动粘度 $\nu_a=15.65\times10^{-6}\text{m}^2/\text{s}$，空气密度 $\rho_a=1.175\text{kg/m}^3$.

解　影响孔板流量计内流体运动特性的因素主要是粘性力，所以必须使雷诺数 Re 为同量，才能保证水与气的流场相似，于是

$$\left(\frac{vd}{\nu}\right)_w=\left(\frac{vd}{\nu}\right)_a,$$

式中下标 w 代表水，a 代表空气，因为 $d_w=d_a$，所以 $v_a=v_w(\nu_a/\nu_w)$，而

$$v_w=\frac{4Q_w}{\pi d^2}=\frac{4\times0.008}{\pi(0.1)^2}=\frac{3.2}{\pi}\text{m/s},$$

所以

$$v_a=v_w\left(\frac{\nu_a}{\nu_w}\right)=\frac{3.2}{\pi}(15.65)=16\text{m/s},$$

则

$$(Q_{\min})_a = \frac{\pi}{4}(0.1)^2(16) = 0.125\text{m}^3/\text{s}.$$

因为孔板流量计的流量公式为

$$Q = C_d \frac{\pi}{4} d^2 \sqrt{\frac{2\Delta p}{\rho}}.$$

在相似状态下，流量系数应相等，所以

$$\frac{(\Delta p/\rho)_w}{(\Delta p/\rho)_a} = \left(\frac{Q_w}{Q_a}\right)^2 = \left(\frac{v_w}{v_a}\right)^2 = \left(\frac{\nu_w}{\nu_a}\right)^2.$$

由流体静力学知

$$(\Delta p/\rho)_w = g\left(\frac{\rho_m - \rho_w}{\rho_w}\right)\Delta h_m = 12.6 \times 22g = 277.2g$$

$$(\Delta p/\rho)_a = g\left(\frac{\rho_w - \rho_a}{\rho_a}\right)\Delta h_w = \frac{998.825}{1.175} g\Delta h_w = 850g\Delta h_w,$$

上式中下标 m 代表水银，由此得

$$\frac{277.2g}{850g\Delta h_w} = \left(\frac{1}{15.65}\right)^2.$$

所以，测量空气时差压计读数为

$$\Delta h_w = \frac{277.2g}{850g}(15.65)^2 = 80\text{mmH}_2\text{O}.$$

11.1.2 量纲分析

量纲分析的目的，就是要把影响某一物理现象的各种变量加以合理组合，成为量纲数为 1 的量的积，由于这种积的数量少于原来变量的数量，因此用量纲数为 1 的量的积代替原来的变量可使问题得到简化. 同时这个积表示的参数比原来具体的参数具有更广泛的通用性. 因此，量纲分析是指导实验的一种有力工具.

1. 关于量纲的一些基本概念

量纲是物理量的基本实质之一，例如速度这个物理量是单位时间内运动物体所通过的路程，它与长度和时间有关，它的量纲是长度[L]和时间[T]的组合. 量纲和单位不同，例如长度的单位可以是米、厘米或毫米，而它的量纲却总是长度[L]；时间的单位可以是小时、分和秒，但它的量纲总是时间[T]；速度的单位可以是米/每分，也可以是厘米/每秒，但它的量纲总是长度和时间的组合[LT^{-1}]. 量纲分析中需要确定一些基本量纲，在流体力学范围内，各种变量可用五个基本量纲来表示：长度[L]、时间[T]、质量[M]、温度[Θ]和热量[H]. 必须指出，热量是能量的一种，可以用能量的量纲[ML^2T^{-2}]表示，但把热量独立出来作为基本量纲有不少方便之处. 由这五个基本量纲表示的一些常用物理量的量纲见表11-1.

表11-1　常用物理量的量纲

物理量	量　纲	物理量	量　纲
面积 A	L^2	压强 p	$\mathrm{ML}^{-1}\mathrm{T}^{-2}$
体积 τ	L^3	应力 τ	$\mathrm{ML}^{-1}\mathrm{T}^{-2}$
速度 u,v,c	LT^{-1}	力 $\boldsymbol{F}$	MLT^{-2}
加速度 $\boldsymbol{a}$	LT^{-2}	动力粘度 μ	$\mathrm{ML}^{-1}\mathrm{T}^{-1}$
转速 n	T^{-1}	运动粘度 ν	$\mathrm{L}^2\mathrm{T}^{-1}$
热量 Q_H	H	流量 Q	$\mathrm{L}^3\mathrm{T}^{-1}$
比热容 c_p,c_v	$\mathrm{HM}^{-1}\Theta^{-1}$	杨氏弹性模量 E	$\mathrm{ML}^{-1}\mathrm{T}^{-2}$
密度 ρ	ML^{-3}	体积弹性模量 K	$\mathrm{ML}^{-1}\mathrm{T}^{-2}$
能量 E	$\mathrm{ML}^2\mathrm{T}^{-2}$	切变弹性模量 G	$\mathrm{ML}^{-1}\mathrm{T}^{-2}$
气体常数 R	$\mathrm{L}^2\Theta^{-1}\mathrm{T}^{-2}$	惯性矩 J	L^4

对于一个函数关系

$$f(x_1,x_2,\cdots)=0,$$

无论其中什么变量 $x_1,x_2,\cdots$，只要构成一个函数关系式，则此关系式中各项的量纲必须相同，这就是物理方程中量纲的齐次性.例如静水压强分布规律的表达式

$$p=p_0+\rho gh,$$

上式两端各项的物理量的量纲都是$[\mathrm{ML}^{-1}\mathrm{T}^{-2}]$.若把基本度量单位扩大或缩小相应的倍数，则导出单位亦随之扩大或缩小另一个倍数，然而函数关系式不变，量纲分析法就是利用了量纲的齐次性.

2. 量纲分析方法——π 定理

设有一个未知的函数关系

$$N=f(n_1,n_2,n_3,\cdots,n_k),\tag{11-19}$$

其中 N 和 $n_i(i=1,2,\cdots,k)$ 均为物理量.这样的函数关系式与所选的单位制无关，不同单位制只是数值不同，函数关系式不变.

首先在这些物理量中选出三个基本物理量 n_1、n_2 和 n_3，这三个物理量的量纲彼此独立，其余物理量的量纲都可以表示成这三个基本物理量量纲的幂次形式

$$\left.\begin{aligned}[N]&=[n_1]^x[n_2]^y[n_3]^z,\\ [n_i]&=[n_1]^{x_i}[n_2]^{y_i}[n_3]^{z_i}.\end{aligned}\right\}\tag{11-20}$$

由量纲的齐次性，可以确定指数 x,y,z 和 x_i,y_i,z_i.显然

$$\left.\begin{aligned}x_1&=1,y_1=0,z_1=0,\\ x_2&=0,y_2=1,z_2=0,\\ x_3&=0,y_3=0,z_3=1.\end{aligned}\right\}\tag{11-21}$$

另外在 n_1、n_2 和 n_3 单位制下，每一种物理量都可以表示成这三种单位的幂次形式与一个量纲数为 1 的量的乘积，即

$$\left.\begin{aligned} N &= \pi n_1^x n_2^y n_3^z, \\ n_i &= \pi_i n_1^{x_i} n_2^{y_i} n_3^{z_i}, \end{aligned}\right\} \tag{11-22}$$

式(11-22)中量纲数为 1 的量为

$$\left.\begin{aligned} \pi &= \frac{N}{n_1^x n_2^y n_3^z}, \\ \pi_i &= \frac{n_i}{n_1^{x_i} n_2^{y_i} n_3^{z_i}}, \end{aligned}\right\} \tag{11-23}$$

就是物理量 N 和 n_i 在 n_1、n_2 和 n_3 基本单位制下的数值. 在新的度量单位下，式(11-19)的函数关系不变.

由(11-21)可知，$\pi_1=\pi_2=\pi_3=1$，于是式(11-19)为

$$\frac{N}{n_1^x n_2^y n_3^z} = f\left(1,1,1,\cdots,\frac{n_i}{n_1^{x_i} n_2^{y_i} n_3^{z_i}},\cdots,\frac{n_k}{n_1^{x_k} n_2^{y_k} n_3^{z_k}}\right)$$

或

$$N = f(\pi_4,\pi_5,\cdots,\pi_i,\cdots,\pi_k). \tag{11-24}$$

因此通过上述过程，就把原来 $k+1$ 个变量的关系式(11-19)变成了与之等价的、只有 $k+1-3$ 个参数的关系式(11-24)，且其参数均是量纲数为 1 的量，以上过程也称为 π 定理(E. Bucking-ham 定理).

下面通过实例进一步说明量纲分析法的应用.

例 11.2 管中流动由于沿程摩擦而造成的压差 Δp 与管路直径 d、管中平均速度 v、流体密度 ρ、流体动力粘度 μ、管路长度 l 以及管壁的粗糙度 Δ 有关，试求水管中流动的沿程水头损失.

解 根据题意可知

$$\Delta p = f(d,v,\rho,\mu,l,\Delta).$$

选用 L、M、T 为基本量纲，则由表 11-1 可查得七个物理量 Δp、d、v、ρ、μ、l、Δ 的量纲为：

物理量	d	v	ρ	Δp	μ	l	Δ
量纲	L	LT^{-1}	ML^{-3}	$ML^{-1}T^{-2}$	$ML^{-1}T^{-1}$	L	L

选三个具有独立量纲的变量 d、v、ρ 作为基本变量，则其余四个变量可以用这三个基本变量的量纲的幂次形式表示，即

$$[\Delta p] = [d]^x [v]^y [\rho]^z, \tag{①}$$

$$[\mu] = [d]^{x_4} [v]^{y_4} [\rho]^{z_4}, \tag{②}$$

$$[l] = [d]^{x_5} [v]^{y_5} [\rho]^{z_5}, \tag{③}$$

$$[\Delta] = [d]^{x_6}[v]^{y_6}[\rho]^{z_6}. \quad ④$$

由式①有

$$[ML^{-1}T^{-2}] = [L]^x[LT^{-1}]^y[ML^{-3}]^z = [M^z L^{x+y-3z} T^{-y}].$$

由量纲的齐次性解得

$$x = 0, \quad y = 2, \quad z = 1.$$

由式②有

$$[ML^{-1}T^{-1}] = [L]^{x_4}[LT^{-1}]^{y_4}[ML^{-3}]^{z_4} = [M^{z_4} L^{x_4+y_4-3z_4} T^{-y_4}],$$

由量纲的齐次性解得

$$x_4 = 1, \quad y_4 = 1, \quad z_4 = 1.$$

由式③有

$$[L] = [L]^{x_5}[LT^{-1}]^{y_5}[ML^{-3}]^{z_5} = [M^{z_5} L^{x_5+y_5-3z_5} T^{-y_5}],$$

由量纲的齐次性解得

$$x_5 = 1, \quad y_5 = 0, \quad z_5 = 0.$$

同理,由式④可得

$$x_6 = 1, \quad y_6 = 0, \quad z_6 = 0,$$

于是有

$$\pi = \frac{\Delta p}{d^x v^y \rho^z} = \frac{\Delta p}{v^2 \rho},$$

$$\pi_4 = \frac{\mu}{d^{x_4} v^{y_4} \rho^{z_4}} = \frac{\mu}{d v \rho} = \frac{1}{Re},$$

$$\pi_5 = \frac{l}{d^{x_5} v^{y_5} \rho^{z_5}} = \frac{l}{d},$$

$$\pi_6 = \frac{\Delta}{d^{x_6} v^{y_6} \rho^{z_6}} = \frac{\Delta}{d}.$$

因此原来的函数式为

$$\frac{\Delta p}{v^2 \rho} = f\left(\frac{1}{Re}, \frac{l}{d}, \frac{\Delta}{d}\right).$$

因为管中流动损失 $h_f = \dfrac{\Delta p}{\rho g}$,则

$$h_f = \frac{v^2}{g} f\left(\frac{1}{Re}, \frac{l}{d}, \frac{\Delta}{d}\right)$$

或

$$h_f = \frac{v^2}{g} f_1\left(Re, \frac{l}{d}, \frac{\Delta}{d}\right).$$

实验证明沿程损失与管长 l 成正比、与管径 d 成反比,故 $\dfrac{l}{d}$ 可从函数符号中提出

$$h_f = 2 f_1\left(Re, \frac{\Delta}{d}\right) \frac{l}{d} \frac{v^2}{2g} = \lambda \frac{l}{d} \frac{v^2}{2g}.$$

上式称为达西公式，它是计算管路沿程水头损失的重要公式，式中 $\lambda=2f_1\left(Re,\dfrac{\Delta}{d}\right)$，称为沿程阻力系数，它依赖于 Re 数和相对粗糙度 $\dfrac{\Delta}{d}$，在实验中只要改变这两个自变量即可得出 λ 的变化规律，这在第 6 章已经进行过详细讨论.

11.2 流体力学实验设备简介

许多空气动力学实验都是在风洞中进行的，而且风洞本身就是流体力学原理应用的一个范例. 水流循环系统是水力学实验必不可少的设备，它为实验提供恒定的水头，并确保实验的精度. 下面首先介绍风洞的构造原理，然后简要介绍水流循环系统.

11.2.1 风洞的功能与分类

产生人工气流的特殊管道称之为风洞. 在这个管道中，速度最大、最均匀的一段称为风洞的实验段. 实验时用支架把模型固定在实验段中，当气流吹过模型时，作用在模型上的气动力通过与支架相连的测力机构传给测量仪器，从而获得模型在各种状态下的气动力. 利用风洞可以进行多方面的研究工作，概括起来大约可分为以下两大类：

（1）基础性研究实验

利用风洞实验可以对空气动力学和流体力学的一些基本流动规律进行实验研究. 如研究各种翼型的气动力特性，包括翼型表面压力分布、边界层变化情况以及高马赫数飞行的气动热等问题. 这类基础性的研究工作为提出和修改力学模型和数学方程提供了有力的依据.

（2）工程性实验

在航空航天领域，利用风洞进行飞行器或其他部件模型的升阻力实验、压力分布实验、颤振实验等，以确定飞行器的气动力特性，为飞行器的设计提供科学依据. 在其他方面，利用风洞可研究工业上的空气动力问题，如房屋及桥梁的风压、高压电线风载、各种交通工具的气动阻力以及叶片的机械性能的试验等. 利用风洞还可研究大气的污染问题，也可校测风速管、涡街流量计等各种类型的测速仪.

风洞的用途很大，实验种类很广，是空气动力学实验的主要工具. 利用风洞进行气动力实验时，可以人为地控制实验条件如空气压力、温度、密度、速度等. 由于风洞实验是在室内进行，不受天气影响，因此风洞的利用率很高. 另外，在风洞进行实验时，由于试验模型和观测仪器都是固定不动的，这对流动现象的观测和数据测量都很方便安全,测试的精度也比较高.风洞实验的不足之处在于不能保证和实际流场完全相似,在实验时只能满足某些主要的相似参数.此外,风洞的洞壁和支架等对气流有干扰,与飞行器在无限空间中的自由飞行不同,所以实验数据需要适当的修正.

按实验段中气流速度 v 的大小,风洞可分为低速风洞(气流的马赫数 $Ma \leqslant 0.3$)、高亚声速风洞(气流的马赫数范围 $0.3 < Ma < 0.8$)、跨声速风洞($0.8 \leqslant Ma \leqslant 1.5$)、超声速风洞($1.5 < Ma \leqslant 4.5$)和高超声速风洞($Ma > 4.5$).按外形,风洞可分为直流式、回流式、闭口式和开口式.按工作方式,风洞还可分为连续式和暂冲式.此外还可按工作原理、压力大小和用途等来对风洞进行分类.下面重点介绍低速风洞和超声速风洞的构造原理.

11.2.2 低速风洞

一般把实验段风速 $v \leqslant 100\text{m/s}$ 的风洞称之为低速风洞.此时气流的马赫数小于0.3,所以空气仍然可当作不可压缩的.随着航空工业的发展,低速风洞已发展得比较完善.低速风洞按外形常分为开路式与回路式两大类.

开路式风洞又有闭口开路式和开口开路式之分.前者的实验段一定要放在密闭室之中,这种型式风洞的回路就是风洞所在的房屋,为了减少由房屋所引起的气流混乱,房屋需要建得比较大,按经验,其容积约等于400~500倍实验段直径(或水力直径)的3次方,因此用房比较大.图11-1所示即是这种风洞的示意图.

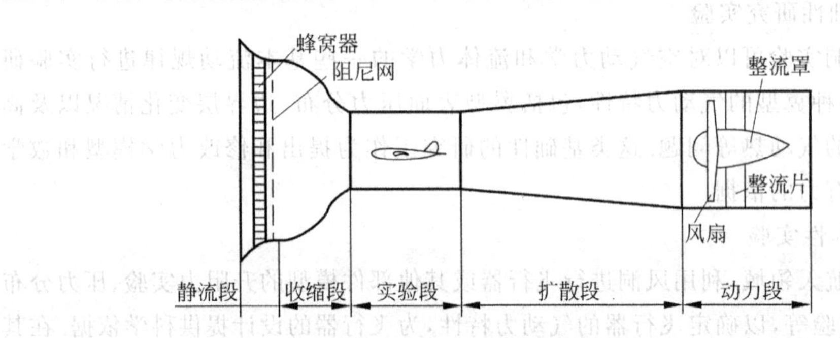

图11-1 闭口开路式风洞示意图

回路式风洞主要是指气流经过实验后再沿着一个管道导回到实验段中去.回路风洞又可分为三种型式,即单回路式、双回路式及环形回路式.单回路式是使用最广泛的型式.回路式风洞所需空间较小,但由于需加回路、四个拐角和导流片等部件,构造较为复杂.下面以单回路式风洞(图11-2)为例,对风洞各部件和功用作一简单介绍.

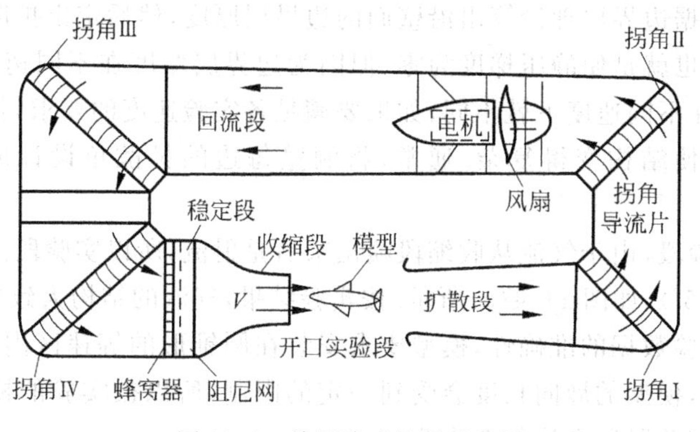

图 11-2 单回路式风洞示意图

1. 实验段

实验段是风洞安放模型进行实验的地方，所以实验段气动力特性的好坏直接影响到测量数据的准确性. 风洞对实验段有以下要求：流速、压力、温度等气流各参数在实验段内任一截面上应尽可能达到均匀分布，并且不随时间改变；气流方向与风洞轴线之间偏角尽可能小；具有合乎实际要求的湍流度；装卸模型与进行实验方便.

实验段有闭口和开口之分，开口实验段周围无洞壁，对于实验现象的观察、模型的安装和拆卸以及测量均较为方便，但因实验段内气流与外部空气相互作用，不仅要引起摩擦损失，而且容易产生脉动干扰，使流动变得复杂. 闭口式实验段与开口式相比，情况恰恰相反.

实验段的大小根据实验时所需达到的雷诺数 Re 以及堵塞比来定，Re 数的大小取决于进行哪种类型的实验. 堵塞比，即模型的迎风面积与实验段横截面积之比，应小于 5%. 一般情况下，开口实验段的长度取实验段直径的 1.0～1.5 倍；闭口实验段的长度取实验段直径的 2.0～2.5 倍. 由于在同样功率下，实验段截面相同时，开口损失比闭口损失大，为了减少损失，开口实验段的长度相对较短. 在闭口实验段，由于洞壁上边界层厚度逐渐增大，如图 11-3(a)所示，相当于截面积的减小，实验段内气流会在流动方向产生一静压梯度 $\mathrm{d}p/\mathrm{d}x$，因而对阻力的测量将产生一定的影响. 在实验

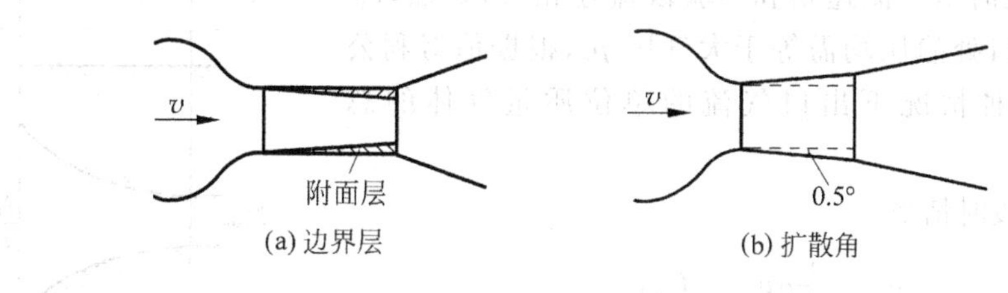

图 11-3 实验段

段设计时，可根据边界层理论算出沿壁面的边界层厚度，然后定出扩散角度使有效截面积成为常数，也就是使静压梯度为零. 但因为边界层厚度在不同速度下有所不同，所以扩散程度在不同速度下就不同，如果要满足各实验速度的要求，就要使用一种可调扩散角内壁，使结构变得复杂. 通常，将洞壁每边的扩散角设计成 0.5°左右，如图 11-3(b)所示.

在开口实验段，由于气流从收缩段喷出来后是射流，所以实验段内的气流有扩散角（一般是 3°～5°），如图 11-4(a)所示. 按实验结果，气流的结构大致如图 11-4(b)所示. 为了保证实验数据的准确性，模型要求安装在圆锥形的等速区内，最好位于等湍流度区内. 这样，模型的展向长度会受到一定的限制，所以被实验的模型可能会比同样尺寸的闭口实验段所允许的要小些.

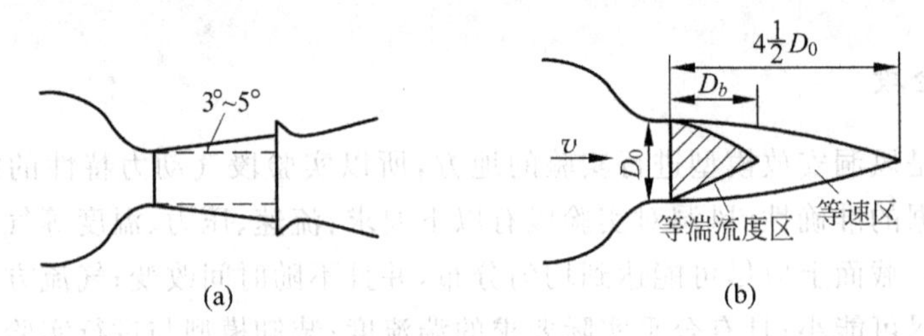

图 11-4　开口实验段

2. 扩散段

扩散段是截面积逐渐扩大的一段管道，其作用是把气流的动能变为压力能，因为风洞损失与气流速度的 3 次方成比例，故气流通过实验段后应尽量减低它的速度，以减少气流在风洞非实验段中的能量损失.

用扩压效率来表示扩散段能量损失的情况，能量损失少，效率则高. 影响扩压效率的主要因素是扩散角的大小，此外管道的截面形状对扩压效率也有影响，实验证明，圆截面扩压效率最高，长方形次之.

图 11-5 给出装和不装扩散段的情况，两者在实验段的流速虽一样，但出口速度则不一样. 若实验段流速为 v，有扩散段时的出口流速为 $v_{扩}$，无扩散段时出口流速则和实验段流速相等，显然，$v_{扩}<v$，又因出口处静压均需等于大气压 p_a，根据伯努利公式可列出两种情况下出口气流的单位质量气体的总能量.

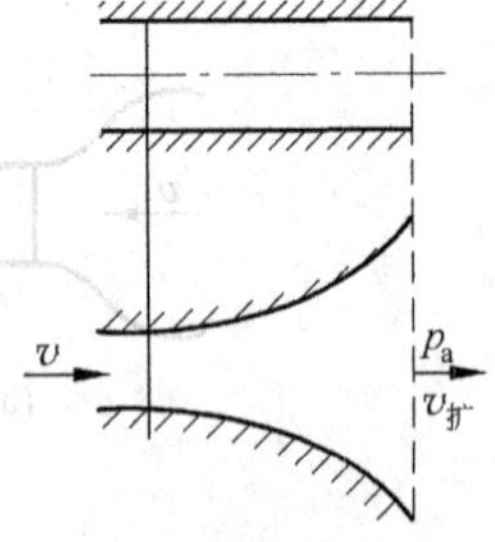

图 11-5　有无扩散段比较

无扩散段时情形

$$p_a+\frac{1}{2}\rho v^2=C_1,$$

有扩散段情形

$$p_a + \frac{1}{2}\rho v_{扩}^2 = C_2,$$

因为 $v_{扩} < v$，所以 $C_2 < C_1$. 由此可见，不装扩散段的风洞，动力系统供给气流的总能量要比装有扩散段的风洞大. 实验结果表明，扩散角一般在 $7° \sim 10°$范围内选择. 超过这一限度，气流易在扩散段内产生分离. 这样不仅要损失能量，还会因气流分离而产生气流脉动.

3. 导流片

在回路式风洞中，气流沿着风洞洞身循环一次需要转过 4 个 90°的拐角. 气流在拐角处容易发生分离，产生涡旋，造成流动的脉动，导致大的能量损失. 为了改善气流的性能和减小损失，在拐角处布置一列导流片，把拐角的通道分割成许多狭小的通道，导流片的截面形状与翼剖面相似.

4. 蜂窝器与阻尼网

蜂窝器(整流器)是用许多方形、圆形、六角形等截面的小格子组成，形同蜂窝. 蜂窝器的作用是将大旋涡变成小旋涡并对气流进行导向.

在开路式风洞中，气流由四面八方进入风洞，必须装蜂窝器起整流作用. 在回路式风洞中，气流经过第四拐角后，旋涡可能仍很大，为了把大旋涡打破成小旋涡，很多风洞在第四拐角后装有蜂窝器，从蜂窝器出来的小旋涡在稳定段受到阻尼会很快消失，使气流的湍流度减低，同时气流经过蜂窝器时由于减少横侧方向的流动，气流方向被引直了，使方向与风洞轴线一致. 蜂窝器的长度越长，整流效果越好，但长度增大，会使气流摩擦损失增加，好在此处的气流速度不大，虽然蜂窝器本身损失系数较大，但其损失只占整个风洞的 5%左右.

在一般风洞中，为了使风洞气流和飞机真实飞行情况相似，都要设法降低气流的湍流度，在这方面，阻尼网的效果最好. 一般风洞中阻尼网眼及网线的直径都很小. 由于稳定段的流速最低，损失较小，因此阻尼网都装在稳定段内，并在收缩段的前方，如与蜂窝器同时一起使用时，则装在蜂窝器后. 气流经过阻尼网后，大的旋涡被分割成许多小旋涡，在稳定段中先经过衰减，然后立刻再经过收缩段，气流绝对速度增大. 阻尼网与蜂窝器的基本区别在于阻尼网不能对气流起导向作用.

蜂窝器和阻尼网所在的稳定段一般为等截面，位于收缩段前. 为了使气流有足够的时间稳定下来，按照经验，稳定段长度常设计为$(1/2 \sim 1.0)D$(D 为该段直径).

5. 收缩段

收缩段将从稳定段流过来的气流进行加速. 对收缩段的基本要求是：气流沿收缩段流动时，流速单调增加，在洞壁上要避免分离，收缩段出口处气流分布均匀且稳定.

收缩段不宜过长，否则建造成本大，且能量损失也大. 将收缩段进出口的面积比称为收缩比. 必须适当选择收缩比，一般而言，收缩比越大，则收缩段出口气流的速度分布也越均匀，气流的湍流度也越低，但收缩比过大，洞身随之增长，使造价增高. 根据经验，收缩比一般选在 4～10 之间.

收缩段曲线的形状对实验段的气流分布的均匀程度有较大的影响. 收缩段靠近出口部分的曲线变化应缓慢些，以稳定气流. 对于收缩曲线的设计，许多学者作过这方面的研究. 如图 11-6 所示的是通常采用的维多辛斯基曲线，其计算公式为：

$$R=\frac{R_0}{\sqrt{1-\left[1-\left(\frac{R_0}{R_1}\right)^2\right]\frac{\left[1-\left(\frac{x}{l}\right)^2\right]^2}{\left[1+\frac{1}{3}\left(\frac{x}{l}\right)^2\right]^3}}},\tag{11-25}$$

式中 x、R 为曲线上任意点坐标，R_1 和 R_0 分别为收缩段进出口截面的半径，l 为收缩段长度，一般取 $l=(1.2\sim2.4)R_1$. 收缩段出口处常有一段长度为 $0.4R_0$ 的平直段. 实验证明，按照这个曲线做成的收缩段，出口截面的速度场都相当均匀.

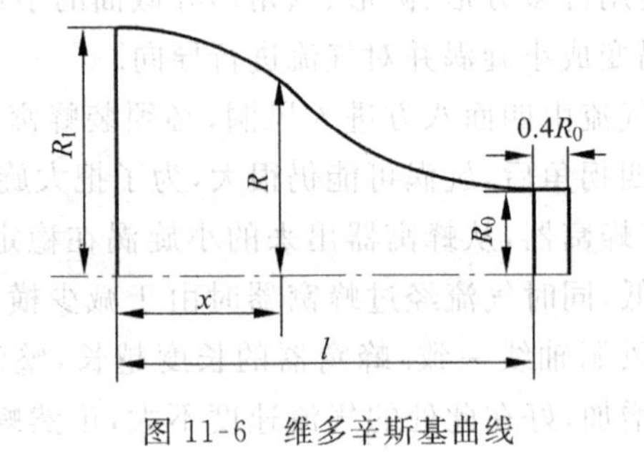

图 11-6 维多辛斯基曲线

6. 回流段

回流段也是一个面积增大的扩压段，在回路风洞中，它主要作为气流的回路. 在风洞中以实验段的速度最大，扩散段内虽然气流的动能部分转换为压力能，但速度仍较大. 在回流段内气流的速度已降低很多，此处的损失小. 若为了缩短风洞长度，在回流段可用大的扩散角，因为回流段的损失在整个风洞的损失中占较小比例.

7. 动力系统

由于摩擦、拐弯及分离等原因，气流在风洞内循环一周后会产生能量损失，造成一定的压力降低. 为了在实验段维持一定的气流速度，必须有能量不断地补充进去，动力系统就起这样的作用. 动力系统的主要组成部分有：①风扇；②反扭导流片；③整流罩；④动力系统；⑤机械传动系统. 其中反扭导流片的作用是为了保证气流的轴向流动.因为气流流过风扇时,风扇会使气流产生一个周向速度,而在风洞内气流的流向要求与风洞轴平行.为了减低这种滑流的周向速度,在风扇后必须安装反扭导流片.整流罩则是为了保护风扇的机械部件及电动机,并同时增加流过风扇的气流速度.动力系统带动风扇,所采用的动力系统应该满足以下要求:①给定转速工作时要稳定;②能调整转速,其调整范围最好能达 10∶1 以上;③造价低,维护方便.常用的动力系统是交、直流电动机组,即交流电动机带动直流发电机发出直流电,供直流电动机使用.调节发电机发出的电压,就可调节气流的流速.

8. 坐标架

它是风洞必要的配套设备,其作用是为了固定各种模型、测量探头、模型支架等.根据不同实验的要求,坐标架可以有 2 个或 3 个自由度,有的支架还可以倾斜或绕轴旋转.

11.2.3 超声速风洞

一般而言,超声速风洞的实验马赫数范围为 1.5～4.5.如果将超声速风洞设计成低速风洞那样连续地运转且具有较大的工作截面,则需要巨大的动力.为了节省功率,常常把超声速风洞设计成暂冲式的.暂冲式超声速风洞又可分为高压吹式和真空吸式两种.这类风洞是利用高压储气瓶或真空箱与大气间的压差,使气流很快地从储气瓶中冲出或吸进真空箱,再经过拉伐尔喷管,就形成超声速流.在同样的马赫数和雷诺数下,暂冲式风洞所需功率是连续式风洞的 1/15～1/5.但暂冲式风洞的工作时间短促,通常只能保持 0.5～3 分钟,这就增加了风洞测量的难度.这里以常见的暂冲式高压吹式超声速风洞为例,简要介绍它的主要组成部分及其功能.

图 11-7 为一中型高压吹式超声速风洞示意图,这种超声速风洞的工作原理是空气从大气中吸入,经过压气机压缩,并通过除油的净化系统后,被储存在气罐内.当储气罐内空气压力达到额定压力后,即可进行实验.实验时,将储气罐与风洞洞身之间的阀门迅速打开,并通过调节压力,使储气罐内气体以一定压力吹过风洞,在实验段达到超声速,然后喷射到大气中去.储气罐内压力下降到一定程度后,不再产生超声速流动,此时阀门迅速关闭,停止实验.

高压吹式超声速风洞由气源、风洞开关与调压系统及其洞身三大部分组成.气源部分包括储气和空气净化系统.特别要说明的是,空气净化系统用于去除压缩空气中的油滴和水蒸气,是超声速风洞必不可少的设备.空气净化系统包括有冷却塔(使压气机出来的空气冷却)、油水分离器(使气体中油滴和冷凝下来的水滴分离出来)、吸油罐(内装吸油材料,如素瓷)与干燥器(内装吸水硅胶).压缩空气中的油滴来源于压气机汽缸壁上的润滑油,它会玷污风洞并使干燥器中的硅胶失效.压缩空气中含有

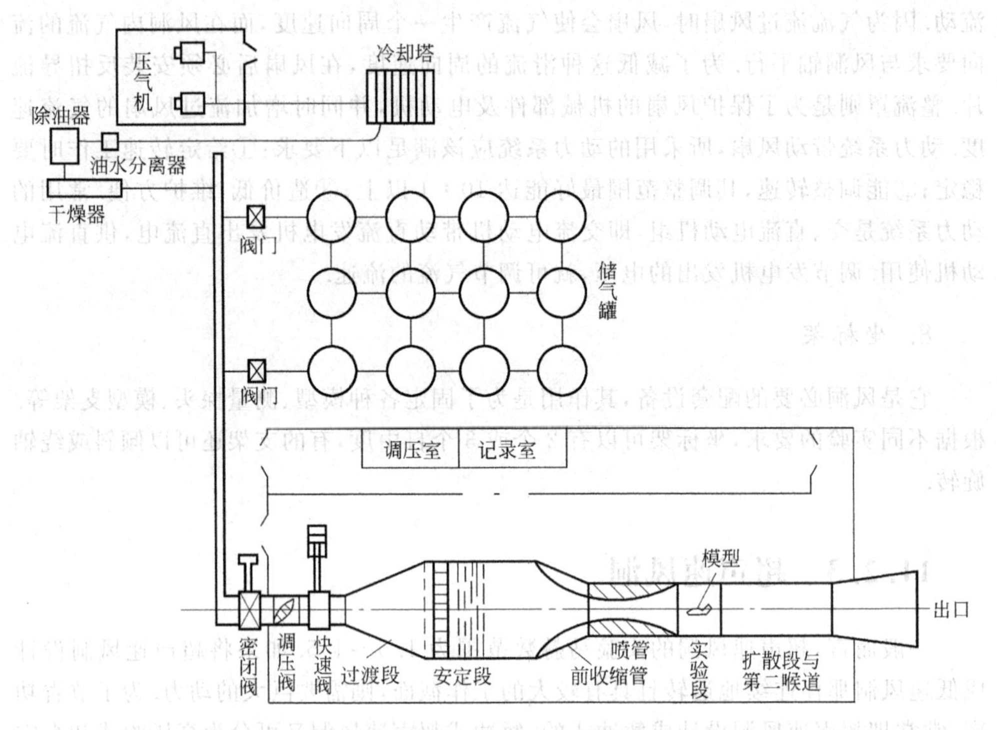

图11-7　高压吹式超声速风洞示意图

的水蒸气若进入风洞，则随马赫数的增大，气流温度下降，到一定程度时，水蒸气就会突然凝结起来.凝结过程将会放出热量给气流，超声速气流受到加热，气流各热力参数将会发生变化，从而影响实验的精确性.由于凝结是突然的，因而参数变化也是突然发生.另外油滴和杂质还会增加这种凝结的危险性，因此超声速风洞用的气体必须除油除水.实验证明，需使储气罐内气体含水量降到万分之五以下才符合要求.

风洞开关与调压系统包括密闭阀、调压阀和快速阀.密闭阀将风洞洞身与储气罐严密隔开，吹风时打开此阀供气.调压阀是调节压力的设备，其目的在于使风洞安定段的压力保持不变.快速阀是为了节约风洞用气、缩短风洞起动时间用的阀门.它能在1～2秒内迅速打开，但它的密闭性差.不吹风时储气罐的密闭由密闭阀承担，而要吹风时则先打开密闭阀而把快速阀关上.打开密闭阀需较长时间，此时气流被快速阀挡住，等密闭阀全开后，快速阀迅速打开，使超声速气流通过实验段.

风洞洞身部分主要包括以下几部分.

1. 安定段

经调压阀进入安定段的气流是极不均匀的，其中夹带了很多旋涡，需要通过安定段进行调整，把被调压阀扰乱的气流，重新引向均匀并尽量降低气流的湍流度.安定段由过渡段、稳定段和前收缩段组成，如图 11-8 所示. 过渡段为一扩散段，将气流扩散使其速度降低(一般为 5～25m/s)，使得气流在稳定段内有足够长的时间稳定下来. 在稳定段装有蜂窝器，它一方面使气流中的大旋涡被分割成小旋涡，另一方面把气流方向引正，使气流方向与风洞轴线一致. 蜂窝器后边再装几道铜纱网作为阻尼网，进一步降低气流的湍流度. 前收缩段的作用一是从圆截面的稳定段过渡到方形或矩形的喷管；二是让尚未进入喷管的气流先加速一次.

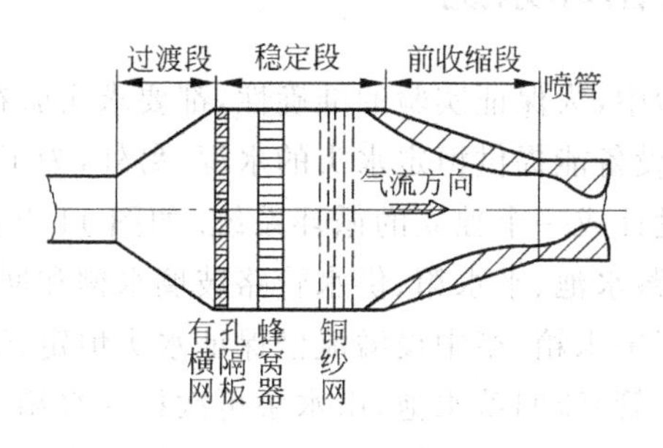

图 11-8 安定段

2. 喷管

喷管是超声速风洞中最关键的部件. 由气体动力学可知，要使气流从亚声速加速到超声速，必须要通过一个先收缩后扩张的喷管即拉伐尔喷管. 经过前收缩段加速过的亚声速气流在喷管收缩段内继续加速，到最小截面处达到声速，然后在扩张段内成为超声速气流，并且继续在扩张段内加速，直到在喷管出口处达到所要求的马赫数.

风洞实验段内的马赫数与喷管出口处截面 A 和喷管喉道截面积 A^* 之比有关，按气体动力学方程可得表 11-2.

表 11-2 马赫数与喷管出口处截面和喷管喉道截面面积之比的关系

Ma	1.5	2.0	2.5	3.0	3.5
A/A^*	1.1762	1.6875	2.6367	4.2346	6.7896

3. 实验段

实验段是安装模型进行试验的部分. 由于光学测量的需要，实验段的两侧往往开有玻璃窗. 另外壁面上还开有测压孔，用来测取实验段的静压强. 模型的最大迎风面积与实验段的横截面积之比也要按照超声速气流的流动规律严格控制. 否则，当实验段的有效通流面积小于上游拉伐尔喷管喉道截面积时，在超声速风洞的启动过程中，声速将产生在实验段的最小面积处，而在模型前得不到超声速，这种情况称为风洞的“壅塞”.

4. 第二喉道和扩散段

从实验段出来的气流首先在第二喉道由超声速降为亚声速，然后再经过亚声速扩散段将气流进一步减速. 这样可降低安定段总压，节约用气，延长工作时间.

11.2.4 水流循环系统

在许多水力学实验中，为保证实验的准确性，都要求实验在严格的定常流动条件下进行，因此要求实验设备能提供恒定水头的水源. 另外，为了节省水源，水力学实验用的管道系统往往都设计成一个独立的循环系统. 如图 11-9 所示，水流循环系统主要包括动力抽水设备、蓄水池、平水箱、供水管路玻璃水槽和回水渠(管)等. 水泵机组将蓄水池的水抽至高架平水箱，箱中设溢流槽保证水头恒定；通过供水管路给实验装置，经实验后由回水渠(管)流回蓄水池，由水泵再次抽入水箱，循环使用. 实验模型安放在水槽中，水槽的壁面用有机玻璃制成，便于对流场的观察和拍照. 另外，在普通水槽中还可装上造波器形成波浪槽，模拟海浪运动.

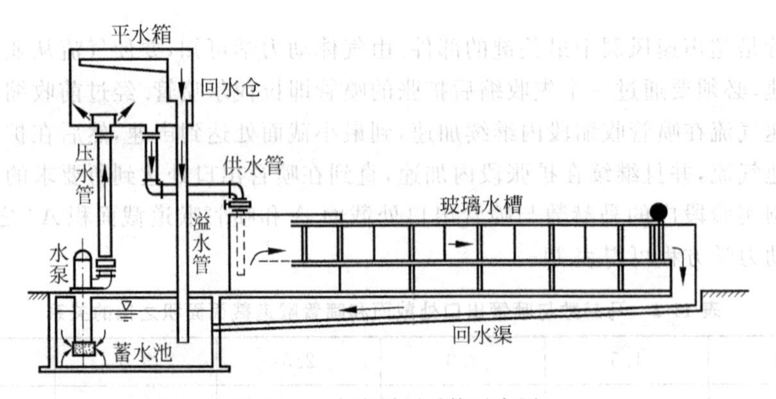

图 11-9 水流循环系统示意图

11.3 流动参数测量

11.3.1 压力的测量

压力是流体运动的重要参数之一. 通过压力的测量，可以得到流速、流量等其他流动参数，因而压力测量是流体力学实验中最基本的测量.

流动状态下的流体压力分为静压与总压，总压与静压的差值为动压. 静止流体的压力是流体速度为零的一种特例，此时无总压与静压之分. 在测量压力时，常用相对压力表示.

从被测压力的性质来看，压力测量可分为静态压力和动态压力. 静态压力指流体压力不随时间而变，或者变化很慢，它是实验室和工业过程中常规的测量参量. 动态压力指流体压力随时间作快速变化或者周期性变化，它是研究不定常流动时必须测试的特殊参量.

压力一般不能直接显示，测量时必须将其变换为其他物理量，例如位移(或角位移)、力及电参数等. 根据转换方式的不同，常用的测量方法大致可分为四大类，即液柱平衡法、重力平衡法、弹性变形法和力-电转换法.

1. 测压计

(1) 液柱式测压计

液柱式测压计是将被测压力转换成液柱高度进行测量. 这种测压计具有结构简单、使用方便、准确度高、价格低廉等优点. 但其测量范围受到限制，一般只能测量 10^{-6}～0.3MPa 的压强，而且仅限于静态压力的测量. 用汞做工作介质时，还存在污染问题. 常用的液柱式测压计有 U 形管式、单管式、斜管式和多管式等.

U 形管式液柱测压计的原理见图 11-10，它主要由两条内径相同、互相平行而彼此连通的呈 U 形的玻璃管和安装在支承板上的刻度标尺组成. U 形管中充以液体介质，刻度标尺的零点在标尺的中间位置，当两管都与大气相通时，两管中的液体自由表面应对准标尺零刻度线.

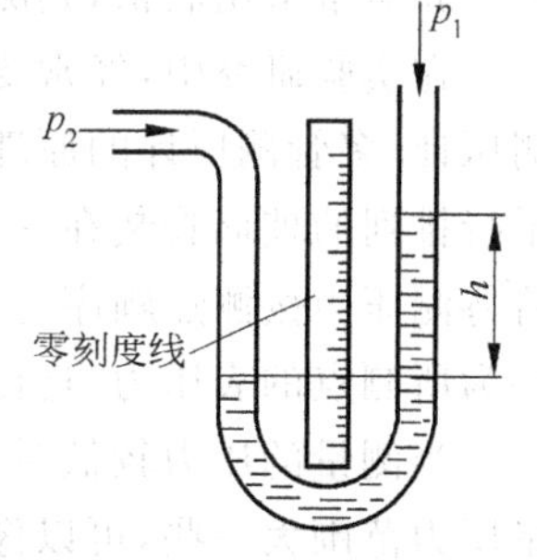

图 11-10 U 形管测压计

若左侧管通入压力为 p_2 的流体，右侧管压力为 p_1，且 $p_2>p_1$，则在 p_1 和 p_2 的作用下，两管工作液体的高度差为 h. 根据液体静力平衡规律有

$$p_2 = p_1 + \rho g h,$$

式中 ρ 为工作液体的密度，g 为测试场所的重力加速度.

如果 p_1 为大气压力，则被测的 p_2 为表压力. 所以，被测表压力（或真空度)和工作介质的密度、重力加速度及高度差有关. 密度随温度变化，重力加速度随使用地点而变化，因此为保证测量精度，应进行密度和重力加速度的修正. 液柱高度差 h 的误差主要来源于刻度尺误差、读数误差和零位误差. U 形管的测量范围，以水为工作介质时为 $0\sim\pm7.8\times10^3$ Pa；以汞为工作介质时一般为 $0\sim\pm1.07\times10^5$ Pa.

U 形管式测压计需两边读数，自然要出现两次读数误差，为避免这一弊端，将 U 形管的一臂做成面积很大的容器（图 11-11)，使其工作过程中液面上、下的变化可以忽略不计，此时只要读取一个读数即可得到测点的压力，使用比较方便，这种就是单管式测压计.

在测量微小的流体压力时，为提高测量精度，减小U形管和单管测压计在读数中的误差，常采用倾斜式微压计，如图11-12所示．它与单管测压计不同的是其测量管与水平面成一倾斜角度．设其与水平面的夹角为θ，一般θ不得小于15°，以防管内液体自由表面拉得太长而影响读数精度．

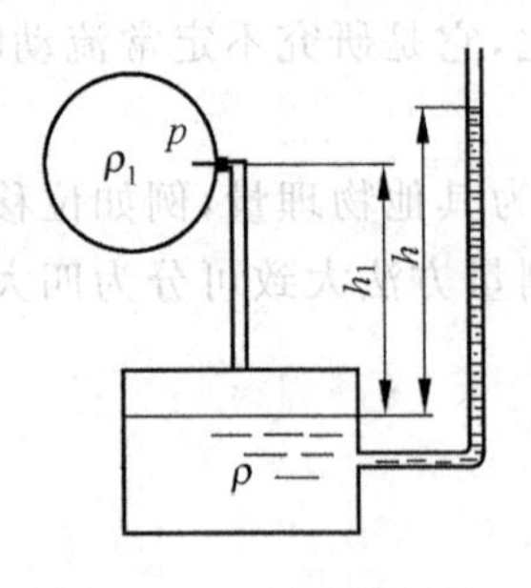

图11-11 单管测压计

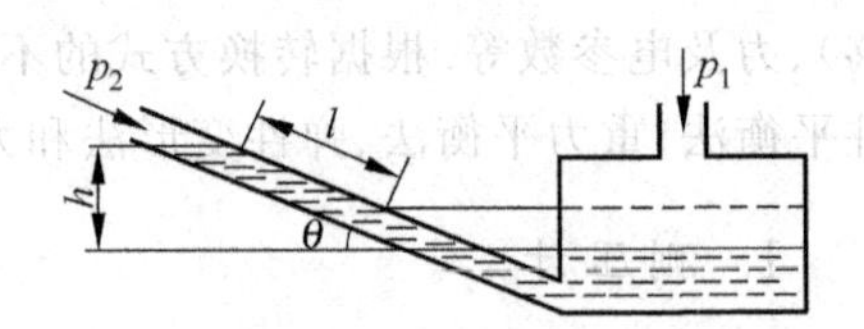

图11-12 倾斜式微压计

根据图11-12，可以导出下式：

$$p_1 - p_2 = \left(\frac{a}{A} + \sin\theta\right)\rho g l, \tag{11-26}$$

式中p_1、p_2分别为容器和倾斜管中的压强，a、A分别为斜管和容器的截面积．读数值l与h相比放大了很多，提高了测量的灵敏度，从而实现了微压测量．这种微压计的工作介质常采用酒精，其测量范围为$0\sim\pm2.0\times10^3$Pa.

在实验研究中，经常要测量很多点的压力，如压力分布实验，这时就需采用多管测压计．多管测压计的原理与倾斜式微压计相同，其外形结构如图11-13所示．多根平行排列的玻璃管装在一块平板上，各测压管都与一个公共的大容器(液壶)相连通．将待测压力按测点顺序与各测压管接通，大容器通大气，各管中液柱下降的垂直高度则为所测点的表压力．这比每一个压力都用一个U形管测压计测量要简便得多．

当测量的压力较低时，指示读数盘可以像斜管微压计那样处于不同的倾角；若测量压力范围大一些，可以像U形管和单管压力计那样垂直放置；如果所测压力较高，为了避免测压管太长，大容器可以不通大气而接入密闭的较高压力的气瓶．多管测压计所用的工作液体通常是水或酒精．用多管测压计测量流线体模型表面上的压力分布或者模型尾迹区的压力分布，具有清晰观察压力分布的效果和形象化的优点．

多管测压计的测量精度低于倾斜式微压计，单支的精度可达0.5mmH_2O．在精度要求高的实验中，每一支测压管都要经过标准压力计的校正，求出其校正系数，以便应用．

(2) 弹性式测压计

利用弹性变形进行压力测量的仪表称弹性式测压计，其压力敏感部分称弹性敏感元件．弹性敏感元件直接感受被测压力，并将其转换为位移或应变输出给显示装

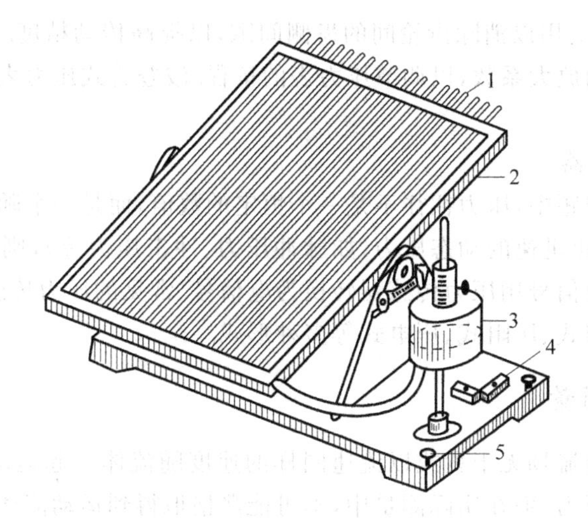

图 11-13 多管测压计

1—测压管；2—读数盘；3—容器(液壶)；4—水准泡；5—调平螺丝

置、传感器或其他变换元件.弹性式测压计具有结构简单、体积小、维护方便、安全可靠和价格便宜等特点.它的测压范围较宽,通常可测 0～1000MPa 的压强.

测量弹性元件位移或应变方式可分为机械和电气两种.机械式是把位移通过机械机构放大后,直接带动指针旋转,用指针的角位移指示压力的大小,这就是一般的弹性式测压计.电气式是通过机-电变换单元把弹性元件的位移或应变转换为电量的变化,再由电测装置加以测量、指示和记录,这就是各种变送器和应变式压力传感器.

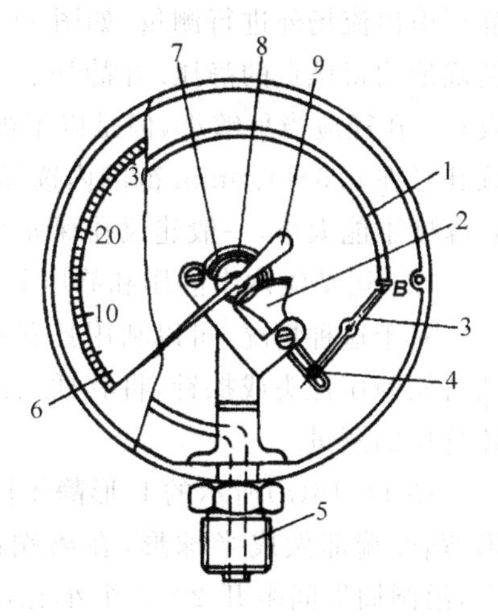

图 11-14 波登管式测压计结构

1—弹簧管；2—扇形齿轮；3—拉杆；4—调节螺钉；5—接头；6—表盘；7—游丝；8—中心齿轮；9—指针

弹性式测压仪表的种类很多,根据所用弹性敏感元件结构形式的不同,可分为弹簧管式、波纹管式、膜片式（平膜、波纹膜和挠性膜等)、膜盒式及弹性梁、柱和筒等.如图 11-14 所示的波登管式压力表又称弹簧管式测压计,其压力敏感元件是一端固定、另一端封闭并可自由移动的单圈弹簧管.被测流体由接头 5 引入,在流体压力的作用下,弹簧管 1 的自由端 B 向右上方移动而产生弹性变形,通过拉杆 3 使扇形齿轮 2 逆时针偏转,与其啮合的中心齿轮 8 顺时针旋转,固定在 8 上的指针也顺时针转动,从而在表盘 6 的刻度尺上指示出相应于被测

压力 p 的值.游丝7用以消除齿轮间的齿侧间隙,以提高传动精度.调节螺钉4的作用是改变机械传动放大系数,以调节压力表的量程.波登管式压力表主要用于静态压力的测量.

(3) 压力传感器

在很多实际问题中,压力往往不是一个恒定的数值,而是一个随时间变化的动态量.要测量这些变化迅速的动态压力(如脉冲压力、冲击压力等),则必须把弹性敏感元件感受到的压力信号用压力传感器转换为电信号.常见的压力传感器有电阻式、应变式、电感式、电容式、压阻式、压电式等多种形式.

2. 静压的测量

当测压仪器对流场无干扰或以流速同样的速度随流体一起运动时,在某点上所测出的压力为静压力.但在实际测量中,不可能严格地得到运动流体中某定点上静压的真实值,只能采用对流场干扰较小的方法来测得静压.静压的测量可分为以下两种情况:

(1) 流道壁面静压或流线体表面压力分布的测量

对于这种情况,可以在流道壁面或流线体表面开静压孔,再通过传压管把该点的静压引出流场外进行测量,如图11-15所示.该方法简单,只要孔开得合适,就能比较精确地测得该点的静压.开静压孔应注意以下几点:①静压孔应沿壁面法向方向开设;②孔径应当足够小,但是以不被堵塞和满足对静压变化的敏感性为限度,一般建议孔径在0.5～1.0mm范围内选择;③孔口应光洁无毛刺,不宜有倒角和圆角;④开孔深度不能太小,一般建议孔深 h 与孔径 d 的比值在3～10范围内选择.

(2) 运动流体中静压和静压分布的测量

对于这种情况,可以利用具有一定形状、尺寸较小的特制静压探头或探针,将其插入流体中,从而进行流体静压的测量.

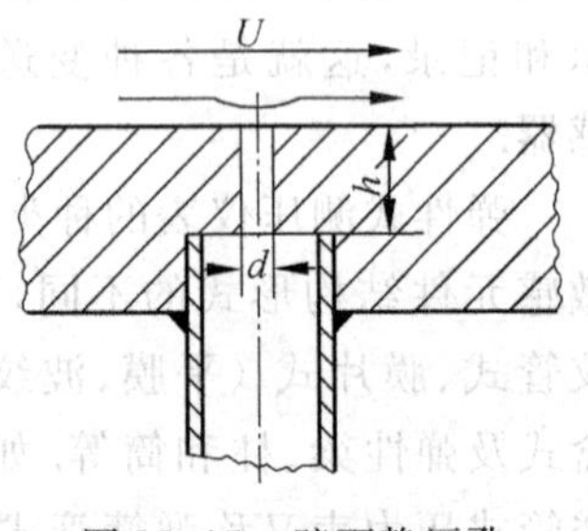

图11-15 壁面静压孔

图11-16(a)所示的L形静压探针是一端封闭的L形弯管.端部做成半球形,在离端部一定距离的管壁上,沿圆周等间距开2～7个小孔,小孔的轴线与管子轴线垂直.小孔距端部及杆部的距离对所测静压值有很大影响,因为静压孔所感受到的静压同时要受到探针头部和后面杆部两方面的影响.经实验验证,探针头部和支杆对测压孔测量压力的影响是相反的,由头部影响产生的误差总是负的,而由支杆的影响产生的误差总是正的(图11-16(b),图中纵坐标 $\bar{p}$ 表示静压孔感受到的静压与实际静压之比).利用这一点就可以合理布置静压测量孔的位置.对于L形静压探针,最佳几何关系是:由前缘到静压孔轴线的距离不小于3～4倍探针外径,由静压孔轴线到支杆轴线的距离不

小于 8～10 倍探针外径，静压孔直径为探针外径的 1/10～3/10. 这种探针对气流方向变化的不敏感角约在 5°～6°左右.

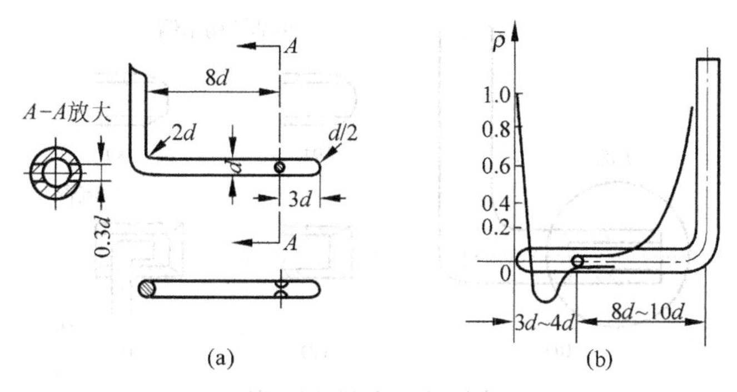

图 11-16　L 形静压探针及其压力分布图

在超声速流中，当气流流过探针时，探针头部前方要发生激波，因而对下游静压孔所感受的压力产生显著的影响. 测量超声速流中的静压，可采用图 11-17 所示的锥形探针. 这种探针前端为一很尖的圆锥，静压孔离尖端约为 20 倍探针外径. 超声速流流过探针尖端时，尖端处只会产生一道极微弱的圆锥激波，而静压孔又离尖端有很长的距离，气流经过这段距离后将逐步接近于未被尖端扰动时的静压.

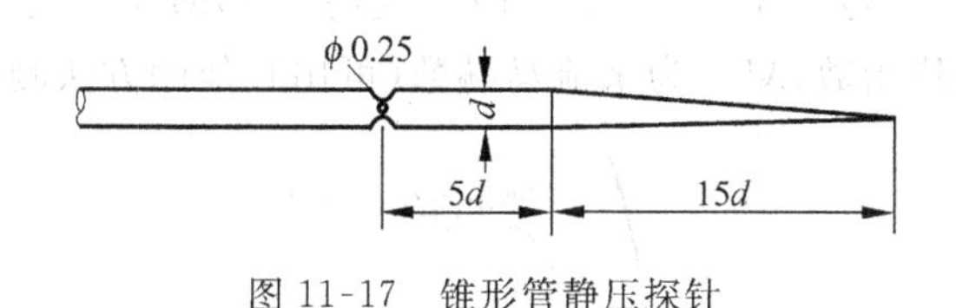

图 11-17　锥形管静压探针

3. 总压的测量

总压也称驻点压力，即流动受到滞止、速度降到零时的那点压力. 可以利用插入流体中的总压探针来测量总压，总压探针的形状和尺寸有多种形式，它是根据不同使用场合和测量要求而设计的.

L 形总压探针是使用最广泛、结构最简单的总压探针，它具有多种形状的头部(图 11-18)，其测压孔对准流动方向，以量测该点处的总压. 总压探针的几何尺寸应尽量小，以减小探针对流动的干扰，此外，总压探针对方向性不能太敏感，总压探针的头部形状及测压孔孔径和探针外径之比很大程度上决定了探针的方向敏感性. 图 11-18(a)所示的是结构最简单的总压探针，当测压孔径与外径之比 $d_2/d_1=0.6$ 和方向偏斜角小于 15°时，对测量不会有显著影响. 半球形头部的总压探针对方向性较敏感 (图 11-18(b)). 图 11-18(e)所示的总压探针装在具有喇叭形进口的圆形导流管内，这种结构的总压探针在偏斜角 40°、马赫数在 0～1 范围中均能准确测出总压值.

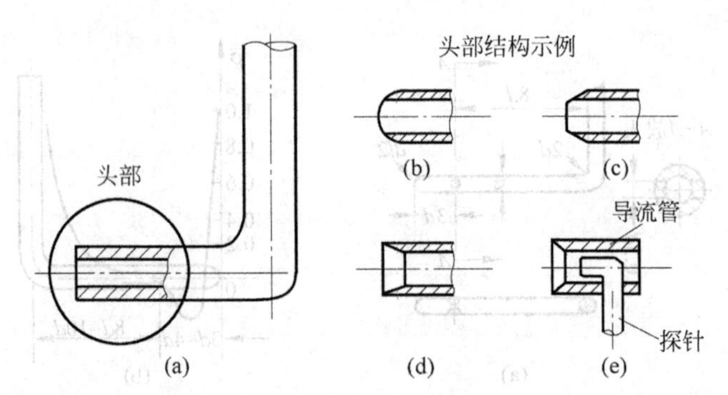

图 11-18 L 形总压探针

在超声速气流中，可以采用与亚声速气流中一样的总压探针. 如图 11-19 所示，当超声速气流流过总压探针时，在探针前会产生一道脱体激波. 由于探针的轴线与来流平行，在测压孔附近，局部激波与来流垂直，因此可以利用正激波关系式，根据探针测到的正激波后的滞止压力 p_{02} 来计算波前来流总压 p_{01}：

$$\frac{p_{02}}{p_{01}}=\left(\frac{2\gamma}{\gamma+1}Ma_1^2-\frac{\gamma-1}{\gamma+1}\right)^{-\frac{1}{\gamma-1}}\left[\frac{(\gamma+1)Ma_1^2}{(\gamma-1)Ma_1^2+2}\right]^{\frac{\gamma}{\gamma-1}}, \tag{11-27}$$

式中 γ 为气体的绝热指数，Ma_1 为来流马赫数(可用其他的方法测量出来).

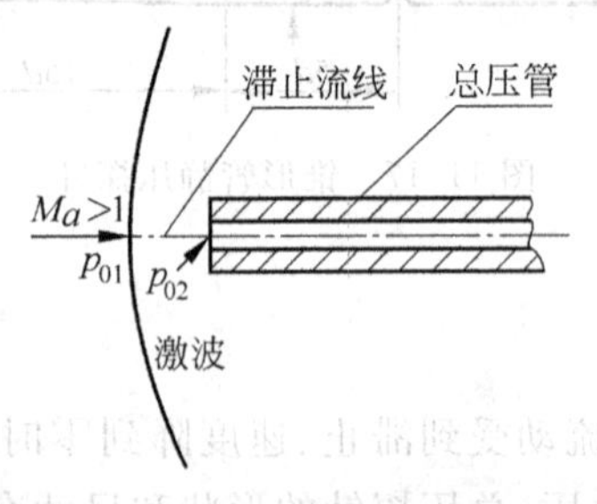

图 11-19 超声速气流的总压测量

11.3.2 流速的测量

流速是描述流体运动的重要参数，对于流场中某一点流速的测量，用得较多的是毕托管、热线(膜)风速计和激光多普勒流速计. 毕托管测速原理是流体运动伯努利方程的具体应用，在第 4 章已经作了详细介绍，这里主要介绍后两种方法.

1. 热线(膜)风速计

热线(膜)风速计是在流场中放置细金属丝或金属薄膜对其通电加热,利用它的冷却率与流体速度的函数关系来测量流速的仪器,它由探头和放大电路两部分组成.探头有热线式和热膜式两种,它们的结构形式多种多样,图 11-20 为其中的一种.热线或热膜风速计的工作原理是相同的,热线式适用于气体,热膜式适用于液体.

热线(膜)风速计的理论基础为金(King)于 1914 年提出的金氏方程,这个方程是在强迫对流情况下,流过金属丝的热损失方程,用量纲数为 1 的形式写出为

$$Nu = A + B\sqrt{Re}, \tag{11-28}$$

其中 A、B 为校正常数,Re 为雷诺数,Nu 为努塞尔数

$$Nu = \frac{Q}{\pi\lambda_f l(T_w - T_f)}, \tag{11-29}$$

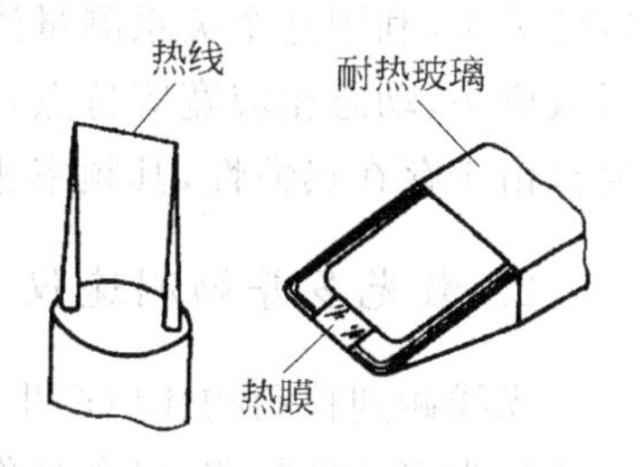

图 11-20 热线、热膜探头

式中 l 为金属丝长度;λ_f 为流体的热导率,单位是 W/m·k;T_w 为金属丝的温度;T_f 为流体的温度;Q 为流体带走的热量.

如写成有量纲的形式,则为

$$Q = \pi\lambda_f l(T_w - T_f)(A + B\sqrt{Re}). \tag{11-30}$$

若已知流体介质和金属丝的几何尺寸,则 π、λ_f、ν、l、d 都是常数,将其并入常数 A 和 B 中,可得

$$Q = (T_w - T_f)(A + B\sqrt{v}). \tag{11-31}$$

电流流过金属丝所提供的热量为

$$Q_w = I_w^2 R_w, \tag{11-32}$$

其中 R_w 为金属丝的电阻,I_w 为流过金属丝的电流.根据热平衡原理,金属丝产生的热应当等于热对流中耗散的热 $Q_w = Q$,于是有

$$I_w^2 R_w = (T_w - T_f)(A + B\sqrt{v}). \tag{11-33}$$

金属丝的电阻与温度之间有如下关系

$$R_w = R_f[1 + \alpha(T_w - T_f)], \tag{11-34}$$

所以

$$T_w - T_f = \frac{R_w - R_f}{\alpha R_f}, \tag{11-35}$$

式中 R_f 为金属丝具有流体温度时的电阻,α 为电阻温度系数.式(11-35)代入式(11-31)中得

$$\frac{\alpha R_f I_w^2 R_w}{R_w - R_f} = A + B\sqrt{v}, \tag{11-36}$$

由于 R_f，α 均为常数，可以归并到常数 A、B 中去，式(11-36)为

$$\frac{I_w^2 R_w}{R_w - R_f} = A + B\sqrt{v}, \tag{11-37}$$

I_w、R_w 和 v 之间有确定的对应关系. 所以可由此计算流速 v。

如果加热电流保持为定值，此时线阻与速度之间有确定的关系，利用这个关系测量流速的方法称之为恒流法. 如果保持金属线的温度为定值，线电流和流速之间有确定的关系，利用这个关系测量流速的方法称之为恒温法. 恒温式热线风速计具有热滞后效应小、动态相应宽等特点，绝大多数热线风速计都是恒温式的. 而恒流式热线风速计由于存在热惯性，其频率相应特性要比恒温式差.

2. 激光多普勒测速仪

光线碰到移动物体后产生的散射光，其频率与光源频率之间会有差异，这种频率变化称为多普勒频移. 以激光作为光源，利用多普勒频移来测量流体速度的装置称为激光多普勒测速仪(简称 LDV).

激光测速仪利用流场中运动微粒散射光的多普勒频移来获得速度信息，由于流体分子的散射光很弱，为了得到足够的光强，必须在流体中散播适当尺寸和浓度的微粒作为示踪粒子. 因此，它实际上测得的是微粒的运动速度.

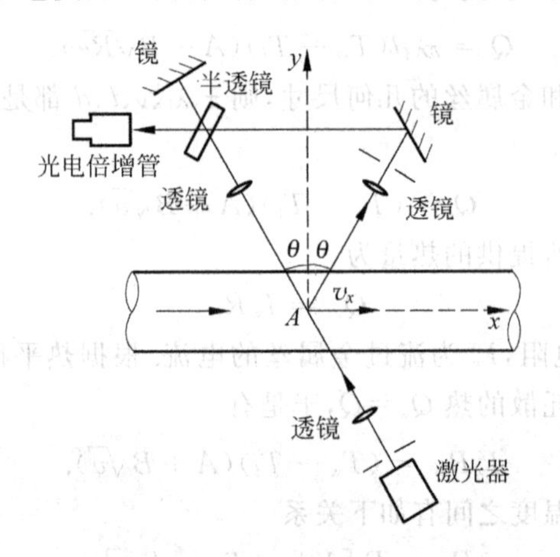

图 11-21 激光多普勒测速仪原理

图 11-21 为激光测速仪的工作原理图，透明管子内为被测流场. 激光通过透明管子进入光电倍增管，流场中的微粒在 A 点产生的散射光也射入光电倍增管，使光混频，两光线的多普勒总频移量为

$$f_D = \frac{2\sin\theta}{\lambda} v_x, \tag{11-38}$$

式中 f_D 为多普勒频移，λ 为流场介质中的激光波长，v_x 为 x 轴方向的粒子速度，2θ 为

透过光与散射光之间的夹角. 测得 f_0 后,再由已知的 λ 和 θ,就可求得粒子速度 v_x,于是得到流场在该点的速度.

激光多普勒测速仪通常由激光器、入射光学单元、接收光学单元、多普勒信号处理器、计算机数据处理系统五个部分所组成. 其优点是:①非接触式测量,对流场无任何干扰;②动态响应好,可以测量脉动速度;③测试精度高;④激光束可以聚集到很小的体积,空间分辨率高,因此可进行边界层和极小管道中的测量;⑤测量速度范围大,从几 mm/s 到 1000mm/s. 其局限性为:①测量区域必须透光;②流场中需要存在适当的散射粒子;③由于测到的是粒子的速度,粒子应有很好的跟随性.

11.3.3 流量的测量

被测流体的流量通常是指单位时间内流过的流体体积. 流量测量法有直接测量法和间接测量法两种. 直接测量方法是用标准容积和标准时间,准确地测量出某一时间间隔内流过的流体总体积,然后推算出单位时间内的平均流量,这种测量方法常用作校验其他形式的流量计. 间接测量方法是先通过测量与流量有对应关系的物理量,然后按对应关系求出流量. 目前,工业上或科学实验中多数采用间接测量法. 下面介绍几种常见的流量计.

1. 容积式流量计

容积式流量计是把被测流体用一个精密的计量容积进行连续计量的一种流量计,属于直接测量型流量计. 根据标准容器的形状及连续测量的方式不同,容积式流量计有椭圆齿轮流量计、罗茨流量计和齿轮马达流量计等.

从理论上讲,容积式流量计的测量精度不会随流体的种类、粘度、密度等属性而变化,也不会受流动状态的影响,因此通过校正可以得到非常高的测量精度. 从结构上看,被测流体中的固体颗粒会损伤这类流量计并使其无法工作,所以必须加装过滤器来清除杂物.

2. 差压式流量计

差压式流量计是一种使用历史较悠久、实验数据较完善的流量测量装置,它是以被测流体流经节流装置所产生的静压差来测量流量大小的一种流量计. 根据伯努利定理及流量连续性方程,有

$$Q = \frac{\pi}{4} d^2 C_d \varepsilon \sqrt{\frac{2\Delta p}{\rho}}, \tag{11-39}$$

式中 Q 为流体的体积流量;d 为节流装置的最小直径;C_d 为流量系数;ε 为气体膨胀修正系数,液体时为 1;ρ 为节流装置上游流体密度;Δp 为节流装置前后的压差.

由式(11-39)可知,若已知节流装置的型式、流体的种类和流动状态,则 d、ρ 就可

确定. 由于 C_d、ε 可从有关标准中求得,所以测量出压差 Δp 后,根据式(11-39)便可计算体积流量.

最常用的节流装置有孔板、喷嘴、文丘里三种. 图 11-22~图 11-24 分别为这三种节流装置的形状. 大量的实验表明,几何相似的节流装置在流体动力学相似的条件下,C_d 是相等的. 因此,只要节流装置在结构、尺寸公差、取压方式、管道条件、流体条件等方面符合一定的标准,便可直接使用给出的 C_d、ε 值,这类节流装置称为标准节流装置. 除此之外,为满足一些特定的使用要求,也可采用非标准的节流装置.

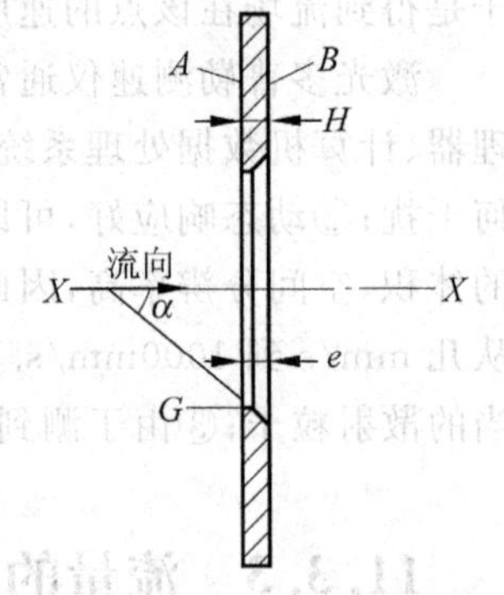

图 11-22 标准孔板

用节流装置测量流量时,取压点位置不同,Δp 值也不同. 标准节流装置规定的标准取压方式有径距取压、法兰取压和角接取压. 另外,式(11-39)中的流量系数 C_d、气体膨胀修正系数 ε 随节流装置的种类、取压方式、管径等不同而不同. 有关细节请参考有关的国际标准和国家标准.

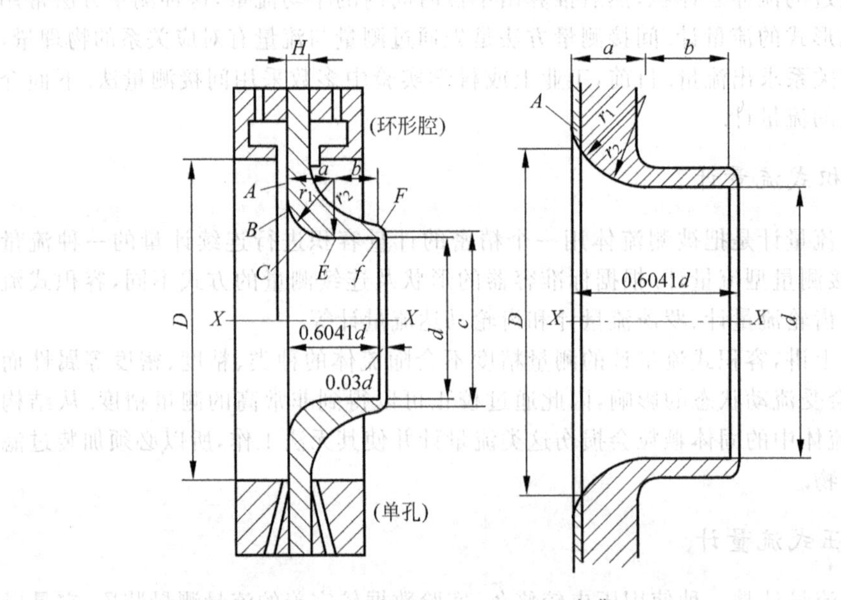

图 11-23 ISA1932 喷嘴

从工作原理看,层流流量计也可归入差压式流量计中. 处于层流状态的流体,其体积流量与压差成比例关系,因此只要测量出压差,便可求得流体的体积流量. 利用这一原理工作的流量计称为层流流量计. 根据哈根-泊肃叶法则,对细长圆管中的非压缩性流体,有

$$Q = \frac{\pi d^4}{128\mu l}(p_1 - p_2), \tag{11-40}$$

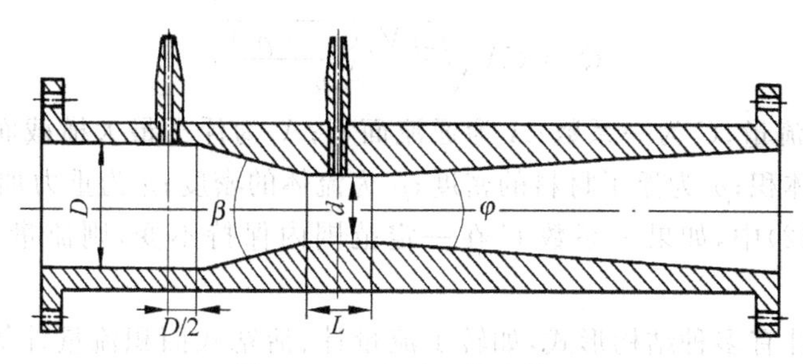

图 11-24 文丘里节流装置

式中 Q 为流体的体积流量；d 为细长圆管的直径；μ 是流体的动力粘度；l 是细长管的长度；p_1、p_2 分别为进、出口压力.

图 11-25 是层流流量计的原理图. 单根细长管用于微小流量测量，为了测量较大的流量，可以采用多根细长管并联的结构（图 11-25(b)）. 体积流量与压差之间的比例系数通过标定后确定.

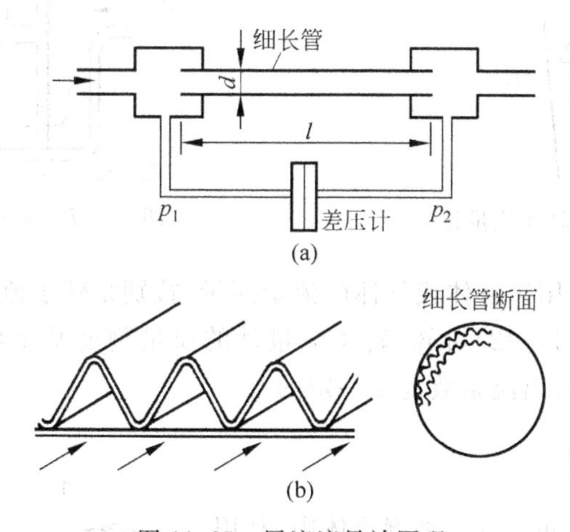

图 11-25 层流流量计原理

如果用于气体流量的测量，可用下式计算：

$$Q=\frac{\pi d^4(p_1^2-p_2^2)}{128\mu l p_1}. \tag{11-41}$$

3. 面积式流量计

面积式流量计的原理是利用节流装置产生的压差进行流量测量，它与节流式流量计的区别在于保持压差不变而改变流道截面积，根据该截面积的大小来测量流量. 面积式流量计的流量由下式得到

$$Q = CA\sqrt{\frac{2gV_f(\rho_f - \rho_0)}{A_f\rho_0}}, \qquad (11\text{-}42)$$

式中 Q 为体积流量；C 为一系数；A 为通流面积；A_f 为浮子最大横截面积；V_f 为可动部分(浮子)的体积；ρ_f 为浮子材料的密度；ρ_0 为流体的密度；g 为重力加速度.

在式(11-42)中，如果一系数 C 在一定范围内保持不变，则流量与通流面积成比例.

面积流量计有多种结构形式，如转子流量计、活塞式面积流量计等. 转子流量计由一锥形管和浮子组成(图 11-26). 当一定流量的流体由锥形管下端流入时，浮子在满足式(11-42)条件下处于相应的平衡位置，从外部读取浮子的位置便可求得流量. 图 11-27 为活塞式面积流量计，它的出口面积随活塞位置而变化，在活塞的上部或下部添加重块，可以调节可动部分的重量.

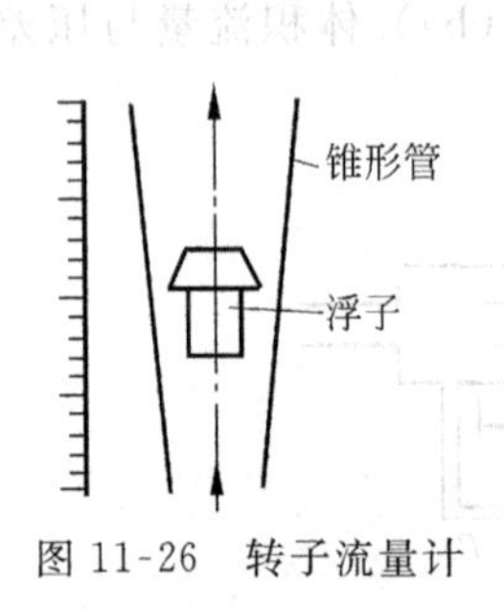

图 11-26 转子流量计

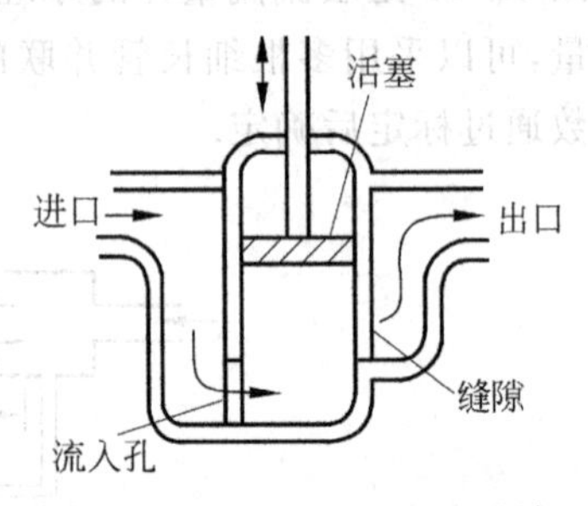

图 11-27 活塞式面积流量计

面积式流量计可用于液体或气体的流量测量，特别是转子流量计，由于结构简单而被广泛采用. 由式(11-42)可知，转子流量计的流量刻度基本成线性变化，甚至在雷诺数很低的范围内，出流系数也是一定的.

4. 涡轮流量计

涡轮流量计是将涡轮置于被测流体中，利用流体流动的动压使涡轮转动，涡轮的旋转速度与平均流速大致成正比. 因此，由涡轮的转速可以求得瞬时流量，由涡轮转数的累计值可求得累积流量. 涡轮流量计的结构见图 11-28.

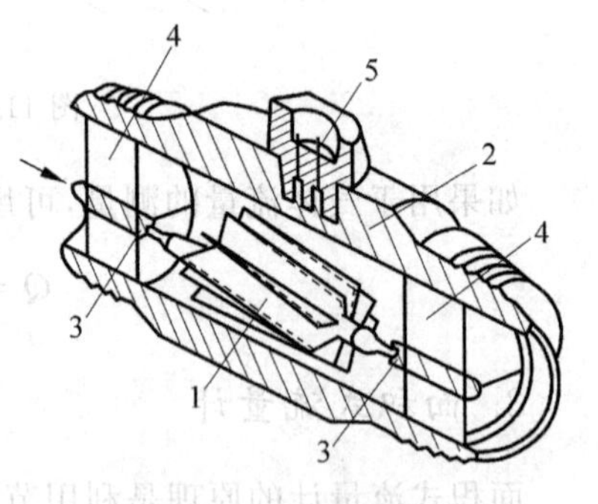

图 11-28 涡轮流量计

1—涡轮；2—壳体；3—轴承；4—导流器；5—磁电接近式传感器

涡轮的旋转可以由机械传动方式直接传给指示部分，也可采用非接触磁电式传感器测出. 前一种方式一般只能指示累积流量，而后一种方法输出的是电脉冲信号，通过流量积算仪表便可根据脉冲信号的频率和累计值来测量瞬时流量和累积流量.

这种流量计常用在汽油、轻油等烃类油的流量测量中，也可用于水、蒸气等流体.其特点是可用小型流量计测得大流量，但其测量精度受流体粘度的影响较大.

5. 电磁流量计

电磁流量计是根据法拉第电磁感应定律制成的一种测量导电液体体积流量的仪表，其原理图如图 11-29 所示. 根据法拉第定律，导电流体所产生的感应电动势为

$$E = DB\bar{v}, \tag{11-43}$$

式中 E 为感应电压；D 为测量管内径；B 为磁感应强度；$\bar{v}$ 为流体的平均流速.

由于流体的平均流速与体积流量成比例，所以只要测出感应电压，便可得到流量.

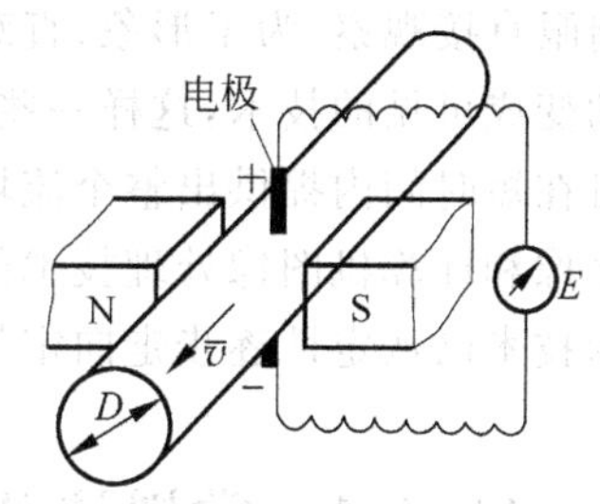

图 11-29 电磁流量计

6. 旋涡流量计

在流动的流体中放入一个非流线形的对称形状的物体，则在其下游会出现很有规律的旋涡列，称为卡门旋涡列，也称卡门涡街. 图 11-30 中，当涡街稳定时，涡街发生频率(单侧)和流速之间有如下关系：

$$f = Sr\,\frac{v}{d}, \tag{11-44}$$

式中 f 为频率；v 为流速；d 为旋涡发生体宽度；Sr 为斯特劳哈尔数.

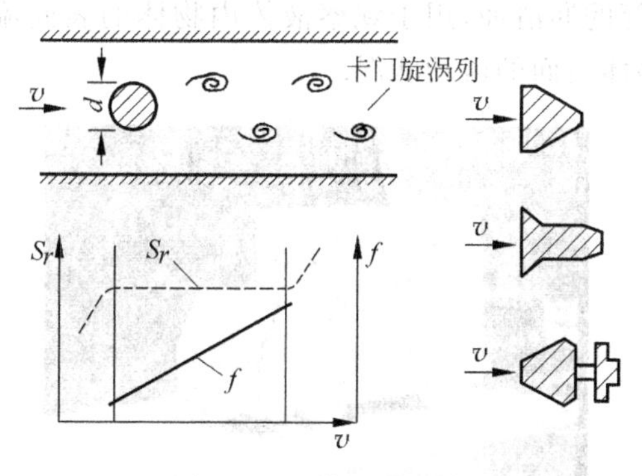

图 11-30 旋涡流量计

由式 (11-44)知，流速与频率成正比，测出旋涡的发生频率，便可测得流量. 利用这种原理制成的流量计称为旋涡流量计或涡街流量计. 涡街频率可以通过检测流场内局部速度或压力的变化来获得，如利用热线、超声波等.

旋涡流量计可用于气体或液体的流量测量，并且不受流体温度、压力、密度、成

分、粘度等参数的影响.

11.4 流动显示技术

流体力学研究中所涉及的介质常常是无色、透明、不发光的,它们的运动无法用肉眼直接观察.为了形象、直观地研究流体的运动状态,就必须采用某种能使流体运动变成可见的技术,这样一些技术称流动显示技术,或称流动可视化.流动显示技术可在短时间内提供出整个流场的信息,并具有不干扰流场的特性.随着现代光学、摄录像和计算机图像处理技术的迅速发展,传统的流场显示方法得到很大改进,流动显示技术已从定性逐步走向定量化.

11.4.1 常规流动显示

1. 壁面流动显示技术

研究流体运动与固体壁面相互作用时,常在物体表面上涂以薄层物质,使其在物体表面上产生一定的流型,实现壁面流动的可视化.壁面流动显示技术有油膜法、升华法、荧光微丝法等.

油膜法是在物体的表面上涂以含有煤烟粉的油等,当气流流过时,会在表面留下气流流动的痕迹,适用于低速风洞中观察物体表面附近的流谱.或者在物体的表面上涂以混有铅丹、铅白等的润滑油,用于观察液体内物体的表面流动.图11-31为在风洞中用油膜法观察物体表面的流动状况.

图11-31 油膜法

升华法利用碘或樟脑表面挥发或升华的速度不同来显示物体表面的流态.该方法可用于确定边界层转换、分离流动、近壁湍流结构和壁面质量交换等.

荧光微丝法是将尼龙等细纤维涂以荧光物质,粘在物体表面,丝线随流体飘动,同时用紫外光照射以增强可见度.该方法在层流时能很好地反映局部流动的方向,湍流时丝线呈不稳定运动,因此该方法多用于低速气流.图 11-32 为用荧光微丝法进行的机翼风洞实验.

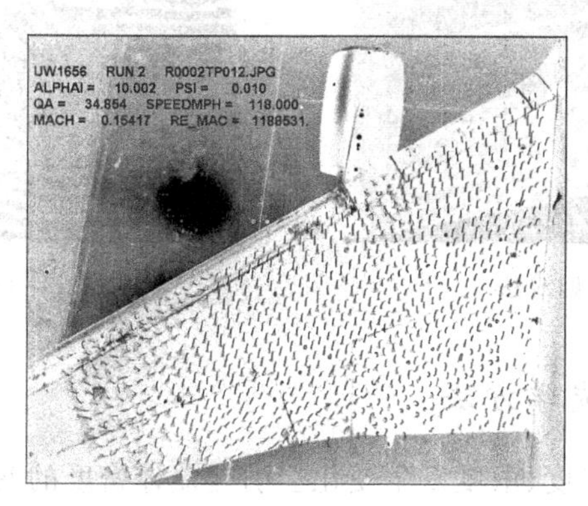

图 11-32 荧光微丝法

2. 示踪粒子流动显示技术

示踪粒子流动显示技术是一种往流体中加入示踪粒子,利用可见的示踪粒子随流体运动来显示流动现象或通过测量示踪粒子速度来确定流速的技术.示踪粒子流动显示技术包括化学反应法、注入法和电控制法.

化学反应法是在气流中喷出两种气体,这两种气体因化学反应产生的白烟用于显示低速气流的流场;或者用淀粉和碘反应等方法生成的着色液体显示液体的流动状态.

注入法包括悬浮物法、浮游法、烟线法等方法,该方法就是把烟雾、液滴或固体粒子等连续地注入到流动的流体中去,观察流体运动.使用注入法时应该注意:①根据所研究的流动问题和流速范围选用合适的示踪材料;②示踪粒子应选用毒性和污染都尽可能小而散射光能力又尽可能高的材料;③粒子直径和浓度要适当,粒子具有良好的跟随性.图 11-33 所示为用烟线法显示三角翼下游涡的产生.

电控制法包括氢气泡法、热斑法和火花法等.氢气泡法用铂丝作阴极,放在需要观察的地方,阳极则可为任意金属片,放置在远处水中.以连续或脉冲的方式在两极之间施加电压,使阴极丝上产生氢气泡.连续式是在两极间加一恒定的直流电压,阴极丝上产生大量的氢气泡,可用于观察定常流动时整个流场的速度分布.脉冲式是在脉冲电压的作用下,沿着阴极线周期性地产生一排排的氢气泡,氢气泡的间隔和氢气泡线的粗细由脉冲频率和脉冲宽度所决定,这种方法可以方便地显示局部速度剖面或边界层的速度剖面.热斑法和火花法是在普通流动条件下,局部流场的气体被加热形成的热斑作为示踪粒子的一种显示方法，多用于高速气流的流场. 图 11-34 给出了用氢气泡法显示的卡门涡列.

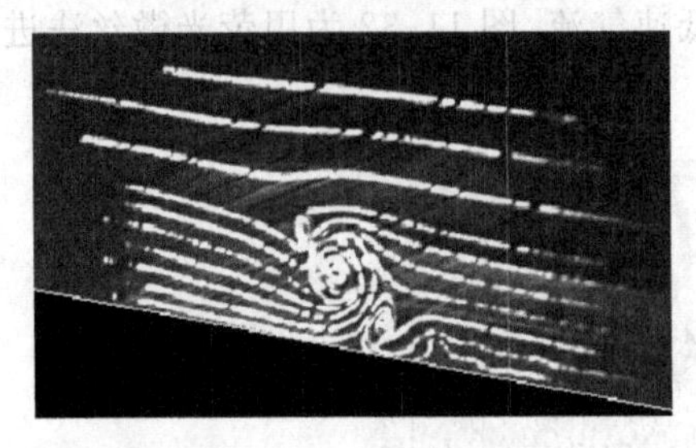

图 11-33 烟线法

图 11-34 氢气泡法

3. 流动显示的光学方法

可压缩性流体的温度、浓度发生变化会引起流体密度的变化，因此当光线通过密度不均匀的流场时将发生偏折或改变其相位，通过这种现象制成的光学装置可以显示流体的流动. 流动显示的光学方法包括阴影法、纹影法、干涉法以及全息干涉法等. 光学显示方法的特点是：①不插入外加的探测仪器，对流场没有干扰；②测量反应快，适宜于高速气流的流动显示；③在极短的瞬间采集的空间信息量大，可显示全流场的流动图案；④被研究的对象必须有透明的边壁；⑤光学仪器昂贵，技术条件高，使用不方便.

阴影法和纹影法的原理都是利用光的折射显示流场. 阴影法在光学法中是最简单的，通常是将一束光线通过被测流场的测试段，根据光线受扰动之后的线位移量，来分析气流密度和温度的分布. 纹影法是在阴影法的光路基础上增加纹影透镜和刀口光阑装置而实现的. 阴影法只能显示流场密度有显著变化的区域. 纹影图可表征流场密度梯度的变化. 纹影仪的灵敏度比阴影仪高一个量级，因此纹影仪可以用来较细致地定性显示高速流场，对于确定非常弱的激波以及流场中小密度梯度区域是有效的. 阴影法和纹影法主要用于高速流场的定性研究. 图 11-35 是三个平行的、以相同速度喷出的超声速喷流相互干涉的图像. 图 11-35(a)为阴影法得到的图像，图 11-35(b)为纹影法得到的图像. 显然，图 11-35(b)清楚地表明了密度梯度以及压缩区域(白色)和膨胀区域(黑色).

光学干涉法是利用光的波动性，根据光线穿越流场后相位的变化来显示流场，利用干涉图中干涉条纹的变化推算出气流密度的变化，进而确定速度场和压力场，因此干涉法应用于高速气体的定量研究. 干涉装置结构比较复杂，调整起来较为困难，使用条件较高.

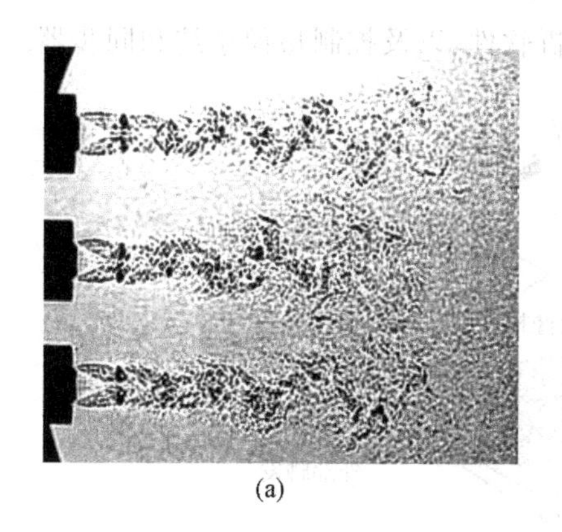
(a)

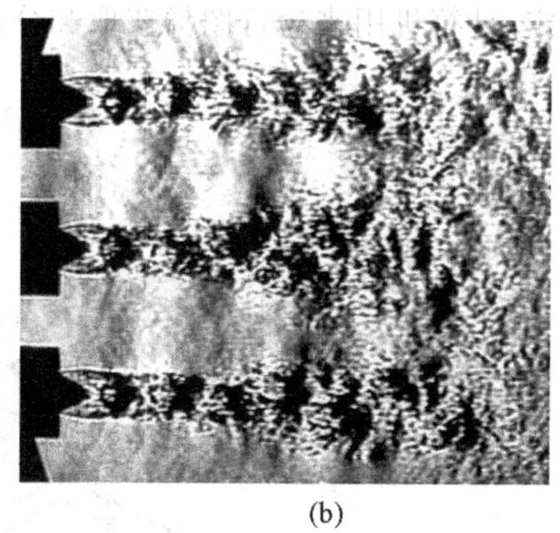
(b)

图 11-35 光学方法

11.4.2 粒子图像测速技术

粒子图像测速(particle image velocity,PIV)技术是在流动显示的基础上,利用计算机图形图像学有效的算法,对获得的流场图像进行定量化,提取流动的瞬时速度场.PIV 技术与传统的方法(如热线风速仪、激光多普勒测速仪)相比,是一种无干扰、瞬态、全流场的速度测量方法,同时由全流场的速度信息可以得到其他物理量信息,如压力场、涡量场等,这对复杂流动和湍流的研究有重要意义.

1. PIV 原理

PIV 的基本原理是利用单曝光或双曝光的胶片记录器或 CCD 摄像机记录下示踪粒子在流场中连续时刻的不同位置,运用数字图像处理技术获取粒子或局部的流体识别单元在 Δt 间隔内的位移量 $\Delta \boldsymbol{S}$,由式

$$\boldsymbol{u} = \lim \frac{\Delta \boldsymbol{S}}{\Delta t} \tag{11-45}$$

得到示踪粒子或流体识别单元的运动速度 $\boldsymbol{u}$.

通常示踪粒子的尺寸非常小,直径在 10～300μm 之间,对流场的运动具有跟随性,不会改变流体的特性,同时粒子对片光源具有散射性.

2. PIV 系统和测量步骤

PIV 系统由光照、粒子的注入、摄像和图像处理四部分构成.图 11-36 表示了一个典型二维 PIV 系统的配置图.激光片光源由脉冲式激光器产生,同步器用来同步控制激光脉冲和图像的获取以及激光脉冲的时间间隔.摄像机的光轴必须与片光源的平面相垂直.在实验中摄像机的位置很难精确地固定,在实验前需对摄像机的参数

进行标定.计算机用来运行图像获取和分析软件,以及控制摄像系统和同步器.

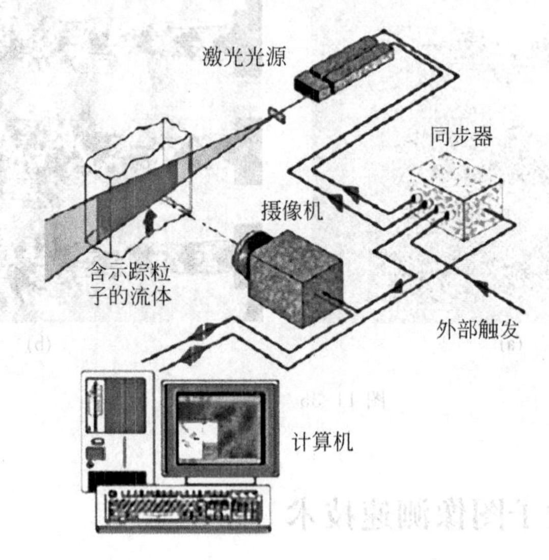

图 11-36 二维 PIV 系统的配置

3. PIV 算法

PIV技术的算法用于粒子的识别或流体识别单元的跟踪,以确定每一个粒子或流体识别单元的位移量.PIV算法按粒子密度可分为两大类,分别对应于高粒子密度图像和低粒子密度图像的粒子识别.粒子图像密度(particle image density)的定义为:

$$\rho = r_{\max}\sqrt{\frac{\pi N_0}{A_0}}, \tag{11-46}$$

式中 $r_{\max}$ 是图像中粒子的最大移动距离;N_0 是图像中粒子的总数;A_0 是图像的总面积;ρ 是量纲为1的量,表明了图像上粒子的最大移动距离与粒子间平均距离的比值.可认为 $\rho\geqslant 1$ 时为高密度粒子图像,$\rho<1$ 为低密度粒子图像.

(1) 高密度粒子图像

对于高密度粒子图像,寻求各个粒子的对应比较困难.如果是单曝光的多帧图像,较多的是采用灰度分布互相关法.该方法基于空间灰度分布的相似性,运用互相关理论,从连续的两帧单曝光图像数据中找出最为匹配的运动流体单元,计算出流体单元的运动位移,用流体局部小区域的平均速度来代替流体质点的速度.该方法是比较成熟的一种方法,但计算量非常大.采用快速傅里叶变换(fast Fourier transformation, FFT)技术,可提高运算速度,但可能会降低精度.

基于FFT互相关算法首先由维尔特(Willert)提出.该方法将数字化图像看作是随时间变化的离散的二维信号场序列,利用信号分析的方法,通过计算两幅图像的互相关函数得到图像中粒子的位移，图 11-37 表示了该算法的运算框图.

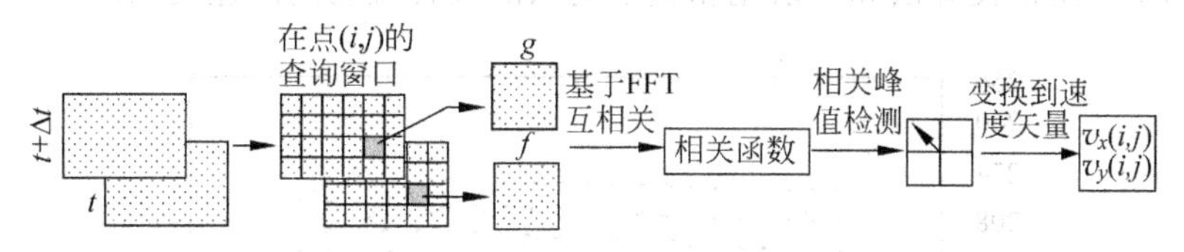

图 11-37 基于 FFT 互相关算法运算执行图

由图 11-37 可知，该算法是在两帧图像的相同位置上选取两个查询窗口 $f(i,j)$ 和 $g(i,j)$，窗口的大小为 $M\times N$，然后将 $f(i,j)$ 和 $g(i,j)$ 按下式进行互相关：

$$\phi_{fg}(m,n)=\sum_{i=0}^{M-1}\sum_{j=0}^{N-1}f(i,j)g(i+m,j+n). \tag{11-47}$$

相关函数 ϕ_{fg} 峰值所在的位置即为粒子的平均位移. 该算法最大的特点是引入快速傅里叶变换，加快了计算的速度.

另外，MQD(minimum quadratic difference)法、灰度差法都是用于高密度粒子单曝光图像的算法，其中 MQD 法具有较高的精度. 对于双曝光单帧图像多采用自相关算法. 由于自相关法存在速度方向的二义性，已使用得越来越少.

(2) 低密度粒子图像

对于低密度粒子图像，在帧序列中寻求各个粒子的对应或跟踪单个粒子比较容易，有时也称作粒子跟踪测速(particle tracing velocimetry, PTV). 现有的方法有四时刻追迹法、二值化相关法、速度匀配 Tessellation 法和 Delaunay 法等.

四时刻追迹法是在连续的四帧图像中寻求单个粒子的运动轨迹. 在粒子浓度极低的场合，四时刻追迹法能较精确地跟踪粒子，容易实现三维测量. 二值化相关法是一种快速、有效地识别粒子的算法，从连续的两帧二值化图像中，根据粒子模式相关系数的大小找到匹配粒子，计算粒子的运动位移. 在计算中，由于只涉及到粒子的中心坐标，不需要考虑真实粒子的形状、颜色和大小，所以计算量较小，可发展为实时测量. 速度匀配 Tessellation 法和 Delaunay 法是从二值化相关法发展起来，在测量精度上改善了二值化相关法. 图 11-38 表示了 PTV 的测速流程.

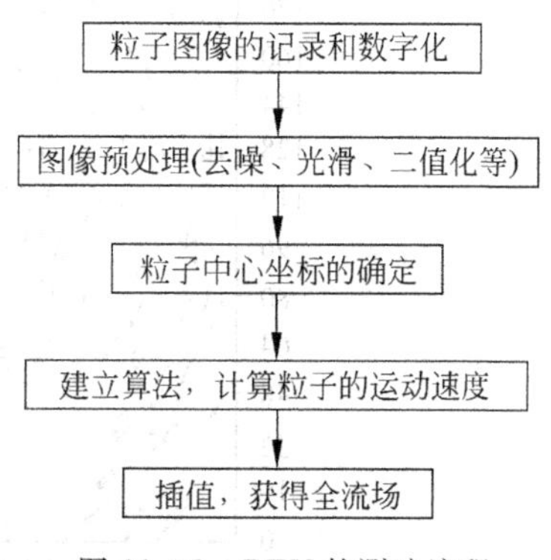

图 11-38 PTV 的测速流程

低密度粒子图像算法与高密度粒子图像算法的不同点在于：高密度粒子图像算法是对图像的灰度值进行操作，而低密度粒子图像算法是对粒子坐标进行操作；高密度粒子图像算法提取的速度分布是均匀分布的，而低密度粒子图像算法提取的速度分布是随机的，有粒子的地方才会有速度矢量. 如图 11-39 所示，图中(a)和(b)分别为基于 FFT 互相关算法和二值化相关法提取的旋转流场内的速度场.

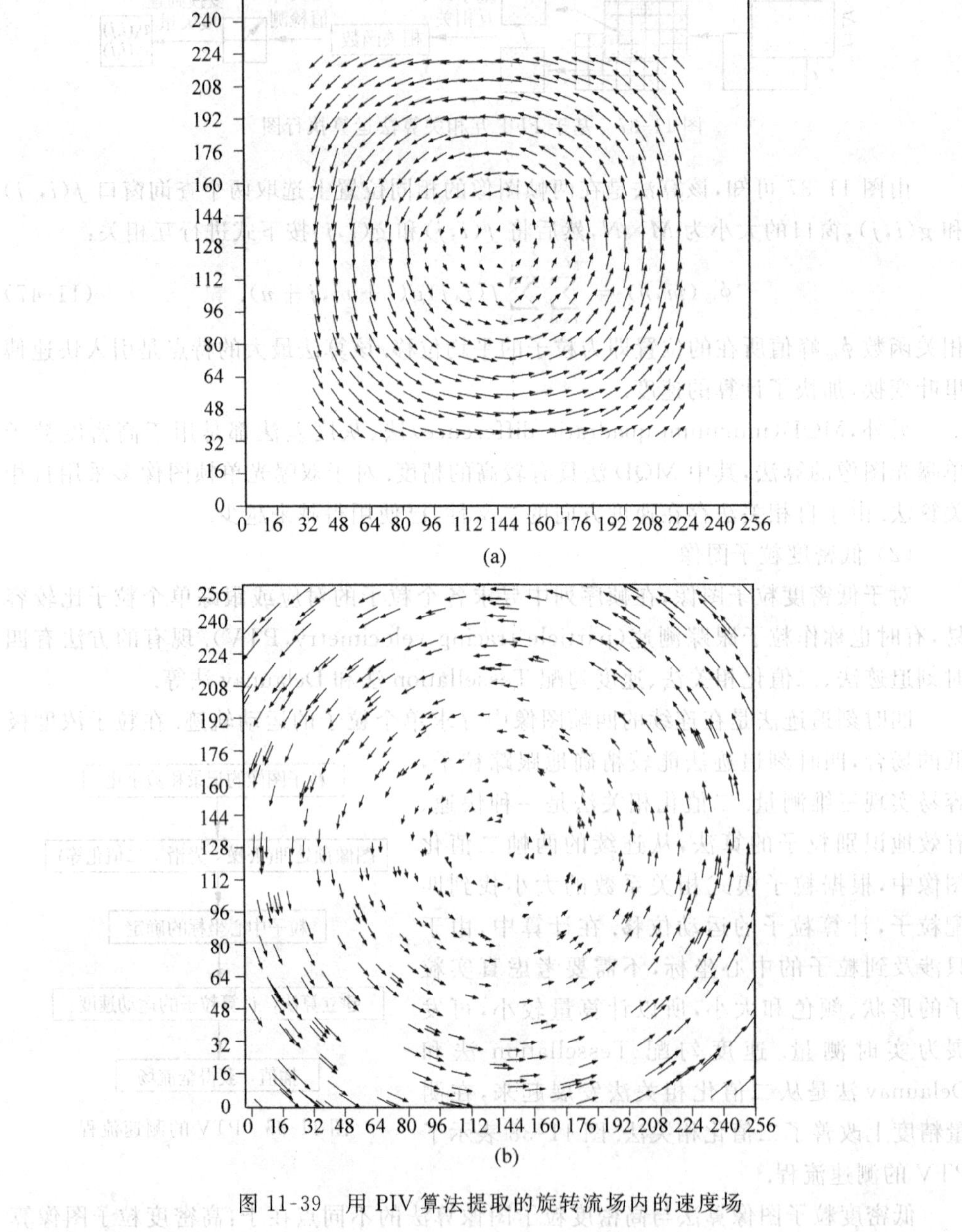

图 11-39　用 PIV 算法提取的旋转流场内的速度场

习　题

11.1　在水池中进行快艇模型实验，模型比尺 $\delta_L=20$. 如需要测定快艇在航速为 0.52m/s 时的水面阻力，问模型的拖曳速度应为多少？

11.2　一直径为 1.5m 的输油管，输送相对密度为 0.9、动力粘度为 3×10^{-3} Pa·s 的油，流量为 3000 l/s. 用直径为 150mm 的管道和水在实验室实验，水在 20℃ 时动力粘度为 10^{-3}Pa·s，求实验流速和流量.

11.3　潜艇用 1/30 模型在风洞中试验，已知潜艇的航速为 10m/s，求试验风速和模型原型的阻力比，设海水和空气的动力粘度各为 0.012St 和 0.016St，海水比重为 1.03，空气密度为 1.24kg/m^3.

11.4　有一直径为 d 的圆球，在动力粘度为 μ、密度为 ρ 的液体中以等速度 v 下降. 试求圆球受到的阻力 F 的函数关系式.

11.5　假定管流阻力与管长 l、管径 d、管壁粗糙度 Δ、流体的密度 ρ、动力粘度 ν 和流速 v 有关，试求管流阻力的表达式.

11.6　单回路式低速风洞主要由哪些部件构成？请说明各部件的功能.

11.7　利用倾斜式微压计测量很小的压强，测压液体为酒精：①若用肉眼观测标线的准确度为 0.5mm，为使测量压强在 1kPa～2kPa 范围内，测量误差不超过 ±0.2%，试确定斜管与水平面间的夹角 α；②如果用具有直立标线的水银测压计来测量同样压强，最大误差又是多少？

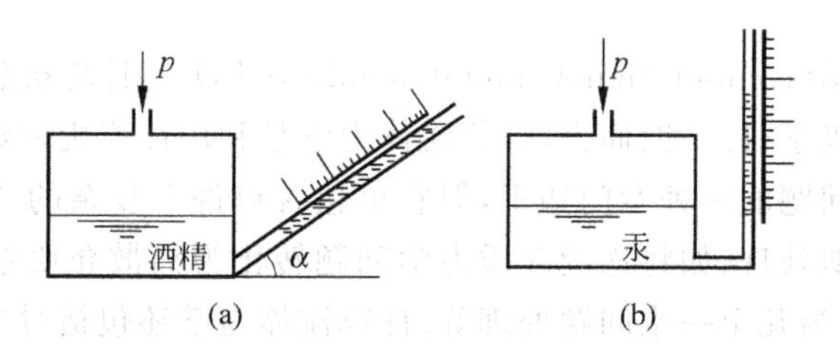

11.7 题图

11.8　用激光测速仪测量风洞中某点流速，激光光源为氦氖激光（波长 $\lambda=632.8$nm），透过光与散射光之间的夹角为 3°，测得多普勒频移 f_D 为 10kHz，试求：

(1) 相应的流速；

(2) 测得的流速是哪个方向的速度分量.

11.9　什么是流动显示技术？

11.10　试述粒子图像测速的基本原理.

第 12 章 计算流体力学基础

由于描述流体运动的大多数方程都是无法得到解析解的微分方程，所以要得到流体运动的信息，必须对方程进行数值求解. 本章叙述与数值求解相关的计算流体力学.

12.1 计算流体力学概述

计算流体力学(computational fluid dynamics，CFD)是计算机软硬件的发展而衍生出来的一门新兴学科. 一般而言，计算流体力学是利用计算机和数值方法来求解满足流体力学定解问题的一种专门知识，但它也包含对许多复杂的流体或拟流体的动力学问题进行近似处理，如将连续介质力学问题转化为离散介质系的质点系动力问题；将三维问题化为几个一维问题处理等. 计算流体力学还包括对数值方法导致的误差及其影响误差的因素进行评估，如数值边界条件的超定问题所造成的收敛性和稳定性问题. 此外，流场计算时的前后处理问题也属于计算流体力学的范畴，前处理(Pre-Process)即计算网格的划分，一般要流场计算人员自己完成，然后才可进入离散方程的求解. 目前许多商用软件的网格生成结果文件共享性日益增强，因此可单独利用网格文件. 后处理(Post-Process)则将大量的计算数据信息用图像表格给出. 目前，后处理一般可利用商用软件来完成，如 Tecplot 软件，只要将数据格式按所用软件的要求整理，输出数据格式再供商用软件调用. 如果整个计算问题都用商用软件来完成，则相应的前后处理也由该软件完成.

通常人们认为1965年是计算流体力学作为一门独立学科出现的起始年代,此后计算流体力学蓬勃发展,论文和相关刊物急剧增加,也相继出现了专门求解计算流体力学问题的计算软件. 目前,计算流体力学已成为与理论、实验相并列的解决流体力学理论和工程问题的一种独立方法. 在具体实践中,有通过计算独立地发现一些未知的流体力学现象而后才在实验研究中得到证实的例子. 目前计算流体力学的应用范围越来越广,如高速列车路途中的各种流场问题,汽车风载问题,炉膛燃烧、玻璃熔窑流场、汽缸活塞运动、叶轮机械、液力系统和微机械结构的计算等.

从大的方面分类,计算流体力学包括有限差分法(含有限体积法),有限元和边界元法以及谱方法等,分类的依据是建立离散求解方程原理的不同. 有限差分法是用一组离散点上的数值来逼近连续函数精确解在该点的值,即用离散值构建出的差分方程来近似微分方程并进行求解. 如果用离散值构建出的差分方程来近似积分方程并进行求解,则称为有限体积法. 而有限元法和谱方法都建立在解的函数逼近的基础上,有限元法是解的分片逼近,谱方法是解的总体逼近. 从目前计算流体力学的应用情况看,有限差分法适应范围广,可解决的问题多,本书只介绍有限差分法.

有限差分法的研究思路是首先研究模型方程的差分方法,然后再将模型方程的差分方法应用于典型问题,如激波运动、圆柱绕流、圆球绕流、空腔环流、后向台阶流动等,这些经典问题都有大量试验数据支撑,能证明方法的好坏. 最后才用于具体流动问题.

有限差分法的基本模型方程包括波动方程

$$\frac{\partial u}{\partial t}+c\frac{\partial u}{\partial x}=0;\quad \frac{\partial u}{\partial t}+\frac{\partial f}{\partial x}=0,\ c>0,f=cu, \tag{12-1}$$

热传导方程

$$\frac{\partial u}{\partial t}=\alpha\frac{\partial^2 u}{\partial x^2},\alpha>0\quad 或\quad \frac{\partial u}{\partial t}=\frac{1}{Re}\frac{\partial^2 u}{\partial x^2}, \tag{12-2}$$

无粘性 Burgers 方程

$$\frac{\partial u}{\partial t}+u\frac{\partial u}{\partial x}=0\quad 或\quad \frac{\partial u}{\partial t}+\frac{\partial f}{\partial x}=0,\quad f=\frac{u^2}{2}, \tag{12-3}$$

有粘性 Burgers 方程

$$\left.\begin{array}{l}\dfrac{\partial u}{\partial t}+u\dfrac{\partial u}{\partial x}=\alpha\dfrac{\partial^2 u}{\partial x^2}\\ 或\quad \dfrac{\partial u}{\partial t}+\dfrac{\partial f}{\partial x}=\alpha\dfrac{\partial^2 u}{\partial x^2};\quad f=\dfrac{u^2}{2},\quad \alpha\sim\dfrac{1}{Re}.\end{array}\right\} \tag{12-4}$$

在讲述模型方程差分格式之后,本章将简单介绍二维无粘流和有粘流及边界层流动的差分解法.

12.2 有限差分法

12.2.1 有限差分法概念

有限差分法是用一组离散点上的数值来逼近微分方程连续函数精确解在该点的值.在这组离散值之间用差商来近似和代替导数,由此将微分方程近似地由一组代数方程表示,该代数方程称为差分方程,求解这组差分方程得到离散值,这些值被认为是微分方程的近似解.因此,有限差分法的第一步是对求解区域进行离散,如求解热传导方程

$$\frac{\partial u}{\partial t}=\alpha\frac{\partial^2 u}{\partial x^2},\quad \alpha>0,\quad u(0,x)=\varphi(x),\quad t\geqslant 0,0\leqslant x\leqslant L,\tag{12-5}$$

要将求解区域划分为图12-1所示的平面求解区域内的离散网格.

又如求解拉普拉斯方程

$$\left.\begin{aligned}&\frac{\partial^2 u}{\partial x^2}+\frac{\partial^2 u}{\partial y^2}=0,\quad 0\leqslant x\leqslant 1,0\leqslant y\leqslant 1,\\&u(0,y)=\varphi_1(y),\quad u(1,y)=\varphi_3(y),\\&u(x,0)=\varphi_2(x),\quad u(x,1)=\varphi_4(x),\end{aligned}\right\}\tag{12-6}$$

要在求解区域建立如图12-2所示的离散网格.

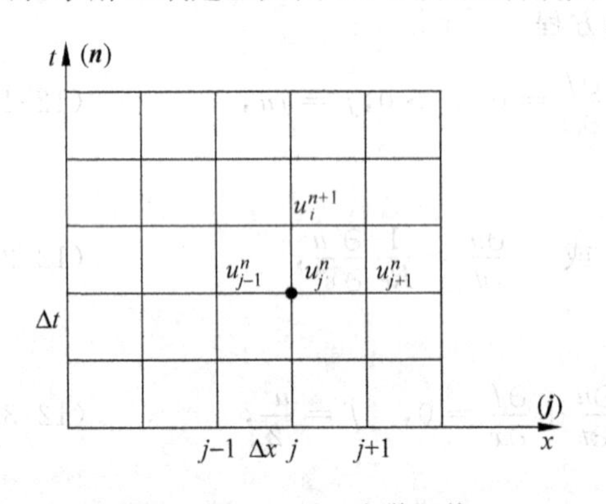

图12-1 x-t 平面离散网格

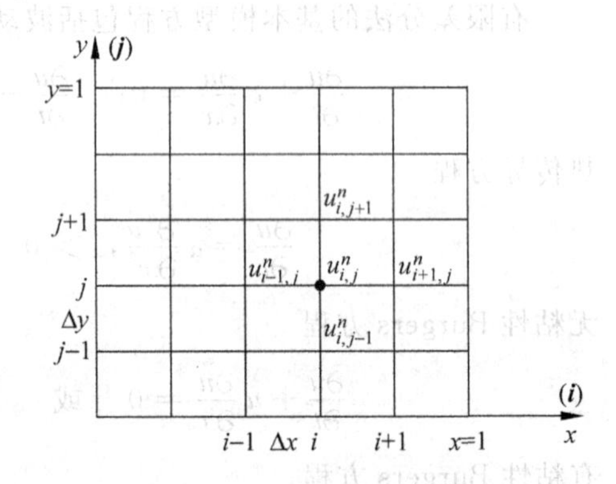

图12-2 x-y 平面离散网格

求解热传导方程(12-5)时,将离散值标记为 u_j^n,如图12-1所示;求解拉普拉斯方程(12-6)时,将离散值标记为 $u_{i,j}$,如图12-2所示.接下去要利用泰勒展开式建立差商和微分之间的近似关系,最终建立起差分方程.按理 u_j^n 或 $u_{i,j}$ 是离散值,不是连续函数,不能进行泰勒展开,但在建立差分方程时对 u_j^n 与连续函数 $u(n\Delta t,j\Delta x)$ 先不加区别,以后将指出它们的差别.于是有

$$u_j^{n+1}=u_j^n+\Delta t\left(\frac{\partial u}{\partial t}\right)_j^n+\frac{1}{2}\Delta t^2\left(\frac{\partial^2 u}{\partial t^2}\right)_j^n+\frac{1}{6}\Delta t^3\left(\frac{\partial^3 u}{\partial t^3}\right)_j^n+O(\Delta t^4),\tag{12-7}$$

这是 u_j^{n+1} 对 u_j^n 展开.

$$u_j^n=u_j^{n+1}-\Delta t\left(\frac{\partial u}{\partial t}\right)_j^{n+1}+\frac{1}{2}\Delta t^2\left(\frac{\partial^2 u}{\partial t^2}\right)_j^{n+1}-\frac{1}{6}\Delta t^3\left(\frac{\partial^3 u}{\partial t^3}\right)_j^{n+1}+O(\Delta t^4),\tag{12-8}$$

这是 u_j^n 对 u_j^{n+1} 展开. 同样有

$$u_{j\pm1}^n=u_j^n\pm\Delta x\left(\frac{\partial u}{\partial t}\right)_j^n+\frac{1}{2}(\pm\Delta x)^2\left(\frac{\partial^2 u}{\partial t^2}\right)_j^n+\frac{1}{6}(\pm\Delta x)^3\left(\frac{\partial^3 u}{\partial t^3}\right)_j^n+O(\Delta x^4),\tag{12-9}$$

$$u_{j\pm1}^{n+1}=u_j^n+\left(\Delta t\frac{\partial}{\partial t}\pm\Delta x\frac{\partial}{\partial x}\right)u_j^n+\frac{1}{2}\left(\Delta t\frac{\partial}{\partial t}\pm\Delta x\frac{\partial}{\partial x}\right)^2u_j^n+\frac{1}{6}\left(\Delta t\frac{\partial}{\partial t}\pm\Delta x\frac{\partial}{\partial x}\right)^3u_j^n+O((\Delta t\pm\Delta x)^4),\tag{12-10}$$

这里

$$\frac{1}{2}\left(\Delta t\frac{\partial}{\partial t}\pm\Delta x\frac{\partial}{\partial x}\right)^2u_j^n=\frac{1}{2}\left(\Delta t^2\frac{\partial^2 u}{\partial t^2}\pm2\Delta t\Delta x\frac{\partial^2 u}{\partial t\partial x}+\Delta x^2\frac{\partial^2 u}{\partial x^2}\right)_j^n,$$

$$u_{i\pm1,j}=u_{i,j}\pm\Delta x\left(\frac{\partial u}{\partial x}\right)_{i,j}+\frac{1}{2}(\pm\Delta x)^2\left(\frac{\partial^2 u}{\partial x^2}\right)_{i,j}+\frac{1}{6}(\pm\Delta x)^3\left(\frac{\partial^3 u}{\partial x^3}\right)_{i,j}+O(\Delta x^4),\tag{12-11}$$

$$u_{i,j\pm1}=u_{i,j}\pm\Delta y\left(\frac{\partial u}{\partial y}\right)_{i,j}+\frac{1}{2}(\pm\Delta y)^2\left(\frac{\partial^2 u}{\partial y^2}\right)_{i,j}+\frac{1}{6}(\pm\Delta y)^3\left(\frac{\partial^3 u}{\partial y^3}\right)_{i,j}+O(\Delta y^4),\tag{12-12}$$

$$u_{i\pm1,j\pm1}=u_{i,j}+\left(\pm\Delta x\frac{\partial}{\partial x}\pm\Delta y\frac{\partial}{\partial y}\right)u_{i,j}+\frac{1}{2}\left(\pm\Delta x\frac{\partial}{\partial x}\pm\Delta y\frac{\partial}{\partial y}\right)^2u_{i,j}+\frac{1}{6}\left(\pm\Delta x\frac{\partial}{\partial x}\pm\Delta y\frac{\partial}{\partial y}\right)^3u_{i,j}+O((\pm\Delta x\pm\Delta y)^4),\tag{12-13}$$

这里 O 表示函数截断误差量级.

这样可建立起在某一点导数和差分之间的逼近关系：

前差：

$$\left(\frac{\partial u}{\partial t}\right)_j^n=\frac{u_j^{n+1}-u_j^n}{\Delta t}+O(\Delta t),\tag{12-14}$$

后差：

$$\left(\frac{\partial u}{\partial t}\right)_j^{n+1} = \frac{u_j^{n+1} - u_j^n}{\Delta t} + O(\Delta t), \tag{12-15}$$

前差：

$$\left(\frac{\partial u}{\partial x}\right)_{i,j} = \frac{u_{i+1,j} - u_{i,j}}{\Delta x} + O(\Delta x), \tag{12-16}$$

后差：

$$\left(\frac{\partial u}{\partial x}\right)_{i,j} = \frac{u_{i,j} - u_{i-1,j}}{\Delta x} + O(\Delta x), \tag{12-17}$$

中心差：

$$\left(\frac{\partial u}{\partial x}\right)_{i,j} = \frac{u_{i+1,j} - u_{i-1,j}}{2\Delta x} + O(\Delta x^2), \tag{12-18}$$

中心差：

$$\left(\frac{\partial^2 u}{\partial x^2}\right)_{i,j} = \frac{u_{i+1,j} - 2u_{i,j} + u_{i-1,j}}{\Delta x^2} + O(\Delta x^2). \tag{12-19}$$

根据泰勒展开式和导数与差商的关系，可将热传导方程表示为

$$\frac{\partial u}{\partial t} - \alpha\frac{\partial^2 u}{\partial x^2} = \frac{u_j^{n+1} - u_j^n}{\Delta t} - \alpha\frac{u_{j+1}^n - 2u_j^n + u_j^{n-1}}{\Delta x^2} + \left[-\frac{\Delta t}{2}\left(\frac{\partial^2 u}{\partial t^2}\right)_j^n + \frac{\Delta x^2}{12}\alpha\left(\frac{\partial^4 u}{\partial x^4}\right)_j^n + \cdots\right] = 0 \tag{12-20}$$

或写作

$$\frac{\partial u}{\partial t} - \alpha\frac{\partial^2 u}{\partial x^2} = \frac{u_j^{n+1} - u_j^n}{\Delta t} - \alpha\frac{u_{j+1}^n - 2u_j^n + u_j^{n-1}}{\Delta x^2} + O(\Delta t, \Delta x^2). \tag{12-21}$$

式(12-21)是将 u_j^n 等看作连续函数在该点值的情况下，微分方程与函数离散值之间的关系式，这里仍认为 $u_j^n = u(n\Delta t, j\Delta x)$，$u_j^{n+1} = u((n+1)\Delta t, j\Delta x)$，$u_{j+1}^n = u(n\Delta t, (j+1)\Delta x)$. 如取

$$\frac{u_j^{n+1} - u_j^n}{\Delta t} - \alpha\frac{u_{j+1}^n - 2u_j^n + u_j^{n-1}}{\Delta x^2} = 0, \tag{12-22}$$

则式(12-22)就是热传导方程(12-5)的差分方程. 这是在点$\binom{n}{j}$建立的差分方程，从差分方程可看出：

(1) 对比式(12-22)和式(12-21)可见，差分方程与微分方程之间有截断误差；

(2) 差分方程式(12-22)的解 u_j^n 并不是满足方程(12-20)的连续函数 $u(n\Delta t, j\Delta x)$，由此可知一组离散值 u_j^n 和连续函数在该点值之间的差别.

12.2.2 相容性、收敛性和稳定性

差分方程可以有许多方法构成，但最重要的是泰勒展开法. 泰勒展开法常用来验

证差分方程的精度.要注意的是需将差分方程中的所有离散值对同一点展开,因为微分方程或差分方程都是对某一点建立的.

建立差分方程后,微分方程和差分方程之间以及差分方程本身要满足三个条件才有可能使得从差分方程得到的解可作为微分方程的近似解,这三个条件就是差分方程要与微分方程相容、差分方程的解要收敛于微分方程的精度解、差分方程的计算要稳定.

1. 相容性

记 $L(u)=\dfrac{\partial u}{\partial t}-\alpha\dfrac{\partial^2 u}{\partial x^2}$ 为微分算子,$L_h(u_j^n)=\dfrac{u_j^{n+1}-u_j^n}{\Delta t}-\alpha\dfrac{u_{j+1}^n-2u_j^n+u_j^{n-1}}{\Delta x^2}$ 为差分算子,于是:

$$L(u)=L_h(u_j^n)+\mathrm{T.E}, \tag{12-23}$$

式中,T.E 表示截断误差.式(12-23)或式(12-20)、式(12-21)说明差分方程与微分方程之间是有误差的,这个误差是方程之间的误差.若

$$\lim_{\Delta t\to 0,\Delta x\to 0}(L(u)-L_h(u_j^n))=\lim_{\Delta t\to 0,\Delta x\to 0}\mathrm{T.E}=0, \tag{12-24}$$

则称差分方程与微分方程相容.即差分方程是微分方程的近似方程.

2. 收敛性

设微分方程(12-5)的精确解为 $A=u(n\Delta t,j\Delta x)$,差分方程(12-22)无限位字长的精确解为 $D=u_j^n$,有限位字长的数值解为 N,则离散误差$=A-D$,舍入误差$=D-N$.

差分方程的收敛性是指差分方程的精确解要收敛逼近于微分方程的精确解,即离散误差要趋向于零.解差分方程的目的是为了差分解收敛于精确解,但由于微分方程定解问题的精确解一般是不知道的,同时无限字长的计算设备是不存在的,这样,收敛性问题就变得不够明确了.

3. 稳定性

实际的问题是有限字长的计算机求得的差分数值解要收敛于精确解.有限字长的计算设备求得的差分解与无限字长计算设备求得的差分解是有差别的,但它们的解都应是逼近于精确解的.差分方程具有与设备无关的性质,对它的求解应该是稳定的.所谓稳定性问题是指差分方程计算中对舍入误差干扰的稳定程度.而舍入误差总是存在的,主要由存储单元的字长引起.

从字面上看,稳定性问题与收敛性问题是两类不同的问题,但实际上它们具有内在的联系,Lax 等价定理指出,一个线性的初值问题,若满足相容性条件的差分方程,则稳定性是收敛性的充要条件.对大部分方程和计算问题,在收敛性问题不明确的情况下,人们往往从稳定性证明上想办法,将具有稳定性的差分格式用于一个定解问题

的计算，而跳过了对收敛性的研究(或实际上是难于进行研究). 获得的计算结果就认为是定解问题的解，当然这样做有时成功，有时并不成功而产生非物理解.

12.3　模型方程的差分格式

模型方程是流体力学方程的细胞和基因，计算流体力学的研究都是从这些模型方程的格式研究开始的. 满足相容性条件的模型方程的差分格式有以下几种.

12.3.1　波动方程

1. 逆风格式(Upwind)

$$\frac{u_j^{n+1}-u_j^n}{\Delta t}+c\,\frac{u_j^n-u_{j-1}^n}{\Delta x}=0,\quad c>0,\quad O(\Delta t,\Delta x). \tag{12-25}$$

稳定性条件为：$0\leqslant\nu=\dfrac{c\Delta t}{\Delta x}\leqslant 1$，$\nu$ 为柯朗(Courant Friedrichs Lewy)数，要小于1.

2. 拉克斯(Lax)格式

$$\frac{u_j^{n+1}-\dfrac{u_{j+1}^n+u_{j-1}^n}{2}}{\Delta t}+c\,\frac{u_{j+1}^n-u_{j-1}^n}{2\Delta x}=0,\quad c>0,\quad O(\Delta t,\Delta x^2). \tag{12-26}$$

稳定性条件也是柯朗数小于1，或 $|\nu|=\left|\dfrac{c\Delta t}{\Delta x}\right|\leqslant 1$. 若把式(12-25)、式(12-26)写成求解计算格式，则为

$$\text{Upwind:}\quad u_j^{n+1}=u_j^n-\nu(u_j^n-u_{j-1}^n)=u_{j-1}^n+(1-\nu)u_j^n, \tag{12-27}$$

$$\begin{aligned}\text{Lax:}\quad u_j^{n+1}&=\frac{1}{2}(u_{j+1}^n+u_{j-1}^n)-\frac{1}{2}\nu(u_{j+1}^n-u_{j-1}^n)\\&=\frac{1}{2}(1+\nu)u_{j-1}^n+\frac{1}{2}(1-\nu)u_j^n.\end{aligned} \tag{12-28}$$

从式(12-27)、式(12-28)可以看出，下一时间层的值 u_j^{n+1} 是从上一时间层值 u_j^n 显式算出的，因而称显式格式. 又因为从式(12-25)、式(12-26)或式(12-27)、式(12-28)可看出这些差分方程只涉及到二个时间层，所以又称两层格式. 另外 u_j^{n+1} 是一次就算出来的，又称单步格式，总称二层显式单步格式.

3. 隐式格式

$$\frac{u_j^{n+1}-u_j^n}{\Delta t}+c\,\frac{u_{j+1}^{n+1}-u_{j-1}^{n+1}}{2\Delta x}=0,\quad c>0,\quad O(\Delta t,\Delta x^2). \tag{12-29}$$

把式(12-29)写成计算式可得

$$-\frac{1}{2}\nu u_{j-1}^{n+1}+u_j^{n+1}+\frac{1}{2}\nu u_{j+1}^{n+1}=u_j^n. \tag{12-30}$$

显然式(12-30)需求解三对角线方程组,是“隐”式的解法,故称二层隐式单步格式.

4. 拉克斯-文多夫(Lax-Wendroff)格式

该格式直接用计算格式给出

$$u_j^{n+1}=u_j^n-\frac{\nu}{2}(u_{j+1}^n-u_{j-1}^n)+\frac{\nu^2}{2}(u_{j+1}^n-2u_j^m+u_{j-1}^n), \tag{12-31}$$

这个差分格式对差分方程而言,截断误差是 $O(\Delta t^2,\Delta x^2)$,即有二阶精度.

12.3.2 热传导方程

简单显式

$$\frac{u_j^{n+1}-u_j^n}{\Delta t}=\alpha\,\frac{u_{j+1}^n-2u_j^n+u_{j-1}^n}{\Delta x^2}+O(\Delta t,\Delta x^2) \tag{12-32}$$

或计算式

$$u_j^{n+1}=u_j^n-\gamma(u_{j+1}^n-2u_j^n+u_{j-1}^n),\quad \gamma=\frac{\alpha\Delta t}{\Delta x^2}. \tag{12-33}$$

简单隐式

$$\frac{u_j^{n+1}-u_j^n}{\Delta t}=\alpha\,\frac{u_{j+1}^{n+1}-2u_j^{n+1}+u_{j-1}^{n+1}}{\Delta x^2}+O(\Delta t,\Delta x^2), \tag{12-34}$$

它的隐式求解式为

$$-\gamma u_{j-1}^{n+1}+(1+2\gamma)u_j^{n+1}-\gamma u_{j+1}^{n+1}=u_j^n. \tag{12-35}$$

克朗科-尼克松(Crank-Nicolson)格式

$$\frac{u_j^{n+1}-u_j^n}{\Delta t}=\frac{\alpha}{2}\left(\frac{u_{j+1}^{n+1}-2u_j^{n+1}+u_{j-1}^{n+1}}{\Delta x^2}+\frac{u_{j+1}^n-2u_j^n+u_{j-1}^n}{\Delta x^2}\right)+O(\Delta t^2,\Delta x^2) \tag{12-36}$$

或

$$-\frac{\gamma}{2}u_{j-1}^{n+1}+(1+\gamma)u_j^{n+1}-\frac{\gamma}{2}u_{j+1}^{n+1}=\frac{\gamma}{2}u_{j-1}^n+(1-\gamma)u_j^n+\frac{\gamma}{2}u_{j+1}^n. \tag{12-37}$$

12.3.3 无粘性伯格斯方程

无粘性伯格斯(Burgers)差分方程的差分格式通常用守恒型(通量型)方程给出，而它的稳定性分析用非守恒型方程进行.迎风格式：

$$\frac{u_j^{n+1}-u_j^n}{\Delta t}+\frac{f_j^n-f_{j-1}^n}{\Delta x}=0+O(\Delta t,\Delta x), \tag{12-38}$$

Lax格式

$$u_j^{n+1}=\frac{u_{j+1}^n+u_{j-1}^n}{2}-\frac{\Delta t}{\Delta x}\frac{f_{j+1}^n-f_{j-1}^n}{2}=0+O(\Delta t,\Delta x^2), \tag{12-39}$$

拉克斯-文多夫根据泰勒展开式

$$u(t+\Delta t,x)=u(t,x)+\Delta t\left(\frac{\partial u}{\partial t}\right)_j^n+\frac{\Delta t^2}{2}\left(\frac{\partial^2 u}{\partial t^2}\right)_j^n+O(\Delta t^3). \tag{12-40}$$

考虑到

$$\frac{\partial u}{\partial t}=-\frac{\partial f}{\partial x},$$

$$\frac{\partial^2 u}{\partial t^2}=-\frac{\partial}{\partial t}\frac{\partial f}{\partial x}=-\frac{\partial}{\partial x}\frac{\partial f}{\partial t}=-\frac{\partial}{\partial x}\left(\frac{\partial f}{\partial u}\frac{\partial u}{\partial t}\right)$$

$$=-\frac{\partial}{\partial x}\left(-A\frac{\partial f}{\partial x}\right)=\frac{\partial}{\partial x}\left(A\frac{\partial f}{\partial x}\right),$$

又因为拉克斯-文多夫是二阶精度的差分格式，函数的展开式截断误差应要求三阶精度，故可取拉克斯-文多夫格式为

$$u_j^{n+1}=u_j^n-\frac{\Delta t}{\Delta x}\frac{f_{j+1}^n-f_{j-1}^n}{2}+\frac{1}{2}\left(\frac{\Delta t}{\Delta x}\right)^2\left[A_{j+\frac{1}{2}}^n(f_{j+1}^n-f_j^n)-A_{j-\frac{1}{2}}^n(f_j^n-f_{j-1}^n)\right]. \tag{12-41}$$

显见在线性情况下式(12-41)即为式(12-31).

12.4 冯·诺伊曼稳定性分析法和其他著名的差分格式

12.3节中介绍的几个模型方程的差分方程都是满足稳定性条件的差分格式，如何知道它们满足稳定性条件以及怎样构造满足稳定性条件的格式都要通过稳定性分析法，而用得最多的稳定性分析法就是冯·诺伊曼(von Neumann)分析法，它是傅里叶分析法在差分方程中的应用.

稳定性分析是分析误差的传播与放大，所以首先要了解误差的传播方程.对于线

性的差分方程,差分方程的精确解和含有误差的数值解都是满足差分方程的,最后得到误差的传播方程就是差分方程的本身.因此,常不加解释地把差分方程有时用来计算数值解,而有时又用来分析误差传播和分析稳定性问题.由于任何误差均可以用傅里叶分解法分解为

$$\varepsilon(t,x)=\sum_m b_m(t)\exp(\mathrm{i}k_m x),\tag{12-42}$$

对于单波数误差

$$\varepsilon_m(t,x)=b_m(t)\exp(\mathrm{i}k_m x),\tag{12-43}$$

式中的误差是空间的波,k_m 是波数,指误差的第 m 次谐波,k_m 的大小是单位长度内的弧度数,它相当于在时间波中的圆频率.若有限长度 L,最长的波长 $\lambda=L$,则波数 $k=\frac{2\pi}{\lambda}=\frac{2\pi}{L}$是最小的波数,若分为 m 段,则波长为 $\lambda_m=\frac{2L}{m}=2\Delta x$ 是最短的波长,$k=\frac{2\pi}{2L/m}=\frac{2\pi}{L}\frac{m}{2}$是最小的波,有最大的波数.所以网格越密,波数越大,分辨率就越高.如果能证明单波数误差波在传输过程中,即计算中不放大,则这个格式就是稳定的,为此设

$$u_j^n=Z^n\exp(\mathrm{i}kx_j),\quad u_j^{n+1}=Z^{n+1}\exp(\mathrm{i}kx_j),\quad u_{j\pm1}^n=Z^n\exp[\mathrm{i}k(x_j\pm\Delta x)],\tag{12-44}$$

式中,u_j^n 理解为第 n 层第 j 点的误差,Z^n,Z^{n+1}理解为振幅.将它们代入热传导方程的简单显式可得

$$\frac{Z^{n+1}\exp(\mathrm{i}kx_j)-Z^n\exp(\mathrm{i}kx_j)}{\Delta t}=\alpha\frac{Z^n\exp[\mathrm{i}k(x_j+\Delta x)]-2Z^n\exp(\mathrm{i}kx_j)+Z^n\exp[\mathrm{i}k(x_j-\Delta x)]}{\Delta x^2},$$

方程两边同除 $Z^n\exp(\mathrm{i}kx_j)$,记 $G=Z^{n+1}/Z^n$,经整理可得

$$G=1-4\gamma\sin\left(\frac{\beta^2}{2}\right),\quad \gamma=\frac{\alpha\Delta t}{\Delta x^2},\quad \beta=k\Delta x,\tag{12-45}$$

稳定性要求

$$0\leqslant|G|=\left|1-4\gamma\sin\left(\frac{\beta^2}{2}\right)\right|\leqslant1.\tag{12-46}$$

分析此不等式可得

$$\gamma=\frac{\alpha\Delta t}{\Delta x^2}\leqslant\frac{1}{2}\quad\text{或}\quad\Delta t\leqslant\frac{\Delta x^2}{2\alpha}.\tag{12-47}$$

此即稳定性条件,它的物理意义是时间步长与空间步长之间的一个约束关系式.它说明时间步长与空间步长只有满足式(12-47)这样的离散网格计算才是稳定的.

对于迎风格式(12-25),用同样方法可得

$$\frac{Z^{n+1}\exp(\mathrm{i}kx_j)-Z^n\exp(\mathrm{i}kx_j)}{\Delta t}+c\frac{Z^n\exp(\mathrm{i}kx_j)-Z^n\exp[\mathrm{i}k(x_j-\Delta x)]}{\Delta x}=0,\tag{12-48}$$

求得放大倍数

$$G = 1 - \nu(1 - \cos\beta) - \mathrm{i}\nu\sin\beta. \tag{12-49}$$

经证明或作图可知稳定性条件为

$$\nu = \frac{c\Delta t}{\Delta x} \leqslant 1 \quad 或 \quad \Delta t \leqslant \frac{\Delta x}{c}. \tag{12-50}$$

显见它也是时间网格和空间网格之间的约束条件. 同理们可得出拉克斯-文多夫格式的放大倍数为

$$G = 1 - \nu^2(1 - \cos\beta) - \mathrm{i}\nu\sin\beta. \tag{12-51}$$

它的稳定性条件也是式(12-50).

有粘性的 Burgers 方程与流动方程十分接近，该方程(12-4)的线性化方程为

$$\frac{\partial u}{\partial t} + c\frac{\partial u}{\partial x} = \alpha\frac{\partial^2 u}{\partial x^2}, \tag{12-52}$$

它的 FTCS 格式(时间前差，空间中心差)是最常用的差分格式，差分方程为

$$\frac{u_j^{n+1} - u_j^n}{\Delta t} + c\frac{u_{j+1}^n - u_{j-1}^n}{2\Delta x} = \alpha\frac{u_{j+1}^n - 2u_j^n + u_{j-1}^n}{\Delta x^2} + O(\Delta t, \Delta x^2). \tag{12-53}$$

按前面的推导方法可得

$$G = 1 - 2\gamma(1 - \cos\beta) - \mathrm{i}\nu\sin\beta. \tag{12-54}$$

此放大倍数可以用作图法研究，令 R 为它的实部，I_m 为虚部，则式(12-54)可表达为

$$\left[\frac{R - (1 - 2\gamma)}{2\gamma}\right]^2 + \left[\frac{I_m}{-\nu}\right] = \cos^2\beta + \sin^2\beta = 1, \tag{12-55}$$

即式(12-55)组成一椭圆方程，如图 12-3 所示，放大倍数 G 轨迹不超出单位圆，就是稳定性条件，显见需满足：

$$\gamma \leqslant \frac{1}{2}, \quad \nu \leqslant 1 \quad 和 \quad \nu^2 \leqslant 2\gamma. \tag{12-56}$$

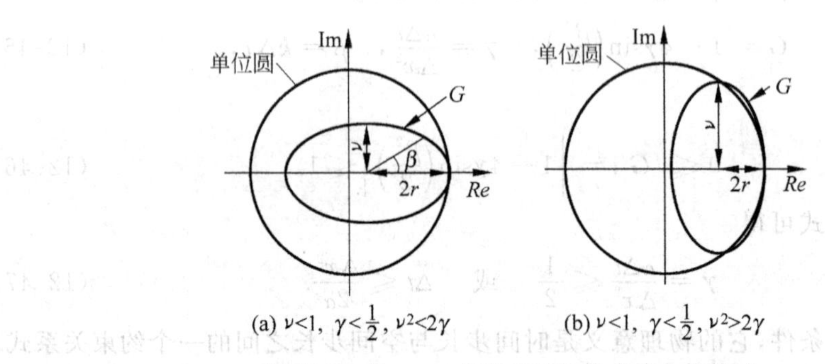

图 12-3 Burgers 方程 FTCS 格式放大倍数图

引入量纲为 1 的参数——网格雷诺数

$$Re_{\Delta x} = \frac{c\Delta x}{\alpha} = \frac{c\Delta t}{\Delta x}\frac{\Delta x^2}{\alpha\Delta t} = \frac{\nu}{\gamma}. \tag{12-57}$$

根据稳定性条件(12-56),取 $\gamma_{\min}=\frac{\nu^2}{2},\gamma_{\max}=\frac{1}{2}$得

$$2\nu \leqslant Re_{\Delta x} \leqslant \frac{2}{\nu}. \tag{12-58}$$

这是从冯·诺伊曼稳定性分析法得出的稳定性条件,由解的物理真实性出发,网格雷诺数范围为

$$2\nu \leqslant Re_{\Delta x} \leqslant 2 \quad 或 \quad Re_{\Delta x} \leqslant 2. \tag{12-59}$$

对流动问题计算时,如果对流项用中心差分,一定要检验网格雷诺数是否符合条件(12-59). Burgers 方程时间-空间的步长约束条件有两个,一般取的是较保守的时间步长条件. 由式(12-56)可得

$$\Delta t \leqslant \frac{\Delta x^2}{2\alpha}=\frac{1}{2\alpha/\Delta x^2} \quad 或 \quad \Delta t \leqslant \frac{\Delta x}{c}=\frac{1}{c/\Delta x},$$

取

$$\Delta t \leqslant \frac{1}{\frac{c}{\Delta x}+\frac{2\alpha}{\Delta x^2}}=\frac{1}{\frac{c}{\Delta x}\left(1+\frac{2}{Re_{\Delta x}}\right)}=\frac{(\Delta t)_{\mathrm{CFL}}}{\left(1+\frac{2}{Re_{\Delta x}}\right)}. \tag{12-60}$$

这表明有粘性的 Burgers 方程的时间步长相当于无粘性的柯朗条件加以粘性修正. 在多维粘性流方程中,时间步长也是用这种方法求得的.

马克科梅克(MacCormack)方法是模型方程差分方法中的一个著名方法,与前面介绍不同,马克科梅克方法是一个二步格式,以式(12-4)为例,预估步

$$u_j^{\overline{n+1}}=u_j^n-\frac{\Delta t}{\Delta x}(f_{j+1}^n-f_j^n)+\gamma(u_{j+1}^n-2u_j^n+u_{j-1}^n),\quad \gamma=\frac{\alpha\Delta t}{\Delta x^2}, \tag{12-61}$$

校正步

$$u_j^{n+1}=\frac{1}{2}\left[u_j^n+u_j^{\overline{n+1}}-\frac{\Delta t}{\Delta x}(f_j^{\overline{n+1}}-f_{j-1}^{\overline{n+1}})+\gamma(u_{j+1}^{\overline{n+1}}-2u_j^{\overline{n+1}}+u_{j-1}^{\overline{n+1}})\right]. \tag{12-62}$$

在线性情况下马克科梅克方法等同于拉克斯-文多夫方法,但在非线性情况下,马克科梅克方法优于拉克斯-文多夫方法,因为它的通量项在第二步时得到了修正. 在对流项的计算中,二步计算一定要进行前后差的交换,先前差再后差,或先后差再前差,否则计算是不稳定的.

12.5 稳定性分析的其他方法和修正方程的概念

冯·诺伊曼分析法只能分析线性问题,且只能对内点进行稳定性分析,如要研究包含边界条件的稳定性分析问题,则要用能量法和矩阵模态法. 这两种方法在此不作介绍,但对波动方程和 Burgers 方程一类的启发性稳定性分析方法,因应用较广,在此作简单介绍.

如式(12-25)的逆风格式,用泰勒展开法可得近似方程为

$$u_t + cu_x = -\frac{\Delta t}{2}u_{tt} + \frac{c\Delta x}{2}u_{xx} - \frac{\Delta t^2}{6}u_{ttt} - \frac{\Delta x^2}{6}u_{xxx} + O(\Delta t^3, \Delta x^3). \tag{12-63}$$

这个方程是差分方程的近似微分方程，右端项是方程截断误差项，它是差分方程的代表方程. 利用方程(12-63)反复地对 t 或对 x 求导来消去式(12-63)右端项中对 t 的导数项，使方程只含对 x 的导数项，则可以得到

$$u_t + cu_x = \frac{c\Delta x}{2}(1-\nu)u_{xx} - \frac{\Delta x^2}{6}(2\nu^2 - 3\nu + 1)u_{xxx} + O(\Delta t^3, \Delta x^3, \Delta x^2\Delta t, \Delta x\Delta t^2). \tag{12-64}$$

方程(12-64)同样是差分方程(12-25)的近似方程，它的右端项也是截断误差，但这样表达右端项有明确的物理意义，式(12-64)被称为波动方程迎风格式的修正方程. 把式(12-64)截断误差的偶数阶导数项称耗散项，把奇数阶导数项称色散项或称弥散项. 对式(12-64)这一类方程统一写为

$$\frac{\partial u}{\partial t} + c\frac{\partial u}{\partial x} = \mu_2\frac{\partial^2 u}{\partial x^2} - \mu_4\frac{\partial^4 u}{\partial x^4} + \cdots, \tag{12-65}$$

$$\frac{\partial u}{\partial t} + c\frac{\partial u}{\partial x} = \varepsilon_3\frac{\partial^3 u}{\partial x^3} - \varepsilon_5\frac{\partial^5 u}{\partial x^5} + \cdots. \tag{12-66}$$

研究偶数阶导数和奇数阶导数对波动方程精确解的影响. 令方程(12-65)的精确解为

$$u(t,x) = A_k(t)\exp[\mathrm{i}k(x-ct)], \tag{12-67}$$

即 k 次谐波精确解用分离变量法求解，将式(12-67)代入式(12-65)可得方程及解为

$$\frac{\mathrm{d}A_k(t)}{\mathrm{d}t} = -(\mu_2 k^2 + \mu_4 k^4), \quad A_k(t) = A_{k0}\exp[-k^2(\mu_2 + \mu_4 k^2)t], \tag{12-68}$$

于是

$$u(t,x) = A_{k0}\exp[-k^2(\mu_2 + \mu_4 k^2)t]\exp[\mathrm{i}k(x-ct)]. \tag{12-69}$$

解方程(12-69)比波动方程 k 次谐波精确解 $u(t,x)=\exp[\mathrm{i}k(x-ct)]$ 多了一个振幅衰减项 $A_{k0}\exp[-k^2(\mu_2+\mu_4 k^2)t]$. 显见修正方程中偶数阶导数，即二阶导数的正系数和四阶导数的负系数会引起振幅衰减，导致格式的稳定.

同样设式(12-66)分离变量的精确解为 $u(t,x)=A_k(t)\exp[\mathrm{i}k(x-ct)]$，代入方程(12-66)可得

$$A_k(t) = A_{k0}\exp[-\mathrm{i}k^3(\varepsilon_3 + \varepsilon_5 k^2)t], \tag{12-70}$$

$$\begin{aligned} u(t,x) &= A_{k0}\exp[-\mathrm{i}k^3(\varepsilon_3 + \varepsilon_5 k^2)t]\exp[\mathrm{i}k(x-ct)] \\ &= A_{k0}\exp\{\mathrm{i}k[x - (c + \varepsilon_3 k^2 + \varepsilon_5 k^4)t]\}. \end{aligned} \tag{12-71}$$

可见修正方程(12-64)的奇数阶导数会引起色散，三阶导数正系数与五阶导数负系数会引起相位超前.

因修正方程中偶数阶导数会引起振幅衰减，符合自然界熵增原理，据此可得出从修正方程判断差分格式稳定性的启发性条件，例如式(12-64)为迎风格式修正方程，要使二阶导数系数为正，即 $\nu \leqslant 1$，这是前面得到过的条件.

泰勒展开修正方程判别法将原来差分方程相容性与稳定性二个互不相关的条件有机地联系起来,差分方程的修正方程可预示差分计算的稳定性.如线性波动方程的Lax格式、马克科梅克格式和线性有粘Burgers方程FTCS格式差分方程的修正方程分别为

Lax格式

$$u_t + cu_x = \frac{c\Delta x}{2}\left(\frac{1}{\nu} - \nu\right)u_{xx} + \frac{c\Delta x^2}{3}(1-\nu^2)u_{xxx} + \cdots, \tag{12-72}$$

马克科梅克格式

$$u_t + cu_x = -\frac{c\Delta x^2}{6}(1-\nu^2)u_{xxx} - \frac{c\Delta x^3}{8}\nu(1-\nu^2)u_{xxxx} + \cdots, \tag{12-73}$$

线性Burgers FTCS格式

$$\begin{aligned} u_t + cu_x = {} & \left(\alpha - \frac{c^2\Delta t}{2}\right)u_{xx} + \frac{c\Delta x^2}{3}\left(3\gamma - \nu^2 - \frac{1}{2}\right)u_{xxx} \\ & + \frac{c\Delta x^3}{12}\left(\frac{\gamma}{\nu} - \frac{3\gamma^2}{\nu} - 2\nu + 10\nu\gamma - 9\nu^3\right)u_{xxxx} + \cdots. \end{aligned} \tag{12-74}$$

从式(12-72)可知启发性稳定性条件为$\frac{1}{\nu}-\nu\geqslant 0$,即$0<\nu\leqslant 1$.从式(12-73)可知启发性稳定性必要条件是四阶导数系数小于零,即$0<\nu\leqslant 1$.而从式(12-74)可知稳定性必要条件为$\alpha-\frac{c^2\Delta t}{2}\geqslant 0$,将它整理即得$\nu^2\leqslant 2\gamma$.这是FTCS格式中三个稳定性条件中的一个.

因为修正方程的右端项即为截断误差,而从Lax格式的截断误差的第一项$\frac{c\Delta x}{2}\left(\frac{1}{\nu}-\nu\right)u_{xx}=\frac{1}{2}\left(\frac{\Delta x^2}{\Delta t}-c^2\Delta t\right)u_{xx}$中可看出,方程相容性要求截断误差随着$\Delta t\to 0$,$\Delta x\to 0$而趋向于零,但在Lax格式中,实际要求$\Delta t\to 0$,$\Delta x\to 0$,$\frac{\Delta x^2}{\Delta t}\to 0$,即Lax格式的相容性是有条件的.

由于修正方程可检验和预报差分计算的耗散性和色散性,因而被广为推崇,它已被推广到对半离散格式修正方程的研究,它同样可预报半离散格式的精确解的性态以及为全离散格式做准备.

理解了修正方程的作用,我们也可以反向设计耗散性和色散性来构建新的差分格式.

12.6　二维、三维模型方程的差分格式

二维热传导方程

$$\frac{\partial u}{\partial t} = \alpha\left(\frac{\partial^2 u}{\partial x^2} + \frac{\partial^2 u}{\partial y^2}\right). \tag{12-75}$$

它的隐式格式涉及五对角线隐式线代数方程，对其直接求解有困难，ADI (alternative directive implicit)只需解三对角线方程组，而且也是无条件稳定的，因而获得广泛应用，它的差分格式为

$$\left.\begin{aligned}\frac{u_{i,j}^{*}-u_{i,j}^{n}}{\Delta t/2}&=\alpha\left(\frac{u_{i+1,j}^{*}-2u_{i,j}^{*}+u_{i-1,j}^{*}}{\Delta x^{2}}+\frac{u_{i,j+1}^{n}-2u_{i,j}^{n}+u_{i,j-1}^{n}}{\Delta y^{2}}\right),\\ \frac{u_{i,j}^{n+1}-u_{i,j}^{*}}{\Delta t/2}&=\alpha\left(\frac{u_{i+1,j}^{*}-2u_{i,j}^{*}+u_{i-1,j}^{*}}{\Delta x^{2}}+\frac{u_{i,j+1}^{n+1}-2u_{i,j}^{n+1}+u_{i,j-1}^{n+1}}{\Delta y^{2}}\right).\end{aligned}\right\}\tag{12-76}$$

用冯·诺伊曼分析法可得

$$G=\frac{[1-\gamma_x(1-\cos\beta_x)][1-\gamma_y(1-\cos\beta_y)]}{[1+\gamma_y(1-\cos\beta_y)][1+\gamma_x(1-\cos\beta_x)]}\leqslant 1,\tag{12-77}$$

这里，$\gamma_x=\dfrac{\alpha\Delta t}{\Delta x^2}$，$\gamma_y=\dfrac{\alpha\Delta t}{\Delta y^2}$，$\beta_x=k_x\Delta x$，$\beta_y=k_y\Delta y$. 放大倍数中分母肯定比分子大. 在计算中一定要交换隐式方向才是无条件稳定的. 二维 Burgers 模型方程有

$$\frac{\partial u}{\partial t}+u\frac{\partial u}{\partial x}+\nu\frac{\partial u}{\partial y}=\mu\left(\frac{\partial^2 u}{\partial x^2}+\frac{\partial^2 u}{\partial y^2}\right),\tag{12-78}$$

式(12-78)ADI 方法可写为

$$\left.\begin{aligned}\left[I+\frac{\Delta t}{2}\left(u_{i,j}^{n}\frac{\delta_x^0}{2\Delta x}-\mu\frac{\delta_x^2}{\Delta x^2}\right)\right]u_{i,j}^{*}&=\left[I-\frac{\Delta t}{2}\left(v_{i,j}^{n}\frac{\delta_y^0}{2\Delta y}-\mu\frac{\delta_y^2}{\Delta y^2}\right)\right]u_{i,j}^{n},\\ \left[I+\frac{\Delta t}{2}\left(v_{i,j}^{n}\frac{\delta_y^0}{2\Delta y}-\mu\frac{\delta_y^2}{\Delta y^2}\right)\right]u_{i,j}^{n+1}&=\left[I-\frac{\Delta t}{2}\left(u_{i,j}^{*}\frac{\delta_x^0}{2\Delta x}-\mu\frac{\delta_x^2}{\Delta x^2}\right)\right]u_{i,j}^{*},\end{aligned}\right\}\tag{12-79}$$

这里记

$$\begin{aligned}\delta_x^0 u_{i,j}&=u_{i+1,j}-u_{i-1,j},\quad \delta_x^2 u_{i,j}=u_{i+1,j}-2u_{i,j}+u_{i-1,j},\\ \delta_y^0 u_{i,j}&=u_{i,j+1}-u_{i,j-1},\quad \delta_y^2 u_{i,j}=u_{i,j+1}-2u_{i,j}+u_{i,j-1}.\end{aligned}$$

若有 u，v 二个方程，则各要计算二次. 不同的作者对 ADI 法有稍微不同的描述方式.

在模型方程算法中，马克科梅克的时间步长分裂法和雅连卡(Yenenko)的算子分裂法很出名，前者将二个不同方向不同网格尺寸和不同时间步长的计算分开来计算，再按对称原理和总时间相等条件将不同方向差分组织在一起，这样可减少计算时间. 雅连卡的算子分裂法是将高维问题化为一维问题来计算，将一个微分或差分算子分成几个算子计算，如二维热传导方程(12-75)可分裂为

$$\frac{u_{i,j}^{n+\frac12}-u_{i,j}^{n}}{\frac12\Delta t}=\frac{\alpha}{\Delta x^2}\delta_x^2 u_{i,j}^{n+\frac12},\quad \frac{u_{i,j}^{n+1}-u_{i,j}^{n+\frac12}}{\frac12\Delta t}=\frac{\alpha}{\Delta y^2}\delta_y^2 u_{i,j}^{n+1}.\tag{12-80}$$

也有人将式(12-75)分裂成

$$\frac12\frac{\partial u}{\partial t}=\alpha\frac{\partial^2 u}{\partial x^2},\quad \frac12\frac{\partial u}{\partial t}=\alpha\frac{\partial^2 u}{\partial y^2},\tag{12-81}$$

再进行差分离散.

马克科梅克方法和算子分裂法均可推广应用到三维问题. 不可压缩粘性流动计

算中的投影法也属于算子分裂法范畴.

12.7 无旋流动的差分计算方法

在不可压缩流中,无旋流动满足拉普拉斯方程,如势函数方程

$$\nabla^2\varphi = 0 \quad 或 \quad \frac{\partial^2\varphi}{\partial x^2}+\frac{\partial^2\varphi}{\partial y^2}=0. \tag{12-82}$$

边界条件在∞处有

$$u=\frac{\partial\varphi}{\partial x}=0,\quad v=\frac{\partial\varphi}{\partial y}=0, \tag{12-83}$$

在壁面上

$$\left(\frac{\partial\varphi}{\partial n}\right)_b=0. \tag{12-84}$$

在理想流体力学中,常用基本解叠加的方法对上述方程进行求解,但对复杂边界问题,叠加方法无能为力,要借助数值解来进行计算.

对式(12-82)这类方程或泊松方程,在直角坐标下的离散格式为

$$\begin{aligned}&\frac{\varphi_{i+1,j}-2\varphi_{i,j}+\varphi_{i-1,j}}{\Delta x^2}+\frac{\varphi_{i,j+1}-2\varphi_{i,j}+\varphi_{i,j-1}}{\Delta y^2}\\&=0+O(\Delta x^2+\Delta y^2).\end{aligned} \tag{12-85}$$

这是一个五对角线隐式方程组,可用直接法求解也可以用迭代法求解. 一般迭代法求解收敛性也很好. 最简单的雅可比点迭代法计算格式为

$$\varphi_{i,j}^{n+1}=\left[\frac{\varphi_{i+1,j}^n+\varphi_{i-1,j}^n}{\Delta x^2}+\frac{\varphi_{i,j+1}^n+\varphi_{i,j-1}^n}{\Delta y^2}\right]\Big/\left[\frac{2}{\Delta x^2}+\frac{2}{\Delta y^2}\right]. \tag{12-86}$$

某个点的计算值是相邻左右上下值的平均值. 这里 n 为迭代次数,需 $n,n+1$ 二层存储单元.

12.7.1 高斯-赛德尔迭代法

如在迭代过程中采用最新值,或者说把求得的值立即送到存储单元内,这就是高斯-赛德尔(Gauss-Seidel)迭代法,如原来雅可比点迭代法次序 i,j 都是从小到大,则高斯-赛德尔迭代法计算式为

$$\varphi_{i,j}^{n+1}=\left[\frac{\varphi_{i+1,j}^n+\varphi_{i-1,j}^{n+1}}{\Delta x^2}+\frac{\varphi_{i,j+1}^n+\varphi_{i,j-1}^{n+1}}{\Delta y^2}\right]\Big/\left[\frac{2}{\Delta x^2}+\frac{2}{\Delta y^2}\right]. \tag{12-87}$$

高斯-赛德尔迭代法只需要一层存储单元. 一般高斯-赛德尔迭代法比雅可比点迭代法收敛快,但对有的方程,情况正好相反,高斯-赛德尔迭代法甚至有不收敛的

情况.

将高斯-赛德尔迭代法再松弛一下有

$$\varphi_{i,j}^{n+1}=\omega\left[\frac{\varphi_{i+1,j}^{n}+\varphi_{i-1,j}^{n+1}}{\Delta x^{2}}+\frac{\varphi_{i,j+1}^{n}+\varphi_{i,j-1}^{n+1}}{\Delta y^{2}}\right]\Big/\left[\frac{2}{\Delta x^{2}}+\frac{2}{\Delta y^{2}}\right]+(1-\omega)\varphi_{i,j}^{n}. \tag{12-88}$$

式(12-88)中 $\omega>1$ 称超松弛(SOR),$\omega<1$ 称低松弛(SLR),解泊松型方程可用超松弛,但 ω 也不能取得很大,一般在 1.05～1.20 左右.对流动方程也可用松弛法计算,一般用低松弛,这相当于减少时间步长.

12.7.2　线迭代法

x 方向隐式求解,y 方向迭代推进:

$$\varphi_{i+1,j}^{n+1}-2\left(1+\frac{\Delta x^{2}}{\Delta y^{2}}\right)\varphi_{i,j}^{n+1}+\varphi_{i-1,j}^{n+1}=\frac{\Delta x^{2}}{\Delta y^{2}}(\varphi_{i,j+1}^{n}+\varphi_{i,j-1}^{n+1}). \tag{12-89}$$

线迭代法也可用于流动方程计算,SIMPLE 系列程序常用此法.

如 $\Delta x=\Delta y$,方程(12-85)可写为

$$\boldsymbol{A\varphi}=\boldsymbol{b}. \tag{12-90}$$

对内点为 4 列 5 行的泊松方程问题,可把五对角稀疏阵写成特殊的三对角块矩阵

$$\boldsymbol{A}=\begin{bmatrix}\boldsymbol{C}&\boldsymbol{D}_1&0&0&0\\\boldsymbol{D}_1&\boldsymbol{C}&\boldsymbol{D}_1&0&0\\0&\boldsymbol{D}_1&\boldsymbol{C}&\boldsymbol{D}_1&0\\0&0&\boldsymbol{D}_1&\boldsymbol{C}&\boldsymbol{D}_1\\0&0&0&\boldsymbol{D}_1&\boldsymbol{C}\end{bmatrix}_{5\times5},\quad \boldsymbol{C}=\begin{bmatrix}1&-\frac{1}{4}&0&0\\-\frac{1}{4}&1&-\frac{1}{4}&0\\0&-\frac{1}{4}&1&-\frac{1}{4}\\0&0&-\frac{1}{4}&1\end{bmatrix}_{4\times4}, \tag{12-91}$$

其中

$$\boldsymbol{D}_1=\begin{bmatrix}-\frac{1}{4}&0&0&0\\0&-\frac{1}{4}&0&0\\0&0&-\frac{1}{4}&0\\0&0&0&-\frac{1}{4}\end{bmatrix}_{4\times4}.$$

A 也可写为:

$$\boldsymbol{A}=\begin{bmatrix} 1 & -\frac{1}{4} & & & & -\frac{1}{4} & & \\ -\frac{1}{4} & 1 & -\frac{1}{4} & & & & -\frac{1}{4} & \\ & -\frac{1}{4} & 1 & -\frac{1}{4} & & & & -\frac{1}{4} \\ & & -\frac{1}{4} & 1 & -\frac{1}{4} & & & \\ & & & -\frac{1}{4} & 1 & -\frac{1}{4} & & \\ -\frac{1}{4} & & & & -\frac{1}{4} & 1 & -\frac{1}{4} & \\ & -\frac{1}{4} & & & & -\frac{1}{4} & 1 & -\frac{1}{4} \\ & & -\frac{1}{4} & & & & -\frac{1}{4} & 1 \end{bmatrix}_{20\times 20}=\boldsymbol{D}-(\boldsymbol{L}+\boldsymbol{R}), \tag{12-92}$$

式中,$\boldsymbol{D}$ 为单位矩阵,$\boldsymbol{L}$ 为下三角阵,$\boldsymbol{R}$ 为上三角阵.

12.7.3 等步长点迭代法

$$\varphi_{i,j}^{n+1}=\frac{1}{4}[\varphi_{i+1,j}^{n}+\varphi_{i-1,j}^{n}+\varphi_{i,j+1}^{n}+\varphi_{i,j-1}^{n}], \tag{12-93}$$

点迭代的迭代方程为

$$\boldsymbol{\varphi}=(\boldsymbol{I}-\boldsymbol{A})\boldsymbol{\varphi}+\boldsymbol{b}. \tag{12-94}$$

可从式(12-93)、式(12-94)出发来研究收敛速度.

记

$$\varphi_{i,j}=\sin\frac{ip\pi}{N}\sin\frac{jq\pi}{N}, \tag{12-95}$$

将式(12-95)代入式(12-93)经整理后可得

$$G=\boldsymbol{I}-\boldsymbol{A}=\frac{1}{2}\left(\cos\frac{p\pi}{N}+\cos\frac{q\pi}{N}\right). \tag{12-96}$$

而迭代矩阵 $\boldsymbol{I}-\boldsymbol{A}$ 的特征值即是$\frac{1}{2}\left(\cos\frac{p\pi}{N}+\cos\frac{q\pi}{N}\right)$,于是迭代矩阵的谱半径

$$\rho(\boldsymbol{I}-\boldsymbol{A})=\max_{p,q}\left|\frac{1}{2}\left(\cos\frac{p\pi}{N}+\cos\frac{q\pi}{N}\right)\right|=\cos\frac{\pi}{N}=\cos\pi h, \tag{12-97}$$

点迭代的收敛因子

$$-\ln[\rho(\boldsymbol{I}-\boldsymbol{A})]=-\ln\cos\pi h\approx\frac{1}{2}\pi^2h^2. \tag{12-98}$$

因松弛迭代特征值 λ，松弛因子 ω 和点迭代阵 $\boldsymbol{I}-\boldsymbol{A}$ 的特征值 μ 之间有关系式

$$(\lambda+\omega-1)^2=\lambda\omega^2\mu^2, \tag{12-99}$$

而最优的松弛因子

$$\omega_{\text{opt}}=\frac{2}{1+\sqrt{1-\rho^2}}, \qquad \rho=\rho(\boldsymbol{I}-\boldsymbol{A}), \tag{12-100}$$

松弛迭代谱半径

$$\max|\lambda|=\omega_{\text{opt}}-1=\frac{\rho^2}{(1+\sqrt{1-\rho^2})^2}. \tag{12-101}$$

在最佳松弛因子时收敛速度

$$-\ln\frac{\rho^2}{(1+\sqrt{1-\rho^2})^2}=-2\ln\frac{\cos\pi h}{1+\sin\pi h}=2\pi h, \tag{12-102}$$

而当高斯-赛德尔迭代时 $\omega=1,\lambda=\mu^2$，迭代谱半径 $\max|\lambda|=\max\mu^2=[\rho(\boldsymbol{I}-\boldsymbol{A})]^2=\cos^2\pi h$，即高斯-赛德尔迭代的收敛速度

$$-\ln\cos^2\pi h=-2\ln\cos\pi h\approx\pi^2h^2. \tag{12-103}$$

从式(12-98)与式(12-102)、式(12-103)比较可知，点迭代最慢，高斯-赛德尔迭代快1倍，最优松弛法最快.但当步长减小时收敛速度减慢.

当物面是不规则形状时，为了满足边界条件，要把方程转化成解析的或数值的曲线坐标，此时拉普拉斯方程或泊松方程化为

$$\begin{aligned}J\Big\{&\frac{\partial}{\partial\xi}\Big[J^{-1}(\nabla\xi\cdot\nabla\xi)\frac{\partial}{\partial\xi}+J^{-1}(\nabla\xi\cdot\nabla\eta)\frac{\partial}{\partial\eta}+J^{-1}(\nabla\xi\cdot\nabla\zeta)\frac{\partial}{\partial\zeta}\Big]\\&+\frac{\partial}{\partial\eta}\Big[J^{-1}(\nabla\xi\cdot\nabla\eta)\frac{\partial}{\partial\xi}+J^{-1}(\nabla\eta\cdot\nabla\eta)\frac{\partial}{\partial\eta}+J^{-1}(\nabla\eta\cdot\nabla\zeta)\frac{\partial}{\partial\zeta}\Big]\\&+\frac{\partial}{\partial\zeta}\Big[J^{-1}(\nabla\xi\cdot\nabla\eta)\frac{\partial}{\partial\xi}+J^{-1}(\nabla\eta\cdot\nabla\zeta)\frac{\partial}{\partial\eta}+J^{-1}(\nabla\zeta\cdot\nabla\zeta)\frac{\partial}{\partial\zeta}\Big]\Big\}\varphi=b,\end{aligned} \tag{12-104}$$

而壁面法向选为 ξ,η 或 ζ 方向.

12.8 二维不可压缩粘性流动涡量流函数法

如3.6.3节所介绍，二维不可压缩粘性流动方程量纲为1的原始变量方程为

$$\frac{\partial u}{\partial x}+\frac{\partial v}{\partial y}=0, \tag{12-105}$$

$$\frac{\partial u}{\partial t}+u\frac{\partial u}{\partial x}+v\frac{\partial u}{\partial y}=-\frac{\partial p}{\partial x}+\frac{1}{Re}\Big(\frac{\partial^2u}{\partial x^2}+\frac{\partial^2u}{\partial y^2}\Big), \tag{12-106}$$

$$\frac{\partial v}{\partial t}+u\frac{\partial v}{\partial x}+v\frac{\partial v}{\partial y}=-\frac{\partial p}{\partial y}+\frac{1}{Re}\Big(\frac{\partial^2v}{\partial x^2}+\frac{\partial^2v}{\partial y^2}\Big), \tag{12-107}$$

以上采用的特征量为 $L, U_\infty, \dfrac{L}{U_\infty}, \rho U_\infty^2, Re=\dfrac{\rho U_\infty L}{\mu}$. u, v, p 称原始变量.

不可压缩粘性流动方程中的连续性方程反映了质量守恒定律,它是每时每刻都要满足的.相对于可压缩流而言它是一种极限状态,不可压缩流求解方法的关键之处就是如何来满足连续性方程.涡量流函数方法对于只含二个自变量的二维或轴对称流动问题是一个行之有效的方法.

方程(12-105)是二维问题的连续性方程,它只有二个自变量 x, y,利用微分交换次序保持相等这一重要性质,引入一个流函数 Ψ,定义

$$u=\frac{\partial \psi}{\partial y}, \quad v=-\frac{\partial \psi}{\partial x}, \tag{12-108}$$

则连续性方程自动满足.又根据涡量定义

$$\omega=\frac{\partial v}{\partial x}-\frac{\partial u}{\partial y}, \tag{12-109}$$

将式(12-108)代入式(12-109)得

$$\nabla^2 \Psi=-\omega. \tag{12-110}$$

这是一个标准的椭圆形方程.将式(12-106)、式(12-107)对 x, y 交叉求导数即 $\dfrac{\partial}{\partial x}(12-107)-\dfrac{\partial}{\partial y}(12-106)$,并利用涡量定义,可得涡量方程

$$\frac{\partial \omega}{\partial t}+u \frac{\partial \omega}{\partial x}+v \frac{\partial \omega}{\partial y}=\frac{1}{Re} \nabla^2 \omega \quad \text{或} \quad \frac{\partial \omega}{\partial t}+\nabla \cdot(\boldsymbol{V} \omega)=\frac{1}{Re} \nabla^2 \omega. \tag{12-111}$$

式(12-110)、式(12-111)就是涡量流函数法的基本方程,由于经过交叉求导,原因变量 p 已消失,使得流场的计算减少了一个变量.求解方程的改变,相应的边界条件也应对 Ψ, ω 来提出.注意原方程组(12-105)、式(12-106)、式(12-107)是原始变量方程组,它的边界条件只给出速度边界条件,压强 p 因没有独立的方程也不需要边界条件.这里需将 u, v 边界条件改写成 Ψ, ω 的边界条件.以图 12-4 的后向台阶流动为例来说明边界条件的提法.

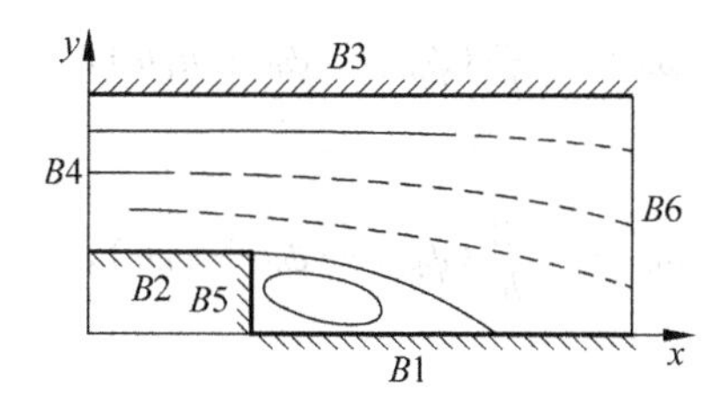

图 12-4 后向台阶流动示意图

这里 $B1$, $B2$, $B3$, $B5$ 为固壁,$B4$ 为进口截面,$B6$ 为出口截面,即开路边界条件.对于速度边界条件的提法,在固壁上提粘性条件,即 $u=0, v=0$;在进口,速度提规

定值，如均匀分布 $u=1,v=0$ 或抛物线分布；在出口，一般提稳态条件 $\frac{\partial u}{\partial x}=0,\frac{\partial v}{\partial x}=0$. 将这些边界条件转化为 Ψ,ω 条件，一般认为法向速度分量条件转化成流函数条件，而切向速度条件用于固壁涡量条件. 如在 $B2$ 边界，$v=0,\frac{\partial \Psi}{\partial x}=0\Rightarrow \Psi_{i+1}=\Psi_i$，即在 $B2$ 上，Ψ 相等，同样用 $B5$，$B1$ 上的法向速度可得 Ψ 也相等，即整个边界线 $B2$、$B5$、$B1$ 是等 Ψ 线（等流量线），可取 $\Psi_{B2-B5-B1}=0$，同理 $B3$ 也是一条流线，它的值要与 $B4$ 上流量积分值相衔接. $B4$ 上 Ψ 的边界条件为

$$\Psi=\int_{y_2}^{y_3} u\mathrm{d}y=\int_{y_2}^{y_3}\frac{\partial \Psi}{\partial y}\mathrm{d}y, \tag{12-112}$$

在出口边界 Ψ 用条件

$$\frac{\partial^2 \Psi}{\partial x^2}=0,\frac{\partial v}{\partial x}=0 \quad 或 \quad \frac{\partial \Psi}{\partial x}=0,v=0, \tag{12-113}$$

式(12-113)用 $\frac{\partial^2 \Psi}{\partial x^2}=0$ 较好，具体计算执行 $\Psi_{\mathrm{Im},j}=2\Psi_{\mathrm{Im}-1,j}-\Psi_{\mathrm{Im}-2,j}$，如用 $\frac{\partial \Psi}{\partial x}=0$，则用 $\Psi_{\mathrm{Im},j}=\Psi_{\mathrm{Im}-1,j}$. Im,j 为 $B6$ 上节点编号.

涡量边界条件一般由定义方程及流函数的泰勒展开式求得，如图 12-5 所示，底边附近 $B+1$ 点的展开式 $\Psi_{B+1}=\Psi_B+\Delta y\left(\frac{\partial \Psi}{\partial y}\right)_B+\frac{\Delta y^2}{2}\left(\frac{\partial^2 \Psi}{\partial y^2}\right)_B+O(\Delta y^3)=\Psi_B+\Delta y u_B-\frac{\Delta y^2}{2}\omega_B$，于是各方向固壁上一阶精度涡量公式为($\Delta x=\Delta y=h$)

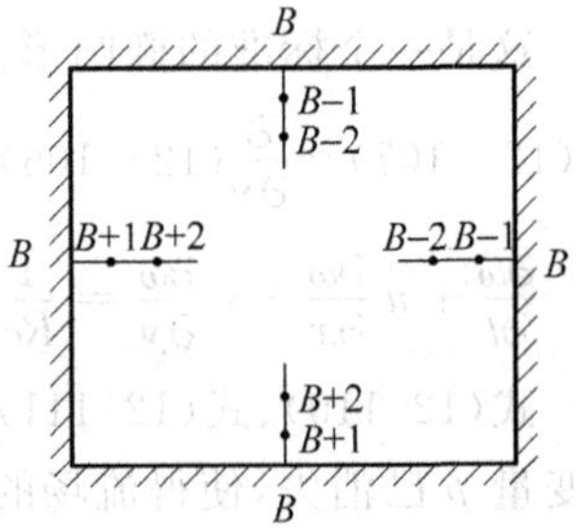

图 12-5　四个方向壁涡计算示意图

底面：

$$\omega_B=-\frac{2}{h^2}(\psi_{B+1}-\psi_B-u_B h), \tag{12-114}$$

顶面：

$$\omega_B=-\frac{2}{h^2}(\psi_{B-1}-\psi_B+u_B h), \tag{12-115}$$

左面：

$$\omega_B=-\frac{2}{h^2}(\psi_{B+1}-\psi_B+v_B h), \tag{12-116}$$

右面：

$$\omega_B=-\frac{2}{h^2}(\psi_{B-1}-\psi_B-v_B h). \tag{12-117}$$

$B,B-1,B-2$ 及 $B+1,B+2$ 为固壁法向节点位置，如图 12-5，显见各固壁切向速度用于涡量计算. 同理可得二阶精度涡量公式

底面：

$$\omega_B = -\frac{2}{h^2}(-7\psi_B + 8\psi_{B+1} - \psi_{B+2}) + \frac{3}{h}u_B, \tag{12-118}$$

顶面：

$$\omega_B = -\frac{2}{h^2}(-7\psi_B + 8\psi_{B-1} - \psi_{B-2}) - \frac{3}{h}u_B, \tag{12-119}$$

左面：

$$\omega_B = -\frac{2}{h^2}(-7\psi_B + 8\psi_{B+1} - \psi_{B+2}) - \frac{3}{h}v_B, \tag{12-120}$$

右面：

$$\omega_B = -\frac{2}{h^2}(-7\psi_B + 8\psi_{B-1} - \psi_{B-2}) + \frac{3}{h}v_B. \tag{12-121}$$

这些涡量公式中，壁涡只与内点的流函数有关，与内点的涡量不直接相关，伍兹(Woods)提出与近壁面涡有关的有二阶精度的涡量公式

$$\omega_B = -\frac{3}{h^2}(\psi_{B+1} - \psi_B) - \frac{1}{2}\omega_{B+1}. \tag{12-122}$$

台阶凸点的涡量要作为奇点来考虑，因该点可用不同方向的泰勒展开式来求. 取二个方向求得涡量的各一半或全部均可，因该点是许多涡量的会聚奇点，对最终计算结果影响不大. 壁面涡量公式是一个数值边界条件，与流动状态有关，壁面涡量的提法还在发展，有人认为涡是由剪切而产生，因此要将切向的涡量值全部联立起来求解. 根据式(12-114)～式(12-122)，可求得图 12-4 后向台阶问题 $B1,B2,B3,B4,B5$ 各边的边界条件，对出口 $B6$ 上边界条件一般采用$\frac{\partial\omega}{\partial x}=0$，即 $\omega_{\mathrm{Im},j}=\omega_{\mathrm{Im}-1,j}$.

有了方程和边界条件后，可以求解涡量流函数方程，具体讲就是选用差分格式，设计网格尺寸，包括空间网格和时间步长，然后编制程序进行计算. 计算中收敛精度根据差分格式的截断误差来设计，还要考虑计算量的大小，如 Ψ 值比较小，只有 1 以下量级，宜用绝对误差控制，而涡量 ω 有几十、几百量级，宜用相对误差控制.

12.8.1 网格设计

网格设计是在差分格式选好后进行的，一般主要对传输方程进行，泊松方程的收敛性较好可不必设计. 如对涡传输方程选用 FTCS 格式，则需设计空间步长，一般按网格雷诺数设计，如取计算雷诺数 $Re=100$，则网格雷诺数 $Re_{\Delta x}=Re\cdot 1\cdot \Delta x\leqslant 2\rightarrow \Delta x=\frac{2}{Re}=0.05$，这里的速度和长度都是量纲为 1 的尺寸. 对 y 方向也同样设计，至此可获得总节点数，再按变量数 x,y,Ψ,ω,u,v 可估算总的内存需求，注意每一个节点变量要四个存储单元(byte，即单精度计算总字长 32 位). 总内存要求至少为 $M_x\times$

$N_y \times 6 \times 4$,如果内存超出机器内存条的范围,则需减少网格,此时可改变差分格式,如改为逆风格式来放松网格雷诺数要求.时间步长按柯朗数要求设计,如二个方向各取$\frac{1}{2}$,$\nu_x=\frac{c\Delta t}{\Delta x}\leqslant\frac{1}{2}$,$\Delta t\leqslant\frac{\Delta x}{2}$,这样就可进行计算了.

12.8.2　程序框图

整个过程可表述如下.

计算设计,选用差分格式和网格设计,如涡量方程用FTCS方法,流函数方程用松弛法,整个计算采用时间相关法求稳态解.

	计　算　过　程
1	给出 Ψ,ω,u,v 的初值,初值好可以较快收敛,也可以只给出 Ψ 初值,其他值从 Ψ 求出.
2	计算新的时间层 $t^{n+1}=(n+1)\Delta t$ 上 ω^{n+1} 的新值,可用松弛法 $\omega_{i,j}^{n+1}=\omega_{i,j}^{n}-\Delta t\left\{\left[u_{i,j}^{n}\frac{\omega_{i+1,j}^{n}-\omega_{i-1,j}^{n}}{2\Delta x}+v_{i,j}^{n}\frac{\omega_{i,j+1}^{n}-\omega_{i,j-1}^{n}}{2\Delta y}\right]+\frac{1}{Re}\left[\frac{\omega_{i+1,j}^{n}-2\omega_{i,j}^{n}+\omega_{i-1,j}^{n}}{\Delta x^2}+\frac{\omega_{i,j+1}^{n}-2\omega_{i,j}^{n}+\omega_{i,j-1}^{n}}{\Delta y^2}\right]\right\}$.
3	计算新的时间层 $t^{n+1}=(n+1)\Delta t$ 上 Ψ^{n+1} 的新值,点迭代 $\left[\frac{\Psi_{i+1,j}^{n}-2\Psi_{i,j}^{n+1}+\Psi_{i-1,j}^{n}}{\Delta x^2}+\frac{\Psi_{i,j+1}^{n}-2\Psi_{i,j}^{n+1}+\Psi_{i,j-1}^{n}}{\Delta y^2}\right]=-\omega_{i,j}^{n+1}$ $2\Psi_{i,j}^{n+1}\left(\frac{1}{\Delta x^2}+\frac{1}{\Delta y^2}\right)=\omega_{i,j}^{n+1}+\left[\frac{\Psi_{i+1,j}^{n}+\Psi_{i-1,j}^{n}}{\Delta x^2}+\frac{\Psi_{i,j+1}^{n}+\Psi_{i,j-1}^{n}}{\Delta y^2}\right]$ 求 $\Psi_{i,j}^{n+1}$,可用SOR或其他方法.
4	求速度 $u_{i,j}^{n+1}=\frac{\Psi_{i,j+1}^{n+1}-\Psi_{i,j-1}^{n+1}}{2\Delta y}$,$v_{i,j}^{n+1}=-\frac{\Psi_{i+1,j}^{n+1}-\Psi_{i-1,j}^{n+1}}{2\Delta x}$.
5	求边界涡量,用式(12-114)～式(12-122)等.
6	收敛精度判断(可只对内点判断,用最大模,平均1模和欧氏模).
7	达到精度,求得稳态 Ψ,ω 解,制作绘图准备文件,绘图输出.如尚未达到精度需回到第二步再次循环计算.
8	如需要,计算压强泊松方程,给出压强分布.

如需要求解压强量,可在求得流场解之后,再求解以下泊松方程:

$$\nabla^2 p = 2\left[\frac{\partial u}{\partial x}\frac{\partial v}{\partial y} - \frac{\partial v}{\partial x}\frac{\partial u}{\partial y}\right] = 2\left[\frac{\partial^2 \Psi}{\partial x^2}\frac{\partial^2 \Psi}{\partial y^2} - \left(\frac{\partial^2 \Psi}{\partial x \partial y}\right)^2\right]. \quad (12\text{-}123)$$

12.9 平板边界层方程的差分解法

边界层厚度正比于运动粘性系数的平方根 $\delta \sim \sqrt{\nu}$，将二维 N-S 方程各项作严格的量级比较可导出普朗特边界层方程为(7-55)，相应的边界条件为(7-56). 对定常边界层，方程为(7-58)，边界条件仍为(7-56).

方程(7-58)有两个变量和两个方程. 计算时从 $x=0 \to x=\infty$，考察方程(7-58)的第二个方程，该方程可看作以 x 作为发展方向的抛物型方程，因此需给出初始条件. 从微分方程角度讲，只有 u 是发展方程，需给出初始条件，但从差分求解而言，需补充 v 的初始条件，一般初始条件为

$$u(0,y) = U_0, \quad u(0,0) = 0, \quad v(0,y) = \frac{2\nu}{\Delta y}, \quad v(0,0) = 0. \quad (12\text{-}124)$$

方程(7-64)第二个方程的差分求解可按有粘性 Burgers 方程的方法进行，差分格式为

$$u_j^n \frac{u_j^{n+1} - u_j^n}{\Delta x} + v_j^n \frac{u_{j+1}^n - u_{j-1}^n}{2\Delta y} = U^n \frac{U^{n+1} - U^n}{\Delta x} + \frac{\nu}{\Delta y^2}(u_{j+1}^n - 2u_j^n + u_{j-1}^n), \quad (12\text{-}125)$$

$$\frac{v_j^{n+1} - v_{j-1}^{n+1}}{\Delta y} + \frac{u_j^{n+1} + u_{j-1}^{n+1} - u_j^n - u_{j-1}^n}{2\Delta x} = 0. \quad (12\text{-}126)$$

从式(12-125)解 u_j^{n+1}，从式(12-126)解 v_j^{n+1}，$(n+1)$ 为 x 方向计算点位置，(j) 为 y 方向计算点位置. 在计算之前先按照网格雷诺数和柯朗数设计网格. 注意对流速度 $c=\frac{v_j^n}{u_j^n}$，粘性系数 $\alpha=\frac{\nu}{u_j^n}$，按网格雷诺数要求 $Re_{\Delta y} \leqslant 2 \Rightarrow \frac{\frac{v_j^n}{u_j^n}\Delta y}{\frac{\nu}{u_j^n}} = \frac{v_j^n \Delta y}{\nu} \leqslant 2$，而柯朗数条件 $\frac{c\Delta x}{\Delta y} = \frac{v_j^n}{u_j^n}\frac{\Delta x}{\Delta y} \leqslant 1 \Rightarrow \frac{2\nu \Delta x}{u_j^n \Delta y^2} \leqslant 1$.

按式(12-60)时间步长的取法

$$\Delta x \leqslant \frac{1}{\frac{v_j^n}{u_j^n \Delta y}\left(1 + \frac{2}{Re_{\Delta y}}\right)} = \frac{(\Delta x)_{\mathrm{CFL}}}{\left(1 + \frac{2}{Re_{\Delta y}}\right)}. \quad (12\text{-}127)$$

按式(12-125)、式(12-126)差分求解边界层方程的方法称为正法，当求解方向有逆流时，正法计算会失败，需改用逆法计算. 逆法计算时，外流速度就是计算应变量 u_j^n 需要计算的值. 或者说压力梯度也是需要计算的值.

内流问题边界层算法相当实用，对于具有对称轴的二维或轴对称内流问题，可以

用边界层算法计算速度分布，再用质量流量守恒性来调整轴向压力梯度从而求得整个解.

12.10 N-S方程的有限差分法

如3.6.3节所介绍，可压缩流方程组为

$$\boldsymbol{U}=\begin{bmatrix}\rho\\ \rho u\\ \rho v\\ \rho w\\ E_t\end{bmatrix}, \tag{12-128}$$

$$\boldsymbol{E}=\begin{bmatrix}\rho u\\ \rho u^2+p-\tau_{xx}\\ \rho uv-\tau_{xy}\\ \rho uw-\tau_{xz}\\ (E_t+p)u-u\tau_{xx}-v\tau_{xy}-w\tau_{xz}+q_x\end{bmatrix}, \tag{12-129}$$

$$\boldsymbol{F}=\begin{bmatrix}\rho v\\ \rho uv-\tau_{xy}\\ \rho v^2+p-\tau_{yy}\\ \rho vw-\tau_{yz}\\ (E_t+p)v-u\tau_{yx}-v\tau_{yy}-w\tau_{yz}+q_y\end{bmatrix}, \tag{12-130}$$

$$\boldsymbol{G}=\begin{bmatrix}\rho w\\ \rho uw-\tau_{zx}\\ \rho vw-\tau_{zy}\\ \rho w^2+p-\tau_{zz}\\ (E_t+p)w-u\tau_{zx}-v\tau_{zy}-w\tau_{zz}+q_z\end{bmatrix}, \tag{12-131}$$

式中

$$\left.\begin{aligned}E_t&=\rho C_v T+\frac{1}{2}\rho(u^2+v^2+w^2),\\ \tau_{ij}&=\mu\left(\frac{\partial u_i}{\partial x_j}+\frac{\partial u_j}{\partial x_i}\right)-\frac{2}{3}\delta_{ij}\mu\,\nabla\cdot\boldsymbol{U},\end{aligned}\right\} \tag{12-132}$$

$$q_x=-k\frac{\partial T}{\partial x},\quad q_y=-k\frac{\partial T}{\partial y},\quad q_z=-k\frac{\partial T}{\partial z}. \tag{12-133}$$

状态方程

$$p=\rho RT,\quad C_v=\frac{R}{\gamma-1},\quad C_p=\frac{\gamma R}{\gamma-1}. \tag{12-134}$$

这里主要介绍不可压缩粘性流动 N-S 方程组差分求解方法.

直角坐标下的三维层流量纲数为 1 的 N-S 方程可写为

$$\frac{\partial u}{\partial x}+\frac{\partial v}{\partial y}+\frac{\partial w}{\partial z}=0, \tag{12-135}$$

$$\frac{\partial \boldsymbol{V}}{\partial t}+\frac{\partial \boldsymbol{E}}{\partial x}+\frac{\partial \boldsymbol{F}}{\partial y}+\frac{\partial \boldsymbol{G}}{\partial z}=\frac{1}{Re}\nabla^2\boldsymbol{V}, \tag{12-136}$$

$$\boldsymbol{V}=\begin{bmatrix}u\\v\\w\end{bmatrix},\quad \boldsymbol{E}=\begin{bmatrix}u^2+p\\uv\\uw\end{bmatrix},\quad \boldsymbol{F}=\begin{bmatrix}uv\\v^2+p\\uw\end{bmatrix},\quad \boldsymbol{G}=\begin{bmatrix}uw\\vw\\w^2+p\end{bmatrix}.$$

不可压缩粘性流动方程的非守恒形式

$$\nabla\cdot\boldsymbol{V}=0, \tag{12-137}$$

$$\frac{\partial \boldsymbol{V}}{\partial t}+(\boldsymbol{V}\cdot\nabla)\boldsymbol{V}=-\nabla p+\frac{1}{Re}\nabla^2\boldsymbol{V}. \tag{12-138}$$

这些方程称原始变量方程组.不可压缩粘性流动压强 p 已不是热力学变量,在方程组(12-135)、式(12-136)或式(12-137)、式(12-138)中没有 p 的独立方程,也不需要 p 的边界条件.如对式(12-136)或式(12-138)求散度可建立压强泊松方程,此时需要 p 的边界条件,一般为诺伊曼(Neumann)条件.压强边界条件也是一个数值边界条件.

不可压缩粘性流连续性方程是可压缩流连续性方程的极限形式,它是一个椭圆形方程,整个方程组是抛物椭圆形方程组.

对不可压缩粘性流动的 N-S 方程组,处理连续性方程的方法分以下几种:

(1) 涡量流函数法

前已叙述,主要适合于二维流动.

(2) 压强校正法(SIMPLE)

将运动方程的差分方程代入连续性方程建立起基于连续性方程代数离散的压强联系方程,求解压强量或压强调整量.

(3) 投影法

将速度增量分裂为由周围速度引起和由压强引起两部分,再将有散度量投影到无散度空间获得压强泊松方程,然后求解压强方程和速度增量方程.

(4) 哈罗(Harlow)的 MAC 和压强泊松方程提法

MAC 法采用守恒型方程组,再将运动方程求散度,并考虑到运动方程随时间推进求解时并不满足连续性方程的事实,建立起带有连续性方程余量的特殊压强泊松方程,然后与运动方程一起求解.

(5) 人工压缩性法

将连续性方程退回到虚拟的人工可压缩流,使连续性方程双曲化,与运动方程组组成双曲抛物形方程组，随时间推进直至压强不再改变为止.

12.10.1 压强校正法

除了涡量流函数法外，压强校正法（Semi Implicit Method for Pressure-Linked Equations）、投影法、人工压缩性法等全都建立在交错网格差分离散的基础上，哈罗压强泊松方程提法可用于非交错网格差分方法.

先介绍交错网格概念.哈罗在不可压缩流计算中引入交错网格如图12-6. x 方向速度 u 定义 e，w 等点，而 y 方向速度 v 定义 n，s 等点，压强 p 定义在格子中心 P 点以及 E，W，N，S 等点.这样速度 u 是以 e，w 为中心的格子（称 u 格子）的代表值，速度 v 是以 n，s 为中心的格子（称 v 格子）的代表值，运动方程对 u 格子和 v 格子来建立.而压强则是中心格子——P 格子的代表值.连续性方程对中心格子来建立.交错网格与建立流体力学基本方程时所采用的方法十分相似，因此交错网格具有物理意义.交错网格经过SIMPLE方法的推广应用而广为人知.

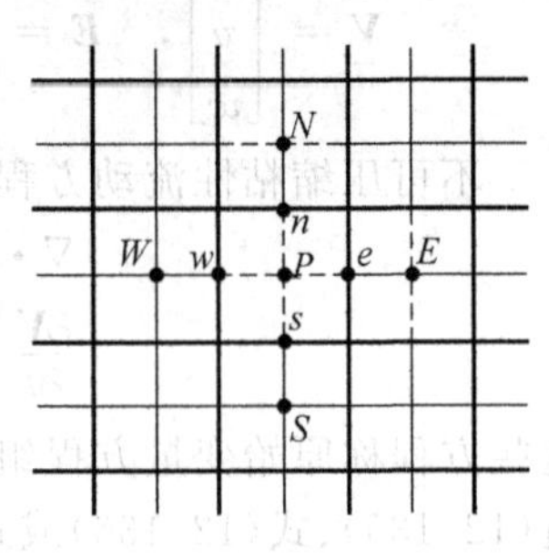

图12-6　交错网格示意图

压强校正法是斯波尔丁-帕坦卡（Spalding-Pantankar）的研究成果，这里简述一二，沿用他们的符号系统.

设一维稳态热传导方程为

$$\frac{\mathrm{d}}{\mathrm{d}x}\left(k\frac{\mathrm{d}T}{\mathrm{d}x}\right)+S=0. \tag{12-139}$$

在不等距网格中可得离散方程

$$a_P T_P = a_E T_E + a_W T_W + b, \tag{12-140}$$

这里

$$a_E=\frac{k_e}{(\delta x)_e},\quad a_W=\frac{k_w}{(\delta x)_w},\quad a_P=a_E+a_W-S_P\Delta x,\quad b=S_C\Delta x, \tag{12-141}$$

下标 P 代表此处，E 代表东，W 代表西，$(\delta x)_e$ 表示东边网格长度，$(\delta x)_w$ 表示西边网格长度，Δx 表示本点控制体网格长度，$\Delta x=\frac{1}{2}((\delta x)_e+(\delta x)_w)$. S_P 为帕坦卡推荐的源项线性化方法，负斜率增强主元素，加快收敛性.

设一维稳态对流扩散方程为

$$\frac{\mathrm{d}}{\mathrm{d}x}(\rho u\phi)=\frac{\mathrm{d}}{\mathrm{d}x}\left(\Gamma\frac{\mathrm{d}\phi}{\mathrm{d}x}\right). \tag{12-142}$$

对于如图12-7所示的控制体，差分方程为

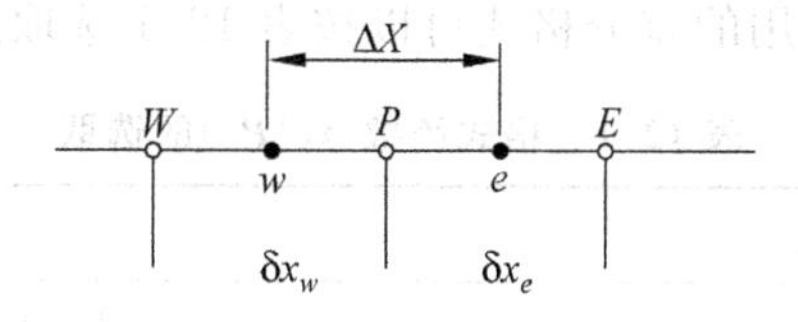

图 12-7 一维热传导方程差分示意图

$$(\rho u\phi)_e-(\rho u\phi)_w=\left(\Gamma\frac{\mathrm{d}\phi}{\mathrm{d}x}\right)_e-\left(\Gamma\frac{\mathrm{d}\phi}{\mathrm{d}x}\right)_w, \tag{12-143}$$

如取

$$\phi_e=\frac{1}{2}(\phi_E+\phi_P)\quad \phi_w=\frac{1}{2}(\phi_P+\phi_W), \tag{12-144}$$

相当于中心差分,将式(12-144)代入式(12-143)整理后得

$$a_P\phi_P=a_E\phi_E+a_W\phi_W, \tag{12-145}$$

式中

$$\left.\begin{aligned}a_E&=D_e-\frac{F_e}{2}=\left(\frac{\Gamma}{\delta x}\right)_e-\frac{(\rho u)_e}{2},\\ a_W&=D_w+\frac{F_w}{2}=\left(\frac{\Gamma}{\delta x}\right)_w+\frac{(\rho u)_w}{2}\end{aligned}\right\} \tag{12-146}$$

$$a_P=D_e+\frac{F_e}{2}+D_w-\frac{F_w}{2}=a_E+a_W+(F_e-F_w). \tag{12-147}$$

如采用逆风格式,则

$$\left.\begin{aligned}F_e>0\qquad \phi_e=\phi_P,\\ F_e<0\qquad \phi_e=\phi_E,\end{aligned}\right\} \tag{12-148}$$

$$F_e\phi_e=\phi_P[F_e,0]-\phi_E[-F_e,0], \tag{12-149}$$

符号[A,B]表示选 A,B 之大值,式(12-149)表示逆风格式时 $F_e\phi_e$ 的选择. 这样式(12-143)可写为

$$a_P\phi_P=a_E\phi_E+a_W\phi_W \tag{12-150}$$

$$\left.\begin{aligned}&a_E=D_e+[-F_e,0],a_W=D_w+[F_w,0],\\ &a_P=D_e+[F_e,0]+D_w+[-F_w,0]=a_E+a_W+(F_e-F_w).\end{aligned}\right\} \tag{12-151}$$

如引入贝克列数(Peclet)$P=\dfrac{\rho uL}{\Gamma}$和局部贝克列数

$$P_e=\frac{(\rho u)_e(\delta x)_e}{\Gamma_e}=\frac{F_e}{D_e},\quad P_w=\frac{(\rho u)_w(\delta x)_w}{\Gamma_w}=\frac{F_w}{D_w}. \tag{12-152}$$

方程(12-150)的系数可写为

$$\left.\begin{aligned}a_E&=D_eA(|P_e|)+[-F_e,0],\\ a_W&=D_wA(|P_w|)+[F_w,0],\\ a_P&=a_E+a_W+(F_e-F_w).\end{aligned}\right\} \tag{12-153}$$

式中的 $A(|P|)$ 按照所采用的差分格式可以按表 12-1 选取.

表 12-1 格式函数 $A(|P|)$ 的选取

格　　式	$A(\|P\|)$
中心差分	$1-0.5\|P\|$
迎风格式	1
混合格式	$[0,1-0.5\|P\|]$
乘方定律	$[0,(1-0.5\|P\|)^5]$
指数(精确解)	$\|P\|/[\exp\|P\|-1]$

有了上面的准备知识,可写出 SIMPLE 方法的差分方程.

设二维非定常对流扩散方程可写为

$$\frac{\partial}{\partial t}(\rho\phi)+\frac{\partial J_x}{\partial x}+\frac{\partial J_y}{\partial y}=S, \tag{12-154}$$

其中

$$J_x=\rho u\phi-\Gamma\frac{\partial\phi}{\partial x},\quad J_y=\rho v\phi-\Gamma\frac{\partial\phi}{\partial y}. \tag{12-155}$$

差分格式为

$$\frac{(\rho_P\phi_P-\rho_P^0\phi_P^0)\Delta x\Delta y}{\Delta t}+J_e-J_w+J_n-J_s=(S_C+S_P\phi_P)\Delta x\Delta y. \tag{12-156}$$

这里源项已作线性化处理,即用负斜率原理来增强主对角线元素.

对连续性方程同样可离散

$$\frac{(\rho_P-\rho_P^0)\Delta x\Delta y}{\Delta t}+F_e-F_w+F_n-F_s=0, \tag{12-157}$$

这里

$$F_e=(\rho u)_e\Delta y,\quad F_w=(\rho u)_w\Delta y,\quad F_n=(\rho v)_n\Delta x,\quad F_s=(\rho v)_s\Delta x. \tag{12-158}$$

ϕ_P 乘式(12-157)并与式(12-156)相减得

$$\begin{aligned}&(\phi_P-\phi_P^0)\frac{\rho_P^0\Delta x\Delta y}{\Delta t}+(J_e-F_e\phi_P)-(J_w-F_w\phi_P)\\&+(J_n-F_n\phi_P)-(J_s-F_s\phi_P)=(S_C+S_P\phi_P)\Delta x\Delta y,\end{aligned} \tag{12-159}$$

记

$$J_e-F_e\phi_P=a_E(\phi_P-\phi_E),\quad J_w-F_w\phi_P=a_W(\phi_W-\phi_P),$$

且

$$a_E=D_eA(|P_e|)+[-F_e,0],\quad a_W=D_wA(|P_w|)+[F_w,0], \tag{12-160}$$

式中，P_e，P_w 为贝克来数，相当于网格雷诺数.

同样对 y 方向，运动方程最终离散式为

$$a_P\phi_P = a_E\phi_E + a_W\phi_W + a_N\phi_N + a_S\phi_S + b, \tag{12-161}$$

$$a_N = D_nA(|P_n|) + [-F_n,0], \quad a_S = D_sA(|P_s|) + [F_s,0], \tag{12-162}$$

$$a_P^0 = \frac{\rho_P^0\Delta x\Delta y}{\Delta t}, \quad b = S_C\Delta x\Delta y + a_P^0\phi_P^0,$$

$$a_P = a_E + a_W + a_N + a_S + a_P^0 - S_P\Delta x\Delta y. \tag{12-163}$$

现在把这个方法用于流场方程，如对 u 方程

$$\frac{\partial\rho u}{\partial t} + \frac{\rho u^2}{\partial x} + \frac{\rho uv}{\partial y} = -\frac{\partial p}{\partial x} + \frac{\partial}{\partial x}\left(\Gamma\frac{\partial u}{\partial x}\right) + \frac{\partial}{\partial y}\left(\Gamma\frac{\partial u}{\partial y}\right) + S_u. \tag{12-164}$$

在 u 格子建立差分方程可得

$$a_eu_e = \sum a_{nb}u_{nb} + b + (P_P - P_E)A_e, \quad A_e = \Delta y\times 1, \tag{12-165}$$

式中下标即交错网格位置标注点，nb= neighbour 表示同种变量邻近值

$$a_ev_n = \sum a_{nb}v_{nb} + b + (P_P - P_N)A_n, \quad A_n = \Delta x\times 1. \tag{12-166}$$

考虑到式(12-165)、式(12-166)中压强与真解的差别，下面计算的将是 u，v 的近似值 u^*，v^*，由此得计算方程

$$a_eu_e^* = \sum a_{nb}u_{nb}^* + b + (P_P^* - P_E^*)A_e, \tag{12-167}$$

$$a_ev_n^* = \sum a_{nb}v_{nb}^* + b + (P_P^* - P_N^*)A_n. \tag{12-168}$$

为了改进速度和压强的求解，引入

$$P = P^* + P', \quad u = u^* + u', \quad v = v^* + v', \tag{12-169}$$

将式(12-165)、式(12-166)与方程式(12-167)、式(12-168)相减得到

$$a_eu_e' = \sum a_{nb}u_{nb}' + b + (P_P' - P_E')A_e, \tag{12-170}$$

$$a_nv_n' = \sum a_{nb}v_{nb}' + b + (P_P' - P_N')A_n. \tag{12-171}$$

若略去周围项的贡献，只考虑压强校正项与速度校正项的关系

$$a_eu_e' = (P_P' - P_E')A_e, \quad u_e' = d_e(P_P' - P_E') = \frac{A_e}{a_e}(P_P' - P_E'), \tag{12-172}$$

$$a_nv_n' = (P_P' - P_N')A_n, \quad v_n' = d_n(P_P' - P_N') = \frac{A_n}{a_n}(P_P' - P_N'), \tag{12-173}$$

于是

$$u_e = u_e^* + u_e' = u_e^* + d_e(P_P' - P_E'), \tag{12-174}$$

$$v = v_n^* + v_n' = v_n^* + d_n(P_P' - P_N'). \tag{12-175}$$

连续性方程为

$$\frac{\partial\rho}{\partial t} + \frac{\partial\rho u}{\partial x} + \frac{\partial\rho v}{\partial y} = 0. \tag{12-176}$$

差分格式为

$$\frac{(\rho_P-\rho_P^0)\Delta x\Delta y}{\Delta t}+[(\rho u)_e-(\rho u)_w]\Delta y+[(\rho v)_n-(\rho v)_s]\Delta x=0. \tag{12-177}$$

若将速度与调整量公式(12-174)、(12-175)代入上式,并转化为压强调正量,可得到压强校正量所满足的压强联系方程

$$a_P P'_P = a_E P'_E + a_W P'_W + a_N P'_N + a_S P'_S + b, \tag{12-178}$$

式中系数

$$a_E=\rho_e d_e\Delta y,\quad a_W=\rho_w d_w\Delta y,\quad a_N=\rho_n d_n\Delta x,\quad a_S=\rho_s d_s\Delta x, \tag{12-179}$$

$$a_P=a_E+a_W+a_N+a_S, \tag{12-180}$$

$$b=\frac{(\rho_P^0-\rho_P)\Delta x\Delta y}{\Delta t}+[(\rho u^*)_w-(\rho u^*)_e]\Delta y+[(\rho v^*)_s-(\rho v^*)_n]\Delta x. \tag{12-181}$$

如此得到了压强校正法全部计算方程.在压强联系方程中如遇到边界点,则该点速度是固定值,与压强没有"校正"关系,方程式(12-178)及相关系数要作相应改变.

SIMPLE 方法计算次序为,试探压力场 $P^*\to u^*, v^*\to P'\to P\to u, v$,如此循环.压力校正法有几个改型算法,如 SIMPLER, SIMPLE_C、PISO(Pressure-Implicit with Splitting Operators)等.压强校正法的思想首先在英国推出商用软件 Pheonix,以后国际上的商用软件都用它的解题思想.

12.10.2　投影法和人工压缩性法

速度的变化可看作由周围速度场引起以及由压力场引起两部分组成,将方程(12-138)分裂为(无体力时)

$$\frac{\boldsymbol{V}^*-\boldsymbol{V}^n}{\Delta t}+\boldsymbol{V}^n\cdot\nabla\boldsymbol{V}^n-\frac{1}{Re}\nabla^2\boldsymbol{V}^n=0, \tag{12-182}$$

$$\frac{\boldsymbol{V}^{n+1}-\boldsymbol{V}^*}{\Delta t}+\nabla p=0, \tag{12-183}$$

$$\nabla\cdot\boldsymbol{V}^{n+1}=0, \tag{12-184}$$

就构成了投影法."投影"是指有散度的速度场经投影变为无散度的速度场.

对式(12-182)求散度得

$$\nabla^2 p=\frac{1}{\Delta t}\nabla\cdot\boldsymbol{V}^*. \tag{12-185}$$

投影法能计算非定常流动,由速度场计算式(12-182)得 $\boldsymbol{V}^*$,由式(12-185)求得 p,再由式(12-183)求得新的 $\boldsymbol{V}^{n+1}$.注意 $\boldsymbol{V}^*$ 仅计算内点值,但如取 $\boldsymbol{V}^*$ 的边界条件与 $\boldsymbol{V}_\Gamma^{n+1}$ 相同,则对第一类速度边界条件,边界上的压力诺伊曼边界条件均为零值,它们在正交交错网格下自动满足压强相容性条件.但值得指出的是,对真实速度场而言,

真正的压力诺伊曼条件并非零值.

逖曼(Temam)提出全隐式的投影法,其核心是将对流项取为非守恒型和守恒型的平均值,同时非线性系数项简单地取上一时刻的值,

$$\frac{\partial \mathbf{V}}{\partial t}+\frac{1}{2}[(\mathbf{V}\cdot\mathbf{V})\boldsymbol{U}+\nabla\cdot(\mathbf{VV})]=-\nabla p+\frac{1}{Re}\nabla^2\mathbf{V}. \tag{12-186}$$

黄兰洁、布朗(Brown)、科特兹(Cortez)、坎(Kan)等人已将投影法和压力校正法统一组成 DAE 方法(differential algebraic equations),对投影法、压力校正法进行收敛性稳定性的统一研究,改进了 SIMPLE 方法等对多维问题经验性推广的不足.从本质上讲,不可压缩粘性流动差分求解方法都属于 DAE 范畴.

秋林(Chorin)等在 1967 年提出人工压缩性法,将不可压缩连续性方程改写为

$$\frac{\partial p}{\partial t}+c^2\nabla\cdot\mathbf{V}=0, \tag{12-187}$$

并与动量方程

$$\frac{\partial \mathbf{V}}{\partial t}+\mathbf{V}\cdot\nabla\mathbf{V}=-\nabla p+\frac{1}{Re}\nabla^2\mathbf{V}, \tag{12-188}$$

一起组成求解方程.显然式(12-187)是一个双曲型方程,它相当于把方程(12-135)双曲化,使得求解问题能够随时间推进,但此时连续性方程并不满足,直到压力推进值不再改变时,才使连续性方程满足,获得整个方程组的解.方程组(12-187)、式(12-188)不需要压强 p 的边界条件.这里 c^2 是一个正常数的意思.按理 c^2 越大,连续性余量的影响越敏感,但从实际收敛性看,c^2 只能取 1 的量级.由于 c^2 只有 1 的量级,使得方程组收敛很慢.一般人工压缩性法只能算中等雷诺数的情形.

托克尔(Turkel)提出预条件法来提高收敛速度.首先它将人工压缩性方法推广到更一般的情况,对无粘流建立了人工压缩性方程

$$\frac{1}{\beta^2}\frac{\partial p}{\partial t}+\frac{\partial u}{\partial x}+\frac{\partial v}{\partial y}=0, \tag{12-189}$$

$$\frac{\alpha u}{\beta^2}\frac{\partial p}{\partial t}+\frac{\partial u}{\partial t}+u\frac{\partial u}{\partial x}+v\frac{\partial u}{\partial y}+\frac{\partial p}{\partial x}=0, \tag{12-190}$$

$$\frac{\alpha v}{\beta^2}\frac{\partial p}{\partial t}+\frac{\partial v}{\partial t}+u\frac{\partial v}{\partial x}+v\frac{\partial v}{\partial y}+\frac{\partial p}{\partial y}=0, \tag{12-191}$$

式中,$\alpha=0$ 即为标准的人工压缩性方程,β^2就是式(12-187)的 c^2.将 u 乘以式(12-189)加上式(12-190),v 乘以式(12-189)加上式(12-191)可得到守恒型方程组

$$\frac{1}{\beta^2}\frac{\partial p}{\partial t}+\frac{\partial u}{\partial x}+\frac{\partial v}{\partial y}=0, \tag{12-192}$$

$$\frac{(\alpha+1)u}{\beta^2}\frac{\partial p}{\partial t}+\frac{\partial u}{\partial t}+\frac{\partial(u^2+p)}{\partial x}+\frac{\partial(uv)}{\partial y}=0, \tag{12-193}$$

$$\frac{(\alpha+1)v}{\beta^2}\frac{\partial p}{\partial t}+\frac{\partial v}{\partial t}+\frac{\partial(uv)}{\partial x}+\frac{\partial(v^2+p)}{\partial y}=0. \tag{12-194}$$

方程组(12-192)～(12-194)不是真正的时间相关守恒型方程组.如 $\alpha=-1$ 为原来人工压缩性法的守恒型方程组,但托克尔认为在守恒方程中加上压力的时间导数项比较好.改写方程(12-192)～(12-194)为矩阵形式

$$\begin{bmatrix}\frac{1}{\beta^2} & 0 & 0\\ \frac{\alpha u}{\beta^2} & 1 & 0\\ \frac{\alpha v}{\beta^2} & 0 & 1\end{bmatrix}\begin{bmatrix}p\\u\\v\end{bmatrix}_t+\begin{bmatrix}0 & 1 & 0\\1 & u & 0\\0 & 0 & u\end{bmatrix}\begin{bmatrix}p\\u\\v\end{bmatrix}_x+\begin{bmatrix}0 & 0 & 1\\0 & v & 0\\1 & 0 & v\end{bmatrix}\begin{bmatrix}p\\u\\v\end{bmatrix}_y=0, \tag{12-195}$$

或写成

$$\boldsymbol{E}^{-1}\boldsymbol{W}_t+\boldsymbol{A}_0\boldsymbol{W}_x+\boldsymbol{B}_0\boldsymbol{W}_y=0,\quad \boldsymbol{W}=(p,u,v)^{\mathrm{T}}, \tag{12-196}$$

乘 $\boldsymbol{E}$ 得

$$\boldsymbol{W}_t+\boldsymbol{A}\boldsymbol{W}_x+\boldsymbol{B}\boldsymbol{W}_y=0,\quad \boldsymbol{W}=(p,u,v)^{\mathrm{T}},$$

$$\boldsymbol{A}=\begin{bmatrix}0 & \beta^2 & 0\\1 & (1-\alpha)u & 0\\0 & -\alpha v & u\end{bmatrix},\quad \boldsymbol{B}=\begin{bmatrix}0 & 0 & b^2\\0 & v & -au\\1 & 0 & (1-a)\end{bmatrix}, \tag{12-197}$$

式中,$\boldsymbol{A}$,$\boldsymbol{B}$ 特征值分别为

$$(\lambda_A)_{\pm}=\frac{1}{2}\left[(1-\alpha)u\pm\sqrt{(1-\alpha)^2u^2+4\beta^2}\right],\quad (\lambda_A)=u, \tag{12-198}$$

$$(\lambda_B)_{\pm}=\frac{1}{2}\left[(1-\alpha)v\pm\sqrt{(1-\alpha)^2v^2+4\beta^2}\right],\quad (\lambda_B)=v. \tag{12-199}$$

由于差分格式中时间步长由快波决定,使得慢波传播很慢,收敛也很慢,这是人工压缩性方法与真实不可压缩流不同之处.托克尔通过选取 β^2 的方法来极小化最大最小波速比,从而平衡传播速度.考虑到两个方向的传播又考虑到滞止点附近的奇性问题,取

$$\beta^2=\begin{cases}\max[(2-\alpha)(u^2+v^2),\varepsilon], & \alpha<1\\ K\max[\alpha(u^2+v^2),\varepsilon], & \alpha\geqslant 1\end{cases} \tag{12-200}$$

式中,K 稍大于 1,ε 取 $(u^2+v^2)_{\max}$ 的一部分.对不可压缩粘性流问题,在大雷诺数时,粘性项一般不影响时间步长的选取,可用同样的预条件法计算人工压缩性流场方程.

人工压缩性法中,压力不是一个单独的方程,不需要压力边界条件,压力可在相差一个常数的情况下被确定.人工可压缩性方法目前已进一步扩大应用,如计算弱可压缩流问题.

12.10.3 哈罗-泊松方程法和非交错网格下的应用

动量方程和泊松方程法常用来求解二维和三维不可压缩粘性流动问题. 如严格满足连续性方程,则求解方程组为

$$\left.\begin{aligned}&\frac{\partial \mathbf{V}}{\partial t}+\mathbf{V}\cdot\nabla\mathbf{V}=-\nabla p+\frac{1}{Re}\nabla^2\mathbf{V},\\&\frac{\partial \mathbf{V}}{\partial t}+\nabla\cdot\mathbf{VV}=-\nabla p+\frac{1}{Re}\nabla^2\mathbf{V},\end{aligned}\right\}\tag{12-201}$$

$$\left.\begin{aligned}&\nabla^2 p=-\nabla\cdot(\mathbf{V}\cdot\nabla\mathbf{V}),\\&\nabla^2 p=-\nabla\cdot(\nabla\cdot\mathbf{VV}).\end{aligned}\right\}\tag{12-202}$$

此时除了速度边界条件外,压力已有了一个独立的方程,需要压力 p 的边界条件,一般为诺伊曼条件,它是一个数值边界条件. 由于在计算中 u,v,w 是各自独立推进的,它们并不满足连续性约束,因而式(12-202)的前提条件不满足. 据此哈罗(Harlow)提出以方程

$$\nabla^2 p=-\nabla\cdot(\mathbf{V}\cdot\nabla\mathbf{V})-\frac{\partial D}{\partial t},\quad D=\left(\frac{\partial u}{\partial x}+\frac{\partial v}{\partial y}+\frac{\partial w}{\partial z}\right)_{\text{difference}}\tag{12-203}$$

来代替式(12-202)作为压力泊松方程的差分求解方程. 这个方程正视了差分求解运动方程使连续性方程并不满足的事实,这样的运动方程-泊松方程提法能正确地求解流动问题. 压力的诺伊曼数值边界条件,要与泊松方程离散式一起满足压力相容性条件,即泊松方程的格林公式要在离散下满足. 压力相容性条件为

$$\iiint_{\Omega}\sigma\,\mathrm{d}x\mathrm{d}y\mathrm{d}z=-\oint\!\!\oint_{A}\frac{\partial p}{\partial n}\mathrm{d}s.\tag{12-204}$$

交错网格下压力连续性方程解法可得到压力光滑收敛的解,在非交错网格下压力连续性方程解法会得到压力锯齿波形解,即奇偶失联. 但由于非交错网格求解在复杂流场计算中有优势,对非交错网格分块解法已做了较多研究,采用的是哈罗泊松方程法,同时为了兼顾压力的收敛性和连续性方程余量收敛性,采用压力泊松方程离散与压力连续性方程离散加权的方法收到效果.

泊松方程在非交错网格下离散,$p_{i,j}$ 与 $p_{i+1,j}$、$p_{i-1,j}$、$p_{i,j+1}$、$p_{i,j-1}$ 有关,即可得到压力的光滑解,但从连续性方程离散来看,$p_{i,j}$ 与 $p_{i+2,j}$、$p_{i-2,j}$、$p_{i,j+2}$、$p_{i,j-2}$ 有关,即会产生奇偶失联. 非交错网格下的压力连续性方程离散相当于 2 倍步长的压力泊松方程离散,它与 1 倍步长压力泊松方程离散的差反映了连续性方程的质量余量

$$\begin{aligned}&\nabla^2_{(2\Delta x,2\Delta y)}p(\text{contiuum})-\nabla^2_{(\Delta x,\Delta y)}p(\text{Poisson})\\&=\frac{\Delta x^2}{4}\left(\frac{p_{i+2,j}-4p_{i+1,j}+6p_{i,j}-4p_{i-1,j}+p_{i-2,j}}{\Delta x^4}\right)+\frac{\Delta y^2}{4}\frac{\partial^4 p}{\partial y^4},\end{aligned}\tag{12-205}$$

为较好地满足连续性条件并且得到一个光滑的压力解,在离散的压力泊松方程中引

入一修正项：

$$\delta_x^2 p_{i,j} + \delta_y^2 p_{i,j} + \varepsilon \cdot [(\delta_x \delta_x p_{i,j} + \delta_y \delta_y p_{i,j}) - (\delta_x^2 p_{i,j} + \delta_y^2 p_{i,j})] = S_{i,j}, \tag{12-206}$$

式中，ε 为 0～1 的修正系数. $\varepsilon=0$ 时即为压力泊松方程，$\varepsilon=1$ 时即为连续性方程离散. 用压力泊松方程解法，但需兼顾连续性余量，取 ε 适当的值，如 $\varepsilon=0.3$.

12.10.4 Beam-Warming 差分格式

下面对在可压缩流和不可压缩流中都很出名的 Beam-Warming 方法也作一简单介绍.

Beam-Warming 方法是一个求解增量型方程的直接解法，一些教科书和论文中有详细介绍.

对守恒型方程

$$\frac{\partial U}{\partial t} + \frac{\partial E}{\partial x} + \frac{\partial F}{\partial y} + \frac{\partial G}{\partial z} = 0, \tag{12-207}$$

采用时间加权离散

$$\frac{\partial U}{\partial t} = (1+\theta_2)\frac{U^{n+1}-U^n}{\Delta t} - \theta_2 \frac{U^n - U^{n-1}}{\Delta t}, \tag{12-208}$$

于是

$$\Delta^n U = (U^{n+1} - U^n) = \frac{\Delta t}{1+\theta_2}\frac{\partial U}{\partial t} + \frac{\theta_2}{1+\theta_2}\Delta^{n-1} U. \tag{12-209}$$

又对 $\frac{\partial U}{\partial t} = -\left(\frac{\partial E}{\partial x} + \frac{\partial F}{\partial y} + \frac{\partial G}{\partial z}\right)$ 采用空间加权离散

$$\begin{aligned}\frac{\partial U}{\partial t} &= -\left[(1-\theta_1)\left(\frac{\partial E}{\partial x} + \frac{\partial F}{\partial y} + \frac{\partial G}{\partial z}\right)^n + \theta_1\left(\frac{\partial E}{\partial x} + \frac{\partial F}{\partial y} + \frac{\partial G}{\partial z}\right)^{n+1}\right] \\ &= \left[(1-\theta_1)\left(\frac{\partial E}{\partial x} + \frac{\partial F}{\partial y} + \frac{\partial G}{\partial z}\right)^n \right. \\ &\quad \left. + \theta_1\left(\frac{\partial(E^n + \Delta^n E)}{\partial x} + \frac{\partial(F^n + \Delta^n F)}{\partial y} + \frac{\partial(G^n + \Delta^n G)}{\partial z}\right)\right],\end{aligned} \tag{12-210}$$

所以

$$\frac{\partial U}{\partial t} = -\left(\frac{\partial E^n}{\partial x} + \frac{\partial F^n}{\partial y} + \frac{\partial G^n}{\partial z}\right) - \theta_1\left(\frac{\partial \Delta^n E}{\partial x} + \frac{\partial \Delta^n F}{\partial y} + \frac{\partial \Delta^n G}{\partial z}\right), \tag{12-211}$$

从而

$$\begin{aligned}\Delta^n U &= \frac{\Delta t}{1+\theta_2}\frac{\partial U}{\partial t} + \frac{\theta_2}{1+\theta_2}\Delta^{n-1} U \\ &= -\frac{\theta_1 \Delta t}{1+\theta_2}\left[\frac{\partial \Delta^n E}{\partial x} + \frac{\partial \Delta^n F}{\partial y} + \frac{\partial \Delta^n G}{\partial z}\right] \\ &\quad - \frac{\Delta t}{1+\theta_2}\left[\frac{\partial E}{\partial x} + \frac{\partial F}{\partial y} + \frac{\partial G}{\partial z}\right]^n + \frac{\theta_2}{1+\theta_2}\Delta^{n-1} U,\end{aligned} \tag{12-212}$$

记

$$\left.\begin{aligned}\frac{\partial \Delta^n E}{\partial x} &= \frac{\partial E}{\partial U}\frac{\partial \Delta U}{\partial x} = A\frac{\partial \Delta U}{\partial x},\\ \frac{\partial \Delta^n F}{\partial y} &= \frac{\partial F}{\partial U}\frac{\partial \Delta U}{\partial y} = B\frac{\partial \Delta U}{\partial y},\\ \frac{\partial \Delta^n G}{\partial z} &= \frac{\partial G}{\partial U}\frac{\partial \Delta U}{\partial z} = C\frac{\partial \Delta U}{\partial z},\end{aligned}\right\} \tag{12-213}$$

$$\begin{aligned}&\Delta^n U + \frac{\theta_1 \Delta t}{1+\theta_2}\left[A\frac{\partial \Delta U}{\partial x} + B\frac{\partial \Delta U}{\partial y} + \frac{\partial \Delta U}{\partial z}\right]\\ &= \left[I + \frac{\theta_1 \Delta t}{1+\theta_2}\left(A\frac{\partial}{\partial x} + B\frac{\partial}{\partial y} + C\frac{\partial}{\partial z}\right)\right]\Delta U\\ &\quad - \frac{\Delta t}{1+\theta_2}\left[\frac{\partial E}{\partial x} + \frac{\partial F}{\partial y} + \frac{\partial G}{\partial z}\right]^n + \frac{\theta_2}{1+\theta_2}\Delta^{n-1}U.\end{aligned} \tag{12-214}$$

这是最一般的 Δ 型差分格式，在具体求解时，一维情况产生三对角块方程组，二维为五对角块方程组，三维为七对角块方程组，常用近似因式分解化为三对角块方程组求解.

$$\begin{aligned}&\left[I + \frac{\theta_1 \Delta t}{1+\theta_2}\left(A\frac{\partial}{\partial x} + B\frac{\partial}{\partial y} + C\frac{\partial}{\partial z}\right)\right]\Delta U\\ &= \left[I + \frac{\theta_1 \Delta t}{1+\theta_2}A\frac{\partial}{\partial x}\right],\\ &\quad\left[I + \frac{\theta_1 \Delta t}{1+\theta_2}B\frac{\partial}{\partial y}\right]\left[I + \frac{\theta_1 \Delta t}{1+\theta_2}C\frac{\partial}{\partial z}\right]\Delta U\\ &= -\frac{\Delta t}{1+\theta_2}\left[\frac{\partial E}{\partial x} + \frac{\partial F}{\partial y} + \frac{\partial G}{\partial z}\right]^n + \frac{\theta_2}{1+\theta_2}\Delta^{n-1}U.\end{aligned} \tag{12-215}$$

这是最一般的 Beam-Warming 方法，θ_1，θ_2 的不同选择适用于不同格式. 三对角块方程组的解法程序可在文献中找到. 计算时要适当加入人工粘性.

12.11 非结构网格有限体积法

非结构网格差分求解方法是最近新出现的求解方法，而且发展很快，有限体积法属于它的范畴，许多工程应用软件采用这一方法. 在非结构网格差分方法中所有变量都定义在网格中心，差分格式与单元相互位置和网格边界走向有关，这里用平面问题三角形网格简单介绍这类差分格式的构成问题. 结论可推广应用于其他二维三维非结构网格和结构网格，本章参考了穆斯(Murthy)教授的网上讲义.

12.11.1 非结构网格的几何描述

图12-8是典型的平面非结构三角形单元,或者说是三角形的有限体积. 两单元中心的连线为ξ方向,单元表面的切向为η方向. 根据本单元与周围单元的关系,在三角形单元上有三组ξ,η. 从图中显见

$$x_\xi = \frac{x_1 - x_0}{\Delta\xi},\quad y_\xi = \frac{y_1 - y_0}{\Delta\xi}, \tag{12-216}$$

$$x_\eta = \frac{x_b - x_a}{\Delta\eta},\quad y_\eta = \frac{y_b - y_a}{\Delta\eta}, \tag{12-217}$$

$$\left.\begin{aligned}\Delta\xi &= \sqrt{(x_1 - x_0)^2 + (y_1 - y_0)^2},\\ \Delta\eta &= \sqrt{(x_b - x_a)^2 + (y_b - y_a)^2},\end{aligned}\right\} \tag{12-218}$$

$$\boldsymbol{r}_\xi = x_\xi \boldsymbol{i} + y_\xi \boldsymbol{j},\quad \boldsymbol{r}_\eta = x_\eta \boldsymbol{i} + y_n \boldsymbol{j}, \tag{12-219}$$

$$A_x = (y_b - y_a),\quad A_y = -(x_b - x_a), \tag{12-220}$$

$$\boldsymbol{A}_f = A_x \boldsymbol{i} + A_y \boldsymbol{j},$$

$$\boldsymbol{A}_f = A_x \boldsymbol{i} + A_y \boldsymbol{j} = \Delta\eta\nabla\xi = \boldsymbol{A}_f(\xi_x \boldsymbol{i} + \xi_y \boldsymbol{j})\quad \Delta\eta = \boldsymbol{A}_f \tag{12-221}$$

$$D = x_\xi y_\eta - x_\eta y_\xi = \frac{\boldsymbol{A}_f \cdot \boldsymbol{r}_\xi}{\Delta\eta}\quad \xi_x = \frac{y_\eta}{D}, \xi_y = \frac{-x_\eta}{D}, \eta_x = \frac{-y_\xi}{D}, \eta_y = \frac{x_\xi}{D}. \tag{12-222}$$

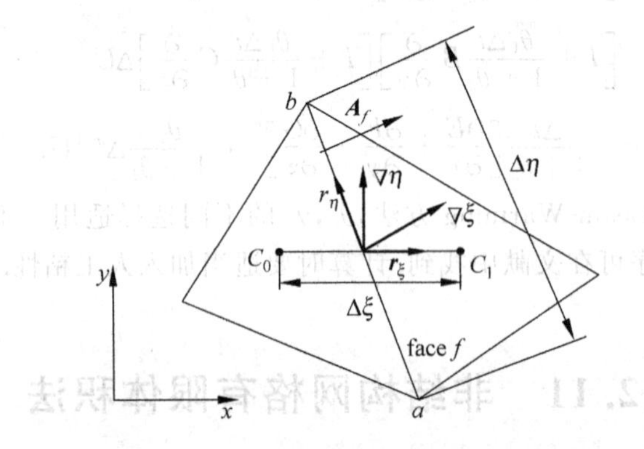

图12-8 非正交非结构网格几何关系示意图

12.11.2 扩散方程的离散格式

模仿SIMPLE等方法,把稳态扩散方程写为

$$\nabla \cdot \boldsymbol{J} = S. \tag{12-223}$$

在单元内的离散方法为

$$\sum_f \boldsymbol{J}_f \cdot \boldsymbol{A}_f = (S_C + S_P\phi_0)\Delta V_0, \tag{12-224}$$

而

$$\boldsymbol{J}_f = -\Gamma_f(\nabla\phi)_f, \tag{12-225}$$

于是

$$\begin{aligned}\boldsymbol{J}_f \cdot \boldsymbol{A}_f &= -\Gamma_f\left(\frac{\partial\varphi}{\partial x}A_x + \frac{\partial\varphi}{\partial y}A_y\right)_f \\ &= -\Gamma_f\left(\frac{A_x y_\eta - A_y x_\eta}{D}\right)(\varphi_\xi)_f - \Gamma_f\left(\frac{-A_x y_\xi + A_y x_\xi}{D}\right)(\varphi_\eta)_f,\end{aligned} \tag{12-226}$$

$$(\varphi_\xi)_f\left(\frac{A_x y_\eta - A_y x_\eta}{D}\right) = (\varphi_\xi)_f \frac{A_f \cdot A_f}{A_f \cdot r_\xi}, \tag{12-227}$$

$$(\varphi_\eta)_f\left(\frac{-A_x y_\xi + A_y x_\xi}{D}\right) = -(\varphi_\eta)_f \frac{A_f \cdot A_f}{A_f \cdot r_\xi} r_\xi \cdot r_\eta, \tag{12-228}$$

$$\begin{aligned}\boldsymbol{J}_f \cdot \boldsymbol{A}_f &= -\Gamma_f\left(\frac{\partial\varphi}{\partial x}A_x + \frac{\partial\varphi}{\partial y}A_y\right)_f \\ &= -\frac{\Gamma_f}{\Delta\xi}\frac{\boldsymbol{A}_f \cdot \boldsymbol{A}_f}{\boldsymbol{A}_f \cdot r_\xi}(\phi_1 - \phi_0) + \Gamma_f(\varphi_\eta)_f \frac{\boldsymbol{A}_f \cdot \boldsymbol{A}_f}{\boldsymbol{A}_f \cdot r_\xi} r_\xi \cdot r_\eta \\ &= -\frac{\Gamma_f}{\Delta\xi}\frac{\boldsymbol{A}_f \cdot \boldsymbol{A}_f}{\boldsymbol{A}_f \cdot \boldsymbol{r}_\xi}(\phi_1 - \phi_0) + \psi_f.\end{aligned} \tag{12-229}$$

式(12-226)～式(12-229)中 ϕ_ξ 是主梯度或主扩散项，而称 ϕ_η 是次梯度或二阶扩散项，对正交网格次梯度为零. 次梯度的计算有点麻烦，因为没有 η 线通过单元中心. 对于四边形、六面体等的结构性网格或非结构网格，计算 ϕ_η 均较容易，但对三角形，四面体或其他多面体都比较难. 对三角形网格可用下法转化.

注意到式(12-229)还可写为

$$\boldsymbol{J}_f \cdot \boldsymbol{A}_f = -\Gamma_f(\nabla\phi)_f \cdot \boldsymbol{A}_f = -\Gamma_f \frac{\boldsymbol{A}_f \cdot \boldsymbol{A}_f}{\boldsymbol{A}_f \cdot \boldsymbol{r}_\xi}(\phi_\xi) + \Gamma_f(\varphi_\eta)_f \frac{\boldsymbol{A}_f \cdot \boldsymbol{A}_f}{\boldsymbol{A}_f \cdot \boldsymbol{r}_\xi}\boldsymbol{r}_\xi \cdot \boldsymbol{r}_\eta,$$

$$\psi_f = \Gamma_f(\varphi_\eta)_f \frac{\boldsymbol{A}_f \cdot \boldsymbol{A}_f}{\boldsymbol{A}_f \cdot \boldsymbol{r}_\xi}\boldsymbol{r}_\xi \cdot \boldsymbol{r}_\eta = -\Gamma_f(\nabla\phi)_f \cdot \boldsymbol{A}_f + \Gamma_f \frac{\boldsymbol{A}_f \cdot \boldsymbol{A}_f}{\boldsymbol{A}_f \cdot \boldsymbol{r}_\xi}(\phi_\xi), \tag{12-230}$$

$$(\nabla\phi)_f \cdot \boldsymbol{r}_\xi = [(\phi_\xi)_f\nabla\xi + (\phi_\eta)_f\nabla\eta] \cdot \boldsymbol{r}_\xi = (\phi_\xi)_f,$$

故式(12-229)可写为

$$\begin{aligned}\boldsymbol{J}_f \cdot \boldsymbol{A}_f &= -\frac{\Gamma_f}{\Delta\xi}\frac{\boldsymbol{A}_f \cdot \boldsymbol{A}_f}{\boldsymbol{A}_f \cdot \boldsymbol{r}_\xi}(\phi_1 - \phi_0) + \Gamma_f(\varphi_\eta)_f \frac{\boldsymbol{A}_f \cdot \boldsymbol{A}_f}{\boldsymbol{A}_f \cdot \boldsymbol{r}_\xi}\boldsymbol{r}_\xi \cdot \boldsymbol{r}_\eta \\ &= -\frac{\Gamma_f}{\Delta\xi}\frac{\boldsymbol{A}_f \cdot \boldsymbol{A}_f}{\boldsymbol{A}_f \cdot \boldsymbol{r}_\xi}(\phi_1 - \phi_0) - \Gamma_f(\nabla\phi)_f \cdot \boldsymbol{A}_f + \frac{\Gamma_f}{\Delta\xi}\frac{\boldsymbol{A}_f \cdot \boldsymbol{A}_f}{\boldsymbol{A}_f \cdot \boldsymbol{r}_\xi}(\nabla\phi)_f \cdot \boldsymbol{r}_\xi\Delta\xi.\end{aligned} \tag{12-231}$$

设在每一单元内梯度是常数，于是

$$(\nabla\phi)_f = \frac{\nabla\phi_0 + \nabla\phi_1}{2}, \tag{12-232}$$

$$\nabla\phi = \frac{1}{\Delta V}\sum_f \int_A \phi \mathrm{d}\boldsymbol{A} = \frac{1}{\Delta V}\sum_f \phi_f \boldsymbol{A}_f, \tag{12-233}$$

$$\phi_f = \frac{\phi_0 + \phi_1}{2}, \tag{12-234}$$

或在式(12-232)～式(12-236)基础上求出更严格的近似式

$$\phi_f = \frac{(\phi_0 + \nabla\phi_0 \cdot \Delta\boldsymbol{r}_0) + (\phi_1 + \nabla\phi_1 \cdot \Delta\boldsymbol{r}_1)}{2}, \tag{12-235}$$

式中，$\Delta\boldsymbol{r}_0$，$\Delta\boldsymbol{r}_1$ 定义为从单元中心到边界中心的矢量.

这样就可建立起对 C_0 单元稳态扩散方程的离散方程

$$a_P\varphi_P = \sum_{nb} a_{nb}\varphi_{nb} + b, \tag{12-236}$$

其中

$$a_{nb} = \left(\frac{\Gamma_f}{\Delta\xi}\frac{\boldsymbol{A}_f \cdot \boldsymbol{A}_f}{\boldsymbol{A}_f \cdot \boldsymbol{r}_\xi}\right)_{nb}, \quad nb = 1,2,\cdots,M \tag{12-237}$$

$$a_P = \sum_{nb} a_{nb} - S_P\Delta V_0, \quad b = S_C\Delta V_0 - \sum_{nb}(\psi)_{nb}. \tag{12-238}$$

12.11.3　对流扩散方程的离散格式

对流扩散方程的通量项可写为

$$\boldsymbol{J} = \rho\boldsymbol{V}\phi - \Gamma\nabla\phi. \tag{12-239}$$

控制方程仍为方程(12-223).

离散方程为式(12-224)，只是

$$\boldsymbol{J}_f = (\rho\boldsymbol{V}\phi)_f - \Gamma_f(\nabla\phi)_f \tag{12-240}$$

及

$$\boldsymbol{J}_f \cdot \boldsymbol{A}_f = (\rho V)_f \cdot A_f\phi_f - \Gamma_f(\nabla\phi)_f \cdot A_f. \tag{12-241}$$

式(12-241)第二项前面已推导，令

$$D_f = \frac{\Gamma_f}{\Delta\xi}\frac{\boldsymbol{A}_f \cdot \boldsymbol{A}_f}{\boldsymbol{A}_f \cdot \boldsymbol{r}_\xi}$$

$$F_f = (\rho\boldsymbol{V})_f \cdot \boldsymbol{A}_f$$

则

$$\boldsymbol{J}_f \cdot \boldsymbol{A}_f = F_f\phi_f - D_f(\phi_1 - \phi_0) + \psi_f. \tag{12-242}$$

于是对流扩散方程的离散方程为

$$a_P\phi_P = \sum_{nb} a_{nb}\varphi_{nb} + b, \tag{12-243}$$

其中

$$a_{nb} = D_f - \frac{F_f}{2}(\text{中心差分}), \tag{12-244}$$

$$a_P = \sum_{nb} a_{nb} - S_P \Delta V_0 + \sum_f F_f, \quad b = S_C \Delta V_0 - \sum_{nb} (y)_{nb}, \tag{12-245}$$

对逆风格式为

$$\begin{aligned} \phi_f &= \phi_0, \quad F_f > 0, \\ \phi_f &= \phi_1, \quad F_f \leqslant 0, \end{aligned} \tag{12-246}$$

此时

$$a_{nb} = D_f + \mathrm{Max}[-F_f, 0]. \tag{12-247}$$

12.11.4 流动方程组的离散格式

稳态流动方程为

$$\nabla \cdot \rho V \phi = -\nabla p + \nabla \cdot \Gamma \nabla \phi + S. \tag{12-248}$$

显见这是两个分量的方程，与对流扩散方程不同的是流动方程中含有压力梯度项，该项对单元的积分为

$$-\int_{\Delta V_0} \nabla p \mathrm{d}V = -\int_A p \, \mathrm{d}\boldsymbol{A} = -\sum_f p_f \boldsymbol{A}_f. \tag{12-249}$$

于是压力梯度项在 u, v 运动方程中分别为

$$\left.\begin{aligned} -\boldsymbol{i} \cdot \int_{\Delta V_0} \nabla p \mathrm{d}V = -\boldsymbol{i} \cdot \int_A p \, \mathrm{d}\boldsymbol{A} = -\boldsymbol{i} \cdot \sum_f p_f \boldsymbol{A}_f = -\sum_f p_f A_x, \\ -\boldsymbol{j} \cdot \int_{\Delta V_0} \nabla p \mathrm{d}V = -\boldsymbol{j} \cdot \int_A p \, \mathrm{d}\boldsymbol{A} = -\boldsymbol{j} \cdot \sum_f p_f \boldsymbol{A}_f = -\sum_f p_f A_y, \end{aligned}\right\} \tag{12-250}$$

p_f 可用内插法获得，如

$$p_f = \frac{p_0 + p_1}{2} \tag{12-251}$$

或

$$p_f = \frac{(p_0 + \nabla p_0 \cdot \Delta r_0) + (p_1 + \nabla p_1 \cdot \Delta r_1)}{2}. \tag{12-252}$$

如把压力梯度项写成

$$-\sum_f p_f \boldsymbol{A}_f = -\nabla p_0 \Delta V_0, \tag{12-253}$$

则运动方程离散方程为

$$a_0^u u_0 = \sum_f a_{nb}^u u_{nb} + b_0^u - \nabla p_0 \cdot i \Delta V_0, \tag{12-254}$$

$$a_0^v v_0 = \sum_f a_{nb}^v v_{nb} + b_0^v - \nabla p_0 \cdot j \Delta V_0. \tag{12-255}$$

在离散连续性方程并建立压力联系方程时，需要表面法向速度，因而需建立表面法向速度的离散方程. 设表面法向单位矢量为

$$\boldsymbol{n} = \frac{\boldsymbol{A}_f}{|\boldsymbol{A}_f|} = n_x \boldsymbol{i} + n_y \boldsymbol{j}. \tag{12-256}$$

令 V_0^n 表示单元中心速度在表面法向的分量

$$V_0^n = \boldsymbol{V}_0 \cdot \boldsymbol{n} = u_0 n_x + v_0 n_y, \tag{12-257}$$

于是可建立对 C_0 单元的离散方程

$$a_0^n V_0^n = \sum_f a_{nb}^n V_{nb}^n + b_0^n - \nabla p_0 \cdot n \Delta V_0, \tag{12-258}$$

在没有体力存在时有

$$a_0^n = a_0^u = a_0^v, \quad a_{nb}^n = a_{nb}^u = a_{nb}^v. \tag{12-259}$$

压力梯度项为

$$-\sum_f p_f A_{fn} = -\left(\frac{\partial p}{\partial n}\right)_0 \Delta V_0 = -\nabla p_0 \cdot n \Delta V_0. \tag{12-260}$$

注意到

$$b_0^n = b_0^u n_x + b_0^v n_y, \tag{12-261}$$

如此可建立表面速度法向分量与压力的联系方程

$$V_0^n = \hat{V}_0^n - \frac{\Delta V_0}{a_0^n} \nabla p_0 \cdot n, \tag{12-262}$$

$$V_1^n = \hat{V}_1^n - \frac{\Delta V_1}{a_1^n} \nabla p_1 \cdot n, \tag{12-263}$$

其中

$$\hat{V}_0^n = \hat{u}_0 n_x + \hat{v}_0 n_y, \quad \hat{V}_1^n = \hat{u}_1 n_x + \hat{v}_1 n_y. \tag{12-264}$$

表面速度的简单插值为

$$\bar{V}_f = \frac{V_0^n + V_1^n}{2} \text{(对均匀网格)}. \tag{12-265}$$

对非均匀网格，可将 u_0, v_0, u_1, v_1 插值到表面中心，再用式(12-257)求出 V_0^n，V_1^n，然后求出 $\bar{V}_f$.

动量插值的表面法向速度为

$$V_f = \bar{V}_f + \frac{\Delta V_f}{a_f^n}\left[\overline{\nabla} p \cdot n - \left(\frac{\partial p}{\partial n}\right)_f\right], \tag{12-266}$$

其中

$$\Delta V_f = \frac{\Delta V_0 + \Delta V_1}{2}, \quad a_f^n = \frac{a_0^n + a_1^n}{2}, \quad \overline{\nabla} p = \frac{\nabla p_0 + \nabla p_1}{2}. \tag{12-267}$$

经整理后可得

$$V_f = \hat{V}_f + d_f(p_0 - p_1) \tag{12-268}$$

及

$$\hat{V}_f = \bar{V}_f + d_f \overline{\nabla} p \cdot r_\xi \Delta\xi, \quad d_f = \frac{\Delta V_f}{\Delta\xi} \frac{n \cdot n}{n \cdot r_\xi}. \tag{12-269}$$

如此可得出 SIMPLE 系列的压力校正方程.

质量流量为

$$F_f = \rho_f \mathbf{V}_f \mathbf{A}_f = \rho V_f A_f, \tag{12-270}$$

设初次猜测(或前一次)压力值 p^* 时的速度值为 u^*,v^*,它的质量流量通量为 F^*,又设校正流量通量为 F'. 于是

$$\sum_f F_f^* + F_f' = 0, \tag{12-271}$$

假定表面法向速度校正量为

$$V_f' = d_f(p_0' - p_1'), \tag{12-272}$$

格子速度校正量为

$$u_0' = \frac{\Delta V_0}{a_0^u} - \sum_f p_f' A_x,$$

$$v_0' = \frac{\Delta V_0}{a_0^v} - \sum_f p_f' A_y, \tag{12-273}$$

且定义表面压力校正量

$$p_f' = \frac{p_0' + p_1'}{2}. \tag{12-274}$$

于是得到压力校正方程

$$a_P p_P' = \sum_{nb} p_{nb}' + b, \tag{12-275}$$

$$a_{nb} = \rho_f d_f A_f, \quad a_P = \sum_{nb} a_{nb}, \quad b = -\sum_f F_f^*. \tag{12-276}$$

至此得到了非结构网格求解稳态方程的全部公式,加上当地变化项即可求解瞬态方程.

本章介绍的方法也可适用于其他类型的二维三维结构或非结构网格.

习　题

12.1　试推导 Lax 格式 $\dfrac{u_j^{n+1} - \dfrac{u_{j+1}^n + u_{j-1}^n}{2}}{\Delta t} + c\,\dfrac{u_{j+1}^n - u_{j-1}^n}{2\Delta x} = 0, c>0, O(\Delta t, \Delta x^2)$ 的修正方程.

12.2　数值求解波动方程 $\dfrac{\partial u}{\partial t} + \dfrac{\partial u}{\partial x} = 0$,初始条件 $u(x,0) = \sin\left(\dfrac{2n\pi x}{L}\right)$, $L=40$, $\Delta x = 1.0$;边界条件 $u(0,t) = \sin\left(\dfrac{-2n\pi t}{L}\right)$. 试用 Lax 格式, 拉克斯-文多夫格式和马克科梅克格式计算到 $t=15$. 取 $n=1,3$, $\nu=1.0, 0.6, 0.3$ 等几种情况,并绘制出解随时间发展的曲线. 为使计算能够实施,补充在 L 处的边界条件,$u(L,t) =$

$\sin\left[\frac{2n\pi(L-t)}{L}\right]$.

12.3 试写出松弛法求解粘性 Burgers 方程$\frac{\partial u}{\partial t}+u\frac{\partial u}{\partial x}=\frac{1}{Re}\frac{\partial^2 u}{\partial x^2}$，$Re=100$ 的差分格式.计算一维初边值问题$\begin{matrix} u(0,t)=1, u(1,t)=0 \\ u(x,0)=0, x\neq 0 \end{matrix}$的稳态解并画出解的图形.

12.4 试描述平面管道内圆柱绕流的无粘流动势函数求解方法，如边界条件和求解的实施方法.管道宽度为 8 倍圆柱直径，管道长度为 16 倍直径，圆柱中心离入口 4 倍直径处.

12.5 对习题 12.4 进行粘性流动计算时如何设计算法.

12.6 推导二维任意曲线坐标下流动基本方程和压力泊松方程.

12.7 试推导出自然对流用的涡量流函数方程，原方程为

$$\frac{\partial \rho u}{\partial x}+\frac{\partial \rho v}{\partial y}=0,$$

$$\rho u\frac{\partial u}{\partial x}+\rho v\frac{\partial u}{\partial y}=-\frac{\partial p}{\partial x}+\mu\nabla^2 u,$$

$$\rho u\frac{\partial v}{\partial x}+\rho v\frac{\partial v}{\partial y}=-\frac{\partial p}{\partial y}+\mu\nabla^2 v-\rho g,$$

$$\rho C_p u\frac{\partial T}{\partial x}+\rho C_p v\frac{\partial T}{\partial y}=k\nabla^2 T,$$

$$p=\rho RT.$$

提示：采用等压过程和布森涅斯克假设，除浮力项外，密度可看作常数.特征量为 L，k，L^2k，T_0，量纲为 1 的数可用 $Pr=\frac{\nu}{k}$，$Ra=\frac{\Delta TL^3 g}{T_0\nu k}$，$Gr=P_r R_a$ 等或定义可稍有差别.

12.8 取 $U=1$，$0\leqslant x\leqslant 3$，$0\leqslant y\leqslant 1$，$\nu=0.01$，$\Delta y=0.01$，$\Delta x=0.1$，试计算定常平板边界层方程.

12.9 试用涡量流函数法求解图 12-4 所示的后向台阶流动，$Re=100$，台阶尺寸 $B1=5$，$B2=2$，$B3=7$，$B4=2$，$B6=3$.试画出涡量流函数和压力分布图.

12.10 对空腔环流问题用压力校正法求解，试划分网格，建立网格标记系统并用于差分离散格式；画出解题流程图；讨论边界条件的实施.

12.11 试讨论非结构网格的近边界格式.

习 题 答 案

第 1 章

1.1 74.91m^3

1.2 1028.5kg/m^3

1.3 $6.51\times10^{-3}\text{Pa}\cdot\text{s}$

1.4 $2.92\text{Pa}\cdot\text{s}$

1.5 $4.8\times10^{-4}\text{Pa}\cdot\text{s}$

1.6 (1) $x=(a+1)\text{e}^t-t-1, y=(b+1)\text{e}^t-t-1$

(2) $u=x+t, v=y+t$

(3) $a_x=(a+1)\text{e}^t, a_y=(b+1)\text{e}^t$

1.7 $u=(a+1)A\text{e}^{At}, v=(1-b)B\text{e}^{-Bt}$

1.8 迹线：$x+y=-2$；流线：$xy=1$

1.9 无伸长、有角变形、有旋转——平行剪切流动

1.10 (1) $x=(a+1)\text{e}^t-t-1, y=(b+1)\text{e}^t+t-1, z=c$

(2) $u=A\text{e}^t-1, v=B\text{e}^t+1, w=0$

(3) $u=x+t, v=y-t+2, w=0$

1.11 流线：$y=\dfrac{B}{Ak}\sin kx$，迹线：$y=\dfrac{B}{kA-\alpha}\sin\dfrac{(kA-\alpha)}{A}x$，$k,\alpha\to0$ 时，流线与迹线重合：$Ay-Bx=0$

1.12 (1) $\dfrac{\partial u}{\partial t}=4, \dfrac{\partial v}{\partial t}=0$

(2) $a_x=3, a_y=-1$

1.13 (1) $y=cx^{(1+t)}$

(2) $x=a(1+t), y=b\text{e}^t$

1.14 欧拉描述下：$a_x=\dfrac{v_1^2}{L}\left(1+\dfrac{x}{L}\right), a_y=0$；拉格朗日描述下：$a_x=\dfrac{v_1^2}{L}\text{e}^{\frac{v_1}{L}t}, a_y=0$

1.15 $(x-1)^t=c(y+1)^t$

1.16 流动定常，不可压缩，无旋

1.17 (1) $x+t=c(y-t), 2x-3y=1$

(2) $x=3\text{e}^{t-1}-t-1, y=4\text{e}^{t-1}-t-1$

1.18 (1) $x=(a-1)\text{e}+2, y=(b-1)\text{e}+2$

(2) $x=-\text{e}^t+t+1, y=\text{e}^t+t+1$

(3) $a_x=(a-1)e^t, a_y=(b-1)e^t$

(4) $u=x-t, v=y-t; a_x=x-t-1, a_y=y-t-1$

1.19 (1) $x^2+y^2=2$

(2) $x^2+y^2=2$，与流线重合

1.20 流线：$(ax+t^2)(ay+t^2)=c$

迹线：$x=c_1 e^{at}-\frac{1}{a^3}(a^2t^2+2at+2), y=c_2 e^{-at}-\frac{1}{a^3}(a^2t^2-2at-2)$

1.23 $u=x+y, v=-y$

1.24 $u=y, v=-x$

1.25 $\boldsymbol{p}_n=\frac{3}{2\sqrt{11}}\boldsymbol{i}+\frac{19}{\sqrt{11}}\boldsymbol{j}, p_{nn}=\frac{117}{22}, p_{n\tau}=\frac{1147}{242}$

1.28 (1) $a_x=-k^2(x-\alpha t), a_y=-k(y+\alpha)$

(2) $(x-\alpha t)^2+y^2=c$

(3) $u=\alpha-ak\sin kt-(bk+\alpha)\cos kt, v=ak\cos kt-(bk+\alpha)\sin kt$

$a_x=-ak^2\cos kt+k(bk+\alpha)\sin kt, a_y=-ak^2\sin kt-k(bk+\alpha)\cos kt$

(4) $x=\alpha t+\cos kt-\left(1+\frac{\alpha}{k}\right)\sin kt, y=\sin kt+\left(1+\frac{\alpha}{k}\right)\cos kt-\frac{\alpha}{k}$,

$z=1$

(5) $\boldsymbol{E}=0, \boldsymbol{\Omega}=k\boldsymbol{k}$，流动非定常、不可压缩、有旋.

1.29 是

1.30 内圆柱面上，$p_{r\theta}=2\mu r_2^2(\omega_1-\omega_2)/(r_2^2-r_1^2)$，外圆柱面上，$p_{r\theta}=2\mu r_1^2(\omega_1-\omega_2)/(r_2^2-r_1^2)$

1.31 $p_{rr}=-p_\infty+\frac{9}{2}\mu V_\infty\frac{a}{r^2}\cos\theta-3\mu V_\infty\frac{a^3}{r^4}, p_{r\theta}=-\mu V_\infty\sin\theta\left(\frac{3a}{4r^2}+\frac{3a^3}{4r^4}\right)$,

$p_{\theta\theta}=-p_\infty+\frac{3}{2}\mu V_\infty\frac{a^3}{r^4}\cos\theta, p_{\varphi\varphi}=-p_\infty+\frac{3}{2}\mu V_\infty\frac{a^3}{r^4}\cos\theta$,

总阻力 $D=6\pi\mu a V_\infty$.

1.32 $\boldsymbol{p}_n=\frac{5}{2}\boldsymbol{i}+3\boldsymbol{j}+\sqrt{3}\,\boldsymbol{k}$

1.33 $1.34\text{kg/m}^3, 15.9\times10^{-6}\text{Pa·s}, 11.9\times10^{-6}\text{m}^2/\text{s}$

1.34 5.4cm/s

第 2 章

2.1 $1.0515\times10^3\text{kg/m}^3$

2.2 $0.72986\times10^5\text{Pa}$ 真空

2.3 60.76kPa

2.4 12.65m

2.5 p_1、p_2、p_3、p_4、p_5、p_6分别为 99338Pa、103300Pa、103262Pa、103262Pa、99387.05Pa、111011.9Pa；p_{M1}、p_{M2}、p_{M3}分别为 1962Pa 真空度、1963Pa、9711.9Pa

2.6 2.3km，109m，270m

2.7 $z=84.6$m 处 p_a减小 1%，$z=443$m 处 T_a减小 1%.

2.8 32.98mm

2.9 (1) $h_1=55.4$cm，$b_1=3.4$cm

(2) $F=256.6$N，$p=106.4$kPa，$b_2=4.2$cm

2.10 (1) 27370 真空度

(2) 不受力

(3) 无影响

2.11 3721N、2936N

2.12 $F_A=\frac{\rho\pi\omega^2 D^4}{64}+\rho g h\frac{\pi D^2}{4}-m_1 g$；$F_B=F_A-m_2 g$

2.13 52.54°

2.15 $P=97030$N，作用点距闸门下端的距离 2.54m

2.16 109400N，$\tan\theta=0.637$

2.17 13.196N

2.18 0.0785kg，772.76N

2.19 12366N

2.20 179kPa

第 3 章

3.1 $V_m=\frac{2}{3}V$

3.2 $\frac{D^2 h}{d^2 V}$

3.3 $(1-k\sin\theta)V$，向右

3.4 $\frac{\delta U_0}{2}$

3.5 $V_m=3V_0$

3.6 (1) $v=\mathrm{e}^{-x}(1-\cos y)$

(2) $1-\cos y=c\mathrm{e}^x$

3.7 (1) 可能

(2) $x^2+y^2=c$

3.8 $(bx-a)e^{-kt}$

3.9 $e^{-x}\text{sh}y$

3.12 $w=-4z(x+y)$

3.13 $\dfrac{\partial p}{\partial x}=16\rho x,\dfrac{\partial p}{\partial y}=-16\rho y,p=p_0-\rho gz+8\rho(x^2-y^2)$

3.14 (1) 不能,因为不满足连续性方程

(2) 不能,因为不满足物面上边界条件

(3) 可能,$p=p_0+\dfrac{\rho}{2}A(x^2+y^2)$

3.15 $\dfrac{\partial(\rho u)}{\partial x}+\dfrac{\partial(\rho v)}{\partial y}=0$, $u\dfrac{\partial u}{\partial x}+v\dfrac{\partial u}{\partial y}=-\dfrac{1}{\rho}\dfrac{\partial p}{\partial x},u\dfrac{\partial v}{\partial x}+v\dfrac{\partial v}{\partial y}=-\dfrac{1}{\rho}\dfrac{\partial p}{\partial y}$,

$u\dfrac{\partial}{\partial x}\left(\dfrac{p}{\rho^\gamma}\right)+v\dfrac{\partial}{\partial y}\left(\dfrac{p}{\rho^\gamma}\right)=0$

无穷远处:$u=V_\infty\cos\alpha,v=V_\infty\sin\alpha,p=P_\infty,\rho=\rho_\infty$,在 $y=f(x)$ 物面上:

$\dfrac{v}{u}=f'(x)$

3.16 (1) $\dfrac{d^2u}{dy^2}=-\dfrac{g}{\nu}\sin\alpha,y=0:u=0,y=h:u=-U_0$

(2) $u(y)=\dfrac{g}{2\nu}\sin\alpha(hy-y^2)-\dfrac{y}{h}U_0$

3.19 (1) 按 $v_\theta=0,\dfrac{\partial}{\partial\theta}=0$ 简化

(2) 按 $v_r=0$ 简化

3.20 (1) 按 $v_r=0$ 简化

(2) 按 $v_\theta=0$ 简化

3.21 (1) 在$(x-v_0t)^2+y^2=a^2$ 上:$(u-v_0)(x-v_0t)+vy=0$

(2) 在 $x'^2+y'^2=a^2$ 上:$u'x'+v'y'=0$

(3) 在 $x'^2+y'^2=a^2$ 上:$(u-v_0)x'+vy'=0$

第 4 章

4.1 $\dfrac{\partial^2x'}{\partial t^2}+k(x'+a)=0$ 或 $x'+a=A\sin(\sqrt{k}\,t+\varepsilon)$,

$\dfrac{p}{\rho}=\dfrac{p_0}{\rho}+\dfrac{k}{2}(x'-x)(x-2a-x')$

4.3 内液面运动半径 R_s 满足 $R_s\ddot{R}_s+\frac{3}{2}\dot{R}_s^2+\frac{\pi}{\rho}=0$ 或 $\dot{R}_s=\sqrt{\frac{2\pi}{3\rho}\left[\left(\frac{a}{R_s}\right)^3-1\right]}$

4.4 $z_A=h\cos\sqrt{\frac{g}{h}}t,t=\frac{\pi}{2}\sqrt{\frac{h}{g}}$

4.5 谐振运动：$\frac{\mathrm{d}^2z}{\mathrm{d}t^2}+\frac{2g}{L}z=0,t=0:z=\frac{h}{2},\frac{\mathrm{d}z}{\mathrm{d}t}=0$

4.6 球面上压力 p_s 变化规律：$\frac{p_s}{\rho}=\frac{p_\infty}{\rho}+R_1\ddot{R}_1+\frac{3}{2}\dot{R}_1^2$

4.7 (1) $Q=\frac{\pi}{4}D^2\sqrt{2gh}\ \mathrm{th}\left(\frac{t}{2L}\sqrt{2gh}\right)$

(2) 58.8 秒

4.8 40m/s

4.9 $H_3^3-\left(\frac{V_1^2}{2g}+H_1\right)H_3+\frac{Q^2}{2g}=0$

4.10 0.166m，无影响

4.11 $p_a-p_c=58800p_a$

4.12 功率$=Q\left[\frac{\rho}{2}\cdot\frac{Q^2}{A_1^2}+gh(\rho-\rho_1)\right]$

4.13 (1) $F=\frac{49}{72}\rho V_m\pi R^2$

(2) $v=\frac{49}{60}V_m,F_1=\left(\frac{49}{60}\right)^2\rho V_m\pi R^2$，2%

4.14 $D=\frac{2}{3}\rho dV_1^2,C_D=\frac{4}{3}$

4.15 5.24×10^3 N，2.06×10^3 N

4.16 4180N，与水平向右方向成 127.5°

4.17 63°

4.18 $\rho LS\frac{\partial V}{\partial t}+\rho QV_2\cos\theta$，向左

4.19 3.47kN

4.21 (1) $\frac{2u}{V_j+u}$

(2) $\frac{2uv_j}{V_j^2-u^2}$

4.23 2408N，与水平向右方向成 54.1°

4.24 (2) 向右分量：$(p_1-p_a)A+\rho v_1^2A\cos\alpha$，向上分量：$\rho v_1^2A\sin\alpha$

4.25 (2) $Q_1=\frac{Q_0}{2}(1-\cos\theta),Q_2=\frac{Q_0}{2}(1+\cos\theta)$，$R=\rho Q_0V_0\sin\theta$，垂直指向板

面,$e=\frac{b_0}{2}\cot\theta$

第 5 章

5.1 (1)满足;(2)不满足;(3)不满足;(4)满足

5.2 $w=-z^2-2(x+y)z-z$

5.3 (1)满足,无旋;(2)满足,无旋;(3)不满足;(4)满足,无旋

5.4 (1)连续,有旋;(2)连续,无旋;(3)连续,有旋

5.5 $\Omega_x=\frac{3}{2},\Omega_y=-2,\Omega_z=-\frac{1}{2}$

5.6 $\Omega_x=\Omega_y=\Omega_z=\frac{1}{2},\Omega=\frac{\sqrt{3}}{2},\gamma_x=\gamma_y=\gamma_z=\frac{5}{2},x=y=z$

5.7 $\varphi=\frac{x^2}{2}+x^2y-\frac{y^2}{2}-\frac{y^3}{3}$

5.8 $\varphi=\frac{x^2}{2}+x^2y-\frac{y^2}{2}-\frac{y^3}{3},\psi=xy^2+xy-\frac{x^3}{3}$

5.9 $u=\frac{\sqrt{2}}{2\pi r}$, $\alpha=\arctan 1$

5.10 $\varphi=x^3-3xy^2,u=3(x^2+y^2)$

5.11 (1)有势;(2)有势;(3)有旋;(4)有势

5.13 0,0; 0,2; 0,−2; $\frac{4}{5},2\frac{2}{5}$

5.14 $\varphi=u_\infty x+\frac{q_V}{2\pi}\ln\sqrt{x^2+y^2},\psi=u_\infty y+\frac{q_V}{2\pi}\theta$

5.15 $\psi=\frac{1}{10\pi}\theta+\frac{1}{2\pi}\ln r,\varphi=\frac{1}{10\pi}\ln r+\frac{1}{2\pi}\theta;v_r=0.0284\text{m/s},v_\theta=0.142\text{m/s}$

5.16 $21.3\text{m}^2/\text{s}$;28500N;0.6m,187°18′;0.6m,352°42′

5.17 29.6kN

5.18 9.73×10^4N,0.657

5.19 244r/min

5.20 673.6r/min, 7.05m/s, 5.29m/s

第 6 章

6.2 $(p_1-p_2)\pi\frac{d^2}{4}$

6.3 34632Pa

6.4 0.2167Pa·s

6.5 13.3m/s,11.79m/s,0.133m/s,2m/s

6.6 $2.15\times10^{-5}m^3/s$

6.7 冬季23.7m石油柱,夏季22.5m石油柱

6.8 2.295×10^6Pa,713kW

6.9 1.85m

6.10 向上,24.4油柱高

6.11 $V_2=1.574m/s$,$Q=0.0278m^3/s$

6.12 0.284m,0.455m,0.74m

6.13 0.34

6.14 16m/s

6.16 (1) 12.78

(2) 0.0357,3.96m

(3) 5.46m,18.225W

6.17 51.3m

6.18 (1) $2.375\times10^{-2}m^3/s$

(2) $1.96\times10^{-2}m^3/s$

6.19 71.8 l/s,28.2 l/s,1.092m水柱高

6.20 50 l/s,50 l/s,0.176m

6.21 $5.07\times10^{-2}Pa\cdot s$

6.22 (1) $0.08m^3/s$

(2) 147Pa,75 l/s

(3) 91880Pa,1.125m/s

6.23 (1) $1.036\times10^{-4}m^3/s$

(2) $1.036\times10^{-4}m^3/s$

6.24 $p=\frac{171.125(h-0.00025)x}{h^2}$,最大压力值位置$h=0.48872mm$,

$x=58.65mm$,最大压力10030Pa,(注:这里的压力指高出外面的压力)

6.25 $p_1=1.946\times10^5Pa$,$F=67.4N$

6.26 $1.05\times10^{-4}m^3/s$,1.7MPa

6.27 0.64,0.971,0.621

6.28 0.132m/s,$6.7\times10^{-5}m^3/s$

6.29 $H_2=\frac{Q}{2gC_2^2A_2^2}$,$H_1=\frac{Q^2}{2g}\left(\frac{1}{C_1^2A_1^2}+\frac{1}{C_2^2A_2^2}\right)$

6.30 (1) 1.87

(2) 0.3cm^2

第 7 章

7.1 $U_{水}:U_{气}=0.0671:1$

7.3 $u=-\dfrac{c}{2\mu}y^2+\left(\dfrac{cb}{2\mu}-\dfrac{U}{b}\right)y+U$； $Q=\dfrac{c}{12\mu}b^3+\dfrac{U}{2}b$； $\tau=\dfrac{cb}{2}-\dfrac{\mu U}{b}$

7.4 (1) $Q=0.08\text{m}^2/\text{s}$

(2) $\tau=147\text{Pa}$；$\left.\dfrac{\mathrm{d}u}{\mathrm{d}y}\right|_{y=0}=15\text{s}^{-1}$

(3) $\Delta p=91880\text{Pa}$；$u=1.125\text{m/s}$

7.5 (1) $u=161.25y-6125y^2$

(2) $Q=6.02$ l/s

(3) $\tau=3.1\text{Pa}$

7.6 $c=9.22$；$\delta^*/\delta=0.217$；$\theta/\delta=0.108$

7.7 $\delta(x)^2=\dfrac{2\pi^2}{4-\pi}\dfrac{\nu x}{U}$；$C_f=0.656\dfrac{1}{\sqrt{Re}}$

7.8 $D=0.042\text{N}$；$\delta=0.0127\text{m}$；$\tau=0.0073\text{N/m}^2$

7.9 $D=0.042\text{N}$

第 8 章

8.1 $\bar{u}=\dfrac{a\pi n}{\omega}+at$；$\overline{u'2}=\left(\dfrac{a\pi n}{\omega}\right)^2+\dfrac{b^2}{2}$

8.6 (1) 0.0085N

(2) 0.0163N

(3) 0.021m，0.308m

8.7 8.12N

8.8 0.00265Pa

第 9 章

9.1 3.89s

9.2 $Ma=2.26$；

9.3 $P_0=7\text{MPa}$，$t_0=500℃$

9.4 $Ma_1=0.435$，　$a_{cr}=438.4\text{m/s}$，　$u_{max}=1073.78\text{m/s}$

9.6 (1) 0.69，$P_0=80.4\text{kPa}$，$T_0=288.2\text{K}$，$P_{cr}=42.49\text{kPa}$，$T_{cr}=240.2\text{K}$；
$a_{cr}=310.7\text{m/s}$；
(2) $P=64.3\text{kPa}$，$T=270.3\text{K}$，$u=189.5\text{m/s}$，$Ma=0.575$ 或
$P=19.8\text{kPa}$，$T=193.1\text{K}$，$u=437.8\text{m/s}$，$Ma=1.57$；

9.7 $m=0.112\text{kg/s}$

9.8 $D_{min}=107\text{mm}$

9.10 $m=3.64\text{kg/s}$

9.11 (1) $T=328.6\text{K}$，$u=142.0\text{m/s}$
(2) $u=442.8\text{m/s}$，$Ma=1.42$
(3) $A_{min}=4.1\times10^{-3}\text{m}^2$

9.12 考虑压缩性：$u=89.6\text{m/s}$，不考虑压缩性：$u=91.0\text{m/s}$

9.14 $u_2=250.2\text{m/s}$，$T_2=439.0\text{K}$，$p_2=0.3034\text{MPa}$，$p_{02}=0.3857\text{MPa}$

9.15 (1) $u_1=793.3\text{m/s}$
(2) $p_2=6.138\times10^5\text{Pa}$

9.16 $u_w=302.0\text{m/s}$，$p_{02}=1.73\times10^5\text{Pa}$，
$T_{02}=382.5\text{K}$

9.17 $p_2=29.14\times10^5\text{Pa}$，$T_2=1670.8\text{K}$，$p_{02}=135.2\times10^5\text{Pa}$，
$T_{02}=2590.9\text{K}$，$Ma_2'=1.66$

9.18 $Ma_1=1.63$，$u_1=447.4\text{m/s}$

9.19 $\beta=31.8°$，$Ma_2=2.07$，$p_2=1.60\times10^5\text{Pa}$，$T_2=359.6\text{K}$

第 10 章

10.3 $\chi=0.132$，$\beta=0.771$，$w_0'=1.3\text{m/s}$，$w_0''=4.4\text{m/s}$，$w=5.7\text{m/s}$，
$\rho_0=197.1\text{kg/m}^3$

10.7 块状流

10.8 环状流

10.9 $\frac{dp_f}{dz}=407.5\text{Pa/m}$

10.10 $\frac{dp_f}{dz}=4457.1\text{Pa/m}$

10.11 $\Delta p_f=6168.95\text{Pa/m}$

第 11 章

11.1 10.4m/s

11.2 5.09m/s，90 l/s

11.3 400m/s，1/467.2 提示 $1\text{st} = 1\text{cm}^2/\text{s}$

11.4 $F=\rho v^2 d^2 f(Re)$

11.5 $\dfrac{\Delta p}{\rho v^2}=\dfrac{l}{d}f\left(Re,\dfrac{\Delta}{d}\right)$

11.7 $\alpha\leqslant 30°$，6.8%

11.8 (1) 0.12m/s

(2) 方向为沿垂直于两束入射光夹角的等分线方向上的分量

第 12 章

12.1 $u_t+cu_x=\dfrac{c\Delta x}{2}\left(\dfrac{1}{\nu}-\nu\right)u_{xx}+\dfrac{c\Delta x^2}{3}(1-\nu^2)u_{xxx}+\cdots$

12.2 注：补充条件在物理条件中不存在，这是为中心差分能实施而增加的，当波传到接近 $x=L$ 处，不应再用此条件. 本题 $t=15$，远未到达.

12.3 提示：即写出隐式差分方程，并用松弛法求解.

12.6 量纲为 1 的形式的运动方程为 $\dfrac{\partial}{\partial t}\left(\dfrac{\boldsymbol{q}}{J}\right)+\dfrac{\partial \boldsymbol{E}}{\partial \xi}+\dfrac{\partial \boldsymbol{F}}{\partial \eta}=\dfrac{1}{Re}\nabla^2\boldsymbol{q}$，$\boldsymbol{q}=\begin{bmatrix}u\\v\end{bmatrix}$，

$$\begin{bmatrix}\boldsymbol{E}=\dfrac{1}{J}\begin{bmatrix}uU+\xi_x p\\vU+\xi_y p\end{bmatrix}\\\boldsymbol{F}=\dfrac{1}{J}\begin{bmatrix}uV+\eta_x p\\vV+\eta_y p\end{bmatrix}\end{bmatrix},\quad\begin{cases}U=\xi_x u+\xi_y v\\V=\eta_x u+\eta_y v\end{cases}$$

此处拉普拉斯算子比一般拉普拉斯算子少一个 J.

压力方程为：$\dfrac{\partial}{\partial \xi}(\alpha_1 p_\xi+\alpha_2 p_\eta+\sigma_1)+\dfrac{\partial}{\partial \eta}(\beta_1 p_\xi+\beta_2 p_\eta+\sigma_2)+\dfrac{\partial D}{\partial t}=0$，

$$\text{式中}\begin{cases}\alpha_1=J^{-1}(\nabla\xi\cdot\nabla\xi)\\\alpha_2=J^{-1}(\nabla\xi\cdot\nabla\eta)\\\beta_1=J^{-1}(\nabla\eta\cdot\nabla\xi)\\\beta_2=J^{-1}(\nabla\eta\cdot\nabla\eta)\\D=\left(\dfrac{U}{J}\right)_\xi+\left(\dfrac{V}{J}\right)_\eta\\\sigma_1=J^{-1}[\xi_x(Uu_\xi+Vu_\eta)+\xi_y(Uv_\xi+Vv_\eta)]\\\sigma_2=J^{-1}[\eta_x(Uu_\xi+Vu_\eta)+\eta_y(Uv_\xi+Vv_\eta)]\end{cases}$$

12.7 将方程改写为

$$\frac{\partial\rho_0 u}{\partial x}+\frac{\partial\rho_0 v}{\partial y}=0$$

$$\rho_0 u \frac{\partial u}{\partial x}+\rho_0 v \frac{\partial u}{\partial y}=-\frac{\partial p}{\partial x}+\mu\nabla^2 u$$

$$\rho_0 u \frac{\partial v}{\partial x}+\rho_0 v \frac{\partial v}{\partial y}=-\frac{\partial(p+\rho_0 g)}{\partial y}+\mu\nabla^2 v-(\rho-\rho_0)g$$

$$=-\frac{\partial(p+\rho_0 g)}{\partial y}+\mu\nabla^2 v-\Delta\rho g$$

$$\rho_0 C_p u \frac{\partial T}{\partial x}+\rho_0 C_p v \frac{\partial T}{\partial y}=k\nabla^2 T$$

$$p=\text{Const},\quad \rho T=\text{Const}\rightarrow\frac{\Delta\rho}{\rho}=-\frac{\Delta T}{T}$$

这里变量为有量纲值.交错求导数化简得方程,

$$\frac{\partial^2\psi}{\partial x^2}+\frac{\partial^2\psi}{\partial y^2}=-\omega$$

$$u\frac{\partial\omega}{\partial x}+v\frac{\partial\omega}{\partial y}=Pr\left(\nabla^2\omega+Ra\frac{\partial\Phi}{\partial x}\right)=Pr\nabla^2\omega+Gr\frac{\partial\Phi}{\partial x}$$

$$u\frac{\partial\theta}{\partial x}+v\frac{\partial\theta}{\partial y}=\nabla^2\theta$$

这里变量已为量纲为1的量,有量纲值与量纲为1的值关系为:(上方带“—”的为有量纲值)$x=\frac{\bar{x}}{L}$,$y=\frac{\bar{y}}{L}$,$\psi=\frac{\bar{\psi}}{k}$,$\omega=\bar{\omega}L^2k$,$\theta=\frac{\bar{T}}{\bar{T}_0}$,$\Phi=\frac{\bar{T}-\bar{T}_0}{\bar{T}_2-\bar{T}_0}$.

中英文人名对照表

三　画

马克科梅克　MacCormack
马赫　Mach
马蒂纳里　Martinelli

四　画

巴罗塞　Baroczy
厄贡　Ergun
尹根　Ingen
内尔逊　Nelson
牛顿　Newton
贝克　Paker
文丘里　Venturi
韦伯　Weber
韦斯巴赫　Weisbach
文多夫　Wendroff

五　画

布拉修斯　Blasius
布森涅斯克　Boussinesq
布拉德肖　Bradshaw
布朗　Brown
弗劳德　Froude
开尔文　Kelvin
兰姆　Lamb
卡特　Lockhort
尼克松　Nicolson
尼古拉兹　Nikuradse
皮托　Pitot
史密斯　Smith
冯·卡门　von Karman
冯·诺伊曼　von Neumann

六　画

毕奥　Biot
西克奇蒂　Cicchitti
达朗贝尔　d'Alembert
达西　Darcy
吉布森　Gibson
亥姆霍兹　Helmholtz
休马克　Hughmark
伊犁沃斯　Illingworth
迈耶　Meyer
米歇尔　Michel
汤姆孙　Thomson
托尔曼　Tollmann
托尔明　Tollmein
托克尔　Turkel
伍兹　Woods
许贡纽　Hugoniot

七　画

阿克拉　Acarlar
阿基米德　Archimedes
伯努利　Bernoulli
伯格斯　Burgers
克拉珀龙　Clapeyron
库特　Couette
克朗科　Crank
伽利略　Galileo
坎　Kan
克莱巴诺夫　Klebanoff
克努曾　Knudsen
克罗内克尔　Kronecker
库塔　Kutta
麦克达姆　McAdams
麦克劳林　McCroughlin
纳维　Navier

八　画

奇斯霍姆　Chisholm

欧拉 Euler
欣茨 Hinze
金 King
拉格朗日 Lagrange
拉普拉斯 Laplace
拉克斯 Lax
努塞尔 Nusselt
帕坦卡 Pantankar
帕特尔 Patel
泊肃叶 Poiseuile
罗伯茨 Roberts
罗迪 Rodi
罗斯比 Rossby
罗塔 Rotta
范德里斯特 Van-Driest

九 画

秋林 Chorin
柯罗布鲁克 Colebrook
科尔斯 Coles
科特兹 Cortez
哈根 Hagen
哈密顿 Hamilton
哈罗 Harlow
柯尔莫戈罗夫 Kolmogorov
施利希廷 Schlichting
施恩尔 Schoenherr
逖曼 Temam
兹维 Zivi

十 画

高斯 Gauss
格朗贝尼 Gramberoni
格拉雪夫 Grashof
格林 Green
海德瑞 Haidari
荷德 Head
海宁 Herring
海威特 Hewitt
莫迪 Moody
泰勒 Taylor
诺伊曼 Neumann

十一画

笛卡儿 Cartesian
梅尔 Meller
萨伐尔 Savart
维尔克斯 Wilcox
维尔特 Willert

十二画

策比西 Cebeci
傅里叶 Fourier
葛罗米柯 Gromicco
奥辛 Oseen
普朗特 Prandtl
斯波尔丁 Spalding
斯坦登 Standon
斯托克斯 Stokes
斯特劳哈尔 Strouhal
雅连卡 Yenenko

十三画

路德维希 Ludwieg
蓝金 Rankine
雷诺 Reynolds

十四画

豪沃思 Howarth
赛德尔 Seidel

十五画

德纳森 Donaldson
德克勒 Dukler
黎曼 Riemann

十六画

儒可夫斯基 Joukowsky

十七画

戴维逊 Davidson
穆斯 Murthy

参考文献

［1］ 陈克城.流体力学实验技术[M].北京:机械工业出版社,1983.

［2］ 陈卓如.工程流体力学[M].北京:高等教育出版社,1992.

［3］ 道格拉斯,等.流体力学[M].汤全明,译.北京:高等教育出版社,1992.

［4］ 傅德薰,马延文.计算流体力学[M].北京:高等教育出版社,2002.

［5］ 金朝铭.液压流体力学[M].北京:国防工业出版社,1994.

［6］ 景思睿,张鸣远.流体力学[M].西安:西安交通大学出版社,2001.

［7］ 孔珑.工程流体力学[M].北京:水利电力出版社,1992.

［8］ 林建忠.湍动力学[M].杭州:浙江大学出版社,2000.

［9］ 林建忠.流场拟序结构及控制[M].杭州:浙江大学出版社,2002.

［10］ 路甬祥.液压气动技术手册[M].北京:机械工业出版社,2002.

［11］ 茅春浦.流体力学[M].上海:上海交通大学出版社,1995.

［12］ 普朗特.流体力学概论[M].郭永怀,陆士嘉,译.北京:科学出版社,1986.

［13］ 任安禄.不可压缩粘性流场计算方法[M].北京:国防工业出版社,2003.

［14］ 潘文权.流体力学基础[M].北京:机械工业出版社,1984.

［15］ 盛敬超.工程流体力学[M].北京:机械工业出版社,1988.

［16］ 汪兴华.工程流体力学习题集[M].北京:机械工业出版社,1983.

［17］ 吴望一.流体力学[M].北京:北京大学出版社,1982.

［18］ 忻孝康,刘儒勋,蒋伯诚.计算流体动力学[M].长沙:国防科技大学出版社,1989.

［19］ 徐有恒,穆晟.基础流体实验[M].上海:复旦大学出版社,1990.

［20］ 叶诗美.工程流体力学习题集[M].北京:水利电力出版社,1985.

［21］ 张涵信,沈孟育.计算流体力学——差分方法的原理和应用[M].北京:国防工业出版社,2003.

［22］ 张也影.流体力学[M].北京:高等教育出版社,1999.

［23］ 章梓雄,董曾南.粘性流体力学[M].北京:清华大学出版社,1999.

［24］ 赵肃铭等.工程流体和气体动力学[M].哈尔滨:哈尔滨工业大学出版社,1992.

［25］ 周光炯,严宗毅,许世雄,章克本.流体力学[M].2版.北京:高等教育出版社,2000.

［26］ 朱自强,吴子牛,李津等.应用计算流体力学[M].北京:北京航空航天大学出版社,1998.

［27］ Anderson et al. Computational Fluid Dynamics. The Basics with Applications[M]. 北京:清华大学出版社,2002.

［28］ Anderson et al. Computational Fluid Mechanics and Heat Transfer[M]. New York: Hemi Sphere Publishing Corporation, 1984.

［29］ Peyret et al. Computational Methods for Fluid Flow[M]. New York: Springe Verlag Inc. 1983.

［30］ Patankar S V. Numerical Heat Transfer and Fluid Flow[M]. Washington D. C.:

Hemisphere, 1980.

[31] 黄兰洁.关于非定常不可压 Navier-Stokes 方程的时间高精度隐式差分方法[R].计算数学, 2002, 24(2):197-218.

[32] Brown D L, Cortez R et al. Accurate projection methods for the incompressible Navier-Stokes equations[R]. J. of Comp. Physics, 2001, 168(2):464-499.

[33] Trebotich D P, Coletta P. A projection method for incompressible viscous flow on moving quadrilateral grids[R]. J. of Comp. Physics, 2001, 166:191-217.